Informatik-Fachberichte 188

Herausgegeben von W. Brauer
im Auftrag der Gesellschaft für Informatik (GI)

R. Valk (Hrsg.)

# GI – 18. Jahrestagung II

Vernetzte und komplexe Informatik-Systeme

Hamburg, 17.-19. Oktober 1988

Proceedings

Springer-Verlag
Berlin Heidelberg New York
London Paris Tokyo

**Herausgeber**

Rüdiger Valk
Fachbereich Informatik, Universität Hamburg
Rothenbaumchaussee 67/69, 2000 Hamburg 13

CR Subject Classifications (1987): B.1-2, B.6-7, C.2, D.2, D.4.5, H.2, H.4, I.2-3, J.5-6, K.4-6

ISBN-13: 978-3-540-50360-6 e-ISBN-13: 978-3-642-74135-7
DOI: 10.1007/978-3-642-74135-7

CIP-Titelaufnahme der Deutschen Bibliothek
Vernetzte und komplexe Informatik-Systeme: Hamburg, 17.-19. Oktober 1988 ; proceedings / GI. R. Valk (Hrsg.). – Berlin; Heidelberg; New York; London; Paris; Tokyo: Springer.
(GI-Jahrestagung; 18)
NE: Valk, Rüdiger [Hrsg.]; Gesellschaft für Informatik: GI-Jahrestagung 2 (1988)
(Informatik-Fachberichte; 188)
ISBN 3-540-50360-9 (Berlin ...) brosch.
ISBN 0-387-50360-9 (New York ...) brosch.
NE: GT



2145/3140 – 543210 – Gedruckt auf säurefreiem Papier

# Vorwort

Die Gesellschaft für Informatik führt ihre 18. Jahrestagung an der Universität Hamburg durch. Der Fachbereich Informatik hat sich als Veranstalter für das Leitthema „Vernetzte und komplexe Informatik-Systeme“ entschieden. Aufgrund der rapide fortschreitenden Technologie und dadurch erschlossener neuer Anwendungsbereiche werden komplexe Systeme in technischer oder gesellschaftlicher Umgebung zunehmend durch informatikspezifische Gesichtspunkte bestimmt. Dies rechtfertigt den Begriff „Informatik-System“ als Zusammenfassung aller in der Informatik betrachteten Methoden des Entwurfs und der Handhabung solcher Systeme.

Vernetztheit und Komplexität bestimmen in unterschiedlichen Erscheinungsformen die strukturellen Probleme der Informatik. Häufig stehen diese beiden Problemkreise in starker Abhängigkeit zueinander. Komplexe Systeme erzwingen Modularität, um sie beherrschbar zu gestalten, während stark vernetzte Systeme andererseits eine Form von Komplexität zeigen, die zur Zeit noch höchst unbefriedigend verstanden wird.

Eine besondere Form von Vernetztheit stellen verteilte Systeme dar. Als innere Betriebsform können sie zur Leistungssteigerung von Rechensystemen beitragen, als äußere Betriebsform tragen sie der Verteiltheit von Anwendungsproblemen Rechnung.

Konkrete Ausprägungen verteilter und vernetzter Informatik-Systeme finden sich in den verschiedensten Formen, von der Mikroelektronik über Rechnerarchitekturen bis hin zu Software-Systemen mit Anwendung in Technik und Gesellschaft. Letztere stellen oft selbst komplexe und verteilte Systeme dar, was sich zunehmend in den entsprechenden Informatik-Anwendungen widerspiegelt.

Folgende Schwerpunkte wurden als Vorgabe für die Jahrestagung gesetzt:

- Spezifikation und Verifikation verteilter Systeme
- Softwaretechnik für verteilte Systeme und KI-Anwendungen
- Verteilte Wissens- und Datenbanken
- Zuverlässigkeit und Sicherheit von Systemen
- Fehlertoleranz durch gekoppelte Systeme
- Komplexe VLSI-Systeme
- Erfahrungen mit Entwurf und Realisierung von verteilten Systemen
- Sozio-technische Aspekte vernetzter Systeme und Verantwortung des Informatikers

In diese Themen wird in acht Hauptvorträgen von eingeladenen Fachreferenten grundlegend oder überblickartig eingeführt. Ausgehend von der Komplexität der Mikroelektronik (D. Seitzer) werden die Hörer (bzw. Leser dieses Tagungsbandes) über die Probleme verteilter Datenbanksysteme (A. Reuter) zur Spezifikations- und Entwurfs-Methodik kausalvernetzter Systeme (M. Broy) geführt. Fehlertoleranz (H. Kopetz) und Software-Entwurfskonzepte (J. Nehmer) folgen als weitere wichtige Themen. Eine spezielle Anwendung aus dem Bereich der Banken beleuchtet gleichzeitig Aspekte der wirtschaftlichen Anwendung wie auch der weltweiten Vernetzung (H. Dorner). Solche und weitere Anwendungen aus dem privatwirtschaftlichen und öffentlichen Bereich werden anschließend in ihrer Problematik diskutiert (H. Kubicek), insbesondere unter dem Aspekt der offenen und verteilten Systeme. Eine kritische Würdigung des Systemaspektes offener Systeme schließt die Reihe der Hauptvorträge (H.-G. Hegering). Ein eingereichter Vortrag über ein verteiltes wissensbasiertes System ergänzt die Darstellung vernetzter und komplexer Informatik-Systeme in einem aktuellen Bereich. Auch der öffentliche Abendvortrag behandelt ein aktuelles Thema: Neuronale Netze werden als hochkomplexe und verteilte Systeme zum Vorbild für eine neue Form der Informationsverarbeitung (R. Eckmiller).

Die Fachgespräche greifen die Schwerpunkte in speziellen Aspekten und vertiefend auf. Einige Themen werden erstmalig auf einer GI-Jahrestagung behandelt. Dadurch werden neue Fragen und Lösungsansätze in die öffentliche Diskussion eingebracht. Bewährt hat sich dabei, Fachgespräche auch außerhalb von GI-Fachausschüssen zu organisieren. Ein Fachgespräch besonderer Art stellt die internationale Konferenz ‚CONCURRENCY 88' dar. Sie bringt international renommierte Fachreferenten im Gebiet der formalen Spezifikation und Analyse verteilter Systeme aus aller Welt zusammen. Die Ausarbeitung der eingeladenen und ausgewählten Vorträge dieses Fachgesprächs werden von Herrn Kollegen F. Vogt in einem eigenen Band der Reihe ‚Lecture Notes in Computer Science' herausgegeben.

Daneben werden in Zusammenarbeit mit der GI Deutschen Informatik-Akademie zehn eintägige Tutorien angeboten. Auch in ihnen werden zum Teil die Schwerpunkte der Jahrestagung einführend vermittelt.

Die Vorbereitung der GI-Jahrestagung lag auf vielen Schultern. Allen Beteiligten gilt mein herzlicher Dank: den Vortragenden für ihr fachliches Engagement und die Ausarbeitung des schriftlichen Beitrages, den Mitgliedern des Programmkomitees für vielfältigen Rat und tatkräftige Unterstützung, den Programmkomitees der Fachgespräche für ihre oft unter schwierigen Unständen geleistete Arbeit, die zur Präsentation von interessanten und wegweisenden Fachgesprächen führte.

Zu danken habe ich den Kollegen R. Nicolovius für die mühevolle Organisation der Tutorien und B. Wolfinger für die Zusammenstellung des Industrieprogramms.

Mein besonderer Dank gilt den Mitgliedern des Organisationskomitees H. Durry, I. Elmer, Dr. D. Hogrefe, R. Jancke, Prof. Dr. K. Kaiser, H. Müller, Prof. Dr. R. Nicolovius, E. Thieme und Prof. Dr. B. Wolfinger. Ohne ihren selbstlosen Einsatz wären sowohl die Jahrestagung als auch der Tagungsband nicht zustandegekommen. Das Aufführen aller Einzelaktivitäten würde den gegebenen Rahmen sprengen. Dennoch möchte ich den Leiter des Organisationskomitees, Herrn Dr. D. Hogrefe, besonders nennen. In unermüdlicher und gekonnter Weise hat er es verstanden, die vielfältigen Einzelvorgänge zu koordinieren und in dem notwendigen zeitlichen Rahmen zu halten.

Schließlich danke ich der Hamburg Messe und Congress GmbH, insbesondere Frau M. Winther, für die gute Zusammenarbeit.

Ihnen, den Tagungsteilnehmern und Lesern, wünsche ich, daß Sie einen lebendigen Eindruck und zahlreiche fachliche Informationen erhalten und von der Jahrestagung mit nach Hause nehmen.

Hamburg, im Juli 1988 — Rüdiger Valk

## Programmkomitee:

Prof. Dr. M. **Dal-Cin**, Johann Wolfgang Goethe-Universität, Frankfurt

Dr. U. **Dierk**, Nixdorf Computer AG, Paderborn

R. **Dierstein**, M.S., DFVLR, Oberpfaffenhofen

Dr. K. **Dittrich**, Forschungszentrum Informatik, Karlsruhe

Prof. Dr. Dr. H. **Fiedler**, Universität Bonn/ GMD St. Augustin

Prof. Dr. Ch. **Floyd**, Technische Universität Berlin

Dr. D. **Hogrefe**, Universität Hamburg

Prof. Dr. E. **Jessen**, Technische Universität München

Prof. Dr. K. **Lagemann**, Universität Hamburg

Prof. Dr. J. **Nehmer**, Universität Kaiserslautern

Prof. Dr. B. **Neumann**, Universität Hamburg

Prof. Dr. A. **Reuter**, Universität Stuttgart

Prof. Dr. D. **Schütt**, Siemens AG, München

Prof. Dr. R. **Valk**, Universität Hamburg (Vorsitz)

Prof. Dr. F. **Vogt**, Universität Hamburg

## Organisationskomitee:

H. **Durry**, Universität Hamburg

I. **Elmer**, Universität Hamburg

Dr. D. **Hogrefe**, Universität Hamburg (Vorsitz)

R. **Jancke**, Universität Hamburg

Prof. Dr. K. **Kaiser**, Universität Hamburg

H. **Müller**, Universität Hamburg

Prof. Dr. R. **Nicolovius**, Universität Hamburg

E. **Thieme**, Universität Hamburg

Prof. Dr. B. **Wolfinger**, Universität Hamburg

# Inhaltsverzeichnis von Band II

# Inhaltsverzeichnis von Band I

## Eingeladene Vorträge



## Fachgespräche

## Informatikanwendungen im Umweltbereich I, 187

# Fachgespräch

## VLSI und Architekturkonzepte

Die Entwicklung von Rechnerarchitekturen erfolgt unter bestimmten Zielvorgaben, die unter Verwendung der jeweils verfügbaren bzw. herstellbaren Hardwarekomponenten eingehalten werden müssen. Die rasante Zunahme der Funktionskomplexität von VLSI-Bausteinen führt zwangsläufig zu immer ehrgeizigeren Zielvorgaben bei den *Architekturen*. Dies gilt natürlich zunächst für Systeme, die aus VLSI-Bausteinen zusammengesetzt sind. Andererseits kann aber jeder VLSI-Baustein selbst bereits ein komplexes System für sich sein. Dabei lassen sich für spezielle Aufgaben oft ganz unkonventionelle Lösungen, z.B. in Form systolischer Arrays finden. Allgemein stellt sich also die Frage nach den Funktionen, die sich mit speziellen integrierten Bausteinen entwickeln lassen, und nach den Vorteilen, die man davon erwarten kann.

Zur Architekturdefinition gehört auch ein Operationsprinzip, das regelt, welche Funktionsblöcke auf welche Weise an den Aufträgen für das Gesamtsystem zusammenarbeiten und wie die Auftragsdaten kodiert sind. Ein solches Operationsprinzip bezieht sich nicht nur auf die Normalfunktionen, sondern es muß auch – vor allem beim *Testen* der gefertigten VLSI-Bausteine – für die Erkennbarkeit von Fehlfunktionen Sorge tragen.

Naturgemäß unterliegt die Realisierung von Chiparchitekturen verschiedenen Randbedingungen, die sich aus der begrenzt verfügbaren Siliziumfläche und aus den Regeln für chip-interne Kommunikationspfade ableiten lassen. Ein wichtiges CAD-Hilfsmittel, nämlich die *Architekturbewertung*, überwacht entwurfsbegleitend, ob soweit gewählte Entwurfsentscheidungen zur Strukturierung mit solchen Randbedingungen kollidieren. So kann der Entwurfsvorgang schon in einem frühen Stadium notfalls umorientiert oder abgebrochen werden.

Einer Vielzahl von Anwendungen wohnt ein hoher Grad innerer Parallelität inne. Die hohen Integrationsgrade der VLSI-Technik erlauben es in zunehmendem Maße, hierfür günstige Lösungen in Form von *Mehrprozessorsystemen* zu entwickeln.

Die wechselseitige Beeinflussung von Verhalten, logischer Struktur und physikalisch realisierter Struktur ist bei jeder Hardwarerealisierung zu beachten. Für den VLSI-Entwurf sind aber neuartige Lösungen aufgrund der andersartigen Randbedingungen zu erarbeiten, die in neue *Modularisierungskonzepte* einmünden.

Dem Überblick entspreched gliedern sich die Vorträge dieses Fachgesprächs in die Punkte:

- Architektur komplexer Schaltungen
- Testarchitekturen
- Modularisierung
- Mehrprozessorsysteme
- Architekturbewertung

Das Fachgespräch ist eingebunden in die Aktivitäten des Fachausschusses „Entwurf und Architektur hochintegrierter Schaltungen“. Um auf diesem Fachgespräch auch den Entwurfsaspekt, der in der Arbeit des Fachausschusses eine zentrale Rolle spielt, ausreichend zu Wort kommen zu lassen, wurde ein eingeladener Vortrag vorangestellt. Er gibt einen Überblick über die Arbeiten des Projektbereichs „VLSI-Entwurfsmethoden“ des Sonderforschungsbereichs 124 Saarbrücken, Kaiserslautern.

Unser Dank gilt allen Gutachtern, die neben den Mitgliedern des Programmkomitees an der Auswahl der Beiträge mitgewirkt haben.

### Programmkomitee für dieses Fachgespräch:

K. Antreich (Technische Universität München), M. Dal Cin (Universität Frankfurt), W. Grass (Universität Passau, Vorsitz), K. Lagemann (Universität Hamburg, Vorsitz), K. Mehlhorn (Universität Saarbrücken), H. Painke (IBM Böblingen), R. Piloty (Technische Hochschule Darmstadt), B. Reusch (Universität Dortmund), G. Sandweg (Siemens AG, München), D. Schmid (Universität Karlsruhe), K. Waldschmidt (Universität Frankfurt), K. Wölcken (GMD Bonn), G. Zimmermann (Universität Kaiserslautern).

## SFB 124: VLSI-Entwurfsmethoden und Parallelität

### Projektbereich B: Methoden des VLSI-Entwurfs

Im Projektbereich B des SFBs 124 gibt es 4 Teilprojekte, die sich auf verschiedene Aspekte des Chipentwurfs konzentrieren.

*Teilprojekt B1 (Hotz):* In B1 wird eine funktionale Sprache zur Beschreibung von Chipentwürfen entwickelt. Der Kern dieser Sprache ist ein Netzkalkül. Die bearbeiteten Optimierungsprobleme beziehen sich auf die logisch topologische Entwurfsebene, das Prüfen und Testen, und das Umfeld.

*Teilprojekt B2 (Mehlhorn):* Es untersucht Algorithmen für Kompaktierung, Verdrahtung, Legalisierung, Simulation und Testen und entwickelt auf der Grundlage dieser Algorithmen das HILL-System. Das System unterstützt die Entwicklung prozeßunabhängiger Layoutgeneratoren und das Chipassembly. Ferner sucht das Teilprojekt nach effizienten parallelen Algorithmen. Die Arbeiten betreffen alle Ebenen von der funktionalen bis hin zur physikalischen Ebene.

*Teilprojekt B4 (Zimmermann):* Dieses System betrifft alle Ebenen. Es werden Schätzformeln für die Größe der Komponenten aus den wenigen zu einer sehr frühen Entwurfsphase zur Verfügung stehenden Informationen gewonnen. Diese Informationen werden zum Teil aus den unteren Ebenen erwartet. Das Konzept sieht eine "top-down" Chip-Planing Phase vor, um anschließend "bottom-up" im Chip-Assembly ein vollständiges Layout zu erzeugen.

*Teilprojekt B5 (Thiele):* Dieses Projekt kommt Ende 1988 neu zum SFB hinzu. Es wird die automatische Umsetzung von linear indizierten Algorithmen in VLSI-gerechte Schaltungsstrukturen, wie sie systolische Rechenfelder darstellen, angestrebt. Die praktische Realisierung eines Prozessorfeldes zur schnellen Lösung von Algorithmen der linearen Algebra ist vorgesehen.

Die Teilprojekte verfolgen das gemeinsame Ziel eines integrierten Entwurfssystems. Dazu werden Schnittstellen zwischen den Teilsystemen der Einzelprojekte geschaffen. In diesem Tagungsband findet der Leser eine Übersicht über die Arbeiten der Teilprojekte B2 und B4. Für die Arbeiten von B1 verweisen wir auf [BWKM86]; einen Eindruck der geplanten Arbeiten von B5 findet man in [Th86]. Der Arbeits- und Ergebnisbericht des gesamten SFBs ist bei Frau R. Faßbender, SFB 124, FB Informatik der Universität des Saarlandes, 6600 Saarbrücken, gegen eine Gebühr von DM 20,00 erhältlich.


[BHKM86] Becker B., Hotz G., Kolla R. und Molitor P.:
*Ein logischer Kalkül zur Konstruktion von integrierten Schaltkreisen.*
INFORMATIK, FORSCHUNG & ENTWICKLUNG, Band 1 Heft 1&2, pp. 38–47/72–82, Springer-Verlag (1986).

[Th86a] L. Thiele:
*Algorithmisch spezialisierte Strukturen für integrierte Schaltungen*
Habilitationsschrift, TU München 1986.

# SFB 124

## Teilprojekt B2

## Paralleles Rechnen und VLSI-Entwurfsumgebung HILL

**Leiter:** Prof. Dr. K. Mehlhorn

**Mitarbeiter:** Dr. N. Blum
Dipl.-Inform. Sh. Gao
Dipl.-Inform. T. Hagerup
Dr. M. Kaufmann
Dr. St. Näher
Dipl. Inform. Ch. Rüb
Dr. W. Rülling
Dipl. Inform. Ch. Storb
Dr. A. Tsakalidis

**Inhalt**



Wir geben eine Übersicht über die Arbeiten des Teilprojekts B2 des Sonderforschungsbereichs 124 in den Jahren 1985 – 1988. Diese Übersicht ist dem Ergebnisbericht des SFBs für diesen Zeitraum entnommen.

## 1. Stand der Erkenntnisse bei der letzten Antragstellung und Ausgangsfragestellungen

Das Teilprojekt B2 widmet sich drei Hauptfragestellungen:

1) Parallele Algorithmen in Software und Hardware

2) Entwurfsunterstützende Algorithmen

3) HILL-Entwurfssystem

Unsere Arbeiten über VLSI-Entwurf gehen von der These aus, daß es möglich ist, Schaltkreise auf hochsprachlicher Ebene in bequemer und natürlicher Weise zu beschreiben und aus diesen Beschreibungen gute Maskendaten zu erzeugen. Dazu entwerfen wir die HILL-Sprache und entwickeln Algorithmen zum Kompaktieren, Legalisieren, Verdrahten, Simulieren und Testen. Zu Beginn der Förderperiode waren die Arbeiten am System so weit fortgeschritten, daß mit der (noch unbequemen) Erprobung an größeren Beispielen begonnen werden konnte. Ziel der Periode war es, die HILL-Sprache vollständig zu implementieren und das System als Testbett für unsere Algorithmen zu benutzen. Als Beispiele sollten Entwürfe aus den ersten Themenbereichen dienen. Wie erwartet, demonstrierten die anspruchsvollen Beispiele nicht nur die Stärken, sondern auch die Schwächen unserer Algorithmen und regten uns so zur Entwicklung neuer Algorithmen an. In praktisch allen im Finanzierungsantrag genannten algorithmischen Fragen erzielten wir auch neue Ergebnisse, die wir nun implementieren und erproben werden.

Im ersten Bereich wollten wir unsere Arbeiten über VLSI-gerechte Algorithmen und über globale Speicher in Rechnernetzen fortsetzen. Neu beginnen wollten wir Arbeiten über parallele Algorithmen.

In unserem Projekt sind Theorie und Experiment eng miteinander verzahnt. So führten etwa unsere Arbeiten über VLSI-gerechte Algorithmen und der Wunsch, diese auch realisieren zu können, zum Entwurf der HILL-Sprache und zu den ersten Arbeiten über Kompaktierung. Die damit durchgeführten Experimente regten neue theoretische Arbeiten über Kompaktierung mit automatischer Jogeinfügung, toroidale Kompaktierung, homotopische Verdrahtung, usw. an. Die theoretischen Einsichten werden nach ihrer Implementierung wieder ins System zurückfließen, ....

## 2. Arbeits- und Ergebnisbericht, Stand der Forschung und offene Probleme

Wir gliedern diesen Teil in zwei Themenbereiche. Im ersten Themenbereich (2.1.) behandeln wir die Grundlagen des parallelen und verteilten Rechnens und im zweiten Themenbereich (2.2.) behandeln wir das HILL-System und entwurfsunterstützende Algorithmen. Jeder der Bereiche ist in mehrere Themenkomplexe gegliedert, die wir einzeln diskutieren. Für jeden Themenkomplex stellen wir zunächst unsere Arbeiten und den Stand der Forschung dar und geben dann offene Fragen an. Aus diesen offenen Fragen erwachsen dann unsere Ziele für die nächste Förderperiode, die im Finanzierungsantrag dargestellt werden. Ferner geben wir für jeden Themenkomplex relevante Literatur, die Veröffentlichungen, die im Teilprojekt B2 entstanden sind, und die beteiligten Mitarbeiter an. Dabei bezeichnet D einen Diplomanden.

### 2.1. Paralleles Rechnen

Unter dieser Überschrift behandeln wir drei Fragenkomplexe.

### 2.1.1. VLSI-Komplexität und VLSI-gerechte Algorithmen (R. Fleischer (D), P. Lichter (D))

Wir setzten unsere Arbeiten über optimale Schaltungen für die grundlegenden arithmetischen Operationen fort. Insbesondere konstruierten Fürer/Mehlhorn $AT^2$-optimale Schaltungen für die Multiplikation in endlichen Körpern und Mehlhorn/

Preparata $AT^2$-optimale Schaltungen für die ganzzahlige Division. Während im ersten Fall optimale Schaltkreise für alle möglichen Laufzeiten $T$ mit $\log n \leq T \leq \sqrt{n}$ angegeben wurden, gelang dies im zweiten Fall nur für $(\log n)^{1+\epsilon} \leq T \leq \sqrt{n}$. Der Fall der zeit-optimalen Division bleibt also offen. Bilardi/Preparata beantworteten die Frage nach der Komplexität des Sortierens abschließend. Beth macht einen interessanten Vorschlag für die Multiplikation und Exponentiation sehr langer Schlüssel (ca. 1000 Bit) in endlichen Körpern; die Schaltung ist aber asymptotisch keineswegs optimal.

R. Fleischer erzielte untere Schranken für die Kommunikationskomplexität in Rechnersystemen, in denen $n$ Rechner über einen gemeinsamen Bus kommunizieren. Vorher war nur der Fall $n = 2$ behandelt. Insbesondere zeigt er, daß für die Berechnung von $f : x_1 \times \ldots \times x_n \rightarrow \{0,1\}$ mindestens *logrankf* Bits ausgetauscht werden müssen, wobei *rankf* der Tensorrang der $n$-dimensionalen $(0,1)$-Matrix $f$ ist.

P. Lichter entwarf eine Schaltung für das Skalarprodukt der Kulischarithmetik. Wir diskutieren diese Schaltung etwas ausführlicher, da sie in unserem Projekt die Rolle eines Teufelsadvokaten spielt, der die Schwächen unserer Werkzeuge offenlegt. Wir behandeln die durch die Schaltung angeregten Arbeiten im Abschnitt 2.2. Die Schaltung erwartet als Eingabe eine beliebige Anzahl von doppelt-genauen Gleitkommazahlen (54 Bit Mantisse, 10 Bit Exponent) und berechnet die zur *exakten* Summe dieser Gleitkommazahlen nächstgelegene Gleitkommazahl. Diese Operation ist zentral für die Kulischarithmetik und wird in existierenden Implementierungen in Soft- oder Firmware realisiert. Abb. 1 zeigt das Blockdiagramm und die ungefähre Geometrie der Schaltung. Die Schaltung arbeitet intern mit einem Akkumulator der Länge $32 \cdot 34 = 1088$ Bit; die Zellen des Akkumulators sind schlangenförmig in 34 Zeilen von je 32 Bit angeordnet. Jede Zelle besteht aus einem Volladdierer, einem Ein/Ausgabe-Multiplexer und drei Registern für jeweils ein Bit. In jedem Takt wird ein Paar $(m, e)$, bestehend aus einer 54 Bit Mantisse $m$ und einem 10 Bit Exponenten, eingelesen, die Mantisse wird an die durch den Exponenten $e$ angegebene Stelle des Akkufeldes geshiftet und dort zu der bereits aufgelaufenen Partialsumme addiert. Die Summation ist in einem Takt möglich, da die Partialsumme in redundanter Form (2 Bit pro Stelle) gehalten wird.

Der Shifter ist zweistufig ausgelegt. Wir schreiben $e = e_1 2^6 + e_2$ mit $0 \leq e_2 \leq 63$. In der ersten Stufe wird die Mantisse $m$ in einem gefalteten Barrelshifter um $e_2$ Stellen verschoben, und in der zweiten Stufe wird dann die gefaltete Mantisse in die richtigen Zeilen des Akkufeldes geschoben. Die zweite Stufe ist in das Akkufeld integriert und wird von einer Steuereinheit (im wesentlichen ein Binär-Unär Umwandler) gesteuert. Nach vollendeter Summation aller Eingaben wird zunächst das führende Bit des Ergebnisses bestimmt und dann das Ergebnis in Umkehrung des Einleseprozesses ausgegeben.

Einige Komponenten der Schaltung wurden als HILL-Programme entworfen, Abb. 2 zeigt einen Ausschnitt aus dem Akkufeld. Dabei wurde auf große Flexibilität geachtet; so ist es z.B. möglich, durch einfache Parameteränderung das Akkufeld in 17 Zeilen à 64 Bit auszulegen und den Shifter entsprechend anzupassen.

**Literatur**

[B] T. Beth: "Ein Krypthographieprozessor". Vortrag auf der Oberwolfachtagung "VLSI", 1987.

[BP] G. Bilardi, F.P. Preparata: "The Influence of Key Length on the Area-Time Comlexity of Sorting". Proc. of the 12th ICALP, pp. 53–62 (1985).

**Eigene Veröffentlichungen**

[F] R. Fleischer: "Kommunikationskomplexität von Mehrprozessorsystemen". Diplomarbeit (1987).

[FM] M. Fürer, K. Mehlhorn: "$AT^2$-Optimal Galois-Field Multiplier for VLSI". Proc. of AWOC, LNCS 227, pp. 217–225 (1986).

[L] P. Lichter: "Realisierung eines VLSI-Chip für das Gleitkomma-Skalarprodukt der Kulisch-Arithmetik". Diplomarbeit (1988).

[MP] K. Mehlhorn, F. P. Preparata: "Area-time Optimal Division for $T = \Omega((\log n)^{1+\epsilon})$". Information and Computation **75**. 1987, pp. 270–282.

[P] M. Porzberg: "VLSI-Implementierung eines schnellen Sortieralgorithmus basierend auf einem Netzwerk von Orthogonalen Bäumen". Diplomarbeit (1986).

[Z] P. Zell: "Integration der Kanaleinheit mit HILL und VENUS". Diplomarbeit (1987).

### 2.1.2. Parallele Algorithmen (T. Hagerup, Ch. Rüb)

Die Güte eines parallelen Algorithmus wird hauptsächlich durch zwei Faktoren bestimmt: die Laufzeit und den Hardwareaufwand. In dem PRAM Modell wird der Hardwareaufwand an der Anzahl benötigter Prozessoren gemessen. Da man mit $p$ Prozessoren bestenfalls hoffen kann, eine gegebene Berechnung $p$-mal schneller als mit einem Prozessor durchzuführen, nennt man einen parallelen Algorithmus, der Laufzeit $t(n)$ und $p(n)$ Prozessoren beansprucht, *optimal*, falls $t(n)p(n) = O(T(n))$, wobei $T(n)$ die Laufzeit des schnellsten bekannten sequentiellen Algorithmus bezeichnet.

Im Rahmen des Teilprojekts B2 wurde eine Reihe von optimalen oder fast-optimalen parallelen Graphalgorithmen entwickelt. Die Arbeit Jung/Mehlhorn behandelt die Berechnung von maximalen unabhängigen Knotenmengen in Bäumen und Graphen von begrenztem Grad, ein häufig vorkommendes Teilproblem in parallelen Berechnungen, sowie das effiziente parallele Verwalten von minimalen aufspannenden Bäumen in dynamischen Graphen. T. Hagerup behandelt in einer Reihe von Arbeiten Algorithmen, die auf der in der Praxis wichtigen Klasse der planaren Graphen arbeiten. Beispielsweise werden optimale Algorithmen für die folgenden Probleme beschrieben: Gegeben ein planarer Graph $G = (V, E)$,

1) bestimme die Zusammenhangskomponenten von $G$, d.h. berechne eine Funktion $F : V \to V$, so daß für alle $u, v \in V$ $F(u) = F(v)$ genau dann, wenn es einen Pfad in $G$ von $u$ nach $v$ gibt,
2) bestimme die zweifach zusammenhängenden Komponenten von $G$, d.h. berechne eine Funktion $B : E \to E$, so daß für alle $e_1, e_2 \in E$ mit $e_1 \neq e_2$ $B(e_1) = B(e_2)$ genau dann, wenn es einen einfachen Kreis in $G$ gibt, der $e_1$ und $e_2$ enthält,
3) berechne einen aufspannenden Baum von $G$, d.h. bestimme einen Teilgraphen von $G$, der ein Baum ist und alle Knoten von $G$ enthält,
4) berechne eine legale 5-Färbung von $G$, d.h. belege die Knoten von $G$ mit höchstens 5 Farben, so daß keine zwei benachbarten Knoten die gleiche Farbe bekommen.

Ferner wurde ein Beitrag zu dem Problem geleistet, sogenannte depth-first-search-Bäume in planaren Graphen parallel zu konstruieren. Es handelt sich hierbei um aufspannende Bäume einer speziellen Form, die besondere nützliche Eigenschaften besitzen. Unser Algorithmus ist schneller als seine Vorgänger (Goldberg/Plotkin/Shannon), benutzt allerdings auch eine hohe Anzahl von Prozessoren und ist nicht optimal.

Ein ebenfalls interessantes Gebiet sind parallele Algorithmen für geometrische Probleme. Hier wurde von Ch. Rüb ein Algorithmus zum Bestimmen aller Schnittpunkte von $n$ Liniensegmenten in der Ebene entwickelt, der in Zeit $O((1+\frac{k}{n})\log n \log\log n)$ mit $n$ Prozessoren läuft, dabei ist $k$ die Anzahl der Schnittpunkte. Die vorher bekannten Algorithmen waren nur in der Lage, *einen* Schnittpunkt zu finden, d.h. zu entscheiden, ob sich mindestens zwei der gegebenen Liniensegmente schneiden.

Sortieren ist ein fundamentales Problem. Dies gilt im parallelen vielleicht noch mehr als im sequentiellen Zusammenhang. Eine Vielzahl paralleler Algorithmen benutzt Sortieren als eine Subroutine. Für das äußerst häufig vorkommende Problem, kleine ganze Zahlen in logarithmischer Zeit zu sortieren, ist zwar ein probabilistischer (Reif), aber kein deterministischer optimaler Algorithmus bekannt. T. Hagerup stellte zum ersten Mal einen Algorithmus vor, der $n$ ganze Zahlen polynomieller Größe in Zeit $O(\log n)$ mit $o(n)$ Prozessoren sortieren kann. Die benötigte Prozessoranzahl ist $\Theta(n \log\log n/\log n)$. Ein auf der Hand liegendes offenes Problem ist, diese Zahl auf das optimale $O(n/\log n)$ zu reduzieren.

Zusammen mit D4 arbeiten wir über Algorithmen zur dynamischen Nachführung und Balancierung der dort verwendeten Unterteilungen des Raumes.

**Literatur**


[ACGOY] A. Aggarwal, B.Chazelle, L. Guibas, C. O'Dunlaing, C. Yap: "Parallel Computational Geometry". Proc. of the 26th FOCS, pp. 468–477 (1985).

[AG] M. Atallah, M. Goodrich: "Efficient Plane Sweeping in Parallel". Proc. of the 2nd ACM Symposium on Computational Geometry, pp. 216–255 (1986).

[ACG] M. Atallah, R. Cole, M. Goodrich: "Cascading Divide-and-Conquer: A Technique for Designing Parallel Algorithms". Tech. Rep. 665, Dept. of Comp. Sci., Purdue Univ. (1987).

[GPS] A.V. Goldberg, S.A. Plotkin, G.E. Shannon: "Parallel Symmetry-Breaking in Sparse Graphs". Proc. of the 19th STOC, pp. 315–324 (1987).

[R] J.H. Reif: "An Optimal Parallel Algorithm for Integer Sorting". Proc. of the 26th FOCS, pp. 496–504 (1985).


**Eigene Veröffentlichungen**


[HCD] T. Hagerup, M. Chrobak, K. Diks: "Parallel 5-Coloring of Planar Graphs". Proc. of the 14th ICALP, pp. 304–313 (1987).

[H1] T. Hagerup: "Towards Optimal Parallel Bucket Sorting". Information and Computation **75**, pp. 39–51 (1987).

[H2] T. Hagerup: "Optimal Parallel Algorithms on Planar Graphs". SFB-Bericht 16/1987.

[H3] T. Hagerup: "Planar DFS in $O(\log n)$ Parallel Time". SFB-Bericht 18/ 1987.

[JM] H. Jung, K. Mehlhorn: "Parallel Algorithms for Computing Maximal Independent Sets in Trees and for Updating Minimum Spanning Trees". IPL, to appear.

[R] Ch. Rüb: "Parallel Line Segment Intersection Reporting". SFB-Bericht 12/1987.

### 2.1.3. Globale Speicher in Rechnernetzen (T. Hagerup)

Eine *PRAM* besteht aus $p$ Prozessoren und einem globalen Speicher, auf den die Prozessoren gleichzeitig zugreifen können; ein *Rechnernetz* besteht aus $p$ Prozessoren, jeder mit einem lokalen Speicher, die durch ein Netzwerk verbunden sind, wobei jeder Prozessor nur eine konstante Anzahl von Nachbarn hat. PRAMs sind verhältnismäßig leicht zu programmieren, aber gelten als unmöglich zu bauen, während Rechnernetze realisierbar, aber umständlich zu programmieren sind. Daher stellt sich, genau wie bei dem Verhältnis zwischen höhere Programmiersprache und Maschinensprache, die Frage nach einer automatischen Übersetzung oder einer Simulation von PRAMs auf Rechnernetzen. Dabei muß näturlich eine Verlangsamung des Programmablaufs um einen gewissen Faktor, den sogenannten *Slowdown*, in Kauf genommen werden.

Diese Frage ist in den letzten Jahren von vielen Forschern behandelt, und wesentliche Fortschritte sind erzielt worden. Karlin/Upfal und (in vereinfachter Form) Ranade beschreiben eine probabilistische Simulation von PRAMs auf Rechnernetzen, die (mit hoher Wahrscheinlichkeit) einen (optimalen) Slowdown von $O(\log p)$ aufweist, und Upfal/Wigderson gaben eine deterministische Simulation mit einem Slowdown von $O((\log p)^2 \log\log p)$ an. Eine Weiterentwicklung (Alt/Hagerup/Mehlhorn/Preparata) der zuletzt genannten Simulation erzielt den besten bekannten deterministischen Slowdown von $O((\log p)^2)$; ferner wird in dieser Arbeit eine untere Schranke von $\Omega((\log p)^2/\log\log p)$ für den Slowdown bewiesen. Die wichtigsten offenen Fragen sind der Einfluß der Größe des globalen Speichers auf den Slowdown und die Praktibilität der Verfahren. So wissen wir bereits, daß eine deterministische Simulation mit Zeitverlust $O(\log p)$ möglich ist, wenn der globale Speicher nur Größe $O(p \log p)$ hat. Ein neues Modell wurde kürzlich von Luccio/Pietracaprina/Pucci vorgestellt. Es erlaubt der simulierenden Maschine mehr als $p$ Prozessoren, die allerdings sehr einfach und daher VLSI-gerecht gemacht werden können. Auch dieser Ansatz verdient es, gründlicher untersucht zu werden.

#### Literatur

[KU] A.R. Karlin, E.Upfal: "Parallel Hashing - An Efficient Implementation of Shared Memory". Proc. of the 18th STOC, pp. 160–168 (1986).

[LPP] F. Luccio, A. Pietracaprina, G. Pucci: "A New Scheme for the Deterministic Simulation of PRAM's in VLSI". Nota scientifica S-87-11, Giugno 1987.

[R] A.G. Ranade: "How to Emulate Shared Memory". Proc. of the 28th FOCS, pp. 185–194 (1987).

[UW] E. Upfal, A. Wigderson: "How to Share Memory in a Distributed System". Journal of the ACM **34**, pp. 116-127 (1987).

#### Eigene Veröffentlichungen

[AHMP] H. Alt, T. Hagerup, K. Mehlhorn, F.P. Preparata: "Deterministic Simulation of Idealized Parallel Computers on More Realistic Ones". SIAM Journal on Computing **16**, pp. 808–835 (1987).

## 2.2. HILL-Entwurfssystem und Algorithmen zum VLSI-Entwurf

Das HILL-Entwurfssystem dient uns als Experimentierumgebung für Layoutsprachen, Entwurfsmethodik und Entwurfsalgorithmen. Die entwickelten Konzepte und Algorithmen haben dabei über HILL hinaus allgemeine Bedeutung. Das System erlaubt uns und unseren Studenten, eigene Entwürfe bis zum CIF-Plot durchzuziehen.

Abb. 3 gibt eine Übersicht. Die wichtigsten Komponenten sind:

a) die HILL-Sprache, die uns erlaubt, Schaltungen in Form von prozeßunabhängigen Generatoren elegant und natürlich zu beschreiben (vgl. Abb. 4 und 5),
b) der Graphikeditor, der es gestattet, HILL-Programme zu zeichnen (vgl. Abb. 7),
c) die Verdrahtungsalgorithmen und die Generatoren, die Schaltungsteile selbständig erzeugen (vgl. Abb. 8),
d) der Kompaktierer, der unter Berücksichtigung der Entwurfsregeln den Platzbedarf optimiert (vgl. Abb. 6),
e) der Simulator, der eine Switch-Level-Simulation durchführt,
f) die Schnittstelle zu VENUS, die es erlaubt, in HILL entworfene Schaltungen alternativ mit Hilfe von VENUS zu realisieren (vgl. Abb. 6b),
g) die Schnittstelle zu CADIC, die es gestattet, in CADIC entworfene Schaltungen mit Hilfe von HILL zu realisieren (vgl. Abb. 9).

Die verschiedenen Komponenten kommunizieren über eine zentrale Datenstruktur: die hierarchische Layoutbeschreibung.

Die Teile a) und b) dienen der Beschreibung von Schaltungen, die Teile c), d) und e) der Optimierung, und f) und g) sind Schnittstellen. Der Beschreibungs- und der Optimierungsteil können auch unabhängig voneinander benutzt werden. So bietet der Spezifikationsteil unter Benutzung der VENUS-Schnittstelle eine alternative Benutzeroberfläche für VENUS, und die Optimierungsteile können benutzt werden, um CADIC Entwürfe in Maskendaten umzusetzen.

Hierarchie ist ein wichtiges Konzept in modernen Entwurfssystemen. Einige unserer Algorithmen (Legalisieren, Schaltungsextraktion im Simulator, HILL-Laufzeitsystem und Editoren) nutzen die Hierarchie in der im Bericht von B1 besprochenen Form aus. Trotzdem ist es notwendig, auch nicht-hierarchische Layouts beachtlicher Größe zu verarbeiten. So besteht etwa der Lichter'sche gefaltete Shifter aus relativ großen Stufen, die sich nicht auf natürliche Weise weiter unterteilen lassen. Dies zwingt uns zur nicht-hierarchischen Verarbeitung von Layouts bis zu einer Größe von etwa 100.000 Rechtecken. Derart große Layouts entstehen außerdem durch Werkzeuge, die nicht-hierarchische Beschreibungen erzeugen.

Das System ist seit 1985 benutzbar und wird ständig erweitert. Wir haben bereits Installationen auf VAX 11/780 und Siemens 7570 (in Saarbrücken) und SUN (in Paderborn), eine Version für Apollo (Kaiserslautern) ist in Arbeit.

Wir diskutieren nun die einzelnen Komponenten.

### 2.2.1. HILL-Entwurfssprache und Entwurfsmethodik (W. Rülling)

HILL-Programme sind prozeßunabhängige Layoutgeneratoren, da die Layoutbeschreibung symbolisch erfolgt und erst der Kompaktierer daraus gemäß den Entwurfsregeln, die er einem Technologiefile entnimmt, Maskendaten erzeugt. Ein Entwerfer kann HILL auf (mindestens) drei verschiedene Arten nutzen.

1) Er schreibt ein HILL-Programm für eine einzelne Zelle, z.B. die im Lichter'schen Akkufeld benutzte Blattzelle. Diese Nutzungsart ist konventionell und entspricht einem Stickeditor.

2) Er schreibt ein HILL-Programm für eine Schaltungsfamilie, z.B. Vergleicher, Addierer, Multiplizierer für beliebiges $n$, Transistoren beliebiger Größe, Akkumulatorfelder beliebiger Dimensionierung, gefaltete Barrelshifter mit beliebiger Permutation der Ausgänge. Diese und andere Beispiele haben wir schon realisiert. Schaltungsfamilien kann man auf allen Entwurfsebenen definieren, z.B. kann man einen Transistorgenerator (Abb. 5), aber auch einen Vergleichergenerator (Abb. 4) schreiben.

   HILL verfügt über ein flexibles Zellkonzept, und daher kann eine Generatordefinition natürlich den Aufruf eines anderen Generators enthalten. So ruft in Abb. 4 *comp*($n$) etwa *combine*($n$) auf. Während in *comp*($n$) der Parameter $n$ die Anzahl der Eingänge bezeichnet, benutzen wir ihn in *combine*($n$) zur Dimensionierung der Transistoren. Eine weitere Möglichkeit, Parameter einzusetzen, ist die Auswahl von Layoutvarianten, z.B. kann man die Schicht, in der eine bestimmte Leitung zu führen ist, als Parameter angeben und so eine Layoutvariante in Abhängigkeit vom Verwendungsort aussuchen. Dies wird etwa in der CADIC-HILL-Schnittstelle benutzt, um die Anzahl der Kontakte zu reduzieren. Das Konzept der kontextabhängigen Zellen erlaubt es sogar, einen Teil der Parameter automatisch zu erzeugen, z.B. den Typ eines Kontaktes in Abhängigkeit von den Schichten der zu verbindenden Drähte.

3) Er schreibt ein HILL-Programm, um direkt Layout aus funktionaler Beschreibung zu generieren. Ein Beispiel ist etwa der Weinberger-Array-Generator, der aus Booleschen Formeln Weinberger Arrays zu deren Berechnung erzeugt; vgl. Abb. 8. In diesem Generator wird die Min-Cut Heuristik von Kernighan-Lin benutzt, um ein flächengünstiges Layout zu erzeugen.

Die HILL-Sprache ist *technologieunabhängig*. Zum einen können auch die Grundzellen (z.B. Kontakte und Transistoren) mit Hilfe der Sprache definiert werden, zum anderen kann man auch extern definierte Zellen in der Sprache aufrufen. Es muß dann nur ihre Randbeschreibung bekannt gemacht werden. Beispiele für die beiden Vorgehensweisen sind die Abbildungen 6a und 6b. In Abb. 6a wurden die von uns definierten NMOS-Grundzellen benutzt, in Abb. 6b dagegen die Grundzellen von VENUS. Im Augenblick definieren wir auf Wunsch von B4 auch CMOS-Grundzellen in HILL. Diese können dann auch benutzt werden, um über die CADIC-HILL-Schnittstelle realisierte NMOS-Layouts (vgl. Abb. 9) auch in CMOS zu generieren.

Für die Umsetzung der in HILL geschriebenen Layoutgeneratoren in hierarchische symbolische Layoutbeschreibungen (vgl. Abb. 3) benutzen wir den HILL-Compiler, der ausführbare Programme erzeugt. Diese generieren dann mit Hilfe des Laufzeitsystems für vorgegebene aktuelle Parameter die gewünschten Layoutbeschreibungen, vgl. Abb. 6.

Zu Beginn der Förderperiode verarbeitete der HILL-Compiler nur eine stark eingeschränkte Syntax und erkannte kaum Fehler. Diese Version reichte zwar aus, um die Arbeitsweise des Systems zu demonstrieren, konnte aber nur von eingearbeiteten Benutzern verwendet werden. Inzwischen ist der volle in der Sprachdokumentation [R] beschriebene Sprachumfang implementiert. Die Sprache kann nun auch von ungeübten Benutzern eingesetzt werden. Wegen der Eleganz und Natürlichkeit der Beschreibungen (vgl. Abb. 4) arbeiten sich Neulinge schnell ein.

Für die Realisierung großer Layoutbeispiele ist es erforderlich, daß der Entwerfer Teile des Layouts separat beschreiben kann. Dazu haben wir den HILL-Compiler so erweitert, daß er neben vollständigen Programmen auch einzelne Module getrennt übersetzen kann, die dann anschließend zusammengebunden werden. Damit ergibt sich in der Praxis eine drastische Reduzierung der Übersetzungszeiten, durch die auch große Entwürfe handhabbar werden.

Bei der Ausführung der Programme findet eine hierarchische Konsistenzprüfung statt, die dem Benutzer beispielsweise Plazierungsfehler meldet, durch die sich unverträgliche Schichten gegenseitig überlappen. Zur Darstellung der Fehlerstellen und zur Demonstration der Arbeitsweise von Layoutgeneratoren gibt es eine graphische Ausgabe der symbolischen Layouts.

Als besonders wichtig hat sich auch der hierarchische Test elektrischer Netze herausgestellt. Er erlaubt es, Kurzschlüsse und fehlende Verbindungen auch in komplexen hierarchischen Layouts zu lokalisieren.

Wir verwenden die HILL-Sprache für unsere eigenen Entwürfe (Skalarprodukt (vgl. 2.1.1.) und Sortierchip) und in Praktika und Vorlesungsübungen. Die Paderborner Arbeitsgruppe von Th. Lengauer verwendet sie in ähnlicher Weise. Ferner verwenden wir sie als Schnittstelle zu CADIC. Ab 1988 werden wir sie in Zusammenarbeit mit B4 auch benutzen, um Generatoren für PLAYOUT zu schreiben. In dieser Zusammenarbeit werden wir versuchen, Zellen mit ihrem Aspect Ratio zu parametrisieren.

Ähnliche Ziele wie HILL verfolgen die Systeme VIVID (Rosenberg et al., MCNC), IDA (Hill et al., Bell Labs), Layla (Cory, Silvar-Lisco) und LAVA (Eichenberger, Stanford).

**Literatur**

[C] W.E. Cory: "Layla: A VLSI Layout Language". DA 85, pp. 245–251.

[E] P. Eichenberger: "Fast Symbolic Layout Translation for Custom VLSI Integrated Circuits". Ph.D. dissertation, Stanford University, 1986.

[RRD] C.D. Regers, J.B. Rosenberg, S.W. Daniel: "MCNC's Vertically Integrated Symbolic Design System". DA 85, pp. 62–68.

[HFL] D.D. Hill, J.P. Fishburn, M.D.P. Leland: "Effective Use of Virtual Grid Compaction in Macro-Modul Generators". DA 85, pp. 777–780.

**Eigene Veröffentlichungen**

[HR] T. Hagerup, W. Rülling: "A Generalized Topological Sorting Problem". Proc. of the AWOC, LNCS 227, pp. 261–270 (1986).

[R] W. Rülling: "Einführung in die Chip-Entwurfssprache HILL". SFB-Bericht 04/1987.

### 2.2.2. Graphik (M. Heitkamp (D), W. Rülling)

Kann man Layoutgeneratoren zeichnen? M. Heitkamp hat einen Editor entwickelt, der dies in einem gewissen Umfang erlaubt. Er baut dabei auf den Ideen von Clarke/Feng auf. Die natürlichste Art, die in Abb. 6a dargestellte Vergleicherschaltung zu spezifizieren, ist die Zeichnung in Abb. 7a. Diese Zeichnung ist mit Hilfe des Heitkamp-Editors erstellt. Der Editor erkennt in dieser Zeichnung die rekursive Definition der Zelle *comp* und generiert daraus in Abhängigkeit vom Parameter $n$ die gleichen Layouts wie das HILL-Programm in Abb. 4.

Neben Rekursionen kennt der Editor auch Iterationen. Dazu gibt der Benutzer für $n$ gleichartige Layoutteile nur das erste und letzte, sowie ein typisches mittleres Objekt an, und der Editor generiert daraus das entsprechende Layout für beliebige vorgegebene Werte $n$. Als Beispiel ist in Abb. 7b die Beschreibung eines Sortierers nach dem Odd-Even-Merge Verfahren dargestellt, wie er in den Editor eingegeben werden kann. Nach Auflösung der Iteration generiert der Editor beispielsweise die Darstellung in Abb. 7c.

**Literatur**

[CF] E. Clarke, Y. Feng: "Escher, A Geometric Layout System for Recursively Defined Circuits". Department of Computer Science, Carnegie Mellon University, 1985.

**Eigene Veröffentlichungen**

[H] M. Heitkamp: "Ein Intelligenter Graphik-Editor für Stickdiagramme". Diplomarbeit, 1987.

### 2.2.3. Legalisierung (W. Rülling, Th. Schilz (D))

Das HILL-Laufzeitsystem erzeugt hierarchische, symbolische Layouts, die zunächst einmal in legale, d.h. die Entwurfsregeln erfüllende, geometrische Layouts überführt werden müssen. Wir nennen diese Aufgabe das *Legalisierungsproblem.* Dieses Problem stellt sich in allen Systemen, die auf der Ebene von Stickdiagrammen arbeiten, tritt aber bei uns aus zwei Gründen in besonderer Schärfe auf. Zum einen können wir auch Grundelemente wie etwa Transistoren unter Angabe von geometrischen Restriktionen symbolisch entwerfen, zum anderen entwerfen wir hierarchische Stickdiagramme, die komplexe Zellen als Bausteine enthalten können.

Wir verwendeten zunächst (bis zu Beginn der Förderperiode) einen auf Plane-sweep beruhenden Ansatz, der nur funktioniert, wenn Grundzellen höchstens einen Anschluß auf jeder Seite haben, und in ähnlicher Form auch in anderen Systemen benutzt wird, z.B. STICKS oder LAVA. Allerdings verfeinerten wir den klassischen Ansatz in zwei Richtungen: Zum einen kombinierten wir ihn mit dem von Th. Lengauer vorgeschlagenen Verfahren für die Verarbeitung hierarchischer Graphen, zum anderen läuft das Plane-sweep Verfahren auch mit Hintergrundspeicher. So können auch sehr große nicht-hierarchische Layouts mit 100.000 Komponenten legalisiert werden.

Das klassische Verfahren versagt, wenn Grundzellen mehrere Anschlüsse pro Seite haben können. Das Comparator-Beispiel aus Abbildung 6a zeigt jedoch, daß solche Grundzellen in der Praxis gebraucht werden. Dort haben beispielsweise die Transistoren mehrere Anschlüsse am linken und rechten Rand. Bei Verwendung derartiger Grundzellen ist das Legalisierungsproblem sogar NP-schwer, wie von W. Rülling gezeigt wurde ([R1]). Allerdings haben W. Rülling und Th. Schilz eine Heuristik entwickelt, die sich sehr gut bewährt hat und alle bisher erzeugten symbolischen Layouts legalisieren konnte. Diese Heuristik hat die Laufzeit $O(n^2)$.

Werden wir noch Überraschungen erleben? Wahrscheinlich nicht, denn W. Rülling hat eine Klasse von ***gutartigen*** Layoutbeschreibungen definiert, für die der Algorithmus beweisbar funktioniert und in Zeit $O(n^3)$ läuft ([R2]). Die Klasse der gutartigen Layoutbeschreibungen ist so allgemein, daß sie wahrscheinlich alle in der Praxis auftretenden Layouts umfaßt.

**Literatur**

[W] J.D. Williams: "STICKS - A Graphical Compiler for High Level LSI Design". National Computer Conference, pp. 289–295 (1978).

[L] Th. Lengauer: "Exploiting hierarchy in VLSI design", Technischer Bericht Nr. 35, Universität-Gesamthochschule Paderborn, 1987.

**Eigene Veröffentlichungen**

[R1] W. Rülling: "Constructing Legal Layouts from Stick Diagrams is an NP-Complete Problem". SFB-Bericht 09/1986.

[R2] W. Rülling: "Konstruktion legaler Layouts im HILL System". in Vorbereitung.

[S] Th. Schilz: "Hierarchische Legalisierung - Generierung von Layouts aus Stickdiagrammen". Diplomarbeit in Vorbereitung.

### 2.2.4. Kompaktierung (St. Näher, W. Rülling, Ch. Storb, Th. Schilz (D))

Effiziente Kompaktierungsverfahren spielen beim VLSI-Entwurf eine entscheidende Rolle. Sie entlasten den Entwerfer, da er sich nicht mehr um alle Einzelheiten der Design-Regeln kümmern muß, und sie sorgen für ein möglichst kleines und kompaktes Layout.

Wir verwendeten zunächst das Verfahren von Th. Lengauer und J. Doenhardt ([LD]), das das eindimensionale Kompaktierungsproblem auf die Erzeugung eines linearen Ungleichungssystems durch Plane-Sweep und Lösen dieses Systems durch einen Längste-Wege-Algorithmus zurückführt.

Vorteile unserer Realisierung sind:

- Das Verfahren kann inzwischen auch nicht-hierarchische Layouts in der Größenordnung von 100.000 Komponenten verarbeiten.
- Wenn die vom Benutzer gewünschten geometrischen Restriktionen nicht vom Kompaktierer realisiert werden können, werden die kritischen Teile des Layouts graphisch angezeigt.
- Das Verfahren funktioniert für Technologien mit beliebig vielen Schichten und kann sowohl für NMOS als auch für CMOS eingesetzt werden.
- Die Kontaktierungsstellen von Leitungen an Transistoren und Kontakten müssen nicht fest vorgegeben werden und können daher zur Flächenminimierung verschoben werden.

Das Verfahren hat allerdings auch Schwächen:

1) Es optimiert nur die Länge des kritischen Pfades und plaziert Komponenten außerhalb dieses Pfades in naiver Weise.
2) Es arbeitet nicht hierarchisch und kann daher trotz unserer guten Implementierung das Lichter'sche Akkufeld nicht verarbeiten.
3) Es fügt keine *Jogs* (Leitungsknicke) ein und verschwendet so Fläche.

Für alle drei Probleme haben wir neue Resultate erzielt, die eine weitere Verbesserung der Kompaktierung erwarten lassen.

Bereits in der letzten Förderperiode entwickelte Ch. Storb einen Algorithmus, der die Komponenten außerhalb des längsten Weges so plaziert, daß die gewichtete Leitungslänge (= Gesamtwiderstand) minimiert wird. Dieser Algorithmus wurde implementiert und ins System integriert. Er liefert deutliche Verbesserungen der Layouts, wie Abb. 10 illustriert.

Für die hierarchische Kompaktierung lag ein Vorschlag von Lengauer ([L]) vor, der die klassische Methode der eindimensionalen Kompaktierung auf hierarchische Layouts erweitert.

Bei dieser Methode wird das Längste-Wege-Problem in einem hierarchisch beschriebenen Graph gelöst. Dabei erhält man die gleiche Lösung wie bei der nicht-hierarchischen Vorgehensweise, benötigt jedoch eine geringere Laufzeit und weniger Speicherplatz.

Da verschiedene Vorkommen einer Zelle unterschiedlich kompaktiert werden, steht dem Effizienzvorteil jedoch als gravierender Nachteil gegenüber, daß die Lösungen nicht-hierarchische Layouts sind und deshalb eine weitere hierarchische Verarbeitung (z.B. Kompaktierung in der zweiten Richtung, Leitungslängenminimierung) nicht möglich ist.

Aus diesem Grund löst der Ansatz das hierarchische Kompaktierungsproblem nicht. Wir haben zwei neue Verfahren erarbeitet.

W. Rülling und Th. Schilz erzeugen ein hierarchisches Ungleichungssystem, in dem verschiedene Vorkommen der gleichen Zelle durch Periodizitätsconstraints verknüpft sind. Dieses System wird dann mit Hilfe des Simplexalgorithmus gelöst. Da die erzeugten Systeme bei regulären Layouts klein sind, sollte es möglich sein, auf diese Weise das Lichter'sche Akkufeld zu kompaktieren. Das Verfahren befindet sich im Augenblick in der Erprobung.

Ein alternativer Vorschlag, der allerdings auf 1- und 2-dimensionale Prozessorfelder zugeschnitten ist, stammt von K. Mehlhorn/W. Rülling [MR] und (unabhängig davon) in ähnlicher Form von Eichenberger/Horowitz. Unser Verfahren läuft in Zeit $O(n^2 \log n)$ und findet den Torus kleinsten Umfangs, auf dem der Prozessor eingebettet werden kann; Eichenberger/Horowitz haben ihr Verfahren nicht analysiert. Abb. 2 ist mit einer Variante dieses Algorithmus erzeugt. Die toroidale Betrachtungsweise scheint von allgemeiner Bedeutung für die Optimierung von Prozessorfeldern. Erste Ergebnisse wurden von B. Becker, P. Molitor (beide B1) und W. Rülling erzielt.

Es gibt bereits Kompaktierer, die Jogs einfügen. Dies wird entweder interaktiv (Hsueh, Williams) oder automatisch (Williams, Scott/Ousterhout, Xiong) durchgeführt. Allerdings sind die Prozeduren ad-hoc und ohne garantierte Performanz. Um diese Schwierigkeiten zu umgehen, entwickelte Maley ein vollkommen neues Kompaktierungsverfahren, das sich die Effizienz von homotopischen Routing-Algorithmen (vgl. 2.2.5.) zunutze macht. Maley faßt eine gegebene Verdrahtung als globale Verdrahtung auf, d.h. ihre Geometrie darf verändert werden, nicht jedoch ihre Topologie. Damit wird das gegebene Layout zu einer Layoutskizze aus Modulen und globaler Verdrahtung zwischen den Modulen. Maley präsentiert einen Algorithmus, der die Module in Zeit $O(n^4)$ möglichst eng zusammenschiebt, so daß die Layoutskizze immer noch verdrahtbar ist ($n$ ist die Größe des Layout). Dann wird ein homotopischer Router benutzt, um die geometrische Verdrahtung hinzuzufügen, vgl. Abb. 11.

Mehlhorn und Näher vereinfachten den Algorithmus von Maley und verbesserten die Laufzeit auf $O((n^2 + k) \log n)$, wobei $k$ ein Maß dafür ist, wie sehr die Layoutskizze während der Kompaktierung verändert wird. Es gilt stets $k = O(n^3)$, aber in den meisten praktischen Anwendungen gilt $k = O(n^2)$, so daß eine Laufzeit von $O(n^2 \log n)$ zu erwarten ist. Damit sollten Layouts mit $n \approx 1000$ behandelbar sein.

Die Vereinfachung des Algorithmus vergrößert auch seine Anwendbarkeit. Er unterstützt nun *Plowing* (s. Abb. 12), das es erlaubt, Layouts interaktiv in sehr mächtiger Weise zu manipulieren, vgl. Scott/Ousterhout. Unsere Plowing Operation ist allgemeiner als der Ansatz in [SO], da sie auf der symbolischen statt der geometrischen Ebene arbeitet und so größere Flexibilität erlaubt, und da die Plowing-Richtung beliebig ist. Die in unserem Algorithmus benutzte Datenstruktur hat allgemeinere Verwendungsmöglichkeiten. Sie ist eine Alternative zu der von Dai, Sato und Kuh vorgeschlagenen Struktur zur dynamischen Verwaltung von Building-Block-Layouts (= Skizzen in unserem Sprachgebrauch). Für den Spezialfall der Kompaktierung eines Kanals in Längsrichtung zeigt R. Kolla (B1), daß man neben der Kanallänge auch die Gesamtdrahtlänge in Zeit $O(n \log n)$ minimieren kann. Es ist offen, ob sich seine Vorgehensweise verallgemeinern läßt.

Viele Kompaktierungsalgorithmen verlangen die Lösung großer Längste-Wege-Probleme. Da diese Probleme genau dann lösbar sind, wenn im gegebenen Graph keine Zyklen mit positivem Gewicht existieren, ist es von Interesse, solche Zyklen schnell zu finden. Dafür haben Spirakis und Tsakalidis einen effizienten Test angegeben [ST].

Mehlhorn und Schmidt haben in [MS] eine Graphenklasse charakterisiert, für die der Bellman-Ford-Algorithmus in Linearzeit läuft, und schließlich entwickelten Ahuja, Mehlhorn, Orlin und Tarjan [AMOT] einen neuen schnellen Algorithmus für das Längste-Wege-Problem mit ganzzahligen Kantenkosten.

**Literatur**


[DSK] W.R. Dai, M. Sato, E.S. Kuh: "A Dynamic and Efficient Representation of Building-Block Layout", DA 87, pp. 376–384.

[E] P. Eichenberger, M. Horowitz,: "Toroidal Compaction of Symbolic Layout for Regular Structures". ICCAD 1987, pp. 142–145.

[H] M.Y. Hsueh: "Symbolic Layout and Compaction of Integrated Circuits". Ph.D. Thesis, EECS Division, Univ. of California, Berkeley, 1979.

[I] H. Imai: "Notes on the One-Dimensional Compaction Problem of LSI Layout Viewed from Network Flow Theory and Algorithms". Technical Report, CSCE-86-C06, Kyushu Univ., Fakuoka, Japan, 1986.

[K] R. Kolla: "Spezifikation und Expansion logisch-topologischer Netze". Dissertation, 1986.

[L] Th. Lengauer: "The Complexity of Compacting Hierarchically Specified Layouts of Integrated Circuits". 23th FOCS (1982), pp. 358–369.

[LD] Th. Lengauer, J. Doenhardt: "Algorithmic Aspects of One-Dimensional Layout Compaction". IEEE Transactions on CAD, 1987, pp. 863–878.

[M] F.M. Maley: "Compaction with Automatic Jog Introduction". 1985 Chapel Hill Conf. on VLSI.

[SO] W.S. Scott, J.K. Ousterhout: "Plowing: Interactive Stretching and Compaction in MAGIC". Proc. of the 21th Design Automation Conference, pp. 166–172 (1984).

[W] J.D. Williams: "STICKS - A Graphical Compiler for High Level LSI Design". National Computer Conference, pp. 289–295 (1978).

[X] X-M. Xiong: "Optimized One-Dimensional Compaction of Building-Block Layout". Berkeley Memorandum UCB/ERL M87/45 (1987).


**Eigene Veröffentlichungen**


[AMOT] R.K. Ahuja, K. Mehlhorn, J.B. Orlin, R.E. Tarjan: "Faster Algorithms for the Shortest Path Problem (An Extended Abstract)".

[MN] K. Mehlhorn, St. Näher: "A Faster Compaction Algorithm with Automatic Jog Insertion". Proc. of the 5th MIT Conf. on Adv. Res. in VLSI (1988).

[MR] K. Mehlhorn, W. Rülling: "Compaction on the Torus". SFB-Bericht 04/1988.

[R] W. Rülling: "Spezielle Probleme beim Kompaktieren". VLSI-Workshop, Gut Ising, Juni 1987.

[ST] P. Spirakis, A. Tsakalidis: "A Very Fast, Practical Algorithm for Finding a Negative Cycle in a Digraph". Proc. of the 13th ICALP (1986)

[MS] K. Mehlhorn, B. Schmidt: "On BF-orderable Graphs". Discrete Applied Mathematics 15, pp. 315–327. (1986)


### 2.2.5. Verdrahtung (Gao, Kaufmann, Storb, Müller (D))

Wir arbeiten über homotopische Verdrahtungsprobleme, globale Verdrahtung und Kanalverdrahtung.

Ein *homotopisches Verdrahtungsproblem* ist gegeben durch eine Verdrahtungsskizze, d.h. durch eine Menge von in der Ebene plazierten Modulen und globale Verläufe der Drähte. Die

Aufgabe lautet, die globale Verdrahtung in eine detaillierte Verdrahtung in einem vorgegebenen Verdrahtungsmodell umzuwandeln, vgl. Abb. 11.

Betrachten wir zunächst das Einschichtmodell, d.h. die Drähte sind kreuzungsfrei. Leiserson/Maley und Maley lösten das Problem für das Gittermodell und für polygonale Drähte. Gao, Jerrum, Kaufmann, Mehlhorn, Rülling, Storb behandeln den allgemeinsten Fall, bei dem Drähte vollkommen frei in der Ebene verlegt werden können. Dies ermöglicht eine weitere Verkürzung der Drähte, sowie u. U. die Konstruktion einer Verdrahtung zu Problemen, die im obigen Modell nicht lösbar sind. So ist das Problem aus Abb. 11b im rechtwinkligen Modell nicht lösbar. Unser Algorithmus verallgemeinert die Trichtermethode von Tompa, die dieser für das entsprechende Kanalverdrahtungsproblem entwickelt hatte. Der Algorithmus ist schnell genug, um bei realen Entwürfen Anwendung zu finden.

Im Knockkneemodell sind Drähte kantendisjunkte Wege, vgl. Abb. 13. Kaufmann/Mehlhorn verfeinerten ihre Lösung und zeigten, daß im Gitterfall eine Lösung in Linearzeit konstruiert werden kann. Kaufmann verallgemeinerte den Algorithmus auf Gitter mit Diagonalen. Gegenbeispiele zeigen, daß eine direkte Verallgemeinerung auf planare Graphen nicht möglich ist, doch sind Algorithmen für Spezialfälle (Schrijver/v. Hoesel, Suzuki/Nishezeki/Saito), bzw. für den allgemeinen Fall, wenn eine Aufteilung der Netze in Bruchstücke erlaubt ist (Schrijver), gefunden worden.

Wie findet man nun die von einem homotopischen Router geforderte globale Verdrahtung? Hier haben wir zwei Ergebnisse vorzuweisen. Ein sehr populärer Ansatz, der z.B. in VENUS benutzt wird, konstruiert für jedes Netz einen Steinerbaum. Hierfür gibt Mehlhorn [M] einen neuen Näherungsalgorithmus, der einfacher und schneller ist als alle bekannten. Die Schwäche des Steinerbaumansatzes ist seine lokale Sicht; die Netze werden nacheinander und isoliert betrachtet und nicht in ihrer Gesamtheit. Kaufmann und Müller [Mü] verallgemeinerten den Algorithmus von Burstein und Pelavin; ihr Algorithmus betrachtet stets alle Netze. Abb. 13a zeigt eine globale Verdrahtung, die mit ihrem Algorithmus erzeugt wurde.

Das klassische Verdrahtungsproblem ist der Kanal. Obwohl eine Fülle von Resultaten erzielt wurde, z.B. Berger, Brady, Brown und Leighton, Brady und Brown, Preparata und Lipski, Mehlhorn, Preparata und Sarrafzadeh, blieb ein zentrales Problem viele Jahre offen: Brauchen Mehrpunktnetze im schlechtesten Fall doppelt soviele Spuren wie Zweipunktnetze? Gao und Kaufmann lösten das Problem und zeigten, daß der Faktor 3/2 statt 2 ausreicht. Ihr Ansatz ist sehr allgemein und funktioniert für fast alle bisher betrachteten Verdrahtungsmodi: Knockknee, Manhattan, Overlap, ....

Neben diesen theoretischen Arbeiten bauen wir in Praktika und Diplomarbeiten ein System für das Chipassembly auf. Insbesondere implementieren wir einen Editor zur Eingabe von Kanal- und homotopischen Verdrahtungsproblemen, einige Kanalverdrahter (vgl. Abb. 14), den homotopischen Verdrahter von Leiserson/Maley, unsere homotopischen Verdrahter, einen globalen Verdrahter, den Kompaktierer mit automatischer Jogeinfügung von Maley, einen 2-dimensionalen Kompaktierer von Kedem/Watanabe und unsere Verbesserungen davon. Wir werden diese Werkzeuge mit HILL (HILL erzeugt die Module) und PLAYOUT (PLAYOUT plant) kombinieren.

## Literatur


[BB] M. Brady, D. Brown: "Optimal Multilayer Channel Routing with Overlap". Proc. of the 4th MIT Conf. on Adv. Res. in VLSI, pp. 281–298 (1986).

[BBBL] B. Berger, M. Brady, D. Brown, F.T. Leighton: "Nearly Optimal Algorithms and Bounds for Multilayer Channel Routing". Typescript, MIT (1986).

[BP] M. Burstein, R. Pelavin: "Hierarchical Wire Routing". IEEE Transactions on CAD, Vol. CAD-2, No. 4, 1983.

[H] C. van Hoesel: "Routing and Multicommodity Flows in Planar Graph". Master Thesis, Eindhoven (1986).

[HS] C. van Hoesel, A. Schrijver: "Edge-Disjoint Homotopic Paths in a Planar Graph with One Hole". Technical Report, Amsterdam (1986).

[L] F.T. Leighton: "A Survey of Problems and Results for Channel Routing". Typescript, MIT (1986).

[LM] C. Leiserson, F.M. Maley: "Algorithms for Routing and Testing Routability of Planar VLSI Layouts". Proc. of the 17th STOC (1985).

[M] F.M. Maley: "Single-Layer Routing". Dissertation, MIT (1987).

[S1] A. Schrijver: "Edge-Disjoint Homotopic Paths in Straight-Line Planar Graphs". Technical Report, Tilburg University (1987).

[S2] A. Schrijver: "Decomposition of Graphs on Surfaces and a Homotopic Circulation Theorem". Technical Report, Tilburg University (1986).

[SNS] H. Suzuki, T. Nishizeki, N. Saito: "Multicommodity Flows in Planar Undirected Graphs and Shortest Paths". Proc. of the 17th STOC (1985).

[T] M. Tompa: "An Optimal Solution to a Wire-Routing Problem". Journal of Computer and System Siences **23** (1981).

**Eigene Veröffentlichungen**

[GJKMRS] S. Gao, M. Jerrum, M. Kaufmann, K. Mehlhorn, W. Rülling, C. Storb: "Continuous Homotopic One-Layer Routing". Universität des Saarlandes (1987).

[GM] S. Gao, M. Kaufmann: "Channel Routing of Multiterminal Nets". Proc. of the 28th FOCS (1987).

[K1] M. Kaufmann: "A Linear-Time Algorithm for Routing in a Convex Grid". SFB-Bericht 14/1987.

[K2] M. Kaufmann: "Über Lokales Verdrahten von Zwei-Punkt-Netzen". Dissertation, Universität des Saarlandes (1987).

[KM1] M. Kaufmann, K. Mehlhorn: "On Local Routing of Two-Terminal Nets". STACS 87, LNCS Vol. , pp.

[KM2] M. Kaufmann, K. Mehlhorn: "A Linear-Time Algorithm for the Local Routing Problem". SFB-Bericht (1988).

[M] K. Mehlhorn: "A Faster Approximation Algorithm for the Steiner Problem in Graphs", IPL, to appear.

[Mü] N. Müller: "Ein Algorithmus zur Bestimmung einer Globalen Verdrahtung". Diplomarbeit (1986).

### 2.2.6. Simulation (Näher)

Der benutzte switch-level Simulator wurde von Th. Lengauer und St. Näher [LN] beschrieben. In dieser Förderperiode wurde die Benutzeroberfläche weiter verbessert. Der Benutzer kann jetzt Pins, Layoutkomponenten und Signale über ihre in der hierarchischen HILL-Beschreibung des Layouts verwendeten Bezeichner ansprechen.

### Literatur

[LN] Th. Lengauer, St. Näher: "An Analysis of Ternary Simulation as a Tool for Race Detection in Digital MOS Circuits". Technischer Bericht 37, Universität-Gesamthochschule Paderborn, 1987.

### 2.2.7. Testen (N. Blum, Th. Winter, S. Maréchaux (D))

Die Arbeiten in B1 und B2 zum Thema Testen sind komplementär. Während sich B1 auf das Testproblem in speziellen Schaltungen konzentriert, arbeiten wir über allgemeine Schaltungen. In der laufenden Förderperiode wollten wir

1. einen von N. Blum entwickelten, neuen Algorithmus für die Testmustergenerierung implementieren und erproben,
2. einen effizienteren Algorithmus für die Fehlersimulation finden

und

3. Verfahren entwickeln, um einen gegebenen Schaltkreis derart zu modifizieren, daß Testmustergenerierung einfach ist.

Eine erste Implementierung des Testmustergenerierers wurde von Th. Winter bei der Siemens AG durchgeführt. Beim Vergleich mit dort vorhandenen Testmustergenerierungsprogrammen stellte sich heraus, daß unsere Implementierung bei einer wesentlich höheren Fehlerüberdeckungsrate eine um einen Faktor 20–30 kleinere Laufzeit hat. Die Ergebnisse sind in [B] zusammengestellt. Die Erfahrungen mit der Implementierung führten zu weiteren Verfeinerungen und Verbesserungen, die die Laufzeit weiter verringern und gleichzeitig eine noch bessere Fehlerüberdeckung liefern sollten. Das verfeinerte Verfahren wird von S. Maréchaux implementiert. Die Erprobung hat gerade begonnen.

Die Suche nach einem effizienten Algorithmus für die Fehlersimulation führte zu dem Problem, ob ein Mengensystem derart verwaltet werden kann, daß eine Folge von Durchschnitts- und Vereinigungsoperationen wesentlich effizienter durchgeführt werden kann, als es mit der trivialen Methode möglich ist. Diese Frage ist ein bekanntes noch offenes Problem. Allerdings sollte eine hierarchische Darstellung der Mengen das Problem in vielen Fällen vereinfachen. Dies soll in der nächsten Periode geklärt werden. Inzwischen haben wir das Transitive-Hülle-Problem auf die Fehlersimulation zurückgeführt und uns somit überzeugt, daß die Suche nach einem im worst case effizienteren Algorithmus für die Fehlersimulation nicht aussichtsreich ist (Blum).

Aus diesem Grund haben wir Verfahren entwickelt, um die Größe der zu simulierenden Fehlermenge, die in die Laufzeit als Faktor eingeht, zu verringern (Blum). Unabhängig von uns haben Antreich und Schulz derartige Verfahren entwickelt und auch einen darauf beruhenden Algorithmus für die Fehlersimulation mit guten Ergebnissen implementiert.

Zum Themenbereich der leicht testbaren Schaltungen zeigt W. Rülling, daß jede Schaltung durch Vergrößern der Layoutfläche um einen konstanten Faktor so modifiziert werden kann, daß sie mit einer konstanten Anzahl von Testmustern vollständig auf stuck-at Fehler getestet werden kann. Dabei werden auch die Fehler in der Testlogik erkannt. Im allgemeinen Fall braucht man 3 Testmuster und für den Sonderfall der sogenannten 2-testbaren Schaltungen kommt man sogar mit 2 Testmustern aus. Da in der Testlogik nur Gatter mit beschränktem Fan-in benutzt werden, ist das Resultat eine Verallgemeinerung der Arbeit von LaPaugh und Lipton.

**Literatur**


[AS] K.J. Antreich, M.H. Schulz: "Zur Schnellen Fehlersimulation in Kombinatorischen Schaltungen". Mitteilung aus dem Lehrstuhl für Rechnergestüztes Entwerfen, TU München (1985).

[FS] H. Fujiwara, T. Shimono: "On The Acceleration of Test Generation Algorithms". IEEE Trans. on Computers, C-32, pp. 1137–1144 (1983).

[G] P. Goel: "An Implicit Enumeration Algorithm to Generate Tests for Combinational Logic Circuits". IEEE Trans. on Computers, C-30, pp. 215–222 (1981).

[LL] A. LaPaugh, R. Lipton: "Total Stuck-at-Fault Testing by Circuit Transformation". 20th Design Automation Conference, 1983, pp. 713–716.


**Eigene Veröffentlichungen**


[B] N. Blum: "Fehlererkennung in Kombinatorischen Schaltkreisen". Habilitationsschrift.

[R] W. Rülling: "Design leicht testbarer Schaltungen". in Vorbereitung.

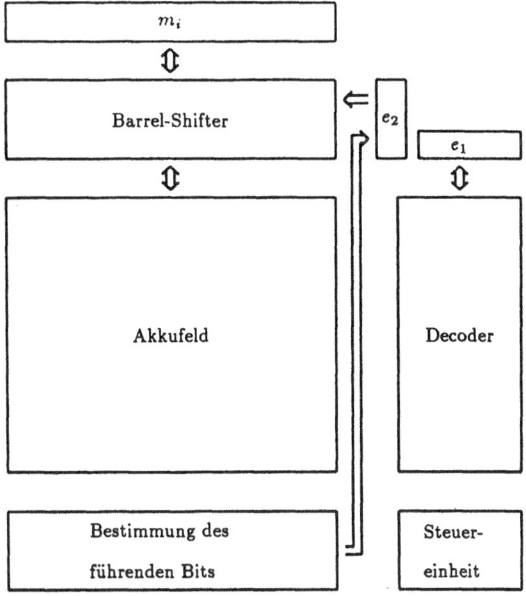


Abb. 1: Blockdiagramm des Chips zur Berechnung des Skalarprodukts

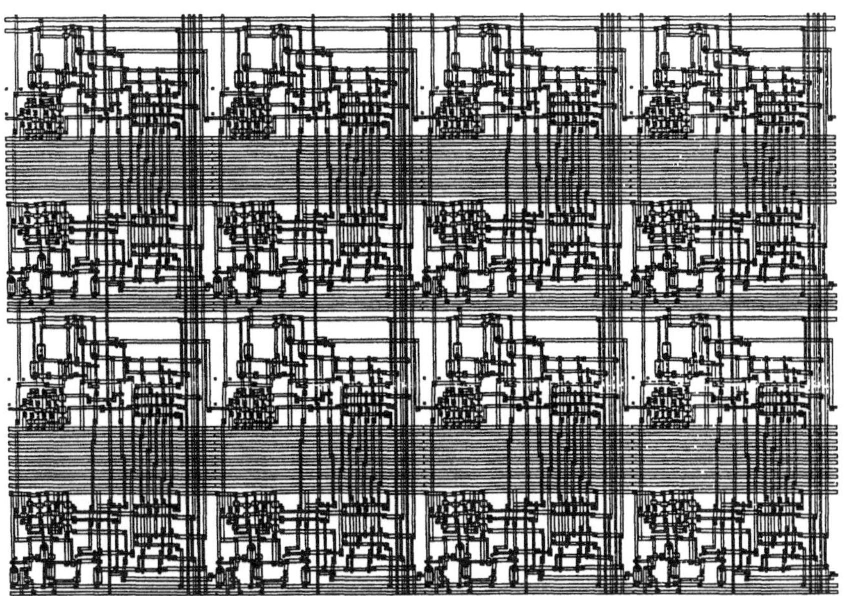

Abb. 2: Ausschnitt aus dem Akkumulatorfeld

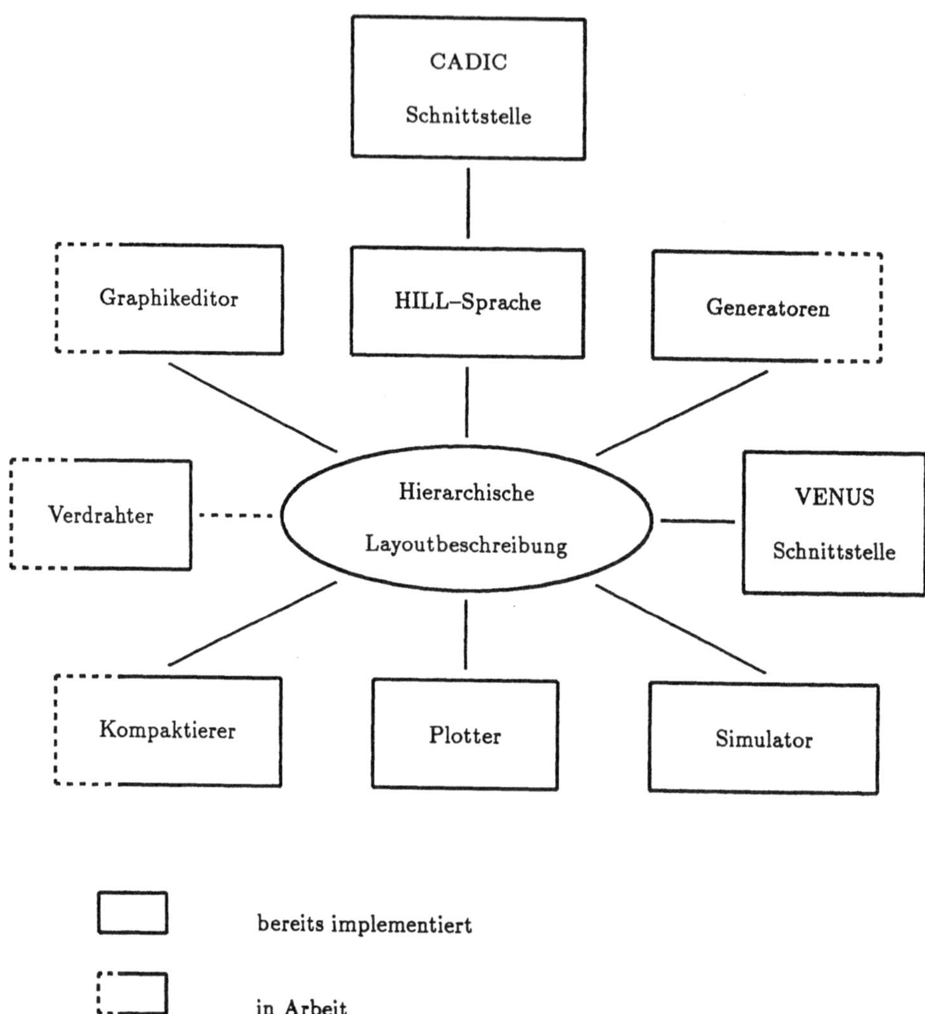


Abb. 3: Übersicht über die HILL Entwurfsumgebung

```
cell  comp(n: integer): comptemp(n);
begin  if  n=1
         then return(onebitcomp)
         else return(yy(combine(n), xx(comp(n div  2),
                                        comp(n - n div  2))));
end;
```

```
hilltype  comptemp(n:integer)=tmp
                    inputs:array[1..n] of record
                                          x,y:poly; end;
                    eq,gt:poly;
                    top  gt at 1; eq at 2;
                    bottom  inputs;
                    order implicit all;
                    tmpend;
```

Abb. 4: Ausschnitt aus einem HILL-Programm für einen Vergleicher von zwei $n$-Bitzahlen. Die Operatoren "xx" und "yy" dienen zum horizontalen und vertikalen Abutment. Die Definition der Zellen *onebitcomp* und *combine* ist nicht gezeigt. In der Randbeschreibung (template) werden die $2n$ Inputpins und 2 Outputpins definiert und auf den Rand plaziert; *gt* und *eq* oben auf den Positionen 1 und 2 und *inputs* unten auf den Positionen 1 bis $2n$. Abbildung 6a zeigt das durch einen Aufruf *comp(8)* erzeugte Layout.

```
cell  transistor(l,w:integer):transistortemplate(l,w);
⋮

begin
(* Berechnung der Anzahl benötigter cuts *)
n := w div (width(cut) + separation(cut,cut));
⋮

(* Plazierung des poly und diff Rechtecks *)
place  diffbox on ... ;
place  polybox on ... ;
⋮

(* Plazierung der cuts *)
for  i:=1 to n do
   begin
   place  cutbox on <i,toprow>;
   place  cutbox on <i,bottomrow>;
   end;
end;
```

Abb. 5: Ausschnitt aus einem HILL-Programm zur Erzeugung eines Transistors mit $n$ Kontaktlöchern.

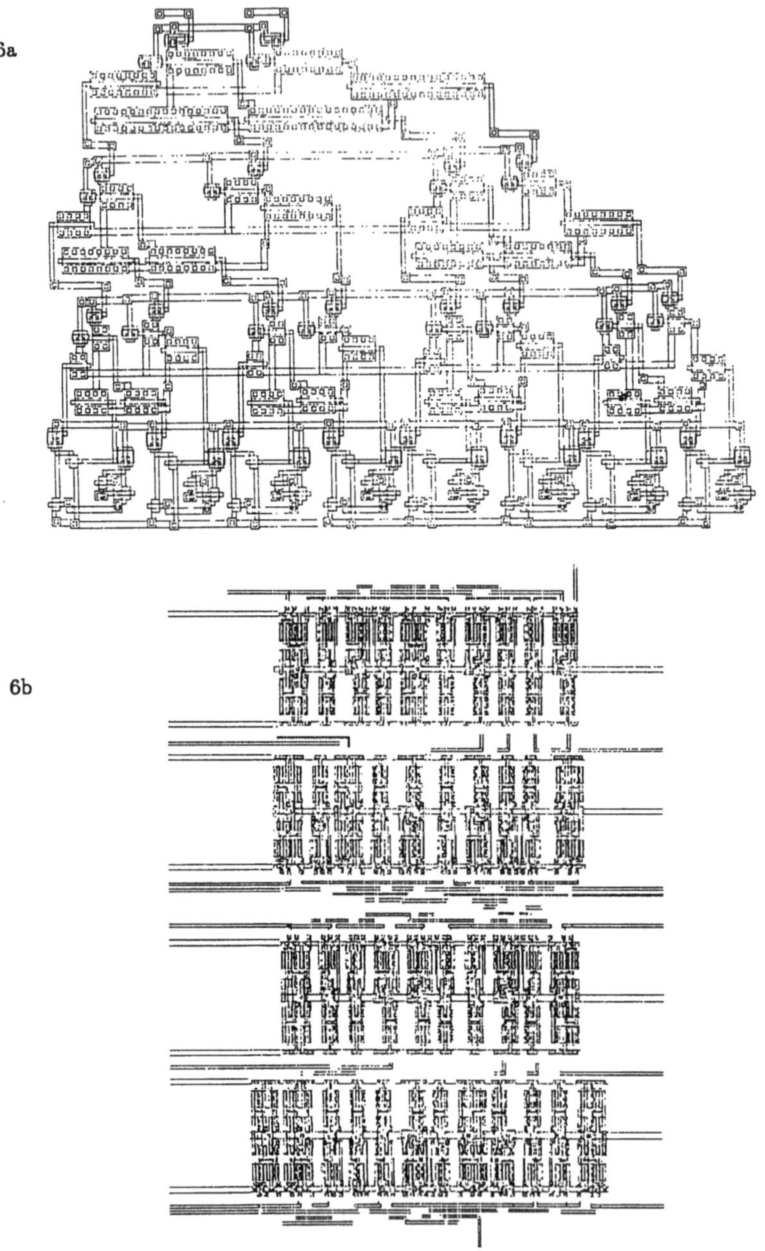


Abb. 6: Abbildung 6a zeigt ein mit dem Generator aus Abb. 4 für $n = 8$ erzeugtes NMOS Layout.

Abbildung 6b zeigt das entsprechende über die HILL-VENUS Schnittstelle erzeugte CMOS Layout.

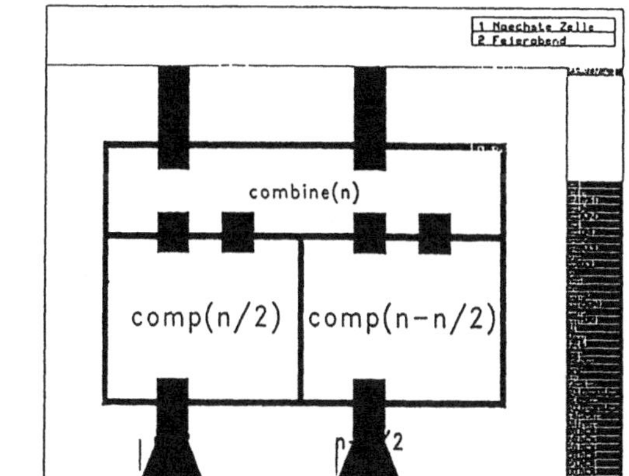


7a

pass(n)
pass(n)
merge(n/2)
merge(n/2)

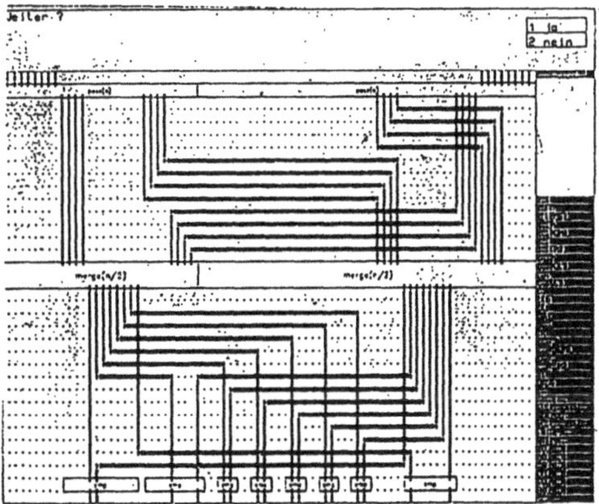


7b

7c

Abb. 7: Abbildung 7a zeigt die Editoreingabe für ein rekursiv definiertes Layout. Der Editor erkennt die Rekursion und erzeugt daraus beispielsweise für $n = 8$ das in Abbildung 6a dargestellte Layout.

Abbildung 7b zeigt die Editoreingabe für eine Zelle merge(n), die ebenfalls rekursiv definiert ist. Dieses Beispiel verdeutlicht auch die graphische Darstellung von Iterationen. Die Layoutkomponente cmp(*1) steht dabei stellvertretend für die Komponenten cmp(1), cmp(2), ..., cmp(n-2). Für $n = 8$ generiert der Editor daraus die Darstellung 7c, in der auch die verwendeten Busse durch Bündel von Leitungen ersetzt sind.

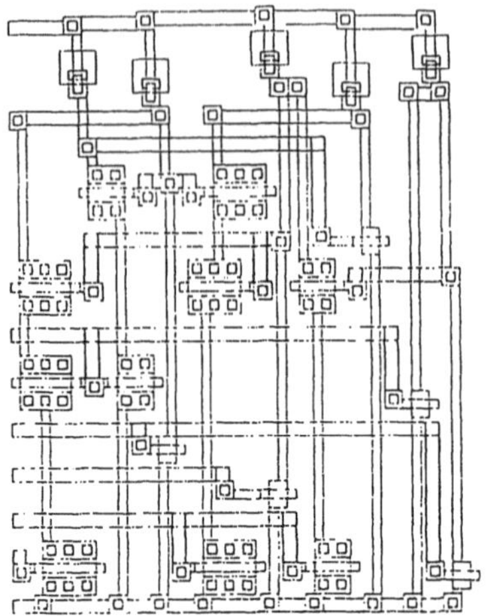

Abb. 8: Ein vom Weinberger-Array-Generator erzeugtes Layout

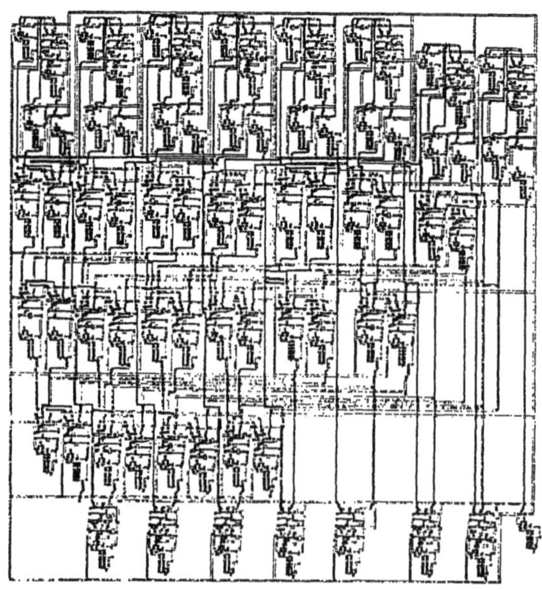

**Abb. 9: Das Layout eines 8-bit-Addierers, das mit der CADIC-HILL Schnittstelle erzeugt wurde.**

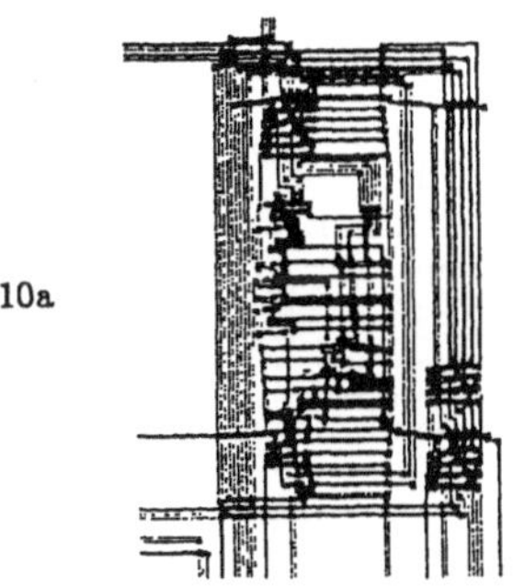


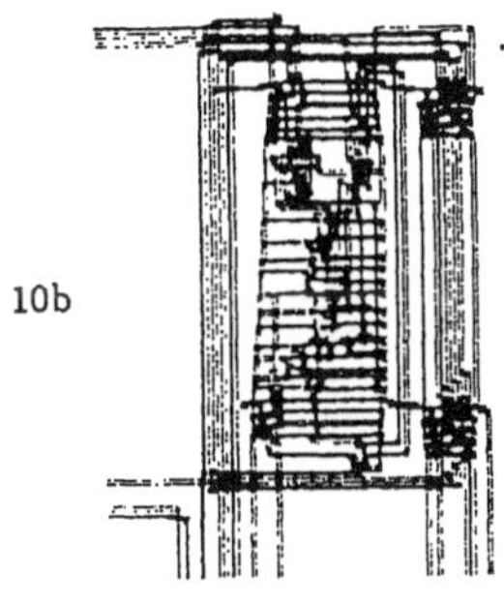


Abb. 10: Gewichtete Leitungslängenminimierung

Die Abbildung 10a zeigt einen Auschnitt eines Layouts, das nach der Längste-Wege-Methode kompaktiert wurde. Abbildung 10b zeigt den gleichen Ausschnitt nachdem zusätzlich die gewichtete Leitungslänge minimiert wurde. Beim Vergleich der Abbildungen erkennt man, daß der Algorithmus die Plazierung von Kontakten und Transistoren modifiziert hat, so daß sich die Gesamtleitungslänge verkürzt hat. Dies wird insbesondere an den horizontalen Leitungen deutlich.

Weiter bewirkt der Algorithmus, daß durch die Gewichtung der Materialschichten Metalleitungen verlängert werden, wenn dadurch Poly- oder Diffleitungen verkürzt werden können. Beispielsweise werden die in Abbildung 10a am rechten Rand vertikal verlaufenden langen Polyleitungen wegoptimiert und durch gleichlange Metalleitungen ersetzt. Insgesamt konnte in dem Beispiel die Gesamtleitungslänge der Diffleitungen um 33% und die der Polyleitungen um 15% reduziert werden. Dazu mußte die Leitungslänge der Metalleitungen nur um 4% vergrößert werden.

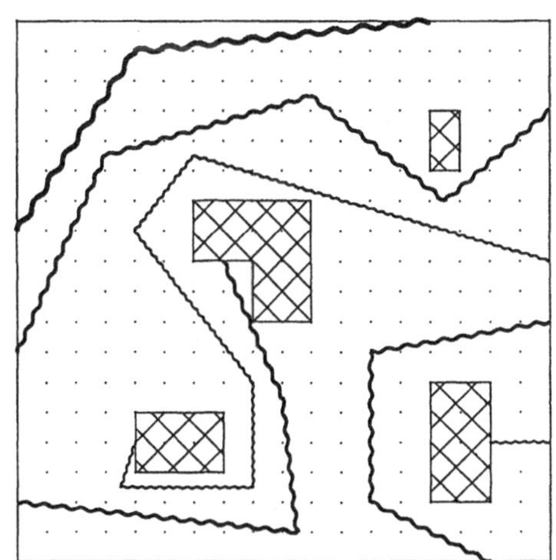

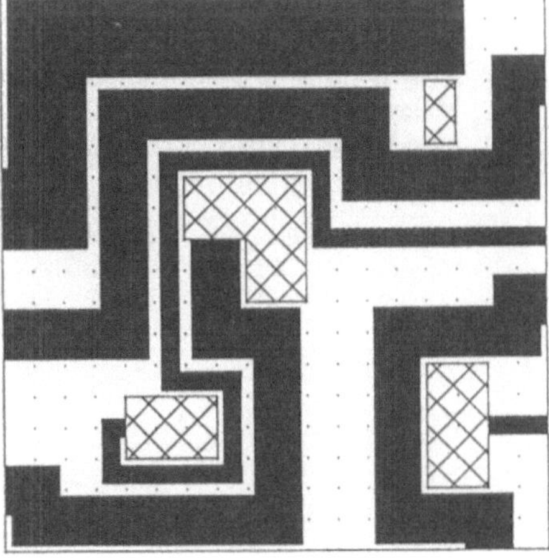

Abb. 11: Abbildung 11a zeigt eine typische Verdrahtungsskizze (globale Verdrahtung) und Abbildung 11b zeigt eine auf dem Gitter realisierte Verdrahtung (lokale Verdrahtung).

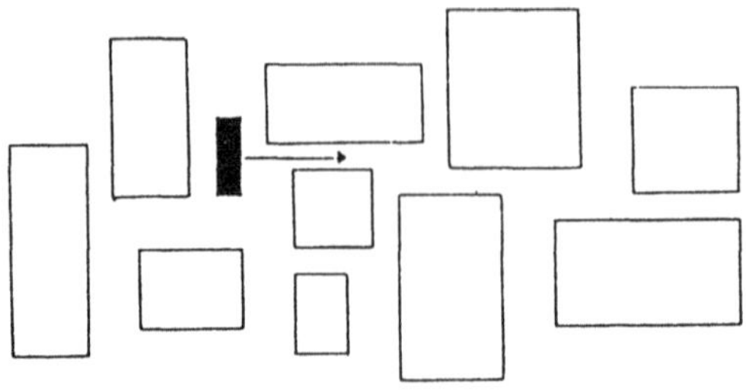

Abb. 12: Ein Beispiel für die Plowing-Operation

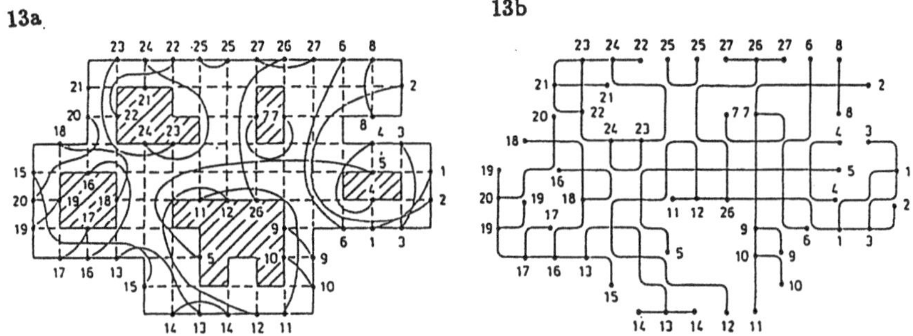


Abb. 13: Eine globale Verdrahtung, wie sie beispielsweise vom Algorithmus von N. Müller erzeugt wird (13a), und eine daraus produzierte lokale Verdrahtung im Knock-knee Modus (13b).

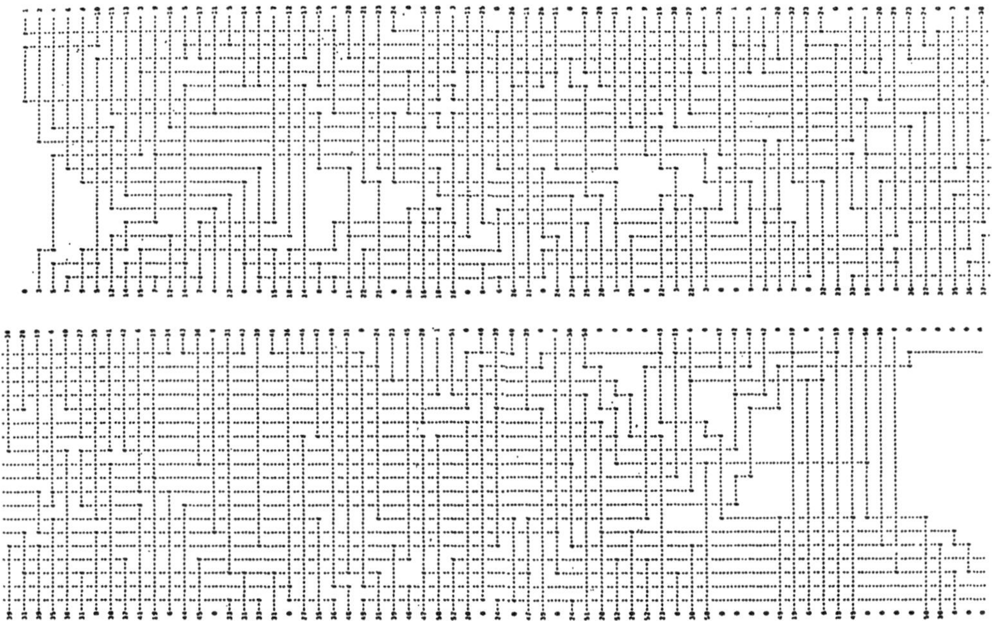

Abb. 14: Eine Lösung für das Kanalverdrahtungsproblem von Deutsch, die mit 19 Spuren auskommt.

# PLAYOUT - A Hierarchical Layout System

Gerhard Zimmermann
Universität Kaiserslautern
675 Kaiserslautern

## 1. Introduction

Very Large Scale Intergration (VLSI) has become a technology of large economical importance. Mastering of this technology on one hand means the latest semiconductor processing technology, on the other hand computer aided design. Whereas the first is a problem for physics and chemistry, the progress in the second field results from large activities in electrical engineering and computer science. Although a large body of knowledge about solutions to partial problems exists, there is still a lack of combining all these results into integrated systems that are applicable to very complex VLSI design problems.

The **PLAYOUT** project aims at a solution of the systems problem, based on hierarchy, top-down planning and an object oriented datamodel. PLAYOUT supports the physical design from entering the structure of a digital system to the generation of the mask data. PLAYOUT tries to enforce correctness, consistency, and completeness of designs in order to minimize checking requirements. PLAYOUT can be used as a fully automatic layout generator, but sufficient control is given to the designer to interact with the design process. Only the inclusion of the designers experience will, in general, result in better than just acceptable layouts. Due to its strong focus on planning, PLAYOUT is also a useful "early design tool" for evaluating system and logic designs.

Compared to existing layout tools without a planning component, we hope to achieve either better results or less design iterations. So far we cannot prove either advantage. Currently we have a prototype implementation of all major functions and have just finished the layout of a digital system with 50 000 transistors in logic and 150 000 transistors in memory on one chip. We will use this example throughout this paper to explain the function of the PLAYOUT system.

This paper emphasizes the system approach, the planning aspect, and the use of a hierarchy. New or improved algorithms will only be shortly mentioned.

### 2. System Overview

Figure 1 shows the PLAYOUT system architecture. The system is composed of eight **toolboxes** which perform the CAD functions. The toolboxes are seperated because of different implementation languages and data structures. Each toolbox has a **central datastructure** and may have several **tools** that read and modify this structure. Design data are loaded into and retrieved from the central data structure in form of **PLIF files.** PLIF is a design data exchange format /Sie88/, based on a data description language SLANG /Scü88/. Currently,

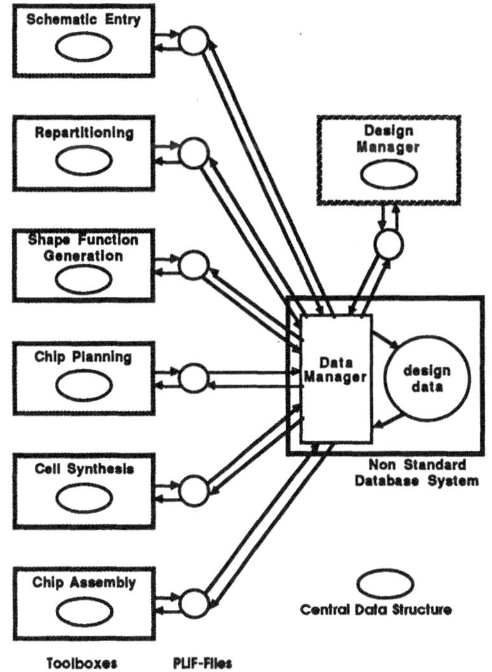


Figure 1. PLAYOUT system architecture

each toolbox has its own user interface and controller. Control can also be passed down from the **Design Manager** /Spa88/.

All design data are stored and administered by an **object oriented non standard database.** Each PLIF file is composed of a set of **design objects** that either represent the inputs or the results of a design step in a toolbox. The database manager composes and partitiones these files for every toolbox application. The **Design Manager** keeps track of the design progress and directs the database manager. The database also contains all relations between design objects. Part-of relations for example represent the hierarchy, other relations control the selection of versions and alternatives and are used for consistency checks.

This structure is very flexible, but still efficient. The set of toolboxes can be easily changed, tools can be added to each toolbox and toolboxes can be executed on different computer types. The communication through files can be carried over any LAN and distributed database implementations are possible. With todays databases the level of complex objects as primitives allows for sufficient response times. Design file composition and decomposition on the database side and interpretation and generation on the toolbox side create overheads that are in the same range as the tool execution times. This disadvantage is compensated by the flexibility which is especially valuable during the tool development and prototype phases. With progress in nonstandard databases this file/complex object principle can be replaced in order to reduce this overhead.

Figure 2 shows the dataflow between the toolboxes in a domain-level plane. Three **domains** have been defined earlier /Zim81/: **behavior (be), structure (st)** and the physical domain. We split the physical domain into **floorplan (fp)** and **masklayout (ml)** because of our chip planning emphasis. The basic entity in a design is a **cell.** Descriptions of a cell in different domains describe different data with some necessary overlap (interface information). **Views** within a domain are different representations of mainly the same data.

Cells compose **supercells** or represent the complete system and are composed of **subcells** or are **leafcells.** This relation defines a hierarchy which is represented by the **levels** in Figure 2. The levels can be defined as needed and Figure 2 is an example only.

In Figure 2 toolboxes, as for example the Chip Planner, are placed on domain boundaries because they transform design data from one domain into another. The Repartitioner generates an alternative within one domain. All toolboxes at least interact with two levels: the **cell-under-design (CUD)** and its subcells. At the

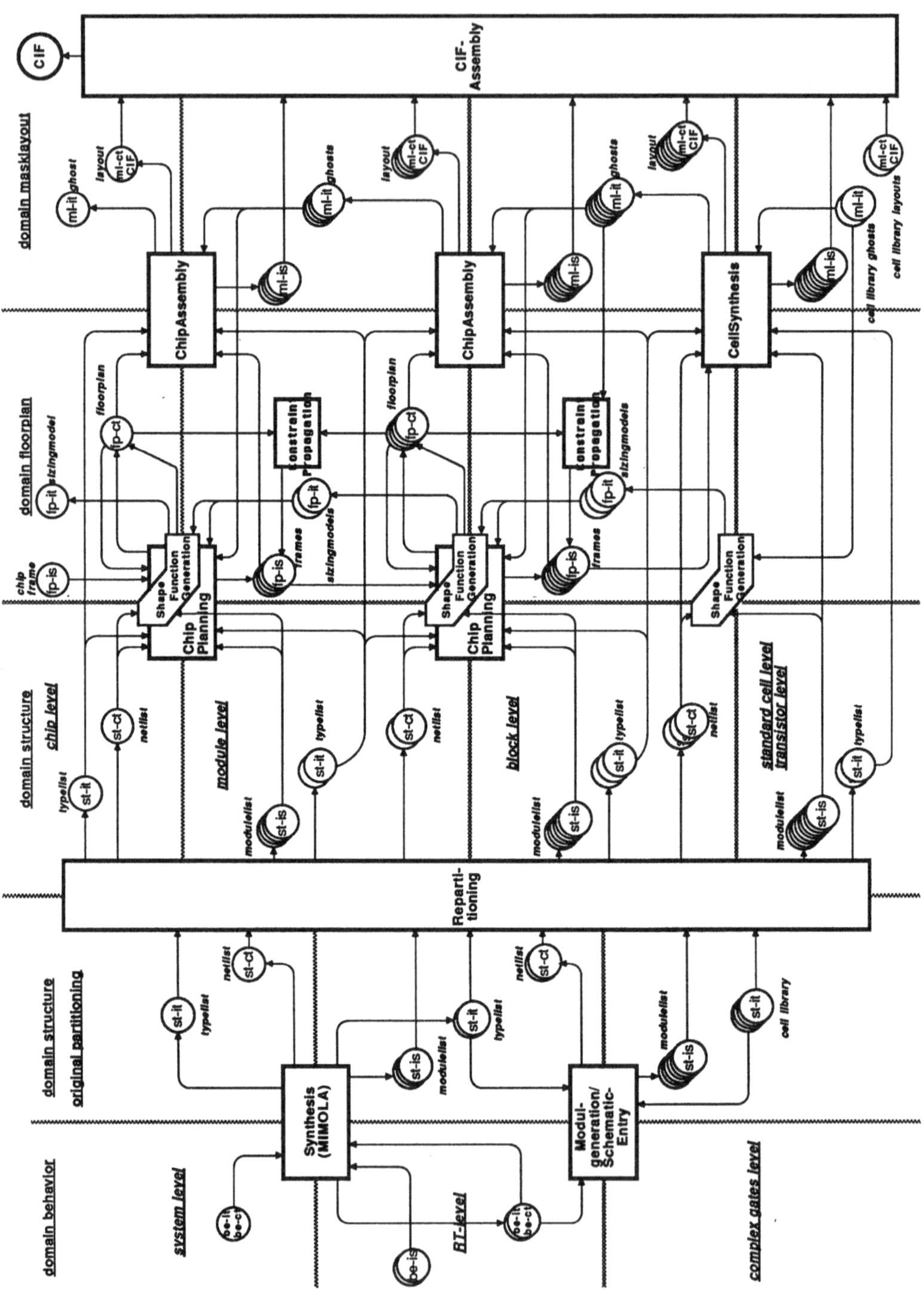


Figure 2: Design plane and PLAYOUT data flow

top level the CUD is also called the **system-under-design** (SUD).

In order to reduce redundancy in the database and of the PLIF files for structures with regularity, the **cell type** is described by an **interface (it)** and a **contents (ct)**. Additional information about each occurance is the **instance (is)**. The circles in Figure 2 represent the design objects it, ct, and is in the domains be, st, fp, and ml. The figure also shows the relation between toolboxes and design objects.

A complete hierarchical description of an SUD is an instance tree with the SUD as its root. We call this the **hierarchy tree**. If we replace all instances by types and combine identical vertices, the hierarchy is represented by a rooted directed acyclic **hierarchy graph**. SUD is the root. The part-of relations define a partial ordering of the cell types.

Synthesis and Modulgenerators are not part of PLAYOUT, but need interfaces to SLANG if used as structure generators. Not shown in Figure 2 are the interfaces to VENUS III /HNS86/and Hill /Rül 87/.

## 3. Design Methodology

Figure 2 can be also used to explain the **design methodology** of PLAYOUT. Starting point is a structural description of the system that is to be designed. This description is normally hierarchical and has to be of the view netlist. There can be several sources for netlists. A structure may exist from a previous implementation with a different technology. Structures of standard functions may exist in a library. The structure may be designed manually and entered via a **schematic entry** tool, the structure may be synthesised by a tool like MIMOLA /Mar 86/, or generated by modul generators. Any mixture of sources is possible. A structure is complete if everything is mapped onto the layout primitives.

In our example, a processing element PPE /ScZ 87/ had been described behaviorally and synthesized with the MIMOLA MSS II synthesis system. A MIMOLA-to-PLIF interface generated the structural descriptions st-it and st-ct at the system level, a module list st-is, and a type list st-it at the RT-level. In order to create the internal structure of the RT-modules (st-ct), we used the Schematic Entry toolbox. Because of the limited size of the screen, to save entry time, and to create regularity, the RT-level cells are refined in up to 4 levels. At the lowest level a standard cell library was created in the form of layouts (ml-ct), ghosts (ml-it), and structure interfaces (st-it). For the layout a stick editor was used with legalization algorithm and a compactor. The use of this library as primitives for schematic entry is equivalent to the mapping onto layout primitives.

The structure hierarchy normally shows partitions that resemble functional units as for example processors, adders, flip-flops, or gates. Rarely this partitioning is good for physical design. This is still an unsolved problem in VLSI design. A "flat" design with only one level of hierarchy would not solve this problem, because the complexities of the resulting placement and routing problems for VLSI are too high to be feasible. Therefore, a new partitioning has to be generated from the original one. We call this toolbox **repartitioning**.

In our example repartitioning was used to modify the PPE structure with five levels into a structure with three levels. Instead of 180 cells at the RT-level with a ratio of areas of the largest and smallest cells of 10 000, a number of 21 cells with an area ratio of 10 was achieved. This is a feasible partitioning for the physical design tools.

Hierarchical layout is normally done **bottom-up**, for example in postorder in the hierarchy tree excluding the leaf cells. This means that first the layout primitives are combined to form detailed layouts of larger cells, these are combined again until the chip is complete. At each level optimal layouts are sought, resulting in corresponding shapes and pin positions of each cell before it is used at the next higher level. The problem of the bottom-up approach is that local decisions govern global ones. It is unlikely that different shapes (rectangles or more complex) will fit together without wasted (dead) area. If the placement is optimized for high area utilization, wiring length and routing area will increase, as already has been observed by Breuer /Bre83/.

**Top-down chip planning** tries to avoid area waste on higher (global) levels by planning shapes which will fit together with minimal dead area and can be placed with minimal wiring length and total area. In order not to push the waste to the lower levels, a prediction of the influence of local aspects is necessary. Specifically, this means a prediction of the influence of shape and pin locations on the area of the planned cells. This influence is expressed by **shape functions**. The goal of chip planning is a trade-of between global and local aspects in order to find better layouts than with purely bottom-up methods.

After repartitioning the **Shape Function Generator** calculates shape functions for all cells in the hierarchy. Inputs are the known shape functions of the cell library (ml-it) (leaf cells) and the complete structural description. The generated shape functions are part of the floorplan interfaces (fp-it). Figure 2 shows the bottom-up dataflow of three levels of shape function generation. Shape functions could be calculated in postorder in the hierarchy tree. This would cause many redundant calculations in the case of regularity. Redundancy is avoided by generating the shape functions for all non-leaf cells in the hierarchy graph. This has to be done in reverse topological order (the result of topological sorting of the graph). The chip level shape function is a **prediction of the total chip area**. If it fulfills the requirements, a suitable chip shape can be selected. Otherwise iterations through structural design and repartitioning may be necessary. This is a typical application of the Shape Functions Generator as an "**early design tool**".

The **Chip Planner** starts with a predicted shape of the chip (fp-is) and, if known, the pad positions. It tries to place the subcells in a **slicing geometry** /SzO 80/ such that the total area including inter-subcell-wiring becomes a minimum. The shape functions are taken into account. Other constraints like maximum lenght of critical paths will be built in. The Chip Planner generates a floorplan and the assignment of the nets to wiring areas (fp-ct). No detailed routing is performed. The slicing geometry defines a slicing tree. This tree can be viewed as a refinement of the hierarchy tree. For each subcell the planned shape in the floorplan and the approximate pin positions (pin cost functions) are propagated to the next lower level (fp-is). The chip planner also generates a new shape function of the CUD, now based on the known placement and global routing. This is part of fp-ct. This shape function is more precise than the one generated by the shape function generator and can be used as a better chip area prediction.

At the next lower level (module level) the chip planner is called again for all modules with blocks as subcells. For this breadth first traveral through the hierarchy tree we have several choices. We can either plan all modules independent of each other (sequential or in parallel), and afterwards correct the floorplan at the chip level. We can plan the modules in a sequence and after each step correct the chip floorplan. This would allow for a better response to deviations between planned and refined shapes and pin positions of the modules. But there remains an ordering problem. Or all modules are planned in parallel with dynamical update of the chip floorplan and communication between the neighbour modules about shape and pin locations. The last approach would probably generate the best results and could be distributed on parallel hardware. Still research is necessary to find the right communication parameters and control points and to study the convergence. The first two approaches are called **Three-Phase Chip Planning.** All three approaches make the chip planning hierarchical and guarantee geometrically consistent floorplans.

In Figure 2 two levels of chip planning are shown. Either more or less levels are possible, depending on the complexity of the total structure and the complexity which each toolbox can handle efficiently. The complexity is measured by the number of primitives that have to be placed in total or at each level. The PLAYOUT Chip Planner is designed for 20 to 50 subcells. Cell Synthesis based on standard cells can typically handle up to 1000 standard cells. A cell synthesis for the placement of about 100 individual transistors is in the test phase.

The last steps in the layout process are **Cell Synthesis** and **Chip Assembly**. Although Figure 2 shows three separate levels, the order of execution may be different. A postorder traversal of the hierarchy tree would go up and down between the levels. A reverse breath-first traversal is also possible. We can refine the approach by extending the hierarchy tree by the slicing trees. This would allow us to do the final layout for pairs of cells while adjusting the floorplan for the rest of the chip. Currently we investigate concurrent layouts of neighbor cells in the slicing tree with parameter exchange. The goal of all different strategies is the compensation for the natural estimation errors during chip planning in order to increase the area utilization.

## 4. Toolboxes

After discussing the global design methodology we will now go into some more details of the toolboxes.

### 4.1 Front-End Tools

The PLAYOUT system requires structural data in the PLIF format as input. It is very important in VLSI to have efficient methods for the generation of correct and complete structural data. One method is the translation of data that exist already in other representations. For this purpose we implemented a CALCOS-to-PLIF translator. CALCOS is the imput language for the VENUS III design system of the Siemens AG /HNS86/.

Another method is the integration of PLIF generators into other tools. An example is a SLANG output in the MIMOLA System MSS II. This relieves us from the analysis of another language. Also we can make use of all internal data of the MSS II if necessary. This interface was used to create the structural description of the example architecture PPE.

Schematic entry tools are commonly used to manually enter structures. We implemented a simple tool in PLAYOUT ourselves because we wanted to experiment with the Smalltalk-80 environment and interfacing an available tool to SLANG may have been as expensive as a new implementation. The **schematic entry** toolbox is embedded in Smalltalk in such a way that design objects are also Smalltalk objects and that the Smalltalk user interface as for example browses and other functions are accessable during schematic entry. This is in contrast to other systems where the underlying implementation is no longer visible.

## 4.2 Repartitioning

The goal in **repartitioning** is the generation of a suitable hierarchy for the physical design phase. A physical hierarchy has some hard and some soft conditions that have to be fulfilled. In this discussion we include levels beyond the chip level because very complex SUDs may require cabinets, racks, printed circuit boards (PCB), multichip carriers and chips.

Each of these levels has different requirements. Examples for hard conditions are the maximum number of slots in a rack, pins on PCB connectors, or of pads on a chip. Total power dissipation and chip area are other hard constraints.

On the chip soft conditions dominate. Currently we try to enforce the following:

c1 The number of cells placed by chip planning should be between 20 and 50. For a smaller number the flexibility may be too small to achieve dense placements in a rectangle. For larger numbers the data structures would have to be extended and execution time would become too large for interactive design styles. For cell synthesis with standard cells the number should be between 50 and 500 for similar reasons.

c2 The subcells of a CUD should not differ in area by more than a factor of 10. Especially for slicing geometries it is hardly possible to place very different cells together in a slice without stretching the smaller one beyond reasonable aspect ratios. On the other hand only a very few good placements exist for cells of equal shape. Thus a good distribution of subcell sizes in each cud is an advantage.

c3 Functional hierarchies often display a high regularity by the use of standard functions. The RT-level, the gate, and complex gate levels are good examples. If we would repartition only with objectives c1 and c2, most of this regularity would disappear and no standard functions would remain on intermediate levels of the hierarchy. Loss of regularity results in a larger design task. The distribution of standard functions over many partitions would reduce the capability of manual inspection and comprehension of a layout. This would also reduce the possibilities of meaningfull manual interactions and improvements.

c4 The number of nets between portions should be minimized to the extent of what a good min-cut algorithm would achieve. This is necessary to reduce the overall wiring length by pushing the dense wiring into cells at low levels of the hierarchy and thus small dimension.

c5 Time-critical nets should also be limited to small cells. This should not only be achieved on the average but individually. One critical net with a long wiring length may determine the total systems performance. It may be possible to correct errors in the partitioning of critical nets by placement.

The number of conditions can be easily extended and it is difficult without further experience to merge all of them into one cost function.

Our idea therefore is to achieve the goals by small changes to the original hierarchy, which normally fulfills C3 und C4 quite well. We try to approach C1 and C2 by local changes in the hierarchy tree or graph, trying to maintain C3 and C4. Achievement of C5 is a future research goal.

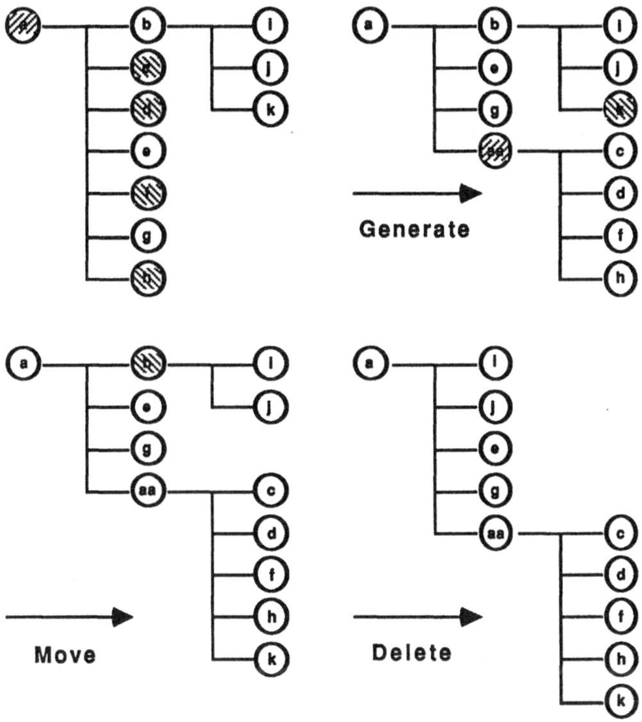


Figure 3. Functions for manipulating the hierarchy

The basic changes are demonstrated in Figure 3. We can **generate** a new cell at a level of the hierarchy, replacing a set of selected cells. These cells become subcells of the new cell and thus move down in the hierarchy. **Delete** is the reverse operation. We can also **move** cells from one location in the tree or graph to another. The distinction between tree or graph is the difference between making the change in only one instance or the type of a cell. In the latter case a change affects all instances of a cell type. From these three functions all possible changes of the tree or graph can be constructed.

In order to gain experience we first built a **Manual Repartitioning Tool**. An interactive graphics interface supports all of the above functions and an environment of analysis and representation functions. All functions are controlled by menues. The system was implemented in Common Lisp. This tool was used for the repartitioning of the PPE test example. Because of very complex standard cells in our catalogue the PPE did not contain enough cells for a three level hierarchy. But because we wanted to demonstrate a three level application of PLAYOUT we devided the chip into three modules with about eleven blocks each and 18 modules with no blocks but standard cells as subcells. Some of the blocks contain only a small number of standard cells. So condition C1 could not be fulfilled for the sake of a three level experiment.

For a more automatic tool we discussed several alternatives. Because of the similarities with the conditions we evaluated rule base approaches. Finally we choose a **blackboard architecture** /HaR85 / as the best implementation choice, at least during the prototyping and learning phase. Once we know how repartitioning is to be done, we have to decide again.

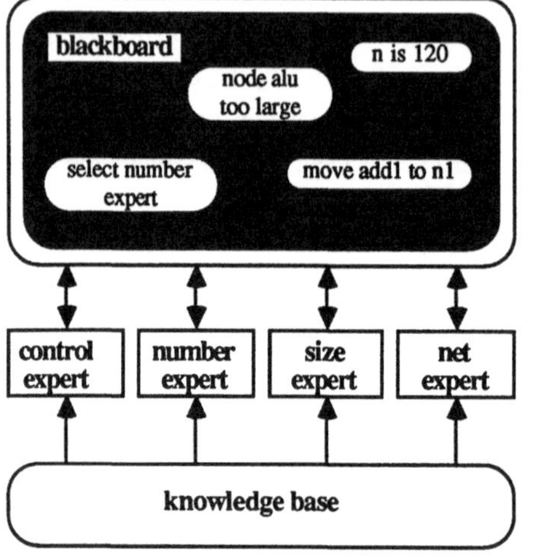


Figure 4. Simplified view of the blackboard architecture

Common Lisp was used to implement a very flexible blackboard architecture that could be used for many applications. Then the functions of the manual repartitioning tool were integrated with the only difference that knowledge sources or repartitioning "experts" control the applications of the functions. Figure 4 shows a very simplified view of the approach, details can be found in /Cla 88/. So far the "experts" are not very sophisticated. Nevertheless the automatic tool generated a "better" physical hierarchy than a weeks labour with the manual tool by the author. "Better" here means that the number of inter-cell-nets was smaller above the leaf cell level. Correctly, the tool created only two levels of the hierarchy.

## 4.3 Shape Function Estimation

The quality of chip planning depends to a large extent on the quality of area prediction. More precisely, **shape functions** of the subcells are necessary to calculate the geometry of a CUD. In order to understand this we take a short digression into our geometric model.

### 4.3.1 Geometric Model

Our basic geometry is **slicing** /SzO 80/. Slicing is the dominant approach in floorplanning because of features which simplify placement and routing. It is not obvious that more complex structures have major advantages. A possible extension to slicing is the deviation of the slicing lines from straight lines. Slicing dissects the rectangle of a CUD into nonoverlapping rectangles representing the subcells as shown in Figure 5. The walls between the subcells are the **slicing or cut lines.** Figure 5 implicates that no routing area exists between subcells. Therefore this representation of the subcells, for which we assign the color **green,** includes all intersubcells wiring.

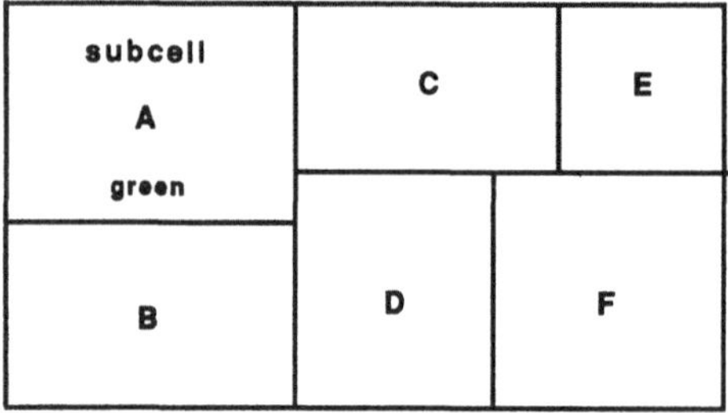


Figure 5: Slicing structure with green subcells

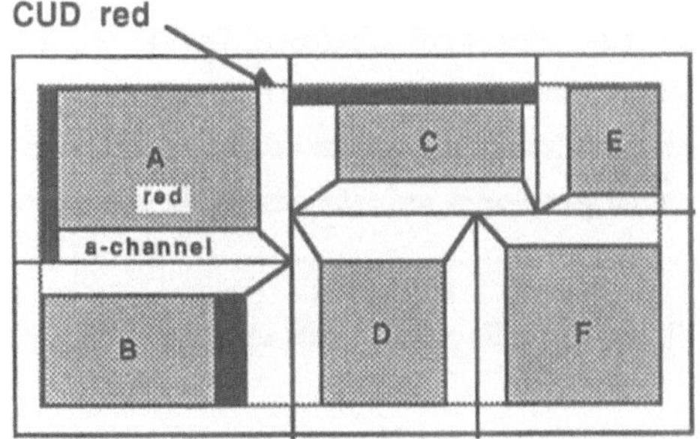


Figure 6: Same as Figure 5 with red subcells and a-channels

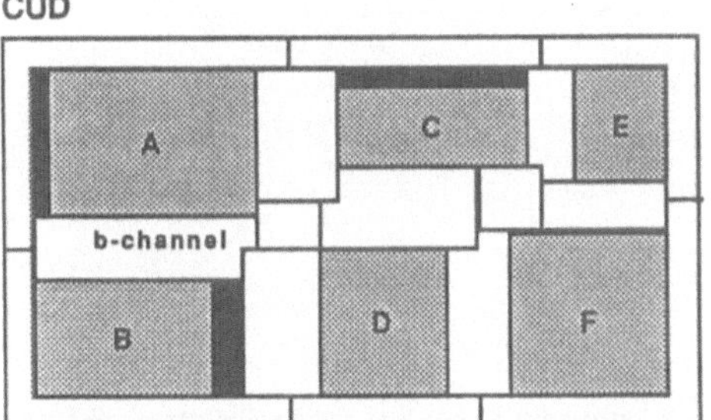


Figure 7: Same as Figure 6 with b-channels

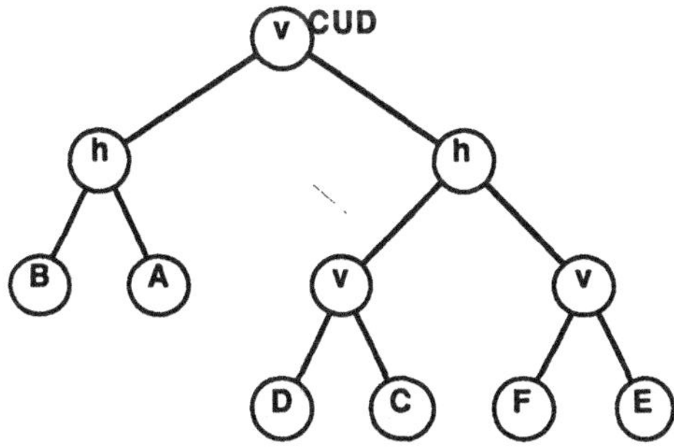


Figure 8: Slicing tree of the structure in Figure 5

Figure 6 shows a possible implementation of the same floorplan with **red** subcells and routing channels. We call these channels between the red cells and the slicing lines **a-channels.** By deleting the slicing lines we get a different channel representation, the **b-channels** (Figure 7). Channel ends may overlap because we are mainly concerned with the channel width in calculating the geometry.

Red cells may be macrocells with fixed dimensions. In a slicing geometry two different red cells which share a slicing line may not completely fill the green area if we add the a-channels. Figure 6 shows examples. We call this additional space **dead area** and assign the color **black.**

Thus the green area of a cell is

**green = red + black + a-channels(4)**

One major advantage of slicing is the representation as a tree. Figure 8 gives an example. All nodes in the tree can be interpreted as cells. The leaf nodes are the subcells, the root is the CUD.

• **The parent of two green cells is green.**

This statement makes the root in Figure 5 green. Let us make an important assumption:

• **A green CUD includes all inter CUD wiring space.**

Up in the hierarchy this assumption transforms a green CUD into a green subcell of its former supercell! Thus we can map the "green" trees into the hierarchy tree with the result of one large green tree. This allows for a yet unemployed redefinition of hierarchy levels in the geometry.

To achieve the same property for **red** cells we have to take a closer look. Merging two red sibling cells A and B must include intercell wiring between A and B. For red we also define that nets leaving A and B (external) are wired to pseudo pins at the red bounding box of the parent cell AB. Figure 9 shows an example. Depending on the domain and the design style, several choices for the red bounding box are possible. In Figure 9a the bounding box is a rectangle, enclosing all nets that connect A and B. This view will be used for simple shape function estimation and chip planning and in Figure 6 the red CUD is outlined. In Figure 9b the bounding box is a rectagone. In Figure 9c this is simplified by declaring nets at the sides of AB as external. The views b or c are used during chip assembly. If we restrict b to L-shapes, these views could be usefull for a refinement of shape function estimation and chip planning. All definitions of the red bounding box can be applied recursively in the slicing tree and generate a red CUD. As in the case of the green cells, red cells can also be combined beyond hierarchy levels.

A modification of the above definition creates **pink** cells. Within pink cells external nets are not wired to the bounding box. Figure 10 shows an example. Pink cells are therefore smaller than their red counterparts. Pink cells have the same properties as red and green cells in regard to combining cells in the slicing and the hierarchy tree. Pink cells are used during shape function estimation.

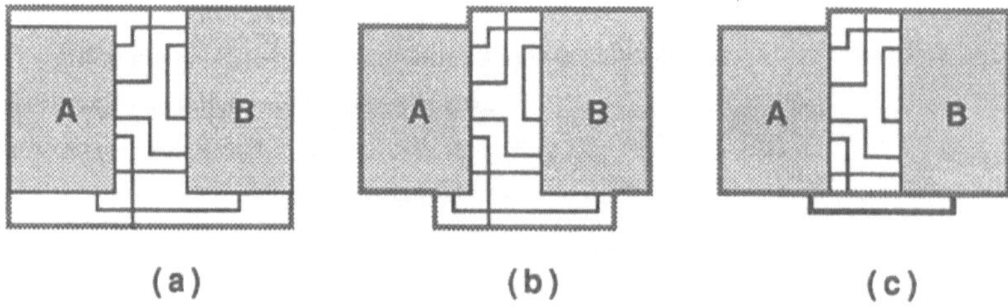


Figure 9: Red bounding box for two red cells

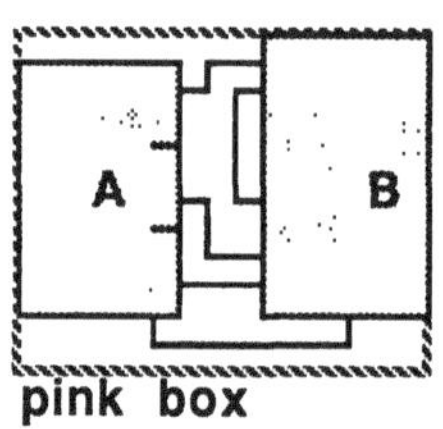


Figure 10: Pink bounding box of two red cells

Finally we want to point out another realization of green cells. If we assume that all the intercell wiring is carried over or through the cells, the red portion cannot be located exactly and is distributed over the green area. This is typical for sea-of-gates design styles. The decision upon the interpretation of the green cells can be postponed to late design stages. Experiments have to be performed which will show the influence of this decision on global routing and wiring estimation.

### 4.3.2 Shape Function Arithmetic

After this discurs we can now define the shape function. We assume all cells to be rectangles with the horizontal dimensions x and vertical dimensions y. The **shape function** is in principle the relation between all possible x and y dimensions of a cell. In order to find different shapes even for fixed macro cells, we include black area of any size into this relation for either pink, red, or green cells. Figure 11a shows for a fixed macro cell that this definition results in the hatched area in the upper right corner. In slicing geometries only the lower bounding curve is of interest. Therefore we define the **shape function** as the lower bounding curve in the x-y-plane of all possible rectangular shapes of a cell including black (dead) area /WoL86/.

For a given x or y this shape function returns the respective y or x with minimal area. Figures 11b, c, and d show examples of other cell types.

The shape function estimation is based on the assumption of a slicing geometry or geometries close to slicing. Since many placement algorithms are based on the recursive bipartitioning of the subcells of the CUD and achieve results that compare well with other algorithms, this assumption is not far fetched. The tree representing the bipartitioning is the starting point of our estimation. We achieve the tree with a fast min-cut algorithm /FiM82/. Although this partitioning step is independent of the environment of a CUD, it is sufficient for estimation.

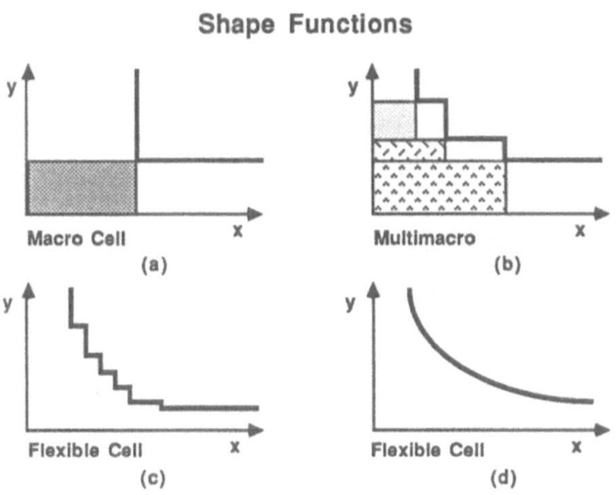


Figure 11:Shape functions

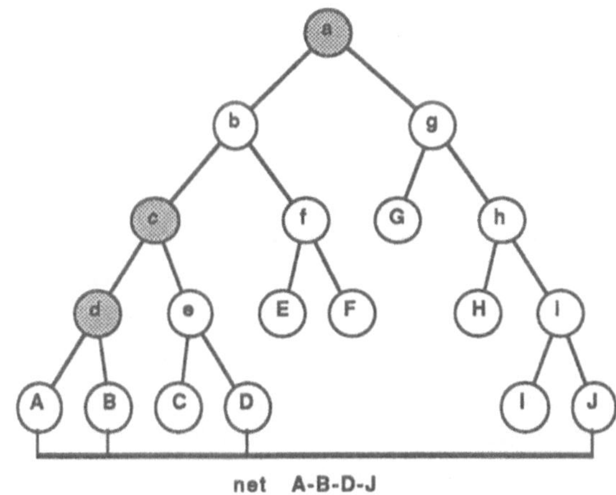


Figure 12: Multi-pin net

In Figure 2 we start at the lowest level. Here we normally know the shape functions of the leaf cells or have good estimates. Otten /Ott83/ has shown a method for adding shape functions of siblings in the tree. We use stepfunctions as shown in Figures 11a, b, and c to approximate all shape functions. Vertical add means that the cells are seperated by a vertical cut line, both share the same y-dimensions and the x-dimensions have to be added. Horizontal add is defined correspondingly. Optimal add means that the lower bounding curve of the vertical and the horizontal add is generated. This assumes that good placement tools will also chose the optimal cut line direction as well. Such tools we want to predict. It can be shown that this method, applied depth first throughout the slicing tree, yields minimal area for all aspect ratios of the CUD /ZiK88/.

Optimal add alone does not consider intercell wiring. Therefore we add wiring space to every cell (node in the slicing tree) that is the smallest enclosure of a subnet with at least two pins. Each subnet is only considered once. Figure 12 shows an example. The node d contains subnet A-B, the node d the subnet AB-D and the node a the subnet ABD-J. Therefore we add xw and yw wiring spaces to x and y of these nodes. The total wiring space for a node i is the sum over all nets that have to be considered in that node:

$$xw_i = [\Sigma (gx * tx_k * w(n_j) - gx * fx_i]_{\geq 0}$$

$$yw_i = [\Sigma (gy * ty_k * w(n_j) - gy * fy_i]_{\geq 0}$$

$$nj \in N_i \leq N$$

$N_i$ is the subset of nets $n_j$ of the set of all nets N, that have to be considered in node i

gx and gy are the routing track widths, either the average or the routing grid dimension

$tx_k$ and $ty_k$ are the routing track demand factors. They are statistical values that measure the percentage of a track that is blocked by one net. The index k demonstrates the fact that tx and ty are different for a number of situations. We distinguish between parallel and vertical to the cut line and between red and pink cells. This results in eight factors for x and y together. The factors are also different for different design styles and layout tools and have to be determined statistically or by experiments.

$w(u_j)$ is the width of the net $n_j$ (number of wires).

$fx_i$ and $fy_i$ are the built-in-feed through numbers of node i. Feedthroughs are used to reduce additional wiring space. The square brackets mean that the additional wiring space cannot be less than zero. Accordingly only so many feedthroughs are used as tracks are needed and the rest is propagated to the parent of the node.

The calculation of feedthroughs of a node is no simple matter. Leafcells may have built-in-feedthroughs (extra layer or unused tracks). During the add operations the feedthroughs of the siblings are added in a special way. In addition to this, dead area is also considered as feedthroughs. Typically a node inherits the average or the minimum of the siblings´s feedthroughs. This decision is design style dependent.

Figure 13 shows in an example experiment with standard cells how good the estimation is. Further experiments have shown that the average estimation error in a range of aspect ratios (x/y) from 0.2 to 5 is between 5 and 8%. More detailed descriptions of the method and the results are documented in /Zim 88/. Improvements with L-shaped cells are in development. In summary the results so far show an estimation accuracy which is sufficient for chip planning.

Several statistical methods have been published for the area estimation of standard cell blocks. They use net length distributions, pin disttributions, steiner tree averages or other assumptions to calculate the total space analytically /KuP 86/ or to support an abstraction of a large number of experiments /Sch 88/. Although the results are in the same range as ours, they fail to predict the influence of the aspect ratio. We will use these methods is we have to estimate the shape functions of leaf cells.

## 4.4 Chip Planning

The purpose of chip planning is the placement of modules and blocks (floorplan), the determination of their shape and global wiring. Global wiring determines channel or through-the-cell routing requirements, as-

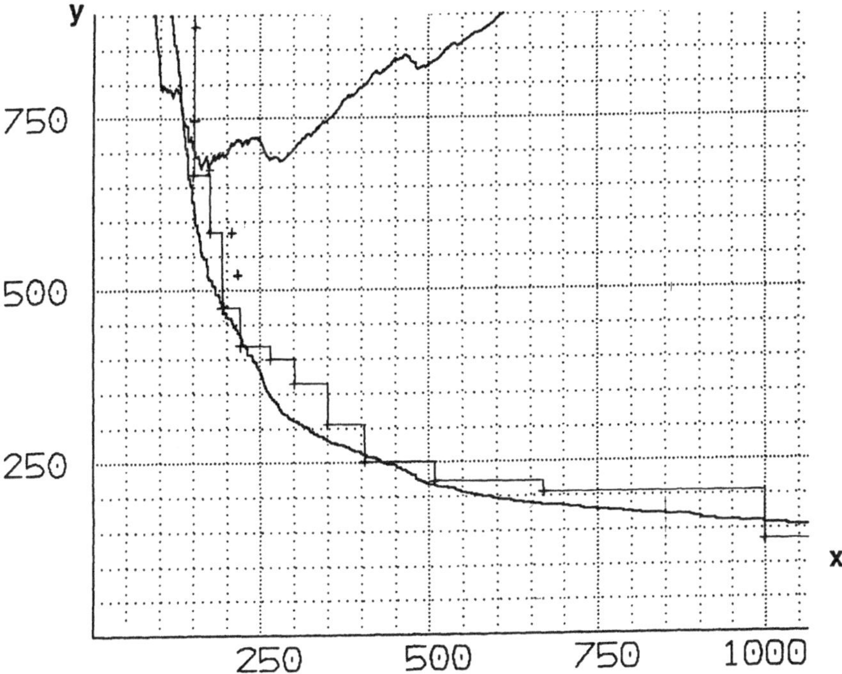


Figure 13: Shape function measurements for a 500 standard cell example

signs nets to channels and determines pin-cost functions. The goals are minimal area, a solution to net length limits, and an estimation tolerance that allows chip assembly without iterations through chip planning and without loss in layout quality.

The major phases of chip planning are **placement, sizing** and **global routing**. Especially for placement several algorithms can be selected. Placement can be improved by **manual interaction**. The Chip Planner has a menue controlled user interface based on DIALOG /Apo/. Chip planning is supported by a number of **analysis** tools with graphical result representations. Besides the interacitve control the Chip Planner can be controlled by a control command file. This is important for the design control by the Manager.

### 4.4.1 Placement

Placement should ideally not be seperated from global routing. But it has been shown that already subtasks of placement or np-complete /LeM87/. Therefore we even seperate placement into several phases.

The restriction to slicing structures and its representation as slicing tree suggest as a first step the generation of the tree. The slicing geometry (topography) is fully described by the tree if it is **oriented** and **ordered** and if the leaf nodes are **sized**. In detail this means:

Orientation: Every intermediate node is labeled v (vertical cut line) or h (horizontal cut line).

Ordering: The ordering of siblings in the tree from left to right means ordering in the floorplan from left to right or bottom to top.

Sizing: Dimensions (x, y) are chosen for all leaf cells. This is equivalent to choosing coordinates on the green shape function or to choosing corners on the red shape function and adding black and a-channel area.

The **topology** is the oriented and ordered slicing tree as in Figure 8. Without orientation and ordering we call it the **unoriented tree**. The unoriented tree can be generated by clustering or partitioning. In PLAYOUT a simple clustering algorithm as reported in /RRZ84/ is implemented. It includes leaf cell area and connectivity in its cost function. Results are not good because the generated tree is not balanced well.

A simple **bipartitioning** tool in PLAYOUT uses the mincut algorithm /FiM82/. Cell area is used for balancing the tree. A disadvantage of this simple method is that the position of the CUD pins (pin cost function) is not considered. In the MASON system/LaD86/ an in-place partitioning is reported which considers pin locations. It requires a known orientation. Since no optimization of the orientation is possible in a preorder tree traversal, h and v simply alternate. This results in unacceptable result and MASON been changed by trying all permutations at the lower levels of the tree.

A new tool PLAYOUT uses **quadro partitioning** at the CUD level. For all possible topologies of four slices and for known CUD pin cost functions, the optimal partitioning of the set of subcells is sought. Below this level bipartitioning takes place. With as much pin location consideration as is possible without orientation. This generates a tree with an oriented ordered subtree at the root.

The topology is generated by either a combined orientation and ordering algorithm or by finding the optimal orientation with the optimal add (chapter 4.3) and a seperate ordering algorithm. Both algorithms proceed in the same manner. In a breadth first traversal, subtrees with k levels are selected and in these subtrees all permutations of orientation and order or order alone are tested. Simple tests consider half-perimeter lengths of net bounding boxes. Better results have been achieved by calculating the shape functions for the roots of the subtrees for all permutations and then select the permutation with the area minimum. Runtime and quality increase with increasing k.

Placement is finished by **sizing**. Sizing calculates the shape function of the CUD for a given orientation and selects the CUD dimension closest to the given CUD frame (fp-is). This sizing is simply the application of vertical or horizontal adds depth first in the topology. It was reported first in /Ott83/. The additional problem here is the fact that we have to add green subcell shape functions. The Shape Function Generator calculates pink functions. As in the Shape Function Generator we add wiring space to correct for intersibling wiring and get a pink CUD shape function. This has to be corrected by a red and green increase for nets external to the CUD. This increase is distributed to all subcells.

The resulting topography includes an area estimate for global wiring without exact knowledge of the distri bution to the four a-channels in each green subcell. This has to be refined by global wiring.

### 4.4.2 Global Wiring

In chapter 5.3.1 a- and b-channels have been introduced. Global wiring is performed on a **corner graph** which is an abstraction of the b-channels to segments of the slicing lines. The b-channel widths are the capacities of the edges of the corner graph. The nodes are the intersections of slicing lines. Figure 14 shows an example. For the purpose of over-the-cell routing, the corner graph can be extended by pseudo-channels. This can either be done by extending slicing lines across the CUD or by introducing edges across the sub-

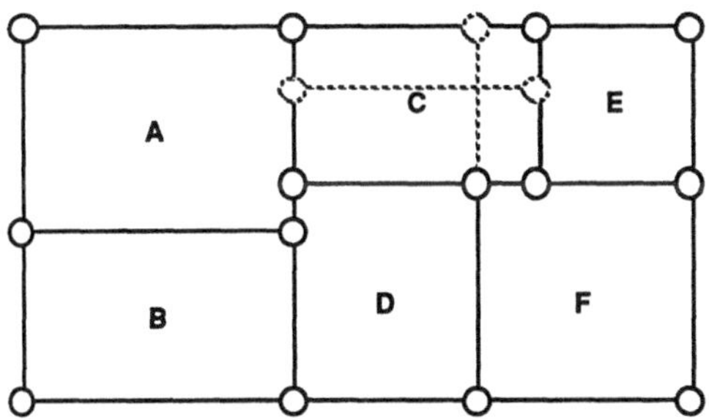


Figure 14: Corner graph for the structure in Figure 7

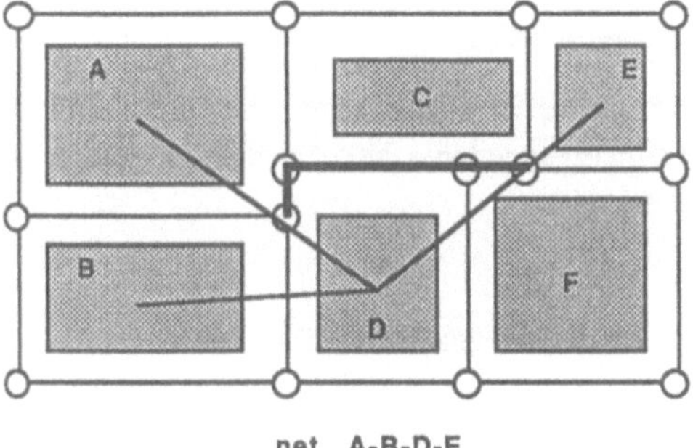


Figure 15: Steiner tree in corner graph

cells (hatched lines). Built-in feed-throughs form the starting pseudo-channel capacities.

Global routing does not find the best routing for a given channel capacity, but determines the channel capacities for the best routing path of each net. The width of the a-channels is only necessary to determine the dimensions of the corner graph. Only in the case of subcells with fixed over-the-cell routing capacities (e.g. macro cells), the router is constrained by channel capacities.

Global routing demonstrates one peculiarity of planning most clearly: decisions are deferred as long as possible if the information may still grow. Therefore, if a net has to be connected to a flexible cell, global routing terminates the net at a node of the corner graph on the green outline of the cell. Figure 15 shows an example. The pin assignment is deferred. Global routing uses a heuristic to determine a Steiner tree for each net on the corner graph. At this point the green box is sufficient for routing. Exeptions are macrocells, because pin locations are fixed. The location of the red box of macro cells in the green box has to be estimated in order to find the corners adjacent to each of the pins. Global routing then proceeds as before.

Global routing results in net counts for each edge in the corner graph (channel).Three types of nets have to be distinguished: A net that **passes** through a channel needs a full track. A net that **enters** a channel and **ends** there will need part of a track, determined by a track demand factor. A net which does not leave a channel is called **abutting** and has a small track demand factor.

This distinction is not clear in the routing graph we determined so far. All nets end at corners and thus only passing nets occur. A net is abutting if it is degenerated to one corner. It then has to be determined from the geometry of floorplan which edge has to provide wiring space. Figure 16 gives an example.

All leaf nodes of the steiner tree are probably ending nets. If the node represents a pin with fixed location, the edge is determined. In all other cases no edge is distinguished. We therefore, is such a case, we defer this decision until the next lower level of the hierarchy is planned. Because these ending nets cannot be totally neglected, we add corresponding area to the red box of the connected cell.

After the numbers of tracks are determined in such a way, the width of all b-channels is calculated. This is followed by an optimal distribution of the b-channels to the green areas of the sub-cells to regain a slicing struc-

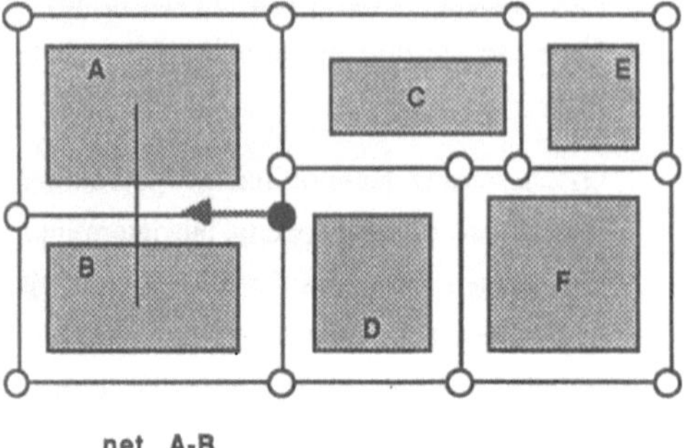


Figure 16: Abutment example

ture. This determines the a-channels and thus the geometric location of the red boxes within the green boxes.

Finally, the **pin-cost-functions** are determined for each pin that is not fixed. The pin-cost-function is defined at the perimeter of the red box. It is zero in a range where the channel is already provided for the net connecting to the pin. If we move the pin out of this range, extra inter-subcell wiring will be necessary. This area has to be provided by the red cell. The pin-cost-functions therefore is the additional a-channel width as a function of the location of the pin at the red cell perimeter.

Reasons for moving pins out of the zero-cost range may be the pin capacity of the range or the placement of the subcells within the subsubcell of the CUD. Therefore, the pin-cost-function is the connection between levels of the hierarchy and supports the idea of deferred decisions.

The results of global routing are:

•A more precise floorplan based on the additional knowledge of the a-channel widths.

•Pin-cost-function for all subcell pins.

•Assignment of nets to channels for detailed routing.

### 4.4.3 Global wiring iteration

Global wiring in the first iteration was based on a floorplan with estimated routing area requirements. The resulting floorplan may have different dimensions. We assume that the changes are not large enough to justify a new placement, but we can repeat global wiring for this new floorplan. This will again cause changes and may be repeated indefinitely.

These iterations can only have one goal: The improvement of the design. Currently we use the total CUD area as a measure of quality. Therefore we iterate as long as the area decreases. Our experience so far shows that a minimum is normally reached after one or two iterations and that after that topographies are repeated. Also, the area gain caused by iterations is in most cases less than 5%.

### 4.4.4 Manual Interaction and Analysis

During the whole design process so far, the design decisions that affect the final layout the most is the placement phase during chip planning. Several combinations of placement algorithms and cost functions can be applied to find a good solution. No combination could so far be shown to be superior to others. Thus one of the tasks of the designers is the selection of one or more combinations and the evaluation of the results. For this purpose a range of analysis tools is provided. We do not want to go into details here, but only show a list and point out the importance.

- Graphical display of the floorplan with options for the selection of green, red, black or pink boxes, a- or b-channels, "rats-nest" or global routing of all or selected nets. This is used for visual inspection, determination of problem areas, and for interactive changes to the placement.
- Graphical display of the slicing tree with orientation and ordering. This shows problems in partitioning (unbalanced tree) and is used for more complex interactive placement changes as for example moves of subtrees.
- Area statistics showing the total area of selected nodes in the slicing tree and the shares of diferently colored areas. This is used to roughly compare placement alternatives.
- Netlengths distribution histograms and a net density distribution in the CUD rectangle.
- By selecting subcell or nodes in the tree, precise geometric dimensions and other details can be interrogated.
- Original and final shape functions can be viewed for selected nodes in the tree.

Interactive placement is supported by a menue and mouse driven user interface. The user can select subcells or compound cells by moving the cursor to the cell or the main slice line of the subtree. Sometimes it is easier to view the tree and directly point to a node. Two selected nodes can be either interchanged or they are source and destination of a move. For a selected destination the orientation relative to it is selected in a menue. These two operations are sufficient to make all possible changes in the topology. The topography is automatically adjusted after every change and immediately displayed.

Interaction also allows moving back and forth between the different phases of chip planning. Also, intermediate states can be preserved and restored at any time. Thus the design can be interrupted or alternatives easily compared with the option to return to the best intermediate state.

### 4.4.5 Hierarchical Chip Planning

The floorplan of the chip provides frames and pin-cost-functions for the CUDs at the module level, if we follow the hierarchy in Figure 2. If we now apply placement and global routing as described above with these constraints, we will find deviations to be necessary. These are due to the fact that the constraints have been based on estimates, which are now refined.

Therefore it is necessary to **propagate constraints** back up in the hierarchy. Instead of just passing the shape of the modules up, we propagate the newly generated shape functions up to the chip level. These are the results of a sizing after global routing of the modules. Global routing of the modules was performed with CUD pin-cost-functions. It produces pin-cost-functions for the blocks as well as pin ranges for the modules. Also, this refinement of the pin positions are new constraints for the chip level and are propagated up.

If a part of the modules has already been planned, this may affect the rest of the modules. Therefore, constraints are also propagated to neighbour cells to adjust their frames and pin-cost-functions.This passing of constraints up, down, and sideways in the hierarchy graph is rather complicated and therefore conducted by the Design Manager. In Figure 2 this function is indicated by **Constraint Propagation** boxes.

Passing constraints up in the hierarchy only affects details in global routing, the red areas and the b- and a-channels. Neither placement nor global routing are repeated, unless very large deviations between plan and implementation require it. Therefore, the process terminates after a deterministic number of phases. This number depends on the number of hierarchy levels to which this method is applied. It always results in a consistent floorplan hierarchy in which green or red cells can always be replaced by their refinements or by their abstraction.

## 4.5 Cell Synthesis

The basic primitives of integrated circuits are transistors and in some technologies resistors. For simplicity we will assume a CMOS technology with two levels of metal for signal routing and a third metal level for power and ground distribution. For VLSI with high performance three metal layers will be mandatory. In addition, we will restrict ourselves to standard cell and gate matrix design styles. These restrictions are necessary to be able to demonstrate the value of the top-down design methodology with real life examples in a university environment. They do not restrict the application range of the method.

In a design system **standard cells** have to be entered from a given catalogue or generated by hand. We choose the latter approach to be manufacturer independent. In our system, standard cells are designed by entering stick diagrams with a simple graphical editor, automatic compaction and legalization, and finally a possibility for graphical editing. Special constraints are the location of power busses, a pin location grid and a given standard cell height.The result of using these tools is a library of about 50 standard cells in 1.25μm CMOS, 66 μm high and multiples of 8 μm wide. They present a typical industrial cell library.

Cell synthesis can be done in one of two ways. The mostly used approach in a PLAYOUT is the placement of the standard cells in rows, using simulated annealing /ScS 86/, global routing with feedthrough assignment and insertion and detailed channel routing. Although computing time is high, the results are representative for good automatic layout and are therefore usefull to demonstrate the quality of our design method. One distinctive feature is the fact that the synthesis is done with the constraints of the floorplan. The goal is to achieve the planned x-dimension of the cell (block or module) and, if the shape function is predicted right, also to achieve the planned y-dimensions. Figure 17 shows an example layout. The area was underestimated. This informaiton is a constraint that can be propagated back to chip planning. One other distinction is the use of pin-cost-functions instead of pin positions. Because of these distinctions, no available standard cell layout system could be used directly, although the main ideas are not new.

The other cell synthesis approach is based on individual transistors in clusters of n or p types and the placement and routing of these clusters. Regularity is achieved by a gate matrix type structure. It is hoped that this design style will result in denser layouts than the standard cell style. At this time, no quantitative analyses have been conducted.

## 4.6 Chip Assembly

The final step is **chip assembly**. It can be characterized by adjusting the block and module positions in such a way that the final interblock and intermodule routing can be performed optimally. Final routing then generates a complete mask level layout. If we had compaction tools for VLSI complexities or for hierarchical applications, the layout could still be improved at this point.

Good chip assembly will not be performed after cell synthesis of all leaf cells of the chip planning phases. Both will be performed in parallel. That way the cell synthesis can be further constrained by chip assembly requirements. This is the subject of our current research.

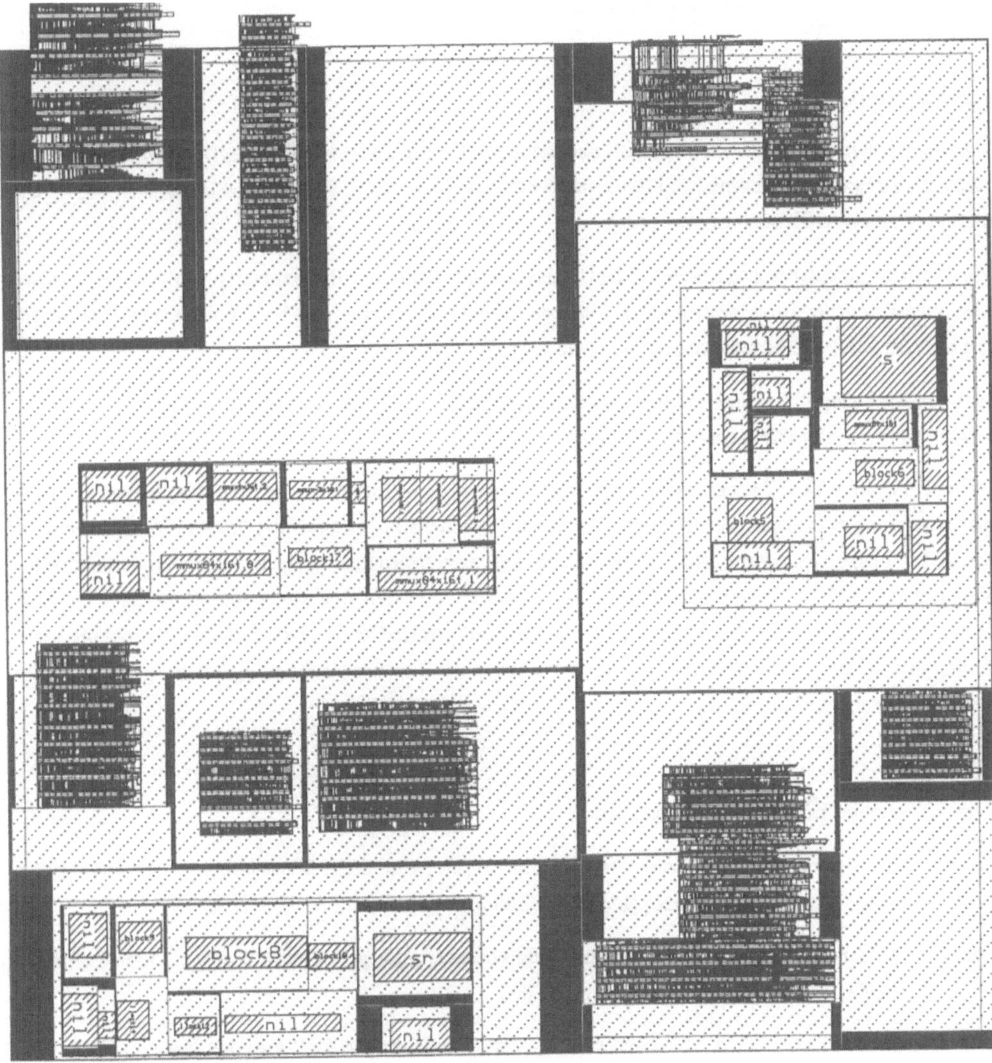


Figure 17: Layout example with two floorplan levels and one level of cell synthesis

Currently we employ a primitive chip assembly. Standard cell synthesis is performed first, the floorplan is adjusted accordingly with channels as predicted by the global routing. In the resulting floorplan all channels are defined and routed in a depth-first order. These **c-channels** have the length of the slicing lines and a variable width determined by the adjacent a-channels. Because such channels overlap, they are first routed in full length and then cut back until overlap is avoided. A modified swichtbox router is used.

In the case of an underestimation of the number of tracks needed, the c-channels are extended by additional tracks along the cut line. Thus, 100% completion is guaranteed.

## 5. Conclusion

This paper describes a top-down VLSI design method and the design system PLAYOUT. The examples run so far show at least that such a method is feasible. We can not show today that the method is equal or superior to bottom-up methods. This is our next goal.

With small modifications, parts of PLAYOUT can even be combined with existing bottom-up systems. Currently, an experiment is under way with the Siemens VENUS III system /HNS 86/. Toolboxes as for example the Shape Function Generator can be used stand-alone.

Parts like the Design Manager and the database have only be mentioned. They are still part of our active research and only an initial prototype available.

A system like PLAYOUT is necessary to prove the quality of a VLSI design method. It is also the extent of what a research group in an university can accomplish. Because it is a group effort, the authors name stands in the place of many who contributed. Contributions also came from other project groups in the Sonderforschungsbereich (SFB) 124 and from collegues working in the same field that were guests of the SFB. The SFB is financed by the Deutsche Forschungsgemeinschaft and provided most of the funding. Besides the basic funding by the University of Kaiserslautern, the Zentrum für Rechnergestützte Ingenieurssysteme and the Siemens AG enhanced our funds.

## References

Apo Apollo Computer Inc. Trademark

Bre 83 M. A. Breuer, "A Methodology for Custom VLSI Layout, IEEE Transactions on Circuits and Systems, VOL CAS-30, No. 6, pp 358-364, 1983

Cla 88 P. Claussen, "Development of a knowledge-based prototype for repartitioning", SFB-Report No. 34/88, University of Kaiserslautern, 1988

FiM 82 C. M. Fiduccia, R. M. Mattheyses, "A Linear-Time Heuristic for Improving Network Partitions", Proc. of the 19th Design Automation Conference, 1982, pp 175-181

HaR 85 Hayes-Roth, "A blackboard architecture for control", Artificial Intelligence", Vol 26, pp 251-321, 1985

HNS 86 E. Hörbst, M. Nett, H. Schwärzel, "VENUS: Entwurf von VLSI Schaltungen", Springer-Verlag Berlin, 1986

KuP 86 F. J. Kurdahi, A. C. Parker, "PLEST: A Program for Area Estimation of VLSI Integrated Circuits", Proc. of the 23rd Design Automation Conference, 1986, pp 467-473

LaD 86 D. P. La Potin, S.W. Director, "Mason: A Global Floorplanning Approach for VLSI Design, IEEE Transactions on CAD, Vol CAD-5, No. 4, 1986, pp 477-489

LeM 87 T. Lengauer, R. Müller, "The Complexity of Floorplanning based on Binary Circuit Partitions, Bericht Nr. 46, University of Paderborn, 1987

Mar 86 P. Marwedel, "A New Synthesis Algorithm for the MIMOLA Software System", Proceedings 23rd Design Automation Conference, pp 271-277, 1986

Ott 83 R. Otten, "Efficient Floorplan Optimization", Proc. ICCD 83, 1983, pp 499-502

RRZ 84 P. Rao, R. Ramnarayan, G. Zimmermann, "SPIDER, A Chip Planner for ISL Technology", Trans. of the 21st Design Automation Conference, 1984, pp. 665-666

Rül 87 W. Rülling, "Einführung in die Chip-Entwurfssprache HILL", SFB 124, Report 04/1987, University of Saarbrücken, 1987

Scü 88 B. Schürmann, "SLANG (Simple Data Description Language), SFB 124, Report No. 22/88, University of Kaiserslautern, 1988

Sch 88 F. J. Schmitt, "Synthese- und Analyseprobleme beim rechnergestützten Entwurf von VLSI-Schaltungen, Dissertation

ScZ 87 F. Schreiner, G. Zimmermann, "PESA-I A Parallel Architecture for Production Systems", Proceedingsm 16th International Conference on Parallel Processing, 1987

Sie 88 E. Siepmann, "PLIF - ein objektorientiertes Datenaustauschformat zur Kommunikation in PLAYOUT", SFB 124 Research Report 32/88, University of Kaiserslautern 1988

Spa 88 H. Spang, "Ein objektorientiertes Toolboxmanagement für das VLSI-Entwurfssystem PLAYOUT", Master Thesis, University of Kaiserslautern 1988

SzO 80 A. A. Szepieniec, R. Otten, "The Genealogical Approach to the Layout Problem", Proc. of the 17th Design Automation Conference, 1980, pp 535-542

WoL 86 D. F. Wong, C.L. Liu, "A New Algorithm for Floorplan Design", Proc. of the 23rd Design Automation Conference, 1986, pp. 101-107

Zim 81 G. Zimmermann, " CAD Tools for the Synthesis of Hardware and Software ", Proceedings 5th Intern. Conf. on Computer Hardware Description Languages, Kaiserslautern 1981

ZiK 88 G. Zimmermann, "Area Estimation of VLSI Chips", to be published

Zim 88 G. Zimmermann, "A New Area Shape Function Estimation Technique for VLSI Layouts", Proceedings 25th Design Automation Conf, pp. 60 - 65, 1988

# Entwurf einer integrierten Schaltung zur Beschleunigung von Koordinatentransformationen mit einem Silicon Compiler

Wolfgang Eppler, Pablo Castro, Wolfgang Rosenstiel

Institut für Rechnerentwurf und Fehlertoleranz
Universität Karlsruhe

Automatisierung des Schaltkreisentwurfs
Forschungszentrum Informatik

(Prof. Dr.-Ing. Detlef Schmid)

**Kurzfassung**

Für die Lösung vieler Probleme im CAD/CAM Bereich - insbesondere in der Robotik - ist der Entwurf besonders schneller Schaltungen notwendig, um die erforderlichen kurzen Reaktionszeiten zu erreichen. Wichtige Schwerpunkte unserer Arbeit sind in diesem Zusammenhang die Entwicklung einer geeigneten Architektur für die Realisierung der Algorithmen und die Integration der entwickelten Schaltungen als Coprozessor in ein bestehendes Rechnersystem. In diesem Beitrag wird der Entwurf einer anwendungsspezifischen integrierten Schaltung für die Berechnung trigonometrischer Funktionen, sowie die Belegung von Denavit-Hartenberg Matrizen und deren Multiplikation vorgestellt. Benötigt werden diese Funktionen bei der Koordinatentransformation, die bei der Steuerung eines Roboterarms eine wichtige Rolle spielt. Für die Umsetzung der Algorithmen in eine hochintegrierte Schaltung wurde ein Silicon Compiler verwendet.

## 1. Einleitung

Schnelle Steuerungen, wie sie auch in der Robotik erforderlich sind, lassen sich häufig nur als spezielle Schaltungen implementieren, wobei Lösungen mit Standardkomponenten oder programmierbaren Logikschaltungen wie PLA's oder FPLA's, aber auch mit anwendungsspezifischen integrierten Schaltungen (ASIC's) in Betracht zu ziehen sind. Da die Entwicklungskosten bei der letzten Alternative am höchsten sind, kommt diese Lösung nur bei rechenintensiven, zeitkritischen Teilproblemen in Frage, wenn sie den notwendigen Aufwand rechtfertigen. Diese Anforderungen und Voraussetzungen waren im vorliegenden Fall gegeben. Es handelt sich dabei um die möglichst schnelle Ausführung einer

Koordinatentransformation, mit deren Hilfe die Gelenkstellungen eines Roboterarmes bei der Bewegung an einen gewünschten Punkt berechnet wird. Jedes Roboterarmgelenk wird durch eine Denavit-Hartenberg-Matrix [1,2,3] dargestellt (Abb.1), die so beschaffen ist, daß bei der Bewegung aufeinanderfolgender Gelenke die zugehörigen DH-Matrizen lediglich miteinander multipliziert werden müssen, um die abschließende Koordinatentransformation zu erhalten.

**Rotation um x:**

$$\begin{vmatrix} \cos(\beta) & -\cos(\alpha)*\sin(\beta) & \sin(\alpha)*\sin(\beta) & tx*\cos(\beta)-ty*\sin(\beta) \\ \sin(\beta) & \sin(\alpha)*\cos(\beta) & -\sin(\alpha)*\cos(\beta) & tx*\sin(\beta)+ty*\cos(\beta) \\ 0 & \sin(\alpha) & \cos(\alpha) & tz \\ 0 & 0 & 0 & 1 \end{vmatrix}$$

**Rotation um y:**

$$\begin{vmatrix} \cos(\alpha)*\cos(\beta) & -\sin(\beta) & \sin(\alpha)*\cos(\beta) & tx*\cos(\beta)-ty*\sin(\beta) \\ \cos(\alpha)*\sin(\beta) & \cos(\beta) & \sin(\alpha)*\sin(\beta) & tx*\sin(\beta)+ty*\cos(\beta) \\ -\sin(\alpha) & 0 & \cos(\alpha) & tz \\ 0 & 0 & 0 & 1 \end{vmatrix}$$

**Abb.1 Beispiele für Denavit-Hartenberg-Matrizen**

Fast alle heute verfügbaren universellen Roboterarme besitzen maximal sechs Gelenke (Dreh- und Schubgelenke), so daß die von der Schaltung unterstützten sieben Gelenke (ein zusätzliches Schubgelenk für die Steuerung der Bewegungsrichtung, falls der Arm auf einem fahrbaren Wagen installiert ist) auf jeden Fall ausreichen.

Der zu entwerfende Chip soll aber nicht nur die für die Koordinatentransformation notwendigen Matrixmultiplikationen ausführen, sondern auch die Matrixelemente selbst mitberechnen. Dies liegt nahe, da auch hierfür komplexere Funktionen (Sinus, Cosinus) gebraucht werden, die von den in Steuerungen üblicherweise eingesetzten Mikrorechnern nicht sehr effizient ausgeführt werden können. Außerdem kann dadurch der Datentransfer vom Hauptprozessor zur Spezialschaltung erheblich reduziert werden. Anstelle einer 4 x 4 - Matrix pro Gelenk genügen jetzt insgesamt fünf Werte, von denen bei der Initialisierung bereits vier übergeben werden können. Im laufenden Betrieb genügt also die Übertragung eines aktuellen Parameters pro Koordinatentransformation, der entweder den Betrag der Drehung oder des Schubs eines Roboterarmgelenkes angibt. Lediglich bei der Ausgabe müssen alle sechzehn Werte der Ergebnismatrix übertragen werden.

Des weiteren haben Untersuchungen ergeben, daß diese Berechnungen für die Koordinatentransformation bisher 30% des Gesamtaufwandes ausmachen. Eine Beschleunigung dieser speziellen Funktionen beeinflußt also nachhaltig das gesamte Programmverhalten. Damit sind alle oben angesprochenen Voraussetzungen, die für eine Hardware-Realisierung eines Algorithmus sprechen, erfüllt. Im Rahmen dieser Arbeiten wurden auch andere Realisierungsvarianten untersucht: Zum einen sind teilweise 'Gleitkomma-Beschleuniger' erhältlich, die für solche Probleme einige Verbesserungen bringen. Andererseits können in einer höheren Programmiersprache geschriebene Programmteile in Assembler implementiert oder durch andere Maßnahmen noch beschleunigt werden. Es zeigt sich jedoch, daß beide Alternativen der hier gewählten Lösung in Form einer speziellen Schaltung unterlegen sind.

## 2. Integration einer spezifischen Hardware-Lösung

Bei der Realisierung der Schaltung ist zwischen folgenden Möglichkeiten zu entscheiden: Es kann eine Platine mit einer Standard-Schnittstelle entworfen werden, deren Nachteile im langsamen, oft ohnehin schon überlasteten Peripheriebus, sowie in der im allgemeinen notwendigen Änderung des Betriebssystems liegen. Die Platine könnte ausschließlich mit Standard-Bausteinen, aber auch mit anwendungsspezifischen ICs bestückt sein. Eine Alternative wäre ein Coprozessor, der noch vor der Speicherverwaltungseinheit direkt am Prozessorbus angeschlossen wird. Dieser Bus ist wesentlich schneller, und das Protokoll der Zugriffe ist nicht so komplex wie beim Peripheriebus. Voraussetzung für diese Variante ist allerdings, daß alle Funktionen auf einem Chip untergebracht werden können, der in den für einen Coprozessor vorgesehenen Steckplatz eingepaßt werden kann, wodurch die Integration in ein bestehendes System erheblich vereinfacht wird. Wir haben diese Realisierungsform aufgegriffen, auch wenn dadurch die Parallelisierung des eingangs genannten Algorithmus der begrenzten Fläche wegen nicht so konsequent zu verwirklichen war, wie es auf einer Platine der Fall gewesen wäre.

In der Schaltung wurde das Coprozessor-Protokoll von Motorola implementiert [4]. Der Datenaustausch geschieht ausschließlich über Register des Coprozessors, die zwischen dem internen und externen Bus liegen. Damit ist der Chip intern vom CPU-Timing und sonstigen Besonderheiten der Kommunikation unabhängig.

Der MC 68020, der als Hauptprozessor eingesetzt wird, besitzt eine Gruppe von Befehlen, die von ihm nur teilweise ausgewertet werden (sog. F-line-Kommandos). Der Rest wird vom Coprozessor verarbeitet. Für die Kommunikation mit dem Hauptrechner wurden vier Befehlsklassen implementiert: Dateneingabe, Datenausgabe, Initialisierung und Test, der wieder aus acht Unterbefehlen besteht. Mit diesen Testbefehlen kann der Speicher beschrieben und gelesen, sowie das Operationswerk mit einfachen Funktionen getestet werden. Exemplarisch soll hier kurz der Ablauf des Protokolls bei der Initialisierung des Chips beschrieben werden (Abb.2):

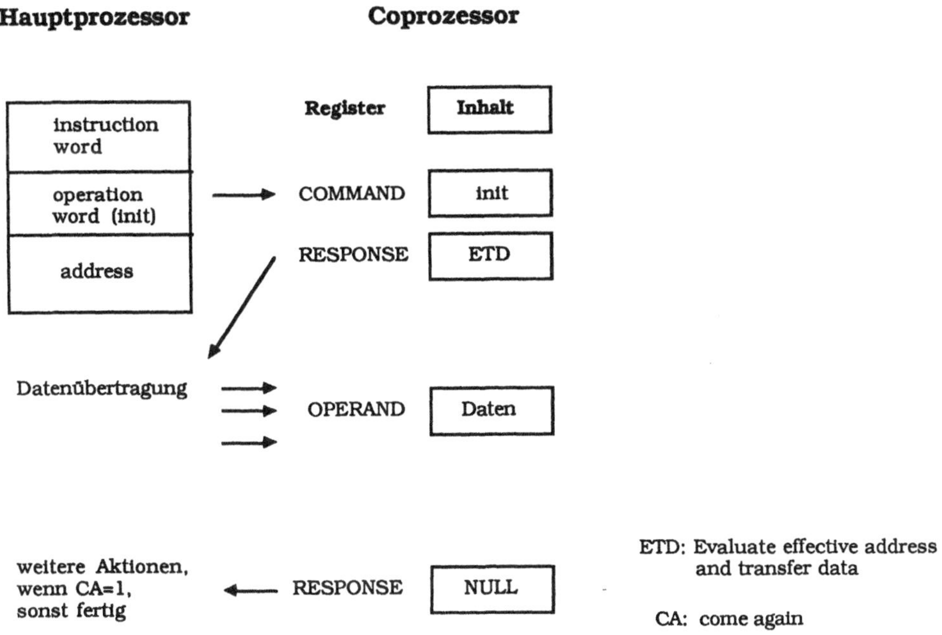


**Abb.2 Kommunikation zwischen Hauptprozessor und Coprozessor**

Der Hauptprozessor erkennt einen F-line-Befehl und schreibt das Operationswort in das COMMAND-Register des Coprozessors. Dieser erkennt, daß es sich um eine Initialisierung handelt. Er schreibt eine Antwort (mit dem Wunsch, *n* Datenworte zu übertragen) in sein RESPONSE-Register, das anschließend vom Hauptprozessor gelesen wird. Der Hauptprozessor ist für die Adressierung des Hauptspeichers zuständig und schreibt das entsprechende Datenwort in das OPERAND-Register des Coprozessors. Dies wird solange wiederholt, bis die *n* Worte übertragen sind. Der Hauptprozessor liest noch einmal das RESPONSE-Register des Coprozessors und stellt fest, ob noch weitere Aktionen auszuführen sind. Sonst fährt er fort, den nächsten Befehl auszuführen.

## 3. Entwurf der Architektur

Die bestimmenden Merkmale des verwendeten Algorithmus sind viele Multiplikationen (bedingt durch die Matrixmultiplikation und die trigonometrischen Berechnungen), aber auch Additionen und Subtraktionen. Deshalb lag die Verwendung einer prozessor-orientierten Architektur nahe (Abb.3).

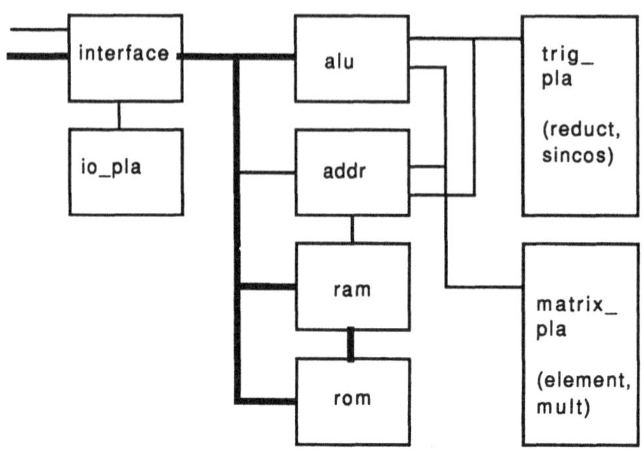


**Abb.3 Blockschaltbild des Coprozessors**

Es wird allerdings keine vollständige arithmetisch-logische Einheit (ALU) benötigt, da z.B. logische Operationen fehlen. Stattdessen wurde ein zusätzliches Multiplizier-Netzwerk mit aufgenommen, um den Anforderungen einer schnellen Multiplikation gerecht zu werden (Abb.4).

Die gesamte Kommunikation mit der Außenwelt übernimmt eine Schnittstelle, in der das Coprozessor-Protokoll implementiert wurde.

Im folgenden seien einige Merkmale, die den Verlauf des Entwurfsprozesses beeinflußten, behandelt.

## 3.1 Operationswerk

### 3.1.1 Berechnung des Sinus und Cosinus

Für jede Gelenkdrehung des Roboterarmes muß jeweils einmal der Sinus und Cosinus des Drehwinkels berechnet werden. Die schnellste denkbare Methode für diese Berechnung besteht im Nachschauen der Funktionswerte in einer Tabelle, wobei z.B. das Argument der Funktion die Adresse eines ROM bildet [5]. Diese Lösung ist allerdingst extrem platzaufwendig und zusammen mit den anderen Komponenten unter den gegebenen Verhältnissen nicht auf einem Chip zu realisieren. Eine leichte Modifikation davon wäre, nur jeden zweiten oder dritten Funktionswert abzuspeichern und die dazwischen liegenden Werte linear zu interpolieren. In unserem Fall bestünde der ROM dann immer noch aus 4500 Wörtern (d.h. ca. 105 kBit).

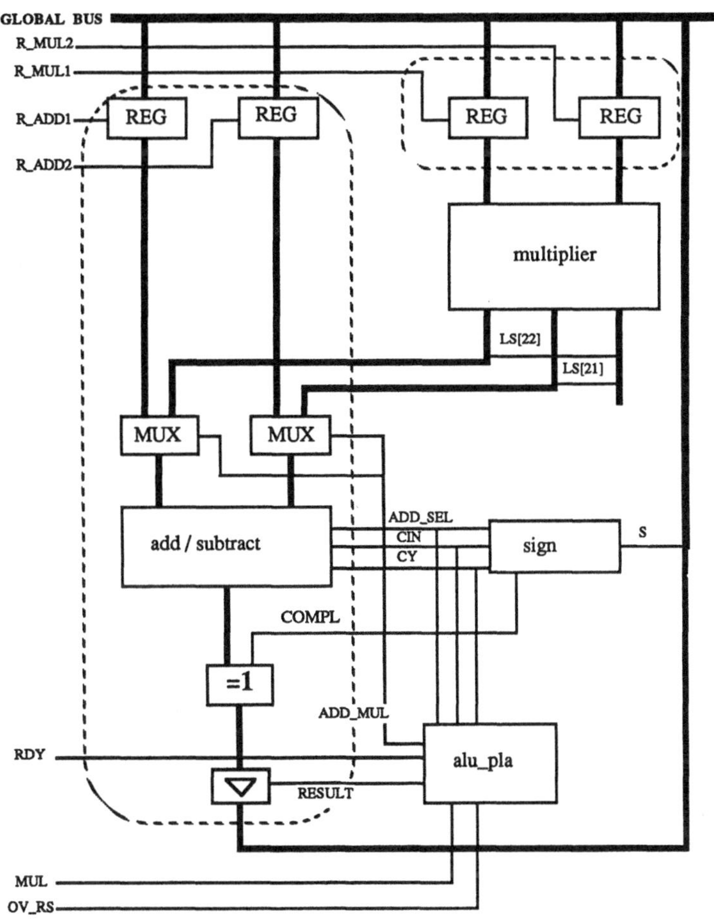


**Abb.4 Arithmetisch-logische Einheit (ALU)**

Andere Verfahren berechnen trigonometrische Funktionen über Kettenbrüche (aufwendige Divisionen, langsame Konvergenz), Produktterme (langsame Konvergenz) oder kubische Splines. Die Interpolation nach Spline erfordert für eine mäßige Genauigkeit schon viele Stützstellen (bei 16 Stützstellen: 64 Konstanten und eine Genauigkeit von $2 * 10^{-5}$), womit größere Tabellen notwendig werden. Als geeignetes Verfahren stellte sich schließlich die Reihenentwicklung nach Taylor heraus [6]. Um ein gutes Konvergenzverhalten zu erzielen, muß unbedingt eine vorausgehende Winkelreduktion durchgeführt werden. Sie bildet einen Winkelbereich von $[-\pi .. \pi]$ auf $[-\pi/4 .. \pi/4]$ ab. Bei den vorliegenden Genauigkeitsanforderungen ist damit die Berechnung von vier Gliedern ausreichend (Genauigkeit: $3 * 10^{-7}$).

### 3.1.2 Genauigkeit und Wortbreite

Um eine hohe Verarbeitungsleistung zu gewährleisten, verwendet der Coprozessor intern Festkommazahlen. Damit entfallen Normierungen und die getrennte Behandlung von Exponent und Mantisse. Allerdings erfordert eine Festkommaarithmetik eingehende Untersuchungen in bezug auf die Genauigkeit der ausgeführten Operationen. Hierfür wurde ein Simulationsprogramm entwickelt, das die mit Festkommazahlen wählbarer Bitbreite berechneten Ergebnisse mit einer Referenzgröße vergleicht [7]. Solche Simulationen sind nötig, weil 'worst case'-Abschätzungen viel zu pessimistisch sind. Simulationsläufe haben gezeigt, daß bei den erforderlichen Operationen und der gewünschten Genauigkeit eine Datenpfadbreite von 24 Bit ausreicht.

Speziell bei der Sinusberechnung ist die Genauigkeit des Ergebnisses von zwei Parametern abhängig: einerseits von der gewählten Bitbreite des Datenpfades, andererseits von der Anzahl der berechneten Glieder der Taylorreihe. Bei vier Gliedern bringt eine Datenpfadbreite von mehr als 23 Bit (ohne Vorzeichen) keine nennenswerten Verbesserungen mehr. Die erzielte Genauigkeit beträgt dann mindestens 21 Bit, d.h. im schlimmsten Fall können die untersten zwei Bits des Datenpfades falsch sein.

### 3.1.3 Zahldarstellung

Für die Multiplikation sind Vorzeichenzahlen einer Komplementdarstellung vorzuziehen, da die Beträge der Multiplikanden wie ganze Zahlen multipliziert werden können [8,9] und das Vorzeichen des Ergebnisses unabhängig vom Rest als Exklusiv-ODER-Verknüpfung berechnet werden kann. Die Zahlen bestehen aus dem Vorzeichen, einem Bit vor dem Komma und 22 Bit danach, allerdings mit einer Ausnahme. Da anfangs die eingelesenen Winkel von $-\pi$ bis $\pi$ reichen dürfen, sind für ihre Darstellung zwei Bits vor dem Komma notwendig. Nach der Winkelreduktion genügt dann wieder ein Bit, was durch einmaliges Verschieben erreicht wird. Ab hier treten nur noch Zahlen $\leq 1$ auf, so daß bei Multiplikationen nie ein Überlauf vorkommen kann. Die Werte der Roboterarmkoordinaten wurden so transformiert, daß sie sich im selben Zahlenbereich wie die Winkel und deren trigonometrische Funktionen bewegen. Nur so gewährt die Festkommaarithmetik eine ausreichende Genauigkeit.

### 3.1.4 Speicherorganisation

Es gibt verschiedene Möglichkeiten der Busstruktur zwischen der ALU und dem Speicher. Die einfachste besteht aus einem einzigen Bus zwischen beiden Einheiten, auf dem die Daten bidirektional übertragen werden. In der ALU kann damit allerdings zu einem Zeitpunkt nur ein Datenregister geladen oder ein Ergebnis im RAM abgespeichert werden. Untersuchungen zeigten, daß dies hier tatsächlich ausreichend ist. Ein doppelter Bus, mit dem es z.B. möglich wäre, beide Operanden einer Multiplikation gleichzeitig von einem "Dual-Port" Speicher in die ALU zu laden oder ein Register mit dem Ergebnis der vorhergehenden

Operation, ein zweites mit einem Speicherinhalt zu laden, würde nur selten ausgenützt, so daß damit nur eine unwesentliche Geschwindigkeitssteigerung erzielbar wäre. Allerdings kann ein "Dual-Port" RAM noch eine wichtige Erleichterung bringen: Muß ein im RAM stehendes Datenwort an eine andere Adresse kopiert werden, ist ohne zusätzliche Vorrichtung bloß der Weg über die ALU möglich, z.B. über eine Addition mit Null. Mit einem zusätzlichen Register kann diese Operation zwar beschleunigt werden, sie erfordert aber immer noch zwei Taktzyklen, nämlich das Beschreiben des Registers mit dem umzuspeichernden Datenwort und anschließend das Kopieren an die neue Adresse im Speicher. Ein Dual-Port-RAM erlaubt nun dieses Umspeichern in einem Zyklus, da der eine Port als Ausgang, der andere als Eingang dienen kann. Diese Struktur wurde gewählt, weil damit z.B. während einer Addition, die zwei Zyklen dauert, ohne zusätzlichen Zeitaufwand eine Umspeicherung durchgeführt werden kann. Eine weitere Beschleunigung des ganzen Prozessors könnte erreicht werden, wenn auf 'precharged'-Busse verzichtet wird und alle Komponenten, die denselben Bus benützen, über Multiplexer Zugriff auf den Bus erhalten. Eine Zeit-Analyse ergab allerdings nur einen geringen Geschwindigkeitszuwachs bei wesentlich größerer Flächenbelegung, da große Multiplexer benötigt werden. Aus diesem Grunde wurde auf diese weitere Maßnahme verzichtet.

## 3.2 Steuerwerk

Bei der Steuerung der gewünschten Operationen stellt sich hauptsächlich die Frage, ob und wie das Steuerwerk partitioniert werden soll. Dabei waren folgende Randbedingungen zu beachten:

1. Die Schaltung soll mit 16 MHz getaktet werden. In jedem Zyklus soll ein neuer Zustand eingenommen werden können. Somit scheidet die Realisierung mit *einem* großen Steuerwerk aus, da die Laufzeiten zu lang sind.

2. Der im verwendeten Entwurfswerkzeug (einem Silicon Compiler) vorhandene PLA-Generator akzeptiert maximal 512 Produktterme.

3. Um eine Addition so schnell wie möglich durchzuführen, können zwei gegenphasig getaktete Steuerwerke verwendet werden. Dies reduziert eine Addition von 3 bzw. 4 Zyklen auf 2 bzw. 3 Zyklen.

4. Eine Partitionierung, bei der zu jeder Funktion (wie trigonometrische Berechnung oder Elementberechnung der Matrix) ein eigenes Steuerwerk gehört, ist flächenaufwendiger und von den Geschwindigkeitsvorteilen her nicht nutzbar, da gemeinsame Signale der Steuerwerke über Multiplexer oder zumindest Oder-Gatter verknüpft werden müssen.

Aus diesen Randbedingungen ergaben sich vier separate Steuerwerke (Abb.5): die EA-Einheit (für die Ein/Ausgabe zuständig, aber auch für die Steuerung und den Anstoß der übrigen Funktionen verantwortlich), die Winkelsteuerung (Winkelreduktion, Berechnung von Sinus und Cosinus), das Matrix-Steuerwerk (Berechnung der Matrixelemente, Ausführung der Matrixmultiplikation) und ein kleines ALU-Steuerwerk, das den einzelnen Funktionen die Durchführung der Addition/Subtraktion und der Multiplikation erleichtert.

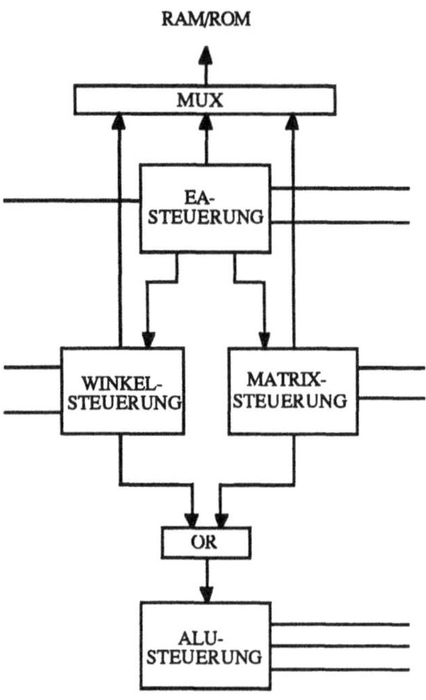


**Abb.5 Steuerwerke**

## 3.3 Testüberlegungen

Ein vollständiger Scanpath (bzw. LSSD-Path) war nicht praktikabel, da die vom Silicon Compiler zur Verfügung gestellten Speicherglieder der mit PLAs realisierten Steuerwerke nicht steuerbar und somit nicht als LSSD-Path zusammenschaltbar sind. Die Steuerwerke stellen aber einen gewichtigen Teil des Chips dar, der nicht ungetestet bleiben kann. Die Möglichkeit, PLAs ohne interne Speicherglieder zu verwenden und statt dessen extern "Testability Latches" (vom Silicon Compiler als Bibliothekszellen angeboten) zu benützen, schied aus, da in diesem Fall für die PLA-Programmierung die vom Compiler zur Verfügung gestellte FSM-Sprache (eine höhere Programmiersprache für endliche Automaten) nicht hätte verwendet werden können. Aber auch andere Gründe (großer Platzbedarf für Test-Latches, umfangreichere Verdrahtung, sehr große zu erwartende Testmusterzahl) ließen eine Alternative ratsam erscheinen: die

Implementierung eigener Testbefehle, mit denen die einzelnen Teilfunktionen des Chips ausgeführt und überprüft werden können. Darunter fallen: Lesen des ROM, Beschreiben und Lesen des RAM, getrennte Ausführung von trigonometrischer Berechnung, Elementberechnung und Matrixmultiplikation. In manchen Fällen genügt ein einmaliger Durchlauf der entsprechenden Funktion, um die Funktionsfähigkeit unabhängig von anderen Daten zu überprüfen. Mit diesen Testbefehlen läßt sich also sowohl das Steuerwerk, wie auch das Operationswerk funktionell prüfen. Es handelt sich dabei allerdings nur um einen Funktionstest, der nicht vollständig ist.

## 4. Einfluß des Entwurfswerkzeugs auf die Konzeption der Schaltung

Die gesamte Schaltung wurde mit einem Silicon Compiler entworfen. Damit ist der Schaltungsentwurf auf einer Ebene möglich, die dem Benutzer, der kein erfahrener Chip-Designer zu sein braucht, die unteren Entwurfsebenen transparent erscheinen läßt. Dies ist insbesondere im universitären Bereich wichtig, wenn Studenten ohne größere Erfahrung komplexe Schaltungen entwerfen sollen. Eingabe ist eine Entwurfsbeschreibung auf der Register-Transfer Ebene, die allerdings hinsichtlich der Strukturierungsmöglichkeiten durch den jeweiligen Entwurfsstil bestimmt wird, der dem Silicon Compiler zugrunde liegt. Auf der untersten Ebene ist der Benutzer auf Bibliothekszellen angewiesen, die in drei verschiedenen Modellen weiterverarbeitet werden können. Der Funktionsumfang der Blockschaltungen besteht aus parametrisierbaren Blöcken wie ROM, PLA, Multiplizierer, usw. Eingriffe in die interne Struktur sind hier nicht möglich. Bei der freien Logik und dem Datenpfad jedoch erfolgt die Eingabe der einzelnen Komponenten über Formblätter, auf denen Signalnamen, Parameter und die Art des Timings angegeben werden. Die einzelnen Komponenten werden durch 'abutment' aneinander gelegt, so daß der Verdrahtungsaufwand innerhalb eines Basisblocks entfällt. Das Modell der freien Logik orientiert sich am Standardzellen-Entwurf, der Datenpfad besteht aus vier Bussen, von denen die beiden äußeren im Normalfall den Block ununterbrochen durchqueren und die beiden inneren die verschiedenen Netzwerke miteinander verbinden.

Auf der nächsthöheren Ebene existieren nur noch Blöcke, die durch ihre Größe und die Netzliste unterschieden sind. Auf jeder Ebene ist die Durchführung einer logischen Simulation, das Erstellen einer Zeit-Analyse und die Ausgabe des Layouts möglich. Die beiden obersten Hierarchiestufen bestehen aus der Chip-Ebene, auf der die Pads plaziert werden (auf den anderen Ebenen nicht möglich) und der sogenannten Chip-Set-Ebene, auf der verschiedene Chips miteinander verdrahtet werden können.

Der Silicon Compiler läßt die unteren Entwurfsebenen für den Benutzer völlig transparent erscheinen. So geschieht die Verdrahtung automatisch zusammen mit dem übrigen Erstellen des Layouts und der Benutzer hat keinerlei Eingriffsmöglichkeiten in den Ablauf. Schwächen des Routers können dann allerdings auch nicht von Hand bereinigt werden. Ein weiterer Nachteil besteht in der Tatsache, daß kein Top-Down-Entwurf möglich ist. Bei den Bibliothekszellen angefangen, muß der Designer Block für Block fertigstellen, um zur nächsten Hierarchiestufe zu gelangen. Dafür sind korrekte Netzlisten, ein fehlerfreies Timing und eine fertige Plazierung der Blöcke Voraussetzung. Für den Floorplan verlangt der Silicon Compiler außer der Plazierung noch die Durchführung einer binären Verschmelzung (binary fusion), die jeweils zwischen zwei Blöcken einen Verdrahtungskanal festlegt, was als Einschränkung bei der Plazierung gesehen werden kann. Allerdings ist diese Beschränkung auch in anderen Entwurfswerkzeugen verbreitet. Die kompakte Darstellung aus Abbildung 6a muß dazu wie in Abbildung 6b aufgelöst werden, wodurch auch die automatische Verdrahtung erleichtert wird.

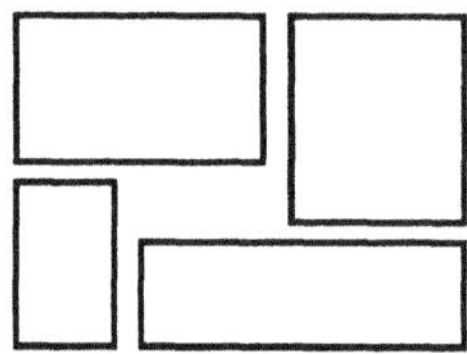

**Abb. 6a Ursprüngliche Plazierung**

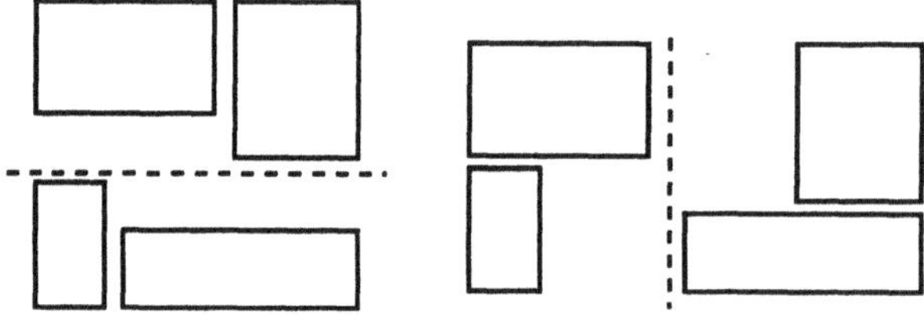

**Abb.6b Plazierung durch "Binary Fusion"**

Trotz allem gilt, daß, wenn sich die Schaltung gut auf das vom Silicon Compiler unterstützte Modell des Datenpfades und die vorhandenen Blöcke abbilden läßt, ein schneller und zugleich effizienter Entwurf möglich ist. Besonders angenehm wirkt sich die Tatsache aus, daß praktisch alle benötigten Werkzeuge (außer der elektrischen Simulation) von der Synthese bis zur Optimierung, Zeit-Analyse und logischen Simulation vorhanden und dazwischen keine Datenkonvertierungen nötig sind. Im Zweifelsfall können unterschiedliche Entwurfsvarianten durchgespielt werden, die nach einer Zeit-Analyse oder Simulation bestimmte Entscheidungen erleichtern helfen. Ein Entwurf mit Standard- oder Makrozellen kam wegen der zu geringen Packungsdichte nicht in Frage.

## 5. Zusammenfassung

Der in Abbildung 7 dargestellte Chip wurde mit einer siebenköpfigen Studentengruppe, die gleichzeitig auch auf dem Gebiet des VLSI-Entwurfs ausgebildet werden sollte, innerhalb eines halben Jahres soweit entwickelt, daß anschließend nur noch Feinkorrekturen, Optimierungen und umfangreiche Simulationsläufe durchzuführen waren. Die Tabelle 1 faßt die wichtigsten Ergebnisse zusammen.

| | |
|---|---|
| Technologie: | 2 µm CMOS |
| Fläche: | 104.4 $mm^2$ |
| davon Core: | 74.4 $mm^2$ |
| davon Verdrahtung: | 30 $mm^2$ |
| Zahl der Transistoren: | 58 295 |
| Verlustleistung: | 1.78 Watt |
| Taktfrequenz: | 16 MHz |

**Tab.1 Technische Daten des entworfenen Chips**

Das Robotersimulationsprogramm, dem der Algorithmus der Koordinatentransformation entnommen wurde, ist in PASCAL implementiert und läuft derzeit auf einer µVAX II. Für den Programmteil, der jetzt durch den Chip ersetzt wird, wurde eine Durchlaufzeit von 8 msec. gemessen. Parallel dazu wurde ein Assemblerprogramm auf einem 68020-System geschrieben, das für die Berechnungen den Gleitkomma-Coprozessor des 68020 verwendet. Da der Chip genau dieselbe Schnittstelle und dieselbe Taktfrequenz benützt, ist wohl im vorliegenden Falle ein Vergleich mit dem Gleitkomma-Coprozessor sinnvoller als ein Vergleich mit einem Pascal-Programm auf einer µVAX. Tabelle 2 zeigt das Ergebnis dieses Vergleiches.

| | MC 68881 | Entworfener Chip |
|---|---|---|
| Taktfrequenz: | 16 MHz | 16 MHz |
| Datenformat: | Floating-Point | Fix-Point |
| Datenbreite (intern): | 80 Bit | 24 Bit |
| Addition: | 51 Zyklen | 2 - 3 Zyklen |
| Multiplikation: | 71 Zyklen | 4 Zyklen |
| Sinus/Cosinus: | 391 Zyklen | 68 Zyklen |
| Elementberechnung: | 4186 Zyklen | 175 Zyklen |
| Koordinatentransformation: | 15374 Zyklen | 680 Zyklen |

**Tab.2 Leistungsvergleich mit dem Gleitkomma-Coprocessor MC 68881**

Die Arbeiten sind zur Zeit so weit fortgeschritten, daß der Entwurf des Chips vorliegt. Die Kommunikation mit dem Hauptprozessor konnte allerdings bis jetzt noch nicht simuliert werden. Zum einen findet der Datenaustausch asynchron statt und gerade hier können Zeitbedingungen nicht mehr unberücksichtigt bleiben. Andererseits müssen die vom Hauptprozessor stammenden Signale dort selbst erzeugt werden. Diese beiden Punkte soll ein noch zu schreibendes Simulationsprogramm übernehmen. Nach abgeschlossener Validierung auf den verschiedenen Entwurfsebenen soll der Coprozessor gefertigt und in die Steuerung eines autonomen mobilen Roboters integriert werden.

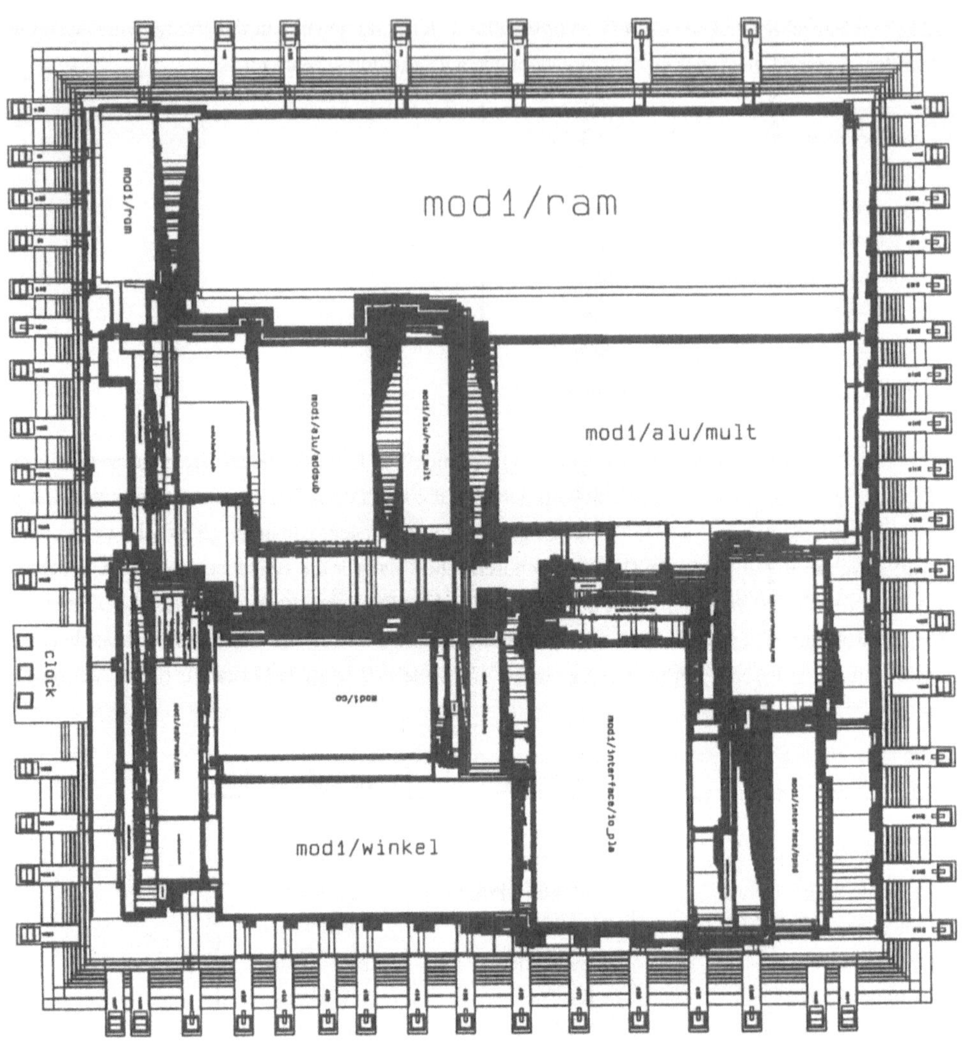


**Abb.7 Layout des entworfenen Chips**

# 6. Literatur

[1] Denavit J., Hartenberg R.S.: "A Kinematic Notation for Lower-Pair Mechanisms Based on Matrices" in ASME Journal of Applied Mechanics (June 1955).

[2] Dillmann R. et al: "Interaktive Programmierung von Robotern unter Verwendung von CAD/CAM-Modellen sowie graphischer Simulationstechniken" in Fortschritt-Berichte VDI, Reihe 20 Nr.2 (VDI Verlag 1987).

[3] Paul P.: "Robot Manipulators: Mathematics, Programming, and Control" The MIT Press, 1979.

[4] "MC68881 Floating Point Coprocessor User's Manual", Motorola, 1985

[5] Farr I., Loff G., Witt C.: "Entwurf eines Chips zur Koordinatentransformation für eine Robotersteuerung", Studienarbeit, Fakultät für Informatik an der Universität Karlsruhe, 1988.

[6] Stoer J.: "Einführung in die numerische Mathematik I", Springer-Verlag 1983.

[7] Fornoff C.: "Simulation einer Arithmetik für reelle Zahlen zur Bestimmung der Bitbreite einer Roboterarmsteuerung", Studienarbeit, Fakultät für Informatik an der Universität Karlsruhe, 1987.

[8] Wallace C.S.: "A Suggestion for a Fast Multiplier", in IEEE Transactions on Electronic Computers S. 14-17, Februar 1964.

[9] Ink W.K., Vuillemin J.E.: "Recursive Implementation of Optimal Time VLSI Integer Multipliers", in VLSI'83 S. 155-168, F. Anceau and E.J. Aas (eds.), North Holland, 1983.

[10] Braune K.D.: "Hochgenaue Standardfunktionen für reelle und komplexe Punkte und Intervalle in beliebigen Gleitpunktrastern", Dissertation, Fakultät für Mathematik der Universität Karlsruhe, Juli 1987.

# Ein VLSI-Chip für das Gleitkomma-Skalarprodukt der Kulisch-Arithmetik

Peter Lichter
Sonderforschungsbereich 124, TP B2
Universität des Saarlandes
6600 Saarbrücken

**Zusammenfassung**

In dem folgenden Artikel stellen wir einen Algorithmus für die Berechnung des Gleitkomma-Skalarprodukts mit optimaler Genauigkeit vor. Wir geben für diesen Algorithmus eine Umsetzung in ein Layout für einen VLSI-Chip an und diskutieren die wichtigsten Layoutkomponenten. Der VLSI-Chip berechnet das Skalarprodukt von $r$ Gleitkommazahlen in Zeit $O(r)$.

## 1. Einleitung

Die Berechnung des Skalarproduktes mit Gleitkommazahlen ist nach den Grundoperationen die häufigste Operation bei numerischen Rechnungen. Das Rechnen mit Gleitkommazahlen ist jedoch mit Ungenauigkeiten (Rundungsfehlern) behaftet. Addiert man zwei Gleitkommazahlen, so liegt der Rundungsfehler in der Größenordnung der Darstellungsgenauigkeit des Ergebnisses. Werden jedoch mehr als zwei Zahlen addiert, so können sich in ungünstigen Fällen die Rundungsfehler aufaddieren, so daß der endgültige Rundungsfehler in der Größenordnung des Ergebnisses liegt. Deshalb hat *U. W. Kulisch* **[UK]** vorgeschlagen, das Gleitkomma-Skalarprodukt (GKSP) mit der gleichen Genauigkeit wie die Grundoperationen zu berechnen.

Etwas genauer:
Seien $x = (x_0, x_2, \ldots, x_{r-1})$ , $y = (y_0, y_2, \ldots, y_{r-1})$, $x_i, y_i$ Gleitkommazahlen. Dann wollen wir statt wie bisher

$$\mathrm{GKSP}(x,y) = rd(x_0 \cdot y_0 + rd(x_2 \cdot y_2 + rd(\ldots + rd(x_{r-2} \cdot y_{r-2} + x_{r-1} \cdot y_{r-1}) \ldots)))$$

nun

$$GKSP(x,y) = rd(\sum_{i=0}^{r-1} x_i \cdot y_i)$$

berechnen. Dabei ist *rd( )* die Rundung auf die nächstliegende Gleitkommazahl.

Bemerkung:
Seien $x$,$y$ zwei $n$-stellige Gleitkommazahlen. Dann läßt sich $x \cdot y$ als $2n$-stellige Gleitkommazahl exakt darstellen.

Daraus folgt:
Das Problem der Berechnung des Gleitkommaskalarprodukts mit maximaler Genauigkeit reduziert sich auf die *genaue* Addition von $r$ Gleitkommazahlen $z_i = x_i \cdot y_i$, $r$ beliebig.

Der im folgenden vorgestellte VLSI-Chip berechnet die Gleitkommasumme

$$\mathrm{GKS}(z) = rd(\sum_{i=0}^{r-1} z_i), \quad r \text{ beliebig}$$

in Zeit $O(r)$.

## 2. Prinzipielle Vorgehensweise

Zur Berechnung der Gleitkommasumme $\mathrm{GKS}(z) = rd(\sum_{i=0}^{r-1} z_i)$ gehen wir folgendermaßen vor:

I. Bilde die Gleitkommazahlen $z_i$ in ein Festkommasystem hinreichender Länge ab.
II. Berechne die exakte Summe der $r$ Festkommazahlen.
III. Bilde das Ergebnis der Festkommaaddition in eine Gleitkommazahl ab.

Beachte:
Es wird nur einmal gerundet (in Schritt III), d.h., der Algorithmus ist korrekt.

Bemerkung:
Die Umwandlung einer Gleitkomma- in eine Festkommazahl entspricht im wesentlichen einem Shift der Mantisse um die durch den Exponenten dargestellte Zahl.

Geht man von einem Gleitkommasystem mit 53 Bit Mantisse, 10 Bit Exponent und 1 Bit Vorzeichen aus, so hat das zugehörige Festkommasystem die Länge $d = 1076$ Bit. Dabei seien die Festkommazahlen im $2^1$-Komplement dargestellt. Da viele Festkommazahlen dieser Länge addiert werden sollen, bietet sich eine Addition in *carry-save*-Notation an, d.h., die Summation wird nicht komplett ausgeführt, sondern das Ergebnis befindet sich in redundanter Darstellung in zwei Registern. Dadurch kann in jedem Taktzyklus ein neuer Summand verarbeitet werden. Die *carry-save-Addition* läßt sich auch als 3-auf-2-Reduktion (RED) auffassen. Sie eignet sich also für die Verwendung in einer Pipeline. Während einer 3-auf-2-Reduktion kann man bereits den nächsten Summanden von Gleitkomma- in Festkommaformat umwandeln, d.h., die Schritte I und II können überlagert werden.

Damit erhalten wir folgenden Algorithmus:

$t \leftarrow -1;$
$\hat{a}_{i,t} \leftarrow 0 ; \hat{b}_{i,t} \leftarrow 0 ;$ $\qquad (-d \leq i \leq 0)$
**while** $(t \leq r-1)$ **or** $(\exists i : \hat{b}_{i,t} \neq 0)$ $\qquad (-d \leq i \leq 0)$
  **do**
  $t \leftarrow t+1$
  $c_t \leftarrow \begin{cases} \text{Festkommadarstellung der Zahl } z_t & \text{, falls } 0 \leq t \leq r-1 \\ 0 & \text{, sonst} \end{cases}$
  $a_{i,t} \leftarrow \hat{a}_{i,t-1}$ $\qquad (-d \leq i \leq 0)$
  $b_{i,t} \leftarrow \hat{b}_{i,t-1}$ $\qquad (-d \leq i \leq 0)$
  $\hat{b}_{-d,t} \leftarrow 0$
  $(\hat{a}, \hat{b}) \leftarrow \mathrm{RED}(a, b, c)$
  **od**

Das Ergebnis befindet sich nun in Festkommadarstellung in Register $\hat{a}$.

Bemerkung:

1. Wir verwenden ein Festkommasystem der Länge 1120 Bit, um eventuell auftretende größere Zwischensummen nicht als Überlauf werten zu müssen, d.h., die führenden $s = 30$ Bit dienen der Zahlbereichserweiterung.
2. Die Überlauferkennung beschränkt sich auf die ersten beiden Stellen.
3. Für die übrigen Stellen ist die 3-auf-2-Reduktion eine Volladdition.
$(\hat{b}_{i+1,t}, \hat{a}_{i,t}) \leftarrow \mathrm{VA}(a_{i,t}, b_{i,t}, c_{i,t})$
4. Die genauen Details finden sich in [**TW**]und [**PL**]. Dort wird auch gezeigt, daß nach spätestens $r + d + s + 2$-Takten das Ergebnis brechnet ist und daß für $r < 2^s$ das Ergebnis in jedem Fall korrekt ist.

## 3. Layout

Obigen Algorithmus kann man entsprechend Abbildung 1 in ein Layout für einen VLSI-Chip umsetzen:

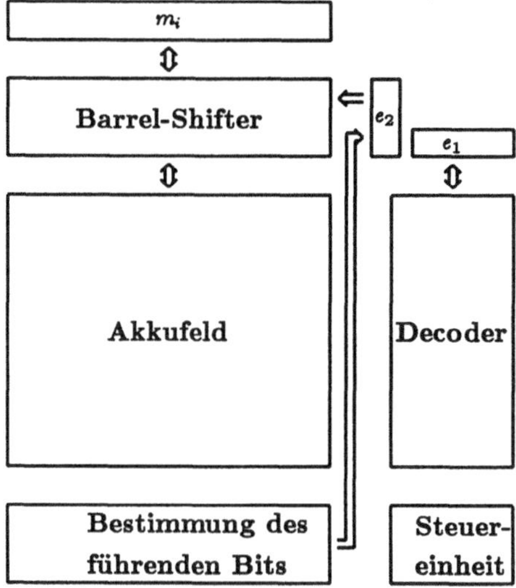


**Abb. 1:** Layout-Skizze

Die Schaltung arbeitet folgendermaßen:

In jedem Taktzyklus liegt ein Summand als Paar (Mantisse $m$, Exponent $e$) an den Eingängen an. Der Shifter führt die Umwandlung von Gleitkomma- in Festkommaformat durch. Da der Akkumulator für die 3-auf-2-Reduktion nur einen Taktzyklus benötigt, kann pro Taktzyklus ein Summand verarbeitet werden.

Sind alle Summanden eingelesen, führt der Akkumulator nur noch die *normale* von-Neumann-Addition zweier Summanden durch.

Nach vollendeter Summation wird zunächst das führende Bit des Ergebnisses bestimmt und dann das Ergebnis in Umkehrung des Einleseprozesses als normalisierte Gleitkommazahl ausgegeben.

## 4. Der Akkumulator

Einen Akkumulator für Zahlen der Länge 1100 Bit wird man nicht reihenförmig auslegen, da dies dem Ziel eines möglichst quadratischen Layouts entgegensteht. Es bietet sich daher an, die Grundzellen des Akkumulator *schlangenförmig gefaltet* anzuordnen.

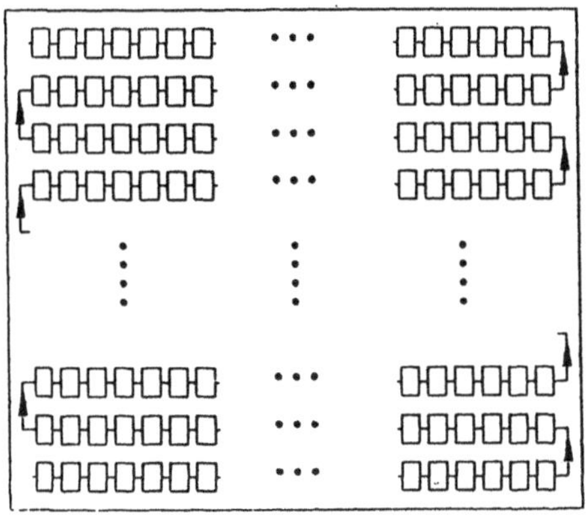

Abb. 2: Der *gefaltete* Akkumulator

Wir fassen jeweils zwei Zeilen des Akkumulatorfeldes zu einer organisatorischen Einheit, einer *Doppelzeile* zusammen. Alle Grundzellen einer Doppelzeile werden über einen vertikalen Kontrollbus mit den gleichen Steuersignalen versorgt.

Sieht man sich die Lage einer Mantisse eines Summanden in diesem Akkumulatorfeld an, so stellt man fest, daß sie sich nur über wenige Doppelzeilen erstreckt. Nur diese Doppelzeilen müssen also mit *nicht-trivialen* Informationen (den Mantisse-Bits) versorgt werden. Die übrigen Doppelzeilen enthalten entweder eine Null oder das Vorzeichenbit. Um die Mantisse-Bits an die richtige Stelle in den Akkumulator schaffen zu können, werden alle Spalten der Matrix über einen Datenbus mit dem Shifter verbunden. Die Steuereinheit teilt über den Decoder den Doppelzeilen, die die Mantisse aufnehmen sollen, mit, daß sie die Informationen auf dem Datenbus lesen sollen. Alle übrigen Doppelzeilen lesen eine Konstante (Vorzeichen-Bit oder Null).

Damit können wir die Umwandlung von Gleitkomma- in Festkommaformat, d.h. den Shift der Mantisse, in zwei Etappen erledigen:

- Shifte die Mantisse in die richtige *relative* Lage (in Abhängigkeit von den niederwertigen Exponenten-Bits)
- Schaffe die Mantisse in die richtige Doppelzeile (in Abhängigkeit von den höherwertigen Exponenten-Bits)

Die Grundzelle einer Doppelzeile kann gemäß Abbildung 3 realisiert werden.

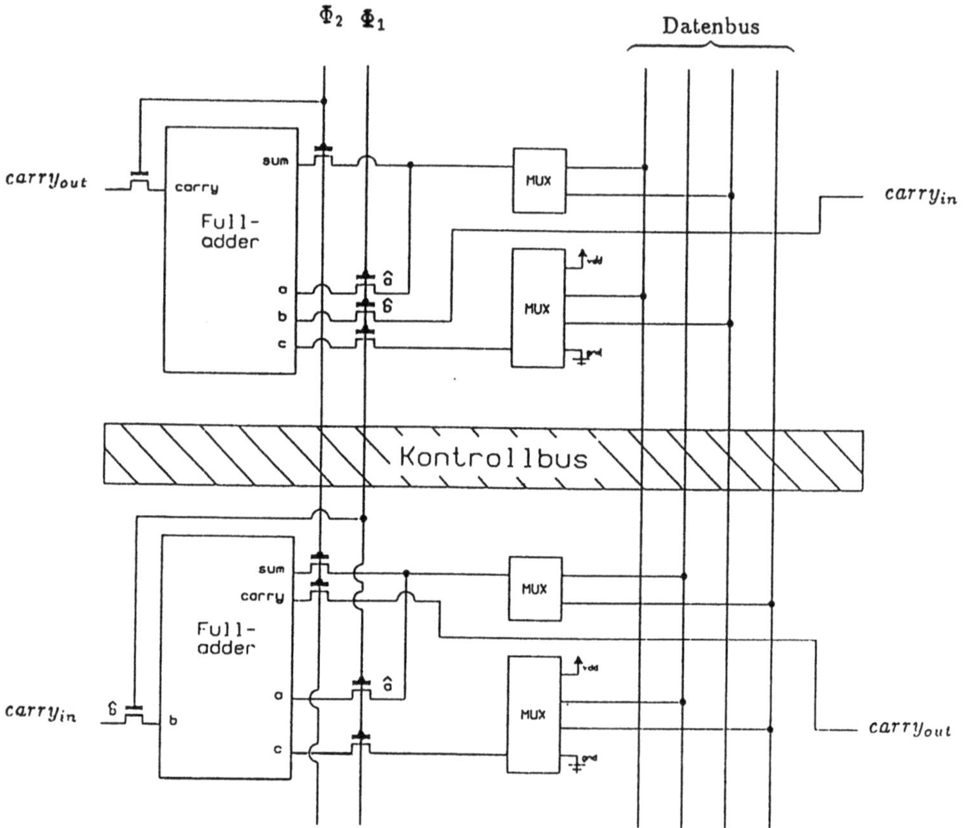


**Abb. 3:** Grundzelle einer Doppelzeile

Zur Synchronisation der Schaltung verwenden wir eine nichtüberlappende Zwei-Phasen-Uhr $\Phi_1$, $\Phi_2$, die uns auch die Unterteilung der Variablen im Algorithmus in solche mit einem "^" und solche ohne ein "^" liefert.

Durch die Rückkopplung der Ausgänge der Volladdierer über Passtransistoren werden die Zuweisungen in den Zeilen (7), (8) und (10) des Algorithmus realisiert.

Die beiden Multiplexer (MUX) in der oberen und unteren Hälfte der Grundzelle dienen dem Einlesen der Summanden in den Akkumulator bzw. dem Auslesen des Ergebnisses aus dem Akkumulator über den vertikalen Datenbus.

Damit die Grundzelle schachbrettartig gekachelt aneinandergesetzt werden kann, wurde darauf geachtet, daß das carry-Bit in der oberen bzw. unteren Hälfte der Grundzelle auf der gleichen Höhe eintritt, wie es diese auch verläßt. Das gleiche gilt für die durchlaufenden Takt- und Busleitungen.

Abbildung 4 zeigt einen Ausschnitt aus dem NMOS-Layout des Akkumulatorfeldes, der sich über 2 Doppelzeilen erstreckt.

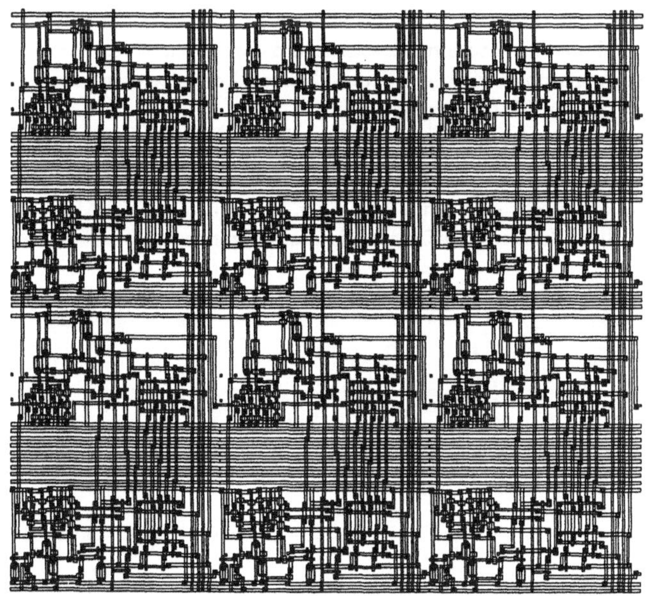

**Abb. 4:** Ausschnitt aus dem Akkumulatorfeld

## 5. Der Barrel-Shifter

Der Barrel-Shifter hat die Aufgabe, die Mantisse in die richtige *relative* Lage im Akkumulator zu schaffen. Bei unserer Auslegung des Akkumulators in 34 Zeilen à 32 Grundzellen benötigen wir dazu maximale Shiftdistanzen von 63 Bit. Einen solchen Shift werden wir aus Zeitgründen natürlich nicht sequentiell ausführen. Stattdessen benutzen wir ein Barrel-Shifter.
Ein Barrel-Shifter besteht aus einzelnen Stufen. Die Stufe $j$ kann einen Shift um $2^j$ Stellen realisieren und der gesamte Shift setzt sich dann aus den Shifts der einzelnen Stufen zusammen.

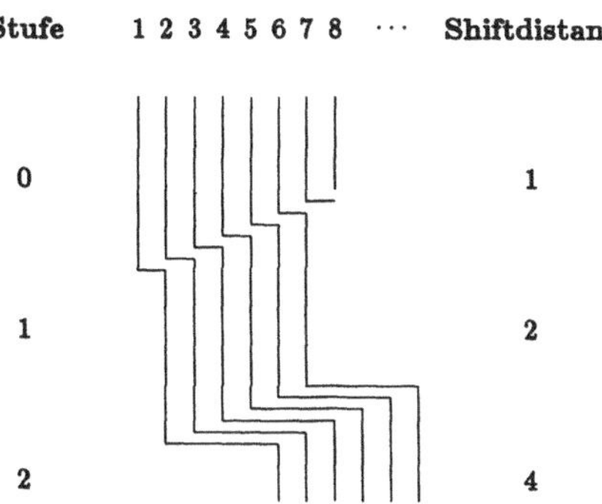


**Abb. 5:** Realisierung der Shiftdistanz 5

Wegen der Faltung des Akkumulators sind die Ausgänge in unserer Anwendung jedoch nicht in aufsteigender Reihenfolge angeordnet, sondern ihre Lage ist durch eine Permutation $\sigma$ bestimmt. Es gilt dann:

$$\sigma(\text{Pin}) = \text{Spalte, in der der Pin liegt}$$

Um gefaltete Barrel-Shifter zu realisieren, haben wir einen Algorithmus entwickelt, der als Eingabe die Anzahl der Eingänge und die Permutation $\sigma$ erwartet und daraus einen passenden Barrel-Shifter konstruiert. Von diesem Algorithmus wird in [**PL**] die Korrektheit bewiesen und gezeigt, daß die Verdrahtung der einzelnen Stufen flächenoptimal ist.

Abbildung 6 zeigt das NMOS-Layout für einen Barrel-Shifter mit 64 Eingängen und der Permutation $\sigma$, die für die Realisierung des Akkumulators benötigt wird. Man erkennt gut den Aufbau aus einzelnen Stufen. Dabei besteht eine Stufe aus einer Reihe von 1-auf-2-Multiplexern an den Eingängen der Stufe und einer Verdrahtungsregion für die Ausgänge der Multiplexer.

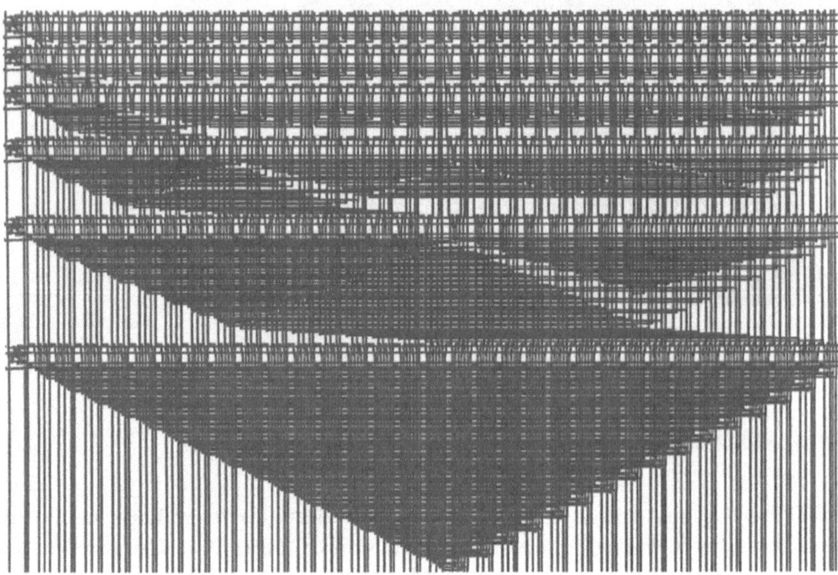

**Abb. 6:** Barrel-Shifter mit 64 Eingängen

## 6. Der Schaltkreis zur Bestimmung des führenden Bits

Um das Ergebnis als normalisierte Gleitkommazahl ausgeben zu können, müssen wir in der Lage sein, das erste vom Vorzeichen verschiedene Bit im Akkumulator zu bestimmen. Dazu bestimmen wir zunächst die erste Doppelzeile, die ein vom Vorzeichen verschiedene Bit enthält. Diese schreibt dann ihren Inhalt auf den Datenbus. Unterhalb des Akkumulators sitzt der Schaltkreis zur Bestimmung des führenden Bits in einer Doppelzeile. Er beobachtet ständig den Datenbus und liefert an seinen Ausgängen den binären Wert der Stelle des ersten vom Vorzeichen verschiedenen Bits. Zur Bestimmung dieser Stelle benutzen wir eine *carry-chain*, für die wir für jedes Bit des Busses folgende zwei inverse Signale **K** (KILL) und **P** (PROPAGATE) generieren:

$$\mathbf{K} = 1 \iff \text{Bit des Busses} = \text{Vorzeichenbit}$$

$$\mathbf{P} = 1 \iff \text{Bit des Busses} \neq \text{Vorzeichenbit}$$

Speisen wir am Anfang der carry-chain eine Eins ein, so liefert uns der $1 \rightarrow 0$-Übergang der carry-chain den unären Wert des ersten vom Vorzeichen verschiedenen Bits.
Den grundsätzlichen Aufbau der Schaltung zur Bestimmung des ersten vom Vorzeichen verschiedenen Bits sieht man in Abbildung 7.

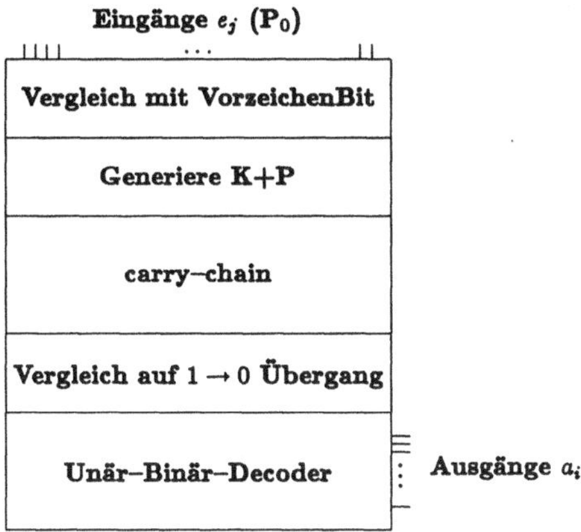


**Abb. 7:** Vorgehensweise zur Bestimmung des ersten vom Vorzeichen verschiedenen Bits

Abbildung 8 zeigt das zugehörige NMOS-Layout. Man erkennt im oberen Teil etwas Random Logic für die Zwei-Bit-Vergleicher. Darunter sieht man die *gefaltete* carry-chain, die der *Laufrichtung* des carry-Bits in einer Doppelzeile des Akkumulators nachgebildet ist. Die Reihe von Zwei-Bit-Vergleichern unter der carry-chain liefert dann die Eingabe für den Unär-Binär-Decoder im unteren Teil der Schaltung.

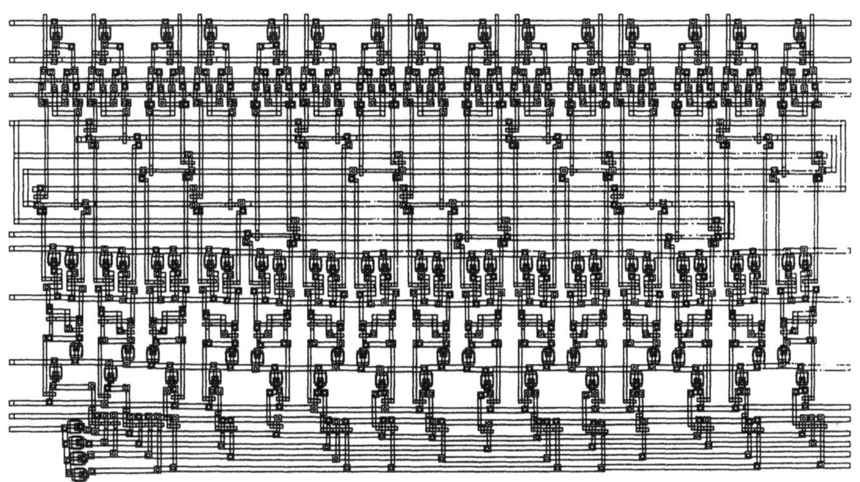

**Abb. 8:** NMOS-Layout zur Bestimmung des ersten vom Vorzeichen verschiedenen Bits

## 7. Schlußbemerkung

Die in dieser Arbeit beschriebene Schaltung zeichnet sich durch einen sehr regulären Aufbau aus. Dabei bezieht sich Regularität nicht nur auf das geometrische Aussehen (z.B. Akkumulatorfeld) sondern auch auf die Möglichkeit der einfachen Beschreibung durch einen Algorithmus (z.B. Barrelshifter). Deshalb bot sich zur Beschreibung der Schaltung die Benutzung der im Rahmen des Sonderforschungsbereiches 124, Teilprojekt B2 an der Universität des Saarlandes entwickelten VLSI-Entwurfssprache **HILL** (**HI**erarchical **L**ayout **L**anguage) [**WR**] an. Sie ermöglichte insbesondere eine einfache algorithmische Beschreibung des gefalteten Barrel-Shifters.

## Literatur.

[PL] *Peter Lichter*, Realisierung eines VLSI-Chips für das Gleitkomma-Skalarprodukt der Kulisch-Arithmetik, *Diplomarbeit, FB10, Informatik, Universität des Saarlandes, Saarbrükken, April 1988*

[TW] *Thomas Winter*, Ein VLSI-Chip für Gleitkomma-Skalarprodukt mit maximaler Genauigkeit, *Diplomarbeit, FB10, Angewandte Mathematik und Informatik, Universität des Saarlandes, Saarbrücken, April 1985*

[UK] *Ulrich W. Kulisch*, A New Approach to Scientif Computation, *Academic Press 1983*

[CGM] *Calaoagan, Guellil, Mertens*, Entwurf eines BCD-Gleitkomma-Rechenwerkes mit maximaler Genauigkeit, *Diplomarbeit, Lehrstuhl I, Abteilung Informatik, Universität Dortmund, Dortmund, November 1986*

[WR] *W. Rülling*, Einführung in die Chip-Entwurfssprache HILL, *Techn. Bericht, SFB 124, VLSI-Entwurfsmethoden und Parallelität, Universität des Saarlandes, Saarbrücken, April 1987*

## Entwurf eines Systolischen Arrays in Wafer Scale Technik für die digitale Signalverarbeitung

M.Glesner (*), M.Huch (*), P.A.Ivey(**), T.Midwinter(**), G. Saucier(***), J.Trilhe (****)

### 1. Abstract

Die Wafer Scale Integration erlaubt die monolithische Integration kompletter Systeme. Es wird ein SIMD Prozessor-Array mit ca. 10000 Knoten beschrieben, das in Wafer Scale Technik gefertigt wird. Ein Knotenprozessor enthält sechs ein-Bit Register, eine ein-Bit ALU und 128 Bits RAM. Zur Erzielung von Defekttoleranz wird eine zweistufige Hierarchie mit unterschiedlichen Rekonfigurierungskonzepten verwendet. Anwendungen eines solchen SIMD-Arrays ergeben sich in der Echtzeitbildverarbeitung und bei assoziativen Prozessoren.

### 2. Wafer Scale Integration

Das Streben nach immer höheren Integrationsdichten führt zwangsläufig zu der Frage, ob es möglich ist, die gesamte Fläche eines Wafers als einen Chip zu nutzen, oder anders, ob Chips mit Flächen von 100 $cm^2$ herstellbar sind. Zur Zeit gibt es vielerorts Bemühungen um die Beherrschung einer solchen Technik, die alle unter dem Oberbegriff Wafer Scale Integration zusammengefaßt werden können. Die Vorteile einer solchen Technologie sind vielfältig [Raff 85]:

- Der Leistungsverbrauch des Gesamtsystems wird verringert, da die Ein/Ausgabe-Treiber, welche die Kapazitäten auf den Verbindungen zwischen den einzelnen Systemkomponenten umladen mussen, entfallen.
- Die Kosten des Gesamtsystems verringern sich, weil diese vor allem von der Gesamtzahl der Chips und dem Systemvolumen abhängen.
- Die Zuverlässigkeit des Gesamtsystems steigt, weil typische Schwachpunkte wie Steckverbinder und IC-Sockel drastisch verringert sind; auch die thermische Belastung ist geringer.

Auf der anderen Seite wirft die Wafer Sale Integration eine Reihe neuer Probleme auf. Neu ist vor allem, daß das integrierte System tolerant gegenüber Fertigungsfehlern sein muß, da es bislang unmöglich ist, Wafer wirtschaftlich fehlerfrei zu fertigen.

Am einfachsten läßt sich Fehlertoleranz bei solchen Architekturen implementieren, die sich durch eine hohe Regularität auszeichnen. Einige Beispiele für eine erfolgreiche Wafer Scale Integration solcher Systeme finden sich in [RHOD 85]. In diesem Bericht wird die Architektur einer Single Instruction Multiple Data Maschine (SIMD-Machine) beschrieben, die aus über 10000 einfachen gleichartigen Knotenprozessoren besteht, die alle auf einem einzigen Wafer integriert werden sollen. Eine allgemeine Beschreibung der Arbeitsweise solcher SIMD-Maschinen findet sich in [LOVE 85].

---

(*) Technische Hochschule Darmstadt
(**) British Telecom Research Lab.
(***) Institut National Polytechnique de Grenoble
(****) SGS-Thomson, Grenoble

## 3. Architektur

### 3.1. Systemarchitektur

Das beschriebene System besteht aus ca. 10000 identischen Knotenprozessoren ( in Zukunft als "PE" bezeichnet), die als reguläres 100 x 100 Array miteinander verschaltet sind (siehe Bild 1). Ein einzelnes PE ist ein 1-Bit Prozessor, der aus einer ALU, einigen Registern und zwei kleinen RAMs aufgebaut ist. Jedes PE ist über bitserielle Kommunikationsleitungen mit seinen vier nächsten Nachbarn verbunden.

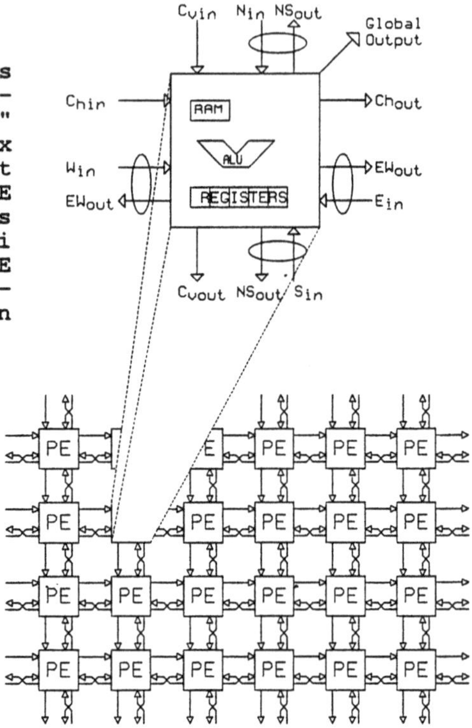

Bild 1: Verbindungsstruktur zwischen den Prozessoren des SIMD-Arrays.

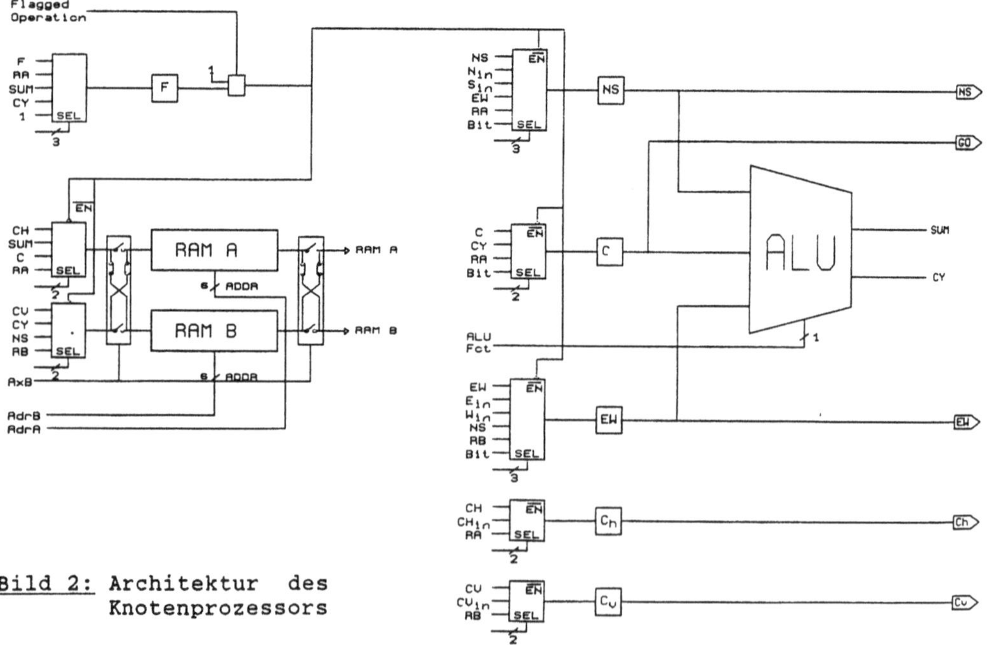


Bild 2: Architektur des Knotenprozessors

## 3.2. Architektur des Knotenprozessors

Ein PE besteht aus folgenden Komponenten ( siehe Bild 2 ):
- 1-Bit ALU
- 6 1-Bit Register mit Eingangsmultiplexern
- 2 Read-Modify-Write RAMs à 64 Bit
- mehrere Multiplexer

Die Register können Quelle und Ziel im gleichen Transfer sein. Das NS-Register ist so mit dem nördlichen umd dem südlichen Nachbar-PE verbunden, daß es in einem Takt ein Datenbit in Südrichtung ( bzw. in Nordrichtung ) senden und gleichzeitig ein Datenbit von Norden ( bzw. Süden ) empfangen kann. Das Gleiche gilt entsprechend für die EW-Register. Die Kommunikationsregister Ch und Cv funkionieren im Prinzip genauso, allerdings können die Daten nur jeweils in eine Richtung transportiert werden.
Die RAMs sind so ausgelegt, daß es möglich ist, innerhalb eines einzigen Taktzyklusses aus jedem RAM einen Operand durch die Register in die ALU auszulesen und das Ergebnis der ALU-Operation in eines der RAMs zurückzuschreiben. Dies ermöglicht es, sehr schnell Additionen zweier Datenwörter durchzuführen, die seriell in den Speichern abgelegt sind.
Die Operation des PEs ist durch die Einstellung der Steuerleitungen festgelegt. Da es sich um eine SIMD-Maschine handelt, führen alle Prozessoren des Arrays zu einem Zeitpunkt die gleiche Operation aus. Für bestimmte Anwendungen wäre es günstiger, wenn man einige PEs von einer Operation zumindest ausschließen könnte. Daher enthält jedes PE noch ein Flag-Register und das zusätzliche Ansteuersignal FLOP ( Flagged Operation ). Steht das F-Register auf 0 und ist die FLOP-Leitung aktiv, so ändert das PE seinen Zustand - mit Ausnahme der Kommunikationsregister - nicht, andernfalls führt das PE den nächsten Befehl aus.
Die Funktion des Flag-Registers kann wie folgt einfach beschrieben werden:

```
if FLOP
      then if F=0
                then keep state
                else operate
      else operate
```

Das F-Register kann entweder als Ergebnis einer arithmetischen Operation oder einfach durch einen Speicherzugriff gesetzt werden. Durch unterschiedliche Initialisierungen der Speicher in den einzelnen PEs können so Gruppen von PEs gebildet werden, die verschiedene Programme ausführen.

## 3.3. Anwendungsbeispiel

Um die Vielseitigkeit der beschriebenen Architektur zu belegen, wird die Anwendung des Arrays für die Faltung eines 1024 x 1024 Pixel großen Bildes mit einer 4 x 4 Faltungsmatrix beschrieben.
Wenn $F(n_1,n_2)$ das Eingangsbild, $G(m_1,m_2)$ das Ausgangsbild und $H(i_1,i_2)$ die Faltungsmatrix ist, so wird die Faltung beschrieben durch:

$$G(m_1,m_2) = \sum_{n_1=m_1}^{m_1+3} \sum_{n_2=m_2}^{m_2+3} F(n_1,n_2)\, H(m_1-n_1+4\ ,\ m_2-n_2+4)$$

Bildlich gesprochen heißt dies, daß eine Faltungsmatrix mit 4 x 4 Koeffizienten über die ersten 4 x 4 Pixel des Eingangsbildes gelegt wird. Das erste Pixel des Ausgangsbildes wird berechnet, indem jedes

Pixel, d.h. jeder Grauwert des Eingangsbildes mit dem darüberliegenden Koeffizienten der Faltungsmatrix multipliziert wird und die Produkte am Ende aufsummiert werden.
Anschließend wird die Faltungsmatrix um eine Pixelposition verschoben und das nächste Pixel des Ausgangsbildes wird berechnet, u.s.w.
Abhängig von der Besetzung der Faltungsmatrix kann dieser Algorithmus Kantenextraktionen, Rauschfilterung etc. durchführen.
Mit der vorgestellten SIMD-Architektur können sehr viele Pixel des Ausgangsbildes parallel berechnet werden.
Am einfachsten wäre die Faltung sicher dann durchzuführen, wenn man jedem Pixel des Bildes genau einen Prozessor zuordnen könnte.
Da das Array aber weniger Prozessoren hat, als das Bild Pixel (wir gehen von Bildern mit 1024 x 1024 Pixeln aus), muß man entweder jedem Prozessor einen kleinen Bildausschnitt zuordnen, was allerdings aufgrund des beschränkten Speichers innerhalb der PEs nicht möglich ist, oder man muß das Bild abschnittsweise berechnen.
Besonders einfach wird der Algorithmus, wenn man davon ausgeht daß man ein Array mit 4 x 1027 Prozessoren hat, und daß jeweils 1027 Prozessoren eine Bildzeile speichern. Aus den vier gespeicherten Bildzeilen des Eingangsbildes läßt sich genau eine Bildzeile des Ausgangsbildes berechnen. Anschließend wird die älteste Bildzeile durch eine neue ersetzt, so daß die nächste Ausgangsbildzeile berechnet werden kann, u.s.w.
Der große Vorteil dieses Vorgehens besteht darin, daß bei einer Echtzeitverarbeitung weder für das Eingangsbild noch für das Ausgangsbild ein Bildzwischenspeicher benötigt wird, das Prozessorarray kann einfach in die Übertragunsstrecke von der Kamera zum Bilschirm geschaltet werden.
Das Array, welches physikalisch auf dem Wafer vorliegt ist jedoch nicht 1027 x 4 PEs goß sondern ca. 100 x 100. Wenn man das Array jedoch logisch in Spalten von 4 PEs Breite aufteilt und extern wie in Bild 3 gezeigt verschaltet, erhält man die gewünschte Konfiguration.
Die vier horizontalen Nachbarn in der Spale bilden eine Makrozelle, die für die Berechnung eines Ausgangspixels 16 Multiplikationen und 15

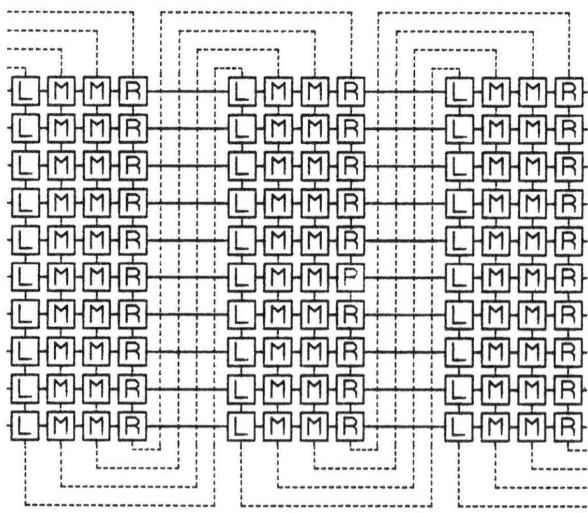


Bild 3: Organisation des Arrays zu 1027 x 4 PEs durch externe Verdrahtung.

Additionen durchführen muß. Ein einzelnes PE hat wie schon gesagt ein Pixel des Eingangsbildes und außerdem vier Koeffizienten der Faltungsmatrix gespeichert; eine Makrozelle enthält alle Koeffizienten der Faltungsmatrix. Die Koeffizienten müssen in der Initialisierungsphase seriell von der Schmalseite in das Array hineingeschoben und in den jeweiligen PEs gespeichert werden. Damit wird dann in jedem PE folgender Algorithmus abgearbeitet:

- Multipliziere den gespeicherten Bildpunkt mit dem ersten Koeffizienten (der ebenfalls im PE gespeichert ist)
- Gib das gespeicherte Pixel an den linken Nachbarn weiter und empfange ein Pixel vom rechten Nachbarn
- multipliziere dieses Pixel mit dem zweiten Koeffizienten und addiere das Produkt zum vorherigen Ergebnis
- Gib das gespeicherte Pixel an den linken Nachbarn weiter und empfange ein Pixel vom rechten Nachbarn
- multipliziere dieses Pixel mit dem dritten Koeffizienten und addiere das Produkt zum vorherigen Ergebnis
- Gib das gespeicherte Pixel an den linken Nachbarn weiter und empfange ein Pixel vom rechten Nachbarn
- multipliziere dieses Pixel mit dem vierten Koeffizienten und addiere das Produkt zum vorherigen Ergebnis

Die Aufsummierung der Ergebnisse aus den vier PEs einer Makrozelle liefert den Wert des Ausgangspixels.

## 4. Rekonfigurierung

Die Defekttoleranz des Systems wird erreicht, indem auf dem Wafer mehr PEs integriert werden, als für das endgültige Array benötigt werden. In einer zweistufigen Hierarchie sind eine Anzahl PEs zu Chips zusammengefaßt, die wiederum zum endgültigen Array zusammengeschaltet werden. Auf den beiden Hierarchieebenen finden unterschiedliche Rekonfigurierungskonzepte Anwendung: Während auf der Chip-Ebene nur versucht wird, eine möglichst hohe Chip-Ausbeute zu erhalten, muß auf der Wafer-Ebene sichergestellt sein, daß unabhängig von der Art der auftretenden Fehler immer ein funktionsfähiges System konfiguriert werden kann (solange die Gesamtzahl der Fehler nicht zu hoch ist).

### 4.1. Technologie

Das endgültige Array entsteht durch die Zusammenschaltung der fehlerfreien Blöcke. Hierzu ist ein Grundelement notwendig, das bei der herkömmlichen Integration höchst selten vorkommt: programmierbare Schalter. Beispiele für solche Schalter finden sich in der Literatur, z.B. bei [RAFF 85], [Nico 86], [Chap 85], [GRP 87], [KaBl 86], [ChSa 85], [WCS 86].

In dem hier beschriebene Projekt finden drei Schaltertypen Anwendung:

**Laser Fuse:** Eine Metallbahn oder eine Polysilizium-Bahn wird mit einem Laser durchtrennt. Die Programmierung ist irreversibel, daher eignet sich die Laser Fuse für die endgültige Fixierung der Systemkonfiguration.

**Laser Antifuse:** Der gesamte Wafer wird noch einmal mit Fotolack beschichtet. Mit einem Laser wird der Fotolack an den Stellen belichtet, an denen Verbindungen geschlossen werden sollen. Anschließend wird der Fotolack an den belichteten Stellen entfernt, und der Wafer wird mit Aluminium metallisiert.

Der Nachteil der Antifuses besteht darin, daß aus Kostengründen alle Antifuses auf einmal programmiert werden müssen.

**Floating Gate Switch:** Bei einem n-Kanal Depletion Transistor wird das Gate offengelassen. Durch Aufbringen einer negativen Ladung auf das Gate mittels eines Elektronenstrahls kann der Transistor vom leitenden Zustand in den Sperrenden gebracht werden. Durch Bestrahlung des Chips mit UV-Licht können die Ladungen wieder entfernt werden, so daß die Programmierung reversibel ist. Der Nachteil dieses Schaltertyps liegt in der schlechten Langzeitstabilität, so daß er sich vor allem eignet, um in der Testphase verschiedene Systemkonfigurationen auszuprobieren.

**Soft Switch:** Es handelt sich hierbei um ein Register, welches Schalter steuert. Durch programmgesteuertes Laden der Register können unterschiedliche Systemkonfigurationen eingestellt werden. Mit entsprechenden Selbsttestprogrammen läßt sich eine Selbstrekonfigurierung erreichen.
Die im PE-Array verwendeten Soft Switches sind so aufgebaut, daß sie bei Anliegen einer Fehlerbedingung gesetzt werden können und nur mit einem globalen Reset-Signal rücksetzbar sind.

## 4.2. Rekonfigurierung auf der Chip-Ebene

Ein Chip enthält ein Unterarray von 8 x 9 PEs. Der Chip ist in Spalten von PEs organisiert ( Siehe Bild 4 ). In jeder Spalte ist ein PE redundant. Es kann durch Umschalten einer Bypass-Logik ein beliebiges anderes PE in der Spalte ersetzen. Daraus folgt:

- Eine Spalte ist irreparabel defekt, wenn mehr als ein PE defekt ist.
- Ein Chip ist irreparabel defekt, wenn mindestens eine Spalte irreparabel defekt ist.

Zum Austauschen eines PEs muß in der Spalte genau ein Schalter programmiert werden, der dem defektem PE zugeordnet ist. Dieser Schalter ist als vom PE aus schreibbares Register realisiert, kann aber auch von außen fest eingstellt werden.
In der Testphase läuft ein spezielles Selbsttestprogramm ab, welches in jedem PE genau dann dieses Testregister setzt, wenn dabei ein Fehler auftritt. Damit lassen sich zwar nicht alle denkbaren Fehler erkennen und beheben, die Chip-Ausbeute wird jedoch mit einfachsten Mitteln beträchtlich gesteigert. Der Selbsttest läuft wie folgt ab:

1. Reset Testregister
   Wenn ein Testregister nicht rücksetzbar ist, wird das PE als defekt angesehen.

2. Lade das EW-Register mit "0"

3. Setze das Testregister, falls das EW-Register eine "1" enthhält.

4. Lade das EW-Register mit "1"

5. Setze das Testregister, falls das EW-Register eine "0" enthhält.

   .
   .
   .
   Generiere in sämtlichen speichernden Elementen des PEs Nullen und Einsen, und setze das Testregister, falls bei einem dieser Transfers ein Fehler auftritt.

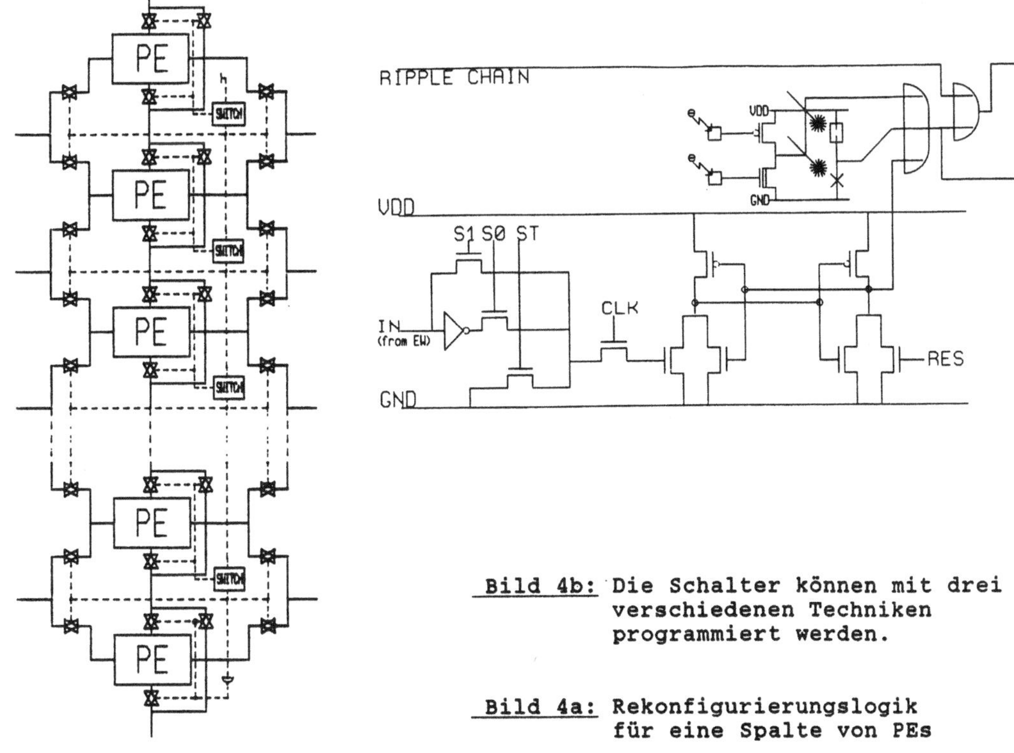


Bild 4b: Die Schalter können mit drei verschiedenen Techniken programmiert werden.

Bild 4a: Rekonfigurierungslogik für eine Spalte von PEs

Mit diesem Verfahren können sowohl alle speichernden Elemente als auch die kombinatorischen Blöcke getestet werden. Da das System eine SIMD-Maschine ist, wird dieser Test auf allen PEs des Wafers gleichzeitig durchgeführt. Jedes PE nimmt solange an diesem Test teil, bis es einen internen Fehler erkennt. In diesem Fall überbrückt es sich selber.
Ein anschließender Funktionstest der Chips ist unabdingar.

## 4.3. Rekonfigurierung auf der Wafer-Ebene

Auf dem Wafer existiert ein Verbindungsnetzwerk, welches die Daten ( nicht die globalen Steuersignale !) von Chip zu Chip leitet. Wäre die Fertigung fehlerfrei, so müßten die Daten nur von jedem Chip zu seinen Nachbarn in Nord, Süd, Ost oder West-Richtung geleitet weden; einfache Verbindungen zwischen den Chips wären ausreichend. Da aber davon auszugehen ist, daß trotz der Redundanz innerhalb der Chips einige der Chips nicht funktionieren, muß es möglich sein die verbleibenden Chips über das Netzwerk zu einem regulären Array zusammenzuschalten. Die Datenbusse, die dabei zu schalten sind, haben eine Breite von 16 Bit, da die N,S,E und W- Verbindugen über bidirektionale Leitungen geführt werden können.

Für ein derartiges Netzwerk bieten sich verschiedene Toplogien an, die sich durch Flächenbedarf, Freiheitsgrade bei der Verschaltung und Mindestbedarf an Chipausbeute unterscheiden.

Für das hier vorgestellte Projekt sind zwei Netzwerktopologien genauer untersucht worden: Ein Double-Rail Netzwerk und das nach seiner Verbindungsstruktur benannte STAR-Netzwerk.

### 4.3.1 Das Double Rail Netzwerk

Das Double Rail Netzwerk stellt eine Vielzahl von Verbindungen zur Verfügung, die es auch bei ungünstinger Chipausbeute ermöglichen, ein reguläres Array zusammenzuschalten. Dazu wird jeder Chip, wie in Bild 5 dargestellt, von acht Schaltern umgeben. Die Schalter können in einem unten beschriebenen Verfahren von außen in eine der vier in Bild 6 dargestellten Stellungen gebracht werden. Die Einstellung eines Schalters wird in einem zwei-Bit Kontrollregister gespeichert.

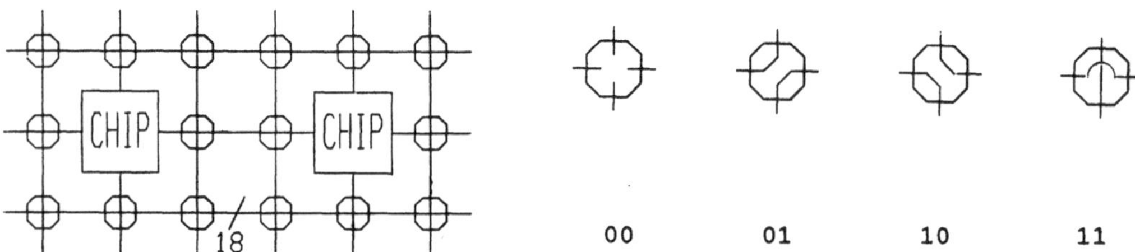


Bild 5: Jeder Chip ist von acht Schaltern umgeben.

Bild 6: Mögliche Stellungen der Schalter

In Bild 7 ist für ein Beispiel gezeigt, wie auch bei einer ungünstigen Fehlerverteilung ein reguläres Array konfiguriert werden kann. Dabei ist es nicht notwendig, daß z.B. der logische Nord-Nachbar auch physikalisch nördlich vom Chip liegt.

Das Verbindungsnetzwerk arbeitet unabhängig von den Chips. Die Schalter sind über die zwei Leitungen DATA und PROG miteinander verbunden. Diese Leitungen werden parallel zu den Verbindungsbussen zwischen den Chips geführt und auch gemeinsam mit diesen geschaltet.
Mittels dieser beiden Leitungen können die Bitpaare für die Schalterstellungen seriell von Schalter zu Schalter weitergeleitet werden. (Bild 8)
Beim Testen des Netzwerkes werden Pfade aufgebaut, die vom Waferrand bis an einen bislang ungetesteten Schalter heranreichen. Durch die DATA-Leitung dieses Pfades, die sich wie ein Schieberegister verhält, werden dann die Stellungen für alle im Pfad enthaltenen und den neu dazugekommenen Schalter geschoben, bis sich jedes Bitpaar an der richtigen Stelle befindet. Dann werden mittels der Leitung PROG alle Daten in die Kontrollregister geladen. Ein unprogrammierter Schalter erkennt selbständig, aus welcher Richtung erstmalig ein PROG-Signal kommt und übernimmt fortan aus dieser Richtung die PROG- und DATA-Signale, die er weiterleitet bzw. in seinem Kontrollregister speichert.

Der eigentliche Test des Netzwerkes kann auf verschiedene Weisen erfolgen. Eine Möglichkeit besteht darin, immer Pfade aufzubauen, die von einem Wafer-Randpunkt zu einem anderen reichen und anschließend Testdaten über die Busse zu transferieren.

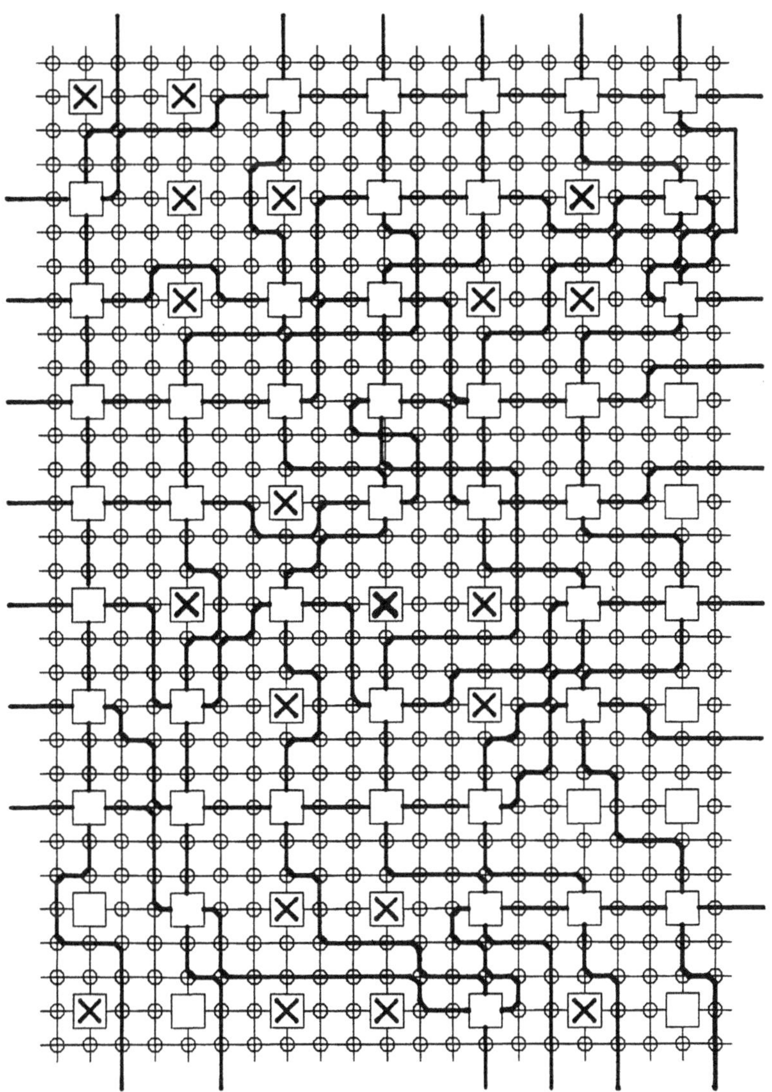

Bild 7: Mit dem Double-Rail Netzwerk rekonfiguriertes Array

Somit können das Netzwerk und damit auch die Chips erst einmal schrittweise getestet werden. Anschließend wird die endgültige Stellung der Schalter mittels Laser Fuses, die sich in jedem Schalter befinden, fest eingebrannt.

Da beim Konfigurieren des regulären Netzes auch Pfade entstehen können, die über eine Vielzahl von Schaltern hinweg führen, ist es notwendig, in regelmäßigen Abständen Buffer in die Schalter einzufügen. Die Daterichtung dieser Buffer kann leicht aus den globalen Ansteuersignalen für die Chips ermittelt werden.

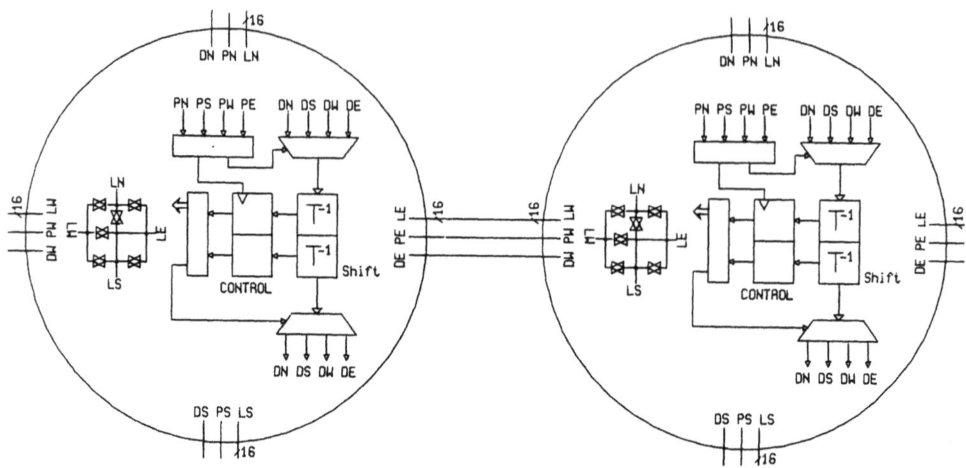


**Bild 8:** Daten- und Steuersignale zwischen den Schaltern

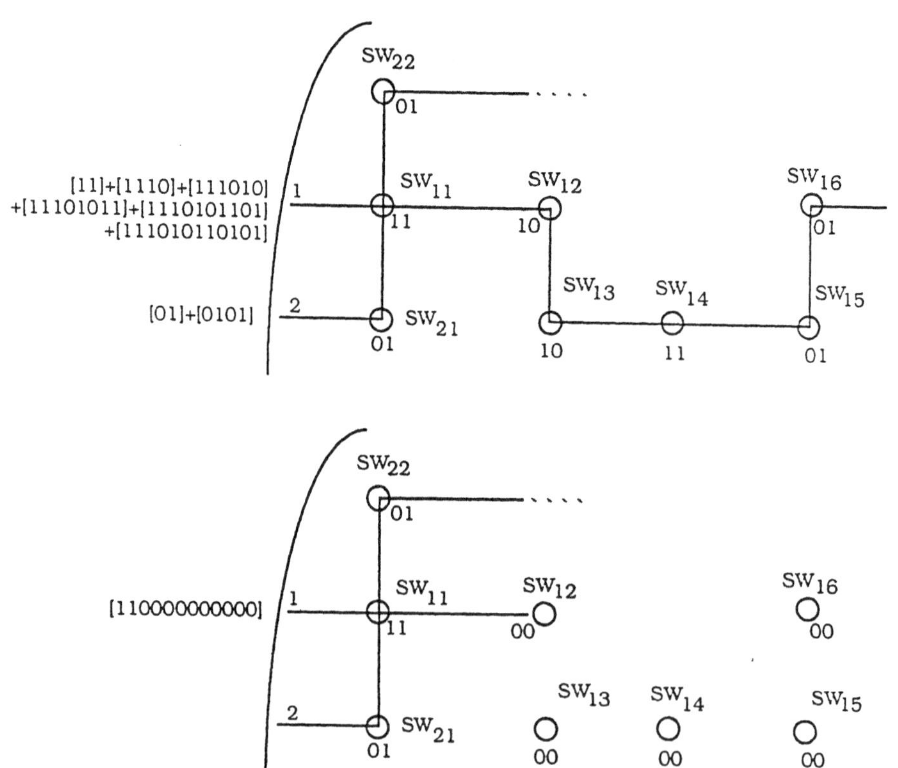


**Bild 9:** Schrittweiser Aufbau eines Pfades

### 4.3.2 Das STAR-Netzwerk

Das STAR-Netzwerk benötigt im Vergleich nur wenig Fläche, kann einen Wafer aber nur dann erfolgreich konfigurieren, wenn die Anzahl der defekten Chips nicht zu hoch ist. Ein Chip kann nur noch mit solchen Nachbarchips verbunden werden, deren physikalische Richtung nicht mehr als ±45° von der logischen Richtung abweicht (siehe Bild 10).

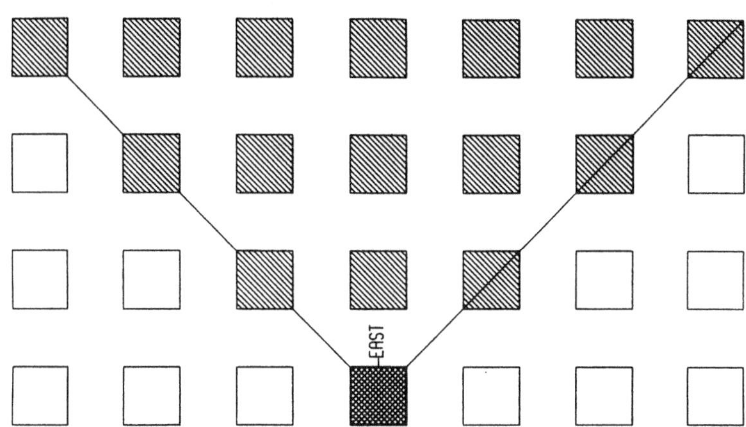


Bild 10: Nur die schraffierten PEs können mit dem EAST-Ausgang verbunden werden.

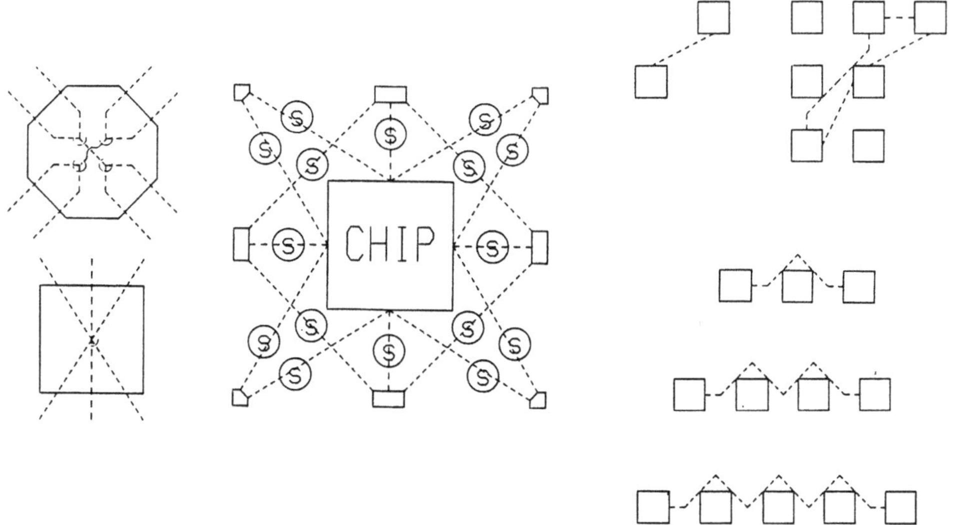


Bild 11: Jeder Chip ist von 16 schaltbaren Bussen umgeben

Bild 12: Mögliche Verbindungen zwischen zwei Chips

Die Grundidee des Netzwerks ist in Bild 11 gezeigt: Jeder Chip ist von 16 Schaltern umgeben, mit denen alle benötigten Verbindungen zu Nachbarchips hergestellt werden können. Jeder Schalter besteht aber - im Gegensatz zum Double-Rail Netzwerk - nur aus einem Satz Transfergates, der einen Bus mit allen Datensignalen schaltet. Simulationen haben ergeben, daß bei einer angenommenen Kantenlänge von 5mm pro Chip die Verzögerungszeit bei vier umrouteteten Chips < 30 nsec ist, so daß darauf verzichtet werden kann, aktive Buffer einzufügen.
In Bild 12 sind alle vorkommenden Fälle von Verbindungen zwischen den Chips dargestellt. In Bild 13 ist beispielhaft gezeigt, wie in einem größeren Chip-Arry verschiedene Fehlerfälle umroutet werden.

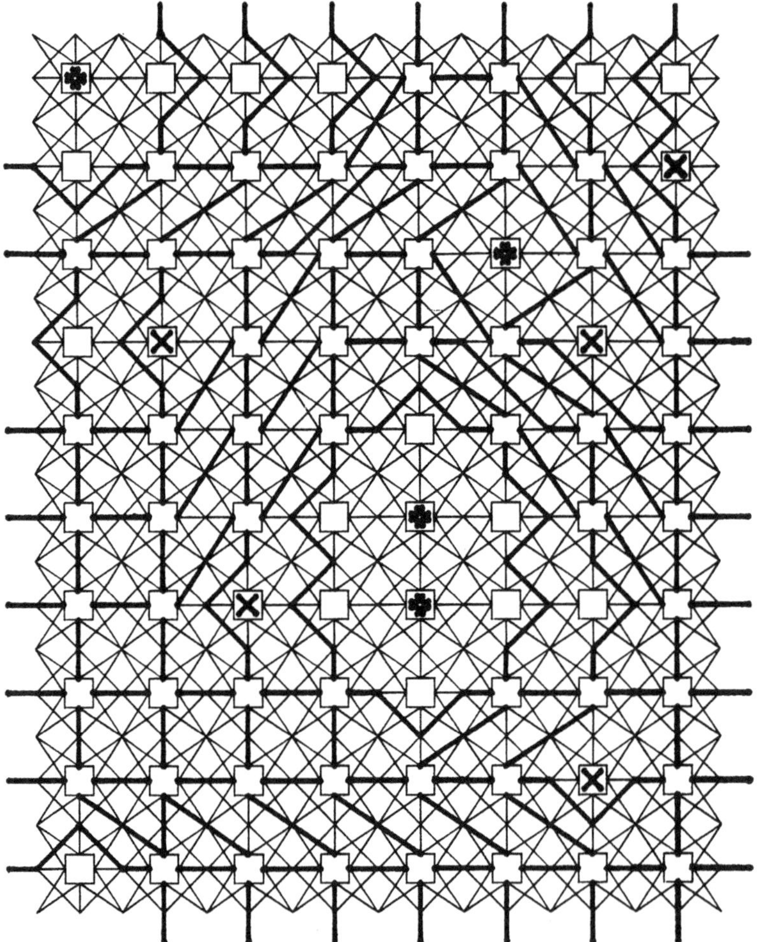

Bild 13: Mit dem Star-Netzwerk rekonfiguriertes Array.
Die gestrichelten Linien sind die schaltbaren Busse, und die kleinen Rechtecke sind Punkte, an denen sechs oder acht Busse zusammentreffen. Mit X sind Chips markiert, die zwar aufgrund von Defekten nicht mehr verwendbar sind, die aber ihr Verbindungsnetzwerk noch kontrollieren können. Bei mit # gekennzeichneten Chips hingegen können an den Treffpunkten der Busse undefinierte Signale auftreten, weshalb diese Punkte nicht in andere Verbindungen einbezogen werden dürfen.

Selbsttest und Konfiguration

Ähnlich wie bei der Rekonfigurierung auf der Chipebene läßt man die Chips ein Selbsttestprogramm abarbeiten, das in einem bestimmten Speicherbereich eines PEs ein genau definiertes Bitmuster erzeugt. Dieses Bitmuster läßt sich dann mit Hilfe eines e-Beam Scanning Microscopes einmal für jeden Chip auslesen. Fehler in diesem Bitmuster lassen auf bestimmte Defekte innerhalb des Chips schließen.

Die 16 Schalter, die jedem Chip zugeordnet sind, werden vom Chip aus kontrolliert. Zu jedem Schalter gehört ein Steuerregister, das über das Cv Register von jeweils einem der 16 PEs ladbar ist, die an der Ober- und Unterkante des Chip-Arrays sitzen.

Durch geschickte Anwendung des Flag-Registers und unter der Voraussetzung, daß an PE-Eingängen, die mit keinem Bus verbunden sind, definierte Signalpegel anliegen, lassen sich gleichzeitig in allen Chips Steuersignale für die Schalter erzeugen, die einen Selbsttest ermöglichen.
Es ist möglich, die Schalter so einzustellen, daß Ausgänge auf einer Seite des Chips über die Schalter auf eine andere Seite desselben Chips zurückgeführt werden. Schickt man über die so geschalteten Pfade Daten, so läßt sich durch Vergleich der gesendeten mit den empfangenen Daten leicht überprüfen, welche Schalter funktionieren und welche nicht. Sämtliche Schalter um den Chip herum sind somit vom Chip aus testbar. Die Testergebnisse werden zusammen mit den Ergebnissen vom Chip-Test gesammelt und ausgelesen, so daß nach dem Test eine vollständige Kartographie der funktionierenden Chips und Verbindungen vorliegt.
Wenn ein e-Beam Scanning Microscope nicht zur Verfügung steht, muß ein iteratives Testverfahren angewendet werden. Zuerst werden alle Chips getestet, die sich am Rand des Arrays befinden und deren Datenleitungen somit zugänglich sind. Von diesen Chips aus können die Daten von den Nachbarchips im Inneren nach außen gegeben werden. Man testet sich quasi vom Rand in den Chip hinein. Hierbei zeigt sich, wie wichtig das FLAG-Register in den Prozessorelementen ist: Die bereits erfolgreich getesteten Chips bekommen das Flag-Register so gesetzt, daß sie vom weiteren Verstellen der Netzwerkschalter ausgeschlossen werden können. Es ist also möglich, nur einen Teil der Verbindungen im Array zu ändern, obwohl das gesamte Array eine SIMD-Maschine ist.

Die endgültigen Schalterstellungen für den gesamten Wafer werden dann extern berechnet und als Daten in den Wafer hineingeschoben.
Sollte sich eine Programmierung schließlich als Fehlerfrei erweisen, so kann sie über die irreversiblen Schaltertypen fixiert werden.

### 4.3.3 Entscheidung für das Double-Rail Netzwerk

Für die Rekonfigurierung der Wafer Scale Systems wurde das Double Rail Netzwerk ausgewählt, weil es einen höheren Freiheitsgrad beim Aufbau einer Gitterstruktur hat. Es können leichter als beim STAR-Netzwerk auch Cluster von defekten Chips umroutet werden, und es bleiben weniger Chips übrig, die wegen defekter Nachbarn nicht mehr verschaltet werden können. Somit kann auch bei einer geringeren Ausbeute ein vollständiges Gitter aufgebaut werden.
Hierfür wurde ein wesentlich höherer Flächenbedarf für das Netzwerk in Kauf genommen.

## 5. Bisherige und zukünftige Entwürfe

Es ist ein Testchip in 1.2 μ CMOS Technologie gefertigt worden, der 4 PEs enthält, die zu einem 2 x 2 Array zusammengeschaltet sind. Die Komplexität dieses Chips beträgt ca. 6000 Transistoren.
Ein weiter Tesctchip enthält ein 8 x 8 Array von PEs.

## 6. Anwendungen

Das Ziel beim Entwurf war, eine möglichst universelle Architektur entwickeln. Der Hauptanwendungsbereich liegt in der Echtzeitbildverarbeitung. Das Array ist besonders gut geeignet, um zweidimensionale Faltungen von Bildern in Echtzeit durchzuführen. Damit lassen sich

- Kantendetektion
- Kontrastverstärkung
- Rauschunterdrückung

usw.
durchführen. Ein Beispiel hierfür wurde in 3.3. bereits genauer beschrieben.

Ein ganz anderes Anwendungsgebiet sind assozialtive Prozessoren:
Es können beispielsweise auf allen Prozessoren gleichzeitig Vergleichsoperationen durchgeführt werden. Rückmeldungen können über den Global Output des Arrays erfolgen, der ein wired-or über die Carry-Register aller PEs des Arrays liefert.
Mittels des Flag-Registers können assoziative Operationen ausgeführt werden, an denen nur solche PEs teilnehmen, die einer bestimmten Bedingung genügen.

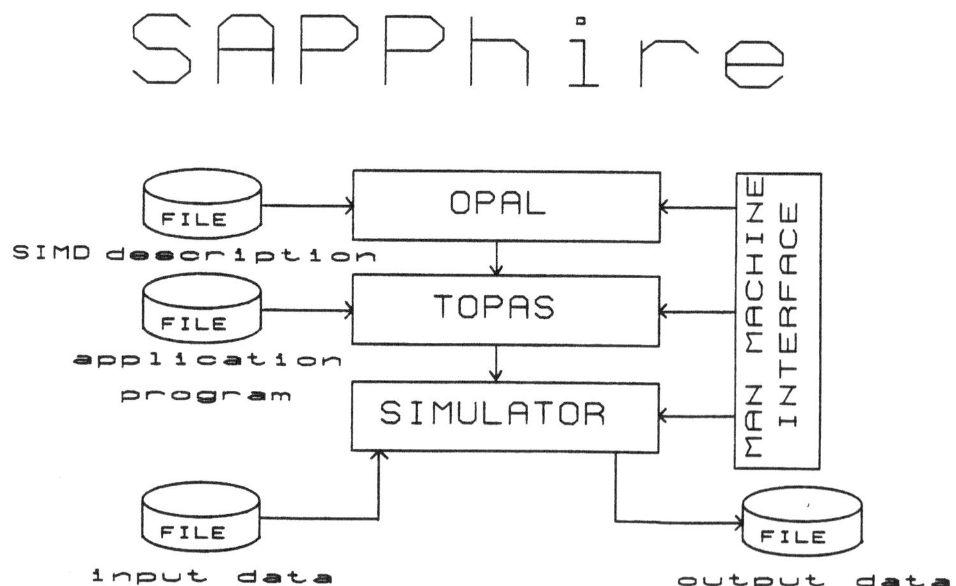


Bild 14: Struktur des SAPPhire-Programmsystems

## 7. Softwareunterstützung

Für die Entwicklung von Anwendungsprogrammen auf SIMD Prozessorarrays wurde das Softwarepaket SAPPhire entwickelt.
Es besteht aus vier Komponenten ( siehe Bild 14 ):

- Der OPAL Compiler liest eine Architekturbeschreibung des PE-Arrays, die in einer einfachen Hardwarebeschreibungssprache abgefaßt ist. Es ist möglich, mit dieser Sprache beliebige SIMD-Architekturen zu spezifizieren, die aus den Grundkomponenten ALU, Register, Multiplexer Gatter und RAMs bestehen.

- Der TOPS Compiler übersetzt ein Anwendungsprogramm in einen Token-Code.

- Mit dem Simulator/Debugger wird ein in TOPAS spezifiziertes Programm auf einer in OPAL spezifizierten Architektur simuliert. Hierbei stehen die üblichen Debuggerfunktionen wie Single Step, Breakpoints usw. zur Verfügung.

- Der Compiler-Ausgang generiert einen PROM-fähigen Code, mit dem das reale PE-Array angesteuert werden kann.

Das gesamte SAPPhire-Paket ist in Standard-PASCAL entwickelt worden und läuft sowohl auf dem ATARI 1040 als auch unter VAX/VMS.

## 8. Zusammenfassung und Ausblicke

Die vorgestellte Architektur zeigt einen Weg auf, Schaltungen wirtschaftlich in Wafer Scale Technik zu fertigen. Insbesondere ist es nicht notwendig, die Einzelchips mit einem Waferprober zu testen.
Das SIMD Array soll auf 4" Wafern gefertigt werden. Um eine sinnvolle Größe des Gesamtsystems zu erreichen, werden auch die Randbereiche des Wafers voll ausgenutzt. Wenn einmal Prozesse mit kleineren Strukturgrößen und größeren Waferdurchmessern für die Wafer Scale verfügbar sind, kann auf diese Randbereiche verzichtet werden, und der Wafer kann quadratisch beschnitten werden. Dies bringt viele Vereinfachungen bei der Rekonfigurierung und beim "packaging" mit sich.

Die Wafer Scale Technik wird immer einen Integrationsgrad ermöglichen, der um zwei Größenordnungen über dem herkömmlicher integrierter Schaltungen liegt. Es ist jedoch absehbar, daß die Strukturgöße der Schaltungen irgenwann an physikalische Grenzen stoßen wird. Dann ist die Wafer Scale Integration der einzig mögliche Weg, den Integrationsgrad weiter zu steigern.

## 9. Abschließende Bemerkungen

Die vorgestellten Arbeiten sind von der Europäischen Gemeinschaft im Rahmen des Integrationstechnologieforschungsprojekts ESPRIT Nr.824 entstanden. Partner in diesem Projekt sind neben der TH Darmstadt das Institut Nationale Polytechnique de Grenoble, die Fa. SGS-Thomson in Grenoble, British Telecom in Martlesham, das Forschungsinstitut L.E.T.I. in Grenoble und das National Microelectronics Center in Cork, Irland.

Literatur


[Bat 80] K.E. Batcher
Design of a Massively Parallel Processor
IEEE Trans. on Comp., C 29, pp 863-840, 1980

[BSM 86] John J. Barrett, Elisabeth M. Smits, P.L. Moran
A Copper Tracking Technique for Wafer Scale Integration
IFIP Workshop on Wafer Scale Integration
Grenoble, March 17-19 1986

[Chap 85] G.H.Chapman
Laser-Linking Technology for VLSI
Workshop on Wafer Scale Integration
Southampton, July 10-12 1985

[ChSa 85] G.Chevalier, G.Saucier
A Programmable Switch Matrix for the Wafer Scale Integration of a Processor Array
Workshop on Wafer Scale Integration
Southampton, July 10-12 1985

[DaEr 82] P.E. Danielsson, T. Ericsson
Suggestion for an Image Processor Array
Internal Report LITH-ISY-0507
Linköping University, Sweden, 1982

[Fou 81] T.J. Fountain
Towards CLIP6 - An Extra Dimension
IEEE Computer Workshop on Computer Architecture for Pattern Analysis and Image Database Management
Hot Springs, Va, pp 25-30, 1981

[Fou 83] T.J. Fountain
A Survey of bit-serial array processor circuits
in: Computer Structure for Image Processing
( ed. M J B Duff)
Academic Press, pp 1-14, 1983

[GRP 86] P.Girard, F.M.Roche, B.Pistolet
Electron Beam Effects on VLSI MOS conditions for Testing and Reconfiguration
IFIP Workshop on Wafer Scale Integration
Grenoble, March 17-19 1986

[KaBl 86] Manolis G.H. Katevenis, Miriam G. Blatt
Switch Design for Soft-Configurable WSI Systems
IFIP Workshop on Wafer Scale Integration
Grenoble, March 17-19 1986

[Lei 86] T. Leighton, C.E.Leiserson
A Survey for Integrating Wafer Scale Systems
IFIP Workshop on Wafer Scale Integration
Grenoble, March 17-19 1986

[Love 82] Hubert H. Love
Reconfigurable Parallel Array Systems
pp. 99-244 in Designing and Programming Modern Computer Systems Vol.1
Editors: Svetlana and Steven I. Kartashev
Prentice Hall 1982

[NeSt 86] Roberto Negrini, Renato Stefanelli
Comparative Evaluation of Space- and Time- Redundancy Approaches
IFIP Workshop on Wafer Scale Integration
Grenoble, March 17-19 1986

[Nico 86] G.Nicolas
Technical and Economical Aspect of Laser Repair for WSI Memory
IFIP Workshop on Wafer Scale Integration
Grenoble, March 17-19 1986

[Raff 85] J.I. Raffel
The RVLSI Approach to Wafer Scale Integration
Workshop on Wafer Scale Integration
Southampton, July 10-12 1985

[Red 73] S.F. Reddaway
DAP - A Distributed Processor Array
First Annual Symposium on Computer Architecture
pp 61-65
Florida, 1973

[Rhod 85] F.M.Rhodes
Applications of RVLSI to Signal Processing
Workshop on Wafer Scale Integration
Southampton, July 10-12 1985

[RoMo 82] I.N. Robinson, W.R. Moore
A Parallel Processor Array Architecture and its implementation in silicon
Proceedings of IEEE Custom Integrated Circuits Conference pp 41-45
Rochester, N.Y, 1982

[SuNa 82] T.Sudo, T. Nakashima
An LSI Adaptive Array Processor
IEEE Solid State Circuits Conference, pp 122-123 & 307, 1982

[WCS 87] Mighsien Wang, Michael Cutler, Stephen Y.H. Su
On-Line Error Detection and Reconfiguration of Array Processors with Two Level Redundancy
Proceedings of the COMP EURO, Hamburg, May 11-15 1987

# Produktionstest synchroner Schaltwerke auf der Basis von Pipelinestrukturen

Arno Kunzmann
Universität Karlsruhe
Fakultät für Informatik
Institut für Rechnerentwurf und Fehlertoleranz
(Prof. Dr. D. Schmid)

**Zusammenfassung**

Der hohe Anteil der Testkosten an den gesamten Entwurfs- und Herstellungskosten erfordert in steigendem Maße die Entwicklung und den Einsatz kostengünstiger Teststrategien, die auf spezielle Problemstellungen abgestimmt werden. Im Rahmen dieses Beitrages wird aufgezeigt, wie durch den Einsatz eines unvollständigen Prüfpfades die Testmusterbestimmung nicht für ein beliebiges synchrones Schaltwerk durchzuführen ist, sondern auf den einfacheren Test von Schaltwerken mit Pipelinestruktur abgebildet werden kann.

## 1 Einleitung

Während durch die steigende Integrationsdichte immer neue Anwendungsbereiche der Mikroelektronik erschlossen werden, können die Kosten zur Qualitätssicherung, insbesondere die Kosten des Produktionstests, über die wirtschaftliche Herstellung hochintegrierter Schaltungen entscheiden. Der Anteil der Testkosten, bezogen auf die gesamten Entwurfs- und Herstellungskosten, stieg in den letzten 10 Jahren von 5% auf etwa 70% [Will86] an und unterstreicht nachdrücklich die Notwendigkeit, kostengünstige Teststrategien zu entwickeln.

Um die Testbarkeit hoch- und höchstintegrierter Schaltungen sicherzustellen, sind eine Reihe von Entwurfsregeln und -maßnahmen bekannt, wie beispielsweise die Integration eines Prüfbusses [Ando80], [Stew78] oder Prüfpfades [EiWi77], auf den wir im folgenden genauer eingehen werden. Diese Maßnahmen verfolgen das Ziel, den Aufwand zur Testmusterbestimmung zu reduzieren. So kann durch die Integration eines vollständigen Prüfpfades die Testmusterbestimmung für ein Schaltnetz, anstatt ohne Prüfpfad für ein Schaltwerk durchgeführt werden. Die Aufwandsreduzierung wird offensichtlich, wenn man die Anstiege der Testlängen vergleicht: während bei Schaltwerken die Testlänge exponentiell zur Anzahl der Speicherelemente ansteigen kann, erfolgt der Anstieg bei Schaltnetzen nur linear zur Schaltungsgröße.

Dem Aufwand zur Testmusterbestimmung ist jedoch der zusätzlich notwendige Hardwareaufwand gegenüberzustellen, um die Testbeschaltung zu realisieren. Zur Reduzierung dieses Aufwandes wurde in [Tris80] vorgeschlagen, den vollständigen Prüfpfad durch einen unvollständigen zu ersetzten, um nur noch einen Teil der Speicherelemente erweitern und in den Prüfpfad aufnehmen zu müssen. In [Kunz87] wurde gezeigt, daß mit der Integration eines unvollständigen Prüfpfades durch geringere Chipfläche und erhöhte Ausbeute die Herstellungskosten gesenkt werden können. Als entscheidener Nachteil ist anzuführen, daß stets eine Testmusterbestimmung für Schaltwerke durchzuführen bleibt.

Die Auswahl der Prüfpfadelemente kann nach Heuristiken erfolgen, wobei die Prüfpfadelemente beispielsweise nach "Steuerbarkeits-" und "Beobachtbarkeits"-Werten ausgewählt werden [Tris80], oder aber nach analytischen Verfahren, wodurch insbesondere die zu testende Schaltwerksstruktur bestimmt werden kann. Im Rahmen dieses Beitrages soll aufgezeigt werden, wie ein unvollständiger Prüfpfad eingesetzt werden kann, um eine Testbestimmung für Schaltwerke mit Pipelinestruktur durchführen zu können. Zur Bestimmung der Testmuster ist das Schaltwerk in ein äquivalentes Schaltnetz zu überführen. Insgesamt ergeben sich die folgenden Vorteile:

(1) Einfache Bestimmung äquivalenter Schaltnetze
(2) Gleiche Komponentenanzahl des Schaltwerkes und äquivalenten Schaltnetzes
(3) Testmusterbestimmung für Schaltnetze mit Einfachfehlern
(4) Ein linearer Anstieg der Testfolgenlänge mit der Schaltwerksgröße
(5) Kurze Testdurchführungszeit

ad (1):
Um zur Testmusterbestimmung das äquivalente Schaltnetz eines Schaltwerkes mit Pipelinestruktur zu bestimmen, sind alle Speicherelemente durch Treiberbausteine zu ersetzen. Die Substitution durch direkte Verbindungen ist i.a. nicht ausreichend, da bestimmte Fehler nicht mehr modellierbar sind.

ad (2):
Aus (1) folgt unmittelbar, daß die Anzahl der Komponenten des zu testenden Schaltnetzes, unabhängig von der Testfolgenlänge, stets mit der Komponentenanzahl des Schaltwerkes übereinstimmt.

ad (3):
Da die vorgenannte Transformationsvorschrift eine 1:1-Zuordnung der Schaltnetz- und Schaltwerkskomponenten erlaubt, kann jeder Einfachfehler des Schaltwerkes auf einen Einfachfehler des äquivalenten Schaltnetzes abgebildet werden. Eine Behandlung von Mehrfachfehlern ist somit nicht erforderlich.

ad (4):
Da sich das Problem der Testbestimmung für Schaltwerke mit Pipelinestruktur auf die Testbestimmung für ein äquivalentes Schaltnetz gleicher Komponentenanzahl abbilden läßt, steigt die erforderliche Testlänge nur linear mit der Schaltwerksgröße an.

ad (5):
Jede Testfolge belegt die Eingänge eines Schaltwerkes mit Pipelinestruktur offensichtlich nur zu genau einem Zeitpunkt mit definierten Werten. Folglich kann mit jedem Takt eine neue Testmusterfolge an das Schaltwerk angelegt werden, ohne mit anderen Folgen zu kollidieren. Sei k die Anzahl der Testfolgen, r die Anzahl der Stufen der Pipeline, so ergibt sich durch Überlagerung aufeinanderfolgender Testfolgen eine Testdauer von r+(k-1) Takten. Die notwendigen Schiebetakte, um den Prüfpfad zu laden, sind hierbei nicht berücksichtigt.

Ziel des im folgenden beschriebenen Verfahrens ist es, für ein gegebenes synchrones Schaltwerk eine minimale Anzahl an Prüfpfadelementen so auszuwählen, daß lediglich eine Testmusterbestimmung für Schaltwerke mit Pipelinestruktur durchzuführen bleibt.

Um diese Aufgabe als graphentheoretisches Problem zu formulieren, wird zunächst ein gerichteter Graph eingeführt, der die Topologie der Speicherelemente repräsentiert. Da dieser Graph notwendigerweise zyklenfrei sein muß, werden zunächst die Algorithmen zur Bestimmung und Auflösung elementarer Zyklen in gerichteten Graphen skizziert. Zusätzlich bedingt die Anforderung, Schaltwerke mit Pipelinestruktur zu generieren, daß die Weglängen aller Wege zwischen zwei beliebigen Punkten des Graphen übereinstimmen müssen. Hierzu werden alle Rekonvergenzen bestimmt und ggf. aufgelöst. Schließlich folgt ein Beispiel, um die Vorteile dieses Verfahrens zu verdeutlichen.

# 2 Grundlagen

## 2.1 Voraussetzungen

Für ein zu testendes Schaltwerk werden die folgenden Eigenschaften vorausgesetzt:

- Schaltwerksbeschreibung auf Gatterebene
- ausschließlich synchrone Speicherelemente
- flanken- oder pegelgesteuerte Speicherelemente (ETSD, LSSD)
- Ein-Phasen-Taktsteuerung
- Vermeidung redundanter Schaltungsteile

Weiter wird vorausgesetzt, daß für ein gegebenes Schaltwerk ein kombinatorisches Fehlermodell mit ausschließlich Einfachfehlern zugrunde liegt.

## 2.2 Schaltungsmodellierung

Eine Schaltung auf Gatterebene läßt sich allgemein als Verbindungsstruktur aller Ver knüpfungselemente beschreiben, modellierbar als gerichteter Graph. Die Knoten dieses Graphen stellen hierbei primäre Schaltungsanschlüsse oder Ausgänge der Verknüpfungselemente dar. Gerichtete Kanten geben die zugehörige Verbindungsstruktur an. Dieser sogenannte "Datenflußgraph" ist für eine Beispielschaltung in Bild 1 dargestellt.

Um Schaltwerke mit Pipelinestrukturen generieren zu können, genügt es, die Topologie der Speicherelemente darzustellen. Die Darstellung erfolgt ebenfalls durch einen gerichteten Graphen, dem sogenannten "S-Graphen" eines Schaltwerkes. Da dieser Graph ausschließlich speichernde Elemente und primäre Anschlüsse repräsentiert, kann der S-Graph als Vergröberung des Datenflußgraphen angesehen werden. Bild 1 zeigt den zugehörigen S-Graphen der Beispielschaltung.

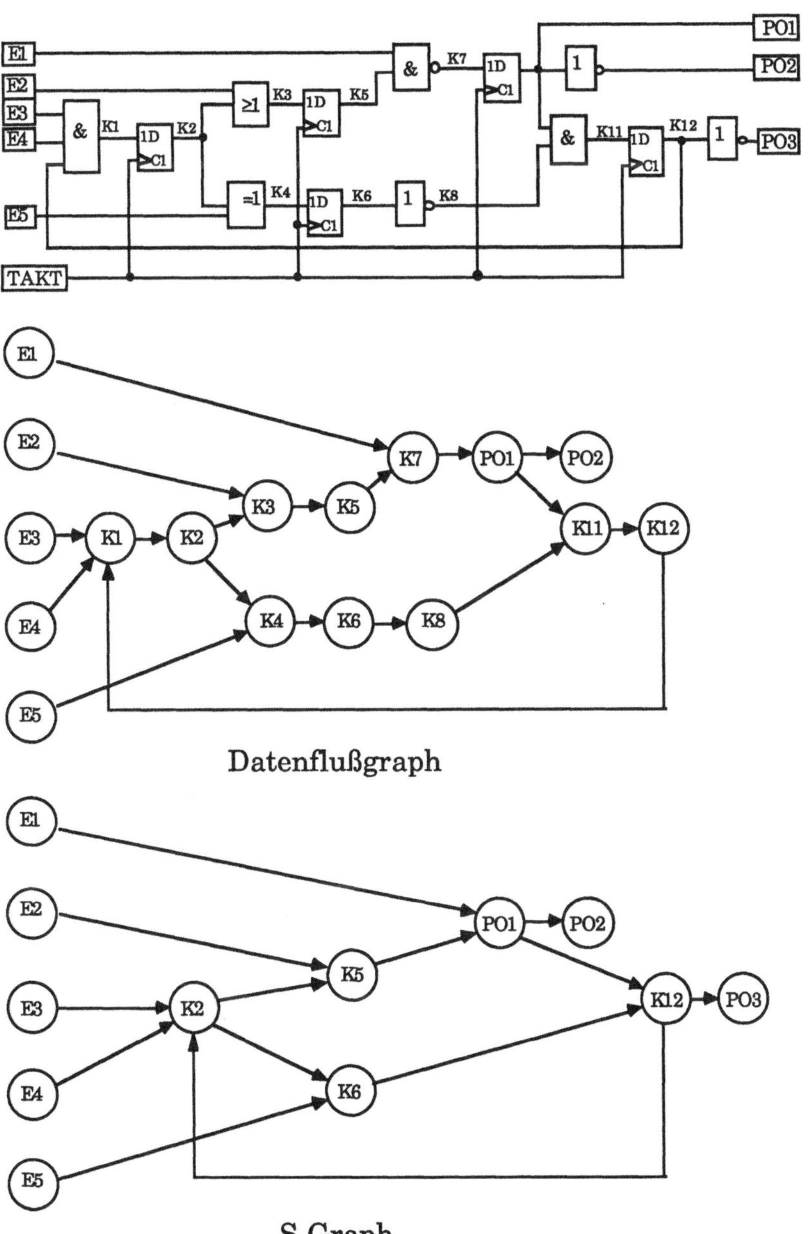


Bild 1: Datenflußgraph und S-Graph einer Beispielschaltung

***Definition 1:***
Gegeben sei der S-Graph $G_S=(V_S,E_S)$ eines Schaltwerkes. Gilt für alle Knotenpaare des Graphen, daß alle Wege, die diese Knoten miteinanderverbinden, die gleiche Zahl an Kanten aufweisen, so heißt der S-Graph **äquidistant**. Das zugrunde liegende Schaltwerk weist **Pipeline-Struktur** auf.

Mit dieser Definition gilt für jeden Knoten des Graphen, daß die Weglänge zu Knoten ohne Vorgänger (entsprechend primären Eingängen des Schaltwerkes) eindeutig bestimmt ist. Damit liegen nicht nur für primäre Eingänge der Schaltung die Gültigkeitszeitpunkte fest, sondern auch für alle Schaltnetze, die von gültigen Eingängen stimuliert werden.

Das folgende Bild zeigt zwei typische äquidistante Graphen.

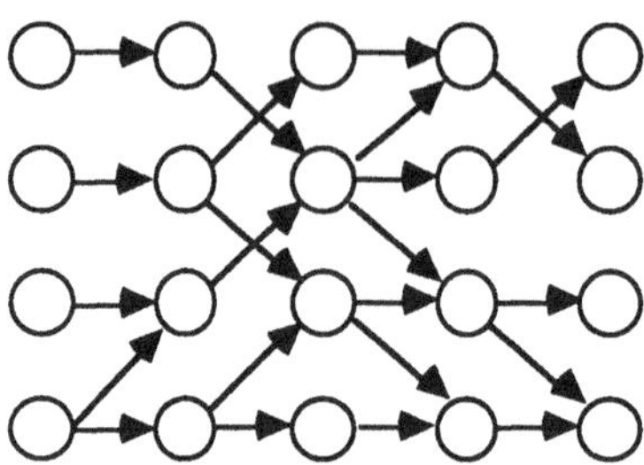

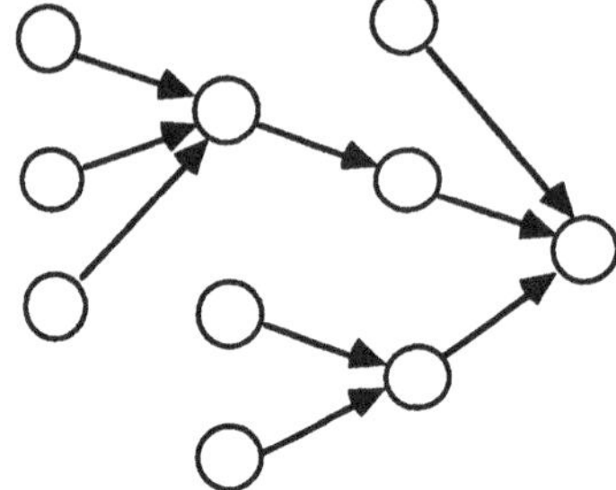

Bild 2: Äquidistante Graphen

## 2.3 Graphentheoretische Problemstellung

Die Problemstellung, synchrone Schaltwerke zu Testzwecken in Schaltwerke mit Pipelinestruktur zu transformieren, entspricht dem graphentheoretischen Problem, einen gerichteten in einen äquidistanten Graphen zu überführen. Hierzu sind Knotenschnitte zulässig, die im gegebenen Schaltwerk eine Erweiterung zugehöriger Prüfpfadelemente zu prüfpfadfähigen Elementen bedingen.

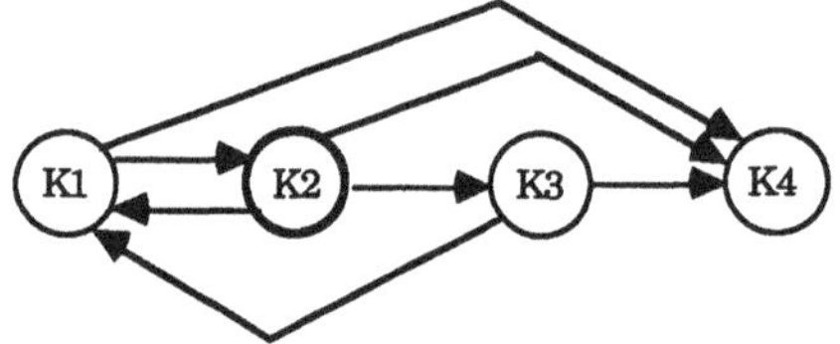


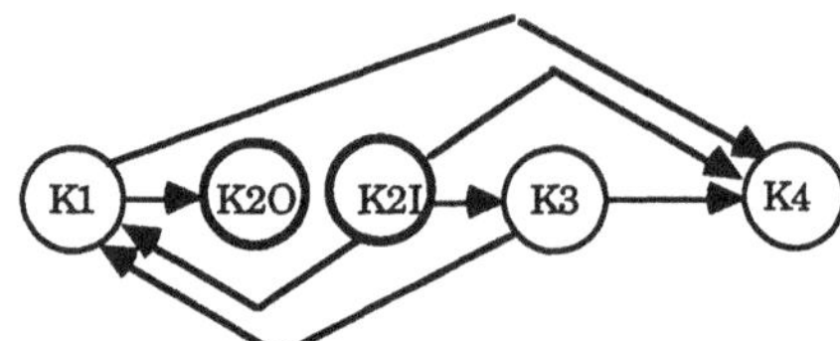


Bild 3: Schnitt am Knoten K2

Zur Generierung äquidistanter Graphen wurde ein 2-stufiges Verfahren entwickelt. Im ersten Schritt wird der Graph in einen azyklischen Graphen überführt, um anschließend alle Rekonvergenzen, die Wege unterschiedlicher Länge aufweisen, zu entfernen.

Diese Schritte lassen sich anhand der in Bild 1 angegebenen Beispielschaltung darstellen. Der gegebene S-Graph weist 2 Zyklen auf, der die Knotenmenge {K2, K6, K12} bzw. {K2, K5, PO1, K12} umfaßt. Um beide Zyklen aufzulösen, wird der Knoten K2 (alternativ: Knoten K12) geschnitten. Damit ergibt sich der folgende Graph:

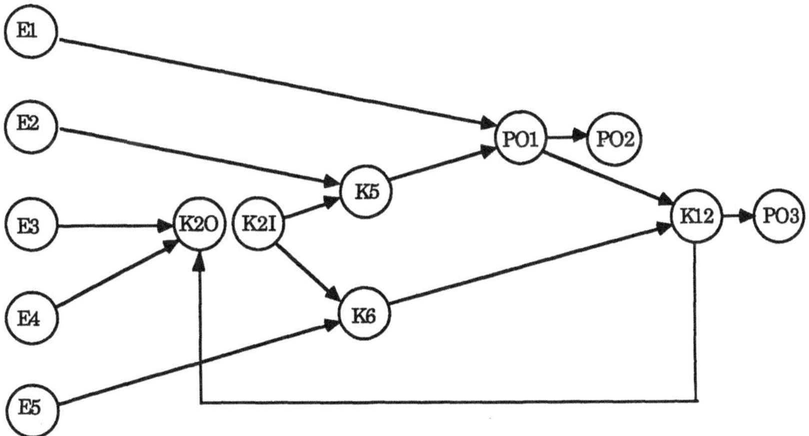


Bild 4: Azyklischer Beispielgraph

Um zusätzlich die Forderung der Äquidistanz zu erfüllen, muß für jede Rekonvergenz des Graphen sichergestellt sein, daß alle Wege zwischen Divergenz- und Konvergenzpunkt die gleiche Länge aufweisen. Dies ist jedoch für die Rekonvergenz zwischen den Knoten K2I und K12 nicht gegeben. Betrachtet man ausschließlich Rekonvergenzen zwischen Wegepaaren, so genügt es, einen beliebigen Knoten der Wege zu schneiden, der weder dem Konvergenz-, noch dem Divergenzpunkt der Rekonvergenz entspricht. Schneidet man den Knoten K5 (alternativ: Knoten PO1 oder K6), so ergibt sich der in Bild 5 dargestellte äquidistante Graph.

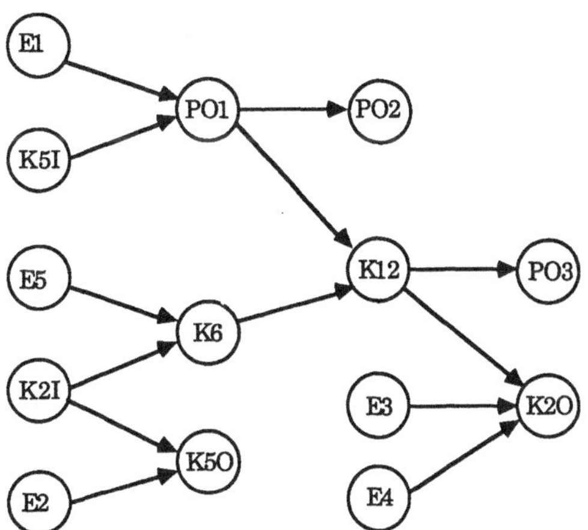


Bild 5: Äquidistanter Beispielgraph (Baumstruktur)

Insgesamt waren 2 Knoten zu schneiden, um einen äquidistanten S-Graph zu generieren. Somit umfaßt ein unvollständiger Prüfpfad diejenigen Speicherelemente, die den Knoten K2 und K5 entsprechen.

In den folgenden Kapiteln werden die eingesetzten Algorithmen zur Zyklen- und Rekonvergenzbestimmung beschrieben. Die Berechnung der minimalen oder minimierten Schnittmengen erfolgt in beiden Fällen mit Hilfe des Überdeckungsproblems.

# 3 Realisierte Algorithmen

## 3.1 Algorithmen zur Zyklenbestimmung

Insbesondere in den 70er Jahren wurde eine Reihe von Verfahren vorgestellt, um alle elementaren Zyklen eines gerichteten Graphen zu bestimmen. Diese Algorithmen gehören zur Klasse der Probleme, deren Rechenzeitkomplexität exponentiell zur Anzahl der Knoten ansteigen kann. Dies bedingt der mögliche exponentielle Anstieg der Zyklenanzahl.

Realisiert wurde der Johnson-Algorithmus [John75], der für einen gerichteten Graphen G=(V,E) mit einer maximalen Rechenzeitkomplexität von O(|V|+|E|)∗(Zyklenanzahl+1)) den geringsten Aufwand aller untersuchter Verfahren aufweist. Mit diesem Algorithmus wird sichergestellt, daß nach spätestens (|V|+|E|)-Suchschritten ein noch nicht erkannter Zyklus festgestellt wird. Auf eine detaillierte Beschreibung des Algorithmus und des zugehörigen Beweises sei an dieser Stelle auf [John75] verwiesen.

## 3.2 Lösung des Überdeckungsproblems

Sind alle Zyklen bestimmt, so stellt sich das Problem, eine minimale Knotenmenge zu bestimmen, um alle Zyklen aufzulösen. Dieses Problem ist bekanntlich NP-vollständig [GaJo79] und kann daher beispielsweise als Überdeckungsproblem (z.B. [Even73]) formuliert werden.

***Definition 2:***
Gegeben sei eine endliche Menge S, sowie m Teilmengen $B_1,\ldots,B_m$ dieser Menge ($\cup B_i=S$, $i=1,\ldots,m$). Ist eine minimale Anzahl an Teilmengen $B_i$ gesucht, deren Vereinigung die Menge S ergibt, so wird dieses Problem als **Überdeckungsproblem (S,B)** bezeichnet. Die Mengen $A_i := \{k \mid B_k \in S_i\}$ $(i=1,\ldots,|S|)$ geben für das i-te Element der Menge S an, zu welchen Mengen $B_k$ $(k=1,\ldots,m)$ dieses Element gehört.

Der realisierte Branch-and-Bound-Algorithmus bietet die Möglichkeit, eine maximal zulässige Rechenzeit vorzugeben, um die zu diesem Zeitpunkt gefundene, minimierte Lösung zu verwenden. Da die Effizienz des Algorithmus insbesondere von der Güte der Anfangslösung abhängig ist, wurde eine Sortierung der Spalten in Blöcke vorgenommen [ChKo75].

## 3.3 Algorithmen zur Rekonvergenzbestimmung

In Analogie zur Zyklenbestimmung wird durch die Rekonvergenzbestimmung jeder paarweisen Rekonvergenz eine Knotenmenge, die Rekonvergenzlösungsmenge, zugeordnet. Zur Auflösung einer Rekonvergenz genügt es, einen beliebigen Knoten dieser Lösungsmenge zu schneiden. Anzumerken ist, daß hierbei ausschließlich Rekonvergenzen mit verschiedenen Weglängen, sog. "asymmetrische Rekonvergenzen" aufzulösen sind.

Zur Bestimmung aller Rekonvergenzlösungsmengen eines gerichteten, azyklischen Graphen, wurde ein hierarchischer Algorithmus realisiert, der die folgenden 3 Teilschritte umfaßt:

(1) Numeriere alle Knoten des Graphen entsprechend dem Datenfluß.

(2) Bestimme für jeden Knoten den maximal zu betrachtenden Teilgraphen.

Um für einen gegebenen Konvergenzknoten (Divergenzknoten) zu entscheiden, welcher Teilgraph einen zugehörigen Divergenzknoten (Konvergenzknoten) enthalten kann, wird das von [SeAg86] publizierte Verfahren eingesetzt. Der Aufwand, um diese Segmentierung des Graphen durchzuführen, beträgt für einen gerichteten, zyklenfreien Graphen G=(V,E) $O(|V| \log |V|)$ [SeAg86].

(3) Entsprechend der Datenflußrichtung sind alle Rekonvergenzen zu bestimmen mit

- allen Wegen dieser Rekonvergenz
- den zugehörigen Weglängen
- den Rekonvergenzlösungsmengen.

Die Hierarchie des Algorithmus ergibt sich durch die Eigenschaft, daß alle bereits bearbeiteten, sog. "inneren" Rekonvergenzen zur Rekonvergenzbestimmung ausgenutzt werden können. Da die Rekonvergenzlösungsmengen, Wege und zugehörige Weglängen bekannt sind, kann durch Permutation aller Wege der inneren Rekonvergenzen eine effiziente Rekonvergenzbestimmung durchgeführt werden.

Durch die folgenden Zusatzregeln läßt sich der Aufwand zur Bestimmung der Rekonvergenzlösungsmengen verringern:

**Klasseneinteilung**: alle Wege, die über denselben Startknoten[1] führen, gehören derselben Klasse an.

**Sortierung**: in jeder Klasse werden die Wege entsprechend ihrer Weglänge sortiert und disjunkten Teilmengen zugeordnet.

**Klassenweiser Vergleich**: es werden nur Wegepaare verglichen, die zu unterschiedlichen Klassen gehören und verschiedene Weglängen aufweisen.

**Eindeutige Schnitte**: sobald einelementige Rekonvergenzlösungsmengen gefunden werden, wird dieser Knoten geschnitten.

### 3.3.1 Komplexität des Verfahrens

Zur Bestimmung aller Rekonvergenzlösungsmengen ist es zunächst notwendig, alle Wege zu bestimmen, um anschließend einen paarweisen Vergleich aller Wege durchführen zu können.

Der Aufwand der Wegbestimmung kann exponentiell zur Anzahl der inneren Rekonvergenzen ansteigen. Das folgende Bild zeigt eine sequentielle und parallele Anordnung innerer Rekonvergenzen. Während sich im zweiten Fall die Weganzahl durch Aufsummieren der Weganzahlen aller inneren Rekonvergenzen bestimmt, multipliziert sich die Weganzahl bei sequentieller Anordnung. In diesem Fall kann die resultierende Weganzahl exponentiell zur Rekonvergenzanzahl ansteigen.

[1] Um paarweise Rekonvergenzen eindeutig bezeichnen zu können, wird jede Rekonvergenz neben den Divergenz- und Konvergenzpunkten zusätzlich durch 2 Startknoten, die den unmittelbaren Vorgängerknoten der Konvergenzpunkte entsprechen, charakterisiert.

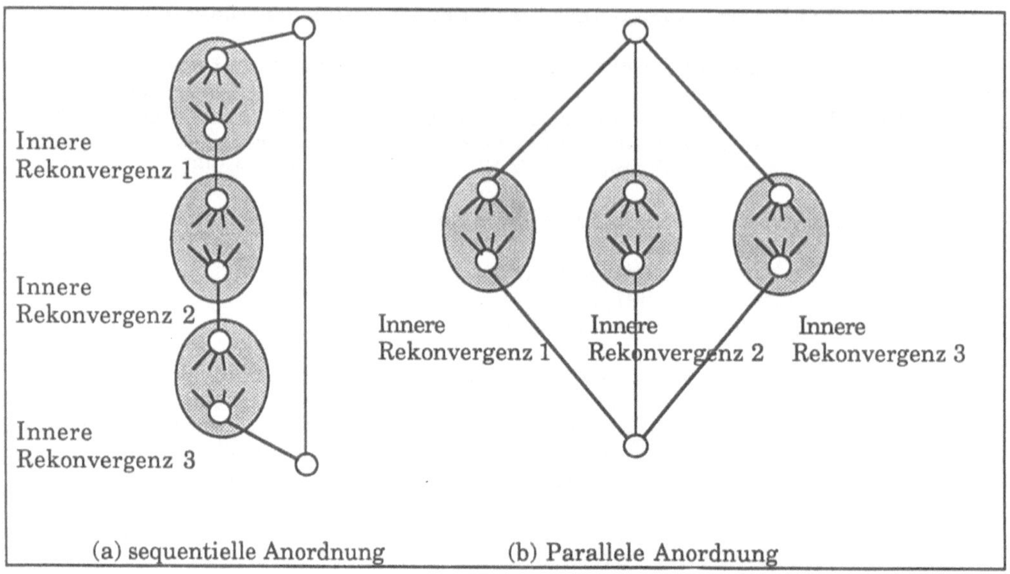


Bild 6: Sequentielle und parallele Anordnung innerer Rekonvergenzen

Um einen paarweisen Vergleich aller Wege einer Rekonvergenz durchführen zu können sind, ohne Klassenbildung mit w Wegen w∗(w-1)/2 Vergleiche notwendig. Aber auch die Klasseneinteilung kann einen quadratischen Anstieg der Vergleiche bezüglich der Weganzahl nicht verhindern: eine Aufteilung in beispielsweise Klassen gleicher Weganzahl erfordert $w^2/4$ Vergleiche.

### 3.3.2 Heuristiken zur Rekonvergenzbestimmung

Durch die aufgezeigte Komplexität der Rekonvergenzbestimmung kann abhängig von der Größe und Struktur des zugrunde liegenden S-Graphen eine Begrenzung der Rechenzeit erforderlich werden. Um dennoch eine möglichst gute Lösung zu erhalten, wurde eine Heuristik gewählt, die die Anzahl der Wege innerhalb einer Rekonvergenz auf ein Maximum begrenzt. Erfordert die Behandlung einer Rekonvergenz mehr Wege als ein vorgegebener Grenzwert zuläßt, so wird eine Analyse durchgeführt, welche innere Rekonvergenz bereits zu diesem Zeitpunkt vorteilhaft aufzulösen ist.

Hierbei werden gleichzeitig zwei Ziele verfolgt: einerseits soll eine maximale Reduzierung der Weganzahl erreicht werden, andererseits soll das lokale Optimum dieser Rekonvergenzauflösung sicherstellen, daß die Gesamtlösung möglichst nahe am Optimum liegt.

Hierzu bieten sich bevorzugt innere Rekonvergenzen an, die sehr viele Wege aufweisen: hierdurch wird sowohl für eine große Anzahl von Wegen eine optimale Lösung bestimmt als auch eine maximale Reduzierung der Weganzahl der zu behandelnden Rekonvergenz erreicht. Sequentiell angeordnete innere Rekonvergenzen bieten hierbei die größten Einsparungsmöglichkeiten.

Um eine innere Rekonvergenz aufzulösen, werden alle zugehörigen Rekonvergenzlösungsmengen als Überdeckungsproblem formuliert. Die Lösung bestimmt eine Knotenmenge, nach deren Schnitt nur noch genau ein Weg den Konvergenz- und

Divergenzpunkt verbindet. Hierdurch verringert sich die Weganzahl dieser inneren Rekonvergenz um den Faktor der ursprünglich vorhandenen Weganzahl.

Mit dieser Heuristik läßt sich die maximale Anzahl sowohl der Wege innerhalb einer Rekonvergenz, als auch die Anzahl der erforderlichen Vergleiche begrenzen. Durch die Bestimmung möglichst weniger lokaler Optima wird erreicht, daß die optimierte Gesamtlösung nahe am Optimum liegen wird.

## 3.4 Auflösung aller asymmetrischer Rekonvergenzen

Das Auflösen aller asymmetrischer Rekonvergenzen eines azyklischen, gerichteten Graphen mit minimaler Schnittanzahl läßt sich als Überdeckungsproblem formulieren und ebenfalls mit dem o.a. Algorithmus lösen. Hierzu ist jedoch der Beweis erforderlich, daß dieses Problem NP-vollständig ist. Anstelle eines Beweises dieser Behauptung sei an dieser Stelle anhand eines Beispieles die Beweisidee skizziert.

Es genügt zu zeigen, daß sich für jedes beliebige Überdeckungsproblem ein Graph mit asymmetrischen Rekonvergenzen so generieren läßt, daß die Rekonvergenzlösungsmengen genau dieses Überdeckungsproblem bedingen.

Ausgangspunkt des Beispiels seien die Menge S={1,2,3,4}, sowie die Teilmengen $A_1$={1,4}, $A_2$={1,2,4}, $A_3$={3} und $A_4$={2}, die Rekonvergenzlösungsmengen entsprechen und hier als Matrix A dargestellt sind.

Die Knotenmenge des gesuchten Graphen G=(V,E) entspricht zunächst der Menge S, die Kantenmenge E ist leer. Mit jeder Rekonvergenzlösungsmenge $A_i$ wird die Knotenmenge um 2 weitere Knoten ergänzt, nämlich den Knoten Di (Divergenzknoten i) bzw. Ki (Konvergenzknoten i). Diese beiden Knoten werden zwar nicht Bestandteil der Rekonvergenzlösungsmenge sein, eine direkte Verbindung zwischen diesen Knoten wird jedoch den ersten Weg einer aufzulösenden, paarweisen Rekonvergenz darstellen. Damit bleibt die Aufgabe, einen zweiten Weg zu konstruieren, der die Knoten der Menge $A_i$ umfaßt.

In die Kantenmenge E können unmittelbar die 3 Kanten (Di,Ki), (Di,$A_{i1}$), ($A_{i|A_i|}$,Ki) aufgenommen werden. Hierbei bezeichnet $A_{i1}$ das erste, $A_{i|A_i|}$ das letzte Element der Menge $A_i$. Mit diesen Zusatzkanten und Knoten können die Mengen $A_3$ und $A_4$ bereits vollständig auf den zu generierenden Graphen abgebildet werden (Bild 7).

Die Mengen $A_1$ und $A_2$ erfordern hingegen weitere Kanten, um einen Weg mit den Knoten {D1,1,4,K1} bzw. {D2,1,2,4,K2} aufzubauen. Um sicherzustellen, daß durch zusätzliche Kanten nur asymmetrische Rekonvergenzen entstehen, wie sie durch die Matrix A definiert wurden, müssen ggf. Zusatzknoten Zi eingeführt werden: führt man zwischen den Knoten j und k (j>k) genau k-j-1 Zusatzknoten Zi ein, so weisen die Wege aller zusätzlich entstehenden Rekonvergenzen gleiche Länge auf und müssen daher nicht aufgelöst werden. Das Ergebnis der Generierung ist im folgenden Bild dargestellt.

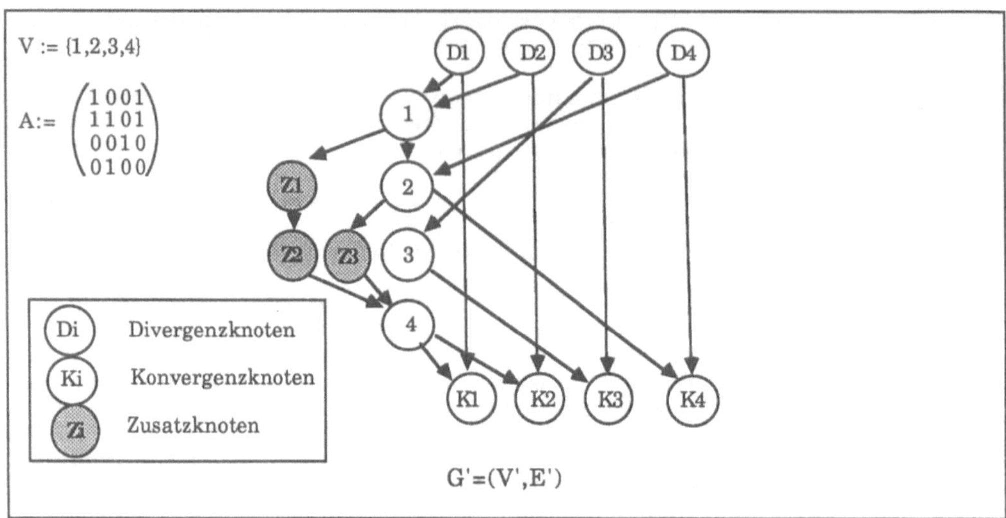


Bild 7: Beispiel zur konstruktiven Generierung asymmetrischer Rekonvergenzen

Schließlich bleibt noch zu zeigen, daß sich die Zusatzknoten vollständig durch Knoten ersetzen lassen, die der Menge S entsprechen. Dies ist jedoch offensichtlich der Fall, da ein Zusatzknoten nur genau eine Rekonvergenz auflösen würde, die zumindest auch von einem Knoten aufgelöst wird, der zum Einfügen dieses Zusatzknotens führte.

## 3.5 Der Testmustergenerator SPROUT-9V

Die Bestimmung der Testmuster erfolgt mit dem Testmustergenerator SPROUT-9V (Signal PRObability Using Test pattern generator, 9-Valued) [Böhl88]. Mit diesem Algorithmus wurden zwei Ziele verfolgt: einerseits sollte die Effizienz FAN-ähnlicher Aufzählungsalgorithmen [Fuji85] erreicht werden, während andererseits der Algorithmus auch für Schaltnetze mit Mehrfachfehlern eingesetzt werden sollte. Diese Anforderungen führten zur Entwicklung eines Aufzählungsalgorithmus, der auf der Muth'schen 9-wertigen Logik [Muth76] basiert. Hierdurch wird sichergestellt, daß auch für Mehrfachfehler ein Testmuster bestimmt werden kann, deren Entdeckbarkeit sowie hinreichend Rechenzeit vorausgesetzt.

Weitere wichtige Unterscheidungsmerkmale gegenüber artverwandten Algorithmen sind die Möglichkeit, die Pfadsensibilisierungen wahlweise in die Breite oder Tiefe der Schaltung durchzuführen, sowie eine Strategie zur Fehlerweiterleitung, die an der zugrunde liegenden Logikmodellierung optimiert werden konnte. So werden in der Gesamtschaltung dynamisch Teilbereiche gebildet, die entweder mit 9-wertiger oder 3-wertiger Logik zu modellieren sind. Mit dieser hybriden Logikmodellierung kann zum einen der Vorteil einer effizienteren Auswertung 3-wertiger Logik ausgenutzt werden, während gleichzeitig zur Steuerung der Fehlerweiterleitung 3-wertig modellierte Schaltungsteile Bereiche darstellen, durch die keine Fehler weitergeleitet werden können.

Neben einer Reihe weiterer Unterscheidungsmerkmale sind auch Gemeinsamkeiten mit anderen Testmustergeneratoren zu erwähnen. Hier sind insbesondere die hierarchische Implikationsauswertung sowie das "statische Lernen" anzuführen. Die zuletzt genannte Lernstrategie wurde erstmals in SOKRATES [STSa87] realisiert. Hierdurch können in einem Vorlauf zusätzliche Implikationen bestimmt werden, die mit der in FAN implementierten Implikationsauswertung nicht bestimmt werden können. Hierdurch kann die Anzahl der Backtrackingschritte weiter verringert werden.

Eine detaillierte Übersicht über vorhandene Steuerungsoptionen, Unterscheidungsmerkmale und die Ergebnisse einiger Benchmarkschaltungen des Testmustergenerators SPROUT-9V ist in [Böhl88] zusammengestellt.

## 4 Das Testsystem INSPIRATION

Alle in diesem Beitrag vorgestellten Verfahren wurden in dem Testsystem INSPIRATION (INcomplete Scan Path IntegRATION) zusammengefaßt (Bild 8).

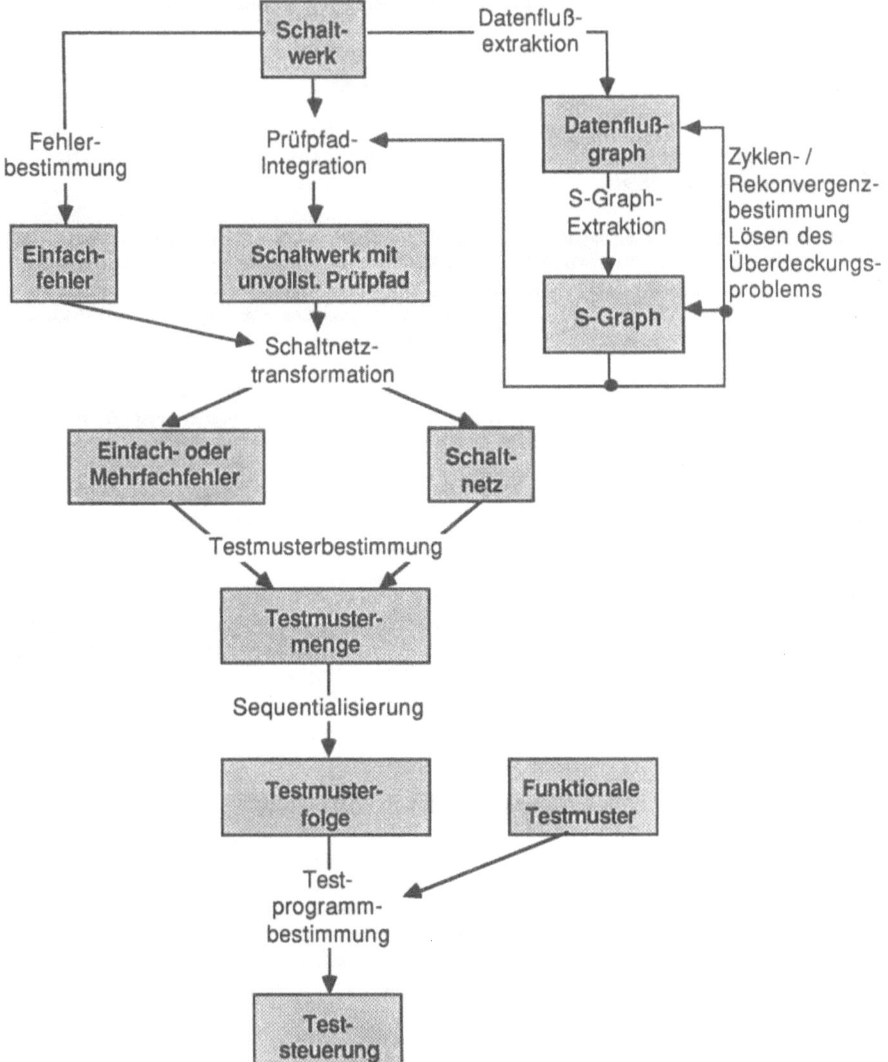


Bild 8: Das Testsystem INSPIRATION (INcomplete Scan Path IntegRATION)

Ausgangspunkt des Verfahrens ist eine Schaltwerksbeschreibung auf Gatterebene. Zunächst werden der Datenflußgraph und S-Graph extrahiert. Die Ergebnisse der Zyklen- und Rekonvergenzauflösung bestimmen die erforderlichen Prüfpfadelemente.

Das zu testende Schaltwerk, in diesem Fall mit Pipelinestruktur, wird in ein äquivalentes Schaltnetz überführt, um anschließend eine Testmusterbestimmung durchzuführen. Hierzu wird entweder der deterministische Testmustergenerator SPROUT-9V zur Testbestimmung für Schaltnetze mit Einfach- und Mehrfachfehlern, oder PROTEST [Wund87] eingesetzt, falls Zufallsmuster zu generieren sind.

Die für ein Schaltnetz bestimmten Testmuster sind anschließend in Testmusterfolgen zu überführen und bilden die Grundlage für einen statischen Test. Um ein vollständiges Testprogramm einschließlich eines dynamischen Tests zur Funktionsvalidierung zu erstellen, können zusätzlich funktionale Testmuster vorgegeben werden.

## 5 Beispielschaltung

Untersucht wurde das Operationswerk eines Signalprozessors [Blan84], der 84 primäre Eingänge, 55 primäre Ausgänge und 1716 Verknüpfungselemente aufweist. Die Zahl der Speicherelemente beträgt 239.

Um zunächst alle Zyklen zu entfernen, war ein gerichteter Graph mit 239 Knoten und 2179 Kanten zu untersuchen. Hierbei wurden 15 elementare Zyklen und 26 Schleifen festgestellt. Die Lösung des zugehörigen Überdeckungsproblems ergab 41 zu schneidende Knoten, d.h. in den Prüfpfad aufzunehmende Speicherelemente. Dies entspricht einem Anteil von 17,2 % der Speicherelemente.

Um nicht nur einen zyklenfreien, sondern auch einen äquidistanten S-Graphen zu generieren, mußten zusätzlich 51 Knoten geschnitten werden. Somit waren insgesamt 92 Speicherelemente (38,5 %) in den Prüfpfad aufzunehmen.

Die Testmusterbestimmung mit SPROUT-9V ergab 58 deterministische Testmuster, um eine Fehlererfassung von 99,7 % zu erreichen. 2 Fehler waren nicht erkennbar. Die Rechenzeit auf einer SUN 3/50 betrug 1411 CPU-Sekunden.

Das äquivalente Schaltnetz wurde auch mit PROTEST untersucht. Um bei einem Konfidenzniveau von 0,99 eine 99%ige Fehlererfassung zu erreichen, wurden 4100 konventionelle Zufallsmuster geschätzt; mit optimierten Zufallsmustern [Wund87] reduziert sich die erforderliche Anzahl auf lediglich 1100 Muster. Eine zur Validierung der Ergebnisse durchgeführte Fehlersimulation mit 1100 optimierten Zufallsmustern ergab eine Fehlererfassung von 99,7 %.

## Zusammenfassung und Ausblick

Es konnte gezeigt werden, wie sich durch die Integration eines unvollständigen Prüfpfades der Aufwand zur Testmusterbestimmung begrenzen läßt. Das vorgestellte Verfahren zur Auswahl der Prüfpfadelemente bestimmt wahlweise eine minimale oder minimierte Anzahl an Speicherelementen, die zu prüfpfadfähigen Elementen zu erweitern sind. Da das resultierende, zu testende Schaltwerk Pipelinestruktur aufweist, läßt sich eine effiziente Testmusterbestimmung für Schaltnetze mit Einfachfehlern durchführen.

Das Testsystem INSPIRATION ist nicht ausschließlich darauf abgestimmt, Schaltwerke mit Pipelinestruktur zu behandeln. Es kann auch eingesetzt werden, um für Schaltwerke eine Testmusterbestimmung durchzuführen, deren S-Graph nur zyklenfrei ist. Die Generierung des äquivalenten Schaltnetzes, das i.a. Mehrfachfehler aufweisen wird, ist für diesen Fall zu modifizieren. Die Bestimmung deterministischer Testmuster kann ebenfalls mit SPROUT-9V durchgeführt werden.

## Literaturübersicht


[Ando80] Ando, H.: Testing VLSI with random access scan
COMPCON 1980, digest of papers

[Blan84] LeBlanc, J.J.: LOCST: A Built-In Self-Test Technique
IEEE Design and Test, Vol. 1, No. 4, Nov. 1984, pp. 45-52

[Böhl88] Böhland, F.: SPROUT-9V: Ein 9-wertiger Aufzählungsalgorithmus zur Testmusterbestimmung für Schaltnetze mit Mehrfachfehlern
Studienarbeit, Fakultät für Informatik, Universität Karlsruhe, 1988

[ChKo75] Christofides, N.; Korman, S.: A Computational Survey of Methods for the Set Covering Problem
Management Science, Vol. 21, No. 5, Jan. 1975, pp. 591-599

[EiWi77] Eichelberger, E.B.; Williams, T.W.: A logic design structure for LSI testability
14th Design Automation Conference, June 1977, pp. 462-468

[Even73] Even, S.: Algorithmic Combinatorics
Collier-Macmillan Publishers, London 1973

[Fuji85] Fujiwara, H.: FAN: A Fanout-Oriented Test Pattern Generation Algorithm
Proceedings Int. Symp. on Circuits and Systems, June 1985, S. 671-674

[GaJo79] Garey, M. R.; Johnson, D. S.: Computers and Intractability: A Guide to the Theorie of NP-completeness
W.H. Freeman & Company, San Francisco 1979

[John75] Johnson, D.B.: Finding all the elementary circuits of a directed graph
SIAM J. Comput., Vol. 4, No. 1, March 1975

[Kunz87] Kunzmann, A.: Verbesserung der Testbarkeit von Schaltwerken durch die Integration eines unvollständigen Prüfpfades
Interner Bericht, Fakultät für Informatik, Universität Karlsruhe, Nr. 25/87

[Muth76] Muth, P.: A nine-valued circuit model for test generation
IEEE Trans. on Comp., Vol. C-25, No. 6 (1976) pp. 630-636

[Stew78] Stewart, J.H.: Application of SCAN/SET for error detection and diagnosis
Proc. Int. Test Conference, 1978

[STSa87] Schulz, M.H.; Trischler, E.; Sarfert, T.M.: SOCRATES: A Highly Efficient Automatic Test Pattern Generation System
Proc. Int. Test Conference, 1987

[Will86] Williams, R.M.: IBM Perspectives on the Electrical Design Automation Industry
Keynote Address, 23th Design Automation Conference, 1986

[Wund87] Wunderlich, H.-J.: On Computing Optimized Input Probabilities for Random Tests
Proc. 24th Design Automation Conference, 1987

# Entwurf von Testarchitekturen für VLSI-Bausteine

Manfred Gerner
Siemens AG, Zentralbereich Forschung und Technik
Otto-Hahn-Ring 6, 8000 München 83

**Kurzfassung:**

Testarchitekturen sind Realisierungsvorschläge zur Sicherung einer guten Testbarkeit durch eine dazu geeignete Auswahl, Anordnung und Verbindung gut testbarer Module. Testarchitekturen liefern Modelle für eine automatische Testvorbereitung. Im vorliegenden Aufsatz wird eine neue Strategie für den Entwurf von Testarchitekturen und ein konzeptioneller Ansatz für eine darauf abgestimmte Testvorbereitung vorgestellt.

## 1. Einführung

Aufgabe des Testens ist der Nachweis, daß das zu testende Objekt im späteren Betrieb die spezifizierten Funktionen leistet. Dieser Anspruch ist streng genommen nicht zu erfüllen. Man kann durch einen Test fehlerhafte Objekte erkennen, aber keine fehlerfreien Objekte garantieren. Ein Test kann nur zeigen, daß bestimmte Fehler bei dem zu testenden Objekt momentan nicht vorliegen. Ob aber diese angenommenen Fehler oder ganz andere relevant sind, zeigt erst der Betriebseinsatz. Das Beste was zu erreichen ist, ist die Angabe einer Wahrscheinlichkeit, daß ein Objekt in einem bestimmten Zeitintervall fehlerfrei arbeitet.

Nachdem eine absolute Fehlerfreiheit nicht nachzuweisen ist, erhebt sich die Frage, welchen Kompromiß sollte man zwischen Testaufwand und Testgüte wählen. Ein Extrem ist ein "vollständiger" Test durch Anlegen aller Eingangskombinationen bei jedem internen Zustand. Ein solcher Test ist bei komplexen Schaltungen aber zu zeitaufwendig und für einige Fehlerklassen nicht einmal ausreichend. Besser ist es, aus der Kenntnis der internen Verbindungsstrukturen, der Modulfunktionen und den erfahrungsgemäß auftretenden Fehlermöglichkeiten (Fehlermodell) einen Test abzuleiten. In vielen Fällen ist auch das noch zu aufwendig. Man versucht das Objekt im Testfall in einen Modus zu transformieren, der leichter zu testen ist und trotzdem eine hinreichende Aussage über einen fehlerfreien Betrieb zuläßt.

In Sonderfällen ist dieser Modus bereits als Untermenge der physikalischen Realisierung vorhanden. Ein Beispiel für eine derartige Ersatzfunktion ist das Messen der statischen Stromaufnahme bei integrierten Bausteinen. Nach der Spezifikation soll sie zwar möglichst gering sein, sinkt sie jedoch unter einen Schwellwert, so kann daraus sofort eine Schlechtaussage abgeleitet werden.

Ähnliche Überlegungen zu Ersatzfunktionen und Ersatzstrukturen können auf die Testerstellung und den Test von VLSI-Bausteinen angewendet werden. Diese Strategien zur Testunterstützung durch Erweiterung der spezifizierten Funktion werden häufig mit dem Begriff "Design for Testability" (DFT) bezeichnet. Wir versuchen dieses Themengebiet umfassender zu betrachten und zu systematisieren. Wir führen dazu den Begriff der **Testarchitektur** ein.

Eine Testarchitektur ist ein Realisierungsvorschlag zur Sicherung einer guten Testbarkeit durch eine dazu geeignete Auswahl, Anordnung und Verbindung gut testbarer Module. Ein Modul ist gut testbar, wenn eine Testvorschrift für das Modul bekannt ist und diese durch die Testarchitektur mit wirtschaftlich vertretbarem Aufwand auf das Modul angewandt werden kann.

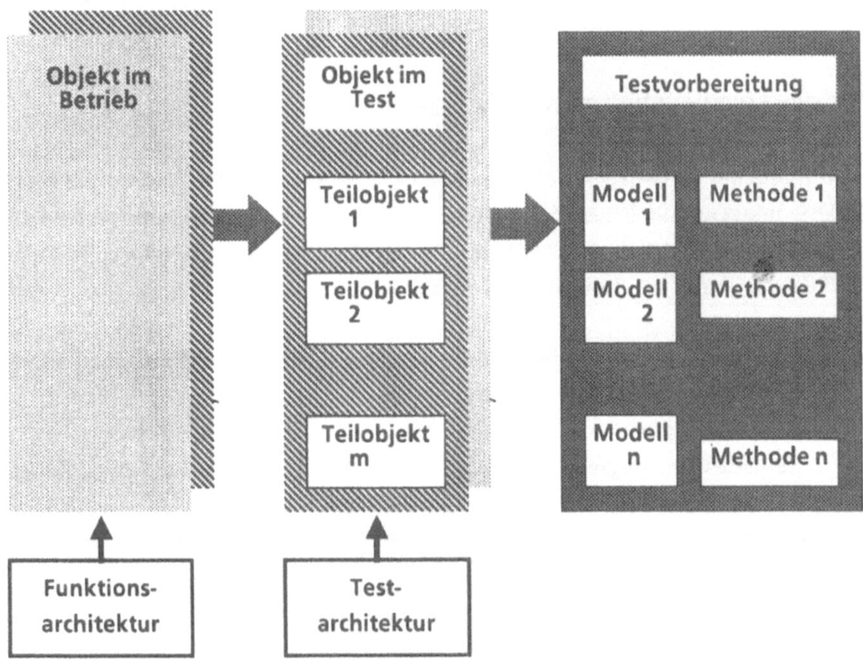


Abb 1: Testarchitekturen zur Bereitstellung geeigneter Modelle

Testarchitekturen versuchen durch architektonische Maßnahmen eine gute Testbarkeit zu gewährleisten. Ein Maß für die Testbarkeit sind die anfallenden Kosten für Testvorbereitung und Testdurchführung bei vorgegebenem Qualitätsstandard. Testarchitekturen liefern das Objekt im Test. Dieses bietet Ersatzfunktionen, für die die Testerstellung und die Testdurchführung einfacher werden (Abb. 1).

Eine besonders wirksame Reduktion der Testkomplexität läßt sich durch Zerlegung in einfachere Teilobjekte erreichen. Diese Zerlegung kann hierarchisch mehrfach erfolgen. Die damit festgelegte Verbindungsstruktur muß eine hinreichend gute Steuerbarkeit und Beobachtbarkeit der einzelnen Teilobjekte sicherstellen. Jedes der Teilobjekte ist auf ein oder mehrere Modelle abbildbar, welche als Grundlage für eine effektive Testvorbereitung dienen. Geeignet ist ein Modell, wenn es zu ihm Algorithmen zur Automatisierung der Testvorbereitung gibt.

Bisherige Algorithmen scheitern an der Komplexität und der Vielfalt der Verbindungsstrukturen. Differenzierte Algorithmen für jedes Modell erscheinen effektiver. Die Modelle und Algorithmen zur Testerstellung für Teilobjekte beeinflussen entscheidend die Testarchitektur. Wir schlagen vor, zur Steigerung der Effektivität der Algorithmen, das Wissen des Entwicklers über Modulfunktion und Schaltungshierarchie zu nutzen.

## 2. Design for Testability: Stand der Technik

Ein "testfreundlicher Entwurf" wird zwar in Entwicklerkreisen als notwendig betrachtet, scheitert aber meist an den Flächen- und Geschwindigkeitsanforderungen, welche an den Baustein gestellt werden. Die Einsicht, die Testbarkeit als gleichrangiges Bewertungskriterium zu sehen, setzt sich nur langsam durch.

Zur Verbesserung der Testbarkeit sind jedoch bislang drei Strategien Stand der Technik:

- Ad-hoc-Strategie
- Scan-Strategie
- Selbsttest-Strategie

Die genannten Strategien werden im folgenden hinsichtlich ihrer Eignung als Testarchitektur diskutiert.

### 2.1 Ad-hoc-Strategie

Diese Methode wird eingesetzt, nachdem der Entwurf der Funktionsarchitektur bis auf die Ebene verfügbarer Module fertiggestellt ist. Meist werden vom Testingenieur Maßnahmen zur Verbesserung der Testbarkeit vorgeschlagen: z.B. Einführung zusätzlicher Testanschlüsse, Einsatz von Multiplexern oder Schieberegistern zur Schaltungspartitionierung, Überbrückung von Zählerstufen im Testmode zur Testzeitreduzierung. Da der Entwurf jedoch weitgehend festliegt, können diese Maßnahmen nur mehr lokal und in begrenztem Umfang durchgeführt werden. In vielen Fällen können nicht mehr alle bezüglich einer guten Testbarkeit kritischen Stellen beseitigt werden, da oft das Bausteingehäuse und somit die Pinzahl und die maximal mögliche Chipfläche in diesem Entwurfsstadium festliegen. Erschwerend wirkt sich dabei aus, daß die genannten Ad-hoc-Techniken, die meist die vorhandene Funktionsarchitektur unberücksichtigt lassen, sehr pin- und flächenintensiv sind.

Der Grund für den Einsatz dieser sehr mangelhaften Methode ist darin zu sehen, daß dem Schaltungsentwickler zum einen das prüftechnische Wissen fehlt, zum anderen aber auch keine effektiven Analysewerkzeuge zur Verfügung stehen, um diesen Erfahrungsmangel auszugleichen. Die herkömmliche Testbarkeitsanalyse /Gold79/ bietet dem Entwickler kaum eine Unterstützung. Die Ad-hoc-Maßnahmen dienen meist als Vorbereitung einer manuellen Testdatenerstellung nach funktionalen Gesichtspunkten und eignen sich nicht als Testarchitektur.

## 2.2 Scan-Strategie

Dem Entwickler wird bereits in der Spezifikation des Bausteins die Scan-Strategie vorgegeben. Ziel dieser Strategie ist, eine Automatisierung der Testvorbereitung zu ermöglichen. Voraussetzung ist das Einhalten prüftechnischer Entwurfsregeln /EiWi77/. Die Scan-Strategie läßt sich unter den Begriff Testarchitektur einordnen. Wir bezeichnen sie als Scan-Testarchitektur und sprechen von einer Einbettung der Funktionsarchitektur in die Scan-Testarchitektur.

Bei einer Scan-Testarchitektur kann jedes speichernde Element entweder seriell (Scan-Path, LSSD) /GeNe84/ oder durch direkte Adressierung (Random-Access-Scan) /Ando80/ gesteuert und beobachtet werden. Ein speicherndes Element ergibt so einen zusätzlichen (fiktiven) Ein- und Ausgang für die Kombinatorik.

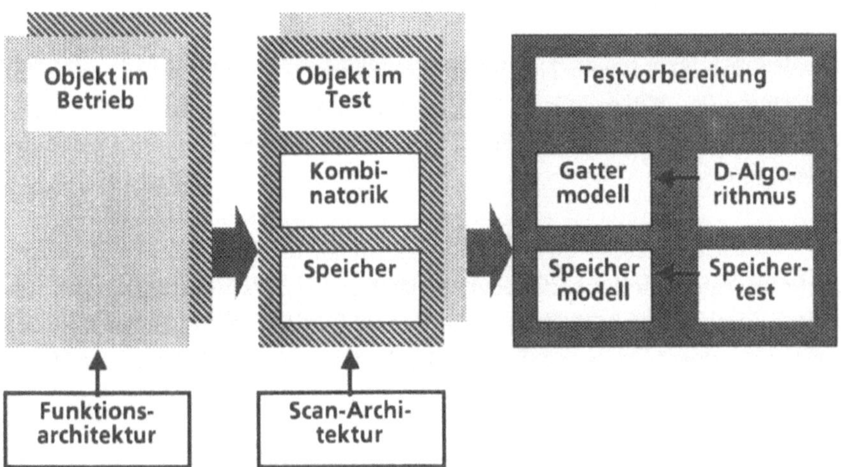


Abb. 2: Scan-Testarchitektur

Die Scan-Testarchitektur erlaubt also für die Testvorbereitung und Testdurchführung die Trennung des Objektes in zwei Teilobjekte (Kombinatorik, Speicher) (Abb. 2). Für jedes der Teilobjekte stehen Modelle (Gattermodell, Speichermodell) und Algorithmen als Grundlage für die Testvorbereitung zur Verfügung. Für das Gattermodell finden die verschiedenen Formen des D-Algorithmus (z.B. FAN, PODEM) Verwendung /FuSh83/, /Blum85/, /Joha83/, /Goel81/. Für das Speichermodell liegen die bekannten Algorithmen für einen Speichertest (z.B. Marching 1/0) zugrunde, /SuRe81/.

Die Scan-Testarchitektur stellt zwar eine wesentliche Verbesserung gegenüber den Ad-hoc-Techniken dar, weist jedoch trotzdem eine Reihe von Mängel auf:

- Der Preis für die gute Testbarkeit ist eine Einschränkung des Entwurfsfreiraums. Nicht jede beliebige Funktion kann im Rahmen prüftechnischer Entwurfsregeln realisiert werden.
- Bereits vorhandene testfreundliche Strukturen der Funktionsarchitektur bleiben ungenutzt.
- Zusammenhängende Testsequenzen können nicht angelegt werden. Es werden daher nur Fehler berücksichtigt, welche zu keinem sequentiellen Verhalten der Kombinatorik führen.
- Die feste Vorgabe der Scan-Testarchitektur bedingt in der Regel einen großen Flächenoverhead, zusätzliche Testanschlüsse und Performanceverluste.

## 2.3 Selbsttest-Strategie

Die Selbsttest-Strategie hat zum Ziel, einen autonomen Test des Objekts oder zumindest von Teilobjekten zu ermöglichen. Eine Partitionierung des Objekts im Test ist dabei meist der erste Schritt /KoMZ79/. Das Problem der Steuerung und Beobachtung wird dann wie folgt gelöst (Abb. 3):

- Die Testmuster werden direkt am zu testenden Modul erzeugt. Es werden dazu Testmustergeneratoren verwendet. Meist legt man Pseudozufallstestmuster an, welche durch rückgekoppelte Schieberegister (LFSR: Linear Feedback Shift Register) generiert werden. Nur bei speziellen Anwendungen (z.B. PLAs, RAMs) werden deterministische Testmuster erzeugt.
- Die Auswertung der Testantworten erfolgt ebenfalls lokal an den Ausgängen des Moduls. Zur Aufwandsreduzierung werden die Testantworten durch Signaturbildung komprimiert (MISR: Multiple Input Shift Register). Die sich ergebende Ist-

Signatur wird mit einer fest abgespeicherten Soll-Signatur verglichen. Das Ergebnis dieses Vergleichs ist eine "Gut /Schlecht"-Aussage.

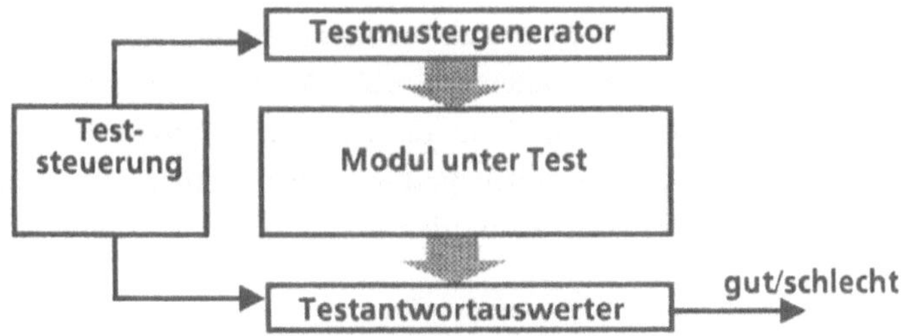


Abb.3: Prinzip des Selbsttests

Mit Ausnahme von "embedded" RAMs sind Selbsttestverfahren auf kombinatorische Module beschränkt (z.B. PLAs, Addierer, Multiplizierer). Vorhandene speichernde Elemente sind entweder durch Scan-Testarchitekturen oder durch Einbindung in Testmustergenerator bzw. Testantwortauswerter im Testmode zu eliminieren. Die Selbstteststrategie läßt sich ebenfalls unter den Begriff Testarchitektur einordnen (siehe Abb. 4).

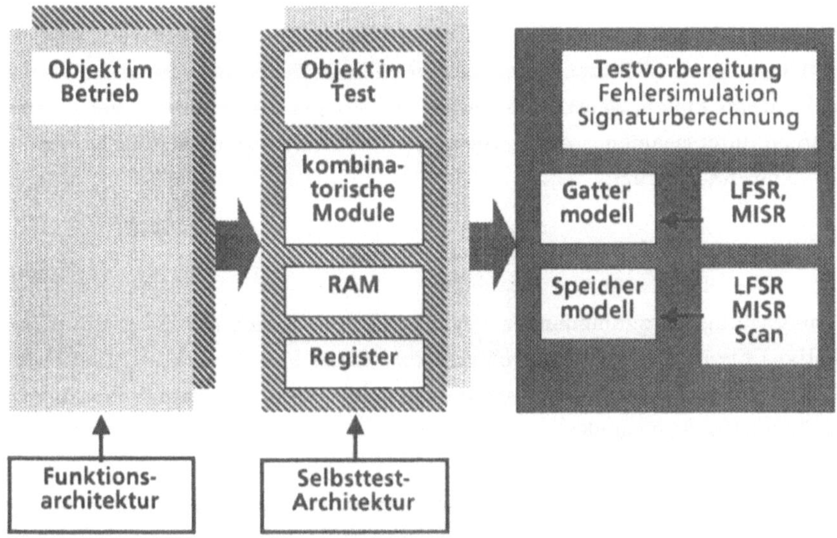


Abb. 4: Selbsttest-Architektur

Selbsttest-Architekturen werden bislang nur in geringem Umfang bei der Bausteinentwicklung eingesetzt. Es stehen keine CAD-Werkzeuge zur Verfügung, um eine individuelle Anpassung an die jeweilige Bausteinstruktur und -funktion vornehmen zu können. Selbsttestmethoden sind zwar eine zukunftsweisende Methode zur Bewältigung der Testkomplexität, für ihren praktischen Einsatz fehlt jedoch eine geeignete Entwurfsmethode, welche die vorhandene Hierarchie, Funktion und Struktur des Bausteins nützt.

# 3. Entwurfsmethodik für Testarchitekturen

Wir schlagen eine neue Entwurfsmethode für Testarchitekturen vor, um zum einen die genannten Nachteile bisheriger Methoden zu vermeiden und zum anderen vorhandene Schaltungen zur Verbesserung der Testbarkeit (z.B. Testmustergenerator, Testantwortauswerter, Scan-Path u.s.w.) bausteinindividuell und somit wirtschaftlicher einsetzen zu können. Die Testarchitektur soll dabei schritthaltend zur Funktionsarchitektur entworfen werden. Wir sprechen von einer Einbettung der Testarchitektur in die Funktionsarchitektur.

Neben den klassischen Kriterien, wie z.B. Flächenbedarf, Geschwindigkeit und Entwurfssicherheit, soll der Entwickler gleichrangig eine gute Testbarkeit beachten. Durch den parallelen Entwurf der Testarchitektur können testunterstützende Eigenschaften der Funktionsarchitektur berücksichtigt werden, wodurch der zusätzlich benötigte Hardwareaufwand sowie Performanceverluste verringert werden. Beispielsweise können bei einem Prozessor die bereits inhärenten testfreundlichen Verbindungsstrukturen (z.B. Busse) und das Wissen des Entwicklers über die Funktion der einzelnen Module genutzt werden.

Zur gezielten Unterstützung dieser Strategie zum Testarchitekturentwurf sind dem Entwickler geeignete Werkzeuge zur hierarchischen Testvorbereitung zur Verfügung zu stellen. Konzepte hierzu, welche sich wesentlich von den heute üblicherweise verwendeten Werkzeugen unterscheiden, werden von uns entwickelt. Voraussetzung ist ein hierarchischer "Top-down"-Entwurf.

## 3.1 Hierarchischer Top-down-Entwurf

Zur Beherrschung der zunehmenden Komplexität bietet sich ein hierarchisches Konzept an. Heutige Entwicklungssysteme unterstützen dies nicht ausreichend. Eine Verbesserung der Werkzeuge für die Entwurfsphase ist daher notwendig. Diesbezügliche Ansätze finden sich z.B. in /GaKu83/, /Goto86/.

Ziel des hierarchischen Entwurfs ist die Umsetzung der in der Spezifikation beschriebenen Eigenschaften in eine geeignete Hardwarestruktur nach funktionalen, geometrischen, strukturellen und testorientierten Aspekten. Bei dieser Vorgehensweise werden die Lösungen hierarchisch auf mehreren Ebenen beschrieben. Jede Ebene ist Spezifikation für die darunterliegende und Realisierung für die darüberliegende Ebene. Jede Ebene beschreibt den Verfeinerungsschritt in einem für sie charakteristischen Abstraktionsgrad. Es entsteht so ein hierarchisches Modulnetzwerk (Abb. 5). Jedem Modul einer Ebene ist eine funktionale Darstellung zugeordnet (z.B. prozedurale Beschreibung, boolescher

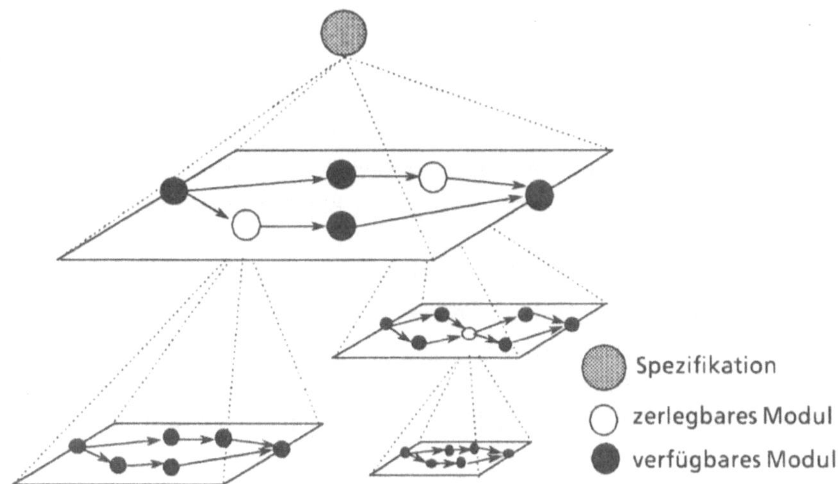


Abb.5: Hierarchisches Modulnetzwerk

Ausdruck, Wertetabelle, Zustandsgraph). Diese ist wiederum Ausgangspunkt für eine Abbildung auf einen Satz von Submodulen und deren Verbindungsstruktur.

Wir unterscheiden zwischen verfügbaren Modulen und zerlegbaren Modulen . Die strukturelle Verfeinerung ist für den Entwickler abgeschlossen, wenn nur mehr verfügbare Module (Komponenten) vorliegen. Verfügbar heißt, daß Realisierung, Testbarkeitseigenschaften und Testvorschriften bekannt sind und z.B. in einer Bibliothek bereitgestellt werden. Die Testvorschrift ist abhängig von der verwendeten Technologie (Fehlermodell) und der geforderten Qualität.

## 3.2 Hierarchische Testvorbereitung

Zur Unterstützung der Einbettung der Testarchitektur in die Funktionsarchitektur schlagen wir ein neues Konzept zur Testvorbereitung vor. Es umfaßt eine Testbarkeitsanalyse und eine Wertebereichsanalyse, welche auf jeder Entwurfsebene durchgeführt werden. Geeignete Maßnahmen zur Verbesserung der Testbarkeit sind so bereits auf hohen Entwurfsebenen möglich. Die Testbarkeitsanalyse ist eng korreliert mit einem neuen Konzept zur hierarchischen Testmustergenerierung. Wir beschränken uns zunächst auf synchrone Schaltungen. Sequentielle Schaltungen sind erlaubt. Eine generelle Transformation in Kombinatorik mit Scan-Techniken ist nicht erforderlich.

### 3.2.1 Hierarchische Testmustergenerierung

Die Testerstellung für den gesamten Baustein ist Aufgabe eines neuen Algorithmus, genannt Test-Pattern-Lift (TPL) /GeHo87/. Er stützt sich auf das durch den fertigen Entwurf vorgegebene hierarchische Schaltungsmodell. Dabei müssen auf jeder Verfeinerungsstufe für jedes in Submodule gegliederte Modul folgende Teilaufgaben gelöst werden:

- Wie können die Testmuster für ein Submodul im Test von den Grenzen des Moduls zu dem Submodul transportiert werden?

- Wie können die zugehörigen Testantworten eines Submoduls so zu den Grenzen des Moduls transportiert werden, daß Fehler beobachtet werden können?

Startwerte des Algorithmus sind die Testdaten für die verfügbaren Module. Der Algorithmus benötigt kein explizites Fehlermodell. Implizit sind natürlich Fehlermodellvorstellungen in den Testmustern der untersten Ebene enthalten. Diese Testmuster werden von lokalen Testmustergeneratoren erzeugt, welche für jedes in einer Bibliothek verfügbare Modul (Zelle) in Form von Algorithmen oder Testvorschriften vorliegen. Wesentlich ist, daß die durch die Modulumgebung vorgegebenen aktuellen Wertebereichseinschränkungen (Constraints) berücksichtigt werden.

### 3.2.2 Wertebereichsanalyse

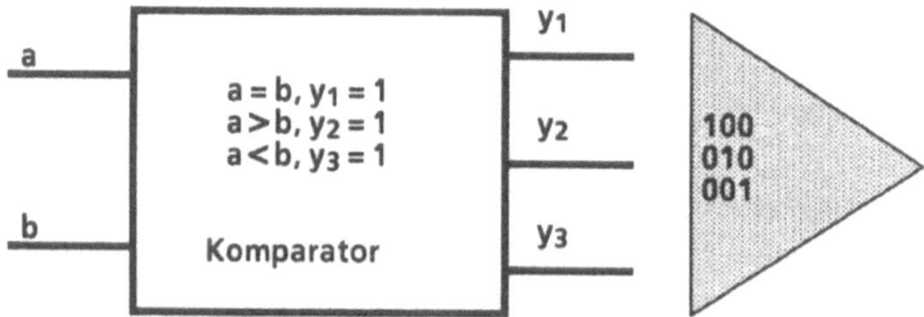


Abb. 6: Beispiel für eine Wertebereichsbeschränkung

Abhängig von den umliegenden Modulen kann nicht jedes beliebige Testmuster zu den Moduleingängen transportiert werden. Die lokalen Testmustergeneratoren unterliegen Einschränkungen (Constraints). Es wird daher bereits parallel "top-down" zum Entwurf eine Wertebereichsanalyse auf jeder Hierarchieebene durchgeführt und die Ergebnisse an die nächst niedrigere Ebene propagiert. Dies erfolgt solange, bis die Constraints für die verfügbaren Module festliegen. Diese Constraints sind Vorgaben für die lokalen Testmustergeneratoren. Die Wertebereiche auf jeder Ebene werden aus der Struktur des

Modulnetzwerkes, aus den Modulfunktionen und aus der Erfahrung des Entwicklers abgeleitet. Eine interaktive Vorgehensweise wird angestrebt.

Z. b. sind bei dem Komparator mit der Funktion in Abb. 6 nur die Ausgangskombinationen 100, 010 und 001 möglich. Die Werte 000, 011, 110, 101 und 111 können daher nicht an das nachfolgende Modul angelegt werden und sind somit Constraints. Ein herkömmlicher Generieralgorithmus, welcher nicht die Funktion mitbetrachtet, würde diese Wertebereichseinschränkung erst nach einer zeitaufwendigen Auflösung von Widerspruchsschleifen erkennen.

### 3.2.3 Lokale Testmustergeneratoren

Die Lokalen Testmustergeneratoren (LTPG: Local Test Pattern Generators) sollen in der Lage sein, die aktuelle Umgebung eines verfügbaren Moduls in einer Schaltung zu berücksichtigen, so daß sie nur Testmuster generieren, die mit den vorliegenden Constraints verträglich sind. Die hier beschriebenen idealen LTPGs stehen zur Zeit noch nicht zur Verfügung. Wir können uns wie folgt behelfen. Für kleine verfügbare Module (z.B. Flipflops, Gatter) wird ein vollständiger Test verwendet, aus dem diejenigen Testmuster/Testmustersets entfernt werden, die gemäß den ermittelten Constraints nicht erlaubt sind. Für größere kombinatorische verfügbare Module können herkömmliche Testmustergenerierungsalgorithmen (FAN, PODEM) als LTPG genutzt werden, welche auf die Verarbeitung von Constraints erweitert werden müssen /VoHo88/. Große sequentielle Module (z.B. Prozessorkern) sind wiederum hierarchisch zu behandeln.

Meist bestehen die verfügbaren Module aus wenigen hundert Gattern, so daß mit den heutigen Verfahren zur Testmustergenerierung keine Rechenzeit- bzw. Speicherplatzprobleme zu erwarten sind. Vielmehr kann eine Verfeinerung des Fehlermodells auf die Transistorebene (z.B. stuck-open, stuck-on) und somit eine Verbesserung der Qualitätsprognose erfolgen. Eine Unterstützung für die Ableitung effektiver Testmuster, basierend auf diesen verfeinerten Fehlermodellen bietet eine Fehlersimulation auf Transistorebene /ReCa85/, /ShMF85/.

### 3.2.4 Hierarchische Testbarkeitsbewertung

Die Testbarkeitsbewertung ist auf den TPL-Algorithmus abgestimmt und dient als Entscheidungshilfe beim Entwurf der Testarchitektur. Hinreichende lokale Bedingungen für eine gute Testbarkeit beziehen sich auf die Modulfunktion und auf die Struktur des Modulnetzwerkes der jeweiligen Hierarchieebene. Gut testbar bedeutet hier, daß die Testmustergenerierung und die Testdurchführung bei vorgegebener Auslieferungsqualität in einem wirtschaftlich vertretbarem Rahmen stattfinden. Für die Quantifizierung des Attributs "gut" sind geeignete Kriterien notwendig. Auf jeder Entwurfsebene ist das

Modulnetzwerk auf diese Kriterien hin zu analysieren. Geeignete Maßzahlen zur Beurteilung werden in derzeit laufenden Arbeiten erstellt.

Es wird dazu der Testdatenfluß in Modulnetzwerken untersucht. Für jedes Modul auf den verschiedenen Hierachieebenen wird ermittelt, um welchen Faktor sich der Testaufwand durch den Transport über die umliegenden Module im Vergleich zum separaten Test des Moduls erhöht. Wir sprechen von einer Testmuster- bzw. Testantwortverlängerung.

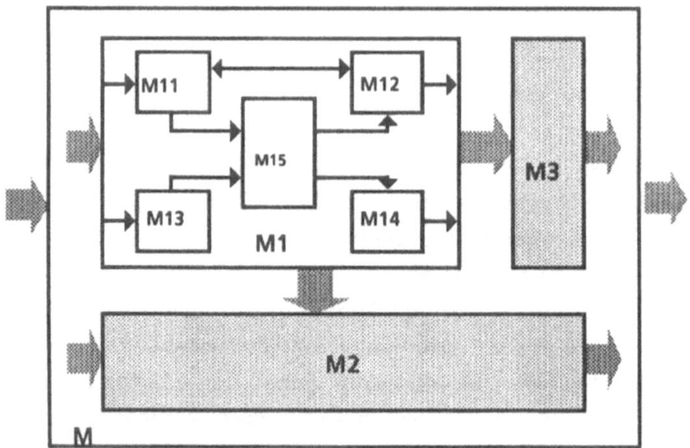


Abb. 7: Hierarchische Testbarkeitsbewertung

Die Analyse kann deduktiv erfolgen, indem Modulfunktion und Netzwerkstruktur explizit untersucht werden oder induktiv über eine symbolische Testdatenerstellung. Unter symbolisch verstehen wir, daß lediglich der Transfer von Definitions- und Wertebereichen des zu testenden Moduls betrachtet wird. Der Transfer ist dabei "top-down" auf jeder Hierarchieebene von der Schnittstelle des übergeordneten Moduls zu dessen Submodulen nachzuweisen. In dem Beispiel in Abb. 7 ist auf Ebene 1 die Steuerbarkeit und Beobachtbarkeit der Module M1, M2 und M3 über die Schnittstelle von M zu analysieren. Bei "guter" Testbarkeit kann die nächste Verfeinerung (Ebene 2) erfolgen. Nun ist für die Testbarkeitsanalyse der Module M11, M12, M13 und M14 nur mehr die Schnittstelle von M1 relevant.

### 3.2.5 Anwendung der hierarchischen Testvorbereitung

Abb. 8 veranschaulicht die Vorgehensweise bei der hierarchischen Testvorbereitung. Die Testbarkeitsanalyse wird "top-down" auf jeder Entwurfsebene durchgeführt. Ist die Testbarkeit nicht ausreichend, so ist der Entwurfsschritt zu wiederholen. Sukzessive wird so eine Testarchitektur abgeleitet. Parallel dazu ermittelt die Wertebereichsanalyse Constraints, welche an die nächste Ebene weitergereicht werden. Zu große Einschränkungen

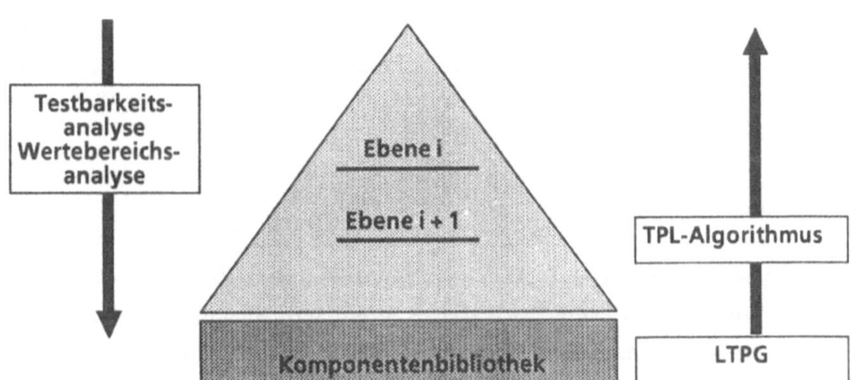


Abb.8: Anwendung der hierarchischen Testvorbereitung

des Wertebereichs können auch zu einer Revidierung des Entwurfsschrittes führen. Nach Abschluß des Entwurfs werden die Constraints an die LTPGs übergeben. Die Testmuster der verfügbaren Module werden "bottom-up" durch den TPL-Algorithmus von der untersten Entwurfsebene schrittweise bis zu den externen Bausteinanschlüssen transferiert.

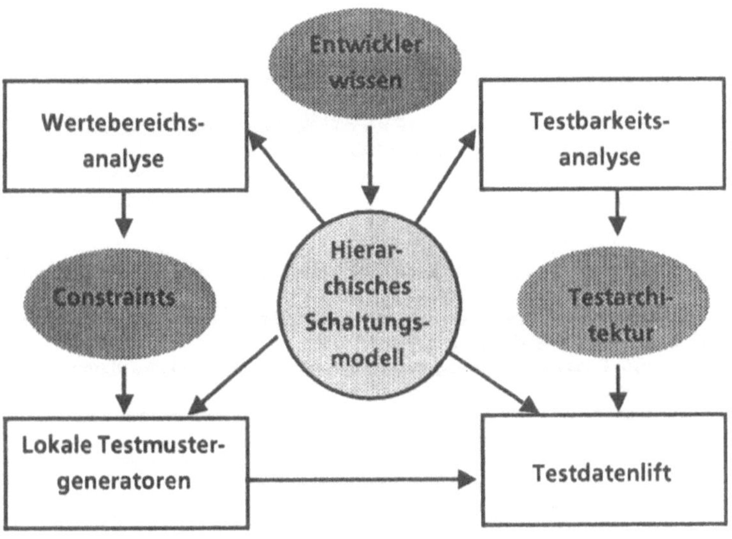


Abb. 9: Systemübersicht

Das angestrebte System zur Testvorbereitung und Ableitung von Testarchitekturen zeigt Abb. 9 im Überblick. Voraussetzung ist das bereits kurz beschriebene hierarchische Schaltungsmodell. Weiterhin wird eine Bibliothek angenommen, in der die verfügbaren Module bereitgestellt werden. Die Wertebereichsanalyse liefert Constraints für die lokalen

Testmustergeneratoren mit dem Ziel, ein zeitaufwendiges "backtracking" beim TPL-Algorithmus zu reduzieren. Die hierarchische Testbarkeitsanalyse liefert Hinweise für Testarchitekturmaßnahmen. Diese ergeben wiederum die Grundlage für das Funktionieren des Testdatenlifts.

## 4. Ausblick

Im vorliegenden Aufsatz wurde eine neue Entwurfsmethodik für Testarchitekturen vorgestellt. Voraussetzung für die Realisierung diese Methode sind effektive CAD-Werkzeuge. Geeignete Konzepte werden dazu in /VoHo88/, /Wint88/ vorgestellt. Hier wird versucht, das Wissen des Schaltungsentwicklers über Funktion, Struktur und Hierarchie der Schaltung und ihrer Module zu nutzen. Die Frage, welche in weiteren Forschungsarbeiten zu lösen ist, lautet nun, wie kann dieses Expertenwissen formal dargestellt werden, um es für eine wirtschaftliche Testvorbereitung sinnvoll einsetzen zu können. Weiter sind praxisbezogene Kriterien für die Beurteilung der Testbarkeit zu erarbeiten.

Literatur:

/Ando80/ Ando, H.: Testing VLSI with Random Access Scan, Digest of Papers Compcon 80, 1980, S. 50-52

/Blum85/ Blum, N.: Fehlererkennung in kombinatorischen Schaltkreisen, Universität Saarbrücken, FB 10, SFB 124, Bericht 10/1985

/FuSh83/ Fujiwara, H.; Shimono, T.: On the acceleration of test generation algorithms, Proc. FTCS-13, 1983, S. 98-105

/GeNe84/ Gerner, M.; Nertinger, H.: Scan Path in CMOS Semicustom LSI Chips Proceedings IEEE Test Conference 1984

/GeHo87/ Gerner, M.; Hofestädt, H.: Qualitative Testability Analysis and Hierarchical Test Pattern Generation Proceedings IEEE Test Conference 1987, Washington

/GaKu83/ Gajski, D.; Kuhn, R.: New VLSI Tools. IEEE Computer, Dezember 1983

/Goel81/ Goel, P: An Implicit Enumeration Algorithm to Generate Tests for Combinatorial Logic Circuits, IEEE Trans. on Computers, 1981

/Gold79/ Goldstein, L. H.: Controllabilty/ Observability Analysis of digital Circuits, IEEE Trans on Circuits&Systems, Vol. LAS-26, No. 9,1979

/Goto86/ Goto, S: Design Methodologies in: Advances in CAD for VLSI, Volume 6, 1986, North-Holland

/Joha83/ Johansson, M.: The GENESYS-algorithm for ATPG without fault simulation, Proc. International Test Conference, 1983, S. 333 - 337

/KoMZ79/ Konemann, B.; Mucha, J., Zwiehoff, G.: Built-in Logic Block Observation Technique, Digest 1979 Int'l Test Conf., 1979, S. 37-41

/ReCA85/ Renovell, M.;Cambon, G.; Auvergne, D.:FSPICE: a tool for fault modelling in MOS circuits, Integration, VLSI journal 3 1985, North Holland

/ShMF85/ Shen, J. P., Maly W., Ferguson, F. J.: Inductive Fault Analysis of MOS-Integrated Circuits, IEEE Design & Test, Dez. 1985, S. 13-26

/SuRe81/ Suk,D. S.; Reddy, S. M.: A March Test for Functional faults in Semiconductor Random Access Memories, IEEE trans on computers, 1981

/VoHo88/ Vogt, M; Hofestädt, H: Wertebereichsanalyse zur Unterstützung einer hierarchischen Testmustergenerierung, im vorliegenden Tagungsband

/Wint88/ Winter, Th: Ein Ansatz zur hierarchischen Testvorbereitung für sequentielle Schaltungen, im vorliegenden Tagungsband

# Wertebereichsanalyse zur Unterstützung einer hierarchischen Testmustergenerierung

H. Hofestädt
SIEMENS AG, Zentralbereich Forschung und Technik
Otto-Hahn-Ring 6, 8000 München 83

M. Vogt*
Universität Dortmund, Fachbereich Informatik
August-Schmidt-Straße, 4600 Dortmund 50

## Kurzfassung

Zur Testmustergenerierung verwendet man im allgemeinen lokal arbeitende Algorithmen, die einen schaltungsabhängigen Lösungsraum durchsuchen. Dabei können Konflikte auftreten, die mit Hilfe von Backtracking-Verfahren aufgelöst werden. Wir präsentieren hier eine Methode, die es erlaubt, globale Schaltungseigenschaften bei der Testmustergenerierung auszunutzen. Am Beispiel des FAN-Algorithmus wird demonstriert, wie diese Methode einen hierarchischen Einsatz solcher Algorithmen ermöglicht und die Anzahl der Backtracks entscheidend reduziert.

## 1. Einleitung

Das Hauptproblem der Testmustergenerierung besteht darin, die in eine Schaltung eingebetteten Module geeignet anzusteuern und zu beobachten. Im allgemeinen verwendet man hierzu lokal arbeitende Algorithmen, die einen entsprechenden Lösungsraum durchsuchen. Dabei können Konflikte auftreten, die mit Hilfe von Backtracking-Verfahren aufgelöst werden. Vor allem die Fehler, die wegen Redundanzen in der Schaltung nicht testbar sind. verursachen i.a. eine große Anzahl von Backtracks [ScTS87].

In bisherigen Arbeiten wurde der Lösungsraum und damit die Anzahl der Backtracks durch die Einführung von Head lines [FuSh83] und Verallgemeinerungen dieses Konzeptes [AKMM85, KiMe87] reduziert. Head lines separieren verzweigungsfreie Teile vom Rest einer Schaltung. In diesen Teilschaltungen ist kein Backtrack notwendig, um einen gegebenen Wert auf einer Head line einzustellen. Die hier vorgeschlagene Wertebereichs-

---

* z.Z. SIEMENS AG, Zentralbereich Forschung und Technik, Otto-Hahn-Ring 6, 8000 München 83

analyse verallgemeinert diese Ideen auf eine beliebige, vom Entwickler vorgegebene Partitionierung einer Schaltung, die in natürlicher Weise beim hierarchischen Entwurf anfällt. Die Wertebereichsanalyse basiert auf der Beobachtung, daß an einem eingebetteten Modul im Gegensatz zum isolierten Modul i.a. nicht jedes beliebige Eingabemuster einstellbar ist. Aufgrund der Schaltungsumgebung kann an ein Modul nur eine Teilmenge seines Eingabealphabets angelegt werden. Gelingt es nun, diese Wertebereichseinschränkungen an den durch die Entwurfshierarchie definierten Schnittstellen zu berechnen, dann ist die Schaltung für die Testmustergenerierung erfolgversprechend in kleinere Teilschaltungen partitioniert. Für diese können dann nämlich mit den bekannten Generieralgorithmen Testmuster erstellt werden. Eine solche hierarchische Erweiterung von Generieralgorithmen ist Voraussetzung für die in [Gern88] vorgestellte neue Entwurfsmethodik für Testarchitekturen.

Im zweiten Abschnitt wird die Wertebereichsanalyse im Detail erläutert und im dritten Abschnitt am Beispiel eines Korrelatorbausteins demonstriert. Die dabei abgeleiteten Einschränkungen der Wertebereiche werden zusammen mit dem bekannten FAN-Algorithmus [FuSh83] zur Testmustergenerierung verwendet.

## 2. Automatische Wertebereichsanalyse durch Constraintpropagation

Eingeschränkte Wertebereiche von eingebetteten Modulen können formal durch Wertebereichsconstraints beschrieben werden. Dieses mathematische Konzept wurde in [HoGe87] eingeführt und läßt sich wie folgt zusammenfassen. Wir unterscheiden Eingabe- und Ausgabeconstraints. Ein Ausgabeconstraint ist gegeben durch eine charakteristische Funktion C* der folgenden Form:

$$C^*: Y^* \rightarrow \{0,1\} \qquad (1)$$

wobei Y* die Menge aller endlichen Folgen über dem Ausgabealphabet Y des betrachteten Moduls bezeichnet. $(C^*)^{-1}(1)$ ist dann die Menge aller Ausgabefolgen, die von diesem eingebetteten Modul in der konkreten Schaltungsumgebung produziert werden können. Analog werden Eingabeconstraints definiert.

Wir beschränken uns in dieser Arbeit auf *kombinatorische* Schaltungen. Ein kombinatorisches Modul wird durch eine boolesche Funktion λ dargestellt, wobei $k, l \in \mathbb{N}$ gilt.

$$\lambda: \{0,1\}^k \rightarrow \{0,1\}^l \qquad (2)$$

In diesem Fall ist es hinreichend, Constraints über Folgen der Länge eins zu betrachten, die wir *statische Constraints* nennen. Ein statischer Ausgabeconstraint ist durch eine boolesche charakteristische Funktion der folgenden Form gegeben:

$$C: \{0,1\}^l \rightarrow \{0,1\} \tag{3}$$

Als Beispiel betrachten wir einen Halbaddierer, dessen Modulfunktion folgende Form besitzt:

$$\lambda_{ha}: \{0,1\}^2 \rightarrow \{0,1\}^2$$
$$\lambda_{ha}(a,b) = (u, s) \tag{4}$$

wobei $s := a \oplus b$ das Summenbit und $u := a \cdot b$ das Übertragsbit bezeichnet. Weiter bezeichnen wir mit $\cdot$ die boolesche Konjunktion, mit + die Disjunktion, mit einem Apostroph die Negation und mit $\oplus$ das exklusive Oder.

Betrachtet man ein isoliertes Modul, dann heißt sein Ausgabeconstraint der *intrinsische Constraint* des Modules. Für einen Halbaddierer lautet dieser:

$$C_{ha}(u,s) := u' + s' \tag{5}$$

Ist ein Modul eingebettet in eine Schaltung, dann hängt sowohl sein Eingabeconstraint als auch sein Ausgabeconstraint von der Schaltungsumgebung ab. Die Berechnung dieser Constraints erfolgt mit einem Verfahren, das wir *Constraintpropagation* nennen. Zunächst erläutern wir die Propagation über ein einzelnes Modul, wie sie bei Serienschaltungen von Modulen relevant ist. Dieses Resultat wird verwendet, um die Propagation über eine Parallelschaltung zweier Module zu erklären. Eine induktive Erweiterung auf endlich viele parallelgeschaltete Module ist dann offensichtlich.

Anhand von Abbildung 1 erläutern wir die Propagation über ein einzelnes Modul, das durch seine Modulfunktion $\lambda$ definiert ist. $C_X$ bezeichnet den Eingabeconstraint des Moduls, der durch die konkrete Schaltungsumgebung festgelegt ist. Die zu dieser charakteristischen Funktion gehörende Menge ist dabei mit X bezeichnet. $C_{\lambda(X)}$ ist der eindeutig durch die Bildmenge $\lambda(X)$ definierte Ausgabeconstraint. Wir erhalten also insgesamt eine Abbildung $\Lambda$ der Menge aller Eingabeconstraints $\Gamma_{in}$ in die Menge aller Ausgabeconstraints $\Gamma_{out}$.

$$\Lambda: \Gamma_{in} \rightarrow \Gamma_{out}$$
$$\Lambda(C_X) = C_{\lambda(X)} \tag{6}$$

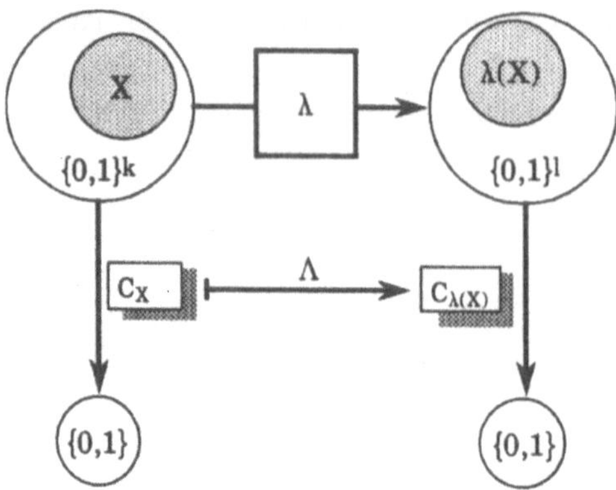


Abb. 1 Constraintpropagation über ein einzelnes Modul.

Die Abbildung Λ ist vollständig durch ihre *Propagationstafel* definiert, die sämtliche Minterme in $\Gamma_{in}$ zusammen mit ihren Bildpunkten unter der Abbildung Λ enthält. Diese Bildpunkte sind eindeutig durch die Modulfunktion λ bestimmt, da ein Minterm mit genau einem Element des Eingabealphabets identifiziert werden kann. Für einen Halbaddierer besitzt diese Tafel folgende Form:

| Minterm | $\Lambda_{ha}$(Minterm) |
|---|---|
| a·b | u·s' |
| a'·b | u'·s |
| a·b' | u'·s |
| a'·b' | u'·s' |

Propagationstafel für einen Halbaddierer (7)

Um Λ nun auf einen beliebigen Eingabeconstraint anzuwenden, greifen wir auf die folgende mathematische Tatsache zurück, die für beliebige Funktionen $f:X \rightarrow Y$ und beliebige Teilmengen $A, B \subset X$ gilt [Dieu68]:

$$f(A \cup B) = f(A) \cup f(B) \qquad (8)$$

Angewandt auf unser Problem der Propagation eines beliebigen Constraints heißt das, daß der Constraint stückweise propagiert werden kann, wenn er in disjunktiver Form gegeben ist. Als Beispiel betrachten wir einen Halbaddierer, dessen Eingabeconstraint $C_{in}$ durch Gleichung (9) gegeben sein möge.

$$C_{in} := a \oplus b \tag{9}$$

Anwendung von Gleichung (6), (8) und Tabelle (7) liefert:

$$C_{out} = \Lambda(C_{in}) = \Lambda(a' \cdot b) + \Lambda(a \cdot b') = u' \cdot s \tag{10}$$

Das Analogon zu Gleichung (8) für Schnitte beliebiger Mengen A, B$\subset$ X lautet:

$$f(A \cap B) \subseteq f(A) \cap f(B) \tag{11}$$

wobei das Gleichheitszeichen für injektive Abbildungen f gilt; d.h. (11) kann i.a. lediglich als Grundlage einer approximativen Berechnung von Constraints dienen. Wie gut diese in der Praxis ist, haben wir bisher nicht eingehend untersucht.

Im Fall der Parallelschaltung zweier Module m und n propagiert sich ein gegebener Eingangsconstraint $C_0$, der in disjunktiver Form gegeben sei, wie folgt. Zunächst wird $C_0$ durch eines der beiden Module propagiert. Wählen wir hierfür z.B. das Modul n aus, dann erhalten wir den Constraint $C_1$:

$$C_1 = \Lambda_n(C_0) \tag{12}$$

Dabei werden konjunktive Terme von $C_0$, die keine Variablen des Moduls n enthalten, mit dem intrinsischen Constraint von n multipliziert. Alle anderen Terme werden gemäß (10) propagiert, wobei eventuell auftretende Variable von Modul m unverändert bleiben. Analog verfährt man bei der anschließenden Propagation durch das Modul m und erhält schließlich als Ergebnis der Propagation durch die Parallelschaltung den Constraint $C_2$:

$$C_2 = \Lambda_m(C_1) \tag{13}$$

Als Beispiel betrachten wir zwei Halbaddierer mit dem Eingangsconstraint $C_0(a_m,b_m,a_n,b_n) = 1$. Wir erhalten dann:

$$\begin{aligned} C_1(a_m,b_m,s_n,u_n) &= (u'_n + s'_n) \\ C_2(s_m,u_m,s_n,u_n) &= (u'_n + s'_n) \cdot (u'_m + s'_m) \end{aligned} \tag{14}$$

Die mathematische Grundlage für den oben angegeben Algorithmus bildet die folgende, leicht einzusehende Aussage.

Sei $f{:}X \times Y \rightarrow U \times V$ über die beiden Abbildungen $f_1{:}X \rightarrow U$ und $f_2{:}Y \rightarrow V$ definiert durch $f(x,y) := (f_1(x), f_2(y))$. Dann gilt für beliebige Teilmengen $A \subset X$ und $B \subset Y$:

$$f(A \times B) = f_1(A) \times f_2(B) \tag{15}$$

Bei der Propagation von Constraints durch größere Schaltungen ist es wichtig, die Zwischenausdrücke so klein wie möglich zu halten. Zu diesem Zweck verwalten wir Constraints hierarchisch in faktorisierter Form. Wir expandieren Constraints bei der Propagation nicht vollständig in eine disjunktive Form, sondern lediglich die für den jeweiligen Propagationsschritt relevanten Teilausdrücke. Gleichzeitig vereinfachen wir die auftretenden booleschen Ausdrücke.

## 3. Anwendung auf einen digitalen Korrelator

In diesem Kapitel zeigen wir die Anwendung von Constraints bei der Testmustergenerierung an einem Beispiel aus der Praxis. Betrachtet wird der kombinatorische Teil eines digitalen Korrelators [BaNa87], der nicht mit Blick auf gute Testbarkeit entworfen wurde und redundante Schaltungsteile enthält.

Abbildung 2 zeigt das Blockschaltbild des digitalen Korrelators. Das Bild entspricht einer Sicht des Entwicklers, wie sie während des hierarchischen Entwurfs der Schaltung entsteht. Die einzelnen Module erfüllen folgende Funktionen:

**SUM32:**
Die logischen Einsen an den Eingängen werden zu einem 6-Bit breiten binären Wert aufsummiert.
**4→2-Reduktion:**
Die vier Eingangssummanden D, E, F und G werden durch zwei hintereinander geschaltete Carry-Save Addierer zu zwei Ausgangssummanden A und B reduziert.
**Final-Adder:**
A und B werden zum Endergebnis aufsummiert.

Die Constraints für den Korrelator wurden mit den Techniken aus Kapitel 2 abgeleitet. Im folgenden erläutern wir die für das Beispiel wichtigen Constraints. Das Modul SUM32 hat den folgenden intrinsischen Constraint:

$$C_{SUM32}(D) = D_5' + D_4' \cdot D_3' \cdot D_2' \cdot D_1' \cdot D_0' \tag{16}$$

Dabei bezeichnet $D_i$ das i-te Bit des booleschen Ausgabevektors D.

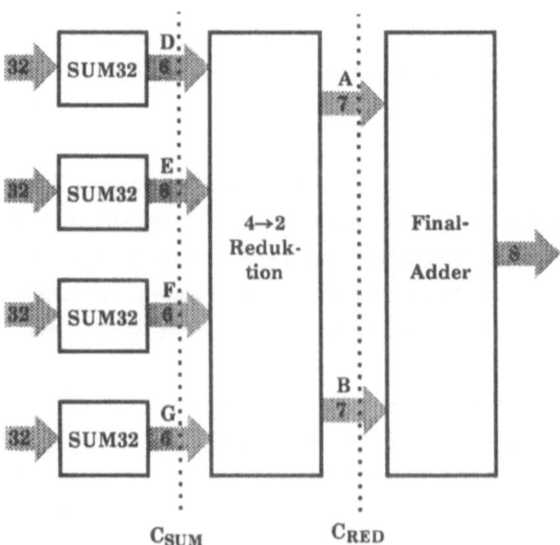


Abb. 2: Digitaler Korrelator-Baustein mit den Constraints $C_{SUM}$ und $C_{RED}$

Dieser Constraint besagt, daß das höchstwertige Bit von D oder alle übrigen Bits den Wert 0 haben müssen. Der Constraint $C_{SUM32}$ wird plausibel, wenn der Wertebereich von D durch ganze Zahlen im Bereich von 0 bis 63 repräsentiert wird. Aufgrund der Modulfunktion ergibt sich direkt, daß D nur Werte kleiner oder gleich 32 annehmen kann; Werte größer als 32 sind ausgeschlossen.

Der vollständige Eingangsconstraint $C_{SUM}$ für das Modul '4→2-Reduktion' ist durch die logische Konjunktion der Constraints der einzelnen Module SUM32 gegeben:

$$C_{SUM} = C_{SUM32}(D) \cdot C_{SUM32}(E) \cdot C_{SUM32}(F) \cdot C_{SUM32}(G) \tag{17}$$

Wird dieser Constraint durch das Modul '4→2-Reduktion' propagiert, erhalten wir einen Constraint, der sich wie folgt darstellen läßt:

$$C_{RED} = \gamma_{RED} + \zeta_{RED} \tag{18}$$

mit $\gamma_{RED} = A_6 \cdot B_6 \cdot A_5' \cdot B_5' \cdot \ldots \cdot A_0' \cdot B_0'$. Der Term $\zeta_{RED}$ enthält den Teil von $C_{RED}$, in dem $A_6 \cdot B_6 = 0$ gilt, d.h. die Fälle, in denen die höchstwertigen Bits von A und B nicht gleichzeitig den Wert 1 haben. Er ist sehr lang und wird daher hier nicht im Detail angegeben.

Der Term $\gamma_{RED}$ ist der restriktivere und besagt, daß alle niederwertigen Bits von A und B den Wert 0 haben müssen, wenn die höchstwertigen Bits von A und B jeweils den Wert 1 haben.

Wiederum kann der Term $\gamma_{RED}$ auf der Ebene der ganzen Zahlen plausibel gemacht werden: wenn alle Module SUM32 ihren maximalen Ausgabewert liefern, muß die Summe von A und B die Zahl 128 ergeben, was nur durch A=B=64 erreicht werden kann. Im folgenden zeigen wir, wie die Berücksichtigung dieser Constraints die Effizienz der Testmustergenerierung für den digitalen Korrelator entscheidend verbessert.

Verwendet man den bekannten FAN-Algorithmus [FuSh83] als Werkzeug, so gibt es zwei naheliegende Möglichkeiten, Constraints bei der Testmustergenerierung zu berücksichtigen. Eine erste Anwendung der Constraints ist das Treffen einer Entscheidung, was bei FAN durch Belegen einer Head line oder eines Fanout-Stammes mit einem booleschen Wert geschieht. Wir erweitern die Menge dieser Entscheidungspunkte um alle Leitungen, die in einem Constraint auftreten. Das Einstellen der geforderten Werte an diesen zusätzlichen Entscheidungspunkten ist ebenso wie bei den Head lines stets konfliktfrei möglich. Es kann daher solange zurückgestellt werden, bis Einstellung und Beobachtung des Fehlers sichergestellt sind.

Als Beispiel betrachte man Abbildung 3. Diese zeigt einen Volladdierer, an dessen Carry-Ausgang u der Wert 1 eingestellt werden soll. Diese Forderung wird repräsentiert durch das Objective (u, 0, 1) (zum Begriff des Objective siehe [FuSh83]). Um eine 1 an u zu erhalten, ist es notwendig, mindestens zwei Eingänge des Volladdierers mit einer 1 zu belegen. Besteht nun der Constraint $E_2'+E_1'\cdot E_3'$ für die Eingangsleitungen des Volladdierers, so zieht eine Belegung von $E_2$ mit 1 die Belegung von $E_1$ und $E_3$ mit 0 nach sich. Damit wäre der gewünschte Wert am Carry-Ausgang u nicht mehr einstellbar. Daher muß $E_2$ mit 0 und folglich $E_1$ und $E_3$ mit 1 belegt werden. Von den ursprünglich vier verschiedenen Möglichkeiten, am Carry-Ausgang des Volladdierers eine 1 einzustellen, bleibt hier aufgrund des Constraints nur eine Möglichkeit übrig. Bei Unkenntnis des Constraints wäre in dieser Situation die Gefahr einer Fehlentscheidung gegeben.

Die zweite Anwendung von Constraints im FAN-Algorithmus ist eine Verschärfung der Implikation. Unter Implikation versteht man das sukzessive Fortpflanzen der Wirkung von Wertzuweisungen an Leitungen. Im FAN-Algorithmus wird dabei in jedem Implikationsschritt überprüft, ob die entsprechenden Wertzuweisungen konsistent mit bereits bestehenden Belegungen sind. Unsere Verschärfung besteht nun darin, jedesmal auch die Konsistenz mit einem eventuell vorhandenen Constraint zu überprüfen. Offensichtlich werden dadurch Widersprüche früher erkannt. Falls kein solcher Widerspruch auftritt, wird der Implikationsschritt durchgeführt und der zugehörige Constraint entsprechend aktualisiert. Diese so aktualisierten Constraints stellen eine mögliche Quelle weiterer Implikatio-

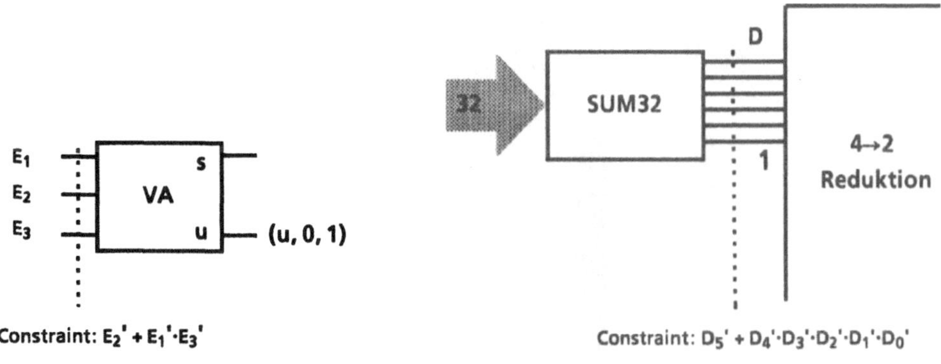


Abb. 3: Einsatz von Constraints bei Entscheidungen

Abb. 4: Einsatz von Constraints bei der Implikation

nen dar, die wir zusätzlich berücksichtigen. Als Beispiel dafür betrachte man Abbildung 4, die einen Ausschnitt aus der Schaltung in Abbildung 2 zeigt. Der angegebene Constraint entspricht dem aus Gleichung (16). Wird nun im Verlauf der Testmustergenerierung dem höchstwertigen Ausgang $D_5$ des Moduls SUM32 eine 1 zugewiesen, so kann aufgrund des Constraints sofort eine 0 für alle übrigen Ausgänge des Moduls SUM32 impliziert werden. An diesem Beispiel wird deutlich, daß aufgrund von Constraints eine erhebliche Verschärfung der Implikation möglich ist. Eine mächtige Implikation ist bekanntlich ein wirksames Mittel zur Reduzierung der Zahl der Backtracks.

Diese Techniken zur Unterstützung von Entscheidungen und der Implikation wurden in einer Implementierung des FAN-Algorithmus eingesetzt. Damit wurde vergleichend die Testmustergenerierung für den Korrelator-Baustein einmal unter Berücksichtigung der in (16) - (18) beschriebenen Constraints und einmal ohne Constraints durchgeführt. Es wurden jeweils nur die stuck-at Fehler im Modul Final-Adder betrachtet, da dort die für einen Testmustergenerator problematischen Fehler liegen. Die Fehler in den Modulen 4→2-Reduktion und SUM32 blieben unberücksichtigt.

Es ergab sich ein Katalog von 373 stuck-at Fehlern, von denen 36 nicht testbar (redundant) sind. Die Testmustergenerierung wurde für einen Fehler jeweils dann abgebrochen, wenn eine Schranke von 100 Backtracks überschritten wurde.

Abbildung 5 zeigt vergleichend die Zahl der Fehler, bei denen die Backtrackschranke überschritten wurde sowie die Zahl der erkannten redundanten Fehler für die beiden Testläufe.

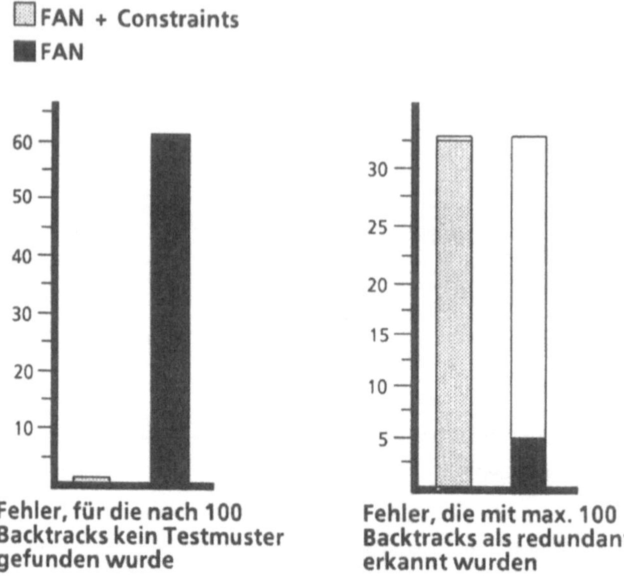


Abb. 5: Vergleich der beiden Testläufe

Im Testlauf mit Constraints wurde die Schranke nur bei einem einzigen Fehler überschritten; dieser Fehler konnte in einem zusätzlichen Testlauf mit 156 Backtracks als redundant nachgewiesen werden.

Im Testlauf ohne Constraints wurde für 61 Fehler die Schranke von 100 Backtracks überschritten, nur 5 Fehler wurden als redundant erkannt. Von den 61 Fehlern, bei denen die Schranke überschritten wurde, waren somit 31 redundant. Dies bestätigt, daß redundante Fehler für Testmustergeneratoren ein besonderes Problem darstellen und häufig zu einer großen Zahl von Backtracks führen. Durch den Einsatz von Constraints bei der Testmustergenerierung werden redundante Fehler schneller erkannt, wie das Beispiel belegt.

Um abzuschätzen, wie groß die Zahl der Backtracks ohne die Schranke von 100 Backtracks pro Fehler im Testlauf ohne Constraints hätte werden können, wurde ein (redundanter) Fehler willkürlich herausgegriffen und für diesen eine Testmustergenerierung ohne Backtrackschranke durchgeführt. Dieser Testlauf wurde aus Zeitgründen bei Erreichen von etwa 85.000 Backtracks abgebrochen. Weitergehende Untersuchungen zeigten, daß zu diesem Zeitpunkt nur etwa 1/4 des in Frage kommenden Lösungsraumes durchsucht worden war. Setzt man ähnliches Verhalten bei den übrigen abgebrochenen Fehlern voraus, so ist für die Beispielschaltung in der Praxis ohne die Verwendung von Constraints oder ähnlicher Verfahren keine höhere Fehlerüberdeckung als die hier erzielte möglich.

Eine Erklärung für das schlechte Abschneiden des Testmustergenerators im Testlauf ohne Constraints ist: in der Menge der stuck-at Fehler im Final-Adder gibt es eine Anzahl von Fehlern, zu deren Erkennung $A_6 = B_6 = 1$ gesetzt werden muß. Dies bedeutet, daß alle übrigen Bits von A und B 0 sein müssen, um den Constraint $\gamma_{RED}$ zu erfüllen. Ohne Kenntnis des Constraints können an dieser Schnittstelle beim Aufbau des Beobachtungspfades für die betreffenden Fehler leicht Fehlentscheidungen getroffen werden, die erst in den Modulen SUM32 zu Konflikten führen. In diesem Fall muß dann ein großer Lösungsraum durchsucht werden, was zu einer sehr hohen Zahl von Backtracks führt.

## 4. Zusammenfassung

Wir haben das Konzept der Wertebereichsconstraints eingeführt, um globale Schaltungseigenschaften für die Testmustergenerierung nutzbar zu machen. Es wurde gezeigt, wie diese Constraints automatisch abgeleitet werden und wie sie einen hierarchischen Einsatz des FAN-Algorithmus ermöglichen. Weiter wurde am Beispiel eines digitalen Korrelators demonstriert, daß mit Hilfe dieser Technik die Zahl der Backtracks erheblich reduziert werden kann. Wir schlagen deshalb vor, die natürliche Partitionierung, die durch die Entwurfshierarchie gegeben ist, beizubehalten und die zugehörigen Constraints zu berechnen. Die Auswertung dieser Constraints bei der Testmustergenerierung sollte auf 'harte' Fehler beschränkt werden; d.h. auf diejenigen, für die der FAN-Algorithmus bei einer gegebenen (kleinen) Backtrack-Schranke kein Testmuster generieren kann. Das betrachtete Anwendungsbeispiel zeigt, daß in vielen Fällen die Constraints direkt vom Entwickler ohne besonderen Zusatzaufwand beim Entwurf einer Schaltung angegeben werden können. Daher schlagen wir ein interaktives System vor, in das solche Constraints leicht eingegeben werden können.

## Literatur


[AKMM87] M. Abramovici, J. J. Kulikowski, P. Menon, D. T. Miller, "Test Generation In LAMP2: Concepts And Algorithms", Proc. 1985 Int. Test Conference, pp. 49-56, 1985

[BaNa87] H. Bauer, R. Nauerz: "Lernprozeß mit ASICs - Korrelatoren als Gate-Array", Hard & Soft, pp. 32-37, 10/1987

[Dieu68] J. Dieudonné, "Foundations of Modern Analysis ", 7th ed., Academic Press, New York and London, 1968

[FuSh83] H. Fujiwara, T. Shimono: "On the Acceleration of Test Generation Algorithms", IEEE Trans. on Computers, pp. 1137-1144, Dec. 1983

[Gern88] M. Gerner: "Entwurf von Testarchitekturen für VLSI-Bausteine", im vorliegenden Tagungsband

[HoGe87] H. Hofestädt, M. Gerner, "Qualitative Testability Analysis and Hierarchical Test Pattern Generation - A New Approach to Design for Testability", Proc. 1987 Int. Test Conference, pp. 538-546, 1987

[KiMe87] T. Kirkland, M. R. Mercer, "A Topological Search Algorithm For ATPG", Proc. 24th ACM/IEEE Design Automation Conference, pp. 502-508, 1987

[ScTS87] M. H. Schulz, E. Trischler, Th. M. Sarfert, "SOCRATES: A Highly Efficient Automatic Test Pattern Generation System", Proc. 1987 Int. Test Conference, pp. 1016-1026, 1987

# Ein Ansatz zur hierarchischen Testvorbereitung für sequentielle Schaltungen

Th. Winter
SIEMENS AG, Zentralbereich Forschung und Technik
Otto-Hahn-Ring 6, D-8000 München 83

**Kurzfassung:**

Heutige Strategien zur Vorbereitung des Fertigungstests von VLSI-Bausteinen setzen mit ihren Generierungsalgorithmen im allgemeinen auf einem Beschreibungsniveau auf, das der Gatterebene entspricht. In dieser Arbeit wird ein Algorithmus zum Testdatentransport auf Abstraktionsebenen oberhalb der Gatterebene vorgestellt. An einem Beispiel wird demonstriert, wie der Algorithmus im Rahmen einer hierarchischen Testvorbereitung für sequentielle Schaltungen effizient eingesetzt werden kann.

## 1. Einleitung

Für die Testmustergenerierung in kombinatorischen Schaltungen wurden bisher zahlreiche Algorithmen entwickelt, die angefangen vom D-Algorithmus [Roth66] bis zum FAN-Algorithmus [FuSh83] immer leistungsfähiger geworden sind. In der Praxis stellt sich jedoch das Problem der Testvorbereitung für *sequentielle Schaltungen*. Bislang ist es Stand der Technik, dieses Problem im wesentlichen auf die Testmustergenerierung für kombinatorische Schaltungen zurückzuführen. Grundsätzlich können dabei zwei verschiedene Lösungsansätze unterschieden werden: ein Ansatz mit einer komplizierten Modellierung ohne Hardwareänderungen und ein Ansatz mit einfacher Modellierung aber mit Veränderungen der Schaltung durch Testarchitekturmaßnahmen.

Die Idee des ersten Ansatzes ist, eine sequentielle Schaltung S durch eine kombinatorische Ersatzschaltung S' zu modellieren, wobei das zeitliche Ein-/Ausgabeverhalten von S auf das räumliche Ein-/Ausgabeverhalten der kombinatorischen Schaltung S' abgebildet wird. Ein Einzelfehler f in S entspricht einem Mehrfachfehler f' in S'. Eine ausführliche Beschreibung dieser Transformation findet sich in [Fuji85].

Ziel des zweiten Ansatzes ist es, das Testproblem für sequentielle Schaltungen durch konkretes Verändern der Schaltung auf das Testproblem für kombinatorische Schaltungen zurückzuführen. Die bekannteste Testarchitektur zur Umwandlung der Schaltung ist die

Scan-Strategie [EiWi77]. Hierbei werden alle speichernden Elemente so erweitert, daß sie im Testbetrieb zu einer Reihe zusammengeschlossen als Schieberegister arbeiten. Dadurch bilden sich an speichernden Elementen fiktive Ein- und Ausgänge. Das Testproblem für sequentielle Schaltungen wird so auf das Testen von Schieberegistern und kombinatorischen Schaltungen zurückgeführt, wofür bewährte Algorithmen zur Verfügung stehen [FuSh83], [ScTS87].

Bei der zunehmenden Komplexität von VLSI-Bausteinen stoßen diese Methoden an ihre Grenzen. Entweder wird kein zufriedenstellender Test gefunden (selbst bei Bereitstellung hoher Rechnerkapazitäten) oder die Nachteile durch Flächenoverhead, zusätzliche Testanschlüsse und Performanceverluste werden untragbar. Die eigentliche Ursache dafür ist die flache, unstrukturierte Schaltungsbeschreibung auf Gatterebene. Es wird daher in [HoGe87], [Gern88] eine neue Methode vorgeschlagen, bei der das Wissen des Entwicklers über Hierarchie, Funktion und Struktur seiner Schaltung in weit stärkerem Maße als bisher üblich genutzt wird. Das Konzept sieht vor, daß Generierungsalgorithmen auch auf Abstraktionsebenen oberhalb der Gatterebene arbeiten und darüberhinaus inhärent testfreundliche Strukturen besser ausgenutzt werden. Eine allgemeine Einschränkung auf kombinatorische Schaltungen ist nicht mehr erforderlich.

In der vorliegenden Arbeit wird ein Teilaspekt dieser neuen Strategie behandelt: der Testdatentransport auf einer Ebene eines hierarchischen Modulnetzwerkes.

Gegeben sei ein Modulnetz als ausgewählte Ebene der hierarchischen Beschreibung einer sequentiellen Schaltung. Wenn wir voraussetzen, daß für jedes verwendete Modul ein – bezogen auf ein vorgegebenes Fehlermodell – vollständiger Testmustersatz vorliegt, bleiben noch folgende Aufgaben zu lösen:

- Wie können diese Testmuster von den Grenzen des Modulnetzes zum jeweiligen Modul transportiert werden ?
- Wie können die zugehörigen Testantworten zu den Grenzen des Modulnetzes transportiert und dort beobachtet werden ?
- Durch welche Modellierung kann ein Algorithmus für diesen Testdatentransport besonders effektiv unterstützt werden ?
- Wie kann der Aufwand für Testarchitekturmaßnahmen möglichst gering gehalten werden ?

## 2. Modellierung

Zur Modellierung sequentieller, synchroner Schaltungen wird das in [HoGe87] vorgestellte hierarchische Modell im folgenden für unsere Aufgabestellung konkretisiert und erweitert.

Wir orientieren uns dabei an einer idealisierten, hierarchischen Top-Down-Entwurfsstrategie. Objekte, die innerhalb des Entwurfsprozesses realisiert werden sollen, werden als *Module* bezeichnet, wobei zwischen verfügbaren Modulen (Komponenten) und zusammengesetzten Modulen unterschieden wird. Verfügbar bedeutet, daß Realisierung, Testbarkeitseigenschaften und Testvorschrift bekannt und in einer Bibliothek bereitgestellt sind. Innerhalb des Top-Down-Entwurfs werden zusammengesetzte Module in einem Verfeinerungsschritt jeweils in einen überschaubaren Satz von Submodulen und deren Verbindungsstruktur zerlegt, in ein sogenanntes *Modulnetz.* Jedem Modul lassen sich somit zwei Darstellungen zuordnen, eine *funktionale Darstellung*, die das Schnittstellenverhalten beschreibt, und eine *Strukturdarstellung* als Modulnetz. Das durch einen solchen Entwurf entstehende hierarchische Beschreibungsmodell einer Schaltung wird als *hierarchisches Modulnetzwerk* bezeichnet.

Beim hierarchischen Top-Down Entwurf wird jede Ebene eines hierarchischen Modulnetzwerkes als ein Modulnetz modelliert. (Abb.1)

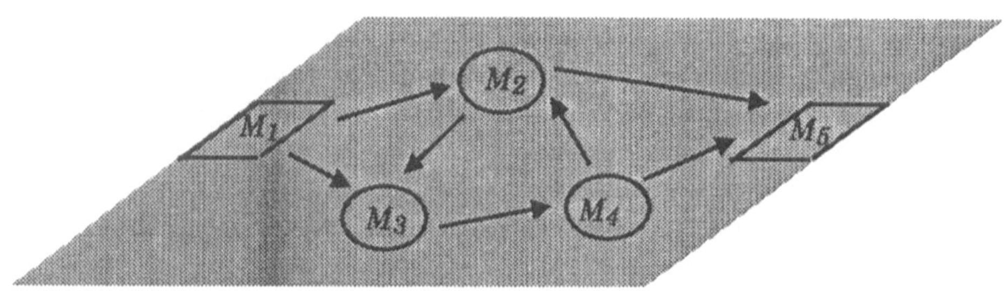


Abb.1 Beispiel eines Modulnetzes

Ein Modulnetz MN=(K, C) aus n Modulen ist ein gerichteter Graph mit folgenden Eigenschaften:

Die Elemente der Knotenmenge K = $\{M_1, ..., M_n\}$ werden als *Module* bezeichnet. Die Elemente der Kantenmenge C stellen Verbindungen von einem Ausgang eines Moduls $M_i$ zu einem Eingang eines Moduls $M_j$ entsprechend der Datenflußrichtung dar. Knoten, die keinen Vorgänger besitzen, heißen *primäre Eingänge* und Knoten, die keinen Nachfolger besitzen, heißen *primäre Ausgänge* des Modulnetzes. Zum Beispiel ist in Abb.1 $M_1$ ein primärer Eingang und $M_5$ ein primärer Ausgang.

Der Transport eines Testdatensatzes durch ein Modulnetz gestaltet sich besonders aufwendig, wenn auf dem Transportweg Rückkopplungen vorkommen. Dann ist zu prüfen, ob diese Rückkopplungen den Testdatentransport stören. Falls dies zutrifft, sind andere Testdaten zu wählen, andere Transportwege zu finden oder die Rückkopplungen für den Testbetrieb durch geeignete Testarchitekturmaßnahmen aufzutrennen. Für unser Problem des Testdatentransports sind also Untersuchungen über Zyklen in Modulnetzen eine wesentliche Vorarbeit.

Unter einem *Zyklus* eines Modulnetzes verstehen wir eine Folge von Knoten, in der zwischen je zwei aufeinanderfolgenden Knoten eine entsprechend gerichtete Kante im Modulnetz existiert, das erste Folgenglied gleich dem letzten Folgenglied ist und sonst kein Knoten mehr als einmal mit dem gleichen Nachfolgerknoten in der Folge vorkommt. In dem Modulnetz aus Abb.1 ist $M_2$-$M_3$-$M_4$-$M_2$ ein Zyklus.

Die Zyklen in einem Modulnetz lassen sich leicht aus der Struktur ablesen. Doch sind diese Zyklen auch alle relevant? Bedingt durch nicht testorientierte Strukturierungsprinzipien können Module entstehen, die Rückkopplungen vortäuschen. Wir müssen also prüfen, ob die strukturellen Zyklen auch funktionale Zyklen sind. Wir erweitern dazu das Konzept im folgenden um einige nützliche Begriffe.

Zur Modellierung des Schnittstellenverhaltens von Modulen verwenden wir das Konzept des endlichen Automaten (Mealy-Automaten), da es die Möglichkeit der universellen Verhaltensbeschreibung auf beliebigen Hierarchieebenen bietet. Die Variante des *Pipeline-Mealy-Automaten* erhalten wir durch folgende Einschränkung. Der Folgezustand hängt nur von der Eingabe, jedoch nicht vom aktuellen Zustand ab:

$$PM = (Z,E,A,\delta,\lambda), \text{ wobei}$$
$$\delta: E \rightarrow Z \qquad \text{mit } z_{t+1} = \delta(e_t)$$
$$\lambda: E \times Z \rightarrow A \qquad \text{mit } a_t = \lambda(e_t, z_t).$$

Einfache Pipeline-Mealy-Automaten sind kombinatorische Module und das D-Flip-Flop.

Weiterhin definieren wir eine Relation zwischen Ausgängen und Eingängen eines Moduls. Sei $M=(Z,E,A,\delta,\lambda)$ ein Mealy-Automat mit $E=E_1 x ... x E_k$ und $A=A_1 x ... x A_l$, d.h. die Eingabemenge E ist aus k und die Ausgabemenge A aus l Komponenten zusammengesetzt. Wir sprechen von k Eingängen $E_1, ..., E_k$ und l Ausgängen $A_1, ..., A_l$.

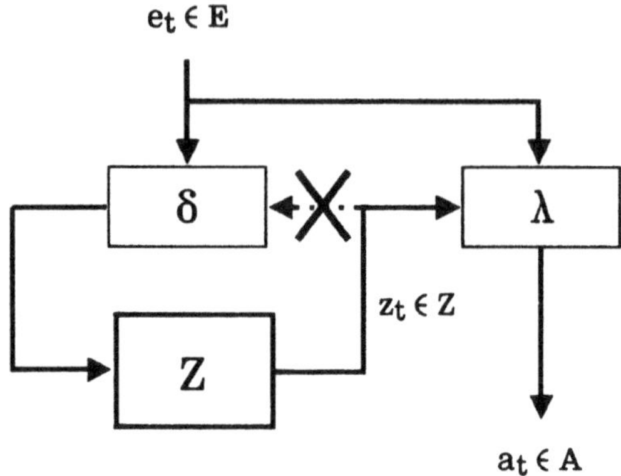


Abb.2 Funktionsweise eines Pipeline-Mealy-Automaten

Der Modulausgang $A_v$, v ∈ {1..l}, heißt *funktional unabhängig* von Moduleingang $E_u$, u ∈ {1..k}, genau dann, wenn gilt:

Das Modul M befinde sich in einem beliebigen Anfangszustand. Seien $e^1$, ..., $e^k$ beliebige, gleichlange Eingabefolgen für die Eingänge $E_1$, ..., $E_k$ und sei $a^v$ die zugehörige Ausgabefolge an Ausgang $A_v$, siehe Abb.3. Wird nun $e^u$ unter Beibehaltung aller übrigen Eingabefolgen durch eine gleichlange Folge $e^{u'}$ mit $e^{u'} \neq e^u$ ersetzt, so gilt für die zugehörige Ausgabefolge $a_{v'}$ die Gleichung: $a^{v'} = a^v$.

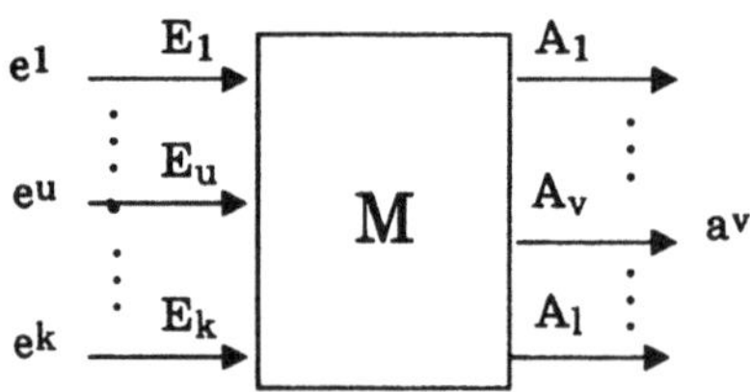


Abb.3 Notation

Einen Zyklus Z in einem Modulnetz bezeichnen wir als *nichtfunktional* genau dann, wenn er folgende Eigenschaft besitzt:

> Es gibt mindestens ein Modul M auf dem Zyklus Z, das über einen Eingang $E_i$ betreten und über einen Ausgang $A_j$ wieder verlassen wird, wobei $A_j$ funktional unabhängig von $E_i$ ist.

Umgekehrt nennen wir einen Zyklus, der die obige Eigenschaft nicht erfüllt, einen *funktionalen Zyklus.*

Ein Modulnetz, das ausschließlich nichtfunktionale Zyklen besitzt, nennen wir *funktional zyklenfrei.* Nehmen wir an, in dem Modulnetz aus Abb.1 sei der Ausgang ($M_2$,$M_3$) von Modul $M_2$ funktional unabhängig vom Eingang ($M_4$,$M_2$) des Moduls. Dann ist das Modulnetz im Sinne unserer Definition funktional zyklenfrei.

Ein Modulnetz repräsentiert lediglich eine einzige Ebene eines hierarchischen Modulnetzwerkes. Wenn sich auf einer solchen Ebene keine Rückkopplungen bzw. funktionale Zyklen befinden, so können doch auf tieferen Ebenen, d.h. innerhalb seiner Module, Rückkopplungen vorhanden sein. Ein einfaches Modell eines rückkopplungsfreien Moduls ist der Pipeline-Mealy-Automat. Ein *hierarchisches* Modulnetzwerk ist deshalb funktional zyklenfrei, wenn alle Modulnetze, die seine verschiedenen Ebenen darstellen, funktional zyklenfrei sind und auf der untersten Ebene nur Pipeline-Mealy-Automaten als Module vorkommen.

## 3. Testerstellung für sequentielle Schaltungen

Für die Testerstellung synchroner, rückkopplungsfreier, sequentieller Schaltungen wird in [HoGe87] das Konzept des *Test-Pattern-Liftes* vorgeschlagen. Durch den Test-Pattern-Lift werden die Testmuster "bottom up" von den Komponenten der untersten Ebene schrittweise bis zu den externen Bausteinanschlüssen transferiert. Eine wichtige Teilaufgabe des Test-Pattern-Liftes ist der Transport von Testdaten durch Modulnetze, der auf jeder Hierarchieebene zu leisten ist. Unser Algorithmus zum Testdatentransport setzt ein funktional zyklenfreies Modulnetz als "Objekt im Test" voraus. Während die Testlänge für sequentielle Schaltungen ohne funktionale Zyklen nur linear in der Anzahl der Komponenten der Schaltung ansteigt, kann ein einziger funktionaler Zyklus die Länge des Testes quadratisch, zwei Zyklen bereits exponentiell ansteigen lassen [KuWu88].

Aufgabe einer hier vorgeschlagenen Testarchitektur ist es, als "Objekt im Test" ein funktional zyklenfreies hierarchisches Modulnetzwerk zu liefern. Schritthaltend zum Entwurf wird versucht, funktionale Zyklen möglichst früh zu erkennen. Sie werden entweder sofort aufgetrennt oder für ein Auftrennen vorgemerkt. Ein geeignetes "Objekt im Test" erhält man, wenn funktionale Zyklen auf allen Ebenen beseitigt werden und in der Komponentenbibliothek ausschließlich solche Module zugelassen sind, die als "Objekt im Test" funktional zyklenfrei sind.

## 3.1. Test-Pattern-Transport-Algorithmus

Wird ein Fehler f nur in einem einzigen Modul $M_f$ eines Modulnetzes MN angenommen (Einzelfehlerannahme), so stellt sich das Transportproblem während des Test-Pattern-Liftes wie folgt:

Finde eine Eingabefolge TMN($M_f$) für die primären Eingänge des Modulnetzes so, daß gilt:

- Modul $M_f$ wird durch eine Testmustersequenz T($M_f$) angesteuert, die eine fehlerhafte Ausgabe von $M_f$ produziert.

- Die fehlerhafte Ausgabe wird an einem primären Ausgang von MN sichtbar.

TMN($M_f$) heißt *Testfolge* für den Fehler f.

Zur Lösung dieses Transportproblems dient der Algorithmus Test-Pattern-Transport (TPT). Zunächst werden einige Begriffe für die Beschreibung des Algorithmus eingeführt. Ein *Goal* wird definiert durch ein *Modul* M und einen *Input* IN, der am Modul M zum Zeitpunkt t als Eingabe gewünscht ist. Ein Goal ist gegeben durch:

((IN, t), M)

Ein Goal-Input IN kann "Don't cares" enthalten, wodurch IN dann eine Menge von möglichen Eingaben repräsentiert. Während des Generierungsprozesses werden den Modulen des Modulnetzes Goal-Inputs zugeordnet. Eine solche Zuordnung bezeichnen wir als *Markierung* des Modulnetzes. Die Markierung eines Modulnetzes heißt *konsistent* genau dann, wenn gilt:

- Sind einem Modul aus MN für einen bestimmten Zeitpunkt mehrere Goal-Inputs zugeordnet, so dürfen sich diese nicht widersprechen.

- Die den Ein- und Ausgängen der Module zugeordneten Werte sind verträglich mit dem funktionalen Verhalten des Moduls.

Sei T($M_f$) := ($T^0$, ..., $T^n$) die gemäß den Ergebnissen des Test-Pattern-Liftes vorgegebene Testmusterfolge, mit der das als fehlerhaft angenommene Modul $M_f$ zum Zeitpunkt $t_0$ angesteuert werden soll. Folgender Algorithmus berechnet eine konsistente Markierung für das Modulnetz MN, aus der sich die Testfolge TMN($M_f$) für das Netz ableiten läßt:

**TPT-Algorithmus:**

( 1) **begin**

( 2) Markiere Modul $M_f$ mit $(T^0, t_0), \ldots, (T^n, t_n)$;

( 3) Markiere die Ausgänge von $M_f$ gemäß den Resultaten des Test-Pattern-Liftes;

( 4) PFADE $\leftarrow$ Menge aller (Mehrfach-)Pfade von $M_f$ zu einem primären Ausgang von MN, über die eine Beobachtung des Fehlers möglich ist;

( 5) **while** PFADE $\neq \emptyset$ **do**

( 6) Wähle und streiche einen zu sensibilisierenden Beobachtungspfad aus PFADE;

( 7) **if** Erweiterung der Markierung von MN zu einer konsistenten Markierung möglich

( 8) **then** Ableitung der Testfolge TMN($M_f$) aus den Goal-Inputs der primären Eingänge von MN ;

( 9) **Goto** (13);

(10) **fi**;

(11) **od**;

(12) **print** ("Es existiert keine Testfolge TMN($M_f$).");

(13) **end**;

Zunächst erfolgt eine Initialisierung des Modulnetzes (Zeilen ( 2), ( 3)). $M_f$ wird mit den zur Testmusterfolge T($M_f$) korrespondierenden Goal-Inputs markiert. Die Nachfolger von $M_f$ werden ebenfalls gemäß den Ergebnissen des Test-Pattern-Liftes markiert. Dies kann je nach Fehlermodell bedeuten, daß konkrete Werte für den fehlerfreien und Werte für den fehlerhaften Fall bekannt sind oder daß z.B. nur die Information vorliegt, an welchem Modulausgang zu welchem Zeitpunkt ein fehlerhafter Wert anliegt.

Als nächstes werden für einen ausgewählten Pfad alle Möglichkeiten untersucht, ihn für ein Weiterreichen der Fehlerwirkung zu einem primären Ausgang zu sensibilisieren. Zur einfacheren Darstellung ist hier jeweils ein kompletter Pfad von $M_f$ bis einem primären Ausgang gewählt. In der praktischen Anwendung ist es jedoch günstiger, den Pfad nur stückweise zu verlängern und zwischendurch stets zu untersuchen, ob sich der Teilpfad sensibilisieren läßt. Bei einem Mißerfolg wird diejenige Markierung des Modulnetzes, die vor der Wahl des letzten Pfadstückes vorlag, wiederhergestellt und zum Vorantreiben des Pfades eine andere noch nicht untersuchte Alternative gewählt. Durch dieses Backtracking werden im Endeffekt alle Pfade untersucht. Ist ein kompletter Pfad erfolgreich sensibilisiert und eine konsistente Markierung des Modulnetzes gefunden, so läßt sich die

Testfolge TMN($M_f$) aus den Markierungen der primären Eingänge leicht ableiten (Zeile (8)).

Der aufwendigste Teil des Algorithmus ist das Erweitern einer Markierung zu einer konsistenten Markierung (Zeile (7)). Dabei ist es grundsätzlich gleich, ob ein kompletter Beobachtungspfad oder ein zu sensibilisierender Teilpfad vorliegt. Zeile (7) wird im folgenden genauer ausgeführt.

(7.1) **begin**

(7.2) Rette die aktuelle Markierung von MN;

(7.3) **While** es existiert noch nicht untersuchte Menge von Goals zur Sensibilisierung des Pfades und Markierung ist noch nicht konsistent

(7.4) **do**

(7.5) GOALMENGE $\leftarrow$ $\{((T^0, t_0), M_f), ..., ((T^n, t_n), M_f)\} \cup$ Sensibilisierungsgoals;

(7.6) EINSTELLBAR $\leftarrow$ True;

(7.7) **While** (GOALMENGE $\neq \varnothing \wedge$ EINSTELLBAR)

(7.8) **do**

(7.9) Sei $G_0$ = ((IN,t), $M_0$) $\in$ GOALMENGE

(7.10) **if** *Invertierung* möglich

(7.11) **then** Markiere die Vorgänger von $M_0$ mit den Goal-Inputs der Goals $\{G_1, ..., G_k\}$ derart, daß die Markierung konsistent bleibt.

(7.12) NEUEGOALS $\leftarrow$ Diejenigen Goals aus $\{G_1, ..., G_k\}$, die sich nicht auf primäre Eingänge beziehen;

(7.13) GOALMENGE $\leftarrow$ GOALMENGE $\setminus G_0 \cup$ NEUEGOALS;

(7.14) *Implikation*

(7.15) **else if** Backtrack möglich **then** Backtrack

(7.16) **else** EINSTELLBAR $\leftarrow$ False;

(7.17) **fi**;

(7.18) **fi**;

(7.19) **od**;

(7.20) **if** EINSTELLBAR **then print** ("Konsistente Markierung gefunden."); **fi**;

(7.21) **od**;

(7.22) Restauriere Markierung von MN;

(7.23) **end**;

Nachdem die aktuelle Markierung für ein späteres Wiederaufsetzen gerettet ist (Zeile ( 7.2)), werden in einer Schleife (Zeilen ( 7.3) - ( 7.21)) alle Möglichkeiten der Sensibilisierung des gegebenen Pfades untersucht. In GOALMENGE wird eine Menge von Goals zusammengefaßt, die für eine Einstellung der Testmusterfolge an $M_f$ und die Sensibilisierung eines Pfades hinreicht und in dieser Situation noch nicht gewählt wurde. Die Goals aus GOALMENGE repräsentieren die Stellen im Modulnetzwerk, an denen eine Konsistenzverletzung möglich ist. Solange solche mögliche Inkonsistenzen vorliegen und es noch eine generelle Möglichkeit der Einstellung gibt, werden die Inkonsistenzen beseitigt (Zeilen ( 7.7) - (7.19)). Dazu wird ein Goal $G_0$ = ((IN, t), $M_0$) aus GOALMENGE gewählt und durch eine Menge neuer Goals ersetzt, so daß die Verletzung der Konsistenz durch $G_0$ durch das Markieren der Vorgänger von $M_0$ mit neuen Goal-Inputs aufgehoben wird. Diese neuen Goals verursachen ihrerseits wieder Inkonsistenzen, falls sie sich nicht auf primäre Eingänge beziehen. Sie werden daher in GOALMENGE neu aufgenommen.

Die beiden wichtigsten Prozeduren sind *Invertierung* (Zeile (7.10)) und *Implikation* (Zeile (7.14)).

Bei der Invertierung geht es darum, zu einem gegebenen Wert am Ausgang eines Moduls M Goal-Inputs für M zu bestimmen, die bezüglich der Modulfunktion konsistent zu dem gewünschten Ausgangswert sind. Die Möglichkeiten, ein solches Urbild bezüglich der Modulfunktion zu finden, werden für jeden verwendeten Modultyp vorgegeben. Neben einer prozeduralen Beschreibung oder einem interaktiven Eingreifen des Entwicklers bietet sich zur Unterstützung dieser Urbildfindung ein regelbasierter Ansatz an. Der Regelsatz kann in vielen Fällen automatisch aus der Verhaltensbeschreibung eines Moduls erzeugt werden.

Bei der Implikation wird die Markierung des Graphen solange erweitert, wie die aufgrund der neuen Entscheidung möglich gewordenen Zuordnungen eindeutig sind. Die Implikation wird ebenfalls durch die Vorgabe von Regeln für jeden Modultyp unterstützt.

## 3.2 Beispiel

Als einfaches Beispiel für die Anwendung des TPT-Algorithmus betrachten wir ein systolisches Array zur Faktorisierung einer Matrix in eine untere und obere Dreiecksmatrix (LU-Decomposition), welches in [MeCo80] ausführlich beschrieben ist. Abb.4 zeigt ein 4x4 Array als Modulnetz, im folgenden LUDEC genannt. Die wichtigsten darin vorkommenden Modultypen sind in Abb.5 aufgeführt.

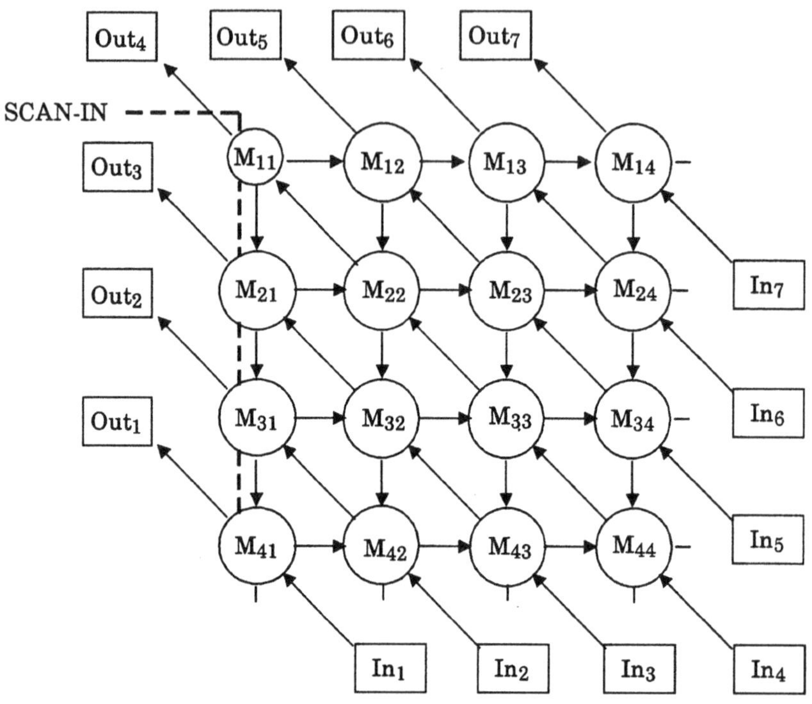


Abb.4 Modulnetz LUDEC

Es eignet sich gut als Beispiel, da es einerseits nur wenige verschiedene Modultypen enthält, andererseits aber eine Reihe funktionaler Zyklen besitzt. Alle Zyklen verlaufen durch wenigstens eines der Module $M_{i1}$, $i=1..4$, wo sie durch einen partiellen Scan-Path (siehe [Tris80]) aufgebrochen werden können. Da alle in LUDEC vorkommende Modultypen Pipeline-Mealy-Automaten sind, entsteht so als "Objekt im Test" ein funktional zyklenfreies Modulnetz. Wir wollen den Test-Pattern-Transport nun anhand der Berechnung einer Testfolge $TLUDEC(M_{23})$ für einen in $M_{23}$ angenommenen Fehler veranschaulichen.

Gemäß den Ergebnissen eines Test-Pattern-Liftes soll das Modul $M_{23}$ zum Zeitpunkt $t_0$ mit einem variablen Testmuster (a,b,c) angesteuert werden. Zum Zeitpunkt $t_1$ liege bei Auftreten des Fehlers an mindestens einem Modulausgang von $M_{23}$ ein fehlerhaftes Signal an.

Bei dieser Vorgabe ist z.B. folgender Mehrfachpfad zur Beobachtung geeignet:

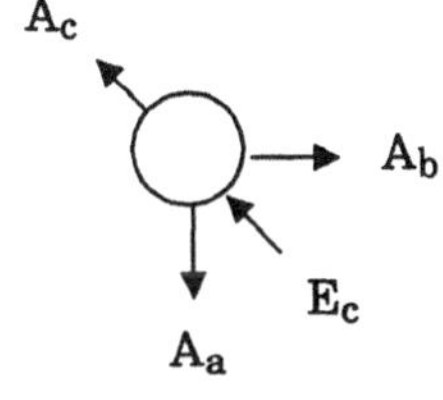


Modultyp 1:

$\delta: E_c \rightarrow Z_a \times Z_b \times Z_c$
mit $\delta(c) = (1/c, -1, c)$
$\lambda: Z_a \times Z_b \times Z_c \rightarrow A_a \times A_b \times A_c$
mit $\lambda(a,b,c) = (a,b,c)$

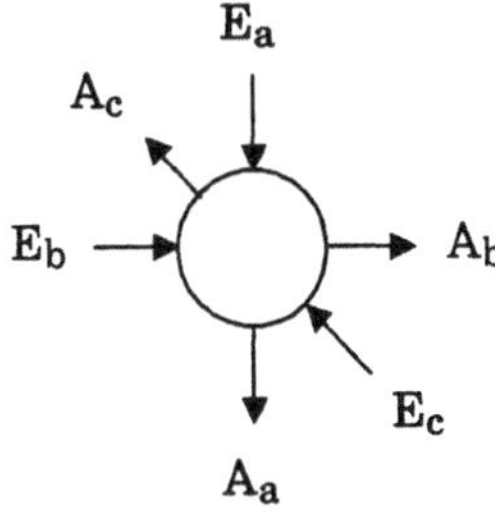


Modultyp 2:

$\delta: E_a \times E_b \times E_c \rightarrow Z_a \times Z_b \times Z_c$
mit $\delta(a,b,c) = (a,b,c+ab)$
$\lambda: Z_a \times Z_b \times Z_c \rightarrow A_a \times A_b \times A_c$
mit $\lambda(a,b,c) = (a,b,c)$

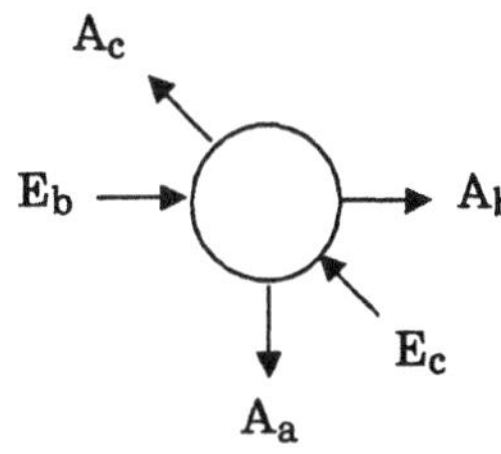


Modultyp 3:

$\delta: E_b \times E_c \rightarrow Z_a \times Z_b \times Z_c$
mit $\delta(b,c) = (-c,b,c)$
$\lambda: Z_a \times Z_b \times Z_c \rightarrow A_a \times A_b \times A_c$
mit $\lambda(a,b,c) = (a,b,c)$

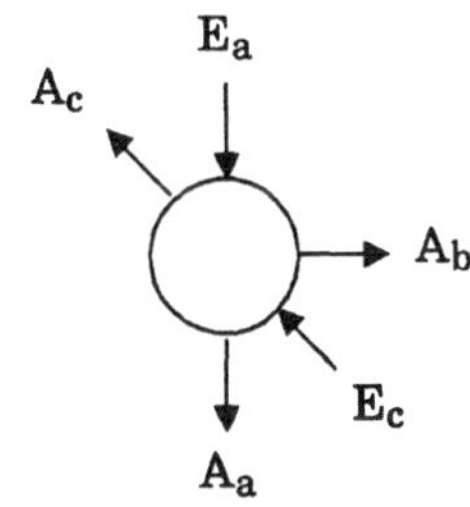


Modultyp 4:

$\delta: E_a \times E_c \rightarrow Z_a \times Z_b \times Z_c$
mit $\delta(a,c) = (a,ac,c)$
$\lambda: Z_a \times Z_b \times Z_c \rightarrow A_a \times A_b \times A_c$
mit $\lambda(a,b,c) = (a,b,c)$

Abb.5 Modultypen aus LUDEC

$(M_{23},M_{12})\ (M_{12},Out_5)$
$(M_{23},M_{24})\ (M_{24},M_{13})\ (M_{13},Out_6)$
$(M_{23},M_{33})\ (M_{33},M_{22})\ (M_{22},M_{11})\ (M_{11},Out_4)$

Das Suchen von Goals zur Sensibilisierung dieses Mehrfachpfades wird durch einen vorgegebenen Regelsatz unterstützt. Die folgenden Regeln sind ein Auszug aus dem Regelsatz zur Beschreibung des Verhaltens von Modultyp 2 bezüglich der Propagation fehlerhafter Werte:

*Regel 1*: Liegt zum Zeitpunkt t
an $E_a$ ein fehlerfreier Wert ungleich 0
an $E_b$ ein fehlerhafter Wert,
und an $E_c$ ein fehlerfreier Wert an
dann
liegt zum Zeitpunkt t+1
an $A_c$ ein fehlerhafter Wert an.

*Regel 2*: Liegt zum Zeitpunkt t
an $E_a$ ein fehlerhafter Wert,
an $E_b$ ein fehlerfreier Wert ungleich 0
und an $E_c$ ein fehlerfreier Wert an
dann
liegt zum Zeitpunkt t+1
an $A_c$ ein fehlerhafter Wert an.

*Regel 3*: Liegt zum Zeitpunkt t
an $E_a$ ein fehlerfreierWert,
an $E_b$ ein fehlerfreier Wert,
und an $E_c$ ein fehlerhafter Wert an
dann
liegt zum Zeitpunkt t+1
an $A_c$ ein fehlerhafter Wert an.

usw.

Gemäß den obigen Regeln lassen sich folgende Goals als mögliche Sensiblisierungsgoals für den gewählten Mehrfachpfad ableiten. Dabei werden "Don't cares" mit – bezeichnet:

Sensibilisierungsgoals := $\{(((1,-,-),t_1),M_{24}), (((-,1,-),t_1),M_{33})\}$

Invertierung und Implikation arbeiten ebenfalls auf der Grundlage eines vorgegebenen Regelsatzes. Durch die globale Betrachtung der Schaltung durch den Entwickler lassen sich in diesem Fall weitaus schärfere Implikationen treffen, als dies auf Gatterebene möglich wäre.

Die Testfolge TLUDEC($M_{23}$) läßt sich unter den gegebenen Voraussetzungen ohne Backtrack berechnen. In Abb.6 sind die zu TLUDEC($M_{23}$) korrespondierenden Eingabewerte der primären Eingänge für die Zeitpunkte $t_{-9}$ bis $t_4$ tabellenartig aufgeführt.

| Zeitpkte<br>prim. Eing. | $t_{-9}$ | $t_{-8}$ | $t_{-7}$ | $t_{-6}$ | $t_{-5}$ | $t_{-4}$ | $t_{-3}$ | $t_{-2}$ | $t_{-1}$ | $t_0$ | $t_1$ | $t_2$ | $t_3$ | $t_4$ |
|---|---|---|---|---|---|---|---|---|---|---|---|---|---|---|
| $In_1$ | - | - | - | - | - | - | - | - | - | - | - | - | - | - |
| $In_2$ | - | - | - | - | - | - | - | 1 | - | - | - | - | - | - |
| $In_3$ | - | - | - | - | - | b | - | - | - | - | - | - | - | - |
| $In_4$ | - | - | - | - | - | - | - | - | - | - | - | - | - | - |
| $In_5$ | - | - | 0 | - | - | - | - | - | c | - | - | - | - | - |
| $In_6$ | - | 0 | - | - | - | - | - | -a | - | - | - | - | - | - |
| $In_7$ | 0 | - | - | - | - | - | 0 | - | - | -1 | - | - | - | - |
| $M_{11}$SCAN-IN | - | - | - | - | - | - | 1 | - | - | - | - | - | - | - |
| $M_{21}$SCAN-IN | - | - | - | - | - | - | - | - | - | - | - | - | - | - |
| $M_{31}$SCAN-IN | - | - | - | - | - | - | - | - | - | - | - | - | - | - |
| $M_{41}$SCAN-IN | - | - | - | - | - | - | - | - | - | - | - | - | - | - |

Abb.6 Testfolge TLUDEC($M_{23}$) für einen Fehler in Modul $M_{23}$

Analog lassen sich Testfolgen für alle Module des Arrays ohne Backtrack berechnen. Ein zeitliches Überlagern der dabei generierten Testfolgen ergab für das Beispiel eine Gesamtfolge der Länge 49, die für alle Module die Einstellung mit einem beliebigen Testmuster und die Beobachtung der Fehlerwirkung gewährleistet.

## 4. Zusammenfassung

Wir haben einen Algorithmus zum Test-Pattern-Transport auf Abstraktionsebenen oberhalb der Gatterebene vorgestellt, der im Rahmen des in [HoGe87] eingeführten Test-Pattern-Liftes zur Testvorbereitung für sequentielle Schaltungen eingesetzt werden kann. Er setzt als "Objekt im Test" eine sequentielle Schaltung ohne funktionale Zyklen voraus. Dies kann durch Testarchitekturen wie z.B. einen unvollständigen Scan-Path erreicht werden. Am Beispiel einer einfachen sequentiellen Schaltung wurde der Einsatz des TPT-Algorithmus innerhalb einer hierarchischen Testvorbereitung demonstriert. Neben dem sehr geringen Overhead durch architektonische Maßnahmen konnte der Test ohne einen einzigen Backtrack generiert werden.

Der Einsatz des TPT-Algorithmus ist sicher nicht auf allen Abstraktionsebenen und für alle Schaltungen sinnvoll. Er sollte vielmehr innerhalb eines interaktiven Systems dort eingesetzt werden, wo sich das Wissen des Entwicklers über das funktionale Verhalten von Schaltungsmodulen in Form von Regeln, Tabellen oder prozedural leicht eingeben läßt.

Interessant für weitere Forschungsarbeiten erscheint uns die Untersuchung von Verfahren, mit denen gewisse funktionale Zyklen als für die Testgenerierung tolerierbar erkannt werden. Dadurch läßt sich der Overhead durch Testarchitekturmaßnahmen noch weiter reduzieren.

## Literatur


[EiWi77] E. B. Eichelberger, T. W. Williams: "A Logic Design Structure for LSI Testability, Proc. 14th Design Autom. Conf., pp. 462-468, 1977

[Fuji85] H. Fujiwara: "Logic Testing and Design for Testability", The MIT Press, 1985

[FuSh83] H. Fujiwara, T. Shimono: "On the Acceleration of Test Generation Algorithms", IEEE Trans. on Comp., Vol. C-32, No. 12, pp. 1137-1144, 1983

[Gern88] M. Gerner: "Entwurf von Testarchitekturen für VLSI-Bausteine", im vorliegenden Tagungsband, Okt. 1988

[HoGe87] H. Hofestädt, M. Gerner: "Qualitative Testability Analysis and Hierarchical Test Pattern Generation - A New Approach to Design for Testability ?", Proc. 1987 Int. Test Conference, pp. 538-546, 1987

[KuWu88] A. Kunzmann, H.-J. Wunderlich: "Ein analytischer Ansatz zur Konfiguration unvollständiger Prüfpfade", Workshop "Neue Forschungsaspekte zum Testen von VLSI-Schaltungen", Gut Ising, März 1988

[MeCo80] C. Mead, L. Conway: "Introduction to VLSI-Systems, Addison Wesley, 1980

[Roth66] J.P. Roth: "Diagnosis of automata failures: A calculus and a method", IBM J. Res. Dev. 10, pp. 278-281, 1966

[SuTS87] M. H. Schulz, E. Trischler, Th. M. Sarfert, "SOCRATES: A Highly Efficient Automatic Test Pattern Generation System", Proc. 1987 Int. Test Conference, pp. 1016-1026, 1987

[Tris80] E. Trischler: "Incomplete scan path with an automatic test-generation methodology", Proc. 1980 Int. Test Conference, pp. 153-162 , 1980

# Automatisierung des Entwurfs vollständig testbarer Schaltungen

Sybille Hellebrand, Hans-Joachim Wunderlich
Universität Karlsruhe
Institut für Rechnerentwurf und Fehlertoleranz
(Prof. Dr. D. Schmid)
D-7500 Karlsruhe 1, Haid-und-Neu-Straße 7

## Kurzfassung

Die Kosten für die Testvorbereitung, Testerzeugung und Testdurchführung wachsen überproportional mit der Komplexität anwendungsspezifischer Schaltungen, und die Teststrategie sollte daher bereits in einer sehr frühen Phase des Schaltungsentwurfs festgelegt und berücksichtig werden. In diesem Artikel werden logische Grundzellen und Algorithmen zur Unterstützung des pseudo-erschöpfenden Tests vorgestellt. Diese Teststrategie hat den Vorteil, daß die äußerst rechenzeitaufwendige Testmustererzeugung entfällt und zugleich eine vollständige Fehlererfassung auf Gatterebene garantiert ist. Die vorgestellten Grundzellen dienen der Zerlegung der Gesamtschaltung in erschöpfend testbare Teile, die präsentierten Algorithmen sollen diese Segmentierungszellen so plazieren, daß der Mehraufwand an Silizium gering bleibt. Hierzu wurden Varianten sogenannter "Hill-Climbing" und "Simulated-Annealing"-Verfahren entwickelt.

## 1. Einleitung

Komplexe digitale Schaltungen enthalten zumeist eine umfangreiche Zusatzausstattung, die für die wirtschaftliche Durchführung des Produktionstests notwendig ist. Diesem Test muß jeder gefertigte Chip unterworfen werden, da besonders bei anwendungsspezifischen Schaltungen mit einer nur geringen Ausbeute gerechnet werden muß und hier Fehlertoleranzverfahren nicht geeignet sind. Daher haben die Kosten dieses Tests großen Einfluß auf die Gesamtkosten der Schaltung.

Die Kosten für die Testdurchführung können durch den Entwurf selbsttestbarer Schaltungen drastisch reduziert werden. Ein erster Schritt, auch die Kosten für die Testmusterbestimmung zu vermindern, war die Integration eines Prüfpfades [AnWi73], um im Testbetrieb alle Speicherelemente unmittelbar zu setzen und zu beobachten. In diesem Falle sind nur für das verbleibende Schaltnetz Testmuster zu bestimmen, aber auch dann ist die Testerzeugung höchst rechenaufwendig. Sie kann durch den Einsatz universeller Testmengen, durch den Zufallstest oder durch den pseudo-erschöpfenden Test umgangen werden. Universelle Testmengen erfordern oft großen Mehraufwand beim Entwurf. Beim Zufallstest muß für die konkrete Schaltungsstruktur die Zahl der Muster bestimmt werden, auf die die Schaltung korrekt reagieren muß, damit Fehlerfreiheit angenommen werden kann (vergl. [Wu87a]). Diese Zahl kann durch die Verwendung ungleichverteilter Zufallsmuster reduziert werden [Wu87b]. Die Integration entsprechender Zusatzhardware auf dem Chip ermöglicht die Testdurchführung als Selbsttest [KOEN79], [Wu87c]. Mit dem Zufallstest wird jedoch zumeist keine vollständige Fehlererfassung garantiert, so daß bei sehr hohen Anforderungen an die Produktqualität der Chips andere Teststrategien notwendig werden.

Eine vollständige Fehlererfassung garantiert der erschöpfende Test, bei dem alle möglichen Eingangsbelegungen aufgezählt werden, wobei jedoch die Testlänge exponentiell mit der Zahl der primären Eingänge wächst. Dieses Problem kann in vielen Fällen durch den pseudo-erschöpfenden Test [McBo81] gelöst werden. Hier wird für jeden Ausgang o des Schaltnetzes das minimale Teilschaltnetz $K_0$ bestimmt, das alle Knoten enthält, von denen o abhängt, und das dann durch vollständige Aufzählung aller Musterkombinationen erschöpfend getestet wird. Die Teilschaltnetze $K_o$ heißen die "Abhängigkeitskegel" der Ausgänge o (vgl. Bild 1).

Wie beim erschöpfenden Test entfällt beim pseudo-erschöpfenden Test der Aufwand zur Testmusterbestimmung, die Zahl t der benötigten Testmuster ist ferner zumeist erheblich reduziert. Sie kann durch die Ungleichung $2^{\ell} \leq t \leq m \cdot 2^{\ell}$ abgeschätzt werden, wobei $\ell$ die maximale Anzahl an Eingängen der einzelnen Kegel und m die Anzahl der primären Ausgänge bezeichnet. Dabei hängt t nicht nur von der Zahl der primären Ausgänge, sondern auch von der Auswahl geeigneter Kompaktierungstechniken ab [McCl84], [Aker85].

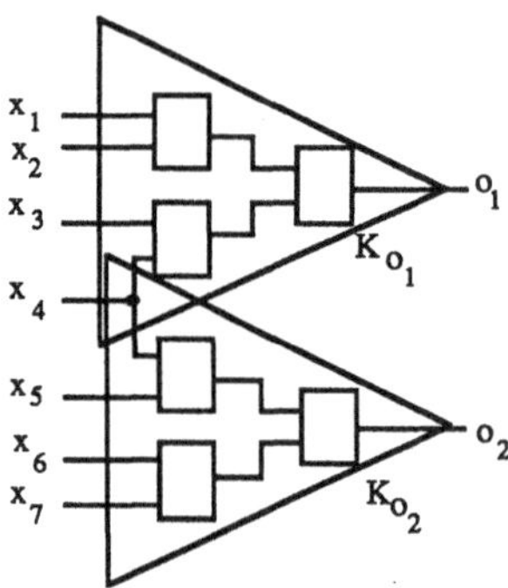


**Bild 1:** Abhängigkeitskegel

Auch der pseudo-erschöpfende Test garantiert eine hohe Fehlererfassung, innerhalb der einzelnen Kegel werden alle kombinatorischen Fehlfunktionen erfaßt. Eine besondere Behandlung erfordern jedoch Fehler, die ein sequentielles Verhalten hervorrufen können, wie zum Beispiel unterbrochene Leitungen in CMOS-Schaltungen. Mit geeigneter Testhardware zur Erzeugung von Musterfolgen können auch alle einfachen stuck-open-Fehler innerhalb der Kegel erkannt werden [WuHe88]. Für die Gesamtschaltung bedeutet dies die Erkennung von entsprechenden Mehrfachfehlern. Durch Verwendung spezieller linear rückgekoppelter Schieberegister [WaMc86], deren Rückkopplungsfunktionen mit Mitteln der Kodierungstheorie bestimmt werden können, läßt sich der pseudo-erschöpfende Test eines Schaltnetzes auch als Selbsttest durchführen.

Der pseudo-erschöpfende Test eines Schaltnetzes ist sinnvoll, wenn die Anzahl der Eingänge der einzelnen Kegel ein gewisses Limit $\ell$ nicht überschreitet. Denn während in der oben erwähnten Ungleichung die Zahl der Kegel und damit die Schaltungsgröße höchstens linear eingehen, wächst die Testmenge exponentiell mit $\ell$. Um bei einem Hochgeschwindigkeitstest die Durchführungszeit im Sekundenbereich zu halten, sollte $\ell \approx 20$ nicht wesentlich überschritten werden. Beispiel einer pseudo-erschöpfend testbaren Schaltung ist der Paritätsgenerator TI SN54/74LS630 mit 23 Eingängen und 12 Ausgängen. Jeder Ausgang hängt von 10 Eingängen ab, je zwei Abhängigkeitskegel haben dieselben primären Eingänge und können somit gleichzeitig getestet werden. Ein pseudo-erschöpfender Test kann mit $6 \cdot 2^{10} = 6144$ Mustern durchgeführt werden, während für einen erschöpfenden Test $2^{23} \approx 8{,}39 \cdot 10^6$ Muster benötigt würden. Bei Einsatz der erwähnten Kompaktierungstechniken kann die Musterzahl für den pseudo-erschöpfenden Test auf 1024 reduziert werden [McCl84].

Bei beliebigen Schaltnetzen ist nicht gewährleistet, daß die Ausgänge von einer ausreichend kleinen Teilmenge der Eingänge abhängen. Die Vorteile des pseudo-erschöpfenden Tests können jedoch für beliebige Schaltungen genutzt werden, wenn diese zu Testzwecken segmentiert werden [McBo81]. Dabei werden durch Segmentierungszellen im Testbetrieb weitere Knoten innerhalb der Schaltung als primäre Ein- und Ausgänge zugänglich gemacht. Dies sei am Beispiel der kleinen Schaltung aus Bild 2 erläutert. Ohne die eingezeichneten Segmentierungszellen besitzt Knoten 13 einen Abhängigkeitskegel mit 6

Eingängen. Mit den Segmentierungszellen werden die Knoten 7 und 12 zu primären Ausgängen und $k_1$ und $k_2$ zu neuen Eingängen. Der Kegel von Knoten 7 besitzt die Eingänge {1, 2, 3}, Knoten 12 besitzt {$k_1$, 4, 5, 6} als Eingänge und Knoten 13 hängt von {1, 2, 3, 4, $k_2$} ab.

Um die Vorteile des pseudo-erschöpfenden Tests zu erhalten, müssen an die Segmentierungszellen folgende Anforderungen gestellt werden:

1) Auch sämtliche Fehler in der zusätzlichen Testausstattung müssen während des pseudo-erschöpfenden Tests erkannt werden.
2) Der zusätzliche Flächenbedarf für die Segmentierungszellen soll möglichst gering sein.
3) Das Systemverhalten sollte durch die Segmentierungszellen möglichst wenig beeinträchtigt werden.

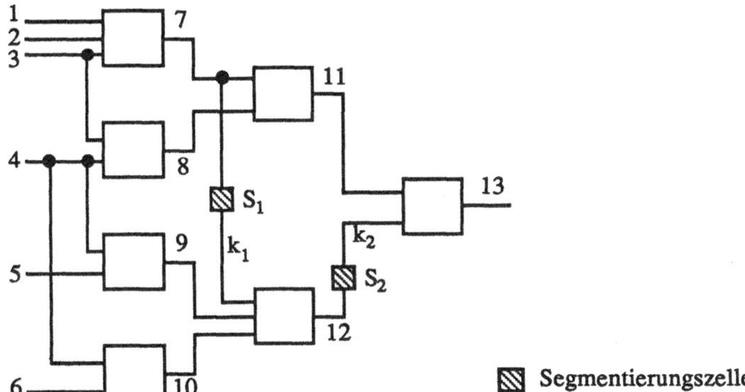


**Bild 2:** Schaltnetz mit Segmentierungszellen

Die bekannten Segmentierungstechniken erfüllen manche dieser Anforderungen nur unzureichend und andere gar nicht. Es werden daher im folgenden neue Segmentierungszellen vorgestellt, die auf dem bekannten LSSD-Prinzip beruhen. Diese Zellen können in den Logikentwurf automatisch eingefügt werden, so daß garantiert ist, daß die korrekte Systemfunktion der jetzt pseudo-erschöpfend testbaren Schaltung beibehalten wird. Um die dadurch entstehenden Zusatzkosten an Chipfläche zu reduzieren, sollten möglichst wenig Segmentierungszellen benötigt werden. In Abschnitt 3 werden die bekannten Verfahren zur Plazierung solcher Zellen diskutiert, und in Abschnitt 4 wird ein effizienter "Hill-Climbing" Algorithmus zur Segmentierung vorgestellt, der zu deutlich günstigeren Lösungen gelangt. Jedoch besteht bei diesem Verfahren die Gefahr suboptimaler Lösungen, die bei erhöhtem Rechenaufwand durch probabilistische Methoden reduziert werden kann. Diese werden in Abschnitt 5 dargestellt. Insgesamt ergibt sich damit ein Programmsystem, das einen LSSD-basierten Entwurf mit möglichst geringen Kosten so ergänzt, daß die Gesamtschaltung auf alle kombinatorischen Funktionsfehler vollständig testbar ist und die Korrektheit der Funktion dabei weiter gewährleistet bleibt.

## 2. Die logischen Grundzellen für den pseudo-erschöpfenden Test

Beim pseudo-erschöpfenden Test werden im wesentlichen für zwei Grundfunktionen Zellen benötigt. Zum einen müssen die Speicherzellen prüfpfadfähig sein, so daß nur das verbleibende Schaltnetz getestet werden muß, und zum anderen muß die Schaltung im Testbetrieb segmentierbar sein. Die klassischen Verfahren hierfür werden in der englischsprachigen Literatur "Level-sensitive Scan-Design" und "Multiplexer-Partitioning" genannt. Diese werden im nächsten Abschnitt skizziert und bewertet. Darauf folgend wird eine neue Architektur vorgestellt, die einige signifikante Nachteile der klassischen Segmentierungsmethoden vermeidet.

## 2.1. Klassische Partitionierungstechniken

Die zahlreichen klassischen Verfahren des Scan Design finden sich bereits in Übersichtsartikeln [McCl84] und Lehrbüchern [Fuji86], [McCl86], so daß wir uns im folgenden nur auf die Prinzipien des LSSD beschränken, die für das Verständnis der später vorgestellten Grundzellen wichtig sind. Das wesentliche Bauelement hierfür ist das sogenannte Schieberegister-Latch, dessen Realisierung mit Transfergattern Bild 3 zeigt.

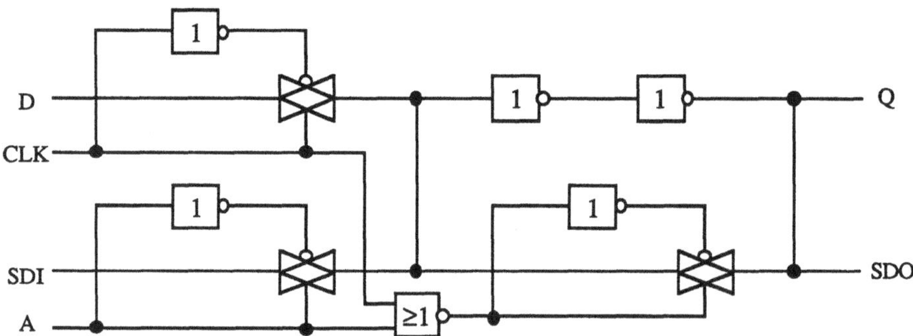


**Bild 3**: Latch mit Schiebedateneingang

Ist der Systemtakt CLK aktiv, wird an Q der Wert von D geladen, bei aktivem Testtakt A der Schiebedateneingang SDI. CLK und A dürfen sich nicht überlappen. Schaltet man hinter ein solches Latch ein weiteres ohne Schiebedateneingang, das mit CLK ∨ A getaktet wird, erhält man ein Master-Slave Flip-Flop. Will man im Systembetrieb nur die Latchfunktion nutzen, so fügt man ein Latch mit einem weiteren Schiebetakteingang B an (Bild 4).

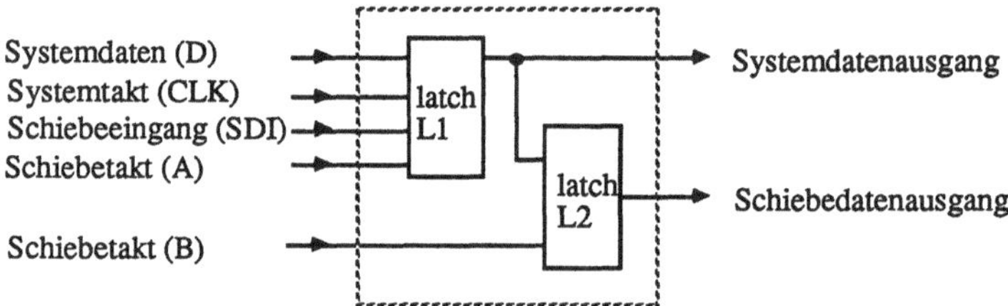


**Bild 4:** Pegelgesteuertes Schieberegister-Latch (SRL)

Falls im Systembetrieb Latches verwendet werden, muß man mit besonderen Entwurfsregeln garantieren, daß Signalwettläufe und das individuelle Zeitverhalten der verwendeten Zellen die korrekte Funktion nicht stören. Dazu werden neben den beiden Schiebetakten A und B noch zwei Systemtakte CLK(1), CLK(2) benötigt. Die Schaltung muß in zwei disjunkte Schaltnetze N(1) und N(2) und zwei Mengen von Latches zerlegt werden (Bild 5), so daß gelten:

1) Die mit CLK(1) getakteten Latches erhalten ihre Daten aus N(1).
2) Die mit CLK(2) getakteten Latches erhalten ihre Daten aus N(2).
3) Das Netz N(1) erhält keine Daten von Latches, die mit CLK(1) getaktet werden.
4) Das Netz N(2) erhält keine Daten von Latches, die mit CLK(2) getaktet werden.

Es fällt auf, daß die Latches L2 nur zu Testzwecken verwirklicht sind und keine Systemfunktion haben. Dieser Mehraufwand entfällt bei einer L1/L2*-Architektur, bei der auch die L2*-Latches einen Dateneingang und einen Eingang für den zugehörigen Systemtakt erhalten. Ein L2*-Latch ist also mit der in Bild 3 gezeigten Schaltung identisch. Bild 6 zeigt, wie diese Zellen eingesetzt werden. Offensichtlich müssen bei Einsatz dieser Zellen noch folgende Regeln zusätzlich erfüllt werden:

5) CLK(1) und Schiebetakt A steuern die L1-Latches.
6) CLK(2) und Schiebetakt B steuern die L2-Latches.

Die Suche nach einer Partitionierung der Schaltung, die Regel 1) bis Regel 6) erfüllt, entspricht einem einfachen graphentheoretischen Problem. Dabei bilden die benötigten Zustandsvariablen der Latches die Knoten V, und von einer Variablen a ist zur Variablen b eine Kante gerichtet, wenn b von a abhängt. Bild 7 verdeutlicht diese Umformung.

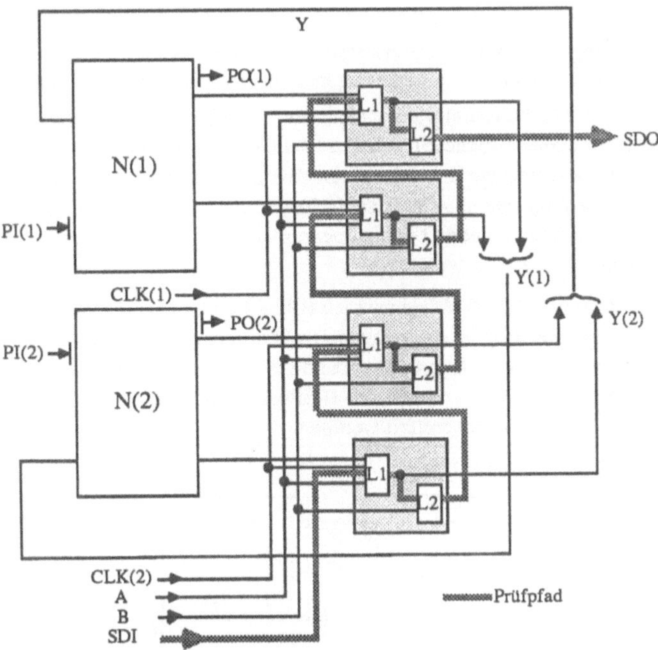


**Bild 5:** Einfach-Latch Konfiguration

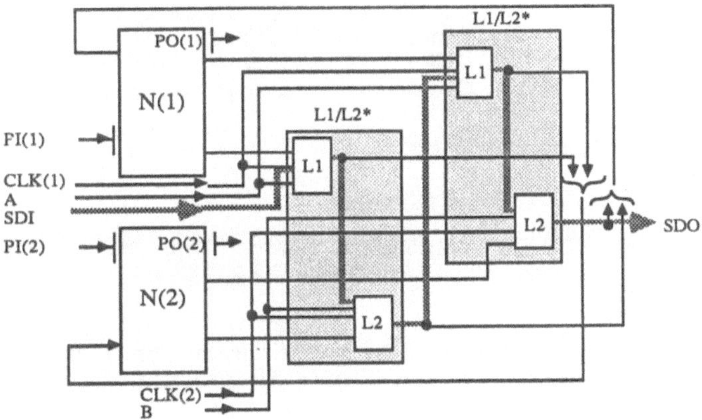


**Bild 6:** LSSD mit L1/L2*-Zellen

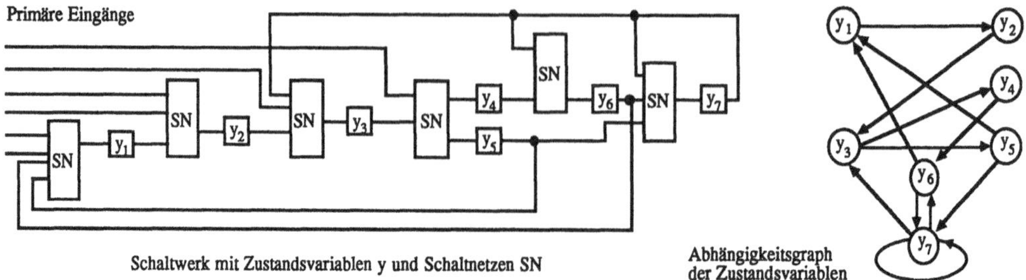


**Bild 7:** Schaltwerk und zugehöriger Abhängigkeitsgraph der Zustandsvariablen

Nun ist eine Partitionierung der Knoten in zwei gleich große Mengen $V_1$ und $V_2$ gesucht, so daß alle Kanten von $V_1$ zu Knoten aus $V_2$ oder umgekehrt gehen, aber innerhalb von $V_1$ und $V_2$ keine Kanten verlaufen. Leider ist eine solche Partitionierung nicht immer möglich. In diesem Fall müssen zusätzliche Latches eingeführt werden, wobei manche L1- oder L2*-Latches durch Doppel-Latches nach Bild 4 oder durch Master-Slave Flipflops ersetzt werden. Dies vergrößert jedoch den Flächenbedarf der Schaltung und kann zu Leistungseinbußen führen. Aus diesem Grunde sollte eine Schaltungssegmentierung zur Unterstützung des pseudo-erschöpfenden Tests keine zusätzlichen Abhängigkeiten zwischen den Zustandsvariablen einführen.

Als Segmentierungshardware wurden Multiplexer nach Bild 8 vorgeschlagen [McBo81]. Der Einfachheit wegen beschränkt sich dieses Beispiel auf die vollständige Partitionierung in zwei Teile. Im Systembetrieb schalten sämtliche Multiplexer den 1-Eingang durch und die Teilschaltnetze G1 und G2 sind verbunden. Soll G2 getestet werden, schalten M1 und M3 den 0-Eingang und M2 und M4 den 1-Eingang durch. Entsprechend kann der Test für G1 durchgeführt werden.

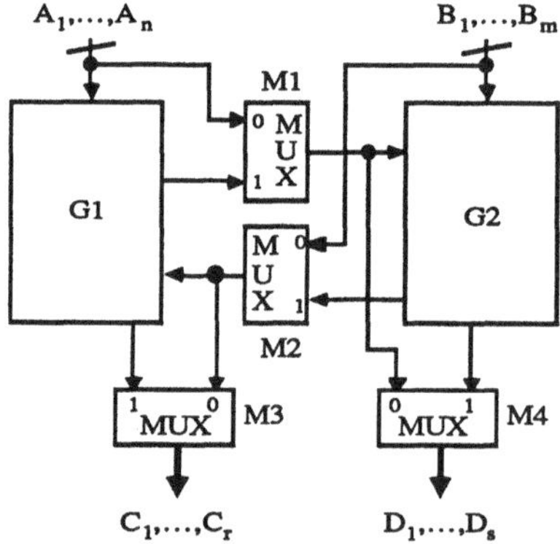


**Bild 8:** Struktur einer Multiplexersegmentierung

Dieser Vorschlag hat jedoch auch gewichtige Nachteile:

1) Es wird ein sehr hoher zusätzlicher Verdrahtungsaufwand erforderlich, da zu einem Multiplexer eine Signalleitung von einem Schaltnetzeingang hingeführt und eine andere zu einem Schaltnetzausgang weggeführt werden muß.
2) An jedem aufzutrennenden Schaltungsknoten sind zwei Multiplexer nötig, je einer zum Setzen und zum Beobachten. Beide liegen hintereinander im Datenpfad und beeinträchtigen das Schaltungsverhalten.
3) Insbesondere bei einer Partitionierung in eine größere Zahl von Schaltungen ist eine umfangreiche Steuerung für die Multiplexer erforderlich, die nicht pseudo-erschöpfend getestet werden kann.

4) Ob die korrekte Systemfunktion der Multiplexer M1 und M2 geprüft wird, ist layoutabhängig.

5) Die Eingänge A, B und die Ausgänge C, D sind im allgemeinen Latches, zwischen denen durch die Multiplexer neue Abhängigkeiten eingeführt werden und deren LSSD-gemäße Aufteilung gestört wird.

Im nächsten Abschnitt beschreiben wir eine Segmentierungstechnik, die diese Nachteile umgeht.

## 2.2. Entwurf der Segmentierungszellen

Bereits die traditionelle LSSD-Technik verfolgt das Ziel, Knoten in der Schaltung direkt zugänglich zu machen. Anstatt mit der Multiplexer-Technik dasselbe Ziel mit einem völlig neuen Verfahren anzustreben, versuchen wir, die LSSD-Technik so zu erweitern, daß auch Knoten im Schaltnetz direkt zugänglich sind, ohne daß dort im Systembetrieb Zustände gespeichert werden. Es sollen also die Segmentierungszellen S1 und S2 aus Bild 2 in den bereits vorhandenen Prüfpfad integriert werden. Eine entsprechende Zelle zeigt Bild 9.

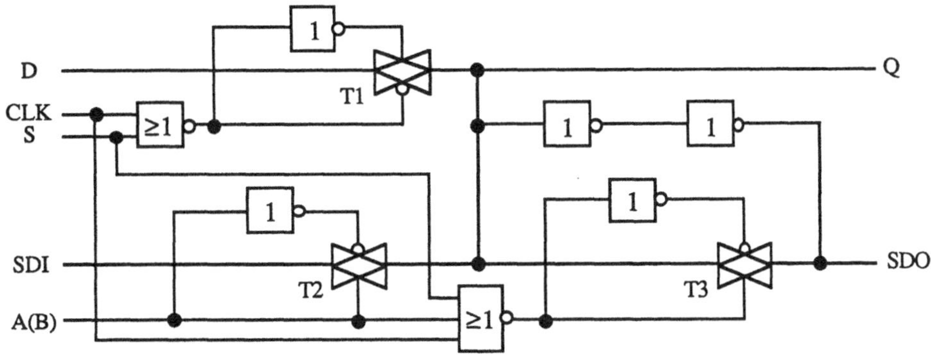


**Bild 9:** Segmentierungszelle

Diese Zelle entspricht im wesentlichen einem L1-Latch, und jeweils zwei von ihnen ergeben zusammen ein L1/L2*-Latch. Es wird in entsprechender Weise in den Prüfpfad geschaltet.

Das Eingangssignal S legt fest, ob die Zelle im Systembetrieb den Dateneingang D direkt nach Q durchschaltet (S=1), oder ob sie als Latch arbeitend an Q den vorhergehenden Wert speichert (S=0, T1 sperrt und T3 leitet). Für S=1 bleibt auch bei eingebauten Segmentierungszellen die Funktion des Schaltnetzes unverändert. Ist jedoch S=0, so konfiguriert sich die Zelle als normales Prüfpfad-Latch, dessen Inhalt genau wie der aller anderen Speicherelemente direkt zugänglich ist.

Die Zelle erfüllt also die geforderte Segmentierungsfunktion wie die klassische Multiplexer-Lösung. Die geschilderten Nachteile treten jedoch nicht auf:

1) Verdrahtung:
Die Segmentierungszellen werden Teil des Prüfpfads, in dem die Zellen in beliebiger Reihenfolge angeordnet sein können. Es bestehen daher bei der Verdrahtung weit höhere Freiheitsgrade als bei der Verschaltung der Datenleitungen nach Bild 8.

2) Verzögerung:
Die Segmentierungszelle fügt nur das Transfergatter T1 zusätzlich in den Datenpfad ein, während beim klassischen Verfahren zwei Multiplexer benötigt werden.

3) Steuerung:
Nur das Signal S wird zu Segmentierung auf 0 gesetzt. Im Gegensatz zur Multiplexer-Lösung werden alle Zellen mit demselben Signal gesteuert.

4) Fehlererfassung:
Jeder Teil des Datenpfades von D nach Q im Systembetrieb wird auch im Testmodus durchlaufen. Ein erschöpfender Test der Gesamtschaltung testet auch die Segmentierungszelle erschöpfend.

5) Eignung für LSSD:
Wie aus Bild 8 deutlich wird, führt die Multiplexer-Lösung zahlreiche neue Abhängigkeiten zwischen den vorhandenen Zustandsvariablen ein und kann so eine Partitionierung der Latches entsprechend der Regeln 1) bis 6) ungültig machen. Dagegen treten beim Einbau der Segmentierungszellen keine neuen Abhängigkeiten zwischen den vorhandenen Latches auf, sondern nur zwischen den Segmentierungszellen selbst. Bestehende Partitionierungen bleiben somit gültig.

Aber dennoch entstehen durch den Einbau dieser Zellen Zusatzkosten, und ihre Anzahl sollte daher minimiert werden. Entsprechende Algorithmen werden in den nächsten Abschnitten vorgestellt.

## 3. Schaltungssegmentierung

Mit den beschriebenen Segmentierungszellen kann der Aufwand an Zusatzhardware direkt durch die Zahl der benötigten Latches gemessen werden. Damit ist folgendes Problem zu lösen:

*Problem OSS(Optimale Schaltungssegmentierung):* Gegeben sei ein Schaltnetz S und eine natürliche Zahl $\ell \in N$. Transformiere S durch den Einbau von Segmentierungszellen in ein Schaltnetz S', bei dem jeder Ausgang von höchstens $\ell$ Eingängen abhängt. Dabei soll die Anzahl der Segmentierungszellen minimal sein.

Für den sukzessiven Test der Abhängigkeitskegel der transformierten Schaltung werden höchstens $m \cdot 2^{\ell}$ Testmuster benötigt, wenn m die Anzahl der primären Ausgänge bezeichnet. Die Testdauer für das transformierte Schaltnetz hängt also im wesentlichen von der Wahl von $\ell$ ab.

OSS läßt sich als graphentheoretisches Problem auffassen, wobei der Graph G = (V, E) als Knotenmenge V alle primären Eingänge und alle Gatterausgänge besitzt. Zwei Knoten bilden eine gerichtete Kante (v, w) $\in$ E, wenn Knoten v an einem Eingang und w am Ausgang desselben Gatters angeschlossen sind. Damit bilden die primären Eingänge von S die Menge $\mathfrak{Q}(G)$ der Quellknoten von G. Die Knoten von G seien gemäß dem Signalfluß durchnumeriert. Der Einbau von Segmentierungszellen in S kann als "Schneiden" von Knoten und Kanten in G modelliert werden. Bild 10 zeigt den Graphen, der zu dem Schaltnetz aus Bild 2 korrespondiert, mitsamt den Schnitten.

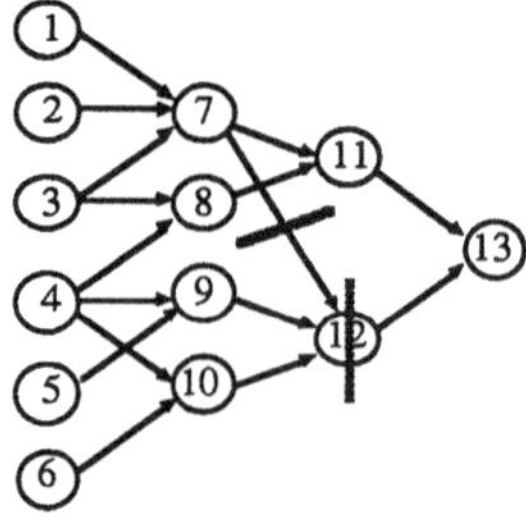


**Bild 10:** Schaltnetzgraph zu Bild 2

Wir ordnen jedem Knoten v $\in$ V die Anzahl der Quellknoten, von denen ein Pfad zu v führt, als *Abhängigkeitswert* a(v) zu. Das Schneiden eines Knotens v $\in$ V entspricht dem Einbau einer Segmentierungszelle in einen Fanout-Stamm. Dabei wird v durch zwei Knoten v' und v" ersetzt. Der Knoten v' hat keine Nachfolger und seine Vorgänger sind die Vorgänger von v, der Knoten v" ist ein zusätzlicher Quellknoten, dessen Nachfolger die Nachfolger von v sind (vgl. Bild 11).

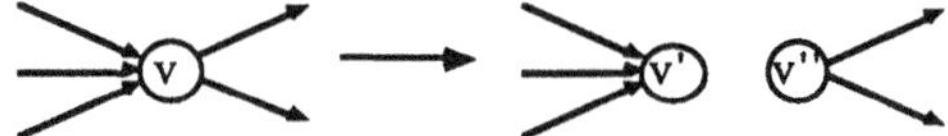


**Bild 11:** Schnitt eines Knotens

Das Schneiden einer Kante entspricht dem Auftrennen eines Fanout-Zweigs durch eine Segmentierungszelle und kann auf entsprechende Weise definiert werden. Falls das Schaltnetz an jedem Fanout-Zweig einen Treiberbaustein besitzt, sind nur Knoten zu schneiden. Da jeder Schaltnetzgraph G für Rechenzwecke entsprechend ergänzt werden kann, beschränken wir uns aus Gründen der Übersichtlichkeit der Darstellung auf das Schneiden von Knoten. Damit läßt sich das Problem OSS wie folgt formulieren:

> Gegeben sei ein gerichteter, zyklenfreier Graph G = (V, E), $\ell \in N$. Transformiere G durch Schneiden von Knoten in einen Graph G' = (V', E'), so daß $a(v) \leq \ell$ für alle $v \in V'$ gilt. Die Anzahl der Schnitte soll minimal sein.

Eine Transformation von G wird durch die Angabe der Menge der zu schneidenden Knoten vollständig beschrieben und OSS läßt sich durch vollständige Aufzählung aller $2^{|V|}$ möglichen Transformationen von G exakt lösen. Um diesen exponentiellen Aufwand zu vermeiden, haben Roberts und Lala ein heuristisches Vorgehen vorgeschlagen [RoLa84]. Ihre Heuristik garantiert aber nicht, daß die Abhängigkeitswerte sämtlicher Knoten aus V' unter der Konstanten $\ell$ liegen, sondern es soll nur der größte Abhängigkeitswert $a^* := \max\{a(v) | v \in V'\}$ für einen Knoten in G' möglichst wenig von $\ell$ abweichen. Ihr Verfahren wurde an das Problem OSS angepaßt und zusätzlich zu den in Abschnitt 4 und 5 entwickelten Methoden als Vergleichsalgorithmus implementiert, dessen Ergebnisse Tabelle 1 zeigt.

Patashnik modifiziert das Problem OSS leicht, indem er anstelle einer minimalen Zahl von Schnitten eine minimale Zahl von Testmustern für den pseudo-erschöpfenden Test der resultierenden Schaltung fordert (OSS'). In [Pata83] zeigt er, daß OSS' NP-vollständig ist. Daher wurden für seine Behandlung als Heuristiken "Iterative-Improvement" [Arch85] und "Simulated-Annealing" [McSh87] vorgeschlagen und auch unser Ziel war die Entwicklung effizienter Heuristiken zur Bestimmung suboptimaler Lösungen für OSS.

## 4. Ein Hill-Climbing-Verfahren zur Lösung von OSS

Das Problem OSS läßt sich als ein kombinatorisches Optimierungsproblem folgender Art auffassen:

*Kombinatorische Optimierung:* Gegeben sei eine Menge $\mathcal{Z}$ von Zuständen, eine Teilmenge $\mathcal{Z}^* \subset \mathcal{Z}$ zulässiger Zustände und eine Kostenfunktion $k: \mathcal{Z} \to \boldsymbol{R}$ auf $\mathcal{Z}$. Gesucht ist ein zulässiger Zustand $Z \in \mathcal{Z}^*$ mit minimalen Kosten, d. h. $k(Z) = \min\{k(X) | X \in \mathcal{Z}^*\}$.

Bei derartigen Optimierungsproblemen haben sich sogenannte "Hill-Climbing"-Verfahren bewährt [Rich83]. Hierbei wird ein Suchbaum konstruiert, dessen Knoten den Zuständen Z entsprechen. Die Wurzel ist ein Anfangszustand $Z_0 \in \mathcal{Z}$, und für jeden Knoten werden alle unmittelbaren Nachfolger gemäß einer Erzeugungsregel als Folgezustände erzeugt. Mit einer heuristischen Funktion $h: \mathcal{Z} \to \boldsymbol{R}$ wird entschieden, zu welchem der unmittelbaren Nachfolger weiterverzweigt wird. Das Verfahren wird fortgesetzt, bis ein zulässiger Zustand erzeugt worden ist.

Um das Problem OSS entsprechend behandeln zu können, sind die Menge der Zustände $\mathcal{Z}$, der zulässigen Zustände $\mathcal{Z}^*$, die Kostenfunktion k, die Heuristik h, die Erzeugungsregel und damit auch der Suchbaum festzulegen.

*Menge der Zustände $\mathcal{Z}$ und $\mathcal{Z}^*$:* Wie bereits erläutert wurde, wird eine Transformation des Graphen G = (V, E) durch Angabe der Knoten, die geschnitten werden sollen, eindeutig beschrieben. Die Potenzmenge $\mathcal{P}(V)$ der Knotenmenge V wird deshalb als Zustandsmenge $\mathcal{Z}$ gewählt. Der Graph, der aus G durch Schneiden der Knoten in einer Teilmenge $W \subset V$ entsteht, wird im folgenden stets mit $G_W = (V_W, E_W)$ bezeichnet. Zulässig sind solche Teilmengen $W \subset V$, denen eine Transformation in einen Graphen $G_W$ entspricht, so daß $a(v) \leq \ell$ für alle $v \in V_W$ gilt, d. h. $\mathcal{Z}^* := \{W \subset V | \forall v \in V_W: a(v) \leq \ell\}$.

*Kostenfunktion* $k: \mathcal{Z} \rightarrow \mathbf{R}$: Die Kostenfunkton für OSS spiegelt direkt den Hardware-Mehraufwand wider, für jede Teilmenge $W \subset V$ ist $k(W) := |W|$ die Zahl der einzubauenden Segmentierungszellen.

*Heuristische Funktion* $h: \mathcal{Z} = \mathcal{P}(V) \rightarrow \mathbf{R}$: Zur Bewertung der Zustände wurde folgende heuristische Funktion h gewählt:

$$h: \mathcal{P}(V) \rightarrow \mathbf{R}, \quad W \rightarrow \sum_{\substack{v \in V_W \\ a(v) > \ell}} \ln(a(v))$$

Gilt $a(v) \leq \ell$ für alle $v \in V_W$, so ist W ein zulässiger Zustand und h wird Null gesetzt. Diese Funktion kann als eine Schätzung der Zahl der Knoten interpretiert werden, die zusätzlich zu W noch geschnitten werden müssen, um einen zulässigen Zustand zu erreichen.

*Erzeugungsregel und Suchbaum:* Es sei $W \subset V$ eine Menge von Knoten, d. h. $W \in \mathcal{Z}$. Die unmittelbaren Nachfolger von W werden wie folgt bestimmt: Sei $v_{min}$ der Knoten mit der kleinsten Nummer in $G_W$, dessen Abhängigkeitswert das Limit $\ell$ überschreitet. $\mathcal{V}(v_{min})$ sei die Menge der Vorgängerknoten von $v_{min}$ in $G_W$. $U \subset V$ ist Folgezustand von W, genau dann, wenn $U = W \cup \{v\}$, $v \in \mathcal{V}(v_{min}) \wedge v \notin \mathcal{Q}(G_W)$ gilt.

Damit haben also nur unzulässige Zustände einen Nachfolger im Suchbaum. Weiter schränkt diese Erzeugungsregel die Zahl der unmittelbaren Nachfolger sehr stark ein. Aber dennoch können mit dieser Erzeugungsregel und {} als Anfangszustand im Suchbaum alle kostenminimalen Zustände erzeugt werden. Bild 12 zeigt das Beispiel eines Schaltungsgraphen mit zugehörigem Suchbaum.

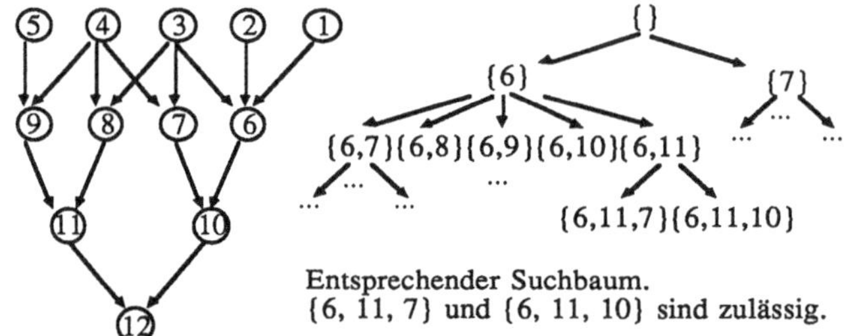


**Bild 12:** Schaltungsgraph und zugehöriger Segmentierungssuchbaum für $\ell = 3$

Zur Überwindung lokaler Minima der heuristischen Funktion wurde der Hill-Climbing Algorithmus erweitert. Falls nach einer bestimmten Anzahl von Zustandsübergängen keine Verbesserung der heuristischen Funktion erzielt werden kann, wird im Suchbaum um einige Schritte zurückgegangen ("Back-Tracking"). Falls sich der Wert der heuristischen Funktion auch dadurch nicht verbessern läßt, wird eine zweite Erzeugungsregel (Hilfsregel) angewandt.

*Hilfsregel:* Sei $W \subset V$ eine Menge von Knoten, $v_{min} \in V_W$ der Knoten mit der kleinsten Nummer in $G_W$, dessen Abhängigkeitswert das Limit $\ell$ überschreitet. $A_{max}$ bezeichne die Menge der Vorgängerknoten von $v_{min}$ mit maximalem Abhängigkeitswert. $U \subset V$ ist Nachfolger von W genau dann, wenn $U = W \cup \{v\}$, $v \in A_{max}$ gilt.

Der Aufwand des Verfahrens ist im schlimmsten Fall $O(|V|^2)$. Für eine sinnvolle Schaltung beschränkt die gewählte Erzeugungsregel die Zahl der Folgezustände für jeden Knoten des Suchbaums auf höchstens $(2^{2\ell}-1)(\ell-1)$. Für jeden Folgezustand kann die heuristische Funktion mit einem Aufwand von $O(|V|)$ berechnet werden und nach höchstens $|V|$ Schritten ist eine zulässige Lösung erreicht.

Der beschriebene Segmentierungsalgorithmus und ein Vergleichsalgorithmus basierend auf [RoLa84] wurden auf einer SUN 3/50 in PASCAL implementiert. Tabelle 1 zeigt die Ergebnisse für einige Benchmark-Schaltungen [Brgl85].

| | $\ell = 16$ | | $\ell = 20$ | | $\ell = 24$ | |
|---|---|---|---|---|---|---|
| Schaltung | Hill-Climbing | Vergleichs-algorithmus | Hill-Climbing | Vergleichs-algorithmus | Hill-Climbing | Vergleichs-algorithmus |
| tn.c432 | 27 | 56 | 21 | 44 | 17 | 43 |
| tn.c499 | 8 | 20 | 9 | 32 | 7 | 28 |
| tn.c880 | 17 | 34 | 15 | 48 | 10 | 26 |
| tn.c1355 | 8 | 20 | 9 | 32 | 7 | 28 |
| tn.c1908 | 22 | 51 | 17 | 53 | 19 | 48 |
| tn.c2670 | 33 | 108 | 29 | 77 | 28 | 70 |
| tn.c3570 | 90 | 138 | 68 | 105 | 49 | 94 |
| tn.c5315 | 62 | 96 | 46 | 82 | 35 | 61 |
| tn.c6288 | 96 | 115 | 65 | 74 | 36 | 36 |
| tn.c7552 | 117 | 118 | 87 | 75 | 75 | 57 |

**Tabelle 1:** Benötigte Schnitte beim Hill-Climbing Algorithmus und bei einem Vergleichsalgorithmus basierend auf [RoLa84].

## 5. Ein Simulated-Annealing Verfahren zur Lösung von OSS

Eine Alternative bei der Behandlung kombinatorischer Optimierungsprobleme sind probabilistische Methoden. Das sogenannte Simulated-Annealing Verfahren kommt ursprünglich aus der statistischen Physik und wurde erstmals von Kirkpatrick [Kirk83] auf allgemeine kombinatorische Optimierungsprobleme des Schaltungsentwurfs angewandt.

Auch bei der Simulation des Abkühlungsprozesses von erhitzten Festkörpern (z.B. beim Züchten von Kristallen) ist ein kombinatorisches Optimierungsproblem zu lösen. Ausgangspunkt ist ein physikalisches System, das eine Menge $\mathcal{Z}$ von Zuständen einnehmen kann, die durch die Position der Teilchen charakterisiert sind. Jedem Zustand $Z \in \mathcal{Z}$ wird die Energie des Systems $E(Z)$ zugeordnet. Bei konstanter Temperatur $\theta$ entspricht die Verteilung der Zustände im thermischen Gleichgewicht der Boltzmann-Verteilung, d. h. ein Zustand Z hat das statistische Gewicht $\exp(-E(Z)/(k_B \cdot \theta))$, wobei $k_B$ die Boltzmann-Konstante bezeichnet. Bei abnehmender Temperatur strebt das System gegen den Zustand mit der niedrigsten Energie (z. B. Kristallgitter).

Bei konstanter Temperatur kann man die Entwicklung des thermischen Gleichgewichts des Systems simulieren, indem von einem Systemzustand Z ausgehend ein Zustand Z' zufällig erzeugt wird. Falls für diesen Zustand $E(Z') < E(Z)$ gilt, wird Z' zum neuen Systemzustand. Für $E(Z') \geq E(Z)$ wird Z' jedoch nur mit der Wahrscheinlichkeit $\exp(-(E(Z') - E(Z))/(k_B \cdot \theta))$ angenommen. Die Verteilung der Zustände im n-ten Simulationsschritt konvergiert für $n \to \infty$ gegen die Boltzmann-Verteilung [Metr53]. Unter "Simulated Annealing" versteht man die Simulation des gesamten Abkühlungsprozesses mit einer Folge $(\theta \to 0)$ solcher "Metropolisalgorithmen".

Bei der Anwendung auf ein beliebiges Optimierungsproblem $(\mathcal{Z}, k)$ tritt die Kostenfunktion $k: \mathcal{Z} \to \boldsymbol{R}$

anstelle der Energie E und statt der Temperatur $\theta$ wird ein Kontrollparameter c eingeführt. Für konstantes c wird der Übergang von einem Zustand i zu einem Zustand j mit Wahrscheinlichkeit 1 akzeptiert, falls damit eine Kostenverbesserung verbunden ist, und mit Wahrscheinlichkeit $\exp(-(k(j) - k(i))/c)$, falls $k(j) \geq k(i)$ gilt.

Es muß jedoch gezeigt werden, daß bei dem jeweiligen kombinatorischen Optimierungsproblem die Folge der Metropolisalgorithmen tatsächlich zu einem globalen Optimum konvergiert. Dazu präzisieren wir den Algorithmus anhand eines mathematischen Modells und stellen im folgenden einige Kriterien auf, um entscheiden zu können, ob für einen fest vorgegebenen Kontrollparameter c ein Metropolisalgorithmus konvergiert und ob für variables c auch eine Folge solcher Algorithmen gegen ein Optimum strebt. Die Folge der Zustandsübergänge für konstantes c läßt sich als homogene Markoffkette $(X_t)_{t\in\mathcal{N}}$ über dem endlichen Zustandsraum $\mathfrak{X}$ mit Übergangsmatrix $P = (p_{ij})$ modellieren [Fell65]. Dabei bezeichne $p_{ij}$ die von t unabhängige bedingte Wahrscheinlichkeit $p(X_t=j \mid X_{t-1}=i)$, daß sich das System zum Zeitpunkt t im Zustand j befindet, unter der Bedingung, daß es zum Zeitpunkt t-1 im Zustand i war. Sei $g_{ij}$ die Wahrscheinlichkeit, daß Zustand j aus Zustand i erzeugt wird und $a_{ij} := \min\{1, \exp(-(k(j)-k(i))/c)\}$ die oben definierte Wahrscheinlichkeit, mit der der Übergang akzeptiert wird. Dann gilt für die Übergangswahrscheinlichkeiten $p_{ij} = g_{ij} \cdot a_{ij}$.

In der statistischen Physik ist die Konvergenz zum thermischen Gleichgewicht garantiert. Diesem Gleichgewicht entspricht in unserem Modell eine "ergodische" Verteilung der Zustände.

*Definition:* Sei $(X_t)_{t\in\mathcal{N}}$ eine homogene Markoffkette über dem endlichen Zustandsraum $\mathfrak{X}$. Ein Vektor $q \in [0,1]^{|\mathfrak{X}|}$ heißt ergodische Verteilung von $(X_t)_{t\in\mathcal{N}}$, wenn unabhängig von der Anfangsverteilung

$$\forall\, i \in \mathfrak{X}: \lim_{t\to\infty} p(X_t=i) = q_i$$

gilt.

Eine hinreichende Bedingung für die Existenz einer ergodischen Verteilung gibt der folgende Satz.

*Satz (1):* Sei $(X_t)_{t\in\mathcal{N}}$ eine homogene Markoffkette über dem endlichen Zustandsraum $\mathfrak{X}$ und Übergangsmatrix P. Ist $(X_t)_{t\in\mathcal{N}}$ irreduzibel und aperiodisch, so besitzt $(X_t)_{t\in\mathcal{N}}$ eine eindeutig bestimmte ergodische Verteilung $q \in [0,1]^{|\mathfrak{X}|}$ und diese ist stationär, d. h. es gilt $q = q \cdot P$.

Die Voraussetzungen des Satzes sind für den Simulated-Annealing Algorithmus z. B. erfüllt, wenn die Zustände gleichverteilt erzeugt werden, d.h. wenn

$$\forall\, i,j \in \mathfrak{X}: g_{ij} = \frac{1}{|\mathfrak{X}|}$$

gilt ([LaAa87]). Die ergodische Verteilung ist dann durch

$$\forall\, i \in \mathfrak{X}: q_i := \frac{\exp\left(-\frac{k(i) - k_{opt}}{c}\right)}{\sum_{j\in\mathfrak{X}} \exp\left(-\frac{k(j) - k_{opt}}{c}\right)}$$

gegeben, wobei $k_{opt}$ den optimalen Wert der Kostenfunktion bezeichne. Wie man leicht nachrechnet, konvergiert diese Verteilung für $c \to 0$ gegen die Gleichverteilung auf der Menge der optimalen Zustände.

Vor der Implementierung dieses Algorithmusses müssen für ein beliebiges kombinatorisches Optimierungsproblem folgende problemspezifische Parameter festgelegt werden ("Cooling-Schedule"):

- der Anfangswert $c_0$ des Kontrollparameters,
- eine Regel zur Änderung des Kontrollparameters,
- die Länge der einzelnen Markoffketten,
- ein Stopkriterium.

Der Anfangswert des Kontrollparameters kann z. B. empirisch bestimmt werden. Eine einfache Regel zur Änderung des Kontrollparameters, die auch von [McSh87] verwendet wird, ist $c_k := \alpha \cdot c_{k-1}$, wobei $\alpha < 1$ eine Konstante nahe bei 1 sei. Die Länge der Markoffketten kann beispielsweise von der Anzahl der akzeptierten Zustandsübergänge abhängig gemacht werden. Der Algorithmus kann abgebrochen werden, falls eine vorgegebene Anzahl von Schritten erreicht ist oder wenn die Endzustände der Markoffketten konstant bleiben. Weitere Möglichkeiten zum Aufbau eines "Cooling-Schedules" sind in [LaAa87] beschrieben.

Simulated-Annealing in der oben beschriebenen Form wurde von McCluskey und Shperling [McSh87] bereits auf das Problem OSS' angewandt, wobei bei der Bestimmung des Startwerts $c_0$ und bei der Formulierung des Stopkriteriums versucht wurde, problemspezifische Daten auszunutzen.

Es lassen sich jedoch bei einer noch stärkeren Einbeziehung der Problemstruktur günstigere Ergebnisse erzielen. Dazu wird im folgenden ein alternativer Erzeugungsmechanismus vorgeschlagen, der die Zustände nicht mehr gleichverteilt, sondern zielorientiert erzeugt. Zunächst wird ein geeigneter, möglichst kleiner Zustandsraum $\mathcal{Z}$ definiert. Anders als beim Hill-Climbing Algorithmus werden als Zustände keine Teilmengen der Knotenmenge V von G = (V, E), sondern bestimmte Tupel von Knoten betrachtet, und zwar sei $Z \in \mathcal{Z}$ äquivalent dazu, daß folgende vier Bedingungen erfüllt sind:

(i) $Z := (z_1,\ldots,z_n) \in V^n$ für ein n mit $1 \leq n \leq |V|$,

(ii) $Z(n) := \{z_1,\ldots,z_n\} \subset V$ ist zulässig im Sinne des Hill-Climbing Verfahrens,

(iii) für alle $i < n$ ist $Z(i) := \{z_1,\ldots,z_i\} \subset V$ nicht zulässig im Sinne des Hill-Climbing Verfahrens,

(iv) für alle $i = 1,\ldots,n-1$ gilt

$$z_{i+1} \in \mathcal{V}(v_i),$$

wobei $v_i$ den Knoten mit der kleinsten Nummer in $G_{Z(i)}$ bezeichne, dessen Abhängigkeitswert das Limit $\ell$ überschreitet.

Das bedeutet, daß $\mathcal{Z}$ genau die Tupel von Knoten enthält, die mit der Erzeugungsregel des Hill-Climbing Algorithmus erzeugt werden können, und damit auch alle optimalen Lösungen. Die Kosten k(Z) eines Zustands bestimmen sich wie beim Hill-Climbing durch die Anzahl der Knoten, die geschnitten werden müssen (d. h. $k(z_1,\ldots,z_n) := n$).

Für $Z := (z_1,\ldots,z_n) \in \mathcal{Z}$ läuft der Erzeugungsmechanismus für den Simulated-Annealing Algorithmus folgendermaßen ab:

(i) Wähle ein $i \in \{0,\ldots,n-1\}$ mit Wahrscheinlichkeit 1/n und setze $Z' := (z_1,\ldots,z_i)$ für $i > 0$ und $Z' := \emptyset$ sonst.

(ii) Es sei $v_i$ der Knoten mit der kleinsten Nummer in $G_{Z'(i)}$ mit $a(v_i) \geq \ell$. Wähle $z_{i+1} \in \mathcal{V}(v_i)$ mit Wahrscheinlichkeit $g(z_{i+1})/D_i$. Dabei sei

$$g(z) := \frac{1}{h(\{z_1,\ldots,z_i,z\})+1}$$

mit der heuristischen Funktion h des Hill-Climbing Algorithmus und

$$D_i := \sum_{z \in \mathcal{V}(v_i)} g(z)$$

gewählt.

(iii) Setze $Z' := (z_1,\ldots,z_{i+1})$ und $i := i+1$.

Schritt (ii) und (iii) werden solange wiederholt, bis $Z' \in \mathcal{Z}$ erfüllt ist.

Es ist noch zu zeigen, daß mit diesen Erzeugungsregeln die Metropolisalgorithmen tatsächlich konvergieren. Dies folgt aber nach Satz 1, dessen Voraussetzungen weiterhin erfüllt bleiben, da mit diesem

Mechanismus alle möglichen Zustandsübergänge mit positiver Wahrscheinlichkeit erzeugt werden können, die erzeugten Markoffketten somit irreduzibel und mit den verwendeten $a_{ij}$ damit auch aperiodisch ([LaAa87]) sind.

Das geschilderte problemspezifische Verfahren hat zwei wesentliche Vorteile:

1) Der Zustandsraum ist deutlich eingeschränkt. Er enthält jetzt nur noch zulässige Zustände, so daß unzulässige Zustände gar nicht in der Kostenfunktion berücksichtigt werden müssen.

2) Die Erzeugungsregel bewirkt, daß ausgehend von einem Zustand ein günstigerer neuer Zustand mit höherer Wahrscheinlichkeit als bei Gleichverteilung erreicht wird. Dadurch werden weniger oft Zustände verworfen und Rechenzeit wird eingespart.

## 6. Das Gesamtsystem

Obwohl das Simulated-Annealing Verfahren auf dem Hill-Climbing Algorithmus aufbaut, werden beide Verfahren zu Verfügung gestellt. Mit relativ geringem Rechenaufwand erzeugt der Hill-Climbing Algorithmus bereits zufriedenstellende Lösungen, während es mehrere CPU-Stunden kostet, mit dem Simulated-Annealing Verfahren die Gefahr von suboptimalen Lösungen zu reduzieren. Dieser hohe Rechenaufwand scheint dann gerechtfertigt, wenn bei einem konkreten Entwurf die Siliziumfläche aufgrund der Plazierungsverfahren tatsächlich sehr knapp bemessen ist oder wenn aufgrund einer hohen Auflage der Schaltung die Siliziumfläche zu minimieren ist. Ansonsten ist es günstiger, auf die schneller verfügbaren Ergebnisse des Hill-Climbing Verfahrens zurückzugreifen.

Das Gesamtsystem verlangt die Eingabe einer Schaltungsbeschreibung und entfernt daraus zunächst die Latches. Für das verbleibende Schaltnetz kann der Anwender eines der beiden Segmentierungsverfahren wählen. Im Rahmen einer Diplomarbeit [Korn87] wurde ein Algorithmus implementiert, der für das segmentierte Schaltnetz eine pseudo-erschöpfende, kompaktierte Testmenge erzeugt. Für die resultierende Schaltung werden anschließend die Systemlatches und die Segmentierungszellen entsprechend den LSSD-Regeln partitioniert und die Taktleitungen angegeben. Einen Überblick gibt Bild 13.

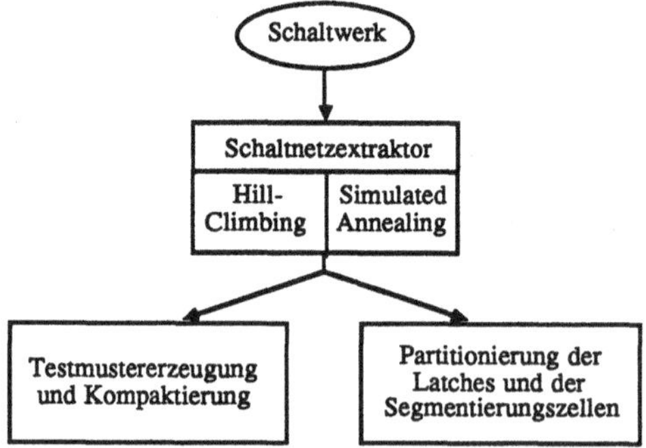


**Bild 13:** Überblick über das Gesamtsystem

Die Segmentierungszellen selbst wurden im Rahmen einer weiteren Diplomarbeit [Behr88] als CMOS-Komplexgatter entworfen. Sie stehen als selbstentworfene Grundzelle im Siliconcompiler GENESIL zur Verfügung, so daß damit automatisch vollständig testbare Schaltungen entworfen werden können.

## 7. Literatur


Aker85 Akers,S.B.: On the Use of Linear Sums in Exhaustive Testing; FTCS 85 (IEEE)

AnWi73 Williams, M.J.Y.; Angell, J.B.: Enhancing Testability of Large-Scale Integrated Circuits viaTest Points and Additional Logic; IEEE Trans. Comp., Vol. C-22, Nr. 1, 1973

Arch85 Archambeau, E.C: Network Segmentation for Pseudo-Exhaustive Testing; CRC Technical Report No. 85-10, Stanford, July 1985

Behr88 B. Behrens: Entwurf von Grundzellen für einen Silicon-Compiler zur Unterstützung des pseudo-erschöpfenden Tests; Diplomarbeit am Institut für Rechnerentwurf und Fehlertoleranz, Universität Karlsruhe, 1988

Brgl85 Brglez, F.; et al.: Accelerated ATPG and fault grading via testability analysis; Proceedings ISCAS 85, Kyoto 1985

Fell65 Feller, W.: An Introduction to Probability Theory and Its Applications; 2nd Edition, vol. 1&2, New York, London, Sydney, 1965

Fuji86 Fujiwara, H.: Logic Testing and Design for Testability; The MIT Press, 1985

Korn87 Kornas, F.: Untersuchungen und Implementierung von Algorithmen zur Unterstützung des pseudo erschöpfenden Selbsttests; Diplomarbeit am Institut für Rechnerentwurf und Fehlertoleranz, Universität Karlsruhe, 1987

Kirk83 Kirkpatrick, S.; Gelatt, C. D., Jr.; Vecchi, M. P.: Optimization by Simulated Annealing; Science, Vol. 220, No. 4598, May 1983

KOEN79 Koenemann, B. et al.: Built-In Logik Block Observation Techniques; Proc. Test Conference, Cherry Hill 1979, New Jersey

LaAa87 Laarhoven, P. J. M.; Aarts, E. H. L.: Simulated Annealing: Theory and Applications; Dordrecht, Boston, Lancaster, Tokyo 1987

McBo81 McCluskey,E.J., Bozorgui-Nesbat,S.: Design for Autonomous Test; IEEE Trans. on Circuits and Systems, Vol. Cas-28, No. 11, November 1981

McCl84 McCluskey,E.J.: Verification Testing - A Pseudoexhaustive Test Technique; IEEE Trans. on Computers, Vol. c-33, No.6, June 1984

McCl84 McCluskey, E.J.: A Survey of Design for Testability Scan Techniques; in: VLSI Design, Dec. 1984

McCl86 McCluskey, E.J.: Logic Design Principles; Prentice-Hall, 1986

McSh87 McCluskey,E.J.; Shperling, I.: Circuit Segmentation for Pseudo-Exhaustive Testing via Simulated Annealing; CRC Technical Report No. 87-315, Stanford, February 1987

Metr53 Metropolis, N.; Rosenbluth, A.; Rosenbluth, M.; Teller, A.; Teller, E.: Equation of State Calculations by Fast Computing Machines, J. of Chem. Physics, No. 21, 1953, pp. 1087-1092

Pata83 Patashnik,O.: Circuit Segmentation for Pseudo-Exhaustive Testing; CRC Technical Report No. 83-14, Stanford, October 1983

RoLa84 Roberts, M.W., Lala,M.Sc.: An Algorithm for the Partitioning of logic circuits; IEE Proceedings, Vol. 131,Pt.E., No.4,July 1984

WaMc86 Wang,L.T., McCluskey,E.J.: Circuits for Pseudo-Exhaustive Test Pattern Generation; International Test Conference 1986, Paper 1.3.

Wu87a H.-J. Wunderlich: Probabilistische Verfahren für den Test hochintegrierter Schaltungen; Dissertation, Informatik-Fachberichte 140, Springer-Verlag 1987

Wu87b H.-J. Wunderlich: On Computing Optimized Input Probabilites for Random Tests, in: Proc. 24th Design Automation Conference, 1987, Miami Beach

Wu87c H.-J. Wunderlich: Self Test Using Unequiprobable Random Patterns in: International Symposium on Fault-Tolerant Computing, FTCS-17, 1987, Pittsburgh

WuHe88 H.-J. Wunderlich; S. Hellebrand: Generating Pattern Sequences for the Pseudo-Exhaustive Test of MOS-Circuits; in: International Symposium on Fault-Tolerant Computing, FTCS-18, 1988, Tokyo

# Modulare Implementierung von Schaltwerken unter Berücksichtigung topologischer Randbedingungen

W. Grass , M. Mutz
Fachbereich für Mathematik und Informatik
Universität Passau
Postfach 2540, D-8390 Passau

## ZUSAMMENFASSUNG

Komplexe Schaltwerke zerlegt man zweckmäßigerweise in Module, die geeignet miteinander kommunizieren müssen, um die Funktion des Gesamtschaltwerks zu realisieren. Bei integrierten Schaltungen sind dabei Zerlegungen vorteilhaft, die bestimmte Einschränkungen der Kommunikationsstruktur auch im Hinblick auf zeitkritische Pfade erlauben. Wir beschreiben ein Zerlegungskonzept und ein zugehöriges CAD-Programm, das solche Zerlegungen optimieren kann. Die Zielfunktion wird dabei vom Anwender in einer SQL-ähnlichen Sprache definiert und erlaubt daher, viele Randbedingungen zu berücksichtigen. Die Leistungsfähigkeit des Programs wird an einem Beispiel demonstriert.

## I. EINFÜHRUNG

Die Vorgehensweise bei der Transformation der Spezifikation eines Schaltwerkes in Form einer Ablauftabelle in eine logische Schaltung ist wohlverstanden und gliedert sich üblicherweise in die vier Teilschritte (1) Zustandsreduktion, (2) Zustandskodierung, (3) Erstellung der Ansteuerfunktionen für die den Zustand repräsentierenden Flipflops und (4) Minimierung der gewonnen Schaltfunktionen. Oft werden Zielfunktionen verwendet, die sich auf die Anzahl der zur Realisierung erforderlichen Verknüpfungsglieder bzw. deren Flächenbedarf beziehen. Neben dem Flächenbedarf werden oft auch zeitliche Randbedingungen berücksichtigt, die beispielsweise das Erreichen einer möglichst hohen Taktfrequenz zum Ziel haben.

Die direkte Transformation einer Spezifikation in eine logische Implementierung ohne die Einführung zusätzlicher hierarchischer Ebenen hat Nachteile: (a) für komplexe Schaltwerke ist die Optimierung der Zielfunktion mit exakten Optimierungsverfahren unmöglich, so daß auf Heuristiken zurückgegriffen werden muß, und (b) es ist nicht möglich topologische Randbedingungen, die sich aus der verwendeten Technologie ergeben, zu berücksichtigen.

Beide Nachteile lassen sich durch Einführung einer Zwischenebene in die Entwurfshierarchie mindern. Bild 1.1 zeigt, wie Schaltwerke in Teilschaltwerke, die wir im folgenden auch Module nennen werden, zerlegt werden können. Dabei stellen die Anzahl der Module, ihre Interkommunikationsstruktur sowie das gewählte Synchronisationsverfahren Entwurfsparameter dar.

Bei dem hier vorgestellten Partitionierungskonzept lassen sich die Strukturen auf einfache

Weise aus der Spezifikation ableiten. Damit können Optimierungsverfahren zur Berücksichtigung topologischer Randbedingungen unmittelbar auf der Spezifikationsbeschreibung arbeiten.

Im ersten Abschnitt stellen wir das Modularisierungskonzept vor und zeigen anschließend, wie die Ablauftabellen der Module bei vorgegebener Zustandspartition aus der Ablauftabelle des Gesamtwerkes gewonnen werden.

Schließlich beschreiben wir eine geeignete Datenstruktur in Form von Relationen, so daß Optimierungsaufgaben in einer SQL-ähnlichen Datenbankanfragesprache formuliert werden können. Zerlegungsbeispiele verdeutlichen die Flexibilität des Systems.

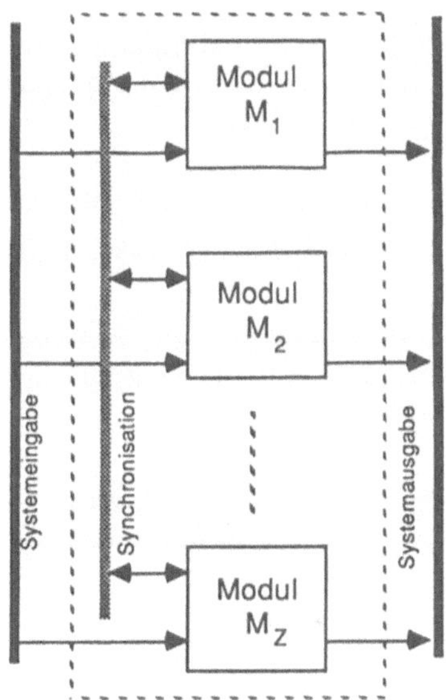

Bild 1.1 zerlegtes Schaltwerk

Im letzten Abschnitt zeigen wir anhand eines Beispiels den Einfluß der Modularisierung auf die maximal mögliche Taktfrequenz und den Flächenbedarf bei Realisierung als Teil einer integrierten Schaltung.

Für die Zerlegung von Schaltwerken gibt es verschiedene Ansätze, die teilweise strenge Eigenschaften der Ablauftabellen der zu zerlegenden Schaltwerke voraussetzen [Gra85], teilweise auf andere Darstellungen der Spezifikation gründen [BKlR85] oder auf Schaltnetzzerlegungen beschränkt sind [MiSa83].

## II. MODULARISIERUNGSKONZEPT

Eine Ablauftabelle zur Spezifikation eines Schaltwerkes vom Mealy-Typ ist eine endliche Menge von 4-Tupeln $(s_i, X_{ij}, Y_{ij}, s_{ij})$. $X_{ij} \in \{0,1,-\}^n$ und $Y_{ij} \in \{0,1,*\}^m$ sind ternäre Blöcke der n Eingangs- bzw. m Ausgangsvariablen. $s_i \in S$ und $s_{ij} \in S$ sind gegenwärtiger Zustand bzw. Folgezustand. Unser Konzept erlaubt die Zerlegung des Gesamtschaltwerks in Teilschaltwerke unter Vorgabe der Synchronisationsmethode.

Ziel der Modularisierung ist die Zusammensetzung des Schaltwerks aus kleineren Schaltwerken, so daß gilt:

1) Die Komposition der Teilschaltwerke ist funktional äquivalent zu dem spezifizierten Gesamtschaltwerk.

2) Die Zustandsmenge $S_i$ des i-ten Teilschaltwerks läßt sich in die Menge $S_i^{arbeiten}$ und den Wartezustand $h_i$ zergliedern. Zu jedem Zeitpunkt t gilt:

$$\exists\, i : [\, \sigma(i,t) \in S_i^{arbeiten} \wedge \forall\, k \neq i : \sigma(k,t) = h_k \,]$$

$\sigma(i,t)$ bezeichnet dabei den Zustand des i-ten Moduls zum Zeitpunkt t.

3) Die Kommunikation erfolgt nach einem synchronen Protokoll, ohne daß ein zusätzlicher Taktschritt benötigt würde.

Die Module werden durch eine Partition $\Pi=\{S_1,...,S_Z\}$ der Zustandsmenge S festgelegt. Auf Verfahren zur Bestimmung der Partition unter geeigneter Berücksichtigung von Randbedingungen wird später eingegangen. Hier soll lediglich die Zusammenarbeit der Module erläutert werden.

Befindet sich das Gesamtsystem im Zustand $s_i \in S_m$, dann befindet sich Modul m im Zustand $s_i^m$ und alle anderen Module k in ihrem Wartezustand $h_k$.

Sei $s_{ij}$ Folgezustand von $s_i$ und gelte $s_i \in S_m \wedge s_{ij} \in S_n \neq S_m$, dann wird eine Synchronisationsvariable eingeführt. Belegt Modul m diese Variable mit 1, dann wird Modul n arbeitend.

Gibt es mehrere Zustände $s_{i1} \in S_{m1} ... s_{ir} \in S_{mr}$ mit dem Folgezustand $s_{ij}$, dann werden die entsprechenden Synchronisationsvariablen der Module m1...mr disjunktiv verknüpft.

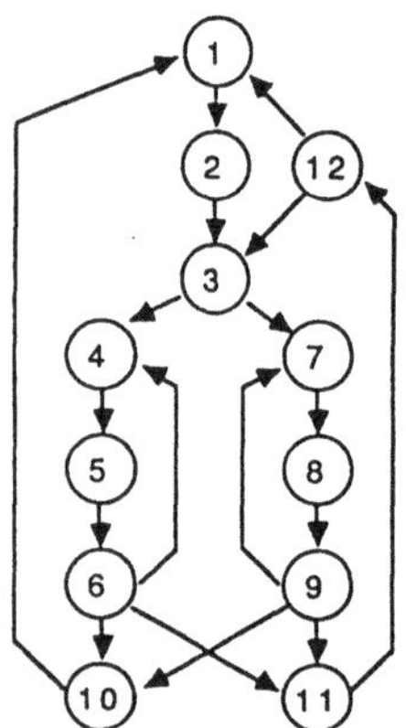


Bild 2.1 Zustandsüberführungsgraph eines DMA-Controllers

Bild 2.1 zeigt den Zustandsüberführungsgraphen eines DMA-Controllers [Dex86], wobei nur Übergänge zwischen verschiedenen Zuständen angegeben sind.

Betrachten wir eine Zerlegung in drei Module, wobei die Zerlegung durch die Zustandspartition

$$\Pi=\{\{1,2,3,12\},\{4,5,6,10\},\{7,8,9,11\}\}$$

vorgegeben ist.

Für jeden Zustand in einem Modul, der Folgezustand für einen Zustand aus einem anderen Modul ist, wird eine Synchronisationseingangsvariable eingeführt.

Jedes der anderen Module mit diesem Folgezustand erhält eine zusätzliche Ausgangsvariable zur Synchronisation. Das Synchronisationssignal wird aus der disjunktiven Verknüpfung dieser Variablen generiert. Die Synchronisationsleitungen sind im Bild 2.2 mit dem entsprechenden Folgezustand markiert. $h_i$ bezeichne den Wartezustand. Das Arbeitsprinzip kann wie folgt interpretiert werden: Zu jedem Zeitpunkt befindet sich immer ein Modul in einem arbeitenden Zustand. Alle anderen

Module befinden sich im Wartezustand. Im Beispiel ist das Modul $M_2$ aktiv, wenn das Gesamtwerk in einem der Zustände 1,2,3 oder 12 ist. Sei Modul $M_2$ im Zustand $3^2$, die anderen Module sind dann in ihrem Wartezustand $h_1$ bzw. $h_3$. Aufgrund der Systemeingabe sei ein Übergang in Zustand 4 des Gesamtsystems erforderlich. Modul $M_2$ setzt dann das Synchronisationssignal (4) auf logisch 1 und geht taktsynchron in den Wartezustand. Modul $M_1$ geht aufgrund des gesetzten Synchronisationssignals aus dem Wartezustand in den Zustand $4^1$. Ausgangsvariablen können jeweils nur durch das arbeitende Modul zu 1 gesetzt werden. Wenn mehrere Module 1-Werte für die gleiche Ausgangsvariable generieren, so werden die entsprechenden Variablen der Module disjunktiv verknüpft. Ein Modul im Wartezustand setzt alle Ausgangsvariablen auf logisch 0.

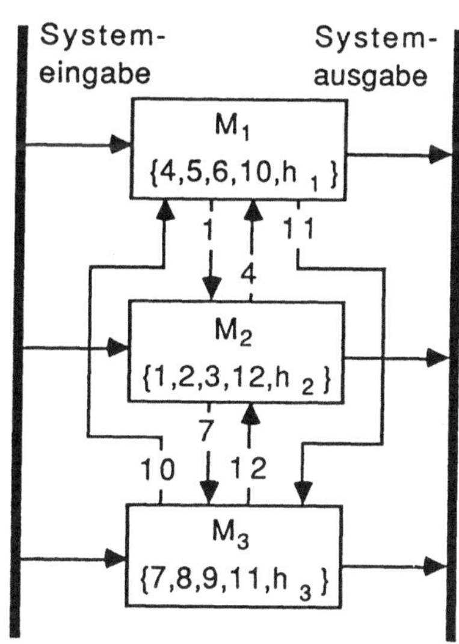


Bild 2.2 Zerlegung in 3 Module

Nach Erstellung der Modultabellen können Standardmethoden zur Synthese einer Modulstruktur angewendet werden.

## III. Ermittlung der Modultabellen

Zur Verdeutlichung der Regeln zur Erstellung der Modultabellen wird in Bild 3.1 ein Übergang aus der Ablauftabelle des DMA-Controllers und die entsprechenden Übergänge in den Modultabellen angegeben.

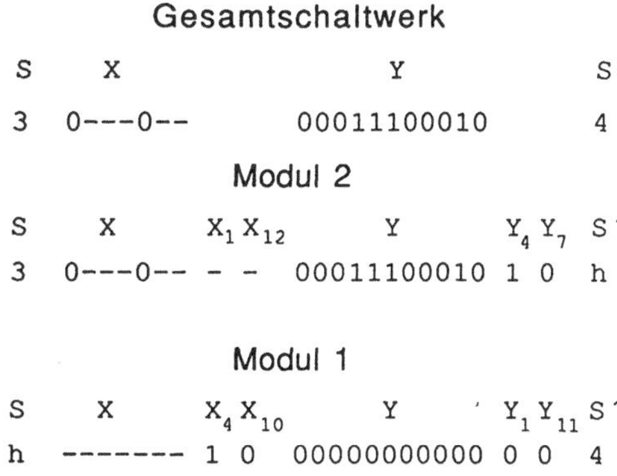

Gesamtschaltwerk

| S | X | Y | S' |
|---|---|---|---|
| 3 | 0---0-- | 00011100010 | 4 |

Modul 2

| S | X | $X_1$ | $X_{12}$ | Y | $Y_4$ | $Y_7$ | S' |
|---|---|---|---|---|---|---|---|
| 3 | 0---0-- | - | - | 00011100010 | 1 | 0 | h |

Modul 1

| S | X | $X_4$ | $X_{10}$ | Y | $Y_1$ | $Y_{11}$ | S' |
|---|---|---|---|---|---|---|---|
| h | ------- | 1 | 0 | 00000000000 | 0 | 0 | 4 |

Bild 3.1 Übergang in Gesamttabelle und Modultabellen

Modul $M_2$ verwaltet die Zustände 1,2,3 und 12, $S_2=\{1^2,2^2,3^2,12^2\}$. Bezeichne $S_V$ die Zustandsmenge, die vom betrachteten Modul V bearbeitet wird. Die Anzahl der zur Synchronisation erforderlichen Ausgangsvariablen ergibt sich aus der Anzahl unterschiedlicher Folgezustände $s_{ij} \in S \backslash S_V$

(hier Zustände 4 und 7) in Tupeln mit $s_i \in S_V$. Für Tupel, in denen der Folgezustand nur von den Eingangsvariablen und nicht vom Zustand abhängt (z.B.synchrone Rücksetzsignale), wird kein Synchronisationssignal hinzugefügt. Die Menge dieser Eingabebelegungen wird mit $X_{RES}$ bezeichnet. Die Anzahl sn der zur Synchronisation zusätzlich erforderlichen Eingangsvariablen sm hängt von den Tupeln mit $s_i \in S \backslash S_V$ und $s_{ij} \in S_V$ ab. Für Modul $M_2$ ergeben sich Eingangssynchronisationsvariablen für Übergänge in die Zustände 1 und 12. Für jedes Tupel $(s_i, X_{ij}, Y_{ij}, s_{ij})$ mit gegenwärtigem Zustand in $s_i \in S_V$ wird ein Tupel in der Modultabelle für Modul V definiert.

Dabei müssen folgende Fälle unterschieden werden:

(I) $s_{ij} \in S_V$ a) $X_{ij} \in X_{RES} \rightarrow (s_i, X_{ij} \circ \{-\}^{sm}, Y_{ij} \circ \{*\}^{sn}, s_{ij})$
b) $X_{ij} \in X \backslash X_{RES} \rightarrow (s_i, X_{ij} \circ \{0\}^{sm}, Y_{ij} \circ \{0\}^{sn}, s_{ij})$

(II) $s_{ij} \in S \backslash S_V$ a) $X_{ij} \in X_{RES} \rightarrow (s_i, X_{ij} \circ \{-\}^{sm}, Y_{ij} \circ \{*\}^{sn}, h_V)$
b) $X_{ij} \in X \backslash X_{RES} \rightarrow (s_i, X_{ij} \circ \{0\}^{sm}, Y_{ij} \circ \{0\}^{k-1} \circ \{1\} \circ \{0\}^{sn-k}, h_V)$

wobei k die Position der Synchronisationsvariable und $\circ$ die Konkatenation zweier Bitvektoren bezeichnet.

(III) $\forall X_{ij} \in X_{RES} \rightarrow (h_V, X_{ij} \circ \{-\}^{sm}, \{0\}^n \circ \{*\}^{sn}, s_{RES}$ oder $h_V)$

(IV) $\forall X_{ij} \in X \backslash X_{RES} \rightarrow (h_V, X_{ij} \circ \{0\}^{k-1} \circ \{1\} \circ \{*\}^{sm-k}, \{0\}^{n+sn}, s_k)$
$(h_V, X_{ij} \circ \{0\}^{m+sm}, \{0\}^{n+sn}, h_V)$

m bzw. n bezeichnet die Anzahl der Eingangs- bzw Ausgangsvariablen, und k bezeichnet die Stelle einer Eingangssynchronisationsvariablen.

Zur Vermeidung von Problemen, die durch asynchrone Rückkopplungen über die verbundenen Mealy-Schaltwerke entstehen könnten, wird garantiert, daß eine Synchronisationsausgangsvariable nie direkt von einer Synchronisationseingangsvariablen abhängen kann.

Zur Vervollständigung der Eingabebelegungsmengen werden noch Übergänge für Belegungen der Synchronisationseingangsvariablen eingeführt, die allerdings bei der Arbeit der Module nicht auftreten können, da zu einer bestimmten Zeit höchstens ein Synchronisationssignal auf 1 gesetzt ist.

(V) $\forall X_{ij} \in X \backslash X_{RES} \rightarrow (h_V, X_{ij} \circ X_{11}{}^{sm}, \{*\}^n \circ \{0\}^{sn}, *)$

$X_{11}{}^{sm}$ enthält alle Belegungen mit mindestens zwei Einsstellen.

# IV. TOPOLOGISCHE RANDBEDINGUNGEN

Ziel der Zerlegung eines Schaltwerks in Module ist das Erreichen einer höheren Taktfrequenz und die bessere Einpassung des Schaltwerks in ein Gesamtlayout.

Betrachten wir beispielsweise in Bild 4.1 einen Ausschnitt aus einer modularen Implementierung des DMA-Controllers.

Hierbei wurde eine Realisierung der Überführungs- und Ausgabefunktionen durch PLAs mit Eingangspufferung gewählt. Die Synchronisationsfunktionen werden mit logischen Verknüpfungsgliedern realisiert. Für eine Abschätzung der maximalen Taktfrequenz kann als Mindestperiodendauer Δz+Δs angegeben werden, wobei Δz die Zeit zur Ermittlung des Folgezustands und Δs die Zeit zur Generierung der Synchronisationssignale bezeichnet. Hinzu kommen noch geringe Leitungslaufzeiten.

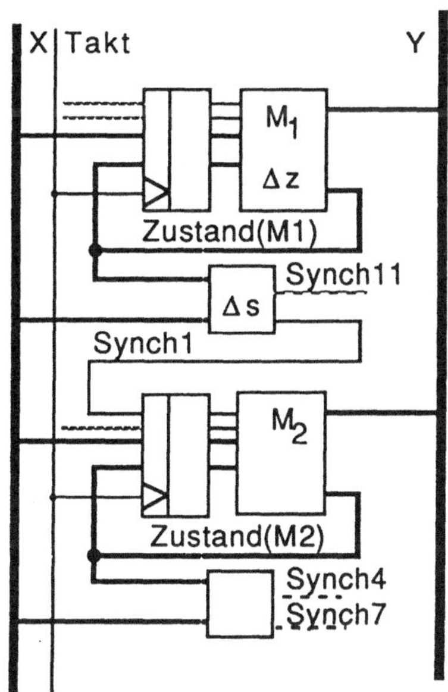


Bild 4.1 Verzögerung und Taktfrequenz

Im allgemeinen ist Δs«Δz, so daß das Maximum aus den Verzögerungszeiten der PLAs zur Realisierung der Zustandsüberführungsfunktionen ein gutes Maß für die Mindestperiodendauer darstellt. Die Verzögerungszeit eines PLAs zur Realisierung des Gesamtschaltwerkes ist i.a. größer als die der Modul-PLAs, so daß mit einer Erhöhung der Taktfrequenz zu rechnen ist. Die experimentellen Ergebnisse rechtfertigen diese Erwartungen.

Der Gesamtflächenbedarf eines zerlegten Schaltwerkes ist u.U. erheblich größer als der Flächenbedarf des Gesamtschaltwerkes. Es entstehen bei der Zerlegung jedoch kleinere Einheiten, die u.U. effizienter im Gesamtlayout einer Schaltung zu berücksichtigen sind.

In Bild 4.2 beschreibe der gestrichelt umrahmte Teil die zur Verfügung stehende Fläche. Ein automatisch generiertes PLA zur Realisierung des Gesamtschaltwerkes kann u.U nicht mit dem festgelegten Logikblock auf die zur Verfügung stehende Fläche plaziert werden. Das zerlegte Schaltwerk kann dagegen in die Fläche eingepaßt werden.

Bei der Festlegung der Zerlegung können topologische Randbedingungen berücksichtigt werden. Wir werden drei Randbedingungen behandeln, die unser Konzept der Zerlegung besonders betreffen.

1) *Globale Kommunikationsstruktur*. Wie wir vorher gezeigt haben, gehen die Laufzeiten von Synchronisationsvariablen mit in die Abschätzung der maximalen Taktfrequenz ein. Sind in einem realen Layout zu synchronisierende Module weit voneinander entfernt, können diese Leitungslaufzeiten u.U. nicht mehr vernachlässigt werden. In einer globalen Kommunikationsstruktur können Nachbarschaftsbeziehungen zwischen Modulen definiert

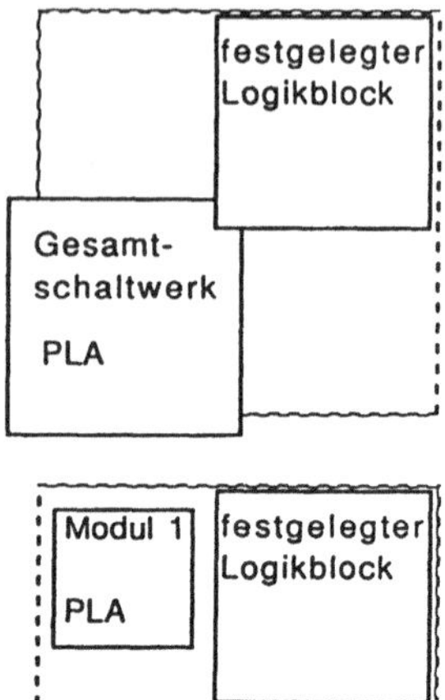

Bild 4.2 Plazierung

sein, die es erlauben, nur Synchronisationsleitungen zwischen benachbarten Modulen zu fordern. In Bild 4.2 könnten beispielsweise Modul 1 mit Modul 2, sowie Modul 2 mit Modul 3 benachbart sein.

Eine Forderung könnte sein, daß Synchronisationsleitungen nur zwischen Modul 1 und 2, sowie zwischen Modul 2 und 3 vorkommen dürfen. In unserem System werden den Blöcken Blocknummern zugeordnet. Die Zerlegung wird als Relation (Zustandsnummer,Blocknummer) angegeben. Nachbarschaftsbeziehungen werden daher durch eine Festlegung benachbarter Blocknummern definiert.

2) *Relevante Eingabe- und Ausgabevariablen.* Der Aufwand zur Realisierung eines Moduls hängt sowohl von der Anzahl zu generierender Ausgangsvariablen als auch von der Anzahl relevanter Eingangsvariablen ab. Eine Minimierung der Anzahl relevanter Variablen je Modul wirkt sich i.a. günstig auf das Verzögerungszeitverhalten aus. Daneben kann es auch wichtig sein, bestimmte Eingangs- und Ausgangsvariablen nur bestimmten Modulen zuzuführen. In Bild 4.2 sind beispielsweise günstige Anschlußpunkte für Modul 1 links oben, für Modul 2 links unten und für Modul 3 rechts unten. Durch eine günstige Leitungs-Zuordnung läßt sich u.U. der Flächenbedarf für die Verdrahtung reduzieren. In unserem System können Randbedingungen bezüglich Anzahl und Blockzuordnung von Eingangs- und Ausgangsvariablen berücksichtigt werden.

3) *Anzahl und Größe der Modulzustandsmengen.* Der Aufwand zur Realisierung eines Moduls hängt auch von der Anzahl der Modulzustände ab. In unserem System müssen z.Zt. Anzahl und Größe der Modulzustandsmengen festgelegt werden. Bei der Festlegung muß der zusätzlich erforderliche Wartezustand berücksichtigt werden. Als wichtiges Kriterium für die Festlegung von Modulgrößen hat sich außerdem die Anzahl der in *einem Zustand* relevanten Eingangs- und zu 1 gesetzten Ausgangsvariablen herausgestellt.

## V. BENUTZERSCHNITTSTELLE

Die Ablauftabelle des Gesamtschaltwerkes liegt in einem Format vor, das Eingabeformat in einem System zur PLA-Generierung und PLA-Minimierung ist [GrLo87]. Unser System ermittelt aus dieser Ablauftabelle und einer vorgegebenen Anfangszerlegung der Zustandsmenge eine optimierte Zerlegung und kann daraus Modultabellen generieren, die von dem PLA-Generierungssystem verwendet werden können.

Die Kriterien für "optimale" Zerlegungen werden durch eine zu berücksichtigende Zielfunktion, die sich aus den Randbedingungen ergibt, bestimmt. Randbedingungen können in anderen Fällen die Menge der gültigen Zerlegungen einschränken.

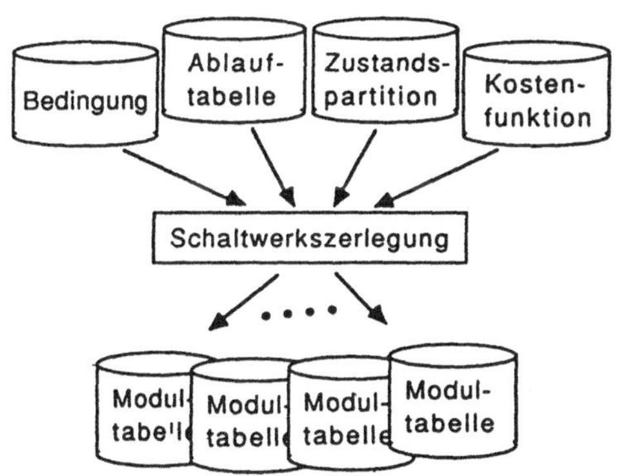


Bild 5.1 System zur Schaltwerkszerlegung

Zur Spezifikation von Randbedingungen bieten wir eine Sprache an, die dem Benutzer die Angabe von Bewertungsfunktionen erlaubt, die sich auf Eigenschaften der Ablauftabelle und der Zustandszerlegung beziehen.

Diese Bewertungsfunktionen steuern die Verfahren zur Modulbildung. Aus Ablauftabelle und Zustandspartition kann ein boolescher Wert gewonnen werden, der anzeigt, ob eine gefundene Zerlegung gültig ist. Die Güte einer gültigen Zerlegung kann über eine Kostenfunktion bewertet werden.

Die Spezifikationssprache basiert auf einer relationalen Sicht von Ablauftabelle und Zerlegung. Die n-stelligen Relationen werden hier als Mengen von n-Tupeln dargestellt. Die grundlegenden Relationen sind

U = {(z#,x#,y#,fz#)}, die Menge der Übergänge,
X = {(x#,v#,value)}, die Menge der Eingabestellen,
Y = {(y#,v#,value)}, die Menge der Ausgabestellen und
B = {(b#,z#)}, die Menge der Blockzuordnungen.

Es werden zusätzlich einige Mengen als Relationen angeboten wie u.a.

zset = {(z#)}, die Menge aller Zustände und
bset = {(b#)}, die Menge aller Blocknummern.
xset = {(x#)}, die Menge aller Eingabebelegungsnummern
xvset = {(v#)}, die Menge aller Eingangsvariablennummern

Es sind auch von der Synchronisationsmethode ableitbare Mengen wie

xres = {(x#)}, die Menge der Rücksetzbelegungen

implementiert. Bis auf die Domäne *value* (Datentyp *character* ) sind alle Domänen vom Datentyp *integer*.

In Bild 5.3 sind Ausschnitte aus den Relationen für den DMA-Controller und die Zerlegung aus Bild 2.2 angegeben. Die Sprache wurde in Anlehnung an die Anfragesprache SQL des relationalen Datenbanksystems System R [Date81] entwickelt.

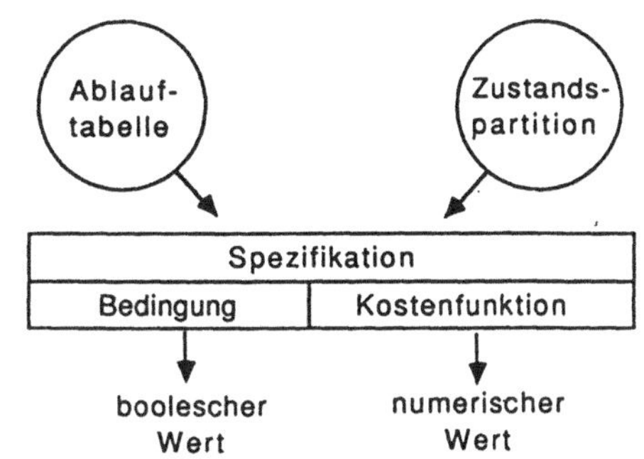


Bild 5.2 Spezifikation von Randbedingungen

Die grundlegende Operation zur Ableitung neuer Relationen ist die Selektion. Sie erlaubt die Formulierung komplexer und mächtiger Ausdrücke, so daß komplexe Randbedingungen wie auch einfache Einschränkungen und Kostenfunktionen in den Prozeß zur Bestimmung einer günstigen Zerlegung miteinbezogen werden können. Die implementierten Optimierungsalgorithmen können Bedingungen und Kostenfunktionen auswerten.

An einigen Beispielen soll die Verwendung von Randbedingungs-Spezifikationen erläutert werden. Wir werden jeweils zu dem mengenorientierten Ausdruck einen Ausdruck in der Spezifikationssprache angeben. Die Randbedingungen beziehen sich auf Zerlegungen des DMA-Controllers, für den das Rücksetzen asynchron erfolgt. Die leere Menge $x_{res}$ braucht deshalb in den Ausdrücken nicht berücksichtigt zu werden.

U

| z# | x# | y# | fz# |
|---|---|---|---|
| 1 | 1 | 1 | 1 |
| 1 | 2 | 2 | 2 |
| 2 | 3 | 1 | 2 |
| 2 | 4 | 3 | 3 |
| 3 | 5 | 3 | 3 |
| 3 | 6 | 4 | 7 |
| 3 | 7 | 4 | 4 |
| . | . | . | . |
| . | . | . | . |
| 12 | 1 | 1 | 1 |

X

| x# | v# | value |
|---|---|---|
| 1 | 1 | '-' |
| 1 | 2 | '-' |
| 1 | 3 | '-' |
| 1 | 4 | '1' |
| . | . | . |
| . | . | . |
| 15 | 7 | '-' |

B

| b# | z# |
|---|---|
| 1 | 4 |
| 1 | 5 |
| 1 | 6 |
| 1 | 10 |
| 2 | 1 |
| 2 | 2 |
| 2 | 3 |
| 2 | 12 |
| 3 | 7 |
| 3 | 8 |
| 3 | 9 |
| 3 | 11 |

zset

| z# |
|---|
| 1 |
| . |
| . |
| 12 |

bset

| b# |
|---|
| 1 |
| 2 |
| 3 |

Y

| y# | v# | value |
|---|---|---|
| 1 | 1 | '0' |
| 1 | 2 | '0' |
| 1 | 3 | '0' |
| . | . | . |
| . | . | . |
| 9 | 11 | '0' |

xres

| x# |
|---|
| |

Bild 5.3 Einige Relationen für den DMA-Controller

Zuerst formulieren wir eine Bedingung:

Jede Synchronisationseingangsvariable soll von *genau einem* Modul generiert werden.

$$\forall\, z\#\in zset :\ 1 < \|\, \{\, b\#\in bset \mid b\#\neq block\#(z\#) \wedge \exists\, (z\#',x\#',y\#',fz\#')\in U : [\, z\#=fz\#' \wedge b\#=block\#(z\#') \,]\, \}\, \|$$

```
NOT EXISTS
  SELECT z# FROM zset
  WHERE 1 < COUNT b# FROM bset
            WHERE b# <> block#(zset.z#) AND
                  EXISTS SELECT $ FROM U
                  WHERE  zset.z#=U.fz AND
                         bset.b#=block#(U.z#)
                  END
            END
  END
```

In der Spezifikationssprache werden verschiedene Funktionen angeboten, die die Formulierung von Ausdrücken erleichtern. Für jede Funktion kann ein entsprechender Ausdruck in der Spezifikationssprache angegeben werden. Die Auswertung einer Funktion kann jedoch wesentlich effizienter erfolgen. In der oben angegebenen Bedingung wurde beispielsweise die Funktion *block#(x)* verwendet. Die Definition dieser Funktion lautet:

block#(x) ::= b# : (b#,x)∈ B

oder in unserer Sprache:

```
block#(x) ::= SELECT b# FROM B WHERE B.z#=x END
```

In den nachfolgenden Kostenfunktionen werden Funktionen verwendet, die sich auf die zugrundeliegende Synchronisationsmethode beziehen.

*num_xgen(m)* bezeichnet die Anzahl der relevanten Eingangsvariablen für Modul m. Die Funktion ist folgendermaßen definiert:

$$num\_xgen(m) ::= \| \{ v\# \in xvset \mid \exists (z\#,x\#,y\#,fz\#) \in U : [ block\#(z\#)=m \wedge \exists (x\#,v\#,value) \in X : value \neq '-' ] \} \|$$

Die Funktion kann durch folgenden Ausdruck unserer Spezifikationssprache definiert werden:

```
COUNT v# FROM xvset
WHERE EXISTS SELECT $ FROM U
             WHERE block#(z#)=m AND
                   EXISTS SELECT $ FROM X
                          WHERE value<>'-'
                          END
             END
END
```

In ähnlicher Weise werden die Funktionen *num_ygen(m)* (Anzahl der vom Modul m generierten Ausgabevariablen), *num_xsynch(m)* (Anzahl der Synchronisationseingangsvariablen) und *num_ysynch(m)* (Anzahl der vom Modul m generierten Synchronisationsausgangsvariablen) definiert. Wir werden unter Verwendung dieser Funktionen vier Kostenfunktionen und das angestrebte Ziel angeben.

(1) Möglichst kleine "Entfernungen" zwischen kommunizierenden Modulen

$$k = \sum_{(z\#,x\#,y\#,fz\#) \in U} abs(block\#(z\#)-block\#(fz\#))*100$$

```
COUNT $ FROM U SUM abs(block#(z#)-block#(fz#))*100 END
```

(2) Möglichst nur Kommunikation zwischen benachbarten Modulen

$$k = \| \{ (z\#,x\#,y\#,fz\#) \in U \mid abs(block\#(z\#)-block\#(fz\#) > 1 \} \|$$

```
COUNT $ FROM U WHERE abs(block#(z#)-block#(fz#) > 1 END
```

(3) Möglichst wenige Ein- und Ausgangsvariablen je Modul

$$k = \sum_{b\# \in bset} [ num\_xgen(b\#)+num\_ygen(b\#) ]$$

```
COUNT b# FROM bset SUM num_xgen(b#)+num_ygen(b#) END
```

(4) Minimierung des Kommunikationsaufwandes

$$k = \sum_{b\# \in bset} [\, num\_xgen(b\#) + num\_ygen(b\#) + num\_xsynch(b\#) + num\_ysynch(b\#)\,]$$

```
COUNT b# FROM bset
SUM num_xgen(b#)+num_ygen(b#)+num_xsynch(b#)
                              +num_ysynch(b#)
END
```

Für den DMA-Controller sind unter Verwendung dieser vier Kostenfunktionen Zerlegungen in zwei, drei und vier Module automatisch ermittelt worden. Die Anfangszerlegungen für das Optimierungsverfahren waren

$\Pi_2 = \{\{1,2,3,4,5,6\},\{7,8,9,10,11,12\}\}$,
$\Pi_3 = \{\{1,2,3,4\},\{5,6,7,8\},\{9,10,11,12\}\}$ und
$\Pi_4 = \{\{1,2,3\},\{4,5,6\},\{7,8,9\},\{10,11,12\}\}$.

Die nachfolgende Tabelle gibt für die jeweilige Kostenfunktion die Kosten der Anfangszerlegung und der optimierten Zerlegung an. Die kursiven Werte zeigen die Kosten für die optimierten Zerlegungen an, die unter Verwendung der anderen Kostenfunktionen ermittelt wurden.

Für die oben angegebene Bedingung, daß jede Synchronisationseingangsvariable von genau einem Modul generiert werden soll, konnten für jede der drei Anfangspartitionen automatisch gültige Lösungen gefunden werden. Eine gültige Zerlegung in vier Module ist beispielsweise

| Π \ (k) | 1 | 2 | 3 | 4 |
|---|---|---|---|---|
| 2 | 600 → 500<br>*600, 600, 600* | 0 → 0<br>*0, 0, 0* | 32 → 23<br>*27, 32, 23* | 42 → 31<br>*37, 42, 31* |
| 3 | 1300 → 800<br>*1100, 1800, 1300* | 3 → 0<br>*2, 3, 3* | 40 → 27<br>*36, 38, 28* | 57 → 42<br>*48, 59, 45* |
| 4 | 1800 → 1100<br>*1600, 2600, 2600* | 6 → 1<br>*3, 8, 8* | 38 → 29<br>*38, 42, 29* | 52 → 49<br>*52, 65, 49* |

Bild 5.4 Kosten für Anfangs- und optimierte Zerlegung

$$\Pi_4^{gültig} = \{\{1,8,11\},\{3,6,9\},\{4,5,7\},\{2,10,12\}\}.$$

# VI. Optimierungsverfahren

Gesucht ist eine Zerlegung der Zustandsmenge, die eine Zerlegung des Zustandsüberführungsgraphen bestimmt. Bei Angabe einer Bedingung muß eine gültige Zerlegung gefunden werden. Bei Angabe einer Kostenfunktion soll eine (gültige) Zerlegung mit möglichst geringen Kosten gefunden werden.

Eine Vorgehensweise zur Lösung des Zerlegungsproblems ist die Aufzählung aller möglichen Zerlegungen mit anschließender Auswahl einer gültigen Zerlegung (falls eine existiert) mit den geringsten Kosten. Für komplexe Schaltwerke ist diese Vorgehensweise aufgrund der Wachstumsgesetze bei großer Zustandszahl undurchführbar.

Aus diesem Grunde wurde der Suchraum erheblich eingeschränkt, indem die Blockgrößen der Zerlegung und damit auch die Anzahl der Module durch den Anwender vorgegeben werden müssen. Ein enumerativer Lösungsatz wäre allerdings immer noch lediglich für kleinere Beispiele von Bedeutung.

Zustandsüberführungsgraphen sind gerichtet und kantenbewertet. Randbedingungen werden durch zusätzliche Kanten berücksichtigt. Wir verwenden Verfahren zur Minimierung der Kantenschnittsumme (Min-Cut), um Zerlegungsprobleme bei Minimierung des Kommunikationsaufwandes zu ermitteln. Grundlage des implementierten Verfahrens zur Bestimmung einer gültigen kostengünstigen Lösung ist der Algorithmus von Kernighan/Lin [Ker69]. Er minimiert die Kantenschnittsumme und basiert auf dem Austausch von Zuständen zwischen Blöcken der Partition und Aktualisierung der Gesamtkosten durch Berücksichtigung der durch den Austausch bedingten Differenzkosten. Weitere Erweiterungen werden in [Zeu79] erläutert.

Ist die vorgegebene Lösung nicht gültig, dann wird durch Anwendung eines Graphensuchverfahrens [Nil82] solange ein paarweiser Austausch zwischen den Blöcken vorgenommen, bis eine gültige Lösung gefunden wird. Die Bedingung und die heuristische Funktion zur Steuerung des Verfahrens werden in unserer Sprache angegeben. Daran schließt sich das modifizierte Kernighan/Lin-Verfahren an, mit dem dann eine gültige und kostengünstige Lösung gesucht wird.

Der Zeitaufwand zur Ermittlung einer günstigen Lösung durch das ursprüngliche Kernighan/Lin-Verfahren liegt bei einigen hundert Millisekunden (für ca. 20 Zustände). Bei der Berücksichtigung des Ein- und Ausgabeaufwands werden einige Sekunden zur Ermittlung einer günstigen Lösung benötigt. Der Zeitaufwand für das modifizierte Kernighan/Lin-Verfahren hängt stark von Aufwand zur Auswertung der Kostenfunktion ab und liegt typischerweise im Minuten-Bereich. Am aufwendigstens zeigt sich das Graphensuchverfahren. Hier kann der Zeitbedarf zur Ermittlung der Lösung von einigen Minuten bis zu Stunden reichen.

Es hat sich als günstig erwiesen, zuerst Näherungslösungen durch "schnelle" Verfahren zu generieren, bevor Verfahren angewendet werden, die komplexe Kostenfunktionen und Bedingungen auswerten.

## VII. Experimentelle Ergebnisse

Zur Abschätzung der Leistungsfähigkeit unseres Konzeptes zur Zerlegung von Schaltwerken wurden verschiedene Zerlegungen des DMA-Controllers mit dem VENUS-System der Firma Siemens [HöNeSch86] implementiert.

Dabei handelt es sich um Makrozellenentwürfe, bei denen die Überführungs- und Ausgabefunktionen durch PLAs realisiert wurden. Die PLAs werden mit Eingangspufferung generiert, so daß die Grobstruktur aus Bild 4.1 zugrundegelegt werden kann.

In Graphik 7.1 wird der zunehmende Flächenbedarf und der abnehmende Zeitbedarf mit wachsender Modulanzahl deutlich.

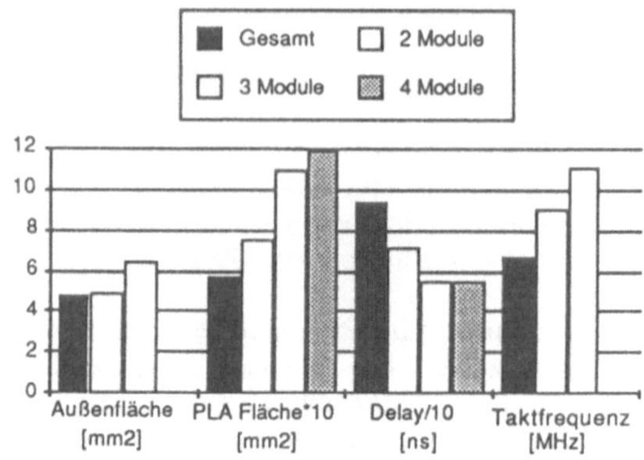


Bild 7.1 Flächenbedarf und Zeitverhalten

Die Gesamtschaltung und die Zerlegungen in 2 bzw. 3 Module wurden vollständig entworfen. Die *Außenfläche* beinhaltet neben den PLAs und Standardzellenblöcken auch die Anschlußpads und wird in der Einheit [$mm^2$] angegeben. Die *PLA-Fläche* in [$mm^2$] gibt die Flächensumme der PLAs einer Zerlegung an. Sie ist ein gutes Maß für die Abschätzung der Zunahme des Flächenbedarfs durch Zerlegung. *Delay* gibt in [ns] das Maximum der Verzögerungszeiten der PLAs einer Zerlegung an. Diese Zeit ergibt eine gute Abschätzung für die Mindestperiodendauer.

Die *Taktfrequenz* in [MHz] wurde aus der Simulation der jeweils entworfenen Schaltungen ermittelt. Dabei wurden auch Leitungslaufzeiten berücksichtigt, die nach der Chipkonstruktion bekannt waren.

Die Schaltung aus der Zerlegung in 4 Module wurde nicht vollständig entworfen, da nach der Generierung der PLAs keine Verbesserung der Taktfrequenz gegenüber einer Zerlegung in 3 Module zu erwarten war. Bei Modulen mit wenigen Zuständen, hier waren es jeweils drei Zustände, wird der Aufwand zur Synchronisation der Module zu groß.

Die Bilder 7.2 a) und 7.2 b) zeigen im gleichen Maßstab den Zellaufbau der Entwürfe für das Gesamtschaltwerk und die Zerlegung in zwei Module. Am Rand liegen die Anschlußpads. Die großen Zellen stellen die PLAs dar. Die kleinen Blöcke sind zusätzlich erforderliche Standardzellen. Plazierung und Verdrahtung erfolgten vollkommen automatisch durch das VENUS-System. Es wurden lediglich der Logikplan und die PLA-Beschreibungen eingegeben.

a) 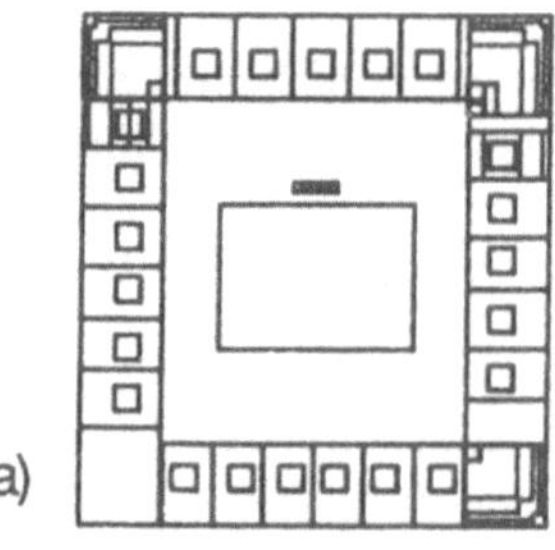

b) 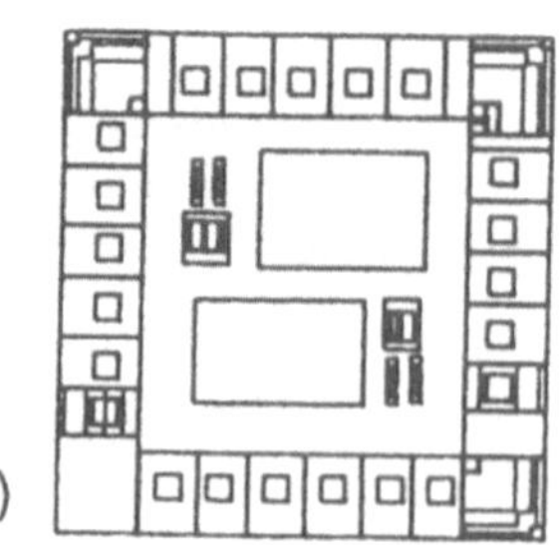

Bild 7.2 Flurplan eines DMA-Controllers
a) Gesamtschaltwerk
b) Zerlegung in zwei Module

# VIII. ZUSAMMENFASSUNG UND AUSBLICK

Wir haben Konzepte und Methoden zur modularen Implementierung von Schaltwerken aufgezeigt, die auf einem festgelegten Kommunikationsprotokoll basieren. Dabei lassen sich gültige Zerlegungen unter Verwendung einer Spezifikationssprache bewerten, die auf einer relationalen Sicht der Beschreibung von Ablauftabelle und Zustandspartition beruht. Optimierte Zustandspartition und Ablauftabelle des Gesamtschaltwerks werden zur automatischen Generierung der Modultabellen verwendet.

Ergänzend zu den beschriebenen Funktionen haben wir in unserem System die Möglichkeit, strukturäquivalente Module aus der Ablauftabelle aufzufinden. Strukturäquivalenz bedeutet hier, daß die automatisch generierten Modultabellen für die entsprechenden Zustandsmengen durch Abbildungen der Zustände, Eingabe- und Ausgabevariablen zur Deckung gebracht werden können. Solche Tabellen können die gleiche Implementation haben, es werden lediglich die Anschlüsse der implementierten Module unterschiedlich belegt.

## LITERATUR


[BKlR85] Brück, R.; Kleinjoham, B.; Rammig, F.J. : "Synthesis of modular controllers from CAP/DSDL (DACAPO) descriptions"; In Koomen, C.J.; Moto-Oka, T. (Hrsgb): Computer hardware description languages and their applications, North-Holland, 1985

[Date81] Date, C.J. : "An Introduction to Database Systems"; The System Programming Series, Addison Wesley, 1981

[Dex86] Dexter, A.L. : "Microcomputer bus structures and bus interfacedesign"; Electrical engineering and electronics; 32, Marcel Dekker, Inc., 1986

[Gra85] Grass, W. : "Some results on the design of regular structured sequential circuits"; Integration, the VLSI journal 3 (1985), S. 189-210

[GraLo87] Grass, W.; Lohse, J. : "LOVE - a universal logic design program for finite state machines". Proc. Comp Euro, Hamburg,1987

[HöNeSch86] Hörbst, E.; Nett, M.; Schwärtzel, H. : " VENUS - Entwurf von VLSI Schaltungen"; Springer-Verlag, Heidelberg,1986

[Ker69] Kernighan, B.W.: "Some graph partitioning problems related to program segmentation". Princeton University, 1969

[MiSa83] De Micheli, G.; Santomauro, M. : "Smile: A computer program for partitioning of programmed logic arrays"; Proc. Des. Aut. Conf. , Miami Beach, June 1983

[Mutz86] Mutz, M. : "Entwicklung und Implementierung eines Algorithmus zur Zerlegung von Steuerwerken in eine maximal uniforme Komposition aus Teilsteuerwerken und minimaler Kommunikation zwischen den Teilwerken". Diplomarbeit, Universität Hamburg,1986

[Nil82] Nielsson, N.J.: "Principles of Artificial Intelligence", Springer-Verlag , Berlin, 1982

[Zeu79] Zeumer, W.: "Ein Verfahren zur Zustandscodierung für komplexe digitale Schaltungen", Dissertation, Universität Karlsruhe (TH), 1979

# Hierarchische Zerlegung von Graphen mit zwei ausgezeichneten Knoten mit Anwendungen bei der Synthese und Analyse von MOS-Schaltungen[1]

Michael Payer
Technische Universität München, Institut für Informatik
Arcisstr. 21, D-8000 München 2

**Zusammenfassung**

Zwei-Terminal-Graphen spielen eine wesentliche Rolle bei der Synthese und Analyse elektrischer Netzwerke. Es ist bekannt, daß eine Reihe von Entscheidungs- und Optimierungsproblemen für Serien-Parallel-Graphen effizient lösbar sind. In dieser Arbeit wird gezeigt, daß sich ähnliche Ergebnisse erzielen lassen, falls der behandelte Graph hierarchisch in Teilgraphen zerlegt werden kann.

Die Hierarchisierung kann mit linearem Zeitaufwand durchgeführt werden. Den Schlüssel zur Zerlegung liefern die 3-fach zusammenhängenden Komponenten des Graphen.

Da die Hierarchie von Zwei-Terminal-Graphen mit Hilfe eines Kantenersetzungssystems beschrieben werden kann, besteht ein enger Zusammenhang mit Graphgrammatiken.

Insbesondere werden die Probleme der CMOS-Netzwerksynthese, die Optimierung von CMOS-Netzwerken und die Analyse von CMOS-Schaltungen behandelt.

**Abstract**

Two-terminal graphs play an important role in electrical network synthesis and modeling. It is known that a lot of decision and optimization problems can be solved efficiently for series-parallel graphs. In this paper it is shown that similar results can be derived if the graph under consideration can be decomposed into hierarchical two-terminal subgraphs.

The hierarchy can be exhibited in linear time. The key to the hierarchization is given by the triconnected components of the graph.

Since the hierarchy of the two-terminal subgraphs is described by an edge replacement system, we have a strong relation to graph grammars. Two-terminal graphs represent a large graph class which can be parsed efficiently by the method proposed.

In particular we address the problems of CMOS network design, CMOS optimization and analysis of CMOS networks.

**Index Terms**

CMOS-Analyse, CMOS-Optimierung, CMOS-Synthese, 3-fach zusammenhängende Komponenten, Kantenersetzungssysteme, Zwei-Terminal-Graphen

[1]Die Arbeiten wurden teilweise unterstützt von der Siemens AG.

# 1. Einleitung

Zwei-Terminal-Graphen eignen sich vorzüglich zur Modellierung von MOS-Schaltnetzen [BY86, LH82]. In ihrer inzwischen klassischen Arbeit [Uv81] haben Uehara und vanCleemput Serien-Parallel-Graphen als Basis für die Optimierung von CMOS-Netzen benutzt. Dieser Ansatz wurde von Nair, Bruss, und Reif verbessert, die zeigen konnten, daß diese Art von Optimierung mit linearem Zeitbedarf durchgeführt werden kann [NBR85]. Ein weiterer Beweis für die lineare Durchführbarkeit der Optimierung von MOS-Netzen stammt von Müller und Lengauer [ML86]. In dieser Arbeit werden einige der Ergebnisse aus [ML86, NBR85] auf beliebige Zwei-Terminal-Netze, die eine gewisse Modularität aufweisen, erweitert. Die Klasse der Serien-Parallel-Graphen ist eine echte Teilmenge der hier beschriebenen modularen Graphen.

Diese Arbeit behandelt die Zerlegung ungerichteter Graphen, dabei zeigt sich, daß die Serien-Parallel-Anteile gerade eine Teilmenge der Zerlegungskomponenten bilden. In diesem Zusammenhang interessieren ungerichtete 2-Terminal-Serien-Parallel-Graphen (auch Kanten-Serien-Parallelgraphen genannt). Knoten-Serien-Parallel-Graphen und die Erkennung gerichteter Kanten-Serien-Parallel-Graphen werden in [VRT82] behandelt.

Die wesentliche Idee des hier vorgestellten Ansatzes ist, daß 2-isomorphe 2-Terminal-Graphen äquivalente Schaltfunktionen repräsentieren [SR61]. Die Identifizierung von 2-Terminal-Teilgraphen führt zu einer hierarchischen Darstellung eines gegebenen Netzwerks. Die Teilgraphen stellen gerade die 3-fach zusammenhängenden Komponenten des Graphen dar.

Eine andere Art von Hierarchisierung wird in [BLW87] vorgeschlagen. Und zwar werden durch die Angabe einer endlichen Menge von Primitiven und einer endlichen Menge von Kompositionsregeln Klassen zerlegbarer Graphen (z. B. Serien-Parallel-Graphen) definiert. Es wird aber nur vorausgesetzt, daß die Graphen einer Klasse prinzipiell erkannt werden können. Das Problem der eigentlichen Erkennung und die Erzeugung des Strukturbaums werden nicht behandelt. Im Gegensatz dazu werden die Graphenklassen in dieser Arbeit durch eine unendliche Menge von Primitiven, den 3-fach zusammenhängenden 2-Terminal-Graphen, definiert. Das Parsing-Problem für diese Graphenklasse ist einfach zu lösen. Es zeigt sich, daß die Graphen dieser Klasse in linearer Zeit erkannt und zerlegt werden können.

Das folgende Beispiel zeigt den Wert dieses Ansatzes. Die Schaltfunktion eines 2-Terminal-Graphen ist durch die Boolesche Summe der Pfadprodukte aller einfachen Pfade zwischen den Terminalen des Graphen gegeben. Äquivalent kann das Komplement der Schaltfunktion durch die Boolesche Summe der Schnittkantenprodukte (in komplementierten Variablen) aller minimalen Schnittkantenmengen, die die beiden Terminale von einander isolieren, bestimmt werden.

Sowohl die Anzahl der minimalen Schnittkantenmengen als auch der einfachen Pfade kann exponentiell mit der Zahl der Kanten des Graphen wachsen, selbst dann, wenn die Schaltfunktion eine Darstellung hat, deren Länge nur linear von der Größe des Graphen abhängt.

Beispielsweise soll die Schaltfunktion des 2-Terminal-Graphen $G_1$ in Abb. 1(a) bestimmt werden. Die Terminale von $G_1$ sind die Knoten 1 und $1'$. $G_1$ hat $2n$ Kanten und $n+1$ Knoten, weiterhin existieren $2^n$ verschiedene einfache Pfade zwischen diesen Terminalen, nämlich

$$\begin{array}{l} \{a_1, a_2, a_3, \quad \ldots, \quad a_n\}, \\ \{a_1, a_2, a_3, \quad \ldots, \quad b_n\}, \\ \qquad\qquad \ldots, \\ \{b_1, b_2, b_3, \quad \ldots, \quad a_n\}, \\ \{b_1, b_2, b_3, \quad \ldots, \quad b_n\}. \end{array}$$

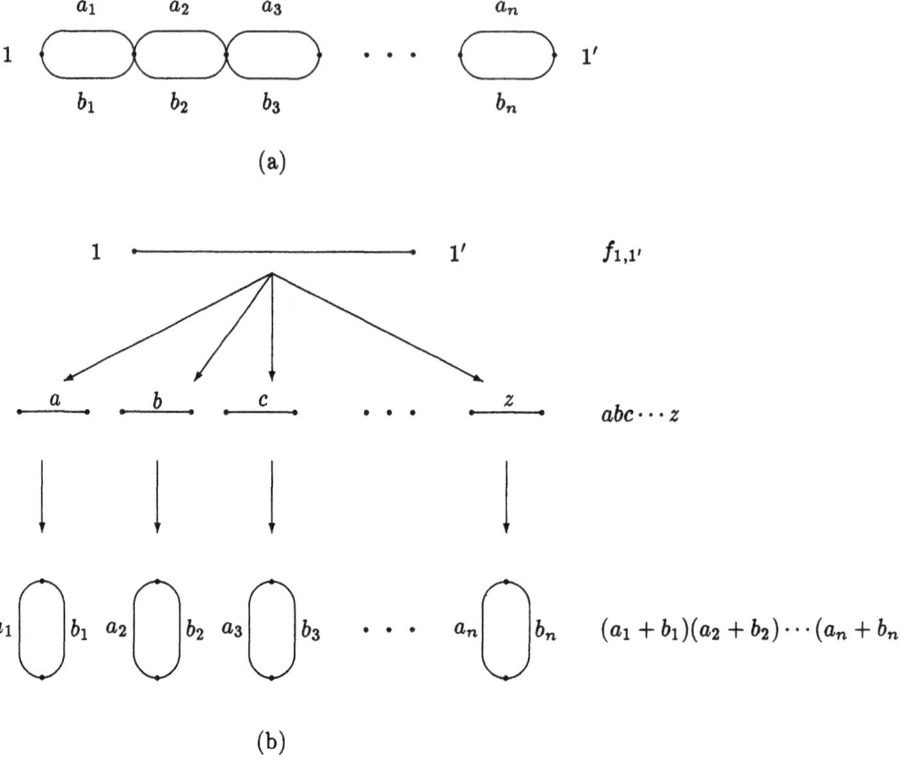


Abb. 1: (a) 2-Terminal-Graph $G_1$ mit 1 und $1'$ als Terminalen, (b) Hierarchische Darstellung von $G_1$.

Die Schaltfunktion $f_{1,1'}$ kann als die Boolesche Summe aller Pfadprodukte ausgedrückt werden

$$f_{1,1'} = \begin{array}{cccccccc} & a_1 & \cdot & a_2 & \cdot & a_3 & \cdots & a_n \\ + & a_1 & \cdot & a_2 & \cdot & a_3 & \cdots & b_n \\ + & & & & \cdots & & & \\ + & b_1 & \cdot & b_2 & \cdot & b_3 & \cdots & a_n \\ + & b_1 & \cdot & b_2 & \cdot & b_3 & \cdots & b_n . \end{array}$$

Die Länge dieser Darstellung ist $O(2^n)$.

Andererseits existiert ein leitender Pfad zwischen den Terminalen genau dann, wenn jeder Teilgraph mit Kantenmenge $\{a_i, b_i\}$ leitet. Das ist der Fall genau dann, wenn $a_i$ oder $b_i$ leitet. Somit kann die Schaltfunktion $f_{1,1'}$ auch als

$$f_{1,1'} = (a_1 + b_1)(a_2 + b_2)(a_3 + b_3) \cdots (a_n + b_n)$$

ausgedrückt werden. In dieser Darstellung tritt jede der $2n$ Schaltvariablen nur einmal auf, ihre Länge ist $O(n)$.

Es gibt andere Graphen, bei denen die Zahl der minimalen Schnittkantenmengen exponentiell wächst, die Abb. 2 zeigt ein Beispiel. Die Terminale von $G_2$ sind die Knoten 1 und $1'$. $G_2$ hat $2n$ Kanten und $n + 2$ Knoten. Insgesamt gibt es $2^n$ verschiedene minimale Schnittkantenmengen, die diese Terminale separieren, nämlich

$$\{a_1, a_2, a_3, \quad \ldots, \quad a_n\},$$

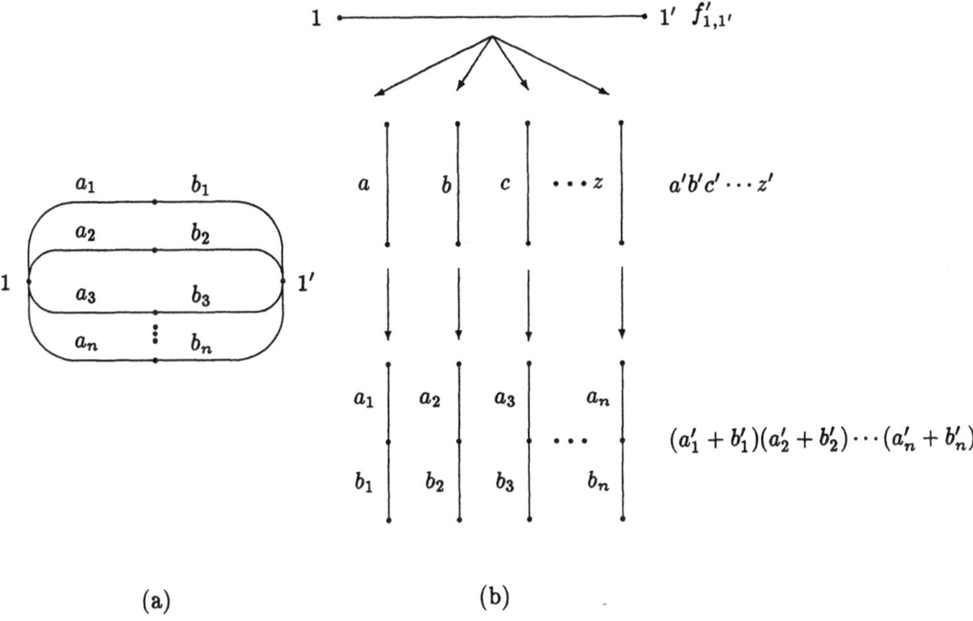


Abb. 2: (a) 2-Terminal-Graph $G_2$ mit 1 und 1' als Terminalen, (b) Hierarchische Darstellung von $G_2$.

$$\begin{array}{l} \{a_1, a_2, a_3, \ \ldots, \ b_n\}, \\ \qquad\qquad\quad \ldots, \\ \{b_1, b_2, b_3, \ \ldots, \ a_n\}, \\ \{b_1, b_2, b_3, \ \ldots, \ b_n\}\,. \end{array}$$

Die komplementäre Schaltfunktion $f'_{1,1'}$ kann als die Boolesche Summe aller Schnittprodukte (in komplementierten Variablen) ausgedrückt werden

$$f'_{1,1'} = \begin{array}{cl} & (a'_1 \cdot a'_2 \cdot a'_3 \cdots a'_n) \\ + & (a'_1 \cdot a'_2 \cdot a'_3 \cdots b'_n) \\ + & \qquad \cdots \\ + & (b'_1 \cdot b'_2 \cdot b'_3 \cdots a'_n) \\ + & (b'_1 \cdot b'_2 \cdot b'_3 \cdots b'_n)\,. \end{array}$$

Die Länge dieser Darstellung ist $O(2^n)$.

Andererseits bildet sich zwischen den Terminalen dann und nur dann kein leitender Pfad aus, wenn kein Teilgraph mit Kantenmenge $\{a_i, b_i\}$ leitet. Das ist der Fall, wenn $a_i$ oder $b_i$ sperrt. Somit kann die komplementäre Schaltfunktion $f'_{1,1'}$ als

$$f'_{1,1'} = (a'_1 + b'_1) \cdot (a'_2 + b'_2) \cdot (a'_3 + b'_3) \cdots (a'_n \cdot b'_n).$$

ausgedrückt werden. In dieser Darstellung tritt jede der $2n$ Schaltvariablen nur einmal auf, ihre Länge ist $O(n)$.

Beide Graphen $G_1$ und $G_2$ kann man sich als Komposition kleinerer 2-Terminal-Graphen vorstellen, entsprechende Zerlegungen zeigen die Abbildungen 1(b) und 2(b). Der Strukturbaum, der für jeden Teilgraphen einen Knoten enthält, repräsentiert die Grobstruktur des Graphen. Teilgraphen können dadurch charakterisiert werden, daß sie (i) mit ihrem Komplement genau zwei Knoten gemeinsam haben; und (ii) daß die Terminale des Obergraphen nicht als innere Knoten des Teilgraphen auftreten können.

Ein genauerer Blick auf den Graphen der Abb. 1 zeigt, daß jeder 2-Terminal-Teilgraph mit Kantenmenge $\{a_i, b_i\}$ einen Block (2-fach zusammenhängende Komponente) darstellt. Falls der Graph um eine (virtuelle) Kante $(1, 1')$, erweitert wird, dann repräsentiert ein jeder solcher Teilgraph eine 3-fach zusammenhängende Komponente.

Ein genauerer Blick auf den Graphen der Abb. 2 zeigt, daß jeder 2-Terminal-Teilgraph mit Kantenmenge $\{a_i, b_i\}$ eine 3-fach zusammenhängende Komponente darstellt.

Die Schaltfunktion eines Zwei-Terminal-Graphen kann offensichtlich durch Inspektion der einzelnen Teilgraphen und eine entsprechende Komposition der einzelnen Schaltfunktionen bestimmt werden. Beispiele finden sich in den rechten Seiten der Abbildungen 1(b) und 2(b).

Man beachte, daß beide Graphen durch wiederholte Serien- und Parallel-Reduktionen zu einer Kante zwischen den Terminalen reduziert werden können.

Der Rest dieser Arbeit ist folgendermaßen strukturiert: Nach der Darstellung der graphentheoretischen Grundlagen wird die Zerlegung von 2-Terminal-Graphen diskutiert. Die Zerlegung beruht auf dem "3-Zusammenhangs-Algorithmus" von Hopcroft und Tarjan [HT73]. Im folgenden werden dann verschiedene MOS-Synthese und Analyseprobleme im Kontext hierarchisch definierter 2-Terminal-Graphen untersucht.

## 2. Graphentheoretische Grundlagen

Die Definitionen dieser Arbeit sind mehr oder weniger Standard, vgl. [Har69, SR61]. Hier sind sie aus [HT73] übernommen. Soweit nicht anders vereinbart, werden grundsätzlich zusammenhängende, schleifenfreie und ungerichtete Multigraphen behandelt, bei denen die Kantenmenge eine Multimenge sein darf. Die einzelnen Kanten sind durchnumeriert.

Ein *Graph* $G = (V, E)$ besteht aus einer Menge $V$ von $|V|$ *Knoten* und einer Menge $E$ von $|E|$ *Kanten*. Falls die Kanten ungeordnete Paare $(v, w)$ verschiedener Knoten darstellen, dann heißt der Graph *ungerichtet*. Falls $E$ eine Multimenge ist, d. h. falls eine Kante mehrfach auftreten kann, dann heißt $G$ *Multigraph*. Falls $(v, w)$ Kante eines Multigraphen $G$ ist, sind die Knoten $v$ und $w$ *adjazent*. Die Kante $(v, w)$ ist inzident zu den Knoten $v$ und $w$; $v$ und $w$ sind *inzident* zu $(v, w)$. Falls $E'$ eine Menge von Kanten in $G$ ist, bezeichnet $V(E')$ die Menge der Knoten, die zu einer oder mehreren Kanten in $E'$ inzident ist. Falls $S$ eine Menge von Knoten von $G$ ist, dann bezeichnet $E(S)$ die Menge der Kanten, die zu mindestens einem Knoten in $S$ inzident ist.

Ein *Pfad* zwischen $v_1$ und $v_i$ ist eine Folge $P : v_1 \overset{*}{\Rightarrow} v_i = v_1, e_1, v_2, e_2, \cdots, e_{i-1}, v_i$ von abwechselnd Knoten und Kanten, so daß für $1 \leq j < i$, $e_j$ zu $v_j$ und $v_{j+1}$ inzident ist. Falls in einem Pfad jeder Knoten nur einmal auftritt, dann heißt der Pfad *einfach*.

Die *ungerichtete Version* eines gerichteten Multigraphen ist der Multigraph, den man erhält, wenn jede Kante des gerichteten Multigraphen durch eine ungerichtete Kante ersetzt wird. Ein ungerichteter Multigraph ist *zusammenhängend*, falls jedes Paar von Knoten $v$ und $w$ in $G$ durch einen Pfad verbunden ist.

Ein *(gerichteter) Baum* $T$ ist ein gerichteter Graph, dessen ungerichtete Version zusammenhängend ist, mit einem ausgezeichneten Knoten, der *Wurzel*, die das Ziel keiner Kante ist, und so daß bis auf die Wurzel jeder Knoten das Ziel genau einer Kante ist. Die Relation "$(v, w)$ ist eine Kante von $T$" wird mit $v \rightarrow w$ bezeichnet. Die Relation "es ex. ein Pfad von $v$ nach $w$ in $T$" wird mit $v \overset{*}{\rightarrow} w$ notiert. Falls $v \rightarrow w$ gilt, dann ist $v$ der *Vater* von $w$ und $w$ ist ein *Sohn* von $v$. Falls $v \overset{*}{\rightarrow} w$ gilt, dann ist $v$ ein *Vorgänger* von $w$ und $w$ ist ein *Nachfolger* von $v$.

Ein Graph $G' = (V', E')$ ist *Teilgraph* eines Graphen $G = (V, E)$ genau dann, wenn $V' \subseteq V$ und $E' \subseteq E$ gilt. Wir schreiben $G' \subseteq G$, falls $G'$ ein Teilgraph von $G$ ist. $G$ heißt auch *Obergraph* von $G'$.

Sei $H = (V_H, E_H) \subseteq G$ ein zusammenhängender Teilgraph von $G = (V, E)$. Dann heißt der Graph $H' = (V(E - E_H), E - E_H) \subset G$ das *Komplement* von $H$ (relativ zu $G$). D. h. das Komplement $H'$ von $H$ besteht aus all den Kanten von $G$, die nicht zu $H$ gehören und all den Knoten, die zu diesen Kanten inzident sind.

Ein *Zwei-Terminal-Graph* (2TG) $G = (V, E, v_1, v_2)$ ist ein Graph mit zwei ausgezeichneten Knoten $v_1$ und $v_2$, den Terminalen. Die übrigen Knoten heißen *innere* Knoten von $G$.

Sei $G = (V, E)$ ein Graph, dann ist ein *Zwei-Terminal-Teilgraph* $H = (V_H, E_H, v_1, v_2)$ von $G$ ein zusammenhängender Teilgraph, der genau die Knoten $v_1$ und $v_2$ mit seinem Komplement $H'$ gemeinsam hat.

Der *erweiterte* 2TG (E2TG) $G_E = (V, E \cup (v_1, v_2), v_1, v_2)$ eines Graphen $G = (V, E)$ ist der Graph, den man durch Hinzufügen einer Kante zwischen den Terminalen $v_1$ und $v_2$ aus $G$ erhält.

Ein Graph $G = (V, E)$ ist *nicht-separabel*, wenn jeder Teilgraph von $G$ mindestens zwei Knoten mit seinem Komplement gemeinsam hat. Alle anderen Graphen sind *separabel*.

Ein 2TG $G = (V, E, v_1, v_2)$ ist *2-nicht-separabel*, wenn der zugehörige E2TG $G_E = (V, E \cup (v_1, v_2), v_1, v_2)$ nicht-separabel ist. Alle anderen 2TGs sind *2-separabel*.

Ein 2TG $G = (V, E, v_1, v_2)$ ist *planar*, wenn der zugehörige erweiterte 2TG $G_E = (V, E \cup (v_1, v_2), v_1, v_2)$ planar ist.

Die 2TGs $G_1$ und $G_2$ mit Terminalen $\{1, 1'\}$ und $\{2, 2'\}$, sind zueinander *dual* (im Zwei-Terminal-Sinn), falls die zugehörigen E2TGs dual zueinander sind, wobei die zusätzlichen Kanten korrespondieren.

2TGs können so zusammengesetzt werden, daß das Resultat wieder ein 2TG ist.

Die *Serienkomposition* $G_1 - v_2v_3 - G_2$ zweier 2TGs $G_1 = (V_1, E_1, v_1, v_2)$ und $G_2 = (V_2, E_2, v_3, v_4)$ ist gegeben durch den 2TG $G_s = (V_s, E_s, v_1, v_4)$ mit

$$\begin{aligned} V_s = V_1 &\cup V_2 - \{v_3\}, \\ E_s = E_1 &\cup E_2 \\ &- \{(v_3, v)|(v_3, v) \in E_2\} \\ &\cup \{(v_2, v)|(v_3, v) \in E_2\} \end{aligned}$$

d. h. die Serienkomposition $G_1 - v_2v_3 - G_2$ entsteht durch "Verkleben" der Terminale $v_2$ von $G_1$ und $v_3$ von $G_2$. Die inverse Operation heißt *Serienzerlegung* eines 2TG.

Die *Parallelkomposition* $G_1|v_1v_3|G_2$ zweier 2TGs $G_1 = (V_1, E_1, v_1, v_2)$ und $G_2 = (V_2, E_2, v_3, v_4)$ ist gegeben durch den 2TG $G_p = (V_p, E_p, v_1, v_2)$ mit

$$\begin{aligned} V_p = V_1 &\cup V_2 - \{v_3, v_4\}, \\ E_p = E_1 &\cup E_2 \\ &- (\{(v_3, v)|(v_3, v) \in E_2\} \cup \{(v_4, v)|(v_4, v) \in E_2\}) \\ &\cup (\{(v_1, v)|(v_3, v) \in E_2\} \cup \{(v_2, v)|(v_4, v) \in E_2\}) \end{aligned}$$

d. h. die Parallelkomposition $G_1|v_1v_3|G_2$ entsteht durch "Verkleben" der Terminale $v_1$ und $v_3$ bzw. $v_2$ und $v_4$. Die inverse Operation heißt *Parallelzerlegung* eines 2TG.

Die $(u, v)$-*Verfeinerung* eines 2TG $G_1 = (V_1, E_1, v_1, v_2)$ mit $u, v \in V_1$ und $(u, v) \in E_1$ durch einen 2TG $G_2 = (V_2, E_2, u, v)$ ist gegeben durch den 2TG $G_v = (V_v, E_v, v_1, v_2)$ mit

$$\begin{aligned} V_v &= V_1 \cup (V_2 - \{u, v\}), \\ E_v &= (E_1 - (u, v)) \cup E_2 \end{aligned}$$

d. h. die $(u, v)$-Verfeinerung von $G_1$ entsteht durch das Ersetzen der Kante $(u, v)$ durch den 2TG $G_2$. Die inverse Operation heißt $(u, v)$-*Vergröberung*.

Ein 2TG, der entweder aus einer einzigen Kante besteht, oder eine Serien- oder Parallelkomposition anderer Serien-Parallel Graphen ist, heißt *Serien-Parallel Graph* (SP-Graph). Ein SP-Graph $G = (V, E, v_1, v_2)$ kann durch wiederholte Anwendung der folgenden Operationen auf eine einzige Kante reduziert werden [VRT82]:

**Parallel-Reduktion** Eine Multikante wird durch eine einfache Kante ersetzt.

**Serien-Reduktion** Eine maximale Kette[1] von Kanten, die $v_1$ oder $v_2$ lediglich als Endpunkte enthält, wird durch eine einzige Kante ersetzt.

Jede Kante eines 2TG $G = (V, E, x, y)$ sei mit einer Booleschen Variablen markiert. Das *Pfadprodukt* $\pi_{ij}^{(k)}$ ist das Produkt der einzelnen Markierungen irgendeines einfachen Pfades zwischen den Knoten $i$ und $j$.

Die *Schaltfunktion* $f_{x,y}$ zwischen den Terminalen $x$ und $y$ eines 2TG $G = (V, E, x, y)$ ist gegeben durch $f_{x,y} = \sum_k \pi_{x,y}^{(k)}$, wobei die Summation die Boolesche Addition ist und über alle einfachen Pfade vom Knoten $x$ zum Knoten $y$ durchgeführt wird.

## 2.1 2-fach zusammenhängende Komponenten, Parallele Komponenten und 3-fach zusammenhängende Komponenten

Ein zusammenhängender Multigraph $G$ ist *2-fach zusammenhängend*, falls für jedes Tripel verschiedener Knoten $v$, $w$ und $a$ aus $V$ ein Pfad $p : v \stackrel{*}{\Rightarrow} w$ existiert, so daß $a$ nicht auf dem Pfad $p$ liegt. Falls ein Tripel verschiedener Knoten $v, w, a$ existiert, so daß $a$ auf jedem Pfad $p : v \stackrel{*}{\Rightarrow} w$ liegt, dann heißt $a$ *Separationspunkt* oder *Artikulation* von $G$. Somit ist ein ungerichteter Graph 2-fach zusammenhängend genau dann, wenn er keine Artikulationen besitzt. Die Kanten von $G$ können so partitioniert werden, daß zwei Kanten von $G$ genau dann zum gleichen Block der Partition gehören, wenn sie auf einem gemeinsamen Kreis liegen. Sei $G_i = (V_i, E_i)$, wobei $E_i$ die Menge der Kanten im $i$-ten Block der Partition ist, und sei $V_i = V(E_i)$. Dann gilt:

(i) Jeder Graph $G_i$ ist 2-fach zusammenhängend.

(ii) Kein $G_i$ ist ein echter Teilgraph eines 2-fach zusammenhängenden Teilgraphen von $G$.

(iii) Jeder Knoten von $G$, der keine Artikulation von $G$ ist, tritt genau einmal unter den $V_i$ auf. Jede Artikulation tritt mindestens zweimal auf.

(iv) Für alle $i, j$, $i \neq j$, enthält $V_i \cap V_j$ höchstens einen Knoten; weiterhin ist dieser Knoten (falls er existiert) eine Artikulation.

Die Teilgraphen $G_i$ von $G$ heißen *2-fach zusammenhängende Komponenten* oder *Blöcke* von $G$. Die Blöcke von $G$ sind eindeutig. Darüber hinaus können sie mit Hilfe des Block-Algorithmus aus [AHU74, Algorithmus 5.3] effizient bestimmt werden. Für einen Graphen $G = (V, E)$ findet der Algorithmus die Blöcke in der Zeit $O(|E|)$. Abb. 3(a) zeigt ein Beispiel für einen 2TG mit mehreren Blöcken.

Sei $\{a, b\}$ ein Paar von Knoten in einem 2-fach zusammenhängenden Multigraphen $G$. Die Kanten von $G$ seien so in Äquivalenzklassen $E_1, E_2, \ldots, E_n$ eingeteilt, daß zwei Kanten in die gleiche Klasse fallen, wenn sie auf einem gemeinsamen Pfad liegen, der jeden Knoten aus $\{a, b\}$ nur als Endpunkt enthält. Die Klassen $E_i$ heißen die *Separationsklassen* von $G$ bezüglich $\{a, b\}$. Falls mindestens zwei solcher Separationsklassen existieren, dann ist das Paar $\{a, b\}$ ein *Separationspaar* von $G$, es sei denn (i) es gibt genau zwei Separationsklassen und eine von ihnen besteht aus einer einzelnen Kante, oder (ii) es gibt genau drei Klassen, deren jede genau eine Kante enthält.

Falls $G$ ein 2-fach zusammenhängender Multigraph ist, so daß kein Paar $\{a, b\}$ Separationspaar von $G$ ist, dann ist $G$ *3-fach zusammenhängend*. Sei $\{a, b\}$ ein Separationspaar von $G$. Seien $E_1, E_2, \ldots, E_n$ die Separationsklassen von $G$ bezüglich $\{a, b\}$. Sei $E' = \bigcup_{i=1}^{k} E_i$ und $E'' = \bigcup_{i=k+1}^{n} E_i$, so daß $|E'| \geq 2$, $|E''| \geq 2$. Sei $G_1 = (V(E'), E' \cup \{(a, b)\})$, $G_2 = (V(E''), E'' \cup \{(a, b)\})$. Die Graphen $G_1$ und $G_2$ heißen *Split-Graphen* von $G$ bezüglich $\{a, b\}$. Das Ersetzen eines Multigraphen durch zwei Split-Graphen heißt *splitten* von $G$. Im allgemeinen gibt es viele Möglichkeiten einen Graphen zu splitten, sogar bzgl. eines einzigen Separationspaares $\{a, b\}$. Eine Split-Operation

[1] Ein Pfad $a_1 \stackrel{*}{\Rightarrow} n$ heißt *Kette*, falls bis auf $a_1$ und $a_n$ alle Knoten vom Grad 2 sind.

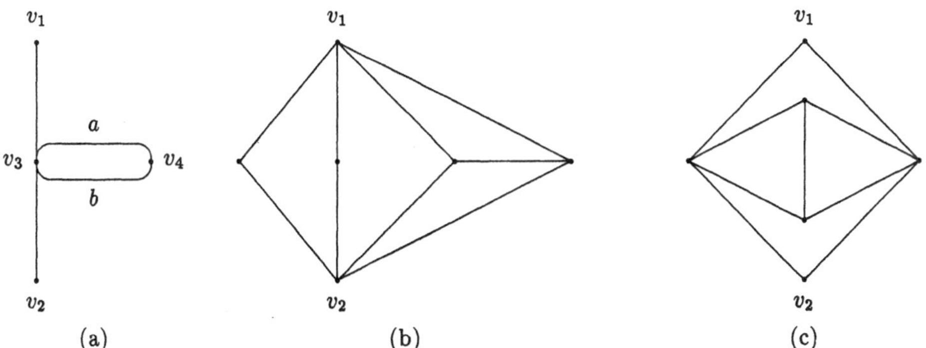


Abb. 3: (a) 2TG mit mehreren Blöcken, (b) 2TG mit mehreren parallelen Komponenten, (c) 2TG ohne Blöcke oder parallele Komponenten.

wird mit $s(a,i,b)$ notiert; $i$ ist eine Marke, die es gestattet, mehrere Split-Operationen von einander zu unterscheiden. Die neuen Kanten $(a,b)$, die zu $G_1$ und $G_2$ hinzugefügt werden, heißen *virtuelle Kanten*; sie werden markiert, um sie mit der Split-Operation zu identifizieren. Eine mit einem Split $s(a,i,b)$ assoziierte virtuelle Kante $(a,b)$ wird als $(a,i,b)$ notiert. Falls $G$ 2-fach zusammenhängend ist, dann ist auch jeder Split-Graph von $G$ 2-fach zusammenhängend.

Ein Multigraph $G$ werde gesplittet, seine Split-Graphen werden gesplittet und so weiter, bis keine weiteren Splits mehr möglich sind (alle verbleibenden Graphen sind 3-fach zusammenhängend). Die auf diese Weise konstruierten Graphen heißen *Split-Komponenten* von $G$. Die Split-Komponenten sind nicht notwendigerweise eindeutig.

Um zu eindeutigen 3-fach zusammenhängenden Komponenten zu gelangen, müssen die Split-Komponenten teilweise wieder zusammengesetzt werden. Seien $G_1 = (V_1, E_1)$ und $G_2 = (V_2, E_2)$ zwei Split-Komponenten, die beide eine virtuelle Kante $(a,i,b)$ enthalten, sei weiterhin

$$G = (V_1 \cup V_2, (E_1 - \{(a,i,b)\}) \cup (E_2 - \{(a,i,b)\})).$$

Dann heißt $G$ *Verschmelzung* von $G_1$ und $G_2$; die Verschmelzungs-Operation wird mit $m(a,i,b)$ notiert. Verschmelzen ist invers zu splitten; eine genügend große Anzahl von Verschmelzungen der Split-Komponenten eines Multigraphen restauriert den ursprünglichen Multigraphen.

Die Split-Komponenten eines Multigraphen sind von drei Arten: 3-fach-Brücken der Form $(\{a,b\}, \{(a,b),(a,b),(a,b)\})$, Dreiecke der Form $(\{a,b,c\}, \{(a,b),(a,c),(b,c)\})$, und 3-fach zusammenhängende Graphen. Sei $G$ ein Multigraph, dessen Split-Komponenten eine Menge von 3-fach-Brücken $\mathcal{B}_3$, eine Menge von Dreiecken $\mathcal{T}$ und eine Menge von 3-fach zusammenhängenden Graphen $\mathcal{G}$ sind. Werden nun die 3-fach-Brücken $\mathcal{B}_3$ so weit wie möglich verschmolzen, ergibt sich eine Menge von Teilgraphen $\mathcal{B}$, die Brücken genannt werden. Werden die Dreiecke so weit wie möglich verschmolzen, ergibt sich eine Menge von Polygonen $\mathcal{P}$. Dann heißt die Menge $\mathcal{B} \cup \mathcal{P} \cup \mathcal{G}$ die Menge der *3-fach zusammenhängenden Komponenten* von $G$. Falls $G$ ein beliebiger Multigraph ist, sind die 3-fach zusammenhängenden Komponenten der Blöcke von $G$ die *3-fach zusammenhängenden Komponenten* von $G$.

**Lemma 1** *Die 3-fach zusammenhängenden Komponenten eines Graphen G sind eindeutig.*

**Beweis.** Siehe [HT73]. □

**Theorem 1** *Der 3-Zusammenhangs-Algorithmus von Hopcroft und Tarjan [HT73] findet die 3-fach zusammenhängenden Komponenten eines Graphen $G = (V,E)$ mit $|V|$ Knoten und $|E|$ Kanten in der Zeit $O(|V| + |E|)$.*

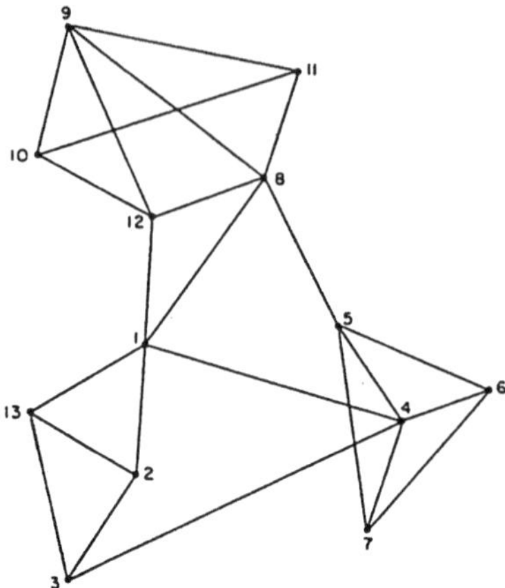


Abb. 4: Ein 2-fach zusammenhängender Graph $G$ mit Separationspaaren (1,3), (1,4), (1,5), (4,5), (1,8), (4,8) und (8,12) [HT73].

**Beweis.** Siehe [HT73]. □

Abb. 4 illustriert einen 2-fach zusammenhängenden Graphen mit mehreren Separationspaaren. Abb. 5 zeigt die Split-Komponenten von $G$. Die 3-fach zusammenhängenden Komponenten von $G$ ergeben sich durch Verschmelzen der Dreiecke $(1,8,4)$ und $(4,5,8)$.

Bevor die Blöcke und 3-fach zusammenhängenden Komponenten mit der Zerlegung von Zwei-Terminal-Graphen in Verbindung gebracht werden, sind einige Bemerkungen angebracht.

Abb. 3(a) zeigt einen 2TG, bei dem der Knoten $v_4$ auf keinem einfachen Pfad zwischen $v_1$ und $v_2$ liegt. Die beiden Schalter $(v_3, a, v_4)$ und $(v_3, b, v_4)$ beeinflussen die logische Funktion des Schaltnetzes nicht, sie sind überflüssig. Diese Situation kann einfach erkannt werden: Falls der Graph $G = (V, E, v_1, v_2)$ in Abb. 3(a) um eine Kante $(v_1, v_2)$ erweitert wird, enthält auch der erweiterte 2TG $G_E$ den Block $B = (\{v_3, v_4\}, \{a, b\})$.

Im folgenden werden nur Zwei-Terminal-Graphen ohne überflüssige Komponenten betrachtet.

Bei Zwei-Terminal-Graphen kann eine spezielle Art von Separationsklassen unterschieden werden. Sei $G = (V, E, v_1, v_2)$ ein 2TG und seien $E_1, E_2, \ldots, E_n$ Separationsklassen von $G$ bezüglich $\{v_1, v_2\}$. Falls mindestens zwei solcher Klassen existieren, heißen die von den $E_i$ gebildeten Teilgraphen *parallele Komponenten* von $G$.

Abb. 3(b) zeigt ein Beispiel eines 2TG mit mehreren parallelen Komponenten. Die parallelen Komponenten eines 2TG sind eindeutig. Es gilt das folgende

**Lemma 2** *Für $1 \leq i \leq k$ seien $G_i = (V_i, E_i, v_1, v_2)$ die parallelen Komponenten eines 2TG $G = (V, E, v_1, v_2)$. Dann gilt:*

*(i) Kein $G_i$ ist ein echter Teilgraph eines anderen $G_j$, d. h. die parallelen Komponenten sind maximale Teilgraphen.*

*(ii) Für alle $i, j$, $i \neq j$, gilt $V_i \cap V_j = \{v_1, v_2\}$.*

*(iii) Jeder Knoten von $G$, der kein Terminal von $G$ ist, gehört zu genau einem $V_i$ und jedes Terminal gehört zu allen parallelen Komponenten.*

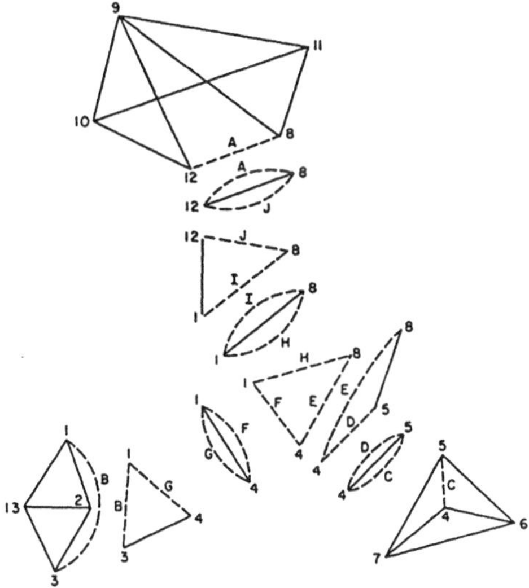


Abb. 5: Die Split-Komponenten des Graphen der Abb. 4. Die 3-fach zusammenhängenden Komponenten ergeben sich durch Verschmelzen der Dreiecke $(1,8,4)$ und $(4,5,8)$ [HT73].

**Beweis.**

(i) Sei $G_i \subset G_j$. Dann existieren ein Pfad $p1 : v_1 \overset{*}{\Rightarrow} v_2$ in $G_i$, der eine Kante $e_i \in E_i$ enthält, und ein Pfad $p2 : v_1 \overset{*}{\Rightarrow} v_2$ in $G_j$, der $e_i$ ebenfalls enthält. Da $E_i$ und $E_j$ disjunkt sind, sind die Mengen der Kanten in $p_1$ und $p_2$ ebenfalls disjunkt. Das ist ein Widerspruch zur Annahme.

(ii) Sei ein Knoten $v$ ungleich $v_1$ oder $v_2$ in $V_i \cap V_j$. Dann existieren ein Pfad $p1 : v_1 \overset{*}{\Rightarrow} v \overset{*}{\Rightarrow} v_2$ in $G_i$ und ein Pfad $p2 : v_1 \overset{*}{\Rightarrow} v \overset{*}{\Rightarrow} v_2$ in $G_j$. Dann müssen aber die Kanten von $p_1$ und $p_2$ in der selben Äquivalenzklasse liegen. Das ist ein Widerspruch zu der Annahme, daß zwei Klassen $E_i$ und $E_j$ existieren.

Aufgrund der Definition der Äquivalenzrelation müssen die Terminale $v_1$ und $v_2$ in $V_i \cap V_j$ liegen.

(iii) Konsequenz von (ii). □

Sei $G = (V, E, v_1, v_2)$ ein 2-fach zusammenhängender 2TG. Dann können die Terminale $v_1$ und $v_2$ in verschiedenen 3-fach zusammenhängend Komponenten von $G$ liegen. Falls $G$ um eine Kante $(v_1, v_2)$ erweitert wird, kann kein Separationspaar die Knoten $v_1$ und $v_2$ trennen. Somit liegen $v_1$ und $v_2$ immer in der gleichen 3-fach zusammenhängenden Komponente des E2TG $G_E = (V, E \cup (v_1, v_2), v_1, v_2)$.

# 3. Hierarchische Zerlegung von 2-Terminal-Graphen

Das Ziel dieses Abschnitts ist, einen gegebenen 2TG $G = (V, E, x, y)$ hierarchisch zu zerlegen. Dazu werden solche Zwei-Terminal-Teilgraphen von $G$ bestimmt, die einerseits genau zwei Knoten mit dem Gesamt-Graphen gemeinsam haben und andererseits keines der Terminale $x$ und $y$ als inneren Knoten besitzen. Falls derartige Teilgraphen von $G$ durch einzelne virtuelle Kante ersetzt werden, repräsentiert der resultierende Graph $G'$ immer noch die Grobstruktur des ursprünglichen Graphen $G$. Ein auf diese Weise konstruierter Graph $G'$ heißt *Vergröberung* von $G$. Neben $G'$ erhält man eine Menge von Zwei-Terminal-Teilgraphen $G_1, G_2, \ldots, G_n$ von $G$, von denen jeder durch eine eindeutige virtuelle Kante von $G'$ repräsentiert wird. Um zu einer eindeutigen Zerlegung zu gelangen, muß ein derartiger Teilgraph so groß wie möglich gewählt werden. $G'$ und die Teilgraphen $G_i$ definieren einen Strukturbaum von $G$ wobei $G'$ die Wurzel darstellt, ihre Söhne sind die $G_i$. Diese Söhne können dann weiter zerlegt werden. Da die Zwei-Terminal-Teilgraphen eines 2TG nicht eindeutig sind, muß das Konzept einer derartigen Komponente noch etwas beleuchtet werden.

## 3.1 2-Komponenten

Man beachte, daß ein 2TG entweder 2-fach zusammenhängend ist oder aber mehrere Blöcke enthält. Falls $G$ mehrere Blöcke enthält und keiner dieser Blöcke überflüssig ist, kann $G$ als eine Serien-Komposition seiner Blöcke $G_1, G_2, \ldots, G_n$ aufgefaßt werden. Die Terminale $a_i$ und $b_i$ eines Blocks $G_i$ sind gegeben durch Artikulationen von $G$, die zur Knotenmenge von $G_i$ gehören. Falls $G_i$ nur eine Artikulation von $G$ enthält, ist das zweite Terminal durch das Terminal von $G$ bestimmt, das zu $G_i$ gehört. Somit kann durch das Ersetzen aller Blöcke von $G$ durch je eine virtuelle Kante eine eindeutige Vergröberung $G'$ konstruiert werden. Die virtuellen Kanten repräsentieren eindeutig die ersetzten Blöcke. $G'$ enthält dann genau einen einfachen Pfad $x \stackrel{*}{\Rightarrow} y$. Falls jede virtuelle Kante $(a_i, i, b_i)$ von $G'$ mit der Schaltfunktion $f_{a_i,b_i}$ des von ihr repräsentierten Teilgraphen markiert wird, dann ist die Schaltfunktion $f_{x,y}$ des gesamten Graphen $G$ durch das Boolesche Produkt der individuellen Kantenmarkierungen von $G'$ gegeben.

Falls $G = (V, E, x, y)$ 2-fach zusammenhängend ist, können mehrere parallele Komponenten $G_i = (V_i, E_i, x, y)$ existieren. Dann kann durch Ersetzen aller paralleler Komponenten durch je eine Kante eine eindeutige Vergröberung $G'$ von $G$ konstruiert werden. In diesem Fall besteht $G'$ aus einer Multikante $(x, y)$. Falls jede individuelle virtuelle Kante $(x, i, y)$ mit der Schaltfunktion $f^i_{x,y}$ des von ihr repräsentierten Teilgraphen markiert wird, dann ist die Schaltfunktion $f_{x,y}$ gesamten Graphen $G$ gegeben durch die Boolesche Summme der individuellen Kantenmarkierungen von $G'$.

Falls $G = (V, E, x, y)$ weder mehrer Blöcke noch parallele Komponenten enthält, können andere Zwei-Terminal-Teilgraphen $G_1, G_2, \ldots, G_n$ existieren, die keines der Terminale $x$ und $y$ als innere Knoten haben. Ein derartiger Teilgraph $G_i$ heißt *maximal*, wenn für alle $j$, $i \neq j$, $G_i \not\subseteq G_j$ gilt. Diese maximalen Teilgraphen sind eindeutig. Somit kann wiederum eine eindeutige Vergröberung $G'$ konstruiert werden, und zwar durch Ersetzen aller maximalen Zwei-Terminal-Teilgraphen durch je eine virtuelle Kante. In diesem Fall enthält $G'$ reale und virtuelle Kanten. Falls jede virtuelle Kante von $G'$ mit der Schaltfunktion $f_{a_i,b_i}$ des von ihr repräsentierten Teilgraphen markiert wird, dann ist die Schaltfunktion $f_{x,y}$ des gesamten Graphen $G$ gegeben durch die Schaltfunktion $f'_{x,y}$ von $G'$.

Diese Überlegungen führen zu der folgenden Definition: Sei $G = (V, E, x, y)$ ein 2TG und $H = (V_H, E_H, u, v) \subseteq G$ ein Zwei-Terminal-Teilgraph von $G$, so daß weder $x$ noch $y$ ein innerer Knoten von $H$ ist. $H$ heißt *2-Komponente* von $G$ genau dann, wenn gilt

(i) $H = (V_H, E_H, u, v)$ ist ein Block von $G$.

(ii) $H = (V_H, E_H, x, y)$ ist eine parallele Komponente von $G$.

(iii) $G$ enthält weder Blöcke noch parallele Komponenten und $H = (V_H, E_H, w, x)$ ist maximal.

Blöcke können ebenso wie parallele Komponenten einfach bestimmt werden. Die Schwierigkeit liegt in der Bestimmung des dritten Komponententyps. An dieser Stelle kann von dem 3-Zusammenhangs-Algorithmus aus [HT73] Gebrauch gemacht werden.

## 3.2 Der Zerlegungs-Algorithmus

Da der 3-Zusammenhangs-Algorithmus als Basis der Zerlegung dienen soll, ist darauf zu achten, daß kein Separationspaar die Terminale des gegebenen 2TG $G = (V, E, u, v)$ trennt. Somit werden, falls nicht ausdrücklich anders vereinbart, nur 2-fach zusammenhängende 2TG's mit einer Kante zwischen ihren Terminalen betrachtet. 2TG's, die diese Voraussetzung nicht erfüllen, müssen ggf. um eine (virtuelle) Kante zwischen den Terminalen erweitert werden.

Die 3-fach zusammenhängenden Komponenten eines Graphen sind nach [HT73] (i) Brücken, (ii) Polygone, und (iii) 3-fach zusammenhängende Graphen. Seien ein 2TG $G = (V, E, u, v)$ und seine 3-fach zusammenhängenden Komponenten gegeben. Dann kann mit dem folgenden Verfahren kann ein Strukturbaum $DT(G)$ von $G$ konstruiert werden, dessen Knoten durch die virtuellen Kanten in der Menge der 3-fach zusammenhängenden Komponenten von $G$ und einem zusätzlichen Knoten $r$, der Wurzel von $DT(G)$, bestimmt sind.

**Algorithmus 1**

(i) Unter den 3-fach zusammenhängenden Komponenten muß zumindest eine die Kante $(u, v)$ als reale Kante enthalten. Diese Komponente wird als Startpunkt gewählt.

(ii) Markiere die Wurzel $r$ von $DT(G)$ mit

  (a) $S$, falls $(u, v)$ Teil eines Polygons ist,

  (b) $P$, falls $(u, v)$ Teil einer Brücke ist, und mit

  (c) $T$, falls $(u, v)$ Teil eines 3-fach zusammenhängenden Graphen ist.

  Konstruiere für jede mit $b_i$ markierte Kante der aktuellen Komponente eine Kante $(r, a_i)$ im Baum $DT(G)$.

  Markiere diese Komponente als besucht.

(iii) Für jeden Sohn $a_i$ der Wurzel, der eine virtuelle Kante $b$ repräsentiert, muß eine eindeutige nicht-markierte Komponente existieren, die diese virtuelle Kante $b$ enthält. Wähle eine derartige Kante $a_i$ als Wurzel und verfahre wie zuvor.

(iv) Die Konstruktion des Strukturbaums ist beendet, wenn alle Komponenten als besucht markiert sind und $DT(G)$ keine isolierten Knoten mehr enthält. □

Der Graph in Abb. 4 mit den 3-fach zusammenhängenden Komponenten in Abb. 5 diene als Beispiel. Der Strukturbaum findet sich in Abb. 6.

Die Knoten 1 und 8 seien die Terminale von $G$. Da $G$ 2-fach zusammenhängend ist und eine Kante $(1, 8)$ enthält, kann der Zerlegungsalgorithmus angewendet werden. Den Startpunkt bildet die Brücke, die $(1, 8)$ als reale Kante enthält. Die Wurzel des Strukturbaums muß mit $P$ markiert werden. Die Söhne der Wurzel sind die Knoten, die die Kanten $(1, 8)$, $(1, I, 8)$, $(1, H, 8)$ repräsentieren. Nun ist Kante $(1, I, 8)$ eine virtuelle Kante des Dreiecks $(1, 8, 12)$. Somit wird der Knoten $(1, I, 8)$ mit $S$ markiert und erhält die beiden Söhne $(1, 12)$ und $(8, J, 12)$. Der vollständige Strukturbaum findet sich in Abb. 6.

**Theorem 2** *Der mit Algorithmus 1 konstruierte Strukturbaum $DT(G)$ eines 2TG $G = (V, E, u, v)$ ist bis auf die Ordnung der Söhne eines Knoten eindeutig.*

**Beweis.** Als Eingabe dienen die eindeutigen 3-fach zusammenhängenden Komponenten eines 2TG. Da jede virtuelle Kante in genau zwei 3-fach zusammenhängenden Komponenten auftritt, ist die Vater-Sohn-Beziehung zwischen Komponenten festgelegt, sobald der Vater ausgewählt ist. Das gilt insbesondere für die Wurzel. Die Söhne der Wurzel sind eindeutig bestimmt, durch die Komponente, die die Kante $(u, v)$ enthält. Jede Komponente kann eindeutig den Typen Brücke, Polygon oder 3-fach zusammenhängender Graph zugeordnet werden. Damit ist auch die Markierung der Baumknoten eindeutig. □

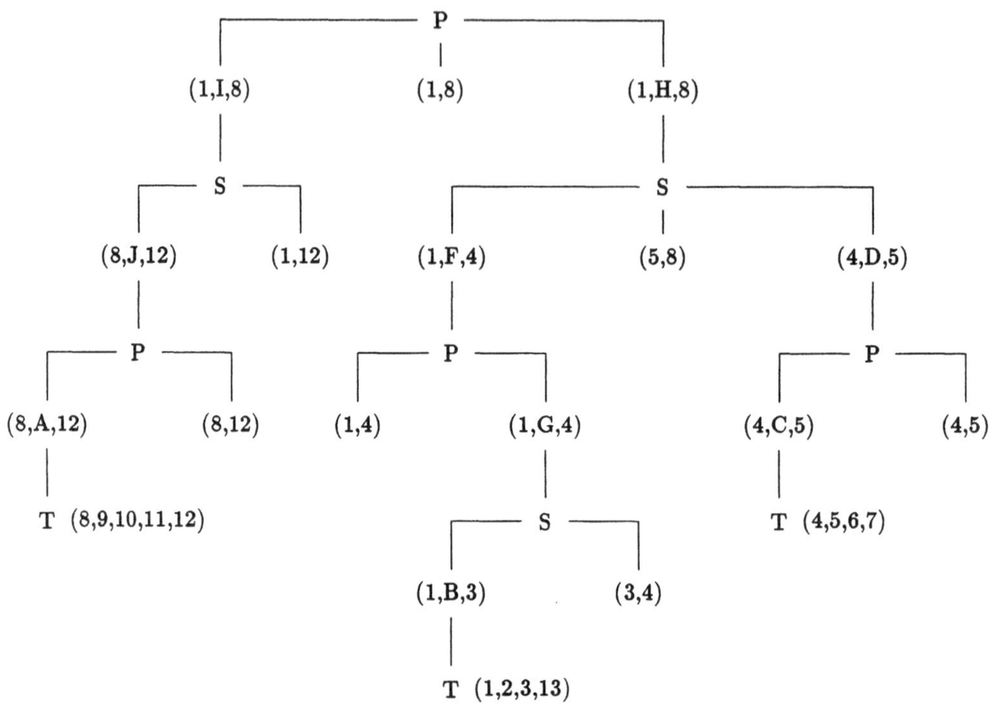


Abb. 6: Strukturbaum $DT(G)$ des Graphen aus Abb. 4

**Theorem 3** *Algorithmus 1 konstruiert den Strukturbaum $DT(G)$ eines 2TG $G = (V, E, u, v)$ in der Zeit $O(|E|)$.*

**Beweis.** Nach [HT73, Lemma 1] ist die Anzahl der Kanten in der Menge der Split-Komponenten eines Graphen $G = (V, E)$ durch $3|E| - 6$ beschränkt. Somit ist die Zahl der 3-fach zusammenhängenden Komponenten und damit auch der Knoten in $DT(G)$ durch $3|E| - 5$ beschränkt. Da jede 3-fach zusammenhängende Komponente nur einmal besucht wird, gilt die Behauptung. □

Die mit $(a, b)$ markierten Teilbäume eines S-Knoten können so angeordnet werden, daß ihre Markierungen eine Kette $a \overset{*}{\rightarrow} b$ bilden. Damit wird die Anordnung der Söhne eines S-Knoten eindeutig.

# 4. Anwendungen

In diesem Abschnitt wird vorausgesetzt, daß ein Zwei-Terminal-Graph $G$ durch seinen Strukturbaum $DT(G)$ definiert ist. Damit kann der Graph allein durch Serien- und Parallelkompositionen entsprechender Komponenten sowie durch Verfeinerungen einzelner Kanten konstruiert werden. Das heißt weiterhin, daß der Graph in Serien-Parallel-Anteile und Brückengraphen zerfällt. Falls diese Brückenkomponenten von $G$ klein sind, können diverse Probleme des VLSI-Entwurfs effizient gelöst werden. Weiterhin seien die Kanten von $G$ durchnumeriert, d. h. alle verschieden markiert.

Wie bereits erwähnt, ist der Strukturbaum bis auf die Ordnung der Söhne eines S-Knoten eindeutig. Da die Söhne eines S-Knoten eine Serienschaltung der zugehörigen Komponenten definieren, die Schaltfunktion einer Serienschaltung aber durch das kommutative Boolesche Produkt der

Schaltfunktionen der einzelnen Komponenten gegeben ist, repräsentiert der Strukturbaum $DT(G)$ eine Klasse $\mathcal{G}$ von Graphen mit gleicher Schaltfunktion. Genauer gesagt, sind alle Graphen dieser Klasse untereinander 2-isomorph (Zur Definition der 2-Isomorphie siehe [SR61, S.38]). Es gilt

**Lemma 3** *Zwei erweiterte 2TG's* $G_1 = (V_1, E_1 \cup (x,y), x, y)$ *und* $G_2 = (V_2, E_2 \cup (x,y), x, y)$ *haben den gleichen Strukturbaum* $DT(G)$ *genau dann, wenn* $G_1$ *und* $G_2$ *2-isomorph sind.*

**Beweis.** Jeder Teilbaum von $DT(G)$ repräsentiert einen Teilgraphen von $G_1$ und $G_2$, der mit seinem Komplement genau 2 Knoten gemeinsam hat. Aufgrund der Definition der 2-Isomorphie sind damit auch $G_1$ und $G_2$ 2-isomorph.

2-isomorphe 2-fach zusammenhängende Graphen werden isomorph, wenn in Teilgraphen, die mit ihrem Komplement genau 2 Knoten gemeinsam haben, gerade diese Knoten vertauscht werden. Diese Vertauschung führt aber im Strukturbaum nur zu einer Änderung der Reihenfolge der Söhne eines S-Knoten. □

## 4.1 Bestimmung der Schaltfunktion

Die Schaltfunktion $f_{u,v}$ eines 2TG $G = (V, E, u, v)$ ist durch die Summe der Pfadprodukte aller einfachen Pfade zwischen den Terminalen $u$ und $v$ gegeben.

Jeder einfache Pfad $u \overset{*}{\Rightarrow} v$, der eine Komponente eines 2TG an einem Terminal betritt, muß diese Komponente am anderen Terminal wieder verlassen. Somit kann jede Komponente mit Terminalen $s$ und $t$ durch eine einzelne Kante $(s, i, t)$ ersetzt werden, ohne die Pfadrelationen des 2TG zu verändern. Die Schaltfunktion ist dann gegeben durch die Schaltfunktion des vergröberten Graphen, wobei die Markierungen der virtuellen Kanten durch die Schaltfunktion des Graphen zu ersetzen sind, der durch die virtuelle Kante repräsentiert wird.

**Lemma 4** *Sei ein 2TG* $G = (V, E, u, v)$ *durch seinen Strukturbaum* $DT(G)$ *definiert und seien die Kanten von* $G$ *durchnumeriert. Sei weiterhin die Schaltfunktion jeder T-Komponente von* $G$ *als minimaler Boolescher Ausdruck gegeben. Dann definiert der Strukturbaum* $DT(G)$ *einen minimalen Booleschen Ausdruck für die Schaltfunktion von* $G$.

**Beweis.** Die Booleschen Ausdrücke für die Schaltfunktion der T-Knoten sind a priori minimal. Der minimale Boolesche Audruck für die Schaltfunktion eines S- (P-) Knoten ist durch das Produkt (die Summe) seiner Söhne gegeben, d. h. jede Schaltvariable tritt genau einmal auf. Durch sukzessives Bestimmen der Schaltfunktionen und Ersetzen der jeweiligen virtuellen Schaltvariablen im übergeordneten Knoten durch die von ihr repräsentierte Funktion, ist die Schaltfunktion von $G$ bestimmt. □

Da ein Durchgang durch den Baum nötig ist, dieser aber für einen 2TG mit $|E|$ Kanten maximal $3|E| - 5$ Knoten hat (vgl. Theorem 3), kann die Schaltfunktion effizient bestimmt werden.

Das Problem bei der Bestimmung der Schaltfunktionen stellen die T-Knoten dar. Hier können z. B. Pfadalgebra-Methoden [Car79] zur Anwendung kommen. Bei Wahl einer geeigneten Methode kann die Schaltfunktion eines beliebigen Graphen $G = (V, E, u, v)$ in der Zeit $O(|V|^3)$ berechnet werden. Wenn die Struktur eines Graphen bekannt ist, kann die Schaltfunktion ggf. schneller berechnet werden.

Der Gesamtaufwand bei der Bestimmung der Schaltfunktion wird also von der Größe der größten T-Komponente bestimmt.

Analog kann das Komplement der Schaltfunktion über die minimalen Schnittkantenmengen bestimmt werden. Dabei ist lediglich zu beachten, daß jede Komponente einer Serienschaltung eine minimale Schnittkantenmenge darstellt. Die minimale Schnittkantenmenge einer Parallelschaltung enthält jede Komponente genau einmal. Die minimalen Schnittkantenmengen der mit T markierten Teilbäume können mit einer entsprechenden Pfadalgebra bestimmt werden.

## 4.2 Planaritätstest und Konstruktion des dualen 2TG

In der CMOS-Technologie ist es üblich, eine Schaltfunktion durch eine Kombination zweier zueinander dualer 2TG's zu realisieren. Für die Konstruktion eines dualen 2TG $G_d$ muß der Ausgangsgraph $G$ planar sein. Wie das folgende Lemma zeigt, kann sich der Planaritätstest auf die T-Komponenten beschränken.

**Lemma 5** *Ein 2TG $G = (V, E, x, y)$ ist planar genau dann, wenn seine T-Komponenten planar sind.*

**Beweis.** Die Komposition von Graphen, von denen mindestens einer nicht-planar ist, resultiert in einem nicht-planaren Graphen. Da Serien-Parallel-Komponenten immer eine planare Einbettung haben, müssen auch die T-Komponenten planar sein.

Serien-Parallel-Graphen haben a priori eine planare Einbettung, andererseits ergibt die Verfeinerung eines planaren Graphen durch einen anderen planaren Graphen wieder einen planaren Graphen. □

Ähnliches gilt für die Konstruktion eines dualen 2TG. Die Strukturbäume zweier dualer Serien-Parallel-Graphen unterscheiden sich nur durch die S- und P-Markierungen der Teilbäume, sie sind gerade vertauscht. Probleme bereiten auch hier wieder die T-Komponenten.

**Lemma 6** *Sei $G = (V, E \cup (x, y), x, y)$ ein planarer erweiterter 2TG mit Strukturbaum $DT(G)$. Dann kann der duale erweiterte 2TG $G_d = (V_d, E_d \cup (u, v), u, v)$ mit Strukturbaum $DT(G_d)$ komponentenweise konstruiert werden.*

**Beweis.** Der 2TG $G = (V, E \cup (x, y), x, y)$ und seine 3-fach zusammenhängenden Komponenten sind 2-fach zusammenhängend und planar. Damit trennt jede seiner Kanten genau zwei Gebiete der Ebene, das gilt insbesondere auch für die virtuellen Kanten. Im dualen 2TG $G_d$ existiert für jede Kante $e$ des primalen Graphen $G$ genau eine Kante $e_d$, deren Endpunkte in den entsprechenden Gebieten des primalen Graphen $G$ liegen. Die Terminale des dualen Graphen sind die Endknoten der der Erweiterungskante $(x, y)$ entsprechenden Kante $(x, y)_d = (u, v)$. Das Ersetzen einer Kante $e$ des primalen Graphen durch eine 3-fach zusammenhängende Komponente führt zum Entstehen neuer Gebiete, die aber nur sich selbst oder den Nachbargebieten der ersetzten Kante benachbart sein können. Damit muß im dualen 2TG die Kante $e_d$ durch einen 2TG ersetzt werden, dessen Terminale in den Nachbargebieten der ehemaligen Kante $e$ liegen. Aufgrund der geometrischen Konstruktion ist dieser 2TG aber gerade das Dual der im primalen Graphen eingesetzten 3-fach zusammenhängenden Komponente. □

Nach [SR61] ist das Dual eines SP-Graphen wieder ein SP-Graph, das Dual eines nicht-SP-Graphen wieder ein nicht-SP-Graph. Weiterhin gilt das folgende

**Lemma 7** *Seien $G_1 = (V_1, E_1, u, v)$ und $G_2 = (V_2, E_2, x, y)$ zueinander duale 2TG's. Dann entsprechen nach [SR61] die einfachen $u, v$-Pfade von $G_1$ den minimalen $x, y$-Schnittkantenmengen von $G_2$ und umgekehrt.*

**Beweis.** Siehe [SR61]. □

Somit müssen die Serienstrukturen (Parallelstrukturen) eines SP-Graphen den Parallelstrukturen (Serienstrukturen) im dualen SP-Graphen entsprechen. Der Strukturbaum des dualen SP-Graphen kann also aus dem Strukturbaum des primalen SP-Graphen durch Vertauschen der S- und P-Markierungen gewonnen werden.

Im allgemeinen Fall kann der Strukturbaum des dualen 2TG einfach durch Vertauschen der S- und P-Markierungen sowie Austauschen der T-Komponenten durch ihre Duale bestimmt werden. Aufgrund der komponentenweisen Konstruktion des dualen 2TG ist klar, daß der Strukturbaum des dualen 2TG genau so viele Knoten haben muß wie der Strukturbaum des primalen 2TG. (Das Dual eines Brückengraphen ist wieder ein Brückengraph [SR61, S. 54].)

## 4.3 Verifikation von CMOS-Zellen

CMOS-Zellen werden so implementiert, daß das P-Netz und das N-Netz antivalente Schaltfunktionen realisieren. Dadurch ist garantiert, daß der beiden Netzen gemeinsame Ausgangsknoten immer einen definierten Pegel hat [Pay87]. Eine hinreichende Bedingung dafür ist wegen Lemma 7 die Dualität der beiden komplementären Netze. Wegen der Ausführungen des vorherigen Abschnitts kann diese Bedingung aber einfach an den Strukturbäumen der komplementären Netze überprüft werden: Für jeden P-Knoten des einen Strukturbaums muß ein S-Knoten im anderen Strukturbaum existieren und weiterhin müssen die entsprechenden T-Komponenten dual sein. Das setzt natürlich voraus, daß die Kanten innerhalb eines Netzes alle verschieden markiert sind.

## 4.4 Optimierung von MOS-Transistornetzen

MOS-Transistornetze können optimal implementiert werden, wenn der zugehörige 2TG so arrangiert werden kann, daß er eine minimale Eulersche Überdeckung hat, Details finden sich in [ML86, NBR85, Uv81]. Eine Eulersche Überdeckung ist minimal, wenn die Anzahl der Knoten ungeraden Grades minimal ist. Da die Schaltfunktion eines 2TG invariant gegen das Vertauschen serieller oder paralleler Komponenten sowie das "Verdrehen" einer beliebigen Komponente ist, kann die Anzahl der Knoten ungeraden Grades durch eine geeignete Anordnung der Komponenten minimiert werden, ohne die Schaltfunktion zu ändern.

Die Zahl der ungeraden Knoten einer Serienschaltung ist minimal, wenn die einzelnen Komponenten an ihren ungeraden Terminalen verklebt werden. Die Zahl der ungeraden Knoten einer Parallelschaltung ist minimal, wenn jeweils die geraden bzw. die ungeraden Terminale verklebt werden. Die Zahl der ungeraden Knoten einer $(u, v)$-Verfeinerung wird minimal, wenn gerade jeweils zwei Knoten ungeraden bzw. zwei Knoten geraden Grades verklebt werden. Das Verkleben von Komponenten hat keinen Einfluß auf den Grad innerer Knoten der Komponenten.

Sei in der durch den Strukturbaum beschriebenen Klasse 2-isomorpher Graphen $\mathcal{G}$ ein Graph $G$ enthalten, der nur Knoten geraden Grades hat. Dann ist insbesondere jeder innere Knoten von $G$ geraden Grades. Dieser Graph kann konstruiert werden, indem bottom-up die einzelnen Komponenten so zusammengesetzt werden, daß höchstens die dadurch entstehenden Terminale einen ungeraden Grad bekommen. Nach Voraussetzung werden diese ungeraden Terminale auf der nächsten Hierarchie-Ebene wieder zu geraden Knoten.

# 5. Schlußbemerkungen

Es konnte gezeigt werden, daß Zwei-Terminal-Graphen mit linearem Aufwand hierarchisch dargestellt werden können. Der Hierarchisierungs-Algorithmus basiert auf dem Erkennen der 3-fach zusammenhängenden Komponenten des Graphen. Diese hierarchische Darstellung bringt bei typischen VLSI-Synthese- und Analyseproblemen wie der Verifikation und der Synthese von MOS-Schaltungen große Vorteile gegenüber einer nicht-strukturierten Repräsentation. Häufig können für Probleme auf hierarchisch definierten Zwei-Terminal-Graphen effiziente Algorithmen angegeben werden.

Mit dem hier vorgestellten Ansatz sollte es möglich sein, neben einzelnen Schaltnetzen auch komplementäre Paare von Schaltnetzen, d. h. CMOS-Netze (vgl. [Uv81, NBR85]) zu optimieren. Es bleibt zu untersuchen, wie weit dieser Ansatz zur Synthese von Multi-Kontakt-Netzen geeignet ist. Da der Strukturbaum eines Zwei-Terminal-Graphen ein Kantenersetzungssystem darstellt, sollte untersucht werden, wie weit dieser Ansatz Anregungen im Bereich der Graphgrammatiken liefert.

# 6. Danksagung

Ich danke meinem Kollegen W. Vogler für seine Hinweise und die anregenden Diskussionen sowie den anonymen Gutachtern für ihre Kommentare.

# Literatur

[AHU74] Aho, A., Hopcroft, J., Ullmann, J.: *The Design and Analysis of Computer Algorithms.* Addison-Wesley, 1974.

[BLW87] Bern, M.W., Lawler, E.L., Wong, A.L.: Linear-time computation of optimal subgraphs of decomposable graphs. *Journal of Algorithms*, 8:216–235, 1987.

[BY86] Brzozowsky, J.A., Yoeli, M.: Combinational static CMOS networks. In F. Makedon et al., Hrsg., *VLSI Algorithms and Architectures*, S. 271–282. Springer-Verlag, 1986. Aegian Workshop on Computing, LNCS 227.

[Car79] Carré, B.: *Graphs and Networks.* Clarendon Press, Oxford, 1979.

[Har69] Harary, F.: *Graph Theory.* Addison-Wesley, 1969.

[HT73] Hopcroft, J.E., Tarjan, R.E.: Dividing a graph in its triconnected components. *SIAM J. Comput.*, 2(3):135–158, 1973.

[LH82] Lightner, M.R., Hachtel, G.D.: Implication algorithms for MOS switch level functional macromodelling, implication and testing. In *Proc. 19th Design Automation Conference*, S. 691–698, 1982.

[ML86] Müller, R., Lengauer, Th.: Linear algorithms for two CMOS layout problems. In F. Makedon et al., Hrsg., *VLSI Algorithms and Architectures*, S. 121–132. Springer Verlag, 1986. Aegian Workshop on Computing, LNCS 227.

[NBR85] Nair, R., Bruss, A., Reif,J.: Linear time algorithms for optimal CMOS layout. In Paola Bertolazzi and Fabrizio Luccio, Hrsg., *VLSI: Algorithms and Architectures*, S. 327–338. North-Holland, 1985. Proceedings of the International Workshop on Parallel Computing and VLSI, Amalfi, Italy, 1984.

[Pay87] Payer, M.: Verification and validation of hierarchical CMOS gate array layouts. In Harald Schumny and John Mølgaard, Hrsg., *Microcomputers: Usage, Methods and Structures. 13th EUROMICRO Symposium on Microprocessing and Microprogramming, Portsmouth, September 14–17, 1987*, S. 445–452. EUROMICRO, September 1987. *Microprocessing and Microprogramming* 21(1987).

[SR61] Shesu, S., Reed, M.B.: *Linear Graphs and Electrical Networks.* Addison-Wesley, 1961.

[Uv81] Uehara, T., vanCleemput, W.M.: Optimal layout of CMOS functional arrays. *IEEE Trans. Comp.*, C-30(5):305–312, May 1981.

[VRT82] Valdes, J., Lawler, E.L., Tarjan, R.E.: The recognition of series parallel digraphs. *SIAM J. Comp.*, 11(2):298–313, May 1982.

# Parallelism in the Pesa I Multiprocessor

Franz Schreiner
Gerhard Zimmermann
Universität Kaiserslautern, SFB 124
6750 Kaiserslautern, Postfach 3049

**Abstract**

Many multiprocessors work inefficiently, because the individual processing elements are idle most of the time and the exploitation of parallelism on high level is restricted by synchronization mechanisms, while low level parallelism is not worth a distribution. The PESA I multiprocessor, which is designed for the execution of production systems, avoids these disadvantages by the projection of a data flow based graph on a folded pipeline of parallel processors. The pipeline stages are interconnected by a bus system. Several experiments about details of implementation have been performed. This paper describes the evaluation of the simulation results which are used to enhance the performance and optimize the configuration of the PESA-I architecture. The performance could be increased by about 20 percent. Synchronization has to be performed only in a few cases that occur rarely during execution. Furthermore, the amount of utilizable parallelism is increased. Thus the number of processors performing nonredundant computation can be extended.

## 1. Introduction

The PESA-I architecture [ScZ87] is based on the production system language OPS5 [For81, BFK85] which is supported by the RETE pattern matching algorithm [For82]. A detailed simulation of the pattern matching unit of the PESA-I showed the ability to fasten up the OPS5 execution by a large factor. This gain was reached by parallel computing on processors with a special instruction set. But we also recognized, that the RETE algorithm is not optimal for our architecture, because it is tailored for a single processor architecture. We describe the main changes to the algorithm in order to enable more parallel computation. Another impediment of our implementation are the Not Nodes. They were executed sequentially and therefore caused congestions inside the architecture. By changing the synchronisation concept we could solve this problem too. These improvements are located in the Match Phase of the OPS5 execution which takes most of the computation. The two other phases could also be accelerated. They can be performed nearly parallel to match. Their inplemention transforms the PESA-I from a coprocessor to an independent machine.

## 2. OPS5 and the RETE algorithm

The only OPS5 programming primitives are disjunct rules, called productions. They consist of a condition part and the right hand side (RHS) which is an unconditioned action part. The facts called Working Memory Elements (WME) are stored in the Working Memory. Each fact is a database assertion comprising a time tag representing the order of creation and a number of attributes dependent on the class of the WME. The LHS is a conjunction of at least one positive and zero or more negated condition elements (CE). A CE is also assigned to a class and corresponds to all WMEs of the same class. A CE can contain pairs of attributes and predicates with constants and variables. A WME satisfies a CE if its attributes fulfill all predicates related to constants. These kind of tests are called constant tests. If a variable occurs in a CE, it is bound to the attribute of the WME. Identical variables must have the same values inside the LHS of the same production. Therefore these variables occuring in different CEs of the same LHS result in further tests, called intertests. A production is satisfied if for every positive CE at least one WME exists that matches and no WME matches a negated CE.

During one execution cycle of the production system, all productions with a satisfied LHS are instantiated by the time tags of the matching WME and form the conflict set (CS). This part is called match phase and needs most of the execution cycle. The next step is the selection of one entry of the conflict set by a strategy that uses actuality of time tags and number of condition elements as selection criterion. In some derived OPS execution models [GFN86,OsD87] more than one entry of the CS can be selected. The last step of the cycle 'fires' the selected production by executing its RHS. The actions of the RHS (make, remove, modify) will create, delete or change elements of the working memory. The executability of rules may have changed. Therefore a new match phase starts the next execution cycle, called recognize act cycle. It stops when the CS is empty.

The main disadvantage of production system execution is the expensive match phase caused by the intertests. A single intertest between two condition elements of different classes with 100 WME each would result in 10000 comparisons to be performed in each execution cycle. Because production systems contain many intertests, a brute force match phase would prohibit an acceptable production system interpretation.

The RETE pattern matching algorithm exploits the fact that working memory in production systems changes very slowly. Multiple tests between the same data in different cycles are avoided by the introduction of a state which saves the result of intermediate tests (figure 1). The sequence of tests inside a production is fixed. If all constant tests of a CE are satisfied, the WME is stored in an α-memory node. The first intertest has two α-memory nodes at the input and stores the results in a β-memory node as output. The following intertests have one β-memory node and one α-memory node at the input. The two input memory nodes associated with the same intertest are called partner nodes according to that test. The test and the memory nodes form a discrimination network, called RETE graph, which is compiled from the LHS of all productions and interpreted by the match phase. The state of the match phase corresponding to the current working memory is stored, so that only the few changes to the working memory have to be considered for updating the state. The output of the RETE graph are the changes to the CS which has to be stored too. The results to be stored in a memory node inside the RETE graph consist of a concatenation of the matching WMEs. Attributs not needed

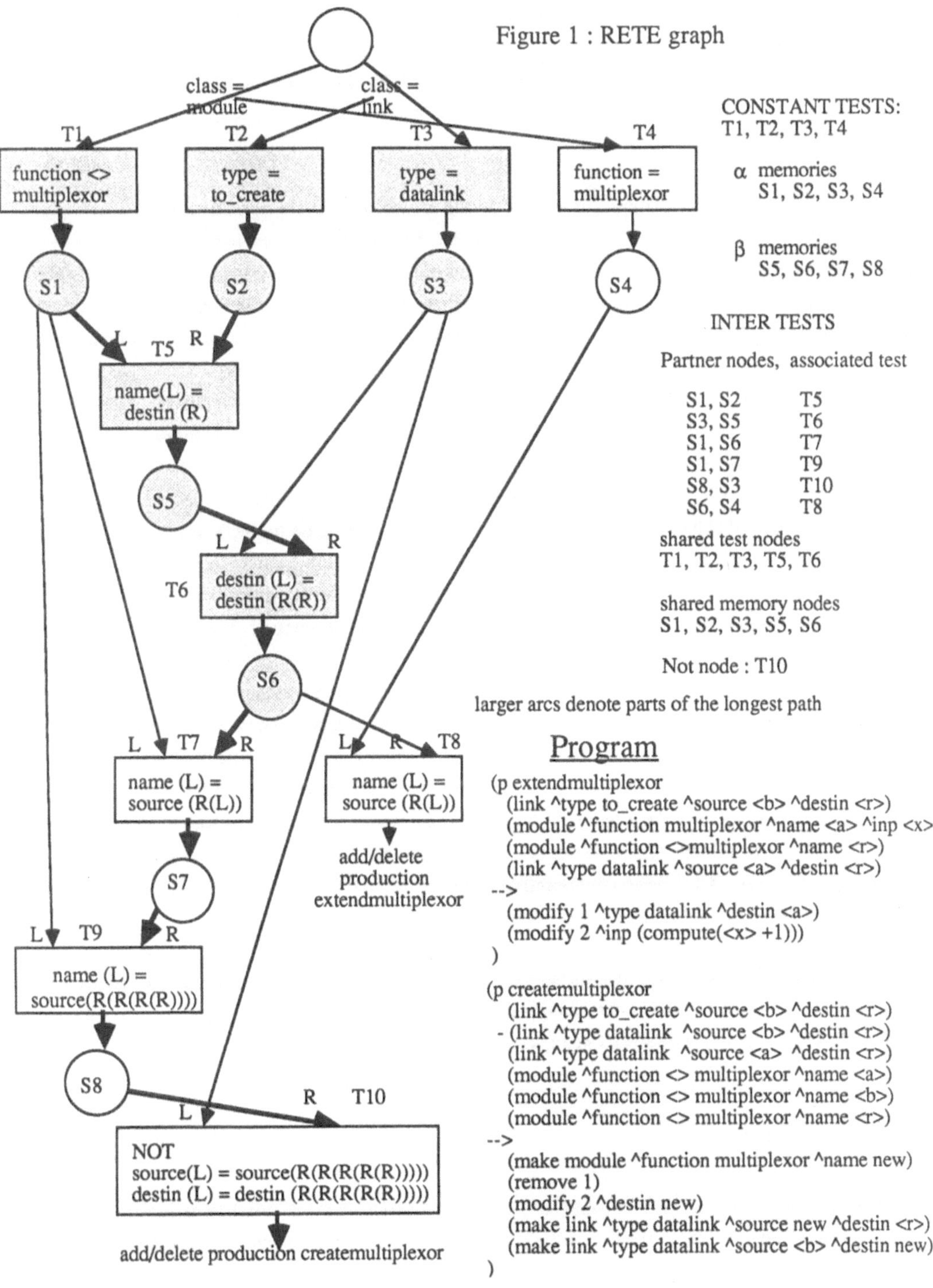
Figure 1 : RETE graph
class = module
class = link
T1
T2
T3
T4
function <> multiplexor
type = to_create
type = datalink
function = multiplexor
S1
S2
S3
S4
L
R
T5
name(L) = destin (R)
S5
L
R
T6
destin (L) = destin (R(R))
S6
L
T7
R
L
R
T8
name (L) = source (R(L))
name (L) = source (R(L))
add/delete production extendmultiplexor
S7
L
T9
R
name (L) = source(R(R(R(R))))
S8
L
R
T10
NOT
source(L) = source(R(R(R(R(R)))))
destin (L) = destin (R(R(R(R(R)))))
add/delete production createmultiplexor
CONSTANT TESTS:
T1, T2, T3, T4
α memories
S1, S2, S3, S4
β memories
S5, S6, S7, S8
INTER TESTS
Partner nodes, associated test
S1, S2 T5
S3, S5 T6
S1, S6 T7
S1, S7 T9
S8, S3 T10
S6, S4 T8
shared test nodes
T1, T2, T3, T5, T6
shared memory nodes
S1, S2, S3, S5, S6
Not node : T10
larger arcs denote parts of the longest path
Program
(p extendmultiplexor
(link ^type to_create ^source <b> ^destin <r>)
(module ^function multiplexor ^name <a> ^inp <x>
(module ^function <>multiplexor ^name <r>)
(link ^type datalink ^source <a> ^destin <r>)
-->
(modify 1 ^type datalink ^destin <a>)
(modify 2 ^inp (compute(<x> +1)))
)
(p createmultiplexor
(link ^type to_create ^source <b> ^destin <r>)
- (link ^type datalink ^source <b> ^destin <r>)
(link ^type datalink ^source <a> ^destin <r>)
(module ^function <> multiplexor ^name <a>)
(module ^function <> multiplexor ^name <b>)
(module ^function <> multiplexor ^name <r>)
-->
(make module ^function multiplexor ^name new)
(remove 1)
(modify 2 ^destin new)
(make link ^type datalink ^source new ^destin <r>)
(make link ^type datalink ^source <b> ^destin new)
)

for further computation can be stripped off to reduce memory space. If different CEs have tests in common these test nodes are shared. If the tests are totally equal, the following memory node can be shared too. This saves computation time and memory space. The shared nodes in figure 1 are marked.

## 3. Parallelism in RETE

Although RETE reduces the number of tests during an execution cycle significantly, the match phase takes about 90% of the run time on a sequential computer. Therefore, we started introducing parallelism by taking advantage of detailed performance measurements of large production systems described in [FoG86]. Several other projects [GFN86,OsD87,Sto87,MAA87] use other kinds of parallelism by distributing the nodes of the RETE graph on different processors. This attempt seems to be natural, but a very important feature of production systems is not taken into consideration. A firing production effects very few changes and only a small portion of the test nodes of the RETE graph are activated. The main source of parallelism is not obvious. A memory node can contain several entries. We call this the filling n if it contains n entries. For every new partner that arrives, the according intertest is performed n times. A typical value for n is about 30. This is the essential part of the inherent parallelism present in OPS5. Therefore, we distribute the contents of these memory nodes to parallel processors. Each processor contains all test nodes of the same depth in the RETE graph and a copy of the input memory nodes associated to that test, but only a part of the entries. If we provide an equal distribution of entries to those processors, the filling of their local memory nodes is divided by the number m of processors ($m < n$). Only ($n/m$) intertests are activated sequentially in every processor.

The processors form the stage of a pipeline which is connected via a bus to the next stage that contains the following testnodes of the RETE graph. Pipelining effects can be observed when positive results activate a chain in the graph. The result of a test may be several tokens. They are broadcasted to the next stage. Each token is stored by one processor and the according tests are performed in all processors. To selected the processor, that has to store the data, an address has to be adjoined. The message contains also a sign and a starting point (tag) of the following testnode. This data format is called token, after storing it in a memory node address, tag and sign are stripped of. A bus access can be interpreted as a m-fold procedure call, where m is the number of processors on the following stage with a nonempty partner node.

The expression "pipeline" may be misleading. The processors store data that represent a state. A single input token can produce an avalange of tokens inside the pipeline or may not affect anything in this execution cycle. Therefore an external sceduling like in standard pipelines is impossible.

## 4. The Match Pipeline

Figure 2 shows the PESA-I architecture. Most of the processing elements (PEs) are assigned to the match pipeline. The number of stages does not restrict the number of condition elements because the pipeline is folded back via bus 0. The depicted configuration is typical but not definitive. The final configuration will be choosen as late as possible. The PE is microprogrammed with a special instruction set. Functionally, the PE can be divided in three synchronous automata or agencies, that communicate via common buffers and flags (figure 3).

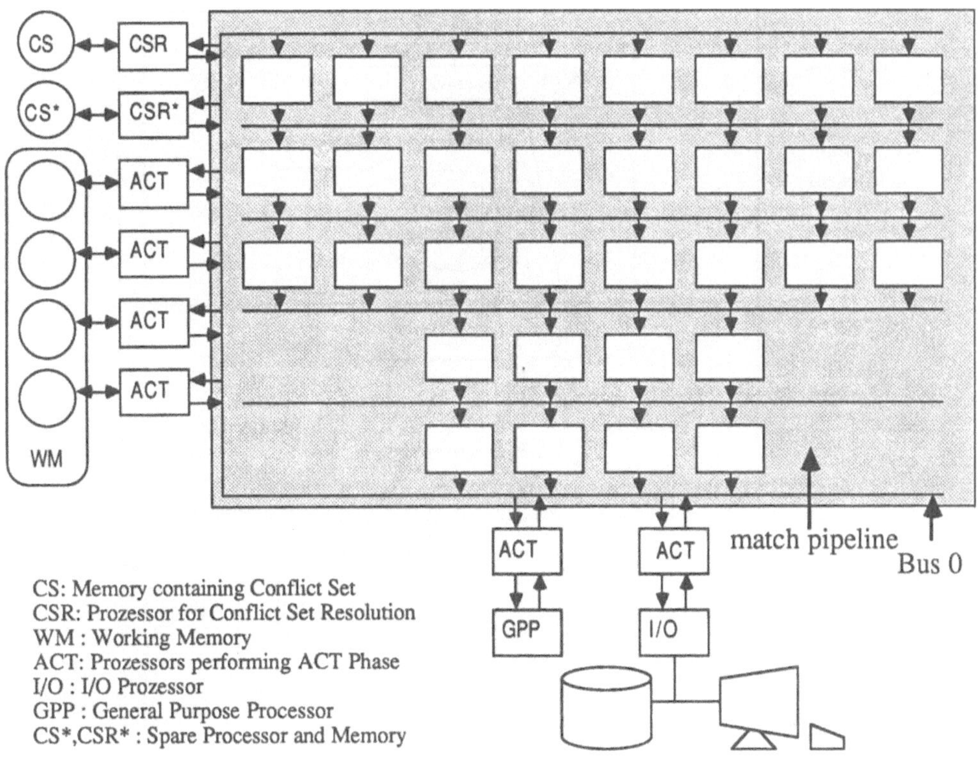


Figure 2: PESA-I configuration with a 8 8 8 4 4 match pipeline

The bus read agency (RBA) reads data from the bus and stores it in the readbuffer. The dataready flag signals that the bus carries valid data. If the readbuffer of a SBA is filled, the bus is blocked by the receiverbusy flag. The match agency (MA) performs the storing and testing. It has separate program and local tokenmemories of 64K words each. The tokenmemory contains the memory nodes of the RETE graph. After a positive test, the result is written into the sendbuffer. The bus send agency (SBA) sends these data to the next stage if it has permission to access the bus and if no receiverbusy flag is set. The MAs and SBAs of one stage are connected to manage synchronization(MA) and bus write access (SBA). There are two ways a MA can be blocked in presence of valid data in the readbuffer: In both cases the own writebuffer is filled and the bus can´t be accessed because first there is no permission or second the bus is blocked by a filled readbuffer in the next stage. The special instruction sets for match, act and conflict resolution are different but can be microprogrammed on the same PE-type. In Match and Conflict Resolution the only arithmetic operation is a comparison, therefore the PE does not need complex arithmetical operators. In Act the arithmetical operations are performed by a commercial coprocessor.

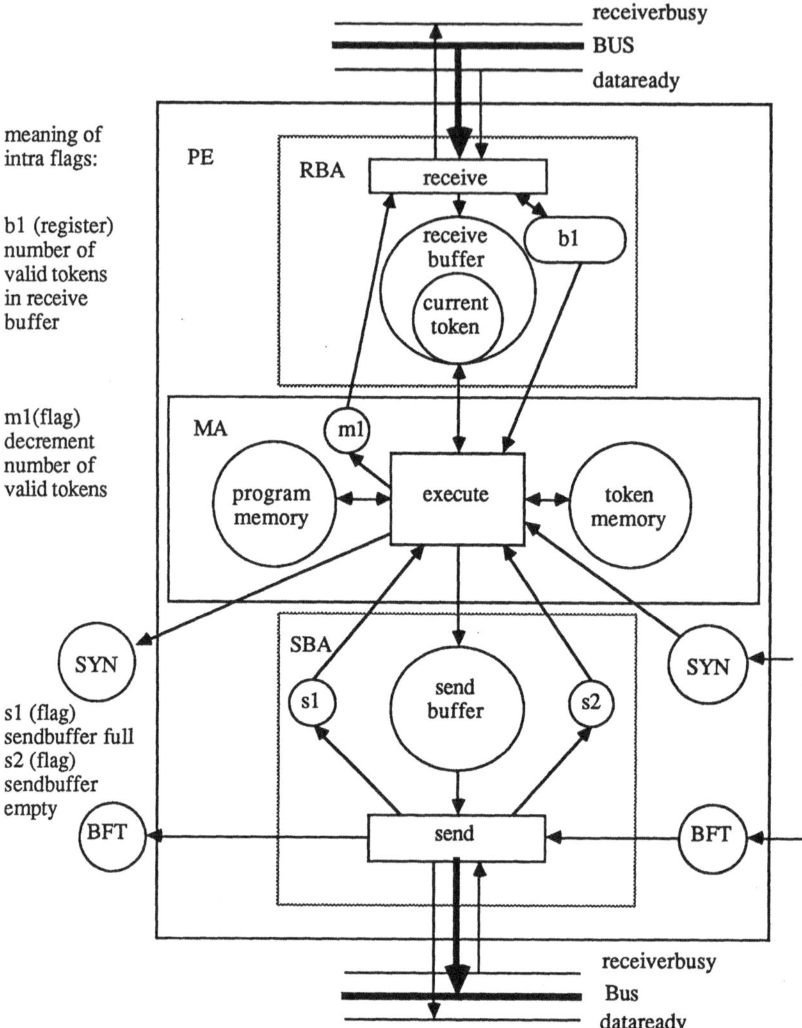


Figure 3: The agencies of the PESA-I PE

The results quoted in the following derive from a two stage simulatior. The first stage simulates the PE, the input parameters are the delays for basic operations and the time for the different memory accesses. The output consists of the runtime for the microinstructions, which are used as input of the stage two simulator. The other input parameters for the second tool are buffersizes, the configuration of the match pipeline (number of PEs per pipeline stage) and the buscycle. The main outputs are statistics about bus accesses and conflicts, idle times of individual PEs, fillings of memory nodes and buffers and number and time of instruction usages. As an example figure 4 shows the bus accessses.

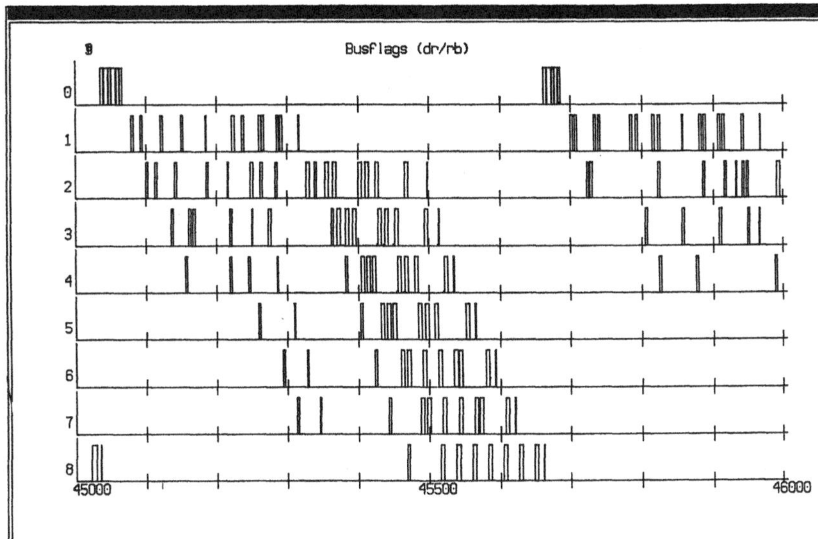


**Figure 4: Statistics about bus accesses during a typical match phase**

Although the contents of memory nodes is distributed over the whole stage, the assignment of tokens to processor-memories is unique and can be reconstructed. PEs storing results are selected by a sum of tags and time tags that can be reconstructed. This leads to an equal distribution of tokens to the memories of all stages because the time tags are equally distributed. The fact that the same token uses the same path is very important for fault detection and for avoiding unnecessary synchronization, because the same tokens with different signs cannot pass each other. Using the unchanged RETE algorithm only one kind of synchronization would be needed for the reason of detecting the end of the computation in the match phase.

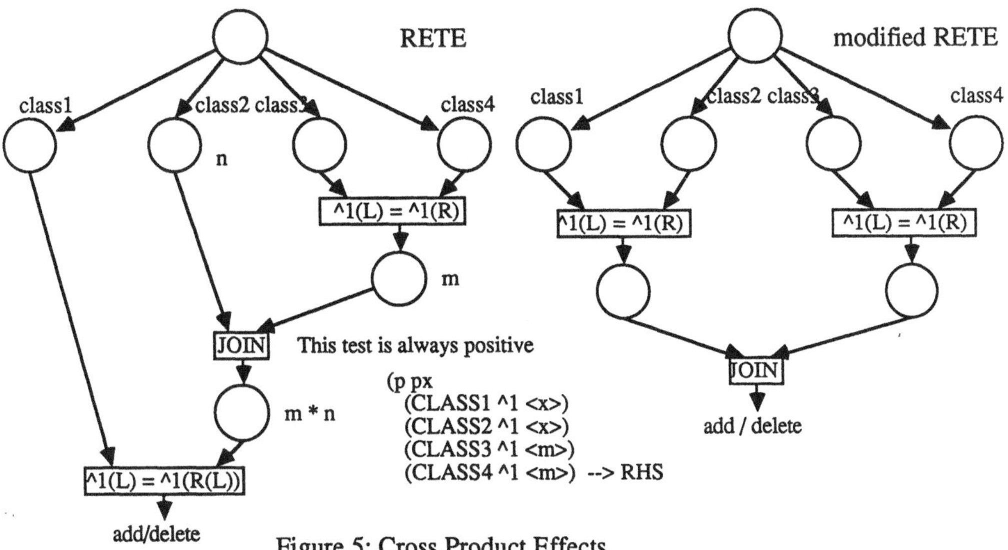


Figure 5: Cross Product Effects

## 5. Changes to RETE

The fixed sequence of tests causes two effects reported in [Gup86]. First, early join operations could evoke data overhead (cross product effects). Replacing the fixed sequence of tests by a relative order (figure 5) softens the impacts of join operations. They are executed as late as possible. The number of partners will be reduced by the previous tests.

The second effect is the activation of long chains of tests. Thereby the longest path (figure 1) is important. Our compiler arranges the tests to a tree which is as balanced as possible. Forced balancing by the introduction of new join operations is avoided. Figure 6 shows the modified RETE graph of figure 2. The balancing changes the sharing possibilities, we are currently testing the impacts. In this example the amount of sharing is reduced by our implementation, but it could also increase.

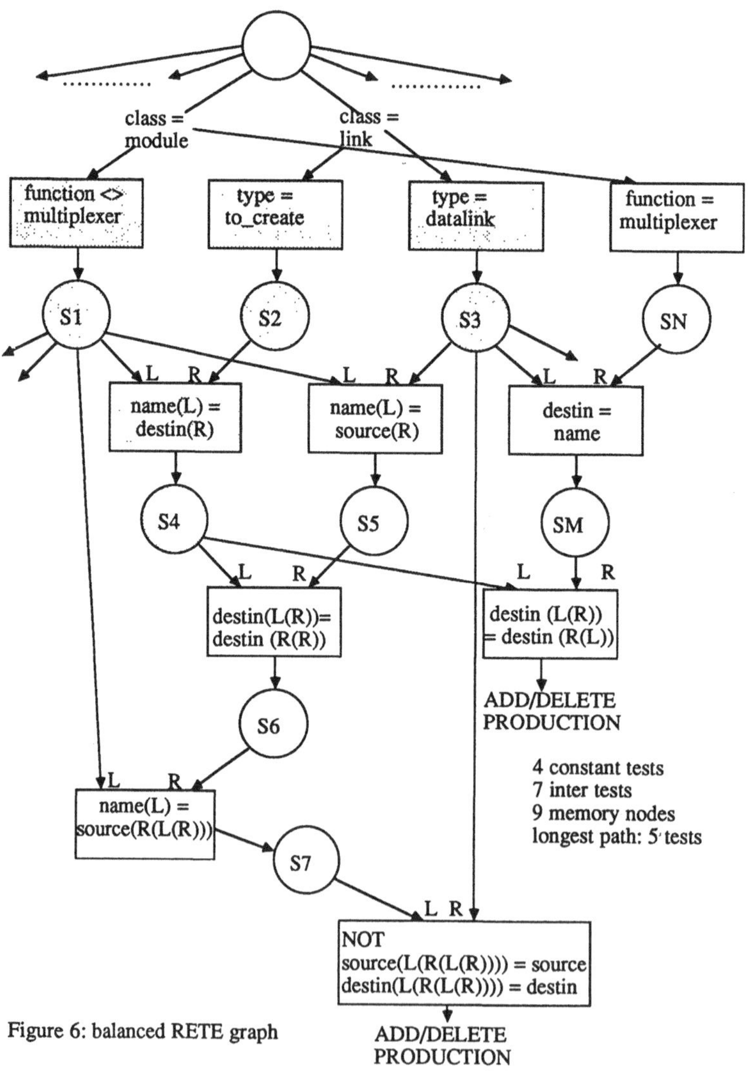


Figure 6: balanced RETE graph

A third problem is that beside the store/delete operation there is no difference in the treatment of tokens with positive and negative sign. For a negative token all intertests and concatenations have to be performed resulting in an unacceptable run time. This time can be reduced by a factor between 2 and 10. In our approach we perform only the constant tests on negative tokens. As described in [FoG83], about 85% of the tokens fail in the constant tests, because most of them are mutually exclusiv. If a constant test has a positive result, all memory nodes on the chain following this test are affected. Tokens within these memory nodes containing the time tag are deleted, no further test is performed. This operation is supported by our distribution concept and can be performed parallel in one stage and nearly parallel in the whole pipeline, because the token containing the time tag can be transported to the next stage before the delete operation starts. The affected production nodes of the CS can be looked up at the same time with the exception of productions including negated CEs. These will be discussed later. In contrast to the old delete operation, tailored for a sequential machine, the new solution is nearly independent from the result of intertests, therefore the gain factor differs.

The negative changes to the conflict set do not have to be computed by the pipeline. This is a very important performance gain. The delete action in the conflict set takes place in a time when the Conflict Set Resolution would be inactive in the conventional RETE interpretation and the computation of the phases overlaps. Measurements have shown that the CS is not very large. Almost every time the delete operation is finished before the first positive update arrives.

By the introduction of this concept we loose the nonpassing feature mentioned in the last chapter. The delete token, which contains only the time tag, is transported once from stage to stage. In the original RETE algorithm once per positive result a token is sent from different PEs of stage n to stage n+1. We need a synchronization that guarantees that these delete tokens are not passed by positive tokens. A (positive) concatenation containing the element to be deleted could be passed by its delete message, resulting in a faulty match state. The first attempt was to send a special synchronization token after the last delete token that blocked all PEs until all their sendbuffers were empty (the communication inside the stage was done by the syn flag; see fig3). The PE was busy waiting which should be avoided. So we changed the blocking of the PE into the blocking of the sendbuffer. The number of arrived synchronization tokens is stored in a counterregister, the sendbuffer can only be accessed if its value is zero. The counterregister is decremented on the condition that the right neighbor signals an empty sendbuffer and the own sendbuffer is empty. The decrementing is done during the operation decoding and incremented by an operation. So the accesses to this register are exclusive and cannot result in conflicts. The PE can now work until the first result of a positive test has to be written. Measurements show that most of the tests are negative. If inside a stage this synchronization is performed twice in sequence, all sendbuffers are empty at the time, at which PE 0 gives the syn flag to PE n. This double synchronization is used to protect tokens from passing each other. A single synchronization is used to detect the end of a match phase. Programs exist in each stage to activate both kinds of synchronization in the following stage by sending a special token.

The delaying impacts of the synchronization between the token with - and + sign is restricted by the fact that -WME changes have just to be found in the working memory while +WME changes have to be constructed first, so that there is a natural gap between these inputs.

**6. The NOT Nodes**

The Not nodes are those intertests that combine a positive and a negated CE. A production with matching WMEs for all positive CEs is satisfied if there exists no WME that matches the negated CE. To avoid iterations over the whole working memory, RETE computes the WME that satisfy the negated CE. The Not nodes are performed after all intertests between positive CEs have been finished. If there are more than zero matches between both inputs, the production failes. A counter, adjoined to the positive part, represents the number of matches between the positive and the negated CE. The negated part is no longer needed because there are no data derived exclusively from the negated part, also no time tag can be associated with a negated match.

The actions of the Not node differ depending on the sign and kind of input. A token from the positive input effects the calculation of the counter if its sign is +, else the delete operation does not differ very much from the normal case described in the last chapter. An activation by the negated input updates the counters assigned to the positive partners instead of sending results. If a match takes place and the sign of the negated input was + the counter is incremented else the sign was - and the counter is decremented. By modifying the counter from or to zero, the executability of the production is altered. The CS has to be updated accordingly.

Our problem is that the distribution of the input representing the negated CE leads to various counters of same positive part, which have to be added to obtain the correct result. These tokens are assigned to the same stage and beside the two flags mentioned earlier there is no instage communication. Therefore we have two alternatives to realize the Not nodes:

- no distribution of the negated input
- full distribution of the negated input, counter computation in the following stage

The first solution abandons the performance gain by the low level parallelism and leads to effects within the pipeline that are similar to "hot spots" in interconnection networks. The second solution is hard to realize because of following deviations from standard intertests:

- only the first token with the same contents has to be stored
- the next arriving token with same contents have to update the counter of only this token
- test activations by the positive and negated input can take place at the same time (because they are performed in different stages)
- tokens for these different activations can pass each other

After initial tests without distribution of the negated input, we decided to use the second alternative. The parallelism that we utilize is not as high as in normal intertests but the hot spot effect can be evaded. The influencing features of the match pipeline have to be exposed:

- The number of positive intertests is very low, therefore the bus is accessed in only 3 to 5% of the time and the filling of the sendbuffer is very low (0 to 2 tokens)
- All PEs are nearly at the same point of execution, caused by the equal distribution of data
- The activities are the highest in the upper stages and decrease in lower stages

The Not nodes are assigned to the last two stages. In the first of them the WME matching the Constant tests of the negated CEs are stored. Even if there are more than one negated CEs they cannot be combined, except by joining. The matching WME fulfill the CE, as if it had a positive sign. While the negated CEs are connected by logical AND these matching WME are connected by logical OR, as it can be shown by the application of de Morgans rule:

$$\text{CE1} \ \& \ \overline{\text{CE2}} \ \& \ \overline{\text{CE3}} \ \overset{\text{dM}}{=} \ \text{CE1} \ \& \ \overline{(\text{CE2 v CE3})}$$

If there are more than one negated CEs an arriving positive partner performs the tests with all of them sequentially during the same activation. The treatment of the Not node is selected by one of the four cases mentioned before:

A) Activation by a negated input with sign -

The activating token is send to the next stage before it is deleted in the memory node. In the next stage all partners are tested, if the tests are positive, the counter is decremted. A counter changing to zero evokes the sending of the associated token to the conflict set with sign +. The production is now satisfied.

B) Activation by a negated input with sign +

The handling is similar to A), the token is stored and the counter of the partner tokens in the next row can be incremented by one. A change from zero to one induces the sending of the instantiation with sign - to the CS. The production is no more satisfied.

C) Activation by a positive input with sign -

This differs to a normal delete action only by the fact, that the tokens are sent with sign - to the CS before deleting.

D) Activation by a positive input with sign +

In the upper row the counters are computed after a double synchronization. The PE matching the address of the incoming token sends it with the counter to the next row afterwards it invokes another double synchonisation. The other PEs invoke two double synchronizations before sending only their counter if it is not zero. All these tokens get the same address, computed only from the unique old address. By this synchronization order, the whole token arrives on the next row before the other counters. It gets stored by the PE matching the address. If the countervalue is zero the token is send to the CS. A countertoken results in adding the value to the counter of the first token in the PE matching the address. If the old countervalue was zero the whole token is sent with sign - to the CS.

As it can be seen only the case D) is expensive. It is only activated, if the whole positive part of the production becomes true. The other cases depend on just one WME change with the positive constant test for the affected production. They could also activate more than one tests because the possibility of shared negated CEs is high. In diffence to productions without negated CEs both the + and - changes to the CS have to be send. The concurrent CS update is not sufficient because by case A) a positive change to the CS could be produced by a negative negated token. This positive change could be deleted afterwards by the deletion of a WME in the positive part. By a concurrent update in the CS the second delete action could be finished before the positive token to be deleted arrives, therefore C) differs from other delete actions. This is the reason why the concurrent update is only performed for productions without negated CEs.

Because the not nodes produce tokens of different signs their passing has to be avoided. In case A) and B) the same path is used, C) and D) is handeled by the normal synchronization, A) and D) by the special synchronization which also provides that results of B) and D) pass each other. C) may pass or be passed by every token execpt D).

Figure 7 shows the difference between the distribution of the negated inputs and the assignment of them to a special processor in case D). The computation time is reduced in all cases. The gain rises according to the filling of the negated input(s). The presence of other tokens is important to show the impacts of the synchronization and the hot spot.

## 7. Distributed computation of the three phases

The main problem reducing the execution time of the match phase could be solved. The next aim is the reduction of the execution time for the two other phases by utilizing parallelism. The entire recognize act cycle may be accelerated by an overlapped computation of the phases. There are good chances because the only necessarily synchronous action is the delivery of the dominant instantiation from the CS to ACT. At the end of the match phase the conflict resolution has to compute only this instantiation. A complete order of all instantiations has not to be provided. In our implementation we distinguish between conflict resolution and administration of the conflict set.

### 7.1 Administration of the conflict set

The data structure of the conflict set shown in figure 8 is a heap of ordered lists. The lists contain the instantiations for one production. The instantiations have to be stored sorted for comparisons with other incarnations and unsorted in order to assign the time tag to the correct action in the RHS. A positive conflict set change has to be included in this list. In most cases this inclusion is performed at the top part of the list, because the CS change is the result of WME change that contains a time tag with a high value. Therefore, the effort for

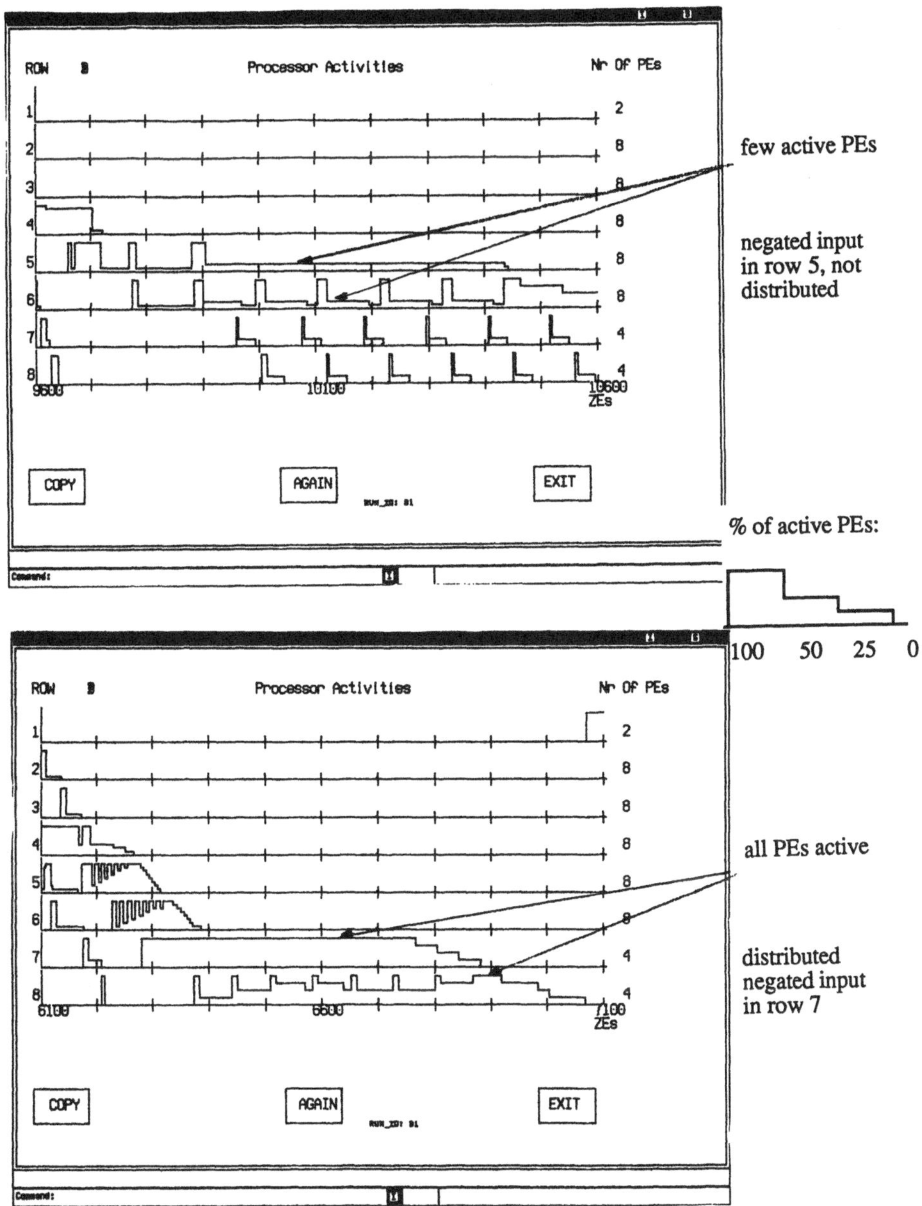


Figure 7: Not Nodes

Please note: Both examples have the same configuration, although row 7 has not as much PEs as row 5 the Not Node handling is faster.

updating the list is low. The only exceptions are the CS changes generated after application of case A) of the previous chapter, they may contain only lower time tags. If the top of the list alters, the top element has to be compared with that of the "father" in the heap. If the new element dominates, the heap is updated without changing its balanced structure. The comparison continues upward until the "father" dominates or the top of heap is reached. In both occurences the update is finished, in the second the last change is the new dominant instantiation. The changes with sign - actualizes the list and if the top of list is deleted, the heap is updated in the downward direction. The filling of the CS is typically between 2 and 500 elements. By subdividing them to productions and by the logarithmic runtime features of the actions adjusting the heap [Ben85], the time spent in the administration of the CS is considered to be low. The process is assigned to CSR-PE of figure 2. The second CSR-PE is only used if the CS is to large for one memory, additionally it is used as reserve if one of the ACT and CE PEs should fail. The sorting of different instantiations is distributed to the ACT and CS PEs. It is supported by a special microinstruction, only positive changes have to be sorted.

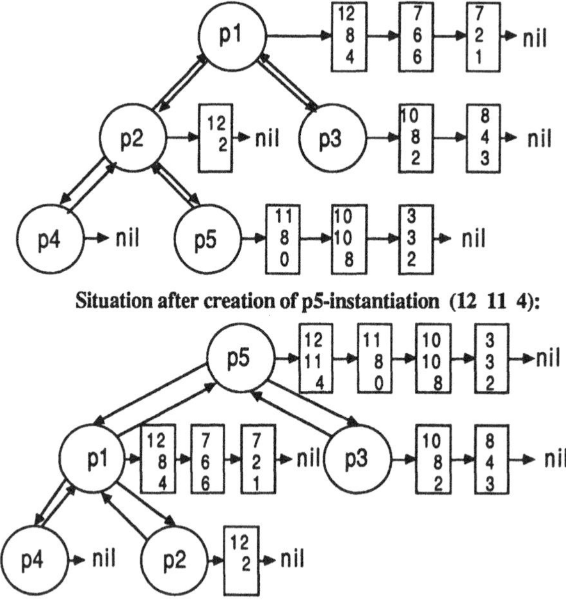


**Figure 8: Conflict Set Administration**

OPS prevents firing of a production with the same time tags more than once. The top element of the heap has to be removed, leading to further administration steps. These steps are also performed parallel to ACT.

7.2 Conflict resolution

The fact that only the dominant instantiation is needed for ACT can be utilized further. After the update of the CS by the tokens with negative sign the currently dominant instantiation is send to the ACT PEs. Each of them stores and compares it to the incoming changes of the conflict set. If the change dominates it replaces the old instantiation. After the termination of the match phase, the ACT PEs contain the dominant instantiation. No time consuming delivery takes place, because the ACT PEs can start the execution of the RHS, while the administration of the conflict set may be still busy. The phases overlap. This mechanism does not work, if the actual dominant instantiation is deleted. Then the conflict resolution is performed by the PE administrating the CS.

### 7.3 ACT

The act phase comprises the generation of new WME and the administration of the working memory including deletion and storing. Because of the 16bit address space of our PE we have to allocate at least four of them to ensure a sufficient working memory size. In consequence we have to divide the working memory and have to show how the PEs can be used in parallel. The solution of both problems is the same. The working memory is divided by assignment of different classes to different PEs. The WMEs of one class are stored, dependent on their time tag, in one of several memory nodes that belong to their class. This kind of hashing is unique and alleviats the searching. The number of nodes is decided by the number of classes. To supply parallel make and remove actions, classes that occur on the same RHS have to be assigned to different PEs. This is not possible always. We use an algorithm based on repulsiv forces, known from the design automation area, for the assignment.

The parallelism in the RHS is not very high, the ACT PEs would be idle most times. Therefore, we transfered the constant tests and the sorting of positive CS changes to the ACT PEs. After the first result, that ACT performs, the match pipeline can start. In almost every production, this is a delete action. Thus the ACT PEs have just to search for the element by its time tag and then perform the constant test. After the first satisfied constant test, match and the conflict resolution can start updating their memory nodes. Figure 9 shows the overlapped computation.

## 8. Results

With the improvements of the previous chapters, the results reported in [ScZ87] could be increased from 35000 to 42000 working memory changes per second. Furthermore, the new configurations need fewer PEs (figure 10). For a given configuration the gain can be higher. By assigning the NOT nodes to the lower stages, the optimal configuration for a fixed number of PEs also changes. The new concept of parallelism and distribution is adapted more to the common situations that appear during production system interpretation. Currently our simulator can only handle unfolded pipelines. Therefore we assume that the folding results in additional performance gain, because the communication overhead cannot be neglected.

Our results are the highest for all currently published OPS machines, although our number of PEs is lower. This is influenced by the special instruction set and the local memories instead of shared memory solutions. A little bit higher results could be reached by adding more PEs, but the relation between effort and result is not worth a discussion. Another possible improvement is the extension of OPS by parallel rule firing, but we think

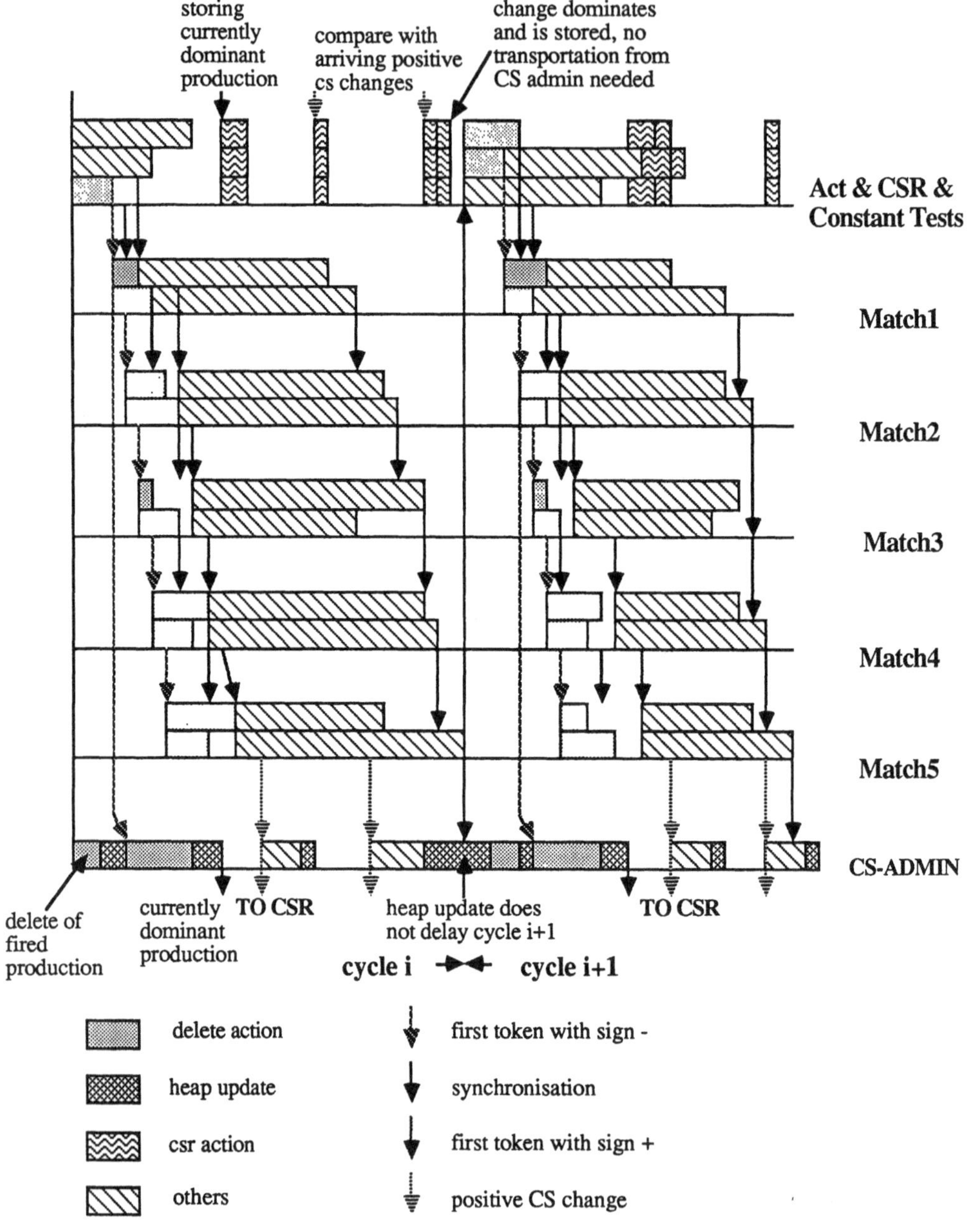


**Figure 9: Overlap of the Phases and the Pipeline Stages**

it is very difficult to program in parallel without abandoning the effects of single rule firings.

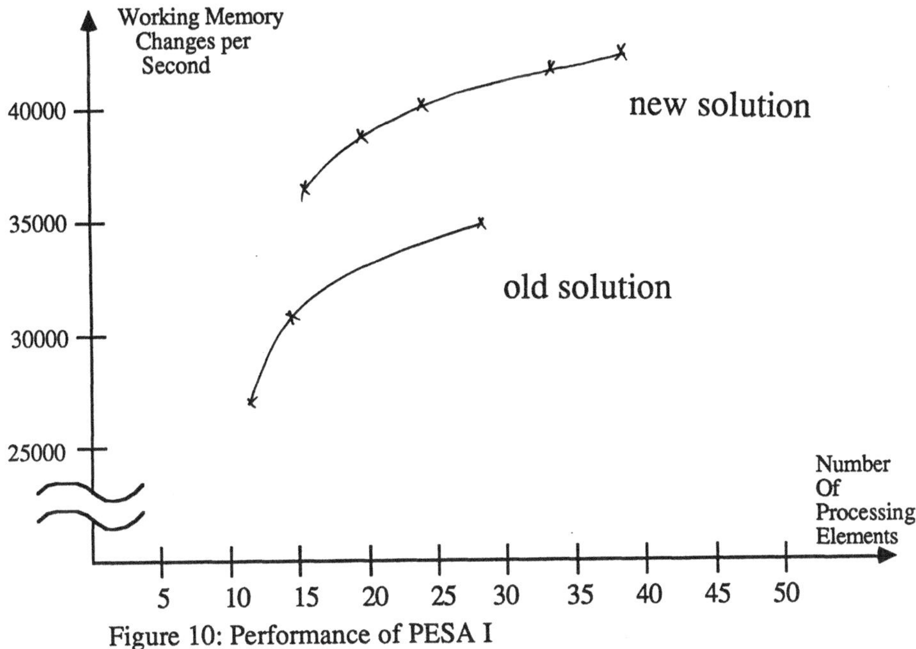


Figure 10: Performance of PESA I

**Conclusion**

It has been shown that by utilizing very detailed performance results, the major part of parallelism inherent in production systems can be observed. The simulation, although expensive, has to preceed a prototype. In our special case, we improved the treatment of the delete actions and the implementation of the NOT nodes. This results in a higher performance for a given configuration.

We added the concept of distributed computing to our parallel pipeline and did not just assign the processes of the recognize act cycle 1:1 onto processors. The ACT processors of the PESA I perform processes of every cycle. The original conflict resolution process is divided and distributed. This results in a better balancing of work to processors and avoids unnecessary bottlenecks.

Our next step is the introduction of fault tolerance mechanisms. Therefore we have to include some switches to the PEs. An interresting idea is, to compute the optimal configuration for a given production system (may be rule based) and use the switches to arrange this configuration before starting the execution. Another point of interest is the design of OPS derivations and environments that can be mapped onto the same hardware. The pattern matching has not to be changed by introducing new selection mechanisms (e. g. selection by possibilties) and undoing of performed actions, which is needed in the area of non monotonic reasoning.

## References

[ScZ87] **Schreiner, F.; Zimmermann, G.:** "PESA I A Parallel Architecture For Expert Systems", 16th International Conference On Parallel Processing, 1987, p 166-169.

[For81] **Forgy, C.:** "OPS5 Users Manual", Technical Report CMU-CS-81-135, Carnegie-Mellon University, 1981.

[BFK85] **Brownston, L.; Farrel, R.; Kant, E.; Martin, N.:** "Programming Expert Systems in OPS5: An Introduction to Rule Based Programming", Addison Wesley 1985.

[For82] **Forgy, C.:** "RETE: A Fast Algorithm for the Many Pattern/ Many Object PatternMatch Problem", Artificial Intelligence 19 (September 82), p 17-37.

[GFN86] **Gupta, A.; Forgy, C.; Newell, A.; Wedig, R.:** "Parallel Algorithms and Architectures for Rule-Based Systems" 13th Intern. Symp. on Computer Architecture, Tokyo 1986, p 28-37.

[OsD87] **Oshisanwo, A.; Dasiewicz, P.:** "A Parallel Model and Architecture for Production Systems", 16th International Conference On Parallel Processing, 1987,p 147-153.

[Sto87] **Stolfo, S.** "Initial Performance of the DADO2 Prototype", Computer, January 1987.

[FoG83] **Forgy, C.; Gupta, A.:** "Measurements on Production Systems", Technical Report CMU-CS-83-167 Carnegie-Mellon University, 1983.

[Gup86] **Gupta, A.:** "Parallelism in Production Systems", Technical Report CMU-CS-86-122, Carnegie-Mellon University, 1986.

[Ben85] **Bentley, J.:** "Thanks, Heaps", Communications of the ACM Vol 28 Number 3, March 1985, p 245-250.

[MAA87] **Miyazaki, J.; Amano, H.; Aiso, H.:** "Manji: An Architecture for Production Systems" 20th International Hawaii Conference on Systems Sciences 1987, p 236-245.

# PEBSY

## Ein Programmierbares Echtzeit - Bildbearbeitungs - System

Udo Gutheil

Institut für Informationsverwaltung und Interaktive Systeme
Fachgebiet Graphisch Interaktive Systeme
Fachbereich Informatik
Tech. Hochschule Darmstadt
Wilhelminenstr.7

### Zusammenfassung

Der vorliegende Beitrag beschreibt das programmierbare Echtzeit-Bildbearbeitungs-System PEBSY, welches universell in der Bildbearbeitung eingesetzt werden kann. Das System ist in weiten Grenzen frei programmierbar und durch einen modularen Aufbau an unterschiedlichste Anforderungen anpassbar. Dieses Konzept läßt die Implementierung der meisten Bearbeitungsalgorithmen zu, ohne die Echtzeitfähigkeit einzuschränken. Die notwendige Leistung wird nicht durch die Verwendung von Hochgeschwindigkeitshardware erreicht, sondern durch den Einsatz einer parallelen Architektur von leistungsfähigen VLSI-Prozessoren (Transputer) und Bausteinen herkömmlicher Technologien. Das System wird zur Zeit realisiert und soll auf dem Gebiet der Studiobildbearbeitung eingesetzt werden, wobei auch die Fähigkeit, Computergrafiken und Animationen zu generieren, ausgenutzt werden soll.

### 1. Einleitung:

Die hohen Leistungsanforderungen an Echtzeitbildbearbeitungssysteme führten zu der Entwicklung von schnellen und speziellen Hardwarearchitekturen, die einzelne Bearbeitungsalgorithmen schaltungstechnisch realisieren. Diese Systeme sind daher relativ unflexibel (Einsatz nur für bestimmte Algorithmen) und damit sowohl in der Entwicklung als auch in der Produktion sehr kostenintensiv. Diese Situation motiviert zu der Entwicklung eines Bearbeitungssystems, welches in weiten Grenzen frei programmierbar und mit herkömmlichen Technologien (z.B. CMOS) realisiert werden kann. Vielfältige Ansatzpunkte finden sich hierzu auf dem Gebiet der Rechnerarchitekturen /GILOI81/ /GUNZ86/ /HWBRI87/.

### 2. Videobildbearbeitung in Echtzeit

Die Echtzeitbearbeitung von Videobildern verlangt eine kontinuierliche Berechnung der Bildinformationen. D.h., die komplette Bearbeitung eines Bildes muß innerhalb eines Bildintervalls durchgeführt werden. Im Gegensatz zur Computergrafik müssen bei der Bildbearbeitung jeweils alle Bildpunkte (Pixel) des Ausgangsbildes berechnet werden. In Bezug auf die digitale Fernsehnorm /CCIR82/ bedeutet dies, daß 414.720 Bildpunkte innerhalb eines Bildintervalls (25 Hz / 40 msek) zu bearbeiten sind. Dementsprechend bleibt für jeden Bildpunkt eine Bearbeitungszeit von 96.5 nsek. Im Falle des japanischen HDTV - Vorschlages /HABER86/ verringert sich diese Zeit auf 16.8 nsek pro Bildpunkt, da für 1.987.200 Bildpunkte nur 33.3 msec (60 Hz) zur Verfügung stehen.

Untersuchungen von Bearbeitungsalgorithmen /WAHL84/ /TIEF87/ machen weiterhin deutlich, daß zur Berechnung eines Bildpunktes des Ausgangsbildes im allgemeinen mehrere Bildpunkte des Eingangsbildes mit einbezogen werden müssen. Eine kontinuierliche Berechnung des Bilddatenstromes (Punkt für Punkt - Zeile für Zeile) kann damit nur für die wenigsten Algorithmen angewendet werden, so daß eine Speicherung des gesamten Bildes notwendig wird. Eine Analyse der Bearbeitungsalgorithmen zeigt ferner, daß sich die eigentlichen Bildpunktoperationen meistens auf Multiplikations- und Additionsoperationen beschränken oder darauf zurückführen lassen. Die aufwendigeren und zeitintensiven Berechnungen von Koeffizienten und Initialisierungswerten werden aber nur einmal pro Bild durchgeführt. Auch die Segmentierung des Gesamtbildes in kleine Teilbilder (Bildsegmente) kann für viele Verfahren angewendet werden.

## 3. Strategie des Entwurfs

Die oben dargestellten Anforderungen an ein Bearbeitungssystem verlangen zwingend die Verteilung des Bearbeitungsaufwandes auf mehrere Einheiten, um eine Realisierung mit herkömmlichen Technologien überhaupt realistisch erscheinen zu lassen. Die Aufteilung des Gesamtbildes in einzelne Teilsegmente ermöglicht die parallele Bearbeitung in unabhängigen Teileinheiten, die damit nur einen Bruchteil aller Bildpunkte innerhalb eines Bildintervalls bearbeiten müssen. Die angestrebte freie Programmierbarkeit des Bearbeitungssystems kann nur durch leistungsfähige General Purpose Prozessoren optimal verwirklicht werden. Die Verifikation dieses Ansatzes - Bearbeitung des Bildes mit einem Prozessorennetzwerk - ergab jedoch, daß zur Implementierung der einfachsten Algorithmen zur Bearbeitung eines Fernsehbildes (z.B. Kontrastveränderung) schon über hundert 32Bit Prozessoren (z.B. Transputer T414/T800) eingesetzt werden müßten. Da ein großer Parallelisierungsgrad außerdem einen erheblichen Aufwand bezüglich der Verteilung und Zusammenfassung der Daten bedeutet, ist eine ausschließliche Verwendung von Prozessoren (Transputer-Netzwerk) nicht sinnvoll. Es hat sich gezeigt, daß die Berechnung von großen Datenmengen (Bildpunktinformationen) nur mit speziellen Hardware-Rechenwerken hinreichend schnell durchführbar ist. Die oben erwähnte Eigenschaft der Bearbeitungsalgorithmen (einfache Pixeloperationen) kann nun dahingehend berücksichtigt werden, daß einfache mikroprogrammierbare Rechenwerke die Bildpunktberechnung übernehmen.
Eine flexible Implementierung unterschiedlichster Bearbeitungsalgorithmen kann dennoch erreicht werden, indem ein Prozessorsystem das Rechenwerk initialisiert (Mikrocode laden, Koeffizienten berechnen, usw.) und steuert. Eine weitere Steigerung der Datendurchsatzes kann durch eine Pipelinestruktur des Rechenwerks erreicht werden, da hiermit mehrere Bearbeitungsstufen realisiert werden können. Das Gesamtkonzept des Bearbeitungssystems sieht daher die Verwendung von sogenannten Verarbeitungspipelines vor. Der Einsatz mehrerer solcher Pipelines zur parallelen Bearbeitung von Teilsegmenten des Gesamtbildes, ermöglicht einen relativ langsamen Verarbeitungstakt (größer 100 nsec) der einzelnen Rechenwerke und damit eine kostengünstige Realisierung mit herkömmlichen Technologien. Da im Gesamtsystem viele Prozessoren unabhänig voneinander arbeiten, ist für die Synchronisierung und Steuerung der Prozessoren ein übergeordnetes Kommunikationsnetzwerk notwendig. Außerdem kann über ein solches Netzwerk das Laden (down load) von Programmen in das System realisiert werden.
Diese Anordnung entspricht damit dem Prinzip der MIMD/SIMD - Architektur. Dieses Konzept kann als die vielversprechendste Parallelarchitektur bezeichnet werden, da mit dieser Struktur beliebig viele herkömmliche Prozessoren zusammengeschaltet werden können /GILOI88/.

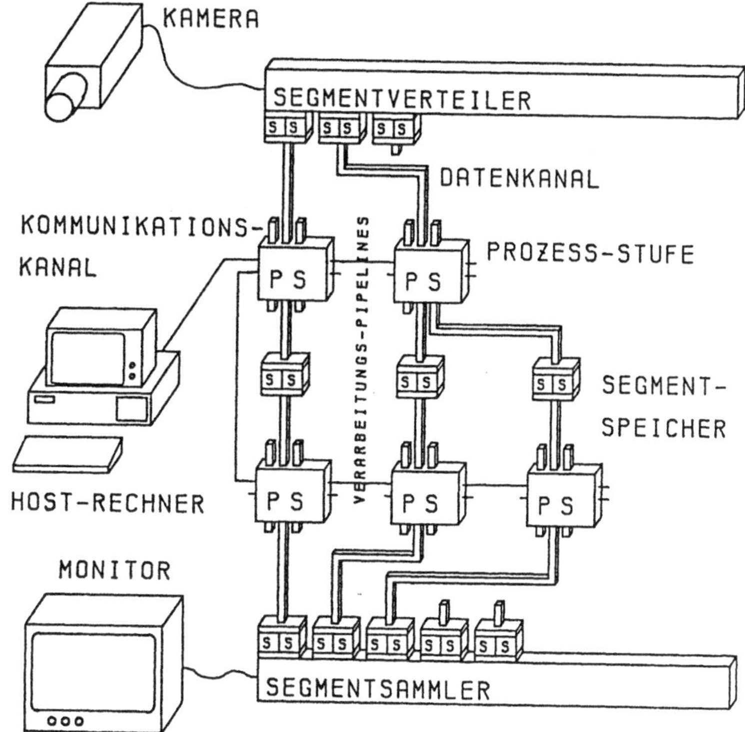


Bild 1
Systemarchitektur

## 4. Systemarchitektur

Die entwickelte Systemarchitektur setzt sich aus mehreren Verarbeitungspipelines zusammen (Bild 1). Eine Pipeline wird aus Segmentspeichern und Prozeßstufen gebildet, die abwechselnd angeordnet und über Datenkanäle verbunden sind. Das Videobild wird von dem Segmentverteiler in Bildsegmente zerlegt und in die einzelnen Pipelines eingespeist, indem jeweils das erste Speichersegment der Pipeline mit den Segmentinformationen gefüllt wird. Jeder Segmentspeicher beinhaltet zwei identische Speicherbänke, die über die Datenkanäle sequentiell gelesen oder beschrieben werden können (Bild 2). Über Steuersignale des Datenkanals kann dabei ein automatisches Dekrementieren oder Inkrementieren sowohl der Spalten- als auch der Reihenadresse nach einem Zugriff ausgelöst werden. Mit dem Kanalschalter wird ein Datenkanal jeweils zu einer der beiden Speicherbänke geschaltet. Somit können zwei Prozeßstufen gleichzeitig mit einem Segmentspeicher arbeiten, da jede nur mit einer der beiden unabhängigen Speicherbänke verbunden ist. Mit dem Umschalten beider Kanalschalter werden die Speicherbänke zur jeweils anderen Prozeßstufe geschaltet. Mit dieser Anordnung kann ein Datenpaket (Segmentinformationen eines Bildes) durch die Pipeline gesendet werden, indem die Prozeßstufen jeweils die Daten aus dem vorderen Segmentspeicher lesen und ihre Ergebnisse im nachfolgenden ablegen. Nach dem Umschalten der Speicherbänke stehen die berechneten Ergebnisse dann der nächsten Prozeßstufe als Eingangsdaten zu Verfügung. Die Bearbeitung der Bilddaten übernimmt im wesentlichen ein mikroprogrammierbares Pipelinerechenwerk, welches über den Systembus des Prozessorsystems initialisiert und gesteuert wird. Das Rechenwerk hat über die Datenports direkten Zugriff auf die Speicherbänke der Segmentspeicher und kann somit in einem Verarbeitungstakt Daten lesen, berechnen (z.B. Multiplizieren) und abspeichern.

Das Prozessorsystem wird mit einem Transputer-System mit eigenem Arbeitsspeicher realisiert. Die, für verteilte Systeme unbedingt notwendigen, Kommunikationskanäle zur Synchronisierung und Steuerung des Gesamtsystems können auf einfachste Weise mit den vom Transputer zur Verfügung gestellten Links realisiert werden. Desweiteren ist der Transputer leicht zu handhaben (wenig Aufwand für ein Minimalsystem) und bietet eine große Rechenleistung /ECKEL87/. Der Segmentsammler setzt die berechneten Bildsegmente wieder zu einem Gesamtbild zusammen und generiert ein analoges Videosignal. Das Gesamtsystem wird von einem Host-Rechner (z.B. PC) über die Kommunikationskanäle gesteuert und von diesem auch mit den Programmen der Algorithmen geladen.
Mit diesem Konzept kann das System unterschiedlichsten Anforderungen angepaßt werden, da sowohl ein Ausbau in der Breite (weitere parallele Verarbeitungspipelines) als auch in der Tiefe (Verlängerung der einzelnen Pipelines durch zusätzliche Prozeßstufen) nach dem Baukastenprinzip möglich wird. Unterstützt wird dieses durch einen modulartigen Aufbau der einzelnen Funktionstypen (Bildverteiler, Segmentspeicher, Prozeßstufe, Bildsammler) und die Verwendung von konfigurierbaren Verbindungsleitungen für die Kommunikations- und Datenkanäle.

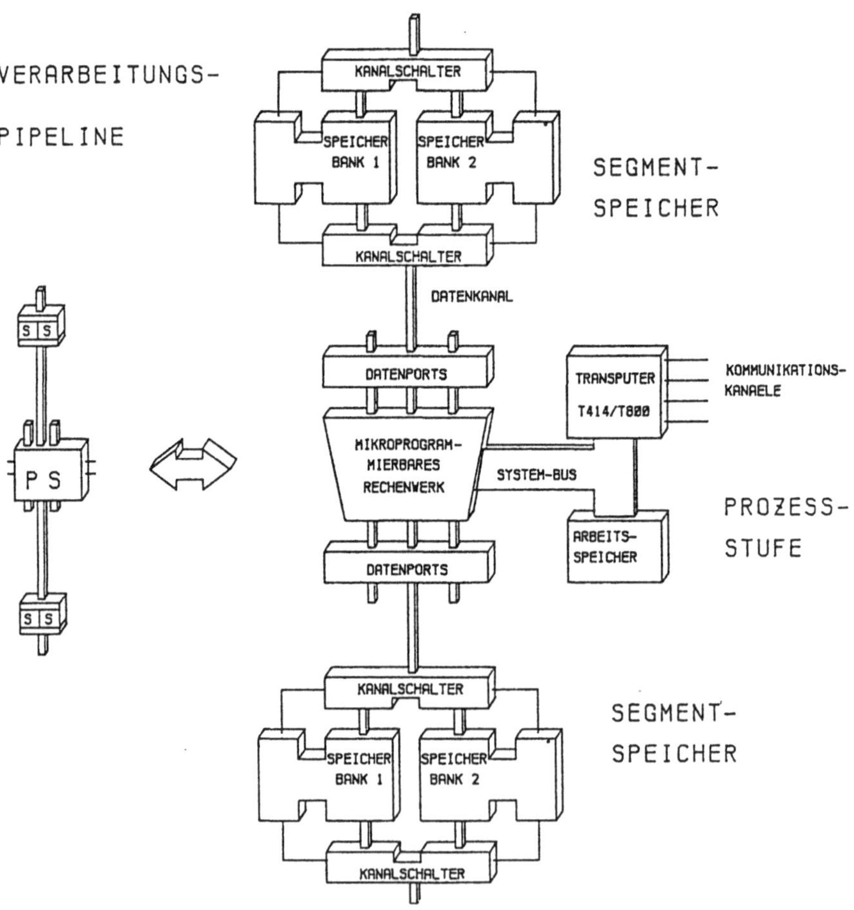


Bild 2 Verarbeitungspipeline

## 5. Verarbeitungspipeline

Die Struktur der Verarbeitungspipeline kann, je nach Problemstellung und Algorithmus, unterschiedlichsten Bedingungen angepaßt werden. Die Kombination von Segmentspeichern und Prozeßstufen über die Datenkanäle erlaubt den Aufbau beliebiger Pipelinetopologien (Bild 3). Damit können über eine Prozeßstufe Segmente zusammengefaßt oder verteilt werden. Auch Rückkopplungen lassen sich auf einfachste Weise realisieren und ermöglichen damit eine Verarbeitung über mehrere Bilder (Bewegungsdetektion).

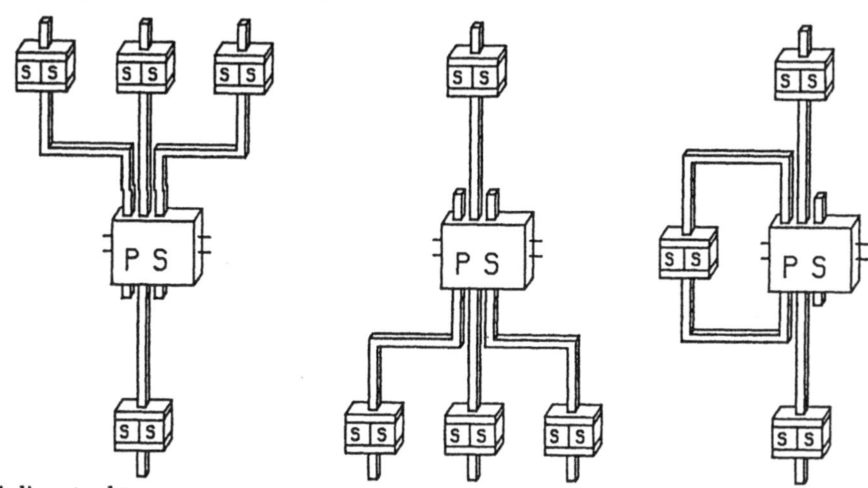


Bild 3 Piplinestrukturen

## 6. Mikroprogrammierbares Rechenwerk

Eine flexible Implementierung verschiedener Bearbeitungsalgorithmen stellt an die Konzeption des Rechenwerks besondere Anforderungen. Zum einen wird eine optimale Unterstützung der Algorithmen nötig, um einen möglichst hohen Datendurchsatz zu erreichen, zum anderen soll dieser Verarbeitungsteil einfach und allgemein einsetzbar sein. Mit der Entwicklung mehrerer unterschiedlicher Varianten soll daher ein Kompromiß erarbeitet werden. Die einfachste Ausführung besteht z.B. aus einem einfachen Speicherbaustein, in den das Transputer-System eine Übertragungsfunktion ablegt (Bild 4a). Bei einer 8 Bit Bildpunktinformation müssen dementsprechend nur 256 Werte vom Transputer berechnet werden. Die anschließende Piplineverarbeitung kann - nur von der Zugriffsgeschwindigkeit des Segment- und Funktionsspeichers begrenzt - von einer Mikroprogrammsteuerung ausgeführt werden und benötigt nur einen Verarbeitungstakt pro Ausgangsbildpunkt. Diese Anordnung kann sinnvoll bei einfachen Operationen (Kontrasterhöhung, Quantisierung der Bildhelligkeit, Schwellwertverfahren) eingesetzt werden.
Eine andere Lösung besteht in dem Einsatz eines Multiplizier/Akkumulator-Bausteins (Bild 4b). Hiermit lassen sich besonders Algorithmen unterstützen, die ein Operatorfenster (z.B. 3*3 Pixel) über die Bildfläche schieben, jeden Bildpunkt des Fensters mit einem Koeffizienten multiplizieren und zu einem Gesamtwert aufaddieren (Filteroperationen). Eine solche Operation benötigt neun Verarbeitungstakte (3*3 Pixel) des Mikroprogrammsteuerwerks für die Berechnung eines Ausgangspixels. Inwieweit sich der Einsatz fertiger VLSI-Signalprozessoren als Rechenwerk eignen, soll ebenfalls untersucht werden.

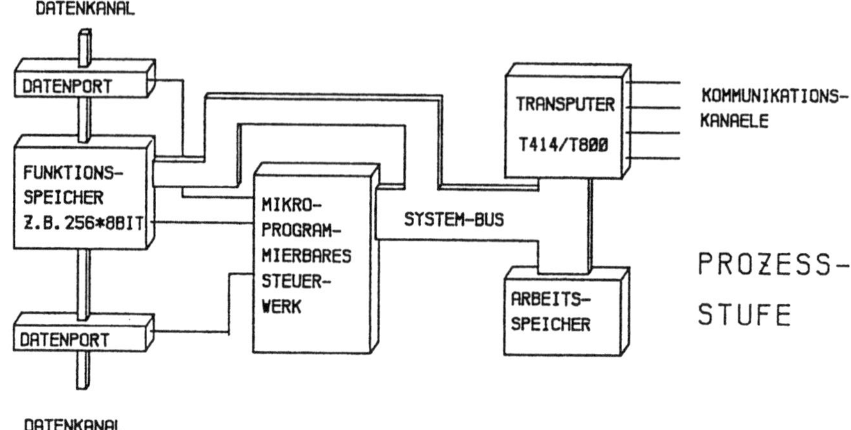


Bild 4a Prozeßstufe A

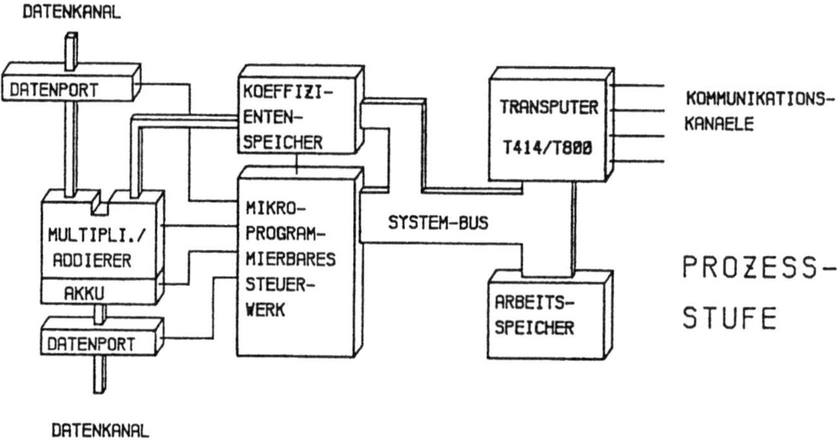


Bild 4b Prozeßstufe B

## 7. Realisierung

Das konzipierte Bearbeitungssystem wird als Prototyp am Institut realisiert, um anhand konkreter Implementierungen von Bildbearbeitungsalgorithmen sowohl die Leistungsfähigkeit des Systems nachzuweisen, als auch um wichtige Erfahrungswerte über den Umgang mit verteilten, parallel arbeitenden Systemen zu gewinnen. Hierzu werden die Funktionsmodultypen zur Bearbeitung eines monochromen Videosignals entwickelt. Die Segmentspeicher, Datenkanäle und Rechenwerke werden für eine 8 Bit Auflösung der Bildpunkte ausgelegt und können maximal mit einem 10 MHz Verarbeitungstakt betrieben werden. Die Segmentspeicher beinhalten zwei Speicherbänke zu je 64 KByte, so daß eine Segmentgröße von 256 * 256 Bildpunkten pro Pipeline verarbeitet werden kann. Da Segmentverteiler und Segmentsammler jeweils 16 Segmentspeicher bedienen können, kann somit eine maximale Bildfläche von 1024 * 1024 Bildpunkten abgedeckt werden. Parallel hierzu werden auf das System zugeschnittene Bearbeitungsalgorithmen (Filterfunktionen, geometrische Transformationen) entwickelt.

## 8. Leistungsabschätzung

Der Prototyp von PEBSY erlaubt die Bearbeitung von maximal 64K Pixel (256*256 Bildpunkte) pro Pipeline. Für die Abdeckung des standard TV-Bildes (720 * 576) werden somit neun Verarbeitungspipelines benötigt (Anordnung 3*3 Segmente). Da die mit neun Segmenten maximal mögliche Fläche von 768 * 768 Punkten größer ist, können die Eingangssegmente überlappend angeordnet werden. Beim Ausgangsbild ist eine Überlappung nicht erforderlich, so daß sich die Pixelanzahl pro Ausgangssegment auf 240 * 189 Bildpunkte beschränkt. D.h., jede Prozeßstufe muß 45.360 Pixel in einem Bildintervall (40 msek) berechnen. Für jedes Ausgangspixels bleibt demnach eine Berechnungszeit von 881 nsek. Bei einem Verarbeitungstakt von 10 MHz der Rechenwerke kann die Berechnung eines Ausgangsbildpunktes maximal 8 Verarbeitungstakte betragen. Da die oben angesprochenen Filteroperationen mit einem Operatorfenster von 3*3 Bildpunkten jedoch 9 Verarbeitungstakte benötigen, ist es sinnvoll, die Anzahl der zu bearbeitenden Bildpunkte pro Ausgangssegment weiter zu reduzieren. Erhöht man dazu die Segmentanzahl (Pipelineanzahl) auf 12 (4*3 Segmente), so bleiben nur noch 34.020 (180*189) Bildpunkte pro Ausgangssegment. Damit erhöht sich die Verarbeitungstaktzahl auf 11, weil für jedes Ausgangspixel nun 1176 nsek zu Verfügung stehen. Filterfunktionen mit einem 3*3 Operatorfenster sind daher mit 12 einstufigen (eine Prozeßstufe) Verarbeitungspipelines in Echtzeit ausführbar. Eine zweistufige Version der 12 Verarbeitungspipelines (24 Prozeßstufen) würde demnach 22 (2*11) Verarbeitungstakte für einen Algorithmus erlauben.

## 9. Anwendungen

-Studiosystem

Alle Funktionen eines digitalen Videostudios können mit den zur Verfügung stehenden Modulen realisiert werden. Mehrere Videoquellen (Kameras) werden über entsprechende Segmentverteiler in das System eingespeist und von den Prozeßstufen beliebig verknüpft (Überblenden, Stanzen, Mischen, usw.). Geometrische Transformationen (Verkleinern, Vergrößern, Rotieren) werden über mehrstufige Pipelines ermöglicht.

-Grafiksystem

Werden die Transputer-Systeme der Prozeßstufen mit entsprechenden Grafikprogrammen geladen, können diese im Segmentspeicher eine Grafik generieren. Da mehrere Segmente parallel und mehrstufig berechnet werden können, kann die Leistungsfähigkeit fast beliebig vergrößert werden. Ebenso wird eine einfache Verknüpfung von Video- und Grafikbild ermöglicht.

- Optisch geführte Systeme

Die Verarbeitungspipeline kann - über entsprechende Algorithmen - eine Bildauswertung durchführen, deren Ergebnisse über die Kommunikationskanäle z.B. einer Robotersteuerung zugeleitet werden können.

## 10. Ausblick

Da im Herbst 88 alle Funktionsmodule funktionsfähig vorliegen werden, wird sich der Schwerpunkt der Arbeit auf die Verifizierung von parallelen Verteilungsstrategien verlagern. Hierzu sollen anhand konkreter Implementierungen von Bearbeitungsalgorithmen verschiedene Wege untersucht werden. Diese Ergebnisse können dann Grundlage für die Bereitstellung kleinerer kostengünstiger Hochleistungssysteme sein, für die in Zukunft ein immer größerer Bedarf entstehen wird.

Die dem Beitrag zugrundeliegenden Arbeiten werden im Rahmen einer Kooperation zwischen der TH Darmstadt /FB20/GRIS und der BFE AG /Mainz durchgeführt und werden vom Bundesministerium für Forschung und Technik gefördert.

## Literatur

/HWBRI87/ Hwang,K.;Briggs,F. :Computer Architekture and Parallel Processing. McGraw-Hill, New York, 1984

/ECKEL87/ Eckelmann, P. :Transputer der 2.Generation. Elektronik 18,19,20/87

/GILOI81/ Giloi,W.K. :Rechnerarchitektur. Springer, Heidelberger Taschenbücher Band 208, 1981

/GUNZ86/ Gunzinger: Synchroner Datenflussrechner zur Echtzeitbildverarbeitung. 8.DAGM-Symposium über Mustererkennung, Springer,Informatik-Fachberichte Nr.125 ,S.123-129,1986

/CCIR82/ CCIR : Encoding parameters of digital telivision for studios, CCIR Recommendation 601, XVth Plenary Assembly, Geneva 1982, Vol. XI-Part 1,pp. 271-273

/HABER86/ Habermann,Werner :Die internationale Diskussion um HDTV - dem Fernsehstandart der Zukunft, Fernseh- und Kino-Technik 9/86

/GILOI88/ Giloi,Wolfgang :Der Suprenum-Rechner, C't 7/88,Heise Verlag

/WAHL84/ Wahl,F.M. :Digitale Bildsignalverarbeitung, Springer, Buchreihe Nachrichtentechnik Band 13, 1984

/TIEF87/ Tiefenthaler, Christoph: Koordinatentransformation bei der Bildverarbeitung, Elektronik 26/87

# EIN SIMULATIONSMODELL ZUR HIERARCHISCHEN ENTWICKLUNG VON NETZWERK-STRUKTUREN

Karsten Stello
Technische Universität Berlin
Institut für technische Informatik
Franklinstr. 28-29
1000 Berlin 12

**Kurzfassung**

Der Beitrag stellt ein Modell zur Entwicklung von Netzwerk-Strukturen vor. Es basiert auf der getrennten Definition von Topologie und Verbindungselementen (Verbindungsknoten). Das Verarbeitungsprinzip eines Verbindungsknotens wird durch eine interne Netzwerk-Struktur beschrieben, die gleichfalls auf der getrennten Definition von Topologie und Verbindungsknoten beruht; auf einer untersten Ebene der Beschreibung besteht ein Verbindungsknoten aus Multi-/Demultiplexstrukturen. Diese Schachtelung von Verbindungsknoten bildet das hierarchische Konzept zur Entwicklung von Netzwerken. Es wurde in ein Simulationsmodell umgesetzt und in einer Sprache implementiert, die durch spezielle Sprachkonstrukte parallele Aktivitäten darstellen und verarbeiten kann.

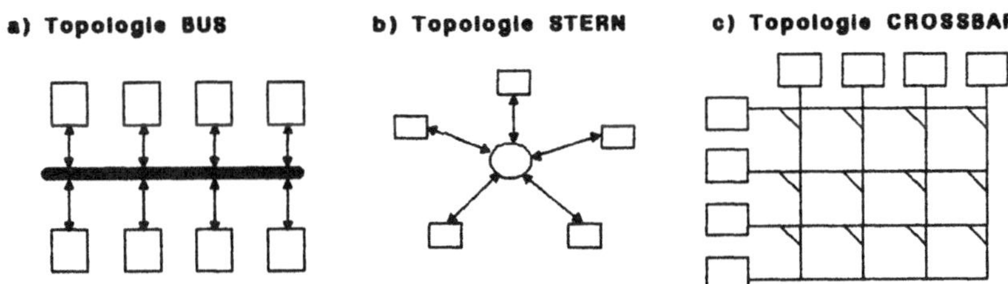


Abbildung 1: Darstellungen unterschiedlicher Toplogien

## 1 Einleitung

Ein zentrales Problem bei der Entwicklung von Verbindungsnetzwerken ist die Erhebung von Leistungsparametern wie z.B. der Nachrichtendurchsatz. Um diese Fragestellung ohne großen Aufwand lösen zu können, ist eine Studie angefertigt worden, die Netzwerkstrukturen auf ihre gemeinsamen Eigenschaften hin untersucht hat. Die gewonnenen Ergebnisse werden in ein Simulationssystem umgesetzt, welches als Entwurfshilfe dient und die Leistungsparameter der Netzwerke geeignet protokolliert.

Die untersuchten Netzwerke umfassen die Klasse der einstufigen Verbindungsnetze - BUS,STERN,CROSSBAR- sowie die der mehrstufigen Topologien (z.B. DELTA,FLIP,BANYAN oder CUBE) /FEN81/. Wesentliche Eigenschaften von Netzen sind ihre unterschiedlichen Topologien und die Art der darin enthaltenen Verbindungsknoten. Beispiele für Topologien sind in Abbildung 1 dargestellt.

Die Verbindungsknoten in allen Netzwerken lassen sich durch ihre Eigenschaft der Verbindung eines Eingangsports mit einem bestimmten Ausgangsport auf einfache Multiplex-/Demultiplex-Strukturen reduzieren (siehe Abbildung 2). Aufwendige Verbindungsknoten sind durch mehrere Multiplexer/Demultiplexer darstellbar, die untereinander durch eine eigene Topologie verbunden sind. Je nach Leistung der Knoten entsteht eine Schachtelung von aufeinander sich aufbauenden Verbindungsstrukturen in einem Verbindungsknoten, deren unterste Ebene aus den Multi-/Demultiplexern besteht.

**Abbildung 2: Multi-/Demultiplex-Struktur eines Verbindungsknotens**

Ziel der Studie war die Entwicklung/Implementierung eines Simulationssystems, das eine getrennte Beschreibung bzw. Programmierung von Verbindungsknoten und Topologie erlaubt. Dabei können die Verbindungsknoten selber aus einer Hierarchie von Topologien und Verbindungsknoten bestehen.

Die Beschreibungen sollen durch geeignete Sprachkonstrukte unterstützt werden, wobei die Topologie-Sprache das statische, die Verbindungsknoten-Sprache das dynamische Verhalten des Netzwerkes beschreibt.

Durch die stufenweise Entwicklung sowohl der internen Vernetzung der Verbindungsknoten als auch des eigentlichen Netzwerkes können schrittweise die einzelnen Stufen simuliert und ausgetestet werden.

## 2 Ein Anwendungsbeispiel

Anhand eines Beispiels soll das Prinzip der Entwicklung eines hierarchischen Netzwerkes aufgezeigt werden:

Das zu beschreibende Netzwerk besitzt eine Delta-Topologie /ERM85/ mit acht Sender-/Empfängerelemente und zwölf Verbindungsknoten (siehe Abbildung 3); es ist unidirektional (zur besseren Übersicht) mit einer Leitung pro Verbindung und vermittelt Pakete.

Die Verbindungsknoten sollen in der Lage sein, zwei Aufträge parallel weiterzuleiten, wenn die Eingangsports sowie die benötigten Ausgangsports untereinander disjunkt sind. Diese Anforderung wird von vier Multi-/Demultiplexern pro Verbindungsknoten realisiert, die durch einen Kreuzschinen-Verteiler verbunden sind. Der Kreuzschinenverteiler ist ebenfalls unidirektional, pro Verbindung steht eine Leitung zur Verfügung und es soll Leitungsvermittlung stattfinden. Abbildung 4 veranschaulicht die einzelnen Stufen des hierarchischen Entwurfs.

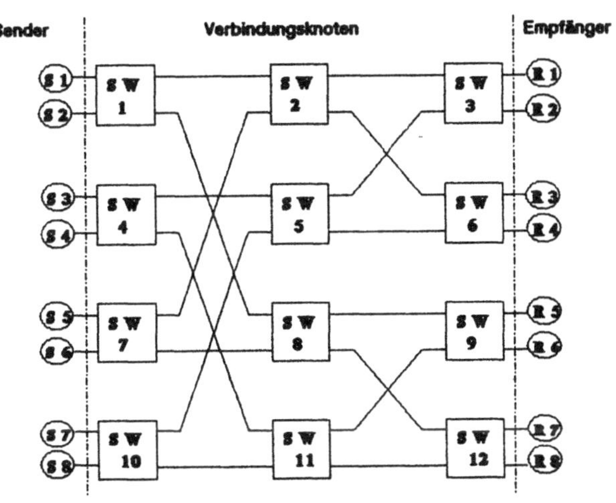


**Abbildung 3: Delta-Topologie**

Bei der Entwicklung des Netzes wird mit der Definition der untersten Hierarchie-Stufe begonnen; in unserem Beispiel mit der Beschreibung der Topologie und der Verbindungsknoten. Die Verbindungsknoten der untersten Netzwerkstufe werden einer Bibliothek entnommen, in der sie -nach Arbitrierungsverfahren getrennt- abgelegt sind. Es folgt die Topologie 'Crossbar' und die Beschreibung der Koppelelemente.

Verbindungsknoten

```
file: 'elemente-1'        (* Name der Datei                    *)
 MODUL SWITCH
   INTERNAL STRUCTURE     (* Definition der internen Struktur *)

     INCLUDE FROM LIBARY 'basiselemente';
       USE 'koppelelement-3';
```

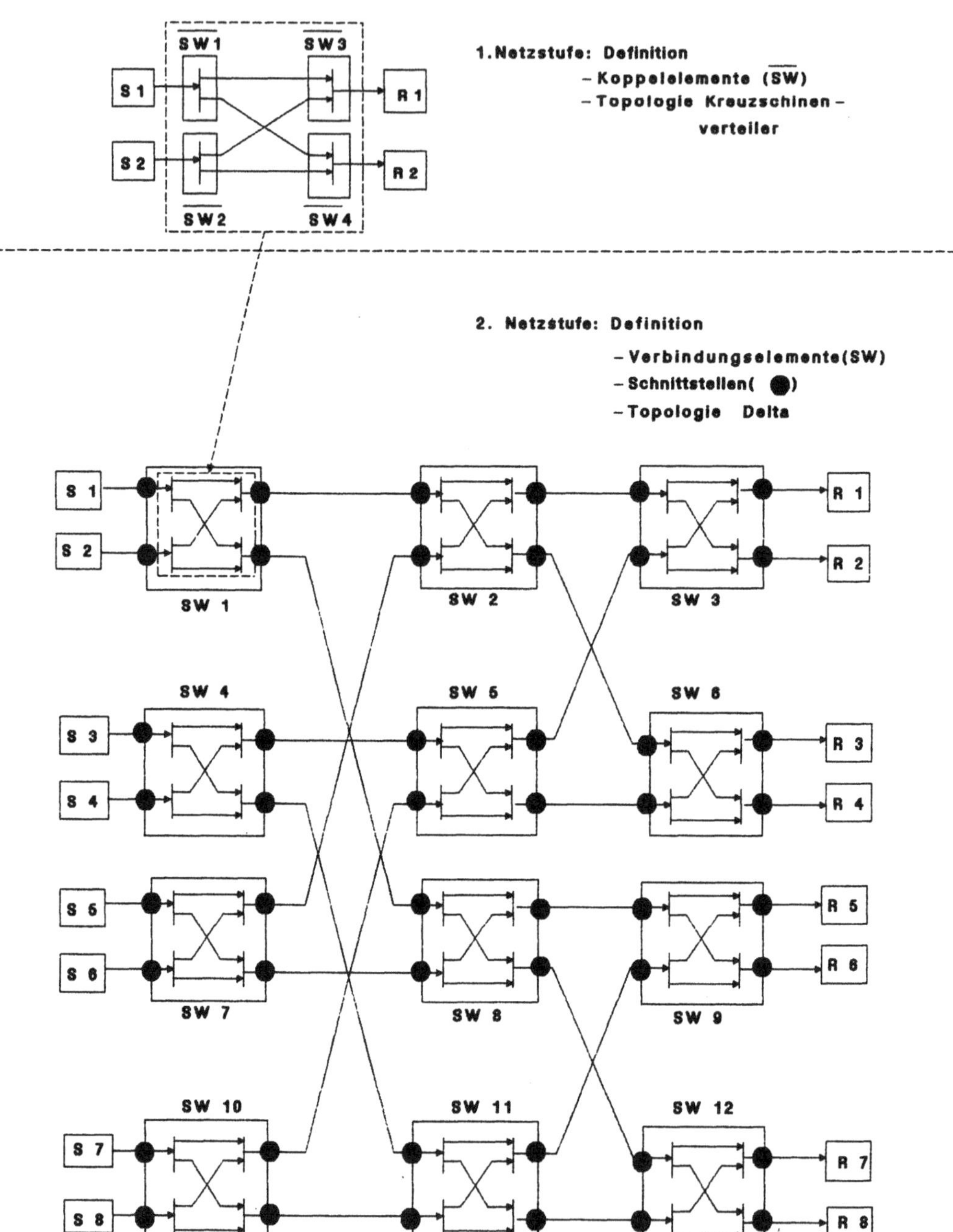


Abbildung 4: Entwurfsbeispiel eines Netzwerks

```
                              (* besteht aus dem Koppelelement 3  *)
                              (* der Bibliothek Basiselemente     *)
      END;
    END;
  END MODUL SWITCH.
```

Topologie

```
Net crossbar          (* Name der Topologie                     *)
  SENDER   :2;        (* Anzahl der sendenden Elemente          *)
  RECEIVER :2;        (* Anzahl der empfangenden Elemente       *)
  SWITCH   :4;        (* Anzahl der Verbindungsknoten           *)
  LINES    :1;        (* Anzahl der Leitungen pro Verbindung *)

   CONNECTIONS :  (* Verbindungsbeschreibung der Knoten  *)
      s1->sw1->sw3,4;  (* - s  für Sender,                *)
      s2->sw2->sw3,4;  (* - r  für Receiver und           *)
      sw3->r1;         (* - sw für Switch.                *)
      sw4->r2;
NETEND.               (* Ende der Topologie-Beschreibung    *)
```

Damit ist die 1.Stufe des hierarchischen Entwurfs spezifiziert. Sie wird nun in einer Simulations-Testumgebung auf ihre Funktionalität und ihr Laufzeitverhalten getestet.

Zur Beschreibung der 2.Stufe werden analog zur 1.Stufe die Topologie und die zugehörigen Verbindungsknoten getrennt beschrieben; die Knoten dieser Stufe resultieren aus der 1.Netzwerkstufe zusammen mit den Schnittstellen. Diese Schnittstellen bilden die Ein-/Ausgangsports des neuen Verbindungsknoten und stellen die Verbindung zur internen Topologie her (in Stufe 1 beschrieben). Außerdem übernehmen sie die Konvertierung der Nachrichten der zu definierenden Stufe 2 (Paketvermittlung) zur Stufe 1 (Leitungsvermittlung) und umgekehrt.

Verbindungsknoten

```
file:'elemente-2'
 MODUL Switch
   INTERNAL STRUCTURE
    INCLUDE FROM FILE 'elemente-1';
                         (* Übernahme der Elemente der Stufe 1 *)
    END;
    USES NET 'crossbar'
                       (* Angabe der Topologie der internen    *)
                       (* Struktur für die Elemente der 1.Stufe*)
   END;
   DEFINE PROCESS     (* Hier werden die Schnittstellen def., *)
                      (* die die Ein-/Ausgangsports der Ver-  *)
                      (* bindungsknoten der 2.Stufe darstellen*)
    BEGIN
    "Konvertierung Paket <-> Leitung,"
    "Tranfer Nachrichten Stufe 2 <-> Stufe 1";
    END;
 END MODUL Switch
```

Topologie

```
NET delta
    SENDER    : 8;
    RECEIVER  : 8;
    SWITCH    :12;
    LINES     : 1;
    CONNECTIONS :
            s1,2->sw1 ->sw2,8;
            s3,4->sw4 ->sw5,11;
            s5,6->sw7 ->sw2,8;
            s7,8->sw10->sw5,11;
            r1,2<-sw3 <-sw2,5;
            r3,4<-sw6 <-sw2,5;
            r5,6<-sw9 <-sw8,11;
            r7,8<-sw12<-sw8,11;
NETEND.
```

Es kann nun die 2.Stufe im Zusammenspiel mit der 1.Stufe in der Testumgebung ausgetestet werden.

## 3 Anforderungen an das Simulationssystem

### 3.1 Netzwerk-Eigenschaften

Als Eingrenzung der Arbeit wurden folgende Grundvoraussetzungen getroffen:

1) Das Simulationssystem soll in der Lage sein, Verbindungsstrukturen zu simulieren, die Prozessoren mit den Speichereinheiten verbinden. Die Verbindungsknoten leiten eine Nachricht an den dort eingetragenen Empfänger weiter, d.h. die Netzwerke werden dezentral gesteuert. Die zu simulierenden Topologien wurden begrenzt auf folgende statische, reguläre Strukturen:

   - Einstufige Netzwerke (BUS-/STERN-/Kreuzschinen-Topologien)
   - Mehrstufige Netzwerke (DELTA-Topologien).

2) Als Vermittlungsarten gibt es die Paket- und Leitungsvermittlung, wobei für die unterste Netzstufe (=Basisstufe) ausschließlich Leitungsvermittlung zur Verfügung steht.

   Bei der Paketvermittlung wird ein Paket dezentral durch das Netzwerk zum Empfänger geroutet. In dem Paket sind sowohl Daten- als auch Steuerungsinformationen enthalten.

   Die Leitungsvermittlung setzt ein festes Protokoll voraus: der Sender baut eine Leitung auf / der Empfänger quittiert den Aufbau / der Sender sendet Daten / der

Empfänger sendet ggf. (bidirektionales Netzwerk) Responsedaten / der Sender baut die Leitung ab.

3) Die Verbindungs-Netze können UNI- oder BI-direktional sein. Die Anzahl der zu simulierenden physikalischen Leitungen pro Verbindung ist auf zwei begrenzt.

4) Mehrwege-Netzwerke sind möglich, jedoch nur diejenigen, die einen 'Straight Forward'-Ausweg zulassen, d.h. die Anzahl der traversierten Verbindungsknoten ist für jeden möglichen Ausweg gleich groß.

Diese Anforderungen waren notwendig, um den Aufwand bei der Implementierung in Grenzen zu halten.

### 3.2 Die Implementierungssprache Path Pascal

Die Implementierungssprache des Simulationsystems ist Path Pascal. Path Pascal /PPP80/ ist eine Erweiterung von Standard Pascal /JEN78/ um ein parallelverarbeitendes Sprachkonzept. Dieses basiert auf parallel arbeitenden **PROCESSES** und der Synchronisation von parallelen Aktivitäten durch sog. PATH-Ausdrücke. OBJECTS realisieren das Konzept des 'Information Hiding' /PAR72/ und und das Konzept des 'Abstrakten Datentyp' /LIS74/. In einem Objekt können Prozesse, Prozeduren und Datentypen deklariert werden; die zu exportierenden Programmteile/Datentypen werden besonders gekennzeichnet. Zugriffe auf Objektelemente werden durch den Path-Ausdruck koordiniert; in ihm sind die Export-Programmteile des Objektes aufgeführt. Eine detaillierte Definition der Sprache ist aus /PPP80/ zu entnehmen.

### 3.3 Anforderungen an die Studie

Im Rahmen der Studie wurden folgende Aufgaben gestellt:

- Entwicklung eines Simulationsmodells,
- Entwicklung von Beschreibungssprachen für Topologien und Verbindungsknoten,
- Implementierung des für die Topologie-Sprache benötigten Übersetzers, die Verbindungsknoten werden in Path Pascal beschrieben.
- Implementierung eines Simulationsprogramms (Testumgebung). Diese Testumgebung stellt u.a. der Topologie und den Verbindungsknoten die Sender- und Empfängerelemente für die Simulation zur Verfügung.

## 4 Das Modell des hierarchischen Simulationssystems

Das Konzept der Simulation gliedert sich in zwei Schwerpunkte:
Die Beschreibung der Topologie getrennt von der Beschreibung der Verbindungsknoten sowie der hierachische Entwurf eines Netzwerkes.

Die getrennte Beschreibung von Topologie und Verbindungsknoten dient der einfachen Kombination verschiedener Netzstrukturen und Knoten. Die definierten Topologien und Knoten werden erst bei der Simulation miteinander verknüpft, wodurch eine hohe Flexibilität bei der Analyse von Netzwerken erreicht wird.

Der hierarchische Entwurf baut auf die Trennung Topologie-Verbindungsknoten auf: Ein Verbindungsknoten besteht aus einer Topologie und den zugehörigen Verbindungsknoten. Diese Schachtelung läßt sich beliebig tief ausbauen, wodurch sich auch komplexe Verbindungsknoten darstellen lassen.

Der Vorteil dieser Vorgehensweise ist die Flexibilität bei einer Netzwerkentwicklung. Die Verbindungsknoten können Stufe für Stufe an die Umgebung angepasst werden; durch einfache Topologieänderungen lassen sich grundlegende Eigenschaften des Verbindungsknoten variieren (z.B. Parallele/serielle Verarbeitung von Nachrichten, die über den Eingangsports anliegen).

### 4.1 Das sprachliche Konzept

Grundsätzlich besteht ein Netzwerk aus einem statischen Teil -der Topologie- und einem dynamischen Teil: Das Verhalten der Knoten, die durch die Topologie miteinander verbunden sind. Diese beiden Teile werden durch zwei voneinander getrennte Sprachen definiert.

### 4.2 Die Beschreibungssprache der Topologie

Ziel dieser Sprache ist die vollständige statische Beschreibung einer Netzwerkstufe. Allgemein ist ein Netzwerk ein Graph, der gerichtet, endlich, zusammenhängend und knoten-/kantenbewertet ist /AHO72/. Um einen Graphen statisch zu definieren, werden folgende Daten benötigt:

- Anzahl der Knoten (hier getrennt nach Sender, Empfänger und Verbindungsknoten) und
- die knotenverbindenden Kanten.

Bei unseren Netzwerken kann eine Kante aus ein oder zwei Leitungen bestehen. Daher wird diese Spezifikation noch hinzugenommen.

Die Definition der Kanten werden durch Richtungsangaben ('<>', '->', '<-') beschrieben. Das Beispiel in Kapitel 2 zeigt die Anwendung der Sprache.

## 4.3 Die Beschreibung der Verbindungsknoten

Ziel dieser Sprache ist die Beschreibung des dynamischen Verhaltens der Verbindungsknoten in einer Netzwerkstufe. In der Basisstufe reicht allein die Angabe, welcher Verbindungsknoten aus der Bibliothek gewählt wurde. Für die folgenden Stufen wird zusätzlich die Spezifizierung einer Schnittstelle zur nächsthöheren Stufe nötig, in der z.B. Angaben zur Nachrichten-Konvertierung innerhalb des Verbindungsknoten gemacht werden. Des Weiteren muß ein Bezug zur intern verwendeten Topologie hergestellt werden.

Die notwendigen Angaben werden prozedural formuliert, in pascalähnlicher Notation. Als Beispiel sei auch hier auf Kapitel 2 verwiesen.

## 4.4 Der hierarchische Entwurf des Netzwerkes

Ein Netzwerk besteht aus Sendern, Empfängern und Verbindungsknoten (die Netzwerk-Elemente) zusammen mit einer Topologiebeschreibung. Der Verbindungsknoten selbst hat eine interne Vernetzungsstruktur, die als ein weiteres Netzwerk darstellbar ist. Bezeichnet man das Netzwerk als **Netzstufe (n)**, so ist die interne Vernetzung des Verbindungsknotens ein Netzwerk der Stufe (n-1). Die interne Struktur der Verbindungsknoten der Netzstufe (n-1) besteht ebenfalls aus einem Netzwerk der Stufe (n-2).

Darstellung von Koppelelementen

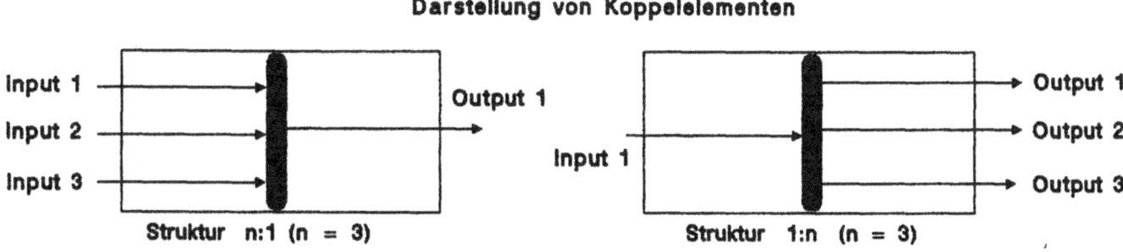


**Abbildung 5: Strukturen eines Koppelelements**

Die Elemente der einzelnen Stufen sollen homogen sein, d.h. die Verarbeitungsstruktur ist in jedem Element identisch. Das schließt unterschiedliche Homogenitäts-Forderungen an die Elemente in den verschiedenen Stufen nicht aus.

Die unterste Stufe 1 (Basisstufe) wird definiert durch die sogenannten Koppelelemente. Das Koppelelement ist ein Verbindungsknoten und stellt die unterste Verbindungseinheit dar. Seine Struktur entspricht der eines Multiplexers bzw. Demultiplexers.

Diese Strukturen arbeiten rein sequentiell. Mehrere Anforderungen werden nach vorgegebenen Prioritäten bzw. Arbitrierungsverfahren auf einen Ausgang geleitet. Beispielsweise läßt sich ein bidirektionaler Bus(eine Leitung pro Benutzer) wie folgt als Koppelelement darstellen:

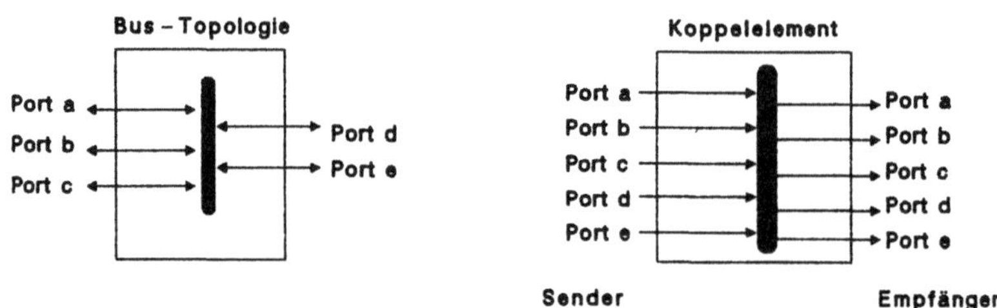


Abbildung 6: Umsetzung Bus-Topologie -> Koppelelement

Eine Bibliothek von Koppelelementen, die nach Arbitrierungsverfahren und Prioritäten-Steuerung unterteilt ist, ermöglicht eine einfache Auswahl für die Basisstufe des Netzwerkes.

Allgemein gilt jetzt für die hierarchische Netzwerk-Entwicklung: Die Netzstufe (n-1) bildet die interne Vernetzung des Verbindungsknotens der Stufe (n). Die interne Vernetzung wird an ihren Ein-/Ausgängen mit Schnittstellen versehen, die aus Sicht der Netzstufe (n) die Ein-/Ausgangsports eines Verbindungsknotens sind. Damit ist der Verbindungsknoten vollständig definiert und kann zusammen mit der Topologiebeschreibung ausgetestet, simuliert und ggf. weiter als interne Struktur für die Verbindungsknoten der nächsten Stufe -(n+1)- verwendet werden.

Diese Schachtelung von innen nach außen wird bis zur obersten Netzwerkstufe durchgeführt. So entsteht das zu simulierende Netzwerk aus dem hierarchischen Aufbau der einzelnen Verbindungsknoten. Abbildung 7 veranschaulicht das Konzept.

## 5.1 Der Topologie-Übersetzer

Der implementierte Übersetzer überprüft in einem ersten Schritt die Syntax der Quellsprache und extrahiert die direkt aus der Sprache zu entnehmenden Werte (Anzahl Sender / Empfänger / Verbindungsknoten / Leitungen). Danach werden die beschriebenen Verbindungen in eine Inzidenzmatrix (Nachbarschaftsmatrix) eingetragen. Sind keine syntaktischen Fehler aufgetreten, werden nun die restlichen Daten berechnet, die für die Darstellung der Topologie nötig sind:

- Pro Verbindungsknoten die Ausgangsleitungen, die zu den Sendern/Empfängern führen sowie die Eingangsleitungen des Knotens,
- Pro Sender/Empfänger die Ein-/Ausgangs-Leitungen und
- Eine Mehrwegetabelle, in der die Ausweichwege für bestimmte Leitungen eingetragen sind.

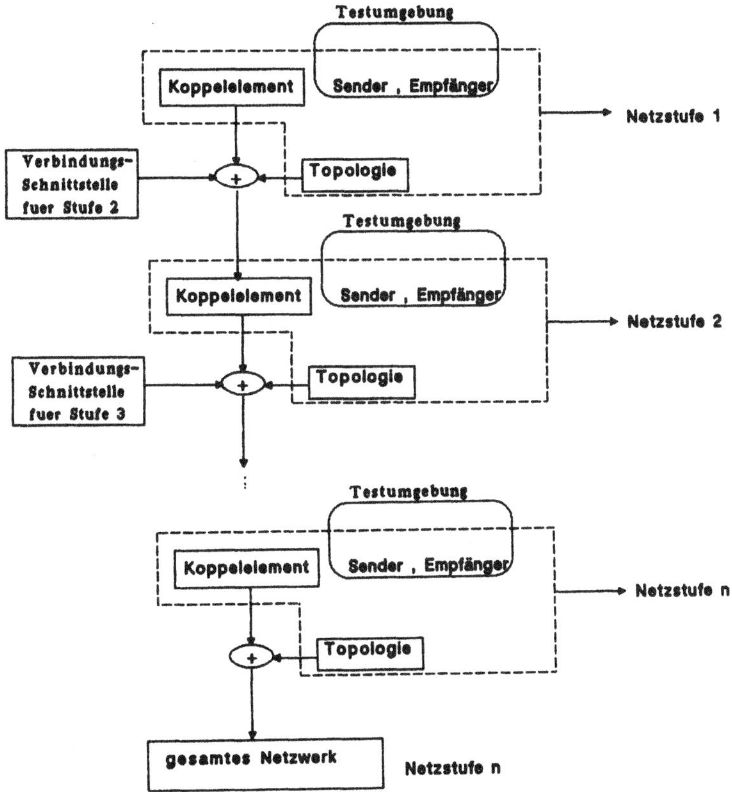


Abbildung 7: Stufenweise Simulationsentwicklung eines Netzwerks

Diese Darstellung ist aus der allgemein bekannten sequentiellen Repräsentation von Graphen hervorgegangen /AHO74/. Sie wurde für diese Aufgabenstellung angepasst bzw. erweitert.

Ist ein Syntaxfehler aufgetreten, wird keine Zieldatei erstellt; dafür eine Datei, die die aufgetretenen Fehler enthält.

## 5.2 Die Testumgebung (Simulationsprogramm)

Das Simulationsprogramm stellt eine vollständige Testumgebung den Komponenten *Topologie* und *Verbindungsknoten* zur Verfügung.

Das Programm beinhaltet die Objekte: -*Leitung*, -*Statistik*, -*Server*, -*Simulationsmodul*, -*Senderkontrolle* und eine *Simulationsverwaltung*.

Das Objekt *Senderkontrolle* bildet zusammen mit der Simulationsverwaltung den eigentlichen Software-Simulator. Das *Simulationsmodul* stellt die vorgegebenen Sender-/Empfängerelemente sowie die eingebundenen, benutzerdefinierten Verbindungsknoten zur Verfügung; zusammen mit dem Objekt *Leitung* ist damit das Netzwerk-Simulationsmodell vollständig definiert.

Das Objekt *Leitung* stellt die Prozeduren zur Verbindungsherstellung und Synchronisation zweier Knoten zur Verfügung. Die Aufrufstruktur ist für jeden Knoten identisch und bildet eine einheitliche Schnittstelle in allen Netzstufen.

Das Objekt *Statistik* regelt die Zwischenspeicherung von Laufzeitergebnissen, erstellt die gewünschten Statistiken und gibt sie aufbereitet als Datei aus (Laufzeiten der Nachrichten / Verbindungsknoten-Statistiken). Die statistischen Auswertungen basieren auf den Zeiteinträgen der durch das Netzwerk gerouteten Nachrichten. Dadurch ist eine zeitliche Protokollierung der einzelnen Nachrichten sowie die Erstellung von Verbindungsknoten-Lastprofilen möglich. Abbildung 8 stellt ausschnittsweise das Lastprofil eines Verbindungsknoten dar.

Das Objekt *Senderkontrolle* regelt die Simulationssteuerung. Von hier werden die Senderelemente zum gewünschten Zeitpunkt aktiviert, die daraufhin eine Nachricht an einen definierten Empfänger senden. Das Lastprofil der einzelnen Sender wird vom Benutzer durch Auswahl verschiedener Simulationsläufe (Testläufe) vorgegeben.

```
                 Verbindungselement:   1
Testlaufzeitraum                   : 2120 Zeiteinheiten    (==   100 %)
Gesamtbelegungszeit (bzgl.Leitungen:  384    Zeiteinheiten == 18.11 %
Anzahl der Vermittlungen           :    4
Durchschnittliche Belegungszeit    :   96.00 Zeiteinheiten ==  4.53 %
Max.Belegung durch eine Verbindung :   96    Zeiteinheiten ==  4.53 %
Min.Belegung durch eine Verbindung :   96    Zeiteinheiten ==  4.53 %
Max.Leerlauf zw. zwei Verbindungen :   38    Zeiteinheiten ==  1.79 %
Min.Leerlauf zw. zwei Verbindungen :    3    Zeiteinheiten ==  0.14 %
```

Abbildung 8: Verbindungsknoten-Lastprofil

Die *Simulationsverwaltung* initialisiert die vorhandenen Netzstufen, liest die zugehörigen Topologien ein und übernimmt die Benutzerführung währends des Programmlaufs (Eingaben der Simulationsparameter / Simulationslaufauswahl).

Die Umgebung des Simulationsprogramms wird durch ein Batchprogramm auf der Betriebssystem-Ebene realisiert. Gültigkeit von Dateien, Moduleinbindungen sowie die Koordination der Zuordnung der benötigten Topologie-Dateien zu den internen Variablen des Simulationsprogramms werden durchgeführt.

Nach dem Programmstart gibt der Benutzer die Simulationsparameter ein (Verzögerungszeiten der Netzwerkelemente, Auswahl der Vermittlungsart, Nachrichtenprioritäten, Anzahl der Dateneinheiten pro Nachricht) und startet dann die Simulation durch Auswahl von Simulationsläufen. Sie realisieren verschiedene Lastprofile für das zu simulierende Netzwerk. So lassen sich die Funktionalität und der Durchsatz des Netzwerkes einfach analysieren. Nach Beendigung der Simulation können die erstellten Statistiken abgespeichert werden. Abbildung 9 veranschaulicht die Kommunikationsstrukturen des gesamten Programms.

## 5.3 Schnittstellen-Definition

Die Schnittstelle hat zwei wesentliche Aufgaben zu erfüllen:

a) zur Verbindungsumgebung reagiert sie wie ein Ein-/Ausgangsport des Verbindungsknotens, nimmt Nachrichten entgegen bzw. leitet sie an den nächsten Knoten weiter.
b) Zur internen Struktur reagiert sie entweder als Sender- oder Empfängerelement bzgl. dieser Topologie.

Um diese Aufgaben zu koordinieren, sind folgende Anforderungen an die Schnittstelle zu stellen:

1) Für die einlaufenden Leitungen der inneren und äußeren Struktur wird je ein residenter 'Lese'-Prozeß benötigt, der die eingetroffene Nachricht an die eigentlichen Schnittstelle weiterleitet.

2) Kommt die Nachricht von der äußeren Struktur, verhält sich die Schnittstelle zur internen Struktur wie ein Senderelement; kommt eine Nachricht von der inneren Struktur, verhält er sich wie ein Empfängerelement. Entsprechend dieser Zuordnung wird die Nachricht an die interne bzw. äußere Struktur weitergeleitet.

3) Das Verhalten sowohl zum internen als auch externen Netzwerk muß die jeweiligen

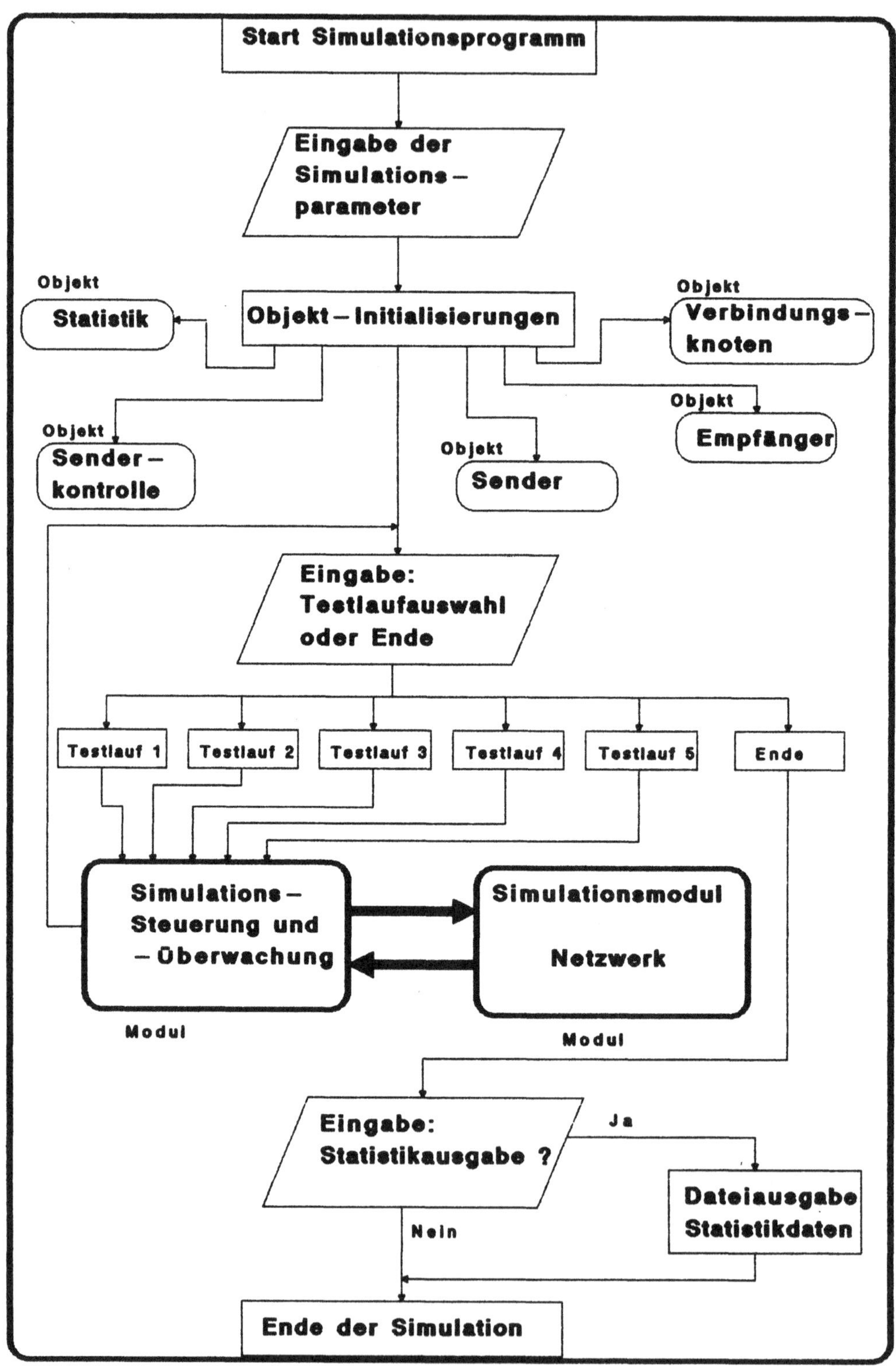


Abbildung 9: Kommunikationsstruktur

Vermittlungsarten berücksichtigen. D.h. es muß eine Konvertierung der Vermittlungsarten (Leitung <-> Paket) erfolgen, wenn eine Nachricht an eine tiefer bzw. höher liegende Netzwerkstufe weitergereicht wird.

4) Die Sender-/Empfängerinformation in einer Nachricht bezieht sich nur auf die oberste Netzwerkstufe. Wird die Nachricht durch eine tiefer liegende Stufe geroutet, so müssen diese Informationen an die Netzwerkstruktur dieser Stufe angepasst werden. Bei der Initialisierung wird eine Konvertierungstabelle für die Schnittstelle generiert, die sie bei der Nachrichtenübertragung in der internen Netzwerkstruktur verwendet.

Damit der beschriebene Kommunikationsablauf korrekt arbeitet, muß die Schnittstelle die Nachrichtenanforderung auf einer Netzwerkstufe vollständig abgeschlossen haben, bevor mit der Weiterleitung der Nachricht auf die sich anschliessende Netzwerkstufe begonnen wird.

## 6 Schlussbemerkungen

Das hier vorgestellte Konzept eines hierarchischen Entwurfs von Netzwerken stellt ein einfaches Instrument zur Erhebung von Leistungsparametern der zu analysierenden Topologie dar. Durch die 'Bottom-Up'-Entwicklung der Verbindungsknoten bis zu dem gewünschten Netzwerk ist eine optimale Anpassung dieser Knoten an die Topologie möglich. Eine ergänzende Unterstützung wäre die Verarbeitung von benutzerdefinierten Lastspezifikationen durch das Simulationprogramm, um spezielle Netzwerkanforderungen genauer analysieren zu können. Diese Erweiterung konnte im Rahmen der Studie nicht mehr implementiert werden.

Die Trennung der Definitionen von Topologie und Verbindungsknoten unterstützt dieses Konzept wirksam. So lassen sich beispielsweise unterschiedliche Verbindungsknoten-Eigenschaften durch einfache Änderung der internen Topologie definieren, die zu Verbesserung der Leistung des gesamten Netzwerkes beitragen können.

## Literaturverzeichnis

/AHO74/ Aho,A.V.,Hopcroft,J.E.,Ullman,J.D.: The Design and Analysis of Computer Algorithms, Addison Wesley Publ.Comp., 1974

/AHO72/ Aho,A.V.,Ullman,J.D.: The Theory of Parsing, Translation and Compiling; Vol.I: Parsing, Prentice Hall Inc., 1972

/ERM85/ Ermel,W.: Untersuchungen zur technischen Realisierbarkeit von Verbindungsnetzwerken für Multicomputer-Architekturen; Dissertation, Technische Universität Berlin, 1985

/FEN81/ Feng,T.Y.: A Survey of Interconnection Networks, Computer 12, 1981

/JEN78/ Jensen, K.; Wirth, N.: PASCAL User Manual and Report; Springer-Verlag,2.Ausg. 1978

/LIS74/ Liskow, B.; Zilles, S.: Programming with Abstract Data Types, SIGPLAN Notices, Vol.9, No.4, pp. 50-59, 1974

/PAR72/ Parnas, D.L.: On the Criteria to be Used in Decomposing Systems into Modules; Communication of the ACM, Vol.15, No.12, pp1053-1058, Dec.1972

/PPP80/ Autor unbekannt: Path Pascal Primer; Department of Computer Science, University of Illinois at Champaign-Urbana, 1980

# Ein retargierbarer Mikrocode-Compiler und seine Anwendung in Entwurfsverifikation und Architekturbewertung

Lothar Nowak, Peter Marwedel

Institut für Informatik und Praktische Mathematik, Universität Kiel
Olshausenstr. 40-60, D-2300 Kiel, W.Germany

**Zusammenfassung**

Die vorliegende Arbeit beschreibt einen retargierbaren Compiler. Ein solcher Compiler ist in der Lage für verschiedenen Zielmaschinen (Targets) Maschinencode zu erzeugen. Einsatzgebiete dieses Compilers sind vor allem: die Codeerzeugung für anwendungsspezifische Spezialprozessoren (speziell auch für Maschinen großer Befehlswortbreite), die Verifikation einer manuell erzeugten Hardwarestruktur gegenüber einer Verhaltensspezifikation und der Vergleich verschiedener Architekturkonzepte untereinander. Wesentliche Vorteile des Compilers ergeben sich aus der Tatsache, daß bereits dem Hardware-Designer eine Compiler-Unterstützung zur Verfügung steht. Schnittstellen-Probleme zwischen Compiler- und Hardware-Entwicklung entfallen, da für beide die gleiche Maschinenbeschreibung benutzt wird. So können beim Architekturentwurf verschiedene Konzepte hinsichtlich Laufzeit und Codedichte längerer Anwendungsprogramme verglichen werden.

## 1 Einleitung

Die Höchstintegration führt zur Fertigung immer komplexerer Architekturen. Dabei ist eine Tendenz zu anwendungsspezifischen Spezialprozessoren erkennbar. Es werden zur Zeit bereits Spezialprozesoren für Aufgaben entwickelt, die früher durch die Programmierung allgemeiner Prozessoren oder durch spezielle Schaltwerke gelöst wurden. Als Beispiele ließen sich Spezialprozessoren zur Unterstützung des Window-Managements von Workstations, Simulationsrechner, spezielle PROLOG-Maschinen usw. anführen.

Wegen der hohen Komplexität der Prozessoren bei gleichzeitig zum Teil relativ niedrigen Stückzahlen setzt eine ökonomische Fertigung leistungsfähige Entwurfswerkzeuge voraus. Diese Werkzeuge müssen es ermöglichen, innerhalb kurzer Zeit eine korrekte Implementierung einer vorgegebenen Spezifikation zu generieren. Diese Werkzeuge sollten insbesondere helfen, verschiedene Architekturkonzepte miteinander zu vergleichen. Sowohl Simulatoren wie auch Synthesewerkzeuge und Verifier dienen dem angegebenen Ziel.

Einer der Vorteile von Simulatoren liegt darin, daß sie dem Entwerfer noch weitgehende Freiheiten in der Implementierung lassen. Genau wie Verifier setzen sie jedoch einen Handentwurf der Implementierung voraus. Mit dem Ziel der Beschleunigung des Entwurfsprozesses wurde in den letzten Jahren eine ganze Reihe von Werkzeugen zur automatischen Synthese von Implementierungen aus einer vorgegebenen Spezifikation entwickelt. Wesentliche Entwurfsentscheidungen sind dabei bereits oberhalb von Gatter- bzw. Schalterebene zu treffen. So wurden denn auch Verfahren zur Synthese von Register-Transfer-Strukturen aus Spezifikationen des gewünschten Verhaltens entwickelt (siehe u.a. [Haf83, Mar86, Par84, Ros86]). Das gewünschte Verhalten liegt dabei gewöhnlich in imperativer Form als PASCAL-ähnliches Programm vor. Bei einem solchen Programm kann es sich z.B. um einen Befehlsinterpreter oder auch um ein Benutzerprogramm handeln.

Trotz der zum Teil langjährigen Vorarbeiten auf diesem Gebiet sind die generierten Strukturen häufig nicht so effizient wie manuell erstellte Entwürfe. Automatisch generierte Entwürfe sind meist nicht grundsätzlich zu verwerfen. Als initialer Startwert einer manuellen iterativen Verbesserung sind sie in der Regel gut geeignet. Das heißt, synthetisierte Strukturbeschreibungen müssen manuell abgeändert werden. Derartige manuelle Eingriffe beinhalten jedoch eine große Gefahr: Während automatisch generierte Strukturen mit hoher Wahrscheinlichkeit korrekt sind, führen manuelle Eingriffe vielfach zu Design-Fehlern. Da alle bisherigen Erfahrungen dafür sprechen, daß manuelle Entwurfsmodifikationen auch in Zukunft erforderlich sind, wurde für das MIMOLA-Hardware-Entwurfssystem [MIM87] ein Werkzeug entwickelt, welches die Korrektheit manueller Eingriffe überprüft.

Um den künftigen Spezialprozessoren eine ausreichende Flexibilität und Anwendungsbreite zu sichern, werden diese vermutlich in gewissem Umfang programmierbar sein. Dieser Aspekt der Programmierbarkeit scheint uns in bisherigen Entwurfswerkzeugen nicht ausreichend berücksichtigt zu sein. Die bisherigen Entwurfswerkzeuge machen keinen Unterschied zwischen Programmspeichern, Programmzählern und den übrigen Hardware-Bausteinen. Dadurch entfällt z.B. die Möglichkeit des Tests durch ein Selbsttestprogramm, wie es mit dem MIMOLA-System generiert werden kann [Krü88].

**Generell ist eine programmierbare Rechnerstruktur bezüglich einer vorgegebenen Verhaltensbeschreibung korrekt, wenn sie sich so programmieren läßt, daß sie das vorgegebene Verhalten zeigt**. Eine programmierbare Rechnerstruktur ist also bezüglich einer imperativen Spezifikation korrekt, wenn sich die Spezifikation in den Steuercode (d.h. das binäre Maschinenprogramm) der Struktur übersetzen läßt. Die Verifikation kann damit von einem Compiler vorgenommen werden, der ein imperatives Programm in den Code einer vorgegebenen Struktur übersetzen kann. Compiler, deren Zielmaschine durch eine Änderung der eingegebenen Maschine ausgewechselt werden kann, heißen im Englischen "**retargetable**".

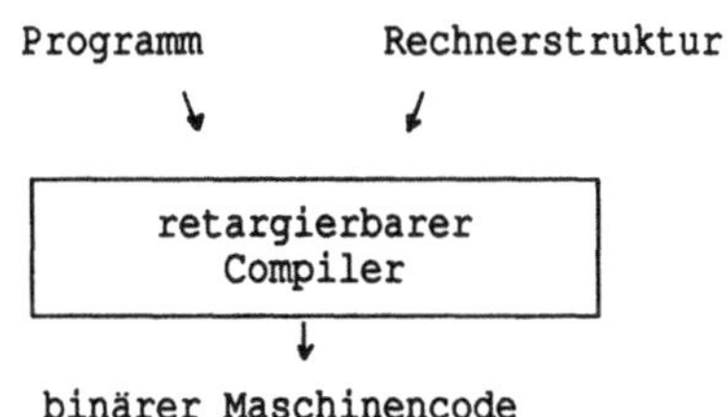


Abb. 1: Ein- und Ausgaben eines retargierbaren Compilers

Ist der Versuch der Codeerzeugung erfolgreich, so ist die Struktur korrekt in dem oben angegebenen Sinne. Mißlingt die Codeerzeugung, so ist entweder die Struktur inkorrekt oder der Codegenerator verfügt über zu wenig semantisches Wissen.

Die Simulation des Rechners allein ist keine Alternative zu dem aufgezeigten Weg. Da in der Regel keine vollständige Simulation möglich ist, kann so die Abwesenheit von Fehlern ohnehin nicht bewiesen werden. Außerdem ist zur Simulation programmierbarer Strukturen auch das binäre Maschinenprogramm erforderlich. Dieses muß bislang (fehleranfällig!) von Hand erstellt werden. Dadurch war es auch bislang kaum möglich, verschiedene Architekturkonzepte hinsichtlich Laufzeit und Codedichte längerer Testprogramme zu vergleichen.

Auch der Vergleich von initialer und modifizierter Struktur durch ein CAD-Systems reicht zur Verifikation nicht aus, da die Verhaltensbeschreibung mitbetrachtet werden muß. Ob eine Modifikation zulässig ist oder nicht, hängt im allgemeinen von der Verhaltensbeschreibung ab.

Durch den Einsatzbereich des retargierbaren Compilers ergibt sich die Forderung, daß Rechnerstruktur-Beschreibungen als Maschinenbeschreibung verwendet werden müssen. Der Compiler muß also aufgrund der Kenntnis der Hardware-Bausteine und deren Verbindungen untereinander Code erzeugen. Der Code steuert die Hardware dann direkt, ohne Interpretation durch ein weiteres Programm. Bei mikroprogrammierten Rechnern ist also der Mikrocode zu erzeugen. Folglich muß der benögtigte Compiler die Fähigkeiten eines Mikrocode-Compilers besitzen. Dazu gehört u.a. die Fähigkeit, Anweisungen zu parallelen Mikrobefehlen zusammenfassen zu können.

Bislang sind nur wenige Verfahren der retargierbaren Mikrocode-Erzeugung bekannt [Bab81,Mue83,Mue84,Veg82,Veg82a,Veg83]. Von diesen Verfahren wird nicht direkt die Rechnerstruktur-Beschreibung als Maschinenbeschreibung akzeptiert. Vielmehr wird eine manuelle Erstellung von Tabellen vorausgesetzt, aufgrund derer bestimmte Steuercodes in der Codeerzeugung ausgewählt werden.

Für die Verifikation sind diese Verfahren nicht geeignet. Erstens ist die manuelle Tabellenerzeugung selbst fehleranfällig. Zweitens setzt die Tabellenerzeugung Compilerbau-Kenntnisse voraus, die bei Hardware-Designern nicht vorhanden sind.

Ein erster retargierbarer Mikrocode-Compiler für das MIMOLA-System wurde ab etwa 1981 entwickelt und ab 1984 publiziert [Mar84, Mar85]. Aufgrund der Erfahrungen mit diesem Compiler konnte ein zweiter Compiler (**MSSQ**) [Now87] entwickelt werden, der den ersten in der Übersetzungsgeschwindigkeit um bis zu zwei Größenordnungen übertrifft. Diese Leistungssteigerung wurde durch eine Datenstruktur erreicht, die optimal an die Anwendung angepaßt ist. Der erste Compiler dagegen war zum großen Teil regelbasiert. Diese Datenstruktur und der darauf basierende Übersetzungsvorgang sollen im folgenden eingehend beschrieben werden.

## 2 Der retargierbare Mikrocode-Compiler MSSQ

### 2.1 Übersicht

Basis des Übersetzungsverfahrens ist der Connection-Operation-Graph (**CO-Graph**), der sowohl die Verbindungsstruktur der Hardware repräsentiert, als auch die zur Ausführung einzelner Operationen nötige Belegung des Instruktionswortes (den Maschinencode) enthält. Das Verfahren basiert im wesentlichen auf einem Pattern-Matching Algorithmus. Dieser versucht die durch das Programm gegebenen Zuweisungen (dargestellt als Baum) auf den durch die Hardware-Beschreibung gegebenen CO-Graphen abzubilden. Ist eine solche Teilstruktur gefunden, wird damit der gewünschte Datenfluß innerhalb der Hardware festgelegt. Die Auswahl der Flußkanten bestimmt die auszuwählenden Multiplexer-Eingänge und damit ihren Kontroll-Code. Die Auswahl der Operatoren bestimmt die Kontroll-Codes der Funktionseinheiten. Ressource-Konflikte werden auf Instruktionsfeld-Konflikte abgebildet und als solche erkannt. Die Darstellung solcher Feldbelegungen und die Konflikterkennung erfolgt anhand von I-Trees (s.u.) und ist wesentlich für die Praktikabilität des Verfahrens.

Der Übersetzungsprozeß zerfällt in drei Phasen: In der ersten Phase, der Preallocation-Phase, wird aus der MIMOLA-Hardwarebeschreibung der CO-Graph aufgebaut. In der zweiten und dritten Phase erfolgt dann die Übersetzung der einzelnen Zuweisungen (Allocation) sowie ihre Zuordnung zu den Instruktionen (Scheduling).

### 2.2 Definition von I-Trees

Die Teilbelegung von Instruktionsfeldern mit binären Werten und die Verknüpfungen solcher Belegungen können formal durch I-Trees und darauf definierten Funktionen SET, MERGE und CUT beschrieben werden [Now87].

Der **I-Tree** ist eine baumartige Struktur mit folgenden Eigenschaften:

- Jeder Knoten ist einem Feld des Instruktionswortes zugeordnet. Er enthält genau eine mögliche Belegung dieses Feldes mit einem Bitstring aus '0','1' oder 'X'.
- Die Vater-Sohn Beziehung entspricht einer UND-Verknüpfung der betroffenen Instruktionsfelder: beide Belegungen sind gemeinsam gültig.
- Benachbarte Teilbäume stellen alternative Belegungen des Instruktionswortes (Versionen) dar.
- Jeder Pfad durch den I-Tree entspricht genau **einer** möglichen Belegung des Instruktionswortes. Felder die in einem solchen Pfad nicht auftreten, sind per Definition mit Dont-Cares belegt.
- ROOT(I-Tree) ist ein ausgezeichneter Knoten (die Wurzel). Sein Inhalt ist jedoch ohne Bedeutung.

Auf diesen I-Trees sind die Funktionen SET, MERGE und CUT definiert:

**SET** ist eine Abbildung von Fields x Bitstring -> I-Tree, die ein Feld F des Instruktionswortes mit dem gewünschten Bitstring B belegt. Diese Belegung wird durch den I-Tree X dargestellt:

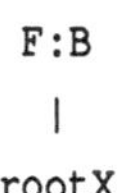


**MERGE** ist eine Abbildung von I-Tree x I-Tree -> I-Tree, die zwei I-Trees A,B überführt in den I-Tree X (die Alternativen A und B):

**CUT** ist eine Abbildung von I-Tree x I-Tree -> { I-Tree , {} }, die zwei I-Trees A,B überführt in den I-Tree X (den Schnitt von A und B). Dieser Schnitt kann auch leer sein.

Die Funktion CUT verläuft in zwei Phasen: Entsprechend dem Distributivgesetz wird zunächst der I-Tree B an alle Blätter des I-Trees A kopiert. In der zweiten Phase werden alle inkompatiblen Pfade des neu entstandenen I-Trees X gelöscht. (Ein Pfad ist inkompatibel wenn er zwei sich widersprechende Teilbelegungen enthält.)

## 2.3 Die Grundidee des verwandten Verfahrens

Die Auswahl und Operation von Hardware-Modulen wird gewöhnlich durch die Belegung des Instruktionswortes bestimmt. Die Auswahl desselben Moduls mit verschiedenen Operationen führt zu einem Instruktionsfeld-Konflikt. Unter dieser Annahme können alle Ressource-Konflikte auf Instruktionsfeld-Konflikte zurückgeführt werden.

Ordnen wir also jeder Modul-Operation den entsprechenden I-Tree zu, z.B.:

itree('+_Alu') = SET ( ctrfield_Alu , ctrcode('+') ),

so können zwei Operationen op1,op2 nur dann gemeinsam ausgeführt werden, wenn ihre I-Trees kompatibel sind (d.h.: CUT(itree(op1),itree(op2)) <> {} ).

Die Abbildung aller Ressource-Konflikte auf Instruktionsfeld-Konflikte ist möglich, falls keine Seiteneffekte auftreten. Störend in diesem Zusammenhang sind ("programmierbare") Bus-Konflikte, die eine Sonderbehandlung erfordern. Alle übrigen Seiteneffekte (z.B.: Operations-Auswahl einer unbeteiligten Funktionseinheit) können ignoriert werden.

### 2.3.1 Phase 1: Preallocation

Das Ziel dieser Phase ist der Aufbau des Connection-Operation-Graphen aus der MIMOLA Hardwarebeschreibung der Ziel-Architektur. Ein Ausschnitt einer solchen Beschreibung - die Deklaration einer ALU - ist in der folgenden Abbildung dargestellt.

```
MODULE Alu (IN in1,in2: word; OUT outp: word; FCT ctr: (1:0));
 BEGIN
  CASE ctr OF
   %00 : outp <- in1 + in2     AFTER 10 ;
   %01 : outp <- in2 - in1     AFTER 10 ;
   %10 : outp <- in1           AFTER  5 ;
  END
 END;
```

Abb. 2: MIMOLA-Beschreibung einer ALU

Diese Modul-Beschreibung kann in einen **M-Graphen** überführt werden. Er enthält die Liste aller Modul-Operationen, ihrer Argumente und Codes. Alle Operations-Bäume sind mit einem gemeinsamen Knoten verbunden, der den Ausgang des Moduls repräsentiert. Speichernden Modulen werden zwei M-Graphen zugeordnet: einer enthält alle Lese-Operationen, der zweite alle Lade-Operationen.

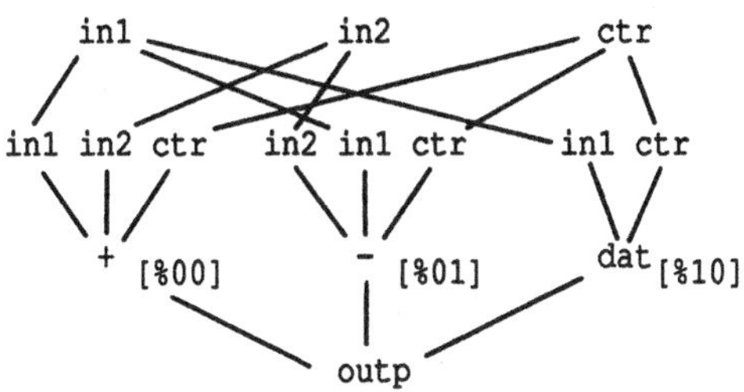


Abb. 3: Beispiel eines M-Graphen

Diese M-Graphen werden nun entsprechend der Hardware-Verbindungsstruktur (Netzliste) zu einem gemeinsamen Graphen (dem CO-Graphen) zusammengefaßt. Die folgenden Abbildungen zeigen eine Hardwarestruktur und den dazugehörigen CO-Graphen (die Interna der M-Graphen sind nicht dargestellt).

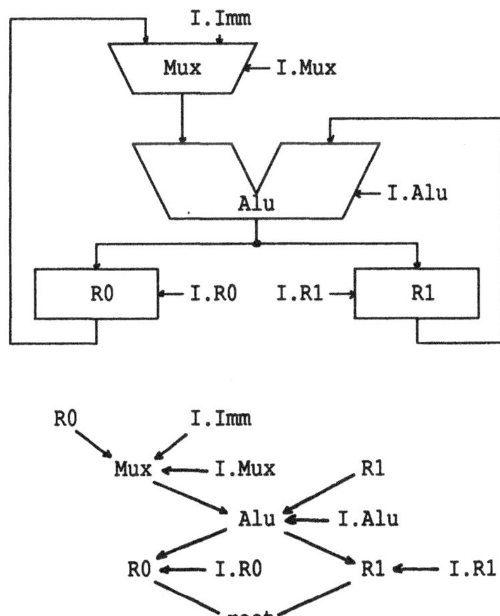


Abb. 4 : Hardwarestruktur und zugehöriger CO-Graph

Anschließend werden auf dem CO-Graphen lokale Transformationen durchgeführt, die der Behandlung von Bussen und konverser Operationen dienen. Außerdem werden in diesem Schritt **via**-Operationen generiert: Dies sind Operationen, die unter einer speziellen Eingangsbelegung die Daten eines anderen Eingangs unverändert weitergeben. Als Beispiel sei die Addition einer '0' oder die AND-Operation mit einem Bitstring von '1' genannt. Solche Operationen können in Verbindung mit ihrem Neutralen Element zum Durchschalten von Daten verwandt werden. Sie werden als zusätzliche Versionen in den CO-Graphen aufgenommen. Die Forderung nach einer speziellen Eingangs-Belegung sei im folgenden als **Precondition** bezeichnet und im Graphen durch ein '!' gekennzeichnet.

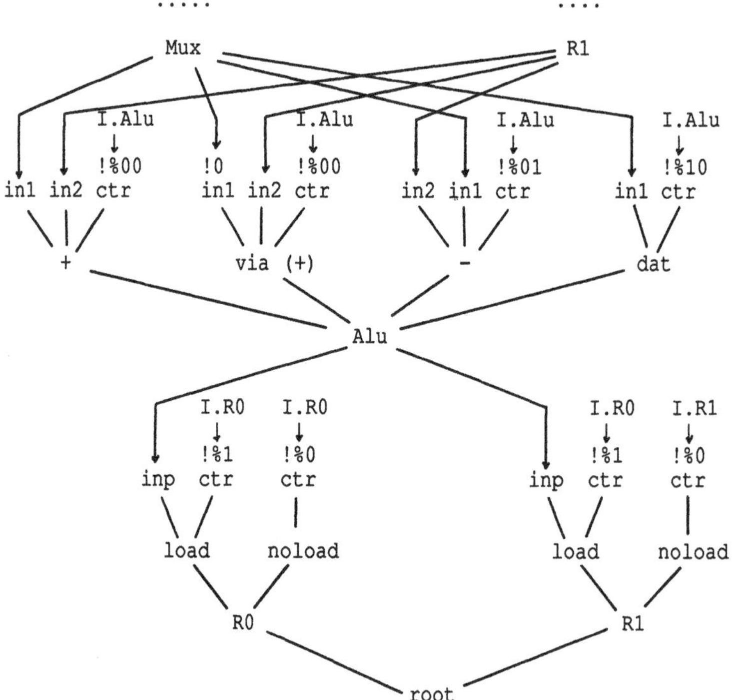


Abb. 5: CO-Graph mit Preconditions

Die Preconditions entsprechen Konstanten, die an dem betreffenden Punkt von der Hardware zur Verfügung zu stellen sind. Dies kann gewöhnlich durch eine geeignete Programmierung erreicht werden. Die zugehörige Belegung des Instruktionswortes wird durch einen I-Tree dargestellt.

Bei der Berechnung dieser I-Trees sind drei Fälle zu unterscheiden:

- Direkt über der Precondition befindet sich ein Instruktionsfeld: SET(inst_field,precond_value) liefert den I-Tree.
- Direkt über der Precondition befindet sich eine hartverdrahtete Konstante: Paßt diese, so ist der I-Tree = {X}, sonst = {}.
- Ansonsten wird ein Weg durch den CO-Graphen gesucht, der über dat/via-Operationen zu Instruktionsfeldern oder hartverdrahteten Konstanten führt. Der I-Tree ergibt sich dann als Schnitt (CUT) aller entlang dieses Weges gefundenen I-Trees. Gibt es mehrere solcher Wege, so sind die Alternativen durch MERGE miteinander zu verknüpfen.

Kann eine Precondition nicht erfüllt werden ( I = {} ), so ist die entsprechende Operation niemals ausführbar: der gesamte Operations-Baum kann entfernt werden. Sind jedoch alle Preconditions einer Operation erfüllt, so sind die entsprechenden Eingänge für die folgenden Schritte ohne Bedeutung und werden entfernt. Der zugehörige I-Tree wird dem Operations-Knoten zugeordnet ({...} seien I-Tree Knoten):

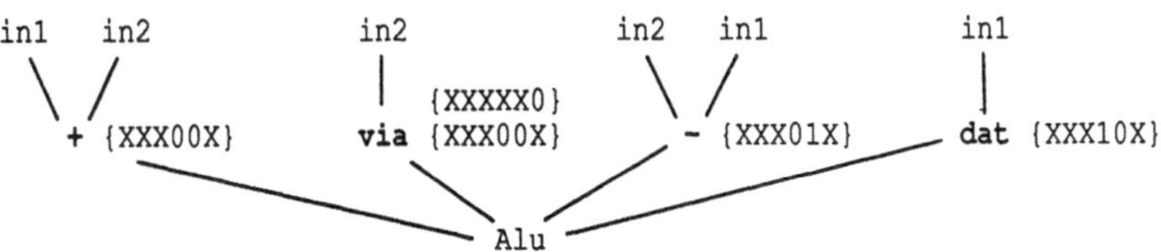


Abb. 6 : M-Graph mit eingetragenen I-Trees

### 2.3.2 Phase 2: Assignment Allocation

Das Ziel dieser Phase ist die Zuordnung der Operatoren einer Zuweisung zu den vorhandenen Funktionseinheiten sowie die Erzeugung des dazugehörigen Codes. Da hier jedoch nur einzelne Zuweisungen (und keine Instruktionen) betrachtet werden, werden in dieser Phase wiederum nur Teilbelegungen des Instruktionswortes erzeugt, gegebenenfalls jedoch mehrere Versionen. Ihre Darstellung erfolgt weiterhin durch I-Trees.

Die Zuordnung geschieht durch einen Algorithmus, der zu einem vorgegebenen Baum (die Zuweisung des Programms) einen ähnlichen Teilbaum innerhalb des CO-Graphen sucht. Der gesuchte Code ergibt sich wiederum als Schnitt (CUT) aller darin gefundenen I-Trees. Gibt es mehrere solcher Teilbäume, ist die MERGE-Funktion anzuwenden. Das Ergebnis (der zugehörige I-Tree) wird der allokierten Zuweisung zugeordnet. Damit sind **alle** Versionen dieser Zuweisung allein durch ihren I-Tree repräsentiert.

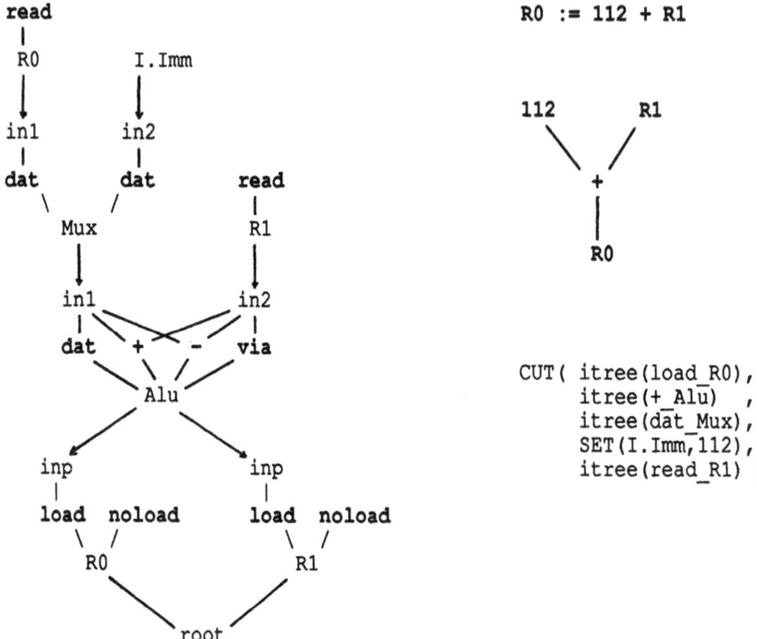


Abb. 7 : Allokation einer Zuweisung

Kann eine Zuweisung nicht allokiert werden, liefert der Algorithmus die mögliche Fehler-Ursache und den möglichen Fehler-Ort. Gegebenenfalls wird der u.U. zu komplexe Ausdruck durch das Einfügen von Hilfszellen-Zuweisungen aufgebrochen und eine erneute Allokation versucht.

### 2.3.3 Phase 3: Assignment Scheduling

In dieser Phase liegt dem System eine Menge allokierter Zuweisungen vor, die in geeigneter Weise einzelnen Instruktionen zuzuordnen sind. Die Zuweisungen selbst stehen in zwei Relationen zueinander: Sie können **datenabhängig** oder **antidatenabhängig** voneinander sein (s.a. [Mar85]). Entsprechend der daraus resultierenden Nachfolger-Relationen '>' und '>=' kann eine Halbordnung aufgestellt werden, die über die Zuordnung der Zuweisungen zu einzelnen Instruktionen entscheidet.

Mehrere Zuweisungen (xyz) können gemeinsam in eine Instruktion gepackt werden, wenn ihre I-Trees kompatibel sind. Zusätzlich muß jedoch gewährleistet sein, daß alle unbeteiligten Speicher und Register nicht geladen werden. Sei noop(xyz) die dazugehörige Menge, so kann dies anhand der Kompatibilität mit dem I-Tree itree(noop(xyz)) überprüft werden. Insgesamt gilt:

Sei P die Menge aller Zuweisungen des Programms, $m_i \in M \subseteq P$ {i=1,..,n}, dann ist M parallel (in einer Instruktion) ausführbar, g.d.w:

a) $\forall\, m_i, m_j \in M$ :
$\quad\quad \exists\, i,j \in \{1,..,n\} : \; m_i > m_j$
$\quad \forall\, m_i, m_j \in M : \; \exists\, x \in P\text{-}M$ :
$\quad\quad (x > m_i \wedge m_j > x) \vee (x > m_i \wedge m_j >= x) \vee (x >= m_i \wedge m_j > x)$
(die Halbordnung bleibt erhalten)

b) itree(M) = CUT( itree($m_1$), .., itree($m_n$) ) <> {}

c) itree(inst) = CUT( itree(M), itree(noop(M)) ) <> {}

Das Ergebnis dieser Phase ist eine Liste aller gepackten Instruktionen. Die Instruktionen liegen in der Form von I-Trees vor, enthalten also noch Versionen. Jeder Pfad innerhalb dieser I-Trees repräsentiert eine mögliche Version des Maschinencodes.

## 3 Anwendungen

Der Vorgänger des hier beschriebenen Codegenerators wurde benutzt, um den SAMP-Prozessor [Now86,Now88] zu entwickeln. Dieser Prozessor sollte u.a. für die Ausführung von PASCAL-Programmen optimiert werden. Typische Ausschnitte aus PASCAL-Programmen wurden daher als Entwurfsspezifikation vorgegeben. Mittels einer älteren Version des MIMOLA-Syntheseverfahrens wurde sodann eine initiale Hardwarestruktur erzeugt. Mit dem Vorläufer [Mar84] des hier beschriebenen Compilers wurde anschließend die Hardware optimiert. Schließlich wurde der Prozessor in TTL realisiert. Er kommt ohne zentralen Takt aus und besitzt eine dezentrale Ansteuerung der Funktionseinheiten. Seine Leistung entspricht in etwa der einer klassischen 3-MIPS-Maschine. Mit einer Befehlswortbreite von 142 Bit gehört er zu den "very long instruction word"-Maschinen (VLIWs). Maschinen dieser Art können nur mittels Compilern wie MSSQ programmiert werden. Ohne solche Compiler wären also diese Architekturen unbrauchbar.

Zur Zeit wird auf dem SAMP ein PROLOG-Interpreter implementiert. Mittels MSSQ wird dazu ein in MIMOLA geschriebener Interpreter der abstrakten Warren-Maschinen in den Befehlscode des SAMP übersetzt. Erste Simulationen lassen eine Leistung im unteren Bereich der Leistung spezieller PROLOG-Maschine erwarten. Dieses Beispiel zeigt, wie mittels MSSQ abstrakte Architekturen durch eine konkrete Maschine realisiert werden können.

Als weitere Anwendung der Mikrocode-Erzeugung im MIMOLA-System wurde Code für einen

Spezialprozessor generiert. Dieser aus AMD-Bitslice-Bausteinen aufgebaute Prozessor dient der Beschleunigung des LOGE-Hardware-Entwurfssystems [Kle86].

Die Leistungsfähigkeit des beschriebenen Compilers konnte im Rahmen des Compilerwettbewerbs auf dem zwanzigsten Mikroprogrammierungs-Workshop (MICRO-20) gezeigt werden: MSSQ war der einzige Compiler, der für die vorgegebene Hardware [Lin87] Mikrocode erzeugen konnte. Diese Hardware enthält 4 Speicher verschiedener Größe, 3 ALU's, sowie eine große Anzahl verschiedener Register und Multiplexer. Das Instruktionswort hat eine Breite von 240 Bits. Für die Retargierung des Compilers (die vollständige MIMOLA-Beschreibung der Hardware) wurden nur 5 Tage benötigt.

## 4 Zusammenfassung

Es wurde ein retargierbarer Compiler beschrieben. Anwendungsmöglichkeiten des Compilers liegen in der Codeerzeugung für anwendungsspezifische Spezialprozessoren und VLIW-Maschinen, in der Verifikation manuell erzeugter Hardwarestrukturen und beim Vergleich verschiedener Architekturkonzepte untereinander. Abstrakte Maschinen können so auf einer konkreten Hardware realisert werden. Bereits beim Architekturentwurf können verschiedene Konzepte hinsichtlich Laufzeit und Codedichte längerer Anwendungsprogramme verglichen werden.

Das Codegenerations-System benutzt in den Bereichen Allokation und Scheduling neuartige Verfahren. So wurde besonderes Gewicht auf die Behandlung alternativer Lösungen (Versionen) gelegt. Sie werden in kompakter Form durch die Instruktionswort-Belegungen repräsentiert und als I-Trees dargestellt. Spezielle Operationen, die auf diesen I-Trees definiert sind, erlauben eine schnelle Überprüfung von Ressource-Konflikten. Die Repräsentation aller Versionen durch einen I-Tree eröffnet in der Scheduling-Phase die Möglichkeit, die Auswahl einer bestimmten Version so spät wie möglich zu treffen ("delayed binding" [FLS82]). Neuartig ist die Betrachtung von NOOP-Versionen (s.o.) in der Kompaktierung. Sie stellen Seiteneffekte dar, die in retargierbaren Codegeneratoren zu berücksichtigen sind. Alle klassischen Kompaktierungsverfahren nehmen auf sie keine Rücksicht.

Der wesentlichste Unterschied zu anderen Verfahren besteht jedoch in der Art der Retargierung. So wird die Zielmaschinen-Abhängigkeit anhand der reinen Hardware-Strukturbeschreibung dargestellt. Damit werden Schnittstellen-Probleme zwischen verschiedenen CAD-Werkzeugen weitgehend vermieden.

MSSQ löst das Problem, zu einer gegebenen Maschine und einem gegebenen Programm den zugehörigen Maschinencode zu generieren, für VLIW-Maschinen. Es ist geplant, ein entsprechendes Werkzeug auch für programmierbare systolische Arrays wie dem ISA [Lan86] zu entwickeln.

## 5 Literatur


[Bab81] T. Baba, H. Hagiwara : The MPG System : A Machine-Independent Efficient Microprogram Generator, IEEE Trans.Comp., Vol. C-30, 6(1981), S.373-395

[FLS82] J.A. Fisher, D. Landskov, B.D Shriver : Microcode Compaction: the State of the Art, Technical Report, TR 82-3-3, University of Southwestern Louisiana, Lafayette, 1982

[Haf83] L. Hafer, A.C. Parker : A Formal Method for the Specification, Analysis and Design of Register-Transfer Level Digital Logic, IEEE Trans. on CAD Vol. CAD-2, 1(1983), S. 4-18

[Kle86] M. Klein: Entwurfs eines mikroprogrammierbaren Coprozessors für die die effiziente Abwicklung von Algorithmen des logischen Entwurfs, (Diplomarbeit), FB Elektrotechnik, Universität Kaiserslautern, 1986

[Lan86] H.W. Lang : The Instruction Systolic Array, A Parallel Architecture for VLSI, Integration, Vol. 4, 1986

[Lin87] J.L. Linn : A Suite of Microarchitectures for Evaluating Microcode Compilers, ACM SIGMICRO Newsletter, Vol. 18, 4(1987), S. 34-48

[Mar84] P. Marwedel : A Retargetable Compiler For A High-Level Microprogramming Language, ACM SIGMICRO Newsletter, Vol. 15, 4(1984), S. 267-274

[Mar85] P. Marwedel : Ein Software-System zur Synthese von Rechnerstrukturen und zur Erzeugung von Mikrocode, Habilitationsschrift, Institut für Informatik und Praktische Mathematik, Universität Kiel, 197 Seiten, 1985

[MIM87] K.Kelle, G.Krüger, P.Marwedel, L.Nowak, L.Terasa, F.Wosnitza: Werkzeuge des MIMOLA-Hardware-Entwurfssystems, Bericht Nr. 8707, Institut für Informatik und Praktische Mathematik, Universität Kiel, Juni 1987

[Mue83] R.A. Mueller, J. Varghese : Flow Graph Machine Models in Microcode Synthesis, 16th Ann. Microprogramming Workshop (MICRO-16), 1983, S.159-167

[Mue84] R.A. Mueller, J. Varghese, V.H. Allan: Global Methods in the Flow Graph Approach to Retargetable Microcode Generation, 17th Ann. Microprogramming Workshop (MICRO-17),1984, S. 275-284

[Now86] L. Nowak : SAMP: Entwurf und Realisierung eines neuartigen Rechnerkonzeptes, (Dissertation), Institut für Informatik und Praktische Mathematik, Universität Kiel, 1986

[Now87] L.Nowak : Graph Based Retargetable Microcode Compilation in the MIMOLA Design System, Proc. 20th Ann. Workshop on Microprogramming (Micro-20), Colorado Springs, Dez.1987, S. 126-132

[Now88] L.Nowak : SAMP: A General Purpose Processor Based on a Self-Timed VLIW Structure, Proc. 10. GI/ITG - Fachtagung: "Architektur und Betrieb von Rechensystemen", Paderborn, Mar.1988

[Par84] A.C. Parker : Automated Synthesis of Digital Systems, IEEE Design and Test of Computers, Vol. 1, 4(1984), S. 75-81

[Ros86] W. Rosenstiel, R. Camposano : The Karlsruhe DSL Synthesis System, in: D. Borrione (Hsg.) : From H.D.L. Descriptions to Guaranteed Correct Circuit Designs, North Holland, 1987

[Veg82] S.R. Vegdahl : Local Code Generation and Compaction in Optimizing Microcode Compilers (Dissertation), Bericht CMUCS-82-153, Carnegie-Mellon Universität, Pittsburgh, 1982

[Veg82a] S.R. Vegdahl : Phase Coupling and Constant Generation in an Optimizing Microcode Compiler, 15th Ann.Microprogramming Workshop (MICRO-15), 1982 S. 125-133

[Veg83] S.R. Vegdahl : A New Perspective on the Classical Microcode Compaction Problem, SIGMICRO Newsletter, Vol. 14, 1 (1983), S. 11-14

# Partitionierungsschemata für Rechnerstrukturen

**Reiner W. Hartenstein**
**Michael Ryba**
Universität Kaiserslautern
Postfach 3049
D-6750 Kaiserslautern

**0. Zusammenfassung**

Hardwarebeschreibungssprachen (HDLs) sind ein wichtiger Ausgangspunkt für die Synthese komplexer digitaler Systeme. Allerdings ist die in diesen Sprachen verwendete Blockstruktur, die von höheren Programmiersprachen übernommen wurde, nicht zur Unterstützung weit verbreiterter Partitionierungsschemata, wie sie für Prozessoren und ähnliche Schaltungen üblich sind, geeignet. Unter diesem Gesichtspunkt werden in diesem Text einige gängige Partitionierungsschemata miteinander verglichen und auf ihre Brauchbarkeit als Blockstruktur für Hardwarebeschreibungssprachen untersucht. Es wird dann ein verallgemeinertes Schema vorgeschlagen, das die Beschreibung von konventionellen Architekturen ebenso wie die Beschreibung von Mehrprozessor-Systemen und VLSI-Strukturen unterstützt.

## 1. Einleitung

Hardwarebeschreibungssprachen (HDLs) sind ein wichtiger Ausgangspunkt für die Synthese komplexer digitaler Systeme und können sowohl für automatische Synthese als auch für den manuellen Entwurf benutzt werden. Bestehende, implementierte Sprachen sind jedoch den speziellen Anforderungen des Entwurfs hochintegrierter Mikroprozessoren nicht gewachsen. Dies trifft in besonderem Maße auf die Beschreibung von Multiprozessor-Systemen zu. In diesem Text werden daher, von diesem Aspekt ausgehend, konventionelle sowie nebenläufige und auch parallele Architekturen behandelt. Das Ziel ist es, eine einheitliche Sichtweise für klassische Prozessoren sowie auch die Implementierung von VLSI-Algorithmen zu entwickeln.

Gute Hardwarebeschreibungssprachen sollten dabei auch zu besserer Strukturiertheit und Lesbarkeit von Spezifikationen und Dokumentationen und somit zu einem besseren Verständnis des Syntheseprozesses führen. Moderne Hardwarebeschreibungssprachen (wie z. B. ISPS [BARB]), die für die Spezifikation auf sehr hoher Ebene entwickelt wurden, können sowohl für prozedurale Beschreibungen von Schaltungen als auch zur Beschreibung der zugrundeliegenden Datenpfadstrukturen verwendet werden. Daher bilden diese Sprachen einen guten Ansatz für CAD-Werkzeuge, vor allem für die automatische Synthese von Prozessor-ähnlichen Strukturen und Prozessor- netzwerken. Allerdings ist die in diesen Sprachen verwendete Blockstruktur, die von höheren Programmiersprachen wie PASCAL übernommen wurde, nicht geeignet zur Unterstützung weit verbreiteter Partitionierungsschemata, wie sie für Prozessoren und ähnliche Schaltungen üblich sind. HDLs haben zwar wegen der großen Menge von Sprachentwürfen fast mehr zur Verwirrung als zur Klärung beigetragen, dies gilt jedoch nicht für Partitionierungsschemata - vielleicht deshalb, weil die meisten Sprachentwerfer dieses Teilgebiet vernachlässigt haben. Es besteht hier vielmehr ein breiter, "schweigender" Konsens der Fachwelt. Es gibt nur eine einzige Sprachdefinition, die diesen Aspekt berücksichtigt (PMS [BNS]). Eine Hardwarebeschreibungssprache, deren Blockstruktur sich an derartige Partitionierungsschemata anlehnt wäre in diesem Zusammenhang sicherlich nützlich. Unser Ziel ist es, ein universelles Partitionierungsschema in eine HDL-Sprachdefinition einzubeziehen, mit dem die bekannten Konsens-Schemata weitgehend unverfälscht dargestellt werden können.

Aus diesem Grund werden in diesem Text einige gängige Partitionierungsschemata miteinander verglichen und auf ihre Brauchbarkeit untersucht. Im Anschluß daran wird ein neues, verallgemeinertes Schema vorgeschlagen, welches nicht nur die grobkörnige Parallelität von Mehrprozessor-Systemen unterstützt, sondern auch die feinkörnige, hohe Parallelität von VLSI- Strukturen, wie z.B. in "Smart-Memory"-Architekturen, systolischen Arrays, etc. Dabei sollen ebensogut auch Mischlösungen aus klassischen und VLSI-gerechten Partitionierungsschemata auf wirkungsvolle Weise erfaßt werden.

## 2. Ein Schema aus der Regelungstechnik

Das wohl älteste Partitionierungsschema stammt aus der Regelungstechnik (Abb 1a). Es werden zwei Teile unterschieden, nämlich steuernder Teil (controller) und gesteuerter Teil (controlled part). Die Koordination zwischen beiden Teilen wird durch die Rückkopplung aus Steuersignal und Antwortsignal (feed back) realisiert, wobei das "feed back" die Steuerung über den Zustand des gesteuerten Teiles, und damit über eine eventuell nötige Anpassung des Steuersignals, informiert.

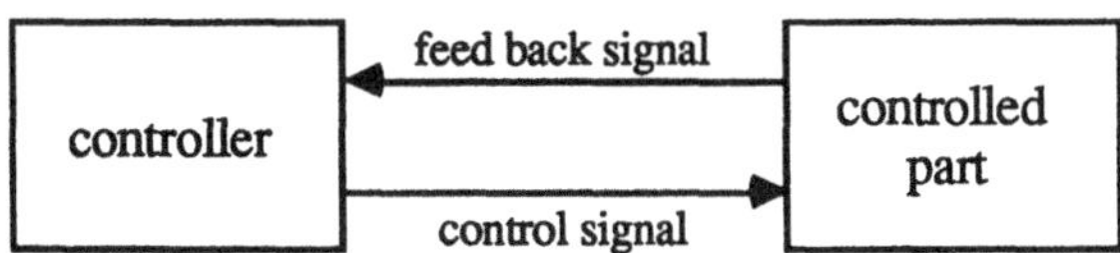


Abb. 1a: Partitionierungsschema aus der Regelungstechnik

Dieses Rückkopplungschema wird auch in der Rechnerarchitektur verwendet, um sequentielle Prozessoren und ähnliche Strukturen aufzuteilen (siehe Abb. 1b). Der steuernde Teil, meist Steuerwerk (control part) genannt, kann z.B. durch ein Schaltwerk realisiert werden, während der gesteuerte Teil, der oft als Operationswerk oder Datenmanipulator (operative part) bezeichnet wird, z.B. durch eine ALU realisiert werden kann.

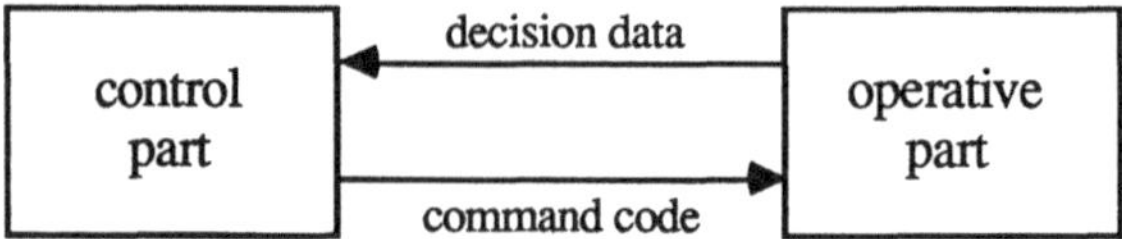


Abb. 1b: Anwendung des prinzipiellen Schemas zur Partitionierung von Prozessoren

**3. Von-Neumann-Schemata**

Aus der Literatur sind für Prozessoren seit Jahrzehnten die beiden folgenden, geringfügig unterschiedlichen Partitionierungsschemata als *von-Neumann-Schema* [NEU] bekannt, nämlich das *Princeton-* und das *Harvard-Schema.* Beide Schemata sind flach, d.h. sie verfügen über keine Vorkehrungen zur Einbindung der Beschreibung in einer Hierarchie.

Abbildung 2a stellt das *Princeton Schema* für programmierbare Prozessoren dar. Hier werden die folgenden Teile unterschieden:

- Speicher (memory part)
- Operationswerk (operative part)
- Steuerwerk (control part)
- Ein-/Ausgabe-Werk (switch part).

Das Operationswerk führt die Aktionen aus, die vom Steuerwerk angestossen werden. Das E/A-Werk leitet Ein-/Ausgabedaten vom Operationswerk zum Speicher. Beim Princeton-Schema enthält der Speicher sowohl Programm als auch Daten.

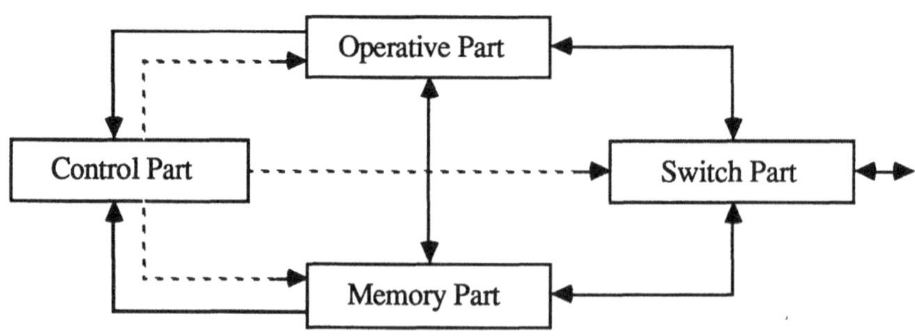


Abb. 2a: Die Princeton Maschine

Das *Harvard-Schema* ist eine geringfügige Modifikation des Princeton-Schemas. Der wesentliche

Unterschied ist, daß beim Harvard-Schema Programme und Daten in getrennten Speicher gehalten werden. Daher sind Sprünge in den Datenbereich oder Programmodifikationen zur Laufzeit nicht möglich, was die Software-Zuverlässigkeit wesentlich erhöht.

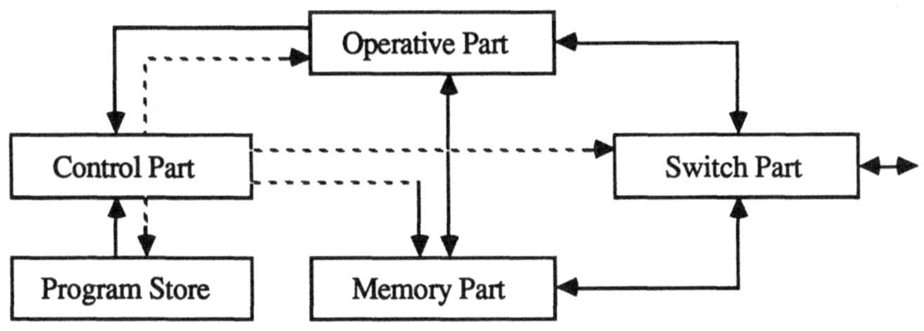


Abb. 2b: Die Harvard Maschine

### 3.1 Bewertung des von-Neumann-Schemas

Das von-Neumann-Schema reicht zwar zur Beschreibung von Einprozessor-Systemen aus, ist aber für die Beschreibung vieler moderner Architekturen, wie z. B. Systeme aus mehreren kooperierenden Prozessoren, ungeeignet. Dies liegt daran, daß die prinzipielle Beziehung eines Prozessors zu seiner Umgebung nicht beschrieben werden kann.

Ein adäquates Partitionierungsschema für die Beschreibung moderner Architekturen sollte es ermöglichen, die folgenden Strukturen zu beschreiben:

- gleichrangige Koordination mehrerer Prozessoren
- Master-Slave-Relationen zwischen Prozessoren
- ineinander verschachtelte Prozessoren
- Ensembles vieler einfacher Prozessoren

Unter diesem Aspekt werden im Folgenden zwei weitere Partitionierungsschemata untersucht.

## 4. Das PMS-Schema

Ein bekanntes Strukturierungsschema für Rechnersysteme wurde in der *PMS-Notation* (processor-memory-switch) [BNS] definiert. PMS wurde entwickelt, um die globalen Zusammenhänge der funktionalen Blöcke von Rechnersystemen (auch Mehrprozessor-Systemen) zu beschreiben.

Im Folgenden werden die von PMS unterschiedenen Blöcke vorgestellt und auf die Anwendung von PMS zur

Beschreibung von Rechnerstrukturen eingegangen. Eine detaillierte Beschreibung von PMS, sowie detaillierte Anwendungsbeispiele, sind in [BNS] zu finden.

## 4.1 Blöcke des PMS-Schemas

In PMS werden sieben Arten von Blöcken unterschieden, die bestimmte Operationen ausführen können. Diese Blöcke sind untereinander verbunden und tauschen Informationseinheiten aus. Es werden die folgenden Arten von Komponenten unterschieden:

- *Speicher (memory M)*
  Dieser Block dient zum Speichern von Informationseinheiten und läßt die Operationen Schreiben und Lesen zu. Die Informationseinheiten werden durch diese Operationen nicht verändert.
- *Verbindung (link L)*
  Dieser Block dient zur Weitergabe von Informationseinheiten zwischen Blöcken. Die Informationseinheiten werden dabei nicht verändert.
- *Steuereinheit (control K)*
  Steuereinheiten dienen zur Steuerung der Aktionen anderer Blöcke. Da, mit Ausnahme von Prozessoren, alle Blöcke passiv sind, werden Steuereinheiten benötigt, um die Operationen dieser Blöcke zu aktivieren.
- *Schalter (switch S)*
  Mit diesen Block können Verbindungen zwischen anderen Blöcken hergestellt werden. Zulässige Operationen sind das Herstellen und Unterbrechen bestimmter Verbindungen.
- *Übersetzer (transducer T)*
  Dieser Block dient zur Änderung des Formats von Informationseinheiten, wobei der Informationsgehalt jedoch nicht verändert wird.
- *Datenmanipulator (data-operation D)*
  Mit diesem Block können Operationen (z. B. logische, arithmetische,etc.) auf Informationseinheiten ausgeführt werden.
- *Prozessor (processor P)*
  Ein Prozessor kann Programme interpretieren und somit Aktionsfolgen ausführen. Er verfügt übe die Operationen, die für die bereits genannten Blöcke zulässig sind, sowie Operationen, die benötigt werden, um Instruktionen aus einem Speicher zu lesen und zu interpretieren.

## 4.2 Beschreibung von Rechnersystemen mit dem PMS-Schema

Mit den beschriebenen sieben Arten von Blöcken können sowohl Einprozessor-Systeme als auch Multiprozessor- und Mehrrechner-Systeme beschrieben werden. In Abb. 3 ist die klassiche Konfiguration eines Einprozessor-Systems dargestellt.

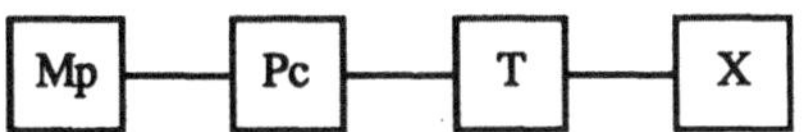


Abb. 3: Einprozessor-System in PMS-Notation

Hierbei ist Pc der Zentralprozessor und Mp der Primärspeicher, auf den Pc direkt zugreift. Mit dem Übersetzer T ist das System an seine externe Umgebung X angeschlossen. Die klassische von-Neumann-Konfiguration, die aus vier Komponenten besteht, läßt sich als Verfeinerung der obigen Darstellung auf die beiden in Abb. 4 dargestellten Arten darstellen.

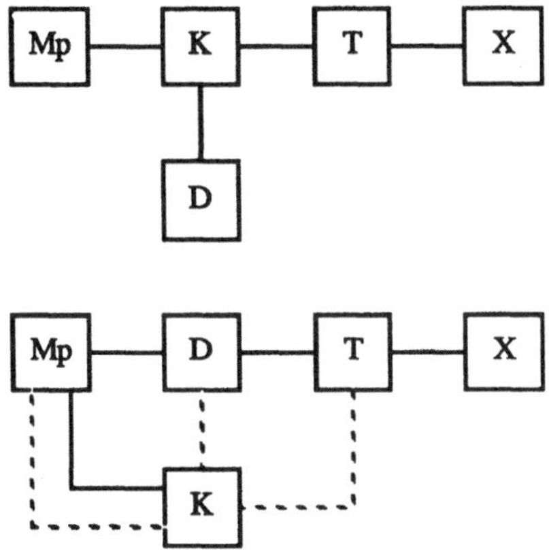


Abb. 4: Darstellungen des von-Neumann-Schemas in PMS

Pc wird dabei in ein Steuerwerk K und ein Operationswerk D unterteilt. Dies zeigt, daß sich Rechnersysteme mit PMS in verschiedenen Verfeinerungsgraden beschreiben lassen.

Die beiden folgenden Abbildungen sind Beispiele für die Anwendung von PMS zur Beschreibung von Multiprozessor- bzw. Mehrrechner-Systemen. Abb. 5 zeigt die Zusammenschaltung mehrerer Prozessoren über einen globalen Bus, Abb. 6 ein Rechnernetz auf Ethernet-Basis. Weitere, komplexe Beispiele sind in [BNS] zu finden, auf die aus Gründen des Umfangs hier nicht eingegangen wird.

### 4.3 Bewertung des PMS-Schemas

Das PMS-Schema ist, im Gegensatz zum von-Neumann-Schema, für die Beschreibung der Grobstruktur komplexer Mehrprozessor- und Mehrrechnersysteme geeignet. Es ist jedoch nicht möglich hierarchische, ineinander verschachtelte Prozessoren in adäquater Weise mit diesem Schema zu beschreiben. Ein weiterer Nachteil dieses Schemas besteht darin, das die Verbindungen zwischen den Blöcken nicht detailliert beschrieben werden können, d.h. es kann nicht beschrieben werden welche Arten von Informationen übertragen werden und in welcher Richtung diese Übertragung stattfindet.

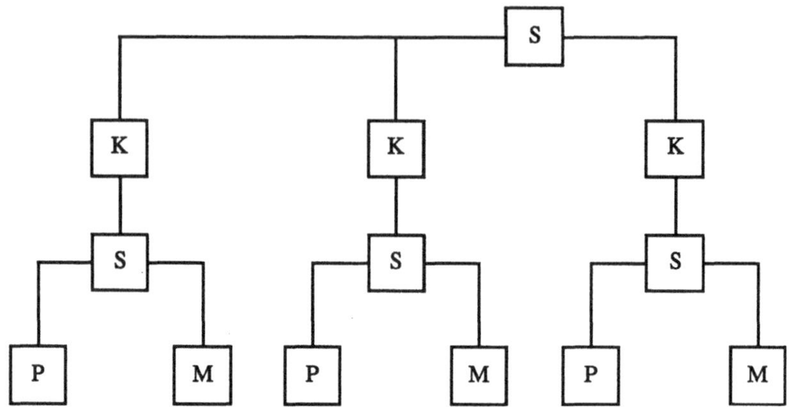


Abb.5: Mehrprozessor-Struktur mit globalem Bus in PMS

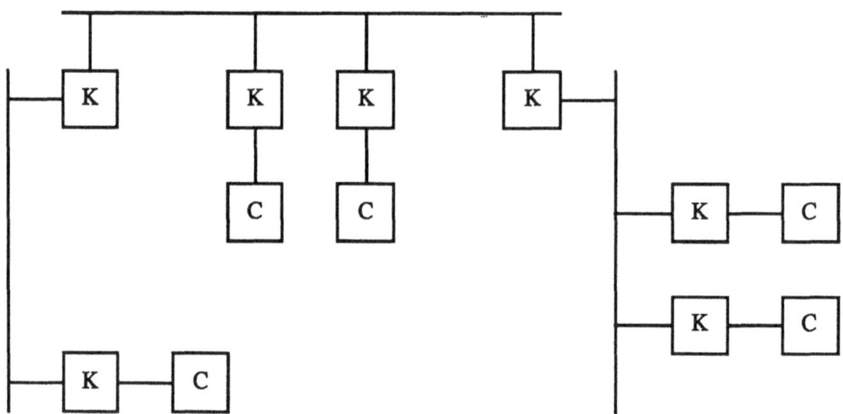


Abb.6: Mehrrechner-Konfiguration auf Ethernet-Basis mit PMS

**5. Das HIM-Schema**

Zur Darstellung von interpretativen Aufrufbeziehungen in Hierarchien, wie sie beispielsweise in mikroprogrammierten Prozessoren vorkommen, wurde in [HAKO, HAR1, HAR2] das HIM-Schema vorgestellt. HIM steht für "Hierarchy of Interpreter Modules". Dieses Schema geht von dem in [WEG] vorgeschlagenen Maschinenmodell aus, das in Abb. 7 dargestellt ist.

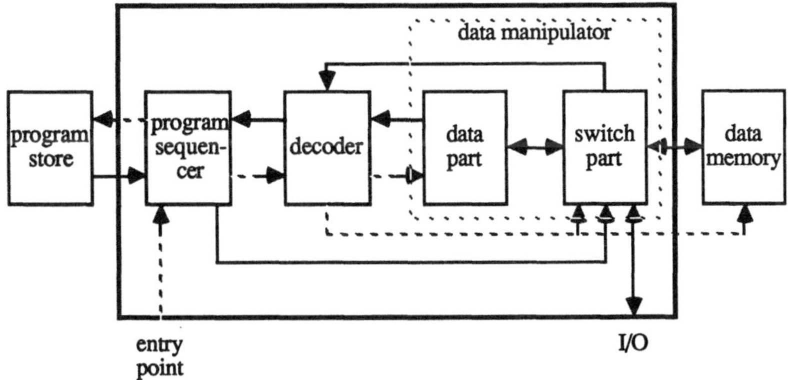


Abb. 7: Die Wegner Maschine

**5.1 Blöcke des HIM Schemas**

Beim HIM-Schema werden die folgenden drei Arten von Blöcken unterschieden:

- Maschinen (machines M)
- Semi-Maschinen (semi-machines)
- Module (modules)

Jeder Block kann in primitver und nicht-primitiver Form vorliegen. Ein Block heißt primitiv, wenn er keine Maschine enthält. Maschinen sind zusammensetzbar aus Modulen, Semi-Maschinen und Maschinen. Eine primitive Maschine ist eine Wegner-Maschine gemäß der obigen Abbildung.

Man unterscheidet die folgenden Arten von Semi-Maschinen:

- sprachseitge Halbinterpreter (language interpreter module LIM)
- datenseitige Halbinterpreter (data interpreter module DIM)

Diese Semi-Maschinen bilden die Schnittstelle zwischen einer äußeren Maschine M(n) und einer inneren Maschine M(n-1). Ein Beispiel für eine solche nicht-primitve Maschine ist in Abb. 8 dargestellt.

Ein primitives LIM besteht aus:

- program sequencer PC
- program-side recognizer PR
- program store PS

Ein primitives DIM besteht aus:

- data sequencer DC
- data-side recognizer DR
- data memory DM

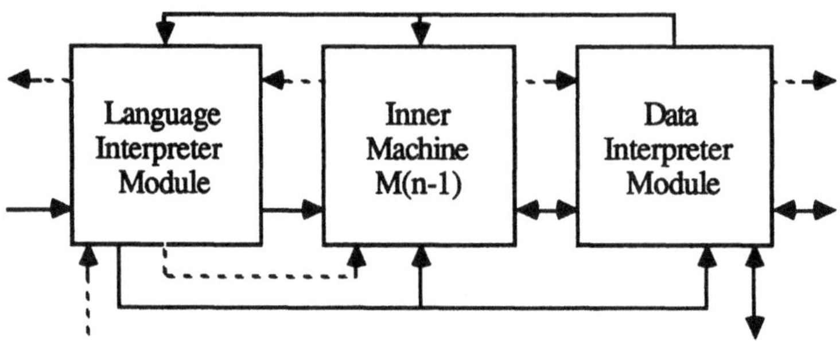


Abb. 8: HIM-Darstellung einer nicht-primitive Maschine

Alle obengenannten Module können in nicht-primitiver Form vorliegen, d. h. sie können selbst als Maschinen realisiert werden.

### 5.2 Language Interpreter Module

Das LIM transformiert die Quellensprache L(n) einer äußeren Maschine M(n) in die Zielsprache L(n-1). Abb. 9 zeigt den internen Aufbau und die Schnittstelle eines solchen Moduls. Die Modelle aus Abb. 7 und 9 können z.B. benutzt werden, um eine mikroprogrammierbare Maschine zu modellieren. In diesem Fall ist L(n) die Maschinensprache des Prozessors und L(n-1) die Mikroprogrammsprache.

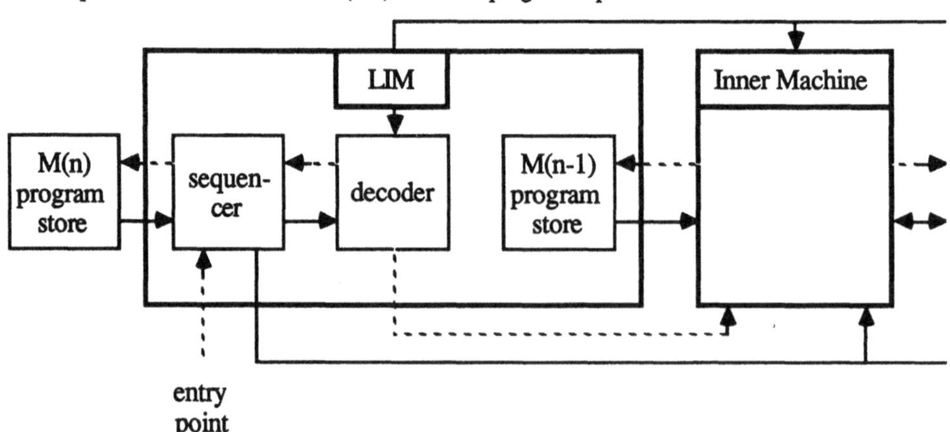


Abb. 9: Language Interpreter Module (LIM)

Der Programmspeicher der Maschine M(n) enthält das Programm, das auf der äußeren Maschine abläuft. Das LIM enthält sowohl Sequenzer und Dekodierer, als auch die Mikroprogramminstruktionen um die Befehle von L(n) auszuführen. Diese drei Teile entsprechen dem Aufbau eines Interpreters in Software. Der Dekodierer erzeugt die Einstiegspunkte für den Sequenzer der inneren Maschine (siehe auch Abb. 7), die benötigt werden um bestimmte Routinen des Mikroprogramms anzustoßen.

## 5.3 Data Interpreter Module

Das HIM-Schema enthält weiterhin ein "Data Interpreter Module". Dieses bildet die Daten der Maschine M(n) auf Daten der Maschine M(n-1) ab (siehe Abb. 10). Das Partitionierungschema dieses Moduls ähnelt dem des LIM sehr stark und weist eine gewisse Ähnlichkeit mit der Aufteilung von Software Interpretern auf (siehe Abb. 10).

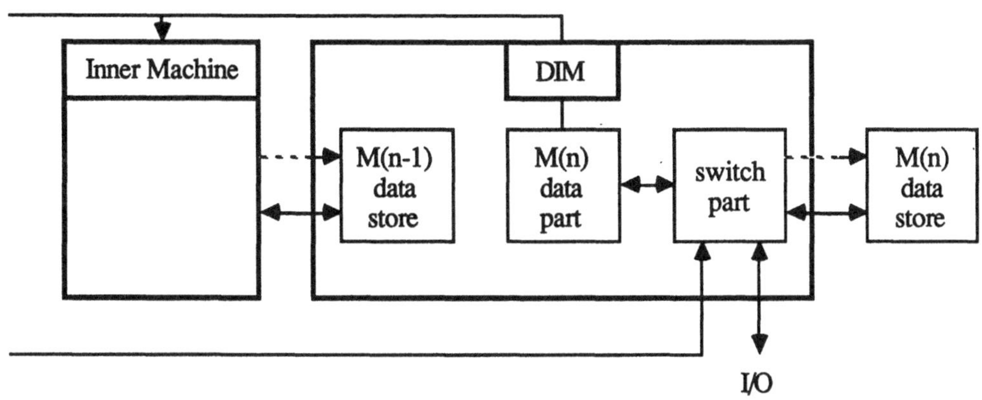


Abb. 10: Data Interpreter Module (DIM)

Wenn wir dieses Schema zur Beschreibung eines programmierbaren Prozessors benutzen, dann ist der Datenspeicher der Maschine M(n) der Hauptspeicher, d. h. die physikalische Implementierung des Adressraums, der von der Sprache L(n) adressiert werden kann. Der Datenspeicher von M(n-1) ist meist ein gewisser Vorrat an Registern (register file). Er ist die physikalische Implementierung des Adressraums der Sprache L(n-1).

Der Operationsteil von M(n) besteht gewöhnlich aus einer ALU und einigen spezialisierten Registern. Der E/A-Teil ist die Schnittstelle zwischen Operationsteil, Datenspeicher und den von außen an M(n) angeschlossenen Datenpfaden.

## 5.4 Bewertung des HIM-Schemas

Das HIM-Schema wurde speziell zur Darstellung interpretativer Aufrufbeziehungen in Hierarchien, wie sie speziell bei mikroprogrammierten Prozessoren vorliegen, entwickelt (siehe hierzu auch die Beispiele in [HAR1, HAR3, KOCH]). Aus diesem Grund sind solche Strukturen mit dem HIM-Schema in adäquater Weise darstellbar. Multiprozessor- bzw. Mehrrechner-Systeme lassen sich mit diesem Schema jedoch nicht modellieren.

## 6. Vorschlag eines neuen Partitionierungsschemas

Wie in den vorrausgegangenen Kapiteln gezeigt wurde, ist keines der bekannten Partitionierungsschemata in der Lage, sowohl hierarchische Strukturen, als auch Mehrprozessor-Systeme in adäquater Weise zu beschreiben. Im Folgenden wird daher eine Weiterentwicklung des HIM-Schemas vorgeschlagen, das es erlaubt diese beiden Arten von Strukturen, sowie auch Mischformen davon, zu beschreiben.

### 6.1 Blöcke des vorgeschlagenen Schemas

Der Ausgangspunkt für die Beschreibung einer Rechner- bzw. Prozessorarchitektur ist, beim hier vorgestellten Schema, ein Block, der als Prozessor bezeichnet wird. Die Bezeichnung Prozessor ist hierbei in ihrer allgemeinsten Bedeutung zu verstehen, d.h. es kann sich hierbei um ein Mehrprozessor-System, einen einzelnen Mikroprozessor oder aber um ein einfaches Prozessorelement, wie es beispielsweise in Smart-Memory-Strukturen vorkommt, handeln.

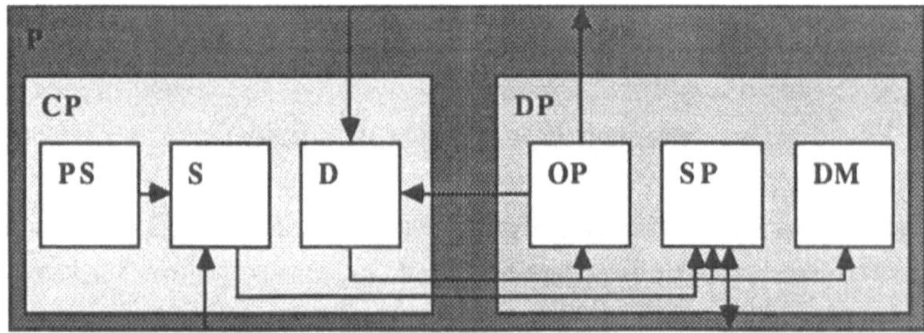


Abb. 11: Vorgeschlagenes Partitionierungsschema

Jeder Prozessor kann dabei aus den folgenden Teilen bestehen:

- Steuerteil (control part CP)
- Datenteil (data part DP)
- Takteinheit (timing part TP)

Ein Steuerteil kann in primitiver Form oder nicht-primitiver Form realisiert werden. Ein nichtprimitiver

Steuerteil besteht dabei aus einem oder mehreren Prozessoren, während ein primitiver Steuerteil aus folgenden Teilen bestehen kann:

- Programmspeicher (program store PS)
- Ablaufsteuerung (sequencer S)
- Dekodierer (decoder D)

Der Datenteil kann ebenfalls in primitiver oder nicht-primitiver Form vorliegen. Ein primitiver Datenteil hat die folgenden Bestandteile:

- Datenspeicher (data memory DM)
- E/A-Teil (switch part SP)
- Operationsteil (operative part OP)

Alle Bestandteile von primitiven und nicht-primitiven Steuer- und Datenteilen können selbst wiederum als Prozessoren realisiert sein. So kann beispielsweise der Datenspeicher als Prozessor beschrieben werden, der ein hierarchisches Speichersystem realisiert.

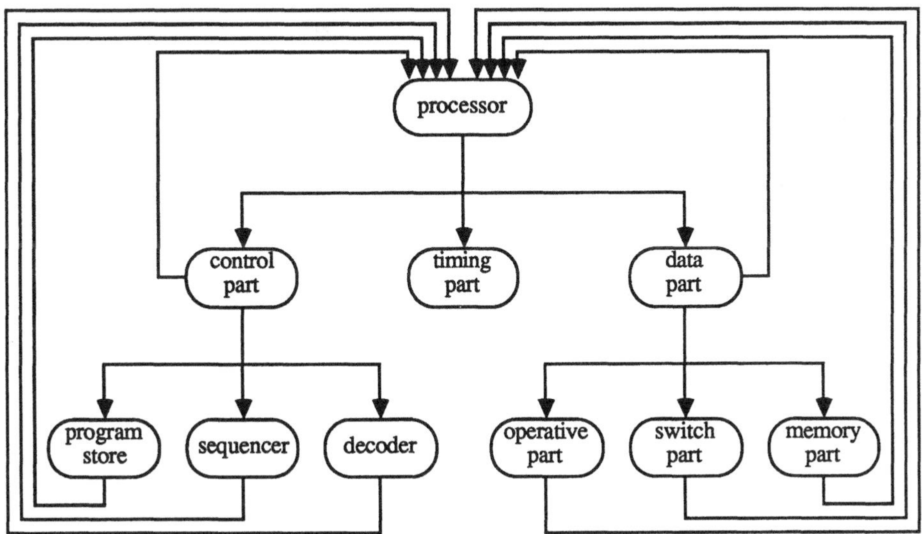


Abb. 12: Hierarchische Beziehungen zwischen Blöcken

Abb. 11 stellt einen einfachen Prozessor auf der Basis des vorgeschlagenen Schemas dar. Abb. 12 zeigt die hierarchischen Beziehungen zwischen den einzelnen Blöcken in graphischer Form.

Die Abbildungen 13 und 14 verdeutlichen die Flexibilität des vorgeschlagenen Schemas. Beide Abbildungen zeigen Modeller derselben Struktur, z. B. einer mikroprogrammierten Maschine. Hierbei kann die Struktur flexibel modelliert werden: in Abb. 13 wurde lediglich der Datenteil hierarchisch modelliert, während in Abb.

14 sowohl der Steuerteil als auch der Datenteil hierarchisch modelliert wurde.

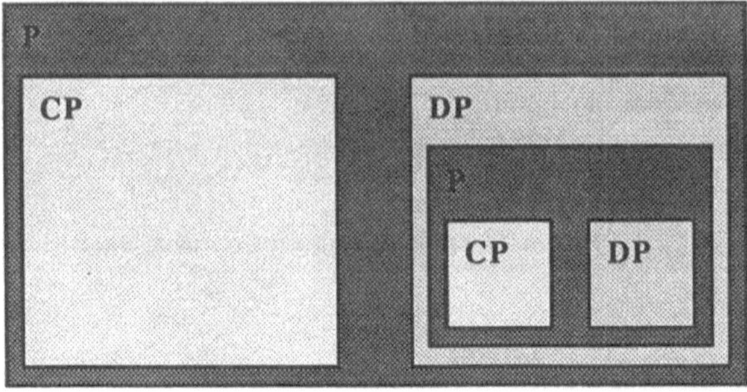


Abb. 13: Beispiel mit nichtprimitivem Datenteil

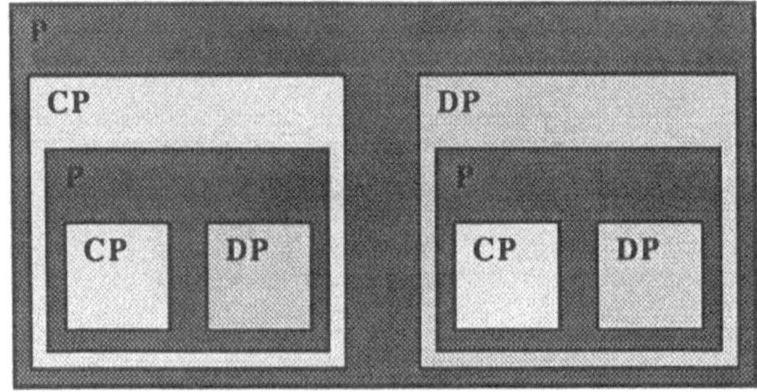


Abb. 14: Beispiel mit nichtprimitivem Kontroll- und Datenteil

Um eine genauere Spezifikation der Verbindungen zwischen den einzelnen Blöcken bzw. der Ports von Blöcken zu ermöglichen, können diese im vorgeschlagenen Schema mit Attributen versehen werden. Hierbei unterscheiden wir zwei Klassen von Attributen, nämlich:

- Richtung
- Informationsart

Es werden dabei die folgenden drei Richtungen unterschieden:

- Eingabeports/-verbindungen (input IN)
- Ausgabeports/-verbindungen (output OUT)
- bidirektionale Ports/Verbindungen (bidirectional BI)

Diese Verbindungen können die folgenden Arten von Informationen übertragen:

- Kontrollsignale (control)
- Datensignale (data)
- Statussignale (status)
- Master-Signale (master)
- Adressen (address)
- Taktsignale (timing)
- Ein-/Ausgabedaten (IO)
- nicht spezifizierte Signale (noattr)

## 6.2 Anwendung des vorgeschlagenen Schemas auf Smart-Memory-Strukturen

Die Flexibilität des vorgeschlagenen Schemas soll im Folgenden am Beispiel der Shuffle-Sort-Schaltung [SHUF] verdeutlicht werden.

Beim Entwurf komplexer Hardware-/Software-Systeme in einer VLSI-Entwurfsumgebung ist es in den frühen Phasen des Entwurfsprozesses meist nicht bekannt, wie groß der Anteil von Software in der endgültigen Lösung ist. Es ist sogar möglich, daß man mit einer reinen Softwarelösung beginnt, und die endgültige Lösung keine Software mehr enthält.

Ein Beispiel dafür ist die Methode der Parallelisierung der inneren Schleife, die normalerweise die Schleife eines Programms in eine sog. Smart-Memory-Struktur umwandelt. Diese Methode wurde bei der Entwicklung der Shuffle-Sort-Schaltung (einer integrierten Sortiererschaltung) aus der sequentiellen Spezifikation des Bubble-Sort-Algorithmus angewandt. Verglichen mit der Software- lösung, die als Spezifikation benutzt wurde, führte die Hardwarelösung, die als integrierte Schaltung mit ca. 500 speziellen Prozessorelementen realisiert wurde, zu einer Geschwindigkeitssteigerung um ca. sechs Größenordnungen.

Abb. 15 zeigt eine Gesamtübersicht der Shuffle-Sort-Schaltung. Auf der obersten Hierarchieebene besteht diese Schaltung aus einer globalen Steuereinheit, die zur Ansteuerung der speziellen Prozessorelemente dient, einer Takteinheit und dem Dateenteil, der die eigentliche Sortierer- schaltung enthält. Der Datenteil besteht aus einer globalen E/A-Einheit für das Ein- und Auslesen der zu sortierenden Daten und dem Operationswerk. Das Operationswerk ist ein lineares Array von speziellen Prozessorelementen, die die innere Schleife des Bubble-Sort-Algorithmus realisieren.

Jedes Prozesorelement besteht wiederum aus einem Steuerteil, in diesem Falle einem Dekodierer zur Erkennung der auszuführenden Operation, und einem Datenteil, bestehend aus Operationseinheit und E/A-Einheit. Der Operationsteil ist aus zwei Registern und einem Komparator aufgebaut. Die E/A-Einheit besteht aus acht Pass-Transisitoren, die das Austauschen der Registerinhalte untereinander (swap) und den Austausch der Registerinhalte mit den benachbarten Prozessorelementen ermöglichen. Eine detaillierte Beschreibung der Funktionsweise ist in [SHUF] zu finden.

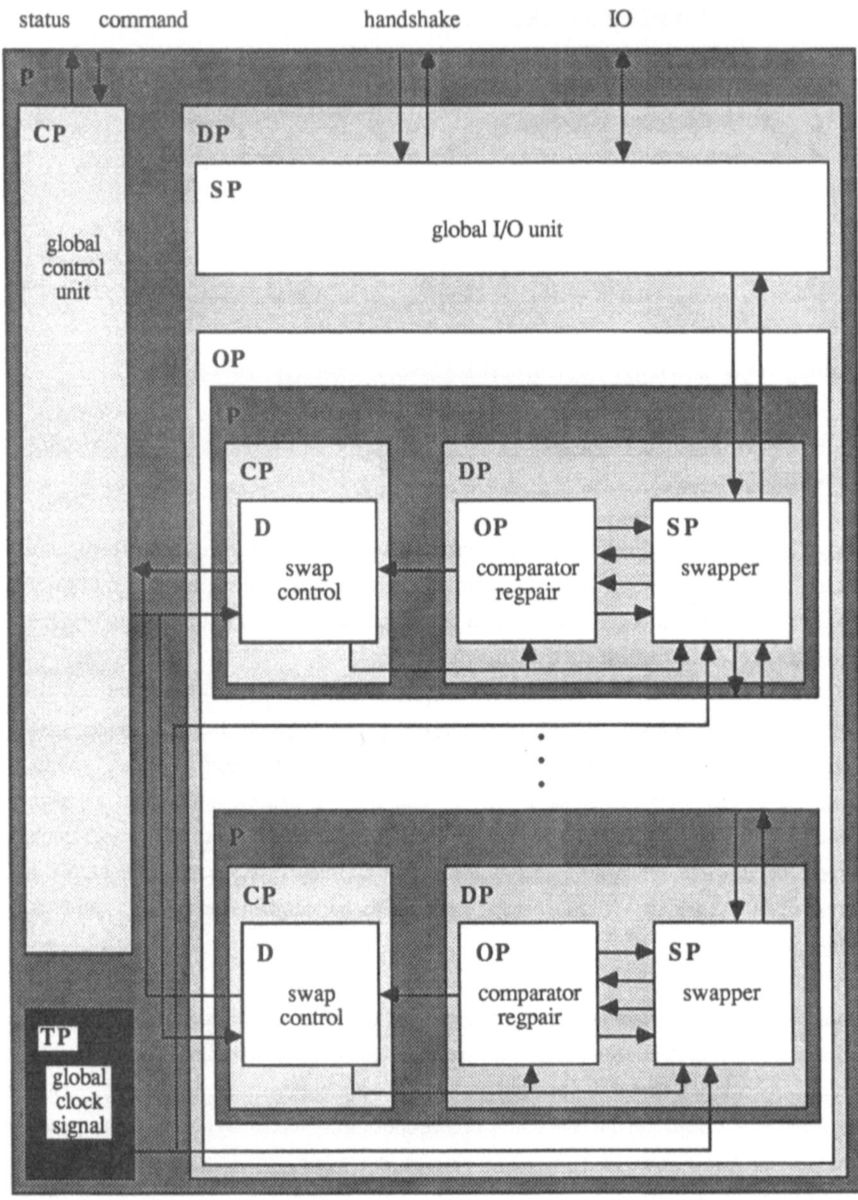


Abb. 15: Partitionierung der Shuffle-Sort-Schaltung

Das vorgestellte Beispiel hat gezeigt, daß mit dem vorgestellten Partitionierungsschema nicht nur parallele Strukturen (im Beispiel das Array von Prozessorelementen) und Hierarchien (Operations- einheit aus Prozessoren aufgebaut) beschrieben werden können, sondern auch Mischformen.

## 7. Zusammenfassung

Im vorliegenden Text wurden einige aus der Literatur bekannte Partitionierungsschemata für Prozessoren und ähnlich strukturierte Schaltungen verglichen. Diese dienten als Ausgangspunkt für die Entwicklung eines hier vorgestellten, universellen Schemas, das die Vorteile der bekannten Schemata vereinigt, aber eine wesentlich flexiblere Modellierung zuläßt. Das vorgeschlagene Schema ermöglicht die Beschreibung von hierarchischen und flachen Strukturen ebenso wie die Modellierung von Mischformen. Mit diesem Schema können auf unkomplizierte Weise auch parallele VLSI-Strukturen, wie z. B. systolische Arrays, beschrieben werden. Außerdem erlaubt es dieses Schema, die Verbindungen zwischen einzelnen Blöcken detailliert zu spezifizieren.

Das vorgestellte Schema ist einerseits sehr flexibel ist und andererseits wesentlich "hardwarenäher" ist als die Blockstrukturen gängiger Hardwarebeschreibungssprachen. Die bekannten Partitionierungsschemata, auf die im Text eingegangen wurde, können mit diesem Schema fast unverfälscht dargestellt werde. Daher bildet es eine gute Grundlage für die Entwicklung einer universellen Blockstruktur von Hardwarebeschreibungssprachen.

## 8. Legende

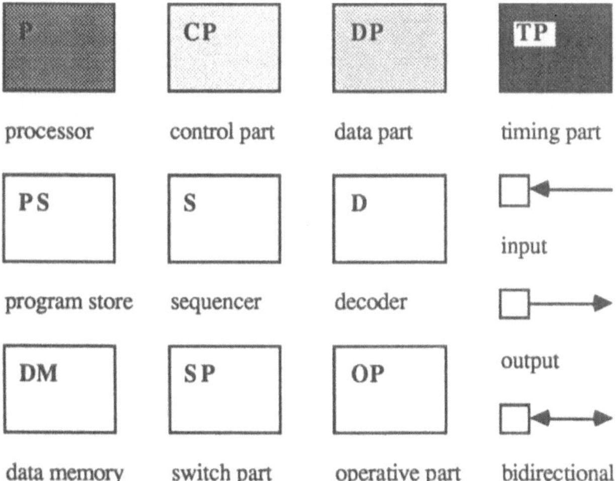


## 9. Literatur

[BARB] M. Barbacci: Instruction Set Processor Specification (ISPS): The Notation and Its Applications; IEEE-Trans.-Comp., January 1981.

[BNS] C. G. Bell, A. Newell, D. P. Siewiorek: Computer Structures:Principles amd Examples; McGraw Hill Book Company, 1982

[CAMP] R. Camposano: Synthesis Techniques for Digital System Design; Proc. IEEE - ICCD, 1984

[HAR0] R. Hartenstein: Fundamentals of Structured Hardware Design - A Design Language Approach at Register Transfer Level; North Holland / American Elsevier; Amsterdam / New York, 1977.

[HAR1] R. Hartenstein: Hierarchies of Interpreters for Modelling Complex Digital Systems; Proc. GI 3rd Ann. Conference, Hamburg, 1973; Springer-Verlag, Berlin / Heidelberg / New York, 1973.

[HAR2] R. Hartenstein: Increasing Hardware Complexity - A Challenge to Computer Architecture Education; ISCA 1 (1973); ACM, New York 1973.

[HAR3] R. Hartenstein: Microprogramming Concepts - a Step towards Structured Hardware Design; Micro 7 (1974), ACM New York, 1974.

[HAKO] R. Hartenstein, G. Koch: The Universal Bus Considered Harmful; in [HAZA].

[HAZA] R. Hartenstein, R. Zaks (eds.): The Microarchitecture of Computer Systems; North Holland Publishing Co./American Elsevier, Amsterdam/New York, 1975

[KOCH] G. Koch: Entwurf und CDL-Simulation einer HIM-strukturierten BASIC-Maschine; Diplomarbeit; Universität Karlsruhe 1974.

[NEU] A.W. Burks, H.H. Goldstine, J. v. Neumann: Preliminary Discussion of the Logical Design of an Electronic Computing Instrument; Pt. I, Vol. I, Institute for Advanced Study, Princeton, NJ, 1946.

[SHUF] W. Bastian, R. Hartenstein, W. Nebel: VLSI-Algorithmen: innovative Schaltungstechnik statt Software; VDI/VDE-GMR-tagung Mikroelektronik in der Automatisierungstechnik; VDI Bericht Nr. 550, Düsseldorf, 1985.

[WEG] P. Wegner: Data Structures for Programming Languages;SIGPLAN Notices vol. 6 (1971) no. 2

# Fachgespräch

## Graphik in der Elektrotechnik

Dieses Fachgespräch veranstaltet der Fachausschuß 4.1 – Graphische Datenverarbeitung – der GI. Der Fachausschuß 4.1 verfolgt das Ziel, Entwicklung und Einsatz der Graphischen Datenverarbeitung zu fördern. Hierzu gehört auch das Durchführen von Veranstaltungen. Das Fachgespräch Graphik in der Elektrotechnik soll einen Überblick geben über die vielfältigen Beziehungen zwischen diesen Gebieten, wobei der Schwerpunkt darauf liegen soll, wie die Ergebnisse der Graphischen Datenverarbeitung umgesetzt werden können in industrielle Anwendungen. Dabei sollen auch die Teile der Elektrotechnik herausgestellt werden, bei denen die Einsatzmöglichkeiten von Graphik noch nicht so bekannt sind, wie dies bei VLSI schon der Fall ist.

In diesem Fachgespräch werden in 9 Vorträgen die Themen

- Schnittstellen
- graphische Benutzeroberflächen
- Systeme zur Erstellung von Schaltungsunterlagen

behandelt.

**Programmkomitee für dieses Fachgespräch:**

O. Abeln (BBC, Mannheim), B. Cramer (Technische Hochschule Darmstadt), R. Dierstein (DFVLR, Oberpfaffenhofen), P. Egloff (GMD, Berlin), W. Fischer (AEG, Frankfurt), J. Gerlach (SEL, Stuttgart), R. Hartenstein (Universität Kaiserslautern), **M. Herzog** (Siemens AG, Erlangen, Vorsitz), D. Krömker (Fraunhofergesellschaft, Darmstadt), H. Niggemann (mbp, Dortmund)

# Visualisierung und Steuerung technischer Prozesse mit einer graphisch-interaktiven Benutzungsoberfläche

*P. Astheimer, M. Frühauf, M. Göbel, K. Karlsson*

Fraunhofer Gesellschaft
Arbeitsgruppe Graphische Datenverarbeitung
Wilhelminenstraße 7
D-6100 Darmstadt

## 1. Einführung

Zahlreiche technische Prozesse - z.B. in Energieversorgungsunternehmen oder Produktionsbetrieben - werden vom Menschen in einer Leitwarte gesteuert, geregelt und überwacht. Dabei bildet der Mensch mit dem technischen Prozeß einen Regelkreis, in dem dieser auf akustische und optische Reize des ihn unterstützenden Prozeßleitsystems reagiert und nach Verarbeitung und Wertung der dargebotenen Informationen in den Prozeß steuernd eingreifen kann. Die Funktionen des Prozeßleitsystems werden mit einer Benutzungsoberfläche in eine graphisch-interaktive Benutzerschnittstelle abgebildet, die dem Menschen eine ihm angemessene Prozeßführung ermöglicht. Die Benutzungsoberfläche ist dabei ein Satz von Werkzeugen, mit denen Anwendungsfunktionen, d.h. hier die Funktionen des Prozeßleitsystems, graphisch repräsentiert und bedient werden können. Mit einer Benutzungsoberfläche lassen sich auf den gleichen Anwendungsfunktionen über die Programmierschnittstelle mehrere Benutzerschnittstellen realisieren (Abbildung 1). Dabei ist es wichtig, daß die zum Teil unüberschaubare Vielzahl einzelner Prozeßinformationen durch geeignete Repräsentationsmethoden in einer für den Prozeßbediener übersichtlichen Form zusammengefaßt werden. Für bestimmte Personenklassen wie gelegentliche Bediener und bestimmte, selten vorkommende Prozeßsituationen wie Hoch- oder Herunterfahren von Prozessen sowie unvorhersehbare Störfälle sind weitergehende Hilfen notwendig, die nur ein intelligentes System bieten kann.

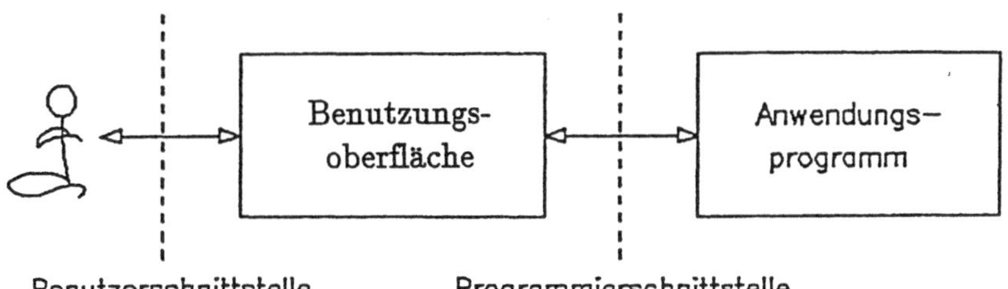


*Abbildung 1: Benutzungsoberfläche*

## 2. Zielsetzung

Ziel der in der Fraunhofer-Arbeitsgruppe unternommenen Arbeiten war es, eine graphisch-interaktive Benutzerschnittstelle zu konzipieren, mit der ein Prozeßleitsystem bedient werden kann. Dazu war es nötig, die erforderlichen Anwendungsfunktionen des Prozeßleitsystems zu identifizieren und festzulegen. Um das Gesamtsystem allgemeingültig zu halten, war es außerdem erforderlich, Teilsysteme mit ihren Schnittstellen herauszulösen und eine anwendungsunabhängige Prozeßdatenbasis zu modellieren. Darüberhinaus sollten wesentliche Teile der Benutzerschnittstelle mit den dazugehörigen Anwendungsfunktionen in einem Prototyp implementiert werden.

Folgende Forderungen werden an ein solches System gestellt:

a) Die graphische Darstellung der zu leitenden technischen Anlage soll im Gegensatz zu den meisten bisher im Einsatz befindlichen Systemen mit **Vollgraphik** erfolgen. Dadurch soll die Qualität der Darstellungen und damit die Benutzerfreundlichkeit verbessert werden. Die dazu erforderliche erhöhte Rechenleistung soll nicht die Performanz des Systems beeinträchtigen.

b) Die Benutzungsoberfläche soll mit **Fenstertechnik** ausgestattet sein, um der herkömmlichen parallelen Arbeitsweise der menschlichen Bediener mit der Nachgestaltung einer Schreibtischoberfläche entgegenzukommen. Die Verwendung mehrerer Fenster erlaubt die gleichzeitige Darstellung eines Anlagenteils in mehreren Komplexitätsstufen oder die gleichzeitige Darstellung verschiedener Anlagenteile. Die Fenstertechnik ermöglicht zudem die Assoziation unterschiedlich gestalteter Fenster mit bestimmten Prozeßzuständen und Bedienaktionen und trägt so zu einer einfacheren Handhabung des Systems und verbesserter Wahrnehmung als Grundlage für schnelle, reflexartige Reaktionen der Bediener bei.

c) Die Verwendung von **Standards** im Bereich der Graphik erhöht die allgemeine Verwendbarkeit des Gesamtsystems. Durch die Unabhängigkeit graphischer Standards von Gerätehardware kann die Auswahl der Geräte für eine Konfiguration an die aktuelle technische Entwicklung, die Marktsituation und die aktuellen projektspezifischen Anforderungen angepaßt werden.

d) Zur Sicherung einer zufriedenstellenden Leistungsfähigkeit soll das Gesamtsystem **verteilt** auf einer Multirechner-Architektur ablaufen, insbesondere soll die Generierung und die unter Umständen sehr umfangreiche Datenhaltung der Graphik lokal auf Bedienstationen geschehen können.

e) Das System soll für **verschiedene Anwendungen** und Einsatzbereiche geeignet sein. Dies wird durch die Modellierung einer anwendungsunabhängigen Prozeßdatenbasis und der dazu erforderlichen Schnittstellen erreicht.

f) Anwendungsspezifische Funktionen sollen nachträglich auf einfache Art in das System eingefügt werden können. Damit soll die **Erweiterbarkeit** und Anpaßbarkeit des Systems an sich ändernde Umgebungsbedingungen gewährleistet werden.

g) Das System soll **unabhängig** von der Fernwirkperipherie sein, d.h. die Fernwirkperipherie unterschiedlichster Hersteller soll an das System anschließbar und verarbeitbar sein.

h) Zur Einbeziehung der zukünftigen Entwicklung auf dem Gerätemarkt soll das System weitgehend **geräteunabhängig** sein. Damit kann das Gesamtsystem auf billigere und leistungsfähigere Hardware portiert werden, wenn diese verfügbar wird.

i) In das System ist ein **Schutz- und Berechtigungssystem** einzubeziehen, das die Zugriffsberechtigungen der Bediener auf Prozeßdaten (access control lists) und die verfügbaren Dienste (capability lists) regelt.

j) Die in den vorstehenden Punkten enthaltenen Forderungen sollen in einem **Prototyp** verwirklicht werden, der wesentliche Funktionen des Prozeßleitsystems enthält. Mit diesem Prototyp sollen Gestaltungsmöglichkeiten bei der Verwendung von Fenstertechnik und Vollgraphik demonstriert werden, Benutzungsoberflächen auf ihre Verwendbarkeit in dieser Anwendung untersucht werden und die Konzeption bezüglich ihrer industriellen Einsatzfähigkeit bewertet werden.

## 3. Architekturmodell eines Prozeßleitsystems

Ein Prozeßleitsystem wird durch die nachstehend beschriebene Architektur modelliert. Diese dient als Grundlage der bei der Konzeption angestellten Überlegungen.

In der technischen Anlage sind an den relevanten Stellen des zu leitenden Prozesses Sensoren und Aktoren angebracht, die Meßwerte des Prozesses liefern oder Stell- oder Regelbefehle ausführen. Ihre Daten repräsentieren den augenblicklichen Zustand des Prozesses und sind in einem Prozeßknoten über Fernwirkprotokolle einer rechnergestützten Bearbeitung zugänglich. Ein Prozeßknoten enthält eine anwendungs- und technikabhängige und eine anwendungs- und technikunabhängige Datenbasis, deren Bezug zueinander durch geeignete Umsetzungsverfahren (Treiber) hergestellt wird. Die Allgemeingültigkeit des Systems hängt entscheidend von der Modellierung der Prozeßdatenbasis und der Definition der Schnittstelle und den Zugriffsverfahren auf sie ab. Auf dieser Prozeßdatenstruktur kann nun ein anwendungs- und technikunabhängiges Prozeßleitsystem aufgesetzt werden, das dem Anwender eine Reihe von Diensten zur Manipulation dieser Strukturen zur Verfügung stellt. Je nach Bedarf kann das Prozeßleitsystem auf die unterschiedlichen Anforderungen, auch dynamisch, konfiguriert werden.

Die Abbildungen 2.1 bis 2.4 zeigen verschiedene Architekturvarianten, bei denen den Dienstknoten das Visualisierungs- und Bediensystem und den Prozeßknoten die Funktionen des Prozeßleitsystems zugeordnet sind.

Abbildung 2.1 zeigt die Minimalvariante, bei der sämtliche Teile des Prozeßleitsystems einem einzigen Rechnerknoten zugeordnet sind, d.h. es existiert auch nur ein Bedienplatz. Der Rechnerknoten wird hier im allgemeinen eine Workstation sein.

In Abbildung 2.2 sind an dem Prozeßknoten über ein Kommunikationsmedium (LAN) mehrere Dienstknoten angeschlossen, so daß mehrere Bedienplätze gleichzeitig zur Verfügung stehen.

Abbildung 2.3 zeigt ein verteiltes Prozeßleitsystem, bei dem die Prozeßdatenbasis auf mehrere Prozeßknoten verteilt ist. Hierbei ist in einem Prozeßknoten genau der Teil der Prozeßdatenbasis enthalten, der die an diesen Knoten angeschlossenen Sensoren und Aktoren repräsentiert.

Wenn Teile der Anlage örtlich weiter auseinanderliegen, werden diese Teile durch lokale (verteilte) Prozeßleitsysteme erfaßt und über ein Kommunikationsmedium (WAN) zu einem Ganzen verbunden. Die Kommunikation ist aus Geschwindigkeitsgründen durch Datenreduktion und -verdichtung gekennzeichnet. Die Bedienung des Gesamtsystems geschieht über Dienstknoten, die direkt am WAN angeschlossen sind oder über Dienstknoten eines lokalen Prozeßleitsystems (Abbildung 2.4).

Die Dienstknoten sind mit Workstations oder PCs konfigurierbar, die Prozeßknoten mit Prozeßrechnern. Redundanz kann durch Vervielfachung der Komponenten Prozeßknoten, Dienstknoten und der Kommunikationsmedien erreicht werden.

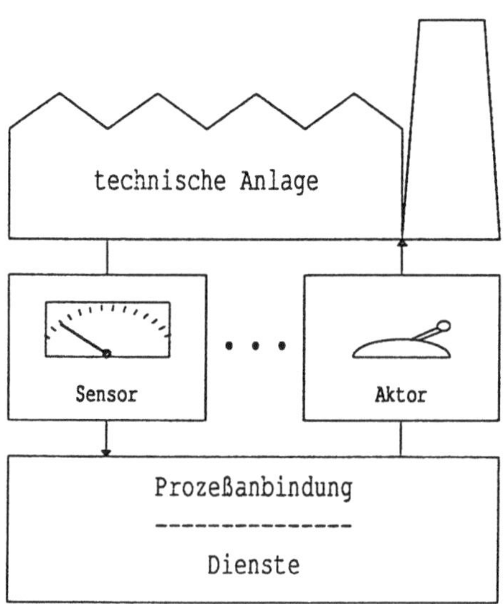


*Abbildung 2.1: Minimalvariante*

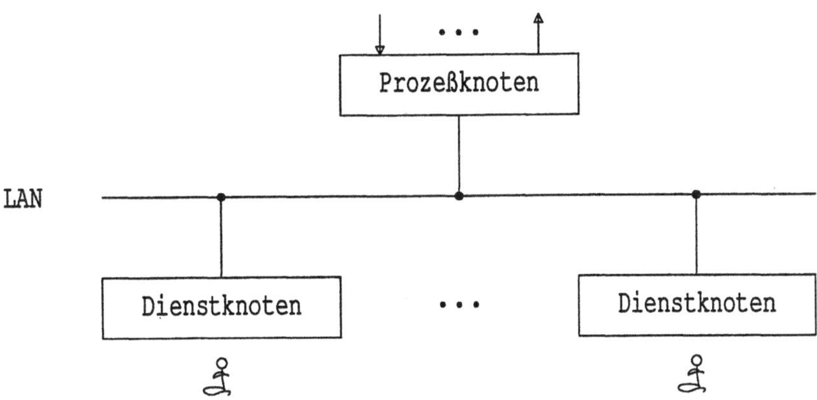


*Abbildung 2.2: lokales Prozeßleitsystem*

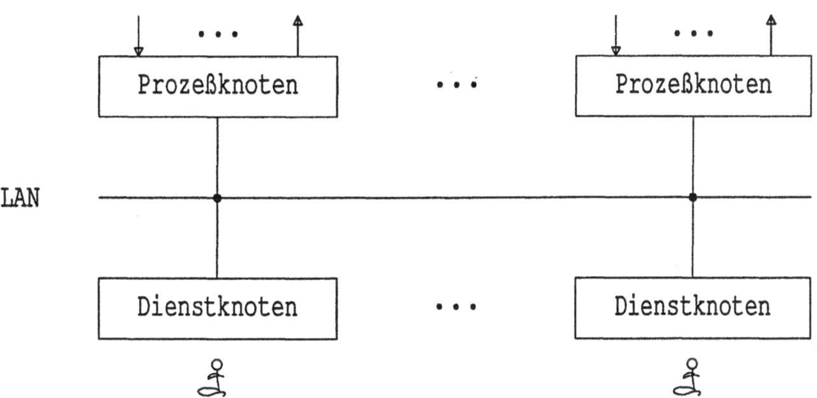


*Abbildung 2.3: lokales, verteiltes Prozeßleitsystem*

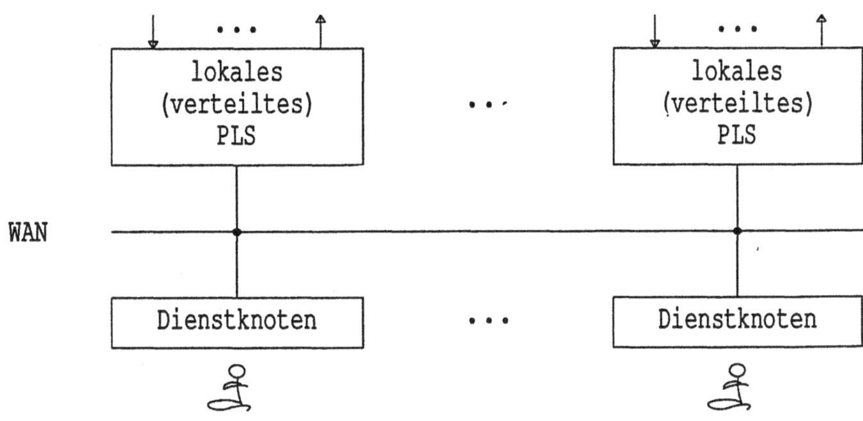


*Abbildung 2.4: globales Prozeßleitsystem*

Abbildung 3 zeigt die Verteilung der Dienste (eckige Rahmen) und Daten (runde Rahmen) auf Prozeß- (oberer Teil) und Dienstknoten (unterer Teil) und ihren Zusammenhang untereinander. Die Kommunikation zwischen diesen beiden Teilen geschieht typischerweise durch ein Nachrichtensystem.

In den Dienstknoten werden den Anwendern in der graphisch-interaktiven Benutzerschnittstelle eine Reihe von Diensten angeboten, deren Funktionalität teils in den Dienst- und teils in den Prozeßknoten liegt:

- Login (Bekanntmachen der Benutzer im System und Überprüfung ihrer Privilegien)
- Administration (Verwaltung der Benutzereinträge)
- Projektierung (Verwaltung der Prozeßdatenbasis)
- Simulation (Simulation der Prozeßdatenbasis)
- Konfiguration (Verwaltung der Prozeßvisualisierung)
- Visualisierung und Bedienung (Prozeßführung)

Neben der Prozeßdatenbasis, der Graphischen Datenbasis und der Methodenbasis existieren die weiteren Datenbasen:

Die **Benutzerbasis**: Es werden fünf Benutzerklassen unterschieden, die zugeordneten Rechte sind jeweils in Klammern angegeben:
- Super User (alle Dienste)
- Prozeßdateneditor (Projektierung)
- Bildeditor (Konfiguration)
- Prozeßbeobachter (Visualisierung und Bedienung)
- Prozeßleiter (Visualisierung und Bedienung, Simulation)

In der Benutzerbasis ist jeder Benutzer entsprechend seiner Klasse, die die Nutzungsrechte für die einzelnen Dienste und die Zugriffsrechte auf die einzelnen Prozeßvariablen definiert, eingetragen.

Die **Gerätebasis**: Hier sind die im System vorhandenen Bedienstationen und Leitrechner eingetragen. Sie spiegelt zu jedem Zeitpunkt die aktuelle Betriebs- und Systemkonfiguration und die aktiven Dienste wider. Mit Hilfe dieser Gerätebasis wird die Verteilung des Datenstromes von der Prozeßdatenbasis auf die einzelnen Bedienstationen und umgekehrt geregelt.

Die **Archivdatenbasis**: Mit Hilfe dieser Daten können z.B. Protokolle, Trenddiagramme, Lastverteilungen oder Statistiken des Prozesses für bestimmte vergangene Zeitabschnitte erstellt werden.

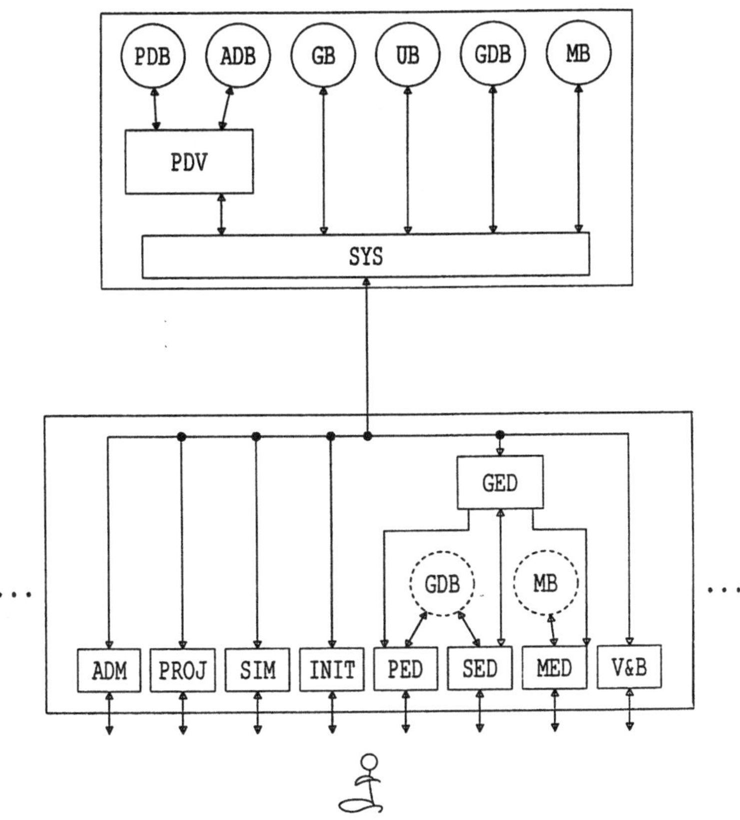


| | | | |
|---|---|---|---|
| PDB | Prozeßdatenbasis | GED | Graphikeditor |
| ADB | Archivdatenbasis | ADM | Administration |
| GB | Gerätebasis | PROJ | Projektierung |
| UB | Benutzerbasis | SIM | Simulation |
| GDB | Graphische Datenbasis | INIT | Initialisierung, Login |
| MB | Methodenbasis | PED | Editor für Pozeßbilder |
| PDV | Prozeßdatenverarbeitung | SED | Editor für Prozeßsymbole |
| SYS | Systemverwaltung | MED | Editor für Visualisierungsmethoden |
| V&B | Visualisierung und Bedienung | | |

*Abbildung 3: Softwarearchitektur*

## 4. Modellierung der Prozeßdatenbasis

Die Prozeßdatenbasis spiegelt den Zustand des technischen Prozesses wider. Der Zustand eines Prozesses wird durch Sensoren erfaßt und mit Aktoren verändert. Ein anwendungsunabhängiger

Teil der Prozeßdatenbasis abstrahiert in der Datenstruktur "Prozeßvariable" von den Eigenschaften der Meßwerterfassung und -übertragung sowie der Kommandoübertragung und -ausführung (Eigenschaften der Übertragung sind die Art der Datenkodierung, die Übertragungsart, die Fehlererkennung und -beseitigung usw.), die in einem anwendungsabhängigen Teil in der Datenstruktur "Informationspunkt" enthalten ist. Dieses führt zu einer anwendungsunabhängigen Schnittstelle zu der Prozeßdatenbasis. Zu jedem Informationspunkt gibt es eine Bearbeitungsvorschrift, die die Abbildung eines technologieabhängigen Datensatzes (Informationspunkt) zu einem technologie- und anwendungsunabhängigen Datensatz (Prozeßvariable) definiert.

Es existiert eine zentrale Prozeßdatenbasis. Zur Erhöhung der Ausfallsicherheit des Systems kann eine Kopie der Prozeßdatenbasis auf einem anderen Rechner gehalten werden. Diese Kopie muß in bestimmten, möglichst kleinen Zeitintervallen aktualisiert werden. Der Zugriff von den Bedienstationen erfolgt über ein LAN.

Die Prozeßdatenbasis wird durch die Einführung von Klassen von Prozeßvariablen strukturiert; eine Klasse ist eine gemeinsame Abstraktion für gleiche oder ähnliche Sensoren/Aktoren. Ausprägungen dieser Klassen sind die Prozeßvariablen. Durch die Klasseneigenschaften sind der Typ, die physikalische Einheit des Meßwertes oder Kommandos, sowie mögliche diskrete Werte (Wertemenge) oder der Wertebreich und mögliche Zustände (Zustandsliste) der Prozeßvariablen dieser Klasse definiert.

Typen von elementaren Prozeßvariablen sind:

- Eingang stetig
- Eingang diskret
- Ausgang stetig
- Ausgang diskret

Bidirektionale Informationspunkte (Eingang und Ausgang) werden durch zwei Prozeßvariable anwendungsunabhängig dargestellt. Prozeßvariablen erben eine Liste von möglichen Zuständen aus der jeweiligen Klassendefiniton. Stetige Prozeßvariablen erben einen Wertebereich, diskrete Prozeßvariablen eine Wertemenge. Ein Wertebereich ist ein Intervall von Gleitpunktzahlen, eine Wertemenge, wie auch eine Zustandsliste, ist eine Menge von über Namen identifizierbare Zustände. Diskrete Werte und Zustände sind also in einer dem Benutzer unmittelbar verständlichen Form abgelegt, müssen daher nicht dekodiert werden und sind frei wählbar.

Eine Prozeßvariable ist für den Benutzer durch einen Namen und für das System durch eine interne Nummer eineindeutig identifizierbar.

In jeder Prozeßvariablen ist stets der aktuelle Zustand des zugeordneten Informationspunktes abrufbar. Mögliche Zustände sind z. B. "außer Betrieb", "kritisch" oder "simuliert". In Prozeßvariablen vom Typ Eingang ist der aktuelle Meßwert eingetragen. In Prozeßvariablen vom Typ Aus-

gang wird das aktuelle Kommando gepuffert und das davor ausgeführte Kommando gespeichert, um eine "undo"-Funktion realisieren zu können.
Zur Regulierung des Datenstromes zwischen der Prozeßdatenbasis und den Bedienstationen werden die Prozeßvariablen mit den Attributen Benutzerklasse, Anfrage, Priorität, Alarmbild und Archivierung versehen.

**Benutzerklasse**: Mit Hilfe dieses Eintrags kann überprüft werden, ob ein bestimmter Benutzer einen bestimmten Meßwert erfragen oder ein bestimmtes Kommando geben darf oder nicht.

**Anfrage**: Ist dieses Attribut gesetzt, wird jede Änderung dieser Prozeßvariablen auf der Bedienstation angezeigt.

**Priorität**: Dieses Attribut gibt an, mit welcher Priorität die Werte dieser Prozeßvariablen bei hoher Belegungsdichte des LAN transportiert werden sollen.

**Alarmbild**: Dieser Eintrag benennt ein Bild, das im Falle des Erreichens eines kritischen Zustands dieser Prozeßvariablen an der Bedienstation erscheinen soll.

**Archivierung**: Ist dieses Attribut gesetzt, werden Änderungen des Wertes oder des Zustands dieser Prozeßvariablen mit dem Zeitpunkt der Änderung in einer Archivdatenbasis eingetragen.

Zur Zusammenfassung mehrerer Informationspunkte zu einer Information (Datenkompression) bzw. zur Erteilung einer Information an mehrere Informationspunkte (Datenexpansion) können mehrere Prozeßvariablen zu einer neuen Prozeßvariablen verknüpft werden (Abbildung 4). Dazu werden Regeln benötigt, die festlegen, wie die Zustände der einzelnen Prozeßvariablen zu einem neuen Zustand, wie diskrete und stetige Meßwerte zu einem neuen Wert zu verknüpfen und wie stetige und diskrete Kommandos zu verteilen sind. Aus der Sicht des Benutzers besteht kein Unterschied zwischen direkt einem Informationspunkt zugeordneten Prozeßvariablen (PV) und verknüpften Prozeßvariablen (PV*).

Zur Definition der Regelstruktur läßt sich eine Grammatik formulieren. Regeln bestehen aus Variablen und Operatoren. Variable sind Zustände, Werte und Kommandos von Prozeßvariablen. Operatoren sind z. B. reine Verknüpfungsoperatoren ("ODER" und "UND"), Operatoren, die eine Ordnung definieren ("<", ">", "=", ...) oder die Negation einer Variablen. Dazu müssen die Definitionen der Operatoren teilweise erweitert werden (Bsp.: die Zustandsliste oder die Wertemenge haben mehr als zwei Einträge), d. h. man muß Definitionen für Operatoren aus einer mehrwertigen Algebra verwenden.

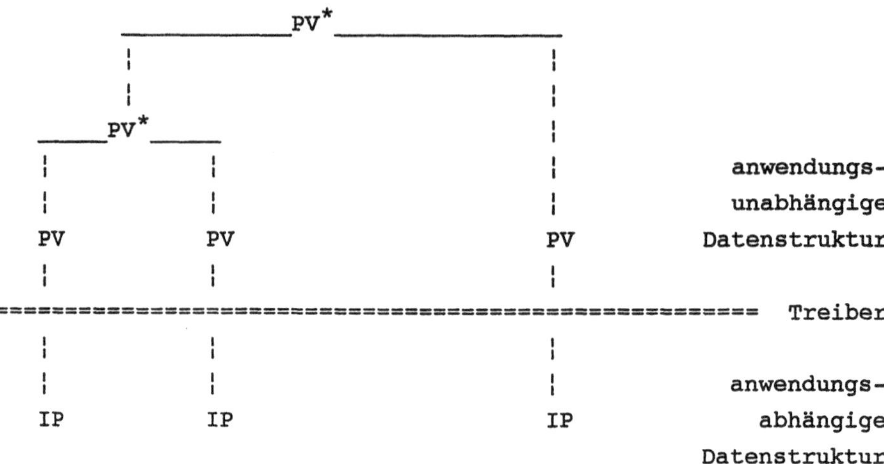


*Abbildung 4: Verknüpfung von Prozeßvariablen*

Regeln sind reguläre Ausdrücke, die bei der Projektierung erstellt werden. Die Regeln werden von einem Parser auf syntaktische Korrektheit überprüft, dabei wird dem Benutzer ggf. Hilfe zur Regelsyntax angeboten. Ferner müssen die Verknüpfungsregeln auf semantische Korrektheit überprüft werden, d. h. es muß z. B. untersucht werden, ob die Verknüpfung frei von Zykeln ist oder ob Alarmzustände übergangen werden.

Bei der Erstellung der Prozeßdatenbasis für eine bestimmte Applikation müssen die Vorschriften zur Abbildung der Meßwerte der Eingangsvariablen auf deren Zustände spezifiziert werden. Auch die hierzu benötigten Regeln (Zustandsregeln) können durch eine Grammatik definiert werden. In dieser Grammatik werden zusätzlich Konstanten eingeführt. Eine Konstante aus dem Wertebereich einer Prozeßvariablen stellt dann z. B. einen Grenzwert dar, ab dem der Zustand "kritisch" angenommen wird. Außerdem können Zustände natürlich auch direkt durch den zugehörigen Informationspunkt gesetzt werden.

Zur automatischen Steuerung von Prozessen müssen Ausgangsvariablen unmittelbar durch Eingangsvariablen geregelt werden. Gegenstand dieser Arbeit ist die Steuerung technischer Prozesse durch den Benutzer, daher wird hier auf den Benutzer ausschließende Steuerungsprozesse (closed loop) durch unterstützende Systeme nicht näher eingegangen.

Die **Projektierung** umfaßt das Erstellen der Prozeßdatenbasis. Diese Datenbasis kann "online", d.h. wenn das Prozeßleitsystem bereits im Einsatz ist, verändert und erweitert werden. Das Erstellen der Prozeßdatenbasis umfaßt im einzelnen:

- die Definition von Klassen

- die Definition von Prozeßvariablen
- das Binden von Prozeßvariablen an Informationspunkte
- das Definieren von Zustandsregeln
- das Verknüpfen von Prozeßvariablen
- das Definieren von Verknüpfungsregeln

Zu Test- und Schulungszwecken kann das Prozeßleitsystem "offline" betrieben werden, d.h. die Prozeßdatenbasis kann von den Informationspunkten abgekoppelt werden. Die Werte und Zustände der Eingangsvariablen in der Prozeßdatenbasis können mit Hilfe des Dienstes **Simulation** an einer Bedienstation verändert werden.

Der Dienst **Administration** umfaßt die Verwaltung der Benutzerbasis mit dem Eintragen und Löschen von Benutzern.

## 5. Konfigurierung der Prozeßvisualisierung

Die Konfigurierung des Systems für die Prozeßvisualisierung bezüglich einer Anwendung besteht aus einer Reihe von Editoren, die folgende Datenstrukturen bearbeiten:

- Prozeßsymbole
- Prozeßbilder
- Prozeßbildstrukturen
- Verknüpfung mit dem Prozeß
- Visualisierungsmethoden

Bei der Prozeßvisualisierung wird angenommen, daß das Abbild der technischen Anlage auf mehreren Detaillierungsstufen dargestellt wird, die wiederum aus Gründen der Komplexität und Übersichtlichkeit in mehrere Einzelbilder zerlegt werden. Jedes dieser Prozeßbilder zeigt also einen Teil der Anlage auf einem bestimmten logischen Abstraktionsgrad. Sie sind untereinander durch bestimmte Relationen verknüpft, die Nachbarbilder innerhalb einer Detaillierungsebene oder zwischen den Ebenen (Zoom-in bzw. Zoom-out) verbinden (Abbildung 5). Die Verwendung von Zoom-in bzw. Zoom-out in Verbindung mit dem graphischen Verfahren der Skalierung von Bildern oder Teilbildern ermöglicht es, auf recht einfache Art ein sogenanntes cluttering/decluttering zu realisieren, d.h. Darstellung von Detailinformationen bei graphischer Vergrößerung und von Übersichtsinformationen bei Verkleinerung.

Ein Prozeßbild besteht aus einem statischen Hintergrundbild und einem dynamischen Vordergrundbild. Das Vordergrundbild besteht aus Prozeßsymbolen, die mit dem Prozeß verknüpft sind und den augenblicklichen Zustand des durch sie visualisierten Ausschnittes des Prozesses repräsentieren. Das Hintergrundbild stellt die Prozeßsymbole in einen Kontext, indem zusätzliche, nicht erfaßte Teile als Zusatzinformationen und zur Orientierung der Bediener dargestellt werden.

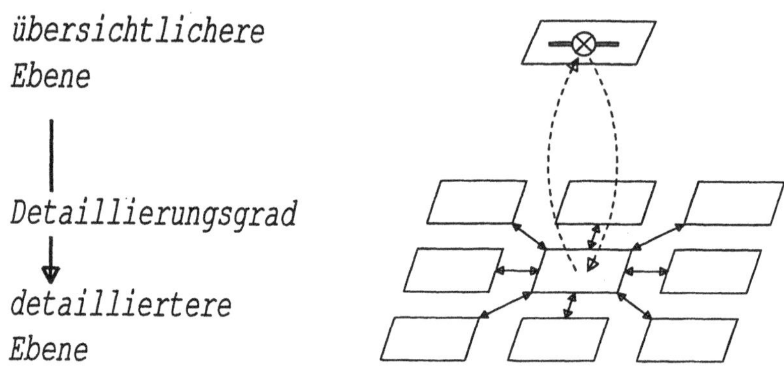


*Abbildung 5: Prozeßbildstrukturen*

Die Verknüpfung mit dem Prozeß geschieht durch die Identifizierung eines Prozeßsymbols in einem Prozeßbild und die Angabe der damit zu verknüpfenden Prozeßvariablen mit ihren Visualisierungsmethoden (Abbildung 6).

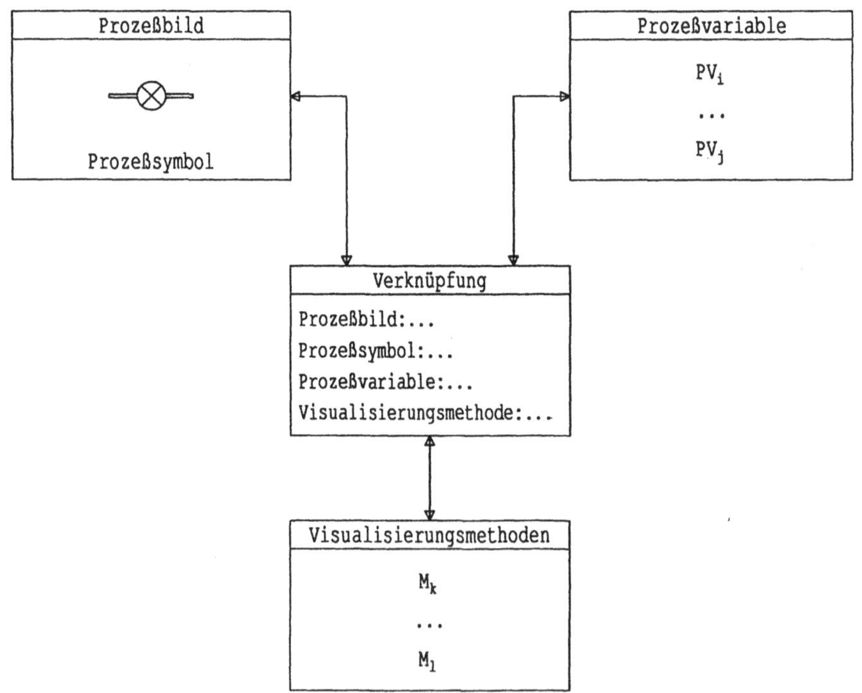


*Abbildung 6: Verknüpfung mit dem Prozeß*

Durch die Visualisierungsmethoden wird die Umsetzung der Prozeßdaten in graphische Informationen spezifiziert. Die Methoden sind an Klassen von Prozeßvariablen gebunden, in denen der Zustands- und Definitionsbereich sowie der Typ festgelegt ist. Die Definition einer Methode geschieht durch das Ausfüllen einer Tabelle, in der jedem Zustand, jedem Wert oder Wertebereich in dieser Klasse und jeder Bedienung eine graphische oder akustische Repräsentation zugeordnet wird. Diese Zuordnung kann zu einem anderen Symbol, graphischen Attributen, der Darstellung des Wertes oder akustischen Ausgaben erfolgen (Abbildung 7). Außerdem kann bei Auftreten eines bestimmten Zustandes oder der Annahme eines bestimmten Wertes zusätzlich eine erforderliche Bedienung als Benutzerreaktion definiert werden (typisch: Quittung auf Alarmzustand). Bei einer Klasse von Prozeßvariablen mit stetigem Typ muß der Definitionsbereich zuerst in diskrete Intervalle zerlegt werden, um diesen Intervallen dann etwas zuordnen zu können. Zu einer Klasse von Prozeßvariablen können mehrere Methoden existieren.

| | Zustände | Definitionsbereich | (Bedienung) |
|---|---|---|---|
| Symbol | | | |
| Attribute | | rot | |
| Wert | ... | digital | ... |
| Akustik | | Hupe | |
| (Bedienung) | | Quittung | |

*Abbildung 7: Visualisierungsmethode*

## 6. Prozeßvisualisierung und -steuerung mit einer graphisch-interaktiven Benutzungsoberfläche

Die technische Anlage ist in eine hierarchische Struktur von Bildern abgebildet. Auf der obersten Ebene ist die Anlage übersichtlich dargestellt mit globalen Informationen, auf der untersten Ebene sind die einzelnen Details zu finden. Beispielsweise kann eine Anlage in den Stufen Gebäude - Raum - Maschine abgebildet werden. Zur Navigation in dem Abbild des Prozesses stehen dem Benutzer folgende Funktionen zur Verfügung:

- Zoom-in, d.h. der Übergang in eine detailliertere Ebene. Durch die Identifizierung eines Symbols in dem Anlagenbild (z.B. durch Anpicken mit der Maus) wird ein neues Bild aufgeschaltet, das diesen Anlagenteil detaillierter darstellt.
- Zoom-out, d.h. der Übergang in eine übersichtlichere Ebene.
- Übergang in ein Nachbarbild auf derselben Ebene durch Angabe einer Richtung.

- Quereinstieg. Während die ersten drei Funktionen eine schrittweise Navigation erlauben, bietet der Quereinstieg die Möglichkeit, das gewünschte Anlagenbild direkt aufzuschalten. Der Benutzer kann dabei als Eingabe entweder den Bildnamen oder den Namen einer Prozeßvariablen angeben.

Die auf dem Bildschirm aufgeschalteten Anlagenbilder werden ständig aktualisiert und zeigen zu jeder Zeit den augenblicklichen Zustand des Prozesses gemäß den Visualisierungsmethoden. Die Verwendung mehrerer Fenster erlaubt die gleichzeitige Darstellung eines Anlagenteils in mehreren Detaillierungsstufen oder die gleichzeitige Darstellung verschiedener Anlagenteile. Es ist weiterhin möglich, andere Informationen neben den Anlagenbildern zu präsentieren, z.B. die historischen Meßwerte einer Prozeßvariablen in graphischer Form, was für eine Fehlerdiagnose oder für die Einstellung der Regelparameter hilfreich ist.

Es stehen die üblichen Fensteroperationen zur Verfügung wie Verschieben, Vergrößern, Verkleinern eines Fensters, Scrolling und Skalierung des Fensterinhalts. Zur Erhöhung der Übersichtlichkeit des Bildschirminhalts sind die verschiedenen Fenstertypen (Anlagenbild, Systemmeldung, Hilfe etc.) in dem Aussehen des Fensterrahmens und Hintergrundfarbe unterschiedlich gekennzeichnet.

Der Benutzer greift in den Prozeß z.B. durch Absetzen von Befehlen, Eingabe von Stellgrößen oder Regelparametern mittels graphisch-interaktiver Eingabefunktionen steuernd ein. Durch die Identifizierung eines Symbols in dem Anlagenbild wird ein Menü präsentiert mit den möglichen Befehlen zu diesem Symbol, z.B. für das Licht die Kommandos "An" und "Aus", für die Temperaturregelung die Eingabe eines Sollwertes. Durch das Anpicken eines Befehls bzw. Eingabe eines Wertes wird der Befehl an den Prozeß gesendet. Da der dynamische Bildinhalt ständig aktualisiert wird, können die Folgen des Befehls direkt observiert werden.

Es ist auf allen Hierarchiestufen in dem Abbild des Prozesses möglich, Befehle einzugeben. Globale Befehle auf höheren Ebenen, wie z.B. das Licht in einem ganzen Gebäude, werden im allgemeinen zu einer verknüpften Prozeßvariable abgegeben und durch die Prozeßdatenbasis an die darunterliegenden Prozeßvariablen weitergeleitet.

Dem Benutzer steht eine "undo"-Funktion zur Verfügung, mit der Befehle rückgängig gemacht werden können. Eine Liste der abgegebenen Befehle wird präsentiert und durch Auswahl in der Liste wird die entsprechende Prozeßvariable zu ihrem alten Wert zurückgesetzt.

Der Benutzer kann zu jeder Zeit kontextbezogene Hilfe anfordern und auch zusätzliche Informationen über den Prozeß abfragen. Weiterhin wird der Benutzer weitgehend unterstützt in Störfällen und anderen selten vorkommenden Situationen.

Ziel bei der Entwicklung einer Bedienerschnittstelle zur Prozeßsteuerung ist es u.a., dem Benutzer die erarbeiteten Informationen und Lösungsmöglichkeiten auch in Extremsituationen in geeigneter, auf das wesentliche konzentrierten Form anzubieten. Dabei ist auch der unterschiedliche Wissens- und Erfahrungsstand verschiedener Benutzer zu berücksichtigen.

Mittel zum Erreichen dieses Ziels sind u.a.:

- die Verwendung spezieller Alarmfenster, die in zentraler Position des Bildschirms geöffnet werden,
- der gezielte Einsatz bestimmter Farben,
- die Verwendung von graphischen Symbolen und Bildern an Stelle von Text,
- Einsatz moderner graphisch-interaktiver Eingabetechniken (Buttons, Icons, Positionierung) an Stelle der Tastatureingabe zur schnellen Auswahl der angebotenen Lösungsmöglichkeiten.

## 7. Prototyp

In einem Prototyp (ProMiSe - **P**rocess Control & **M**onitoring **S**ystem) wurde bei der FhG-AGD Darmstadt die oben beschriebene Konzeption in eine Implementierung umgesetzt, um so die vorausgesetzten Annahmen und angestellten Überlegungen zu validieren und zu testen.

Als Benutzungsoberfläche wurde THESEUS gewählt, das im Rahmen des UNIBASE-Verbundprojektes vom ZGDV Darmstadt entwickelt wurde. Das System läuft zur Zeit auf einer UNIX/MSDOS-Umgebung, d.h. die Applikation ist auf einem VAX-Rechner und THESEUS lokal auf einem PC installiert, die über Ethernet miteinander verbunden sind. Geplant ist die Portierung auf eine UNIX/UNIX- bzw. UNIX/VMS-Umgebung.

## 8. Zusammenfassung

In dieser Arbeit wurde ein Konzept vorgestellt, wie die Benutzerschnittstelle, die Funktionen und die Struktur eines Prozeßleitsystems unter Zugrundelegung eines allgemeinen Architekturmodells anwendungs- und technikunabhängig realisiert werden kann. Dieses Konzept wurde größtenteils in einen Prototyp umgesetzt, der die Tragfähigkeit der darin verwirklichten Überlegungen gezeigt hat. Weitere Arbeiten auf diesem Gebiet werden sich auf eine weitergehende Unterstützung der Bediener auf den Gebieten der Prozeßführung und der Prozeßkonfigurierung durch intelligente Systeme und eine Portierung des Prototyps auf andere Zielumgebungen konzentrieren.

## 9. Literatur

Astheimer,P., Eilers,U., Göbel,M.: *Studie über ein Basissystem zur interaktiven Bearbeitung von hierarchisch aufgebauten Systemen in Automatisierungssystemen*, ZGDV, Darmstadt 1987

Bieker,B.: *Wissensrepräsentation für eine einfache Experten-Regelung*, atp 1/87

*GRADIENT, a graphical dialogue environment for process supervision & control*, ESPRIT P857 summary description

Foley,J.D., McMath,C.F.: *Dynamic Process Visualization*, IEEE CG&A 3/86

Früchtenicht,H.W., Wittig,T.: *Ein Ansatz für Echtzeit-Expertensysteme*, atp 2/87

Hübner,W., Lux-Mülders,G., Muth,M.: *THESEUS - Die Benutzungsoberfläche der UNIBASE Softwareentwicklungsumgebung*, Springer-Verlag, Berlin-Heidelberg-New York 1987

# MLED
# Ein Mehrebenen Graphik Editor
# für den VLSI Entwurf

R.W. Hartenstein, K.W. Jörg, U.Welters
Universität Kaiserslautern, Fachbereich Informatik
Postfach 3049, D-6750 Kaiserslautern

## Zusammenfassung

**MLED** (**M**ulti-**L**evel graphics **ED**itor) ist ein neuer interaktiver Graphik Editor für den VLSI Entwurf. Der hierarchische, menügesteuerte Editor ist in der Lage, mehrere Entwurfsebenen, wie z.B. Layout-Ebene, Schaltkreis-Ebene, Switching-Ebene, Logik-Ebene und RT-Ebene, in einer Graphik gleichzeitig zu handhaben. Darüberhinaus ermöglicht er Mischdarstellungen von Zellbeschreibungen. Sowohl die Anzahl von Entwurfsebenen als auch die Menühierarchie ist erweiterbar. Diese Fähigkeit zur Anpassung an unterschiedliche Umgebungen wird durch zwei integrierte Editoren zum Erstellen von Dialogen sowie zur Definition von Darstellungsebenen ermöglicht. Weiterhin unterstützt MLED auf sehr effiziente Weise den strukturierten VLSI Entwurf und andere Entwurfsphilosophien. Konsistenzüberprüfungen werden automatisch durchgeführt. Die Arbeit beschreibt den neuen Editor aus der Sicht des Anwenders sowie seine Benutzeroberfläche; außerdem wird die Werkzeugschnittstelle und die Rolle des neuen Editors innerhalb integrierter Entwurfsumgebungen erläutert.

## 1. Einleitung

Um alle Probleme zu bewältigen, die beim Erstellen von graphischen und textuellen Beschreibungen während der Entwicklung komplexer Schaltkreise bzw. Systeme der Mikroelektronik auftreten können, hat sich heute ein mehrphasiger Entwurfszyklus, der eine große Anzahl von methodologischen Ebenen zyklisch durchläuft, allgemein durchgesetzt. Beginnend mit einer Spezifikation auf einer sehr hohen Abstraktionsebene (z.B. RT-Ebene oder einer noch höheren Ebene) erreicht der Designer durch schrittweises Verfeinern seines Entwurfs ("stepwise refinement") durch alle Ebenen schließlich das physikalische Layout. Nach dem heutigen Stand der Technik werden für unterschiedliche Phasen innerhalb des Entwufszyklus meist auch unterschiedliche Graphik Editoren verwendet, von denen jeder über eine eigene Datenbank, ein spezielles Datenformat sowie eine eigene Benutzerschnittstelle verfügt. Die Menge aller bisher verfügbaren Editoren läßt sich, entsprechend einiger spezifischer Eigenschaften, grob in drei Klassen aufteilen:

1. Schematic entry Systems, welche sowohl strukturelle Beschreibungen als auch das Erstellen von

Vedrahtungen unterstützen (e.g. VTI schematic [12]).

2. Layout Editoren, welche geometrische Manipulationen unterstützen (e.g. MAGIC [4], CHIPMASTER [6], CHIPGRAPH [7] ).

3. diagrammorienrierte Editoren, welche die Synthese auf Gatter -Ebene, RT-Ebene und höheren Abstraktionsebenen unterstützen (e.g. SDL [10,11], ABLED [1], CASS [2], SCALD [3]).

Die Verwendung mehrerer Editoren für ein Design führt zwangsläufig zu einem babylonischen Konglomerat von Benutzerschnittstellen, Datenformaten und Konversionsprogrammen. Hinzu kommen erhebliche Probleme bei der Verwaltung der Entwurfsdaten. Inkonsistenzen in den Entwurfsdatenbanken ergeben sich zwangläufig aus der Tatsache, daß die Datenstrukturen, die verschiedenen Editoren zugrundeliegen, disjunkt sind und diese somit nicht direkt miteinander kommunizieren können. Als ein zusätzlicher, schwerwiegender Nachteil ergeben sich aus der inhomogenen Mixtur von Benutzerschnittstellen meist ebenfalls Inkonsistenzen, die, zu einem späteren Zeitpunkt im Entwurfsprozess, bereinigt werden müssen.

Um alle diese Probleme innerhalb elektronischer CAE Umgebungen in den Griff zu bekommen, wird eine völlig neue Methode beim Editieren von Graphik benötigt. Diese neue Methode sollte sehr effizient alle Typen von Graphik Editoren, unter Verwendung einer einheitlichen Benutzeroberfläche und einer gemeinsamen Datenstruktur, integrieren. Der interaktive Graphik Editor MLED ist eine Lösung der geforderten, neuen Methode. Die folgenden Abschnitte beschreiben den neuen Editor aus der Sicht des Anwenders; darüberhinaus werden die Werkzeugschnittstelle, die zugrundeliegende Entwurfsdatenstruktur und die Rolle des Editors innerhalb integrierter Entwurfsumgebungen vorgestellt.

## 2. Umgang mit dem MLED

MLED wurde an der Universität Kaiserslautern entwickelt. Der Editor besitzt die Fähigkeit, mehrere Hierarchien von schematischen Darstellungen auf mehreren Abstraktionsebenen, sowie Layoutbeschreibungen zu handhaben. Beispiele für Abstraktionsebenen sind RT-Ebene, Logik-Ebene, Switching-Ebene, Schaltkreis-Ebene, Stick-Ebene und Layout-Ebene. MLED unterstützt darüberhinaus Mischdarstellungen, welche vom Benutzer sehr flexibel interaktiv manipuliert werden können. Durch Hinzufügen benutzerdefinierter, graphischer Objekte kann die Anzahl von Abstraktionsebenen erweitert werden.

Der Editor verfügt über eine einheitliche Benutzeroberfläche für alle Darstellungsebenen, sowie über, vom Anwender erweiterbare, hierarchische Menütechniken. Schnittstellenkonzept, Datenformattransformationen und Dialog-System bieten die Möglichkeit der Integration anderer CAD Werkzeuge auf einfachste Weise. Vom Anwender definierbare Dialoge, Dialogboxen und drop-down Menüs unterstützen alle Ebenen innerhalb eines Entwufszyklus und alle Arten von Darstellungen. Auf allen Abstraktionsebenen wird die geometrische Darstellung eines primitiven Objekts durch Auswahl aus einem Menü und anschließendem Plazieren mittels einer Maus erzeugt. MLED führt den Anwender in der Art, daß das System alle Parameter, die zur Instanziierung eines Objektes nötig sind, mittels Dialogboxen anfordert. Die entsprechenden Eingaben werden vom MLED überprüft und gegebenenfalls zurückgewiesen. Dadurch wird eine beträchtliche Anzahl von Fehlern bereits im Entstehen erkannt, vermieden und somit strukturelle Konsistenz erzwungen.

Neben der Darstellung von physikalischen Objekten (z.B. Layout), unterstützt der Editor auch alle Arten von schematischen Darstellungen. Verbindungen zwischen Objekten werden nicht nur in Form von Netzen ("wires") unterstützt - vielmehr ist auf allen Abstraktionsebenen auch das sog. "wiring by abutment" (Verdrahtung durch Aneinandersetzen) möglich. Diese Fähigkeit ist nicht auf ein rein physikalisches Abutment (z.B. auf der Layout-Ebene) beschränkt; auch symbolisches Abutment ist möglich. Die Methode des "wiring by abutment" wurde vor einiger Zeit [9] verwendet, um die graphischen Konventionen der sog. *Domino Notation* zu definieren. Durch diese Notation wird das "Lesen" komplexer schematischer Darstellungen in hohem Maße vereinfacht, da die Anzahl von Netzen, die notwendig sind um Verbindungen zwischen Objekten graphisch darzustellen, drastisch reduziert wird. Im MLED ist die Domino Notation konsequent und effizient implementiert worden. Aufgrund der gleichartigen strukturellen Darstellung auf allen Darstellungsebenen unterstützt die Domino Notation sämtliche methodologischen Ebenen während allen Phasen des Entwurfszyklus. Da der MLED über Fähigkeiten verfügt, die über das Können der meisten z.Z. verfügbaren Graphik Editoren hinausgehen, z.B. ein modernes Window-System und ein leistungsfähiges Datenbank System, kann der Editor als ein Entwurfssystem bezeichnet werden.

## 3. Das MLED System

Bild 1 zeigt den prinzipiellen Aufbau des MLED Systems und seiner Schnittstellen. Sowohl das Dialog System als auch das Window-System können auf einfache Weise von integrierten Werkzeugen benutzt werden. Der MLED benötigt nur einige primitive graphische Funktionen, z.B. zum Zeichnen von Linien und Polylinien, sowie zum Füllen und Ausschneiden von Flächen, von einer niedrigen, graphischen Schnittstelle des Wirtsrechners. Dies erleichtert wesentlich die Portabilität des Systems, soweit die graphischen Teile des Programms betroffen sind.

### 3.1 Das Strukturmodell des MLED

Das MLED System unterscheidet bei der Darstellung eines Entwurfs zwei Hierarchien: eine strukturelle Hierarchie ("cell nesting") und eine methodologische Hierarchie (Hierarchie der "Sichten" auf eine Zelle z.B. alle Ebenen von der Register Transfer-Ebene bis zur Layout-Ebene). Eine bestimmte methodologische Ebene wird vom Editor mittels einer darauf zugeschnittenen Darstellungsebene ("representation level") un-

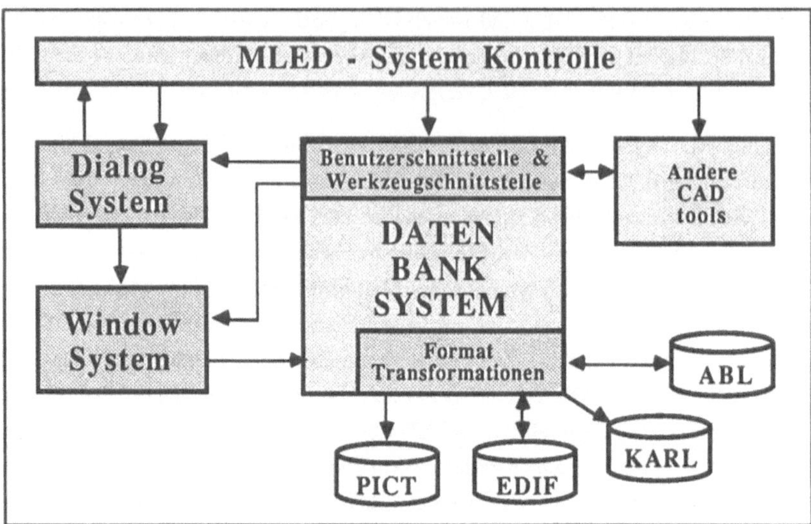


**Bild 1:** Prinzipieller Aufbau des MLED Systems.

terstützt. Jede Darstellungsebene ist durch eine graphische Sprache charakterisiert, die dazu dient, verschiedene Aspekte einer Zelle zu beschreiben. Sowohl die Darstellungsebene als auch die Symbole der jeweiligen graphischen Sprache können vom Anwender definiert werden. Die Hierarchie der Darstellungsebenen spiegelt nicht notwendigerweise die Hierarchie der methodologischen Ebenen wider. Mischdarstellungen werden unterstützt durch Verschmelzung mehrerer methodologischer Ebenen zu einer einzigen Darstellungsebene. Ein Beispiel hierfür ist die graphische Beschreibungssprache ABL[9], eine drei-Ebenen Sprache (Switching-Ebene, Logik-Ebene und RT-Ebene), die im MLED als eine Darstellungsebene realisiert ist.

Die Entwurfsdatenstruktur des MLED unterscheidet für jede Zelle zwischen einer äußeren Ansicht (external view; spezifiziert Name, bounding box und Ports) und einer inneren Ansicht (internal view). Zur Darstellung von äußeren Ansichten der gleichen Zelle benutzt der MLED auf allen Darstellungsebenen ein einheitliches Schema zur strukturellen Beschreibung. Dieses Konzept gewinnt in Zusammenhang mit der, im MLED realisierten Methode zur Behandlung von Inkonsistenzen an Bedeutung (siehe nächsten Abschnitt). Bezüglich der geometrischen Parameter einer äußeren Ansicht wird zwischen symbolischer und physikalischer Geometrie unterschieden (siehe auch [14]). Die Beschreibung der inneren Ansicht einer Zelle kann aus primitiven Zellen ("leaf cells"), die vom Editor zur Verfügung gestellt werden, und aus, vom Anwender definierten, Zellen, den sog. Unterzellen ("subcells"), bestehen. Unterzellen können ihrerseits ebenfalls aus primitiven Zellen und Unterzellen aufgebaut sein. Verschiedene Zellbeschreibungen auf verschiedenen Darstellungsebenen können denselben Namen haben. Angenommen, die Zelle XYZ, definiert auf Darstellungsebene A, enthält als Unterzelle eine Zelle UVW, die auf Darstellungsebene B definiert wurde; dann heißt XYZ eine Mischzelle ("mixed level cell"). Bild 2 zeigt die Darstellung einer Multiplexer Zelle aus drei verschiedenen Sichten: auf Register Transfer-Ebene (a), auf Gatter-Ebene (b) und eine Mischdarstellung aus Schaltkreis-Ebene und Gatter-Ebene (c).

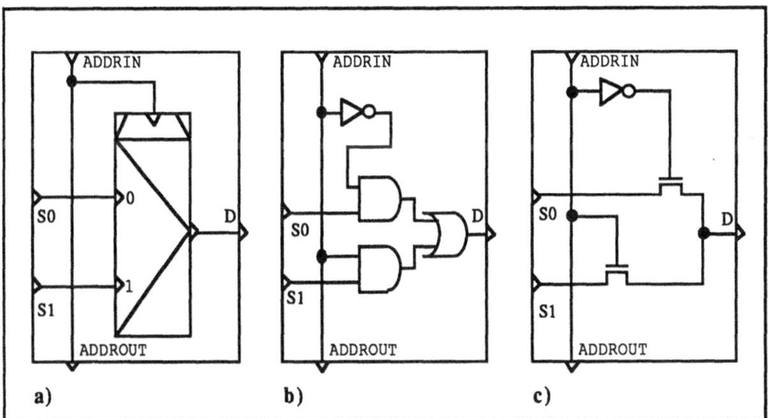


**Bild 2:** Unterschiedliche Sichten auf einen Multiplexer.

## 3.2 Behandlung von Inkonsistenzen

Es wurde bereits erwähnt, daß Konsistenzüberprüfungen bezüglich aller strukturellen Entwurfsdaten eine Besonderheit des MLED Systems sind. Die Beschreibung einer Zelle auf einer beliebigen Darstellungsebene heißt strukturell konsistent bezüglich ihrer Umgebung, wenn die Vernetzung vollständig und korrekt ist. Entsprechend dem graphischen Charakter der Entwurfsdatenstruktur der Editors erfordert dies Konsistenz der Verdrahtung, z.B. das Zusammenpassen von Pins bei "wiring by abutment" bzw. das Zusammenpassen von Pins, Ports und der internen Repräsentation von Netzen. (In der Terminologie des MLED werden unter Ports die äußeren Anschlußpunkte einer Zelle verstanden, während die Anschlußpunkte von primitiven Zellen und Unterzellen als Pins bezeichnet werden.) Solche Inkonsistenzen können immer dann auftreten, wenn symbolische Geometrie (top-down) mit physikalischer Geometrie (bottom-up) aus Layout Zellbibliotheken kollidiert.

Während einer reinen top-down Entwurfsphase bzw. einer reinen bottom-up Entwurfsphase verhindert der Editor das Entstehen von Inkonsistenzen durch on-line Syntaxchecks. Trotzdem können Inkonsistenzen auftreten sobald Zellen, die auf Layout-Ebene definiert wurden, in Zellen instanziiert werden, die top-down entworfen worden sind, da die äußere Ansicht solcher Layout Beschreibungen meist nicht zu Beschreibungen derselben Zelle auf einer höheren Ebene paßt. Entwurfsdaten, welche auf allen Abstraktionsebenen gültig sind, heißen global. Angenommen, ein Designer verwendet die Methode der schrittweisen Verfeinerung zum Entwurf einer VLSI Schaltung. Er wird seinen Entwurf auf einer hohen Abstraktionsebene beginnen, auf der Modifikationen nicht die physikalische Geometrie auf dem Chip beeinflussen. Im Laufe des Entwurfsprozesses arbeitet der Designer schließlich auf der Layout-Ebene und definiert die wirkliche physikalische Geometrie seiner Schaltung. Inkonsistenzen können dann dadurch entstehen, daß Informationen über die physikalische Geometrie einer Zelle zu den globalen Daten hinzugefügt werden. Als ein Beispiel für mögliche Inkonsistenzen ist in Bild 3 ein Ausschnitt aus einer Zelle PLUS 4 dargestellt, in der die Unterzelle FA (Full Adder) zweimal instanziiert worden ist. Beide Instanzen sind aneinandergesetzt ("abutted") und aus unterschiedlichen Sichten dargestellt (Logik-Ebene und Schaltkreis-Ebene). Offensichtlich werden durch dieses Aneinandersetzen Inkonsistenzen hervorgerufen, da die, von der Layout-Ebene übernommene, physikalische Geometrie des 'rechten' Volladdierers nicht zur symbolischen Geometrie des 'linken' paßt, so daß die entsprechenden Pins nicht miteinander verbunden werden können. Aufgrund der Philosophie des verwendeten Strukturmodells besitzt das MLED System die Fähigkeit, solche Inkonsistenzen zu entdecken und zu beseitigen.

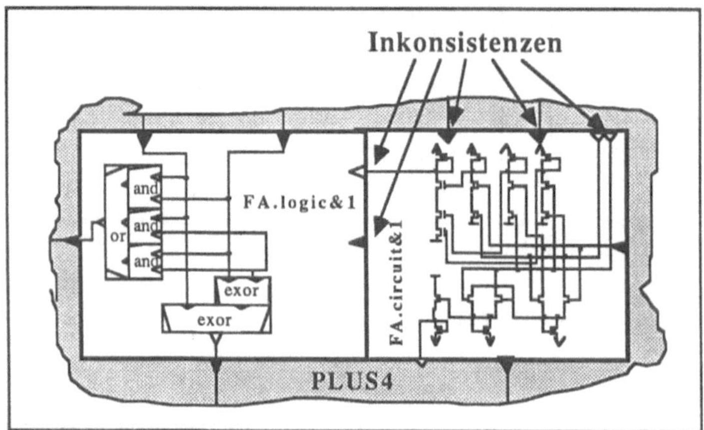


**Bild3:** Beispiele für Inkonsistenzen.

## 3.3 Benutzerschnittstellen

Damit ein Designer effizient mit einem Entwurfssystem arbeiten kann, sollte das System mit einer übersichtlichen, leicht erlernbaren und leicht zu bedienenden Benutzerschnittstelle ausgestattet sein. Die Benutzeroberfläche ist somit ein wichtiger Teil eines Graphik Editors und sollte sorgfältig geplant und entworfen werden. Der MLED verfügt über eine sehr komfortable und leistungsfähige Benutzeroberfläche. Eine Menüleiste mit drop-down Menüs gehört ebenso zu dieser Benutzeroberfläche wie Dialogboxen; beinahe alle Operationen werden per Maus durchgeführt. Das integrierte Window-System ermöglicht das Öffnen mehrerer, möglicherweise überlappender Fenster und somit das gleichzeitige Editieren unterschiedlicher Zellbeschreibungen. Möchte ein Designer verschiedene Ausschnitte einer Zellbeschreibung in einem einzigen Fenster darstellen, so besteht die Möglichkeit, das Fenster zu teilen: Modifikationen, die innerhalb eines Teilfensters vorgenommen werden, sind automatisch im anderen Fenster bekannt. Windows lassen sich beliebig vergrößern, verkleinern, verschieben und schließen.

Neben der graphischen Benutzerschnittstelle verfügt das MLED System auch über eine prozedurale Werkzeugschnittstelle, die anderen CAD Werkzeugen den Zugriff auf die Entwurfsdatenstruktur des MLED gestattet. Die prozedurale Werkzeugschnittstelle ist ein abstrakter Datentyp: CAD Werkzeuge können bereits existierende Zellbeschreibungen lesen bzw. modifizieren und neue Zellbeschreibungen erzeugen, ohne daß eine implizite Kenntnis der Entwurfsdatenstruktur des MLED vorhanden sein muß. Insbesondere ist durch Verwendung der prozeduralen Werkzeugschnittstelle gewährleistet, daß auch in Verbindung mit anderen CAD Werkzeugen die Konsistenz der Entwurfsdaten sichergestellt ist.

## 3.4 Andere Datenformate

MLED unterstützt den Austausch von Entwurfsdaten aus dem bzw. in das System durch spezielle integrierte Übersetzungsprogramme. Zur Zeit können folgende Datenformate erzeugt werden:

- EDIF: In den MLED ist ein EDIF-Übersetzer integriert, der z.Z. in der Lage ist, EDIF netlist und schematic views zu erzeugen; weitere EDIF views befinden sich in der Implementierungsphase.
- KARL: Der in den MLED ebenfalls integrierte KARL-Übersetzer erzeugt textuelle Beschreibungen von Zellen, die auf RT-Ebene, Logik-Ebene und Switching-Ebene definiert sind. Diese textuellen Beschreibungen dienen als Eingabe für den KARL-Simulator [10], den KARATE Testpattern Generator [11], sowie andere, auf KARL basierende CAE Werkzeuge.
- ABL: Dieses Datenformat wird von ABL, dem graphischen Äquivalent der Hardwarebeschreibungssprache KARL benutzt. Der MLED ist aufwärts kompatibel zu ABLED (ABL EDitor, ein Vorgänger von MLED): MLED ist in der Lage, das ABL Format einer Zellbeschreibung zu lesen und zu erzeugen.
- PICT: Das PICT Format ist ein graphisches Austauschformat für Mac Draw und andere Graphik Editoren, die auf APPLE's Macintosh laufen. Der PICT Generator bietet die Möglichkeit, mit dem MLED erstellte Graphik für Publikationszwecke aufzubereiten. Das PICT Format kann nicht als Eingabe für den MLED dienen.

## 4. Abschließende Zusammenfassung

Es wurde ein universeller, interaktiver Mehrebenen Graphik Editor für integrierte CAE Umgebungen vorgestellt, der die Koexistenz mehrerer konventioneller Graphik Editoren beendet und eine zentrale, integrierende Rolle innerhalb von VLSI CAE Umgebungen spielt. Der Editor unterstützt sehr effizient strukturierte VLSI Entwurfsphilosophien. Das System erlaubt dem Benutzer sowohl die Definition zusätzlicher, hierarchischer Menüs, als auch neuer Abstraktionsebenen, und ist somit leicht an neue Werkzeuge und neue Umgebungen anpaßbar. Das integrierte Menü-System und das Window-System erhöhen die Portabilität des Editors. Das MLED System wurde in PASCAL implementiert und läuft auf einer APOLLO DOMAIN DN 3000 Workstation. Im Rahmen eines VLSI Entwurfspraktikums unter Leitung von Prof. Hartenstein wurde der Editor bereits für größere Entwurfsaufgaben eingesetzt.

# Literatur


[1] G. Girardi, R.W. Hartenstein, U. Welters, ABLED: A RT Level Schematics Editor and Simulator Interface, Proc. EUROMICRO Symp. Brussels 1985, North Holland Publ. Co., Amsterdam 1985

[2] H.M. Bayegan, Cass: Computer Aided Schematic System, 14th Design and Automation Conference1977

[3] T.M. McWilliams, L.C. Widdoes, Jr., SCALD: Structured Computer-Aided Logic Design, 15th Design Automation Conference, 1978

[4] J.K. Ousterhout, G.T. Hamachi, R.N. Mayo, W.S. Scott, G.S. Taylor, MAGIC: A VLSI Layout System, 21st Design Automation Conference, 1984

[5] J.K. Ousterhout, CAESAR: An Interactive Editor for VLSI Layouts, VLSI Design, Forth Quarter 1981

[6] Daisy Systems Corporation, CHIPMASTER: Reference Manual, 1985, Mountain View, CA 94039, USA

[7] Mentor Graphics Corporation, CHIPGRAPH: Reference Manual, 1984

[8] R.W. Hartenstein, K.W. Jörg, U.Welters: Multiple-view graphics editor as a DDBMS for VLSI design, Kaiserslautern University, Kaiserslautern, 1988

[9] R. Hartenstein: Fundamentals of Structured Hardware Design; North Holland, Amsterdam, 1977

[10] N. N.: KARL-3 Manual; Kaiserslautern University; Kaiserslautern, 1986

[11] G. Alfs, R. Hartenstein, A. Wodtko: the KARL/KARATE System - Integrating Functional Test Development into a CAD Environment for VLSI, ICCD 88, Port Chester, New York, 1988 (to be published)

[12] N.N.: IC Design Software, VTI, San Jose, CA 95131, USA, 1986

[13] Klaus W. Jörg: PTI-Implementation of a Procedural Tool Interface for the MLED System, Diploma Thesis, Kaiserslautern University, March 1988

[14] R. Hartenstein: The classification of hardware description languages; in [15]

[15] R. Hartenstein (ed.): Hardware Description Languages (Volume no. 7 of 'Advances in CAD for VLSI); Elsevier Publishers; Amsterdam/New York, 1987

# Ein wissensbasierter Elektroniksimulator mit graphischer Benutzeroberfläche

**Jürgen Herczeg und Michael Herczeg**
Forschungsgruppe INFORM
Institut für Informatik
Universität Stuttgart
Herdweg 51
D-7000 Stuttgart 1

## Kurzfassung

Dieser Beitrag[1] beschreibt ein prototypisches Elektroniksimulationssystem mit graphischer Benutzeroberfläche, das den Benutzer während verschiedener Phasen der Arbeit unterstützt. Zu diesem Zweck wurde ein herkömmlicher Simulatoransatz durch die Möglichkeit der direkten Manipulation graphischer Arbeitsobjekte auf dem Bildschirm und durch die Repräsentation von Wissen über die Aufgabe in einem Expertensystemteil erweitert. Direkte Manipulation erlaubt dem Benutzer, die vertrauten Objekte eines Elektroniklabors auf dem Bildschirm zu selektieren, zu positionieren und in ihren Eigenschaften zu modifizieren. Der Expertenteil liefert geeignete Simulationsparameter, beantwortet Fragen zum Anwendungsbereich, gibt Beispiele und Teillösungen zum vorliegenden Problem und visualisiert diese in geeigneter Form für den Benutzer. Er dient demgemäß als intelligenter Tutor.

## 1 Einleitung

Für wissenschaftliche und industrielle Anwendungen werden heutzutage vor allem zwei sehr verschiedene Arten von Computersystemen eingesetzt: In Büroumgebungen sind text- und maskenorientierte Anwendungssysteme gebräuchlich. Sie zeichnen sich durch ein einförmiges Erscheinungsbild und durch die unflexible Art der Benutzung aus. Auf der anderen Seite

[1] Es handelt sich hierbei um eine übersetzte und überarbeitete Version von [Herczeg 88]

stehen insbesondere für technische Anwendungen hoch funktionelle CAD-Systeme. Während diese durch aufwendige graphische Visualisierungen ihren Benutzern ein Gefühl der unmittelbaren Interaktion mit dem Anwendungsbereich geben, belasten sie diese gleichzeitig mit hoher Komplexität.

Als Zwischenform dieser beiden Arten von Systemen wurden sogenannte *Desktop-Systeme* entwickelt. Diese zeichnen sich aus durch hohe Interaktivität und dadurch, daß sie dem Benutzer ein Gefühl der direkten Interaktion mit dem Anwendungsbereich geben, indem sie die vertraute Arbeitsumgebung graphisch auf dem Bildschirm nachbilden und dem Benutzer ermöglichen, Bildschirmobjekte mit Hilfe eines Zeigeinstruments (z.B. einer Maus) zu manipulieren. Im Gegensatz zu CAD-Systemen verringern sie die Komplexität dadurch, daß sie Objekte und Bearbeitungsoperationen anbieten, die dem Benutzer bereits aus der gewohnten Arbeitsumgebung vertraut sind.

Diese *Desktop-Metapher* wurde für traditionelle daten- und textverarbeitende Aufgaben entwickelt. In diesem Beitrag zeigen wir, wie dieser Ansatz auf eine technische Laborumgebung, ein Elektroniklabor, übertragen werden kann. Daraus geht ein einfach zu bedienendes technisches Anwendungssystem mit graphischer Benutzeroberfläche hervor, das jedoch immer noch einigen Problemen des komplexen Anwendungsbereiches unterliegt. Diesen Problemen begegnen wir dadurch, daß wir das Labor um eine Expertenkomponente erweitern, die den Benutzer aktiv bei der Arbeit unterstützt sowie passiv Informationen über Anwendungskonzepte auf Abruf darbietet und diese für den Benutzer auf geeignete Weise visualisiert.

Das System wurde in einer objektorientierten, auf LISP basierenden Wissensrepräsentationssprache auf einer VAX 11/780 mit hochauflösenden Bitmap-Terminals implementiert. Dabei kamen verschiedene Software-Werkzeuge zum Einsatz, wie z.B. ein bereits vorhandener Benutzerschnittstellen-Baukasten, der auf der Fenstersystemumgebung WLISP der Forschungsgruppe INFORM [Böcker, Fabian, Lemke 85; Herczeg 86a] basiert.

## 2 ELAB - ein graphisch interaktiver Elektroniksimulator

Mit der simulierten Elektroniklaborumgebung ELAB kann die Analyse einer elektrischen Schaltung auf dem Computer grundsätzlich auf dieselbe Art und Weise wie im realen Labor erfolgen. Der Benutzer sieht vor sich eine Experimentierfläche mit vielen der ihm vertrauten Arbeitsobjekte eines Elektroniklabors (Abbildung 1):

- elektrische Bauteile (Widerstände, Kondensatoren, Spulen)
- Spannungsquelle (Funktionsgenerator)
- Meßinstrumente (Oszilloskop, Frequenzanalysator, Zeiger- und Digitalmeßgeräte)

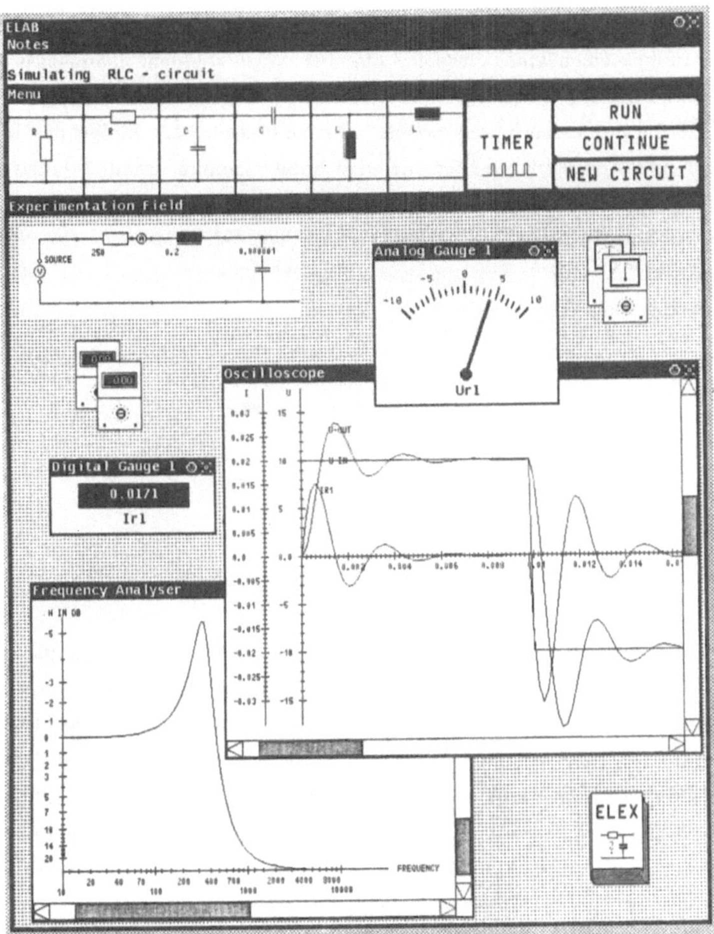


**Abbildung 1.** Die Experimentierumgebung von ELAB

Der Benutzer baut eine Schaltung mittels *direkter Manipulation* auf [Shneiderman 83; Hutchins et al. 86]. Diese Schaltung wird mit Hilfe einer Simulationskomponente simuliert. Die Simulationsergebnisse lassen sich unter Einsatz verschiedener Instrumente graphisch visualisieren. Der Benutzer kann nun die Schaltung so lange verändern, bis sie ein gewünschtes Verhalten bietet. Für diese Aufgabe ist es weder erforderlich, eine formale Sprache zu erlernen (wie bei den traditionellen Simulatoren, z.B. dem System SPICE [Vladimirescu, Newton, Pederson 80]), noch ein CAD-System oder ein Graphikpaket zu benutzen. Der Benutzer lernt nur, Objekte auf dem Bildschirm zu selektieren, bewegen, verknüpfen und modifizieren. Die Desktop-Metapher wurde übertragen auf eine *Labor-Metapher*: die graphische Visualisierung eines Labors auf dem Bildschirm eines Computers.

ELAB ist auf einen kleinen Anwendungsbereich, eine Miniwelt, beschränkt: Das System ermöglicht die Verkettung elementarer Vierpole, die aus Widerständen, Kondensatoren oder Spulen bestehen (Abbildung 2), zu größeren Schaltungen. Die daraus resultierenden Schaltungen können jedoch in ihrem Verhalten bereits sehr komplex sein. Einige der interessanten Schaltungen sind Spannungsteiler, Filter (z.B. Hochpaß, Tiefpaß, Bandpaß) und verschiedene Schwingkreise. Diese können mit unterschiedlichen Eingangssignalen gespeist werden, und es lassen sich Anfangszustände für gewisse Schaltungsgrößen setzen. Die Spannungsquelle liefert periodische Signale und Impulse unterschiedlicher Form, z.B. sinusförmig, rechteckig, dreiecksförmig oder konstant.

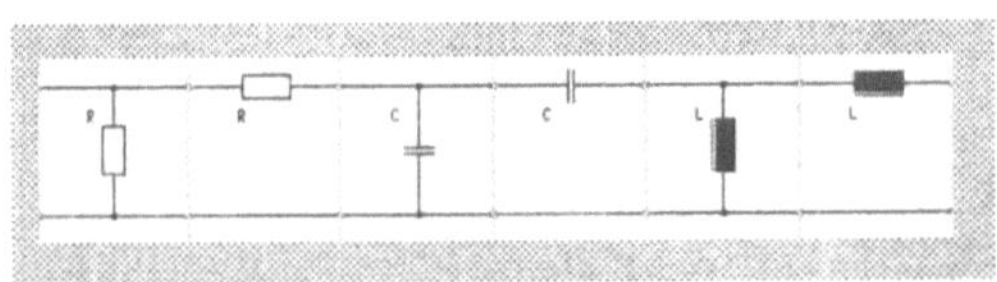

**Abbildung 2.** Die Elementarvierpole von ELAB

Es gibt verschiedene Instrumente zur Analyse des Schaltungsverhaltens, durch die intern numerisch repräsentierte Meßwerte graphisch visualisiert werden. Sie gleichen zwar äußerlich den Geräten des realen Elektroniklabors, haben jedoch einige wichtige Vorzüge. Das Oszilloskop zum Beispiel kann gleichzeitig eine beliebige Anzahl verschiedener Signale aufzeichnen. Sein variables Koordinatensystem trägt veränderbare Bezeichnungen. Darüber hinaus lassen sich nicht nur periodische Signale, wie auf herkömmlichen Oszilloskopen, sondern auch beliebig kurze Impulse und veränderliche Schwingungen darstellen. Die Zeigerinstrumente haben interaktiv veränderbare Skalen, Beschriftungen und Zeiger.

Mit Hilfe einer Maus als Zeigeinstrument verkettet der Benutzer die Elementarvierpole nach dem Baukastenprinzip zur gewünschten Schaltung. *Pop-up-Formulare* werden verwendet um die Eigenschaften der Vierpole darzustellen und zu verändern, über *Softbuttons* wird die Simulation gestartet oder fortgesetzt. Die Tastatur wird lediglich zur Eingabe von Parameterwerten verwendet. Vor oder nach der Simulation werden die Meßinstrumente an die Schaltung angeklemmt, um Spannungen und Ströme zu messen. Während die Zeiger- und Digitalmeßgeräte Momentanwerte anzeigen, zeichnet das Oszilloskop die über die gesamte Simulationszeit ermittelten Signalverläufe auf. Der Frequenzanalysator stellt die Übertragungsfunktion der Schaltung, d.h. das Verhältnis von Ausgangs- zu Eingangssignal in einem beliebig wählbaren Frequenzbereich dar. Die Meßinstrumente und der Funktionsgenerator lassen sich mittels Pop-up-Formularen und graphischen Menüs einstellen.

Die Benutzeroberfläche von ELAB wurde mit Hilfe eines auf einer Fenstersystemumgebung basierenden Benutzerschnittstellen-Baukastens entwickelt. Dieser enthält verschiedene Werkzeuge sowie vorgefertigte Implementierungsschemata zur Konstruktion konkreter Benutzerschnittstellenobjekte, die der Verarbeitung von Benutzereingaben und der textuellen und graphischen Visualisierung dienen. Grundkonzepte zur Darstellung von Texten unterschiedlicher Fonts und Graphiken in Form von Menüs, Formularen, Softbuttons, Icons und Diagrammen sind Fenster (Text- oder Graphikfenster) und Bitmaps. Diese werden vom Fenstersystem bereitgestellt und beruhen auf *Rastergraphik* [Newman, Sproull 81]. Fenstersysteme zeichnen sich dadurch aus, daß sie es ermöglichen, verschiedene, voneinander unabhängige Ein-/Ausgabebereiche zu definieren. Sie eignen sich deshalb zur Kommunikation mit unterschiedlichen Arbeitskontexten eines oder mehrerer Anwendungssysteme [Reichman 86].

Das Elektroniklabor ELAB wurde erweitert um die Expertenkomponente ELEX; diese

- überwacht die Aktionen des Benutzers,
- kontrolliert die Simulationsparameter,
- paßt die Anzeigen der Meßinstrumente an die jeweils darzustellenden Informationen an,
- vereinfacht komplizierte Schaltungen zu einfacheren Schaltungen mit gleichem Verhalten,
- baut selbständig Schaltungen auf und dimensioniert Schaltungsparameter entsprechend einer Beschreibung des Benutzers auf höherer Ebene (dieser möchte beispielsweise einen *Schwingkreis* mit einer bestimmten *Resonanzfrequenz*),
- erklärt elektrotechnische Konzepte und ermöglicht dem Benutzer, sich durch ein Begriffsnetz zu bewegen (der Benutzer möchte zum Beispiel wissen, was ein *Tiefpaß* ist),
- erklärt, was passiert, wenn ein Bauteilparameter verändert wird (es kann beispielsweise erklärt werden, was passiert, wenn ein konkreter Widerstandswert der aktuellen Schaltung vergrößert wird) und
- führt charkteristische Parameter einer Schaltung auf und beschreibt, wie diese durch die Bauteilparameter beeinflußt werden (zum Beispiel wird erklärt, wie sich die *3dB-Frequenz* eines aufgebauten *Tiefpasses* verringern läßt).

Erfahrungen mit früheren Versionen des ELAB-Systems ohne diese Expertenkomponente haben gezeigt, wie wichtig ein solcher Experte auch für Systeme ist, die leicht zu bedienen sind, wie z.B. direkt manipulative Systeme, wenn ein komplexer Anwendungsbereich vorliegt. Derartige Systeme beinhalten eine sehr große Menge unterschiedlicher Parameter, deren Bedeutung oft schwer verständlich ist und die deshalb umso schwieriger mit angemessenen Werten belegt werden können. Bei ELAB trifft dies zum Beispiel auf die zur Simulation benötigten Parameter zu. Ein weiteres Problem bereiten insbesondere für Neulinge auf dem betreffenden Gebiet die Konzepte des Anwendungsbereichs. In ELAB sind dies zum Beispiel einige Standardtypen von Schaltungen, die aus wenigen Elementarbauteilen aufgebaut werden können, sowie verschiedene damit verbundene elektrotechnische Begriffe. Durch den Einsatz von ELEX soll gezeigt werden, wie sich eine Expertenkomponente sinnvoll in ein System zur graphischen Visualisierung eines komplexen Anwendungsbereiches integrieren läßt.

# 3 Die Komponenten des Systems

ELAB wurde in der objektorientierten Sprache ObjTalk [Rathke C. 86] implementiert. Fast jedes Objekt, das auf dem Bildschirm zu sehen ist, ist auch programmintern als *Objekt* repräsentiert. Der dritte Elementarvierpol der Schaltung in Abbildung 3 ist beispielsweise intern als Objekt mit den folgenden *Attributen* repräsentiert:

```
Type = resistor                der Vierpol setzt sich aus einem Widerstand zusammen
Orientation = parallel         der Widerstand ist parallel angeordnet
Quantity = R                   die charakteristische Größe ist der Widerstand R
R = 1000                       Widerstandswert in Ohm
U = 10                         Spannung am Widerstand in Volt
I = 0.01                       Strom durch den Widerstand in Ampere
Position = 3                   der Vierpol ist der 3. Vierpol der Schaltung
Relative-Position = 2          der Vierpol ist der 2. Widerstand in der Schaltung
Circuit = <some-circuit>       Schaltung, zu der der Vierpol gehört
Icon = <some-object>           Icon, das den Vierpol visualisiert
Sheet = <some-sheet>           Formular zur Veränderung der Attribute des Vierpols
U-to-be-Checked? = t           Spannung am Widerstand wird mit dem Oszilloskop gemessen
I-to-be-Checked? = nil         Strom durch den Widerstand wird nicht gemessen
```

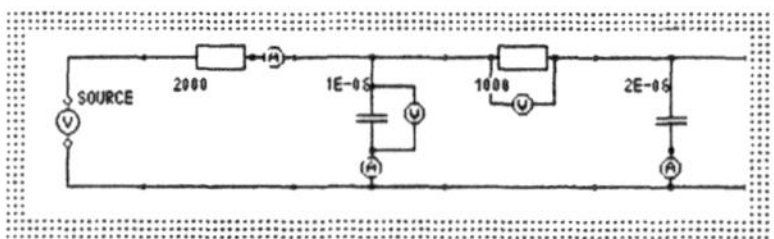


**Abbildung 3.** Aus Elementarvierpolen zusammengesetzte Schaltung

Außer seinen Attributen besitzt ein Objekt *Methoden*, die sein Verhalten beschreiben. Ein Meßinstrumenten-Objekt hat beispielsweise Methoden zum Anklemmen und Abklemmen an bzw. von einem Vierpol-Objekt einer Schaltung. Die Methoden eines Objekts können durch andere Objekte durch Senden einer *Botschaft* an dieses Objekt ausgelöst werden. Das Grundprinzip, nach dem das ganze System arbeitet, ist: *Objekte senden Botschaften an andere Objekte, um Methoden auszulösen, die deren Attributwerte verändern oder das Senden neuer Botschaften bewirken.*

ELAB setzt sich aus sieben funktionalen Komponenten zusammen (Abbildung 4). Diese Einteilung bezieht sich auf die Systemkonzeption; sie spiegelt sich nicht notwendigerweise in der Implementierung wider. Jede Komponente besteht aus einer Menge von Objekten. Die Verbindungslinien in Abbildung 4 zeigen die Kommunikationspfade zwischen Objekten verschiedener funktionaler Komponenten. Der Grund für die Einteilung in Komponenten ist das Zusammenfassen verschiedener Objekte, die eine gemeinsame Aufgabe im System erfüllen. Das ganze System stellt eigentlich ein großes Netz von miteinander kommunizierenden Objekten dar.

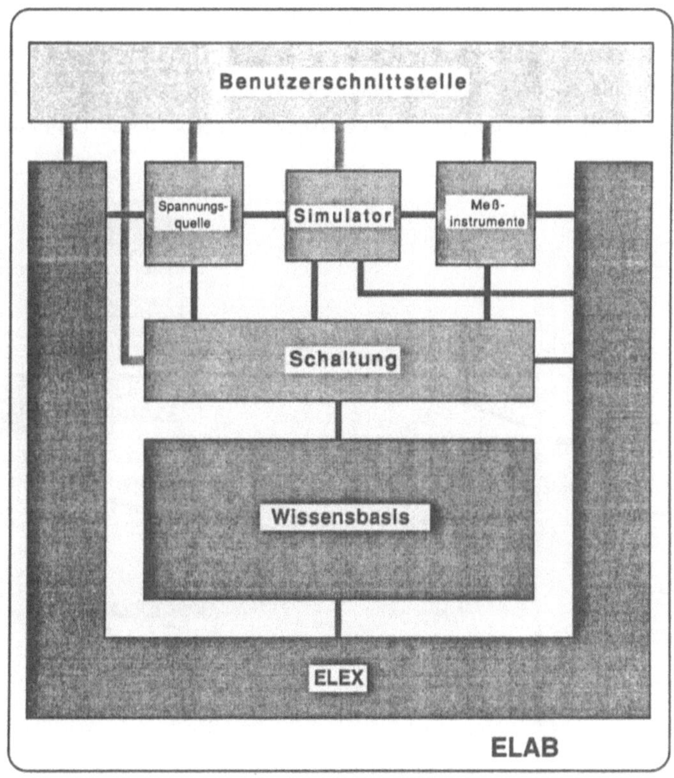


**Abbildung 4.** Die Komponenten von ELAB

Die funktionalen Komponenten von ELAB sind folgende:

*Schaltung*: Objekt, das die vom Benutzer zusammengesetzte Schaltung repräsentiert

*Spannungsquelle*: Objekt, das die Schaltung mit einem vom Benutzer einstellbaren Eingangssignal speist

*Meßinstrumente*: Objekte, die an die Schaltung angeklemmt werden können, um deren Verhalten während und nach der Simulation zu visualisieren

*Simulator*: Objekt, das die Simulation taktet und dafür sorgt, daß Spannungsquelle, Schaltung und Meßinstrumente zeitlich synchron fortschreiten und so die Simulationsdaten erzeugen

*Wissensbasis*: Objekte zur Repräsentation elektrotechnischer Konzepte und Schaltungsobjekte zur Beschreibung des Simulationsverhaltens sowie des durch ELEX repräsentierten Wissens

*ELEX*: Objekte der Expertenkomponente, die den Benutzer beim Arbeiten mit ELAB unterstützt und repräsentiertes Wissen darbietet sowie neues Wissen ableitet; ELEX kommuniziert mit allen anderen Komponenten

*Benutzerschnittstelle*: Objekte der Benutzerschnittstelle zur Darstellung interner Objekte der verschiedenen Komponenten auf dem Bildschirm und zur Verarbeitung von Benutzereingaben über Maus und Tastatur

Ein internes Objekt der Anwendungsebene (*Applikationsobjekt*) kann dabei durch mehrere verschiedene Objekte der Benutzerschnittstellenebene (*Interaktionsobjekte*) visualisiert werden, die gleichsam verschiedene Sichten auf das Objekt bieten. In Abbildung 5 werden beispielsweise die unterschiedlichen der Spannungsquelle zugeordneten Objekte dargestellt.

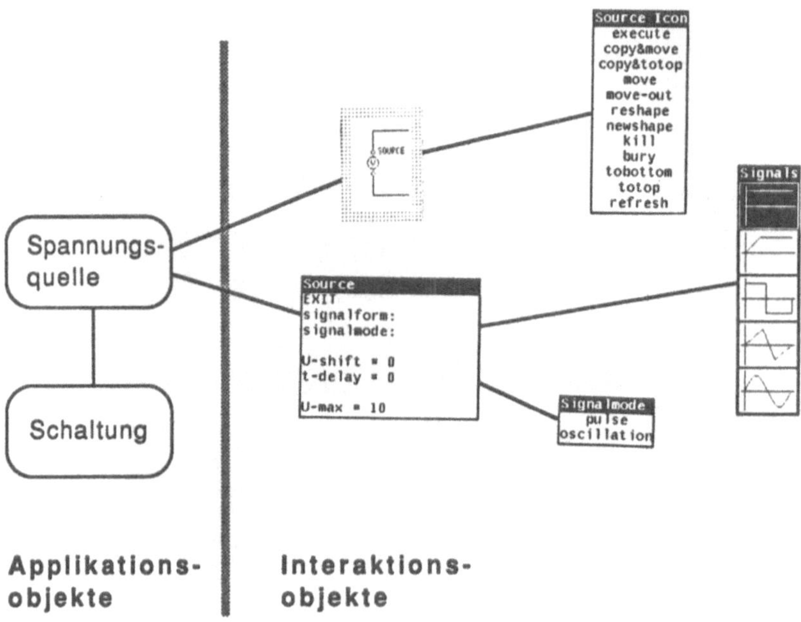


**Abbildung 5.** Interaktionsobjekte, die der Spannungsquelle zugeordnet sind

# 4 ELEX - Eine Expertenkomponente für ELAB

Zur Unterstützung des Benutzers beim Lösen von Problemen mit der Laborumgebung ELAB wurde die Expertenkomponente ELEX entwickelt. Diese zerfällt in drei größere funktionelle Einheiten:

- Ein *Simulationsexperte*, der Zugang zu den Schaltungsobjekten in der Wissensbasis hat und die Simulationsparameter einstellt,
- ein *Laborexperte*, der als Tutor die Aktionen des Benutzers beim Experimentieren überwacht, und
- ein *Elektrotechnikexperte*, der auf Abruf verschiedene Arten von Informationen aus dem Anwendungsbereich liefert und diese auf geeignete Weise visualisiert.

ELEX vereint somit die Aspekte intelligenter tutorieller Systeme [Sleeman, Brown 82] mit denen von Expertensystemen.

## 4.1 Die Simulationskomponente

Eine Schaltung in ELAB ist durch eine Sequenz von Elementarvierpolen spezifiziert. Diese Vierpolstruktur wird von der Simulationskomponente in eine eindeutige, normalisierte Form übergeführt. Dies geschieht durch Umordnen der Vierpole mit Hilfe von Präzedenzregeln, die das Verhalten der durch die Vierpole repräsentierten Schaltung beibehalten. Mit dieser normalisierten Vierpolstruktur bestimmt ein Mustererkenner dasjenige Schaltungsobjekt aus der Wissensbasis, welches das Simulationsverhalten der betreffenden Schaltung beschreibt. Das heißt, daß nur diejenigen Schaltungen simuliert werden können, die sich auf ein vordefiniertes Schaltungsobjekt der Wissensbasis abbilden lassen. Die Wissensbasis kann jedoch durch das Einfügen von Beschreibungen beliebiger aus den Elementarvierpolen zusammensetzbarer Schaltungen erweitert werden.

Das Simulationsmodell basiert auf einem numerischen Verfahren, welches die explizite Beschreibung des Verhaltens jeder Schaltung in einem gegebenen Zeitintervall beim Anlegen einer konstanten Eingangsspannung voraussetzt. Dieses Verhalten ist vollständig spezifiziert durch den Verlauf der energiekennzeichnenden Größen der Schaltung - dies sind die Kondensatorspannungen und Spulenströme - und durch die Abhängigkeiten aller anderen Größen (Bauteilspannungen und -ströme) von diesen energiekennzeichnenden Größen. Das Schaltungsverhalten innerhalb eines festen Zeitintervalls hängt somit von der Eingangsspannung, den festen Bauteilparametern und den Anfangswerten der energiekennzeichnenden Größen ab, die den Zustand der Schaltung beschreiben. Um das Gesamtverhalten einer Schaltung in einem beliebigen Zeitbereich mit beliebigem Eingangssignal zu erhalten, wird diese Berechnung über viele sehr kleine Zeitintervalle iteriert. Die konstante Eingangsspannung für jeden Iterationsschritt ergibt sich aus den Momentanwerten des Eingangssignals beim Abtasten in konstanten Zeitabschnitten. Nach jedem Iterationsschritt werden die neu berechneten Spannungen und Ströme an die jeweiligen Meßinstrumente übergeben. Der gesamte Simulationsvorgang wird von einem zentralen Objekt, dem Simulator, kontrolliert, das die Kommunikation zwischen Spannungsquelle, Schaltung und Meßinstrumenten synchronisiert.

Für jeden neuen Simulationsdurchgang sind verschiedene Parameter einzustellen, wie zum Beispiel die Länge der Zeitintervalle für jeden Iterationsschritt und die Anzahl von Schritten, die auszuführen sind, um ein brauchbares Simulationsergebnis zu erhalten. Da der Benutzer von ELAB nicht notwendigerweise mit dem Simulationsmodell vertraut ist und das Verhalten der Schaltung nicht im voraus kennt, ist er oft nicht in der Lage die Simulationsparameter richtig einzustellen. Diese Arbeit wird ihm deshalb vom *Simulationsexperten* abgenommen. Um die Parameter optimal einzustellen, verwendet der Simulationsexperte Wissen über das Eingangssignal, das Schaltungsverhalten und eventuell Angaben des Benutzers über die Qualität des gewünschten Simulationsergebnisses.

## 4.2 Der Laborexperte

Der *Laborexperte* unterstützt den Benutzer von ELAB beim Experimentieren mit der Laborumgebung. Er gewährleistet, daß sich das System immer in einem konsistenten und zuverlässigen Zustand befindet. Er macht ferner den Benutzer auf kritische Situationen aufmerksam, die offensichtlich nicht beabsichtigt sind. Da solche Probleme meist auf Unwissenheit oder Unachtsamkeit auf Seiten des Benutzers zurückzuführen sind, kann man ihnen nur durch eine aktive Komponente begegnen, welche die Aktionen des Benutzers beobachtet und diesen, falls nötig, optisch und akustisch auf Fehler oder kritische Situationen aufmerksam macht. Während Fehler einfach durch den Laborexperten rückgängig gemacht werden, gibt dieser in kritischen Situationen dem Benutzer die Gelegenheit, unerwünschte Aktionen bei Bedarf selbst rückgängig zu machen.

Ein typischer Fehler ist beispielsweise das Belegen eines Parameters mit einem unzulässigen oder sinnlosen Wert, wie z.B. einem negativen Wert für einen Zeitabschnitt. ELEX weist solche Werte zurück und gibt als Hilfe den erwarteten Wertebereich des Parameters an.

Ein kritische Situation ergibt sich zum Beispiel, wenn der Benutzer die Simulation einer Schaltung startet, ohne zuvor Meßinstrumente angeklemmt zu haben; keine Simulationsdaten außer dem Endzustand der Schaltung nach der Simulation könnten so untersucht werden. In diesem Fall schlägt der Experte vor, die Simulation abzubrechen, um zunächst Meßgeräte anzuklemmen; jedoch überläßt er die Entscheidung darüber dem Benutzer. Um solche Probleme zu erkennen, ist eine ständige Kommunikation zwischen dem Experten und den Experimentierobjekten, im Beispiel den Meßinstrumenten, nötig. Der Experte trifft heuristisch die Entscheidung, ob und wann die Aktionen des Benutzers zu unterbrechen sind. Die stellt ein charakteristisches Problem für aktive Hilfesysteme und intelligente tutorielle Systeme dar.

## 4.3 Der Elektrotechnikexperte

Der *Elektrotechnikexperte* bringt einige neue Aspekte aus dem Anwendungsbereich in die Experimentierumgebung ein, wie zum Beispiel Erklärungen zu allgemeinen elektrotechnischen Konzepten oder Informationen zu einer konkreten Schaltung, die für den Benutzer in geeigneter visualisiert werden. Dieser Teil des Experten stellt somit eine sehr wichtige Komponente einer wissensbasierten Experimentierumgebung dar. Er gibt dem Anwender die Möglichkeit, Probleme durch Kommunikation auf einer höheren Ebene des Anwendungsbereiches zu lösen.

Der Dialog zwischen Benutzer und Experte findet in einem eigenen Fenster statt, das drei Unterfenster enthält - eines für textuelle Informationen, eines für die charakteristischen Parameter der Bauteile in der Schaltung und eines für spezifische Parmeter der Schaltung, z.B. die *3dB-Frequenz* eines *Tiefpasses* - sowie einige Softbuttons zum Auslösen gewisser Aktionen des Experten (Abbildung 6).

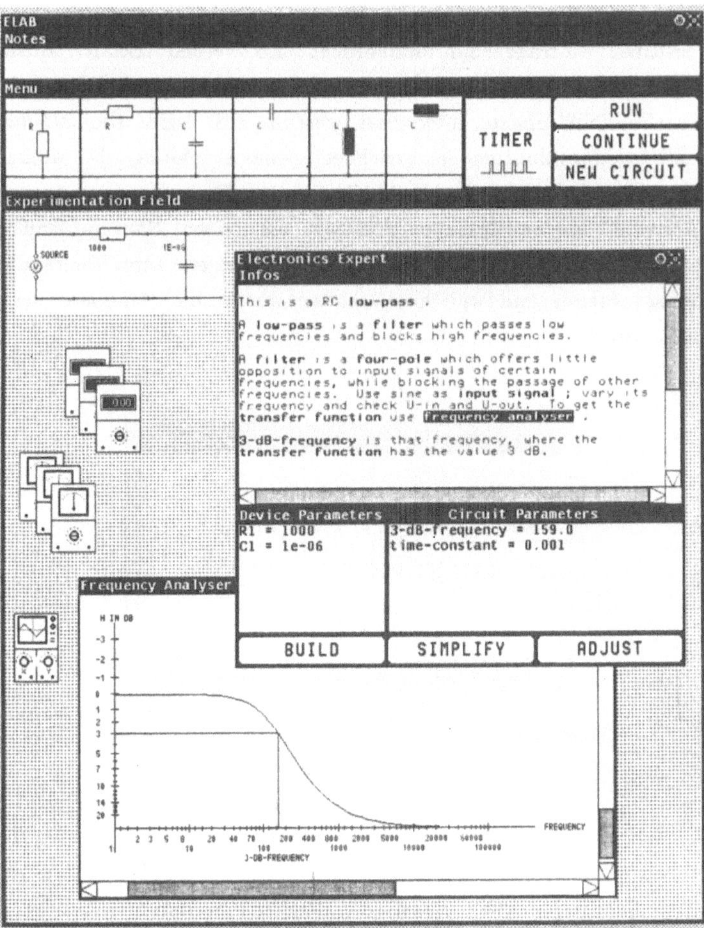


**Abbildung 6.** Der Elektrotechnikexperte

Das Informationsfenster kann folgende Textausgaben des Experten enthalten:

- Beschreibung der aktuellen Schaltung
- Information, wie die aktuelle Schaltung möglicherweise vereinfacht werden kann
- Erklärungen zu elektrotechnischen Begriffen, wie z.B. *Tiefpaß* oder *3dB-Frequenz*
- Angaben zu qualitativen Abhängigkeiten zwischen Bauteilparametern und den spezifischen Schaltungsparametern, z.B. wie der Widerstand *R1* der aktuellen Schaltung die Schaltungsparameter beeinflußt oder wie die *3dB-Frequenz* von den Bauteilparametern beeinflußt wird.

Grundsätzlich werden Informationen vom Benutzer angefordert, d.h. der Experte gibt nicht selbständig alle verfügbare Information aus, sondern nur das, was für den Benutzer gerade von Interesse ist. Zum Teil werden Informationen erst zum Zeitpunkt der Abfrage durch Ableitung von spezifischem Wissen aus allgemeinem Wissen und Daten der aktuellen Schaltung erzeugt und in Ausgaben an den Benutzer umgewandelt. Der Benutzer fordert Information durch Zeigen auf Einträge im Expertenfenster an, zu denen er eine Erläuterung wünscht. Solche sensitiven Einträge sind fettgedruckt und werden erklärt, sobald sie mit der Maus angeklickt werden. Textuelle Erläuterungen können zum besseren Verständnis durch zusätzliche visuelle Erklärungen unterstützt werden, z.B. wird die *3dB-Frequenz* in das Schaubild der Übertragungsfunktion eingezeichnet (siehe Abbildung 6). Abhängigkeiten eines Parameters von anderen werden durch Anklicken des Parameters im entsprechenden Unterfenster und Auswahl der gewünschten Anfrage aus einem Pop-up-Menü abgefragt (Abbildung 7). Diese qualitativen Informationen können besonders zum Verständnis beitragen, wie eine Schaltung arbeitet und wie ihr Verhalten durch die Parameter der enthaltenen Bauteile beeinflußt wird.

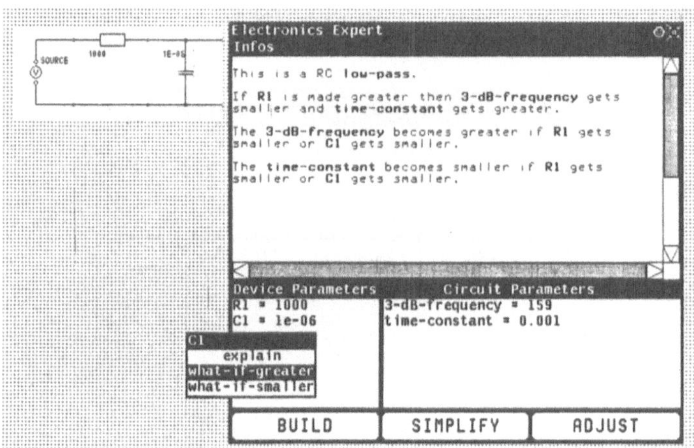


**Abbildung 7.** Abfrage qualitativer Abhängigkeiten zwischen Parametern

Der Elektrotechnikexperte erkennt Redundanz in der Schaltungsstruktur, z.B. können zwei parallele Widerstände durch einen einzigen Widerstand mit entsprechendem Widerstandswert ersetzt werden, und er ist auch in der Lage diese Redundanz durch Vereinfachung der Schaltung unter Beibehaltung des grundsätzlichen Verhaltens der Schaltung zu beseitigen. Dem Benutzer wird dabei mitgeteilt, welche Vereinfachungen durchzuführen sind. Dies kann insbesondere von Nutzen sein, wenn eine Schaltung nicht in der Wissensbasis enthalten ist, sich jedoch zu einer simulierbaren Schaltung vereinfachen läßt.

ELEX unterstützt den Benutzer beim Aufbauen spezieller Schaltungen und beim Dimensionieren von Schaltungen, so daß ein bestimmtes Verhalten erzielt wird, beispielsweise soll ein *Tiefpaß* aufgebaut werden mit einer *3dB-Frequenz* von 4 kHz. Vom Experten selbständig aufzubauende Schaltungen werden aus Menüs ausgewählt. Ein bestimmtes Schaltungsverhalten erreicht man durch Auswählen eines anzupassenden Schaltungsparameters und Eintragen gewisser vom Experten einzuhaltender Constraints für die Parameter in einem speziellen Formular (Abbildung 8).

**Abbildung 8.** Dimensionieren eines Tiefpasses zu einer vorgegebenen 3dB-Frequenz

Um all diese Aufgaben zu lösen, stützt sich der Elektrotechnikexperte auf eine große Menge von explizit repräsentiertem *deklarativen Wissen* sowie auch auf *prozedurales Wissen.*

Das *deklarative Wissen* ist in der Wissensbasis von ELAB enthalten und umfaßt hierarchisch angeordnte Schaltungskonzepte sowie eine vernetzte Menge verschiedener elektrotechnischer Konzepte. Jedes Konzept ist als ein Objekt repräsentiert und enthält zumindest einen Beschreibungsteil und einen Teil für zusätzliche visuelle Erklärungen. Der Beschreibungsteil enthält einen Text, der das Konzept erläutert und dabei auf weitere Konzepte verweisen kann. Auf diese Weise lassen sich voneinander abhängige Konzepte implizit miteinander verknüpfen. Zusätzliche visuelle Erklärungen - eine wurde bereits am Beispiel der 3dB-Frequenz gezeigt - sind optional.

Schaltungskonzepte sind explizit durch Zeiger verknüpft (`sub-circuit`- und `super-circuit`-Zeiger) zur Repräsentation der natürlichen Beziehung zwischen Konzepten und deren unter- bzw. übergeordneten Konzepten. Das Konzept *Filter* beispielsweise hat neben anderen das Konzept *Tiefpaß* als `sub-circuit`, wohingegen *Tiefpaß* als Rückverweis einen Zeiger `super-circuit` auf *Filter* hat. Jedes Schaltungskonzept kann ferner eine Menge von zugeordneten Schaltungsparametern haben, die den Schaltungstyp genauer charakterisieren. *Tiefpaß* zum Beispiel hat einen zugeordneten Parameter *3dB-Frequenz.* Die Endknoten dieses hierarchischen Schaltungsnetzes sind diejenigen Objekte in der Wissensbasis, die das Simulationsverhalten einer konkreten Schaltung beschreiben. Sie haben Zeiger auf die ihnen direkt übergeordneten Schaltungskonzepte der Hierarchie, beispielsweise zeigt *RC-Tiefpaß* auf *Tiefpaß.* Außerdem tragen die Endknoten Beschreibungen, wie sich spezifische Schaltungsparameter aus den Parametern der Bauteile berechnen. Die zu einer konkreten Schaltung gehörigen Schaltungsparameter findet man, indem man beim betreffenden Endknoten startet und den Pfaden entlang den `super-circuit`-Zeigern durchs Netz folgt.

Dies entspricht dem Konzept der *Vererbung* in hierarchischen Objektnetzen. Das deklarative Wissen von ELEX kann durch Hinzufügen neuer Konzepte in die Wissensbasis erweitert werden.

Das *prozedurale Wissen* von ELEX besteht aus Methoden, die unter Verwendung von deklarativem Wissen neues deklaratives Wissen ableiten. Dieses Wissen kann entweder von qualitativer oder von quantitativer Art sein. Dabei werden Verfahren der Symbolmanipulation mit numerischen Verfahren kombiniert. Zu gewissen vom Benutzer spezifizierten Anfragen werden vom Experten intern simulierte Experimente durchgeführt. Diese bleiben für den Benutzer verborgen. Lediglich die Ergebnisse dieser Experimente werden in geeignete textuelle oder graphische Informationen übergeführt, die dem Benutzer als Antwort auf seine Anfrage dargeboten werden.

## Zusammenfassung

Im Bereich der Elektroniksimulation kommen vorwiegend traditionelle, batchorientierte Systeme mit meist unzureichenden Benutzeroberflächen zum Einsatz. Graphisch interaktive Systeme mit direkter Manipulation stellen den Problembereich auf viel natürlichere Weise dar. Wir haben den Prototyp ELAB entwickelt, um aufzuzeigen, wie die Desktop-Metapher auf eine Labor-Metapher für technische Anwendungen, wie beispielsweise zur Elektroniksimulation, übertragen werden kann.

Die Expertenkomponente ELEX wurde in die Laborumgebung integriert, um den Benutzer beim Experimentieren und Problemlösen mit ELAB zu unterstützen. Um diesen Anforderungen gerecht zu werden, wurde sowohl Wissen über den Anwendungsbereich als auch über die spezielle simulierte Laborumgebung repräsentiert. Dies erwies sich als besonders sinnvoll, um ein System, das auf der Visualisierung eines komplexen Anwendungsbereichs basiert, abzurunden.

ELAB wurde in der objektorientierten Sprache ObjTalk implementiert, was sich für diesen Ansatz aus verschiedenen Gründen als sehr geeignet herausstellte: Zum einen fällt es leicht, durch objektorientierte Programmierung die Kommunikation zwischen verschiedenen Instanzen des Problembereichs auf natürliche Weise zu beschreiben, zum anderen unterstützen objektorientierte Sprachen die Repräsentation von Wissen. Ferner konnte die graphische Benutzeroberfläche unter Einsatz eines objektorientierten Benutzerschnittstellen-Baukasten basierend auf dem Fenstersystem WLISP einfach implementiert werden.

ELAB vereint die Aspekte intelligenter tutorieller Systeme und Expertensysteme, so daß sich das System sowohl für Anfänger als auch fortgeschrittene Benutzer als Lernumgebung eignet. Um die gegenwärtige Beschränkung des Simulators auf vordefinierte elektrische Schaltungen und die vorwiegende Anwendung von schaltungsspezifischem Wissen aufzuheben, könnte ein allgemeiner Elektroniksimulator, wie z.B. SPICE, eingesetzt werden.

# Literatur

[Böcker, Fabian, Lemke 85]
H.-D. Böcker, F. Fabian Jr., A.C. Lemke: *"WLisp: A Window Based Programming Environment for FranzLisp"*. In *Proceedings of the First Pan Pacific Computer Conference, Volume 1*, pp 580-595. The Australian Computer Society, Melbourne, Australia, September, 1985.

[Fischer, Gunzenhäuser 86]
G. Fischer, R. Gunzenhäuser (Herausgeber): *"Methoden und Werkzeuge zur Gestaltung benutzergerechter Computersysteme"*. Verlag Walter de Gruyter & Co., Berlin - New York, 1986.

[Herczeg 86a]
M. Herczeg: *"INFORM-Manual: Icons, Version 3.12"*. Computer Science Institute, University of Stuttgart, 1986. Translated by V.M. Patten, February 1986.

[Herczeg 86b]
M. Herczeg: *"Eine objektorientierte Architektur für wissensbasierte Benutzerschnittstellen"*. Dissertation, Fakultät Mathematik und Informatik der Universität Stuttgart, Dezember 1986.

[Herczeg 88]
J. Herczeg, M. Herczeg: *"A knowledge based electronics simulator"*. In *Angewandte Informatik / applied informatics* 30(5), Seite 219-226, Mai 1988.

[Herczeg et al. 85]
M. Herczeg, D. Maier, C. Rathke, W.-F. Riekert: *"Vom Dialogsystem zur wissensbasierten Mensch-Computer-Kommunikation"*. In *ONLINE '85. 8.Europäische Kongreßmesse für Technische Kommunikation*, Seite 2P-1-2P-14. Düsseldorf, Februar 1985.

[Hutchins et al. 86]
E.L. Hutchins, J.D. Hollan, D.A. Norman: *"Direct Manipulation Interfaces"*. In D.A. Norman, S. Draper (Editors), *User Centered System Design: New Perspectives on Human-Computer Interaction*. Lawrence Erlbaum Associates Ltd., 1986.

[Newman, Sproull 81]
W.M. Newman, R.F. Sproull: *"Principles of interactive Computer Graphics"*. McGraw-Hill Computer Science Series. McGraw-Hill Series in Artifical Intelligence. McGraw-Hill Kogakusha, Ltd., Tokyo, 1981.

[Rathke C. 86]
C. Rathke: *"ObjTalk. Repräsentation von Wissen in einer objektorientierten Sprache"* Dissertation, Fakultät Mathematik und Informatik der Universität Stuttgart, Oktober 1986.

[Reichman 86]
R. Reichman: *"Communication Paradigms for a Window System"*. In D.A. Norman, S. Draper (Editors), *User Centered System Design: New Perspectives on Human-Computer Interaction*. Lawrence Erlbaum Associates Ltd., 1986.

[Shneiderman 83]
B. Shneiderman: *"Direct Manipulation: A Step Beyond Programming Languages"*. In *IEEE Computer* 16(8), pp 57-69, August, 1983.

[Sleeman, Brown 82]
D. Sleeman, J.S. Brown (editors): *"Intelligent Tutoring Systems"*. Computers and People Series. Academic Press, London - New York, 1982.

[Vladimirescu, Newton, Pederson 80]
A. Vladimirescu, A.R. Newton, D.O. Pederson: *"SPICE Version 2G.0 User's Guide"*. Technical Report, University of California, Berkeley, 1980.

# Grafikaspekte beim Einsatz eines CAD-Systems für Elektronik und Mechanik in einer industriellen Umgebung

F. Eser, SIEMENS AG, München

## Einleitung

In einem industriellen Designprozeß werden - im allgemeinen von verschiedenen Bearbeitern - unterschiedliche Entwicklungsziele (z.B. Entwurf von integrierten Schaltungen, mechanische Konstruktion) verfolgt. Darüber hinaus spielt, speziell in einer industriellen Umgebung, die Projektabwicklung, d.h. eine effektive und effiziente Bearbeitung sämtlicher, innerhalb eines Projektes anfallender Vorgänge wie Erstellung und Aktualisierung von Produkt-, Projekt- und Prozeßplänen sowie die Erstellung und Verfolgung von Terminplänen eine wichtige Rolle, wobei die Einbettung in die jeweilige Einsatzumgebung (Organisationsform) Berücksichtigung finden muß.
Aus Benutzersicht ist es wünschenswert, die sich dadurch ergebenden Anforderungen an die Funktionsvielfalt eines Entwicklungssystems über eine homogene, leicht verständliche Benutzungsoberfläche abgedeckt zu bekommen. Wie Untersuchungen ergaben, kann der Anwender im ersten Jahr der Einführung eines CAD-Systems nur ca. 30% seiner Zeit für die eigentlichen Aufgaben nutzen, da er die restliche Zeit mit systemtechnischen Problemen verbringt. Dies ist im wesentlichen dadurch bedingt, daß heutige Systeme sich aus einer Vielzahl von einzelnen Komponenten zusammensetzen, die nur lose dv-technisch gekoppelt, aber nicht unter einer einheitlichen Benutzungsoberfläche integriert sind.
Die anhand derartiger Untersuchungen aufgezeigten Problempunkte führten u.a. dazu, daß der Aspekt Aufgabenangemessenheit als ein wesentlicher Bestandteil der DIN 66234 Bildschirmarbeitsplätze [1] aufgenommen worden ist. Formulierungen wie "Ein Dialog ist aufgabenangemessen, wenn er die Erledigung der Arbeitsaufgabe des Benutzers unterstützt, ohne ihn durch Eigenschaften des Dialogsystems unnötig zu belasten" oder "Der Dialog soll den Arbeitsaufgaben angepaßt sein" setzen die Gestaltung von Benutzungsoberflächen ganz bewußt in Zusammenhang mit den Arbeitsaufgaben des Benutzers. Um diesen Anforderungen gerecht zu werden, sind die heute bekannten und akzeptierten Dialogelemente und Methoden [2] zur Gestaltung von Benutzerschnittstellen gezielt einzusetzen.

Ein systematischer Ansatz für eine detaillierte Betrachtungsweise von Benutzerschnittstellen wurde durch die europäische Benutzergruppe der IFIP WG 6.5 (International Computer Message Systems) mit dem sogenannten IFIP - Modell [3] vorgestellt. Aufbauend auf dessen Beschreibung wird in den folgenden Abschnitten der Schwerpunkt der Betrachtungen auf die Anforderungen gesetzt, die durch die Arbeitsumgebung beim Einsatz eines CAD-Systems für Elektronik und Mechanik entstehen.
Um diese Anforderungen erfüllen zu können, besteht ein sinnvoller Ansatz in einer intensiven und homogenen Nutzung von grafischen Möglichkeiten bei der Gestaltung von Benutzerschnittstellen.
Jeweils lokal begrenzt auf die Entwurfsumgebung für elektronische bzw. mechanische Einheiten nimmt der Aspekt Grafik heute bereits eine Schlüsselposition ein. So erfolgt z.B. die Eingabe des Logikentwurfs grafisch unter Verwendung eines Stromlaufeditors, die Darstellung von Simulationsergebnissen in Form von Diagrammen, die Definition von Pfaden für die Laufzeitberechnung anhand von grafischen Schaltungsbeschreibungen sowie die interaktive Nacharbeit bei der Belegung und Verdrahtung von Baugruppen über einen grafischen Layouteditor.
Die Praxis zeigt, daß eine derartige, isolierte Betrachtungsweise der Aufgabenbereiche aufgegeben werden muß. D. h. neben dem oben skizzierten Anwendungsspektrum grafikorientierter Benutzerschnittstellen bei der Entwicklung elektrotechnischer Einheiten sind die Aspekte "Mechanik" und "Design Management" stärker einzubeziehen. Dies bedeutet u.a., daß das Grafik-Spektrum in einem System ausgehend von Icons als Platzhalter für Objekte (siehe Abb. 1) über den Leistungsumfang

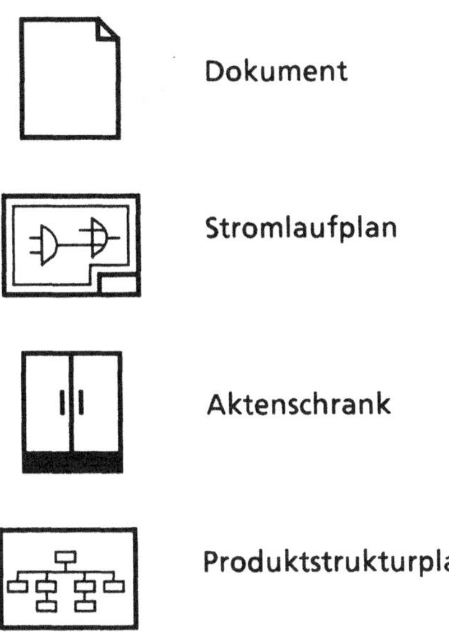


**Abb. 1:** Beispiele für Icons

grafikorientierter Funktionen zur Unterstützung des Benutzers auf dem Gebiet des Systementwurfs, des Datenmanagements, des Projektmanagements und des Prozeßmanagements (siehe auch Abbildungen 4 bis 6) bis hin zu 3-dimensionalen Darstellungen mechanischer Konstruktionen reichen wird. Dieses breite Leistungsspektrum ist bei der Konzeption bzw. Realisierung von CAD-Systemen, unter Einbeziehung der jeweiligen Einsatzumgebung [4,5] zu berücksichtigen und sollte sich bei zukünftigen Entwicklungen grafisch orientierter Benutzungsoberflächen in einer durchgängigen Art und Weise darstellen.

## Modellhafte Beschreibung der Benutzerschnittstelle

Betrachtet man die Benutzerschnittstelle in einer Entwicklungsumgebung in der sowohl mechanische als auch elektronische Aspekte eine Rolle spielen, ergibt sich ein breiter Anforderungskatalog an die Benutzerschnittstelle. Zum einen stellt der Benutzer spezifische Anforderungen, bedingt durch seine Einbettung in eine konkrete Umgebung (Organisation) und die damit eng verknüpfte Arbeitsmethodik, zum

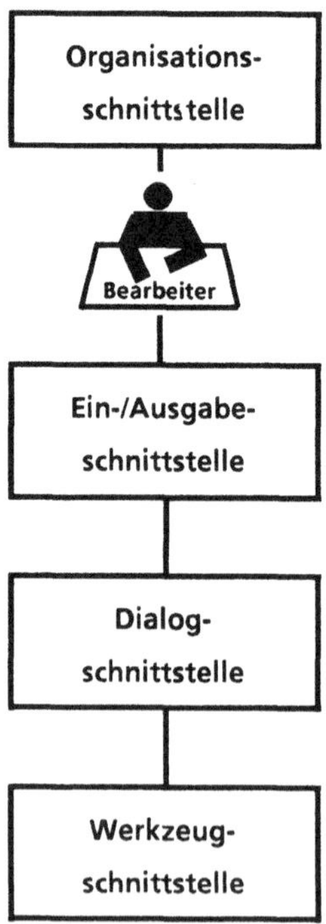


**Abb. 2:** Modell der Benutzerschnittstelle

anderen ergeben sich vielfältige Anforderungen aus der Sicht der Werkzeuge. Eine genaue Beschreibung der Gestaltungsaspekte von Benutzerschnittstellen läßt das IFIP-Modell zu, wobei die darin definierten Schichten relativ unabhängig voneinander betrachtet werden (siehe auch Abb. 2). Mit der Definition dieses Modells ist auch die Zielsetzung verbunden, möglichst anwendungsunabhängige Benutzerschnittstellen zu realisieren.
Der Komplex Benutzerschnittstelle zerfällt insgesamt in die "Schnittstelle für Ein- und Ausgabe", die "Dialogschnittstelle", die "Werkzeugschnittstelle" sowie die "Organisationsschnittstelle".
Die "Schnittstelle für Ein- und Ausgaben" beschreibt die Eingabe- und Ausgaberegeln. Auf seiten der Eingabe wird definiert, wie die Benutzeraufträge spezifiziert werden, z.B. Kommando, Menü oder Funktionstasten. Außerdem wird festgelegt, über welche Hilfsmittel (z.B. Maus, Griffel etc.) die Schreibmarke auf dem Bildschirm bewegt werden kann. Auf seiten der Ausgabe wird definiert, auf welche Weise die Information dem Benutzer vermittelt wird.
Die "Dialogschnittstelle" beschäftigt sich mit all den Regeln, die die interaktive Arbeitsweise des Benutzers mit dem System festlegen. Die Regeln umfassen das gesamte Spektrum vom freien bis zum geführten Dialog (siehe auch Anforderungen an die Organisationsschnittstelle). Die angebotenen Steuermechanismen werden ebenso behandelt wie die Einsatzmöglichkeiten der Hilfe-Funktion bzw. das Systemverhalten in Fehlersituationen.
Die "Ein -/ Ausgabe-Schnittstelle" und die "Dialogschnittstelle" charakterisieren den Leistungsumfang, der i.a. durch einen User Interface Manager (UIM) [6] abgedeckt wird (siehe auch Abschnitt User Interface Management System SIEMCAD).
Das Zusammenspiel zwischen den im System angebotenen Funktionen, deren Leistungsumfang sowie die Zugriffsmöglichkeiten des Benutzers auf Daten und Funktionen werden in der "Werkzeugschnittstelle" festgelegt.
Die Regeln der "Organisationsschnittstelle" befassen sich zum einen mit dem gegebenen Kontext des Software-Systems, z.B. wie gut ist das Werkzeug mit der übrigen Systemumgebung abgestimmt, zum anderen mit den Arbeitsaufgaben und -inhalten sowie der Arbeitsorganisation.

## Bewertungskriterien

Umfangreiche Untersuchungen führten zu den wesentlichen Anforderungen an die "Schnittstelle für Ein- und Ausgabe", die "Dialogschnittstelle" und die "Werkzeugschnittstelle", aus denen zudem die in Abb. 3 aufgezeigten Bewertungs-Kategorien

[3] abgeleitet wurden. Diese drei Schnittstellen weisen gewisse Abhängigkeiten von-

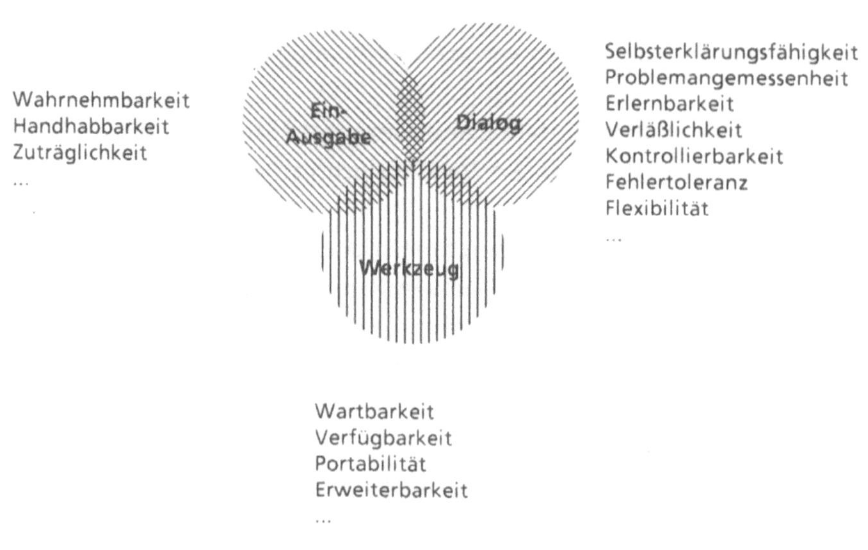


**Abb. 3**: Bewertungs-Kategorien

einander auf, weshalb auch die Bewertung bzw. die Realisierung der genannten Schnittstellen nicht vollständig unabhängig voneinander erfolgen kann. Beispielsweise kann die Dialogtechnik nicht auf Eingaben über Menü und Maus beruhen, wenn die "Schnittstelle für Ein- und Ausgabe" diese Vorgehensweise nicht unterstützt. Abbildung 3 verdeutlicht ebenso diese relative Unabhängigkeit.
Im Gegensatz zu den oben besprochenen Schnittstellen sind bezüglich der Organisationsschnittstelle bisher keine Anforderungen bzw. Bewertungskriterien formuliert worden. Die nachfolgenden Ausführungen, im wesentlichen geprägt durch die Erfahrungen auf dem Gebiet der Entwicklung von CAD-Systemen für den Baugruppen- und Bausteinentwurf, sind als ein Beitrag hierzu zu verstehen.

## Anforderungen an die Organisationsschnittstelle

Ein CAD-System bietet dem Benutzer zur Unterstützung seiner Entwicklungsarbeiten eine Vielzahl von Funktionen. Das logische und zeitliche Zusammenspiel dieser Funktionen ist systemweit abgestimmt. Es wird anhand eines Gesamtverfahrensablaufes konfigurationsspezifisch festgelegt. Der Benutzer kann erwarten, daß er sich in dem

durch das CAD-System repräsentierten Rahmen sicher bewegen kann, ohne die dv-technischen Gegebenheiten seiner Entwicklungsumgebung kennen zu müssen.
Der Benutzer wendet im allgemeinen eine ergebnisorientierte Vorgehensweise an, d.h. der Benutzer ist bestrebt, ein bestimmtes Ergebnis zu erzielen. So will er z.B das Verhalten seines System- bzw. Modulentwurfs anhand der Ergebnisse eines Simulationslaufes validieren.
Sein eigentliches Ziel ist somit das Ergebnis einer Funktion auszuwerten, und nicht eine bestimmte Funktion auszuführen. Die Aktionen (siehe Abb. 4), die bis zum Erreichen dieses Ziels durchgeführt werden müssen - in dem aufgezeigten Beispiel die Umsetzung der funktionalen Beschreibung in ein Simulationsmodell, das Aufbereiten der Stimulidaten sowie der sich daran anschließende Simulationslauf - sind zwar verfahrenstechnisch notwendig, aber für den Benutzer nicht von primärer Bedeutung. Diese ergebnisorientierte Vorgehensweise kann durch eine geeignete Ablaufsteuerung [7] im Zusammenspiel mit komfortablen Grafik-Features in hohem Maße unterstützt werden. Die heute zum Einsatz kommenden Workstations bieten dabei hervorragende Voraussetzungen für eine benutzungsfreundliche Gestaltung von grafischen Benutzungsoberflächen [8].
So sollte in dem skizzierten Beispiel der Benutzer im Dialog mit Objekten hantieren können, analog dem Vorgehen in der realen Welt. Der Benutzer könnte das Objekt 'funktionale Beschreibung' anhand eines Icons unter Verwendung der Maus auf die durch ein Icon repräsentierte CAD-Funktion 'Simulator' übertragen. Als Ergebnis dieser Aktion wird dem Benutzer ein Objekt 'Simulationsergebnis' bereitgestellt, das dann, entsprechend dem bisher skizziertem Vorgehen, der Funktion 'Ergebnisauswertung' zugeführt werden kann. Die zur Laufzeit notwendigen Zwischenschritte sind an der Benutzungsoberfläche nicht transparent.
Der hier kurz vorgestellte Ansatz für eine auf Objekten basierende Benutzerschnittstelle bildet z.B. bei Textsystemen heute bereits einen Quasistandard, so daß eine Anpassung der Benutzungsoberflächen von CAD-Systemen an das real existierende Arbeitsumfeld eines Entwicklers eine wesentliche Anforderung an die "Organisationsschnittstelle" abdecken würde.
Das IFIP-Modell zeigt zudem auf, daß Benutzerschnittstellen losgelöst von bestimmten Anwendungsprogrammen betrachtet werden können. Diese Vorgehensweise unterstützt ganz wesentlich die Bestrebungen, eine standardisierte Benutzerschnittstelle zu erreichen. Eine Standardisierung der Benutzerschnittstelle kann aber nicht vollständig unabhängig von dem Leistungsumfang der zugrunde gelegten Grafikschnittstelle (siehe auch Abb. 3) gesehen werden.

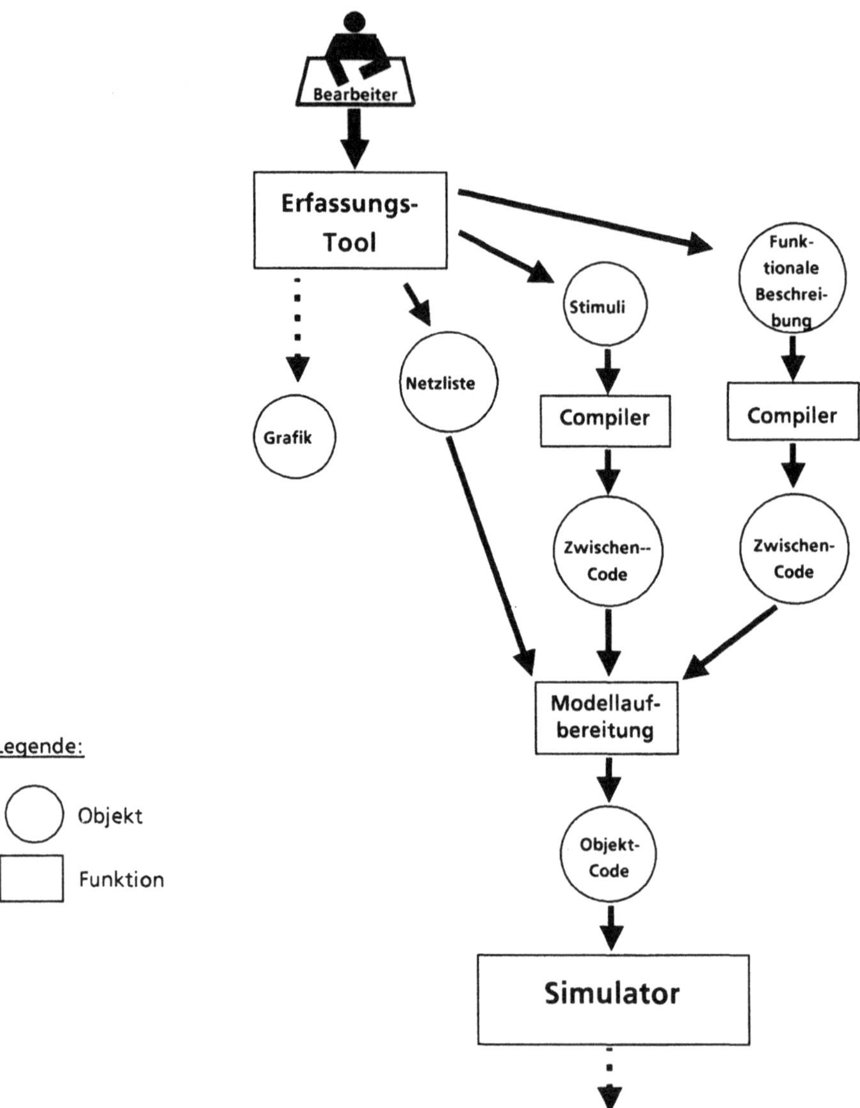


**Abb. 4:** Ausschnitt einer abstrakten Datenflußbeschreibung

## Design Management System

Der bisher aufgezeigte Leistungsumfang einer objektorientierten Benutzerschnittstelle sollte den Entwickler während des gesamten Designprozesses bei allen anfallenden Arbeiten - im Sinne eines Design Management Systems - optimal unter-

stützen. Dies erfordert u.a. auch ein abgestimmtes Zusammenwirken der Benutzerschnittstelle mit einem leistungsfähigem Datenhaltungssystem. Im folgenden wird diese Leistung vorausgesetzt und im einzelnen nicht näher betrachtet.
Welche wesentliche Rolle die Grafik über den allgemein bekannten Ansatz hinaus bei CAD-Systemen spielen kann, wird anhand einiger beispielhaft aufgezeigter Funktionen veranschaulicht. In diesem Zusammenhang werden aber keine Forderungen nach neuen Grafik-Features laut, vielmehr wird der intensive Einsatz allgemein bekannter grafischer Methoden gefordert.
So könnte das in Abb. 5 exemplarisch dargestellte Arbeitsfenster einheitlich sowohl

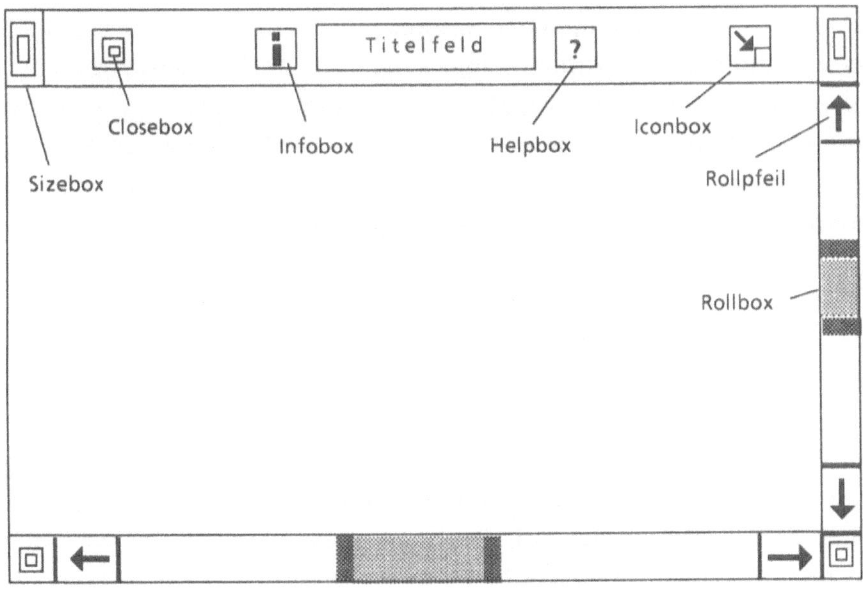


**Abb. 5**: Arbeitsfenster

bei den eigentlichen Entwicklungsarbeiten als auch bei den projektspezifischen (siehe Abb. 6) Arbeiten zur Anwendung kommen. D. h. alle Funktionen, die zur Bewältigung der in einem Projekt anfallenden Arbeiten angewendet werden, sollten in dieser Umgebung aktiviert werden.
Darüber hinaus zeigt die Erfahrung, daß der überwiegende Teil der Planungsdaten (Produkt-Struktur, Prozeß-Struktur usw.) ausschließlich in grafisch aufbereiteter Form (siehe Abb. 7) Akzeptanz bei den Anwendern findet, und dadurch erst als eine echte Unterstützung für alle Beteiligten des gesamten Designprozesses angesehen werden kann.

Eine einheitliche Gestaltung der Benutzerschnittstelle dieser Funktionen stellt sicher auch einen entscheidenden Beitrag für eine reibungslose Kommunikation zwischen den Entwicklern und dem Management dar. So sieht sich z.B. der Entwickler ohne intensiver Einarbeitungsphase in der Lage, projektspezifische Informationen abrufen zu können. "Der Blick über den Tellerrand" wird erleichtert, d.h. durch den Abbau von systembedingten Barrieren bei der Bedienung der zugehörigen Funktionen kann das Interesse an den tangierenden Problemkreisen geweckt, bzw. das Verständnis für die projektspezifischen Aufgaben gefördert werden.
Ein weiterer wichtiger Punkt besteht darin, eine gemeinsame Basis für den Entwickler und den Verfahrensplaner zu schaffen. Der durch den Verfahrensplaner festgelegten Verfahrensablauf bildet für den Entwickler eine zwingend einzuhaltende Vorgabe, die sich auch entsprechend in der Prozeß-Struktur widerspiegelt. Als eine allgemeine Zielsetzung sollte es daher angesehen werden, die Definition der Prozeß-Struktur bzw. des Verfahrensplans grafisch, über eine interaktiv arbeitende Funktion, vornehmen zu können. Das Layout könnte dabei in Korrelation zu der Benutzungsoberfläche des CAD-System stehen, so daß der Entwickler als Benutzer des Systems ohne viel Aufwand gemeinsam mit dem Verfahrensplaner eine konsistenten und dem Problem angepaßten Zustand dieser Projektdaten sicherstellen kann.

## User Interface Management System SIEMCAD

Die in diesem Papier skizzierten Überlegungen führten u.a. zu dem Projekt "Graphische Dialog-Technik bei CAD-Elektronik", das gemeinsam von dem ZGDV (Zentrum für Graphische Datenverarbeitung, Darmstadt) und der SIEMENS AG getragen wird. Ziel dieses Projektes ist es, folgende Konzepte innerhalb eines User Interface Management Systems (SIEMCAD) zu verwirklichen:

- Hohes, anwendungsnahes Abstraktionsniveau der CAD-Funktionsschnittstelle;
- Verlagerung der Dialogablaufsteuerung aus dem Anwendungsprogramm in die Benutzungsoberfläche;
- Mehrfenstertechnik zur Darstellung und Bearbeitung verschiedener Kontexte auf dem Bildschirm;
- Konzept der "Desktop-"Oberfläche durch Verwendung sich überlappender Windows;
- Unterstützung von Vollgrafik und Alphanumerik in den Windows zur Ausgabe anwendungsbezogener Objekte;

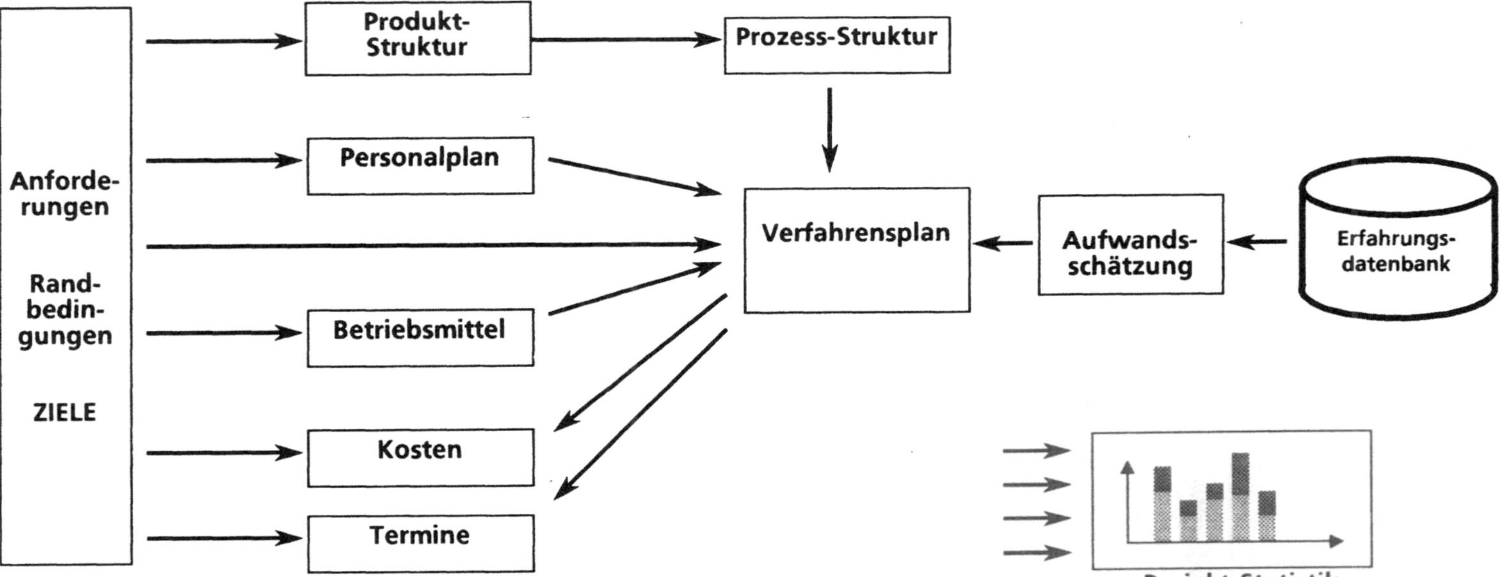


**Abb. 6:** Struktur der Projektplanung

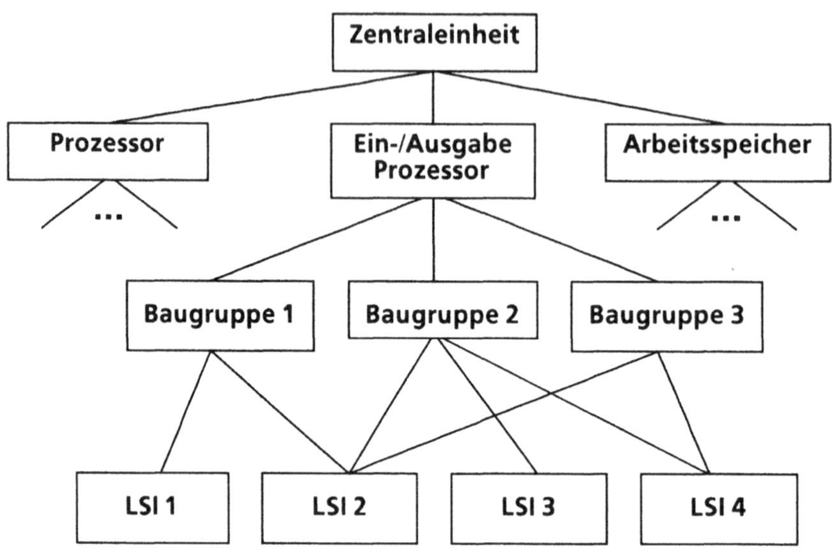


**Abb. 7:** Beispiel einer Produktstruktur

- Unterstützung moderner Interaktionstechniken;

SIEMCAD ermöglicht sowohl die Einbettung vorhandener als auch zukünftiger CAD-Werkzeuge und Design Management Tools unterhalb einer homogenen Benutzungsoberfläche. Im Rahmen eines CAD-Systems für den Baustein- und Baugruppenentwurf in der Elektronik wird, auf der Basis der in Abbildung 8 gezeigten Systemarchitektur, das User Interface Management System SIEMCAD gegenwärtig realisiert.
Die Einsatzumgebung für SIEMCAD ist eine SIEMENS WS30 Workstation unter dem Betriebssystem AEGIS.

## Zusammenfassung

Die Gegenwart zeigt, daß beim System- bzw. Modulentwurf sehr viele Probleme auf den Einsatz von lose gekoppelten CAD-Funktionen zurückzuführen sind. Der Einsatz

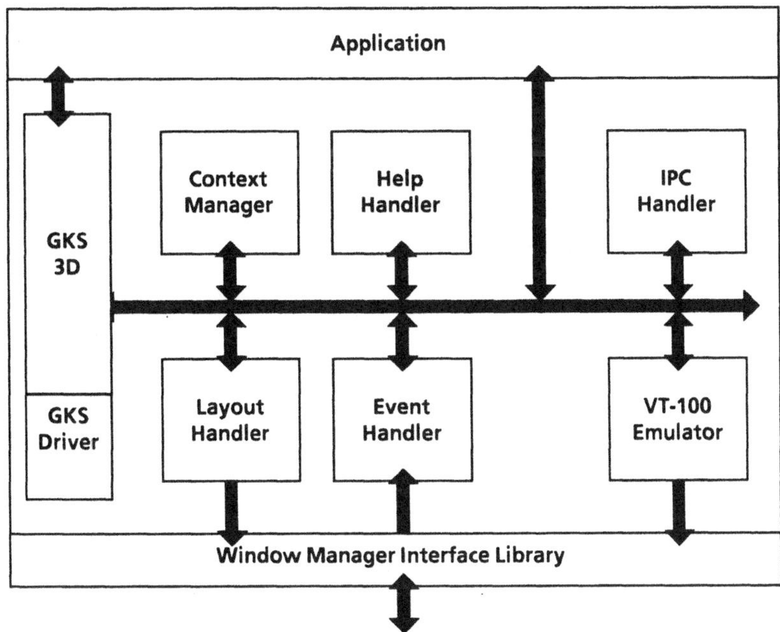


**Abb. 8:** SIEMCAD Systemarchitektur

von Grafik spielt zwar heute bereits eine wichtige Rolle, erfolgt aber in der überwiegenden Anzahl von Fällen konzentriert auf Teilfunktionen von CAD-Systemen. Der globale, den gesamten Designprozeß berücksichtigende Aspekt wurde bisher sträflich vernachlässigt. Dieser Aspekt stellt sich noch schwerwiegender dar, betrachtet man eine Einsatzumgebung in der sowohl die elektronischen als auch die mechanischen Elemente eines Designs gemeinsam betrachtet und bearbeitet werden sollen.

Eine Lösung dieser Probleme ist absehbar, falls die Forderung nach einem gezielten Einsatz grafischer Möglichkeiten zur Gestaltung von homogenen, leistungsfähigen Benutzerschnittstellen stärker Berücksichtigung findet.

## Literatur

[1] DIN 66234/Teil 8 Bildschirmarbeitsplätze, Grundsätze der Dialoggestaltung, 2. Vorlage Jan. 1986

[2] Schmitt A., "Dialogsysteme", Reihe Informatik/40, B-I-Wissenschaftsverlag, 1983

[3] Dzida,W., "Das IFIP-Modell für Benutzerschnittstellen", Sonderheft Office Management 1983, S. 6-8

[4] Holl F.-L., Klutmann B., Peschke H., "Arbeitsumfeld und Mensch-Maschine-Kommunikation", Sonderheft Office Management 1983, S. 14-17

[5] Müller-Böling D., Müller M., "Zum Zusammenhang zwischen Informationstechnik, Organisationsstruktur und individuellem Handlungsspielraum", Sonderheft Office Management 1983, S. 18-20

[6] H. Bittner, J. Cote Munoz, F. Eser, D. Frantz, "SIEMCAD A User Interface Management System for Integrating Electronical and Mechanical CAD", 3rd IFAC/IFIP/IEA/IFORS Conference on MAN-MACHINE SYSTEMS, 14-16 June, 1988, Oulu, Finland

[7] Szwillus G., "Eine datenflußgesteuerte Betriebssystemschnittstelle basierend auf einem universellen syntaxgesteuerten Editor", Dissertation, Universität Dortmund, 1984

[8] Angus C.J., "Interactive graphics systems for CAE"

# Selbstausbildung mit dem SOFTBOX-Ausbildungssystem

Helfried Broer
Erhard Krischker
Frank Rieß
Hans Schröter

## Einleitung

In den zurückliegenden Jahren hat sich die Mikroelektronik zu einem bestimmenden Wachstumsfaktor des technisch-wissenschaftlichen Fortschritts entwickelt; hoch- und höchstintegrierte Schaltkreise sind in nahezu alle Bereiche des täglichen Lebens eingedrungen. Entsprechend groß ist heute die Nachfrage nach Ausbildungsmöglichkeiten im Bereich der neuen Technologien: Allein in der Bundesrepublik Deutschland müßten nach vorsichtigen Schätzungen /Heinze 86/ jährlich Millionen mit dem Einmaleins der Informatik vertraut gemacht werden.

Um eine solche "Massenausbildungsaufgabe" erfolgreich bewältigen zu können, müssen die alten Ausbildungsmethoden und -konzepte modifiziert und neue Methoden und Wege ausgearbeitet werden. Dies ist das zentrale Anliegen des in gleichen Teilen vom Bund und vom Land Niedersachsen getragenen Modellversuchs "Entwicklung von Technologien für das Informatikstudium", der seit dem 1. April 1986 am Institut für Theoretische Informatik der Technischen Universität Braunschweig durchgeführt wird.

In diesem Modellversuch geht es primär um die Entwicklung eines technologisierten Studiengangs für das Fach Informatik /Broer et al. 88a/. Der Versuch hat dabei zwei Hauptstoßrichtungen: Erstens soll ein ausbildungstechnologisch auf dem "learning-by-doing"-Prinzip basierender Einstieg in die Informatik erarbeitet werden. Zweitens sollen durch den technologisierten Ablauf des Erwerbs von Informatik-Grundfähigkeiten und -kenntnissen die Schwierigkeiten überwunden werden, die sich insbesondere für die Nebenfach-Ausbildung ergeben: Die Studenten der verschiedenen Fachbereiche sind sowohl bezüglich ihrer Stundenpläne als auch bezüglich ihrer Vorkenntnisse ganz unterschiedlich zu behandeln. Durch ein individuell bestimmtes Studium kann auf eine Synchronisation verzichtet werden, ohne daß dadurch auch inhaltliche Abstriche in Kauf genommen werden müssen.

In diesem Beitrag soll an Hand des SOFTBOX-Ausbildungssystems exemplarisch gezeigt werden, auf welche Weise der Ausbildungsbetrieb durch eine Intensivierung der aktiven Tätigkeiten der Auszubildenden (Lernenden) unter Verwendung von simulierten Lernwelten technologisiert werden kann. Der Beitrag ist wie folgt strukturiert:

In dem nächsten Kapitel wird zunächst das LOGIBOX-Ausbildungssystem vorgestellt, das im Rahmen zahlreicher studentischer Arbeiten /Emde 87, Godau 87, Hillebrand 87, Schirmer 87, Ude 87/ entstanden ist. Danach steht das SOFTBOX-Ausbildungssystem, das ebenfalls im Rahmen mehrerer studentischer Arbeiten /Krischker 88, Rieß 88, Schröter 88, Waßmann 87/ entwickelt wurde, im Mittelpunkt des Interesses. Eine kurze Zusammenfassung schließt das Papier ab.

## Das LOGIBOX-Ausbildungssystem

Von jeher kommt den Lehr-, Experimentier- und Modellbaukästen bei der Veranschaulichung der Funktionsweise technischer Systeme eine wichtige Rolle zu. Auch im Bereich der Digitalelektronik bzw. der Mikrorechnertechnik sind zahlreiche Systeme von verschiedenen Herstellern erhältlich und an Schulen, (Fach-) Hochschulen sowie zu Zwecken der innerbetrieblichen Aus- und Weiterbildung im Einsatz. Analysiert man diese Systeme, so fällt auf, daß die digitallogische Realisierung eines Rechners nicht behandelt wird. Mit dem LOGIBOX-Ausbildungssystem /Broer et al. 88b/ wird diese Lücke geschlossen. Die wichtigsten Merkmale des LOGIBOX-Systems sind:

1. Alle elektronischen Bestandteile des Experimentiersystems sind in kleinen handgroßen **Boxen** untergebracht. Die Boxen entsprechen in etwa den Funktionseinheiten, die häufig in Blockschaltbildern verwendet werden. Dadurch läßt sich die logische Struktur einer Schaltung besonders einfach in eine konkrete Versuchsanordnung umsetzen.

2. Für das Arbeiten mit dem LOGIBOX-System sind keine elektrotechnischen Vorkenntnisse erforderlich. Obwohl es sich um ein hardwarenahes Ausbildungssystem handelt, steht allein die **logische** Struktur

der Versuchsaufbauten im Vordergrund. Alle Boxen sind so ausgeführt, daß sie ohne Berücksichtigung elektrotechnischer Gegebenheiten nach rein logischen Gesichtspunkten miteinander verbunden werden können. Selbst fehlerhafte Schaltungen hinterlassen keine irreversiblen Veränderungen an den Boxen.

3. Um auch komplexe Versuchsaufbauten übersichtlich realisieren zu können, wurden vor allem zwei Maßnahmen ergriffen:

   a) Bei allen Boxen wurde einheitlich eine parallele Verarbeitung von 8 bit vorgesehen. Die Verbindung dieser Datenanschlüsse erfolgt über 10polige Flachbandkabel. Dies reduziert die Zahl der Verbindungen zwischen den Boxen erheblich.

   b) Beim Entwurf der Boxen wurde auf das Entstehen eines hierarchisch strukturierten Boxensystems Wert gelegt: Im LOGIBOX-Ausbildungssystem ist der Austausch von kompletten Schaltungen durch Boxen, die die vollständige Schaltung beinhalten, vorgesehen. Auf diese Weise kann der räumliche Umfang der Versuchsaufbauten etwa konstant bleiben, obwohl die Komplexität der Schaltungen - gemessen an den erforderlichen Elementarschaltungen - im Laufe der Zeit fast beliebig erhöht werden kann.

4. Ein weiteres charakteristisches Merkmal des LOGIBOX-Systems ist das durchgehende Buskonzept. Dadurch wird insbesondere die Nachbildung busorientierter Rechnerstrukturen unterstützt.

Mit Hilfe des LOGIBOX-Ausbildungssystems können sich die Studenten selbständig durch eine Folge von aufeinander aufbauenden Experimenten mit der Hardware eines Rechners vertraut machen. Geleitet werden sie dabei durch einen Kurstext, der die notwendigen Informationen enthält. Eine intensive Betreuung der einzeln oder in kleinen Gruppen arbeitenden Studenten ist nicht erforderlich.

Erste Erfahrungen beim Einsatz des LOGIBOX-Systems haben gezeigt, daß sich der baukastenartige Charakter und die problemlose Kombinierbarkeit der Boxen äußerst vorteilhaft auf die Motivation und die Kreativität der Lernenden auswirken. So wurden z.B. die in den schriftlichen Unterlagen angegebenen Experimente häufig abgewandelt und durch eigene Versuche ergänzt. Daneben gab es auch zahlreiche alternative Lösungsvorschläge für die in dem Kurstext enthaltenen Aufgaben.

Als ein (technologischer) Nachteil des LOGIBOX-Systems muß die Tatsache gewertet werden, daß bisher alle "LOGI-Boxen" in Handarbeit hergestellt wurden. Denkt man z.B. an Lehrveranstaltungen mit einigen hundert Teilnehmern, so müssen - selbst dann, wenn man von einer Vollzeitauslastung der Ausbildungsplätze ausgeht - zahlreiche Ausbildungsplätze bereitgestellt werden. Dies ist im Rahmen des Modellversuchs nicht möglich. Deshalb wurde das im folgenden beschriebene SOFTBOX-Ausbildungssystem entwickelt.

**Das SOFTBOX-Ausbildungssystem**

Das SOFTBOX-Ausbildungssystem /Broer et al. 88c/ ist dem LOGIBOX-Ausbildungssystem nachempfunden. In dem SOFTBOX-System werden allerdings keine "echten" Hardwarebausteine an einem realen Steckbrett, sondern im Rechner simulierte Bausteine an einem Graphikbildschirm verwendet. Entwickelt wurde das SOFTBOX-System für Computer der Atari-ST-Serie unter dem GEM-Betriebssystem.

Einen Teil des Programmsystems zum SOFTBOX-System bildet das Programm der **graphischen Benutzeroberfläche**. Implementiert ist dieses Programm in der Programmiersprache "C" und arbeitet auf den Atari-ST-Rechnern unter GEM mit Mausunterstützung in der hohen Graphikauflösung, d.h. 640x400 Pixel in schwarz/weiß. Für die IBM-PC-Welt ist eine Umsetzung in Planung.

Den anderen Teil des Systems bildet das **Simulationsprogramm**, das die mit der graphischen Benutzeroberfläche dargestellten Schaltungen simuliert. Der Simulator wurde als Programm für einen zweiten Atari-ST-Computer ebenfalls in der Programmiersprache "C" implementiert. Inzwischen gibt es eine Installation des Programms als Prozeß, der zusammen mit der graphischen Benutzeroberfläche auf einem einzigen Rechner aktiv ist ( "stand-alone"-System ). Weiterhin wurde das Simulationsprogramm auf ein Transputersystem portiert. Geplant ist die Umsetzung des Programms in eine Programmiersprache mit parallelen Strukturen ( OCCAM,... ) auf einem Transputersystem.

Die Bedienung des SOFTBOX-Systems ist denkbar einfach: Mit Hilfe eines speziellen Menüs können im Rahmen des am Bildschirm zur Verfügung stehenden Platzes beliebig viele virtuelle Boxen erzeugt und an einer beliebigen Stelle positioniert werden. Die Verbindung der virtuellen Boxen erfolgt dann mit Hilfe eines anderen Menüs. Neben diesen beiden Menüs zum Aufbauen und Modifizieren der Schaltungen gibt es ein Menü für die taktgerechte Simulation der Boxen. Schließlich steht ein Menü bereit, um eine aufgebaute Schaltung in den Hintergrundspeicher retten bzw. um eine vollständige Schaltung aus dem Massenspeicher laden zu können.

Die virtuellen Boxen verfügen über zwei verschiedene Arten von "Anschluß"-Elementen. Zum einen sind dies die **Busanschlüsse**, die, sofern vorhanden, als gemusterte, schattierte Balken erscheinen. Die **Steueranschlüsse** hingegen werden durch kleine Kästchen dargestellt, die weiß ausgefüllt sind, wenn der interne Zustand des jeweiligen Anschlusses logisch "Eins" ist. Liegt intern eine logische "Null" an, so erscheint das Kästchen des entsprechenden Anschlusses schwarz.

Im folgenden werden die bisher vorgesehenen "SOFT-Boxen" sowie einige Versuchsaufbauten vorgestellt:

**Die BUSSCHALTER-Box** verfügt über einen Busanschluß und einen Steuereingang ( OE ). Die acht Schalter können durch Anklicken oder Öffnen der Box manipuliert werden.

Die Zustände der acht Schalter **der STEUERSCHALTER-Box** werden auch invertiert als Steuerausgänge bereitgestellt. Die Box läßt sich öffnen.

**Die DISPLAY-Box** hat einen Busanschluß und zeigt den daran anliegenden Wert sedezimal und binär an.

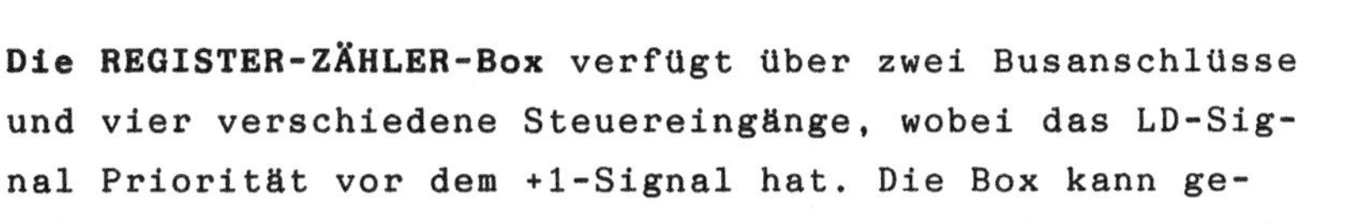

**Die REGISTER-ZÄHLER-Box** verfügt über zwei Busanschlüsse und vier verschiedene Steuereingänge, wobei das LD-Signal Priorität vor dem +1-Signal hat. Die Box kann geöffnet und der Dateninhalt des Registers geändert werden.

**Die SPEICHER-Box** hat zwei Busanschlüsse und drei Steuereingänge. Durch Öffnen kann man den internen acht Kilobyte großen Speicher manipulieren. Das Auslesen (OE) hat Vorrang.

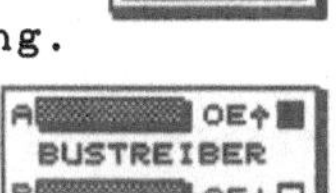


**Die BUSTREIBER-Box** besitzt jeweils zwei Busanschlüsse und Steuereingänge, wobei der Steuereingang für die Richtung A->B Priorität hat.

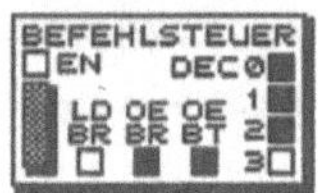


**Die BEFEHLSTEUER-Box** verfügt über einen Busanschluß, einen Steuereingang und sieben Steuerausgänge.

**Die DECODER-Box** hat je einen Busanschluß und Steuereingang, außerdem sechzehn Steuerausgänge, welche ihren "Low"-Zustand zur besseren Unterscheidung gemustert anzeigen.

**Die CONDITION-Box** besitzt je einen Busanschluß und Steuerausgang. Von den sieben Steuereingängen wird bei den sechs Sprungbedingungen das anliegende Signal nicht angezeigt. Dafür befindet sich daneben eine Kontrolle für die ausgewählte Bedingung.

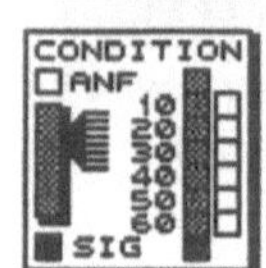


**Die AUSGABE-Box** hat einen Busanschluß und zwei Steuereingänge. Ein aktivierter Cursor wird nur als Unterstrich dargestellt. Einige Steuer-Funktionen des Originals können nicht simuliert werden.

**Die A L U-Box** verfügt über drei Busanschlüsse, zwei Steuereingänge und drei Steuerausgänge. Die Box läßt sich öffnen, und das interne Register kann geändert werden.

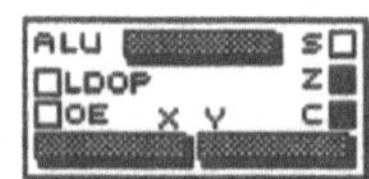


**Die AKKUMULATOR-Box** hat fünf Steuereingänge, einen Busanschluß, einen Steuerausgang und kann geöffnet und manipuliert werden.

**Die B/S-TRANSVERTER-Box** besitzt einen Busanschluß und hat sechzehn zur Hälfte negierte Steuerausgänge, die die Busdaten jeweils zur Verfügung stellen.

**Die S/B-TRANSVERTER-Box** verfügt über neun Steuereingänge und einen Busanschluß, der die Steuersignale auf eine Busleitung weiterleiten kann.

**Die BUS-KNOTEN-Box** hat sechs Busanschlüsse.

**Die AMPEL-Box** besitzt einen Busanschluß. Der daran anliegende Wert wird durch kleine Felder, die im Ruhezustand ( logisch "NULL" ) grau sind, angezeigt.

**Die STEUERWERK-Box** verfügt über acht Steuereingänge, zwei Busanschlüsse und vier Steuerausgänge. Sie enthält intern einen Speicher von acht Kilobyte und läßt sich öffnen.

**Die STEUER-KNOTEN-Box** hat sechs Anschlüsse, die sowohl als Steuereingang als auch als Steuerausgang fungieren, wobei sich eine logische "Null" als Eingang durchsetzt.

Eine Schaltung wird immer in einem GEM-Fenster aufgebaut, das sich nach den üblichen Methoden durch den Benutzer manipulieren läßt. Als erstes Beispiel sei hier eine einfache Schaltung mit nur zwei Boxen vorgestellt. Eine BUSSCHALTER-Box ist mit einer DISPLAY-Box über eine Busleitung verbunden. Wird die Schalterstellung durch Anklicken oder Öffnen der Box geändert, so erfolgt eine Simulation und das Ergebnis wird in der DISPLAY-Box angezeigt. Das Aktivieren eines Systemtaktes ist nicht notwendig.

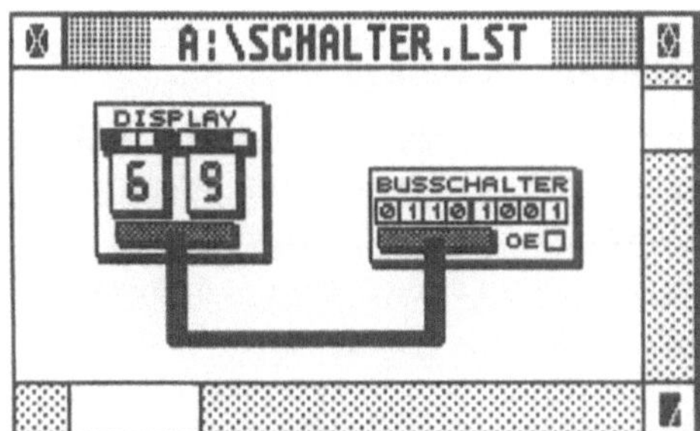


Ein weiteres etwas komplexeres Beispiel soll einmal die Vielfalt des Systems darstellen. Hierbei handelt es sich um eine Ampelschaltung, deren verschiedene Ablaufprogramme sich im Speicher der SPEICHER-Box befinden. In einem Dauertaktmodus kann die Schaltung simuliert werden.

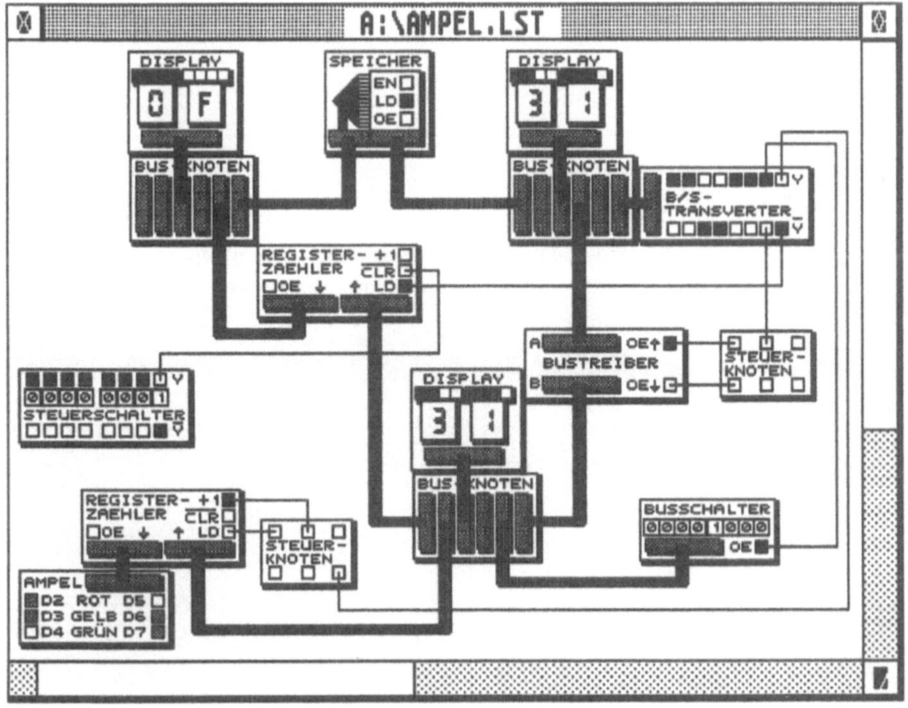


Mit Hilfe der STEUERSCHALTER-Box und der BUSSCHALTER-Box lassen sich die verschiedenen Ampelprogramme in der SPEICHER-Box aktivieren. Die AMPEL-Box ( links unten ) zeigt im gegenwärtigen Zustand links ein grünes und rechts ein rotes Signal an.

Soweit zur Beschreibung der konkreten "SOFT-Boxen". Da es sich bei dem SOFTBOX-System um ein simuliertes System handelt, sind auch einige Operationen möglich, die in einem aus "echter" Hardware gebauten System nur schwer realisiert werden könnten. Beispielsweise kann man sich über bestimmte Selektionsmechanismen ( das "Öffnen" von Boxen ) die interne Struktur der Boxen anzeigen lassen. Ferner besteht die Möglichkeit, das System um neue Boxtypen zu erweitern, insbesondere um solche, die noch gar nicht real als "LOGI-Boxen" existieren.

Die Entwicklung des SOFTBOX-Ausbildungssystems ist gegenwärtig noch nicht abgeschlossen. Zur Zeit gibt es vom SOFTBOX-Ausbildungssystem lauffähige Versionen für drei verschiedene Hardware-Konfigurationen:

a) zwei über serielle Schnittstellen verbundene Atari-ST-Rechner,
b) ein Atari-ST-Rechner mit zwei parallel-laufenden Prozessen ( Multitasking-Betrieb ), und
c) ein Atari-ST-Rechner für die graphische Benutzeroberfläche und ein Transputersystem für das Simulatorprogramm.

**Zusammenfassung:**

In diesem Beitrag wurden zwei hardwarenahe Ausbildungssysteme vorgestellt, das eine unmittelbar in Hardware gebaut, das andere als Graphiksystem entworfen. Mit beiden Ausbildungssystemen können sich die Lernenden selbständig durch eine Folge von aufeinander aufbauenden Experimenten mit der Hardware eines Rechners vertraut machen. Geleitet werden sie dabei durch einen Kurstext, der die notwendigen Informationen enthält. Eine intensive Betreuung der einzeln oder in kleinen Gruppen arbeitenden Lernenden ist nicht erforderlich.

**Danksagung:**

Danken möchten wir an dieser Stelle Prof. V. S. Cherniavsky, Prof. Dr. E. Paulus, Prof. Dr. R. Vollmar, U. Hafermann, G. Pogrzeba, U. Schwarz, P. Tillert, D. Emde, S. Hillebrand und den zahlreichen Studenten, die sich und ihre Arbeit bei der Entwicklung der Lern- und Spielwelten eingebracht haben.

**Literaturverzeichnis**


/Broer et al. 88a/ Helfried Broer Udo Hafermann Roland Vollmar
Development of Technologies for University Education in Computer Science: Progress Report of a "Modellversuch"
erscheint im Tagungsband der intern. Tagung
ECCE in Lausanne, 25. - 28. 7. 1988

/Broer et al. 88b/ Helfried Broer Dirk Emde Stephani Hillebrand
Selbstausbildung mit dem LOGIBOX-Ausbildungssystem
eingereichter Beitrag für die Tagung INFINA
Kongreßzentrum Karlsruhe, 15. - 17. 2. 1989

/Broer et al. 88c/ Helfried Broer Frank Rieß
Einführung in das SOFTBOX-Ausbildungssystem
erscheint im Tagungsband des 5. Symposiums
SIMULATIONSTECHNIK an der RWTH Aachen, 28. - 30. 9. 1988

/Emde 87/ Dirk Emde
Die Hardwarestruktur eines von-Neumannschen Rechners: Entwicklung, Aufbau und Beschreibung entsprechender Hardwareexperimente
Studienarbeit, April 1987
Institut für Nachrichtentechnik

/Godau 87/ Dietrich Godau
Entwicklung, Aufbau und Beschreibung eines Druckertreibers und Spoolers
Entwurfsarbeit, April 1987
Institut für Nachrichtentechnik

/Heinze 86/ C.D. Heinze
Gegenwart und Zukunft "Automatisierten" Lernens
in: Medien und Technik Schriftenreihe Ingenieurpädagogik
Band 22, Seiten 146 - 152, Leuchtturm Verlag 1986

/Hillebrand 87/ Stephani Hillebrand
Die Hardwarestruktur eines Mikroprogrammsteuerwerks: Entwicklung, Aufbau und Beschreibung entsprechender Hardwareexperimente
Studienarbeit, April 1987
Institut für Theoretische Informatik

/Krischker 88/ Erhard Krischker
Implementierung eines Schaltungssimulators für das SOFTBOX-Ausbildungssystem
Doppelstudienarbeit, 1988 (siehe /Schröter 88/)
Institut für Nachrichtentechnik

/Rieß 88/ Frank Rieß
Implementierung einer graphischen Benutzeroberfläche für das SOFTBOX-Ausbildungssystem
Diplomarbeit 1988
Institut für Theoretische Informatik

/Schirmer 87/ Frank Schirmer
Entwicklung, Aufbau und Beschreibung eines assoziativen Speichers
Studienarbeit, 1987
Institut für Theoretische Informatik

/Schröter 88/ Hans Schröter
Implementierung eines Schaltungssimulators für das SOFTBOX-Ausbildungssystem
Doppelstudienarbeit, 1988 (siehe /Krischker 88/)
Institut für Nachrichtentechnik

/Ude 87/ Reinhart Ude
Entwicklung, Aufbau und Beschreibung eines strukturarmen Rechners
Studienarbeit, Juni 1987
Institut für Theoretische Informatik

/Waßmann 87/ Peter Waßmann
Aufbau eines Schaltungssimulators für das SOFTBOX-Ausbildungssystem
Studienarbeit, 1987
Institut für Theoretische Informatik

# Eine verfahrensneutrale Schnittstelle zur beleglosen Übertragung schaltungstechnischer Unterlagen

H. Nees, SIEMENS AG, Erlangen
U. Straßmann, SIEMENS AG, Erlangen

**Kurzfassung**

Bei der Elektroindustrie und ihren Kunden wächst seit einigen Jahren der Wunsch nach beleglosem Austausch schaltungstechnischer Unterlagen. Der vorliegende Beitrag stellt eine neutrale Schnittstelle vor, die als Bindeglied zwischen verschiedenen CAD-Systemen zur Erstellung von Schaltplänen dienen kann. Es wird dargestellt, wie sich aus den Anforderungen der Praxis eine spezifische Auslegung der Schnittstelle ergibt. Ferner werden die Einsatzbreite einer solchen Schnittstelle und die Probleme, die bei der Anwendung auftreten können, aufgezeigt.

## 1. Veranlassung

Seit einigen Jahren werden bei der Erstellung von schaltungstechnischen Unterlagen zunehmend von Lieferanten wie auch Kunden CAD-Verfahren zur Bearbeitung eingesetzt. Mit der Verbreitung dieser CAD-Verfahren ist sowohl das Anwendungsvolumen als auch die Anzahl unterschiedlicher Anbieter solcher CAD-Verfahren stark angestiegen. Es ist deshalb häufig so, daß beim Sender (Ersteller) von schaltungstechnischen Unterlagen ein anderes CAD-System als beim Empfänger (Kunde/andere Organisationseinheit) im Einsatz ist.

Ein belegloser Austausch von schaltungstechnischen Unterlagen zwischen verschiedenen Beteiligten ist im Sinne einer rationellen Abwicklung sehr wünschenswert, ist aber in der Praxis durch die Verschiedenheit der o. g. Systeme derzeit nicht möglich.

Im besonderen Maße stellt sich dieses Problem im Anwendungsbereich Energieversorgung, wo das anfallende Volumen an schaltungstechnischen Unterlagen sehr umfangreich ist. Aus dem Kreis der Energieversorgungsunternehmen kam daher auch bereits Anfang 86 der Anstoß zu einer Initiative in Richtung auf beleglose Übermittlung von Schaltplänen.

Auf der Basis dieser Initiative wurden verschiedene Lösungsmöglichkeiten für die Planübermittlung überprüft.

a) Einsatz eines einheitlichen CAD-Systems bei allen Beteiligten

Die Vereinheitlichung der verwendeten CAD-Systeme verspricht zumindestens theoretisch die Übertragbarkeit der erzeugten Daten. In der Praxis ist die Durchsetzbarkeit eines solchen Vorhabens in Anbetracht der vielen bereits im Einsatz befindlichen Systeme in Frage zu stellen. Neben der Frage nach der Durchsetzbarkeit gibt es weitere Gründe, die den Erfolg einer solchen Strategie beeinträchtigen:

- Einsatz der Software auf verschiedenen Rechnersystemen mit inkompatiblen Dateiformaten
- Einsatz unterschiedlicher Programmversionen
- Verwendung unterschiedlicher Symbolbibliotheken und Standardschaltungen
- Erweiterungen durch Makroelemente und ähnliches

Alle diese Punkte tragen dazu bei, daß selbst bei Einsatz derselben Basis-Software die Austauschbarkeit der erstellten Unterlagen nicht ohne weiteres gegeben ist.

b) Einsatz einer neutralen Schnittstelle

Die Verwendung eines neutralen Schnittstellen-Formats als Transportmedium zwischen verschiedenen CAD-Systemen ist ein Ansatz, der bereits in verschiedenen Fällen mit Erfolg praktiziert wurde. Das wohl bekannteste Beispiel einer solchen Schnittstelle ist das IGES-Format, dessen Einsatzschwerpunkt im Bereich mechanische Konstruktion/Zeichnungserstellung liegt. Es war deshalb naheliegend, den Lösungsansatz für das anstehende Problem in der Auswahl bzw. Definition und anschließender Realisierung einer geeigneten Schnittstelle zu suchen.

Der prinzipielle Übertragungsweg über eine neutrale Schnittstelle verläuft nach folgendem Schema:

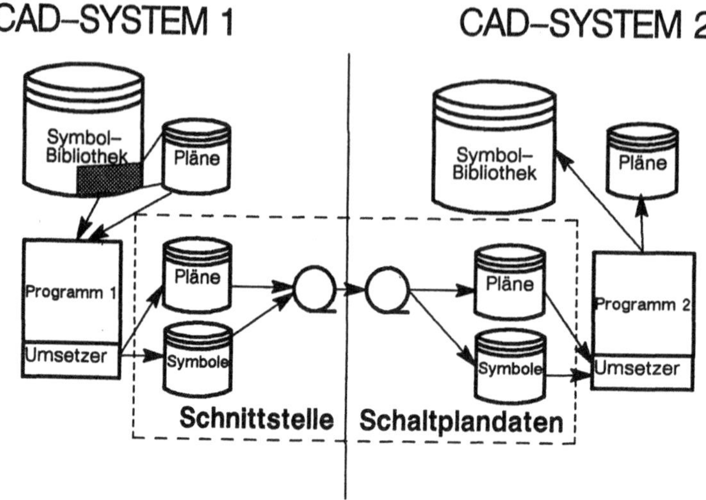


Basis für die Übertragung von Schaltplänen ist die Bereitstellung der zugrundeliegenden Symbolbibliotheken. Die vollständige Übertragung eines Schaltplans erfordert folgende Bearbeitungsschritte:

- Extraktion der zu einem Plan gehörenden Symbole und Wandlung in ein neutrales Schnittstellenformat
- Wandlung der Plandaten in das neutrale Format
- Übertragung der neutralisierten Symbol- und Plandaten über eine geeignete Datenschnittstelle in das Zielsystem, i. a. über Bänder bzw. eine DFÜ-Schnittstelle
- Wandlung der Symboldaten in das spezifische Format des Zielsystems und Einspielen in eine Symbolbibliothek
- Wandlung der Pläne in das spezifische Format des Zielsystems

## 2. Anforderungen an eine neutrale Schnittstelle zur Übertragung von Schaltplänen

Die Anforderungen an eine verfahrensneutrale Schnittstelle als reines Austauschformat sind vielfältig. Sie können in folgende Kategorien eingruppiert werden:

- Neutralität

  Eine grundlegende Anforderung an die hier angesprochene Schnittstelle ist, daß sie dem Anspruch der Neutralität gerecht wird. Neutralität beinhaltet zum einen, daß verschiedenartige CAD-Systeme zur Schaltplanbearbeitung ihre Daten in die Schnittstelle einbringen können. Dies bedeutet, daß die Schnittstellendefinition nicht auf ein spezifisches Zielsystem zugeschnitten sein darf, sondern den Anwendungsbereich der gängigen Systeme abdecken muß. Neutralität ist zum anderen bez. der verschiedenen Rechnersysteme zu fordern, auf denen Schnittstellen erzeugt oder gelesen werden soll.

Desweiteren soll die Schnittstelle auch neutral gegenüber den verschiedenen Anwendungsumgebungen mit ihren unterschiedlichen Anwendungskonventionen und Symbolbibliotheken sein.

- Vollständigkeit
  Die Schnittstelle soll die Möglichkeit bieten, Planinhalte vollständig abzubilden. Dies bedeutet, daß nicht nur die gängige Forderung nach Übertragung der graphischen Präsentation der Schaltplandaten erfüllt sein muß, sondern daß auch die logischen Inhalte eines Plans, wie z. B. Anschlüsse, Klemmen, Verbindungsinformationen beschreibbar sein müssen.
  Neben der vollständigen Ablage aller Planelemente müssen auch die Attribute der Planelemente, wie z. B. Anschlußbezeichnungen, Ortskennzeichen, Funktionen in der Schnittstelle erfaßt sein, wobei auch die Zuordnung zum Träger des Attributs entnehmbar sein muß.

- Hantierbarkeit
  Es ist im Sinne einer zügigen Durchsetzung eines Schnittstellenformats sehr wünschenswert, daß sich die auferlegten Anforderungen an Systemanbieter und Anwender in praktikablen Grenzen halten. Es sei hier die Bemerkung gestattet, daß gerade bei der bereits erwähnten IGES-Schnittstelle der Implementierungsaufwand für die Schnittstellenprozessoren und Nachteile beim Laufzeitverhalten/Datenvolumen ein erhebliches Hindernis für die praktische Einführung darstellt.
  Im vorliegenden Fall sollte bereits bei der Definition der Schnittstelle darauf geachtet werden, daß die Anforderungen der Praxis nicht zu kurz kommen. Im Sinne einer Entlastung der Implementierer und der Prozessoren sollte die Schnittstellendefinition übersichtlich und inhaltlich straff ausgelegt sein. Auch das Datenvolumen sollte durch weitgehende Vermeidung von Redundanzen und Leerplätzen/ Platzhaltern minimiert werden.
  Auf der anderen Seite sollte der Wunsch nach Datenkompression nicht zu Lasten des Implementierungsaufwands gehen, deshalb sollten aufwendige Techniken wie Attributbündelung vermieden werden. Generell sollte bei der Schnittstellendefinition auf leichte Implementierbarkeit Rücksicht genommen werden.

- Erweiterbarkeit
  Die durch die geplante Schnittstelle betroffenen CAD-Systeme und ihre Einsatzgebiete befinden sich in permanenter Wandlung und Weiterentwicklung. Eine solche Schnittstelle kann nur Bestand haben, wenn sie mit den wechselnden Anforderungen Schritt halten kann. Es ist deshalb zu fordern, daß eine Erweiterbarkeit der Schnittstelle bez. der übermittelten Planbestandteile und ihrer Attributausstattungen gegeben ist. Weiterhin sollte auch die Verträglichkeit mit neuen Normen auf dem Gebiet der Schaltungstechnik (DIN 40900 für Schaltzeichen) gewährleistet sein.

## 3. Aufbau und Struktur der verfahrensneutralen Schnittstelle

Aus dem oben aufgeführten Anforderungsprofil ergeben sich diverse Konsequenzen für das 'Design' einer geeigneten Schnittstelle. Die Definitionsarbeiten an der Schnittstelle wurden im Zeitraum 8/86-12/86 in Zusammenarbeit zwischen den Firmen ABB/AEG/Siemens durchgeführt. Ergebnis dieser Arbeiten war eine Schnittstellenfestlegung, die im Folgenden vorgestellt werden soll.

- Physikalisches Format
  Die Schnittstelle ist mit Rücksicht auf die Portabilität zwischen verschiedenen Rechnersystemen als ASCII-Datei mit einer festen physikalischen Satzlänge von 80 Zeichen ausgelegt.

- Logisches Format
  Die logischen Sätze in der Schnittstelle können sich über mehrere physikalische Sätze erstrecken. Sie sind durch einen eindeutigen Satzschlüssel gekennzeichnet und enthalten die Daten in einem freien Format. Trennzeichen für Daten ist ",", für Sätze ";".

- Struktur der Schnittstelle
  Die Schnittstelle ist nach dem Prinzip einer streng hierarchischen Baumstruktur aufgebaut. Ein Auszug aus der Schnittstellen-Beschreibung soll das veranschaulichen.

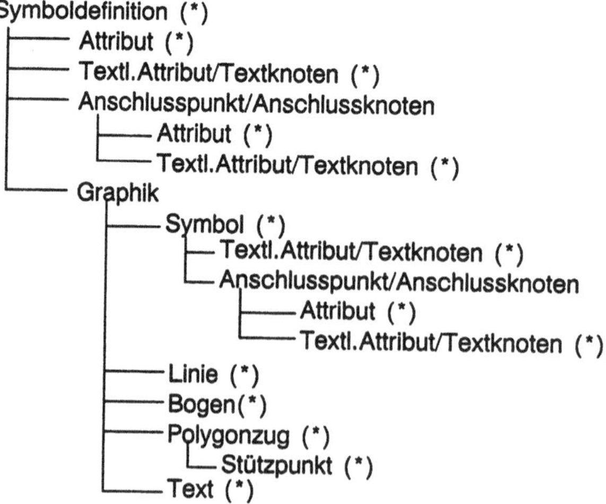

Im obigen Beispiel ist die Schnittstellenstruktur für das Grundsymbol dargestellt. Dabei sind die Einrückungen im Sinne von "ist zugeordnet" zu verstehen. Das bedeutet, daß der Symboldefinition unmittelbar Attribute, Anschlußpunkte und Graphik zugeordnet sind. Der Graphik wiederum sind Symbole und/oder graphische Primitive wie Linien, Bogen zugewiesen. Die Kennzeichnung "(*)" ist dabei so zu interpretieren, daß beliebige Wiederholungen der so markierten Satzart zulässig sind. In der Praxis bedeutet das z. B., daß ein Symbol eine beliebige Anzahl von Attributen besitzen kann.

Die Zugehörigkeit eines Elementes/Attributes zu einem anderen wird durch die Position in der Schnittstellendatei ausgedrückt, nicht über Satzzeiger oder ähnliches. Es hat sich mittlerweile gezeigt, daß die Verarbeitung solcher Strukturen durch die Möglichkeiten neuerer Programmiersprachen, wie sie z. B. durch Pascal oder C in Form abstrakter Datentypen und Rekursionen gegeben sind, sehr gut unterstüzt wird.

Das Format der Schnittstelle soll durch ein Beispiel veranschaulicht werden:

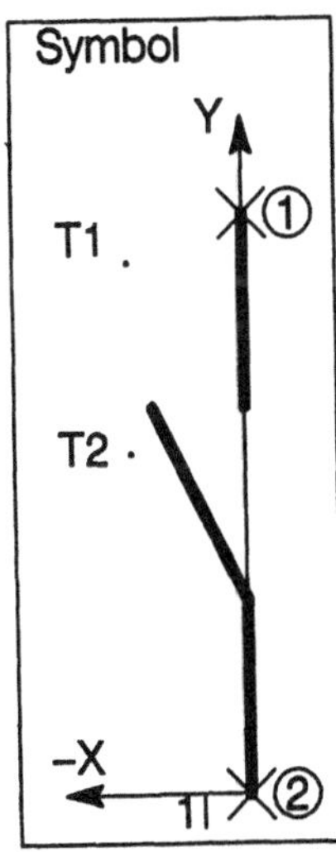


BESCHREIBUNG IN DER SCHNITTSTELLE:

```
SD,3HPA1,,,0,12,-2,0,0.2,12;
TA,2HT1,,-2.5,11,R,0.0,2.5,0.9,LN,90.0,2,,4,,1,,3H ;
TA,2HT2,,-2.5, 7,R,0.0,2.5,0.9,LN,90.0,2,,4,,1,,3H ;
AN,1H1,,0,12;
AN,1H2,,0,0;
GR;
LI,0,12,0,8,1,1,4,,1,;
LI,-2,8,0,4,1,1,4,,1,;
LI,0,4,0,0,1,1,4,,1,;
```

Dargestellt ist hier das Grundsymbol für einen Schließer und eine mögliche konkrete Ausprägung im Format der Schnittstelle. Der "SD"-Satz, der die Symboldefinition einleitet, vereinbart einen Symbolnamen "PA1", einen Resetpunkt bei (0,12) und ein Selektionsrechteck. In den beiden folgenden "TA"-Sätzen werden zwei textliche Attribute "T1" und "T2" mit ihren Koordinaten (-2.5,11) bzw. (-2.5,7) und Darstellungsattributen wie Texthöhe, Textwinkel etc. vereinbart. Anschließend werden über zwei "AN"-Sätze die Anschlüsse "1" und "2" samt ihrer Koordinaten beschrieben. Die Graphik des Schließers wird über den "GR"-Satz eingeleitet und umfaßt drei Linien, die über entsprechende "LI"-Sätze hinterlegt sind.

- Inhalt der Schnittstelle

  In der Schnittstelle sind zum einen die bereits oben näher erläuterten Symbole hinterlegt. Die konkreten Planinhalte werden über folgende Elemente hinterlegt:

  a) Grundsymbol (Betriebsmittelsymbol)

     Das Grundsymbol ist der Basisbaustein der Schaltplanbearbeitung. Es stützt sich i. a. auf ein in der entsprechenden Bibliothek hinterlegtes Symbol ab, das um Attribute und Anschlüsse ergänzt wird.

  b) Verbindungslinien

     Über die Verbindungslinien wird das Verbindungsnetz im Schaltplan modelliert.

  c) allgemeines Planelement

     Das allgemeine Planelement ist der "Joker" in der Schnittstelle und steht stellvertretend für alle Grundelemente, die sich nicht den obigen Typen zuordnen lassen. Beispiele hierfür sind Klemme, Fertigungshinweis, etc.. Eine explizite Aufführung aller dieser zahlreichen verschiedenen Typen als Schnittstellenbestandteile hätte die Schnittstellenfestlegung unzumutbar aufgebläht, deshalb wurde darauf verzichtet. Zudem ist es nahezu unmöglich, auch für zukünftige Anwendungen eine vollständige Liste von Elementtypen festzulegen.

     Die Graphik des allgemeinen Planelements wird in vielen Fällen vom CAD-System aufgrund der Elementinformationen implizit erzeugt. Für die Fälle, in denen das nicht möglich ist, da z. B. das entsprechende Element im Zielsystem nicht bekannt ist, kann die Graphik auch explizit der Schnittstelle entnommen werden.

Beispiel für ein allgemeines Planelement (Verdrillung):

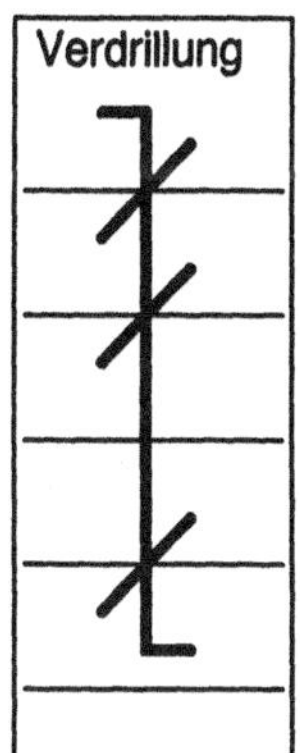


BESCHREIBUNG IN DER SCHNITTSTELLE:

```
AP,17HFERTIGUNGSHINWEIS,11HVERDRILLUNG,3,5,1,4,,1,;
PO,STUETZ,258.0,90.0;
PO,STUETZ,262.0,90.0;
PO,STUETZ,266.0,90.0;
GR;
LI,90.0,252.5,90.0,267.5,5,1,4,,1,;
LI,90.0,252.5,91.0,252.5,5,1,4,,1,;
LI,90.0,267.5,89.0,267.5,5,1,4,,1,;
LI,89.0,253.0,91.0,255.0,5,1,4,,1,;
LI,89.0,261.0,91.0,263.0,5,1,4,,1,;
LI,89.0,265.0,91.0,267.0,5,1,4,,1,;
```

Dargestellt ist hier ein allgemeines Planelement namens Fertigungshinweis, Variante Verdrillung. Die in den drei "PO"-Sätzen hinterlegten Positionen reichen aus, um das Element vollständig festzulegen. Die in den 5 "LI"-Sätzen hinterlegte Graphik ist im Prinzip redundant, jedoch aufgrund der Verschiedenartigkeit der CAD-Systeme notwendig.

d) freie Graphik

Die freie Graphik bietet die Möglichkeit, neben den technologischen Planbestandteilen weitere, oft beschreibende oder kommentierende Informationen sichtbar in den Plänen zu hinterlegen.

## 4. Stand der Anwendung

Es sind mittlerweile für verschiedene marktübliche und hausinterne CAD-Systeme wie z. B. MALTA, RUPLAN, SIGRAPH-ET Anschlüsse an die Schnittstelle realisiert worden. Die Einsatzmöglichkeiten, die sich daraus ergeben, lassen sich in mehrere Kategorien einteilen:

a) Einsatz als Dump- und Archivformat innerhalb eines CAD-Systems

Die internen Bilddateien der CAD-Systeme sind mit Rücksicht auf Zugriffsgeschwindigkeit und Datenvolumen oft hochgradig komprimiert und rechnernah implementiert. Dementsprechend ist die Rechner-Portabilität gefährdet und eine Aufwärts-Kompatibilität über verschiedene Versionen eines CAD-Systems hinweg kann meist nur in begrenztem Umfang garantiert werden.

Hier bewährt sich eine neutrale Schnittstelle als Datenbrücke zwischen verschiedenen Rechnersystemen und als Format für Langzeitarchivierung. Des weiteren kann eine neutrale Schnittstelle als geeignete und garantierte Schnittstelle für Anschlußverfahren und Auswertungen herangezogen werden. Die Benutzung einer neutralen Schnittstelle innerhalb einer Anwendungswelt gestaltet sich relativ unproblematisch, da die Übereinstimmung zwischen schreibenden und lesenden Verfahren Informationsverluste bzw. -Verfälschungen weitgehend verhindert. Anwendungen dieser Art werden bereits mit Erfolg praktiziert.

b) Einsatz als Migrationshilfe beim Wechsel des CAD-Systems

Bei mehrjährigem Einsatz eines CAD-Systems zur Erstellung schaltungstechnischer Unterlagen werden i. a. umfangreiche Bibliotheken für Symbole und Standardschaltungen aufgebaut. Der Aufwand für den Aufbau dieser Bibliotheken kann sich durchaus im Bereich mehrerer (vieler) Mannjahre bewegen. Bei einem Wechsel des eingesetzten CAD-Systems ist eine Übernahme dieser Bestände in der Regel notwendig. Da eine händische Übernahme aufwendig und fehleranfällig ist, bietet sich eine neutrale Schnittstelle als Migrationshilfe an. Falls die Systeme, zwischen denen gewechselt werden soll, nicht sehr unterschiedlicher Natur sind, läßt sich eine solche Migration in Form einer konzentrierten Kraftanstrengung über einen begrenzten Zeitraum wirtschaftlich durchführen.

Es kommt hier dem Vorhaben zugute, daß die an der Migration beteiligten Systeme zwar unterschiedlicher Natur sind, aber Sender und Empfänger derselbe Personenkreis sind.

c) Datentransfer zwischen verschiedenen beteiligten Anwendern und Systemen

Mit der Vielzahl und Unterschiedlichkeit der beteiligten Systeme wachsen die Anforderungen an den Datentransfer über eine neutrale Schnittstelle. Der "worst case", der auftreten kann, stellt sich folgendermaßen dar:

- verschiedene sendende CAD-Systeme auf verschiedenen Rechnerumgebungen in mehreren Organisationseinheiten
- verschiedene empfangende Anwender, CAD-Systeme und Rechnerumgebungen

Es muß hier deutlich klargestellt werden, daß allein die Tatsache, daß alle beteiligten CAD-Systeme die Schnittstelle schreibend bzw. lesend bedienen können, kein Garant für einen problemlosen Datenaustausch sind. Dabei läßt sich der Begriff "problemlos" in etwa folgendermaßen eingrenzen:

- Erzeugung der neutralen Schnittstelle ohne besondere Rücksichten oder Aufwendungen bez. des empfangenden Systems
- Empfangen der Pläne im Format der Schnittstelle "blind", d. h. ohne Berücksichtigung des sendenden Systems und ohne manuelle Nachbearbeitung

- Weiterverarbeitung der empfangenen Pläne unter Ausnutzung der vollen Funktionalität des Zielsystems einschließlich aller Anschluß- und Auswertungsfunktionen wie Erzeugung von Betriebsmittellisten oder Anschlußplänen.

Aus der Sicht des Empfängers läßt sich dies noch knapper formulieren: Es soll zwischen importierten und selbst erzeugten Plänen keinen spürbaren Unterschied in der Funktionalität geben.

Leider gibt es verschiedene Hemmnisse, die sich diesen idealen Vorstellungen entgegenstellen, wobei besonders zu erwähnen sind:

- Schwierigkeiten bei der Übertragung von Namen und beschreibenden Texten wegen unterschiedlicher Rechnerzeichensätze (ASCII-EBCDIC), unterschiedlicher CAD-Systemzeichensätze, Namenskonventionen und "verbotener" Zeichen. Verschärft wird dieses Problem dadurch, daß in vielen Fällen aus internen Namen unmittelbar Dateinamen abgeleitet werden, für die i. a. verstärkte Einschränkungen gelten.
- Unterschiedliche semantische Interpretationen der einzelnen Systeme, d. h. Namen von Elementen, Attributen etc. werden in den verschiedenen CAD-Systemen unterschiedlich gehandhabt und ausgewertet. Die Funktion eines Grundsymbols kann z. B. unter dem Attributnamen "T2" oder aber "ART" hinterlegt sein. Auswertprogramme reagieren empfindlich auf solche Unterschiede.
- Unterschiedliche "Philosophien" der beteiligten CAD-Systeme. Die einzelnen Systeme legen ihre Funktionen nicht nur unter unterschiedlichen Namen ab, sondern auch an verschiedenen Planelementen mit u. U. unterschiedlicher Struktur und Attributausstattung.
  Diese unterschiedlichen Strukturen sind teilweise nicht (1:1) aufeinander abbildbar, sondern bedürfen Abbildungsmechanismen in der Art (m:n). Spätestens hier kann ein vollständiger und verfälschungsfreier Datentransfer nur noch garantiert werden, wenn der lesende Prozessor die Besonderheiten des sendenden Systems berücksichtigt, u. U. müssen sogar der sendende und der empfangende Prozessor aufeinander abgestimmt werden. Bei der Vielfalt der möglichen sendenden und empfangenden Systeme ist der dadurch entstehende Aufwand enorm.
- Die einzelnen Systeme werden von ihren Nutzern in unterschiedlichen Anwendungsumgebungen genutzt. Zu diesen Unterschieden zählen verschiedene Symbolbibliotheken, Anwendungskonventionen wie auch Zugriff auf firmeninterne Dateien z. B. zur Betriebsmittelverwaltung. Diese unterschiedlichen Umgebungen können dazu führen, daß ein importierter Plan trotz formaler Richtigkeit im Zielsystem als "Fremdkörper" erscheint.

## 5. Weiterentwicklung und Ausblick

Alle die o. g. Probleme, die bei der Übermittlung von Schaltplänen über eine neutrale Schnittstelle auftreten können, sind nicht unüberwindlich und werden derzeit bereits in Angriff genommen. Der pragmatische Ansatz zur Behebung solcher Probleme besteht oft in bilateralen Kooperationen zwischen sendenden und empfangenden Parteien. Solche Kooperationen setzen allerdings einen Konsens aller Beteiligten einschließlich der CAD-Systemanbieter voraus, und können im besten Falle nur einen begrenzten Teil der Anwendungswelt heilen. Folgende Lösungsansätze, die allen Betroffenen zugute kommen, werden z. Z. verfolgt.

- Normung von Schaltzeichen
  Die im Moment in Arbeit befindliche CAD-Normteiledatei für Schaltzeichen nach DIN 40900 kann die Anwendungsbasis für die Übertragung von Schaltplänen deutlich verbreitern. Die Normung der Graphik und Attributausstattung der Schaltzeichen schafft eine Verständigungsbasis für die verschiedenen CAD-Systeme in der Schaltungstechnik.

- Normung der Schnittstelle
  Es ist für die Stabilisierung und weitere Verbreitung der Schnittstelle notwendig, sie in die Normung einzubringen.

- Erarbeitung von semantischen Absprachen als Ergänzung zur Schnittstellenbeschreibung
  Bei der Entwicklung der Schnittstellenprozessoren hat sich gezeigt, daß mit einigen inhaltlichen Festlegungen bez. der Bedeutung von Attributen eine erhebliche Neutralisierung der Schnittstelleninformationen erzielt werden kann. Es steht nun an, diese Festlegungen zu sammeln, abzustimmen und der Schnittstellenbeschreibung als Empfehlung beizugeben.

- Entwicklung eines Produktmodells
  Die Verständigung zwischen den Sendern/Empfängern schaltungstechnischer Unterlagen wird durch einheitliche Begriffe (Data Dictionary), Sprachregelungen und Modellvorstellungen stark erleichtert. Solche Festlegungen wären in Form eines Produktmodells zu erarbeiten und könnten als Basis für die Interpretation von Schnittstelleninformationen dienen.

Es läßt sich aus den bisherigen Erfahrungen mit der Entwicklung und der Verbreitung der Schnittstelle für Schaltplandaten entnehmen, daß der Bedarf nach solchen Schnittstellen hoch ist, der Aufwand für ihre Erfüllung jedoch ebenfalls. Es wäre längerfristig wünschenswert, die Anforderungen solcher Datenübertragungsvorhaben mit einer universellen Standardschnittstelle abdecken zu können. Von den derzeit bekannten Vorhaben auf diesem Gebiet scheint STEP/PDES ein vielversprechender Ansatz zu sein. Ein Electrical Model für PDES liegt seit Juli 87 vor. Es ist vorgesehen, das hier erwähnte Vorhaben durch Einbringen in die Normung mit diesen internationalen Aktivitäten in Einklang zu bringen. Ein ähnliches Vorhaben ist auch zwischen EDIF (Electronical Design Interchange Format) und STEP in Arbeit.

# EDIF: Eine Methode zum Transfer von Stromlaufsymbolen

D. Glas
SEL AG
CS/ETCL
Lorenzstr. 10
D-7000 Stuttgart

W. Felger
Fraunhofer-Arbeitsgruppe Graphische Datenverarbeitung (FhG-AGD)
Wilhelminenstr. 7
D-6100 Darmstadt

Es wird ein CAE/CAD-Konzept vorgestellt, das die schnelle, fehlerfreie und systemneutrale Erstellung von Stromlaufsymbolen, basierend auf zentralen Bibliotheken, erlaubt. Den Datenaustausch mit CAE/CAD-Systemen leisten die auf das betreffende System abgestimmten Postprozessoren. Mit der Integration eines EDIF-Generators Anfang 1988 steht nun auch eine Standardschnittstelle zur Verfügung. Über erste Erfahrungen bei deren Installation und Anpassung an ein CAE/CAD-System wird berichtet.

## 1 Einleitung

Bei der Integration von CAE, CAD und CAM in die betrieblichen Abläufe werden aus wirtschaftlichen Gründen zunehmend Schnittstellen nach Industriestandards eingesetzt. Genormte Schnittstellen vereinfachen die Anpassung verschiedener Systeme in ein betriebliches Gesamtkonzept.

Das Ziel ist, der immer schneller voranschreitenden Entwicklung von neuen CAE/CAD-Systemen und der dadurch verkürzten Lebensdauer eines CAE/CAD-Systems gerecht zu werden. Damit die CAE/CAD-Systeme wirtschaftlich eingesetzt werden können, muß sich die Einführungszeit eines solchen Systems in das betriebliche Gesamtkonzept verkürzen.

Gleichzeitig muß gewährleistet sein, daß CAE- und CAD-Bibliotheken langfristige stabile Kernelemente in betrieblichen Abläufen sind, um sicherzustellen, daß Bibliothekserstellungskosten nicht bei jeder Neueinführung von CAE/CAD-Systemen entstehen. Bei der SEL AG wurden obige Konzepte durch die zentralen Stromlaufsymbol- und Layoutsymbolbibliotheken realisiert.

## 2 CAE/CAD-Bibliothekskonzept in der SEL AG

Der immer weiter gehende Automatismus in den CAE/CAD/CAM-Bereichen erfordert, daß die zu transferierenden Daten fehlerfrei und für die automatischen Prozesse verarbeitbar sind. Um CAE/CAD-Systeme wirtschaftlich nutzen zu können ist es absolut notwendig fehlerfreie CAE/CAD-Bibliotheken auf allen zur Verfügung stehenden Systemen zu halten.

Werden die Bibliotheksdaten direkt in das System eingegeben, ist pro CAD-System ein Experte notwendig. Da jeder Systemexperte seine "eigenen" Bibliotheksdaten eingibt, sind dann pro CAD-System differente Bibliotheksdaten vorhanden. Dieser Zustand ist, wenn automatische Prozesse nachfolgen, nicht tragbar. Im weiteren müssen bei der Neueinführung eines CAD-Systems die Bibliotheksdaten von neuem generiert werden.

Aus oben genannten Gründen wurden in der SEL AG zwei zentrale Bibliothekssysteme entwickelt. Das Bibliothekssystem BEBI für die Eingabe und Verwaltung von Stromlaufsymbolen und das Bibliothekssystem COBI für die Eingabe und Verwaltung von Layoutsymbolen. Im weiteren wird hier nur auf das Bibliothekssystem BEBI näher eingegangen, da die Strukturen von BEBI und COBI ähnlich sind.

BEBI ist ein Programmsystem zur rechnergestützten Erstellung von Stromlaufsymbolen nach IEC- bzw. DIN-Norm. Die Stromlaufsymbole werden auf Grund neutraler Eingabedaten vollständig automatisch und fehlerfrei erzeugt. Besonderer Wert wurde auf benutzerfreundliche Eingabe gelegt. Unterstützt durch Online-Help und Online-Prüfung, führt BEBI den Benutzer mit Menüs, so daß praktisch keine fehlerhafte Symbolbeschreibung mehr möglich ist.

Wesentlich ist, daß nicht Graphik eingegeben wird, sondern lediglich eine reduzierte logische Beschreibung des Symbols in alphanumerischer Form. Diese Beschreibung ist im Umfang auf das absolut notwendige Mindestmaß reduziert; redundante Informationen sind vermieden. Jede Teilinformation wird immer gegen alle bereits eingegebenen Daten geprüft, um Fehler schon bei der Eingabe zu vermeiden. Nur die reduzierte Beschreibung wird in der zentralen BEBI-Bibliothek gespeichert.

Nach vollständiger Eingabe wird das eigentliche Bild des Symbols von einem besonderen Programmteil berechnet. Dieses Generatorprogramm enthält alle Erstellungsregeln, entsprechend DIN 40900 und IEC 617. Das Aussehen der Symbole bleibt also nicht der Kreativität des jeweiligen Bibliotheksverantwortlichen überlassen. Alle graphischen, logischen und elektrischen Informationen, die sich aus der Symbolbeschreibung ableiten lassen, werden vom Programm hinzugefügt. Die für die Plazierung auf dem Stromlaufplan minimal benötigte Fläche wird berechnet und durch eine Freiraumgrenze angezeigt.

Bei der Berechnung der Graphik kann es trotz hoher Flexibilität des Generatorprogrammes immer noch zu Konflikten kommen. So können sich zum Beispiel Texte oder Striche überlappen, weil der Symbolkörper zu klein vorgegeben ist.

Solche Fehler werden gemeldet und können am graphischen Bildschirm sichtbar gemacht werden. Das Einspeichern in die zentrale Bibliothek und die Übertragung auf das CAE/CAD-Zielsystem wird verhindert, statt dessen steht das fehlerhafte Symbol in einem Arbeitsbereich zur Korrektur bereit.

Erst wenn das Element vollständig fehlerfrei ist, wird die reduzierte Eingangsinformation in die zentrale BEBI-Bibliothek übernommen. Die vollständige logische, elektrische und graphische Beschreibung wird dann in einem neutralen Datenformat den Postprozessoren übergeben, die das Symbol in das Befehlsformat für das jeweilige CAE/CAD-System übersetzen.

Die Erstellung eines Symbols mit BEBI nimmt bis zu 90% weniger Zeit in Anspruch, als die direkte Eingabe an einer CAE/CAD-Workstation. Gleichzeitig sind Fehlermöglichkeiten weitgehend ausgeschlossen. Der größte Teil der teueren Belegungszeit an CAE/CAD-Anlagen, der bisher für die Bibliothekserstellung erforderlich war, entfällt. Stattdessen werden Symbole an vergleichsweise billigen Textbildschirmen mit einfacher Graphik erstellt. Die Einführung eines neuen CAE/CAD-Systems wird nicht mehr durch die sonst notwendige Erstellungszeit für die Bibliothek verzögert.

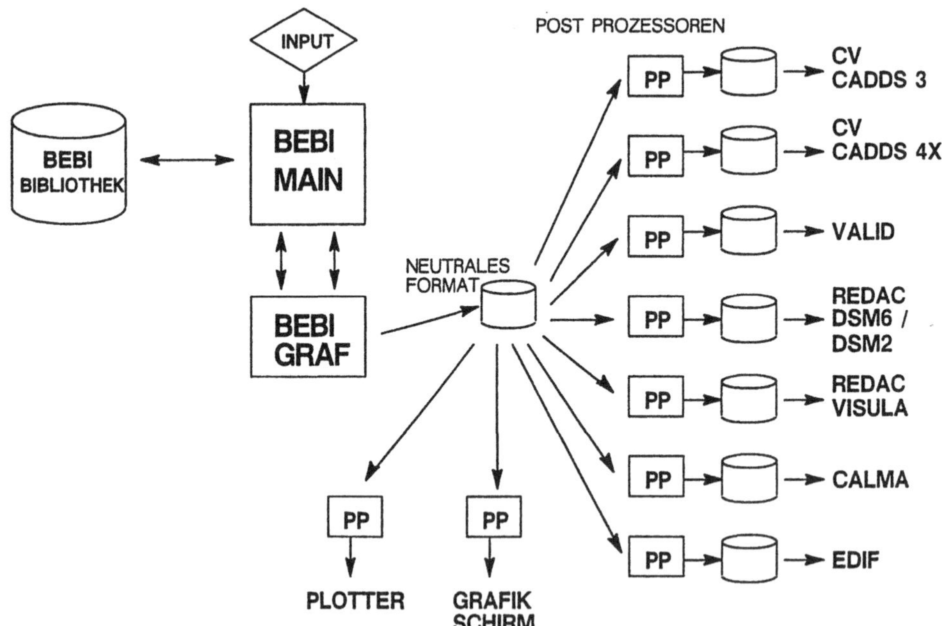

Abb. 1: Struktur des Programmsystems BEBI

Das Programm BEBI besteht im wesentlichen aus zwei großen Programmblöcken (siehe Abb. 1), dem menügesteuerten Eingabeteil BEBI-Main und dem graphischen Generatorprogramm BEBI-Graf, sowie einer Anzahl von Postprozessoren, die unterschiedliche Ausgabeformate erstellen. Alle Module sind so miteinander verbunden, daß der Benutzer nicht bemerkt, daß es sich um mehrere Programme handelt. Die Postprozessoren bekommen die Symboldaten vollständig aus der neutralen

Datei und übersetzen sie in das jeweils benötigte Format. Weitere Postprozessoren für andere CAE/CAD-Systeme lassen sich daher leicht hinzufügen.

Neben den Postprozessoren für CAE/CAD-Anlagen gibt es Programme für graphische Ausgabe auf Bildschirm (z.B. Tektronix 4014, Regis), Plotter (z.B. Calcomp, Versatec, HP) und Laserdrucker DEC/LN03.

Die Stromlaufsymbolbibliotheken auf den einzelnen CAE/CAD-Anlagen werden mit Hilfe der Postprozessoren von dieser zentralen Master-Bibliothek abgeleitet. Dadurch, daß diese Zentralbibliothek die Quelle für verschiedene CAE/CAD-Systeme ist, wird eine einheitliche Symbolik erreicht.

Derzeit sind Postprozessoren verfügbar für: Calma "GDS1" (Macro Format), Computer Vision "CADDS3" und "CADDS4X" (Execute File), Racal/Redac "DSM6", "DSM2" (Initial data und PDFO file) und "VISULA" und Valid (Body und Phys dat File). Ein Postprozessor für EDIF [WaSM-87] wurde im Rahmen eines Entwicklungsauftrages von der FhG-AGD erstellt.

EDIF ist ein notwendiger Standard zum Austausch von elektronischen Entwurfsdaten. Mit der Integration eines EDIF Generators in das Programmsystem BEBI besitzt dieses nun eine zusätzliche Industriestandardschnittstelle für den Datenaustausch mit CAE/CAD-Workstations.

## 3 Electronic Design Interchange Format (EDIF)

Die EDIF [EDIF-86, EDIF-87] Standardisierungsaktivitäten begannen im November 1983 in den USA. Die Workstation- und die Halbleiterhersteller Daisy Systems, Mentor Graphics, Motorola, National Semiconductor, Tektronix und Texas Instruments gründeten das EDIF Steering Committee, nachdem diese Firmen schon mit eigenen Austauschformaten Erfahrungen gesammelt hatten und zur Einsicht gelangten, daß ein neutrales Datenformat zum Austausch elektronischer Entwurfsdaten notwendig ist [Hamp-86, Nebe-86]. Der erste Entwurf einer EDIF Spezifikation (Version 0.8) wurde im Mai 1984 veröffentlicht. Die folgenden Spezifikationen, die Änderungswünsche aus den Technical Subcommittees und User Groups berücksichtigten, erschienen im März 1985 (Version 1.0), im November 1985 (Version 1.1.0), im Juli 1986 (Version 1.1.1) und im April 1987 (Version 2.0.0) [Craw-85, Euri-86]. Die EDIF Spezifikation Version 2.0.0 wurde im März 1988 vom American National Standards Institute als nationaler Standard, unter der Bezeichnung ANSI/EIA RS548-1987 (SP2086), gebilligt.

Die EDIF Syntax ähnelt der Syntax der Programmiersprache LISP. Allerdings ist EDIF keine Programmiersprache, sondern ein reines Datenaustauschformat. Eine EDIF Anweisung beginnt mit einer öffnenden Klammer, auf die ein Schlüsselwort folgt. Daran schließt sich eine Folge von symbolischen Konstanten, Variablen, Daten oder kompletten EDIF Anweisungen an. Die EDIF Anweisung endet mit einer schließenden Klammer. Die Struktur der Syntax ist somit sehr einfach und kann leicht geparst werden. Darüber hinaus können Formaterweiterungen ohne großen Aufwand vorgenommen werden.

Eine physikalische EDIF Datei kann mehrere logische EDIF Dateien umfassen, die alle mit dem EDIF Schlüsselwort EDIF beginnen. Eine solche logische EDIF Datei kann die vollständige Beschreibung oder auch nur die Teilbeschreibung eines Entwurfes oder eine komplette Bibliothek enthalten.

Jede EDIF-Datei besitzt einen hierarchisch strukturierten Aufbau mit den Detailinformationen in den unteren Hierarchiestufen. Die LIBRARY Anweisung erlaubt es, eine Bibliothek aufzubauen, in der Zellen mit gemeinsamen Charakteristika zusammengefaßt werden. Mit der CELL Anweisung wird eine Zelle definiert. Verschiedene Darstellungen und Sichten dieser Zelle werden mit der VIEW Anweisung ausgedrückt. EDIF stellt zehn verschiedene Typen von Sichten zur Verfügung:

1) Der Typ BEHAVIOR beschreibt das logische Verhalten der Zelle und erlaubt die Übertragung von Testmustern. In der jetzigen EDIF-Version ist diese Sicht noch unvollständig beschrieben.
2) Der Typ DOCUMENT erlaubt die textuelle und graphische Beschreibung des Entwurfs für Dokumentationszwecke.
3) Der Typ GRAPHIC erlaubt einfache graphische und textuelle Darstellung von Informationen, die ausschließlich graphisch ausgewertet werden.
4) Der Typ LOGICMODEL beschreibt das Simulationsmodell einer Zelle und erlaubt die Übertragung von Simulationsdaten.
5) Der Typ MASKLAYOUT erlaubt die Layoutspezifikation von ICs. Geometrische Objekte können vorkommen, aber Konnektivitätslisten sind nicht zu finden.
6) Der Typ NETLIST erlaubt, im Gegensatz zum Typ MASKLAYOUT, Konnektivitätslisten, enthält aber keine geometrischen Objekte.
7) Der Typ PCBLAYOUT erlaubt die Layoutspezifikation einer kompletten Leiterplatte.
8) Der Typ SCHEMATIC beschreibt logische Schaltungsdiagramme und erlaubt die Übertragung von physikalischer und graphischer Information.
9) Der Typ STRANGER erlaubt die Übertragung von Information, die durch die anderen neun Typen von Sichten nicht abgedeckt wird.
10) Der Typ SYMBOLIC erlaubt die Spezifikation von symbolischen Layoutbeschreibungen. Diese Beschreibung kann auf einer Abstraktionsebene zwischen den Sichten SCHEMATIC und MASKLAYOUT angesiedelt werden.

Jede Sicht einer Zelle kann eine INTERFACE und eine CONTENTS Anweisung enthalten. Mit der INTERFACE Anweisung wird eine Abstraktion der Zelle vorgenommen. Sie legt die Schnittstelle zwischen der Zelle und ihrer Umgebung, also die Beschreibung der Pins, fest. Die CONTENTS Anweisung gibt eine detaillierte Beschreibung aller Komponenten einer Zelle wider. Insbesondere können einzelne Komponenten als Instanzen einer anderen Zelle dargestellt werden, was einen hierarchischen Schaltungsentwurf ermöglicht.

Benutzererweiterungen können mit der USERDATA Anweisung vorgenommen werden. Die verwendeten EDIF Interpreter und EDIF Generatoren müssen allerdings an jede neue USERDATA Anweisung angepaßt werden, um diese verarbeiten zu können. Man sollte folglich diese Anweisung sehr selten verwenden und nur wirklich dann einsetzen, wenn Daten mit der aktuellen EDIF Version nicht ausgedrückt werden können. Sie ist als eine reine Fluchtfunktion, die den Standard umgeht, zu verstehen. Jede USERDATA Anwendung sollte an das EDIF Steering Committee gemeldet werden, um prüfen zu lassen, ob sie in eine künftige EDIF Version eingearbeitet werden kann.

Die EDIF Spezifikation unterscheidet drei Leistungsstufen: 0, 1 und 2. Die Leistungsstufe 0 ist die Basisleistungsstufe, die nur die statische Beschreibung einer Zelle unterstützt. In der Leistungsstufe 1 kann eine Zelle mit Variablen und Funktionen beschrieben werden. Leistungsstufe 2 stellt Kontrollstrukturen (z.B. while-Schleife), zur Darstellung prozeduraler Entwurfsdaten, zur Verfügung. Die drei Leistungsstufen sind aufwärtskompatibel. Darüberhinaus steuert die Anweisung KEYWORDLEVEL den Gebrauch von Schlüsselwortdefinitionen.

Für die Beschreibung von Stromlaufsymbolen eignet sich die Sicht SCHEMATIC, da mit ihr außer den physikalischen Schaltungsinformationen auch die graphische Darstellung des Stromlaufsymbols übertragen werden kann. Zur Erzeugung graphischer Ausgabe mit EDIF stehen acht graphische Ausgabeprimitive zur Verfügung [Unge-87] (siehe Abb. 2):

1) CIRCLE. CIRCLE wird benutzt um einen Kreis zu beschreiben. Er wird durch zwei gegenüberliegende Punkte auf der Kreishülle (Schnittpunkt mit dem Durchmesser) spezifiziert. CIRCLE ist nur ein Spezialfall eines SHAPE.

2) DOT. Ein DOT wird durch einen einzigen Punkt definiert und hat die Bedeutung eines Markers.

3) OPENSHAPE. OPENSHAPE beschreibt eine offene Kurve. Diese Kurve kann sich aus geraden und gekrümmten Liniensegmenten zusammensetzen.

4) PATH. PATH repräsentiert einen offenen Linienzug, der sich aus geraden Liniensegmenten zusammensetzt.

5) POLYGON. POLYGON beschreibt einen geschlossenen Linienzug, der sich aus geraden Liniensegmenten zusammensetzt. Liniensegmente dürfen sich überdecken aber nicht schneiden.

6) RECTANGLE. RECTANGLE wird benutzt um ein Rechteck zu beschreiben und ist der Spezialfall eines POLYGON. Es wird durch die Endpunkte einer Diagonale definiert.

7) SHAPE. SHAPE beschreibt eine geschlossene Kurve, die sich aus geraden und gekrümmten Liniensegmenten zusammensetzt. Wie bei POLYGON dürfen sich Liniensegmente überdecken aber nicht schneiden.

8) ANNOTATE. ANNOTATE erlaubt es Textausgaben zu beschreiben. Der Text wird gemäß der gewählten Textausrichtung und Textorientierung an der gewünschten Position plaziert.

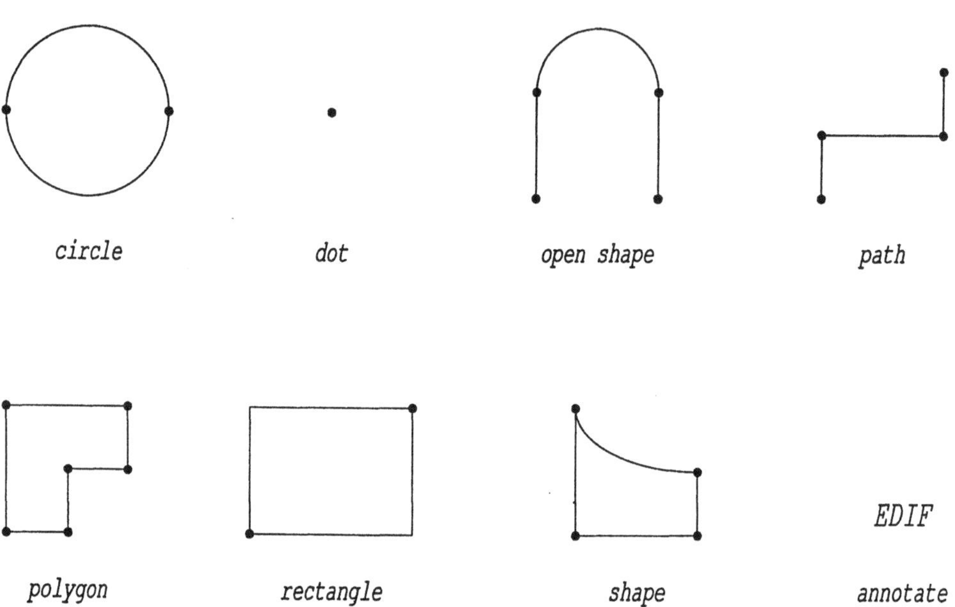


Abb. 2: Graphische Ausgabeprimitive in EDIF

Das Aussehen der graphischen Ausgabeprimitive kann mit Hilfe von Attributen verändert werden, wie es auch von Graphiksystemen (z.B. GKS [DIN-85]) bekannt ist. Es sind Änderungen der Farbe, der Linienbreite, des Füllmusters, der Texthöhe, usw. möglich. Für jede FIGUREGROUP, die der Benutzer definiert, legt er die Default-Werte dieser Attribute fest. Es ist aber immer eine Überschreibung dieser Voreinstellungen erlaubt. Eine FIGUREGROUP repräsentiert eine logische Ausgabeebene, in die graphische Ausgabe innerhalb von EDIF geschrieben wird.

## 4 Erste Erfahrungen bei der Installation und Anpassung von EDIF-Dateien an ein CAE-System.

Bei den ersten Versuchen Stromlaufsymboldaten im EDIF-Format (EDIF-Level 0), die von dem zentralen Bibliothekssystem BEBI erzeugt wurden, durch ein CAE-System mit EDIF-Interpreter einzulesen, stellte sich folgende Schwierigkeit ein.

Die Pinbeschreibung mit der Pin- und Funktionsvertauschbarkeit wird in der generierten EDIF-Datei durch die Konstrukte PORTIMPLEMENTATION, PORT, PORTBUNDLE (Liste von PORT's) und PERMUTABLE realisiert. Ein PORT, der in der PORTIMPLEMENTATION-Beschreibung referenziert wird, muß vorher unter Verwendung des PORT-Konstruktes definiert werden. Der EDIF-Interpreter des verwendeten CAE-Systems unterstützte aber nicht die Pin-Definition mittels PORTBUNDLE und folglich sind dem CAE-System die so definierten Pins nicht bekannt. Somit konnte zwar die Grafik des Stromlaufsymbols aber keine physikalischen Daten übertragen werden. Dies zeigt, daß auch bei normierten Industriestandards noch Verständigungsprobleme auftreten können.

Aus der Sicht der Anwender muß erwähnt werden, daß es für die Datenübertragung sehr sinnvoll ist, wenn ein EDIF-File auf 80 Spalten begrenzt ist. Das heißt, es sollte mit Fortsetzungszeilen gearbeitet werden, wenn dies erforderlich wird.

Das weitere Vorgehen beim Anpassen von EDIF-Dateien an dieses CAE-System besteht nun darin, den vom Hersteller des CAE-Systems erweiterten EDIF-Interpreter anzufordern. Mit dieser neuen Version werden in den folgenden Wochen weitere Erfahrungen gesammelt.

## 5 Zusammenfassung und Ausblick

Es wurde das Konzept vorgestellt, mit dem die Firma SEL AG langfristig ihre CAE/CAD-Anforderungen lösen will. Dieses Konzept basiert auf systemneutralen, fehlerfreien und zentralen Symbolbibliotheken. Die Symboldaten dieser Bibliotheken werden in die firmenspezifischen Datenformate der CAE/CAD-Workstations umgewandelt und zu den entsprechenden Systemen übertragen. In diese CAE/CAD-Entwicklungsumgebung wurde von der FhG-AGD die Schnittstelle EDIF integriert. EDIF ist ein ANSI-Standard, der ein neutrales Datenformat zum Austausch von Entwurfsdaten definiert.

Der Vorteil eines solchen Konzeptes ist die sehr schnelle Einführung und Nutzung von neuen CAE/CAD-Systemen, was sich insbesondere auch betriebswirtschaftlich positiv auswirkt. Der wirtschaftliche Aspekt wird sich noch verstärken, wenn man zu Grunde legt, daß sich die Zeitzyklen, in denen ein System von der technischen Weiterentwicklung überholt wird und ausgetauscht werden muß, weiter verkürzen.

Die EDIF-Daten, die automatisch aus der zentralen Stromlaufsymbolbibliothek generiert werden, wurden an eine CAE/CAD-Workstation transferiert, die einen EDIF-Interpreter besitzt. Über erste Erfahrungen mit einer solchen Konfiguration wurde berichtet. Die identifizierten Probleme sollten durch diesen Aufsatz den Implementierern von EDIF-Generatoren und EDIF-Interpretern zur Kenntnis gebracht werden. Mit der fortschreitenden Standardisierung und der damit einhergehender zunehmenden Verbreitung von EDIF ist anzunehmen, daß die EDIF-Implementierungen, die es in den USA schon gibt (z.B. von Daisy Systems, Motorola, Valid und Viewlogic), in naher Zukunft auch in Deutschland erhältlich sind.

## 6 Literaturverzeichnis

[Craw-85] Crawford, J.: EDIF: A Mechanism for the Exchange of Design Information, IEEE Design and Test, Februar 1985, S. 63-69

[DIN-85] Deutsches Institut für Normung: Informationsverarbeitung - Das Graphische Kernsystem (GKS), Funktionale Beschreibung, DIN 66252, 1985

[EDIF-86] EDIF Steering Committee: EDIF Electronic Design Interchange Format Specification Version 1.1.1, Juni 1986

[EDIF-87] EDIF Steering Committee: EDIF Electronic Design Interchange Format Version 2.0.0, Electronic Industries Association, Washington D.C., Mai 1987

[Euri-86] Eurich, J. P.: A Tutorial Introduction to the Electronic Design Interchange Format, Proceedings of the 23. ACM/IEEE Design Automation Conference, Juni 1986, S. 327-333

[Hamp-86] Hampton, L.: EDIF bringt Kompatibilität auf den CAE/CAD-Sektor, Elektronik Informationen, Nr. 6, 1986, S. 44-46

[Nebe-86] Nebel, W.: EDIF - bald ein neuer Standard?, Elektronik, Sonderpublikation CAE, Nr. 24, 1986, S. 166-169

[Unge-87] Ungerer, M. H.: Austausch graphischer VLSI-Entwurfsdaten mit EDIF, CAD-Schnittstellen und Datentransferformate im Elektronik-Bereich, Springer-Verlag, 1987

[WaSM-87] Waters, M., Switzer, H., Marx, E.: Designer's Guide to EDIF, Part 1-4, EDN Magazine, Januar, Februar, März 1987

**CAD-Einsatz bei der Dokumentation elektrotechnischer Anlagen in der Automobilindustrie und die Probleme eines CAD-gerechten Datenaustausches**

**Dipl.- Ing. (FH) Klaus-Dieter Jorde, Dr. Ing. Walter F. Klos**
**Daimler-Benz AG, Stuttgart**

## 1. Einleitung

Die Dokumentation elektrotechnischer Anlagen wird heute mit CAD-Unterstützung erstellt. Dabei werden unterschiedliche CAD-Systeme mit großen Differenzen in der anwendungsbezogenen oder objektorientierten Unterstützung eingesetzt. Die Folge ist, daß die Systeme untereinander unkompatibel sind. Schnittstellen wie IGES übertragen nur die Graphik und sind deshalb wenig hilfreich.

Die Automobilindustrie bezieht elektrotechnische Anlagen fast vollständig von Fremdfirmen. Die für die Instandhaltung der Anlagen zuständigen Bereiche werden überschüttet mit einer Papiermenge, die notwendig ist, um diese elektrotechnischen Anlagen mit Schaltplänen und davon ableitbaren Plänen zu dokumentieren. Diese umfangreichen Planwerke müssen im Verlauf der Einsatzdauer einer Maschine stets auf dem neuesten Stand gehalten werden.

Die Papiermenge wird zwar reduziert durch den Einsatz von Mikroverfilmung, bei einem Planwerkszugang von mehreren hunderttausend Plänen pro Jahr stehen jedoch auch heute noch konventionelle Techniken beim Verwalten und Nachführen dieser Pläne im Vordergrund.

Solange CAD-Systeme nur zur Erstellung der Planwerke, aber nicht gleichzeitig zum ständig notwendigen Nachführen dieser Pläne zum Einsatz kommen, gehen umfangreiche Potentiale von Rationalisierungsmaßnahmen verloren.
Die CAD-Technik erlaubt im Gegensatz hierzu bereits heute, diese Potentiale zu nützen. Die Barrieren, diese Techniken einzusetzen, werden jedoch bestimmt durch unterschiedliche, nicht kompatible CAD-Systeme und einer Fülle von nicht getroffenen Vereinbarungen zwischen den Vertragspartnern.

Dieses Fachgespräch beschäftigt sich deshalb mit einer Analyse der IST-Situation bei Schaltplanbearbeitungen mit nur begrenztem CAD-Einsatz sowohl bei Lieferanten als auch beim Auftraggeber, der diese Pläne nachführen muß.

Zunächst muß diskutiert werden, warum unterschiedliche Systeme bei diesen Anwendungen so extrem inkompatibel sind. Abhilfe durch genormte Schnittstellen sind nur bedingt möglich. Deshalb werden mögliche Schnittstellen und deren Einsatzfähigkeit diskutiert. Da relativ offene oder auch fehlende Normen dabei eine wesentliche Rolle spielen, wird auf Normungsaktivitäten eingegangen. Die Kompatibilität einheitlicher CAD-Systeme bei heterogener Hardware sowie die Inkompatibilität einheitlicher CAD-Systeme unabhängig von eingesetzten Rechnersystemen, werden besprochen. Daraus abgeleitet werden die praxisnahen Probleme beim Datenaustausch zusammengefaßt und Lösungsansätze mit nötigen Aktivitäten gezeigt.

## 2. Analyse der IST-Situation

Die Schaltplanerstellung erfolgt heute in der Regel mit Unterstützung von CAD-Systemen. Ziel dieser CAD-Anwendungen ist, ein vollständiges Planwerk zu erzeugen, das entweder als Papier, Mikrofilm oder auf elektronischem Datenträger (z. B. Band) ausgeliefert wird.

Die Gesamtdokumentation bei elektrischen Anlagen setzt sich aus ca. 2/3 Stromlaufplänen und 1/3 sonstigen Plänen (Stücklisten, Klemmenpläne, Gerätelisten, ...) zusammen, die direkt und automatisch aus den Stromlaufplänen ableitbar sind. Dazu ist es jedoch erforderlich, die Stromlaufpläne so aufzubauen, daß die Automatismen wirken können.
Die heutige Vorgehensweise ist ausgerichtet auf die kostengünstigste Erzeugung eines Planwerkes, wobei oft die Regeln zur Erzeugung eines Stromlaufplanes als einzige Datenquelle der Gesamtdokumentation verletzt werden. Das bedeutet, daß auch Pläne, die direkt vom Stromlaufplan ableitbar sind, in einem älteren Release-Stand nachgezeichnet werden. Das Planwerk selbst ist zwar vollständig und gültig, für ein rationelles Nachziehen der Änderungen am Planwerk während der Lebenszeit einer Anlage ist jedoch nur noch die Funktion des elektronischen Zeichenbrettes eines CAD-Systems einsetzbar.

In den Instandhaltebetrieben der Automobilindustrie gilt deshalb trotz CAD-Einsatz heute noch folgende Arbeitsweise:

- Anlieferung des Planwerkes durch den Lieferanten gegebenenfalls auf elektronischem Datenträger

- Erzeugung von Plotterausdrucken

- Mikroverfilmung

- Mikrofilm-Sortierung und -Archivierung

- Mikrofilm-Rückvergrößerung

- Mikrofilm-gerechtes Nachziehen der Änderungen, wobei bei konventioneller Methode jedes Planwerk nach der ca. 4. - 5. Änderung neu zu zeichnen ist

- Mikroverfilmung der Änderung

- Mikrofilm-Sortierung und -Archivierung.

## 3. Inkompatibilitäten heterogener CAD-Systeme für Schaltplanerstellung

CAD-Systeme für Schaltplanerstellung leben von der hinterlegten Logik der verwendeten Symbole und den damit assoziierten realen Geräten. Die Symbole untereinander auf verschiedenen Planwerkseiten stehen ebenfalls miteinander in Beziehung. Nun hat jedes System seine eigene Philosophie, wie diese Logik abgebildet wird. Das eine System nutzt hierfür komplexe Datenstrukturen, ein anderes System kompensiert einfachere Datenstrukturen durch die Verwendung komplexerer Algorithmen.

Die Inkompatibilität zwischen verschiedenen Systemen kommt dadurch zustande, daß nach dem Stand der Technik nicht gleichzeitig Datenstrukturen und Algorithmen an andere Systeme weitergegeben werden können.

Abhilfe könnten normierte Schnittstellen zwischen verschiedenen Systemen schaffen. Solche normierten Schnittstellen existieren noch nicht. Bekannte Schnittstellen wie IGES, GKS-Metafile und ähnliches übertragen nur Graphik-Informationen, so daß die Logik beim Datenaustausch verlorengeht. Im letzten Jahr entstand - initiiert von den Energie-Versorgungs-Unternehmen (EVU) - die sogenannte EVU-Schnittstelle, mit der es mit Einschränkungen möglich sein soll, Daten zwischen drei CAD-Systemen für die Anwendung zu übertragen. Andere CAD-Hersteller signalisieren heute bereits ihre Bereitschaft, an solchen Schnittstellen mitzuwirken.

Die Interessen der EVU's und der Anlagenbauer sind different, so daß die Akzeptanz dieser EVU-Schnittstelle im Anlagen-/Maschinenbau abzuwarten ist.

Jeder Versuch, Einigungen über Normung zu erreichen, ist langwierig. Trotzdem sind alle Aktivitäten in Normungsgremien (z. B. DIN) zu unterstützen.

Bei DIN ist gerade bei der Schaltplan-Normierung damit zu rechnen, daß grundlegende Festlegungen wie die Vorschreibung genau eines Rasters (4 mm oder 5 mm) nicht in absehbarer Zeit getroffen werden. Wenn bei dieser grundlegenden Festlegung keine Einigung zu erwarten ist, werden Inkompatibilitäten zwischen Daten verschiedener und gleicher Systeme provoziert.

Zu bedenken ist weiterhin, ob das DIN in absehbarer Zeit in der Lage ist, bei differenzierten Festlegungen weiterzukommen.

## 4. Kompatibilität einheitlicher CAD-Systeme in unterschiedlichen Rechnersystemen

Rechnerunabhängige CAD-Systeme sind selten. Für diese Anwendung ist z. B. RUPLAN von GEI-Software-Technik bekannt, das u. a. auf VMS-, UNIX-, MVS-, VM-Rechnern unterschiedlicher Hersteller und weitgehend geräteunabhängig (GKS-Schnittstelle) implementiert und verfügbar ist. Bei solchen Systemen ist rechnerunabhängig eine Datenkompatibilität erreichbar, die die Wertigkeit besitzt, als hätten bei anderen Systemen ein Auftraggeber und -nehmer das gleiche System.

## 5. Inkompatibilitäten einheitlicher CAD-Systeme unabhängig des eingesetzten Rechners

Die Inkompatibilitäten selbst einheitlicher CAD-Systeme unabhängig der eingesetzten Rechnersysteme haben ihre Ursache durch folgende Tatsachen:

- **Spielräume der DIN-Festlegungen**

  Gerade bei der Symboldefinition bietet DIN heute noch erhebliche Spielräume, so daß zwar jeder seine Symbolbibliothek entsprechend DIN erzeugt hat, jeder zugleich jedoch völlig inkompatible Symboldatenbanken benutzt. Der eine setzt die Anschlußpunkte nach oben, der andere nach unten, die Dimensionen der Symbole werden unterschiedlich, die Aufteilung in Grundsymbol und Zusatzsymbol ist nicht vom DIN definiert.

- **Unterschiedliche Rasteranwendungen**

  DIN erlaubt das Arbeiten in 4 mm- und 5 mm-Raster. Eine Aufwärtskompatibilität kann nicht erreicht werden, da 4 mm-Pläne bis zu 20 % mehr Stromlaufpfade enthalten können, die auf einem Planblatt im 5 mm-Raster nicht mehr vollständig darstellbar sind.

- **Unterschiedliche Gerätedefinitionen**

  Die Gerätedefinitionen stellen bei diesen CAD-Systemen die Logikverknüpfungen sowie die Assoziation zur realen Gerätewelt dar.

  Für die Beschreibung eines realen Gerätes ist in der DIN keine Aussage gemacht. Durch die Vielzahl der bereits vorhandenen Geräte, durch die unterschiedlichen Verwaltungssysteme in den einzelnen Firmen und deren Zusammenspiel mit dem CAD-System sowie der großen Anzahl von neu entwickelten Geräten und deren Integration scheint eine Vereinheitlichung nicht sinnvoll.

- **Spezifische Systemeinstellungen**

  Hierunter fallen Systemeinstellungen wie z. B.:

- planübergreifende Kennungen (z. B. "Anlage", "Ort", "Gerät")
- Definitionen, z. B. die Verbindung zwischen Symbol- und Gerätebeschreibung
- Ebenendarstellung
- Anzahl der Strompfade pro Blatt
- Anordnung der Informationen am Schaltzeichen

- **Unterschiedliche Arbeitsmethodiken**

Bei der Erstellung der Symboldatenbanken können unterschiedliche Vorgehensweisen eingeschlagen werden, die Auswirkungen auf das logische Verhalten des Gesamtsystems haben können.

## 6. Praxisbezogene Probleme und deren Lösungsansätze

Beim Austausch von Dokumentationen für Elektroschaltpläne kann unterschieden werden in

- Datenaustausch zwischen gleichen CAD-Systemen und
- Datenaustausch zwischen verschiedenen CAD-Systemen.

Der **Datenaustausch zwischen gleichen CAD-Systemen** scheitert zum heutigen Zeitpunkt meist daran, daß Lieferant und Kunde unterschiedliche Symboldatenbanken, Gerätedatenbanken und Voreinstellungen benutzen.

Werden die Schaltpläne im 4 mm-Raster erzeugt, enthalten sie meist 20 % mehr Grafik als Pläne im 5 mm-Raster. Deshalb ist eine Datenkonvertierung zum Scheitern verurteilt.

Umgekehrt können jedoch Schaltpläne mit 5 mm-Raster jederzeit in 4 mm-Rasterpläne konvertiert werden. Das Problem mit unterschiedlichen Symbolen kann größtenteils unter Zuhilfenahme von Umsetzungstabellen gelöst werden. Hierbei muß u. a. auf die Anordnung der Rasterpunkte, der Anschlußpunkte, der Lage und Bedeutung der

Indenttexte sowie auf die Ebenenbelegung geachtet werden. Durch Kombinationsmöglichkeiten von Symbolen bei der Darstellung von Geräten erreicht eine derartige Tabelle größere Umfänge.

Die Problematik der unterschiedlichen Raster ist u. E. nicht lösbar, so daß hier entweder jeweils zwei Symboldatenbanken vorhanden sein müssen, welche sich nur durch die Rastermaße unterscheiden, oder aber der Lieferant muß für die Dokumentation die Symboldatenbank des Kunden verwenden.

Der zweite Lösungsansatz ist problematisch, da bei den Lieferanten Planunterlagen z. T. nur noch kopiert und für die jeweilige Lieferung abgeändert werden (Mutterpausen). Außerdem treten Rationalisierungseffekte nur dann ein, wenn die Daten- und Arbeitsumgebung möglichst gleich bleibt.
Bei der Erzeugung von Stromlaufplänen hat jeder Anwender eine eigene Systematik für den Aufbau:

- Numerierung der Planunterlagen von 1 beginnend fortlaufend und Verwendung einer Zeichnungsnummer für die Gesamtdokumentation.

- Vergabe von mehreren Zeichnungsnummern und Numerierung pro Ort von 1 bis n. Ab n + 1 beginnen die Klemmenpläne, Gerätelisten etc.

Wie man schnell erkennen kann, sind durch unterschiedliche Systematiken Fehlerquellen eingebaut. Die Systematik läßt sich u. E. nur durch geeignete Liefervorschriften beeinflussen.

Ein weiteres großes Problem ist die Auswertbarkeit von Stromlaufplänen. Im Allgemeinen wird von Zulieferfirmen bei Auftragsbeginn der vorläufige Stromlaufplan erstellt und ausgewertet, so daß Klemmenpläne, Stücklisten, Kabel- und Netzlisten etc. entstehen.

Ab diesem Zeitpunkt wird parallel sowohl im Stromlaufplan als auch in den Klemmenplänen etc. geändert, bzw. ergänzt, um die zeitaufwendige Auswertung zu umgehen.

Durch verschiedene Tests, die wir mit langjährig erfahrenen Zulieferfirmen durchgeführt haben, ergab sich, daß die Auswertung eines Stromlaufplans in unserem Haus nicht den gleichen Klemmenplan liefert wie bei der Zulieferfirma. Dies ist darauf zurückzuführen, daß Änderungen nicht konsequent im Stromlaufplan durchgeführt wurden.

Hier besteht seitens unserer Firma die Forderung, daß der Stromlaufplan die alleinige Quelle aller weiteren Planunterlagen sein muß.

Wichtig ist weiterhin, daß alle Symbol- und Gerätedatenbanken aufwärtskompatibel sind. Symbole und Geräte, welche in der Datenbank des Kunden noch nicht enthalten sind, müssen bei Planlieferung in die Datenbanken des Kunden integriert werden. Dies ist jedoch mit Konvertierungsarbeiten sowie ggf. mit einer Nachbearbeitung der Planunterlagen verbunden. Hier muß die weitere Praxis zeigen, wie vorzugehen ist.
Bei der Definition sogenannter "Black-Box-Symbole" gehen die Meinungen von Lieferanten und Kunden i. A. auseinander. Hier bedarf es eindeutiger Vorabregelungen, um Mehrarbeiten und Behinderungen beim Datenaustausch zu vermeiden.

Bei SPS-Anwendungen hat jede Firma ihre eigene Vorgehensweise, was den Aufbau und die Auswertung anbelangt. Hier können nur Absprachen zwischen Lieferfirma und Kunde Abhilfe schaffen, da DIN einen großen Freiraum bei der Gestaltung der Pläne läßt.

Symboldarstellungen sind zwar durch DIN-Unterlagen geregelt, jedoch zur Beschreibung des dahinterliegenden Geräts wird nichts ausgesagt.

Hier ist eine Regelung zwischen Lieferant und Kunden über den minimalen Inhalt des Geräts notwendig.

Da viele CAD-Anwendungen an ein Lag' rverwaltungs- und Bestellsystem angekoppelt sind, sollten im CAD-System nur die absolut notwendigen Daten z. B. für die Querverweistechnik enthalten sein. Alle restlichen Daten könnten über eine normierte Liste ausgegeben werden.

Sind die vorangegangenen Schwierigkeiten geklärt und behoben, so muß die Dokumentation auf geeignete Art und Weise vom System des Lieferanten in das System des Kunden gebracht werden. Dies macht in unserem Hause i. A. keine Schwierigkeiten, da wir über Bandgeräte,

Floppy-Laufwerke etc. verfügen. Ein Datenaustausch über Postdienste ist in Vorbereitung, so daß z. B. das zeitaufwendige Bandeinlegen entfällt.

Wichtig ist ab dem Zeitpunkt der Anlieferung, daß Prüfmechanismen für die Abnahme vorhanden sind. Fehlende Symbole, Geräte etc. müssen erkannt und gemeldet werden, um die Weiterbearbeitung der Dokumentation bei Umbauten im eigenen Haus zu ermöglichen.

Umgekehrt ist es notwendig, daß bei Umbauarbeiten der Maschinen beim Lieferanten diesem die aktuellen Planunterlagen zur Verfügung stehen. Dabei ist zu beachten, daß beide Firmen über einen Software-Stand verfügen, der die Bearbeitung ausgetauschter Pläne zuläßt.

Der **Datenaustausch zwischen unterschiedlichen CAD-Systemen** gestaltet sich ungleich problematischer.

Hier besteht unseres Erachtens nur die Möglichkeit über den Weg einer eindeutigen Schnittstelle.

Die Ausgabe von Planinhalten, Symbolen und Geräte muß so definiert sein, daß möglichst 100 % der Inhalte und der Logik transferiert werden können.
Erste Aktivität war hier die Definition der sogenannten "EVU-Schnittstelle", welche durch die Firmen AEG, SIEMENS und BBC vereinbart wurden. Hier wird die Zukunft zeigen, wie weit der Datenaustausch bei unterschiedlichen CAD-Systemen geht.

Zusammenfassend kann gesagt werden, daß das Beharren auf eigenen Firmennormen, welche durchaus DIN-konform sein können, den Datenaustausch stark behindern. Aus diesem Grund ist DIN gefordert, schnellstmöglich eindeutige Richtlinien zu erarbeiten, damit der Datenaustausch eine selbstverständliche Angelegenheit wird, über die niemand mehr ein Wort verliert.

**CAE für die Elektrotechnik**
**Anwendung Stromlaufpläne**

**Dr. Wolfgang Fischer**

**GEI Software-Technik**
**Produktbereich CAD/Technik**
**Goldsteinstraße 235**

**D-6000 Frankfurt/Main 71**

## 1. Einleitung

Wenn man von CAD- oder CAE-Systemen spricht, denkt man gemeinhin an die mechanische Konstruktion und deren Fortsetzung in der Fertigung mit Hilfe von NC-Systemen. Bis vor einigen Jahren hörte man oft, wenn man die Frage nach Rechnerunterstützung in der Elektrokonstruktion stellte, daß man das "bißchen" ja wohl auch noch nebenbei mit einem so teuren Hilfsmittel erledigen könne. Symbole und Texte malen sei ja für ein solches System kein Problem. Auch heute herrscht in weiten Kreisen noch die Meinung vor, mit einem schicken Zeichnungserstellungssystem auf PC-Basis könne man alle Probleme im Bereich der Elektrokonstruktionen erschlagen. Sicher ist das richtig, wenn man sich auf das reine Zeichnen beschränkt. Aber liegen dort wirklich die Probleme? Will man nicht mehr erreichen als die Erzeugung eines Stückes Papier?

Blicken wir einmal auf die Situation beispielsweise im Maschinenbau. Die Elektrokonstruktion, die ohnehin zeitlich letztes Glied in der Kette ist, wird durch den immensen Druck am Weltmarkt gezwungen, in immer kürzerer Zeit immer bessere und damit auch fehlerfreie Dokumentationsunterlagen zu liefern. Das beginnt schon in der Angebotsphase und endet mit der Auslieferung der Maschine. Die eigentliche Problematik liegt darin, in kürzester Zeit komplette und konsistente Unterlagen bereitzustellen, auch wenn vielfach Änderungen in der ursprünglichen Konzeption vorgenommen werden müssen.

Wir sehen, daß die Zeichnung des Stromlaufplanes hier nicht reicht. Änderungen im Plan müssen <u>sofort</u> auf Richtigkeit geprüft und Unterlagen wie Stücklisten, Bestellunterlagen, Klemmenpläne, Verdrahtungslisten usw. müssen <u>automatisch</u> aus den Stromlaufplänen erzeugt werden können. Schließlich müssen diese abgeleiteten Unterlagen immer fehlerfrei sein und mit dem Stromlaufplan übereinstimmen.

Wir sehen, daß hier weit höhere Anforderungen an ein CAD-System gestellt werden, als sie von einem reinen Zeichnungssystem zu leisten sind. Werden diese Leistungen aber nicht erbracht, ist auch der wirtschaftliche Erfolg, den man sich von diesem Werkzeug verspricht, nicht zu erzielen.

Auf einige Aspekte dieser Anforderungen möchte ich im folgenden etwas näher eingehen. Als wesentlich für einen erfolgreichen Einsatz halte ich folgende Kriterien:

- Funktionalität
- Benutzeroberfläche
- Integrationsfähigkeit und Flexibilität

## 2. Funktionalität

Wie schon eingangs gesagt, stellt die anwenderbezogene Leistungsfähigkeit das wesentliche Beurteilungsmerkmal für unser CAD-System dar. Die Funktionalität muß voll auf die Aufgaben abgestimmt sein, die mit ihm gelöst werden sollen. Dies betrifft folgende Bereiche:

- organisatorische Funktionen
- graphische Funktionen
- Unterlagenerstellung
- Prüfungen und Hilfen

Das CAD-System muß grundsätzlich in der Lage sein, eine praxisgerechte Projektorganisation und die zugehörige Arbeitsweise zu unterstützen. Hierzu gehören:

- Bearbeitung mehrerer Projekte gleichzeitig
- Beliebige Projektgröße
- Multiuserfähigkeit
- Projektinhaltsverzeichnis
- Kopierfunktionen für Projekte, Zeichnungen oder einzelne Blätter
- Ablage abgeschlossener Projekte
- Einlagerung wieder aufgenommener Projekte

Solche Funktionen sind wichtig, da ja nicht immer wieder mit einem leeren Blatt begonnen, sondern auf vorhandene Projekte oder auf Standardpläne zurückgegriffen wird. Entsprechend wichtig ist auch die Multiuserfähigkeit, weil gerade bei zeitlichen Engpässen mehrere Personen an einem Projekt arbeiten müssen.

Ein CAD-System für die Elektrokonstruktion dient der Erstellung zweidimensionaler Pläne, die nicht eine maßstäbliche Darstellung der Realität bedeuten. Daher benötigt es nicht die speziellen graphischen Funktionen, über die ein CAD-Paket für die Mechanik unbedingt verfügen muß, wie z.B. perspektivische Darstellung, Schnittfiguren von Flächen und Körpern. Es müssen allerdings auch hier einige Anforderungen an die Graphik gestellt werden.

Eine der wichtigsten, immmer wieder geäußerten Forderungen betrifft die Normschrift nach DIN und anderen Normen. Die vom Bildschirm und erst recht die vom Plotter gebotenen Schriften reichen nicht aus. Zum einen muß die DIN-Norm bezüglich der Form der einzelnen Zeichen erfüllt werden, zum anderen das Verhältnis von Zeichenhöhe zur -breite völlig frei wählbar sein, ebenso der Neigungswinkel der Schriftzeichen. Diese Forderungen lassen sich nur durch eine vektoriell programmierte Schrift erfüllen. Somit können auch andere Schriftarten (Zeichensätze) wie kyrillisch realisiert werden.

Eine weitere wichtige Forderung betrifft die nach DIN benötigten Linienarten: durchgezogen, gestrichelt, punktiert, strichpunktiert und lang-kurz-gestrichelt. Ebenso von DIN beeinflußt ist die Frage des verwendeten Blattformates. Selbstverständlich muß es möglich sein, im Rahmen den Beschriftungskopf und den Firmenschriftzug frei zu definieren.

Insgesamt stellt sich natürlich die Notwendigkeit, daß alle in der DIN 40 900 festgelegten Anforderungen erfüllt werden können. Hierzu gehört auch die Darstellung und Verwendung von Symbolen.

Symbole müssen frei erstellt, geändert und verwendet werden können. Wichtig für eine zügige Zeichnungserstellung ist auch, daß Symbole beliebig in vorhandene Verbindungen eingesetzt werden können, ohne diese zuvor teilweise löschen zu müssen. Und bei gedreht eingesetzten Symbolen muß das System über Möglichkeiten verfügen, die eine kollisionsfreie und vernünftige Plazierung der zugehörigen Symboltexte gestatten.
Um die Anzahl der Symbole nicht inflationär zu steigern, sollten Symbole aus verschiedenen Teilkomponenten oder Zusatzsymbolen kombiniert werden können.

Elektrische Verbindungen müssen von freien Linien unterschieden werden. Dies gilt insbesonders für das dem CAD-System zugrundeliegende Datenmodell. Verbindungen können über Symbole hinweggezogen werden, ohne auf einzelne Teilstücke achten zu müssen. Dabei sollen automatisiert Anschlußpunkte generiert werden, wenn zwei Verbindungen senkrecht aufeinanderstoßen.

Weitere wichtige Hilfen bei der Zeichnungserstellung sind Gruppenfunktionen, mit deren Hilfe beliebige Schaltungsteile dupliziert, verschoben, gedreht, gelöscht oder für eine spätere Verwendung in der Symbolbibliothek abgelegt werden können. Mit Hilfe solcher Gruppen lassen sich auch leicht Änderungen in mehreren Elementen gleichzeitig durchführen, etwa Linienarten, Ebene oder die Zuordnung neuer Texte an alle Symbole der Gruppe, etwa einer Ortsbezeichnung.
Stromlaufpläne werden normalerweise im Raster erstellt. Üblich sind hier 4 mm- oder 5 mm-Raster. Das System muß dieses unterstützen.

Weitere nützliche Funktionen bei der graphischen Bearbeitung sind Bildausschnitte, farbige Darstellungen oder Nutzung der Ebenentechnik. Hiermit können beispielsweise Textinformationen für Kunden, für die Werkstatt oder die Fertigung auf unterschiedliche Ebenen gelegt und so wahlweise sichtbar oder unsichtbar gestellt werden.

Wie schon eingangs angeführt, ist eines der wichtigsten Ziele beim CAD-Einsatz in der Elektrokonstruktion die projektbegleitende konsistente Erstellung von Dokumentationsunterlagen. Hierzu gehören auch die Eintragungen von Querverweisen für verteilt dargestellte Geräte sowie für Potentiale. Diese Querverweise müssen automatisch generiert werden und, wenn möglich, online, also zum Zeitpunkt der Planerstellung, aktualisiert werden. Der Anwender muß dabei selbst festlegen können, in welcher Art und Weise die Querverweise eingetragen werden sollen. Hierbei ist es wichtig, daß das Datenmodell des CAD-Systems eine blattübergreifende Verwaltung von Geräten unterstützt.

Weitere wichtige Unterlagen sind Stücklisten, Bestellisten, Kabellisten, Verbindungslisten, Verdrahtungslisten und Klemmenpläne. Gerade die Klemmenpläne stellen hohe Anforderungen an die Leistungsfähigkeit des CAD-Systems. In diesen Klemmenplänen werden alle Klemmen der jeweils dargestellten Klemmenleiste aufgeführt. Außerdem enthalten sie die beidseitig angeschlossenen Ziele sowie die Kabeladern, die an der Klemme angeschlossen sind. Die Ziele müssen automatisch vom System ermittelt werden, Textangaben durch den Bearbeiter dürfen nicht notwendig sein. Das System muß außerdem in der Lage sein,die Verdrahtungsreihenfolge bei mehrdeutigen Anschlußmöglichkeiten zu erkennen.

Stücklisten werden in unterschiedlicher Form benötigt. Hier muß das System Flexibilität zeigen.

In den Verbindungslisten wird dokumentiert, welche Geräte oder Klemmen miteinander zu verbinden und an welche Potentiale diese Geräte angeschlossen sind. Damit können sie auch zur Kontrolle benutzt werden, ob z.B. alle Geräte im richtigen Potential liegen. Verdrahtungslisten werden zur Schaltschrankverdrahtung benutzt. Damit ist auch angelerntes Hilfspersonal, das keine Stromlaufpläne interpretieren kann, in der Lage, die Verdrahtung durchzuführen.

Eine weitere wichtige Hilfe kann das CAD-System beim Einbau von Geräten in Schaltschränke bieten. Hierbei ist an eine halbautomatische Plazierung von Geräten in den vorgegebenen Schrankbereichen zu denken, wobei diese Geräteauswahl durch Vorgaben des Konstrukteurs aus dem Stromlaufplan heraus erfolgt. Hiermit ist gleichzeitig eine Kontrolle des Schaltschranks gegen den Stromlaufplan möglich.

Gerade für die Elektrotechnik ist es besonders wichtig, daß ein CAD-System Prüfungen und Hilfen bieten kann. An Prüfungen sind hier insbesondere zu nennen:

- Kurzschlüsse
- zu viele Kontakte
- Doppelbelegungen
- falsche Symbole
- Geräteanschluß am falschen Potential

Diese Prüfungen sollten "online" ablaufen, also parallel zum Konstruktionsprozeß und blattübergreifend. Das bedeutet für das CAD-System, daß eine übergreifende betriebsmittelbezogene Datenverwaltung verfügbar sein muß, aus der jederzeit der Belegungszustand von Geräten sowie deren Verwendung abgerufen werden kann. Hierzu sind aber nur wenige Systeme in der Lage. Ebenfalls anwendungsbezogen sind die Hilfen, die man vom System erwartet. Einige dieser Hilfen möchte ich aufführen:

- Hilfe bei der Auswahl von Gerätetypen:
  Hierbei erwartet man, daß das System abhängig von der Geräteart, dem angeschlossenen Potential und vielleicht vom Hersteller, alle möglichen Geräte dem Bearbeiter zur Auswahl anbietet oder selbst festlegt.

- Automatische Klemmennumerierung:
  Auch die Festlegung der Klemmennummern kann systemunterstützt erfolgen, entweder vollautomatisch oder teilautomatisch mit Eingriffsmöglichkeiten für den Benutzer.

- Automatische Betriebsmittelvergabe:
  In einigen Anwendungsbereichen ist es üblich, daß die Betriebsmittelbezeichnung systematisch etwa aus Blattnummer und Strompfad generiert werden kann, z.B. -17K3 ein Schütz auf Blatt 17, Strompfad 3. Es ist sehr hilfreich, wenn das CAD-System die Festlegung solcher Systematiken in Form von Textautomatiken unterstützt, da hierbei der Anwender von fehlergefährdeten Tätigkeiten befreit wird.

- Benutzergeschriebene Auswertungen:
  Sehr sinnvoll sind auch Sprachelemente innerhalb des CAD-Systems, mit deren Hilfe sich der Anwender selbst Auswertungen aus den Stromlaufplänen generieren kann. Dies gilt sowohl für firmenspezifische Listen als auch für Datenextrakte, die spontan aus akutem Anlaß benötigt werden. Dabei kann es sich zum Beispiel um

eine Liste handeln, die Betriebsmittel und Querverweise von Geräten enthält, die der Hersteller gerade nicht liefern kann, die aber in der Anlage schon projektiert sind.

Noch wirtschaftlicher können solche selbstgeschriebenen Auswertungen sein, wenn damit auch ein Rückeintrag von Daten in die Pläne möglich ist, etwa zum Austausch eines bestimmten Gerätetyps. Da die anderen Listen und Querverweise, wie oben gefordert, automatisch beim Abruf aktualisiert werden, erreicht man hierbei eine sehr hohe Effizienz.

## 3. Benutzeroberfläche

Neben der Funktionalität des CAD-Systems spielt für einen wirtschaftlichen Einsatz die Benutzeroberfläche eine wichtige Rolle. Es hat schon manches System gegeben, das nach allen technischen Kriterien gezielt ausgewählt wurde und dennoch nach geraumer Zeit "in der Ecke stand", ganz einfach weil man vergessen hatte, daß Menschen mit dieser Anlage täglich umgehen müssen. Wenn ein CAD-System aber von den Mitarbeitern nicht angenommen wird, nützt auch seine theoretische Leistungsfähigkeit nicht viel.
Einige der wesentlichen Punkte zur Beurteilung der Benutzeroberfläche eines Systems sind:

- Minimierung der CAD-bedingten Anforderungen an den Benutzer

  Eigentlich sollte der Sachbearbeiter, der vom Brett zum CAD-System umsteigt, gar nicht merken, daß er es jetzt mit einem Rechner zu tun hat. Diese Forderung ist utopisch, aber die zusätzlichen Anforderungen an den Menschen sind zu minimieren. Er sollte so weit wie möglich in seiner gewohnten Begriffswelt bleiben können, d.h. unter anderem, die Begriffswelt der EDV sollte weitgehend vermieden werden.

  Um mit dem CAD-System arbeiten zu können, muß es genügen, den Rechner und den Arbeitsplatz einzuschalten, sich anzumelden und die Identifikation einzugeben, die weitere Arbeit muß ohne Kontakt zum Betriebssystem des Rechners ablaufen. Ist das nicht der Fall, wird ein großer Teil der Produktivität des Bedieners durch artfremdes und "unnötig" angelerntes Wissen blockiert. Alle notwendigen Funktionen müssen unter Regie des CAD-Systems ablaufen, also auch die ansonsten über das Betriebssystem zugängliche Fähigkeiten, wie Erzeugung eines neuen Projektes, Kopieren von Plänen, Sicherheitskopie anlegen, aktivieren von Projekten.

- Optimierung der Bedienerführung

  Es ist dabei wichtig, daß sich das CAD-System mit dem Bediener in dessen Muttersprache unterhält. Zwar ist die englische Sprache heute in weite Bereiche des täglichen Lebens schon recht tief eingedrungen, aber ein rein auf englische Kommandos oder Dialoge aufgebautes CAD-System erfordert vom Bediener einen permanenten unnötigen Lernprozeß, der seine Produktivität sicherlich zum Teil reduziert. Die heute gängigen Komponenten zur Steuerung eines CAD-Systems sind:

  - hierarchischer Dialog
  - Kommandosprache
  - Funktionscodes
  - Auswahlmenü am Schirm oder am graphischen Tablett

Der hierarchische Dialog ist wohl die sicherste und einfachste Methode zur Einführung eines Systems. Hiermit kann schon in kurzer Zeit produktiv gearbeitet werden, da sich der Bediener jederzeit anhand des Dialogs "weiterhangeln" kann und immer sieht, welche Möglichkeiten er zur Zeit hat. Hierdurch läßt sich die Schulungsphase bei der Systemeinführung erheblich abkürzen.

Diese Methode ist ebenfalls für Mitarbeiter geeignet, die nicht ständig mit einem solchen System umgehen, etwa für einen Anlagenprojekteur, der eine Anlage mit Hilfe des CAD-Systems bearbeitet hat und nach einiger Zeit wieder eine neue Anlage beginnt. Er hat dann in der Regel vieles vergessen, was die Bedienung des Systems betrifft. Anhand des Dialoges ist eine kurzfristige Wiedereinarbeitung leicht möglich.
Die systeminterne Kommandosprache ist wohl die flexibelste Methode zur Bedienung des Systems. Sie setzt allerdings eine sehr intensive Schulung voraus. Weiterhin entspricht sie sicher eher den theoretisch orientierten Denkweisen von Mathematikern und Informatikern als den praxisbezogenen der Anlagenbearbeiter und Zeichner. Außerdem sind die Kommandos in den meisten Fällen Abkürzungen aus der englischen Sprache, was hierzulande - wie schon gesagt - ein zusätzliches Akzeptanzproblem darstellt.

Wenn Funktionscodes benutzt werden, arbeitet man mit dem System schnell durch Bedienen einer Funktionstaste. Dabei sind den Tasten die Funktionen unterlegt und werden durch Antippen ausgelöst. Da es aber viele Funktionen gibt, ist es nicht immer möglich, die Zuordnung so zu treffen, daß die Tasten mit der Funktion in Beziehung gebracht werden können.

Für den eingearbeiteten Bediener ist die Menütechnik ein leistungsfähiges Instrument. Diese Auswahlmenüs können bei vielen Systemen vom Benutzer selbst festgelegt werden. Durch Antippen eines entsprechenden Feldes wird dann - wie oben bei den Funktionscodes beschrieben - die zugeordnete Funktion ausgelöst. Die Menüs können wie folgt lokalisiert sein:

* auf dem graphischen Tablett
* ständig am Bildschirmrand über, neben oder unterhalb der aktuellen Zeichenfläche
* temporär am Bildschirm in Form von "Pop-up-Menus", die nach getroffener Wahl wieder verschwinden
* auf gesondertem alphanumerischem Bildschirm

## 4. Integrationsfähigkeit und Flexibilität

In den wenigsten Fällen wird ein CAD-System für die Elektrotechnik als reines "Stand-alone System" eingesetzt. Meistens wird die Integration in eine bestehende DV-Umgebung sowie in festgelegte Bearbeitungsabläufe notwendig. Auch hier zeigt sich die Leistungsfähigkeit eines CAD-Systems daran, ob es diesen Anforderungen entsprechen kann. Dabei ist zum einen die Portabilität auf unterschiedliche Rechnersysteme gefragt und andererseits die Bereitstellung von geeigneten Schnittstellen zur Datenübergabe und Integration. Die Portabilität ist gerade jetzt ein wichtiges Argument, da sich die Rechnerlandschaft gleichsam über Nacht verändert. Immer leistungsfähigere Anlagen werden angeboten, und die Anwendungsphilosophie wandelt sich vom Zentralrechner zu dezentralen Netzen aus Workstations. Diese Wandlung muß ein CAD-System mitmachen können, ansonsten läuft man Gefahr, in Kürze ein veraltetes System im Einsatz zu haben.

Da die eigentliche Investition beim CAD-Einsatz nicht in Hard- und Software, sondern in dem Know-how, das in das System gesteckt wird,liegt, muß auf solche Kriterien zum Schutze der eigenen Investitionen ganz besonders geachtet werden. Wenn sich das CAD-System nach allgemeinen Standards richtet, etwa in der Nutzung von GKS oder X-Windows, unterstützt das eine leichte Portierbarkeit.

Ein weiterer wichtiger Gesichtspunkt ist die Verfügbarkeit von geeigneten Schnittstellen zur Kommunikation. Diese können in Form einer Programmbibliothek, als CAD-Kommandos oder als Datenschnittstellen realisert sein. Im Bereich der mechanischen Konstruktion gibt es normierte Datenschnittstellen, die schon allgemein genutzt werden, etwa IGES- oder die VDA/VDMFS-Schnittstelle. Dies ist für den Bereich der Elektrokonstruktion leider nicht der Fall, hier sind bislang nur Ansätze vorhanden. Die beiden nachstehend beschriebenen sind dabei aus heutiger Sicht die bedeutsamsten:

- Die EDIF-Schnittstelle, die sich für den Anwendungsbereich Elektronik durchgesetzt hat.
- Die verfahrensneutrale Schnittstelle zum Austausch von Schaltplänen, die auf Veranlassung eines EVU-Arbeitskreises zwischen AEG, BBC und Siemens vereinbart wurde.

Im Rahmen der heutigen Veranstaltung wird über eine solche Schnittstelle berichtet.

Ich hoffe, Ihnen hiermit in aller Kürze vor Augen geführt zu haben, daß die Elektrotechnik durchaus als eigenständige Sparte im CAD-Konzept geführt werden muß. Die Aufgaben sind vielfältig und tiefgreifend, und es gibt für die Systemhersteller sicher noch genug zu tun.

Vielen Dank.

# Fachgespräch

## Zuverlässigkeit und Fehlertoleranz in vernetzten und komplexen Systemen

Mit zunehmender Komplexität von Hard- und Softwaresystemen und mit dem Vordringen ihres Einsatzes in zuverlässigkeitskritische Bereiche werden die Aspekte Zuverlässigkeit und Fehlertoleranz immer wichtiger. Ein fehlertolerantes System hat nämlich die Fähigkeit, auch mit einer begrenzten Anzahl fehlerhafter Komponenten seine Funktion zu erfüllen; es ist zuverlässiger als seine Teile. In der Vergangenheit ist ein weites Spektrum von Fehlertoleranzverfahren für Soft- und Hardwaresysteme entwickelt worden. Ihre Erprobung und Bewerung für vernetzte Systeme ist ein aktuelles Anliegen der Informatik. Darüber hinaus bieten vernetzte Systeme aber auch neue Möglichkeiten, Zuverlässigkeit und Fehlertoleranz zu realisieren. In diesem Fachgespräch werden solche Möglichkeiten vorgestellt.

E. Schmitter gibt in seinem einführenden Beitrag einen Überblick über die Forschung auf dem Gebiet der Fehlertoleranz in Deutschland. Sie wurde nicht zuletzt durch die Aktivitäten der GI-Fachgruppe „Fehlertolerierende Rechnersysteme" seit ihrer Gründung im Jahre 1984 entschieden gefördert.

Der Beitrag von W. Seidel untersucht, wie Fehlertoleranz in nachrichtengekoppelte Systeme sinnvoll integriert werden kann. Dabei sind insbesondere auch Fragen einer effizienten Implementierung von Bedeutung. Im Beitrag von H. Kopetz und T. Senft werden exemplarisch am Beispiel des MARS-Systems Fragen der Entwicklung und Verifizierung fehlertoleranter Echtzeitsysteme diskutiert.

Der zweite Teil des Fachgesprächs ist der Modellierung und Bewertung fehlertoleranter Systeme gewidmet. L. Lehmann, G. Distler und T. Riemer untersuchen den Aufwand, den Fehlerbehebung durch Rücksetzen verursachen kann. Als Testbett dient ihnen ein an der Universität Erlangen entwickeltes, flexibel konfigurierbares Multiprozessorsystem. R. Brause untersucht Modelle nichtlinearer Netze mit dem Ziel, deren inhärente Fehlertoleranz quantitativ zu bestimmen. Th. Risse schießlich zeigt in seinem Beitrag effiziente Verfahren für die Berechnung der Zuverlässigkeit komplexer Systeme auf.

Fehlertoleranz gegenüber Entwufsfehlern ist eine Möglichkeit, Zuverlässigkeit auch für Softwaresysteme zu erreichen. N-Versions-Programmierung und das „Recovery-Block"-Verfahren haben in diesem Zusammenhang bisher die meiste Beachtung gefunden. Es ist jedoch – wie bei den meisten Methoden des Software-Engineering – sehr schwierig, die Effektivität und den Nutzen solcher Verfahren einzuschätzen. In der Fachdiskussion zum Thema Software-Fehlertoleranz und Software-Zuverlässigkeit soll dies dennoch versucht werden.

### Programmausschuß für dieses Fachgespräch:

F. Belli (Hochschule Bremerhaven), **M. Dal Cin** (Universität Frankfurt, Vorsitz), E. Dilger (Bosch AG, Stuttgart, W. Görke (Universität Karlsruhe), K.-E. Großpietsch (GMD, ST. Augustin), E. Maehle (Universität Augsburg), E. Schmitter (Siemens AG, München), P. P. Spies (Universität Oldenburg), U. Voges (Kernforschungszentrum Karlsruhe).

# FEHLERTOLERANZAKTIVITÄTEN IN DEUTSCHLAND

E. Schmitter
Siemens AG, München
Zentralbereich Forschung und Technik

## Zusammenfassung

Fehlertoleranz rückt zwangsläufig in den Mittelpunkt des Interesses, wenn es um die Zuverlässigkeit, Verfügbarkeit, Robustheit und Sicherheit von informationsverarbeitenden Systemen geht. Ausfälle von Systemen verursachen zunehmend wirtschaftliche hohe Verluste oder gar eine Gefährdung menschlichen Lebens, wenn beispielsweise Rechensysteme die Steuerung und Überwachung lebenswichtiger Vorgänge übernehmen (Medizin, Kraftwerke, Verkehr, Transport etc.). Diese Problematik verschärft sich, wenn es um die Thematik von Zuverlässigkeit und Fehlertoleranz in vernetzten und komplexen Systemen geht. Wenn es nun aber gelingt, Fehlfunktionen innerhalb eines Rechensystems ohne Auswirkung auf die Bearbeitung beherrschbar zu machen, lassen sich unerwünschte Effekte vermeiden und die Anforderungen an das System verbessern. Fehlertoleranz beinhaltet wesentliche Ansätze, dies durch adäquate Verfahren und nützliche Redundanz zu erreichen.

Im Rahmen des Fachgesprächs versucht dieser Beitrag, zunächst die Aktivitäten in Deutschland aufzufächern, die sich mit Fehlertoleranz in Systemen beschäftigen. Schwerpunkte liegen zur Zeit zweifellos bei Universitäten und Forschungseinrichtungen, aber auch industrielle Entwicklungen zeigen interessante Lösungsvorschläge.

Trotzdem spielt Fehlertoleranz häufig eine untergeordnete Rolle, wenn es um Systementwicklungen geht. Dies deutet auf Problemkreise, die es darzulegen gilt: Einfluß der Anwendungen, Kostenfaktoren und Lücken zwischen Theorie und Praxis mögen diese Aspekte andeuten. Problemkreise, die gewiß noch einer intensiven fachlichen Diskussion und eines breiten Erfahrungsaustausches bedürfen, um zu allgemein akzeptierten Lösungen für die Einsatzbereiche informationsverarbeitender Systeme zu führen. Dies war 1982 Motivation für die Gründung einer gemeinsamen Fachgruppe der GI, der ITG und der GMA, die sich mit der Thematik 'Fehlertolerierende Rechensysteme' befaßt. Die Zielsetzungen der Fachgruppe werden ebenso vorgestellt wie die notwendigen Abgrenzungen zu anderen Themengebieten. Es wird über die bisherigen Aktivitäten der Gruppe berichtet und Ergebnisse skizziert. Wenn beispielsweise in der Vergangenheit ein weites Spektrum von Zuverlässigkeits- und Fehlertoleranzverfahren für Soft- und Hardwaresysteme entwickelt wurde, deren Erprobung und Bewertung für die heutigen Systeme ein aktuelles Anliegen der Informatik ist, so hat die Fachgruppe als ein Forum wissenschaftlicher Auseinandersetzung ihren Beitrag dazu erbracht. Damit wird auch der Übergang geschaffen zu den Beiträgen des Fachgesprächs.

# Modelle der Fehlertoleranz in Nachrichten-gekoppelten Parallelrechnern

*Winfried Seidel*

Zentralbereich Forschung und Technik

Siemens AG

Otto-Hahn-Ring 6

8000 München 83

**Übersicht**

Parallelrechnerarchitekturen werden in Zukunft eine wesentliche Rolle bei der Realisierung von höherer Rechenleistung spielen. Mit diesem Artikel wird ein Konzept vorgestellt, das den Aspekt der Fehlertoleranz in dieser neu aufkommenden Rechnerklasse konkretisiert und Lösungsansätze zu hier bestehenden Problemen bietet. Den Ausgangspunkt bildet die Verwendung von lose gekoppelten Prozessorelementen, die durch ein Message-Passing-Betriebssystem verwaltet werden. Mit diesen Systemeigenschaften gelingt es, Verfahren zu implementieren, die nach dem Prinzip der ***skalierbaren modularen Redundanz*** operieren. Dieser Ansatz bietet zum einen die Möglichkeit, Prozessorelemente im Sinne von Fehlertoleranz als unabhängige, diensterbringende Einheiten zu benutzen. Andererseits bietet ein Message-Passing-Betriebssystem geeignete Elementaroperationen an, um diese Autonomie in Form von kommunizierenden Prozessen für höhere Softwareschichten im Hinblick auf Gewährleistungsarchitekturen verfügbar zu machen.

## 1 Einleitung

Mit einem äußerst fundamentalen Theorem beschreibt John Gall [Gall 77] das Entstehen neuer Systeme:

New Systems Mean New Problems.

Es gilt als sicher, daß auch in Zukunft bei der Entwicklung und dem Betrieb neuer Klassen von Rechnern – etwa der Parallelrechner – auch neue Klassen von Problemen auftreten werden. Jedoch besteht die hervorragende Chance, dem nicht unvorbereitet gegenüberzustehen, wenn beim Design eines Parallelrechners die Beschäftigung mit Fragen der Testbarkeit und darüber hinaus mit Problematiken der Fehlertoleranz in frühen Phasen der Architekturdefinition erfolgt. Dabei muß untersucht werden, wie sich bestimmte Architekturmerkmale bei unterschiedlichen Fehlermodellen verhalten. Unter Berücksichtigung der vom Verarbeitungsmodell her gegebenen Architekturdomäne muß eine maßgerechte Integration von Mechanismen zur Verbesserung der Fehlertoleranzeigenschaften erfolgen, wobei auch die Erfahrung über das Ausfallverhalten existierender Single-CPU-Systeme berücksichtigt werden muß.

Die Anwendungsgebiete für Parallelrechner sind sehr vielschichtig, befinden sich jedoch zur Zeit weitgehend im Bereich der Lösung Numerik-intensiver Probleme. Allerdings ist zu erkennen, daß zukünftig auch weite Bereiche der Symbolverarbeitung die Möglichkeit der Leistungssteigerung durch Parallelverarbeitung nutzen werden [Kober et al. 86]. Darüber hinaus ist zu erwarten, daß auch Anwendungen der kommerziellen Datenverarbeitung wie beispielsweise Datenbanksysteme und zugehörige Transaktionsverwaltungen auf Parallelrechner portiert werden. Durch höhere Leistung und breitere Einsatzgebiete der Parallelrechner steigt auch die Abhängigkeit der Benutzer von diesen Systemen, womit gleichfalls die Forderung nach höherer Zuverlässigkeit und größerer Verfügbarkeit wächst. Dagegen ist nicht zu erwarten, daß diese Ziele ausschließlich durch Qualitätsverbesserung der physikalischen Komponenten erreicht werden können.

In Kapitel 2 und 3 werden die wesentlichen Unterschiede zwischen Shared-Memory- und Message-Passing-Parallelrechnern und deren implizite Fehlertoleranzeigenschaften dargestellt. Die Merkmale eines Message-Passing-Betriebssystems sind Gegenstand der Erläuterungen in Kapitel 4. Kapitel 5 beschreibt ein Fehlermodell der abstrakten Message-Passing-Maschine. Maßnahmen zur Erhöhung der Fehlertoleranz sind in Kapitel 6 angegeben. Kapitel 7 setzt sich speziell mit dem Modell der modularen Redundanz auseinander.

## 2 MIMD-Parallelrechnerarchitekturen

MIMD-Parallelrechner lassen sich bezogen auf ihre Architektur in zwei Hauptklassen einordnen. Auf der einen Seite existieren Shared-Memory oder eng gekoppelte Systeme, auf der anderen Seite gibt es Message-Passing oder lose gekoppelte Systeme [Hockney 85]. Daneben kann eine Architektur auch beide Eigenschaften vereinen, wobei dann allerdings der Operationsmodus die konkrete Ausprägung festlegt.

### 2.1 Shared-Memory-Architekturen

Shared-Memory bedeutet, daß die *Prozessorelemente* (PEs) über einen gemeinsamen Speicher kommunizieren, der global, verteilt global oder verteilt lokal angeordnet sein kann. Bild 1. zeigt vereinfacht entsprechende Topologien:

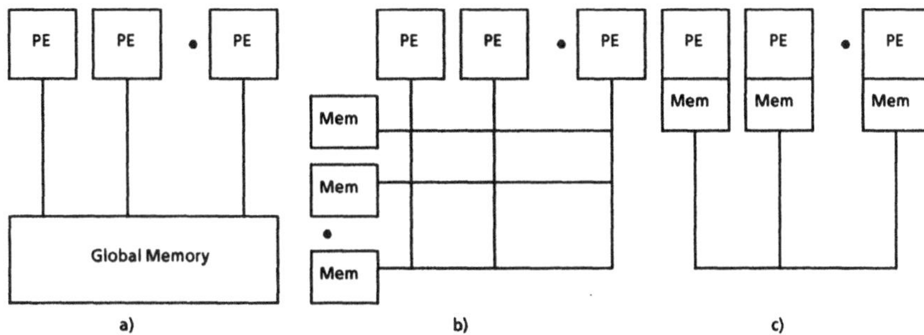


Bild 1. Shared-Memory Topologien, a) global, b) global verteilt und c) lokal verteilt

### 2.2 Message-Passing-Architekturen

Message-Passing-Architekturen besitzen dagegen keinen gemeinsamen Speicher. Die Kooperation bei der Verarbeitung geschieht ausschließlich durch Nachrichtenaustausch. Entsprechende Topologien sehen auf einer hohen Abstraktionsebene dargestellt wie in Bild 2. aus.

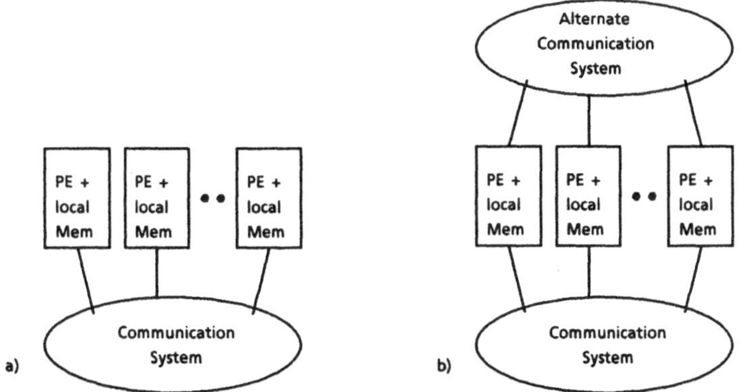


Bild 2. Message-Passing-Topologien, a) einfaches und b) redundantes Verbindungssystem

## 3 Fehlertoleranzeigenschaften vom MIMD-Parallelrechnern

Bei der Betrachtung der Fehlertoleranzeigenschaften von MIMD-Systemen sind grundsätzlich zwei Ebenen zu berücksichtigen: erstens die strukturelle Anordnung der funktionserbringenden Komponenten und deren Interaktionsprinzip; zweitens die Fehlermodelle der zur Komposition des Gesamtsystems benutzten Elementarkomponenten wie Prozessoren, Speicher, Verbindungselemente und Peripherie.

Bei Shared-Memory-Systemen sieht das Verarbeitungsmodell häufige Operationen auf gemeinsamen Daten mit kleiner Granularität, wie Byte oder Wort vor. Für Maßnahmen der Fehlertoleranz bedeutet dieses Operationsprinzip, daß eine vorhandene Funktionsredundanz mit hoher Frequenz benutzt werden muß, soll eine Ausbreitung fehlerhaft generierter Information vermieden werden. Auch stellt ein zentraler Speicher einen kritischen Punkt dar, besonders wenn darüber Synchronisationsaufgaben (Semaphore, Monitore) realisiert werden. Integritätsverletzungen führen bei diesen Datenobjekten meistens zu *Deadlocks* oder zum Absturz des Systems.

Demgegenüber besitzen Message-Passing-Parallelrechner eine strukturelle Autonomie, da jede PE auf Hardwareebene einen eigenen Rechner repräsentiert. Die Rechner besitzen eine elektrische und meistens auch eine mechanische Kapselung gegeneinander, so daß sich Inkonsistenzen nur durch Nachrichtenaustausch ausbreiten können. Nachrichten bestehen bei dieser Art von Systemen aus einer Anzahl von elementaren Datenobjekten. Beispielsweise kommuniziert das Message-Passing-Betriebssystem V [Cheriton, Zwaenepoel 83] mit 32 Byte großen Objekten und das PEACE-Betriebssystem [Schröder 87] mit 64 Byte Nachrichten fester Länge. Damit bedeutet eine Konsistenzprüfung bei der Kommunikation weniger zusätzlichen Aufwand als bei einem Shared-Memory-Operationsprinzip.

Im Hinblick auf permanente Hardwarefehler ist kein Unterschied zwischen Shared-Memory- und Message-Passing-Systemen zu erwarten, denn die Fehlerrate wird in engen Grenzen nur durch die Multiplikation der Fehlerrate der einzelnen Bauteile mit deren Anzahl im System bestimmt. Transiente Fehler treten vornehmlich bei hochintegrierteten MOS-Speichern und auf längeren Verbindungsleitungen mit hoher Taktrate auf [Metcalfe, Boggs 76]. Bei weiter steigenden Prozessortaktraten ist davon auszugehen, daß im Bereich des CPU-Kerns (CPU, Cache, Memory) die Anfälligkeit für transiente Fehler zunehmen wird [Rennels 86]. Stand der Technik ist die Absicherung durch Byte-Parity bei dynamischen MOS-Speichern, um zumindest Einbit-Fehler zu erkennen. Bei Shared-Memory-Rechnern ist es darüber hinaus sinnvoll, EDC-Verfahren (Error Detection and Correction) für den Speicher zu verwenden. Für Message-Passing-Systeme sind EDC-Speicher ebenfalls sinnvoll, wenn der Hauptspeicher eine gewisse Größe überschreitet und der Performance-Verlust niedrig gehalten werden kann. Die Frage, ob EDC-Mechanismen zu rechtfertigen sind, wird somit bei jedem Design eines Message-Passing-Parallelrechners neu zu beantworten sein.

## 4 Message-Passing-Betriebssystem und Message-Passing-Architektur

In einem hierarchisch strukturierten Rechnersystem wird die nächsthöhere Ebene durch das Betiebssystem repräsentiert. In geeigneter Weise werden die speziellen Eigenschaften einer Message-Passing-Architektur von einem ebenfalls nach dem Message-Passing-Verfahren arbeitenden Betriebssystem unterstützt. Die Anforderungen, die an ein verteiltes Betriebssystem gestellt werden, erstrecken sich im wesentlichen auf das Bereitstellen von Diensten zur Prozeßverwaltung und der Realisierung effizienter Kommunikation zwischen – im System auf beliebigen Prozessoren ausgeführten – Prozessen. Dadurch ist es möglich, die auf jeder PE benötigten Betriebssystemkerne sehr klein zu halten, da Systemkomplexe wie etwa das Filesystem nicht im *Kernel* integriert sein müssen.

Zur Zeit existieren vornehmlich im Forschungsbereich mehrere verteilte Betriebssysteme, die diesen Leitgedanken mehr oder weniger stark gefolgt sind. Dies sind: V [Cheriton, Zwaenepoel 83], AMOEBA [Mullander, Tanenbaum 86], MACH [Acetta et al. 86] und PEACE [Schröder 87]. Das MACH-System kann hierbei als Vertreter der eher klassischen Richtung mit Kompatibilität zu UNIX* (bsd 4.2) angesehen werden und unterstützt ebenfalls Shared-Memory-Systeme. Am konsequentesten wurden die Aspekte des Message-Passing im PEACE-System umgesetzt, was unter anderem zu hervorragenden Performance-Eigenschaften dieses Betriebssystems führt (z. B. 28 µs Context switch, 345 µs für ein lokales Rendezvous auf mc68020 mit 16 MHz).

Erweiternde Konzeptdiskussionen und Abgrenzungen zu anderen Systemen sind in [Schröder 86] enthalten. Zwar ist generell auch ein anderes Message-Passing-Betriebssystem als Basis der weiteren Betrachtungen verwendbar, wie etwa das V-System, doch kann PEACE in Hinblick auf Code-Größe und Leistung als z. Zt. optimal angesehen werden [Nehmer 87].

In PEACE ist ein leichtgewichtiger Prozeß die kleinste nebenläufig ausführbare Einheit. Mehrere Prozesse lassen sich zu einem *Team* zusammenfassen, die dem gleichen Adreßraum zugeordnet sind. Mehrere Teams und Prozesse können auf einer PE ablaufen. Die Mechanismen zur *Interprozeßkommunikation* (IPC) implementieren einen elementaren Datenaustausch nach einem synchronen *Request-Response* Modell. Die Interprozeßkommunikation erlaubt den Aufruf von *Send-*, *Receive-* und *Reply*-Primitiven, um ein *Rendezvous* durchzuführen. Während eines bestehenden Rendezvous sind *moveto-* und *movefrom*-Primitiven ausführbar, die einen Hochvolumendatentransfer implementieren. Basierend auf diesem IPC-Modell lassen sich problemorientierte Kommunikationsprotokolle in effizienter Weise, wie etwa zur Realisierung von RPC-Mechanismen (*Remote-Procedure-Call)* [Birell, Nelson 84] aufbauen.

## 5 Fehlermodell für Message-Passing-Parallelrechner

Auf oberster Abstraktionsebene muß ein Fehlermodell für einen Message-Passing- Parallelrechner, ebenso wie für alle anderen Rechnerstrukturen, Hardware- und Softwarefehler berücksichtigen. Eine genauere Betrachtung der möglichen Fehlerquellen muß sich an den Strukturmerkmalen der Hardware auf System- und PE-Ebene orientieren, des weiteren und in Zukunft wichtiger an den Operationsprinzipien und dem Verarbeitungsmodell des Rechners, wie hier dem Message-Passing-Modell.

Hardwarefehler lassen sich in permanente und transiente Abweichungen vom spezifizierten Verhalten unterteilen, wobei alle Hardwarekomponenten des Parallelrechners potentielle Quellen hierfür darstellen. Die PE ist bei dieser Parallelrechnerarchitektur meistens aus CPU, MMU, evtl. Cache, Hauptspeicher, Kommunikations-Controller, Netzwerk-Anschluß und sonstiger Peripherie wie Timer und Diagnose-Anschluß aufgebaut. Daneben sind Funktionselemente wie Taktversorgung, Reset-Schaltung und evtl. Watchdog vorhanden.

Einer der Bereiche, in dem zuerst Fehler vermutet werden, ist der aus dynamischen MOS-Bausteinen aufgebaute Hauptspeicher, wobei hier vornehmlich sog. *Soft-Errors* auftreten. Aussagen zum Ausfallverhalten bei High-Performance-Mikroprozessoren sind in der Regel bei neuen Bausteinen schwer zu erhalten, jedoch ist davon auszugehen, daß das Auftreten permanenter Fehler in den Hintergrund tritt, sobald der Produktionsprozeß zur Chip-Fertigung stabil läuft. Dagegen werden transiente Fehler aufgrund höherer Taktraten eher zunehmen. Erfahrungen bei Multicomputersystemen belegen eine mindestens um den Faktor zehn höhere Rate für das Auftreten von transienten Fehlern im Vergleich zu permanenten Bauteilfehlern [Tamir 85].

Für das Verbindungssystem bei einem Message-Passing-Rechner existieren zahlreiche Implementierungsvorschläge, zu denen es teilweise konkrete technische Realisierungen gibt [Hockney 85]. Permanente Fehler führen je nach Topologie des Verbindungssystems und der Funktionsweise der Kommunikations-Hardware zur Blockierung des Systems oder zur Nichterreichbarkeit einzelner PEs. Gleiches gilt auch bei Ausfall der zur Kommunikation relevanten Funktionseinheiten der PE wie Kommunikations-Controller und Businterface.

Fehlermodelle für ein Betriebssystem zu finden, ist ungleich schwieriger als für Hardwarekomponenten, da keine generell anwendbaren Regeln existieren anhand derer die Korrektheit eines Betriebssystems zu beweisen wäre. Die Qualität eines Betriebssystems wird oft durch ganz pragmatische Maßzahlen wie *Abstürze pro Zeiteinheit* angegeben. Erschwerend kommt hinzu, daß auch transiente Fehler der Hardware einen Systemabsturz auslösen können und somit die Ursachen hierfür später nicht identifizierbar sind.

Für die hier betrachtete Klasse von Message-Passing-Betriebssystemen gibt es allerdings anerkannte Design- und Strukturierungsprinzipien, die zu einem differenzierteren Fehlermodell des Betriebssystems führen [Lampson 83]. Bei einem relativ kleinem Kernel, der nur Mechanismen elementarer Prozeßverwaltung und Kommunikation implementiert, bestehen sehr gute Möglichkeiten, diesen ausgiebig zu testen. Abstürze sind lediglich durch nicht korrekt und schwer zu testende Teile eines Treibersystems, das die Kommunikation der PEs untereinander steuert, zu erwarten. Systemkomplexe, die die Prozeßverwaltung (Erzeugung, Terminierung) und die Speicherverwaltung implementieren, sind durch disjunkte Prozesse realisiert, teilen jedoch kritische

*UNIX ist ein eingetragenes Warenzeichen von AT&T

Datenstrukturen (Prozeßtabelle, *Image*-Deskriptoren) mit dem Kernel. Fehler in diesen Servern können natürlich auch zum Absturz der PE führen.

Alle sonstigen Funktionalitäten des Systems lassen sich über Prozesse bzw. Teams erreichen, die vollkommen unabhängig voneinander und zum Kernel ihre Dienste implementieren. Sie benutzen nur elementare Mechanismen der Interprozeßkommunikation. Fehler können nur durch nicht korrekte Implementierung der Server selbst, durch Versagen der Basiskommunikation, durch Versagen abhängig benutzter Server oder durch Fehler der Hardware (z. B. nicht korrigierbarer Speicherfehler) zum Absturz eines Prozesses oder Teams führen.

Wesentlich ist bei der betrachteten Klasse der Parallelrechner, daß die Implementierung des Betriebssystems auf allen PEs identisch ist. Hier können lediglich Spezifikations- und/oder Implementierungsfehler zu Problemen führen. Eine *Alterung*, wie sie bei Hardwarekomponenten existiert, kann es für Softwarekomponenten nicht geben.

## 6 Maßnahmen zur Erhöhung der Fehlertoleranz

Die Maßnahmen zur Erhöhung der Fehlertoleranz in einem Message-Passing-Parallelrechner müssen einerseits auf die strukturellen und physikalischen Merkmale der Hardware Rücksicht nehmen, andererseits müssen geeignete Mechanismen zur Fehlererkennung und -behandlung in die Systemsoftware integriert werden, so daß eine zur Systemstruktur korrespondierende Fehlertoleranzhierarchie entsteht.

### 6.1 Einsatz erprobter Methoden auf Hardwareebene

Zu den bewährten Methoden auf Hardwareebene gehört die Absicherung des Hauptspeichers durch Parity- oder EDC-Verfahren in Abhängigkeit von der Wortbreite und der Gesamtgröße des Speichers und damit der zum Aufbau benötigten Anzahl der Chips. Bei einem Speicher, der 64 Bit Breite besitzt, ist der Speicheraufwand mit 8 zusätzlichen Bits für *Byte-Parity* ebenso groß, wie für *Single Error Correction Double Error Detection* [Stadler 86]. Allerdings ist die Steuerlogik bei EDC-Verfahren aufwendig, besonders wenn nur Teile eines Speicherwortes geschrieben werden sollen.

Eine Fehlererkennung durch Parity sollte innerhalb des CPU-Kerns vorhanden sein, um die kritischen Pfade wie Adreß-, Daten- und Steuerleitungen abzudecken [Abramovitz et al. 86]. Bei der Kommunikation zwischen PEs sind Verfahren der Blocksicherung wie *Cyclic Redundancy Check* oder *Checksum* sinnvoll einsetzbar. Neben der Datensicherung müssen auch Vorkehrungen getroffen werden, um Adressierungsfehler festzustellen, etwa durch Redundanz-Code im Adreßfeld.

Für die hier betrachtete Klasse von Betriebssystemen ist es aufgrund der logischen Adressierung innerhalb der Prozesse notwendig, eine Memory Management Unit (MMU) zur Verfügung zu stellen. Neben den funktionalen Aspekten implementiert eine MMU Schutzmechanismen für die lokal vorhandenen Adreßräume. Ein Adressierungsfehler bestimmter Systemprozesse oder eines Anwenderprozesses kann hiermit weder den Nucleus, noch Prozesse in anderen Teams stören.

### 6.2 Fehlertoleranz auf Systemebene

Auf der Systemebene müssen Maßnahmen angesiedelt sein, die die *statischen* und *dynamischen* Fehlertoleranzeigenschaften verbessern. Statisch bedeutet, daß ausgefallene PEs oder Teile des Verbindungssystems nach Erkennen permanenter Fehler auskonfiguriert werden können. Dynamisch bedeutet, daß z. B. *Routing-Verfahren* alternative Verbindungswege während der Kommunikation unterstützen und der Ausfall einzelner PEs nicht zur Unterbrechung des gesamten Systems führt.

Durch ein Konfigurationsmanagement lassen sich auf Systemebene die ausgefallenen oder nicht mehr erreichbaren PEs verwalten. Dazu muß eine Serverkomponente existieren, die z. B. durch regelmäßigen Austausch von *Alive-Meldungen* den Status des Systems erfährt. Nachdem der Ausfall einer PE bekannt wird, müssen alle Prozesse durch ein *Signal* benachrichtigt werden, die logische Abhängigkeiten zu Prozessen haben, welche zuvor auf der ausgefallenen PE ausgeführt wurden. Die *Mapping- und Prozeßerzeugungsmechanismen* müssen ebenfalls diese Konfigurationsdaten benutzen können, damit bei der Zuteilung von Prozessen zu Prozessoren nicht versucht wird, auf ausgefallenen PEs Prozesse zu installieren.

# 7 Modulare Redundanz

Im folgenden werden die Konzepte erläutert, die es ermöglichen, die Grundprinzipien der modularen und redundanten Verarbeitung auf einem nach dem Message-Passing-Verfahren organisierten Parallelrechner und dem darauf abgestimmten Betriebssystem anzuwenden. Die wesentliche Grundlage bildet hierbei die strukturelle Autonomie der Systemkomponenten.

## 7.1 Parallele Prozesse als redundante Objekte

Eine formale Beschreibung für den allgemeinen Fall kommunizierender sequentieller Prozesse ist in [Mancini 86] dargestellt und unterstreicht die Anwendbarkeit dieses Konzepts allerdings eher in Hinblick auf den Einsatz in Realzeitsystemen. Die Betrachtungen beschäftigen sich in diesem Kontext mit der Implementierung von Protokollen, um bei allgemeinem Message-Passing Reihenfolgebedingungen zu gewährleisten, die empfängerseitige *Voting*-Verfahren erlauben.

Gegenstand der Betrachtungen in [Echtle 86] sind ebenfalls Modelle zur Fehlermaskierung durch verteilte Systeme, im Hinblick auf Anwendungen im Bereich vernetzter Realzeitsysteme. Dabei geht es im wesentlichen um die Aufwandsminimierung bei der Interprozeßkommunikation in beliebigen n-von-m-Prozeßsystemen, durch senderseitige Maskierung und Versendung von Signaturen statt vollständiger Nachrichten.

Dagegen ist in Message-Passing-Parallelrechnern wesentlich stärker gefordert, die Zeiten zur Interprozeßkommunikation zu minimieren, wohingegen die Reduzierung des Datenvolumens nicht das primäre Ziel darstellt. Durch Verwendung des synchronen Message-Passing-Verfahrens ergeben sich wesentliche Vorteile für die Implementierung von modularer Redundanz durch replizierte Prozesse :

- synchrones Message-Passing führt zu einer einfach zu verifizierenden Art und Weise der Interprozeßkommunikation;
- Konsistenzprüfungen lassen sich mit relativ wenig Aufwand bei der Kommunikation durchführen;
- ein Modul der Implementierung läßt sich durch einen Prozeß repräsentieren; Änderungen, die die Request-Response-Relation nicht beeinträchtigen, können einfach vorgenommen werden;
- Prozesse laufen in einer sehr engen Umgebung ab, wodurch eine gute Fehlereingrenzung erreicht wird; Fehler können sich nicht ohne weiteres über Prozeß- und Teamgrenzen hinweg ausbreiten;
- N-Version Prinzipien [Avižienis 85] können bei genau spezifizierter Prozeßbeziehung problemlos integriert werden.

Darüber hinaus ist eine dynamische Verifizierbarkeit der IPC-Beziehungen durch *Monitorprozesse* möglich. Hierzu wird ein Prozeß zwischen Client und Server geschaltet, der bei jeder Kommunikation als *Relay-Prozeß* arbeitet. Damit können z.B. *Logging Files* erzeugt und Integritätsbedingungen der Aufruf- und Rückgabewerte überprüft werden. Möglich sind sowohl *Send*- oder *Receive*-Richtung, als auch beide Pfade zu erfassen.

### 7.1.1 Modellbeschreibung

Durch die guten Voraussetzungen zur Modularisierung von Softwarekomponenten und deren Repräsentation durch parallel ausführbare Prozesse und Teams, können die diensterbringenden Komponenten relativ einfach repliziert werden, denn eine Kommunikation stellt bei dem betrachteten IPC-Modell auch immer eine Synchronisation dar. Diese Synchronisationssemantik läßt sich nun dahingehend erweitern, daß eine IPC-Funktion zusätzlich die Synchronisation replizierter Prozeßobjekte realisiert. Damit gelingt es, z.B. für Client-Server-Beziehungen von Prozessen auf einfache Art und Weise n-von-m-Redundanz einzuführen. Die niedrigste Redundanzstufe wird durch die 1-von-2-Struktur repräsentiert (Bild 3), welche für das zugrundeliegende Fehlermodell durchaus plausibel erscheint. Hierbei ist immer der Ausfall einer PE tolerierbar (Einfachfehler), bezogen auf diesen einen statischen Prozeßgraphen. Bezogen auf ein Gesamtsystem mit n PEs und n Prozessen, können, unter der Bedingung, daß immer nur eine PE einer Gruppe ausfällt, maximal n/2 PEs ausfallen, bevor das gesamte System ausfällt. Wesentlich besser eignet sich allerdings ein Modell zur Abschätzung der im Mittel tolerierbaren PE-Ausfälle, das aus der Bewertung von EDC-Verfahren stammt. Ein 1-von-2 Prozeßsystem stellt eine Analogie zu einem SEC-DED-Modell dar, in dem *Einbit*-Fehler korrigiert und *Zweibit*-Fehler erkannt werden. Laut [Blaum et al. 88] ist die Wahrscheinlichkeit für das Auftreten eines Doppelfehlers B (n) bei n Speichermodulen:

$$B(n) \approx \mathrm{SQRT}(n * n/2) + 2/3 .$$

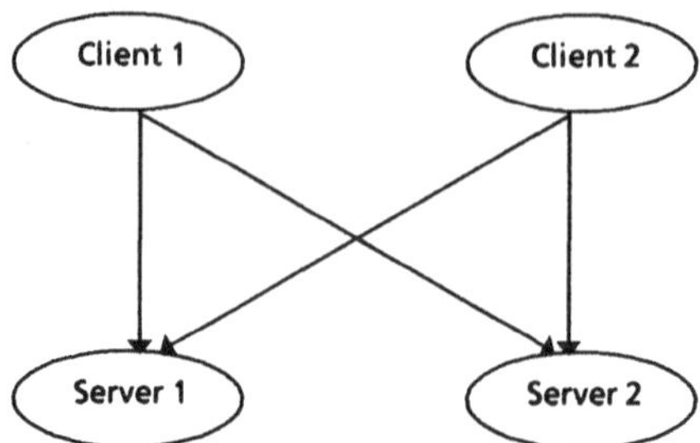


Bild 3. Replizierte Prozesse mit 1-von-2-Redundanz

Bei einem Parallelrechner mit beispielsweise 256 PEs können nach dieser Näherung im Mittel ca. 20 PEs defekt werden, bevor das System seinen Dienst durch Ausfall eines Prozeßpaares versagt.

Selbstverständlich ist es möglich, die Redundanz auf $m > 2$ auszudehnen, um *Voting*-Mechanismen für einen *Nonstop*-Betrieb anzuwenden. Jedoch kann erst auf $m > 2$ übergegangen werden, wenn alle im folgenden beschriebenen Basisprobleme, die beim Übergang von $m = 1$ auf $m = 2$ entstehen, gelöst sind.

### 7.1.2 Basisprobleme

Erstens muß bei dem zugrundeliegenden Fehlermodell sichergestellt sein, daß die unterschiedlichen Replikationen der Server auf disjunkten PEs ablaufen. Um *Common-Mode*-Fehler auszuschließen ist es auch sinnvoll, Client und Server auf unterschiedlichen PEs zu plazieren.

Zweitens muß eine Möglichkeit existieren, eine Send-Nachricht zu duplizieren und sowohl an den *Primary*- als auch an den *Backup*-Prozeß zu schicken. Die Ausführung dieser Funktion muß möglichst effizient geschehen, um den Unterschied zum nicht replizierten Fall zu minimieren und daneben die replizierten Prozesse möglichst zeitgleich arbeiten zu lassen. Konsistenzprobleme kann es beim Client nicht geben, da die Send-Operation blockierend wirkt.

Drittens muß ein Server solange warten, bis von beiden Client-Prozessen die korrespondierende Send-Nachricht eingetroffen ist und ein Vergleich beider Nachrichten stattgefunden hat.

Viertens muß sichergestellt sein, daß eine deterministische Ausführung beider Server geschieht. Eine Send-Operation muß im fehlerfreien Fall bei identischem internen Zustand der Server zu identischen Reply-Nachrichten führen. Diese Voraussetzung bildet zugleich ein Kriterium zur Konsistenzprüfung der beim Client eingegangenen Rückgabeparameter der disjunkten Prozesse.

Fünftens stellt eine Konsistenzprüfung der getrennt empfangenen Reply-Nachrichten einen Synchronisationspunkt bei der Verarbeitung innerhalb der Client-Prozesse dar, d.h. sie dürfen erst weiterarbeiten, wenn von beiden Servern das entsprechende Ergebnis vorliegt. Ein bitgenauer Vergleich ist bei Prüfung der Konsistenz ohne weiteres nicht möglich, da etwa RPC-Nachrichten auch die Server-ID enthalten und evtl. nicht genutzte Felder der Nachricht ebenfalls unterschiedlich belegt sein können. Anwenden ließe sich der Semantikunabhängige Vergleich der Nachricht nur, wenn für Anwendungsprozesse lokale Abhängigkeiten verborgen blieben. Dies ist zum Beispiel durch Einführung sog. *logischer Hosts* [Theimer 86] möglich. Die Benutzung dieser Abstraktion hat allerdings negative Auswirkungen auf die Zeiten zur Durchführung der Interprozeßkommunikation.

### 7.1.3 Lösung der Basisprobleme

Die erste Anforderung ist relativ einfach zu erfüllen. Hier sind lediglich die Mappingalgorithmen so zu entwerfen, daß sie entsprechende Prozeßtupel auf disjunkte PEs abbilden. Bei statischem Mapping muß eine Instanz existieren, die ein derartiges Mappingattribut erzeugt. Wird ein dynamisches Mappingverfahren angewendet, so muß die Komponente, die das *Loadbalancing* übernimmt, die disjunkte Verteilung neu zu erzeugender oder zu migrierender Prozesse mit übernehmen.

Für den Mechanismus zur Replikation der Interprozeßnachrichten lassen sich aus der Sicht des Betriebssystems genau zwei Varianten realisieren. Auf der einen Seite ist es möglich, die vorhandenen IPC-Modelle vollständig zu belassen und die notwendigen Mechanismen ausschließlich oberhalb des Nucleus zu implementieren. Andererseits können Teile dieser Funktionalität, neben den Basisdiensten, vom Nucleus selbst erbracht werden. Für eine Implementierung außerhalb des Nucleus ist es notwendig einen Hilfsprozeß innerhalb des Anwendungsteams zu etablieren, der die Duplizierung der Send-Nachricht des Client-Prozesses übernimmt, da mit der Ausführung von Send auch immer eine Blockierung verbunden ist. Bei einer Integration der Mechanismen zur mehrfachen Synchronisation in den Nucleus ergibt sich eine einfachere Struktur der Prozeßbeziehungen, da keine Hilfsprozesse nötig sind (Bild 4.):

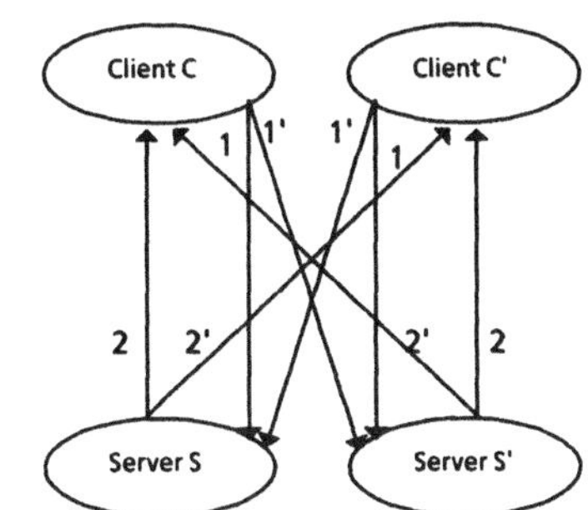


Bild 4. Kommunikationsgraph bei Replikation der Nachrichten im Nucleus

Die von den Client-Prozessen aufgerufene Kernelfunktion *send_dup(m1, m2)* führt das Versenden der Botschaften m1 an S und m2 an S' durch. Für die logische Konsistenz von m1 und m2 ist eine *Library-Funktion* verantwortlich. Nachdem S und S' das Rendezvous beendet haben, enthalten m1 und m2 die entsprechenden Ergebnisse für C und C'. Ein logischer Vergleich der Ergebnisse wird dann wiederum in der Laufzeitumgebung durchgeführt.

Bei diesem Verfahren stellt der Nucleus nur die Elementardienste der Kommunikation und Synchronisation mit replizierten Prozessen zur Verfügung. Korrespondierend zu send_dup(m1, m2) müssen beim Server Funktionen, wie *receive_dup(m1, m2)* und *reply_dup(m1, m2)*, vorhanden sein.

Aufgabenmäßig lassen sich die Verfahren zur Duplizierung und Prüfung der Nachrichten der RPC-Schicht zuordnen. Diese Schicht übernimmt dann das Kopieren der relevanten Parameter in die Nachrichten m1 und m2 und wertet nach beendeter Send-Operation die Rückgabeparameter aus. Diese Aufgaben können mit anderen Funktionen der RPC-Schicht, etwa dem Verpacken und Entpacken von Nachrichten oder den Absoluttests bei der Ergebnisauswertung verbunden werden, was den Mehraufwand für die Replikation reduziert. Bei einer Prozeßstruktur mit zwei Servern lassen sich für den Fall der Nichtübereinstimmung von Nachrichten applikationsabhängige Ausnahmebehandlungen durchführen. Entweder kann die Dienstanforderung auf gleicher Ebene wiederholt werden (*Retry*), einer semantisch höheren Schicht eine Ausnahmesituation signalisiert werden oder bei $m > 2$ replizierter Prozesse Voting-Mechanismen zur Maskierung fehlerhafter Ergebnisse benutzt werden.

Fällt während eines bestehenden Rendezvous' eine PE aus, auf der einer der replizierten Server ausgeführt wird, muß die Send-Operation auch dann beendet werden, wenn nur ein Server eine Reply-Nachricht zurückschickt. Es ist allerdings nicht sinnvoll, im Nucleus hierfür *Timeout*-Mechanismen zu implementieren, da die Ausführung der Dienste unterschiedlich lange dauern kann. Vielmehr muß eine Systeminstanz vorhanden sein, welche die Zustände aller PEs global verwaltet. Nachdem diese Instanz den Ausfall einer PE erkannt hat, muß dies als *Exception* allen aktiven PEs signalisiert werden, damit der bei der Send-Operation blockierte Client nicht auf den oder die abgestürzten Server wartet. Sind alle Server abgestürzt, dann kehrt das Send mit einem entsprechenden Fehlercode zurück.

## 7.2 Leistungsbetrachtung

Um eine quantitative Bewertung der hier motivierten Modelle zu erhalten, sind zwei wesentliche Kriterien als Maßstab zu berücksichtigen.

Erstens bedeutet die durch statische Redundanz der Prozeßstruktur benötigte höhere Rechenleistung, bei einem n-von-m-System immer, daß zur Erbringung der gleichen Rechenleistung mindestens m-mal mehr PEs vorhanden sein müssen oder bei gleicher Anzahl von PEs maximal 1/m der Leistung zur Verfügung steht. Zweitens impliziert die 1-zu-m-Kommunikation und empfängerseitige Maskierung längere Zeiten zur Durchführung der Interprozeßkommunikation. Das folgende Protokollmodell soll den Mehraufwand für den replizierten Fall demonstrieren (Bild 5).

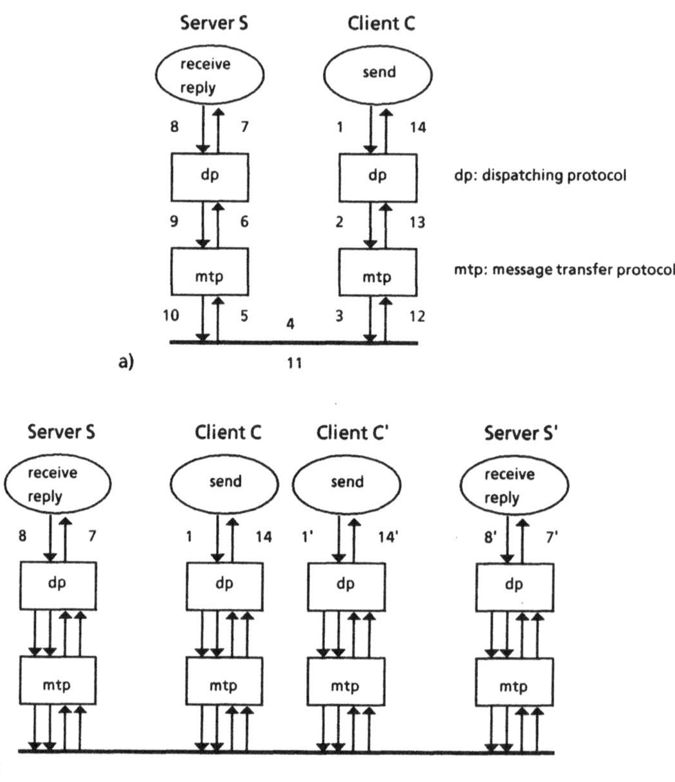


Bild 5. Rendezvous-Protokoll, a) nichtrepliziert und b) repliziert. Aus Gründen der Übersichtlichkeit sind für Modell b) die Operationen 2 bis 6 , 9 bis 13 und korrespondierende nicht eingetragen.

Für den nichtreplizierten Fall entspricht die Abarbeitung eines Rendezvous' dem Aufruf der Protokollinstanzen im *dispatching protocol* (dp) und im *message transfer protocol* (mtp), dem Transport auf der physikalischen Ebene (4, 11) und den Aufrufen der *Trap*-Funktion durch send, receive und reply, gekennzeichnet durch die Operationen (1, 14) bzw. (7, 8). Beim replizierten Fall wird davon ausgegangen, daß das dp-Protokoll die Aufteilung und Zusammenführung der Nachrichten für die replizierten Prozesse übernimmt. Da das IPC-Protokoll synchron arbeitet und insbesondere keine Pufferung von Nachrichten im Nucleus erfolgt, kann dieses deterministische Verhalten bei der Interprozeßkommunikation für die Berechnung des zeitlichen Aufwands sehr gut modelliert werden (Bild 6).

Mit diesem Modell läßt sich die Zeit zur Durchführung eines nichtreplizierten Rendezvous' ($t_{nrr}$) ermitteln als:

$$t_{nrr} = 1/2t_{trap} + t_{dp} + t_{mtp} + t_{net} + t_{mtp} + t_{dp} + 1/2t_{trap} + 1/2t_{trap} + t_{dp} + t_{mtp} + t_{net} + t_{mtp} + t_{dp} + 1/2t_{trap}$$

$$t_{nrr} = 2t_{trap} + 4t_{dp} + 4t_{mtp} + 2t_{net}.$$

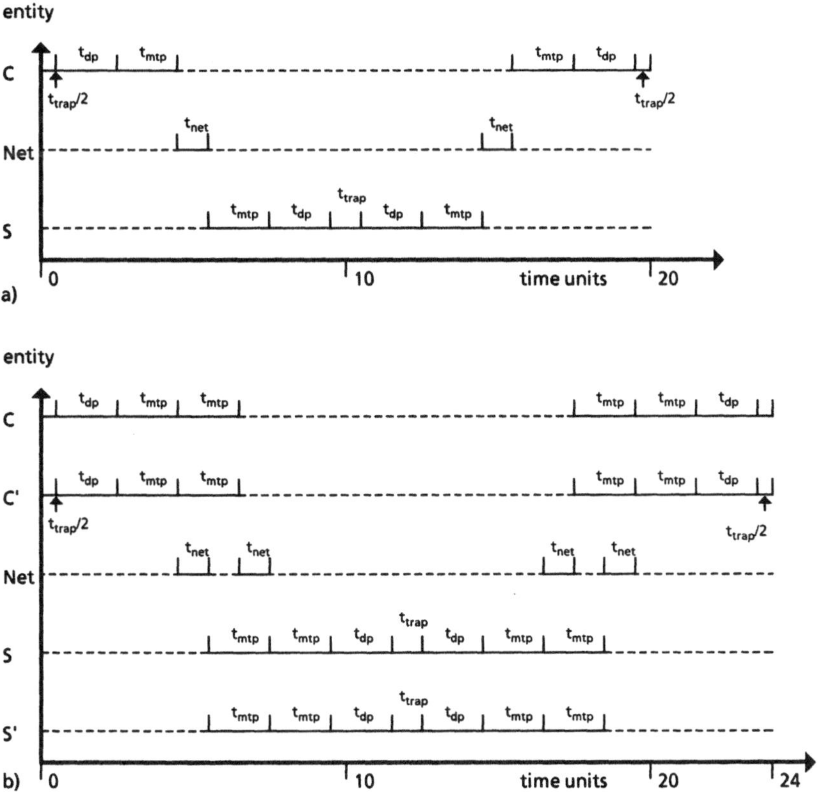


Bild 6. Zeitlicher Verlauf des Rendezvous-Protokolls, a) nichtrepliziert und b) repliziert

In [Schröder 87] ist dier Dauer für einen *user/nucleus switch* mit 25 µs angegeben. Bei einer physikalischen Übertragungsrate des Netzes von 4 MByte/sec und einer Interprozeßnachricht, die auf pysikalischer Ebene 100 Byte ausmacht, ergeben sich ebenfalls 25 µs für die Übertragungszeit. Unter dieser Annahme läßt sich $t_{trap} = t_{net}$ setzen. Unter der weiteren Annahme, daß $t_{dp} = t_{mtp} = 2t_{trap}$, ergibt sich bei einer Normierung auf $t_{trap}$:

$$t_{nrr} = 20t_{trap}.$$

Für die Aufstellung der Zeiten im replizierten Fall ($t_{rr}$) ergibt sich dann, unter Berücksichtigung der zweimaligen Ausführung des mtp-Protokolls, jeweils beim Empfang einer IPC-Nachricht, der folgende Term:

$$t_{rr} = 1/2t_{trap} + t_{dp} + t_{mtp} + t_{net} + 2t_{mtp} + t_{dp} + 1/2t_{trap} + 1/2t_{trap} + t_{dp} + t_{mtp} + t_{net} + 2t_{mtp} + t_{dp} + 1/2t_{trap}$$

$$t_{rr} = 2t_{trap} + 4t_{dp} + 6t_{mtp} + 2t_{net}.$$

Unter den oben gemachten Annahmen läßt sich als Ergebnis angeben:

$$t_{rr} = 24t_{trap}.$$

Hiermit errechnet sich ein Overhead von 20% bei der Durchführung eines Rendezvous'. Dies repräsentiert den Maximalwert, wenn der Server eine *Null*-Funktion aufruft und davon ausgegangen wird, daß die Duplizierung und Zusammenführung der Interprozeßnachrichten mit so minimalem Aufwand innerhalb der RPC-Schicht realisierbar ist, daß er sich hier nicht auswirkt. Da in realen Servern sicherlich eine komplexere als die Null-Funktion ausgeführt wird, ergibt sich damit auch ein geringerer relativer Overhead.

### 7.3 Fehlerbeseitigung

Permanente Hardwarefehler lassen sich nur durch Tausch der entsprechenden Komponente beseitigen. Daneben bedeutet das Herausnehmen einer defekten PE aus der logischen Konfiguration eine Maskierung auf der Systemebene. Aufgrund des vorher beschriebenen Fehlermodells ist davon auszugehen, daß meistens nach einem Reset der abgestürzten PE der Betriebssystemkern und die notwendigen Prozesse neu geladen werden können und anschließend weitergearbeitet werden kann.

### 7.4 Wiederanlauf

Bei einem Wiederanlauf besteht das Hauptproblem im Herstellen der ursprünglich vorhandenen Prozeß- und Teamzustände.

Eine Möglichkeit, konsistente Wiederanlaufpunkte zu erhalten, besteht in der Verwendung sog. *Global-Checkpoint*-Verfahren [Tamir 85]. Hierbei wird in periodischen Abständen der konsistente Zustand aller PEs auf die im System vorhandenen Massenspeicher übertragen. Diese permanent gespeicherten Prozeßzustände können nach der Fehlerbeseitigung in alle PEs zurückgeladen und von dort aus neu gestartet werden. Dieses *Rollback-Recovery*-Verfahren ist in erster Linie nur für Batch-orientierte Verarbeitung sinnvoll, da die *Update*-Intervalle im Bereich mehrerer zehn Minuten liegen müssen, um noch einen akzeptablen Durchsatz zu erhalten.

Für das hier vorgeschlagene Modell der Fehlertoleranz gibt es die Möglichkeit, eine neu gestartete PE einfach im *Idle-Zustand* zu belassen, der Konfigurationskomponente aber die Reintegration bekanntzumachen (*Join*). Bei dynamischem Mapping und entsprechend strukturierten Loadbalancing-Verfahren wird eine neu hinzugekommene PE dann nach einer gewissen Zeit automatisch wieder integriert.

## 8 Weitere Untersuchungen

Für die Basisprimitiven der Kommunikation in einem Message-Passing-System sind Möglichkeiten der replizierten Prozeßausführung aufgezeigt worden. Zusätzlich existiert ein Hochvolumendatentransfer, der ebenfalls mit dem hier motivierten Modell in Einklang zu bringen ist. Dazu sind Mechanismen zu finden, die eine logische Gleichheit der austauschbaren Speichersegmente feststellen können. Daneben ist bei ungepufferter Kommunikation eine Zwischenspeicherung der replizierten Speichersegmente beim Empfänger nicht möglich, so daß geeignete Signaturen gefunden werden müssen. Auch ist eine Auswahlstrategie zu realisieren, die festlegt, von welchem der replizierten Prozesse das entsprechende Speichersegment empfangen werden soll.

Für den Wiederanlauf ergeben sich weitere interessante Modelle, nach der Lösung des Migrationsproblems für Teams. Ist dies gelungen, so kann ein Prozeßpaar von dem eine Instanz ausgefallen ist, problemlos auf ein anderes Paar von PEs migriert und dupliziert werden. Dieser Vorgang kann vollkommen transparent, abgesehen von einer gewissen zeitlichen Verzögerung, zum Anwendungsprogramm erfolgen.

## 9 Zusammenfassung

Dieser Artikel dient als konzeptionelle Grundlage zur Modellbildung unter der Berücksichtigung von Fehlertoleranzmaßnahmen beim Entwurf eines Message-Passing-Parallelrechners und beschäftigt sich mit Konzepten zur Integration von Replikationsmechanismen in einem so organisierten Parallelrechner. Es wurden, ausgehend von den Architekturkonzepten Shared-Memory und Message-Passing, die strukturellen und physikalischen Fehlertoleranzeigenschaften beider Systeme gegenübergestellt.

Basierend auf einer Message-Passing-Architektur und einem gleichfalls nach dem Message-Passing-Verfahren organisierten Betriebssystem, wurden Modelle zur replizierten Ausführung von logisch identischen Prozessen dargestellt. Den Interaktionsmechanismen der Prozesse kommt dabei eine besondere Bedeutung bei der Synchronisation zu. Mit dem hier vorgestellten Modell ist es möglich, einen Parallelrechner der genannten Ausprägung in weiten Bereichen der fehlertoleranten Arbeitsweise zu skalieren. Für bestimmte Einsatzgebiete kann es ausreichend sein, nur die elementaren Mechanismen der Hardware zu benutzen und applikations-abhängige Ausnahmebehandlungen innerhalb der Anwendungskomplexe selbst zu implementieren. Wird eine zuverlässigere Arbeitsweise gefordert, die auch die Fehlfunktion und den Ausfall einzelner PEs toleriert, müssen Prozesse mit m ≥ 2 Replikationen benutzt werden.

Der Vorteil, den die Replikation auf Prozeßebene bietet, ist im Grad der horizontalen und vertikalen Überprüfbarkeit der diensterbringenden Komponenten zu sehen. Auf Hardwareebene werden alle Pfade des Datentransports wie CPU, Hauptspeicher und Verbindungssystem in den Verifikationsvorgang mit einbezogen (End-to-End Arguments). Vertikal wird eine abstrakte Maschine bestehend aus Hardware und Nucleus des Betriebssystems bei der replizierten Arbeitsweise getestet. Für die Realisierung der Hardware bedeutet dieses Modell, daß beim Design dem Leistungsanspruch vollständig genügt werden kann und im wesentlichen nur Elemente der Fehlererkennung Berücksichtigung finden müssen.

## 10 Literatur

[Abramovitz et al. 86]

R. Abramovitz, R. DeVaughn, R. Patrie: **Testability in a RISC Environment,** MIPS Computer Systems Inc, Sunnyvale CA, Proceedings, International Conference on Computer Design, Rye, N.Y. 1986 (ICCD 86).

[Acetta et al. 86]

M. Acetta, R. Baron, W. Bolosky, D. Golub, R. Rashid, A. Tevanian, M. Young: **Mach, A New Kernel Foundation for UNIX Development,** Proceedings of the *USENIX* 1986 Summer Technical Conference (Atlanta, Ga., June 9-13). The *Usenix* Association, El Cerrito, California, 93-112, 1986.

[Avižienis 85]

A. Avižienis: **The N-Version Approach to Fault-Tolerant Software,** IEEE Transactions on Software Engineering, Vol. SE-11, No. 12, Dec. 1985.

[Birell, Nelson 84]

A. D. Birell, B. J. Nelson: **Implementing Remote Procedure Calls,** ACM Transactions on Computer Systems, Vol. 2, No. 1, 39-59, 1984.

[Blaum et al. 88]

M. Blaum, R. Goodman, R. McEliece: **The Reliability of Single-Error Protected Computer Memories,** IEEE Transactions on Computers, Vol. C-37, No.1, pp. 114-119, Jan. 1988.

[Cheriton, Zwaenepoel 83]

D. R. Cheriton, W. Zwaenepoel: **The Distributed V Kernel and its Performance for Diskless Workstations,** ACM Operating Systems Review, 17, 5, Proceedings of the Ninth ACM Symposium on Operating Systems Principles, Bretton Woods, New Hampshire, 1983.

[Echtle 86]

K. Echtle: **Fehlermaskierung durch verteilte Systeme,** Informatik Fachberichte Nr.121, Springer-Verlag, Berlin, Heidelberg, 1986.

[Gall 77]

J. Gall: **Systemantics; How Systems Work and Especially How They Fail,** Kangaroo Pocket Books, New York, 1977.

[Hockney 85]

R. W. Hockney: **MIMD Computing in the USA - 1984,** Parallel Computing 2, S. 119-136, 1985.

[Kober et al. 86]

R. Kober, Ch. Müller-Schloer, E. Schmitter: **Chancen für Parallelarchitekturen**, in H. Schwärtzel (Hrsg.), **Informatik in der Praxis**, Springer-Verlag, Berlin, 1986.

[Lampson 83]

B. W. Lampson: **Hints for Computer System Design,** ACM Operating Systems Review, 17, 5, Proceedings of the Ninth ACM Symposium on Operating Systems Principles, Bretton Woods, New Hampshire, 1983.

[Mancini 86]

L. Mancini: **Modular Redundancy in a Message Passing System,** IEEE Transactions on Software Engineering, Vol. SE-12, No. 1, Jan. 1986.

[Metcalfe, Boggs 76]

R. M. Metcalfe, D. R. Boggs: **Ethernet: Distributed Packet Switching for Local Computer Networks,** Communications of the ACM, 19, 7, 395-404, 1976.

[Mullander, Tanenbaum 86]

S. J. Mullander, A. S. Tanenbaum, **The Design of a Capability-Based Distributed Operating System,** The Computer Journal, Vol. 29, No. 4, 1986.

[Nehmer 87]

J. Nehmer: **Experiences with Distributed Systems,** Kaiserslautern, FRG, Sept. 1987. In Lecture Notes in Computer Science, J. Nehmer, Springer-Verlag.

[Rennels 86]

D. A. Rennels: **On Implementing Fault-Tolerance in Binary Hypercubes,** Research Report, Computer Science Dept., University of California, Los Angeles, California, USA, 2/1986.

[Schröder 86]

W. Schröder: **Eine Familie von UNIX-ähnlichen Betriebssystemen - Anwendung von Prozessen und des Nachrichtenübermittlungskonzeptes beim strukturierten Betriebssystementwurf,** Dissertation, TU Berlin, Fachbereich Informatik, 1986.

[Schröder 87]

W. Schröder: **A Distributed Process Execution and Communication Environment for High-Performance Application Systems,** Workshop on *Experiences with Distributed Systems*, Kaiserslautern, FRG, Sept. 1987. In Lecture Notes in Computer Science, J. Nehmer, Springer-Verlag.

[Stadler 86]

J. Stadler: **Error Insurance: New Semiconductor Technology and Algorithms make Memory Error Detection and Correction more attractive,** Digital Review, 69-73, Jan. 1986.

[Tamir 85]

Y. Tamir: **Fault Tolerance in VLSI Multicomputers,** Ph. D. thesis, CS Division Report No. UCB/CSD 86/256, Department of Electrical Engineering and Computer Sciences, University of California, Berkeley, CA, Aug. 1985.

[Theimer 86]

M. M. Theimer: **Preemptable Remote Execution Facilities for Loosely-Coupled Distributed Systems,** Ph. D. thesis, Technical Report STAN-CS-86-1098, Department of Computer Science, Stanford University, 1986.

# Entwurf und Bewertung fehlertoleranter, verteilter Echtzeitsysteme am Beispiel MARS

*H. Kopetz, A. Damm, C. Koza, M. Mulazzani, W. Schwabl, C. Senft, R. Zainlinger*

Institut für Technische Informatik
Technische Universität Wien, Austria
e-mail: senft@vmars.uucp

**ABSTRACT**

Verteilte Prozeßrechneranwendungen stellen hohe Anforderungen an das Computerkontrollsystem sowohl in bezug auf die Einhaltung von zeitlichen Schranken als auch in bezug auf Zuverlässigkeit und Fehlertoleranz. Das MARS-Entwurfssystem berücksichtigt diese Anforderungen und unterscheidet zwischen dem kreativen Entwerfen (Entwurfsphase) und der Bewertung eines Entwurfes (Bewertungsphase). Beide Phasen werden durch entsprechende Tools mit graphischer Benutzerschnittstelle unterstützt. Die Entwurfsphase führt durch alternierendes Definieren und Verfeinern von Objekten von der Definition der Anforderungen über System-, Cluster- und Komponentendesign bis zur Implementierung von Tasks und Nachrichten. Die Bewertungsphase überprüft, ob der Entwurf eines Systems unter den gegebenen zeitlichen Bedingungen (Antwortzeiten auf externe und interne Stimuli, etc.) realisierbar ist und führt eine Zuverlässigkeitsanalyse (Berechnung von Verfügbarkeit, Zuverlässigkeit, mittlere Zeit bis zum Ausfall, etc.) durch.

## 1. EINLEITUNG

Verteilte Prozeßrechnersysteme zur Steuerung von industriellen Prozessen müssen hohen Zuverlässigkeits-, Verfügbarkeits- und Sicherheitsanforderungen gerecht werden. Diese können nur erfüllt werden, wenn das System einerseits alle geforderten Antwortzeiten einhalten kann und andererseits genügend Redundanz im System vorhanden ist, um unvermeidbare Fehler in Hardware und Software tolerieren zu können. Beide Aspekte (Rechtzeitigkeit und Fehlertoleranz) müssen schon während des Entwurfs eines fehlertoleranten Echtzeitsystems berücksichtigt werden.

Herkömmliche Entwurfssysteme vernachlässigen zumeist entweder die Rechtzeitigkeit und den Nachweis der zeitlichen Realisierbarkeit oder die Zuverlässigkeitsmodellierung des Systems. Das MARS-Entwurfssystem integriert beide Aspekte und ermöglicht es, noch vor der

Implementierung der einzelnen Tasks des Systems, den Entwurf zu analysieren. Durch diese frühe Rückkoppelung wird der Gesamtaufwand der Entwicklung eines fehlertoleranten Echtzeitsystems in zeitlicher und damit auch in finanzieller Hinsicht minimiert.

Betrachtet man die Lebenszyklus-Kosten eines Automationsprojektes, so ist der Aufwand für die Wartung der Hardware und Software nach der erfolgreichen Inbetriebnahme des Gesamtsystems nicht zu vernachlässigen. Im Sinne einer Minimierung der Gesamtkosten ist daher auch die Wartbarkeit des Systems schon zum Zeitpunkt der Planung zu berücksichtigen.

Es ist das Ziel des in dieser Arbeit vorgestellten Entwurfssystems den angeführten Anforderungen durch modularen Entwurf und Berücksichtigung von Zeit- und Zuverlässigkeitsaspekten wie auch einer hohen Wartbarkeit des entworfenen Systems weitgehend zu entsprechen.

Dieser Artikel ist wie folgt gegliedert. Kapitel zwei beschreibt die wesentlichen Konzepte von MARS (*MA*intainable *R*eal Time *S*ystem) und gibt einen kurzen Überblick über die MARS-Architektur. Kapitel drei beschäftigt sich mit der Entwurfsmethodik von MARS-Anwendungen und den einzelnen Schritten während der Entwurfsphase. Zeit- und Zuverlässigkeitsanalyse des Entwurfs einer MARS-Applikation sind in Kapitel vier beschrieben. Kapitel fünf enthält eine kurze Darstellung der internen und externen Integration der zum Entwurf zur Verfügung stehenden Tools sowie die graphische Schnittstelle zum Benutzer. Abschließend werden in Kapitel sechs die wesentlichen Aspekte des MARS-Entwurfssystems zusammengefaßt und ein Ausblick auf zukünftige Entwicklungen gegeben.

## 2. ÜBERBLICK ÜBER DIE MARS-ARCHITEKTUR

MARS ist ein fehlertolerantes, verteiltes System für *Echtzeitanwendungen*, in denen von dem zu kontrollierenden System harte zeitliche Schranken vorgegeben sind [1]. Die hohen Anforderungen einer garantierten Reaktionszeit in allen Betriebssituationen, sogar in Hochlastsituationen und bei Ausfall von Systemkomponenten, werden durch eine Architektur erreicht, deren oberstes Prinzip der zeitliche Determinismus ist. Dabei wird die verfügbare Rechnerkapazität durch den Systementwurf auf die theoretische *Maximallast* abgestimmt, indem je nach Bedarf mehr oder weniger Hardware-Komponenten zur Erfüllung der Anforderungen eingesetzt werden (*Scalability*). Alle Ereignisse des zu kontrollierenden Systems werden spezifiziert, insbesondere wie oft sie auftreten können (*Frequenz*) und wie schnell sie bearbeitet werden müssen. Die *Maximallast* entsteht, wenn alle spezifizierten Ereignisse mit ihrer maximalen Frequenz auftreten.

Ereignisgesteuerte Systeme laufen Gefahr, bei Maximallast nicht alle Ereignisse rechtzeitig behandeln zu können, da diese den Verarbeitungstakt diktieren. Falls ein Ereignis im Fehlerfall häufiger auftritt als spezifiziert wurde (z.B. wegen eines Wackelkontakts), so kann dies zu einer Überlastung von solchen Systemen führen. Deshalb ist MARS ein *zeitgesteuertes*, *periodisches System*. Der Verarbeitungszyklus für jedes Ereignis wird aus der Maximallast abgeleitet, wodurch die Bearbeitungsfrequenz von Ereignissen implizit limitiert wird. Eine Systemüberlastung durch fehlerhafte periphere Geräte ist somit ausgeschlossen.

Die Verarbeitung von Ereignissen in MARS wird durch *Transaktionen* beschrieben. Eine *Transaktion* besteht aus einer Folge von Programmen (*Tasks*), die aufgrund eines Ereignisses (*Stimulus*) ausgeführt werden und schließlich zu einer Reaktion (*Response*) des Systems führen. Eine Transaktion kann aus mehreren *Subtransaktionen* bestehen.

Der Informationsaustausch zwischen den Tasks sowie zu dem zu kontrollierenden System geschieht mittels Nachrichten (*Messages*) [2]. MARS-Nachrichten werden durch ihren Namen identifiziert, der auch die Menge der Empfänger spezifiziert und somit als "implizite Empfängeradresse" bezeichnet werden kann; d.h. jeder Task sendet oder empfängt Nachrichten eines bestimmten Namens (z.B. "Druck"), aber die tatsächliche Adresse des Senders oder Empfänges im Netzwerk wird nicht benötigt. Alle Nachrichten beschreiben aktuelle Zustände des Systems. Der Wechsel von einen Zustand in einen anderen stellt ein Ereignis dar. Zahl und Identität der Sender oder Empfänger einer Nachricht sind für den Informationstransfer irrelevant, sodaß diese mehrfach (redundant) vorhanden sein, bzw. ausgetauscht werden können, ohne die bestehenden Tasks zu beeinflussen.

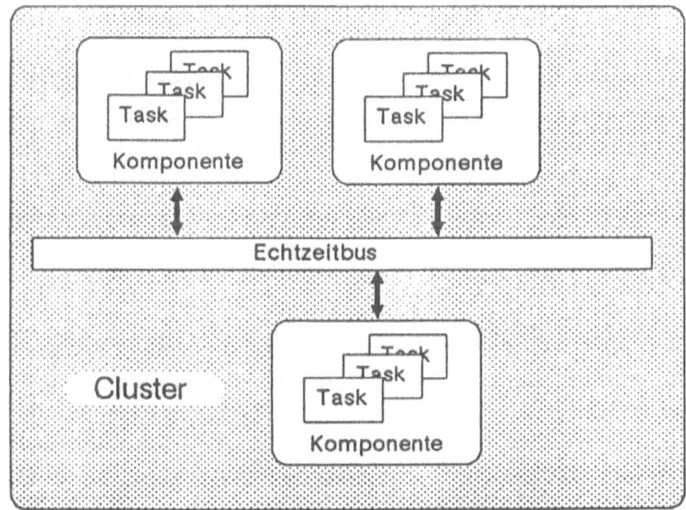


Bild 2.1: Schema eines MARS-Clusters

Ein MARS-System gliedert sich in unabhängige *Cluster*, die eigenständige Automatisierungsinseln darstellen. Jeder Cluster besteht aus mehreren *Komponenten*, die mit einem passiven Echtzeitbus untereinander verbunden sind (Bild 2.1). Eine Komponente ist ein Rechner, der seine zugeordneten Tasks im Hauptspeicher bereithält und diese periodisch exekutiert. Der Anschluß von Sensoren und Aktoren sowie die Kommunikation zwischen zwei Clustern erfolgt über spezielle Interface-Komponenten.

Um die Transaktionen innerhalb eines Clusters aufeinander abzustimmen und insbesonders den Zugriff auf den gemeinsamen passiven Bus festzulegen, gibt es in jeder Komponente eine global synchronisierte Zeit. Die Uhren jeder Komponente werden durch den Austausch zeitgestempelter Nachrichten zwischen den Komponenten eines Clusters und mit Hilfe eines im Rahmen des MARS-Projektes entwickelten Chips synchronisiert [3,4]. Mittels TDMA (Time Division Multiple Access) Strategie wird für jede Komponente der mögliche, periodische Buszugriff statisch festgelegt. Ebenso wird mit der globalen Zeit das periodische Ausführen der Tasks gesteuert. Durch Anpassung von Task-Scheduling und Buszugriff in der Entwurfsphase kann das Zeitverhalten der Transaktionen optimiert werden.

Eine Komponente bildet die kleinste Hardwareeinheit, die ausfallen kann. Um die Auswirkungen von Rechnerausfällen zu begrenzen, werden in MARS sogenannte self-checking [5] Komponenten verwendet. Das Fehlverhalten einer Komponente wird von dieser selbst erkannt und führt zum Abschalten der Komponente. Um den Ausfall einer Komponente tolerieren zu können, muß diese *aktiv redundant* vorhanden sein. Der Kommunikationsmechanismus mittels Zustandsnachrichten verbirgt den Ausfall einer redundanten Komponente vor den Tasks in den aktiven Komponenten, sodaß auch im Fehlerfall ein kontinuierlicher Betrieb ohne Zeitverzögerung gewährleistet ist. Die ausgefallene Komponente kann nach Wartung wieder in Betrieb genommen werden, ohne die anderen Komponenten zu beeinflussen. Somit ist die Wartbarkeit eines laufenden Clusters gegeben.

Das Betriebsystem behandelt MARS-Nachrichten als Datagramme, die mit no-wait-send Semantik an alle an dieser Nachricht interessierten Komponenten auf dem broadcastfähigen Echtzeitbus gesendet werden. Um den Ausfall eines Datagramms am Echtzeitbus auch während des Ausfalls und der Wartung einer Komponente tolerieren zu können, werden diese unmittelbar aufeinanderfolgend doppelt (oder mehrfach, je nach Zuverlässigkeitsanforderung) übertragen. Dadurch ist bei Fehlübertragung eine zeitverzögernde Neuanforderung des Datenpakets nicht erforderlich.

Die Menge aller MARS-Nachrichten gibt den Zustand des Systems wieder. Da die Gültigkeit von Echtzeitinformation nicht nur im Wertebereich, sondern auch im Zeitbereich liegt [6], ist jede Nachricht mit einem Ablaufdatum (*Validity Time*) versehen, das die Lebensdauer einer Nachricht zeitlich limitiert. Der Sender einer Nachricht bestimmt das Ablaufdatum. Das Betriebssystem entfernt automatisch Nachrichten, deren Lebensdauer abgelaufen ist. Wegen der global synchronisierten Zeit ist somit eine zeitliche Konsistenz der Nachrichten im MARS-System gewährleistet, und ein Agieren einzelner Komponenten aufgrund veralteter Information ist ausgeschlossen.

## 3. ENTWURF VON MARS-APPLIKATIONEN

Die Entwicklung praktischer MARS-Anwendungen erfordert viele Entscheidungen, wie zum Beispiel eine günstige Wahl von Komponenten und peripheren Elementen, die Entwicklung und Aufteilung der Anwendungssoftware auf die verschiedenen Komponenten und das

Festlegen des Informationsaustausches zwischen den Komponenten in Form von Nachrichten. Hardware- und Softwareentscheidungen sind eng miteinander verbunden.

Ein zielorientiertes und geplantes Vorgehen ermöglicht in der Regel die kostengünstigste und zuverlässigste Applikationsentwicklung. Entwurfsregeln und -methoden stellen den Leitfaden dar. Der Entwurf einer MARS-Applikation wird nicht durch ein simples Kochbuch am Schreibtisch nach einer "Bleistift und Papier Methodik" unterstützt, vielmehr stehen dem Entwurfsingenieur Programme als computer-unterstützte Entwicklungswerkzeuge zur Verfügung. So wie CAD/CAM Software (Computer Aided Design and Manufacturing) und die damit verbundenen graphischen Workstations verbreiteten Einzug in Ingenieurbüros gefunden haben, ist ein ähnlicher Trend im Bereich des Computer-Aided Software-Engineering (CASE) für die computerunterstützte System- und Softwareentwicklung zu beobachten.

### 3.1. Entwurfsmethodik

Grundsätzlich ist die *Reduktion von Komplexität* durch Aufteilung eines Systems in kleinere überschaubare Einheiten *(divide et impera)* das Ziel jedes Entwurfsvorganges. Im vorgestellten Ansatz geschieht dies durch zwei Verfeinerungsschritte. Im ersten werden Automatisierungsinseln (Cluster) gebildet, die durch einen hohen inneren Zusammenhang und gegenseitige Unabhängigkeit gekennzeichnet sind. Zum Beispiel kann man sich in einem Flughafen-Automatisierungssystem das Passagierleit-, das Pilotenflugleit- und das Flugzeugwartungssystem als drei fast unabhängige Cluster vorstellen. In einem zweiten Schritt wird eine Modularisierung der Cluster in Komponenten vorgenommen. Daraus entsteht eine verteilte netzartige Struktur, die durch einen Graphen beschrieben werden kann. Die Verarbeitungskomponenten werden als Knoten dargestellt, die Nachrichten dazwischen als Kanten. Im Gegensatz zum hierarchischen Entwurf ermöglicht der *Netzwerkansatz* ein paralleles Bearbeiten verschiedener Komponenten und Cluster.

Bei der Zerlegung des übergeordneten Systems in mehrere überschaubare und beherrschbare Subsysteme (Module) wird besonders auf geringe gegenseitige Interaktion zwischen Modulen (*minimal modul coupling*) und größtmöglichen internen Modulzusammenhang (*maximal modul cohesion*) geachtet. Sowohl Cluster als auch Komponenten werden nach dem Prinzip des *information hidings* [7] entworfen, d.h. Realisierungsdetails sind im Inneren eines Moduls verborgen, von außen sind nur fix definierte Schnittstellen sichtbar (z.B. die importierten und exportierten Nachrichten einer Komponente). Durch dieses klare Modul- und Schnittstellenkonzept wird sowohl die Austauschbarkeit einer Komponente als auch die Expandierung einer Komponente in einen neuen Cluster grundlegend erleichtert (sowohl auf der Entwurfs- als auch auf der Laufzeitebene).

Der Entwurf von Echtzeitsystemen erfordert eine frühestmögliche Berücksichtigung und Modellierung von Zeitaspekten z.B. die Verbindung aller zeitkritischen Kontroll- und Steuerungsvorgänge in einem Prozeßrechnersystem mit strengen Antwortzeiten. Funktionale Vorgänge werden im MARS-Entwurf mit Hilfe von *Transaktionen* beschrieben, die durch einen bestimmten Stimulus ausgelöst werden und eine bestimmte Antwort (Response) innerhalb einer maximalen Antwortzeit liefern. Sie entsprechen den in einigen Systemen verwendeten *stimulus-response paths*, (z.B. SREM [8]). Um die maximale Transaktionsfrequenz feststellen zu können, wird die Angabe des minimalen Zeitabstandes zwischen zwei verschiedenen Ausführungen einer Transaktion benötigt (Bestimmung des Hochlastfalles). Die Verfeinerung von Transaktionen in jedem Entwurfsschritt zieht nicht nur eine funktionale, sondern auch eine zeitliche Teilung nach sich. Für die Einhaltung der übergeordneten Transaktionszeit (Antwortzeit) ist die Einhaltung jeder Subtransaktionszeit maßgebend.

Prozeßrechnersysteme sind durch die Aufnahme, Verarbeitung und Ausgabe von Umweltdaten (der zu steuernden Prozesse) charakterisiert. Dieser *daten-orientierte Entwurfsaspekt* wird in der Beschreibung von peripheren Elementen (z.B. Sensoren) und deren Verhalten (z.B. Sensorwerte) berücksichtigt. Dabei ist wichtig festzuhalten, wie oft und mit welcher Genauigkeit ein peripheres Element ein Datum liefern kann. Die Integration von funktionalen und daten-orientierten Entwurfsobjekten ist durch den Stimulus und den Response einer Transaktion gegeben. Der Stimulus kann entweder rein periodisch erfolgen und übernimmt dabei einen oder mehrere Datenwerte ohne jegliche Bedingung, oder er ist abhängig vom gelieferten Wert und "triggert" eine Transaktion, wenn ein Datenwert eine bestimmte Bedingung erfüllt (z.B. Temperatur > 37 Grad).

### 3.2. Entwurfsphasen

Das Zusammenspiel der Entwurfsprinzipien mit den entworfenen Objekten ist in den einzelnen Entwurfsphasen realisiert, die den MARS-Entwurfszyklus widerspiegeln [9]. Da während des Entwurfs eines MARS-Systems nicht nur Software- sondern auch Hardwareaspekte (Komponenten, MARS-Bus, Peripherie,..) berücksichtigt werden, ist nicht von einem Softwareentwurfs- sondern einem Systementwurfszyklus zu sprechen. Entsprechend dem MARS-Entwurfszyklus stimmen diese Phasen mit den folgenden Schritten überein:

| *Requirements Definition* |
|---|
| *System Design and Cluster Definition* |
| *Cluster Design and Component Definition* |
| *Component Design and Task Definition* |
| *Task Design and Implementation* |

Tabelle 3.1: Die Entwurfsphasen

Wie in Kapitel 5 detailliert beschrieben wird, ist jede Entwurfsphase durch genau ein Entwurfstool unterstützt, das aufgrund der hohen Interaktivität mit einer besonders benutzerfreundlichen Schnittstelle ausgestattet ist (Entwerfen ist ein kreativer Prozeß von hohem Interaktionsgrad). Innerhalb jeder Phase wiederholen sich die Vorgänge des Kreierens von neuen Objekten (*definition*), des Verfeinerns von alten Objekten höherer Stufe (*refinement*) und der Zuweisung von verfeinerten Objekten zu neu geschaffenen (*allocation*). Jedes Objekt ist durch eine Reihe von Objektattributen charakterisiert (z.B. eine Transaktion u.a. durch die Maximal Response Time (MART) und die Minimal Intervall Time (MINT)), die einzeln eingegeben und bearbeitet werden können. Alle Benutzerinteraktionen sind graphisch (fenster- und icon-orientiert) realisiert (☛ Kapitel 5.2).

In der *Requirements Definition* Phase werden einerseits die funktionalen Anforderungen in Form von Transaktionen erhoben, die nicht nur durch Stimulus, Response und zeitliche Parameter wie MINT und MART charakterisiert sind, sondern auch durch Zuverlässigkeitsaussagen, z.B. wie kritisch ist ein Überschreiten der Deadline, mit welcher Wahrscheinlichkeit werden Folgekosten verursacht und wie hoch sind diese. Andererseits wird, wie bereits erwähnt, dem daten-orientierten Entwurfsaspekt durch eine Beschreibung von peripheren Elementen und deren Verhalten (sogenannten "data-items") bereits auf oberster Entwurfsstufe Rechnung getragen. Die Beschreibung der peripheren Elemente (z.B. Sensoren) beinhaltet u.a. ihr fehler-orientiertes Verhalten (z.B. MTTF) und die damit verbundenen Fehler- und Wartungskosten, die Beschreibung der Daten ist durch zeitliche Parameter (z.B. Frequenz der Verfügbarkeit eines neuen Wertes) und Wertparameter (z.B. Wertebereich und Genauigkeit der Daten) charakterisiert.

Das nächste Entwurfswerkzeug, *System Design and Cluster Definition*, unterstützt die Verfeinerung der Systemtransaktionen in Subtransaktionen, die Festlegung der einzelnen Cluster mit den verbindenden Clusterpfaden und die Zuweisung der Subtransaktionen zu diesen Clustern bzw. Clusterpfaden. Weiters werden alle peripheren Elemente den Clusterpfaden zugeteilt, da MARS-Cluster ausschließlich aus MARS-Komponenten und dem verbindenden lokalen Netzwerk, dem MARS-Bus, bestehen.

Diese Struktur (Komponenten und Informationsaustausch mittels Nachrichten) wird in der Phase *Cluster Design und Component Definition* geschaffen. Die Clustertransaktionen werden in Subtransaktionen verfeinert und den einzelnen Komponenten zugeordnet. Es sei noch einmal hervorgehoben, daß jeder Cluster unabhängig von anderen weiter verfeinert und bearbeitet werden kann.

Jede Komponente ist nun durch eine Menge von Komponententransaktionen und auszutauschenden Nachrichten charakterisiert. In der Phase *Component Design and Task Definition* werden die Komponententransaktionen weiter in Tasks verfeinert und eventuell weitere Nachrichten, die nur innerhalb einer Komponente verwendet werden, festgelegt.

*Task Design and Implementation* ist in Tabelle 3.1 nur verständnis- und vollständigkeitshalber angeführt. Diese Phase gehört nicht mehr zum eigentlichen Entwurf, sie beinhaltet bereits die Implementierung der einzelnen Tasks in Form von MARS und C Statements.

## 4. BEWERTUNG DES ENTWURFS VON MARS-APPLIKATIONEN

Bevor die Tasks einzeln implementiert werden, kann der vorliegende Entwurf bereits in mehrfacher Hinsicht bewertet werden:

- Sind die Komponenten in der Lage, die zugeordneten Aufgaben (Transaktionen) entsprechend der getroffenen Taskaufteilung und Intertaskkommunikation auf ihrem Prozessor in der spezifizierten Zeit auszuführen ?
- Können die Zuverlässigkeitsanforderungen erfüllt werden, oder ist zusätzliche Redundanz (Komponenten, Sensoren, ..) zu verwenden ?

### 4.1. Zeitanalyse und Off-Line Scheduling

Ein voraussehbares Zeitverhalten kann nur durch eine genaue Kenntnis der Hochlastsituation der Anwendung und der Zeitcharakteristik der unterlagerten Hard- und Software gewährleistet werden.

Für die durch den Designer bis auf die Ebene des Task- und Messagesystems verfeinerte Applikation wird versucht, ein den Vorgaben der *Maximalen Antwortzeiten* entsprechendes Schedule für die Tasks und Messages zu finden. Kann der Offline Scheduler kein Schedule finden, das die Vorgaben erfüllt, so muß der Designer den Entwurf revidieren.

Fast alle Scheduling-Strategien gehen von der Kenntnis der *maximalen Abarbeitungszeit* (MET) der Tasks [10] oder von Taskabschnitten aus [11]. Da die maximale Abarbeitungszeit von Tasks auch im Entwurf einer MARS-Applikation einen wesentlichen Platz einnimmt, wird diese durch ein Tool unterstützt, das die MET aufgrund des Quellcodes ermittelt. (Eine genaue Beschreibung dieses Tools überschreitet den Rahmen dieses Papers).

Um die zeitliche Realisierbarkeit eines Designs schon in der Entwurfsphase des Task-Messagesystems beurteilt zu können, werden anstatt der vom Quellcode abgeleiteten Werte für die maximale Abarbeitungszeit Schätzungen eines erfahrenen Designers verwendet. Mit fortschreitender Implementierung der Tasks können die geschätzten Werte durch aus dem Code abgeleitete Werte ersetzt werden.

Die Entwurfstools liefern zu jeder Transaktion die Beschreibung der Kommunikationsstruktur sowie die vorgegebenen Antwortzeiten in Form eines Kommunikationsgraphen. Dieser Kommunikationsgraph ist ein gerichteter Graph mit periodischen Tasks als Knoten und Statusnachrichten als Kanten. Die Zeitvorgabe an eine Transaktion wird durch die maximale Antwortzeit (MART) der Transaktion beschrieben. Die MART beinhaltet die Latenzzeit vom Auftreten des auslösenden Ereignisses bis zum ersten den Stimulus verarbeitenden Task, die maximalen Abarbeitungszeiten der involvierten Tasks sowie die Kommunikationszeiten zwischen den Tasks, bis zum Starten der Anwort-Reaktion.

Die Auslegung für den Hochlastfall legt die Verwendung eines statischen Task-Sets nahe. Bei diesem statischen Task-Message-System werden sowohl CPU-Slots für die Ausführung der Tasks einer Komponente als auch Kommunikationsslots des TDMA-Protokolls für Nachrichten, die über den MARS-Bus gesendet werden, reserviert. Randbedingungen, die durch die exklusive Nutzung von kritischen Ressourcen verursacht werden, werden ebenfalls berücksichtigt. Die Reservierungen werden in einer Schedulingtabelle abgespeichert und vom Dispatcher zur Laufzeit interpretiert.

Alle möglichen Lösungswege dieses Scheduling-Problems können in einem Suchbaum dargestellt werden. Da das Durchsuchen des gesamten Baumes nicht möglich ist, wird die Suche auf einen Teil des Baumes mit Hilfe einer heuristischen Funktion eingeschränkt. Ein Verfahren für ein ähnliches Problem findet sich in [12]. Das oben dargestellte Schedulingproblem wird durch folgende Konflikte beschrieben: Alle Tasks einer Komponente benötigen *Betriebsmittel* (CPU-Slots, Kommunikationsslots des TDMA-Protokolls) für ihre Abarbeitung. Daraus läßt sich für jeden Task eine frühest mögliche Startzeit ableiten. Um die Latenzzeit einer gesendeten Nachricht beim Empfänger klein zu halten, werden aus dem Kommunikationsgraph der Transaktion *Precedence-Constraints* abgeleitet, die erfüllt sein müssen, bevor ein Task ausgeführt wird.

Aus den Tasks, deren Precedence-Constraints erfüllt sind, wird jener Task ausgewählt, dessen Exekution aufgrund der heuristischen Funktion am dringlichsten scheint. Als Heuristik wird der Quotient aus der für die Ausführung des Rests der Transaktion geschätzten Zeit und der aufgrund des aktuellen Schedules und der vorgegebene MART zur Verfügung stehenden Zeit verwendet.

### 4.2. Zuverlässigkeitsanalyse

Ein wichtiges Kriterium beim Entwurf verteilter Echtzeitapplikationen ist die Zuverlässigkeit des Systems. Gerade im Echtzeitbereich können Störungen in der automatisierten Anlage, den Sensoren, den Stellgliedern oder im steuernden Computersystem zu hohen Folgekosten führen. Je früher im Entwurfsprozeß Engpässe in bezug auf Zuverlässigkeit oder Verfügbarkeit festgestellt werden, desto einfacher (und damit billiger) können sie z.B. durch den Einsatz von Redundanz behoben werden. Dies wird auch durch die Implementierung von MARS in Form eines verteilten Systems unterstützt. Im Fehlerfall können aktiv redundante Komponenten die Funktion des Systems aufrechterhalten (solange redundante Komponenten vorhanden sind).

Das Auftreten von Systemausfällen bzw. eingeschränkten Betriebszuständen kann mit Maßen wie z. B. *Zuverlässigkeit, mittlere Zeit bis zum Ausfall* oder *Verfügbarkeit* beschrieben werden. Im MARS-Entwurfssystem werden solche Analysen durch das Tool MARPLE [13, 14] ermöglicht. Die Maße können sowohl für Objekte als auch für Transaktionen berechnet werden. Auf diese Art kann der Benutzer selektiv feststellen, wie wahrscheinlich der Ausfall einer bestimmten (Teil)Funktion des Systems ist.

Zwei Aspekte sind dabei von besonderem Interesse: MARPLE berechnet systemweite Maße. Es wird also die Fehlerwahrscheinlichkeit des Systems inklusive Sensoren, Stellgliedern und dem gesteuerten Prozeß berechnet und nicht nur das Ausfallverhalten des Computersystems. Weiters ermöglicht MARPLE eine Zuverlässigkeitsanalyse zu einem frühen Zeitpunkt des Entwurfsprozesses: Die Berechnungen können bereits durchgeführt werden, bevor die Transaktionen einer Komponente in Tasks zerlegt werden.

Die Zuverlässigkeitsanalyse wird vom Benutzer durch Auswahl der interessanten Transaktionen bzw. Objekte angefordert. Das Entwurfssystem generiert die für die Zuverlässigkeitsanalyse relevanten Informationen in Form der von MARPLE definierten *Application Layer Language*. Diese Zwischensprache ist eine strukturierte, textorientierte Entwurfsspezifikation, die von Implementierung und Datenbank der Entwurfstools unabhängig ist.

Die Grundkonstrukte der Zwischensprache sind *Objekte* (System, Cluster, Komponente, Task, Sensor, Aktor, ...), *Schnittstellen* (allgemeines Prinzip der Kommunikation im verteilten System) und *Transaktionen* (Funktionen der Objekte). Ein einheitliches Konzept von der obersten Systemebene bis hinunter zu Tasksteps und Sensoren (inklusive Hardware und Software) garantiert Einfachheit und Orthogonalität der Sprache.

Kernstück von MARPLE ist die Umsetzung der Designstruktur in Zuverlässigkeitsmodelle. Dieser Schritt, bisher meist von einem Modellierer durchgeführt, erfolgt in MARPLE automatisch. Besondere Bedeutung kommt dabei der Konsistenzprüfung des Entwurfes zu, da die Beziehungen der Objekte des verteilten Echtzeitsystems zueinander (Informationsfluß, zusammenhängende Transaktionen und Subtransaktionen) wesentlich die Zuverlässigkeit des Gesamtsystems bestimmen. Eine detaillierte Darstellung findet sich in [13]. Im wesentlichen werden folgende Informationen berücksichtigt:

- Systemaufbau,
- Redundanz,
- Ausfallverteilungen der einzelnen Objekte
- Coveragewerte der Selfchecking-Elemente,
- Kommunikationsstruktur,
- Wartung und Wartungsabhängigkeiten (geplant), und
- Kosten eines Ausfalls (geplant).

Der Benutzer kann zur Beschreibung komplexer Objekte auch eigene Submodelle definieren, die dann in das Gesamtmodell eingesetzt werden. Dafür stehen Blockdiagramme, Fault-Trees, Serien-Parallel-Graphen, Markov-Modelle und Semi-Markov-Graphen zur Verfügung.

Die von MARPLE generierten Modelle werden in weiterer Folge von dem Softwarepaket SHARPE [15, 16] analysiert. Schließlich werden die Resultate an das Entwurfssystem zurückgeschickt. Der Benutzer verwendet einen "Result Presentation Module" (RPM) zur graphischen Darstellung der Ergebnisse (☛ Abbildung 4.1). Dabei erhält er in den verschiedenen Windows folgende Informationen:

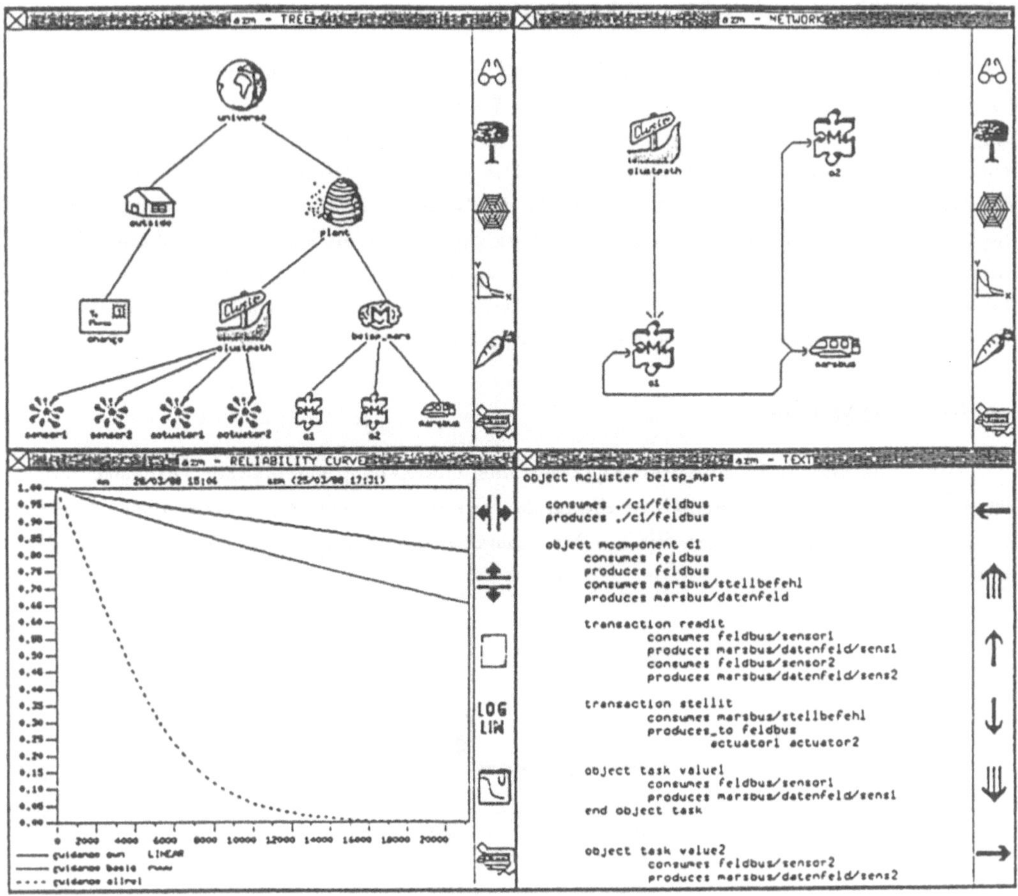


Abbildung 4.1: RPM Benutzerinterface der Zuverlässigkeitsanalyse

- Hierarchische Sicht des Entwurfs,
- Netzwerksicht,
- Spezifikation (wie sie von MARPLE verarbeitet wurde) und
- Zuverlässigkeitskurven.

Die berechneten Zuverlässigkeitsfunktionen werden graphisch dargestellt. Darüber hinaus besteht die Möglichkeit, verschiedene Entwürfe gleichzeitig anzuzeigen und in bezug auf ihre Zuverlässigkeit zu vergleichen.

## 5. DIE INTEGRIERTE MARS-ENTWURFSUMGEBUNG

Die einzelnen Tools sind über zwei Aspekte in eine koherente Entwurfsumgebung, das MARS-Design-System (MARDS) [17], integriert. Die *interne Integration* betrifft die Darstellung der Entwurfsdaten innerhalb der Tools und den transparenten Austausch der Daten zwischen den Tools. Die *externe Integration* ergibt sich aus der graphik-orientierten Benutzerschnittstelle, die einerseits das interaktive Zusammenspiel der einzelnen Tools organisiert und andererseits effizientes Entwerfen innerhalb der Designtools einheitlich und konsistent unterstützt. Die Bewertungs- und Analysetools basieren auf formalen Modellen und mathematischen Berechnungen, die keine Benutzerinteraktion erfordern. Ihre Ergebnisse werden aber wiederum graphisch dargestellt (☛ Abbildung 4.1).

### 5.1. Interne Integration

Alle Tools der MARS-Entwurfsumgebung sind unabhängig voneinander realisiert, d.h. jedes Tool verwaltet seine eigene Datenbank, die für andere Tools nur über genau spezifizierte Input- und Outputdaten sichtbar ist. Das Zusammenspiel der einzelnen Tools ist in Abbildung 5.1 dargestellt.

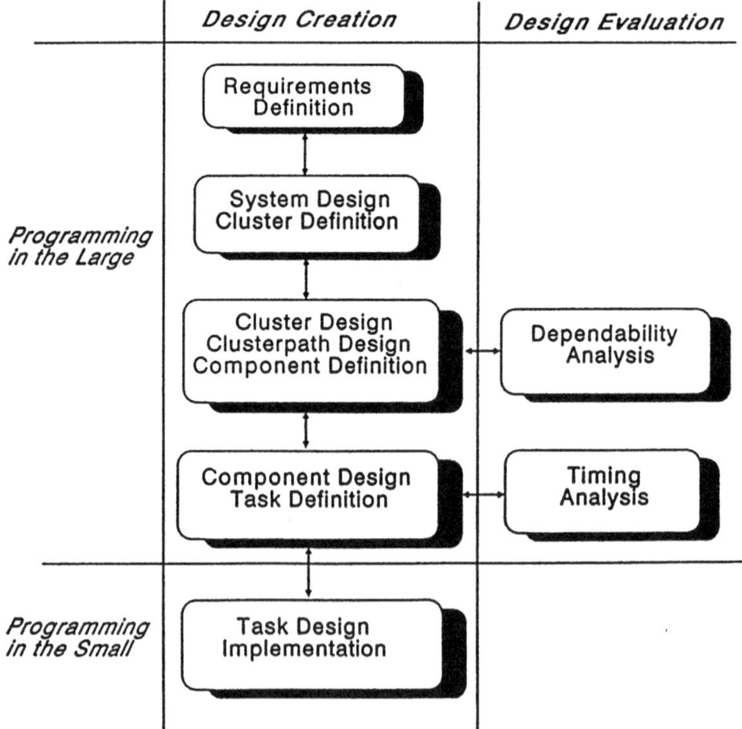


Abbildung 5.1: Das Tool System

Eine Fülle unterschiedlichster Daten fallen während der einzelnen Entwurfstätigkeiten an. Speicherung und Wiederauffindung dieser Daten müssen auf effiziente Art und Weise organisiert werden, um dem interaktiven Benutzer höchstmöglichen Komfort in Antwortzeitverhalten und automatischen Konsistenzprüfungen zu bieten. Relationale Datenbanken erfüllen zwar diese Anforderungen, weisen aber einige Schwächen bei der Speicherung unstrukturierter Elemente auf (z.B. variabel lange oder geschachtelte Objekte). Daher wurde für die Implementierung der einzelnen Datenbanken in den "benutzer-intensiven" Entwurfstools (linke Spalte in Abbildung 5.1) ein *erweiterter relationaler Datenbankansatz* verwendet, der das relationale Datenbanksystem DB++ [18] mit dem Unix Filesystem verbindet (die derzeitige Version umfaßt 103 Relationen, die durchschnittlich 5.2 Domains besitzen).

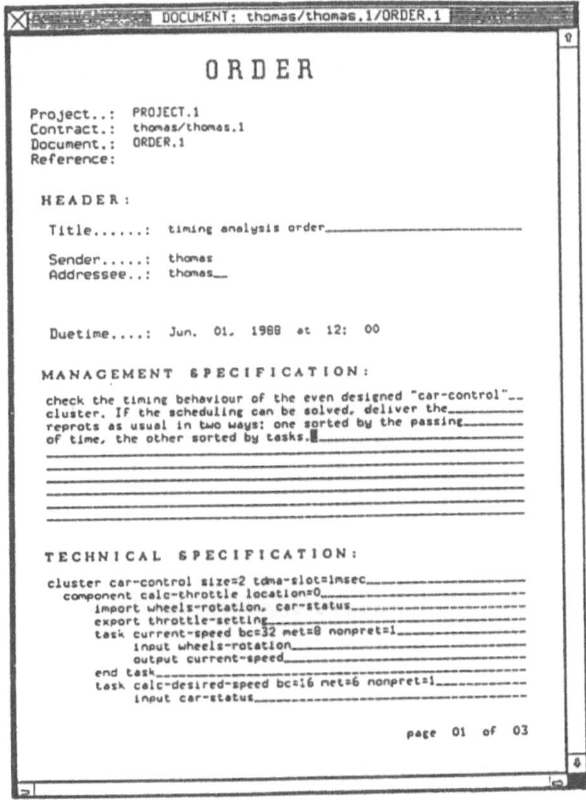

DOCUMENT: thomas/thomas.1/ORDER.1

ORDER

Project..: PROJECT.1
Contract.: thomas/thomas.1
Document.: ORDER.1
Reference:

HEADER:

Title......: timing analysis order

Sender.....: thomas
Addressee..: thomas

Duetime....: Jun. 01. 1988 at 12: 00

MANAGEMENT SPECIFICATION:

check the timing behaviour of the even designed "car-control" cluster. If the scheduling can be solved, deliver the reprots as usual in two ways: one sorted by the passing of time, the other sorted by tasks.

TECHNICAL SPECIFICATION:

```
cluster car-control size=2 tdma-slot=1msec
  component calc-throttle location=0
      import wheels-rotation, car-status
      export throttle-setting
      task current-speed bc=32 met=8 nonpret=1
           input wheels-rotation
           output current-speed
      end task
      task calc-desired-speed bc=16 met=6 nonpret=1
           input car-status
```

page 01 of 03

Abbildung 5.2: Beispiel eines Contracts

Informationen zwischen den Tools werden mit Hilfe von *Contracts* [19] (Verträgen) ausgetauscht. Dabei wird zwischen verschiedenen Contractdokumenten (z.B. Order, Delivery, Note) unterschieden. Ein Contract (☛ Abbildung 5.2) beinhaltet neben administrativer Information im Header eine informelle Beschreibung der zu erfüllenden Aufgabe (z.B. Analyse des Zeitverhaltens eines Clusters) und eine technische Spezifikation der Input- bzw.

Outputdaten. Aufgrund der strikt formalen Darstellung kann die gegenseitige Umwandlung von Relationen-Daten und technischer Contract-Spezifikation automatisch erfolgen ("Contract Order" → Relationen, bzw. "Relationen → Contract Delivery"). Die einzelnen Verträge werden elektronisch zwischen den beteiligten Projektmitgliedern ausgetauscht, die zur Contracterfüllung jeweils ein MARS-Tool heranziehen. Die Verwendung dieses *Contractual Approachs* ermöglicht die Verteilung der Tools auf verschiedene Entwurfsmaschinen und damit auch eine geographische oder organisatorische Verteilung der Projektmitglieder (der Contract-Austausch ist "user-transparent"). Weiters ist dadurch auch die gesamte Entwurfsumgebung für Veränderungen und Erweiterungen offen. Neue Tools können leicht integriert werden.

## 5.2. Externe Integration

Wie sich aus der vorangegangenen Darstellung der Entwurfsmethodik ableiten läßt, umfaßt die externe Integration zwei grundlegend verschiedene Teilbereiche. Zum einen erfordert der verteilte Entwurfsaspekt eine Integration der einzelnen Entwurfswerkzeuge und des Austauschs der *Contracts* auf einer übergeordneten Ebene, zum anderen müssen die Aktivitäten innerhalb der einzelnen Entwurfsschritte in ein einheitliches Interaktionskonzept eingebettet werden. In der Folge wird die erste Ebene als *Management-Ebene*, die zweite als *Tool-Ebene* bezeichnet.

Die gesamte Benutzerschnittstelle ist *objekt-* und *iconorientiert* und wurde auf graphischen Workstations (Microvax II bzw. Microvax 2000 von DEC) unter UNIX und Verwendung des X Window Systems realisiert [20]. Der objektorientierte Ansatz garantiert sowohl eine einfache der natürlichen Denkweise des Menschen entsprechende Handhabung, als auch eine optimale Unterstützung der Entwurfsmethodik, die ihrerseits selbst objektorientiert ist.

### 5.2.1. Management-Ebene

Abbildung 5.3 zeigt das Interface der übergeordneten Management-Ebene, den *MARDS Desktop*, der folgende Funktionen umfaßt:

- Verwalten der Verträge (Senden, Empfangen, Akzeptieren, Abspeichern).
- Auswahl eines geeigneten Entwurfstools zur Bearbeitung eines Projekts.
- Darstellung aller aktiven (gerade bearbeiteten) Projekte.

Der Desktop bedient sich der weitverbreiteten *Büro-Metapher* und beinhaltet zwei Werkzeugkisten (für die Büro- bzw. Entwurfswerkzeuge), zwei Briefkästen (für die einlangenden bzw. abzusendenden Dokumente), ein Icon, das das integrierte "Contract Handling System" darstellt, und eine Arbeitsfläche (Desk), auf der sich alle aktiven Projekte befinden. In Abbildung 5.3 sind sowohl die beiden Werkzeugkisten als auch der Briefkasten für die einlangenden Dokumente "geöffnet", ihr Inhalt wird in den einzelnen Fenstern in Form von Icons dargestellt. Wie man sieht, gibt es für jedes Entwurfswerkzeug eine Entsprechung in der MARDS

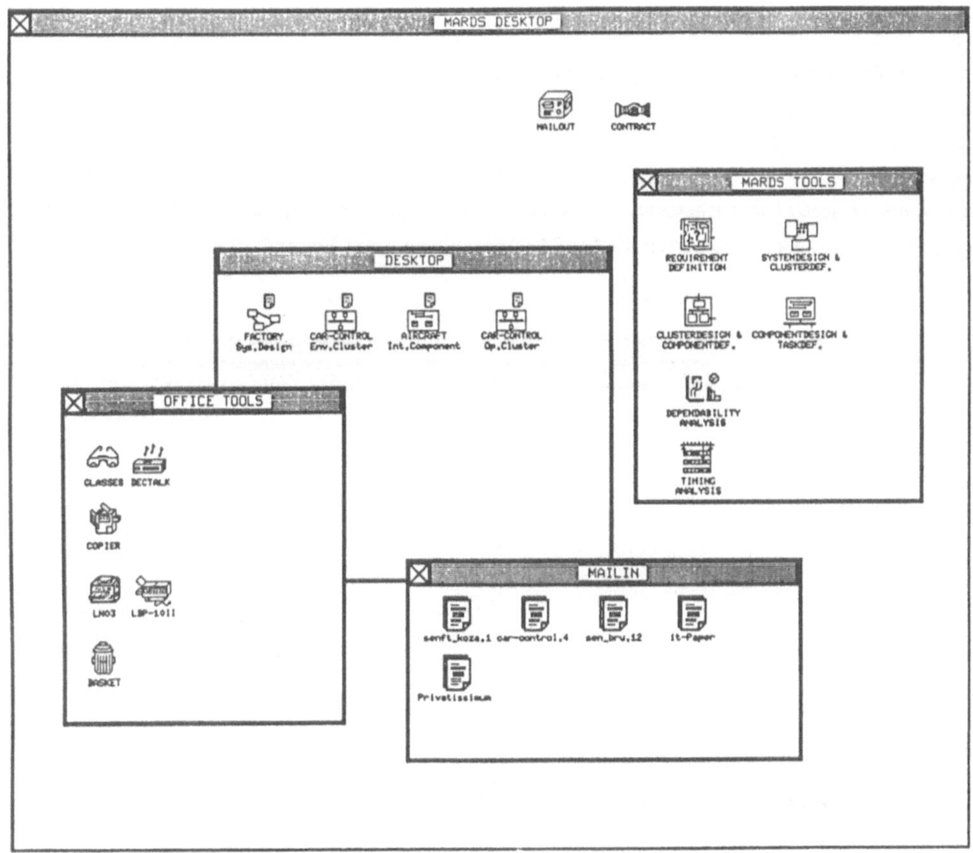


Abbildung 5.3: Der MARDS Desktop

Toolbox.

Die Interaktion erfolgt primär dadurch, daß Objekte miteinander in Beziehung gebracht werden (d.h. ein Objekt wird mit der Maus über ein anderes bewegt, der Beziehung entspricht eine vordefinierte Aktion). Wird zum Beispiel ein Dokument (im Speziellen eine "Order") über ein Entwurfswerkzeug gelegt, so entsteht dadurch ein neues Projekt, dessen graphische Repräsentation sich auf der Arbeitsfläche wiederfindet. Durch die Auswahl eines solchen Projekt-Icons wird das entsprechende Entwurfswerkzeug aktiviert, und der Benutzer sieht sich in die Tool-Ebene versetzt.

### 5.2.2. Tool-Ebene

Die Tool-Ebene setzt sich aus einer Menge von Entwurfstools zusammen, die mit einem einheitlichen, konsistenten Benutzer-Interface ausgestattet sind. Das einheitliche Schnittstellenkonzept ist vor allem deshalb möglich, weil innerhalb der einzelnen Entwurfstools immer wieder die selben, grundlegenden Aktionen durchzuführen sind (Objekte neu definieren bzw. verfeinern, Objekte einander zuordnen, usw.). Abbildung 5.4 verdeutlicht das typische Interface der Entwurfstools anhand des "System Design and Cluster Definition"-Tools.

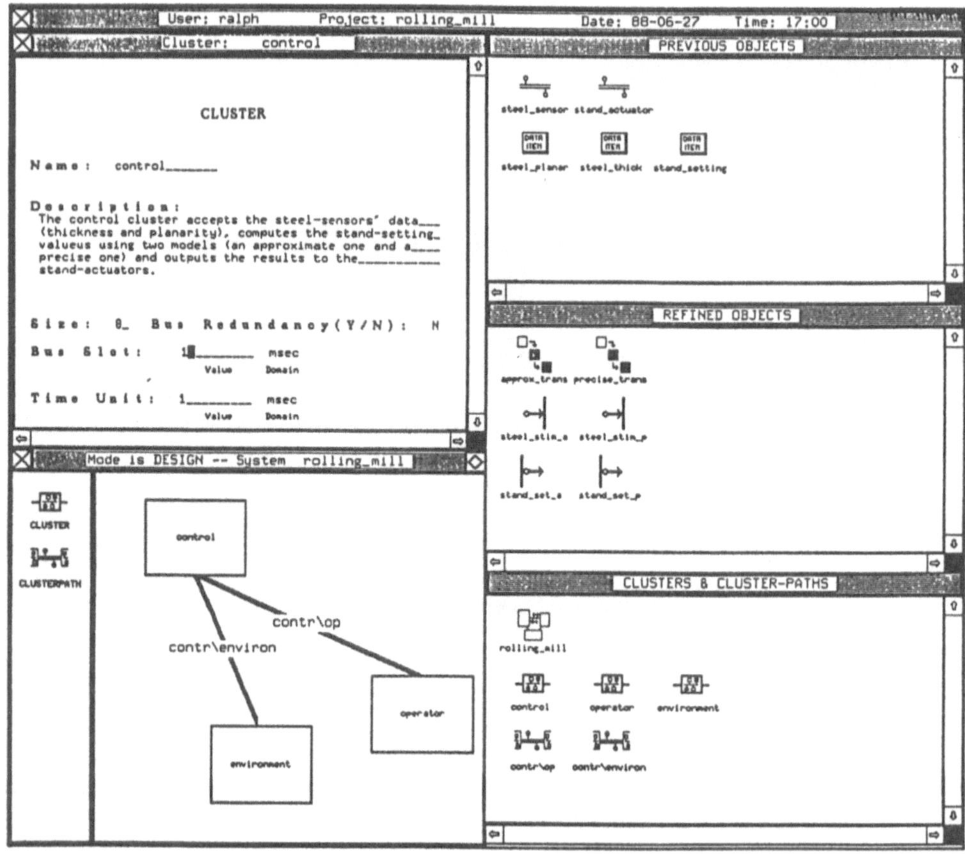


Abbildung 5.4: Graphische Schnittstelle des "System Design and Cluster Definition"-Tool

Grob betrachtet dient die linke Bildschirmhälfte dazu, interaktiv zu entwerfen, während in der rechten Hälfte jedes im Entwurf anfallende Objekt als Icon dargestellt wird. Der interaktive Entwurf wird sowohl textuell als auch graphisch unterstützt. Nicht die ausschließliche Verwendung von Bildern *oder* Text wird dabei angestrebt, sondern eine sinnvolle Kombination von textuellen *und* graphischen Entwurfstechniken. Da die Entwurfsmethodik auf einem semiformalen strukturierten Ansatz beruht, besteht die textuelle Entwurfstätigkeit im wesentlichen darin, vorgefertigte *Formulare* auszufüllen (→ Fenster links oben). Die Formulare spiegeln die Attribute der einzelnen Entwurfsobjekte wider. Im graphischen Bereich stehen dem Benutzer folgende Funktionen zur Verfügung:

- *Festlegen* der Systemstruktur (Cluster, Cluster-Pfade, Komponenten) und *Verfeinern* der Transaktionen zu Subtransaktionen bzw. Tasks mit Hilfe eines integrierten graphischen Editors (wie z.B. in Abbildung 5.4 die Festlegung der Systemstruktur durch eine Menge von Clustern und Cluster-Pfaden).

- *Zuordnen* von Objekten durch einfache Aktionen mit der Maus.

- *Anzeigen* von verschiedenen Diagrammen, die die Beziehungen zwischen den einzelnen Entwurfsobjekten verdeutlichen sollen.

Die Darstellung der Objekte in der rechten Bildhälfte erfolgt dreigeteilt. Das oberste Fenster enthält alle Objekte, die vom vorherigen Entwurfsschritt abstammen; im mittleren Fenster befinden sich alle Objekte, die das Resultat einer Verfeinerung der übergeordneten Objekte sind; im untersten Fenster werden jene Objekte angezeigt, die neu in den augenblicklichen Entwurf eingebracht werden, und nicht aus einer Verfeinerung hervorgegangen sind.

Im Gegensatz zur Management-Ebene können sich die Fenster auf der Tool-Ebene nicht überlappen. Diese Beschränkung soll verhindern, daß der Designer durch zeitraubende Windowmanipulationen von seiner Haupttätigkeit, dem Entwerfen, abgelenkt wird.

## 6. ZUSAMMENFASSUNG UND AUSBLICK

Die Entwicklung von fehlertoleranten Echtzeitsystemen erfordert einerseits viele Entwurfsentscheidungen wie z.B. Wahl von Komponenten und peripheren Elementen, die Aufteilung der Tasks auf verschiedene Komponenten, das Festlegen des Informationsaustausches zwischen den Komponenten, etc. und andererseits eine Analyse des Zeitverhaltens und der Fehlertoleranzeigenschaften des entworfenen Systems, um schon vor der Inbetriebnahme Schwachstellen entdecken und beseitigen zu können.

Das MARS-Entwurfssystem stellt für jeden Schritt während des Entwurfs ein Tool zur Verfügung, innerhalb dessen die mannigfaltige Entwurfsinformation in einer lokalen, relationalen Datenbank gespeichert ist. Information zwischen den einzelnen Tools wird in Form von Contracts ausgetauscht. Alle Tools sind unter UNIX in C implementiert. Die meisten sind aufgrund ihrer hohen Interaktivität mit einer benutzerfreundlichen graphischen Schnittstelle (Fenster, Icons, Maus) ausgestattet.

Das Zeitanalyse-Tool versucht ein CPU- und Bus-Schedule für die Ausführung aller

Tasks eines Clusters zu finden, das unter Berücksichtigung der Leistungsmerkmale der lokalen Hardware alle Zeitvorgaben der spezifierten Transaktionen einhält. Berücksichtigt werden dabei besonders die maximale Abarbeitungszeit der Tasks sowie die Kommunikationsstruktur zwischen Tasks und Komponenten. Kann kein Schedule gefunden werden, bei dem die Antwortzeiten der Transaktionen eingehalten werden, so ist der erstellte Entwurf nicht realisierbar und muß überarbeitet werden.

Da Echtzeitsysteme häufig in sicherheitskritischen Bereichen Verwendung finden, genügt es jedoch nicht, nur ein funktionierendes System zu entwickeln, sondern es müssen zusätzliche Maßnahmen ergriffen werden, um die Zuverlässigkeit des Systems zu erhöhen. Im MARS-Entwurfssystem kann daher zu jedem Entwurf ein Zuverlässigkeitsmodell generiert werden, wobei auch eine Konsistenzprüfung des Entwurfs durchgeführt wird. Unter Berücksichtigung von Systemaufbau, Redundanz, Ausfallraten der einzelnen Objekte, Coveragewerte der Selfchecking-Eigenschaft der Komponenten, etc. werden Zuverlässigkeitskurven generiert, die dem Entwurfsingenieur als Entscheidungsgrundlage für die Auswahl unterschiedlicher Entwürfe dienen.

Die Erkenntnisse, die aufgrund der ersten kompletten Prototyprealisierung des Toolsystems auf verteilten Workstations gewonnen wurden, waren hinsichtlich der neuen Konzepte (verteilte unabhängige aber integrierte Tools, Systementwurf von den Anforderungen weg inkl. Modellierung von Zeitaspekten, semantische Integration von Entwurf und Bewertung, window und icon orientierte Benutzerschnittstelle, Verwendung relationaler Datenbanken zur Entwurfsdatenverwaltung) sehr ermutigend. Weitere Arbeiten orientieren sich nun an einer Verbesserung der einzelnen Tools (z.B. neue Versionen der Zeit- und Zuverlässigkeitsanalyse), der Implementierung eines dritten Bewertungstools (einer Komplexitätsanalyse, die mit Hilfe von speziellen Komplexitätsmetriken die Komplexität eines MARS-Entwurfs frühestmöglich evaluiert) und der Entwicklung einer "intelligenten Decision Support Komponente", des sogenannten "Personal Assistant", der mit verschiedenen wissensbasierten Methoden den einzelnen Benutzer noch stärker unterstützt (z.B. im Projektmanagement mittels übergreifender Zusammenhangsanalysen der Contracts oder im Entwurf durch "Reusability" von alten Projekten).

## 7. LITERATURVERWEISE


1. H. Kopetz and W. Merker, "The Architecture of MARS," *15th Fault-Tolerant Computing Symposium*, pp. 274-279, Anna Arbor, Michigan, (June 1985).

2. M. Pflügl, A. Damm, and W. Schwabl, "Interprocess Communication in MARS," Research Report 8/88, Institut für Technische Informatik, Technische Universität Wien, Vienna, Austria (June 1988).

3. H. Kopetz and W. Ochsenreiter, "Clock Synchronization in Distributed Real-Time Systems," *IEEE Transactions on Computers*, vol. 36, no. 8, pp. 933-940, (Aug. 1987).

4. AMI, "Clock Synchronization Unit (CSU)," Austria Microsystems International, Preliminary, S65C60-Datenblatt (June 1986).

5. D. A. Anderson and G. Metze, "Design of Totally Self-Checking Check Circuits for m-out-of-n Codes," *IEEE Transactions on Computers*, vol. C-22, pp. 263-269, (Mar. 1973).

6. H. Kopetz, "Design Principles for Fault-Tolerant Real-Time Systems," *19th Hawaii Conference*, vol. II, pp. 53-62, (1986).

7. D. Parnas, "On the Criteria to be Used in Decomposing Systems into Modules," *Communications of the ACM*, vol. 15, no. 12, pp. 1053-1058, (Dec. 1972).

8. M. Alford, "SREM at the Age of Eight: The Distributed Computing Design System," *IEEE Computer*, vol. 18, no. 4, pp. 36-46, (Apr. 1985).

9. C. Senft, "REMODEL - a Realtimesystem Methodology on Design and Early Evaluation," *Proc. of the IFIP Conf. on Distributed Processing*, pp. 305-321, Amsterdam, Netherlands, (Oct. 1987).

10. C. L. Liu and J. W. Layland, "Scheduling Algorithms for Multiprogramming in a Hard-Real-Time Environment," *Journal of the ACM*, vol. 20, no. 1, pp. 46-61, (Jan. 1973).

11. D. W. Leinbaugh and M.-R. Yamini, "Guaranteed Response Times in a Distributed Hard-Real-Time Environment," *IEEE Transactions on Software Engineering*, vol. 6, no. 1, pp. 1139-1144, (Dec. 1986).

12. W. Zhao, K. Ramamritham, and J. A. Stankovic, "Preemptive Scheduling Under Time and Resource Constraints," *IEEE Transactions on Computers*, vol. 36, no. 8, pp. 949-960, (Aug. 1987).

13. M. Mulazzani, "Generation of Dependability Models from Design Specifications of Distributed Real-Time Systems," Ph.D. Dissertation, Technisch Naturwissenschaftliche Fakultät, Technische Universität Wien, Vienna, Austria (April 1988).

14. M. Mulazzani, "An Open Layered Architecture for Dependability Analysis and its Application," *18th Fault-Tolerant Computing Symposium*, Tokyo, Japan, (June 1988).

15. R. Sahner and K. S. Trivedi, "Performance and Reliability Analysis Using Directed Acyclic Graphs," *IEEE Transactions on Software Engineering*, vol. 13, no. 10, pp. 1105-1114, (Oct. 1987).

16. R. A. Sahner and K. S. Trivedi, "Reliability Modeling using SHARPE," *IEEE Transactions on Reliability*, vol. 36, no. 2, pp. 186-193, (June 1987).

17. C. Senft, "A Computer-Aided Design Environment for Distributed Realtime Systems," *IEEE Compeuro 88, System Design: Concepts, Methods and Tools*, pp. 288-297, Brussels, Belgium, (Apr. 1988).

18. M. Agnew and R. Ward, "The DB++ Relational Database Management System," *EUUG Conference Proceedings*, pp. 1-15, Florence, Italy, (Apr. 1986).

19. M. Dowson, "Integrated Project Support with IStar," *IEEE Software*, vol. 4, no. 6, pp. 6-15, (Nov. 1987).

20. R. Zainlinger, "GRAINT - Ein graphisches Interface für das MARS Design System," Diplomarbeit, Institut für Technische Informatik, Technische Universität Wien, Vienna, Austria (1988).

# Fehlerbehebung durch Rücksetzen in Multiprozessor-Baumkonfigurationen

L.Lehmann, G.Distler, T.Riemer, F.Höpfl
Institut für Mathematische Maschinen und Datenverarbeitung
Universität Erlangen-Nürnberg
Martensstraße 3, D-8520 Erlangen

**Zusammenfassung:** Eine Technik zur verteilten Fehlerbehandlung in Multiprozessorsystemen mit Baumtopologie als Verbindungsstruktur wird vorgestellt. Das erste Kapitel diskutiert die Eignung von Baumrechnern zur Parallelverarbeitung. Die wesentlichen Schritte der verteilten Fehlerbehebung durch Rücksetzen der Anwendung auf verteilte globale Systemsicherungspunkte wird anschließend beschrieben. Mittels Messungen an einer realen Anwendung (nebenläufige Berechnung von Mandelbrot-Mengen) auf einer Baumkonfiguration des Multiprozessorsystems DIRMU 25 erfolgt im letzten Kapitel eine Aufwandsbewertung der Rücksetzpunkterstellung.

## Einleitung

Die Entwicklung von Multiprozessorsystemen mit begrenzter Nachbarschaft - d.h. die einzelne Systemkomponente (Prozessor mit lokalem Hauptspeicher) kann nur mit einer begrenzten Anzahl anderer Komponenten des Systems in Kommunikationsverbindung stehen - beinhaltet zwei wichtige Aspekte [Mae86a]:

- die Steigerung der Ausführungsgeschwindigkeit extrem rechenintensiver Anwendungen (z.B. Multigrid-Verfahren in der Strömungsmechanik oder die Berechnung von Mandelbrot-Mengen in der Computergrafik) und
- die Bereitstellung fehlertoleranter Maßnahmen zur Steigerung von Zuverlässigkeit und Verfügbarkeit des Gesamtsystems.

Zum zweiten Punkt bieten sich aufgrund ihrer Flexibilität bezüglich der Gesamtauslastung des Systems besonders dynamische Redundanztechniken an [Gro86]:
Das System wird um zusätzliche redundante Teile (Prozessoren und Prozessorverbindungen) erweitert, die beim Ausfall einer aktiven Komponente deren Aufgabe übernehmen. Im wesentlichen lassen sich hierbei drei Schritte unterscheiden:

- Bestimmung der ausgefallenen Komponenten (Diagnose),
- Ersetzen der ausgefallenen Prozessoren/Prozessorverbindungen (Rekonfiguration) und
- Rücksetzen der laufenden Prozesse auf einen globalen Systemsicherungspunkt (Rückwärts-Fehlerbehebung, Rollback).

Der Vorteil einer Dezentralisierung dieser Schritte gegenüber der Übertragung dieser Aufgabe an einen zentralen Wartungsprozessor (dieser stellt selbst bezüglich seiner Ausfallsicherheit einen neuralgischen Punkt des Gesamtsystems dar ) ist ausführlich in [Dil86] erörtert.
Beim Rücksetzen eines Systems paralleler Prozesse auf einen globalen Systemsicherungspunkt lassen sich zwei Techniken unterscheiden:

- Wiederanlauf von einem <u>zentral gehaltenen</u> globalen Systemsicherungspunkt auf einem <u>externen</u> Speichermedium und
- Wiederanlauf von einem <u>verteilt gehaltenen</u> globalen Systemsicherungspunkt in den <u>lokalen Hauptspeichern</u> der einzelnen Prozessorkomponenten.

Der erste Fall erfordert einen Koordinator, ggf. bei Ausfall des Koordinators einen Reserve-Koordinator, um den gesamten Systemsicherungspunkt zu speichern. Nach einer Rekonfiguration wird die Neuverteilung der Wiederanlaufdaten von diesem vorgenommen [Mae86a].
Wird die zweite Technik verwendet, so halten alle Prozessoren des Multiprozessorsystems Teile des Systemsicherungspunktes derart, daß im Fehlerfall jeder Prozessor nach einer Rekonfiguration die relevanten Daten für den Wiederanlauf in seinem privaten Speicher vorfindet.

Wiederanlaufverfahren mit verteilt gehaltenen Systemsicherungspunkten wurden für Multiprozessor Ringkonfigurationen bereits in [Hay86,Leh87] beschrieben. Ihre größere Effizienz gegenüber zentral gehaltenen globalen Systemsicherungspunkten konnte in [Leh87] durch Messungen der Laufzeitunterschiede von Anwendungen, die beide Techniken benutzten, bestätigt werden. Das hier vorgestellte Verfahren für hierarchische Baumkonfigurationen erweitert ein in [Hay86] beschriebenes, indem

1.) die Einschränkung entfällt, daß mehrere Fehler nicht gleichzeitig auftreten dürfen und
2.) auch Ausfälle von Prozessorverbindungen behandelt werden.

Für beide Verfahren erfolgte eine Implementierung auf dem Multiprozessorsystem DIRMU 25 (DIstributed Reconfigurable MUltiprocessor kit)[Hän85]. Die Verwendung bei einer realen parallelisierten Anwendung (Berechnung von Mandelbrot-Mengen [Pei86]) erlaubte Vergleichsmessungen zwischen den beiden oben genannten Techniken.

## 1. Eignung von Baumrechnerstrukturen zur Parallelverarbeitung

Die Leistung von Multiprozessorsystemen mit begrenzter Nachbarschaft ist neben den Faktoren "Leistungsfähigkeit des einzelnen Prozessors" und "Anzahl der Prozessoren" wesentlich durch die Kommunikationsgeschwindigkeit der Prozessoren untereinander bestimmt [Bag87]. Dieser Aspekt kann dabei nochmals unter den Teilaspekten "Bandbreite der einzelnen Verbindungskanäle" und "Topologie des Verbindungsnetzes" behandelt werden. Bezüglich globaler Synchronisation und "Broadcasting" (Verteilung gleichartiger Daten an alle Prozessorkomponenten) bieten Baumtopologien einen hohen Grad an Parallelität, da von der Wurzel ausgehend Synchronisationssignale oder Daten an jedem Knoten verzweigt und in den Ästen parallel weitergeleitet weden können. Einen wichtigen Spezialfall bilden hierbei die vollständigen Binärbäume $B_e:=(V,E)$ mit e Ebenen, die folgende Eigenschaften besitzen (vgl. Abb.1a)):

1. $V:= \{v_0,v_1,...,v_{n-1}\}$ Knotenmenge, $n = 2^e-1$ Knotenanzahl,
2. $E:= \{(v_i,v_j)|v_i,v_j$ aus V und $j=2i+1$ bzw. $j= 2i+2\}$ Kantenmenge.

Jede Ebene L, $0 <=L<= e-1$, besitzt damit genau $2^L$ Knoten. Ein Knoten $v_j$ heißt Sohn (Nachfahre der 1. Generation) von Knoten $v_i$ bzw. $v_i$ ist Vater (Vorfahre der 1. Generation) von $v_j$, wenn $i<j$ und eine Kante $(v_i,v_j)$ existiert. Analog werden Söhne $v_{j'}$ von $v_j$ als Nachfahren der 2. Generation von $v_i$ bezeichnet. Knoten $v_0$ ist die Wurzel des Baumes. Knoten ohne Söhne sind die Blätter, alle übrigen Nicht-Blattknoten.
Aus der Charakterisierung vollständigen Binärbaumtopologien folgt, daß die Ausbreitung eines globalen Synchronisationssignals bzw. das "Broadcasting" von Daten von der Wurzel ausgehend nach $\lceil ld\ n \rceil$ Schritten abgeschlossen ist.
Multiprozessorsysteme, deren Verbindungstopologie eine Baumstruktur zugrunde liegt, werden ausführlich in [Des78, Shi82, Bag87, Gen88, Wös88] behandelt. Die Eignung speziell einer Binärbaumtopologie( z.B.

Rechner TX3 [Wös 88]) zur parallelen Lösung von Aufgaben aus den Gebieten Lineare Algebra, Partielle Differentialgleichungen, künstliche Intelligenz und Bildverarbeitung wurden eingehend in [Gen88] untersucht. Die Parallelisierung dieser Aufgaben beruht auf dem Prinzip "Divide and Conquer" [Hor83]:
Ausgehend von der Wurzel wird eine Berechnung sukzessive in je zwei unabhängige Teilaufgaben identischer Komplexität zerlegt. Alle Teilaufgaben einer gemeinsamen Ebene werden nebenläufig auf den dieser Ebene zugeordneten Prozessoren ausgeführt.
Bei einigen Anwendungen hat diese Parallelisierung allerdings den Nachteil, daß bei gegebener Struktur $B_e$ nur die $2^{e-1}$ Blattknoten im wesentlichen zur Berechnung beitragen. Knoten niedrigerer Ebenen übernehmen lediglich Kommunikationsaufgaben bzw. warten, bis die parallelisierte Berechnung auf der Blattebene abgeschlossen ist. Am Beispiel der parallelen Brechnung des Wärmeleitungsproblems einer Metallplatte mittels partieller Differentialgleichungen auf einer "$B_6$"- Konfiguration des Rechners TX3 [Gen88] wurden zur Effizienzbetrachtung nur die 32 Prozessoren in der Blattebene herangezogen. In Abhängigkeit von der Problemgröße ergaben sich Effizienzen zwischen 71% und 94%. Werden zur Effizienzbetrachtung alle Prozessorkomponenten dieser Konfiguration berücksichtigt (63 Prozessoren), so reduziert sich die Effizienz auf Werte zwischen 34% und 47%. Lösungen dieses Problems auf anderen Prozessortopologien haben in der Vergangenheit weitaus bessere Effizienzwerte erzielt (z.B. 93% für Ringe der Länge 26 auf dem Multiprozessorsystem DIRMU 25 [Mae86c]).

## 2. Fehlertolerante Multiprozessor Konfigurationen

### 2.1 Das K-Graphen Modell

Fehlertolerante Multiprozessor-Konfigurationen können unter Verwendung des Konfigurationsgraphen Modells (K-Graph) behandelt werden [Mae86b]:
Ein Maschinenkonfigurationsgraph $MK:=\{V_{MK},E_{MK}\}$ spezifiziert die Hardwarestruktur des Systems. Knoten $p_j \in V_{MK}:=\{p_0,...,p_{m-1}\}$ entsprechen den einzelnen Systemkomponenten (Prozessoren mit lokalem Hauptspeicher), ungerichtete Kanten $(p_j,p_{j'}) \in E_{MK}$ beschreiben die physikalischen Verbindungen zwischen diesen. Ein MK heißt k-Fehler diagnostizierbar, falls alle intakten Knoten bis zu k defekte Knoten und Kanten identifizieren können.
Der Anforderungskonfigurationsgraph $AK:=\{V_{AK},E_{AK}\}$ beschreibt eine Konfiguration, die zur Ausführung eines parallelen Programms mindestens intakt sein muß. Zur Vereinfachung der Darstellung wird im folgenden angenommen, daß jeder Knoten $T_i \in V_{AK}:=\{T_0,T_1,...,T_{n-1}\}$ genau einem Prozess der parallelen Anwendung entspricht und jede Kante $(T_i,T_{i'}) \in E_{AK}$ eine notwendige Kommunikationsverbindung zwischen diesen Prozessen beschreibt.
Somit ist ein durch den AK beschriebenes System paralleler Prozesse auf einem gegebenem MK genau dann ausführbar, wenn der AK auf den durch intakte Knoten und Kanten induzierten Subgraphen von MK injektiv abgebildet werden kann (Subgraphen-Isomorphie). Zur Darstellung der Zuordnung von Prozess $T_i$ an einen Prozessorknoten $p_j$ sei das Symbol $i_{p_j}$ verwendet.
Ein MK wird k-Fehler rekonfigurierbar bezüglich eines AK genannt, falls der AK auf den MK bei bis zu k Knoten- und Kantenausfällen abgebildet werden kann.

## 2.2 k-fehlertolerante Realisierung vollständiger Binärbaum Anforderungskonfigurationen

Ein wesentlicher Nachteil von Binärbaumtopologien ist die Tatsache, daß bereits bei einem defekten Knoten oder einer defekten Kante der Graph in zwei Teilgraphen zerfällt. Sie sind damit bezogen auf Knoten und Kantenausfälle 0-diagnostizierbar [Mae88]. Zusätzliche Kanten sind notwendig, um die Diagnostizierbarkeit zu erhöhen. Benötigt darüberhinaus eine Anwendung einen Binärbaum fester Größe als AK, so müssen dem gewünschten Fehlertoleranzgrad entsprechend Ersatzprozessoren vorgesehen werden. Das im folgenden beschriebene Syntheseverfahren für k-fehlertolerante Maschinenkonfigurationen zu einer Binärbaum-Anforderungskonfiguration wurde von [Hay86] übernommen.

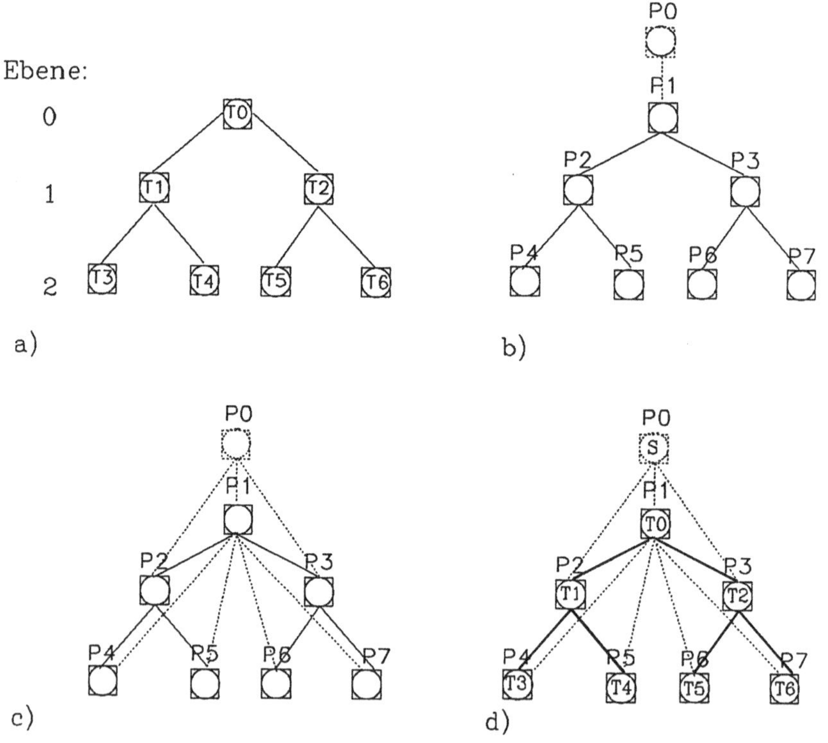


Abbildung 1: a) Vollständiger Binärbaum $B_3$ (AK)
b) K-Graph $B_{3,1}$
c) Konstruktion des K-Graphen ${}^1B_3$ : Ausgehend von $p_0$ werden alle Knoten von $B_{3,1}$ mit ihren Enkeln (Nachfahren der 2. Generation) verbunden
d) Abbildung von $B_3$ auf ${}^1B_3$ (im fehlerfreien Fall)

Ausgehend von einer vollständigen Binärbaumkonfiguration $B_e$ als AK werden zur Realisierung eines k-fehlertoleranten MK, als ${}^kB_e$ bezeichnet, ausschließlich permanente Ausfälle von Prozessoren und Prozessorverbindungen betrachtet (vgl Abb.1a)-1c)):
Im ersten Schritt wird ein hierarchischer Baum $B_{e,k}$ (kein Binärbaum) mit folgenden Eigenschaften konstruiert:

1. $B_{e,k}$ besitzt e+k Ebenen, die Knotenanzahl beträgt $2^e$-1+k.
2. Der durch die Knoten von Ebene 0 bis k ($p_0,...,p_k$) induzierte Subgraph von $B_{e,k}$ beschreibt eine Linie mit k+1 Knoten.
3. Knoten der Ebenen k, k+1,...,e-1+k bilden einen Binärbaum $B_e$.

Ausgehend von der Wurzel $p_0$ wird nun der K-Graph ${}^kB_e$ gebildet, indem jeder Knoten von $B_{e,k}$ mit all seinen Nachfahren bis einschließlich zur (k+1) ten Generation (soweit vorhanden) verbunden wird.
Der gemäß obiger Konstruktionsvorschrift realisierte K-Graph ${}^kB_e$ besitzt folgende Fehlertoleranzeigenschaften: Er ist für Knoten- und/ oder Kantenausfälle k-Fehler verteilt diagnostizierbar [Mae86b] und k-Fehler rekonfigurierbar bezüglich $B_e$ [Hay86].

Zwei Knoten $p_j$, $p_{j'}$ aus ${}^kB_e$ erfüllen die Relation "$p_{j'}$ ist <u>Nachfahre der i-ten Generation</u> von $p_j$" wenn gilt: Bezüglich $B_{e,k}$ ist $p_{j'}$ Nachfahre der i-ten Generation von $p_j$. Analog wird $p_j$ als Vorfahre der i-ten Generation von $p_{j'}$ bezeichnet.

## 3. Verteilte Fehlerbehebung

Grundideen der verteilten Fehlerbehebung sind:

1. Mittels einer verteilten Diagnose (geeignete Verfahren siehe in [Mae86b,Dal87]) kennt jeder intakte Knoten des MK ${}^kB_e$ den Fehlerzustand der Maschinenkonfiguration (Knoten- und Kantenfehlerzustände).
2. Jedem intakten Prozessorknoten von ${}^kB_e$ ist die Abbildung von $B_e$ auf ${}^kB_e$ bekannt. Ein Konfigurationsvektor $\underline{g}$ ,der nach dem Laden eines parallelen Programms in den lokalen Hauptspeichern aller intakten Prozessoren resident ist, beschreibt die Abbildung von $B_e$ auf ${}^kB_e$ : g[i]=j, gdw. Prozess $T_i$ dem Prozessorknoten $p_j$ zugeordnet ist ( ${}^ip_j$ ) [Mae86b].
3. Globale Systemsicherungspunkte werden verteilt gehalten. Unter globalen Systemsicherungspunkten wird hierbei eine dem Sicherungspunktschreiben vorangehende globale Synchronisation aller parallelen Prozesse zur Konsistenzerhaltung verstanden.
4. Im Fehlerfall bestimmt jeder intakte Prozessorknoten eigenständig die neue Abbildung von$B_e$ auf die verbleibenden intakten Knoten und Kanten von ${}^kB_e$ .
5. Der Wiederanlauf eines Prozesses ${}^ip_j$ erfolgt lokal auf $p_j$ .

Weiterhin wird davon ausgegangen, daß globale Synchronisationspunkte der Anwendung zum Schreiben von Sicherungspunkten erkannt werden und Wiederanlaufdaten eines Prozesses $T_i$ in geeigneter Form komprimiert in den lokalen Hauptspeichern der einzelnen Prozessorkomponenten abgelegt werden können. Ein einfaches Vorgehen hierzu besteht darin, das Lesen und Schreiben von Sicherungspunkten anwenderkontrolliert mittels geeigneter Prozeduren WriteCP(restartdata) und ReadCP(restartdata) auszuführen [Leh87].

Um bei bis zu k Knoten- und/oder Kantenausfällen eine erfolgreiche Rekonfiguration zu ermöglichen, werden Knoten $p_0,...,p_{k-1}$ aus ${}^kB_e$ als Ersatz bestimmt.
Prozesse $T_i \epsilon B_e$ werden auf Knoten $p_j \epsilon {}^kB_e$ wie folgt abgebildet:

$T_i$ -> $p_j$ , 0<= i <= $2^e$-2, j=i+k.

Ersatzkomponenten $p_j$ verbleiben zunächst im Wartestatus ${}^{Spare}p_j$ ,in dem sie die verteilte Diagnose und das Schreiben verteilter globaler Systemsicherungspunkte unterstützen. Abbildung 1.d) zeigt ein Beispiel: Prozesse $T_0$, $T_1,...,T_6$ sind den Knoten $p_1$, $p_2,...,p_7$ (aktive Knoten) zugeordnet. Knoten $p_0$ steht als Ersatz bereit.

## 3.1. Verteiltes Schreiben globaler Systemsicherungspunkte

Sicherungspunkte können an systemglobalen Synchronisationspunkten der Anwendung geschrieben werden. Zunächst wird das Sicherungspunktschreiben auf allen intakten aktiven Knoten von ${}^kB_e$ initiiert. Unter Verwendung des Konfigurationsvektors g und dem aktuellen Ergebnis der Systemdiagnose fordern aktive Prozessorkomponenten ${}^ip_j$ alle intakten benachbarten Reserveprozessoren ${}^{Spare}p_{j'}$ zur Teilnahme am Sicherungspunktschreiben auf. Mittels g bestimmt jeder intakte Knoten der Maschinenkonfiguration , von welchen Prozessen er Wiederanlaufdaten zu verwalten hat.

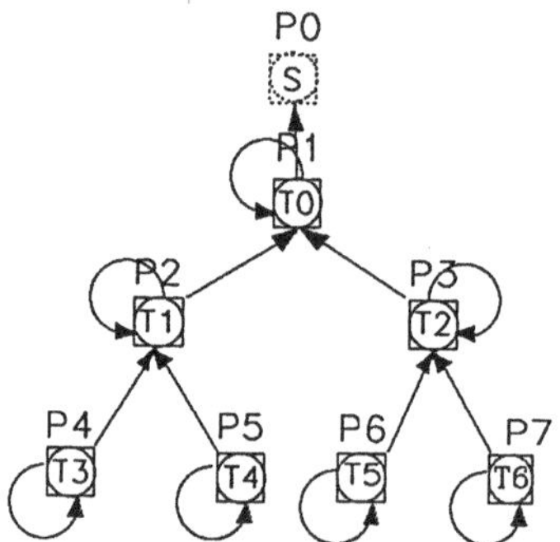


Abbildung 2: Schreiben eines verteilten globalen Systemsicherungspunktes

Die Menge der Tasks zu denen jeder intakte Prozessor Sicherungspunkte speichert ist wie folgt definiert:

$$CP(p_j) := \begin{cases} \{T_{i'} \mid {}^{i'}p_{j'}, p_{j'} \text{ Nachf. der x-ten Generation von } p_j, \ 0<=x<=k\} & \text{falls } p_j \text{ aktiv} \\ \{T_{i'} \mid {}^{i'}p_{j'}, p_{j'} \text{ Nachf. der x-ten Generation von } p_j, \ 1<=x<=k\} & \text{falls } p_j \text{ spare} \end{cases}$$

d.h. Reserveprozessoren speichern Sicherungspunkte von den Prozessen aller intakten aktiven Nachfahren bis zur k-ten Generation, aktive

Komponenten verwalten zusätzlich einen Sicherungspunkt des ihnen zugeordneten Anwendungsprozesses.
Abbildung 2. zeigt die Sicherungspunktverteilung am Beispiel des MK ${}^{1}B_3$:
$CP(p_0)$ ist gegeben durch $\{T_0\}$, $CP(p_1)$ durch$\{T_0,T_1,T_2\}$, $CP(p_2)$ durch $\{T_1,T_3,T_4\}$ und $CP(p_3)$ durch $\{T_2,T_5,T_6\}$. Die "Blätter" $p_4$ ,..,$p_7$ haben keine Nachfolger, ihre Sicherungspunktmengen sind durch $\{T_3\}$, $\{T_4\}$, $\{T_5\}$ bzw. $\{T_6\}$ gegeben.

Ein globaler Systemsicherungspunkt $\{T_0,...,T_{n-1}\}$, $n=2^e-1$ besitzt damit eine Redundanz von k+1. Eine gültige Kopie ist daher auch bei gleichzeitigem Ausfall von k Knoten bzw. der Isolation von Knoten durch Kantenausfälle verfügbar. Die Verbindung eines Prozessors zu all seinen Nachfahren bis einschließlich der (k+1) ten Generation gewährleistet, daß zum Sicherungspunktdatenaustausch kein Knoten durch zusätzliche Vermittlungsaktivitäten zwischen nicht benachbarten Komponenten belastet wird.

## 3.2. Verteilte Rekonfiguration

Unter Verwendung des Konfigurationsvektors $\underline{g}$ und dem Ergebnis der globalen Systemdiagnose bestimmen bis zu k Fehlern alle intakten Prozessorknoten eine neue Abbildung von $B_e$ auf ${}^{k}B_e$ . Folgende Situationen sind zu behandeln:

- Knotenausfälle,
- Kantenausfälle und
- Knoten- <u>und</u> Kantenausfälle.

Zunächst werden zur Rekonfiguration nur Knotenausfälle betrachtet. Die Einbeziehung defekter Kanten erfolgt in Abschnitt 3.2.2.

### 3.2.1. Rekonfiguration defekter Knoten

Bei bis zu k Fehlern können defekte Knoten unter Ausnutzung der in Abschnitt 2.2. beschriebenen zusätzlichen Verbindungen überbrückt werden ("Bypass") und unter Hinzunahme von Ersatzknoten wiederum ein Subgraph von ${}^{k}B_e$ isomorph zu $B_e$ gebildet werden.
Zunächst wird die Anzahl relevanter Ausfälle bestimmt. Ein Prozessorausfall ist <u>relevant</u>, wenn es sich um einen aktiven Prozessor handelt. Sind lediglich Reservekomponenten $Spare_{p_j}$ defekt, so ist keine Rekonfiguration erforderlich. Im Falle relevanter Fehler wird der im folgenden beschriebene Algorithmus auf <u>allen intakten</u> Prozessoren ausgeführt.
Die Idee des Verfahrens besteht darin, ausgehend von der höchsten Ebene L in ${}^{k}B_e$ ,die einen defekten aktiven Prozessorknoten enthält, Prozesse ausgefallener Komponenten intakten Vorfahren einer niedrigeren Ebene L'<L zuzuweisen. Handelt es sich bei diesen Vorfahren um aktive Prozessoren, so werden ihre bisherigen Aufgaben auf intakte Knoten einer Ebene L"<L' migriert. Die Anzahl relevanter Fehler bleibt dabei unverändert. Handelt es sich dagegen um Reservekomponenten, so wird die Anzahl relevanter Fehler entsprechend dekrementiert. Das Verfahren endet, wenn die Anzahl relevanter Fehler Null ist, d.h. keine Prozesszuweisung mehr offen ist. Mittels einer jedem Prozessorknoten $p_j$ zugeordneten Taskzuweisungsliste $TZ(p_j)$ (zu Beginn der Rekonfiguration leer) werden Zuordungskonflikte, hervorge-

rufen durch mehrere Ausfälle aktiver Prozessoren in dem von $p_j$ ausgehenden Teilbaum, aufgelöst. Nicht zugewiesene Prozesse aus $TZ(p_j)$ werden in die Taskzuweisungsliste eines intakten Vorfahren von $p_j$ eingereiht. Der Algorithmus besitzt folgende Schritte:

1: Bestimme aus dem Ergebnis der Systemdiagnose und dem Inhalt von g die Startebene L von ${}^kB_e$ für die Rekonfiguration: L ist Startebene falls $L := max_{L'}\{L'=level({}^ip_j) \mid {}^ip_j$ ist defekt$\}$,d.h.verwende höchste Ebene mit ausgefallenem Prozessor.

2: Beginne mit L'=L; Solange die Anzahl relevanter Ausfälle > 0 untersuche Ebenen L', L'<=L von ${}^kB_e$:

2.1: Bilde für alle Knoten $p_j$ aus L': $TZ(p_j) := \cup\ TZ(p_{j'})$, $p_{j'}$ ist Sohn von $p_j$. Falls $p_j$ Blattknoten, dann $TZ(p_j) := \{\}$.

2.2: Untersuche jeden Knoten $p_j$ aus L':

2.2.1: Falls $p_j$ defekt und ${}^ip_j$ dann bilde $TZ(p_j) := TZ(p_j) \cup \{T_i\}$.

2.2.2: Falls $p_j$ intakt und $TZ(p_j) \neq \{\}$ ordne $p_j$ den Prozess mit der höchsten Nummer aus $TZ(p_j)$ zu. War $p_j$ bisher ein Reserveprozessor, dekrementiere die Anzahl relevanter Fehler. Anderenfalls füge Prozess $T_{i'}$,der bisher $p_j$ zugeordnet war, in $TZ(p_j)$ ein.

2.3: Fahre mit der nächsten Ebene (L'-1) fort.

Abbildung 3a), 3b) zeigt den Rekonfigurationsprozess bezüglich des MK-Graphen ${}^1B_3$ am Beispiel des Knotenausfalls $p_3$:

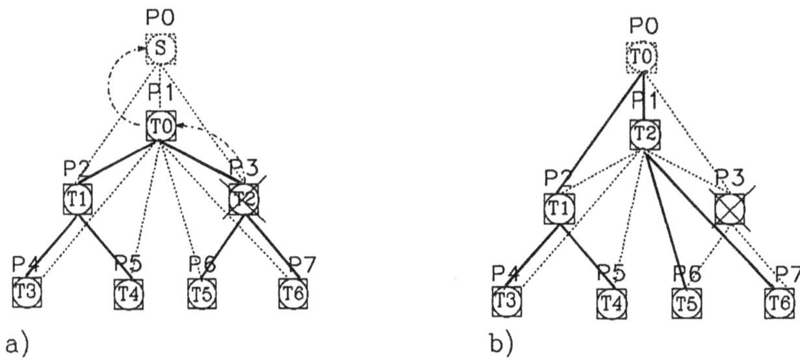


Abbildung 3: a) Rekonfigurationsprozess bei Ausfall von $p_3$
b) Neue Abbildung von $B_3$ auf ${}^1B_3$ unter Ausnutzung der Kanten $(p_0,p_1)$, $(p_0,p_2)$, $(p_1,p_6)$ und $(p_1,p_7)$

Durch den Ausfall von $p_3$ wird $T_2$ in $TZ(p_3)$ und anschließend in $TZ(p_1)$ eingefügt. $p_1$ übernimmt als intakter Knoten $T_2$ ,während $T_0$ in $TZ(p_0)$ eingereiht und $p_0$ zugewiesen wird.

Ein Vergleich mit dem Verteilungsverfahren globaler Systemsicherungspunkte (Abb.2) zeigt, daß jeder intakte Prozessor einen Sicherungspunkt für den ihm neu zugeordneten Prozess besitzt. Die Restauration der Prozessorregister, sowie von Segementen des Anwendungsprozesses kann damit beim Wiederanlauf der Anwendung lokal auf jedem aktiven Prozessorknoten erfolgen.

## 3.2.2 Rekonfiguration unter Einbeziehung ausgefallener Kanten

Bei bis zu k Fehlern liefert die globale Systemdiagnose jedem intakten Knoten von $^kB_e$ Information über defekte Knoten und Kanten. Bei der Behandlung einer ausgefallenen Kante $(p_j,p_{j'})$ muß zunächst untersucht werden, ob dieser Ausfall eine Neuabbildung von $B_e$ auf $^kB_e$ erfordert. Eine neue Abbildung ist notwendig (relevanter Kantenausfall), wenn die Knoten $p_j$ und $p_{j'}$ intakt sind und $(p_j,p_{j'})$ eine Kommunikationsverbindung zwischen den $p_j$ und $p_{j'}$ zugeordneten Prozessen darstellt, bzw. dem Sicherungspunktdatenaustausch beider Knoten dient. Anderenfalls ist keine Neuabbildung von $B_e$ auf $^kB_e$ erforderlich. Ist der Ausfall von $(p_j,p_{j'})$ relevant, so wird einer der beiden Knoten $p_j$, $p_{j'}$ mittels dem folgenden Verfahren als defekt erklärt:
Zunächst wird die Anzahl defekter Kanten $K(p_j)$ und $K(p_{j'})$ mit Endknoten $p_j$ bzw. $p_{j'}$ bestimmt.
Gilt $K(p_j) > K(p_{j'})$ oder ist $K(p_j) = K(p_{j'})$ und $j > j'$ so wird Knoten $p_j$ als defekt erklärt, anderenfalls Knoten $p_{j'}$.
Nachdem auf diese Weise alle relevanten Kantenausfälle in entsprechende Knotenausfälle überführt sind, wird die Rekonfiguration entsprechend Abschnitt 3.2.1 fortgesetzt (ggf. unter Berücksichtigung weiterer "echter" Knotenausfälle). Ein als defekt erklärter Prozessorknoten aus $^kB_e$ terminiert den ihm zugeordneten Anwendungsprozess und steht dem System während der Bearbeitung der Anwendung nicht mehr zur Verfügung.

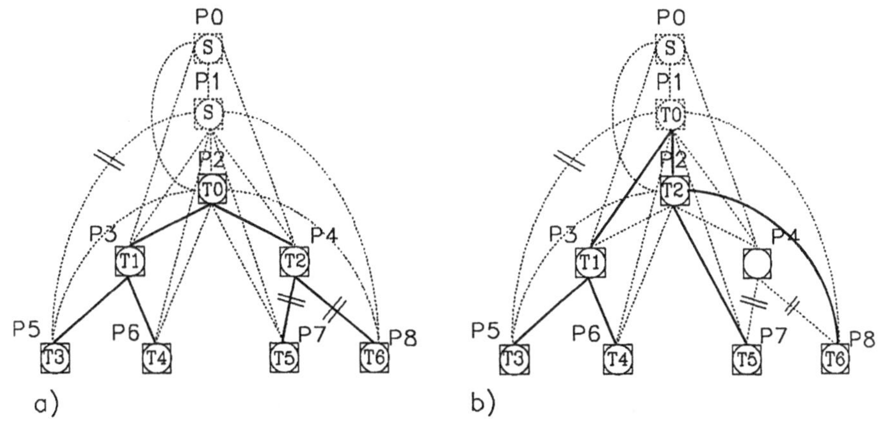


Abbildung 4: a),b) Abbildung von $B_3$ auf den K-Graphen $^2B_3$ bei Kantenausfällen $(p_4,p_8)$, $(p_4,p_7)$ und $(p_1,p_5)$

Abbildung 4. verdeutlicht dies am Beispiel der Abbildung von $B_3$ auf den K-Graphen $^2B_3$ bei Kantenausfällen $(p_4,p_8)$, $(p_4,p_7)$ und $(p_1,p_5)$:
Die defekten Kanten $(p_4,p_8)$ und $(p_4,p_7)$ dienen der Kommunikationsverbindung zwischen den Prozessen $T_2$-$T_5$ und $T_2$-$T_6$. Diese Ausfälle sind daher relevant und werden in den Ausfall des beiden defekten Kanten gemeinsamen Endknotens $p_4$ überführt. Die weitere Rekonfiguration erfolgt nun gemäß 3.2.1: Prozess $T_2$ wird in $TZ(p_2)$ eingereiht. $p_2$

übernimmt $T_2$, während die $p_2$ ursprünglich zugewiesene Aufgabe $T_0$ in $TZ(p_1)$ eingereiht und der Ersatzkomponente $p_1$ zugewiesen wird. Der Ausfall von $(p_1,p_5)$ erfordert keine weitere Fehlerbehandlung, da $(p_1,p_5)$ weder dem Sicherungspunktdatenaustausch dient noch in der dargestellten Situation als Kommunikationsverbindung zwischen Anwendungsprozessen benötigt wird.

## 4. Aufwandsbewertung der Rücksetzpunkt-Erstellung

Das wichtigste Bewertungsmerkmal von Verfahren zur Fehlerbehebung mittels Rücksetzen ist der zusätzliche Aufwand für die Rücksetzpunkterstellung im fehlerfreien Fall [You78]. Zur Untersuchung dieses Aufwands wurden Funktionen zum Lesen und Schreiben von Sicherungspunkten in die parallelisierte Berechnung von Mandelbrot-Mengen auf dem Multiprozessorsystem DIRMU 25 integriert. DIRMU 25 besteht aus 25 (+ 1 Spare) identischen Rechnerbausteinen. Jeder Baustein enthält einen 8086 Prozessor, 8087 Koprozessor, I/O-Interface, 320 KB privaten RAM und 64KB Multiport-RAM. Über die Multiportspeicher können einzelne Bausteine miteinander gekoppelt werden. Die Nachbarschaftsbeziehungen dieses speichergekoppelten Systems werden durch einfaches Stecken der hierfür vorgesehenen Leitungen realisiert, wodurch große Freiheit bei der Wahl von Multiprozessor-Konfigurationen erreicht wird. Jeder Prozessor kann mit bis zu sieben Nachbarn verbunden werden [Hän85].
Bei der Berechnung von Fraktalen (z.B.Mandelbrot-Mengen) werden rekursiv numerische Folgen erzeugt und ihr Verhalten grafisch umgesetzt. Die Parallelisierung der Berechnung erfolgt - von einem Koordinator ausgehend - durch zeilenweises Verteilen des zu berechnenden Bildausschnittes auf alle an der Konfiguration beteiligten Prozessoren. Aufgrund des begrenzten Speichers kann pro Baustein nur eine begrenzte Anzahl von Bildzeilen bearbeitet werden (bei der derzeitigen Implementierung 20 Zeilen pro Prozessor bei einer Zeilenlänge von 512 Byte). Mit wachsender Prozessoranzahl bleibt die Menge der zu berechnenden Bildzeilen pro Prozessor konstant, die Anzahl der gleichzeitig bearbeiteten Bildzeilenmengen nimmt jedoch zu (Vergrößerung des zu berechnenden Bildausschnitts). Ist der jeweilige Bildausschnitt systemglobal berechnet, werden die Ergebnisse jedes Bausteins an den Koordinator zur Darstellung auf einem Farbgrafikbildschirm übertragen. Die hierfür benötigte Zeit wird durch die Verwendung einer Multiprozessorbaumstruktur verkürzt. Im Falle eines vollständigen Binärbaums $B_4$ als Anforderungskonfiguration ist der Einsammelvorgang bei 15 Prozessoren nach 4 Schritten abgeschlossen.
Da die Berechnungen der einzelnen Bildzeilenmengen eines Bildausschnitts völlig unabhängig voneinander sind, ist vor dem Schreiben von Sicherungspunkten keine Systemsynchronisation erforderlich. Um aber die Anwendungsunabhängigkeit des Verfahrens zu erhalten (für andere Anwendungen z.B. Mehrgitterverfahren ist eine globale Synchronisation für das Schreiben von Sicherungspunkten notwendig), wird generell beim Schreiben eines Sicherungspunktes global synchronisiert. Ausgehend von der zeilenweisen Bearbeitung der Grafik bietet sich hierzu das Erreichen des Zeilenendes als Zeitpunkt zum Schreiben eines Systemsicherungspunktes an. Um einen erfolgreichen Wiederanlauf zu ermöglichen genügt es, die jeweils sich in Bearbeitung befindende Bildzeilenmenge pro Prozessor zu sichern. Die bereits auf den Farbgrafikschirm ausgegebenen Bildausschnitte stellen bereits ein Endergebniss dar und werden für den Wiederanlauf nicht mehr benötigt. Wegen der Beschränkung des "Fan Outs" eines DIRMU-Bausteins auf sieben Nachbarn mußten, um für unterschiedliche Prozessoranzahlen (1..25)

Aussagen treffen zu können, die Untersuchungen auf 1-fehlertolerante Realisierungen "trivialer" Baumstrukturen (die Wurzel besitzt genau zwei Söhne, jeder andere Knoten bis auf die Blätter genau einen Sohn) eingeschränkt werden. Aufwandsmessungen wurden bezüglich der Berechnung einer Mandelbrot-Menge (512x512 Pixel) mit und ohne Fehlertoleranzunterstützung durch einen "Spare" auf den oben genannten Baumkonfigurationen bei unterschiedlichen Prozessoranzahlen (1..25) vorgenommen. Der Sicherungspunktumfang jeder einem Prozessorknoten zugeordneten Bildzeilenmenge betrug 10KB (20 Zeilen x 512 Byte/Zeile). In Abhängigkeit von der Prozessoranzahl ergab sich ein Gesamtdatenumfang von 10KB (1 Prozessor) bis zu 250KB (25 Prozessoren) für jeden globalen Systemsicherungspunkt. Verglichen wurde der Zeitaufwand zum Schreiben eines Systemsicherungspunktes bei Verwendung verteilt gehaltener Sicherungspunktdaten in den lokalen Hauptspeichern der einzelnen DIRMU-Bausteine und dem zentralen Speichern auf der Platte des Koordinators (Wurzel des Baums). Die Ergebnisse zeigt Abbildung 5:

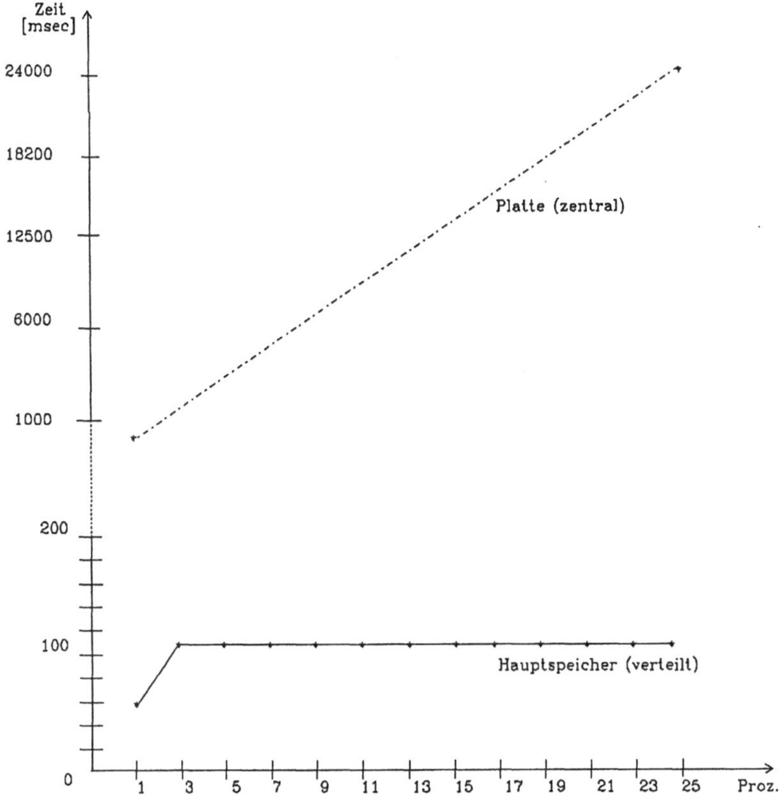


Abbildung 5: Aufwand für zentrale/ verteilte Rücksetzpunkterstellung

Werden Sicherungspunkte zentral auf Platte gespeichert, wächst der Aufwand mit der Anzahl der Prozessoren. Der Grund hierfür liegt im mit der Prozessoranzahl wachsenden Gesamtdatenumfang eines Systemsicherungspunktes. Bei verteiltem Speichern globaler Systemsicherungspunkte ist der Aufwand zur Rücksetzpunkterstellung im Wesentlichen durch den Umfang der auf jedem Prozessor zu sichernden Datenmenge bestimmt:

Handelt es sich nur um einen Prozessor, muß dieser die Sicherungspunktmenge des ihm zugeordneten Prozesses zum einem für die Übernahme durch den "Spare" bereitstellen, zum anderen in einen

"Recovery-Cache" Bereich seines privaten RAM's übertragen. Bei einer Baumanforderungs-Konfiguration von 3 Prozessen müssen noch zusätzlich Sicherungspunkte der beiden Söhne gespeichert werden.
Damit verdoppelt sich der Aufwand von ca. 51msec auf ca. 106msec. Da bei wachsender Prozessoranzahl die zu speichernde Sicherungspunktmenge eines Prozessors konstant bleibt und die Bereitstellung bzw. Übernahme von Wiederanlaufdaten nebenläufig erfolgt, ergibt sich für Prozessoranzahlen > 1 ein nahezu konstanter Aufwand.
Der Aufwand zur globalen Systemsynchronisation (76 $\mu$sec für die Signalweitergabe zwischen zwei DIRMU- Bausteinen [Mae88]) macht sich bei der geringen Anzahl von maximal 25 Prozessoren kaum bemerkbar. Allerdings ist für größere Prozessormengen auch bei verteilter Sicherungspunkt-Haltung auf Grund des steigenden globalen Synchronisationsaufwandes ein Anstieg des Aufwands zur Erstellung verteilter Rücksetzpunkte zu erwarten. Wegen der gegenüber der Signalausbreitung sehr viel langsameren Plattenzugriffe dürfte der Aufwand bezüglich verteilter Sicherungspunkte in den Hauptspeichern dennoch weit unter der zentralen Lösung auf Platte liegen.
Könnten bei genügend lokalem Speicher globale Rücksetzpunkte ebenfalls zentral im Hauptspeicher gesichert werden, würde man eine weitaus bessere Effizienz als in Abbildung 5. gezeigt erhalten.

## 5. Abschließende Bemerkung

Es wurde gezeigt, daß die Verwendung verteilt gehaltener globaler Systemsicherungspunkte den Aufwand zur Rücksetzpunkterstellung reduziert, solange jeder Prozessor über genügend Hauptspeicher verfügt, um alle relevanten Wiederanlaufdaten der Prozesse zu speichern.
Da jeder zusammenhängende Graph einen spannenden Baum enthält, können die für hierarchische Baumtopologien vorgestellten Verfahren zur Erstellung von Rücksetzpunkten und verteilten Rekonfiguration mit leichten Modifikationen (Berücksichtigung von "Nicht-Baumkanten") auf andere Topologien wie Feld, Torus oder Hypercube übertragen werden.
Ein wesentlicher Nachteil dieser Verfahren ist der zusätzlich benögte Verbindungsaufwand: Bei vollständigen Binärbaumtopologien wächst der maximale Knotengrad in Abhängigkeit vom gewünschten Fehlertoleranzgrad k mit $2^{k+1}$. Damit ist das Verfahren nur für kleine Werte k sinnvoll einsetzbar. Weitere Arbeiten untersuchen daher den Einsatz von "Graceful Degradation" - Techniken zur Fehlerbehebung in Multiprozessor-Baumtopologien.

**Literatur:**

[Bag87]: Bagdon,S.; Hoffmann,W.; Lebsanft,K.; Paul,S.: Architektur und Leistungsbewertung von Multi-prozessor Systemen, Siemens Forschungsbericht, Dezember 1987.

[Dal87]: Dal Cin,M.: Ein Diagnoseverfahren für Systeme mit mehreren Verarbeitungseinheiten, Proc. 3.Int. GI/NTG/GMA-Fachtagung "Fault-Tolerant Computing Systems, Bremerhaven 1987, Informatik-Fachberichte 147, S.191-199, Springer-Verlag, Berlin-Heidelberg 1987

[Des78]: Despain,A.; Patterson,D.: X-tree: A tree structure multiprocessor computer architecture, Proc. 5th Ann. Symp. Comput. Architect., Palo Alto, CA, April. 1978, S. 144-151.

[Dil86]: Dilger,E.; Maehle,E.: Systemarchitektur und Fehlertoleranz, Informatik Spektrum,Themenheft "Fehlertoleranz in Systemen", Vol. 9, Nr.2, S. 110-118, April 1986

[Gen88]: Gentzsch,W.; Block,U.: Parallele Algorithmen für Baumrechner, erscheint in "Parallele Algorithmen und Rechnerstrukturen", PARS 1988.

[Gro86]: Großpietsch,K.-E.; Voges,U.: Methoden der Fehlerbehandlung, Informatik Spektrum,Themen-heft " Fehlertoleranz in Systemen", Vol. 9, Nr.2, S. 95-109, April 1986

[Hän85]: Händler,W.; Maehle,E.: Wirl,K.: DIRMU Multiprocessor Configurations, Proc 1985 Int. Conf. on Parallel Processing, St. Charles, Illinois 1985, S. 652-656

[Hay86]: Hayes,J.P; Yanney, R.N.: Distributed Recovery in Fault-Tolerant Multiprocessor Networks, IEEE Transactions on Computers, Vol. 35, Nr.10, Oktober 1986, S.871-879

[Hor83]: Horowitz,E,; Zorat,A.: Divide-and-conquer for parallel processing, IEEE Trans.on Comp., Vol. 32, No. 6, S.582-585, Juni 1983.

[Mae86a]: Maehle,E.; Moritzen,K.; Wirl,K.: Fault-Tolerant Hardware Configuration Management on the Multiprocessor DIRMU 25, Proc. CONPAR 86, Aachen 1986, Lecture Notes in Computer Science 237, S.190-197, Springer-Verlag, Berlin-Heidelberg 1986

[Mae86b]: Maehle,E.; Moritzen,K.; Wirl,K.: A Graph Modell and its Application to a Fault-Tolerant Multiprocessor System, Proc. Int. Symposium on Fault-Tolerant Computing 'FTCS-16', Wien 1986, S.292-297

[Mae86c]: Maehle,E.: Multiprocessor Testbed DIRMU 25: Efficiency and Fault-Tolerance, Proc. 1986 IBM Europe Institute: Seminar on Parallel Processing, Oberlech 1986.

[Mae88]: Maehle,E.: Multiprozessortopologien mit begrenzter Nachbarschaft, interner Bericht des IMMD III an der Universität Erlangen- Nürnberg, Juni 1988.

[Leh87]: Lehmann,L.; Brehm,J.: Rollback Recovery in Multiprocessor Ring Configurations, Proc. 3.Int. GI/NTG/GMA-Fachtagung "Fault-Tolerant Computing Systems, Bremerhaven 1987, Informatik-Fachberichte 147, S.213-223, Springer-Verlag, Berlin-Heidelberg 1987.

[Pei86]: Peitgen,H.O., Richter,P.: The Beauty of Fractals, Springer-Verlag, N.Y. 1986.

[Shi82]: Shin,K.G.; Lee,Y.H.: Design of $HM^2p$ - a hierarchical multiprocessor for general-purpose applications, IEEE Trans. on Comp., Vol. 31, No.11, S.1045-1053, November 1982.

[Wös88]: Wöst,W.: Wie funktioniert der TX3 ?, c't- Magazin Juni 1988, S.134-146.

[You78]: Young,J.W.: A First Order Approximation to the Optimum Checkpoint Interval, Communications of the ACM, Vol. 17, No. 6, S.493-499, September 1978.

# Fault-Tolerance in Non-linear Neural Networks

Dr. R. Brause, J.-W. Goethe University
FB 20, VSFT,Postfach 111932
D- 6000 Frankfurt 11, West-Germany

**ABSTRACT:**

Among the models of parallel computing architectures of neural networks, the model of distributed associative memory has very promising features including fault tolerance.
Fault tolerance is here not merely an artificial addition to the existing architecture but intrinsically tied to the basic functions. By addition of a threshold to the linear connection matrix the resulting model is fault-tolerant for errors in input data by providing in one function-cycle a complete pattern recognition process.
The properties of this inherent fault-tolerant process are analytically analyzed and the optimal threshold is calculated.
Furthermore, a hardware model is presented and its fault-tolerance properties are evaluated.

## 1. Introduction

*...I don't think we ever debugged our machine completely, but that didn't matter. By having this crazy random design it was almost sure to work no matter how you built it.*

*Marvin Minsky about his learning machine*

In modern parallel computer architectures a new generation of highly parallel, real-time oriented architecture for artificial intelligence is at the horizon. These attempts favorize computers made by many, small processing elements of very low complexety and therefore very limited computing power, connected directly together contrary to a relative small number of complex processors, communicating with a high amount of overhead. An example of these attempts is the connection machine [HILL].
One important class of highly functional parallel models are those proposed since 30 years by neurological and cybernetical scientists for modelling brain functions. The models are based on the function of simple elements, the neurons, connected extensively in a specific manner (*Neural Networks*). Every connection is assigned a specific weight.
These weights may represent special events or relations, therefore implementing directly semantic nets in hardware [FELD]. The connection models with dedicated connections have only a small degree of fault-tolerance because the failure of a node erases the whole associated event.
However, if the event is assigned to a specific state of the whole set of connections the inherent fault-tolerance properties are much more promising. Even in the early papers the surprising fault-tolerance, error-correcting and pattern completion properties are mentioned [WOOD],[KOH2], but never evaluated. Because the recall of the stored patterns are quite good, even when portions of the storage matrix (weights) are erased, the patterns seem to be stored in a distributed manner like a holographic picture. The model was therefore termed *hologic memory* in the beginning [WILL2], [LONG]. Since the pattern completion effect can be used to construct a very fast and simple inference engine [HIN2] neural network models like holographic memories are very promising candidates for the computer architecture for high-level AI-functions.

For example, in many models of artificial intelligence the problem is divided into subproblems in a layered manner [BRA]. In figure 1 the layers of computer vision and speech recognition systems are shown.
On each level the layer has to provide some basic fault-tolerant abilities like recognition of varied, noise-disturbed and incomplete patterns.

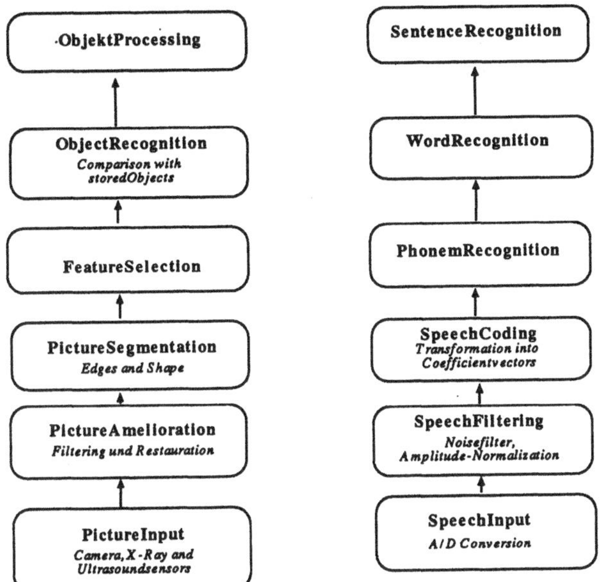


**Fig 1** processing layers in computer vision and speech recognition

In the neural network approach each layer has the nearly the same homogen structure of interconnected, very simple processing elements, e.g. [FUK].
In part 2 of this paper the network for one layer is introduced as it was formulated by Kohonen [KOH1] and McCulloch and Pitts [McCUL] and some necessary conditions for pattern recognition and memory recall in the presence of disturbed input data will be given.

In part 3 it is shown that the recall process of stored data can be viewed as a pattern recognition and error correction process which is controlled by a threshold. The optimal thresholds for two pattern similarity measures are evaluated and the optimal coding of input data is discussed.

A simple hardware model and its corresponding fault model is proposed in part 4 and the maximal number of connections whose failure or insufficient fabrication do not impede the proper recall process is derived.

Part 5 draws the conclusions of this paper.

## 2.0 The functional model

Let us first consider the formalization of the network concept.
Assume that we have m processing elements which have a processing function f(.), and n input lines which can be connected to the processing elements. The set of links (weights) between the input lines and the processing elements can than be described by a matrix $\mathbf{W} = (w_{ij})$. The output $z_i$ of the interconnection network to the processing element i is a linear combination of the values of the input lines $\mathbf{x} = (x_1,...,x_n)^T$where T denotes the transpose. In a vector product $\mathbf{v}\mathbf{w}^T$the T will be omitted. The output $y_i$ of the processing element i is therefore

$$y_i = f(z_i) = f(\sum_j w_{ij}x_j) \quad \mathbf{z} = (z_1,...,z_m)^T \tag{2.0a}$$

or

$$\mathbf{y} = \mathbf{f}(\mathbf{z}) = \mathbf{f}(\mathbf{W}\ \mathbf{x})$$

In Figure 2 the hardware model of the basic input-output configuration is shown.

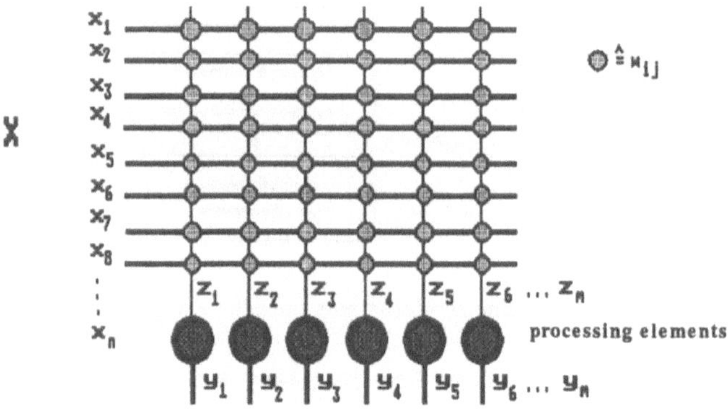


**Fig. 2** Hardware model of the neural network

The network is used as an associative memory in two different modes: the imprinting (storage) mode and the memory recall (readout) mode.

In the *storage mode* each time one of the sequentially presented input patterns $\mathbf{x}^1..\mathbf{x}^p$ (the class prototypes) with their associated output patterns $\mathbf{y}^1..\mathbf{y}^p$ appear, the weights are locally augmented by the correlation of input $\mathbf{x}^k$ and output data $\mathbf{y}^k$ (Hebb's rule) with a proportional constant $c_i$.

$$\Delta w_{ij} = c_i^k\, y_i^k\, x_j^k \tag{2.0b}$$

After the presentation of p patterns the imprinting storage is complete:

$$w_{ij} = c_i^0 + \sum_{k=1}^{p} c_i^k y_i^k\, x_j^k$$

In the *memory recall mode* the recall is done by presenting an event to the input lines $\mathbf{x}$ and reading out the output at $\mathbf{y}$

$$y_i = f(\mathbf{W}\,\mathbf{x})_i = f(\sum_j w_{ij} x_j) = f(c_i^0 + \sum_j \sum_k c_i^k\, y_i^k x_j^k x_j) = f(c_i^0 + \sum_k c_i^k y_i^k \mathbf{x}^k \mathbf{x}) \tag{2.0c}$$

## Linear Projection Model

Let us consider the processing elements as simple analog amplifiers: $f(z_i) =: z_i$.
If we present a specific event $\mathbf{x}^r$ which was stored before, the recalled output is

$$y_i = z_i = \underbrace{y_i^r \mathbf{x}^r \mathbf{x}^r c_i^r}_{response} + \underbrace{\sum_{k,\,k\#r} c_i^k\, y_i^k \mathbf{x}^k \mathbf{x}^r}_{cross\text{-}talk} + c_i^0 \tag{2.0d}$$

It can be interpretated as the proper response $y_i^r$ and additionally evoked crosstalk from other stored patterns.
For stored events which are orthogonally coded the product $\mathbf{x}^k\mathbf{x}^r$ is 0. If we additionally normalize (2.0b) with the factor $c_i^k := (\mathbf{x}^k\mathbf{x}^k)^{-1}$ and $c_i^0 = 0$ the equation (2.0d) becomes

$$z_i = y_i^r \mathbf{x}^r \mathbf{x}^r c_i^r = y_i^r$$

and the proper response $y_i^r$ is derived without any threshold involved. Since the memory model stores simply cross-correlations it was termed *correlation memory* [KOH1].
This is the model for which Kohonen demonstrated good pattern completion abilities [KOH2]. It should be noted that the linear model needs the orthogonalization of the input patterns to store them correctly. If a non-orthogonal (faulty) pattern is input, due to the linearity of (2.0d) the output will be faulty, too.

## Orthogonal Projections

Since activity patterns of sensors of the real world do not provide orthogonal coded patterns generally, let us make two less restricting, but efficient assumptions:

1) Only the output is orthogonally coded: $\mathbf{y}^k\mathbf{y}^r = 0$ for $k\#r$
2) The activity (spike rate!) is only positive: $x_i, y_i \geq 0$

From these two assumptions we can conclude that for every component i there exists at most one $\mathbf{y}^{k_i}$ which has $y_i^{k_i} \# 0$.
So equation (2.0c) reduces to

$$y_i = f(c_i^0 + c_i^{k_i} y_i^{k_i} \mathbf{x}^{k_i} \mathbf{x}) \tag{2.0e}$$

In the case of $\mathbf{x}=\mathbf{x}^r$, $y_i^r = 0$, $k_i\#r$, the non-zero correlation $z_i = c_i^0 + c_i^{k_i} y_i^{k_i} \mathbf{x}^{k_i}\mathbf{x}$ is the crosstalk in the memory recall. Certainly, if we normalize the weights and use only orthogonal input vectors (see above) we will get a proper recall.
Instead of using orthogonal input vectors, which is a strong restriction, and normalizing the weights let us try to get the proper response by introducing a *threshold function*

$$T(x) = \begin{cases} 0 & x \le 0 \\ 1 & x > 0 \end{cases} \qquad (2.0f)$$

which should suppress the cross-talk in (2.0e).
Before we explicitely choose the function f(.) and the constants $c_i$ let us take a closer look to the meaning of "suppressing crosstalk".

## 2.1 Similarity Measures and Fault-tolerant Memory Recall

Let us look at some arbitrary input data pattern vector $\mathbf{x}$ which can be interpreted as a disturbed, faulty version of a class prototype $\mathbf{x}^r$. Our understanding of this fact is, that among all class prototypes $\mathbf{x}^k$ the input $\mathbf{x}$ mostly resembles to $\mathbf{x}^r$. The error correction of $\mathbf{x}$ and the recall of the pattern $\mathbf{y}^r$ becomes now an ordinary pattern recognition problem: we have to assign an unknown pattern $\mathbf{x}$ to the appropriate class which is represented by the class prototype $\mathbf{x}^r$. The classification rule "*take the most similar class prototype*" can be mathematically interpreted

1) by the demand for the *maximal cross-correlation*

$$\mathbf{x}\mathbf{x}^r = \max_k \ \mathbf{x}\mathbf{x}^k \qquad (2.1a)$$

or

2) by the demand for the *minimal distance*

$$|\mathbf{x}-\mathbf{x}^r| = \min_k \ |\mathbf{x}-\mathbf{x}^k| \qquad (2.1b)$$

Certainly, the two measures are coupled : $|\mathbf{x}-\mathbf{x}^r|^2 = |\mathbf{x}|^2 - 2\mathbf{x}\mathbf{x}^r + |\mathbf{x}^r|^2$
Let us now try to understand the different meanings of the two measures for our problem by a geometric interpretation.

<u>Geometrical Interpretation</u>
The demand for maximal cross-correlation means that we choose as classprototye for $\mathbf{x}$ the pattern $\mathbf{x}^r$ which satisfy

$$\mathbf{x}\mathbf{x}^r > \mathbf{x}\mathbf{x}^k \qquad \text{for every class } k\#r \qquad (2.1c)$$

The boundary between two classes $\mathbf{x}^r$ and $\mathbf{x}^k$ is given with $\{\mathbf{x}^* | \mathbf{x}^*\mathbf{x}^r = \mathbf{x}^*\mathbf{x}^k\}$.
With the distance $\mathbf{d}^{rk} := \mathbf{x}^r - \mathbf{x}^k$ the equation $\mathbf{x}^*(\mathbf{x}^r - \mathbf{x}^k) = 0$ of the boundary becomes $\mathbf{x}^*\mathbf{d}^{rk} = 0$ and the boundary $\{\mathbf{x}^* | \mathbf{x}^*\mathbf{d}^{rk} = 0\}$ consists of the hyperplane which is orthogonal to the distance vector $\mathbf{d}^{rk}$ between the two class prototypes.
In figure 3 the situation is illustrated.
This boundary means for all $\mathbf{x}$ on the right hand side of the plane, that the angle $\alpha$ between $\mathbf{x}$ and $\mathbf{d}^{rk}$ is $-90^0 < \alpha < +90^0$ and so $\cos(\alpha) > 0$.
Thus

$$0 < \cos(\alpha)\, |\mathbf{x}| |\mathbf{d}^{rk}| = \mathbf{x}\ \mathbf{d}^{rk} = \mathbf{x}\ (\mathbf{x}^r - \mathbf{x}^k)$$

or $\mathbf{x}\mathbf{x}^r > \mathbf{x}\mathbf{x}^k$ which is the condition (2.1c) for maximal cross-correlation.

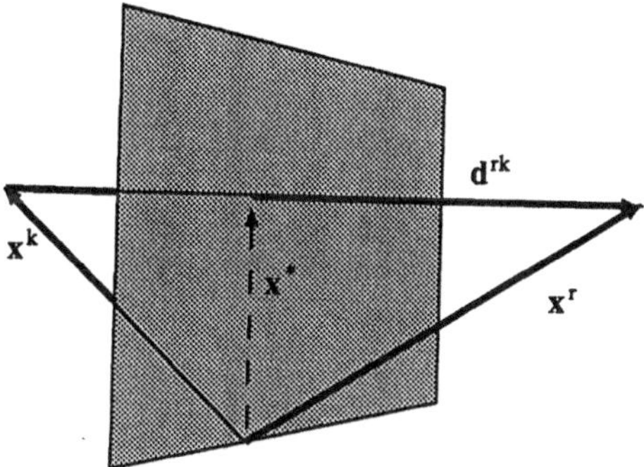


**Fig.3** The class boundary between two classes for n=3

As we can see, the classification works quite good in our illustration. What are the problems of this classification scheme?
For a correct classification of $\mathbf{x}=\mathbf{x}^r$ into the class r the relation $\mathbf{x}^r\mathbf{x}^r > \mathbf{x}^r\mathbf{x}^k$ must hold. Therefore, our whole pattern space is divided again in two sets by a hyperplane with

$$\{\mathbf{x}^* | \mathbf{x}^r(\mathbf{x}^r - \mathbf{x}^*) = 0 \}$$

i.e. the difference vector $\mathbf{d}^{rk} := \mathbf{x}^r - \mathbf{x}^k$ is orthogonal to $\mathbf{x}^r$. To allow a correct classification of the prototype vector itself all other prototype vectors should not be in the area bounded by the hyperplane orthogonal to $\mathbf{x}^r$. In figure 4 the "forbidden areas" are shown gray-shaded for three class prototypes in the 2-dim case.

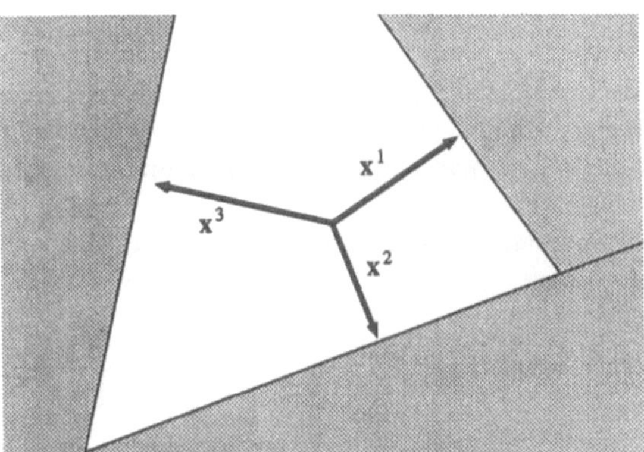


**Fig.4** restrictions for correct recognition

Let us now look at the other similarity measure, the distance to the class prototypes. The classification schema (2.1b) is eqivalent with a tesselation of the pattern space; the boundary between two classes is a hyperplane which intersects orthogonally the difference vector $\mathbf{d}^{rk}$ at $\mathbf{d}^{rk}/2$, see figure 5. The proof is in appendix A.
It should be noted that the set of class prototype vectors in figure 5 cannot correctly be

recognized by the classification rule (2.1a).

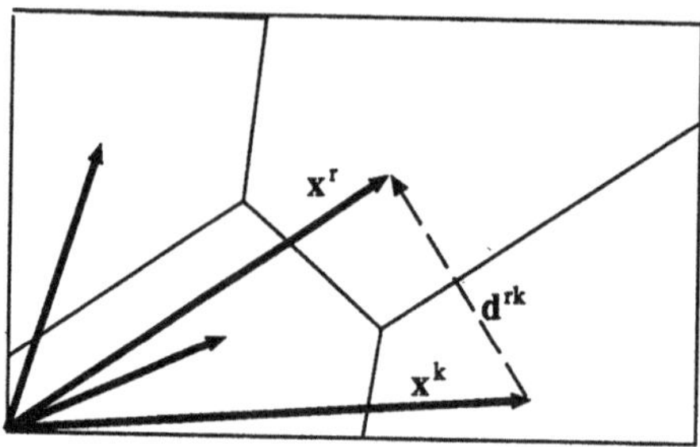


**Fig.5** tesselation of the pattern space

It is interesting to note that the set of class protypes can be seen as a state in Kohonens *Topologie conserving mapping* algorithm (see [KOH3]). This can be used for instance to implement the optimal mapping by choosing the appropriate class prototypes (e.g. a set of equally-spaced vectors). As we can see in part 3.2, the mapping can only approximately implemented by the associative memory device.

## 2.2 Fault Tolerance and Interprocessor Communication

In section 2.1 we derived as class boundarys hyperplanes in the pattern space. Since we intend to realize the fault-tolerant memory recall (i.e.pattern recognition operation) by a threshold function T(.) the class boundary for the classification rules (2.1a) and (2.1b) may serve us as threshold.

Let us now determine the function f(.) to suppress the cross-talk by the use of a threshold.

Since we want to use the results in binary, noise-suppressing computers we restrict our view to binary vectors, i.e. $x_i$, $y_i$,are out of {0,1} and $w_{ij}$ is of $\mathbf{Z}^+$, the natural numbers including 0. This model was first given by McCulloch and Pitts [McCUL].

Our processing elements are now pure, simple threshold elements. Each one is controlled by its threshold $t_i$ such that the output

$$y_i = f(z_i, t_i) =: T(z_i - t_i) \qquad (2.2a)$$

results.

A stored response $y^r$ is only then properly recalled by the associated prototype $\mathbf{x}^r$ if for every component of $y^r$ which has

$$y_i^r = 0 \quad \text{it holds} \quad z_i \leq t_i^r \qquad (2.2b)$$

and $$y_i^r = 1 \quad \text{it holds} \quad z_i > t_i^r$$

With the "natural" choice $c_i^0$:=0 and $c_i^k$:=1 in (2.0e) and (2.2a) the relations (2.2b) become the *maximal correlation classification rule*

$$xx^r \le t_i^r \Rightarrow y_i^r = 0$$

and $$xx^r > t_i^r \Rightarrow y_i^r = 1 \qquad (2.2c)$$

It should be noted that for orthogonal input class prototypes formula (2.2c) reduces to

$$0 \le t_i^r < x^r x^r \qquad (2.2d)$$

which allows to set the threshold to zero $t_i^r = t = 0$ . In this case the linear and non-linear models are equivalent for the recall of binary prototype vectors.
With the threshold of (2.2c) every processing element can compute whether the correlation is strong enough ($t_i^r(k) < z_i$) to belong to class r or is crosstalk ($t_i^r(k) \ge z_i$) due to class k.
Two problems arise. *First,* it is only valid for two classes r and k. If we have more classes, we will have more possible thresholds; to distinguish between more similar protypes the border demands higher correlations. For the necessary threshold decision we have to know all the other correlations obtained at the other processing elements. And this is the *second* problem: the proposed parallel network model does not contain communication between the processing elements.
As solution to this problem we have to choose a threshold $t_i^r$, which do not depend on the other classes k, thus preventing the communication.
On the one hand we have to consider the worst case and choose the highest of all thresholds to guarantee the correct class-membership of the recognized patterns, our pattern recognition process will assign on the other hand a certain number of patterns of class r to the null vector class and recognize only the most similar ones.
As we can see, in this model without communication we can not make the best possible classification but only a sufficient one.

## 3.0 Fault-tolerant Memory Recall

In the previous section 2 we have seen that the introduction of a threshold function for the linear matrix model results in a pattern classification operation. The correct classification is based on a similarity measure between the input and the class prototype. In the case of orthogonal projection the similarity measure determines a specific threshold for every processing unit.
In this section we will compute first the necessary and sufficient threshold between two classes and then generalize the result.
Then we describe a pattern completion operation, used for relatonal database requests, as a special case of the bulid-in fault tolerance.
At last the input pattern coding for optimal fault-tolerant operations is considered.

## 3.1 Optimal Thresholds

Let us determine the threshold $t_i^r$ which is sufficient for a proper recall of all prototypes.
So (2.2b) becomes for the recognized prototype $\mathbf{x} = \mathbf{x}^r$ (classification restriction, cf. fig.4)

$$\max_{k,\, k \# r} \mathbf{x}^k \mathbf{x}^r \le t_i^r < \mathbf{x}^r \mathbf{x}^r \qquad (3.1a)$$

This relation guarantees us a suppression of the crosstalk and a proper memory recall for a prototype $\mathbf{x}^r$ by a processing unit i if the length of $\mathbf{x}^r$ (which is the number of ones) is greater than the greatest overlap of $\mathbf{x}^r$ with another class prototype. This can be interpreted as a kind of majority voting system for fault suppression.

**Maximal Crosscorrelation**

The sufficient threshold condition for $\mathbf{x}$ is by (3.1a)

$$\max_{k,\, k\#r} \mathbf{x}\mathbf{x}^k \le t_i^r < \mathbf{x}\mathbf{x}^r \tag{3.1b}$$

With some geometrical considerations (see appendix B) we get the threshold between class r and k.

With $K^r_{max} := \max_k \mathbf{x}^k\mathbf{x}^r$ and normal activity $|\mathbf{x}^r|^2 = |\mathbf{x}^k|^2 =: a$

and relation (3.0a) we get from appendix B

$$t_i^r = |\mathbf{x}| \left( 1/2(a+K^r_{max}) \right)^{1/2} \tag{3.1c}$$

**Minimal Distance**

The cross-correlation gives for two binary vectors $\mathbf{v}$ and $\mathbf{w}$ the number of common components having the value '1'. Let us now consider another measure of similarity : the **Hamming distance** $d_H(\mathbf{v},\mathbf{w})$, defined as the number of components which are different between the two vectors $\mathbf{v}$ and $\mathbf{w}$. What relations hold between the two measures?

The number of non-zero components in the distance vector $(\mathbf{v}-\mathbf{w})$ is just the number of components which are different between the two binary vectors. Since the number of '1' in a binary vector $\mathbf{x}$ is $|\mathbf{x}|^2$, the quadratic Euklidean distance for binary vectors is the Hamming distance:

$$d_H(\mathbf{v},\mathbf{w}) = d_E(\mathbf{v},\mathbf{w})^2 = (\mathbf{v}-\mathbf{w})^2 = \mathbf{v}^2 - 2\mathbf{v}\mathbf{w} + \mathbf{w}^2 \tag{3.1d}$$

Further calculations (see appendix C) gives us the sufficient threshold with the minimal Hamming distance $d_H^r := \min_k d_H(\mathbf{x}^r,\mathbf{x}^k)$

$$t_i^r := 1/2 \left( |\mathbf{x}^r|^2 + |\mathbf{x}|^2 - d_H^r/2 \right) \tag{3.1e}$$

As we can see a good threshold is determined by the shortest distance of $\mathbf{x}^r$ to its class boarder. This results in the classification strategy of assigning only those $\mathbf{x}$ to class r which are in a secure neighbourhood of $\mathbf{x}^r$. The boarder of these neighbourhoods correspond to the cicles in figure 6.

Certainly, there are many patterns which are in no circle and are therefore projected to the null vector. We can compensate this effect by a sufficient enlargement of the circles, eleminating the space between the circles and the boundaries. The resulting mapping of the input patterns is no more an exact orthogonal projection but only approximately. The recalled output patterns of patterns belonging to class r will be very close (very short distance) to the output pattern associated to the class prototype, but not necessary the same.

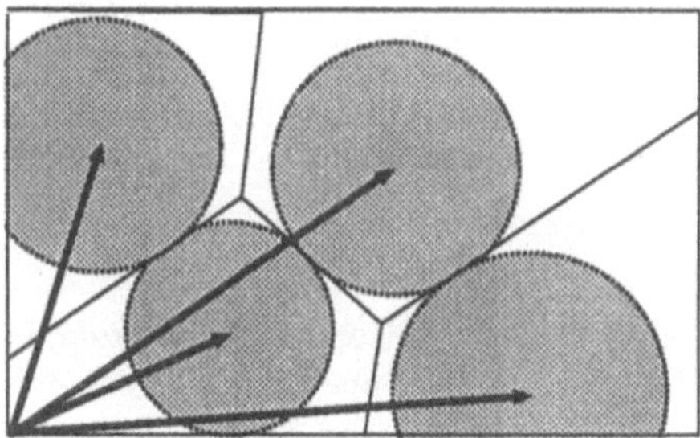

**Abb. 6** Classification regions

Both thresholds (3.1c) and (3.1e) use the pattern strength $|\mathbf{x}|^2$ to set up the threshold. This can be accomplished by a simple hardware addition to our hardware model of figure 2. This is shown in figure 7 .

The whole device can be implemented as a VLSI-chip of very regular structures. The summation for every output component $y_i$ can be easily done by the superposition of the currents caused by different input lines. The connections are then realized as diode/resistor combinations. The modifiable resistor can be a physical device like a EEPROM connection [GOS] or a binary counter. If the resulting current in the column is greater than the threhold value $t_i$, which in turn is set by some internal constants and the external (see square elements in figure 6) generated $x=|\mathbf{x}|^2$; the threshold element sets the output $y_i$ from 0 to 1. This is done immediately, so the whole search and pattern recognition process takes only one cycle which is with the technology of today in the range of nanoseconds.

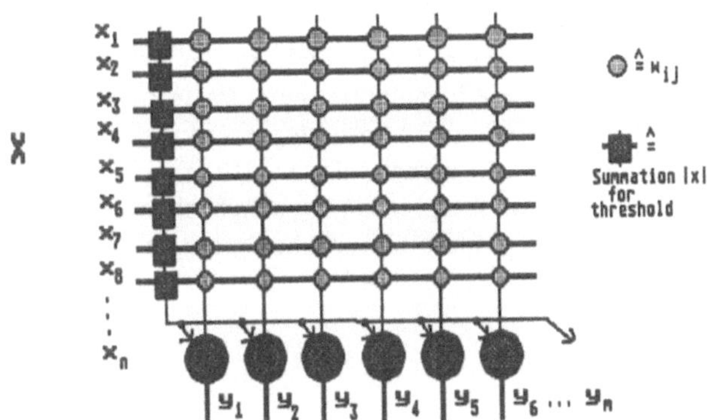


**Fig. 7** Modified hardware model

It should be noted that in the binary case we can get another threshold without the need for changing our hardware model of figure 2.

The threshold relation of the class-boarder $d_H(\mathbf{x},\mathbf{x}^r) < d_H{}^r/2$ (see appendix C) can be expressed as

$$|\mathbf{x}^r|^2 - d_H^r/2 < 2\mathbf{x}\mathbf{x}^r - |\mathbf{x}|^2$$

With $c^0$:=-1 and $c_i^k$:=2 we get from equation (2.0e) $z_i = 2\mathbf{x}\mathbf{x}^r - \Sigma_j x_j$ which is in the binary case $z_i = 2\mathbf{x}\mathbf{x}^r - |\mathbf{x}|^2$. According to the threshold conditions (2.2b) the threshold can therefore be chosen as

$$t_i^r := |\mathbf{x}^r|^2 - d_H^r/2 \qquad (3.1f)$$

In the binary case at normal activity a:= $|\mathbf{x}^r|^2$ the optimal threshold is determined by the minimal Hamming distance between the stored input pattern class prototypes. If all class prototypes have the same Hamming distance d then the decision boarder between two classes is given by d/2.
It is interesting that the above classification rule (3.1f) coincidences well with the result of coding theory, which states that error-correction in block codes can only be obtained if the disturbed codeword has a Hamming distance lower than half of the minimal Hamming distance between two codewords.

## 3.2 Fault Tolerance, Pattern Completion and Relational Database

Let us now consider a special case of fault tolerance in the memory recall: the pattern completion operation.
Pattern completion is obtained when one of the class prototype pattern vectors is only partially filled. The sparse vector is treated like any other faulty input data: by the threshold mechanism it is mapped into an appropriate class. If the input and output coding are the same, the classification and fault-correction of the incomplete input data results in the output of the completed input pattern.
This can be seen as a very fast request to a relational data bank. For example, a relational tuple *(relation, object1, object2)* can be coded by the concatenation of the codes for relation, *object1* and object2, s.[HIN]. The resulting long vector can be stored in the memory, associated with itself so that $\mathbf{y}^k = \mathbf{x}^k$. If we want have only the incomplete tuple, for instance *(relation, object1, -)* and we are searching for the rest, all we have to do is to present the incomplete, $\mathbf{x}^k$ which have some '1' lacking as an input pattern to the memory device. If the tuple was properly coded and the Hamming distance to the other stored tuples is big enough, then the complete relation will be output. Thus the basic functional proportions and the fault-tolerance abilities are tied intrinsically together.

## 3.3 Optimal coding of input data

In most of the papers dealing with associative memory, the coding of the input and output vectors are not treated, in spite of the fact that the memory recall is very sensible to the overlap, i.e. to the Hamming distance of the stored patterns. For the optimal fault-tolerant, error-correcting memory recall in a real implementation of an associative memory it is important to obtain some guide lines for the optimal coding of the input events which yields maximal error-correction. Since the optimal coding is dependant on the requirements of the input data, two different attempts are presented.

**a)** Suppose, we want the maximal possible fault-tolerance. This is obtained by the maximal possible Hamming distance d.

$$\max_{r,k} d(\mathbf{x}^r,\mathbf{x}^k) = \max_{r,k} |\mathbf{x}^r|^2 + |\mathbf{x}^k|^2 - 2\mathbf{x}^r\mathbf{x}^k = 2a \qquad |\mathbf{x}^r|^2 = |\mathbf{x}^k|^2 =: a$$

This is obtained for $\mathbf{x}^r\mathbf{x}^k=0$, i.e. all class prototypes are orthogonal. The number N(a) of possible prototypes is then quite small:

$$N(a) = \lfloor n/a \rfloor$$

**Example** : With n=10 and a=3 we have d=6 and only N(a) = 3 class prototypes.

**b)** Suppose, we want as many events coded randomly with $|\mathbf{x}^k|^2=a$ as possible and want to have the maximal expected Hamming distance *d* between the events.
What is the optimal *a* ?

$$E(d(\mathbf{x}^r,\mathbf{x}^k)) = 2a - 2E(\mathbf{x}^r\mathbf{x}^k) = 2a - \sum_{i=1}^{n} E(x_i^r)E(x_i^r)$$

with the expectation function E(x).

With

$$E(x_i) = 0\,P(x_i=0) + 1\,P(x_i=1) = a/n$$

we have

$$E(d(\mathbf{x}^r,\mathbf{x}^k)) = E(d(a)) = 2a - 2n\,a/n\,a/n = 2(a - a^2/n)$$

The expectation value is maximized at a*

$$\frac{\partial}{\partial a} E(d(a))\Big|_{a=a^*} = 2(1-2a^*/n) = 0$$

and therefore the optimal length or "activity" of a prototype vector is a* = n/2 with the maximal expected Hamming distance d = n/2 .

The number of possible different prototypes is

$$N(a^*) = \binom{n}{a^*} = \binom{n}{n/2}$$

It is interesting to consider the question
*What is the value of* a *which maximizes the number* N *of possible prototypes ?*
It is

$$N(a) = \binom{n}{a} = \binom{n}{n-a} = \binom{n}{s} \quad \text{with } s:= n-a$$

Since N(a) is monotonically increasing with a = 1, 2, ... a<<n, and this goes also with increasing s (i.e. decreasing a) for a = n, n-1, ... the function has a maximum at a=s and therefore

$$a^* = s^* = n-a^* \quad \Rightarrow \quad a^* = n/2$$

The optimal length of a vector with the maximal expected Hamming distance yields also the maximal number of possible vectors.

**Example** : For n=10 we have a*=5, d=5 and N(a*)=252 different prototype patterns.

## 4.0 Hardware Fault Tolerance

In the former part of this paper we took a closer look to the fault-tolerance properties of the treatment of input data. Beside this software-aspect we want to know now: what is the hardware fault tolerance typical for this kind of design? To what extent of degradation does the device continue to function properly ?
In comparison with its biological counterparts the matrix model with its complete connected units has too much connections. Are they all necessary? Under what circumstances do the device continue to function, even in the presence of failures or lacking connections?

## 4.1 The Linear Model

As we can see in part 2.0 the input of faulty data yields faulty output, too. Certainly, this is also true when we apply valid data to a matrix of randomly failed connections. Kohonen calculated in [KOH1] the mean and variance of the output patterns. He also showed in [KOH3], p.165, that in the case of orthogonal output patterns (orthogonal projection) an uniformly distributed random error $e_x := |\mathbf{x}-\mathbf{x}^r|$ in the input data is attenuated to the projection $e_y := |\mathbf{y}-\mathbf{y}^r|$ of the output by $\quad var(e_y) = p/m\, e_x^{\,2}$
When the number of classes p is smaller than m= dim(y), the noise is diminuished.
By a memory matrix with failed connections. pattern recognition can be successfuly made if only the maximal component is taken.
Even for the operation of the linear model Kohonen found [KOH3,p114] that not all connections must be made; a relation of 40 between the number of input lines and the number of connections should be sufficient. Neither this nor other fault-tolerant statements [WOOD] are justified analytically.
Let us do this now for our threshold model of section 3.2.

## 4.2 The Fault Model

As a hardware model let us assume the functional model of figure 7 with the threshold function of (3.1e).
To explore the maximal fault-tolerance capabilities of our model let us assume that all class prototypes $\mathbf{x}^1...\mathbf{x}^p$ are maximal fault-tolerant coded, i.e. the $\mathbf{x}^i$ are orthogonal (cf. section 3.3). Since the output $y^i$ is orthogonal, too, the weights reduce for $y_j^p=1$

$$w_{ij} = \sum_k y_j^k x_i^k = \sum_k x_i^k = x_i^k$$

So the weights can only have the two values, 0 or 1.
Then for the ease of the model, let us consider *only two kind of fault events* of the hardware elements: stuck_at_one and stuck_at_zero. This is one of the most simple assumption which

are possible, but it will already show us some interesting fault tolerance proportions of the model.
More complicated fault models should be set up with a concrete hardware implementation on hand.
The components which can be faulty are the connection elements, the threshold elements and the summation elements (square elements in figure 7) of $|\mathbf{x}|$. If we have for example 1000 input lines and 1000 output lines the number of connections are $10^6$. In this example the threshold and summation elements constitute (with the same hardware complexity) only 0.2% of the hardware elements. If they fail, the output will be erroneous, of course, and must be corrected in the next stage by the next matrix device.
The main problem is the amount of connections: *what will be if they fail?*
For the failure of connections $w_{ij}$ with stuck_at_1 we must distinguish two kinds of failures: **active failures** which produce constantly a '1' (e.g. binary counters) and **passive failures** which will cause a '1' only if the corresponding input line is activated (e.g. EEPROM connections).
In a large number of hardware independent connections we can neither assume that all faults are on the same input line (which will just cause an input error of one bit) nor that they are all on the same output line (which will be corrected in the following layer). Instead we will assume in the following evaluation that the faults are equally distributed in the whole connection matrix.

## 4.3 Tolerable Hardware Faults

Let us denote the failure probabilities

$$P_0 := P(\text{connection defect and stuck\_at\_0})$$
$$P_1 := P(\text{connection defect and stuck\_at\_1})$$

and assume that the faults occur independently.

Our question of 4.0 in this context is now:
*How many connections can fail without producing erroneous output when a proper input pattern is presented?*

When a class prototype is applied the erroneous activity results in an erroneous $z_i$:

$$z_i \rightarrow \text{error}(z_i)$$

and we have two situations where a faulty output is produced:

1) A column signal $y_i^r$ is turned from 0 to 1 if too many connection weights are stuck_at_1. With (2.2b) this is equivalent to

$$\text{error}(z_i(\mathbf{x})) > t \qquad \text{with } \mathbf{x} = \mathbf{x}^k \neq \mathbf{x}^r$$

2) A column signal $y_i^r$ which should be 1 is turned to 0 if too many connections are

stuck_at_0. With (2.2b) this means

$$\text{error}(z_i(\mathbf{x})) \le t \qquad \text{with } \mathbf{x} = \mathbf{x}^r$$

Let $N_0$ denote the number of weights stuck_at_0 and $N_1$ the number of weights stuck_at_1 which influence the summation in the output line $z_i$.
No error will occur and the prototype pattern $\mathbf{x}^r$ will invoke a correct output pattern if the inverse of the two error conditions hold

$$\begin{array}{lll} \text{For} & y_i^k=0 & \text{error}(z_i(\mathbf{x})) = z_i(\mathbf{x}^k)+N_1-N_0 \le t \\ \text{and} & y_i^r=1 & \text{error}(z_i(\mathbf{x})) = z_i(\mathbf{x}^r)+N_1-N_0 > t \end{array} \tag{4.3a}$$

With the Hamming distance (3.1d) and the optimal threshold of (3.1e) the two conditions for correct memory recall become for $|\mathbf{x}^k|^2 = |\mathbf{x}^r|^2 = a$

$$\begin{array}{lll} \text{For} & y_i^r=0 & 1/2\,(2a-d(\mathbf{x}^k,\mathbf{x}^r)) + N_1 - N_0 \le 1/2\,(2a-d/2) \\ \text{and} & y_i^r=1 & 1/2\,(2a-d(\mathbf{x}^r,\mathbf{x}^r)) + N_1 - N_0 > 1/2\,(2a-d/2) \end{array} \tag{4.3b}$$

The relations are for all $\mathbf{x}^k$ valid if $d(\mathbf{x}^k,\mathbf{x}^r)$ is minimal, i.e. $d(\mathbf{x}^k,\mathbf{x}^r) = d$ . With $d(\mathbf{x}^r,\mathbf{x}^r) = 0$ we get

$$\text{For} \quad y_i^r=0 \quad N_1-N_0 \le d/4 \tag{4.3c}$$

$$\text{and} \quad y_i^r=1 \quad N_0-N_1 < d/4 \tag{4.3d}$$

We should notify that the number $N_0$ and $N_1$ in (4.3c) are different to those defined for (4.3d) because the situations for the occurence of the faults are different.
In the *active failure model* $N_1$ is the number of weights active stuck_at_1 and in *passive failures* $N_1$ represents the number of only those weights passive stuck_at_1 which are connected to an active input line of $\mathbf{x}^r$.
Let us now evaluate $N_0$ and $N_1$ for the two conditions.

## Too much stuck_at_1 faults

When we apply $\mathbf{x} = \mathbf{x}^k$ to the input lines, there are no connections $w_{ij} \neq 0$ which are connected to an active input line because $\mathbf{x}^k\mathbf{x}^r=0$ ; therefore there are no stuck_at_0 faults effective and $N_0$ becomes 0.
In the *active fault model* we know from appendix D that out of n elements with the failure probability $P_1$ there will be

$$N_1 = nP_1 \tag{4.3e}$$

faulty.
In the *passive fault model* there are *a* active lines which can cause signals stuck_at_1 at the weights $w_{ij}=0$. Therefore, the first condition (4.3c) becomes with d=2a (orthogonal patterns)

$$\text{For} \quad y_i^r=0 \quad P_1 \le a/2n \qquad \textit{active fault model} \tag{4.3f}$$

$$\text{For} \quad y_i^r=0 \quad P_1 \le 1/2 \qquad \textit{passive fault model} \tag{4.3g}$$

## Too much stuck_at_0 faults

The second relation (4.3d) is determined by a different situation. When we apply $\mathbf{x}^r$ to the input lines, the maximum number of connection with weights $w_{ij} \neq 0$ and stuck_at_0 which can cause an error is *a* ; the expected number is therefore

$$N_0 = a\, P_0 \tag{4.3h}$$

In the *active fault model* there are *n* weights in a column which can be stuck_at_1 and can compensate the absence of signals, so (4.3e) holds here, too.
In the *passive fault model* all the activated lines have weigths $w_{ij} \neq 0$ and therefore the stuck_at_1 faults are not observable: $N_1 = 0$.
With (4.3e) and (4.3h) the relation (4.3d) becomes with d=2a

$$\text{For} \quad y_i^r = 1 \quad \begin{array}{ll} P_0 < 1/2 + P_1\, n/a \le 1 & \textit{active fault model} \\ P_0 < 1/2 & \textit{passive fault model} \end{array} \tag{4.2i}$$

When $P_1$ reaches the tolerable upper limit for active faults of a/2n then $P_0$ have to be $P_0 < 1$.
If we consider only lacking connections ($P_1 = 0$), we can conclude that the device tolerates up to half of the connections beeing left out.

**Example:** Let n=100, a=10. A proper memory recall of the prototypes is only ensured if $P_1$ is at most 0.05 .

## 4.4 Discussion

The previous computations in part 4.3 are intended to demonstrate the fault tolerance power , inherent to the non-linear neural network models.
As we can see, the hardware model is very sensitive for active stuck_at_1 faults, i.e. faulty activity, but very robust and fault-tolerant for lacking connections. Thus the fabrication process can be made very easy or the number of connections can be reduced in the design.
Nevertheless, we should be still aware of the assumptions under those we have concluded the results above:

- ♣ the hardware model is very simple. More possible faults will yield a more adequate model. This is especially interesting when you regard a concrete implementation chip.

- ♣ the hardware faults are assumed to be independant. This can be when , for instance, stuck_at_0 means the interruption of a connection and stuck_at_1 means the shortcut of an output driver of the connection.
  Generally, the two kinds of faults are stochastically dependant due to the different internal failures of a connection, leading to the same syndromes stuck_at_0 or stuck_at_1. Without reasonable assumptions for the implementation of a connection this can hardly be quantified.

- ♣ The threshold condition (3.1e) implies as goal the class with the minimal hamming distance. Other goals (like that of the class with the maximal cross-correlation) and other models lead to other threshold conditions (e.g.

(3.1f)) and therefore to other restrictions for $P_0$ and $P_1$.

♣ As input patterns we chose orthogonal class prototypes. If we input instead only similar patterns, it can be shown that then the tolerable degree of failures (i.e. $P_1$ and $P_0$) will be less.
The limit is reached for the patterns on the class boarder with the distance d/2 to the class prototype. In this case no defect can be more tolerated.

# 5.0 Conclusion

In this paper we have investigated the necessary and sufficient conditions for memory recall in a non-linear neural network model of associative memory. By the nature of an included threshold mechanism the device gives a proper response even in the presence of erroneous input data. Thus, the memory recall operation includes a pattern recognition process which can be used for pattern search and pattern completion problems in the field of artificial intelligence. Since the whole operation is done in one clock cycle, the device can be regarded as a *very fast, parallel processor for high-level instructions with inherent fault-tolerance.*
The analysis of the hardware model reveals that the model is quite sensibel for erroneous activity due to active, faulty connections, but very robust and fault-tolerant for the failure or lack of connections. If the implementation of the model chooses only passive connections the resulting design promises to tolerate many faults not only in the normal life cycle but even in the fabrication process.

This work was supported by the Stiftung Volkswagenwerk.

# References

[BRA] R. Brause, Fehlertoleranz in intelligenten Benutzer-schnittstellen, Informatik Technologie 3, Oldenbourg Verlag 1988, in press

[FELD] J.A.Feldman, D.H.Ballard Computing with connections , University of Rochester, Computer Science Department, TR72, 1980

[FUK] K. Fukushima, A Neural Network Model for selective Attention in Visual Pattern Recognition, Biologigal Cybernetics 55, p.5-15, Springer-Verlag 1986

[GOS] K.Goser, C. Foelster, U.Rueckert, Intelligent memories in VLSI. Information Sciences 34, p61-82, 1984

[HILL] D.Hillis, The Connection Machine MIT Press, Cambridge, Massachusetts, 1985

[HIN1] Hinton, Anderson, Parallel Models of Associative Memory, Lawrence Erlbaum associates, Hillsdale 1981

[HIN2] Hinton, Implementing Semantic Networks in Parallel Hardware, in /HIN1/

[HOPF] J.J.Hopfield, Neural Networks and physical systems with emergent collective computational abilities, Proc.Natl.Acad.Sci.USA, Vol 79, pp.2554-2558, April 1982

[KOH1] T. Kohonen, Correlation Matrix Memories IEEE Transactions on Computers C21 1972

[KOH2] Kohonen et alii, A demonstration of pattern processing properties of the optimal associative mapping, Proc. Int. Conf. Cybernetics and Society, Washington DC 1977

[KOH3] T.Kohonen, Self-Organisation and Associative Memory, Springer-Verlag Berlin,New York, Tokyo 1984

[LONG] H.C.Longuet-Higgins, Holographic model of temporal recall, Nature 217, 1968, p.104

[McCUL] W.S.McCulloch, W.H.Pitts, A Logical Calculus of the Ideas Imminent in Neural Nets, Bulletin of Mathematical Biophysics Vol 5,1943,pp.115-133

[WIL1] D. Willshaw, Models of distributed associative memory, Unpublished doctoral dissertion, Edinburgh University 1971

[WIL2] D.Willshaw, Holography, Association and Induction, in /HIN1/

[WIL3] D.Willshaw, O.P.Bunemann, H.C.Longuet-Higgins Non-holographic associative memory Nature, 1969, pp.960-962

[WOOD] Variations on a Theme by Lashley: Lesion Experiments on the Neural Model. Psychological Review 85, 1978

## Appendix A The class boundary of minimal distance

Let $\{\mathbf{x}^*\}$ the boundary between two classes r and k which are formed by the classification criterium

$$d(\mathbf{x},\mathbf{x}^k) > d(\mathbf{x},\mathbf{x}^r) \text{ then } \mathbf{x} \text{ of class r} \qquad \textit{classification by}$$
$$d(\mathbf{x},\mathbf{x}^k) < d(\mathbf{x},\mathbf{x}^r) \text{ then } \mathbf{x} \text{ of class k} \qquad \textit{minimal distance}$$

**Theorem:**

a) $\{\mathbf{x}^*\}$ is a hyperplane which
b) is orthogonal to the distance vector $\mathbf{d}^{rk} := (\mathbf{x}^r - \mathbf{x}^k)$ and
c) intersects at $\mathbf{d}^{rk}/2$.

**Proof:**

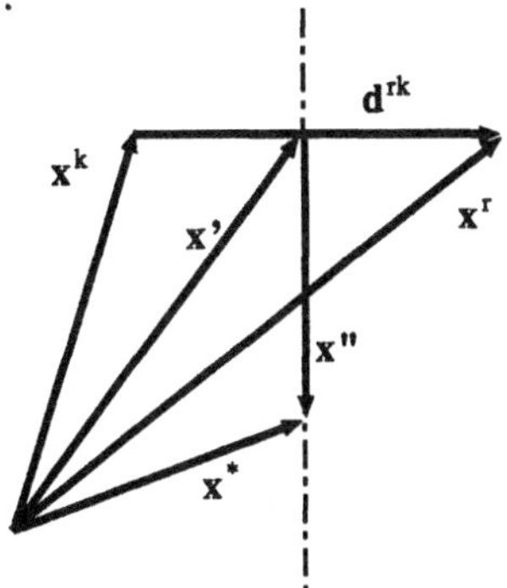


At the boarder the equation

$$d(\mathbf{x}^*,\mathbf{x}^r) = d(\mathbf{x}^*,\mathbf{x}^k)$$

holds.
With $d^2(\mathbf{x}^*,\mathbf{x}^r) = (\mathbf{x}^*-\mathbf{x}^r)^2$ we get

$$(\mathbf{x}^r)^2 - (\mathbf{x}^k)^2 + 2\mathbf{x}^*(\mathbf{x}^k-\mathbf{x}^r) = 0$$

and with (see left figure)

$$\mathbf{x}' := 1/2\,(\mathbf{x}^r-\mathbf{x}^k) + \mathbf{x}^k$$
$$\mathbf{x}^* := \mathbf{x}'' + \mathbf{x}'$$

we get

$$(\mathbf{x}^r)^2 - (\mathbf{x}^k)^2 + 2\mathbf{x}'(\mathbf{x}^k-\mathbf{x}^r) + 2\mathbf{x}''(\mathbf{x}^k-\mathbf{x}^r) = 0$$
$$\underbrace{(\mathbf{x}^r)^2 + (\mathbf{x}^k)^2 - 2\mathbf{x}^k\mathbf{x}^r - (\mathbf{x}^r-\mathbf{x}^k)^2}_{0} - 2\mathbf{x}''\mathbf{d}^{rk} = 0$$

and so

$$\mathbf{x}''\mathbf{d}^{rk} = 0 \quad \text{or} \quad \mathbf{x}'' \perp \mathbf{d}^{rk} \quad \text{which prooves a) and b).}$$

For $\mathbf{x}^* = \mathbf{x}'$ which is the common point of the hyperplane and the distance vector we know that $d(\mathbf{x}',\mathbf{x}^r) + d(\mathbf{x}',\mathbf{x}^k) = d(\mathbf{x}^r,\mathbf{x}^k)$. Because on the boarder the equation $d(\mathbf{x}',\mathbf{x}^r) = d(\mathbf{x}',\mathbf{x}^k)$ is also valid, we get $d(\mathbf{x}',\mathbf{x}^r) = |\mathbf{d}^{rk}|/2$ which is part c) of the theorem.

## Appendix B The threshold for maximal correlation

The classification rule (2.1a) is

$$\mathbf{x}\mathbf{x}^r = \max_k \; \mathbf{x}\mathbf{x}^k$$

Let us now regard the seperation of two classes r and k by the classification decision. We know from part 2.1 that the decision boarder is orthogonal to the distance vector $\mathbf{d}^{rk} = |\mathbf{x}^r - \mathbf{x}^k|$. For all $\mathbf{x}$ on the boarder we have

$$\mathbf{x}^*\mathbf{x}^r = \mathbf{x}^*\mathbf{x}^k := \mathbf{x}^*\mathbf{c}^{rk}$$

with $\mathbf{c}^{rk}$ parallel to $\mathbf{x}^*$ (and therefore orthogonal to $\mathbf{d}^{rk}$) as illustrated in figure B.

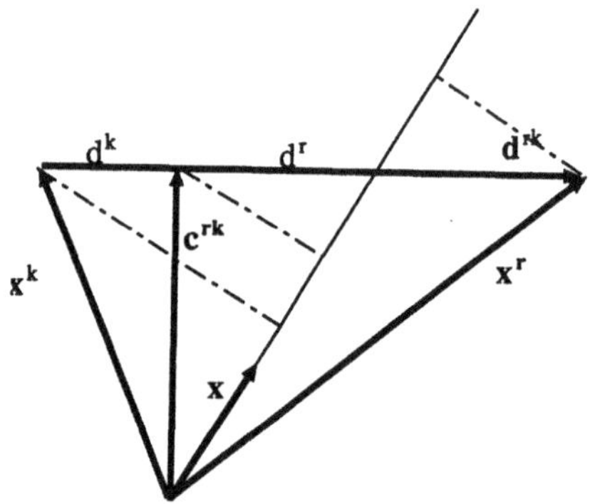


**Fig. B** boundary of classification with maximal correlation

For a pattern $\mathbf{x}$ we see from figure B that for the projections on $\mathbf{x}$ the relation holds

$$\mathbf{x}\mathbf{x}^r > \mathbf{x}^*\mathbf{c}^{rk} > \mathbf{x}\mathbf{c}^{rk} > \mathbf{x}\mathbf{x}^k \qquad \text{(B.1)}$$

The classification is

$$\begin{array}{ll} \mathbf{x}\mathbf{x}^r > t_{cross} & \text{then } \mathbf{x} \text{ is of class r} \\ \mathbf{x}\mathbf{x}^r \leq t_{cross} & \text{then } \mathbf{x} \text{ is not of class r} \end{array} \qquad \text{(B.2)}$$

Certainly, the basic decision criterion for class r is $\mathbf{x}\mathbf{x}^r > \mathbf{x}\mathbf{x}^k$. Since our hardware mechanism supports only one comparison without communication between processing elements, the algorithm implied by (2.1a) can not be implemented directly. Instead, we have to choose a threshold $t_{cross}$ which makes a correct decision in one comparison, using only available parameters. For this reason we choose one of the intermediate values of ralation (B.1) as threshold, bearing in mind that this narrows the set of patterns belonging to class r. Some patterns of class r are projected on the null vector.

So we choose

$$t^{rk}_{cross} := \mathbf{x}^{*}\mathbf{c}^{rk} \;=\; |\mathbf{x}||\mathbf{c}^{rk}| \tag{B.3}$$

By basic geometric proportions (see fig. B) we have with $|\mathbf{c}^{rk}| =: c$

$$|\mathbf{x}^{r}|^2 = c^2 + (d^r)^2 \qquad\qquad (d^{rk})^2 = (d^r + d^k)^2$$
$$|\mathbf{x}^{k}|^2 = c^2 + (d^k)^2$$

and by combining and substitution we get

$$|\mathbf{c}^{rk}| = \left( |\mathbf{x}^{r}|^2 - \left( (|\mathbf{x}^{r}|^2 - |\mathbf{x}^{k}|^2 + |\mathbf{d}^{rk}|^2) / 2d^{rk} \right)^2 \right)^{1/2}$$

or in correlation terms

$$|\mathbf{c}^{rk}| = \left( |\mathbf{x}^{r}|^2 \; - \; (|\mathbf{x}^{r}|^2 - \mathbf{x}^{r}\mathbf{x}^{k})^2 \,/\, (|\mathbf{x}^{r}|^2 + |\mathbf{x}^{k}|^2 - 2\mathbf{x}^{r}\mathbf{x}^{k}) \right)^{1/2}$$

The threshold must be valid for all classes

$$t^{r}_{cross} = \max_{k} \; t^{rk}_{cross} = |\mathbf{x}||\mathbf{c}^{rk}|$$

Since the threshold part $|\mathbf{c}_r|$ can be calculated once before the pattern recall process and stored in the processing element, the resulting threshold can be build up at recall time by calculation of $|\mathbf{x}|$ which can be done very easily as shown in figure 6.

For normalized prototypes ( $|\mathbf{x}^{r}|^2 = |\mathbf{x}^{k}|^2 =: a$) we get with the maximal cross-correlation $K_r$

$$t^{r}_{cross} = \max_{k} |\mathbf{x}| \left( 1/2(a + \mathbf{x}^{r}\mathbf{x}^{k}) \right)^{1/2} = |\mathbf{x}| \left( 1/2(a + K^{r}) \right)^{1/2} \tag{B.4}$$

Another threshold may be taken from the distance measure, which has the same decision criterium in the case of normalized prototypes (see C.3).

With $\qquad (d^r)^2 = \min\limits_{k} (\mathbf{x}^{r} - \mathbf{x}^{k})^2 = \min\limits_{k} \; 2(a - \mathbf{x}^{k}\mathbf{x}^{r}) = 2(a - K^{r})$

we get by (C.6 )

$$t^{r}_{cross} = \; 1/4 \; (2|\mathbf{x}|^2 + a + K^{r}) \tag{B.5}$$

## Appendix C The threshold for minimal distance classification

The classification of a pattern $\mathbf{x}$, to the class of the most resembling prototype $\mathbf{x}^{k}$ is determined by the rule of (2.1b)

$$|\mathbf{x} - \mathbf{x}^{r}| = \min_{k} |\mathbf{x} - \mathbf{x}^{k}|$$

With $d(\mathbf{x},\mathbf{x}^{k}) := |\mathbf{x} - \mathbf{x}^{r}|$ we have for all classes $k \neq r$

$$d(\mathbf{x},\mathbf{x}^{k}) > d(\mathbf{x},\mathbf{x}^{r})$$

$$(\mathbf{x} - \mathbf{x}^{k})^2 = d^2(\mathbf{x},\mathbf{x}^{k}) > d^2(\mathbf{x},\mathbf{x}^{r}) = (\mathbf{x} - \mathbf{x}^{r})^2$$

and so

$$\mathbf{x}\mathbf{x}^{r} > \mathbf{x}\mathbf{x}^{k} - 1/2\, |\mathbf{x}^{r}|^2 + 1/2\, |\mathbf{x}^{k}|^2$$

The classification rule is then

$$\mathbf{x}\mathbf{x}^r > t^{rk}_{dist} \quad \text{then } \mathbf{x} \text{ is of class r} \tag{C.1}$$

$$\mathbf{x}\mathbf{x}^r \le t^{rk}_{dist} \quad \text{then } \mathbf{x} \text{ is not of class r}$$

with the threshold

$$t^{rk}_{dist} = \mathbf{x}\mathbf{x}^k - 1/2\ |\mathbf{x}^r|^2 + 1/2\ |\mathbf{x}^k|^2 \tag{C.2}$$

For normalized prototypes ( $|\mathbf{x}^r|^2 = |\mathbf{x}^k|^2 =: a$) this becomes

$$t^{rk}_{dist} = \mathbf{x}\mathbf{x}^k \tag{C.3}$$

which is essentially the cross-correlation criterium.
Let us now calculate a threshold which implements the demand of (2.1b). As it is already indicated in appendix B, the threshold which is a decision boarder to all classes will not assign all patterns of class r to the classprototype but some to the null vector.
From appendix A we know that the boundary between two classes r and k is at $d(\mathbf{x}^r,\mathbf{x}^k)/2$.

Thus for x of class r we have

$$d(\mathbf{x}^r,\mathbf{x}) < d(\mathbf{x}^r,\mathbf{x}^k)/2 < d(\mathbf{x},\mathbf{x}^k)$$

and with condition (2.1b) we get

$$d(\mathbf{x}^r,\mathbf{x}) < \min_k\ d(\mathbf{x}^r,\mathbf{x}^k)/2 < \min_k d(\mathbf{x},\mathbf{x}^k)$$

With $d^r := \min_k d(\mathbf{x}^r,\mathbf{x}^k)$ we have with positive d(.)

$$(\mathbf{x}-\mathbf{x}^r)^2 = d^2(\mathbf{x}^r,\mathbf{x}) < (d^r/2)^2$$

$$\mathbf{x}\mathbf{x}^r > 1/2\ (|\mathbf{x}|^2 + |\mathbf{x}^r|^2 - (d^r/2)^2)$$

The classification rule becomes

$$\text{If } \mathbf{x}\mathbf{x}^r > t^r_{dist} \quad \text{then } \mathbf{x} \text{ is of class r} \tag{C.4}$$

$$\text{If } \mathbf{x}\mathbf{x}^r \le t^r_{dist} \quad \text{then } \mathbf{x} \text{ is not of class r}$$

with the threshold

$$t^r_{dist} = 1/2\ (|\mathbf{x}|^2 + |\mathbf{x}^r|^2 - (d^r/2)^2) \tag{C.5}$$

For normalized protypes this is

$$t^r_{dist} = 1/2\ (|\mathbf{x}|^2 + a - (d^r/2)^2) \tag{C.6}$$

In the binary case for the Hamming distance we get

$$t^r_{dist} = 1/2\ (\ |\mathbf{x}^r|^2 + |\mathbf{x}|^2 - d_H^r/2) \tag{C.7}$$

and

$$t^r_{dist} = 1/2\ (|\mathbf{x}|^2 + a - d_H^r/2) \tag{C.8}$$

## Appendix D Evaluation of the failure probability

Suppose we have n connections in one column (cf. fig.7) and a probability of failure of each connection. The probability that among *n* independent elements just *j* are faulty is

$$P(\text{fault})^j\,(1-P(\text{fault}))^{n-j}$$

Since there are $\binom{n}{j}$ such faulty tuples of *j* elements, the probability of *j* faults in *n* elements is

$$P(j\text{ faults}) = \binom{n}{j} P(\text{fault})^j\,(1-P(\text{fault}))^{n-j} \qquad \text{(D.1)}$$

This is the binomial distribution. The expected number of faulty elements is therefore

$$N = E_{(\text{number of faulty elements})} = \sum_{j=0}^{n} j\,P(j\text{ faults}) = \sum_{j=0}^{n} j \binom{n}{j} P(\text{fault})^j\,(1-P(\text{fault}))^{n-j}$$

With P:=P(fault) and Q:=1-P is

$$N = \sum_{j=0}^{n} j \binom{n}{j} P^j\,Q^{n-j} = P\frac{\partial}{\partial P} \sum_{j=0}^{n} \binom{n}{j} P^j\,Q^{n-j} = P\,n\,(P+Q)^{n-1} = nP \qquad \text{(D.2)}$$

# Symbolical Expressions for the Reliability of Complex Systems

Thomas Risse
Wilhelm Schickard Institut
Universität Tübingen
Auf der Morgenstelle 10, C9, D-7400 Tübingen

**Abstract**

Consider systems whose structure function (giving the state of the system depending on the state of its components) is described by any Boolean expression in (the state of) its components. In this paper, efficiency and range of application of inclusion/exclusion-, disjoint products- and graph-theoretical methods are compared. An inclusion/exclusion type algorithm to determine the reliability of such a system with given component reliabilities is presented, together with some examples where it compares favorably with other well known algorithms.

# 1 Introduction

The algorithms to be presented are part of the program package SAVE (System Availability Estimator) [G*86] designed to model complex computer systems and to evaluate system characteristics like steady state and point availability, reliability etc. by Markovian analysis. During the development of SAVE it became evident that there are examples for which either time or space requirements exhibit limiting factors even for an approximate model. In these cases a combinatorial analysis offers some redress.

The systems considered here are assumed to consist of several components which belong to distinct classes of components, i.e. component types. The state of the system, i.e. whether or not the system is operational, is determined by its structure function [BP65]. This function is a Boolean expression whose variables are clauses on (the states of) the components of the system. From the structure function of the system the combinatorial method is to determine an expression which gives the system reliability or the system availability depending on whether the component reliabilities or availabilities are used.

This expression for the system reliability, say, has to be computed in symbolical form in order

- to evaluate system reliability given component reliabilities,
- to vary parameters in the expressions specifying the reliability of component types,
- to differentiate the expression symbolically to compute sensitivity of system reliability with respect to certain parameters (e.g. to determine reliability weak points)
- and, in the next version, to determine MTBF by symbolical integration.

Because parameter values are considered unknown at generation time approximating methods, e.g. [Sch87] cannot be used: but, once the reliability expression is generated it then can be evaluated and differenciated for different parameter settings.

In general, at least three methods can be deployed to compute a symbolical system reliability expression. For all of them the Boolean expression is assumed to be given in its 'sum of products' representation.

The first method (disjoint product) makes use of the fact that $P(A \vee B) = P(A) + P(\overline{A} \wedge B)$ for any two events $A$ and $B$ so that the Boolean expression needs to be transformed into a sum of disjoint products. The expression can then be considered an arithmetic expression – each clause being substituted by the corresponding component reliability.

The second method (inclusion/exclusion) which is examined in this paper in greater detail uses the relation $P(A \vee B) = P(A) + P(B) - P(A \wedge B)$ to obtain the reliability expression.

The third method (topological) attempts to translate the problem into a graph theoretical problem, i.e. construct such a s-t-graph that each edge of this graph uniquely corresponds to the clauses of the expression and the s-t-paths uniquely correspond to the summands in the sum of products representation of the Boolean expression. Both constraints cannot be satisfied in all cases. For conditions sufficient to satisfy the second constraint, i.e. the realizability problem, see for example [Deo74]. However, even the test whether or not there exists a topological equivalent (by constructing from the sum of product representation a circuit matrix and by checking whether or not the corresponding cut set matrix contains submatrices homeomorphic to the cut set matrix of either one of the two Kuratowski graphs or to a certain other graph) seems to be a hard problem. Once the s-t-graph has been constructed one can use algorithms for the 'topological reliability' described, for example, in the seminal paper [SP78] or in the summarizing paper [Loc85]. A new 'holographic' approach has been published in [Ben86].

That the issue of combinatorial analysis is in any case a really hard problem has been shown for example by [Bal80] based on the paper by [Val79].

In this paper, topological methods are not considered because they cannot be applied in general; only disjoint products and inclusion/exclusion methods are compared. There has been a great debate about these methods, e.g. in [Ben82]. But in general, no (bounds on the) lengths of the expressions generated are stated in the literature, e.g. in [Sch86] comparing three different algorithms. This paper hopes to further unsettle this debate because practical experience by modelling industrial systems reveals classes of applications for which one method is superior to the other. In addition, several observations are presented which have to be considered if one hopes to cope with the complexity exhibited by real systems.

# 2 The Input Format

For reasons of succinctness we allow each clause of the structure function to correspond to a k-out-of-n:G system, e.g. $C(2)$ requires that at least two out of the total number of components of type $C$ are operational for this clause to attain the value $TRUE$. But the state of an individual component of a certain type can also be used as a clause in the Boolean expression, e.g. $C.2$ requires that exactly the second component of type $C$ is operational for the clause $C.2$ to be $TRUE$. This component type is called indexed. For ease of the representation of the expression we assume that no component type is used in both forms (indexed and not indexed).

It may be noted that the user of SAVE may in this way input any sort of redundant expressions like $C \wedge C$ or $C \wedge (C \vee D)$ and so forth where by default $C$ stands for $C(1)$. More details of the SAVE input language like the use of fault trees or of certain distribution functions can be found in e.g. [G*86].

Boolean expressions involving operators like $XOR$ are transformed into the equivalent expression with $\wedge$, $\vee$ and $NOT$ as only operators. Because the negation $\overline{C(k)}$ or $\overline{C.k}$ of a clause $C(k)$ or

$C.k$ is coded as $C(\overline{k})$ or $C.\overline{k}$ (for some suitable $\overline{k}$) respectively, i.e. within the clause itself, the Boolean expression for the structure function finally consists of variables (clauses on components or component types) and of operators $\wedge$ and $\vee$ only.

# 3 The Data Representation

The algorithms described in the following process sums of products of variables of the two kinds: indexed and not indexed. There are two ways to represent such a product of clauses.

In a straight forward manner, each clause of the product $\prod_{i=1}^{nf} clause_i$ with $nf$ factors where $clause_i$ is either of the form $C_i(k_i)$ or $C_i.k_i$ for some type $C_i$ and some integer $k_i$ can be coded by two integers. Thus, the product is represented by $2\,nf$ integers.

On the other hand, a bit-wise representation takes $ni = \lceil \sum_{i=1}^{nt} nc_i \,/32 \rceil$ say, 32-bit-integers to code the state of every component where $nc_i$ is the number of components of type $i$ and $nt$ is the number of component types. Therefore, it takes

$$ni \sum_{j=k_i}^{nc_i} \binom{nc_i}{j} \quad \text{to code a clause } C_i(k_i) \text{ and} \quad \prod_{\substack{i=1 \\ C_i \text{ not indexed}}}^{nf} ni \sum_{j=k_i}^{nc_i} \binom{nc_i}{j} \quad \text{to code } \prod_{i=1}^{nf} clause_i\,.$$

Obviously, which representation is less space consuming depends on $nf$, $k_i$ as well as the number of components of any not-indexed type. [Ris86] shows the first representation to be preferable in most applications.

# 4 The Algorithm

The following algorithm to generate a system reliability expression for a given structure function is based on the law of idempotency. It consists of five steps:

1. From the the structure function, generate the corresponding expression for the system reliability.

2. Expand this expression w.r.t. multiplication.

3. Apply idempotency.

4. Reduce the expression by collecting identical summands.

5. Substitute variables $C(k)$ and $C(\overline{k})$ by

$$\sum_{i=k}^{nc} \binom{nc}{i} rel(C)^i (1 - rel(C))^{nc-i} \quad \text{and} \quad 1 - \sum_{i=k}^{nc} \binom{nc}{i} rel(C)^i (1 - rel(C))^{nc-i}$$

   respectively, and substitute variables $C.k$ and $C.\overline{k}$ by $rel(C)$ and $1 - rel(C)$ respectively, where $nc$ is the number and $rel(C)$ the function call returning the reliability of components of type $C$. Products $C.k_1 \ldots C.k_j$ of indexed components of same type where $i$ out of the $j$ clauses are complemented can be shortened to the product of the two calls $rel(C)^{j-i}$ and $(1 - rel(C))^i$.

Contrary to this text, in SAVE all expressions are internally given in reverse Polish notation.

In the first step, subexpressions *expression*1 $\vee$ *expression*2 and *expression*1 $\wedge$ *expression*2 are transformed to *expression*1 + *expression*2 − *expression*1 $*$ *expression*2 and *expression*1 $*$ *expression*2 respectively.

In the second step, the expression is transformed to a sum of products.

In the essential third step, the law of idempotency is applied. It has to be justified that this step covers all the laws which hold in a Boolean algebra [Lee78]. For example, consider the law of absorption. The expression $C \vee (C \wedge D)$ is transformed to $C + C * D - C * C * D$ and by idempotency to $C + C * D - C * D = C$. E.g., idempotency applied to $C(c_1) * C(c_2)$ gives $C(max(c_1, c_2))$. Complemented clauses have to be taken into consideration accordingly.

The fourth step just tidies up the expression to avoid superfluous work in the next step.

The fifth step replaces the variables $C(k)$, i.e. the Boolean expression for the event that "at least k components of type $C$ are operational" by the expression for its probability, as indicated above. If the routine to evaluate this expression of system reliability is designed to allow to call subroutines then in this step there is only need for the insertion of the call to the appropriate function.

To begin with – first, the Boolean expression is reduced by the following three operations equivalent to those in the second through fourth step.

1. Expand the Boolean expression w.r.t. $\wedge$.
2. Apply idempotency w.r.t. $\wedge$.
3. Apply absorptivity (idempotency w.r.t. $\vee$).

Now, an example shows the considerable increase in the length of the expression which is produced in the first step. Namely, generate the reliability expression for the Boolean expression $C_1 \vee C_2 \vee \ldots \vee C_n$. The length of its representation is $3n - 1$ again assuming that coding a variable $C_i = C_i(1)$ takes two integers. Then, the length of the expanded expression in the m-th stage (processing $C_1 \vee \ldots \vee C_m$) is

$$length(m) := length(expression^{(m)}_{expanded}) = 3\,n\,2^{m-1} - 1,$$

which can readily be derived using the following recursion: $length(m) = 3\,vars(m) - 1$ where for the number $vars(m)$ of variables in the n-th stage expression $vars(m) = 2\,vars(m-1) + terms(m-1) + 1$ and the number $terms(m)$ of terms in the expression is recursively given by $terms(m) = 2\,terms(m-1) + 1$. Initially, $terms(2) = 3$ and $vars(2) = 4$.

This example reveals that it is absolutely necessary to reduce the length of the expression. This is achieved by applying all but the last of the following steps 'on the fly'.

Thus, let idempotency and reduction be applied to each subexpression as it is generated: if it is guaranteed by expansion with respect to multiplication that each product which has been processed does not contain a sum as subexpression, then idempotency can be applied to each product, and idempotency as well as reduction to the resulting subexpression when *operand*1 $\vee$ *operand*2 is transformed into *operand*2 + *operand*1 − *operand*2 $*$ *operand*1. However, it turns out that intermediate storage requirements can be reduced if the algorithm works on a standardized form for the sum of products expression, i.e. if the order of summation is rearranged to be from left to right. Then, only those terms are added to the final reliability expression which at the time of their generation do not cancel. The expression can be made even more succinct by collecting identical summands by providing an integer coefficient where necessary. Finally, the algorithm takes on the following form:

1. Expand the Boolean expression w.r.t. $\wedge$.
2. Apply idempotency w.r.t. $\wedge$.
3. Apply absorptivity (idempotency w.r.t. $\vee$).
4. Standardize the order of summation in the sum of products representation of the Boolean expression.
5. Add each product to the final expression and subtract the product of each summand with this product. A non trivial result (e.g. $C(k) * \overline{C(k')}$ vanishes iff $k \geq k'$) in this process is added to the final expression only if it does not cancel with one of the products which already have been computed:

   FOR summand $product_i$ DO

     add $+product_i$ to the final expression

     FOR each *summand* (except for $product_i$) in the final expression DO

       *result* := *idempotency*($product_i$ *summand*)

       IF *result* is not trivial THEN

         IF *result* does not cancel with one of the terms generated so far in the final expression

           THEN add $-result$ to the final expression

           ELSE delete the canceling term in the final expression
6. Substitute clauses on components or component types by their corresponding function calls.

To further reduce intermediate storage all multiplication operators can be omitted internally if they are reinserted in the final step substituting clauses by corresponding function calls.

# 5 The Method of Disjoint Products

The disjoint products method consists in transforming the Boolean expression as a sum ($\vee$) of products ($\wedge$) (sop) into a sum of disjoint products (sodp). Then immediate application of the fifth step yields the system reliability expression. This method has been investigated widely, e.g. [H*81] or [Loc85]. In [BP84] a method is described to represent the union of the events corresponding to all 'minpaths' as disjoint products but only systems with monotone – or coherent in the terminology of [BP84] – structure functions can be considered.

Essentially, the disjoint products method consists of successively rendering the summands in the sop representation disjoint to the part of it which already has been processed. This is performed by transforming the sop $P_1 \vee \ldots \vee P_{np}$ into $P_1 \vee \overline{P_1} P_2 \vee \ldots \vee \overline{P_1} \cdots \overline{P_{np-1}} P_{np}$ where the complement of product $f_1 f_2 \cdots f_{nf}$ is computed as $\overline{(f_1 \cdots f_{nf})} = \overline{f_1} \vee f_1 \overline{f_2} \vee \cdots \vee f_1 \ldots f_{nf-1} \overline{f_{nf}}$. In contrast to inclusion/exclusion where an arithmetic expression is compactified by collecting identical terms, here, the Boolean sodp expression to be generated can be compactified only by application of the rule $(P \wedge C) \vee (P \wedge \overline{C}) = P$ for any product $P$ and any single clause $C$.

Of course, this method can also be applied to expressions containing clauses of the form either *non–indexed–Type*($k$) or *indexed–Type.k* and again, the sop is reduced by virtue of idempotency and absorptivity.

There are two considerations in order: in the first place, commutativity of $\vee$ can be used. Let $nf_i$ denote the number of factors of the $i$-th summand $P_i$. If no term in the final sodp expression cancels ($P \wedge P' = \emptyset$) then the number of summands in the final expression is

$$1 + nf_1 + nf_1 \cdot nf_2 + \ldots + \prod_{i=1}^{np-1} nf_i = 1 + nf_1\,(1 + nf_2\,(1 + \cdots + nf_{np-2}\,(1 + nf_{np-1})\cdots)).$$

Thus, in SAVE the summands of the Boolean expression are ordered according to increasing length (decreasing 'coverage') to reduce the length of the final expression.

In the second place, commutativity of $\wedge$ can be exploited to avoid unnecessary generation of summands which later will be comprised when applying $(P \wedge C) \vee (P \wedge \overline{C}) = P$. Let this be illustrated by an example $\overline{P_1}P_2$ with $P_1 = abc$ and $P_2 = \overline{c}d$ where $a$, $b$, $c$ and $d$ denote single clauses:

$$\overline{(abc)}(\overline{c}d) = \overline{a}(\overline{c}d) \vee a\overline{b}(\overline{c}d) \vee ab\overline{c}(\overline{c}d) = \overline{a}\overline{c}d \vee a\overline{b}\overline{c}d \vee ab\overline{c}d = \overline{a}\overline{c}d \vee a\overline{c}d = \overline{c}d$$

which can be computed directly by reordering $\overline{(abc)}(\overline{c}d) = \overline{(cba)}(\overline{c}d) = \overline{c}d \vee \emptyset = \overline{c}d$.

The upper bound on the number of summands in the final sodp expression for the sop $P_1 \vee \ldots \vee P_{np}$ can be refined by taking coverage between pairs of products into consideration:

$$1 + nf_{1\backslash 2} + \cdots + \prod_{i=1}^{np-1} nf_{i\backslash np}$$

where $nf_{i\backslash j}$ denotes the number of factors in $product_i$ but not in $product_j$. To minimize this expression for all $np!$ permutations of the $np$ summands appears not to be feasible or reasonable. Sort of a compromise were to use this refined bound for the reordering of summands of equal length only and/or to be content with a suboptimal ordering. Such an ordering can be determined for example as a spanning path along arcs with increasing label in the 'coverage'-graph: its nodes correspond to the products and two such nodes are connected by an undirected arc if the intersection of the corresponding products is not empty. These arcs are labeled by the cardinality of the intersection of the two products corresponding to the two endpoints.

Experience shows that generally it is advantageous to invest some cpu time into reordering the sop expression or parts of it in order to reduce the number of summands which are generated in the sodp expression or to avoid later compression by applying $(P \wedge C) \vee (P \wedge \overline{C}) = P$ instead of managing the whole sodp expression to successively comprise summands.

# 6 Examples and Comparisons

Now, performance of the two algorithms applied to some examples is compared. Obviously, the algorithms applied to a Boolean expression which is already disjoint – like $A \vee (\overline{A} \wedge B)$ – generate identical reliability expressions. The rather small examples in [Ben82] do not show significant performance differences for these two algorithms.

For two specific examples of a communication scheme between two computer systems only the important figures are listed: the number of summands in the Boolean expression and in the final reliability expression, its length and the processing time as generated by the disjoint products (dp) or the inclusion/exclusion (ie) algorithm. Those figures in parentheses correspond to the same system specified by indexed components instead of defining individual component types for components with the same component reliability.

The cpu time refers to run time on an IBM 3083 under VM.

| method | Boolean summands | final summands | expression length | cpu time (sec) | intermediate storage |
|---|---|---|---|---|---|
| dp | 7 | 27 | 1215 (465) | .10 (.08) | 2647 (1873) |
| ie | 7 | 29 | 1234 (304) | .04 (.04) | 976 (976) |

In the next example, a little more elaborate communication scheme is modeled.

| method | Boolean summands | final summands | expression length | cpu time (sec) | intermediate storage |
|---|---|---|---|---|---|
| dp | 10 | 40 | 2405 (2481) | .61 (.43) | 12491 (5975) |
| ie | 10 | 43 | 920 (666) | .13 (.13) | 3445 (3445) |

It is easy to see why dp needs more cpu time and more intermediate storage. Namely, when additional disjoint products are added to the final reliability expression the relation $(P \wedge C) \vee (P \wedge \overline{C}) = P$ may be applied to reduce the final expression. But, every time this relation has been applied another pass becomes necessary to apply it to the modified expression. This contrasts crucially to ie where only one pass ($O(n^2)$ operations for $n$ summands) is necessary.

For these two examples there is no topological equivalent so that topological methods cannot be applied.

In the next example, a complex automatic control system for an electrical power plant [Koc85] is modeled. It is depicted in Fig.1. Its specification in SAVE is sketched below.

```
 MODEL: KOCHS
*
* this is a model for the automatic control system of an electrical power plant
* as described in Kochs: Zuverlaessigkeit von Leitsystemen, 1985;
* abbreviations:  cctr = concentrator; if = interface; kp = keyboard;
*                 arbiter = bus arbiter; cntrl = controller;
*
  METHOD: combinatorial
*                                 specify failure and repair rates ...
  PARAMETERS: cpufr, cpurr ...
*                                 specify components ...
  COMPONENT: cpu(2)
      AVAILABILITY: cpurr/(cpufr+cpurr)
*
... specify the following COMPONENT types and their AVAILABILITY
... accordingly: power(2), disk(2), tape(4), cctr(6), arbiter,
... ifcctr(4), diskcntrl(2), ifdisk(2), iftape(2), tapecntrl(2),
... crt1(3) ... crt4(3), ifcrt(8), kb(4), ifkb(4)
*                                specify structure function ...
  EVALUATION CRITERIA: blockdiagram
*     for archiving: 2 out of 4 tapes
      archiv0: (tapecntrl.1 and tape.1 and tape.2)
      archive: (tapecntrl.2 and tape.3 and tape.4) or archiv0
*     3 out of 4 controlling places (crt and keyboard kb)
*     a controlling place is operating iff 2 out of 3 crt's and a kb
      cp1: crt1(2) and kb.1
      cp2: crt2(2) and kb.2
      cp3: crt3(2) and kb.3
      cp4: crt4(2) and kb.4
*     service stations (depending on the side of the duplex system)
      serv11: (ifcrt.0+1 and ifkb.0+1 and cp1)
      serv12: (ifcrt.2+1 and ifkb.0+1 and cp2)
```

```
      serv13: (ifcrt.4+1 and ifkb.2+1 and cp3)
      serv14: (ifcrt.6+1 and ifkb.2+1 and cp4)
... specify same for the other half of the system
*     3 out of 4 controlling places (crt and keyboard kb)
      servla: (servll and serv12 and serv13)
      servlb: (servll and serv12 and serv14) or servla
      servle: (servll and serv13 and serv14) or servlb
      servl : (serv12 and serv13 and serv14) or servle
... specify same for the other half of the system
*
      mainla: cpu.1 and ifdisk.1 and diskcntrl.1 and disk.1
      mainlb: iftape.1 and power.1 and servl and mainla
      mainlc: (ifcctr.0+1 and cctr.1 and cctr.3 and cctr.5)
      mainld: (ifcctr.0+2 and cctr.2 and cctr.4 and cctr.6) or mainlc
      mainl:  mainlc and mainlb
... specify same for the other half of the system yielding subexpression main2
*
      (mainl or main2) and archive and arbiter
*
  END
```

Performance figures for this system with four service stations are listed below.

| method | Boolean summands | final summands | expression length | cpu time (sec) | intermediate storage |
|---|---|---|---|---|---|
| dp | 16 | 1084 | 108265 | 45.28 | 105494 |
| ie | 16 | 189 | 16924 | 1.19 | 36681 |

In contrast to the ie method there are no subtractions in the system reliability expression generated by dp. Even though, the system reliability expression generated by ie can be assumed numerically more stable if it tends to be that much shorter.

For the same system with five service stations instead of four dp failed because of space limitation:

| method | Boolean summands | final summands | expression length | cpu time (sec) | intermediate storage |
|---|---|---|---|---|---|
| dp | 40 | not | enough | memory | |
| ie | 40 | 3096 | 288364 | 88.09 | 286343 |

The equivalence of the two arithmetic expressions (generated by ie and dp) for the system reliability is checked and corroborated by comparison of reliability and sensitivity values for different parameter settings. Practical experience shows that up to now all results differ at most in the 7-th digit for double precision evaluation.

It may be noted that all numerical results produced by combinatorial analysis are double checked with those produced by SAVE's numerical method as long as not time or space requirements prevent this. In case of the previous example (four service stations) it takes SAVE about six minutes to construct the Markov chain for only a truncated model. In the case of such an approximated model, the same numerical results can of course be expected for highly available components only.

# 7 When to use which method

Now, the two methods ie and dp are compared when no terms in the resulting reliability expression cancel. Then, ie generates no pair of identical products with opposite signs and the sodp expression

generated by dp cannot be reduced by applying $(P \wedge C) \vee (P \wedge \overline{C}) = P$. For example, this is the case for any Boolean sop expression $P_1 \vee \cdots \vee P_n$ where the $P_i$ are pairwise disjoint.
Then, inclusion/exclusion produces a reliability expression with $2^n$ summands. In general, for ie the number of summands is independent of the ordering of the summands in the Boolean expression. However, this order may affect the intermediate storage requirements (when do identical summands with opposite signs cancel?).
If the products $P_i$ with $nf_i$ factors are pairwise disjoint the sodp expression generated by the disjoint products method has $1 + nf_1 + \ldots + \prod_{i=1}^{n-1} nf_i$ summands which obviously depends on the ordering of the sop summands.
Therefore, – by considering only the number of summands in the final reliability expression – as a rule of thumb ie is preferable if the Boolean expression contains few, long summands whereas dp should be used if there are many short summands in the Boolean expression. A comparison of the worst case figures as determined in [Ris86] can serve as a guideline.

Because memory space is limited in a much more rigerous way than cpu time an a priori upper bound on the maximal lengths (including intermediate storage) of the reliability expression is highly desirable in order to decide beforehand which method to chose. Such a bound is given by the expression length for pairwise disjoint products. Consider the Boolean (sop) expression $(f_{1,1} \wedge f_{1,2} \ldots \wedge f_{1,nf_1}) \vee \cdots \vee (f_{np,1} \wedge f_{np,2} \ldots \wedge f_{np,nf_{np}})$. Assuming that no two terms cancel and that all intermediate expressions are not reduced by idempotency, the reliability expression generated by ie has

$$length = 2^{np-1} \sum_{i=1}^{np} nf_i \text{ variables } + (2^{np} - 1) \text{ addition operators } = 2^{np} \sum_{i=1}^{np} nf_i + 2^{np} - 1$$

entries. For the disjoint products method, let $length(k, m)$ denote the length of the expression

$$\overline{P_k} \ldots \overline{P_{m-1}} P_m = \sum_{\nu_k=1}^{nf_k} \cdots \sum_{\nu_{m-1}=1}^{nf_{m-1}} \left( \prod_{l=k}^{m-1} \left( f_{l,1} \cdots f_{l,\nu_l - 1} \overline{f_{l,\nu_l}} \right) \right) P_m$$

in its sop representation including an addition operator (sign). Then the reliability expression generated by dp has $length = \sum_{m=1}^{np} length(1, m)$ entries where because of $length(m, m) = 2\, nf_m + 1$

$$\begin{aligned} length(1,m) &= nf_1 \text{ addition operators } + nf_1(nf_1 + 1) + nf_1\, length(2, m) \\ &= \left( \prod_{l=1}^{m-1} nf_l \right) (2\, nf_m + 1) + \sum_{j=1}^{m-1} (2\, nf_j + nf_j^2) \prod_{l=1}^{j-1} nf_l \,. \end{aligned}$$

Thus,

$$\begin{aligned} length &= \sum_{m=1}^{np} \left( (2nf_m + 1) \prod_{l=1}^{m-1} nf_l + \sum_{j=1}^{m-1} (2\, nf_j + nf_j^2) \prod_{l=1}^{j-1} nf_l \right) \\ &= \sum_{m=1}^{np} (2nf_m + 1) \prod_{l=1}^{m-1} nf_l + \sum_{j=1}^{np-1} (np - j)(2\, nf_j + nf_j^2) \prod_{l=1}^{j-1} nf_l \,. \end{aligned}$$

These upper bounds represent worst case lengths and are attained when all $f_{i,j}$ are different. To refine these estimations mutual coverage of product pairs is to be taken into account.

In case of the ie method applied to the Boolean expression $P_1 \vee \ldots \vee P_n$, consider the equivalence relation $\approx$ for summands generated by ie (ignoring their individual signs) defined by $P_{i_1} \ldots P_{i_r} \approx P_{j_1} \ldots P_{j_s}$ iff $idempotency(P_{i_1} \cdots P_{i_r}) = idempotency(P_{j_1} \cdots P_{j_s})$. Then, the arithmetic sum of all elements of an equivalence class $[summand]$ w.r.t. $\approx$ can be comprised in one representant together with an appropriate integer coefficient (which may vanish). Thus, the length of the reliability expression generated by ie can be bounded by

$$length \leq \sum_{\text{equivalence classes } [summand]} \left( \begin{array}{r} |\{\text{factors of } idempotency(summand)\}| \text{ variables} \\ + \text{ coefficient} + \text{addition operator} \end{array} \right).$$

To determine all equivalence classes it is however necessary to check all summands which are generated by ie anyway. To avoid this, it has to be investigated whether or not invariance properties in the lattice of summands (w.r.t. indices of summands $P_{i_1} \ldots P_{i_r}$) can be exploited.

In case of the disjoint products method, reduction by reordering of factors or by applying $(P \wedge C) \vee (P \wedge \overline{C}) = P$ has to be taken into account. Let $factors(P)$ and $\overline{factors}(P)$ denote the set of factors and of complemented factors of product $P$, respectively, and $factors(P \setminus P')$ be short for $factors(P) \setminus factors(P')$. Then, rendering product $P'$ disjoint to product $P$ gives

$$\overline{P}P' = \begin{cases} P' & \text{if } factors(P) \cap \overline{factors}(P') \neq \emptyset \\ \sum_{\nu=1}^{|factors(P \setminus P')|} \left(f_1 \cdots f_{\nu-1}\overline{f_\nu}\right) P' & \text{otherwise} \end{cases}$$

and thus ($length(P)$ includes the addition operator)

$$\begin{aligned} length(\overline{P}P') &= \begin{cases} length(P') & \text{if } factors(P) \cap \overline{factors}(P') \neq \emptyset \\ \sum_{i=1}^{|factors(P \setminus P')|} (i \text{ variables} + length(P')) & \text{otherwise} \end{cases} \\ &= \begin{cases} length(P') & \text{if } factors(P) \cap \overline{factors}(P') \neq \emptyset \\ |factors(P \setminus P')|\,(|factors(P \setminus P')| + 1 + length(P')) & \text{otherwise} \end{cases}. \end{aligned}$$

This can obviously be extended for $P'$ to be a sum of products by $length(\overline{P}\sum P_i) = \sum length(\overline{P}P_i)$ and $length(\overline{PP'}P'') = length(\overline{P}(\overline{P'}P''))$. By iteratively applying these relations, the expression length for a sop $P_1 \vee \ldots \vee P_{np}$ is given by

$$length(sodp(P_1 \vee \ldots \vee P_{np})) = \sum_{m=1}^{np} length(\overline{P_1} \ldots \overline{P_{m-1}} P_m).$$

Continuation along this line, leads to an expression for the final sodp expression length which – as in the case of ie – is computed only by actually generating the sodp expression. Again, to avoid this it has to be investigated whether or not invariance properties in the lattice of sodp summands (this time w.r.t. the factor set of the products $(f_{l,1} \cdots f_{l,\nu_l-1}\overline{f_{l,\nu_l}})$ for $l = 1, \ldots, m-1$ and $P_m$) can be exploited.

# 8 Conclusion

It has become evident that in several cases the inclusion/exclusion type algorithm described above is superior to classical disjoint products algorithms. Two different data representations for these algorithms have been discussed. The classical disjoint products method performance has proven to be quite sensitive to the order of the summands in the Boolean expression. The method presented in this paper is robust in this respect. It has been pointed out that more advantageous topological methods cannot be applied in general.

Upper bounds for the memory requirements of both methods are given. Directions for efficient computation of sharper bounds on the worst case complexity are indicated. An assessment of the average time and space complexity seems desirable.

SAVE – as mentioned above – consists of packages for Markovian analysis [GL87], for simulation, and for combinatorial analysis [Ris86] containing the two algorithms discussed in this paper developed and implemented by the author.

# References

[Bal80] Michael O. Ball: *Complexity of Network Reliability Computations.* Networks, 10:153–165, 1980.

[Ben82] R.G. Bennetts: *Analysis of Reliability Block Diagrams by Boolean Techniques.* IEEE Transactions on Reliability, R-31(2):159–166, June 1982.

[Ben86] Ralph Benjamin: *Analysis of Connection Survivability in Complex Strategic Communications Networks.* IEEE J. on Selected Areas in Communications, SAC-4(2):243–253, March 1986.

[BP65] Richard E. Barlow and Frank Proschan: *Mathematical Theory of Reliability.* John Wiley & Sons, New York, NY, 1965.

[BP84] Michael O. Ball and J. Scott Provan: *The Efficiency of Using Disjoint Boolean Sums for Computing System Reliability.* In *Proceedings of the 1984 Telecommunications Conference,* pages 866–870, 1984.

[Deo74] Narsingh Deo: *Graph Theory with Applications to Engineering and Computer Science.* Prentice-Hall Inc., Englewood Cliffs, NJ, 1974.

[G*86] A. Goyal, W.C. Carter, E. de Souza e Silva, S.S. Lavenberg, and K. Trivedi: *The System Availability Estimator.* In *Proceedings of the FTCS-16, Vienna,* pages 84–89, IEEE, New York, NY, 1986.

[GL87] Ambuj Goyal and Stephen S. Lavenberg: *Modeling and Analysis of Computer System Availability.* IBM J. Res. Develop., 31(6):651–664, November 1987.

[H*81] C.L. Hwang, F.A. Tillmann, and M.H. Lee: *System Reliability Evaluation - Techniques for Complex/Large Systems - A Review.* IEEE Transactions on Reliability, R-30(5):416–423, December 1981.

[Koc85] H.-D. Kochs: *Zuverlässigkeitsberechnung von Leitsystemen: Methodik, Verfahren und Anwendung.* etc-Archiv, Band 7(Heft 9):291–298, 1985.

[Lee78] Samuel C. Lee: *Modern Switching Theory and Digital Design.* Prentice-Hall Inc., Englewood Cliffs, NJ, 1978.

[Loc85] Mitchell O. Locks: *Recent Developments in Computing of System Reliability.* IEEE Transactions on Reliability, R-34(5):425–435, December 1985.

[Ris86] Thomas Risse: *On the Symbolical Evaluation of the Reliability of Systems whose Structure Function is given by any Boolean Expression in its Components.* Research Report RC-11943 (#53777), IBM, T.J. Watson Research Center, Yorktown Heights, NY, 1986.

[Sch86] Winfrid G. Schneeweiss: *Comparing three Algorithms for Fault Tree Evaluation.* In Lothar Streitferdt et al., editor, *Operations Research Proceedings 1985, 14. DGOR-Jahrestagung, Hamburg,* pages 401–407, DGOR, Springer, Berlin Heidelberg, 1986.

[Sch87] Winfrid G. Schneeweiss: *Approximate Fault-Tree Analysis with Prescribed Accuracy.* IEEE Transactions on Reliability, R-36(2):250–254, June 1987.

[SP78] A. Satyanarayana and A. Prabhakar: *New Topological Formula and Rapid Algorithm for Reliability Analysis of Complex Networks.* IEEE Transactions on Reliability, R-27(2):82–100, June 1978.

[Val79] Leslie G. Valiant: *The Complexity of Enumeration and Reliability Problems.* SIAM J. Comp., 8(3):410–421, August 1979.

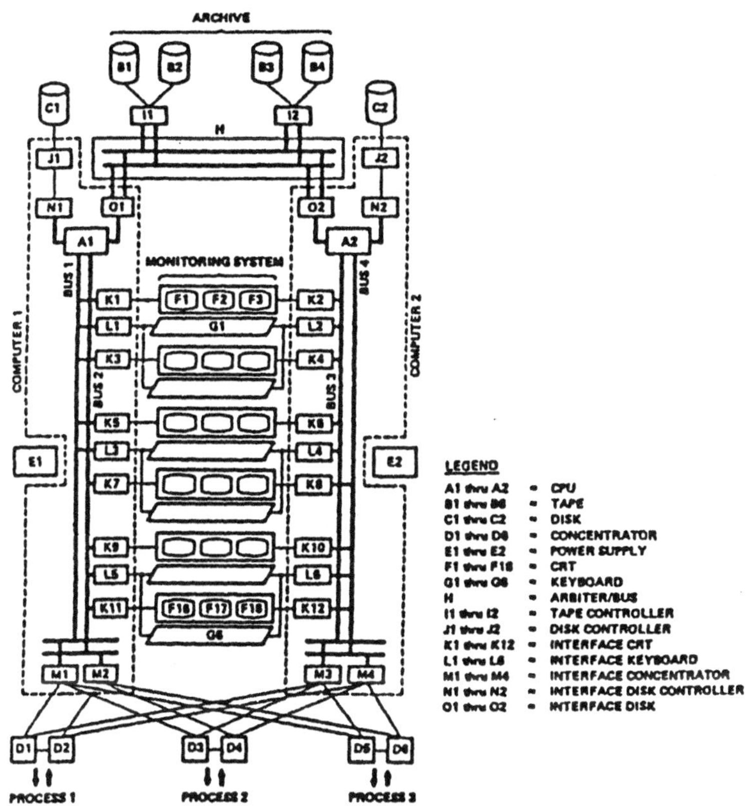


Fig.1 Computer system controlling and monitoring an electrical power plant

# Fachgespräch

## Methoden zur Entwicklung komplexer Systeme

Beim Entwurf komplexer Systeme ist methodenorientiertes Vorgehen zu einer Selbstverständlichkeit geworden. Dabei wird ein breites Spektrum von Methoden verwendet, das von informellen, meistens graphikgestützten Vorschlägen zur Separierung von Systemkomponenten bis hin zu formalen Methoden reicht, die eine systematische Korrektheitsprüfung und Programmerstellung unterstützen.

Im Fachgespräch soll exemplarisch der aktuelle Entwicklungsstand verschiedener Entwurfsmethoden vorgestellt und über praktische Erfahrungen berichtet werden. Zentrale Fragen sind:

- Welche grundsätzlichen Aspekte sind für die Anwendung von Methoden zu beachten?
- Welche neuen Ansätze werden vorgeschlagen und wie sind sie einzuschätzen?
- Welche Erfahrungen mit vorhandenen Methoden können für neue Anwender interessant sein?
- Wie gestaltet man den Übergang von nicht formalen zu formalen Methoden und von formalen Methoden zu Programmen?

**Programmkomitee für dieses Fachgespräch:**

W. Reisig (GMD, Vorsitz), M. Broy (Universität Passau), G. Hommel (TU Berlin), P. Pepper (TU Berlin), R. Valk (Universität Hamburg), M. Wirsing (Universität Passau)

# Entwurf von Systemverhalten durch Spezifikation und Transformation temporaler Anforderungen

Udo W. Lipeck
Informatik, Abteilung Datenbanken
Technische Universität Braunschweig
Postfach 3329, 3300 Braunschweig

Gunter Saake*
IBM Wissenschaftliches Zentrum
Tiergartenstr. 15, 6900 Heidelberg

**Zusammenfassung:** Beim Entwurf von reaktiven Softwaresystemen (z.B. Informationssystemen) sind neben der Struktur von Zuständen auch die zulässigen zeitlichen Entwicklungen festzulegen; diese lassen sich durch Folgen von Zuständen charakterisieren und werden durch Anwendungsoperationen induziert. In dieser Arbeit wird eine Methode für die schrittweise formale Spezifikation von dynamischem Systemverhalten vorgestellt. Es wird eine zweischichtige Beschreibung verwendet, die einerseits deskriptiv Anforderungen an ganze Zustandsfolgen, formuliert in temporaler Logik, und andererseits Vor-/Nachbedingungen für die einzelnen Operationen vorsieht. Nachdem die beiden Spezifikationsteile erst komplementär aufgestellt werden, lassen sich dann aus den temporalen Anforderungen korrekte Objektlebensläufe ableiten und graphisch darstellen. Schließlich werden die so erhaltenen Bedingungen an Zustandsübergänge systematisch in verfeinerte Vor-/Nachbedingungen transformiert, so daß allein die Operationen die Zulässigkeit des Systemverhaltens gemäß den Anforderungen garantieren.

## 1. Einführung

Komplexe Softwaresysteme, z.B. Informationssysteme, können oft als sogenannte ***reaktive Systeme*** [Pn86] aufgefaßt werden: deren Verhalten läßt sich durch eine Folge von Zuständen charakterisieren, die durch eine im Prinzip willkürliche Folge vorbereiteter Benutzeroperationen induziert wird. Solche Systeme zeichnen sich durch hohe Anforderungen sowohl an die Modellierung der statischen Struktur ihrer Zustände als auch an die Modellierung ihres dynamischen Verhaltens aus. Eine Methodik zur formalen Spezifikation, die als Grundlage für die zur Implementierung führenden weiteren Entwurfsschritte dient, ist hierbei von besonderem Interesse.

Eine derartige Entwurfsmethodik muß vor allem die Forderung erfüllen, daß die betreffenden Systemeigenschaften zunächst auf einem hohen Abstraktionsniveau deskriptiv spezifiziert werden können, wobei trotz Formalisierung auf Lesbarkeit und intuitive Verständlichkeit zu achten ist. Im weiteren Verlauf sollten graphische Darstellungen, schrittweise Verfeinerungen und Strukturierungen in handhabbare Teilentwürfe unterstützt werden. Auf der Grundlage einer formalen Semantik sind Methoden zu entwickeln, mit denen sich die Konsistenz von Spezifikationen (insgesamt und zwischen verschiedenen Spezifikationsteilen/schritten) prüfen bzw. herstellen läßt, etwa durch transformationelle Techniken.

Wir verwenden eine mehrschichtige Spezifikationsmethode, wie sie im Bereich des Entwurfs von Informationssystemen unter anderen von [CaVF84, SchiFNC84, SeS85, CaS87, HoNSE87] vorgeschlagen wurde. Zugrunde legen wir folgende semantische Modellbildung: Systemzustände

*) Die Arbeit von G. Saake wurde während seiner Tätigkeit an der TU Braunschweig von der DFG unter Az. Eh75/6 gefördert.

sind Strukturen, die eine prädikatenlogische Spezifikation erfüllen. Das dynamische Systemverhalten ist durch eine Folge solcher Zustände gegeben, deren Übergänge durch die ausgeführten Operationen bestimmt sind. Inhalt der Systemspezifikation ist somit die Beschreibung

- der statischen Struktur der Systemzustände,
- der erlaubten ("zulässigen") Folgen von Systemzuständen und
- der zur Verfügung stehenden ("ausführbaren") Operationen.

Auf den ersten Punkt, die Beschreibung der statischen Struktur, gehen wir nicht näher ein; hier können etwa Methoden der konzeptionellen Datenmodellierung oder Wissensrepräsentation eingesetzt werden [BrMS84]. Kernpunkt dieser Arbeit ist vielmehr die Berücksichtigung temporaler Anforderungen an Folgen von Systemzuständen. (In Informationssystemen spricht man in diesem Zusammenhang von dynamischen Integritätsbedingungen bzw. "Constraints".) Da sich die jeweils relevante Zustandsfolge erst aus den vom Benutzer aufgerufenen Operationen ergibt, hat die Spezifikation festzulegen, wann Zustandsfolgen zulässig sind. Im Gegensatz zum Algorithmenentwurf ist nicht vorhersehbar, welche Berechnungsfolgen tatsächlich auftreten.

Für die deskriptive Spezifikation von Zustandsfolgen in Informationssystemen wurde u.a. in [Se80, CaCF82, Ku84, LiEG85, FiS86] der Einsatz einer ***temporalen Logik*** vorgeschlagen. Temporale Logik erlaubt die Formulierung von zeitbezogenen Forderungen wie "immer muß ..." oder "nach dem Eintreffen der Ereignisses A muß irgendwann B gelten" in einer um temporale Operatoren erweiterten Prädikatenlogik. Wir verwenden hier eine Version der in [MaP81, Kr87] vorgeschlagenen *linearen* temporalen Logik, die für die speziellen Anforderungen als Spezifikationssprache modifiziert wurde. - Zur Spezifikation der Operationen dienen übliche Vor- und Nachbedingungen, ein Vergleich mit anderen Formalismen findet sich etwa in [VeCF81].

In den folgenden Abschnitten wird eine Entwurfsmethodik für die formale Spezifikation komplexer Systeme vorgestellt, die den obigen Anforderungen genügt. Im anschließenden Abschnitt 2 wird zunächst ein Überblick über die schrittweise Erstellung einer Systemspezifikation gegeben; die einzelnen Entwurfsschritte zusammen mit den semantischen Grundlagen sind Inhalt der Kapitel 3 bis 5. Dieser Beitrag basiert auf den Ausarbeitungen in [Li87, Sa88].

## 2. Schrittweise Spezifikation von Systemverhalten

In der Phase des konzeptionellen Systementwurfs werden Struktur und Verhalten des betreffenden Systems in einer logikbasierten Spezifikation festgelegt, die als formale Referenz für weitere Entwurfsschritte dient. In unserem Ansatz wird diese Phase in mehrere Einzelschritte gegliedert, die systematisch zu einer konzeptionellen Gesamtspezifikation führen, wobei auch Iterationen auftreten dürfen. Einen Überblick über den Entwurfsprozeß für eine ***schrittweise formale Spezifikation*** von Systemverhalten gibt die Abbildung 1.

*Zu 1.:* Ausgehend von einer Systemanalyse stellt der Entwerfer temporale Anforderungen an das Gesamtverhalten des Systems auf und beschreibt diejenigen Operationen, die das System als Grundbausteine für Anwendungen anbieten soll, etwa mittels Vor- und Nachbedingungen. Bei der Operationsspezifikation brauchen die temporalen Anforderungen noch nicht berücksichtigt werden, so daß sich die beiden Teile der Spezifikation zunächst ergänzen.

*Zu 2.:* Anschließend leitet man Schemata für die Lebensläufe von Objekten ab, welche den tem-

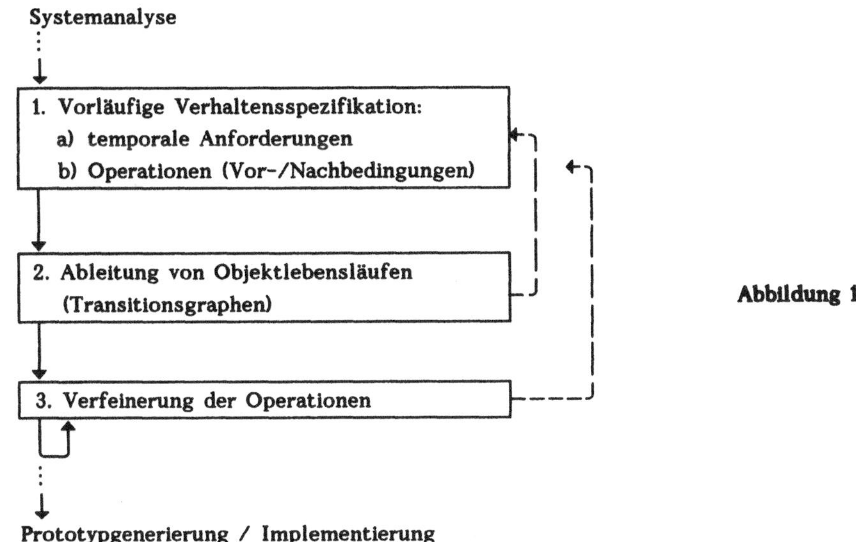


**Abbildung 1**

poralen Anforderungen genügen. Dazu werden aus den Anforderungen, die durch Formeln der temporalen Logik ausgedrückt sind, sogenannte Transitionsgraphen konstruiert, die angeben, welche Übergänge zwischen Systemzuständen zulässig sind. Diese Schemata ermöglichen eine Analyse der ursprünglichen Spezifikation, denn sie stellen graphisch dar, welche Lebensläufe aus den temporalen Anforderungen resultieren; so kann man Spezifikationsabsicht und -ergebnis miteinander vergleichen. Werden Anforderungen, die dieselbe Objektklasse betreffen, kombiniert, können ihre gemeinsamen Auswirkungen auf einzelne Objekte verfolgt werden. Zudem beinhaltet die Graphkonstruktion auch ein formales Kriterium für die Konsistenz der Anforderungen. Die Konstruktion von Transitionsgraphen führt somit möglicherweise zu einer Änderung der ursprünglichen temporalen Anforderungen, falls diese sich als inkonsistent erweisen oder zu unerwünschten Abläufen führen.

Die Ableitung von Transitionsgraphen aus temporalen Formeln stellt eine Verbindung zwischen logischen Spezifikationen und netzorientierten Ansätzen zur Verhaltensmodellierung wie in [KuS86, Re86, RiD82] her, da sich Transitionsgraphen auch als spezielle Petri-Netze auffassen lassen. Somit kann man bekannte Methoden zur Analyse und Verfeinerung von Netzen an den auf temporaler Logik basierenden Entwurf anschließen.

*Zu 3.:* Anhand der Transitionsgraphen werden die Operationsspezifikationen dahingehend transformiert, daß sie die temporalen Anforderungen respektieren. Dazu werden die Vor-/Nachbedingungen um die erhaltenen Bedingungen an Zustandsübergänge verfeinert. Eine zuerst strikt formale Verfeinerung läßt sich systematisch vereinfachen, wenn die Art der Operation und die davon betroffenen Objekte berücksichtigt werden. In den späteren Programmen resultieren daraus typischerweise zusätzliche Änderungen und Prüfungen. Wenn sich Widersprüche zeigen, muß man die ursprüngliche Spezifikation nochmals revidieren, jetzt vorrangig im Operationenteil; ggf. ist eine angemessene Fehlerbehandlung vorzusehen. Die strikte Anwendung der Transformationsregeln macht eine anschließende Programmverifikation gegen die temporalen Anforderungen überflüssig.

Diese schrittweise Spezifikation erlaubt dem Entwerfer, zu erkennen und zu kontrollieren, wie sich die *global* und *langfristig* formulierten temporalen Anforderungen auswirken, und zwar

- *lokal* auf einzelne Objekte (anhand der Transitionsgraphen)
- *kurzfristig* auf die Operationen (bei den Transformationen).

Schließlich ist das dynamische Systemverhalten allein durch die Operationsspezifikationen bestimmt; die temporalen Anforderungen, die anfangs wegen ihrer mächtigen deskriptiven Ausdrucksfähigkeit bevorzugt werden, brauchen nicht weiter berücksichtigt werden. Die erhaltenen Spezifikationen bilden damit eine ausreichende Grundlage für die Implementierung bzw. eine Prototypgenerierung; bei ständiger weitestgehender Vereinfachung bleiben sie trotz Transformation für den Entwerfer bzw. Implementierer noch verständlich.

In den folgenden drei Abschnitten beschreiben wir die Spezifikationsschritte im einzelnen.

# 3. Temporale Anforderungen

Neben dem dynamischen Systemverhalten, das in dieser Arbeit im Vordergrund steht, muß auch die Informationsstruktur des zu entwerfenden Systems abstrakt spezifiziert werden. Als semantische Modellbildung für die gespeicherte Information werden *Populationen informationstragender Objekte* betrachtet. Die Objekte sind in Objektsorten unterteilt, die Objekte mit gleichen Eigenschaften zusammenfassen. Sowohl die Eigenschaften einzelner Objekte als auch die Population von Objektsorten können sich während der Systemlaufzeit verändern. Wir benutzen hier nur eine einfache Strukturbeschreibung, in der die Objektsorten benannt und die zeitabhängigen Objekteigenschaften durch Funktionen und Prädikate repräsentiert werden.

**Beispiel 1:** Als Beispiel betrachten wir einen Ausschnitt aus einem Informationssystem für ein Automobil-Meldewesen. Als Objektsorten treten Wagen (CAR), Besitzer (CAR-OWNER) und Modelle (MODEL) auf, über die verschiedene Informationen gespeichert werden sollen. Für Wagen sind dies neben den Herstellungsinformationen (serialno ≙ Seriennummer, manuf ≙ Hersteller, model ≙ Modell) der momentane Besitzer (owner) und Informationen über die Anmeldung (registered ≙ angemeldet?, regno ≙ Registriernr.). Die Besitzer werden durch Prädikate in die Klassen Hersteller (is-MANUF), Händler (is-GARAGE) und Personen (is-PERSON) eingeteilt. Außerdem wird die ebenfalls veränderliche Information über das laufende Jahr vermerkt (this-year).

Die folgenden temporalen Formeln beschreiben typische temporale Anforderungen für diesen Anwendungsfall: (mit Variablen c: CAR, co: CAR-OWNER, y: Year)

(C1) ¬registered(c)
∧ (this-year=y ⇒ **sometime** registered(c) **before** this-year>y+1)
∧ **from** registered(c) **holds** (owner(c)=manuf(c) ∧ **always** registered(c))

/* Ein neu eingefügter (produzierter) Wagen c ist noch nicht angemeldet, muß aber irgendwann im selben oder darauffolgenden Jahr registriert werden (mit seinem Hersteller als Besitzer), wonach er immer registriert bleibt (mit möglicherweise wechselnden Besitzern). */

(C2) **from** owner(c)≠manuf(c) **always** ¬is-MANUF(owner(c))
∧ **always-from** (owner(c)=co ∧ is-GARAGE(co)) **holds**
(**always** owner(c)=co **before** is-PERSON(owner(c)))

/* Wechselt ein Wagen von seinem Hersteller zu einem anderen Besitzer, darf er nie wieder in den Besitz eines Herstellers gelangen. Wagen bleiben solange im Besitz desselben Händlers co, bis sie an eine Person verkauft werden. */ □

Objektsorten und -funktionen legen die nichtlogischen Symbole einer mehrsortigen Prädikatenlogik fest. Ein einzelner Systemzustand entspricht einer Struktur zu dieser Prädikatenlogik, worin jeder Objektsorte eine Trägermenge und jedem Funktionssymbol eine Funktion auf diesen Trägermengen zugeordnet ist. Das dynamische Verhalten des Systems wird durch Folgen derartiger Zustände beschrieben, wobei sowohl die Trägermengen (Existenz von Objekten) als auch die Funktionswerte (die Objekteigenschaften) zeitabhängig variieren können.

Bedingungen an einzelne Systemzustände können durch Formeln dieser Prädikatenlogik ausgedrückt werden; Bedingungen an ganze Zustandsfolgen hingegen erfordern Formeln einer ***temporalen Logik***, die die Prädikatenlogik mindestens um temporale Quantoren wie **always** oder **sometime** erweitert. Eine ***temporale Anforderung*** für die Objekte einer Objektsorte (bzw. für Objektkombinationen) ist eine temporale Formel mit einer (oder mehreren) freien Objektvariablen. Die formale Semantik temporaler Anforderungen ist wie folgt definiert:

**Definition:** Eine unendliche oder endliche Folge $\underline{\sigma}$ von Zuständen ($\langle\sigma_0,\sigma_1,\ldots\rangle$ oder $\langle\sigma_0,\ldots,\sigma_{n-1}\rangle$, $n\geq0$), ist bzgl. einer temporalen Anforderung $\varphi$ ***zulässig***, wenn $\varphi$ für jede Belegung $\theta$ der in $\varphi$ vorkommenden freien Variablen im zugehörigen Existenzintervall $\underline{\sigma}_\theta$ ***gültig*** ist; diese Eigenschaft wird als "$\underline{\sigma}_\theta \models \varphi$" notiert. $\underline{\sigma}_\theta$ bezeichnet das (als eindeutig angenommene) Intervall derjenigen Zustände in $\underline{\sigma}$, in denen alle Objekte der Belegung $\theta$ existieren. Die Auswertung einer temporalen Formel unter einer Belegung ergibt sich induktiv über den Formelaufbau; zur Vereinfachung der Notation lassen wir nachstehend aber die explizite Angabe der Belegung weg.

Seien $\alpha,\psi,\tau$ temporale Formeln, $\rho$ eine rein prädikatenlogische Formel und $\underline{\sigma}$ eine Zustandsfolge. "$I(\underline{\sigma})$" bezeichne den *Indexbereich* von $\underline{\sigma}$, d.h. $I(\langle\sigma_0,\sigma_1,\ldots\rangle)=\mathbb{N}$ und $I(\langle\sigma_0,\ldots,\sigma_{n-1}\rangle)=\{0,\ldots,n-1\}$, und $\underline{\sigma}_i$, $i\in I(\underline{\sigma})$, bezeichne die i-te *Restfolge* $\langle\sigma_i,\sigma_{i+1},\ldots\rangle$. "$\mu\tau$" stehe für den Index der ersten Restfolge, die $\tau$ erfüllt, also $\mu\tau = \min(\{j\in I(\underline{\sigma}) \mid \underline{\sigma}_j\models\tau\} \cup \{\infty\})$.

(1) $\underline{\sigma} \models \rho$ gdw. alle freien Variablen in $\rho$ mit Objekten aus $\sigma_0$ belegt sind und $\sigma_0\models\rho$ .

(2) Logische Konnektive $\wedge,\vee,\neg,\ldots$ werden wie üblich interpretiert.

| | | |
|---|---|---|
| (3a) | $\underline{\sigma} \models$ **always** $\psi$ | gdw. für alle $i\in I(\underline{\sigma})$: $\underline{\sigma}_i \models\psi$ |
| (3b) | $\underline{\sigma} \models$ **sometime** $\psi$ | gdw. ein $i\in I(\underline{\sigma})$ existiert, so daß $\underline{\sigma}_i \models\psi$ |
| (4a) | $\underline{\sigma} \models$ **always** $\psi$ **before** $\tau$ | gdw. für alle $i\in I(\underline{\sigma})$: $i<\mu\tau$ impliziert $\underline{\sigma}_i \models\psi$ |
| (4b) | $\underline{\sigma} \models$ **sometime** $\psi$ **before** $\tau$ | gdw. ein $i\in I(\underline{\sigma})$ existiert, so daß $i<\mu\tau$ und $\underline{\sigma}_i \models\psi$ |
| (5a) | $\underline{\sigma}\models$ **onnext** $\psi$ | gdw. $1\in I(\underline{\sigma})$ impliziert $\underline{\sigma}_1\models\psi$ |
| (5b) | $\underline{\sigma}\models$ **next** $\psi$ | gdw. $1\in I(\underline{\sigma})$ und $\underline{\sigma}_1\models\psi$ |
| (6) | $\underline{\sigma} \models$ **from** $\alpha$ **holds** $\psi$ | gdw. $\underline{\sigma}_{\mu\alpha}\models\psi$ (falls $\mu\alpha<\infty$) / **true** (andernfalls) □ |

Nichttemporale, rein prädikatenlogische Formeln werden im Anfangszustand $\sigma_0$ der betrachteten Zustandsfolge $\underline{\sigma}$ ausgewertet. Die temporalen Quantoren **always** und **sometime** fordern die Gültigkeit der Argumentformel $\varphi$ in jeder bzw. mindestens einer Restfolge von $\underline{\sigma}$. Ihr Quantifizierungsbereich kann durch eine **before**-Klausel auf diejenigen Restfolgen eingeschränkt werden, die vor dem ersten Eintreten einer Endebedingung $\tau$ beginnen. **from** führt stattdessen eine Anfangsbedingung $\alpha$ ein. Die Operatoren **onnext** und **next** betreffen nur die erste Restfolge $\underline{\sigma}_1$. Falls das Argument $\psi$ nichttemporal ist, beziehen sich die Bedingungen nur auf einzelne Zustände anstelle ganzer Restfolgen. Die obige Logik kann, wie in [SchwMV83] vorgeschlagen, zusätzlich um abstraktere temporale Operatoren einer "Intervall-Logik" erweitert werden.

Für unendliche Zustandsfolgen stimmen die beiden Operatoren **next** und **onnext** überein. Gesetzmäßigkeiten über temporale Operatoren finden sich z.B. in [Kr87, LiS87]. Hier seien nur folgende Äquivalenzen erwähnt, die man als ***temporale Rekursionen*** bezeichnet:

$$\textbf{always}\ \psi \Leftrightarrow \psi \wedge \textbf{onnext}\ (\textbf{always}\ \psi)$$
$$\textbf{sometime}\ \psi \Leftrightarrow \psi \vee \textbf{next}\ (\textbf{sometime}\ \psi)$$
$$\textbf{always}\ \psi\ \textbf{before}\ \tau \Leftrightarrow \tau \vee (\psi \wedge \textbf{onnext}\ (\textbf{always}\ \psi\ \textbf{before}\ \tau))$$
$$\textbf{sometime}\ \psi\ \textbf{before}\ \tau \Leftrightarrow \neg\tau \wedge (\psi \vee \textbf{next}\ (\textbf{sometime}\ \psi\ \textbf{before}\ \tau))$$
$$\textbf{from}\ \alpha\ \textbf{holds}\ \psi \Leftrightarrow (\alpha \wedge \psi) \vee (\neg\alpha \wedge \textbf{onnext}\ (\textbf{from}\ \alpha\ \textbf{holds}\ \psi))$$

Diese Regeln stellen die Beziehung zwischen den Nextoperatoren und den anderen temporalen Operatoren her. Sie ermöglichen insbesondere die schrittweise Auswertung von temporalen Formeln, da sie temporale Quantifizierungen aufspalten in einen "zukünftigen" Bestandteil, der in der Restfolge $\underline{\sigma}_1$ ausgewertet werden muß, und einen "aktuellen", einfacheren Formelteil.

In reaktiven Systemen ist zu jedem aktuellen Zeitpunkt die zukünftige Systementwicklung offen, da sie von den folgenden, frei wählbaren Operationen abhängt. Die vollständigen Objektlebensläufe, auf die sich die temporalen Anforderungen eigentlich beziehen, sind somit in der Regel nur zum Teil bekannt. Um Aussagen über die Einhaltung temporaler Formeln im Präfix einer Zustandsfolge zu ermöglichen, führen wir den Begriff der ***potentiellen Gültigkeit*** ein:

**Definition:** Eine Zustandsfolge $\underline{\sigma}$ ist ***potentiell zulässig*** bezüglich einer temporalen Formel $\varphi$ gdw. $\varphi$ in $\underline{\sigma}$ für jede auftretende Belegung $\theta$ ***potentiell gültig*** ist, d.h.:

- $\underline{\sigma}_\theta \models \varphi$, falls $\underline{\sigma}_\theta$ vor $\underline{\sigma}$ endet,
- andernfalls existiert eine Fortsetzung $\underline{\sigma}'$, so daß $(\underline{\sigma} \circ \underline{\sigma}')_\theta \models \varphi$. □

Diese Definition modelliert die Vorstellung, daß bereits gelöschte Objekte eine temporale Anforderung während ihres Existenzintervalles erfüllt haben müssen, während von anderen Objekten optimistischerweise nur gefordert wird, daß dieses in der Zukunft noch möglich ist.

Insgesamt spezifizieren temporale Formeln also deskriptiv Anforderungen an die Lebensläufe informationstragender Objekten, indem sie formal Bedingungen an ggf. vervollständigte Folgen von Systemzuständen beinhalten. Zu beachten ist noch folgende pragmatische Eigenschaft:

"Temporale" Anforderungen beziehen sich implizit auf eine *relative* System-"Zeit", die durch die Abfolge von Zuständen bestimmt ist. Informationen über die *absolute* (Kalender-/Tages-) Zeit müssen explizit, z.B. durch Objektfunktionen wie this-year, dargestellt werden, so daß prinzipiell auch die Verwendung solcher Informationen durch Anforderungen kontrolliert werden muß. Natürlich empfiehlt es sich, Standard-Zeitkonzepte geeignet vorzudefinieren. Unser Ansatz bietet für solche Ergänzungen [vgl. Se80, An82, Schi85] folgende Möglichkeiten:

- Objektfunktionen wie this-year, today usw. (für zustandsvariante Informationen) mit Anforderungen wie **always** (this-year=y ⇒ **always** this-year≥y)
- abgeleitete spezielle temporale Operatoren wie
  in 1988: $\varphi$ ≡ **from** this-year=1988 **holds** (**sometime** $\varphi$ **before** this-year>1988)

# 4. Ableitung von Objektlebensläufen

Aus temporalen Formeln lassen sich Graphen konstruieren, die die korrekten Lebensläufe von Objekten festlegen. Dadurch werden Anforderungen an ganze Zustandsfolgen auf (wechselnde) Bedingungen an Zustandsübergänge zurückgeführt.

**Definition:** Ein ***Transitionsgraph*** $T=\langle V,E,F,\nu,\eta,v_0\rangle$ zu einer temporalen Formel $\varphi$ besteht aus

- einem gerichteten Graphen $\langle V,E\rangle$ mit einer endlichen Knotenmenge $V$ und einer Menge $E \subseteq V \times V$ von Kanten,
- einer Menge von Endknoten $F \subseteq V$,
- einer Beschriftung $\nu$ der Knoten durch temporale Formeln,
- einer Beschriftung $\eta$ der Knoten durch boolesche Verknüpfungen der prädikatenlogischen Grundformeln von $\varphi$
- und einem Wurzelknoten $v_0 \in V$ mit $\nu(v_0)=\varphi$. □

Transitionsgraphen "akzeptieren" genau diejenigen Zustandsfolgen, in denen aufeinanderfolgende Zustände die Kantenbeschriftungen entlang irgendeines Pfades erfüllen. Für jedes Objekt braucht dabei nur das Intervall von Zuständen beachtet werden, in denen das Objekt existiert. Formal läßt sich diese Eigenschaft mit Hilfe der zu jedem Zeitpunkt "markierten" (erreichten) Knoten präzisieren:

**Definition:** Implizit sei wieder eine feste Belegung von freien Variablen durch Objekte gegeben, und $\underline{\sigma}$ sei eine Folge der Länge n ($\underline{\sigma}=\langle\sigma_0,\ldots,\sigma_{n-1}\rangle$) von Zuständen, in denen diese Objekte existieren. Die ***Markierung*** $M_T(\underline{\sigma})$ von T zu $\underline{\sigma}$ ist induktiv als folgende Knotenmenge definiert:

für $n=0$: $M_T(\underline{\sigma}):=\{v_0\}$ für $n>0$: $M_T(\underline{\sigma}):=tr(\,M_T(\langle\sigma_0,\ldots,\sigma_{n-2}\rangle,\theta),\,\sigma_{n-1})$

wobei $tr(M,\sigma)=\{v'\in V \mid \exists v\in M\ \exists e=(v,v')\in E\colon\ \sigma \models \eta(e)\}$ für beliebige $M\subseteq V$.

Dann ***akzeptiert*** T eine beliebige endliche Zustandsmenge $\underline{\sigma}$ gdw. für jede Belegung $\theta$, deren Existenzintervall nicht vor $\underline{\sigma}$ endet, die Markierung $M_T(\underline{\sigma}_\theta)$ und für alle anderen Belegungen $M_T(\underline{\sigma}_\theta)\cap F$ nichtleer ist. □

Die Definition von "tr" heißt ***Transitionsregel*** und formalisiert die schrittweise Abarbeitung des Graphen: Ein Knoten v' wird beim Übergang in einen Zustand $\sigma$ markiert gdw. es eine Kante e von einem markierten Knoten v nach v' gibt, deren Beschriftung $\eta(e)$ in $\sigma$ gültig ist. Wenn keine von der alten Markierung ausgehende Kante zutrifft, liefert "tr" die leere Menge, so daß die Zustandsfolge nicht mehr akzeptiert wird. Vor der Löschung von Objekten muß zudem ein Endknoten erreicht worden sein. Graphen, die nur potentiell zulässige Zustandsfolgen akzeptieren sollen, haben eine zusätzliche Eigenschaft zu erfüllen.

**Definition:** T ist ***korrekt*** beschriftet gdw. die folgende Äquivalenz für jeden Knoten v mit ausgehenden Kanten $e_k=(v,v_k)$, $k=1,\ldots,d$, gilt:

$$\nu(v) \Leftrightarrow \bigvee_{\substack{k\\ v_k\in E-F}} \big(\eta(e_k) \wedge \mathbf{next}(\nu(v_k))\big) \vee \bigvee_{\substack{k\\ v_k\in F}} \big(\eta(e_k) \wedge \mathbf{onnext}(\nu(v_k))\big)$$

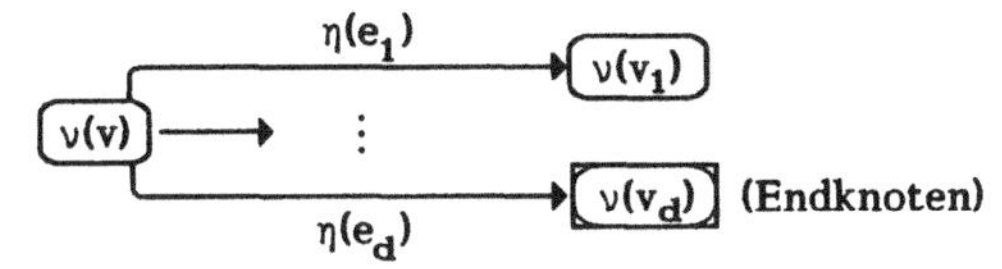

$\eta(e_1)$

$\nu(v)$ ⟶ $\nu(v_1)$

⋮

$\nu(v_d)$ (Endknoten)

$\eta(e_d)$ □

Ausgehende Kanten und Zielknoten sind also so zu wählen, daß eine Knotenbeschriftung (insbesondere die Wurzelbeschriftung $\varphi$) genau dann in einer Zustandsfolge gilt, wenn wenigstens eine Kantenbeschriftung im Anfangszustand und die Beschriftung des zugehörigen Zielknotens in der Restfolge gilt. Deshalb werden Knoten typischerweise mit solchen Teilen oder Modifikationen der Ausgangsformel beschriftet, die in der jeweiligen Zukunft noch gelten müssen.

Z.B. sind die folgenden Transitionsgraphen für einfache temporale Quantifizierungen ($\psi,\tau$ nicht-temporal) aufgrund der temporalen Rekursionen korrekt:

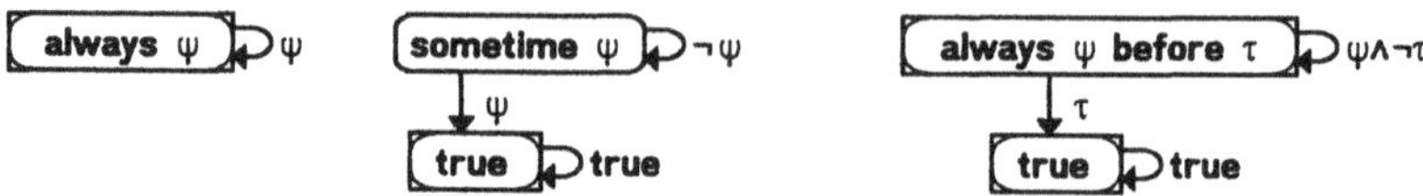


Hier und im folgenden benutzen wir nur ***deterministische*** Graphen, in denen immer höchstens eine ausgehende Kante zutrifft und somit höchstens ein Knoten markiert wird. Dazu müssen sich an jedem Knoten die Beschriftungen ausgehender Kante paarweise ausschließen (für alle $k \neq l$ gilt $\eta(e_k) \wedge \eta(e_l) \Leftrightarrow$ **false**).

In unseren Arbeiten [LiS87, FeL87, Li87, Sa88 u.a.] haben wir verschiedene Algorithmen vorgestellt, um korrekte Transitionsgraphen aus temporalen Formeln zu konstruieren. (Ausgangspunkt war das Entscheidungsverfahren für die Erfüllbarkeit solcher Formeln in [MaW84].) So lassen sich Formeln etwa durch mehrfache Anwendung der temporalen Rekursionen in eine disjunktive Normalform umwandeln, die der Korrektheitsbedingung entspricht; damit kann iterativ jede neue Knotenbeschriftung normalisiert werden, um weitere Kanten und Knoten abzuleiten. Ein anderes Verfahren setzt deterministische Transitionsgraphen entsprechend der Formelstruktur bottom-up aus Teilgraphen zusammen; dazu wird ein rekursives System von Graphoperationen benutzt, die den logischen und temporalen Operatoren entsprechen. Im Anschluß an jede der Konstruktionen werden die Graphen noch durch Entfernen von Knoten und Pfade mit unerfüllbaren Beschriftungen reduziert. Für die aus einer temporalen Formel $\varphi$ konstruierten Transitionsgraphen T gilt dann (bei vollständiger Reduktion) folgender Satz:

**Satz:** Eine (endl.) Zustandsfolge $\underline{\sigma}$ ist bzgl. $\varphi$ potentiell zulässig gdw. $\underline{\sigma}$ von T akzeptiert wird. □

**Beispiel 2:** Aus den temporalen Formeln für das Automobil-Meldewesen (Bsp. 1) lassen sich die korrekten Transitionsgraphen in den Abbildungen 2a und 2b ableiten. Man erkennt leicht, daß diese Graphen Lebensläufe von Systemobjekten bzgl. der gegebenen Anforderungen beschreiben. So entsprechen die Knoten etwa folgenden Situationen für einen Wagen c:

in $T_1$: ‹1› ≙ Wagen c in Produktion
‹2› ≙ Wagen c zwischen Produktion im Jahr y und rechtzeitiger Anmeldung
‹3› ≙ Wagen c nach der Anmeldung
‹4› ≙ (irrelevant: y bezeichnet ein anderes Jahr als das der Produktion.)

---

(C1) $\varphi_1$ ≡ ¬registered(c) ∧ (this-year=y ⇒ $\varphi_{11}$) ∧ $\varphi_{12}$
$\varphi_{11}$ ≡ **sometime** registered(c) **before** this-year>y+1
$\varphi_{12}$ ≡ **from** registered(c) **holds** (owner(c)=manuf(c) ∧ **always** registered(c))

$T_1$: ‹1› $\varphi_1$ --- this-year≠y ---> true ‹4› ↺ true

**Abb. 2a**

¬registered(c) ∧ this-year=y ≡ $\beta_{12}$

‹2› $\varphi_{11} \wedge \varphi_{12}$ ↺ ¬registered(c) ∧ this-year≤y+1 ≡ $\beta_{22}$

registered(c) ∧ this-year≤y+1 ∧ owner(c)=manuf(c) ≡ $\beta_{23}$

‹3› always registered(c) ↺ registered(c) ≡ $\beta_{33}$

(C2) $\varphi_2 \equiv$ (from owner(c)$\neq$manuf(c) **always** $\neg$is-MANUF(owner(c))) $\wedge$ $\varphi_{21}$
$\varphi_{21} \equiv$ **always-from** $\gamma$(c,co) **holds**
(**always** owner(c)= co **before** is-PERSON (owner(c)))
mit $\gamma$(c,co) $\equiv$ (owner(c)= co $\wedge$ is-GARAGE(co))

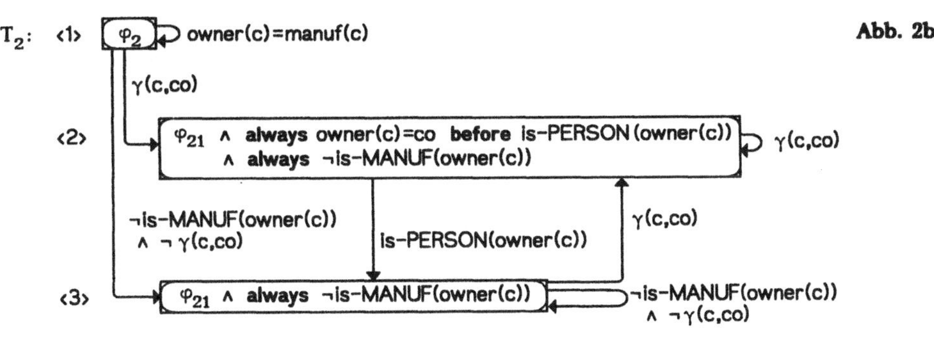


in $T_2$: <1> ≙ Wagen c im Besitz seines Herstellers
<2> ≙ Wagen c im Besitz der Garage co
<3> ≙ Wagen c im Besitz einer Person oder einer Garage $\neq$ co

Aus fehlenden Kanten kann man auf mögliche Integritätsverletzungen schließen. Z.B. verbietet $T_1$ eine verspätete Anmeldung, da vom Knoten <2> im Fall "this-year>y+1" keine Kante ausgeht. Da der Knoten außerdem nicht als Endknoten gekennzeichnet ist, darf keine Löschung ohne vorangehende Anmeldung erfolgen ($\varphi_{11} \equiv$ **sometime** registered(c) ...). Der Graph $T_2$ schließt wie gewünscht Verkäufe an Hersteller aus. □

Die so erhaltene graphische Darstellung von Objektlebensläufen erlaubt es, die Auswirkungen der temporalen Anforderungen auf einzelne Zustandsübergänge zu verfolgen. So kann man kontrollieren, ob die Anforderungen den Spezifikationsabsichten genügen, ohne von vornherein selbst eine solche transitionale Aufschlüsselung vornehmen zu müssen. Um diese Prüfung objektorientiert durchzuführen, sollten Bedingungen auf gleichen Objekten vor der Graphkonstruktion konjunktiv kombiniert werden. Dann zeigt der Graph ihre gemeinsamen Auswirkungen; schlimmstenfalls wird dabei ihre Inkonsistenz offenbar, wenn nämlich durch Reduktion nur der leere Graph übrigbleibt.

## 5. Verfeinerung von Operationen

Nachdem aus den temporalen Anforderungen Lebensläufe der Systemobjekte abgeleitet wurden, ist klar, welche Bedingungen Zustandsübergänge - je nach erreichter Situation - einzuhalten haben, damit ein korrektes Gesamtverhalten resultiert. Da Zustandsübergänge durch Operationen induziert werden, ist es deren Aufgabe, diese Bedingungen zu gewährleisten. (Wir verfolgen hier nicht wie in [LiS87] die Möglichkeit, einen universellen, aber häufig ineffizienten Integritätsmonitor über die Operationen zu setzen.) Zu diesem Zweck muß der Systementwerfer die Operationen so verfeinern, daß sie die Anforderungen bzw. die zugehörigen Transitionsgraphen respektieren. Im folgenden stellen wir dafür eine systematische Transformationsmethode vor. Insbesondere kann man die Kenntnis über die Art der Effekte und die betroffenen Objekte jeder Operation ausnutzen, um Prüfung bzw. Herstellung von Bedingungen jeweils auf das minimal nötige zu beschränken, wie u.a. in [Ni82, VeF85, Li86] vorgeschlagen. So werden die Auswirkungen der temporalen Anforderungen auf die Operationen erkennbar, was bei unbeabsichtigten Einschränkungen zu einer Revision der Anforderungen führen dürfte. Die strikte Einhaltung vorbereiteter Transformationsregeln macht sogar eine Verifikation der Operationen überflüssig.

Für jede Operation werden im Stil Hoare'scher Zusicherungen Vor- und Nachbedingungen angegeben, die durch beliebige prädikatenlogische Formeln ausgedrückt sein dürfen. Diese spezifizieren Eigenschaften von Zustandsübergängen: Wenn eine Vorbedingung in einem Zustand erfüllt ist, muß im Zustand nach Ausführung der Operation die zugehörige Nachbedingung gelten. Wir nehmen an, daß eine Operation nicht anwendbar ist, wenn keine Vorbedingung zutrifft, und daß Zustände gemäß den Nachbedingungen nur minimal geändert werden.

**Beispiel 3:** Typische Operationen für unser Beispiel sind die Anmeldung und der Verkauf eines Wagens sowie die Aktualisierung des laufenden Jahres.

(O1) next-year:
**pre** this-year = y **post** this-year = y+1 (y: Year)

(O2) sell (c: CAR, newco: CAR-OWNER):
**pre** owner(c) ≠ newco **post** owner(c) = newco

(O3) register (c: CAR, m: MODEL, co: CAR-OWNER, ...):
**pre** ¬registered(c) ∧ approved(m)
**post** registered(c) ∧ ¬∃ c':CAR (c' ≠ c ∧ regno(c') = regno(c))
∧ model(c) = m ∧ owner(c) = co ∧ ...

/* Ein Wagen c darf nur angemeldet werden, wenn das angegebene Modell m zugelassen worden ist. Dann wird eine eindeutige Registriernummer zugeordnet und die Parameterinformation vermerkt. */ □

**Definition:** Eine ***Operationsspezifikation*** wird durch

$(\ \{\pi_j\}\ op(P)\ \{\rho_j\}\ \mid i=1,\ldots,c\ )$ oder

*op*(P): **case** 1: **pre** $\pi_1$ **post** $\rho_1$
⋮
**case** c: **pre** $\pi_c$ **post** $\rho_c$

notiert und besteht aus einem Namen ***op***, ***Parametervariablen*** P und c ***Fällen*** mit ***Vor-/Nachbedingungen*** $\pi_j/\rho_j$, $1 \le j \le c$. Die Bedingungen sind jeweils prädikatenlogische Formeln, in denen außer P noch weitere ***lokale Variablen*** L frei vorkommen dürfen. Eine Belegung der Parametervariablen P heißt ***aktueller Parameter***, eine Belegung der lokalen Variablen L (in einem Zustand σ) heißt ***lokale Belegung***. - Semantisch werden durch solche Spezifkationen folgende Zustandsübergänge und -folgen bestimmt:

***t*** ***überführt*** mit einem akt. Parameter $\theta_P$ einen Zustand σ in einen Zustand σ' gdw.

(i) mindestens eine Vorbedingung $\pi_j$ unter einer lokalen Belegung in σ gilt,

(ii) unter jeder lokalen Belegung und für jeden Fall j ($1 \le j \le c$) gilt:
$$\sigma \models \pi_j \text{ impliziert } \sigma' \models \rho_j$$

(iii) σ durch ***t*** nur ***minimal*** zu σ' ***geändert*** wird, d.h. daß keine Auswahl von Wertänderungen der Objektfunktionen rückgängig gemacht werden kann, ohne daß (ii) verletzt wird ("Rahmenregel").

Eine Zustandsfolge $\underline{\sigma}$ heißt bzgl. einer Menge $\mathcal{O}$ von Operationsspezifikationen ***ausführbar*** gdw. es zu jedem Zustandsübergang $(\sigma_{i-1}, \sigma_i)$ ($i \ge 1$) mit $\sigma_{i-1} \ne \sigma_i$ eine Operation $op \in \mathcal{O}$ und einen aktuellen Parameter gibt, so daß $\sigma_{i-1}$ von *op* in $\sigma_i$ überführt wird. □

Ein Programm, das die Operation *op* korrekt implementieren soll, muß aus einem gegebenem Zustand σ einen Folgezustand σ' konstruieren, in den σ durch *op* "überführt" wird. Daß ein Zustand σ gemäß Spezifikation in verschiedene Zustände σ' überführt werden kann, bedeutet, daß der Folgezustand innerhalb eines gewissen Spielraums unbestimmt bleibt; z.B. können bedingte oder alternative Effekte formuliert werden. So ist etwa für "register" nur gefordert, daß irgendeine *neue* Registriernummer vergeben wird. Eine eindeutige Festlegung erfolgt erst durch spätere Ergänzungen der Spezifikation oder durch die Implementierung. Existiert kein passender Zustand σ', liegt eine Fehlersituation vor. Wir nehmen an, daß sich die Operationen dann im Gesamtverhalten nur als Zustandswiederholungen ($\sigma_{i-1}=\sigma_i$) auswirken. Differenziertere Reaktionen wie Warnungen oder Fehlerbeseitigungen werden hier nicht diskutiert.

Bisher brauchen die Operationen nicht unbedingt die früheren Anforderungen zu respektieren, so daß sich die Spezifikationen zulässiger und ausführbarer Zustandsfolgen gegenseitig ergänzen. Anschließend sollen, um allein durch Ausführung der Operationen ein korrektes Systemverhalten zu garantieren, die temporalen Anforderungen in die Spezifikationen der Operationen eingebaut werden. Aufgrund des letzten Abschnitts brauchen dafür nur noch die abgeleiteten Transitionsgraphen herangezogen werden. Sofern dann jede ausführbare Zustandsfolge akzeptiert wird, ist sie auch potentiell zulässig.

Seien eine endliche Menge $\mathcal{O}$ von Operationsspezifikationen und eine endliche Menge $\mathcal{C}$ von temporalen Formeln zusammen mit korrekten deterministischen Transitionsgraphen $T_\varphi$ für jedes $\varphi\in\mathcal{C}$ gegeben. Um die Darstellung zu vereinfachen, betrachten wir in diesem Abschnitt nur Operationen, die weder Objekte einfügen noch löschen.

Die folgenden Transformationsschritte müssen nacheinander zu jeder Formel φ zunächst für die Ausgangsspezifikationen der Operationen und dann für die bereits transformierten Spezifikationen durchgeführt werden. Während die ersten zwei Schritte von den einzelnen Operationen unabhängig sind, zeigt der dritte Schritt, wie man spezifisches Wissen über die Operationen ausnutzen kann, um formale Transformationsergebnisse wesentlich zu vereinfachen.

Da die Operationen die Akzeptanz von Zustandsfolgen durch den Transitionsgraphen ($T_\varphi$) beurteilen sollen, muß sich das System Knotenmarkierungen merken können.

**Transformationsschritt I (Erweiterung):**
Seien $X=\{x_1,\dots,x_p\}$ die freien Variablen in φ mit Objektsorten $s_1,\dots,s_p$. Dann erweitere die Informationsstruktur um eine neue Sorte Node, die sich aus den Knoten von $T_\varphi$ zusammensetzt, und um eine neue Objektfunktion marking: $s_1 \times \dots \times s_p \rightarrow$ Node, die den jeweils aktuell markierten Knoten zu jeder Belegung angeben soll. □

**Beispiel 4:** Strikt formal muß für den Graphen $T_1$ (Abb. 2a) eine Funktion

$$\text{marking}_1\text{: CAR} \times \text{Year} \rightarrow \{1,2,3,4\}.$$

eingeführt werden. Eine genauere Analyse der möglichen Graphendurchläufe zeigt, daß bereits

$$\text{marking}_1\text{: CAR} \rightarrow (\{2\} \times \text{Year}) \cup \{1,3\},$$

ausreicht, da nur ein Jahr (das der Produktion) für jeden Wagen zu vermerken ist, und zwar nur in Verbindung mit Knoten <2> (vor rechtzeitiger Anmeldung). Um die Verständlichkeit zu erhöhen, sollte man den Namen "marking$_1$" (und die Knotennummern) durch anwendungsbezogenere Namen wie "registration-status" ersetzen. □

Die Hauptaufgabe der Transformation besteht nun darin, die Berechnung von Markierungen im Transitionsgraphen in die Vor-/Nachbedingungen der Operationen einzubauen.

**Transformationsschritt II (Verfeinerung):**
Vorausgesetzt sei, daß die Variablen in $\varphi$ und die freien Variablen in den Vor-/Nachbedingungen disjunkt sind; ggf. sind vorab geeignete Umbenennungen durchzuführen. Dann transformiere für jede Operation *op* jeden Fall $\{\pi_j\}$ *op*(P) $\{\rho_j\}$ (j=1,...,c) in so viele Fälle, wie der Transitionsgraph Knoten hat:

$$\Big(\{\pi_j \wedge \text{marking}(X)=v\}\ op'(P)\ \{\rho_j \wedge \Phi_v\}\ \Big|\ v \in V\Big)$$

mit $\Phi_v \equiv \Big(\bigvee_{\substack{e \in E \\ e=(v,v')}} \eta(e)\Big) \wedge \Big(\bigwedge_{\substack{e \in E \\ e=(v,v')}} (\eta(e) \Rightarrow \text{marking}(X)=v')\Big)$

$\mathcal{O}'$ bezeichne die Menge der erhaltenen Operationsspezifikationen. □

Die Ergänzungen besagen, daß in jedem Nachzustand abhängig vom aktuell markierten Knoten v mindestens eine von v ausgehende Kantenbeschriftung $\eta(e)$ gelten muß, und daß sich die neue "Markierung" entsprechend der gültigen Kante berechnet (eindeutig, da $T_\varphi$ deterministisch). Der folgende Satz bestätigt, daß diese Transformation wie beabsichtigt die Akzeptanz von ausführbaren Zustandsfolgen garantiert, sofern die Folgen geeignet initialisiert worden sind:

**Satz:** Für jede endliche Zustandsfolge $\underline{\sigma}$ gilt:
$\big(\underline{\sigma}$ ausführbar bzgl. $\mathcal{O}'$ und $\sigma_0 \models (\forall X\ \Phi_{v_0})\big) \implies \underline{\sigma}$ wird von $T_\varphi$ akzeptiert □

**Beispiel 5:** Die folgenden Vor-/Nachbedingungen resultieren aus dem obigen Verfeinerungsschritt für die Formel (C1), den zugehörigen Transitionsgraphen $T_1$ und die Operation register (O3) unter Verwendung der Funktion marking$_1$ (vgl. Bsp. 1-4):

**case** 2: **pre** [true ∧] marking$_1$(c')=(2,y)
**post** registered(c) ∧ ...
∧ $(\beta_{22} \vee \beta_{23}) \wedge (\beta_{22} \Rightarrow$ marking$_1$(c')=(2,y)) ∧ $(\beta_{23} \Rightarrow$ marking$_1$(c')=3)
≡ registered(c) ∧ ...
∧ (this-year ≤ y+1 ∧ registered(c') ⇒ owner(c')=manuf(c'))
∧ (¬registered(c') ⇒ marking$_1$(c')=(2,y)) ∧ (registered(c') ⇒ marking$_1$(c')=3)

**case** 3: **pre** marking$_1$(c')=3
**post** registered(c) ∧ ... ∧ registered(c') ∧ marking$_1$(c')=3

Der Wurzelknoten ‹1› wird hier nicht betrachtet, da er nicht durch Zustandsübergänge erreichbar ist. Man beachte, daß die Variable c aus der Ausgangsformel in c' umbenannt wurde, damit sich die Ergänzungen der Vor- und Nachbedingungen auf beliebige Objekte c' unabhängig vom Parameter c beziehen. Diese Umbenennung kann jedoch im nächsten Transformationsschritt, der berücksichtigt, daß register nur Informationen über c ändert, zurückgenommen werden. □

Der obige Satz bestätigt zwar, daß wir unser Transformationsziel formal bereits erreicht haben, häufig sind jedoch die erhaltenen Spezifikationen schwer lesbar und induzieren ineffiziente Implementierungen. (Zusätzliche Nachbedingungen werden üblicherweise durch zusätzliche Manipulationen und Prüfungen realisiert.) Deshalb sollten Nachbedingungen noch auf solche

"Teilbedingungen" vereinfacht werden, die wirklich von der jeweiligen Operation "betroffen" sind. Solche Teilbedingungen können original als Teilformeln vorkommen oder sich durch Differenzierung nach verschiedenen Belegungen ergeben.

Abgesehen von Vereinfachungen nach Gesetzen der Logik und der unterliegenden Datentypen kann man dafür insbesondere Invarianten der Operationen ausnutzen. Offensichtlich dürfen diese in einer Nachbedingung gestrichen werden, wenn sie aus der zugehörigen Vorbedingung folgen. Zudem bieten für die Verfeinerungsresultate gerade die Transitionsgraphen eine wichtige Vereinfachungsmöglichkeit: Da jeder Zustand einer akzeptierten Folge eine eingehende Kantenbeschriftung für den zugehörigen markierten Knoten erfüllen muß, kann induktiv mit jeder Vorbedingung "marking(X)=v" auch die ***Graphinvariante*** $\overline{\Phi}_v \equiv \bigvee_{\substack{e \in E \\ e=(\overline{v},v)}} \eta(e)$ angenommen werden.

Damit ergibt sich u.a. folgende Transformationsregel, die die Klasse der akzeptierten Zustandsfolgen unverändert läßt.

**Regel zum Transformationsschritt III (Vereinfachung):**
In einer Spezifikation zu $op' \in O'$ dürfen in jedem Fall $\{\pi_j \wedge \text{marking}(X)=v\}$ $op'$ $\{\rho'_{j,v}\}$ alle Teilformeln $\delta$ der Nachbedingung durch **true** ersetzt werden, die aus $(\pi_j \wedge \overline{\Phi}_v)$ folgen und die unter *op* invariant sind. □

Darauf aufbauende Vereinfachungsregeln sowie eine Diskussion zur Bestimmung von Operationeninvarianten (mittels Rahmenregel) finden sich in [Li87]. Z.B. dürfen alle Fälle für Knoten, deren Graphinvariante den alten Vorbedingungen widerspricht, ganz gestrichen werden.

**Beispiel 6:** Mit der angegebenen Regel und Folgerungen daraus läßt sich die Transformation des Graphen $T_1$ in die Spezifikationen von register(O3) und next-year(O1) noch wesentlich vereinfachen. Unter Ausnutzung der Graphinvarianten

$$\overline{\Phi}_2 \equiv (\neg \text{registered}(c') \wedge \text{this-year} \leq y+1) \qquad \overline{\Phi}_3 \equiv \text{registered}(c')$$

ergeben sich folgende Spezifikationen:

register (c: CAR, m: MODEL, co: CAR-OWNER):
  **pre** ¬registered(c) ∧ approved(m) ∧ *marking$_1$(c)=(2,y)* ∧ *co=manuf(c))*
  **post** registered(c) ∧ owner(c)=co ... ∧ *marking$_1$(c)=3*

next-year:
  **pre** this-year = y ∧ *(∀c': CAR marking$_1$(c')=(2,y) ⇒ this-year≠y+1)*
  **post** this-year = y+1

Diese Bedingungen entsprechen dem intuitiven Verständnis der Operationen: register paßt nur auf den Übergang vom Knoten <2> nach <3> und erfordert die Angabe des Wagenherstellers als erster Besitzer. next-year ist nur anwendbar, wenn der Knoten <2> für keinen Wagen und das vorangegangene Jahr markiert ist, weil sonst rechtzeitige Anmeldungen unmöglich würden.

Die Transformation der Anforderung (C2) in die Spezifikation von sell (O2) zeigt eine weitere Vereinfachungssituation. Hier gilt in jedem Zustand sogar die Äquivalenz marking(X)=v ⇔ $\overline{\Phi}_v$, so daß sich Markierungen durch vorhandene Objektfunktionen ausdrücken lassen; eine Erweiterung der Informationsstruktur (Schritt I) ist überflüssig. Die Schritte II-III ändern nur die Vorbedingung, in der genau die legalen Wechsel von Besitzverhältnissen aufgeführt werden:

sell (c: CAR, newco: CAR-OWNER):

**pre** owner(c)$\neq$newco $\wedge$ *(owner(c)$\neq$manuf(c) $\Rightarrow$ $\neg$is-MANUF(newco))*

$\wedge$ *$\forall$co (owner(c)=co $\wedge$ is-GARAGE(co) $\Rightarrow$ is-PERSON(newco))*

**post** owner(c) = newco □

# 6. Ausblick

In dieser Arbeit haben wir eine Methode vorgestellt, wie man temporale Anforderungen an das Verhalten eines Systems schrittweise in die Spezifikation von Operationen transformieren kann. Die Hauptbestandteile der Transformation waren:

(A) Konstruktion von Transitionsgraphen aus temporalen Formeln

(B) Integration der Abarbeitung solcher Graphen in Vor-/Nachbedingungen

Schließlich garantieren allein die Operationen ohne weitere Überwachung der ursprünglichen Anforderungen ein korrektes Systemverhalten, weil jede ausführbare Zustandsfolge auch potentiell zulässig ist.

Dabei können wesentliche Schritte wie Algorithmen zur Graphkonstruktion und die Verfeinerungsvorschrift automatisiert werden. Weitere Manipulationen wie Graphreduktionen und vor allem Vereinfachungen der Operationsspezifikationen erfordern automatische Beweistechniken. In jedem Fall werden jedoch Interaktionen mit dem Systementwerfer erwartet, um Beweisstrategien auszuwählen, weiteres Wissen auszunutzen und die Lesbarkeit der Ergebnisse zu kontrollieren. Da die schrittweise Transformation hilft, die lokalen Auswirkungen von Anforderungen auf Operationen zu erkennen, werden sicher manchmal Teile der Systemspezifikation innerhalb dieses Ablaufs zu revidieren sein. Die Einbindung solcher Methoden in Datenbank-Entwurfsumgebungen ist Gegenstand aktueller Forschung (vgl. [SaNHE87]).

Eine wichtige Voraussetzung für die Verständlichkeit komplexer Spezifikationen ist natürlich eine geeignete Modularisierung; zu diesem Zweck sollen strikt *objektorientierte* Ansätze wie in [SeSE87] für den Entwurf von Anforderungen und Operationen weiterverfolgt werden.

Um schließlich das Spezifikations- und Transformationsergebnis, die Schnittstelle des Systems, noch vor einer Implementierung mit den Benutzern abstimmen zu können, sollte auf den Entwurf die automatische Erzeugung eines *Prototypen* folgen. Wie z.B. [VeF85] ausführen, bieten Spezifikationen von Operationen durch Vor- und (eingeschränkte) Nachbedingungen dafür einen geeigneten Ausgangspunkt.

# Literatur


[An82] Anderson,T.L.: Modelling Time at the Conceptual Level. In: Improving Database Usability and Responsiveness (P.Scheuermann,ed.), Academic Press, London 1982, 273-298

[BrMS84] Brodie,M.L./ Mylopoulos,J./ Schmidt,J.W. (eds.): On Conceptual Modelling. Springer-Verlag, New York 1984

[CaCF82] Castilho,J.M.V.de/Casanova,M.A./Furtado,A.L.: A Temporal Framework for Database Specifications. Proc. Int. Conf. on Very Large Data Bases 1982, 280-291

[CaS87] Carmo,J./Sernadas,A.: A Temporal Logic Framework for a Layered Approach to Systems Specification and Verification. Proc. IFIP Work. Conf. on Temporal Aspects in Inform. Systems 1987 (C.Rolland et al., eds.), North-Holland, Amsterdam 1988, 31-46

[CaVF84] Casanova,M.A./Veloso,P.A.S./Furtado,A.L.: Formal Database Specification-An Eclectic Perspective. Proc. ACM Symp. on Principles of Database Systems 1984, 110-118

[CRIS82] Proc. IFIP Work. Conf. on Comparative Review of Information Systems Design Methodologies (T.W.Olle et al.,eds.), North-Holland,Amsterdam 1982

[CRIS86] Proc. IFIP Work. Conf. on Comparative Review of Information Systems Design Methodologies: Improving the Practice (T.W.Olle et al., eds.), North-Holland 1986

[FeL87] Feng,D.S./Lipeck,U.W.: Deterministische Überwachung temporaler Formeln. Informatik-Bericht Nr. 87-06, Techn. Univ. Braunschweig 1987

[FiS86] Fiadeiro,J./ Sernadas,A.: The INFOLOG Linear Tense Propositional Logic of Events and Transactions. Information Systems 11 (1986), 61-85

[HoNSE87] Hohenstein,U./Neugebauer,L./Saake,G./Ehrich,H.-D.: Three-Level-Specification of Databases Using an Extended Entity-Relationship Model. Proc. GI-Fachtagung "Entwurf von Informationssystemen", Informatik-Fachbericht 143, Springer, 1987, 58-88

[Kr87] Kröger,F.: Temporal Logics of Programs. Springer-Verlag, Berlin 1987

[Ku84] Kung,C.H.: A Temporal Framework for Database Specification and Verification. Proc. Int. Conf. on Very Large Data Bases 1984, 91-99

[KuS86] Kung,C.H./Solvberg,A.: Activity Modeling and Behaviour Modeling. [CRIS86],145-172

[Li86] Lipeck,U.W.: Stepwise Specification of Dynamic Database Behaviour. Proc. Int. ACM-SIGMOD Conf. on Management of Data 1986, 387-397

[Li87] Lipeck,U.W.: Zur dynamischen Integrität von Datenbanken: Grundlagen der Spezifikation und Überwachung. Habilitationsschrift, Techn. Univ. Braunschweig, 1987

[LiEG85] Lipeck,U.W./ Ehrich,H.-D./Gogolla,M.: Specifying Admissibility of Dynamic Database Behaviour Using Temporal Logic. in: [TFAIS85], 145-157

[LiS87] Lipeck,U.W./ Saake,G.: Monitoring Dynamic Integrity Constraints Based on Temporal Logic. Information Systems 12 (1987), 255-269

[MaP81] Manna,Z./ Pnueli,A.: Verification of Concurrent Programs: The Temporal Framework. In: The Correctness Problem in Computer Science (R.S.Boyer/ J.S.Moore, eds.), Academic Press, 1981, 215-273

[MaW84] Manna,Z./ Wolper,P.: Synthesis of Communicating Processes from Temporal Logic Specifications. ACM Trans.Progr.Lang. and Sys. 6 (1984), 68-93

[Ni82] Nicolas,J.-M.: Logic for Improving Integrity Checking in Relational Data Bases. Acta Informatica 18 (1982), 227-253

[Pn86] Pnueli,A.: Specification and Development of Reactive Systems. Information Processing '86 (H.J.Kugler, ed.), North-Holland, Amsterdam 1986, 845-858

[Re86] Reisig,W.: Petri-Netze. 2.Aufl., Springer-Verlag, Berlin 1986

[RiD82] Richter,G./Durchholz,R.: IML-Inscribed Petri-Nets. in: [CRIS82], 335-368

[Sa88] Saake,G.: Spezifikation, Semantik und Überwachung von Objektlebensläufen in Datenbanken. Dissertation, Informatik, Techn. Universität Braunschweig 1988

[SaNHE87] Saake,G./Neugebauer,L./Hohenstein,U./Ehrich,H.-D.: Konzepte und Werkzeuge für eine Datenbank-Entwurfsumgebung. Informatik-Bericht 87-05, TU Braunschweig 1987

[Schi85] Schiel,U.: The Time Dimension in Information Systems. in: [TFAIS85], 67-76

[SchiFNC84] Schiel,U./ Furtado,A.L./ Neuhold,E.J./Casanova,M.A.: Towards Multi-Level and Modular Conceptual Schema Specifications. Information Systems 9 (1984), 43-57

[SchwMV83] Schwartz,R.L./ Melliar-Smith,P.M./ Vogt,F.H.: An Interval Logic for Higher-Level Temporal Reasoning. Proc. ACM Symp. on Princ. of Distr. Computing, 1983, 173-186

[Se80] Sernadas,A.: Temporal Aspects of Logical Procedure Definition. Information Systems 5 (1980), 167-187

[SeS85] Sernadas,A./ Sernadas,C.: Capturing Knowledge about the Organization Dynamics. In: Knowledge Representation for Decision Support Systems (L.Methlie/R.Sprague, eds.), North-Holland, Amsterdam 1985, 255-267

[SeSE87] Sernadas,A./ Sernadas,C./ Ehrich,H.-D.: Object-Oriented Specification of Databases: An Algebraic Approach. Proc. Int. Conf. on Very Large Data Bases 1987, 107-116

[TFAIS 85] Proc. IFIP Work. Conf. on Theoretical and Formal Aspects of Information Systems (A.Sernadas et al., eds.), North-Holland, Amsterdam 1985

[VeCF81] Veloso,P.A.S./Castilho,J.M.V.de/Furtado,A.L.: Systematic Derivation of Complementary Specifications. Proc. Int. Conf. on Very Large Data Bases 1981, 409-421

[VeF81] Veloso,P.A.S./ Furtado,A.L.: Towards Simpler and Yet Complete Formal Specifications. in: [TFAIS85], 175-189

# Die Modellierung komplexer Systeme mit GRAPES®-86

Ch. Vester, R.Asam
Siemens AG München

**Abstract:** Es wird die Modellierung komplexer Systeme mit der graphischen Sprache GRAPES-86 beschrieben. Nach einer Einführung in die Vorgehensweise beim Entwickeln komplexer Systeme wird ein Überblick über die Sprache GRAPES-86 gegeben. Am Schluß wird auf inzwischen gewonnene praktische Erfahrungen eingegangen.

## Einführung

Es geht im folgenden um den Entwurf komplexer Systeme. Die Frage nach effizienter Entwicklung dieser Systemen erhält durch die immer kürzer werdenden Innovationszyklen im Bereich der Kommunikations- und Informationstechnik und das explosionsartige Anwachsen des Softwarebedarfs ständig höhere Bedeutung. Systeme, bei denen Softwarekomponenten und Rechner nur noch Bestandteile eines größeren, vernetzten Systems sind, werden immer häufiger. Zusätzlich soll Software mit einen geringerem Anteil der zur Verfügung stehenden Kapazität gewartet werden können.

Wie entstehen qualitativ hochwertige Lösungen und Software-Produkte, die in die umgebenden Organisationsstrukturen passend eingebettet sind und die zu zufriedenen Anwendern führen?

Das Fachgebiet Anwenderprogramme im Unternehmensbereich Kommunikations- und Datentechnik der Siemens AG stellt als Antwort auf diese Frage die Verfahrenstechnik DOMINO® und das Konzept der graphischen Entwurfssprache GRAPES-86 für die Verwendungszweckanalyse, die Aufgabendefinition, die technische Realisierung und den Einsatz von informationsverarbeitenden Systemen vor.

## Vorgehen

Ein typisches Vorgehen bei der Entwicklung eines Systems wird folgendermaßen sein: Jemand, im folgenden Auftraggeber genannt, erkennt ein Problem und dadurch die Notwendigkeit, ein komplexes System zu erstellen bzw. zu erwerben oder zu ändern. In allen Fällen soll dieses System in eine schon vorhandene Umgebung eingebettet werden.

---

**DOMINO®** **Eingetragenes Warenzeichen der Siemens Aktiengesellschaft.**
**GRAPES®** **Eingetragenes Warenzeichen der Siemens Aktiengesellschaft.**

Der Auftraggeber wird sich üblicherweise mit einem Systementwickler in Verbindung setzen, um dieses benötigte System zu entwerfen.

Der Systementwickler wird in Zusammenarbeit mit dem Auftraggeber zuerst das Problem genau formulieren und eine Lösungsidee entwickeln: Was braucht der Auftraggeber.

Um das neue/geänderte System zu entwerfen, muß der Systementwickler Informationen über die Umgebung des geplanten Systems und über das eventuell schon vorhandene zu ändernde System in konsistenter Weise sammeln. Dies geschieht am besten in der Form eines **Ist-Modells**. Durch die Sammlung der Fakten in einem Modell wird der Systementwickler schon sehr früh auf Widersprüche in den Fakten und auf Lücken in seinem Wissen hingewiesen. Ähnlich wie man bei der Sammlung des Wissens über ein Gebäude in Form von Grundrissen sehr schnell auf Widersprüche und "weiße Stellen" hingewiesen wird.

Darauf wird der Systementwickler einen Lösungsvorschlag erarbeiten, indem er auf Basis des Ist-Modells mit der darin festgelegten Umgebung ein **Soll-Modell** entwirft.
Dieses Soll-Modell wird der Auftraggeber genau daraufhin überprüfen, ob dieser Lösungsvorschlag seinen Intentionen entspricht.

Der Systementwickler wird dieses Modell weiter entwickeln, verfeinern, modifizieren und formalisieren, bis es als Basis für die Realisierung des komplexen Systems dienen kann, wobei immer wieder Überprüfungen durch den Auftraggeber, durch Realisierungsfachleute usw. stattfinden.

Aus diesem typischen Vorgehen ergeben sich folgende Schlußfolgerungen:

- Die Fakten über die vorhandenen/geplanten Systeme werden am besten in Form eines **Modells** des Systems formuliert, da dadurch die Informationen vernünftig strukturiert sind und relativ leicht auf Konsistenz und Vollständigkeit überprüft werden können.

- Für die Formulierung der Modelle wird eine **Modellierungssprache** benötigt, die nach Möglichkeit durchgängig ist, so daß in verschiedenen Phasen der Systementwicklung keine Umsetzung von einer Sprache in eine andere notwendig wird.

- Da der Systementwickler oft mit dem Auftraggeber und anderen Partnern kommunizieren muß, ist es wichtig, daß in dieser Sprache formulierte Modelle leicht verständlich sind. Alle Sprachkonstrukte müssen eine genau festgelegte Bedeutung haben.
  In erster Linie aus diesem Grund wurde für GRAPES-86 eine **graphische Notation** gewählt, die in einigen Teilen sogar eine intuitive Verständlichkeit vieler Aspekte erlaubt und relativ leicht zu erlernen ist.

- Die Systemmodelle werden am Anfang notwendigerweise ziemlich informal sein. Sie werden allerdings im weiteren Verlauf der Systementwicklung immer formaler und

müssen in einigen Fällen (z. B. für eine automatische Umsetzung in eine Rechnersprache oder für eine Simulation) vollständig durchformalisiert werden.
Aus diesem Grund ist GRAPES-86 so angelegt, daß eine vollständige Formalisierung (wie bei einer Programmiersprache) möglich ist, aber andererseits vieles offen und informal gelassen werden kann und nur in der betreffenden Phase schon bekannte Informationen formal festgelegt werden.

Weiterhin wurden bei der Entwicklung von GRAPES-86 allgemeine Richtlinien für den Sprachentwurf berücksichtigt, wie:

- Wenige, aber mächtige Sprachkonstrukte, die orthogonal zueinander sind.
- Die Möglichkeit, Informationen über Systemteile zu verkapseln. Damit ist es möglich, daß Teile eines Modells von verschiedenen Entwicklern modelliert werden.

**Historie**

Ausgangspunkt für die Sprache GRAPES-86 war das System CADOS[1], das auf der Sprache GRAPES-85 beruht. Dies ist eine Variante der Requirement Engineering Sprachen der frühen 70 Jahre, wie z. B. PSL/PSA[2] oder SREM[3]. Diese Sprachen sind stark auf das "Prozessor"-Modell ausgerichtet, auf Netze verbundener Prozessoren. Ähnliche Ansätze finden sich in den Zustandsübergangssprachen wie SDL[4]. Typisch für sie ist die Ausrichtung an der Modellierung von Steuerungsproblemen und Echtzeitanwendungen. Läßt man hingegen den Steuerungsaspekt ganz außer acht, so gibt es Modellansätze, wie z. B. SADT[5] oder Structured Analysis (SA[6]).

Alle diese Sprachen werden meist "mechanistisch" prozedural angewandt. Sie beschreiben ein Modell in seinem Wirkmechanismus. Dem stehen deklarative, beschreibende Ansätze gegenüber. Dies sind beispielsweise axiomatische auf Prädikatenlogik und Mengenlehre beruhende Methoden oder KI-Ansätze wie Regelsprachen und semantische Netze.

Das hier beschriebene GRAPES-86 basiert, wie bemerkt, auf dem Ansatz der prozeduralen Prozessorenwelt. Ziel war es, den Basisbegriff, den im folgenden erläuterten Objektbegriff, hinreichend abstrakt und präzise zu fassen, die im heutigen Software-Engineering gängigen Methoden anzubieten, hinreichend mächtige Formen der Datenmodellierung einzuführen (die bei den bisherigen Ansätzen meist vernachlässigt waren) und Blockstrukturierungs- und Abkapselungsmechanismen anzubieten.

**Spracheinführung**

Grundlage von GRAPES-86 ist die Möglichkeit einer formalen Separierung von Systemkomponenten, die in GRAPES-86 **Objekte** genannt werden. Ein Objekt ist eine aktive, mit Gedächtnis versehene Einheit, die Nachrichtenströme über **Anschlüsse** empfängt und aussendet und nur so mit seiner Umgebung (d. h. mit anderen Objekten) kommuniziert (Bild 1). Unter **Nachrichten** versteht man nicht nur Informationen, sondern sie können auch für materielle Gegenstände stehen.

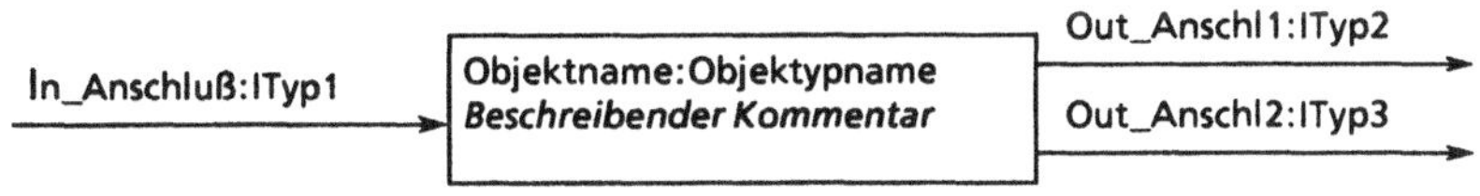


Bild 1: Beispiel eines Objekts

Ein System oder Teilsystem, bestehend aus Objekten, wird in der Sprache GRAPES-86 durch ein **Kommunikationsdiagramm (CD)** graphisch beschrieben. Darin werden die Objekte mit Angabe ihres Objekttyps eingezeichnet und die Anschlüsse der Objekte werden zu Kommunikationswegen verbunden (Bild 2).

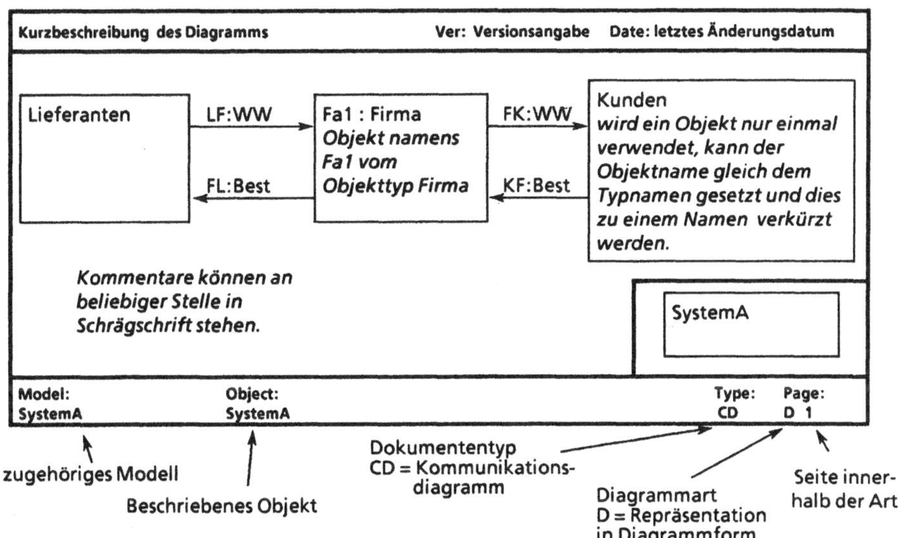


Bild 2: Beispiel eines Kommunikationsdiagramms

Im Bild 2 wird ein geschlossenes System, welches keine Verbindung nach außen hat, beschrieben. Ein solches CD beschreibt ein Gesamtsystem einschließlich der Umgebung, so daß alle für das Modell relevanten Teile dargestellt sind.

Die Struktur eines Kommunikationsweges wird über einen **Interfacetyp** definiert. Basiskomponente eines Interface ist ein **Kanal**. Über einen Kanal können Nachrichten fließen. Die Struktur der Nachricht wird in einem dem Kanal zugeordneten **Datentyp** beschrieben. Mehrere nebenläufige Kanäle können hierarchisch zu **Kanalgruppen** zusammengefaßt werden. Die oberste Kanalgruppe ist dann der Interfacetyp. Die Beschreibung der Kanalgruppenhierarchie und die Festlegung der dazugehörigen Datentypen erfolgt im **Interface-**

**diagramm (ID)**. Die Beschreibung kann in textueller Form oder, wie hier dargestellt, in graphischer Form erfolgen (Bild 3).

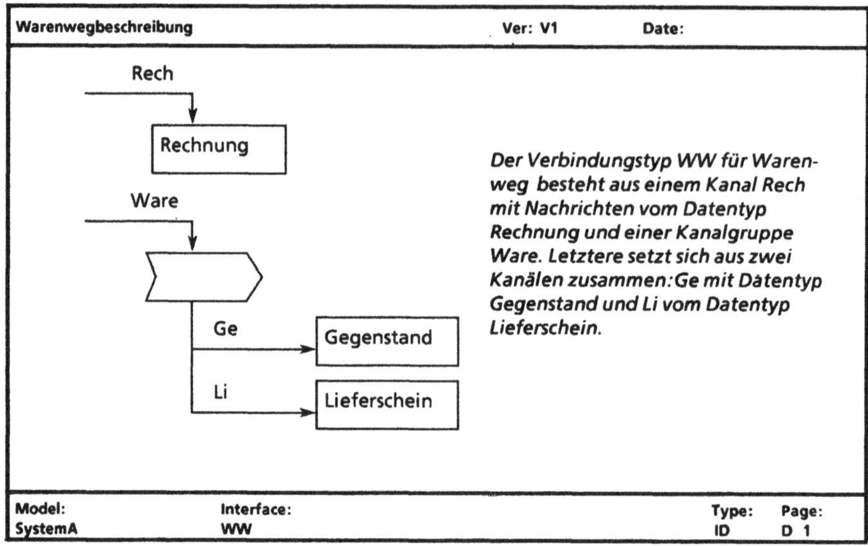

Bild 3: Beispiel eines Interfacediagramms

Mit der Beschreibung der Interfacetypen für alle Kommunikationswege eines CD's und der dazugehörigen Datentypen der Nachrichten sind die Kommunikationsmöglichkeiten der beteiligten Objekte beschrieben, die statische Struktur der Schnittstellen zwischen den Objekten festgelegt und damit ein Teil der Anforderungen an die Objekte beschrieben.

Zur weiteren Modellierung müssen die innere Struktur und/oder das Verhalten der Objekte weiter definiert werden.

In einem ersten Ansatz wird man sicherlich die Eigenschaften der Objekte informal durch einen Text beschreiben. Dafür kann man in GRAPES-86 im CD an beliebiger Stelle Kommentare eintragen (gekennzeichnet durch Schrägschrift). Zusätzlich kann man einem Objekttyp ganze Kommentarseiten (gekennzeichnet durch die Diagrammart C) zuordnen.

Man kann die Eigenschaften eines Objekts durch formale Spezifikationssprachen beschreiben. Damit kann z. B. festgelegt werden, wie die Eingangsnachrichtenströme funktional auf die Ausgangsströme abgebildet werden. Die bestgeeignete Form dieser Sprache wird noch erforscht und ist in GRAPES-86 vorläufig nicht spezifiziert.

Das Verhalten eines Objekts läßt sich formal recht einfach durch die Angabe einer Beispielimplementierung festlegen. Dazu wird das Verhalten des Objekts durch Angabe eines Algorithmus mit dem dazugehörigen Variablenbereich spezifiziert. Die Spezifikation erfolgt mit **Prozeß-**, **Daten-** und **Modularisierungsdiagrammen**. Diese Beschreibungsart hat den

Vorteil, daß sie recht anschaulich ist und den Nachteil, daß das Objekt "überspezifiziert" wird, da oft Details angegeben werden müssen, die in dieser Phase der Modellentwicklung noch nicht relevant sind.

Schließlich gibt es die Möglichkeit, einen Objekttyp zu spezifizieren, indem man die Struktur des Objekts beschreibt. D. h. man beschreibt seinen Aufbau aus Unterobjekten und deren Kommunikationsverbindungen untereinander. Dies geschieht in einem weiteren Kommunikationsdiagramm.

Die dabei auftretenden Subobjekttypen müssen beschrieben werden. Dazu stehen wieder die oben beschriebenen Möglichkeiten zur Verfügung (Bild 4).

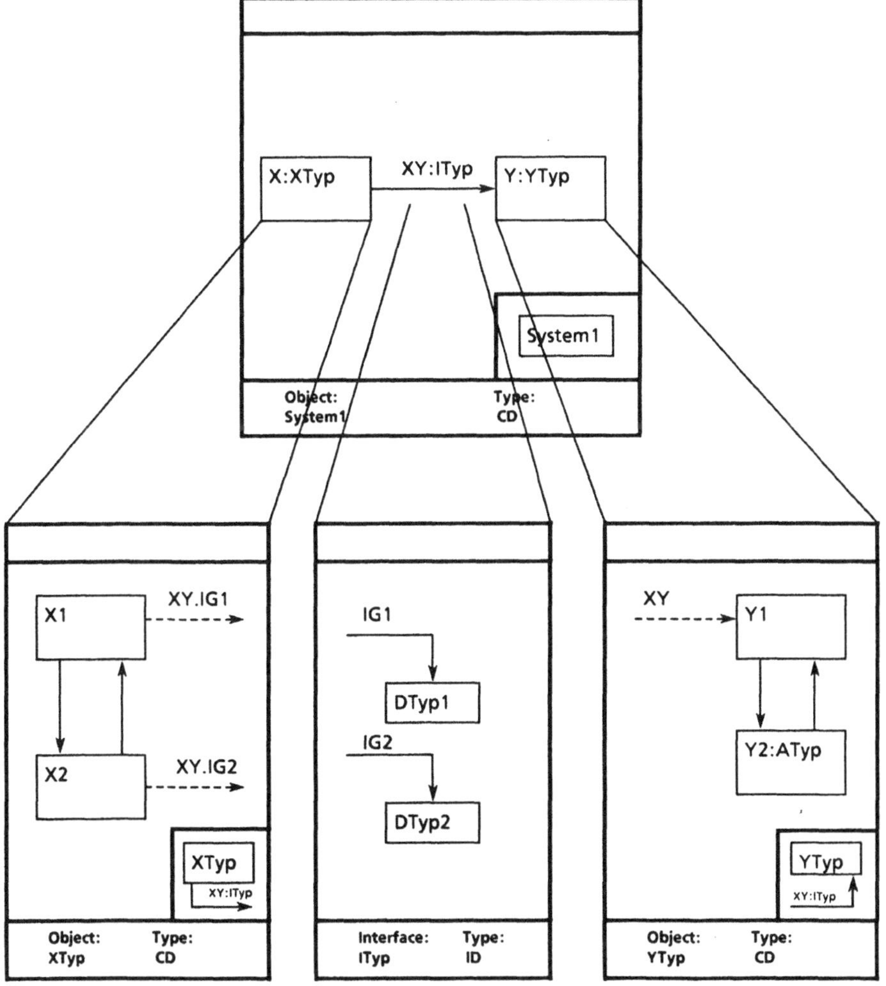


Bild 4: Detaillierung zweier Objekttypen

Ein Anschluß auf höherer Ebene kann dabei in der tieferen Ebene auf mehrere Subobjekte verteilt werden. Im CD kann deshalb bei einem externen Anschluß eine im dazugehörigen ID definierte Kanalgruppe angegeben werden.

Es sei hier nur kurz erwähnt, daß es auch ein Symbol für das mehrfache Auftreten eines gleichen Objekttyps gibt und daß sich ein Anschluß auch verzweigen kann, d. h. das damit verbundene Objekt hat Adressierungsmöglichkeiten. Dies wird etwa zum Modellieren einer Dienstfunktion benötigt, die die Antwort auf eine Anfrage ja an mehrere Anfragende zurückschicken können muß.

Durch diese hierarchische Detaillierung von Objektypen entsteht eine Objekt(typ)hierarchie. An der Spitze steht ein Kommunikationsdiagramm, welches das Gesamtsystem repräsentiert. Dieses wird als geschlossenes System modelliert, in dem zu jeder Schnittstelle, die für diese Schnittstelle relevanten Teile der Umgebung als eigenes Objekt mitmodelliert wird (Bild 5).

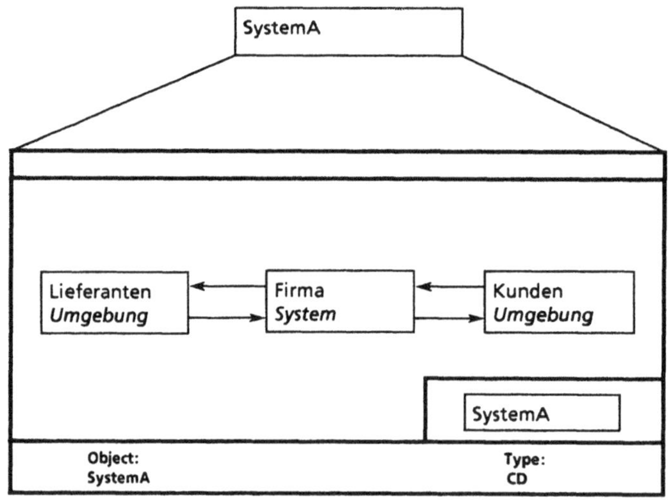


Bild 5: Oberstes CD als Verfeinerung des Gesamtobjekts

Die oben geschilderte Hierarchie beschreibt den Aufbau eines Systems aus Objekttypen. Damit hängen Definitionen von Interfacetypen und Datentypen zusammen. Diese Definitionen bilden eine Definitionshierarchie, die auch den Gültigkeitsbereich von Namen festlegt. Diese Hierarchie, die in üblichen Programmiersprachen durch eine Schachtelungsstruktur festgelegt wird, wird in GRAPES-86 durch einen eigenen Diagrammtyp, das **Hierarchiediagramm (HD)**, definiert (Bild 6).

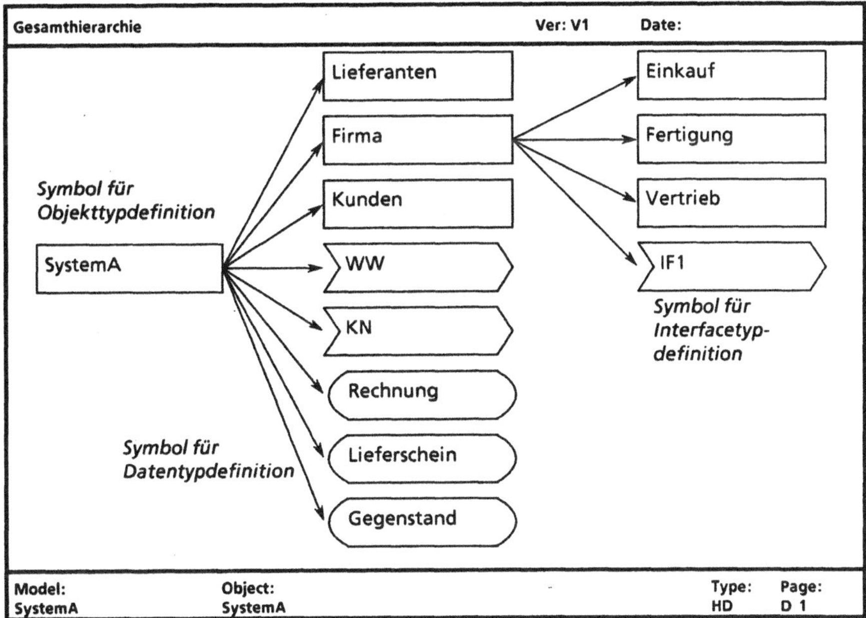


Bild 6: Beispiel eines Hierarchiediagramms

Die Gültigkeitsstruktur von Namen ist dadurch festgelegt. Ein Name ist im Definitionsbaum allen Nachfolgern des direkten Vorgängers bekannt, d. h. die Söhne eines Knotens kennen sich gegenseitig.

Wie oben beschrieben, können Objekte auch durch die direkte Angabe ihres Verhaltens durch einen Algorithmus (in GRAPES-86 **Prozeß** genannt) mit dem dazugehörigen Datenbereich, dem Gedächtnis des Prozesses und damit des Objekts, beschrieben werden.

In einem Prozeß wird das Verhalten in prozeduraler Form entweder in textueller Form oder durch eine erweiterte Flußdiagrammnotation beschrieben. Die **Prozeßdiagramme (PD)** enthalten Anweisungen zum Senden und Empfangen von Nachrichten und zum Verändern der Variablen des internen Datenbereichs. Diese sind über Steuerkonstrukte, wie Entscheidungen und Schleifen miteinander verknüpft (Bild 7).

Prozesse können ihrerseits Subprozesse aufrufen, die wiederum in Prozeßdiagrammen mit dazugehörigen Datenbereichen detailliert werden. Es enstehen dabei Prozeßtypen mit Parametern und lokalen Datenbereichen, die wiederum eine Prozeßhierarchie analog zur Objekttyphierarchie bilden. Deren Definitionsstruktur wird in Hierarchiediagrammen der Prozeßebene festgelegt.

Die Schnittstellen eines oder mehrerer Prozeßtypen, d. h. die formalen Parametertypen und die Zugriffsmöglichkeiten auf globale Variable und Kanäle, werden durch **Modulari-**

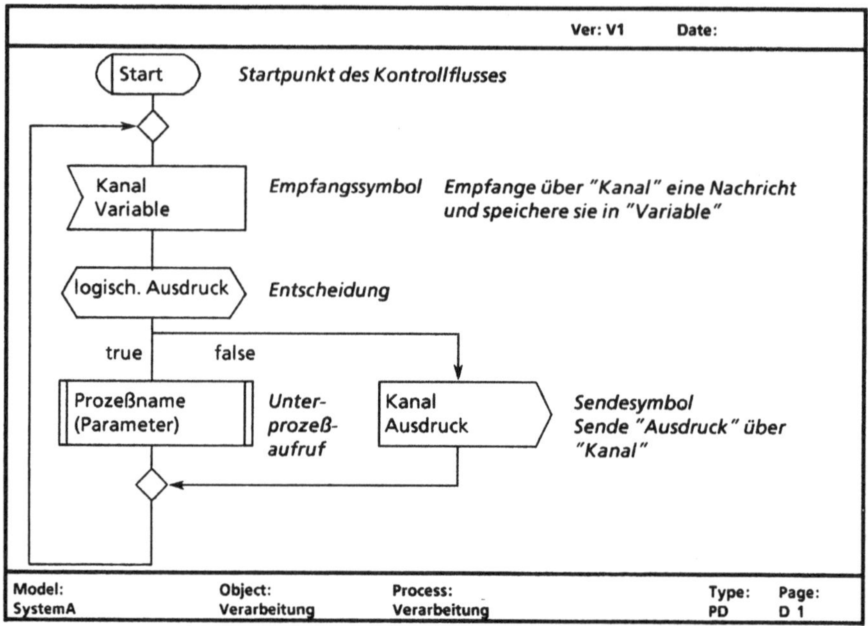


Bild 7: Beispiel eines Prozeßdiagramms

**sierungsdiagramme (MD)** spezifiziert. Damit lassen sich auch mehrere Prozesse mit den dazugehörigen Datentypen der Parameter zu Paketen bzw. abstrakten Datentypen (in etwa wie in Ada[7])) zusammenfassen.

Es sei hier noch erwähnt, daß für die Angabe von zeitlichen Bedingungen und um ausformulierte GRAPES-86 Modelle simulieren zu können, das Konzept einer **Modellzeit** bzw. Simulationszeit vorhanden ist. Sie kann abgefragt werden und wird durch explizite Delay-Anweisungen und durch Wartezeiten auf Nachrichten fortgezählt. Damit ist GRAPES-86 als Simulationssprache geeignet.

Bisher wurde die Datenseite der Modellierung noch nicht geschildert. In einem GRAPES-86 Modell können die Strukturen der über einen Kanal gehenden Nachrichten und die Struktur der zu den Prozessen gehörenden Datenbereiche detailiert beschrieben werden. So ist es möglich, Datentypen zu definieren, die dann in anderen Datentypdefinitionen und Variablen- und Kanaldeklarationen verwendet werden können. Eine Datenstruktur wird also an einer zentralen Stelle für alle Verwendungen festgelegt.

Datentypen werden in **Datendiagrammen (DD)** definiert, wobei wieder eine hier nicht näher erläuterte textuelle Form und eine graphische Form möglich ist.

In einem solchen Diagramm verweist ein durch ein Rechteck dargestellter Datentyp auf seine Komponenten, wobei jede Komponente einen Namen hat (Bild 8).

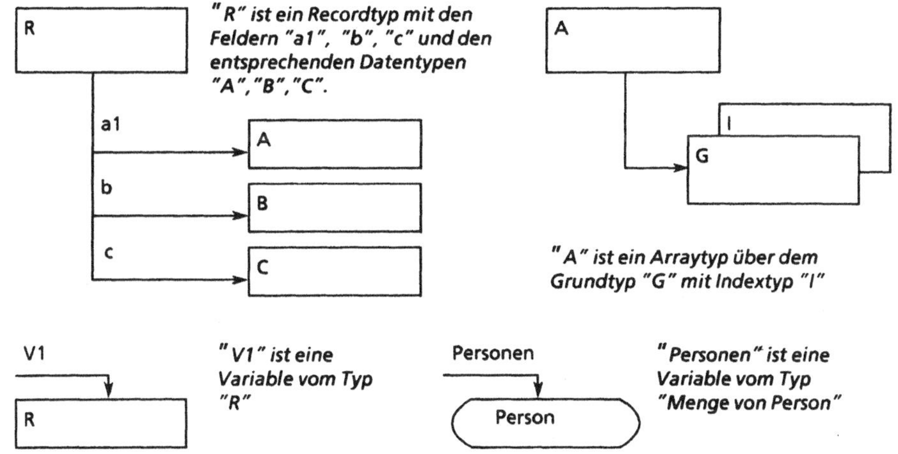


Bild 8: Darstellung von Record- und Arraybildung

Dabei gibt es die üblichen einfachen Datentypen: wie ganze und reelle Zahlen, Aufzähltypen (incl. Boolean), Unterbereichstypen und die Typbildungsoperatoren: Arraybildung, Record- und Variantenrecordbildung.

Als höhere Typbildungsoperatoren können Mengen- und Relationstypen gebildet werden, die als Entity-Relationship-Diagramm[8)] dargestellt werden (Bild 9).

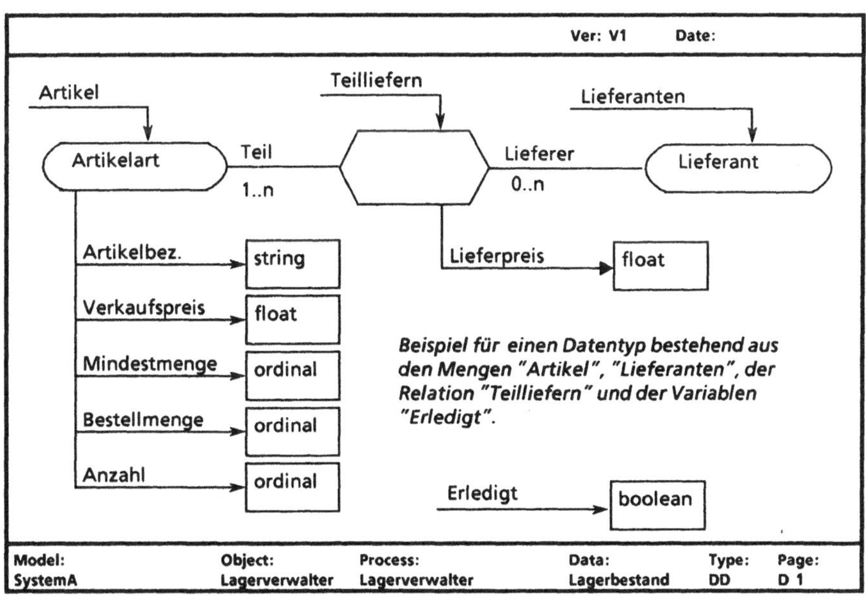


Bild 9: Typisches Entity-Relationship-Diagramm in GRAPES-86

Damit stehen leistungsfähige Hilfsmittel zur Verfügung, um auch den in der Praxis sehr wichtigen Bereich der Datenmodellierung abzudecken.

**Praktische Erfahrungen**

Das am Anfang erwähnte rechnergestützte Entwurfssystem CADOS mit der Sprache GRAPES-85, wird in der SIEMENS AG schon seit mehreren Jahren mit großem Erfolg für die Spezifikation auch großer Systeme eingesetzt. Die dabei gewonnenen Erfahrungen hatten großen Einfluß auf die Entwicklung von GRAPES-86 und die damit verbundene Methode.

Inzwischen wird auch GRAPES-86 in internen SIEMENS-Projekten als Spezifikationssprache eingesetzt, wobei das Schwergewicht auf den frühen Phasen der Systementwicklung liegt, da diese Projekte alle am Anfang stehen.

Es handelt sich dabei um Projekte aus ganz verschiedenen Anwendungsgebieten wie Organisationsuntersuchungen, betriebswirtschaftliche Anwendungen, Softwareentwicklung etc.

Vor allem in den frühen Phasen der Systementwicklung, bei denen der Auftraggeber mit dem Systementwickler gemeinsam den Verwendungszweck und Leistungen des geplanten Systems festlegt, führt die Entwicklung eines GRAPES-86 Modells fast automatisch zur Klärung der wichtigsten Fragestellungen. Durch das Modellierungsvorgehen nach der GRAPES-86 Methode wird der Entwickler geführt und hat eine viel größere Gewißheit, daß bis zu einer gewissen Detaillierungsebene keine wichtige Information vergessen wurde. Eine Überprüfung des Modells auf Vollständigkeit und Konsistenz ist wesentlich einfacher. Diese Vorteile kommen auch dann zum Tragen, wenn nur mit Papier und Bleistift gearbeitet wird.

Es kommt nicht mehr vor, daß als Ergebnis einer Spezifikationsentwicklung eine relativ zusammenhangslose Menge von Informationen entsteht, die in einigen Fällen schon viel zu detailliert ist, in anderen Fällen aber widersprüchlich oder unvollständig ist.

Bei einer System-Spezifizierung mit Hilfe von GRAPES-86 hat es sich bewährt, ein Team aus Mitarbeitern des Auftraggebers und des Systementwicklers zu bilden. Im Team wird, aufbauend auf die GRAPES-86 Kenntnisse und die Modellierererfahrung der Systementwickler, aus den Informationen der Auftraggeberseite gemeinsam ein GRAPES-86 Modell erarbeitet (an einer Wandtafel, auf Flip-Charts oder auf Overhead-Projektionsfolien). Die GRAPES-86 Vorgehensweise stellt sicher, daß alle für einen bestimmten Detaillierungsgrad notwendigen Informationen durch gezielte Fragen gesammelt und vervollständigt werden können. Bis zur nächsten Sitzung werden dann die Arbeitsergebnisse erfaßt und als neue Arbeitsgrundlage an alle Teammitglieder verteilt.

Dabei hat es sich gezeigt, daß die in GRAPES-86 verwendeten Konzepte und Sprachkonstrukte für Anwendungsfachleute und Entwickler nach einer kurzen Einführung gut verständlich sind, und daß bei den Entwicklungssitzungen die Sprache GRAPES-86 in den

Hintergrund tritt und fast nur über Aspekte des zu modellierenden Systems diskutiert wird (und nicht über Sprachkonstrukte).

## Abgrenzung

Die Vorteile von GRAPES-86 kommen besonders stark bei Systemen zum Tragen, die in komplexer Art in ihre Umgebung eingebettet sind und/oder deren Komponenten auf verschiedene Weise, z. B. nur teilweise durch Software, realisiert werden.

Nicht besonders geeignet ist GRAPES-86 für selbstmodifizierende Systeme, wie sie z. B. im KI-Bereich häufig vorkommen, wenn also dynamisch neue Objekte, Kommunikationswege, Prozesse usw. kreiert werden. Weiterhin gibt es für spezielle Systemklassen auf das Problem zugeschnittene Spezifikationssprachen, die dann natürlich besser geeignet sind als die Universalsprache GRAPES-86. So gibt es für den Übersetzerbau spezielle Sprachen, die auf den Konzepten von attributierten Grammatiken, nichtdeterministischen Automaten etc. beruhen.

## Schlußwort

Im Allgemeinen haben wir die Erfahrung gemacht, daß durch den Einsatz von GRAPES-86 zwar der Aufwand in den frühen Spezifikationsphasen der Systementwicklung erhöht wird, aber das Arbeitsergebnis, die Spezifikation wesentlich verbessert wird. Durch die frühe Entdeckung von Designfehlern werden Kosten in den späteren Phasen eingespart, da die Beseitigung von Designfehlern umso kostspieliger wird, je später sie erfolgt.

**Literaturverzeichnis**

1) CADOS: Computer Aided Design für Organisatoren und Systemingenieure; Kurzbeschreibung Juli 1985; Siemens AG oder:
IORL: Input/Output Requirements Language Reference Manual V2.0, July 1984, Siemens AG.

2) D. Teichroew, E. A. Hershey III, PSL/PSA: A Computer-Aided Technique for Structured Documentation and Analysis of Information Processing Systems, IEEE Trans. Soft. Eng., **SE-3** (1), Jan. 1977, 41-48

3) M. W. Alford, A requirements engineering methodology for real-time processing requirements, IEEE Trans. Soft. Eng., **SE-3** (1), Jan. 1977, 60-69 oder:
M. Alford, SREM at the Age of Eigth, Computer **18** (4), Apr. 1984, 36-46

4) SDL ist eine im nachrichtentechnischen Umfeld entwickelte Modellierungssprache basierend auf einem Zustandsübergangsgraphen, beschrieben in:
Recommandations of the CCITT Z.100 bis Z.104 (1984) oder:
A.Rockström, An introduction to CCITT-SDL, Stockholm 1985, Televerket tryckeri

5) SADT ist eine nicht interpretationsfähige Modellierungssprache, beschrieben in:
D.T.Ross, IEEE Trans. **SE-3** (1), Jan. 1977, 6-34.

6) Tom de Marco, Structured Analysis and System Specification, YOURDON Inc, New York 1978

7) ANSI/MIL-STD-1815A, Ada Programming Language, 1983

8) Peter P. Chen, The Entity-Relationship Model - Toward a Unified View of Data, ACM Trans. on Database Systems, **1**(1), March 1976, 9-36

# Jackson System Development mit Speedbuilder

Eine toolgestützte Methode zur Spezifikation und Implementierung verteilter Systeme

von

Wolfgang George
c/o ExperTeam GmbH
Eupener Straße 150
5000 Köln 41

**Zusammenfassung**

Die Systementwicklungsmethode Jackson System Development (JSD) dient zur Spezifikation von Systemen in Form kommunizierender sequentieller Prozesse sowie der Implementierung derartiger Systeme. Ausgangsbasis für die eigentliche Systemspezifikation ist dabei ein Modell des systemrelevanten Realitätsausschnitts. Die Beschreibung dieses Modells ist der erste Schritt der Systementwicklung nach JSD.

**Summary**

Jackson System Development (JSD) is a method for the specification of systems in terms of communicating/cooperating sequential processes (CSP). It also tackles the implementation of such systems. As a basis for the specification task, a real world model is used, which is developed at the begin of a JSD project.

**Hinweis:** Alle Abbildungen sind mit Hilfe der Jackson Software-Tools Speedbuilder und JSP-TOOL erzeugt worden.

## 1. Überblick

Jackson System Development (JSD) ist eine Systementwicklungsmethode, die in den Jahren 1978-1982 von Michael A. Jackson und John R. Cameron (Michael Jackson Systems Ltd, London) erarbeitet wurde. Die schon vorher bekannte Programmentwurfsmethode Jackson-Strukturierte-Programmierung (JSP) wurde dabei Bestandteil von JSD. Grob kann eine Systementwicklung nach JSD in drei Phasen eingeteilt werden:

- Modellbildung
- Spezifikation
- Implementierung

Die Entwicklung eines Modells wird bei JSD als separate Phase der eigentlichen Systemspezifikation vorangestellt. Dabei lautet die wesentliche Fragestellung: "Welche Aspekte der Realität sind für das neue System relevant?". Dieser expliziten Beschreibung der "realen Welt" wird nach Meinung der JSD-Vertreter bei traditionellen Systementwicklungsmethoden zu wenig Bedeutung beigemessen.

## 2. Die JSD-Entwicklungsphasen

### 2.1 Modellbildung

In der Phase Modellbildung werden diejenigen Ereignisse (Vorgänge, Aktionen) definiert, die in der bestehenden oder - wie z. B. bei einem Embedded System - zu schaffenden Realität für das zu entwickelnde System relevant sind.

Beispiele hierfür sind

- bei einem Verwaltungssystem für eine Leihbibliothek
  - Buch erwerben
  - Buch verkaufen
  - Ausleihfrist verlängern
  - Buch zurückgeben
  - Buch zum Binden ausliefern
- bei einer Liftsteuerung
  - Knopf drücken zur Lift-Anforderung
  - Ankommen des Lifts an einem Stockwerk
  - Verlassen eines Stockwerks durch den Lift.

Diese Ereignisse werden nach einem vorgegebenen Raster definiert. Sie dienen fortan als gemeinsame Verständigungsbasis zwischen Softwarespezialisten und Auftraggebern (z. B. Fachbereich). Außerdem werden die Ereignisse einzelnen Objekten (Entities, Entitäten) zugeordnet, die diese Ereignisse ausführen (oder an denen die entsprechenden Ereignisse/Aktionen ausgeführt werden).

Bei der Modellbildung in JSD wird ein besonderes Gewicht auf die Beschreibung dynamischer Aspekte des relevanten Realitätsausschnitts gelegt. So wird für jedes Objekt ein sogenanntes Objektstrukturdiagramm erstellt, das die zeitlichen Beziehungen zwischen den Ereignissen/Aktionen eines Objektes definiert. (Abb. 2).

| Entity: LIFT | | Classification: |
|---|---|---|
| Summary: Im vorliegenden System zu steuernder Lift. | | |
| Identifier: LIFT-NR | | State Vector: AKTUELLES-STOCKWERK<br>VORHERIGES-STOCKWERK |

| Action | Attributes | Definition |
|---|---|---|
| ANKOMMEN | STOCKWERK-NR<br>LIFT-NR | Ankommen des Lifts an einem bestimmten Stockwerk m von oben oder von unten. Ankommen ist definiert als das Erreichen des Bereiches +- 15 cm um die Ruheposition eines Stockwerks.<br>Ankommen heißt nicht notwendigerweise, daß der Lift an diesem Stockwerk anhält. |

| Action | Attributes | Definition |
|---|---|---|
| VERLASSEN | STOCKWERK-NR<br>LIFT-NR | Verlassen eines bestimmten Stockwerks m durch den Lift nach oben oder nach unten. Der Lift verläßt den Bereich +- 15 cm um die Ruheposition eines Stockwerks.<br>Beachte, daß keine Richtung angegeben ist. |

Abb. 1: Dokumentation zum Objekt "Lift"

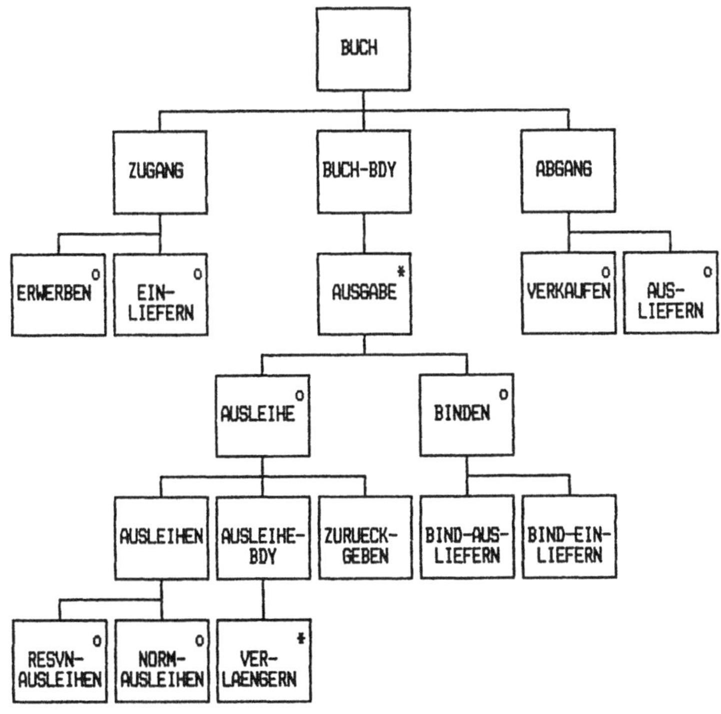


Abb. 2: Objektstrukturdiagramm "Buch"

Als Darstellungstechnik für Objektstrukturdiagramme dienen die von JSP her bekannten Jackson-Baumdiagramme (zur Erinnerung: "*" kennzeichnet wiederholtes Auftreten einer Komponente, "o" kennzeichnet, daß Komponenten Alternativen darstellen, keine Kennzeichnung haben Komponenten, die zeitlich nacheinander - von links nach rechts zu interpretieren - auftreten).

Zur Beschreibung eines Objekts gehört auch die Festlegung der Objektattribute, die in der Folgephase als lokale Variablen der Objektprozesse deren sogenannten Statusvektor (state vector) bilden (vgl. Abb. 1).

## 2.2 Spezifikation

Die Spezifikation des zu entwickelnden Systems erfolgt bei JSD in Form eines Netzwerks kommunizierender/kooperierender sequentieller Prozesse. Die Semantik dieser JSD-Netzwerke und der zugehörigen Prozeßkommunikationsprimitive entspricht weitgehend der von Hoares programmiersprachlichem Konzept CSP. Ein JSD-Netz wird zunächst graphisch mit Systemspezifikationsdiagrammen (SSDs) entworfen (vgl. Abb. 3).

Die Rechtecke im Systemspezifikationsdiagramm repräsentieren Prozesse (genauer gesagt Prozeßklassen), Kreise repräsentieren Datenströme (FIFO-Queues) , Rauten Statusvektorverbindungen und Pfeile die Richtung des Datenflusses.

Prozesse tauschen untereinander Nachrichten aus, indem sie Datenströme schreiben bzw. lesen. JSD geht dabei implizit davon aus, daß ein Datenstrom in der Spezifikation ein theoretisch unendlich großer Puffer ist. Erst zum Implementierungszeitpunkt wird die Puffergröße festgelegt.

Der Statusvektor eines Prozesses ist der Sammelbegriff für alle Daten, die zu einem Prozeß gehören. Unter Statusvektorinspektion versteht man einen Read-only-Zugriff eines Prozesses auf die lokalen Variablen eines anderen - eine Form der Prozeßkommunikation, die bei CSP so nicht vorgesehen ist.

Das hier gewählte Beispielsystem Liftsteuerung (vgl. Abb. 3; zur Aufgabenstellung siehe M. A. Jacksons Monographie System Development) hat nur wenige Daten. Jeder Knopf-Prozeß enthält ausschließlich die Bool'sche Variable ANFORDERUNG, die den Wert "wahr" hat, falls eine Anforderung noch nicht erledigt ist. Der Prozeß Lift-Ctr greift lesend auf diese Variable zu, um festzustellen, ob für das betreffende Stockwerk eine Anforderung vorliegt und der Lift deshalb dort mittels eines Motor-Kommandos angehalten werden muß. Ist dies geschehen, schreibt Lift-Ctr den betreffenden Knopf-Prozessen eine Rücksetz-Nachricht.

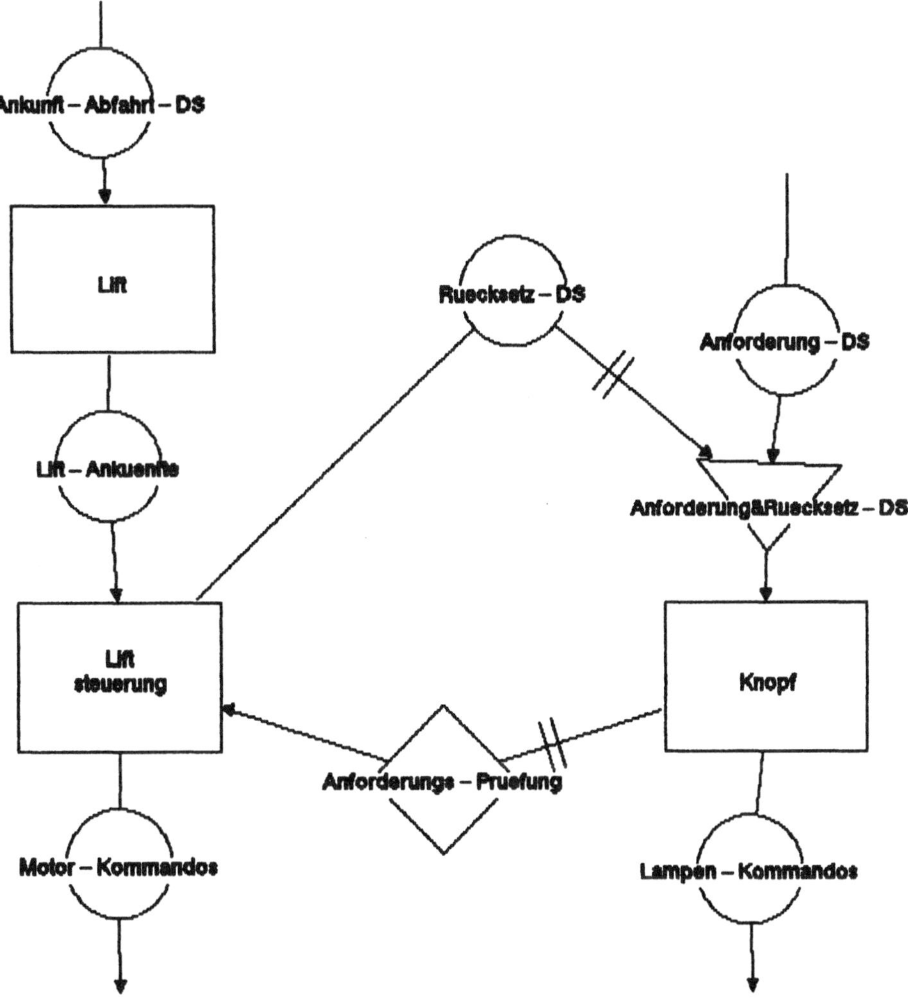


Abb. 3: Systemspezifikationsdiagramm "Liftsteuerung"

Wir beginnen eine Spezifikation nach JSD mit den sogen. Objektprozessen, von denen es für jede Objektklasse (hier: Lift und Knopf) eine Prozeßklasse gibt. Dann werden die Datenstrom- und Statusvektorverbindungen festgelegt. Die Algorithmen bestehender Prozesse werden entworfen und neue hinzugefügt.

Es gibt drei Hauptgründe für das Hinzufügen neuer Prozesse:

a) Das Sammeln von Eingaben, die durch Ereignisse/Aktionen in der Realität ausgelöst wurden. Diese Eingaben werden geprüft und an den geeigneten Objektprozeß weitergeleitet.

b) Das Generieren von Ereignissen , die für das System relevant sind, aber nicht in der Realität vorkommen.

c) Das Durchführen von Berechnungen und das Produzieren von Ausgaben.

Lift-Ctr ist ein Beispiel für b) und c) wobei "Rücksetzen einer Anforderung" ein durch Lift-Ctr generiertes Ereignis ist. Beispiele für a) sind Knopf-Poller in Abb. 4 und dialogführende Komponenten in kaufmännisch-administrativen Anwendungen.

Für eine komplette Spezifikation werden meist viele Teilnetze in SSD-Form beschrieben. Zwischen diesen Teilnetzen bestehen keine hierarchischen Beziehungen. Vielmehr liegen alle Teilnetze auf der gleichen Ebene und werden durch gemeinsame Elemente verbunden.

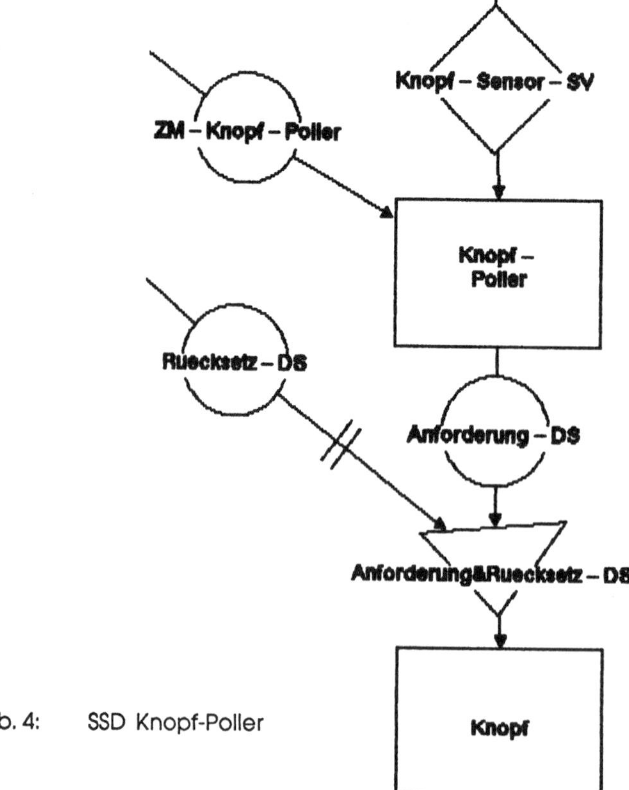


Abb. 4: SSD Knopf-Poller

In den SSDs der Abb. 3 und 4 sind die gemeinsamen Elemente die Prozeßklasse Knopf und deren Eingabedatenstrom.

| Name : KNOPF | Reference : | Classification : |
|---|---|---|

Summary :
Knopf unterstützt das Konzept der "Anforderungsgruppe". Dahinter verbirgt sich eine Gruppe von Anforderungen des Lifts (Knopfdrücken), die durch einen Stop des Lifts am angeforderten Stockwerk befriedigt (zurückgesetzt) werden. Knopf schaltet die dem entsprechenden Knopf in der Realität zugeordnete Lampe mit Hilfe von Lampenkommandos.

Identifier :

| | |
|---|---|
| STOCKWERK-NR | : STOCKWERK-NR |
| KNOPFART | : KNOPFART |
| LIFT-NR | : LIFT-NR |

State Vector :

| | |
|---|---|
| ANFORDERUNG | : BOOLEAN |

Input List :

| Local-Name | Name | Ref | Writer | Data-Contents | Note-Pad |
|---|---|---|---|---|---|
| ANFORDERUNG&RUECKSETZ-DS | ANFORDERUNG-DS | ANF-DS | KNOPF-POLLER | KNOPF-DRUCK<br>STOCKWERK-NR :STOCKWERK-NR<br>KNOPFART :KNOPFART<br>LIFT-NR :LIFT-NR | |
| ANFORDERUNG&RUECKSETZ-DS | RUECKSETZ-DS | RS-DS | LIFTSTEUERUNG | KNOPFDRUCK-ERLEDIGT<br>STOCKWERK-NR :STOCKWERK-NR<br>KNOPFART :KNOPFART<br>LIFT-NR :LIFT-NR | |

Output List :

| Name | Ref | Reader | Data Contents | Note Pad |
|---|---|---|---|---|
| LAMPEN-KOMMANDOS | LK-DS | | EIN<br>AUS | |

SV-Access-List :

| Name | Ref | Owner | SV Subset | Access Path | Note Pad |
|---|---|---|---|---|---|

Abb. 5: Prozeßspezifikation "Knopf"

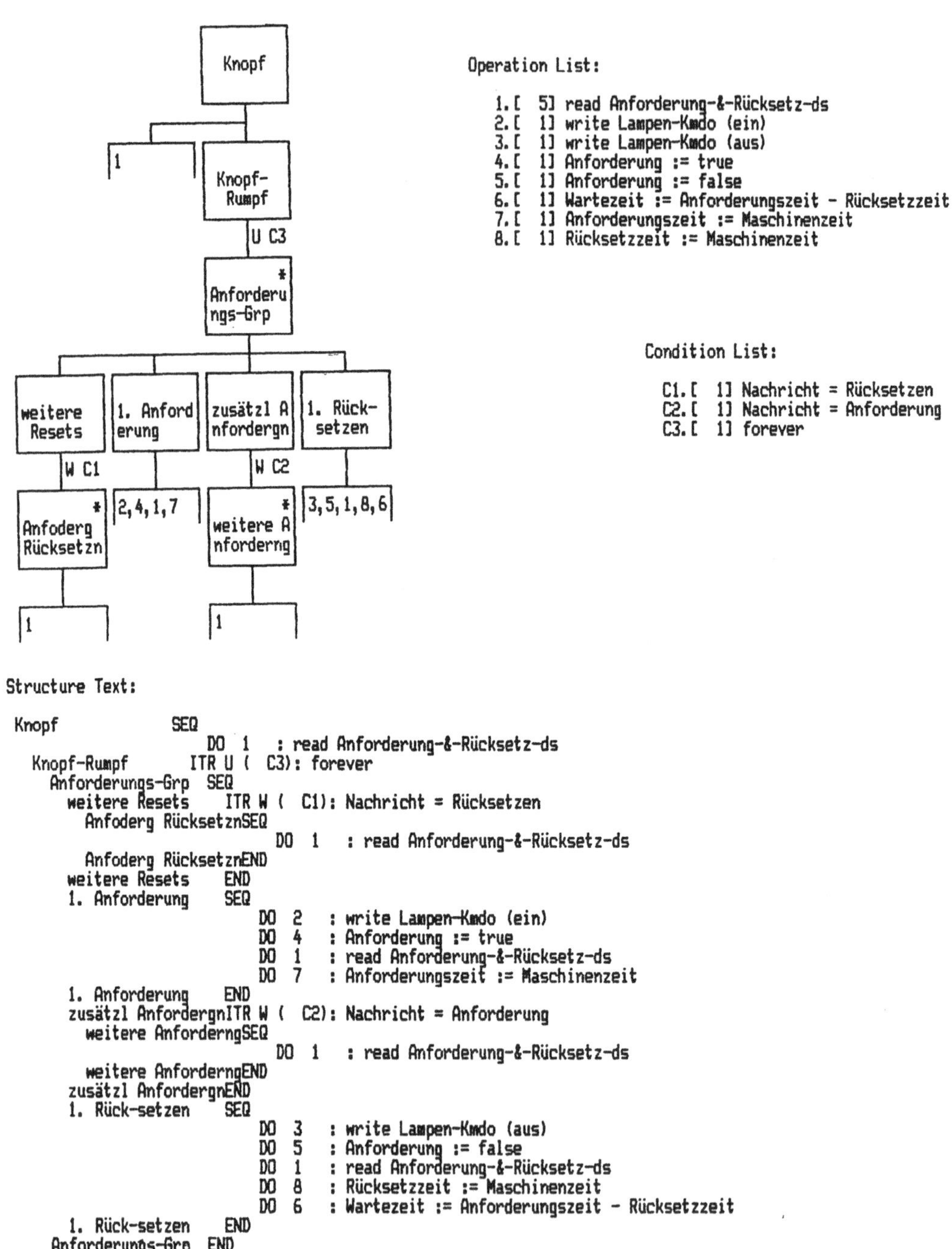


Abb. 6: Programmentwurf "Knopf"

Bei Anwendungen von JSD versucht man, Verbindungen zwischen Prozessen, die keine Objektprozesse sind, zu vermeiden oder wenigsten zu minimieren. Unter Beachtung dieser Regel kann man ein großes Netzwerk als Menge von Teilnetzen beschreiben, die lediglich Objektprozesse gemeinsam haben. Das Gesamtnetzwerk ist dann die Vereinigung der Teilnetze. Diese Technik erlaubt es, mehr noch als bei der Verwendung normaler hierarchischer Zergliederungstechniken, die Komplexität des Systems unter Kontrolle zu halten.

Neben der Spezifikation des Systems in Netzwerkform erfolgt der Entwurf der einzelnen Prozesse in Form strukturierter Programme. Hierbei kommen die Entwurfstechniken der Jackson-Strukturierten-Programmierung zur Anwendung, auf die hier nicht weiter eingegangen werden soll. Die verschiedenen Bestandteile der Spezifikation eines Prozesses sind am Beispiel von Knopf in Abb. 5, und 6 in Ausschnitten wiedergegeben.

Fassen wir die Besonderheiten einer Spezifikation nach JSD an dieser Stelle zusammen. Ein nach JSD spezifiziertes System ist sehr modular und änderungsfreundlich. Dies resultiert einerseits aus der vorgeschalteten expliziten Phase der Modellbildung und andererseits aus der Verteilung der Systemleistungen auf verschiedene Arten von Prozessen:

a) Objektprozesse (pro Objekt des Modells einer), die im System den Status des jeweiligen Objekts in der Realität nachvollziehen (Beispiele: Lift, Knopf);

b) Eingabeprozesse, die die Objektprozesse mit dem nötigen Input versorgen (Beispiel: Knopf-Poller);

c) Funktionsprozesse, die die Systemausgaben generieren und die eigentlichen Automatisierungsaufgaben übernehmen (Beispiel: Lift-Ctr).

Die Eingabeprozesse verkapseln die Verbindung zur Input liefernden Hardware bzw. in kaufmännisch-administrativen Systemen die Dialogführung bzw. die Zugriffe auf Batch-Bewegungsdaten.

Die Objektprozesse repräsentieren mit ihren lokalen Daten den Zustand der Objekte in der Realität. Sie sind typischerweise die Treiberprozesse in technischen Anwendungssystemen bzw. die Stammdatenpflegeroutinen in kaufmännisch-administrativen Systemen.

Die Funktionsprozesse dienen zur Befriedigung des Informationsbedarfs des Benutzers bzw. zur Automatisierung.

Die hier skizzierte Vorgehensweise, zunächst ein Modell als abstrakte Beschreibung der Realität zu entwickeln, auf dieser Basis einen ersten Teil des Systems zu spezifizieren und erst danach Systemteile zur Spezifikation von Funktionen zu ergänzen, findet ihre Begründung in folgenden Beobachtungen:

- Das einmal konzipierte Modell ist stabiler als die vom Anwender gewünschten Funktionen. Das Modell ist ein Abbild der Realität. Es ändert sich nur, wenn sich die Realität selbst ändert. Das ist in der Regel seltener als der sich wandelnde Informationsbedarf des Anwenders, der ständig neuen Erfordernissen angepaßt werden muß.
- Ein JSD-Modell ist ein Gerüst für ein ganzes Spektrum denkbarer Funktionen. Es ist einfacher, zunächst dieses Gerüst zu definieren, als im einzelnen die Systemausgaben zu beschreiben, die der Benutzer wünscht.
- Das Modell beschreibt die Welt des Benutzers (oder zumindest einen Ausschnitt davon). Für ein Systementwicklungsprojekt ist dies eine gute Basis für die Kommunikation der am Projekt beteiligten Gruppen.

## 2.3 Implementierung

Als Ergebnis einer JSD-Spezifikation liegt ein System vor, das prinzipiell ausführbar ist. Im Beispiel der Liftsteuerung besteht es bei einem Gebäude mit einem einzelnen Lift, der 10 Stockwerke bedient, aus 58 Prozessen:

- 1 mal Lift
- 1 mal Lift-Ctr
- 28 mal Knopf (10 Knöpfe im Lift, 2 x 10 - 2) Stockwerkknöpfe für Aufwärts- bzw.Abwärtsanforderung)
- 28 mal Knopf-Poller

Eine direkte Implementierung würde also 58 reale oder virtuelle Prozessoren erfordern. Dabei könnten virtuelle Prozessoren entweder durch ein Multi-Tasking-Betriebssystem oder durch eine Programmiersprache wie ADA, die Parallelverarbeitung unterstützt, zur Verfügung gestellt werden.

Eine direkte Implementierung mit realen Prozessoren könnte beispielsweise mit Hilfe von Transputern in OCCAM erfolgen.

Häufig sind solche extrem verteilten Implementierungen ineffizient. Die Gesamtanzahl der Prozesse läßt sich jedoch, falls nötig, durch JSD-Implementierungstechniken reduzieren. Die wichtigste Technik in diesem Zusammenhang ist die Programminversion, die einen Prozeß in eine Subroutine transformiert. Diese kann dann von beliebigen anderen Prozessen über eine Parameterschnittstelle aufgerufen werden. Dabei repräsentiert jede Parameterübergabe einen Satz des Eingabedatenstroms. Eine andere Technik erlaubt es, eine Prozeßklasse durch eine einzelne Subroutine und die entsprechende Anzahl von Statusvektoren zu implementieren.

Noch extremer als bei technischen Anwendungen sind die Mengenverhältnisse in der Regel bei kaufmännisch-administrativen Anwendungen. Gibt es in einer Bibliothek 100.000 Exemplare des Objekts Buch, so geht die Spezifikation von 100.000 Exemplaren der Prozeßklasse Buch aus. Die direkte Implementierung eines solchen Systems mit realen oder virtuellen Prozessoren wäre sehr unökonomisch. Deshalb spielen bei kaufmännisch-administrativen Systemen die obengenannten JSD-Implementierungstechniken eher noch eine größere Rolle als bei technischen Anwendungen, wo zunehmend Implementierungsumgebungen, die Parallelität und verteilte Systeme unterstützen, zur Verfügung stehen.

Ein entscheidender Vorteil der Methode JSD ist, daß auf der Basis einer JSD-Spezifikation jeder beliebige Grad an Parallelität und Verteiltheit für die Implementierung realisierbar ist: die JSD-Spezifikation geht immer von völliger Parallelität aller Prozesse aus - die Transformation der Spezifikation in die Implementierung führt also höchstens zu einer Reduktion der Parallelität und Verteiltheit.

Ein weiterer Bestandteil der Implementierungsphase von JSD ist die Entwicklung eines konzeptionellen Datenmodells und der physische Datenentwurf. Die mit JSD erstellte Spezifikation liefert dazu das Rohmaterial, nämlich die lokalen Daten der Prozesse. Nach formalen Regeln läßt sich aus diesen Prozeßstatusvektoren ein Datenmodell ableiten, das dann wie üblich als Basis für den physischen Datenentwurf dient.

Die Erfahrung hat gezeigt, daß auch eine parallel zur Modellbildung und Spezifikation nach JSD durchgeführte Datenmodellierung sinnvoll sein kann. Die Ergebnisse beider Ansätze ermöglichen dann eine abschließende Konsistenzprüfung.

## 3. Prinzipien von JSD

Als wesentliche Prinzipien von JSD bleiben festzuhalten:

- Die Modellbildung in der Systementwicklung erfolgt vor der eigentlichen Spezifikation, da hierdurch eine höhere Wartungs- und Änderungsfreundlichkeit erwartet wird;
- Die Spezifikation eines Systems ist von der Implementierung strikt getrennt;
- JSD bietet durch die Unterteilung der Systementwicklung in eine Reihe klar voneinander abgegrenzter Phasen und seine speziellen Implementierungstechniken einen sicheren Weg von der Spezifikation zur Implementierung.

## 4. Vergleich von JSD mit anderen Systementwicklungsmethoden

Ein Vergleich von JSD mit top-down-orientierten Methoden wie z. B. SADT (Ross), Structured Analysis (de Marco), Structured Design/Composite Design (Constantine, Yourdon, Myers) läßt eine Reihe von Unterschieden erkennen.

Die genannten Top-down-Ansätze fordern die Trennung von Anforderungsdefinition (externem Verhalten) und Software-Entwurf (interner Struktur) eines Systems. Bei JSD existiert diese Trennung nicht. Es wird vielmehr für nötig gehalten, die Fragen des "Was ist zu tun?" und "Wie wird es erreicht?" miteinander zu verquicken.

JSD trennt die problemorientierte Struktur der Spezifikation strikt von Implementierungsüberlegungen. Bei den konventionellen Ansätzen liefert der Systementwurf die Moduln, die das gewünschte externe Verhalten bewirken sollen. Aber eine derartige Systemstruktur muß auch zur Implementierungsumgebung passen und die Performance-Restriktionen erfüllen. Dazu muß der Entwickler problem- und implementierungsorientierte Aspekte gleichzeitig berücksichtigen, was ihn häufig überfordert.

Bei top-down-orientierten Methoden erfolgen Systemdesign und Moduldesign (Programmieren im Großen und Kleinen) nacheinander. Es müssen jedoch in beiden Phasen sowohl Fragen der funktionsorientierten Zergliederung als auch solche der Performance und der Ressourcennutzung gleichzeitig beachtet werden.

Bei JSD sind alle Fragen, die mit den Funktionen des Systems zu tun haben, mit der Spezifikation abgeschlossen. Fragen der Ressourcennutzung werden ausschließlich in der Implementierungsphase betrachtet.

Bei der Entwicklung von kaufmännisch-administrativen Systemen hat dies dazu geführt, daß auf der Basis ein und derselben Spezifikation sowohl zentrale als auch verteilte Implementierungen möglich waren.

Bei dem Vergleich mehrerer Spezifikationsmethoden am Beispiel der Entwicklung eines Musiksynthesizers war JSD die einzige Methode, bei der beim Übergang von einer Ein- zu einer Zweiprozessorlösung keine Änderungen an der Spezifikation erforderlich waren.

## Bibliographie


Jackson, Michael A.: System Development. Prentice Hall, Englewood Cliffs, N.J. 1983.

Jackson, Michael A.: Principles of Program Design. Academic Press, London 1975. in deutsch: Grundsätze des Programmentwurfs. S. Toeche-Mittler Verlag, Darmstadt 1979.

Cameron, John R.: JSP & JSD: The Jackson Approach to Software Development. IEEE Computer Society Press 1983.

Cameron, John R.: An Overview of JSD. In: IEEE Transactions on Software Engineering. Vol. SE-12/2 (Febr. 1986) S. 222 ff.

Dorn, Anton; Schaefer, Richard: Spezifikation einer Anwendung aus der Versicherungswirtschaft - ein Projekterfahrungsbericht. In: Tagungsband zum Treffen der Jackson Method User Group - deutschsprachiger Teil - Köln Nov. 1983 (unveröffentlicht).

George, Wolfgang: Jackson-System-Development (JSD): Systementwurf durch Modellierung von Objekten und Ereignissen der Realität. In: Proceedings der GI/ACM-Fachtagung Modellierung und Konstruktion bei der Entwicklung von Informationssystemen. Tutzing 1984, S. 277 ff.

Renold, André: Parallele Echtzeitprogrammierung: Erfahrungen mit verschiedenen Entwurfsmethoden. In: Entwurf großer Software Systeme, Hrsg. von Morgenbrod, Horst und Remmele, Werner. Teubner, Stuttgart 1985, S. 94 ff.

Zave, Pamela: The Operational Versus the Conventional Approach to Software Development. In: Comm. ACM Vol. 27/2 (Febr. 1984) S. 104 ff.

# Ein Toolset für den graphischen Entwurf verteilter Systeme mit SDL

*Dr. Heinz Koßmann*
*Siemens AG*
*Zentralbereich Technik ZTI SOF 1*
*Otto-Hahn-Ring 6*
*D-8000 München 83*
*Tel.: (089) 636-44207*

Inhalt



## 1. Einleitung

Es wird ein SDL-Toolset vorgestellt, das auf der graphischen Design-Sprache SDL gemäß der CCITT-Norm Z.100-Z.104 [1,2] beruht.

SDL (Specification and Description Language) ist eine vom CCITT genormte und seit 1976 erfolgreich eingesetzte Sprache zur Spezifikation und Beschreibung von Systemen. Die Sprache ist zudem weit verbreitet, da im CCITT 154 Länder vertreten sind. SDL ist leicht zu verstehen, zu lernen und anzuwenden und führt zu eindeutigen und gut lesbaren Spezifikationen. Der werkzeugunterstützte Einsatz von SDL verbessert entscheidend die Produktivität bei der Entwicklung und die Qualität der Produkte. Insbesondere reduziert die Verwendung von SDL den hohen Anteil an Fehlern in der Entwurfsphase, deren Behebung in der Integrationsphase oder im Einsatz mit erheblichen Kosten verbunden ist.

Unter dem Begriff System versteht man im SDL-Kontext informationstechnische Anordnungen oder Einrichtungen, die der kommerziellen Datenverarbeitung, der Steuerung von Produktionsprozessen und der Kommunikationstechnik dienen. Derartige Systeme können den drei Hauptkategorien Bürosysteme (Office of the Future), Netzwerke (Network of the Future) und Prozeß- und Automatisierungstechnik (Factory of the Future) zugeordnet werden.

Was bedeutet Spezifikation und Beschreibung dieser Systeme mit SDL?

Die in der Regel komplexen informationstechnischen Systeme können vollständig anhand der Beschreibung und Spezifikation verschiedener aufeinander bezogener Sichten eines Systems erfaßt werden:

Die Aufbaustruktur des Systems, die Systemstatik, wird in SDL beschrieben durch

- Block-Interaktions-Diagramme: Ein Netz von Funktionsblöcken, die durch Kommunikationskanäle miteinander verbunden sind
- Baum-Diagramme: Eine hierarchische Anordnung der Blöcke.

Die Kommunikationsstruktur des Systems, die Systemdynamik, wird beschrieben durch

- Prozeß-Diagramme: Das vollständige Kommunikationsverhalten der Prozesse eines Systems, die auf der Aufbaustruktur ablaufen können
- Sequence Charts: Die explizite Darstellung von Kommunikationsabläufen zwischen Prozessen.

Selbstverständlich bestehen logische Beziehungen zwischen den Systemsichten, z.B.

- gibt es Zuordnungen zwischen den Funktionsblöcken als Prozeßträger und den Prozessen, die in den Funktionsblöcken ablaufen,
- bzw. Zuordnungen zwischen den Prozessen dargestellt durch die Prozeßdiagramme und dargestellt durch die Sequence Charts,
- bzw. Zuordnungen zwischen den Kommunikationskanälen mit zugehörigen Signallisten dargestellt durch die Blockdiagramme und den Signalen in den Sequence Charts.

Die Spezifikation der Sprache selbst beruht auf einem abstrakten Sprachmodell, von dem zwei - aus semantischer Sicht äquivalente - syntaktische Ausprägungen vorliegen. Die eine Form (SDL/GR Graphic Representation) verwendet graphische Symbole zur Darstellung, die dem Benutzer die Entwurfsentscheidungen visuell transparent machen. Die andere Form (SDL/PR Phrase Representation) besitzt eine lineare Syntax ähnlich der einer herkömmlichen Programmiersprache. Diese Textform eignet sich bei einer Toolunterstützung u.a. für die Archivierung von SDL-Systembeschreibungen und den Anschluß an andere Entwicklungsumgebungen.

Der graphische Entwurf mit SDL wird durch Verwendung von Workstations mit hochauflösenden Rasterbildschirmen wesentlich erleichtert. An den graphischen Entwurf können zudem automatische Analyseverfahren und Testwerkzeuge angeschlossen werden. Durch Codegeneratoren für verschiedene Zielsprachen wird die Entwurfs-Phase in die Implementierungs-Phase überführt.

Einsatzbereiche für das SDL-Toolset sind insbesondere ereignisorientierte Systeme, z.B. Prozeßautomatisierung und Verkehrsleittechnik, kommunikationsorientierte Systeme, z.B. Vermittlungstechnik und Rechnernetze, und transaktionsorientierte Systeme, z.B. Datenbanktechnik (Kombinierte Flug-Auto-Hotel Buchung).

Anwender des Toolsets sind Softwareentwickler und Auftraggeber bei der Festlegung von Schnittstellen.

## 2. Die Design-Sprache SDL im Software-Entwicklungsprozeß

### 2.1. Statische Struktur

SDL beschreibt die statische Struktur eines Systems mit Hilfe von Block-Interaktions-Diagrammen. Ein Beispiel hierfür zeigt Bild 1a. Ein System besteht aus Blöcken, die untereinander und zur Systembegrenzung durch Kanäle verbunden sind. Die Blöcke dienen zur Zerlegung des Systems in getrennte Komponenten. Ein Block kann mehrere Prozesse enthalten, die zeitlich parallel ablaufen. Jeder Prozeß kann in mehreren Instantiierungen existieren, die von Systembeginn an vorhanden sind oder von anderen Prozessen dynamisch erzeugt werden. Sie können sich auch selber beenden. Die Kanäle bilden ein Transportmedium für Signale. Jedem Kanal ist eine Signalliste zugeordnet, durch die festgelegt ist, welche Signale auf dem Kanal transportiert werden können. Mit Signalen können Daten zwischen Prozessen übertragen werden. Zu jedem Prozeß gehört eine Eingabewarteschlange, in die die ankommenden Signale eingereiht werden.

Zur weiteren Strukturierung können in SDL Blöcke und Kanäle schrittweise in Unterblöcke und Unterkanäle und Prozesse in Unterprozesse verfeinert werden. Es resultieren zugehörige Block- und Prozeß-Baumdiagramme.

In der Anwendung wird die Blockaufteilung zur aktuellen vorgegebenen Hardware/Software Aufteilung korrespondieren und überdies so vorgenommen, daß die Interaktionen zwischen den Blöcken minimiert werden, also möglichst schmale Schnittstellen geschaffen werden. Durch diese Strukturierung wird eine Reduktion der ursprünglichen Problemkomplexität erreicht. Die Systemkomponenten erlauben eine Konzentration auf Problemausschnitte.

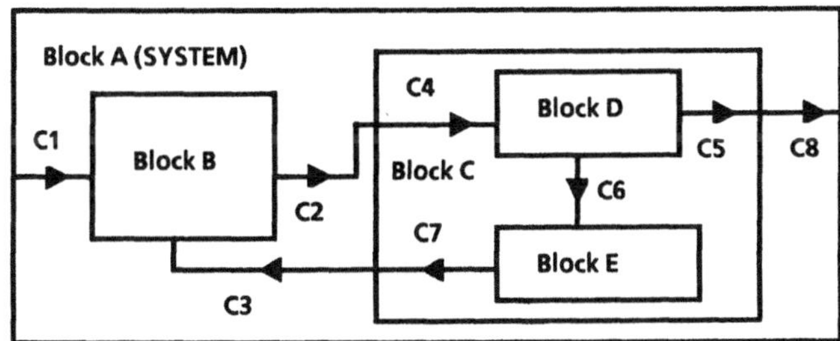


*a) Block-Interaktions-Diagramm*

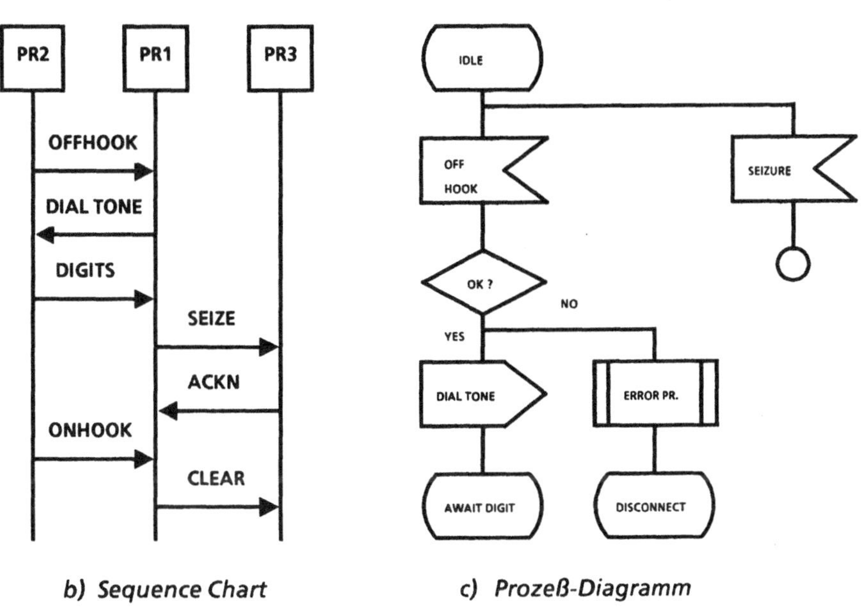


*b) Sequence Chart* *c) Prozeß-Diagramm*

**Bild 1: Design Sprache SDL**

## 2.2. Kausale Abläufe

Die exemplarische Darstellung von bestimmten Kommunikationsabläufen in zeitlicher (kausaler) Reihenfolge wird mit Hilfe von Sequence Charts (Bild 2b) ermöglicht. Aufgrund der Vielfalt der Kombinationen solcher Abläufe lassen sich in der Regel nur die für das System relevanten darstellen.

## 2.3. Dynamische Struktur

Die Kontrollstruktur für den Kommunikationsablauf zwischen den Prozessen eines Systems wird in SDL dadurch beschrieben, daß für jeden im System enthaltenen Prozeß ein Prozeß-Diagramm erstellt wird. Das Beispiel in Bild 2c zeigt einen vereinfachten Ausschnitt aus einem vermittlungstechnischen Prozeß. Dabei wird das dynamische Verhalten eines Systems durch nebenläufige Prozesse dargestellt, die über Signale asynchron miteinander kommunizieren. Es gibt keine globalen Daten. In der anschließenden Implementierungs-Phase können die Prozesse dann unabhängig voneinander bearbeitet werden. Die Prozeß-Diagramme beinhalten implizit als Spezialfälle die durch die Sequence Charts dargestellten Kommunikationsabläufe.

Der Prozeßgraph beginnt mit einem Startsymbol oder mit einem ausgezeichneten Anfangszustand (z.B. Idle). Auf ein Zustandssymbol folgt immer eine Auswahl von Eingabesymbolen oder Sicherungssymbolen. Trifft ein Signal ein, das in einem Eingabesymbol aufgeführt ist, so wird der diesem Symbol zugehörige Pfad gewählt. Wenn das Signal in einem Sicherungssymbol aufgeführt ist, wird es in diesem Zustand nur zwischengespeichert und erst später einem Eingabesymbol zugeordnet. Nach einem Eingabesymbol kann eine beliebige Folge von Aktionen, Ausgaben, Entscheidungen und Prozeßstarts folgen, die entweder in einen neuen Zustand oder das Stopsymbol übergehen. Aus Entscheidungssymbolen führen mehrere Flußlinien heraus. Sie müssen mit einer Antwort zu einer Frage innerhalb des Symbols versehen sein, die zum Beschreiten der Flußlinie erforderlich ist. Zur Strukturierung und Verkürzung der Schreibweise gibt es in SDL das Konzept der Prozeduren und Makros. SDL kennt auch abstrakte Daten und Datentypen, die in den verschiedenen Symbolen benutzt und manipuliert werden können.

Die den Prozeß-Diagrammen zugrunde liegende Philosophie ist die von Zustandsautomaten. Befindet sich ein Prozeß in einem Zustand, so kann dieser nur durch Eintreffen eines externen Signals verlassen werden. Es erfolgt dann eine Transition in einen anderen Zustand oder das dynamische Prozeßende wird erreicht. Der Verarbeitungsschritt innerhalb der Transition ist abhängig vom Zustand, vom Signal und von den lokalen Daten. In der Transition können lokale Daten verändert werden, Signale an andere Prozesse gesandt werden und neue Prozesse erzeugt werden.

## 2.4. Der Software-Entwicklungsprozeß

Zur Softwareentwicklung wird in der Regel eine top-down Vorgehensweise gewählt, wobei sich durch Rückkopplung zu früheren Entwicklungsstadien ein iterativer Prozeß ergibt.

- Bei der Aufgabendefinition wird ein Problem systematisch, in mehreren Schritten, von einer Idee oder den Anforderungen eines Auftraggebers bis hin zu einer möglichen Realisierungsstruktur bearbeitet und formuliert. Dabei wird die Aufgabe von der Umgebung abgegrenzt und DV-technische Realisierungsmodelle erstellt [5].

- In der Design-Phase werden die verschiedenen möglichen Modelle hinsichtlich ihrer Komplexität untersucht und dazu Prototyping und Performance-Simulationen durchgeführt. Für das gewählte Modell wird die System- und Testsystem- Feinstruktur festgelegt.

- Die Implementierung umfaßt die Kodierung der Systemkomponenten und des Testsystems.

- Anschließend werden die kleinsten selbständig übersetzbaren Programmbausteine, die Module, getestet. Diese sind von der Größe und Komplexität her überschaubar. In dieser Testphase wird im allgemeinen eine Statement- oder Zweig- Überdeckung als Abdeckungsmaß zugrunde gelegt.

- Die getesteten Module werden zum Gesamtsystem zusammengebunden. Es werden die Systemfunktionen und die Verträglichkeit der Schnittstellen zwischen den Moduln getestet.

- Das Gesamtsystem wird dann mit den Daten der Ziel-Hardware konfiguriert und dort installiert. Die Anwendungsfunktionen, Performance und Extremsituationen wie Überlast und Wiederanlauf nach einem Spannungsausfall werden getestet.

Eine Iteration des Software-Entwicklungsprozesses wird eingeleitet, sobald Fehler oder Mängel auftreten. Je später diese aufgedeckt werden, desto weiter reicht die Aktivitätskette im Entwicklungszyklus zurück und desto aufwendiger wird deren Behebung. Wird ein Fehler im Modultest gefunden, so muß die Implementierung des betreffenden Moduls korrigiert werden. Wird der Fehler erst bei der Integration gefunden, so muß eventuell das Design geändert werden und zahlreiche betroffene Module korrigiert werden. Soll das System nach seiner Installation aufgrund der dann gewonnenen Erfahrungen erweitert oder geändert werden, so wird wieder bei der Aufgabendefinition begonnen.

Die Verwendung von SDL ermöglicht es, komplexe Systeme in der Design-Phase besser zu verstehen, da durch Abstraktion eine modellhafte Betrachtung vorgenommen wird und durch Strukturierung die Problemkomplexität reduziert und eine Konzentration auf Problemausschnitte ermöglicht wird.

Durch den werkzeugunterstützten Einsatz von SDL wird zudem die Anzahl von Fehlern in der Entwurfsphase wesentlich reduziert, da dem Benutzer einerseits die Entwurfsentscheidungen bei der Konstruktion von SDL-Systemen visuell transparent gemacht werden und andererseits der Entwurf analysierbar und testbar ist. Das rechnerunterstützte Testen gegen den SDL-Entwurf ermöglicht gleichzeitig eine Überprüfung der Konsistenz von Entwurf und realisiertem System bei der Integration (Bild 3). Die angeführten Aspekte sind auch für die Wartung der meist langlebigen Systeme von Bedeutung.

Bei großen Systemen ist im allgemeinen der Aufwand für das Design gering im Verhältnis zum Aufwand für Produktion und Wartung. Die SW-Kosten sinken erheblich, wenn die

Design Phase durch geeignete Methoden und zugehörige Tools so unterstützt wird, daß in die späteren Phasen weniger investiert werden muß.

## 3. Ein SDL-Toolset im Life-Cycle

### 3.1. Editoren

In einem entstehenden Toolverbund (Bild 2) zur Unterstützung des Designs mit SDL sind/ werden graphische Editoren für die folgenden SDL-Diagramme erstellt:

- SDL-Block-Diagramme
- SDL-Prozeß-Diagramme
- Baum-Diagramme
- Sequence-Charts.

Die Editoren lassen sich in Abhängigkeit von der Größe und der Art der Problemstellung einzeln oder in beliebigen Kombinationen einsetzen.

Die Benutzeroberfläche ist objektorientiert gehalten: Z.B. wird ein Symbol als logisches Objekt mit graphischer Ausprägung selektiert und darauf mittels Menüauswahl eine mögliche Funktion angewendet.

Beim Editieren wird das ausgewählte SDL-Symbol an die aktuelle Cursorposition gezeichnet. Es wird ein Textfenster geöffnet, in das Text zu diesem Symbol eingegeben werden kann. Hierdurch können die Symbole mit einem Namen und einem Kommentar versehen oder auch Datendefinitionen oder Variablenzuweisungen angegeben werden.

Die Editoren führen bei der Eingabe von Symbolen lokale Syntaxprüfungen durch und stellen z.B. bei den Prozeß-Diagrammen die Verbindung zum Vorgängersymbol und evtl. zum Nachfolgersymbol automatisch her. Ist ein Symbol an einer gegebenen Position nicht erlaubt, so wird eine Fehlermeldung ausgegeben. Umfangreichere Überprüfungen während des Editierens werden aus Performance-Gründen vermieden. Derartige Überprüfungen werden in getrennten Tools vorgenommen, die in den folgenden Abschnitten beschrieben werden.

Eine effiziente Diagrammerstellung ermöglichen die Editoren durch Funktionen wie u.a. das Verändern des Abbildungsmaßstabs, Positionieren mittels Übersichtsbild oder nach Symboltyp und Text, Rückgängig machen vorhergegangener Kommandos, Reorganisieren von Prozeß-Diagrammen und Routing-Algorithmen zum Erzeugen von Kantenverläufen bei den Block-Diagrammen.

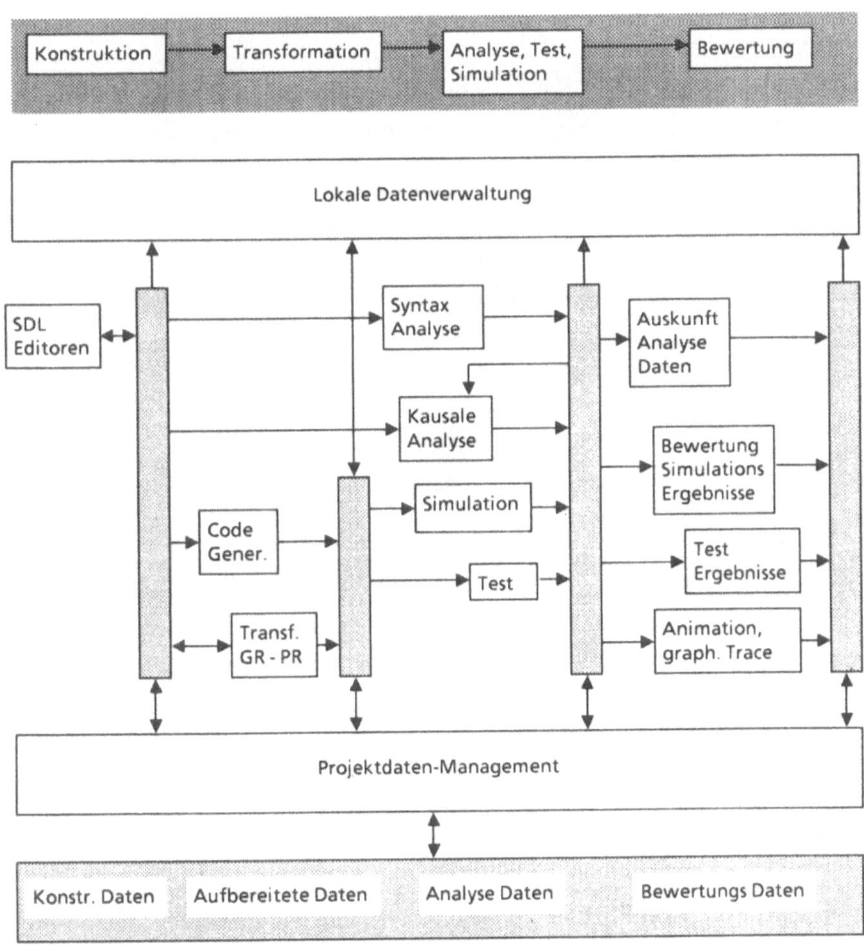


**Bild 2: SDL-Toolset Komponenten**

Zur Unterstützung einer vollständigen SDL-Methodenkette (Bild 3) sind zudem automatische Analyseverfahren, Codegeneratoren und Testwerkzeuge erstellt worden, die im folgenden beschrieben sind.

## 3.2. Statische Analyse

Die Editoren führen bei der Eingabe von Symbolen nur lokale Syntaxprüfungen durch. Sie überprüfen z.B. nicht, ob ein Diagramm vollständig ist, ob die Symbolbeschriftungen korrekt sind oder ob die verschiedenen Diagrammarten untereinander verträglich sind. Die Aufgabe der statischen Analyse ist es, die fehlenden Überprüfungen nachzuholen.

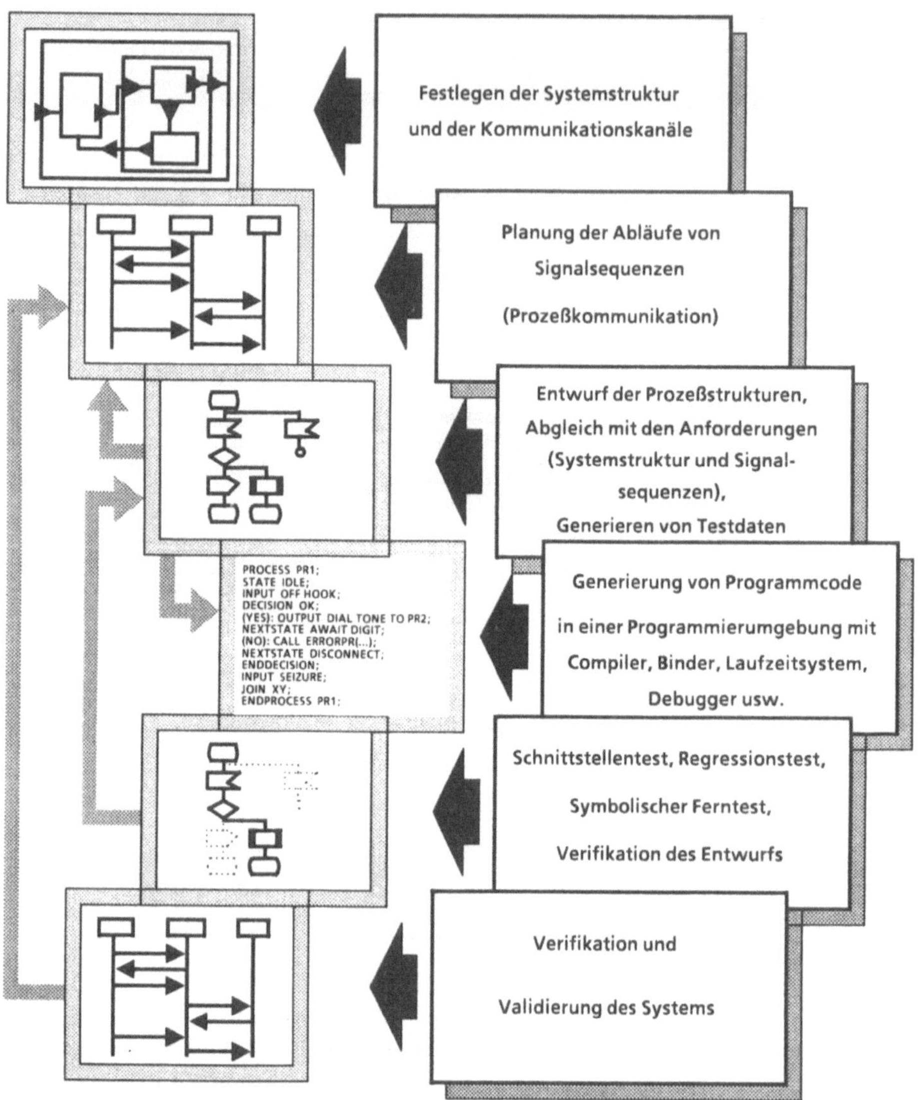


**Bild 3: SDL-Toolset Methodenkette**

Da SDL eine hierarchische Struktur besitzt, kann die Analyse eines SDL-Systems mit Hilfe der Analysen der einzelnen Komponenten vorgenommen werden.

Für SDL-Prozeß-Diagramme ist der Ausgangspunkt die Analyse von einzelnen Zustandsübergangs- und Prozedur-Diagrammen. Im nächsten Schritt werden die Prozesse geprüft und schließlich wird das gesamte System analysiert. Für einen einzelnen Prozeß wird z.B. überprüft, ob zu allen Nextstates dazugehörige States existieren (Vollständigkeit) und ob zu allen States mindestens ein Nextstate existiert (Erreichbarkeit). Zur Analyse des Systems wird u.a. geprüft, ob die Prozeßnamen eindeutig sind und ob zu jeden OUTPUT-Signal eines Prozesses ein anderer Prozeß existiert, der dieses Signal als INPUT erwartet und umgekehrt.

Überdies wird die Konsistenz von SDL-Block-Diagrammen, Baum-Diagrammen, SDL-Prozeß-Diagrammen und Sequence-Charts geprüft. Fehler können in den Diagrammen durch automatische graphische Positionierung visualisiert und gleichzeitig korrigiert werden.

Es werden zudem Auskunftsfunktionen bereitgestellt, mit denen gezielt Informationen über die Struktur und die Zusammenhänge aus den Diagrammen herausgefiltert werden können. Diese Informationen werden in Tabellenform dargestellt. Tabelliert werden z.B. die Eingaben und Ausgaben eines Prozesses oder welche Zustände über welche Eingaben zu erreichen sind (Zustandsübergangstabelle).

### 3.3. Analyse des kausalen Verhaltens

In Ergänzung zur statischen Analyse untersucht die kausale Analyse den Ablauf von SDL-Prozeß-Diagrammen insbesondere in Bezug auf die Prozeßkommunikation [3,4]. Sie untersucht zum Beispiel, ob Deadlocks vorkommen können oder ob es tote Systemteile gibt und erzeugt aus Prozeß-Diagrammen Testdaten in Form von Sequence-Charts und vergleicht Sequence-Charts mit vorgegebenen Sollabläufen.

Die kausale Analyse basiert auf mathematischen Petrinetz-Methoden. Die Umsetzung von SDL-Diagrammen in die Petrinetz-Darstellung erfolgt durch einen Transformator, und die aus der kausalen Analyse auf Petrinetz-Basis gewonnenen Analyseergebnisse werden entsprechend in die SDL-Terminologie zurücktransformiert. Daher erfolgt die Analyse aus der Sicht des Anwenders auf der SDL-Ebene.

### 3.4. Simulation

Von einem System wird nicht nur verlangt, daß es in sich korrekt ist, sondern es soll auch Anforderungen etwa bezüglich seines zeitlichen dynamischen Verhaltens oder der Kapazität der zur Verfügung stehenden Ressourcen genügen. Ob diese Anforderungen erfüllt werden können, kann nur durch einen Ablauf des Systems abgeleitet werden. Simulation ist dabei ein geeignetes Mittel, um das Verhalten eines Systems bereits zu einem frühen Zeitpunkt vor seiner Implementierung zu überprüfen.

Das Ziel der Simulation ist es, das Verhalten eines mit SDL spezifizierten Systems zu testen. Durch Simulation können Fragen bezüglich der Performance, Ausführungszeit, Responsezeit, Überlastverhalten usw. beantwortet werden. Diese Fragen sollten schon während der

Design-Phase geklärt werden. Nach der Implementierung eines Systems kann es zu spät oder zu zeitaufwendig und teuer sein, um Verbesserungen an der Spezifikation und entsprechende Re-Implementierungen vorzunehmen.

Vom Anwender müssen für einen Simulationslauf Informationen bezüglich des Zeitverbrauchs der einzelnen Aktionen oder der Dimensionierung der zur Verfügung stehenden Ressourcen in der Spezifikation hinzugefügt werden.

### 3.5. Zielcodegenerator

Der Zielcodegenerator erzeugt automatisch aus den Prozeß-Diagrammen Programmrahmen für Zielsprachen wie C, CHILL und PASCAL. Hierdurch wird die Überführung der Design-Phase in die Implementierungs-Phase unterstützt. Die Kontrollstruktur in den SDL-Diagrammen korrespondiert dabei zur Blockstruktur des Zielcodes. Die Texte, die bereits beim graphischen Editieren den Symbolen zugeordnet worden sind, erscheinen ebenfalls im Programmcode.

Durch die automatische Generierung wird Zeit für die manuelle Umsetzung gespart und die Konsistenz des Entwurfs mit der Implementierung gewährleistet.

### 3.6. Test und Wartung

Da durch die Editoren eine übersichtliche und leicht zu aktualisierende Dokumentation vorliegt, die neben ihrer guten Lesbarkeit insbesondere eine Konzentration auf Problemausschnitte ermöglicht, wird auch der Test und die Wartung wesentlich effizienter gestaltet. Das Einbringen neuer Leistungsmerkmale hat nur klar definierte lokale Auswirkungen auf das System. Das Testen läßt sich mit Hilfe von Animation in den Diagrammen unterstützen. So können Trace-Abläufe und die Testabdeckung in SDL-Entwürfen visualisiert werden. Auf graphischer Ebene können Haltepunkte gesetzt und zur Lokalisierung von Fehlern gezielt ausgewählte Pfade durchlaufen werden. Für Regressionstests können Testdaten in Form von Sequence Charts mittels des Editors erstellt oder aus den Prozeß-Diagrammen generiert werden.

## 4. Basis-Editor Architekturkonzept

Aus folgenden Gründen wird zur Realisierung der Einzeleditoren ein einheitliches Architekturkonzept, dem ein Basis-Editor (siehe Bild 4) zugrunde liegt, gewählt:

- Einer durchgängigen Entwicklungsmethodik müssen geeignete Kopplungen der Editoren mit einheitlicher Benutzerführung entsprechen.
- Die Editoren sollen portabel sein. Sie sollen sowohl in verschiedene Entwicklungsumgebungen mit einheitlicher Oberfläche integriert werden können als auch auf unterschiedlicher Hardware ablaufen können. Die Schnittstellen zu den Menühandlern und zur Systemsoftware müssen daher an zentralen einheitlichen Stellen konzentriert sein.
- Es gibt sowohl gemeinsame als auch typspezifische Editierfunktionen. Um Mehrfachentwicklungen zu vermeiden und die Produktivität bei der Erstellung der Einzeleditoren zu erhöhen, werden die gemeinsamen Funktionen in einem Basis-Editor realisiert.

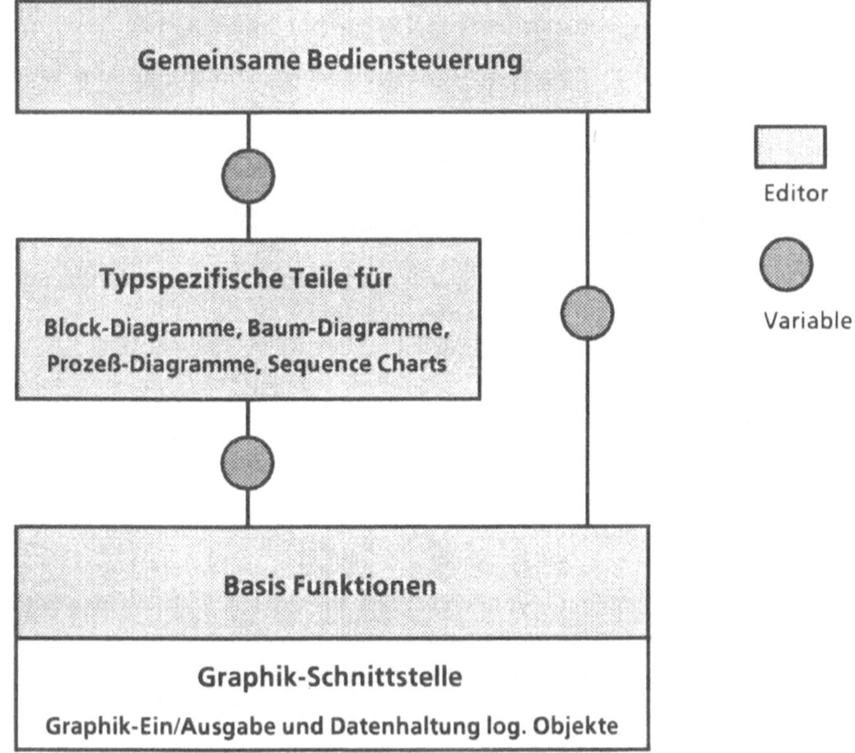


**Bild 4: Basis-Editor mit typspezifischen Ausprägungen**

Die Benutzeroberfläche des Basis-Editors ist objektorientiert gehalten. Es werden logische Objekte mit graphischer Ausprägung editiert. Zwischen den Objekten können Abhängigkeiten in Form von Relationen erzeugt werden. Überdies können die Objekte Attribute besitzen, die vom Benutzer veränderbar sind. Bei den Objekten wird zwischen den Klassen Knoten und Kanten unterschieden.

Korrespondierend zur Oberfläche besitzt der Editor auch intern einen objektorientierten Aufbau. Die Objektorientierung wird dabei nicht bis in tiefste Ebenen wie in Smalltalk, sondern nur auf die Design-Ebene angewendet, so daß interne Objekte immer eine graphische Repräsentation für den Benutzer haben. Der Messagesending-Mechanismus wird realisiert durch indirekte Addressierung über eine Tabelle mit Pointern auf Funktionen.

Dem Basis-Editor liegt eine Graphik- und Datenhaltungsschnittstelle zugrunde. Diese Schnittstelle ist in Klassen unterteilt. Der Basiseditor enthält zugehörige Klassenverfeinerungen, die ihrerseits zusätzliche Unterklassen für die spezifischen Funktionen der einzelnen SDL-Editoren haben.

Zusätzlich hat der Basiseditor eine gemeinsame Bediensteuerung, die die Menüs verwaltet, Benutzerkommandos entgegennimmt und zugehörige Funktionen aufruft.

Es wird eine interne typunabhängige virtuelle Kommandoschnittstelle mit folgenden Eigenschaften zur Verfügung gestellt:

- Menü- und Tastatureingaben lassen sich kombinieren
- Die Menütexte und Tastenbelegungen sind frei wählbar
- Die Eingabe kann über Kommandodateien erfolgen.

Die Eingabe über Kommandodateien wird u.a. von den angeschlossenen Werkzeugen benutzt, um auf graphischer Ebene Ergebnisse zu visualisieren.

## 5. Einsatzerfahrungen

Zur Zeit ist ein SDL-Toolset, das die graphische Erstellung von Prozeß-Diagrammen einschließlich Analyse und Codegenerierung unterstützt, auf einer SICOMP WS 30 UNIX Workstation implementiert. Das Toolset hat sowohl bei der Entwicklung der Hicom-Nebenstellenanlage als auch im Bereich der Automatisierungstechnik große Akzeptanz gefunden. Während im Bereich der Automatisierungstechnik relativ kleine Prozeß-Diagramme erstellt werden, haben die Diagramme in der Entwicklung des Hicom-Vermittlungssystems hunderte und teilweise sogar mehrere tausend Symbole. Überdies werden in den zwei Anwendungsbereichen unterschiedliche SDL-Subsets verwendet.

In der bisherigen Entwicklung von Hicom sind die Spezifikationen mit der Siemens-internen SDL-ähnlichen Sprache DAPAS (Development Aid for Drawing of Procedure and State Diagrams) erstellt worden. SDL und DAPAS sind aus semantischer Sicht im wesentlichen äquivalent. Um SDL in diese laufende Software-Entwicklung einzuführen, ist daher zur Migration ein SDL - DAPAS Transformator implementiert worden. Dieses Vorgehen hatte überdies den Vorteil, daß die Analyse und Code-Generierung zunächst wie bisher auf Basis von DAPAS erfolgen konnte und daher ein schneller praktischer Einsatz des Editors für Prozeß-

Diagramme möglich war. Somit konnten für die weitere Entwicklung des SDL-Toolsets bereits in einem frühen Stadium Anwendererfahrungen gewonnen werden.

Das Toolset wird zur Zeit überdies für Kommunikationsprotokolle, die Verkehrssteuerung und die Systementwicklung angewendet.

Eine wesentliche Voraussetzung für die Akzeptanz der Benutzer ist, daß der graphische Editor auch für große Diagramme im Dialog ein Reaktionszeitverhalten aufweist, das vergleichbar ist mit den für den Benutzer gewohnten Text-Editoren.

Bei einem Ersteinsatz der Editoren wird deren Erlernbarkeit durch eine Menüoberfläche wesentlich erhöht und damit eine sehr kurze Einarbeitungszeit ermöglicht. Alternativ hierzu wird ein Expertenmodus mit Tastatureingabe angeboten, der ein schnelleres Erstellen von Diagrammen ermöglicht.

## Literatur

1. CCITT Recommendations Z.100-Z.104 Specification and Description Language (SDL), Red Book, ITU, Geneva 1985
2. Rockström, A.: An Introduction to the CCITT SDL, Televerket, Stockholm 1985
3. Graubmann, P. ; Rudolph, E.: Prozeßanalyse und Testdatengewinnung für Vermittlungssysteme mit Hilfe von Petrinetzen. Entwurf großer Software-Systeme, Bericht des German Chapter of the ACM 19, Teubner 1985
4. Graubmann, P. ; Rudolph, E.: A Method and a Tool for the Validation of SDL-Diagrams. Second SDL Users and Implementers Forum, Helsinki, 1985
5. Rheindt, M.: Aufgabenklärung. Conf. Proc. 2. Kolloquium Software-Entwicklungssysteme und -Werkzeuge, Technische Akademie Esslingen 1987

# Die Erstellung formaler Fachkonzepte in der Software-Industrie

Gert Scheschonk, Andreas Vogt
ACTIS in Berlin GmbH
Bereich Software Engineering Methoden und Tools
Kurfürstendamm 65
1000 Berlin 15

Juni 1988

## 1 Vom Problem zur (Software-) Lösung - ein grobes Phasenmodell

Alle diejenigen, die mit der Software-Entwicklung zu tun haben, stützen sich bei der Entwicklung ihrer Software auf mehr oder weniger ähnliche Phasenmodelle, die den Entwicklungsfortschritt in unterschiedlicher Weise unterstützen. Gemeinsames Ziel ist es, Software unter Berücksichtigung der geforderten Qualitätsmerkmale so wirtschaftlich wie nur möglich zu produzieren.

Dieses Ziel hat sich auch UniBase - ein gefördertes Verbundprojekt zur Gestaltung einer "Software-Entwicklungsumgebung auf UNIX-Basis zur Erstellung kommerzieller Anwendersoftware" auf die Fahnen geschrieben (siehe [Timm86], [Sche87]).

Die Software-Produktion mit UniBase stützt sich also auch auf ein Phasenmodell [Wint87], das sich auf einer groben Ebene aus drei Phasen zusammensetzt:

1. Fachkonzeption,
2. DV-Konzeption und
3. DV-Realisierung.

Gegenstand der *Fachkonzeption* ist die

- Erfassung der problemrelevanten Fachgegebenheiten (Ist-Konzept),
- Erarbeitung einer fachorientierten Anforderungssammlung und
- Erstellung einer funktionalen Spezifikation (Soll-Konzept).

Hierauf aufbauend wird in der Phase der *DV-Konzeption* von der fachlichen Sicht zu einer DV-technischen Sichtweise übergegangen. Als Ergebnis liegt eine DV-technische Lösung des Problems vor (Software-Entwurfsspezifikation).

Die dritte Phase - die *DV-Realisierung* - beinhaltet die Modularisierung, Codierung und den Test. Das Ergebnis ist ein funktionsgerechtes Software-Produkt.

## 2 Der Weg zum formalen Fachkonzept

Die *Fachkonzeption* muß unabhängig von den zu verwendenden Methoden folgende Ergebnisse liefern:

- Schnittstellenbeschreibung (statisch und dynamisch) zur Systemumgebung und damit Abgrenzung des zu lösenden Problems;
- Detaillierung und Gliederung der Systemleistungen in Komponenten, soweit aus Fachsicht notwendig (Festlegung systeminterner Schnittstellen);

- Beschreibung sämtlicher Aufgaben und der dadurch betroffenen Informationen;
- Beschreibung der fachlichen Abläufe und Informationsflüsse;
- Festlegung darüber, welche Aufgaben manuell erledigt und welche vom DV-System übernommen werden.

Mit Hilfe der *Systemanalyse* werden die ersten Schritte einer Problemlösung unternommen. Hierbei wird in Form einer Bestandsaufnahme, der sog. *Ist-Analyse*, das benötigte Informationsmaterial (Stellenbeschreibungen, Organigramme, Aufgaben- und Tätigkeitsbeschreibungen, Gliederungs- und Stellenpläne) gesammelt. Die Instrumente der Ist-Analyse sind beispielsweise die Interview- und Fragebogentechnik, aber auch die Dauerbeobachtung. So werden bereits in der ersten Phase der Systemanalyse die problemrelevanten Fachgegebenheiten erfaßt. In der sich anschließenden Auswertung kann das so erworbene Wissen über das System für eine weitere Verarbeitung nach festzulegenden Kriterien strukturiert werden.

Probleme, die bei der Systemanalyse auftreten, resultieren häufig aus der mangelnden Kommunikation zwischen Auftraggeber und DV-Spezialisten und der Tatsache, daß beide Personengruppen eine unterschiedliche (Fach-) Sprache sprechen. Als geeignetes Ausdrucksmittel für die Kommunikation haben sich Methoden durchgesetzt, die insbesondere

- leicht zu verstehen und zu erlernen sind,
- eine problemgerechte Strukturierung unterstützen und
- eine Mischung aus graphischer und textueller Dokumentation liefern.

Petri-Netze - als *eine* solche Methode (siehe [HRV84], [Reis85], [Reis86], [WSG86]) - zeichnen sich darüber hinaus dadurch aus, daß sie:

- aktive und passive Systemkomponenten in gleichrangiger Weise behandeln,
- systematische Übergänge von umgangssprachlichen zu formalen Spezifikationen ermöglichen,
- abhängig von der Aufgabenstellung mehr oder weniger formale Beschreibungen zulassen,
- stetigen Übergang von statischen Strukturen zu dynamischem Verhalten ermöglichen und
- Systemeigenschaften zu formulieren und nachzuweisen gestatten.

Bei der Erstellung des sogenannten Fachkonzeptes mit Kanal/Instanz - Netzen (K/I-Netzen) (siehe [DIN78], [Petr79]) und bei entsprechender Präzisierung des Problems mit Prädikat/Transitions - Netzen (Pr/T-Netzen) (siehe [Genr86]) gehen wir von der Vorstellung aus, daß die aktiven Systemkomponenten (Instanzen, Transitionen) im Netz auf bestimmten Objekten arbeiten, die im K/I-Netz als Anschrift eines Kanals auftreten und im Pr/T-Netz als Markierung auf den Prädikaten liegen. Diese Objekte bezeichnen wir als *Informationsobjekte* und abstrahieren damit von solchen Eigenschaften physischer Objekte, die für die Kausalstruktur des Systemmodells nicht relevant sind [Voss86]. Beispielsweise können Informationsobjekte Briefe, Berichte, Dokumente, Formulare, Karteikarten, Dateien oder Nachrichten sein.
In der *Informationsobjektanalyse* sind folgende Schritte durchzuführen:

1. Identifizierung der Informationsobjekte, die im betrachteten System auftreten.
2. Strukturierung der Informationsobjekte (z. B. in Form einer hierarchischen Struktur).
3. Bestimmung des Detaillierungsgrades der Informationsobjekte im Hinblick auf das zu lösende Problem.
4. Bestimmung der Wertebereiche der Informationsobjekte.
5. Bestimmung der Repräsentation der Informationsobjekte (z. B. in Tupelform).

Aus dem ersten Schritt resultiert eine reine Sammlung von Informationsobjekten ungeachtet der Tatsache, auf welchem Aggregationsniveau diese angesiedelt sind.
Die Strukturierung im zweiten Schritt wird tendenziell Top-Down durchgeführt. Die Bottom-Up Vorgehensweise kommt dann zum Einsatz, wenn aus elementaren Informationsobjekten sukzessive höher strukturierte Objekte gebildet werden müssen.

Bei der Verfeinerung eines Systems in Teilsysteme sind die zum Teil auftretenden hochstrukturierten Informationsobjekte in geeigneter Weise zu zerlegen. Der Detaillierungsgrad wird im dritten Schritt bestimmt und hängt im starken Maße von den darauf operierenden Funktionen ab. Denn Informationsobjekte zu zerlegen macht nur dann Sinn, wenn irgendwo im System auf die einzelnen Komponenten zugegriffen wird (siehe [Rich84]).
Die Festlegung der Wertebereiche im vierten Schritt beschränkt die Anzahl der Ausprägungen, die ein Informationsobjekt annehmen kann. Dabei werden tendenziell bei hochstrukturierten Informationsobjekten die Wertebereiche durch Aufzählungen und bei elementaren Informationsobjekten durch Intervalle definiert.
Eine geeignete Repräsentation der Informationsobjekte im fünften Schritt erhöht die Benutzerakzeptanz und/oder unterstützt die gewählte Modellierungsmethode (Beispiele in [Voss86], [Rich84] und [Vett88]).

Neben der Informationsobjektanalyse geht die *Tätigkeitsanalyse* einher. Die Vorgehensweise ist in den ersten drei Schritten analog der Informationsobjektanalyse: Zunächst werden solche Tätigkeiten (Funktionen) gesammelt, die für das Problem relevant sind. Anschließend werden die Tätigkeiten daraufhin überprüft, auf welchem Aggregationsniveau sie anzusiedeln sind. Bei dieser hierarchischen Klassifizierung ist zu beachten, daß sich die Strukturierung in der sprachlichen Bezeichnung der Tätigkeiten widerspiegelt. Der Detaillierungsgrad der Tätigkeiten muß mit den zu bearbeitenden Informationsobjekten korrespondieren.

Tätigkeitsanalyse und Informationsobjektanalyse laufen in der Praxis nebeneinander ab und beeinflussen sich gegenseitig. Sie liefern die Grundlage für die Modellierung mit Netzen. Denn hier stellt sich die Frage, welche Informationsobjekte von welchen Tätigkeiten benötigt oder erzeugt werden.

Kanal/Instanz-Netze eignen sich wegen ihrer vielfältigen Interpretationsmöglichkeiten besonders gut für die intuitive Modellierung von Systemen. Die leichte Verständlichkeit wird durch eine umgangs- oder fachsprachliche Beschriftung der Objekte eines Netzes unterstützt. Die Verwendung der K/I-Netze stellt keine besonderen Anforderungen an formale Kenntnisse des Modellierenden [Rich83b]. Verlangt wird lediglich ein Denken in zwei Sorten von Funktionseinheiten [DIN78]: kanalartige und instanzartige Funktionseinheiten. Spezielle Konventionen, die bei der Modellierung zu beachten sind, beschränken sich auf die Einhaltung der Netzstrukturen und auf Regeln für Netzverfeinerungen und Netzvergröberungen. Durch eine schrittweise Verfeinerung von Kanälen und Instanzen wird zu einer detaillierteren Beschreibung des Fachproblems übergegangen.

Mit den K/I-Netzen sind in gewisser Hinsicht nur die statischen Aspekte des Fachproblems abgedeckt, daher bleiben noch Interpretationsspielräume offen. Durch Pr/T-Netze wird diese Lücke geschlossen. Ohne Änderung des Darstellungsmittels lassen sich jetzt dynamische Aspekte des Fachproblems modellieren. Gleichzeitig sind Pr/T-Netze einer formalen Behandlung durch die in der Netztheorie vorhandenen Verfahren zur Erkennung bestimmter Systemeigenschaften zugänglich.

Bei der Überführung der K/I-Netze in Pr/T-Netze kommt es darauf an, die Interpretationsspielräume zu beseitigen, um zu einem präzisen Fachkonzept zu gelangen (siehe [Rich83a], [Rich83b], [Rich85b]). Ausgehend von den detailliertesten K/I-Netzen sind für den Übergang zu Pr/T-Netzen folgende Überführungsschritte notwendig:

- Übergang von Instanzen zu Transitionen
- Übergang von Kanälen zu Prädikaten
- Einführung von Kantenanschriften und Transitionsformeln
- Einführung von Marken

Instanzen müssen bestimmte Forderungen erfüllen, um als Transitionen bezeichnet werden zu können: Alle Eingangsprädikate müssen mit den erforderlichen Informationsobjekten belegt sein und alle Ausgangsprädikate müssen die erzeugten Informationsobjekte aufnehmen können. Verbrauch und Erzeugung von Informationsobjekten geschieht koinzident (Schaltregel). Ist diese Koinzidenz nicht gewährleistet, muß die Instanz durch mehrere Transitionen repräsentiert werden. Transitionen dürfen in ihrem Inneren keine Funktionseinheiten der anderen Sorte enthalten, also keine inneren Zustände besitzen.

Beim Übergang von Kanälen zu Prädikaten werden aus den informellen Beschriftungen der Kanäle die Bezeichnungen für die Prädikate gewonnen. Die Stelligkeit der Prädikate hängt von der Struktur der Informationsobjekte ab. Ein Prädikat kann nur Tupel derselben Sorte aufnehmen. Daher sind Kanäle, die unterschiedliche Informationsobjekte tragen, in mehrere Prädikate zu zerlegen. Die Prädikate sind mit einer Kapazität auszustatten, die beim Schalten einer Transition Berücksichtigung findet. Sollen die

Informationsobjekte auf den Prädikaten in einer speziellen Reihenfolge( wie z. B. FIFO oder LIFO) von den Transitionen verarbeitet werden, so muß dieses explizit modelliert werden.

Für alle Transitionen wird festgelegt, unter welchen Bedingungen ein Übergang stattfinden kann und welche Auswirkungen er für die betroffenen Prädikate hat [Genr88]. Die Aufgabe der Transition und die Bedingung unter denen die Transition aktiviert ist, können in einem ersten Schritt durch geeignete informelle Beschriftungen dieser Transition angegeben werden. Eine Präzisierung wird durch Angabe einer formalen Transitionsformel erreicht. Die Auswirkungen können sich nur durch das Entfernen und Entstehen von Informationsobjekten auf den die Transition umgebenden Prädikaten äußern. Die Vorschrift für die neue Situation auf den Prädikaten wird durch geeignete Beschriftung der Kanten erreicht.

Die Informationsobjekte stellen im Pr/T-Netz bewegliche Marken dar, die gemäß der Transitions- und Kantenbeschriftung durch das Netz fließen. Zur Initialisierung des Pr/T-Netzes ist es notwendig, einige Prädikate unter Berücksichtigung der zugehörigen Kapazitäten mit Marken zu belegen.

Im Fachkonzept setzen sich, ähnlich wie in späteren Phasen der Software-Entwicklung, Prinzipien wie Abstraktion, Standardisierung, Mehrfachverwendung, Hierarchisierung und integrierte Dokumentation in zunehmendem Maße durch. Bei vielen Anwendungen bietet sich die Mehrfachverwendung von Netzen an, die als universelle Bausteine konzipiert sind. Diese Bausteine erleichtern die Modellierung, verringern den Arbeitsaufwand und erhöhen die Übersichtlichkeit.

## 3 Beispiel: Wohnungsvermittlungssystem

An der Wohnungsvermittlung sind drei Instanzen beteiligt: Wohnungssuchende, Wohnungsanbieter und die Wohnungsvermittlung (siehe Abb. 1).

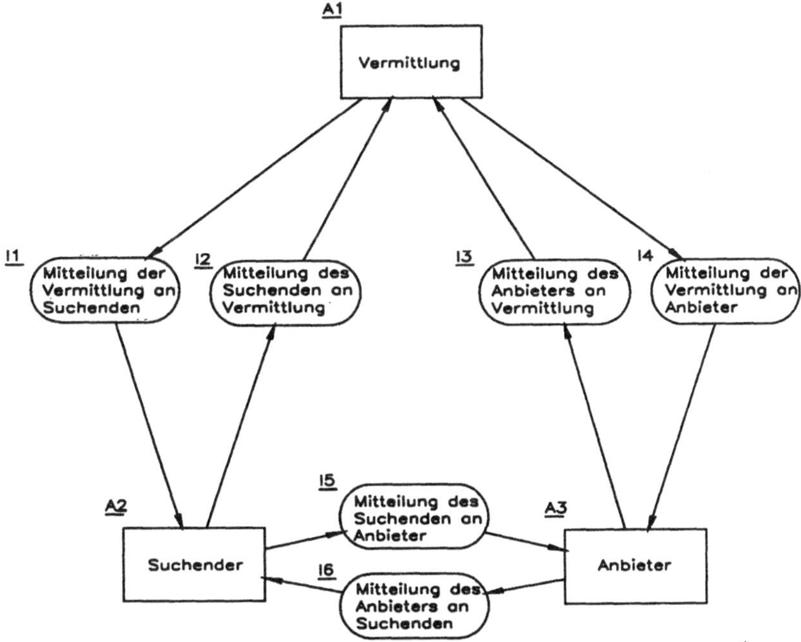


Abb. 1: Grobes K/I-Netz für das Wohnungsvermittlungssystem

Die Verfeinerung der Instanz "Vermittlung" zeigt die Aufgaben der Wohnungsvermittlungsstelle (siehe Abb. 2). Sie bearbeitet Wohnungsangebote von Anbietern ($A_1.A_1$) und Nachfragen von Wohnungssuchenden ($A_1.A_3$) und legt sie in den entsprechenden Karteien ($A_1.I_1$ bzw. $A_1.I_2$) ab. Angebote und Nachfragen werden in Form von Formularen erfaßt, aus denen die Anschrift des Antragstellers sowie die Beschreibung der angebotenen bzw. gesuchten Wohnung hervorgehen. Mit der Instanz $A_1.A_4$ werden Angebote und Nachfragen geeignet zugeordnet und die Wohnungssuchenden in Form von Nachweisen informiert. Ein Nachweis ermöglicht dem Wohnungssuchenden die Kontaktaufnahme mit einem Anbieter und die Begutachtung der angebotenen Wohnung. Zugeordnete Angebote und Nachfragen werden in der Vermittlungskartei ($A_1.I_3$) abgelegt. Die Instanz $A_1.A_2$ entfernt Angebote und Nachfragen aus den Karteien, falls die Vermittlungsfristen überschritten werden oder die Vermittlung zum Erfolg führt. Wohnungssuchenden wird eine Beratung ($A_1.A_5$) über die aktuelle Wohnungssituation und gesetzlichen Bestimmungen geboten (s. [FlIt83]).

Die Beratung ($A_1.A_5$ in Abb. 2) ist eine rein manuelle Tätigkeit wird beim Übergang zum Pr/T-Netz (siehe Abb. 3) nicht modelliert, um das Beispiel einfach zu halten. Die Instanzen werden zu Pr/T-Teilnetzen, die zunächst als Transitionen mit informeller Anschrift dargestellt werden ($T_1.T_1$ bis $T_1.T_4$). Aus den Kanälen werden Prädikate, auf denen die Informationsobjekte liegen. Die Kanäle $A_1.I_1$, $A_1.I_2$ und $A_1.I_3$ sollen die spezielle Funktion einer Kartei erfüllen. Die korrespondierenden Prädikate $T_1.P_1$, $T_1.P_2$ und $T_1.P_3$ repräsentieren daher einen FIFO-Baustein (siehe Abb. 4).

Die Tupeldarstellung der Informationsobjekte und die verwendeten Abkürzungen finden sich in der Tabelle 1. Die Individuenvariable ALE bezeichnet die Anzahl der Listenelemente.

| | |
|---|---|
| Akte (Akte) | = <Angebot,Nachfrage,Vermittlungsdatum> |
| Änderungsmitteilung Angebot (Änd. Ang.) | = <Vermieteradresse,Wohnungsadresse,Text> |
| Änderungsmitteilung Nachfrage (Änd. Nachfr.) | = <Mieteradresse,Text> |
| Angebot (Ang.) | = <Vermieteradresse,WBS-Datum, WBS-Dringlichkeit,Mietverhältnis,Kaltmiete, Warmmiete,Kaution,Abstand, Wohnraumbeschreibung Angebot, Wohnungsadresse> |
| Mieteradresse (Mad) | = <Name,Vorname,Straße,Hausnummer, Postleitzahl,Ort> |
| Nachfrage (Nachfr.) | = <Mieteradresse,WBS-Datum,WBS-Dringlichkeit, Mietverhältnis,Kaltmiete,Warmmiete,Kaution, Abstand,Wohnraumbeschreibung Nachfrage, Bezirk,Anzahl der Vermittlungsversuche> |
| Nachricht über erfolgreiche Suche (Nüs) | = <Mieteradresse,Vermieteradresse> |
| Nachricht über Wohnungsvermietung (Nüw) | = <Vermieteradresse,Mieteradresse> |
| Nachweis (Nachw.) | = <Angebot,Mieteradresse> |
| Rückfrage an Anbieter (Ra) | = <Vermieteradresse,Text> |
| Rückfrage an Suchenden (Rs) | = <Mieteradresse,Text> |
| Vermieteradresse (Vad) | = <Name,Vorname,Straße,Hausnummer, Postleitzahl,Ort> |
| Wohnraumbeschreibung Angebot (WbA) | = <Zimmeranzahl,Wohnfläche,Haustyp, Sanitäre Einrichtungen,Möbliert,Heizungsart, Kochgelegenheit,Behindertengerecht> |
| Wohnraumbeschreibung Nachfrage (WbN) | = <Zimmeranzahl,Wohnfläche,Haustyp, Sanitäre Einrichtungen,Möbliert,Heizungsart, Kochgelegenheit,Behindertengerecht> |
| Wohnungsadresse (Wa) | = <Straße,Hausnummer,Postleitzahl,Ort,Bezirk> |

Tab. 1: Informationsobjekte und deren Tupeldarstellung

Das Prädikat $P_4$ hat keine Entsprechung im K/I-Netz. Jedesmal, wenn ein Angebot oder eine Nachfrage eingeht, wird eine einfache Marke auf $P_4$ gelegt. Nur wenn eine oder mehrere Marken auf $P_4$ liegen, kann der Vorgang "Anträge bearbeiten" starten. Um diesen Vorgang nicht unnötig oft zu starten, werden jedesmal alle auf $P_4$ liegenden Marken abgezogen. Dies wird durch die markierungsabhängige Kantenanschrift erreicht.

Bei der Modellierung eines FIFO-Speichers (siehe Abb. 4) muß sichergestellt werden, daß Objekte nur genau in der Reihenfolge abgezogen werden können, in der sie auch abgelegt wurden. Indem jedem Objekt eine Nummer zugeordnet wird, die die Position des Objektes in der FIFO-Schlange angibt, wird verhindert, daß die Objekte sich gegenseitig überholen. Beim Abziehen eines Objektes aus dem FIFO-Speicher soll zusätzlich die Anzahl der im Speicher vorhandenen Objekte ausgegeben werden. Diese Zahl wird benötigt,

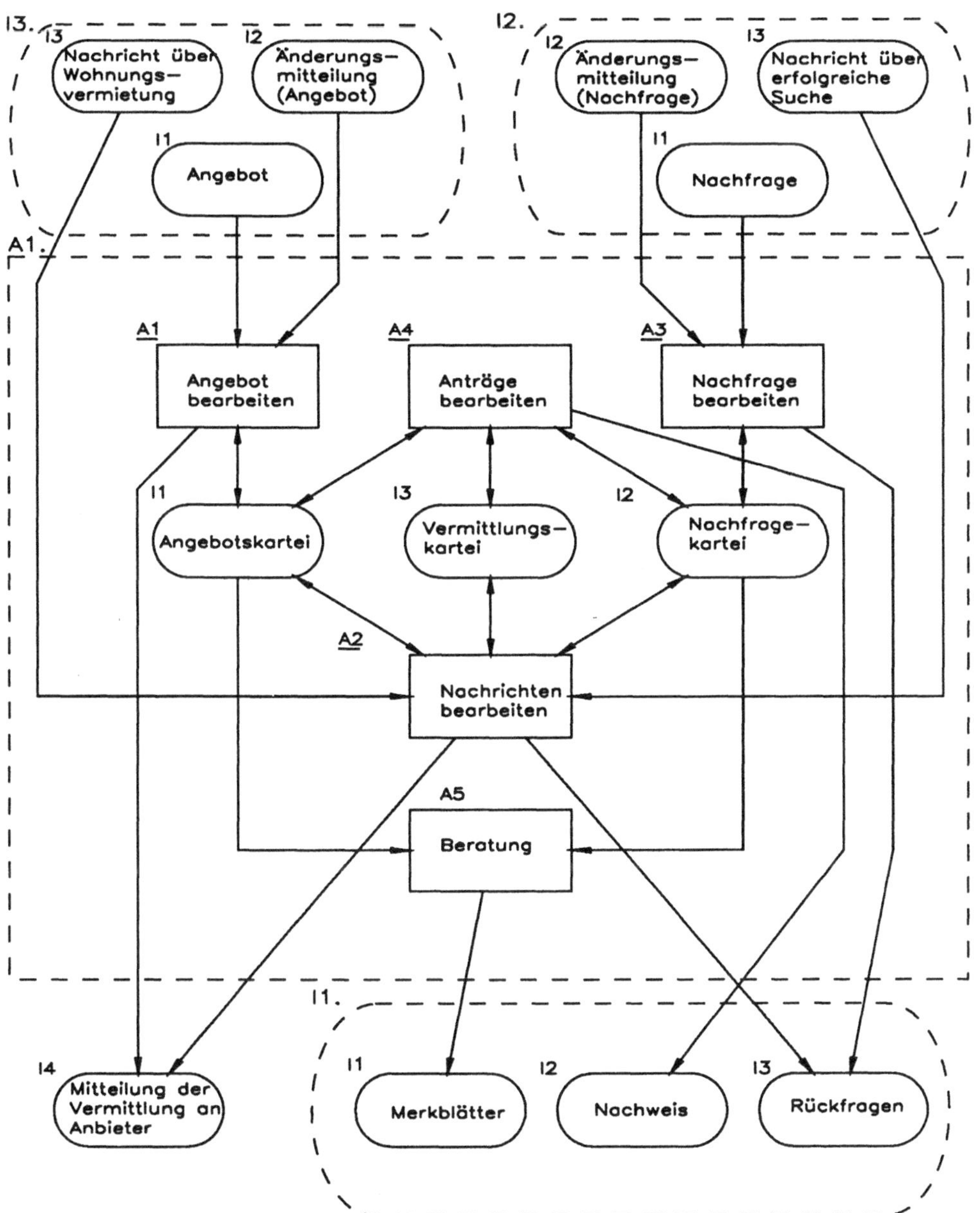


Abb. 2: K/I-Netz der Vermittlungstelle

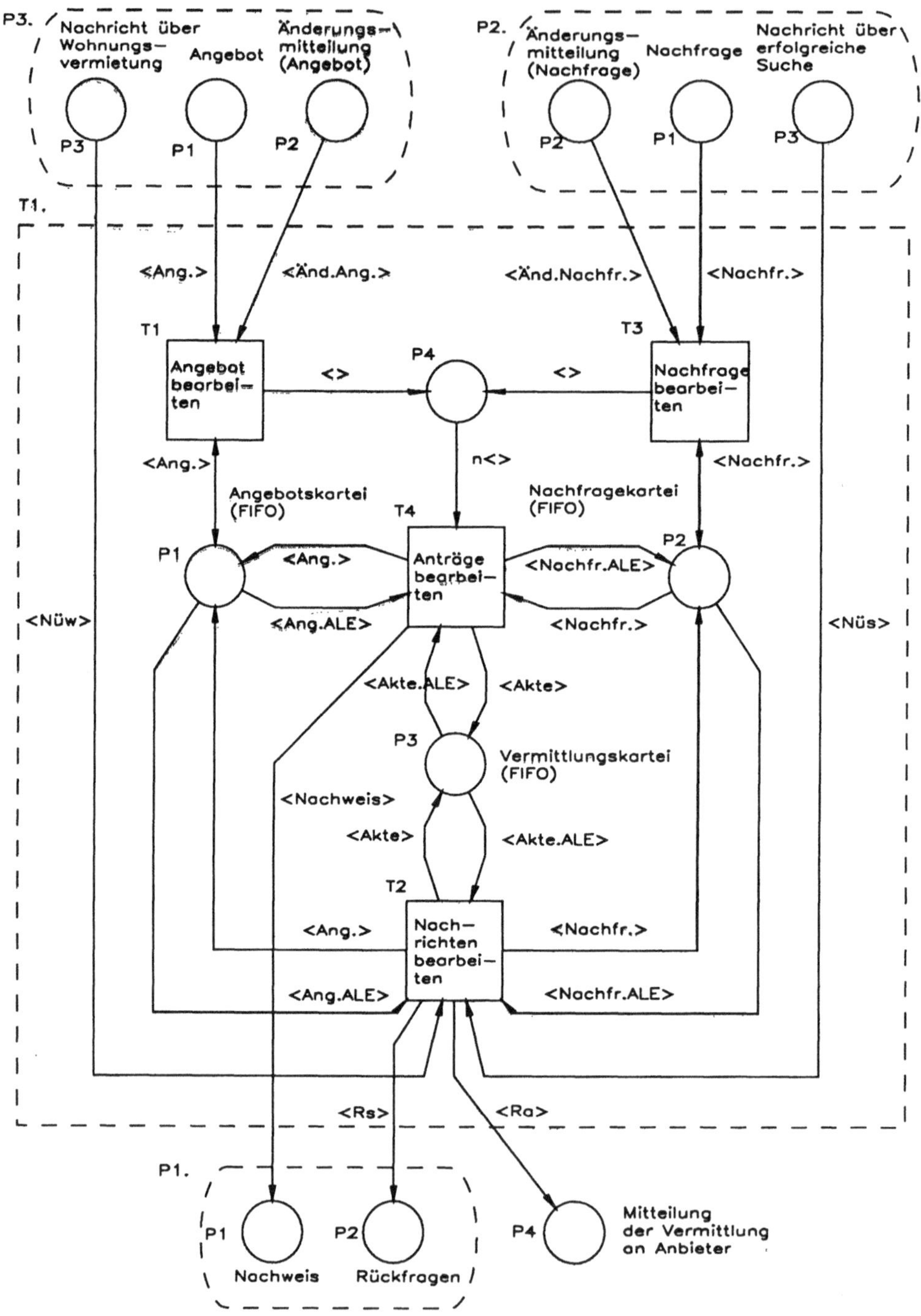


Abb. 3: Ein erster Schritt in Richtung Pr/T-Netz für die Vermittlungsstelle

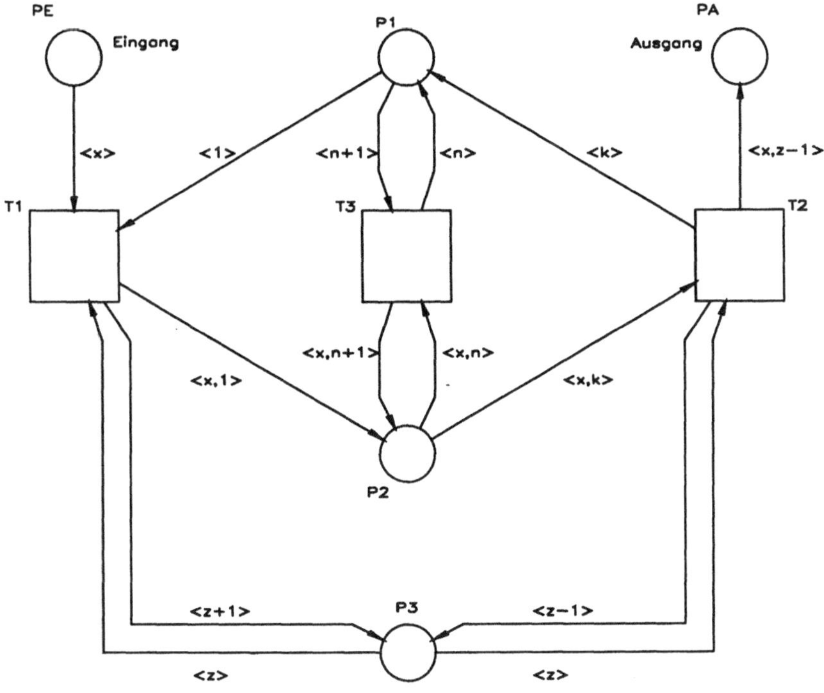


Abb. 4: FIFO-Speicher als Pr/T-Netz

um den FIFO-Speicher vollständig durchsuchen zu können.

Jeder reale FIFO-Speicher besitzt eine begrenzte Kapazität $k$. Die Belegung des Prädikats $P_1$ gibt die freien Plätze im FIFO-Speicher an. Die Anfangsmarkierung für $P_1$ ergibt sich demnach mit:

$$M_0(P_1) = \sum_{i=1}^{k} < i >$$

Das Prädikat $P_3$ ist der Zähler für die insgesamt im Speicher enthaltenen Objekte. Da der Speicher am Anfang leer ist, ergibt sich die Anfangsmarkierung mit:

$$M_0(P_3) =< 0 >$$

Auf dem Prädikat $P_2$ werden die Objekte mit der zugehörigen Nummer abgelegt.

Wird ein Objekt auf das Eingangprädikat $P_E$ des FIFO-Speichers gelegt, schaltet die Transition $T_1$, falls die erste Position im FIFO-Speicher frei ist. Das Objekt wird zusammen mit einer Nummer für die Position des Objekts im FIFO-Speicher auf das Prädikat $P_2$ gelegt. Außerdem wird die Anfangsmarkierung von $P_3$ entfernt, um eins erhöht und wieder auf $P_3$ abgelegt. Nun schaltet die Transition $T_3$ solange, bis das Objekt die Position mit der höchsten freien Nummer erreicht hat. Bei leerem FIFO-Speicher ist dies die Nummer $< k >$. Alle Objekte werden also zum "Ende" des FIFO-Speichers geschoben. Dadurch wird die Nummer $< 1 >$ immer wieder frei, so daß neue Objekte aufgenommen werden können. Ist der FIFO-Speicher voll, kann das Objekt auf Position $< 1 >$ nicht weiter nach oben verschoben werden. Die Nummer $< 1 >$ ist also auf dem Prädikat $P_1$ nicht vorhanden, so daß $T_1$ nicht schalten kann.

Mit der Transition $T_2$ kann jeweils das Objekt an der höchsten Position $< k >$ abgezogen werden, wodurch diese Nummer frei wird und auf $P_1$ zurückgelegt wird. Der Zähler auf $P_3$ wird um eins verringert und zusammen mit dem Objekt ausgegeben.

# 4 Der Weg zum Programm-Code

Mit einem präzisen Fachkonzept ist ein wesentlicher Schritt getan, um die Erwartungen des Auftraggebers an die Software zu erfüllen. Der Übergang vom Fachkonzept zum DV-Konzept und vom DV-Konzept zur DV-Realisierung wird im Rahmen des UniBase-Projektes von zwei Verbundpartnern (ACTIS und IABG) methodisch und technisch erarbeitet. Dabei wird auf Seiten des Fachkonzeptes das auf Petri-Netzen basierende Methoden- und Werkzeugpaket ISAC (Informationsfluß - Symbolik für Angewandte Computertechnik) eingesetzt, das insbesondere

- die Erstellung von Graphiken mit Texten ermöglicht,
- die Verfeinerungen und Vergröberungen von Petri-Netzen erlaubt,
- die Konsistenzhaltung von Diagrammhierarchien sicherstellt und
- die Dokumentation generiert.

Auf Seiten der DV-Realisierung steht MOSES - eine Methoden - Orientierte - Software - Entwurfs - Sprache zur Verfügung [Atzm88], die u.a.

- die Beschreibung von Systemarchitekturen und der datenflußartigen Beziehungen zwischen Systembestandteilen erlaubt,
- die Modularisierung durch ein Paketkonzept mit expliziten Import- und Exportanteilen unterstützt,
- die Operationalisierung durch Prozeduren, Funktionen, Ausnahmebehandlung und deren Verfeinerungen ermöglicht,
- die aus den MOSES - Objekten Übersetzungseinheiten in gängigen Zielsprachen (COBOL, FORTRAN) generiert,
- eine entwicklungsbegleitende Qualitätssicherung mit vielfältigen Auswertungen erlaubt.

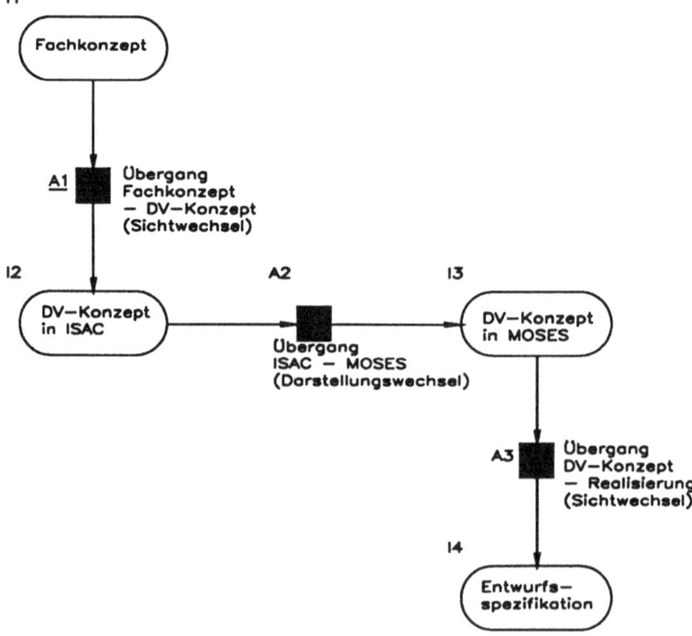


Abb. 5: Übergang von ISAC zu MOSES

Da beide Methoden unterschiedliche Ausdrucksmittel besitzen, wird der Übergang von der fachlichen Sicht eines Systems zur DV-technischen Sicht innerhalb von ISAC vollzogen (siehe Abb. 5). Dabei werden die detailliertesten Netze des Fachkonzepts als Ausgangspunkt für eine Umstrukturierung nach DV-technischen Gesichtspunkten herangezogen. Diese Umstrukturierung kann sich sowohl auf datenorientierte als auch auf funktionsorientierte Kriterien stützen. Dabei kommen (netztheoretische) Faltungen und Vergröberungsmechanismen von Kanälen und Instanzen zur Anwendung. Alle Umformungen zielen auf die Bildung logischer MOSES - Einheiten ab. Diese nur kurz angerissenen methodischen Schritte führen zu einem DV-Konzept in der Sprache der Netze. Mit Hilfe eines Transformators wird das so erhaltene DV-Konzept in die MOSES - Sprache überführt. Durch diesen technischen Schritt wird ein Darstellungswechsel des DV-Konzeptes von einer Methode in die andere bewerkstelligt. Der Übergang vom DV-Konzept in MOSES - Sprache zur DV-Realisierung ist ein Sichtwechsel, der sich innerhalb von MOSES vollzieht.

# 5 Industrielle Erfahrung bei der Modellierung mit Netzen

Aus industrieller Sicht ergeben sich für die Modellierung mit Petri-Netzen unter anderen folgende Anwendungsgebiete:

- die ersten Phasen der Softwareproduktion und
- die DV-Organisation.

Bei der Erstellung von Fachkonzepten, bei denen die Auftraggeber im allgemeinen einbezogen sind, haben die Kanal/Instanz-Netze im entscheidenden Maß dafür gesorgt, Kommunikationsbarrieren abzubauen, die Konsensfindung zu erleichtern und Mißverständnisse rechtzeitig zu erkennen. Die Methode läßt sich bereits in eintägigen Schulungen erfolgreich vermitteln. Bei der praktischen Anwendung der Methode bedarf es allerdings noch einer anfänglichen Unterstützung, um das Denken in zwei Sorten von Funktionseinheiten zu trainieren. Der Einsatz von Pr/T-Netzen kommt in den oben genannten Anwendungsgebieten weniger zum Tragen, obwohl ihre Bedeutung im Hinblick auf die dynamischen Aspekte vom Auftraggeber erkannt werden.

In der DV-Organisation, wo es beispielsweise um die Feststellung der organisatorischen Zusammenhänge und um die Planung der Reorganisation geht, werden Kanal/Instanz-Netze erfolgreich eingesetzt.

## Literaturverzeichnis

[Atzm88] Atzmüller, H.:
MOSES - Ein Werkzeugsystem für alte und neue Software
Erscheint in: Proceedings der GUUG - Jahrestagung 1988 vom 27. - 29. September in Hannover

[DIN78] DIN 66200:
Betrieb von Rechensystemen, Begriffe
Beuth Verlag GmbH, Berlin 30, Oktober 78

[FlIt83] Floyd, C.; Itter, F.:
Anforderungsdefinition für ein studentisches Wohnungsvermittlungssystem
Arbeitsunterlage zur Lehrveranstaltung "Software Engineering" im WS83/84

[Genr86] Genrich, H.J.:
Predicate/Transition Nets
LNCS 254, Petri Nets: Central Models and Their Properties, Advances in Petri Nets 1986, Part I, Proceedings of an Advanced Course, Bad Honnef, September 1986

[Genr88] Genrich, H.J.:
Equivalence Transformations of PrT-Nets
Proceedings of the 9. European Workshop on Application and Theory of Petri Nets, Venice, June 22nd - 24th 1988

[HRV84] Herzog, O.; Reisig, W.; Valk, R.:
Petri-Netze: Ein Abriß ihrer Grundlagen und Anwendungen
Informatik-Spektrum Band 7, Heft 1, Februar 1984

[Petr79] Petri, C.A.:
Kommunikationsdisziplinen
In: Ansätze zur Organisationstheorie Rechnergestützter Informationssysteme; C. A. Petri (Hrsg.), GMD Bericht Nr. 111, R.Oldenburg Verlag, München 1979

[Reis85] Reisig, W.:
Systementwurf mit Netzen
Springer-Verlag Berlin Heidelberg 1985

[Reis86] Reisig, W.:
Petri Nets in Software Engineering
LNCS 255, Petri Nets: Applications and Relationships to Other Models of Concurrency, Advances in Petri Nets 1986, Part II, Proceedings of an Advanced Course, Bad Honnef, September 1986

[Rich83a] Richter, G.:
Realitätsgetreues Modellieren und modellgetreues Realisieren von Bürogeschehen
In: Informationstechnik und Bürosysteme; Wißkirchen, Kreifels, Krückeberg, Richter, Wurch; Leitfäden der angewandten Informatik; B.G. Teuber, Stuttgart 1983

[Rich83b] Richter, G.:
Netzmodelle für die Bürokommunikation (Teil 1)
Informatik-Spektrum Band 6, Heft 4, November 1983

[Rich84] Richter, G.:
Netzmodelle für die Bürokommunikation (Teil 2)
Informatik-Spektrum Band 7, Heft 1, Februar 1984

[Rich85b] Richter, G.:
Clocks and Their Use for Time Modelling
Information Systems: Theoretical and Formal Aspects, A.Sernadas, J.Bubenko, Jr., and A.Olive (Eds.); Elsevier Science Publishers B.V. (North Holland), IFIP 1985

[Sche87] Scheschonk, G.:
UniBase - A Software-Production-Environment
Proceedings of the Eigth European Workshop on Application and Theory of Petri Nets, Zaragoza, June 1987

[Timm86] Timm, M.:
Die erweiterbare und portable Software-Produktionsumgebung UniBase
In: Software professional, Theorie und Praxis des Software-Managements, Nr. 6, November/Dezember 1986

[Vett88] Vetter, M.:
Strategie der Anwendungssoftware-Entwicklung
Planung, Prinzipien, Konzepte
Leitfäden der angewandten Informatik; B.G. Teuber, Stuttgart 1988

[Voss86] Voss, K.:
Nets in Office Automation
LNCS 255, Petri Nets: Applications and Relationships to Other Models of Concurrency, Advances in Petri Nets 1986, Part II, Proccedings of an Advanced Course, Bad Honnef, September 1986

[WSG86] Winter, D.; Scheschonk, G.; Gier, K.:
ISAC - ein System zur Unterstützung der Systembeschreibung und der Systemanalyse
In: Handbuch der modernen Datenverarbeitung, Forkel-Verlag, Heft 130, Juli 1986

[Wint87] Winter, D. (Koordinator):
Der UniBase-Lifecycle in ISAC-Darstellung
Internes Arbeitspapier: ACTIS.0030.6, November 1987

# TECHNOLOGISCHE UND METHODISCHE ERFAHRUNGEN

# AUS EINEM UMFANGREICHEN SOFTWARE-PROJEKT

Wilfried Koch
Fachhochschule Ravensburg-Weingarten
D-7987 Weingarten

## 1. Einführung

Wie man bei der Bearbeitung großer Softwareprojekte vorgehen soll und wie diese Projekte dann (im Idealfall) verlaufen, wurde in den letzten Jahren in zahlreichen Veröffentlichungen beschrieben. Als wesentliche Schlagworte seien hier

- Modularisierung
- Top-Down-Vorgehensweise
- schrittweise Verfeinerung

genannt.

Hier soll über ein Projekt aus dem "realen Leben" berichtet werden. Vom Thema und Anwendungsgebiet her handelt es sich dabei um kein spektakuläres Prestigeprojekt, im Gegenteil, es spiegelt eher den Durchschnitt wider. Gerade deshalb erscheinen mir aber die daran gewonnenen Erkenntnisse und Erfahrungen besonders bedeutsam, da sie leicht auf sehr viele ähnliche neue Projekte zu übertragen sind. Schließlich ist die Masse der Projekte eher durchschnittlich und es ist deshalb von erheblicher wirtschaftlicher Bedeutung, daß gerade diese, die einen sehr bedeutenden Umsatz- und Beschäftigungsfaktor darstellen, auf breiter Basis wirtschaftlich und technisch erfolgreich durchgeführt werden.

### 1.1. Aufgabenstellung

Das Projekt, dessen Verlauf hier genauer beleuchtet werden soll stammt aus der Entwicklung langlebiger Investitionsgüter. Gefoerdert war - so lautete jedenfalls die ursprüngliche Aufgabenstellung - die Umstellung eines Programmpakets für die Koordinatenmeßtechnik vom Tischrechner und interpretiertem Programmcode auf einen Prozeßrechner (Minirechner) und compilierten Programmcode.
Schon bald zeigte sich - so viel sei hier schon vorweggenommen - daß eine einfache Umsetzung des Programmcodes etwa in der Art, jede Anweisung der interpretierten Sprache durch eine gleichwertige Anweisung der compilierten Sprache zu ersetzen, wenig Sinn machte und vor allem keine zukunftsorientierte Lösung darstellte. Stattdessen wurden die vorgegebenen Funktionen in einer neuartigen, den veränderten Gegebenheiten angepaßten Programmkonstruktion realisiert.

Die Software bildet - obwohl physisch vom Koordinatenmeßgerät (KMG) getrennt auf einem Universalrechner ablaufend - einen integralen Bestandteil des Meßgeräts. Messungen ohne diesen Rechner und damit auch Software sind mit diesen Geräten nicht möglich.

## 1.2. Anwendungsgebiet

Koordinatenmeßgeräte (s.a. Bild 1-1) dienen zum Vermessen von Werkstükken, die durch spanende oder spanlose Verformung gefertigt werden. Im Gegensatz zur herkömmlichen Zweipunktmessung (z. B. mit Meßschieber oder Mikrometer) werden bei der Koordinatenmeßtechnik zur Messung einzelne Punkte des Werkstücks mit Tastern (meist Kugeln) angetastet und dabei deren Position in einem räumlichen Koordinatensystem ermittelt. Mit den Mitteln der analytischen Geometrie und der Ausgleichs-rechnung wird anschließend aus den einzelnen Punkten das gesuchte Maß ermittelt (z.B. Durchmesser eines Zylinders, Abstand zweier Ebenen, Lage und Richtung einer Kante).

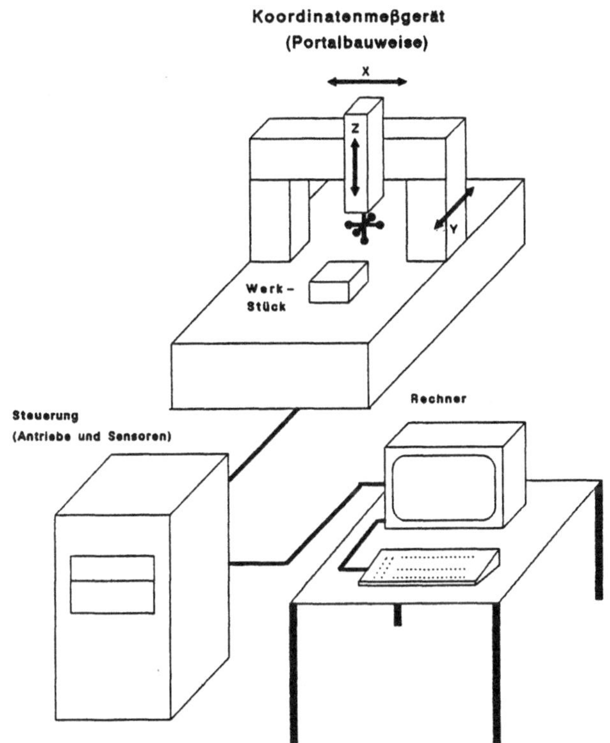


Bild 1-1: Prinzipieller Aufbau eines Koordinatenmeßgeräts mit Steuereinrichtung und Rechner

Die Software der Koordinatenmeßgeräte hat im wesentlichen die folgenden Aufgaben:

- Einlesen der Punktkoordinaten (Meßwerte) vom Meßgerät in den Rechner (mit Skalierung und Kompensation der reproduzierbaren Fehler des Meßgeräts).
- Ermittlung geometrischer Größen (Meßaussagen) aus Punktkoordinaten.

- Benutzerführung im Dialog.
- Steuerung und Regelung des Koordinatenmeßgeräts im automatischen (CNC-) Betrieb.
- Ausgabe der Meßergebnisse auf Anzeigegeräte (LED-Zeile / Bildschirm) oder "Hardcopy"-Einrichtungen (Drucker/Plotter).

Zu diesen schon bei Projektbeginn bekannten Aufgaben traten während des Projektverlaufs noch zwei weitere hinzu:
- Kopplung des zunächst isoliert betriebenen Rechners am KMG mit anderen Rechnern des Betriebes (Konstruktion (CAD), Arbeitsvorbereitung, zentraler Rechner der Qualitätssicherung) zum Zwecke des Dateiaustauschs.
- Integration des Meßgeräts in Flexible Fertigungssysteme. Das bedeutete Austausch von Werkstück- und Steuerungsinformationen z. B. mit einem Fertigungsleitrechner oder einer Transportmittelsteuerung.

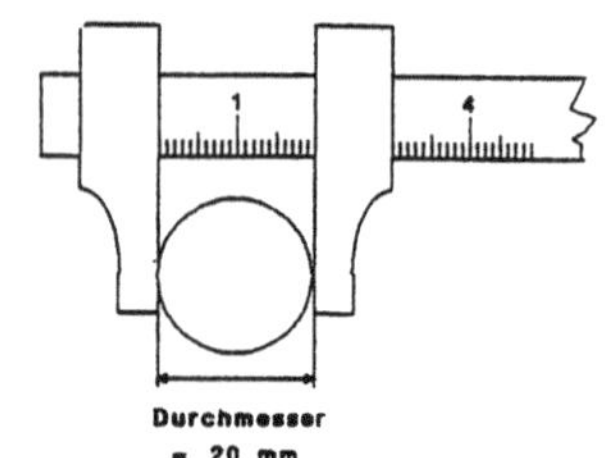


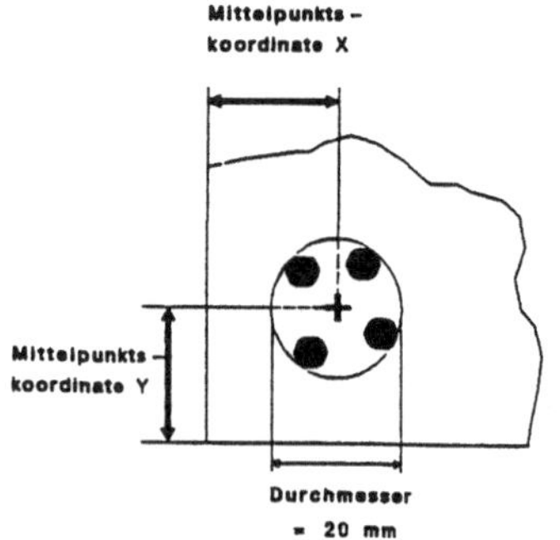


Bild 1-2: Zweipunktmessung und Koordinatenmessung

## 2. Systemanalyse und Folgerungen für die Neuentwicklung

### 2.1. Systemanalyse

Zu Projektbeginn bestand folgende Ausgangssituation:

Die zur Umstellung vorgesehene Software hatte einen Umfang von ca. 300 kB. Sie war in HPL auf dem HP-Rechner 9825A implementiert. Das Mißverhältnis von 300 kB Programmumfang zu 23 kB Arbeitsspeicherkapazität wurde durch eine extrem ausgefeilte und optimierte aber dadurch leider etwas unübersichtliche Overlaytechnik überbrückt.

Die Steuerung des Meßgeräts war in der Technik der synchronen Programmierung [LAUB76] im allgemeinen Teil der Meßsoftware implementiert. Obwohl sehr viel Aufwand zur Zeitoptimierung getrieben worden war kam es oft zu einem Stillstand des Meßgeräts, weil der Rechner noch mit der langwierigen Ermittlung eines geometrischen Meßergebnisses oder mit einer langwierigen Datenausgabe (z.B. einer Grafik) "beschäftigt" war und demzufolge das Anfahren des nächsten Punktes durch das KMG nicht veranlassen konnte.

Für verschiedene Programmversionen mußte immer deren kompletter Code gepflegt werden, da beispielsweise die zum Teil gerätetypenspezifischen E/A-Anweisungsfolgen nicht zentralisiert waren und fremdsprachliche Dialog- und Protokolltexte nicht als Variable realisiert waren.

Die Software war evolutionär entstanden. Aufgrund der durch die damaligen Rechner gegebenen Zwänge waren Zeit- und vor allem Platzoptimierung die wesentlichen Kriterien der Programmentwicklung. Darunter mußte zwangsläufig die Programmstruktur und damit solche langfristig dringend erforderliche Eigenschaften wie z. B. die Wartbarkeit erheblich leiden. Wesentliche Dokumentation war - damals nicht unüblich - der aktuelle Programmcode selbst. Da HPL eine interpretative Sprache ist und jeder Kommentar somit Speicherplatz und Laufzeit kostet waren Kommentare verständlicherweise nur sehr spärlich in der Programmliste zu finden.

Für die einzelnen Anwendungsgebiete waren die Softwarelösungen unabhängig voneinander entstanden. Gleichartige Probleme wurden an unterschiedlichen Stellen im Programm unterschiedlich gelöst.

Die Entwicklung erfolgte an voneinander unabhängigen Arbeitsplätzen. Kommunikationsmedium der einzelnen Bearbeiter waren magnetische Datenträger (Bandkasetten, Diskette).

Neue Geräte, die auf dem Hardwaremarkt erschienen (Halbwertszeit ca. 2 - 3 Jahre), mußten möglichst umgehend auf dem Markt angeboten werden können. Dabei sollten die neuen Geräte meist sofort mit deren voller Leistung betrieben werden können. Ein Leistungsverzicht oder eine Leistungseinschränkung wurde vom Kunden nicht oder nur für eine kurze Zeit akzeptiert.

Aufgrund der Marketingstrategie und der Kundenmentalität wurde die Software kontinuierlich und nicht in klar umrissenen Stufen entwickelt. Man arbeitete also mit "dynamischem Anforderungsprofil".

## 2.2. Folgerungen für die Neuentwicklung

Aufgrund der technischen Begrenzungen und der besonderen Eigenheiten der Tischrechner-Software einerseits und der Möglichkeiten des Prozeßrechners andererseits ergaben sich für die neuzuentwickelnde Software folgende Forderungen und Erwartungen:

Die Programme sollten schneller ablaufen. Realisierung durch compilierten Code und grundsätzlich schnellere Hardware. Es muß sichergestellt werden, daß das KMG (sofern es von den Kausalitäten her möglich ist) im Automatikbetrieb ununterbrochen in Bewegung ist, um die von der Mechanik her maximal mögliche Meßgeschwindigkeit zu errreichen.

Mit dem Übergang auf den Prozeßrechner (HP 1000 / anfängliches Betriebssystem RTE IVB) konnte die Größe eines einzelnen Programms auf zunächst 64 kB erhöht werden. Außerdem war es möglich, mehrere dieser Programme gleichzeitig im Arbeitsspeicher zu halten.

Eine generelle Umgestaltung der Software sollte langfristig eine wirtschaftliche Wartung und Fortentwicklung sicherstellen. Insbesondere sollten die zahlreichen möglichen Programmvarianten (für unterschiedliche KMGs, Hardware oder Sprachen) durch geeignete Maßnahmen der Programmkonstruktion problemlos erstellt und gepflegt werden können.

Geeignete Modularisierung sollte eine wirtschaftliche dezentrale Entwicklung begünstigen.

Einfache, übersichtliche und exakt dokumentierte Programm- und Datenschnittstellen sollten auch Außenstehenden (Softwarehäuser, Kunden) die problemlose Ergänzung der Meßsoftware nach deren Wünschen gestatten.

Da im Laufe der Zeit mit einer sehr großen Zahl von Projektbeteiligten zu rechnen war, war zugunsten einheitlicher, verständlicher und übertragbarer Programmschemata auf überoptimierte Programmstrukturen zu verzichten.

## 3. Wahl der Programmiersprache

Aus Geschwindigkeitsgründen kam nur eine kompilierbare Sprache in betracht. Weitere Forderungen an die Sprache bestanden in folgendem:

- Sie sollte in Zusammenwirken mit dem Betriebssystem die Realisierung der an die Software gestellten Forderungen erlauben. In der betreffenden Sprache mußte also eine gut dokumentierte Betriebssystemschnittstelle vorliegen.
- Es sollten zuverlässige und bewährte Implementationen der Sprache existieren.
- Kenntnisse der Sprache sollten weit verbreitet sein (SW-Wartung in Auslandniederlassungen, vorübergehende Rekrutierung auswärtiger Personalresourcen).
- Einarbeitung für Programmierer, die bisher ausschließlich HPL kennen sollte einfach möglich sein.
- Die Sprache sollte eine vernünftige Speicherplatz und Laufzeiteffizienz bieten.Von der allgemeinen technischen Eignung kamen aus damaliger Sicht FORTRAN IV, PASCAL, (kompilierbares) BASIC und PEARL für eine Implementation in Frage.

Aus rein technischer Sicht wäre sicher PEARL die ideale Programmiersprache für die anstehende Aufgabe gewesen. Dieser Sprache fehlte jedoch zum fraglichen Zeitpunkt die erforderliche Akzeptanzbreite, außerdem waren auf den ins Auge gefaßten Rechnern keine PEARL-Compiler verfügbar. Aufgrund der personellen Randbedingungen wurde ein wahlweise compilierbares und interpretierbares BASIC favorisiert. Da aber für diese Konstellation nicht rechtzeitig ein Compiler zur Verfügung stand, fiel die Entscheidung schließlich auf FORTRAN, wobei zunächst FORTRAN IV und später FORTRAN 66 bzw. FORTRAN 77 als Implementationssprache Verwendung fanden.
PEARL wurde in der Anfangsphase des Projekts als Entwurfssprache eingesetzt, um Probleme bei der Konstruktion des Multitasking-Programmsystems (siehe Kap. 4 u. 5.) zu formulieren.

## 4. Grundlinien des Systementwurfs

Wegen der durch das Betriebssystem gegebenen Möglichkeiten und der von den Verhältnissen beim Tischrechner völlig abweichenden Kostenstrukturen für die Hardware wurde das Programmsystem als Mehrbenutzer- und Mehrtasksystem entworfen. An einem Rechner sollten demnach mehrere Koordinatenmeßgeräte betrieben werden können.

Die Software zum Betrieb eines *einzelnen* KMG wurde als Mehrtask-Software entworfen. Dadurch wurde eine (quasi-) parallele Abarbeitung aller funktional paralleler Softwareaktivitäten ermöglicht. Diese Mehrtaskkonstruktion bildete die Grundlage zu einem von geringen Ausnahmen abgesehen stillstandsfreien Betrieb des Koordinatenmeßgeräts und damit zu einer erheblichen Steigerung der Meßleistung gerade bei anspruchsvollen Meßaufgaben. Für das gesamte Programmkonzept bedeutete das, den Übergang von der synchronen zur asynchronen Programmierung [LAUB 76].

Für die Software ergab sich damit die folgende Gliederung:
- Steuerprogramm für das Koordinatenmeßgerät
- Dialogprogramm
- Filehandlingprogramm
- Ausgabeprogramme (eines pro Gerät, damit Parallelbetrieb leicht möglich wird)
- Berechnungsprogramm

Diese Aufstellung gibt eine minimale Programmanzahl wieder, die durch Anzahl der parallel auführbaren Aktivitäten bestimmt wird. Wegen der unterschiedlichen Größe der einzelnen Programme und wegen der dezentralen Bearbeitung der einzelnen Aufgaben wurde eine stärkere Untergliederung gewählt. D. h. Aufgaben, die an sich synchron ablaufen, wurden wegen ihres Umfangs oder aus Gründen der Arbeitsteilung auf verschiedene Tasks verteilt.

Ein- oder Ausgabebefehle, die sich auf Geräte beziehen kommen ausschließlich in den gerätespezifischen Tasks vor. Diese gerätespezifischen Tasks werden jeweils für ein bestimmtes Gerät erstellt und optimiert. Bei Neueinführung eines Gerät (z. B. Umstellung auf einen moderneren Drucker wird nur eine Task (evtl. mit genau definierten zugehörigen Dateien) getauscht. Die übrige Software bleibt unberührt.

Als Hilfsmittel zur Formulierung des Entwurfs wurden teilweise Diagramme in hierarchischer Eingangs-/Ausgangs-Darstellung (ähnlich SADT) verwendet.
Bei der exakten Formulierung der *Entwürfe* für die Tasking-Problematik (Scheduling, Intertask-Kommunikation) leistete dann die Programmiersprache PEARL wertvolle Dienste.
Beim weiteren Vorgehen zeigte sich, daß der Übergang von der Entwurfsbeschreibung in PEARL zur FORTRAN-Implementatioan einigen strukturell interessanten Stellen (Intertaskkommunikation,Scheduling durch Unterbrechungssignale) nicht direkt durchführbar war. U. a. daraus ergab sich die Notwendigkeit in die Entwurfsarbeiten eine zunächst nicht geplante Phase der Prototypenerstellung einzufügen (s.a. Kap. 5).

## 5. Rapid Prototyping als Mittel zur Fundierung und Begründung wesentlicher Entwurfsentscheidungen

### 5.1. Gründe für das Rapid Prototyping

Drei Gründe führten dazu, zur weiteren Untersuchung einen Prototypen der geplanten Meßsoftware zu erstellen:

1. Fachfremden Entscheidungsträgern, mit der Programmierung betrauten Mitarbeitern ohne einschlägige softwaretechnologische Ausbildung und Systemingenieuren (Softwareberatern) des Rechnerlieferanten mußten Gedanken, Hintergründe und Möglichkeiten des jeweiligen Entwurfs möglichst anschaulich nahegebracht werden. Die alternativ verfügbaren grafischen Methoden (SADT, HIPO, Jackson) erwiesen sich hierfür als zu schwach. Die Bereitschaft, sich die Vorführung eines ablauffähigen Programms anzusehen und dann darüber zu diskutieren ist wesentlich größer als wenn man den Partnern nur eine Grafik vorlegt. Wahrscheinlich ist in diesem Fall das Vorstellungsvermögen vielfach auch einfach überfordert.

2. Besonders schwierige Aufgaben der Taksynchronisation und -kommu-

nikation sollten ohne Ballast, aber doch in realistischer Umgebung untersucht und durchgestaltet werden können.

Beispiele:
- Über ein Standard-Terminal (V.24-Schnittstelle) waren parallele Eingabemöglichkeiten und über das KMG (IEC-Bus-Schnittstelle) vorzusehen. Auf das zuerst betätigte Eingabegerät sollte das Programm reagieren. Eine evtl. nahezu gleichzeitig erfolgte Betätigung des zweiten Geräts ist zu ignorieren.
- Für die Implementation der Intertaskkomunikation sollten Möglichkeiten gefunden werden, die als Minimaleigenschaft eine Entkopplung der den einzelnen KMGs zugeordneten Multitaskingsysteme ohne Mitwirkung des Anwendungsprogrammierers gewährleisten.

3. Der Prototyp sollte als überzeugendes und informatives Material für die Ausbildung der zukünftig am Projekt arbeitenden Entwicklungsmannschaft verwendet werden können. Das war erforderlich um den am Tischrechner erfahrenen Mitarbeitern, die mit diesem Gerät ein am Markt sehr erfolgreiches Programmsystem entwickelt hatten, den Übergang auf die neue Technologie "schmackhaft" zu machen.
   Am Prototypen sollte einerseits der Programmmaufbau studiert werden können, andererseits sollte die zum Prototypen erstellte Dokumentation als Dokumentationsprototyp für die anschließende Entwicklung Verwendung finden.

## 5.2. Umfang und Aufbau des Programmprototypen

Der Programmprototyp umfaßte
- Programmsteuerungstask
- Task für einige einfache geometrische Berechnungen
- Task für die KMG-Steuerung
- Task für die (asynchrone) Datenausgabe

Aufgrund der Untersuchungen am Prototypen ergab sich die in Bild 5-1 gezeigte Grundstruktur für die Tasks.
Alle Tasks werden zunächst nacheinander in den Zustand "aktiv" überführt und gehen dann - mit Ausnahe einer sog. Starttask - in einen Wartezustand über ("warte auf Mailbox-Informationen von einer anderen Task"). Werden von einer wartenden Task nun Informationen empfangen, die ihr eine andere Task übermittelt hat, so wird sie aus dem Wartezustand in den aktiven bzw. ablaufenden Zustand übergeführt. Am Ende der Task werden dann die auf den neuesten Stand ge-brachten Informationen per Mailbox-Schreiboperation an eine andere Task übermittelt. Die perMailbox zwischen den einzelnen Tasks über-tragenen Daten stellen im wesentlichen globale Informationen für die mit einem KMG betriebene Software dar, die zwar innerhalb des einem KMG zugeordneten Multitaskingsystems freizügig benötigt werden nach außen jedoch geschützt werden mußten. Zugunsten des zuverlässigen Schutzmechanismus und einer einfachen Fehlerbehandlung konnten geringfügige Laufzeit- und Speicherplatznachteile in Kauf genommen werden.

Wenn eine Task gleichzeitig von mehreren anderen Tasks Informationen empfangen konnte, mußte - je nach Anforderungen - das Grundkonzept der Synchronisation per Mailbox durch Semaphors oder durch Monitore (Bild 5-2) ergänzt werden.

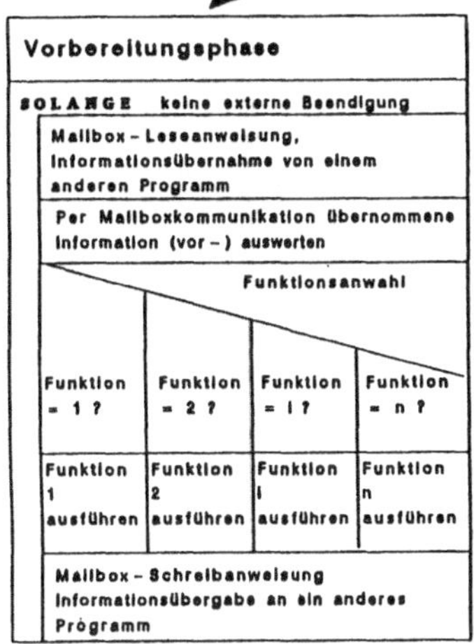


Bild 5-1: Grundstruktur der Programme

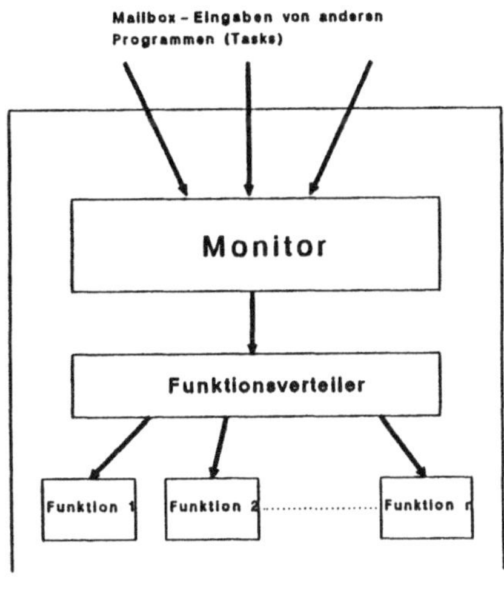


Bild 5-2 : Monitoreinsatz bei aufwendigerer Programm-Programmkommunikation

Für die Tasks wurden dann Programmgerüste entwickelt, die von den einzelnen Bearbeitern zur Einarbeitung ihrer spezifischen Programmodule verwendet werden konnten (s.a. 6.2.). Die Behandlung der schwierigen Multitaskingproblematik konnte aufgrund dieser Maßnahmen zentral durch einige wenige Spezialisten erfolgen.

Wichtigstes technisches Ergebnis der Prototypenphase war somit, daß ein einheitliches zuverlässiges und wartungsfreundliches Steuerungskonzept für die Tasks entwickelt werden konnte und gleichzeitig die Funktionstüchtigkeit dieses Konzepts im Kleinen nachgewiesen werden konnte.

## 6. Entwicklungsmanagement und Softwareentwurf

### 6.1. Entwicklung am Mehrbenutzersystem

Die Neuentwicklung wurde sofort auf einem Mehrplatzrechner begonnen. Bei diesem Vorgehen konnte jeder Programmierer on-Line auf gesicherte Archivprogramme zurückgreifen, es ergab sich also ein Zwangsmechanismus, der ein Auseinanderdriften der Entwicklungsarbeit aufgrund der Verwendung unterschiedlicher Programmstände ausschloß.

Um Mehrbenutzerbetrieb nicht nur für die Entwicklung einzelner Module, sondern auch für Integration und Test der kompletten Multitasking-Programmsysteme zu ermöglichen, mußten die einzelnen Programmsysteme vollkommen entkoppelt werden. Gerade auch zu diesem Zwecke wirkte sich die Entscheidung, die Intertaskkommunikation per Mailbox und nicht per

System-Common durchzuführen äußerst positiv aus. Die durch diese Entwurfsentscheidung geschaffenen hervorragenden Arbeitsbedingungen rechtfertigten den geringen Mehraufwand an Speicherplatz und Laufzeit.

## 6.2. Entwicklungs- und Dokumentationsrichtlinien

Für sämtliche Module (Programme [1], Subroutinen, Funktionen, Datenbereiche (Block-Data-Anweisungen) wurde ein Programmrahmen vorgegeben. Dieser bestand aus dem Programmkopf, einer erweiterten Programmbeschreibung und Rahmenvorschriften für die Codierung.

Im Programmkopf waren die folgenden Informationen zusammengefaßt:
- Modulname, ggf. Parameterliste
- Kurzbeschreibung der Aufgabe des Moduls
- Angaben zum Verfasser
- Angaben über Änderungen (mit Datum und Grund)
- Kennung (numerisch) nach thematischen Gesichtspunkten

Da der Programmkopf nach einem starren, maschinell überprüfbaren Schema geschrieben werden mußte, konnten aus ihm maschinell z. B. Modulhandbücher und Informationen über besonders änderungsanfällige Moduln abgeleitet werden.

Anschließend an den Programmkopf wurden Angaben zu den Parametern und zu möglichen Fehlerzuständen des Moduls dokumentiert.

Für alle Moduln wurden außerdem detaillierte Vorschriften über die Fehlerbehandlung und die Fehlerverfolgung festgelegt. Damit konnte bei auftretenden Fehlern der Fehlerort und der durchlaufene Aufrufbaum aufgezeichnet werden. Dies war zur Fehlerrekonstruktion wichtig, da dasProgrammsystem insgesamt so aufgebaut waren, daß bei Fehlern kein Programmabbruch erfolgte.

## 6.3. Arbeitsteilige Entwicklung

Das Modulkonzept und insbesondere die saubere Trennung von Tasks für Organisations- und Applikationsaufgaben führte zu einer Änderung der Arbeitsteilung in der Entwicklung. Während bisher die Entwicklung lediglich nach Anwendungskategorien getrennt erfolgte (jeder Bearbeiterprogrammierte komplett eine Meßanwendung von der Eingabe über die Meßwerterfassung, die Meßgerätesteuerung und die Berechnung bis zur Ausgabe) forderte die neue Programmgliederung Spezialisten für die Dialogführung, die verschiedenen anwendungs-spezifischen Berechnungen, Bahnsteuerung und Bahnregelung, Grafik usw. Technisch war diese Gliederung unangreifbar. In einer Übergangsphase mußten jedoch zwei Probleme ausgeräumt werden:

- Durch Beschränkung auf eine Bearbeitung von Teilgebieten trat

---

[1] "Programm" im Sinne der FORTRAN-Terminologie, bzw. in der Terminologie des Rechnerlieferanten. Unter der Betrachtung des implementierten Programmsystems eigentlich als Task zu bezeichnen.

bei den ursprünglich applikationsorientiert arbeitenden Entwicklern eine gewisse Unzufriedenheit auf, sie fühlten sich in ihren Kompetenzen beschnitten. Die durch die Arbeitsteilung gegebene Entlastungsfunktion und die damit verbundene Möglichkeit, sich verstärkt auf das Wesentliche bei Organisation und Programmierung der Meßaufgabe zu konzentrieren wurde anfangs nur zögernd anerkannt.

- Durch die Arbeitsteilung wurde in größerem Umfang als man es bisher gewohnt war Kommunikation zwischen den Entwicklern erforderlich. In Bereichen wo man bisher allein bestimmen konnte (z.B. bei der Ergebnisübermittlung von der Berechnungzur Ausgabe), sind jetzt harte Schnittstellenkonventionen einzuhalten.

## 6.4. Test- und Debugging-Verfahren

Anfänglich stand als einzige Testmöglichkeit der Black-Box-Test (Bild 6-1) zur Verfügung. D. h. jeder erstellte Modul mußte mittels eines speziellen Testtreibers in seinem Ein-Ausgangsverhalten untersucht werden. Diese Testmöglichkeit fand bei den Bearbeitern, die ausschließlich Erfahrungen mit interpretierenden Systemen besaßen wenig Gegenliebe.

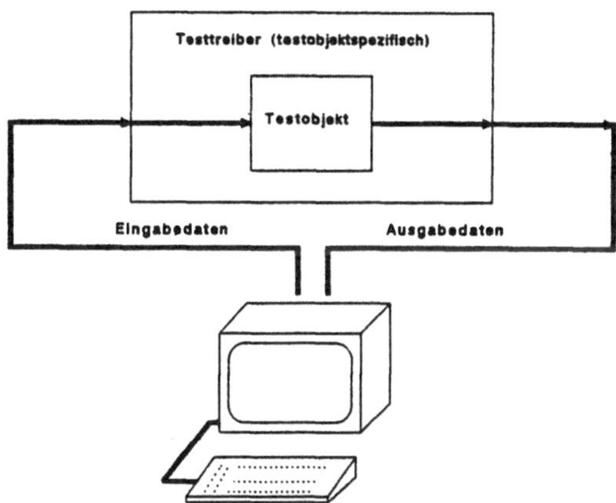


Bild 6-1: Programmtest als Black-Box-Test mittels Testtreibers

War man bisher den Zyklus
- Korrektur
- Interpretationslauf
- Test (mit Zugriff auf alle Variable ohne besondere Maßnahmen)
- Korrektur
- ............

gewöhnt, in dem das in Entwicklung befindliche Programm in der Regel sogar permanent im Arbeitsspeicher blieb, so mußte man sich jetzt an den Zyklus
- Korrektur (Edieren)
- Übersetzen

- Binden / Laden
- Testen

gewöhnen, der wesentlich mehr Zeit beanspruchte und a priori auch wesentlich weniger Komfort bot.

Auf hohe Akzeptanz stieß dann die Einführung eines symbolischen Debuggers. Die mit dessen Einführung verbundene veränderte Teststrategie führte zu einem Investitionsschub auf der Hardwareseite.
Insgesant kann man sagen, daß sich der frühzeitige (1982) Einsatz eines symbolischen Debuggers trotz mancher negativer Begleiterscheinungen äußerst bewährt hat (Bild 6-2).
Besonders hilfreich und absolut unersetzlich war der Debugger, wenn im Multitasking-Betrieb Synchronisation und Kommunikation mehrerer Tasks geprüft werden mußten. Man konnte in zwei oder mehrere Programme gleichzeitig "hineinsehen".

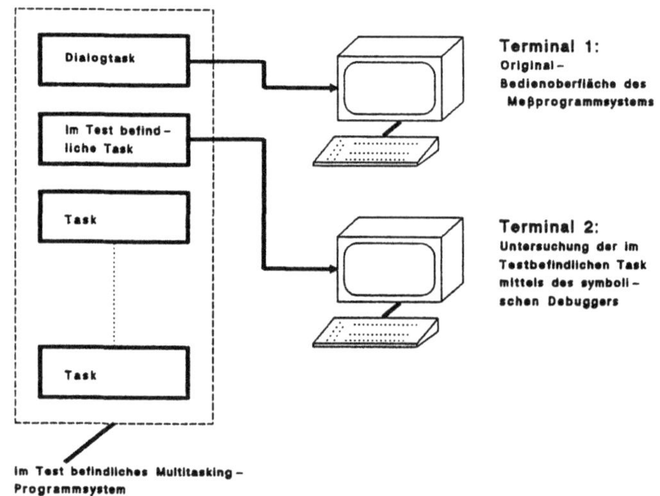


Bild 6-2: Einsatz des symbolischen Debuggers zum Testen einer Task innerhalb des Multisking-Programmsystems

Nachteilig muß die Begünstigung einer Trial- and Error-Programmierung bewertet werden. Außerdem erforderte der Systemtest mit dem Debugger einen relativ großen Betriebsmittelaufwand, der zwar extrem optimierbar war, dessen Optimierung jedoch wiederum erhebliches Know-How erforderte.

Wesentlicher Test vor der jeweiligen Auslieferung war der komplette Funktionstest am KMG. Nachteilig war jedoch, daß dieser mit den ursprünglich verfügbaren Mitteln nur im CNC-Betrieb automatisierbar war, während für den manuellen Betrieb, der sich als besonders Änderungsempfindlich erwies, keine automatischen Testmöglichkeiten bestanden. Beim Testen in der manuellen Betriebsart stellte die Forderung nach der Reproduzierbarkeit der oft sehr langen Eingabedialoge ein erhebliches Problem dar. Die geforderte exakte Wiederholung auch längerer Eingabesequenzen verlangte dem Programmprüfer eine fast übermenschliche Konzentration ab.
Aufgrund intensiver interner Diskussionen und externer Anregungen [FUGE86] wurde dann ein Testrahmen für den Test einzelner Tasks entwickelt. Von der Programmversion n wurden dann sämtliche Ein- und Ausgabedatenaufgezeichnet. In der Version n+1 wird die jeweilige Task automa-

tisch mit den schon in der Version n verwendeten Eingabedaten versorgt. Anschließend werden die Ausgabedaten der Version n mit denen der Version n+1 automatisch verglichen. Differenzen zwischen den Datensätzen dürfen nur an Stellen auftreten, die Änderungen erfuhren. Ein gezielt korrigierter Eingangsdatensatz der Version n+1 wird dann als Eingangsdatensatz für die Version n+2 verwendet. [KOCH88].

## 6.5. Vernetzung und verteilte Entwicklungsaktivitäten

Zunehmende Zahl von Projektbeteiligten einerseits und Entwicklungen auf dem Rechnermarkt andererseits führten zur Notwendigkeit und Möglichkeit der Aufteilung der Entwicklungsaktivitäten auf mehrere Rechner:

- Zentralrechner für stabile Software und Auslieferungsversionen
- Rechner für die Aktivitäten der einzelnen Anwendungsgruppen
- Rechner für den Testbetrieb an den Koordinatenmeßgeräten
- Information und Anpassung der Programmierer

Verschiedene externe Stellen waren mit der Zentrale über WAN (Datex-P/ X.25) verbunden. Es handelte sich dabei zum einen über externe Entwicklungsstellen (z. B. in den USA) oder um Pilotkunden.
Im erstgenannten Fall beschleunigte das WAN die Zusammenarbeit in der Entwicklung erheblich, im anderen Fall ermöglichte das WAN eine qualifizierte Softwarebetreuung unter Vermeidung von Reisespesen. Die verwendete Netzwerksoftware ermöglichte dabei neben Filetransfers etc. auch, ein Terminal des entfernten Rechners zu emulieren. Von der Gebührenseite her war das WAN im Dialogbetrieb und bei der Übermittlung kleinerer Korrekturen optimal. Für die Übermittlung kompletter Revisionsstände (einige MB) bediente man sich - sofern nicht extremer Termindruck entgegenstand - der Dienste der "gelben" Post (Inland: Brief, Ausland: Datapost). (Bild 6-3)

## 6.6. Softwareproduktion

Im Zentralrechner wird die Software gemäß den Kundenaufträgen aus den getesteten Moduln generiert. Maßgebliche Parameter dabei sind:

- Betriebssystem (Auswahl aus vorgenerierten Standardsystemen aufgrund des Bestellumfangs). In den Betriebssystemvarianten sind die Varianten der Zentraleinheit und der Peripherieausstattung mit berücksichtigt.
- Software für Meßanwendungen (nach Bestellumfang)
    - Universalsoftware
    - Kurvenmessung
    - Zahnradmessung

      etc.
- Software für die Steuerung des verwendeten KMG (spezifisch für den jeweiligen KMG-Typ)
- Beim Kunden verwendete (Landes-) Sprache

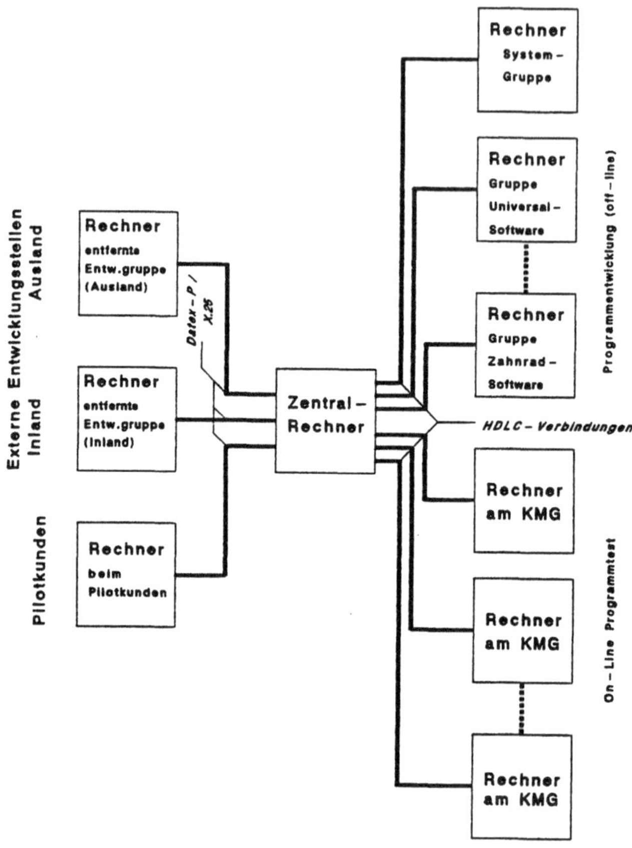


Bild 6-3: Softwareentwicklung im Datenverbund über LAN und WAN

# 7. Ausblick

## 7.1. Was würde man heute anders lösen ?

Programmiersprache

Hier wäre heute der Trend zu PEARL oder PASCAL (für Teile auch zu C) sicher wesentlich stärker, da die allgemeine Verbreitung, der Systemsoftwaremarkt (Compiler), die Akzeptanz und die Personalsituation (es gibt mehr Ingenieure, die diese Sprachen beherrschen) sich stark zugunsten dieser Sprachen entwickelt haben. Mit diesen Sprachen würde die Entdeckung zahlreicher Fehler von der Test- in die Compilierphase vorverschoben und damit die Entwicklung wesentlich beschleunigt.
Ob allerdings diese technischen Argumente ausreichen würden, um eine der obigen Sprachen gegen Fortran durchzusetzen ist fraglich. Für Fortran sprechen weiterhin die Situation auf dem Personalmarkt, die inter-

nationale Akzeptanz und nicht zuletzt, daß sie (bzw. verbreitete Implementationen) laufend an softwaretechnologische Trends angepaßt wurde.

Systemorganisation

Auf Mehrbenutzersysteme und den mit ihrer Entwicklung verbundenen Aufwand wird man wegen der zwischenzeitlich stark veränderten technischen und preislichen Situation auf den Gebieten Rechnerhardware und Netzwerke verzichten und stattdessen mehrere Einzelplatzsysteme miteinander vernetzen. Analog dazu wird man im Entwicklungsbereich kleinere (ebenfalls vernetzte) Entwicklungsinseln bilden.

Programmgliederung

Da die Programmgröße /Arbeitsspeichergröße kaum noch ein Problem darstellt, wird man die Zahl der Tasks auf die Zahl der von der Aufgabenstellung her erforderlichen parallelen Aktivitäten beschränken.

Software-Werkzeuge

Angepaßter Einsatz von Software-Werkzeugen zur Entlastung von Routinetätigkeiten am Schreibtisch (Struktogrammeditor, Codegenerator) würde heute von vornherein mit eingeplant. Ggf. würde auch die Ver-fügbarkeit geeigneter Softwarewerkzeuge die Wahl des Rechnersystems entscheidend mitbeeinflussen.

## 7.2. Was sollte man wieder in gleicher Weise in Angriff nehmen?

Programmstruktur

Unbedingt müssen großzügige, übersichtliche und standardisierte Programmstrukturen müssen statt kleinkarierter Voraboptimierung gewählt werden. Optimierung, die ja außer mit Zeitaufwand vielfach mit der Verschlechterung von Qualitätsparametern wie Wartbarkeit oder Übersichtlichkeit verbunden ist, sollte nur dort eingestzt werden, wo sie aus Zeit- oder Speicherplatzgründen *unbedingt* erforderlich ist.

Gesicherte Programm-Programm-Kommunikation statt Systemcommons

Sehr förderlich für eine systematische Entwicklung war, daß von Anfang an mit gesicherten Kommunikationsmechnismen gearbeitet. Hartnäckige Fehler, die in der Entwicklungsphase bei der Verwendung dieser Mechanismen auftraten sollten positiv gesehen werden: Beim Programmieren mit Kommunikationsmechanismen, die einen freizügigen Datenverkehr gestatten, wären sie meist erst später und wahrscheinlich nur sporadisch aufgetreten, sodaß eine fundierte Korrektur viel mehr Schwierigkeiten bereitet hätte.

Einsatz eines symbolischen Debuggers

Wenn auch vielleicht vom (theoretischen) Software-Engineering her fragwürdig, so bleibt der symbolische Debugger für den Test unverzichtbar. Besonders wertvoll ist er nach wie vor beim Test des ganzen Multitaskingprogramms, wenn mittels mehrerer Terminals einerseits die ORIGINAL-Bedienoberfläche des Programmprodukts zur Verfügung steht, andererseits aber auch "das Innere" einer oder mehrerer Tasks gleichzeitig betrachtet werden kann. Andererseits sollte nach einer Arbeitsphase mit dem symbolischen Debugger dem Entwicklergenügend Zeit gegeben werden, um - evtl. mit Werkzeugunterstützung - die durch die ad-hoc-Fehlerbeseitigungen entstandene Entropie zu verringern.

Organisation

Beibehalten werden sollte unbedingt die arbeitsteilige Entwicklung in der beschriebenen Art und Weise. Sie vermeidet Mehrfachentwicklung, und führt zu fachlich kompetenteren Lösungen. Durch geeignete Personalausstattung ist jedoch sicherzustellen, daß Schlüssel-Know-How - um gegen den Ausfall von Mitarbeitern gewappnet zu sein - mehrfach vorhanden ist. Sehr wertvoll war der WAN-Einsatz zur Unterstützung dezentraler Entwicklungsaktivitäten und für die Pilotkundenbetreuung.

Prototypenbildung

Zur Klärung schwieriger und vitaler Strukturfragen ist ein Prototyp ein unersetzliches Mittel. Die Modellbildung un der Modellbau, in vielen anderen Bereichen der Technik ein ganz alltägliches Experimentier- und Kommunikations-Mittel des Entwicklers, muß auch in der Softwaretechnologie ihren festen und selbstverständlichen Platz finden! Insbesondere als Kommunikationsmittel besitzt der Prototyp unschätzbaren Wert. Programmgrafiken sind zwar auch ähnlich wie technische Zeichnungen als Kommunikationsmittel zwischen Projektbeteiligten gedacht. Die Fähigkeiten, solche Zeichnungen widerspruchsfrei zu erstellen und zu interpretieren sind jedoch noch nicht so verbreitet, wie es bei Maschinenbauzeichnungen oder elektrischen Schaltplänen der Fall ist.

**Literatur:**

[LAUB76] Lauber, R.: Prozeßautomatisierung I, Springer Verlag, Berlin, Heidelberg, New York, 1976.

[KÜHN88] Kühn, E.: Stand, Erfahrungen und Trends für die Anwendung rechnergestützter Werkzeuge bei der Entwicklung von Prozeßrechnersystemen, Fachtagung Prozeßrechnersysteme, Stuttgart 1988.

[FUGE86] Fuget, C. D.; Scott, B. J.: Tools for Automating Software Test Package Execution; Hewlett-Packard-Journal; Vol. 37, März 1986, S. 24 ff.

[KOCH88] Koch, W.: Qualitätsverbesserung für PC-Software durch schnellere Testdurchführung mittels eines standardisierten Testrahmens. Unveröffentlichtes Manuskript.

# Fachgespräch

## Softwaretechnik und verteilte Systeme

Softwaretechnische Fragestellungen, die für verteilte Systeme charakteristisch sind, werden traditionell im Zusammenhang mit Protokollentwicklungen untersucht. Während sich die Protokollwelt allmählich stabilisiert, nimmt das Interesse an verteilter Anwendungssoftware und an Parallelverarbeitung auf lokal gekoppelten Mikrorechnern zu. Damit sind Debugging und Wartung verteilter Systeme zu aktuellen Forschungsthemen geworden, und es ergeben sich neuartige Fragestellungen hinsichtlich des Einflusses von Rechnernetz-Konfigurationen auf die Software-Architektur.

In der softwaretechnischen Praxis werden zunehmend verteilte Entwicklungssysteme eingesetzt, und es kommt zu Entwicklungskooperationen über Weitverkehrsnetze. Diese „verteilte Softwareentwicklung" ist ein weiterer Aspekt des Themas „Softwaretechnik und verteilte Systeme".

**Programmkomitee für dieses Fachgespräch:**

R. Franck (Universität Bremen, Vorsitz), H. Geist (Nixdorf Computer AG), U. Hollberg (IBM Heidelberg), K.-P. Löhr (Freie Universität Berlin), P. Meinen (Softlab, München), F. Vogt (Universität Hamburg)

# Verteilte Softwareentwicklung

Reinhold Franck

Universität Bremen
Fachbereich Mathematik/Informatik
Postfach 330440
2800 Bremen 33

**Zusammenfassung**

Die Tendenz zu einer weitergehenden Verteilung von Beteiligten und Resourcen findet sich bei vielen traditionellen Softwareprojekten. Es gibt zunehmend mehr Systementwicklungen, welche verteilt, d.h. an mehreren Orten parallel durchgeführt werden.

Im folgenden Beitrag wird untersucht, inwiefern neuere Kommunikationsdienste einen Beitrag zur Lösung der dabei auftretenden Probleme leisten.

## 1. Einleitung

Seit Beginn der 70er Jahre findet man als "normale" Softwareentwicklungsumgebung in der Praxis oft folgende Situation (vgl. Abbildung 1):

- Im Mittelpunkt steht als Entwicklungsmaschine ein *time-sharing*-System. Abhängig von ihrer Größe nimmt diese Anlage gleichzeitig noch andere Aufgaben wahr oder wird ausschließlich für Entwicklungsarbeiten genutzt.
- Der Zugriff der Entwickler erfolgt über sternförmig angeschlossene Dialogstationen.

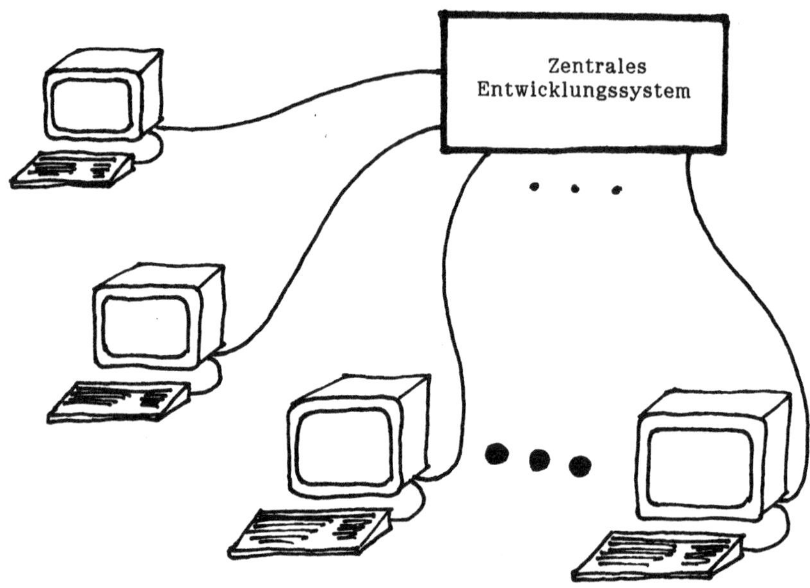


Abbildung 1 Skizze einer typischen, zentralen Entwicklungskonfiguration

- Der zentrale Rechner bietet im Minimum einen Editor und ein Dateisystem - darüberhinaus möglicherweise spezielle Entwicklungswerkzeuge zur rationelleren Softwareerstellung und Projektabwicklung (vgl. /Fra 83/).

Selbst in einer solchen zentralen Konfiguration sind jedoch bereits einige Möglichkeiten und Tendenzen der Dezentralisierung und Verteilung enthalten:

- Bei den Entwicklungsterminals aus Abbildung 1 wird es sich in der Regel um lokal angeschlossene Bildschirme handeln, da Entwicklungsabteilungen meist im Umfeld des Rechners oder Rechenzentrums angesiedelt sind. Technisch wäre es auch möglich, diese Dialogstationen geographisch beliebig weit zu streuen und den Rechnerzugang über ein entsprechendes Terminalnetz zu realisieren.

- Oft fallen aus sehr praktischen Gründen Entwicklungs- und Zielsystem auseinander:

  - Die Arbeitsplätze am Zielsystem können zu teuer oder zu wenig komfortabel sein. (Oft trifft beides gleichzeitig zu!)

- Das Zielsystem ist möglicherweise noch gar nicht verfügbar.
- Die gleichzeitig stattfindende produktive Nutzung des Zielrechners darf durch Entwicklungsarbeiten nicht gestört werden.

Diese und andere Gründe haben auch zur Entstehung spezieller Entwicklungssysteme geführt.

- Oft sind für die Entwicklung attraktive Spezialwerkzeuge nicht auf das Entwicklungssystem portiert oder sie stehen dort aus Lizenzgründen nicht zur Verfügung.
- In größeren Betrieben werden für spezielle Aufgaben (Projektkontrolle, *data dictionary* u.ä.) oft Spezialrechner eingesetzt, die ebenfalls vom Entwicklungssystem verschieden sein können.

Der Schritt liegt also nahe, das zentrale Entwicklungssystem konzeptionell ganz aufzulösen. Es wird ersetzt durch einen logischen Verbund, in welchem ein neutrales Kommunikationssystem alle benötigten und gewünschten Dienstleistungen zwischen den Arbeitsplätzen für die Entwickler und Spezialrechnern (*server*) vermittelt. Dazu gehören spezifische Werkzeugsysteme, der Zielrechner und in vielen Fällen sicher auch der Zugang zu einem Zentralrechner mit angeschlossener Datenbank. Die resultierende Konfiguration ist in Abbildung 2 skizziert. In der Praxis basieren solche Entwicklungsumgebungen in Labors und Forchungseinrichtungen heute meist auf lokalen Netzen - logisch kann das Kommunikationssystem jedoch genauso aus einem Fernnetz bestehen.

Die zentrale Konfiguration aus Abbildung 1 ist als Spezialfall in der verteilten Entwicklungsumgebung der Abbildung 2 enthalten: Dabei schrumpft das Kommunikationssystem zum klassisches Terminalnetz zusammen.

Aus der bisherigen Darstellung folgt, daß in dem hier verwendeten Sinne eine "verteilte Softwareproduktion" zunächst nichts mit "Verteilten Systemen" und den dort untersuchten Problemen zu tun hat. Jedoch gibt es auf mindestens zwei Ebenen Überschneidungen:

- Das Kommunikationssystem aus Abbildung 2 ist - wie jedes Netz - für sich genommen bereits ein verteiltes System. Dies gilt noch mehr für eine gesamte derartig verteilte Entwicklungsumgebung.
- In einer verteilten Softwareentwicklungsumgebung können - neben vielem anderen - eventuell auch Programme für Verteilte Systeme entwickelt werden.

Im folgenden werden Probleme diskutiert, welche aus einer solchen verteilten Entwicklung für Softwareprojekte resultieren.

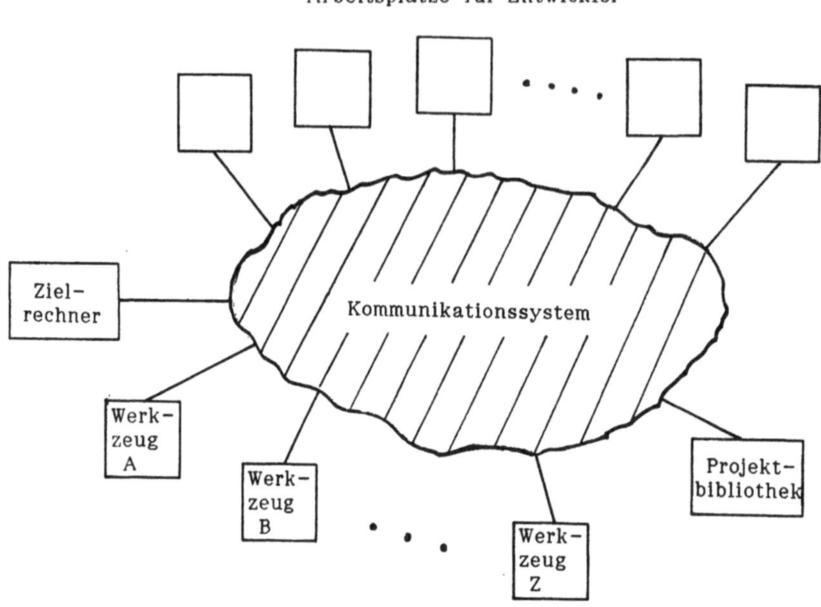


Abbildung 2 Skizze einer verteilten Entwicklungsumgebung

## 2. Gründe für verteilte Entwicklungen

Angesichts des gestellten Problems liegt der folgende Einwand nahe: Komplexe Systementwicklungen sind traditionell schon schwierig genug; wenn Entwickler, Manager und andere an einem Projekt Beteiligte sich an geographisch weit entfernten Plätzen befinden, so stellt dies ein zusätzliches Problem dar; üblicherweise ist es eine schlechte Strategie, ein gegebenes Problem durch Zufügung eines weiteren lösen zu wollen.

Wie oben bereits beschrieben, ist die in Abbildung 2 skizzierte Entwicklungsumgebung heute bereits vielfach auf der Basis lokaler Netze realisiert. Jedoch lassen sich heute zunehmend Aufgabenstellungen finden, in denen eine geographische Verteilung auch über größere Entfernungen eine unveränderbare Randbedingung von Softwareprojekten bildet:

- Vornehmliche Kandidaten für eine entfernte Aufstellung sind z.B. der geplante Zielrechner, ein Hostsystem, das als Entwicklungssystem genutzt werden muß, oder spezielle Werkzeugrechner. Ein Transport dieser Systeme kann unmöglich oder so teuer sein, daß er sich verbietet.

- Manche Umstände können die Konzentration aller Resourcen oder Mitarbeiter verhindern, z.B. kann ein Ingenieur über benötigtes Spezialwissen verfügen, der sich weigert umzuziehen oder beim besten Willen nicht gleichzeitig an unterschiedlichen Orten sein kann, selbst wenn er die entsprechenden Reisen in Kauf zu nehmen bereit ist.

- Für einen auf nationaler oder internationaler Ebene agierenden Konzern ist dieses Problem eher der Alltag als eine Ausnahme.

- Potenziert tritt das Problem bei der allmählichen ökonomischen Integration der EG-Länder auf: Konstruktion und Bau des Airbus ist ein bekanntes Beispiel; bei ESPRIT-Projekten ist die Kooperation zwischen geographisch weit entfernten Partnern die Regel.

Die Beschäftigung mit Problemen einer verteilten Softwareentwicklung ist also nicht so exotisch, wie es zunächst wirken mag; ein bestimmter Grad der Verteilung ist auch in der Vergangenheit bei vielen Projekten zu verzeichnen gewesen. Die verbesserten Möglichkeiten der Telekommunikation sollten dazu führen, solche verteilten Entwicklungen künftig noch weit besser unterstützen zu können.

## 3. Bausteine einer verteilten Software-Entwicklungsumgebung

Angesichts einer zumindest teilweise neuen Problemstellung neigen Ingenieure bekanntlich dazu, möglichst unmittelbar Lösungen zu suchen und die ihnen optimal erscheinende dann auch in die Tat umzusetzen. Dies führt zu der vielbeklagten, dennoch immer wieder vorkommenden "Wiedererfindung des Rades". Speziell Programmierer und Softwareentwickler tendieren stark zu einer solchen "Problemlösungsstrategie": Ihre Konstruktionen sind immaterieller Natur; die Vergeudung von Zeit und Resourcen bei Mehrfachentwicklungen ist weniger offensichtlich als in klassischen Ingenieurbereichen wie z.B. dem Maschinen- oder Fahrzeugbau.

Im folgenden wird deshalb untersucht, inwieweit im Bereich der Rechnernetze entwickelten Verfahren eine verteilte Softwareentwicklung unterstützen, bzw. für welche spezifischen Kommunikationsanforderungen neue Lösungen entwickelt werden müssen.

## 3.1 Transportdienst

Im Falle einer "normalen", d.h. um ein Entwicklungssystem herum gruppierten Systementwicklung haben alle Entwickler - in der Regel abgestufte - Zugriffsrechte auf gemeinsame Objekte.

Unabhängig davon, wie die Verteilung der für einen Entwickler interessanten Datenobjekte im einzelnen geregelt ist (vgl. Abschnitt 3.3), entsteht bei einer verteilten Entwicklung der Bedarf nach einer möglichst fehlerfreien, gesicherten und schnellen Datenübertragung. Weitere spezifische Qualitätsanforderungen lassen sich hier noch nicht ableiten. Bei einem zwischengeschalteten Fernnetz sind die Dienste der ISO-Transport Klasse 4 (vgl. /ISO 85/) sicher ausreichend. Bei lokalen Netzen mit einer qualitativ wesentlich höheren Übertragungsqualität werden in der Regel einfachere Protokolle genügen.

## 3.2 Kommunikation mit Werkzeugrechnern

Das zentrale Problem aktueller Entwicklungsumgebungen besteht darin, daß in ihnen unabhängig voneinander entstandene Einzelwerkzeuge zusammengeschlossen werden müssen. Diese weichen jedoch in ihren Ein-/ Ausgabeanforderungen, der jeweiligen Benutzungsphilosophie und konkreten Ausprägung der Benutzeroberflächen oft sehr weit voneinander ab (vgl. /AANS 86/). Wenn alle diese Werkzeuge auf einem zentralen System zur Verfügung stehen, so ist zu hoffen, daß sie wenigstens alle auf dem gleichen Betriebssystem ablaufen. In diesem Fall wird die Kenntnis dieses Betriebssystems bei der Benutzung aller Werkzeuge hilfreich sein.

Beim Übergang auf eine verteilte Werkzeugumgebung, welche auf ganz unterschiedlichen Systemen realisiert wird, gilt selbst diese Vereinheitlichung nicht mehr. Es gibt seit langem Anstrengungen zur Entwicklung einer universellen und damit netzweit einsetzbaren Kommandosprache. Im Ergebnis dieser Arbeit liegt inzwischen ein Normvorschlag für ein RJE-Protokoll (*remote job entry*) vor. Ein solcher Dienst könnte die Arbeit mit verteilten Entwicklungswerkzeugen erheblich unterstützen: Eine netzweite JCL (*job control language*) würde den Entwicklern in genau dergleichen Weise helfen, wie Betriebssystemkenntnisse den Umgang mit einer heterogenen Werkzeugumgebung im zentralen Fall unterstützen.

### 3.3 Projektbibliothek bei verteilter Entwicklung

Jede größere Systementwicklung bedarf zur Dokumentation, für die Speicherung der nach und nach entstehenden Teilprodukte, zur Konsistenzsicherung zwischen diesen Einzelteilen usw. einer maschinellen Unterstützung (vgl. /Den 79/). Beim Übergang zu einer verteilten Entwicklungskonfiguration kann und muß über die Realisierung einer solchen Projektbibliothek neu nachgedacht werden. Im Prinzip ist für jedes Dokument zu entscheiden, ob es lokal oder zentral, bzw. in geeigneter Mischform gespeichert werden soll.

Es ist davon auszugehen, daß die dezentralen Arbeitsplätze über genügend (permanenten) Speicherplatz verfügen, damit die in Entwicklung befindlichen Module, Komponenten, Dokumente usw. ausschließlich lokal gehalten werden können. Dies schließt natürlich nicht aus, daß aus betrieblichen Gründen gewisse Aufgaben wie z.B. eine periodische Sicherung dennoch zentral durchgeführt werden. Wenn dies zu den Aufgaben eines Projektverwalters zählt, wird diese Tätigkeit mit vermutlich größerer Zuverlässigkeit ausgeführt, als wenn sie in der Verantwortung der jeweiligen Entwickler liegt; zusätzlich ist das entsprechende Peripheriegerät (Magnetband, Kassette o.ä.) nur einmal erforderlich.

Erst wenn einzelne Teilprodukte fertiggestellt und auch freigegeben sind, ist zu entscheiden, ob diese weiterhin dezentral oder dann zentral gespeichert werden sollen. Letztlich führt dies auf die Frage, ob und wie weitgehend eine verteilte Entwicklung auch eine Verteilung der Projektbibliothek erfordert. Die Vor- und Nachteile einer weiterhin zentralen im Vergleich zu einer verteilten Projektbibliothek hängen sehr stark von den konkreten Projektbedingungen ab, so daß in dieser Hinsicht keine allgemein gültige Optimierung möglich ist (vgl. /WiWe 86/).

Unabhängig von ihrer konkreten Realisierung kann in einer verteilten Entwicklungsumgebung jeder Zugriff auf die Projektbibliothek zu einem Datentransport führen. Je nach gewünschter Zuverlässigkeit, erwarteter Häufigkeit derartiger Zugriffe, der Bedeutung kurzer Antwortzeiten, des durch kurzfristige Inkonsistenzen drohenden Schadens usw. lassen sich verschiedene Realisierungsausprägungen denken, die zu ebenfalls unterschiedlichen Übertragungs- und Transportanforderungen an das Kommunikationssystem führen:

- Auf eine zentrale Projektbibliothek sind nur *on-line* Zugriffe möglich. Der resultierende maximale Übertragungsaufwand sichert eine immer aktuelle Information.

Andererseits ist die Abhängigkeit der Entwickler von der korrekten Funktion des Transportsystems bei dieser Lösung am größten.

- Jeder Entwickler holt sich täglich vor Beginn seiner Arbeit eine Kopie des für ihn interessanten Ausschnitts aus der zentralen oder auch dezentral gespeicherten Projektbibliothek. Für Lesezugriffe besteht die Gefahr von Inkonsistenzen, wenn die kopierten Dokumente anschließend verändert werden. Dies kann dadurch vermieden werden, daß in der Projektbibliothek festgehalten wird, welcher Ausschnitt bei welchem Entwickler in Kopie existiert. Bei Änderungen in der zentralen Bibliothek können diese dann dezentral nachvollzogen werden. Durch zusätzliche Maßnahmen (Sperren) ist sicherzustellen, daß eine Änderung nicht eine vorangehende wieder aufhebt.

- Im Prinzip bestehen theoretisch dieselben Probleme wie bei (verteilten) Datenbanken, so daß auch die dort erzielte Ergebnisse übertragbar sind. Jedoch wird dies in vielen Fällen gar nicht notwendig sein:

  - Zugriffe auf eine Projektbibliothek sind nicht zeitkritisch: Die vorkommenden "Transaktionen" sind entweder Informationsabfragen, d.h. reine Lesezugriffe oder dauern sehr lange (mindestens Stunden, oft Monate).

  - Konkurrierende Schreibzugriffe kommen normalerweise gar nicht vor: Vor der Freigabe eines Moduls hat allein der jeweilige Entwickler Zugriff; nach einer Freigabe sollten Änderungen selten sein; ihnen muß ein formelles Änderungsverfahren vorausgehen; daß z.B. eine Schnittstelle gleichzeitig von mehreren Entwicklern geändert wird, muß durch das Projektmanagement, d.h. Maßnahmen außerhalb der Datenbank, gänzlich verhindert werden.

Der Einsatz derartiger Nichtstandard-Datenbanktechniken für die Realisierung einer zentralen oder verteilten Projektbibliothek ist aktuell ein Forschungsthema. Über die resultierenden Datenübertragungsvolumina, die ggf. entstehenden Übertragungsgebühren usw. sind deshalb heute keine Aussagen möglich.

## 3.4 Vereinheitlichung der Endgeräte

Die hier gemeinten Endgeräte sind Dialogstationen und Arbeitsplatzrechner. Wenn es keine feste Zuordnung zwischen Entwicklern und Endgeräten gibt - man denke etwa an betriebsweit genutzte Terminals und Arbeitsplätze außerhalb von Arbeitszimmern - dann ist zweifellos auch eine Vereinheitlichung bei der Bedienung dieser Geräte ein erstrebenswertes Ziel (vgl. Abschnitt 3.2). Daran ist hier jedoch nicht gedacht.

Hier geht es um die umgekehrte Sicht: Die wünschenswerte Vereinheitlichung bei der Terminalansteuerung aus der Sicht von Anwendungsprogrammen - im Rahmen einer Softwareentwicklungsumgebung also von Werkzeugprogrammen. Bei heutigen zentralen Entwicklungssystemen wird die Ansteuerung unterschiedlicher Terminals durch entsprechende Systemsoftware geleistet (z.B. VTAM, DCAM neben vielen anderen).

Beim Übergang auf eine verteilte Entwicklungsumgebung entfällt eine derartige Kompatibilitätssicherung durch den Hersteller. Es gibt seit langem schon Arbeiten mit dem Ziel, ein sog. Virtuelles Terminal zu entwerfen. Ein solches Modell mit dem zugehörigen Protokoll würde für verschieden Klassen von Terminals (zeilenorientiert, seitenorientiert, frei formatiert) netzweite Standards definieren.

Wie oben erwähnt, dauern die Arbeiten am Entwurf eines solchen weiteren Standards in der Anwendungsschicht des ISO-Modells (vgl. /ISO 83/) schon relativ lange. Die rasche Hardwareentwicklung der vergangenen Jahre hat dazu geführt, daß den Entwicklern zunehmend Arbeitsplatzrechner anstelle von "unintelligenten" Terminals zur Verfügung stehen. Auf diesem Hintergrund bietet sich für das skizzierte Problem die sehr viel elegantere Lösung an, zwischen Host und Arbeitsplatzrechner eine Rechner-Rechner-Kommunikation durchzuführen. Diese kann dann u.a. dazu genutzt werden, die Benutzerein- und -ausgaben zu transportieren. Deren lokale Darstellung ist damit vom Transport vollkommen entkoppelt; sie kann so weit wie gewünscht den lokal gültigen, d.h. in einer verteilten Entwicklungsumgebung möglicherweise auch unterschiedlichen Konventionen angepaßt werden.

## 3.5 Zwischenmenschliche Kommunikation

Der Erfolg oder Mißerfolg einer Systementwicklung hängt in entscheidendem Maße davon ab, ob die Kommunikation zwischen den beteiligten Personen erfolgreich ist (vgl. /Wei 71/). Betrachtet man den gesamten Rahmen einer Softwareentwicklung, so spielen dabei unterschiedliche Gruppen und Personen sehr unterschiedliche Rollen. Dies beginnt bei Auftraggeber oder Kunden, setzt sich über Projektmanager fort bis zu den Softwareentwicklern und endet bei den späteren Benutzern. Alle diese Gruppen unterscheiden sich in ihrer Größe, ihren Interessen, Einflußmöglichkeiten, Vorkenntnissen sowie sprachlichen, formalen und informellen Ausdrucks- und Verständnismöglichkeiten. Es wäre ein anderes interessantes Thema, über Projektabwicklungsmodalitäten nachzudenken, bei denen alle diese Gruppen über elektronische Medien in direkten Kontakt gebracht werden - und dies natürlich nicht nur während der Entwicklung, sondern während des gesamten Lebenszyklus eines Programms.

Spätestens seit Entwickler mit ihrem Entwicklungssystem überwiegend im Dialog verkehren, hat es vielerlei Versuche gegeben, diese Tatsache auch für die Kommunikation zwischen den Entwicklern auszunutzen. Das meiste davon war unbrauchbar: Bei vielen frühen "Dialogsystemen" bekam der bedauernswerte Adressat eine eingehende Information zwangsweise unverzüglich auf seinem Bildschirm präsentiert und lief teils sogar noch Gefahr, daß ihm dabei ein Teil seines editierten Textes verlorengehen konnte.

Die vor allem schlechten Erfahrungen mit diesen frühen Systemen führten dazu, daß genauer untersucht wurde, welche Art von Kommunikation - neben den bewährten und weiterbestehenden Kommunikationssystemen wie z.B. dem Telefon und Briefverkehr - durch elektronische Systeme besser oder zusätzlich realisiert werden können. Der Erfolg und die weite Verbreitung, welche z.B. das UNIX-Mailsystem gefunden haben, beweisen den eigenständigen Wert solcher Systeme für die Unterstützung einer zeitlich versetzten (asynchronen) Kommunikation zwischen Menschen.

Es liegt auf der Hand, daß ein derartiges Nachrichtensystem (*message handling system*, MHS) die projektinterne Kommunikation innerhalb eines Entwicklungsteams erheblich unterstützen kann. Seit für solche Systeme die CCITT-Empfehlungsserie X.400 ff. als internationale Norm vorliegt, ist diese Kommunikationsunterstützung auch im Rahmen einer verteilten, möglicherweise sehr heterogenen Entwicklungsumgebung einsetzbar.

Selbstverständlich wird eine elektronisch gestützte Kommunikation in keinem Falle alle zwischenmenschlichen Interaktionsformen ersetzen können. Selbst die Realisierung der bereits weit eingeschränkten Kommunikation in einem Entwicklungsteam wird punktuell nur durch ein Zusammentreffen der Beteiligten erreichbar sein, damit die breitere Palette menschlicher Kommunikationsmöglichkeiten (Gestik, Mimik, Emotionalität usw.) genutzt werden kann, um Mißverständnisse, Widersprüche, unterschiedliche Interessen usw. zu erkennen und - so weit wie möglich und notwendig - auszuräumen.

Die Untersuchung und experimentelle Erprobung des über ein Nachrichtensystem realisierbaren Anteils der Kommunikation bei einer Systementwicklung sind bei weitem nicht abgeschlossen, sondern stehen noch an ihrem Anfang. Verteilte Softwareentwicklungen eigenen sich für die dabei notwendige praktische Erprobung besonders gut, weil (nur) bei ihnen die vielfältigen Möglichkeiten der direkten Kommunikation zwischen Entwicklern nicht gegeben, bzw. sehr viel mehr erschwert sind als bei einem an einem Ort versammelten Entwicklungsteam. Dadurch ist die elektronisch vermittelte von der direkten Kommunikation leicht kontrollierbar getrennt; ihre Eignung für die Projektkommunikation und ihr Einfluß auf die Entwicklungsarbeit kann untersucht werden.

Der Einsatz derartiger elektronischer Kommunikationssysteme bei verteilter Softwareentwicklung ist naheliegend und unmittelbar möglich. Zu wünschen wäre, daß aus dem konkreten Einsatz auch vorwärtsweisende Erfahrungen resultieren:

- Hinweise zur Verbesserung existierender Nachrichtensysteme: In ihrer aktuellen Form bieten diese Systeme meist nur Funktionen an, um Nachrichten zwischen Einzelpersonen auszutauschen, d.h. es handelt sich um die elektronische Nachbildung der tradierten Briefpost. Insbesondere Dienste für unterschiedliche Formen einer Gruppenkommunikation sind für eine Unterstützung der Kommunikation zwischen Entwicklern erstrebenswert.

- Besseres Verständnis der bei Systementwicklungen entstehenden Kommunikation: Welches Gewicht kommt formalen Beschreibungen zu? Wie wirken sich die daneben immer gleichzeitig noch existierenden informellen Kommunikationskanälen aus? Wie sind frühzeitig ein Mangel an Information oder sich anbahnende Mißverständnissen zu erkennen?

- Erkennung von Kommunikationsproblemen: Möglicherweise lassen sich dabei auch Erkenntnisse gewinnen, an welchen Punkten direkte, d.h. also insbesondere informelle Kommunikation einer Entwicklung abträglich ist, z.B. weil dadurch formale Information in unzulässiger Weise ergänzt wird.

In letzter Konsequenz wäre zu hoffen, daß über derartige Erfahrungen mit verteilten Softwareentwicklungen neue Verfahren und Werkzeuge entstehen, welche dann auch bei rein lokalen, d.h. "normalen" Projekten mit Erfolg eingesetzt werden können.

## 4. Ausblick

Die Fortschritte auf dem Gebiet der Rechnernetze haben dazu geführt, daß zunehmend neue elektronische Kommunikationsmöglichkeiten entstanden sind. Im vorangehenden Artikel wurden Einsatzmöglichkeiten dieser neuen Dienste bei verteilten Softwareentwicklungen diskutiert. Zweifellos wird jeder Manager eines Softwareprojekts nach wie vor versuchen, alle Beteiligten und Resourcen eines Projekt räumlich zu konzentrieren. Dennoch gibt es Projekte, wo dies unmöglich ist; und vermutlich wird es davon zunehmend mehr geben. Derartige Projekte bieten die Chance, neue Einsichten in Formen und Möglichkeiten der zwischenmenschlichen Kommunikation bei Softwareprojekten zu gewinnen: Bei entsprechender Auswertung wird man aus verteilt abzuwickelnden Projekten am ehesten lernen können, welche fachliche Kommunikation in einem Projekts notwendig ist, wie diese abzuwickeln ist und vielleicht auch etwas darüber, welche Kommunikation einem Projekterfolg abträglich ist und möglichst unterbunden werden sollte.

## 5. Literatur

/AANS 86/ Abbenhardt, H., Abendroth, D., Niederau, G., Schneider, M., Steusloff, H., Timm, M., Tontsch, F.: Software-Engineering-Verbundprojekte: Ein längeres Leben für Software-Produkte. Computer Magazin, Nr. 10, 1986, S. 67-78

/Den 79/ Denert, E.: The Project Library - A Tool for Software Development. Proc. 4th Conf. Software Engineering, 1979, S. 153-163

/Fra 83/ Franck, R.: Moderne Software-Erstellungsmethoden und Rationalisierung - Eine Fallstudie. Informatik-Fachbericht Nr. 73, Springer-Verlag, Heidelberg u.a., 1983, S. 296-311

/ISO 83/ ISO/IS 7498 - Basic Reference Model. International Organization for Standardization, 1983

/ISO 85/ ISO/IS 8072 - Transport Service Definition, ISO/IS 8073 - Transport Service Protocol. International Organization for Standardization, 1985

/Wei 71/ Weinberg, G.U.: The Psychology of Computer Programming. Van Nostrand Reinhold Company, New York, 1971

/WiWe 86/ Wickboldt, C., Weitzel, T.: Projektbibliotheken für verteilte Software-Produktion. Diplomarbeit, Universität Bremen, 1986, 192 S.

# Konzepte verteilter Programmierung – Erfahrungen bei der Entwicklung eines dezentralen Terminvereinbarungssystems

Friedemann Mattern, Peter Sturm

Fachbereich Informatik, Universität Kaiserslautern, Postfach 3049, D 6750 Kaiserslautern

**Kurzfassung.** An einem dezentralen Terminvereinbarungssystem lassen sich vielfältige Aspekte und Probleme der "verteilten Programmierung" studieren. Dazu gehören Algorithmen zur Realisierung typischer Kontrollaufgaben sowie anwendungsbezogene Kommunikationsprotokolle. Der realisierte Prototyp wurde in einer höheren Actor-orientierten Programmiersprache implementiert. Die Konzepte der Sprache werden vorgestellt; die in eine "intelligente Kommunikationsschicht" ausgelagerten Grundfunktionen werden erläutert. Eine völlig dezentrale Lösung erfordert Strategien zur Vermeidung von Zielkonflikten und Kollisionen; im Sinne eines verteilten Problemlösungssystems muß die Kooperation der autonomen Terminkalenderagenten durch geeignete Heuristiken spezifiziert werden. Um ein natürliches Verhalten zu erreichen, sind dabei vielfältige pragmatische Randbedingungen zu beachten. Die bei der Realisierung des Systems gewonnenen Erfahrungen sind zu einem großen Teil verallgemeinerbar.

## 1. Einleitung

Zur Untersuchung typischer Aspekte der anwendungsbezogenen Programmierung größerer verteilter Systeme wird innerhalb des INCAS Projektes [NHM87] des Sonderforschungsbereichs 124 an der Universität Kaiserslautern gegenwärtig ein Prototyp eines *dezentralen Terminvereinbarungssystems* (TVS) entwickelt, welcher die bei der Terminplanung mit mehreren Beteiligten typischerweise anfallenden komplexen Koordinationsaufgaben übernehmen soll. Die Realisierung geschieht in der ereignisgesteuerten konkurrenten Programmiersprache CSSA [BEM85, MAT88], die auf dem Actor-Modell [HEW77, MAT87b] aufbaut. Neben der praktischen Erprobung von Sprachkonstrukten und Programmierparadigmen sollen bei diesem Projekt auch Methoden des verteilten Problemlösens untersucht und Erfahrungen mit verschiedenen problemunabhängigen Grundalgorithmen für verteilte Systeme gewonnen werden.

Das konzipierte Terminvereinbarungssystem hat die Aufgabe, die Kalender einer beliebigen Anzahl von Benutzern zu verwalten. Termineintragungen und Vereinbarung von Terminen zwischen mehreren Teilnehmern sollen vom TVS möglichst selbständig ohne Rücksprache mit den Benutzern durchgeführt werden. Die Besonderheit des Systems besteht darin, daß Termine verschiedener Benutzer gleichzeitig behandelt werden können und Verhandlungen nicht von einer zentralen Instanz gesteuert, sondern von selbständigen Einheiten, den sogenannten Terminagenten, geführt werden. Die Erforschung der vielfältigen bei einer *völlig dezentralen Lösung* auftretenden Probleme macht den Hauptreiz der Realisierung eines derartigen Systems im Rahmen eines größeren Forschungsprojektes aus. Zur Lösung von *Zielkonflikten* und *Terminkollisionen* sind geeignete Strategien und Protokolle zu entwickeln, die die vielfältigen Nebenbedingungen der Terminspezifikation beachten. Probleme ergeben sich vor allem daraus, daß das System mehrere Termine simultan vermitteln können soll und die Nachrichtenlaufzeiten und Auftragsbearbeitungszeiten nicht vernachlässigt werden können.

Kann eine Terminvereinbarung nicht zustandekommen, so erwartet man vom System innerhalb gewisser Grenzen eine automatische Umdisposition durch Verschieben bereits festgelegter Termine. Die Schwierigkeit,

Diese Arbeit entstand im Rahmen des von der Deutschen Forschungsgemeinschaft geförderten Sonderforschungsbereichs 124 "VLSI-Entwurf und Parallelität", Teilprojekt D1 (INCAS). Electronic mail: mattern@uklirb.UUCP bzw. sturm@uklirb.UUCP

hierfür geeignete und natürlich wirkende *Heuristiken* zu finden, macht man sich leicht klar, wenn man sich unter den autonomen Terminagenten Sekretariate vorstellt, die brieflich miteinander kommunizieren.

Damit das TVS eine hohe Benutzerakzeptanz findet, wird generell versucht, Problemlösungsalgorithmen anzuwenden, die der Vorgehensweise des Menschen bei der Terminvereinbarung ähnlich sind. Neben globalen Strategien und Heuristiken spielen hierbei individuelle *Benutzerprofile* eine große Rolle. Diese ermöglichen es, dynamisch gewisse Restriktionen zu spezifizieren (etwa: "Mittwoch Nachmittag möglichst freihalten").

Bezüglich seiner globalen Architektur ist das TVS als ein offenes und dynamisches System angelegt. Ein Benutzer kommuniziert über eine graphische Benutzerschnittstelle mit seinem eigenen Terminagenten. Die Terminagenten der Benutzer sind über bidirektionale Kanäle in einer beliebigen Topologie miteinander verbunden. Über die Benutzerschnittstelle kann ein Teilnehmer u.a. Terminaufträge absetzen, seinen eigenen Kalender abfragen, Termine absagen, Auskünfte über den Stand globaler Terminvereinbarungen einholen und Anfragen des Systems beantworten. Termine können auf vielfältige Weise spezifiziert werden, offene Angaben werden von der Schnittstelle unter Berücksichtigung des aktuellen Benutzerprofils automatisch sinnvoll ergänzt.

Die bisherigen Erfahrungen haben gezeigt, daß die Konzeption und Realisierung eines verteilten Terminvereinbarungssystems eine anspruchsvolle Aufgabe darstellt, wobei sich unterschiedliche Schwerpunkte festlegen lassen. Folgende Aspekte sind von Bedeutung:

a) Entwicklung geeigneter Strategien und Heuristiken (möglichst "natürliches" Verhalten)

b) Bereitstellung ausreichender Funktionalität (Abfragemöglichkeiten, Einflußnahme etc.)

c) Techniken und Mechanismen der Realisierung (softwaretechnologische Aspekte, Entwurf verteilter Algorithmen, Spezifikation, Test etc.)

d) Realisierung einer guten Benutzerschnittstelle (graphisch, einfach zu bedienen, z.T. am klassischen Papierkalender orientiert)

e) Berücksichtigung des pragmatischen Umfeldes ("Bedeutung" von Personen innerhalb einer Organisation, Nutzung und Integration vorhandener Dienste wie electronic mail, Kompatibilität zu existierenden Hardware- und Softwarearchitekturen etc.).

Entsprechend der grundlagen- und forschungsorientierten Zielsetzung des Gesamtprojektes konzentrierten sich die Arbeiten im Rahmen des INCAS Projektes auf die Punkte a) bis c), unter Vernachlässigung der pragmatischen Randbedingungen. Im Vordergrund stand dabei die Identifikation und Lösung interessanter und grundsätzlicher Probleme im Zusammenhang mit der Parallelität und Dezentralität, weshalb von vornherein eine wesentlich einfacher zu realisierende zentralisierte Lösung ausschied.

Im folgenden werden zunächst die höhere Programmiersprache CSSA und die Grundalgorithmen, die in ein eigenes Rahmensystem ausgelagert wurden, vorgestellt. Anschließend erst wird auf die Aspekte der verteilten Terminvereinbarung und des realisierten Prototypen, sowie auf die gegenwärtig entwickelte erweiterte Version eingegangen.

## 2. Die verteilte Programmiersprache CSSA

Das TVS ist in der experimentellen Programmiersprache CSSA [BEM85, MAT88] realisiert. CSSA (Computing System for Societies of Agents) ist eine höhere Programmiersprache für asynchron parallele, verteilte Prozesse. Das zugrundeliegende Berechnungsmodell geht auf das *Actor-Konzept* von Hewitt [HEW77, MAT87b] zurück: Berechnungen werden in Kooperation von mehreren autonomen Moduln, die lediglich über Botschaften miteinander kommunizieren, ausgeführt.

Diese Moduln werden in CSSA *Agenten* genannt. Jeder Agent realisiert einen in sich sequentiell ablaufenden Berechnungsteil, während mehrere Agenten asynchron nebenläufig zueinander arbeiten. Agenten verfügen über ihre eigene abgeschlossene Umgebung. Es gibt keine gemeinsamen Speicherbereiche für verschiedene Agenten; Agenten können nur über Nachrichten angesprochen werden. Eine Voraussetzung für die Übersendung einer Nachricht ist die Bekanntschaft, genannt *Acquaintance*, mit dem Empfängeragenten.

Der lokale Zustand eines Agenten ist von außen nicht zugreifbar, er ist lediglich durch sein Verhalten als Reaktion auf eingehende Nachrichten beobachtbar. Bei Empfang einer Nachricht kann ein Agent seinen lokalen Zustand ändern, weitere Agenten gründen, Nachrichten an ihm bekannte Agenten verschicken oder eigenverantwortlich terminieren. Da zudem Bekanntschaften kommunizierbare Objekte sind, ist das *Agentennetz* - bestehend aus Agenten als Knoten und Acquaintances als Kanten - dynamisch veränderbar.

Ein Agent bietet seiner Umwelt eine Menge von *Operationen* an. Die Operationen sind zu Clustern, sogenannte *Facetten*, zusammengefaßt. Im allgemeinen existieren mehrere Facetten, jedoch ist zu einem Zeitpunkt stets nur eine Facette 'gültig', d.h. Operationen dieser Facette stehen zur Verfügung. Facetten repräsentieren damit den globalen Zustand eines Agenten. Eine Nachricht an einen Agenten benennt eine Operation des Agenten, die als Reaktion auf die empfangene Nachricht ausgeführt wird. Die Ausführung einer Operation ist *atomar* - ein Agent kann zu einem Zeitpunkt höchstens eine Operation ausführen. Nachrichten können jedoch asynchron zur Bearbeitung einer Operation angenommen werden; sie werden in einen Empfangspuffer des Agenten, der *Mailbox*, abgelegt.

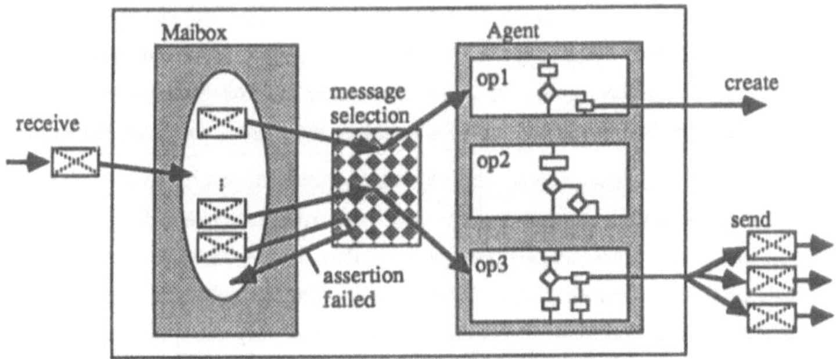


**Abb. 1 CSSA-Agent**

Wenn ein Agent keine Nachricht bearbeitet, durchsucht er seine Mailbox nach Nachrichten, die Operationen der aktuell gültigen Facette benennen. Wird eine ausführbare Nachricht gefunden, so wird diese aus der Mailbox entfernt und der Agent bearbeitet die gewünschte Operation. Vor der Annahme einer Nachricht wird überprüft, ob eine sogenannte *assertion*, ein Boole'scher Ausdruck über den Werten der zu empfangenden Nachricht und den lokalen Variablen des Agenten, im gegenwärtigen Zustand des Agenten erfüllt ist. Falls keine passende Nachricht gefunden wird, wird eine sogenannte *idle-Operation* ausgeführt, sofern eine solche definiert ist; andernfalls wartet der Agent auf das Eintreffen einer Nachricht.

Die *Kommunikation* zwischen Agenten kann auf zwei Arten geschehen:

Der erste Mechanismus ermöglicht völlig *asynchrone Kommunikation* ohne implizite Kopplung zwischen Sender und Empfänger: Es handelt sich um den einfachen send-Befehl, mit dem eine Nachricht in Form eines Operationsaufrufes mit aktuellen Parametern verschickt wird. Sender und Empfänger werden nicht verzögert, insbesondere führt der Sender sofort das nächste Statement aus, während die Nachricht noch unterwegs ist. Eine Nachricht kann auch direkt mittels einer einzigen Anweisung an eine Menge von Empfängern versandt werden.

Der zweite Mechanismus erlaubt eine programmierte Kopplung zwischen Sender und Empfänger, es handelt sich um die Kommunikation durch *Auftragsbeziehung* (send/receive–Mechanismus). Hierbei wird dem Auftragnehmer bei einem Operationsaufruf implizit eine *Antwortverpflichtung* übergeben. Der Empfänger kann überprüfen, ob eine Antwortverpflichtung vorliegt und dieser Verpflichtung durch den *reply–Befehl* nachkommen (ohne eine explizite Bekanntschaft auf den Auftraggeber zu besitzen!) oder sie an einen anderen Agenten weitervererben, der nun seinerseits der Antwortverpflichtung nachkommen muß. Zum Empfang der Antwortnachricht steht dem Auftraggeber das *receive–Konstrukt* zur Verfügung, mit dem ein selektives Empfangen oder ein Warten auf Nachrichten flexibel programmierbar ist.

Auf lokaler Ebene bietet CSSA die üblichen Daten- und Kontrollstrukturen moderner höherer Programmiersprachen, ähnlich wie etwa Pascal oder Ada. Werte aller Datentypen sind verschickbar, auch solche komplexer Datentypen (Array, Record, Set) und sogar ganze Geflechte aus dynamischen Records und Pointern. Komplexe Datenstrukturen werden vom Laufzeitsystem automatisch linearisiert, mit Strukturkennungen versehen und beim Empfänger wieder aufgebaut.

CSSA stellt vom Konzept her eine integrierte, interaktive *Benutzerschnittstelle* zur Verfügung, den *Interface–Agenten*. Der Interface–Agent ist ein initial im System existierender Agent, der allen Agenten standardmäßig bekannt ist. Im Unterschied zu diesen entsteht er nicht aus einem statischen Programm, statt dessen ist er dynamisch programmierbar: Die interaktiv eingegebenen Instruktionen werden interpretativ ausgeführt. Durch den Interface–Agenten ist der Benutzer über ein graphikfähiges multi-window Terminal Teil des Agentennetzes. Er kann Agenten erzeugen und mit den anderen Agenten des Netzes mit den üblichen CSSA–Sprachmechanismen (send/receive) kommunizieren. Die Steuerung und Kontrolle des Systems erfolgt weitgehend auf Sprachebene. Der Interface-Agent enthält Mechanismen zur inkrementellen und explorativen Programmentwicklung sowie vielfältige Möglichkeiten zum Beobachten und Testen verteilter Programme.

Die Implementierung von CSSA ist bis auf Teile des Interface-Agenten abgeschlossen; CSSA ist u.a. auf vernetzten UNIX Systemen (Version bsd 4.3) wie etwa Sun- oder Mikrovaxcluster lauffähig. Die Kommunikation wird auf TCP/IP-Ebene durch das Unix socket-Konzept realisiert, die Agenten werden zur Laufzeit auf einen oder mehrere Rechner des Clusters verteilt. Zum CSSA-System gehören neben dem Compiler und einer Reihe von Werkzeugen zum Laden und Beobachten von CSSA-Programmen ein verteiltes Laufzeitsystem, welches aus mehreren miteinander kommunizierenden sogenannten virtuellen Maschinen besteht. Jeder Agent besitzt eine eigene virtuelle Maschine, welche als "Hülle" den Agenten vom Restsystem abschirmt und die nötigen Resourcen und Dienste für ihn bereitstellt. Neben dem hier beschriebenen TVS wurden inzwischen im Rahmen des INCAS Projektes [NHM87] mehrere andere verteilte Beispielsysteme in CSSA realisiert. Eine detaillierte Sprachbeschreibung findet sich in [MAT88].

## 3. Grundalgorithmen für verteilte Programme

Die Programmierung verteilter Systeme erfordert über eine geeignete Programmiersprache hinausgehende Hilfsmittel und Techniken. Typische *Synchronisationsprobleme* und *Kommunikationsmuster* treten bei der Realisierung verteilter Algorithmen immer wieder auf, unabhängig von der zu realisierenden Anwendung. Hierzu gehören etwa Mechanismen zum Verteilen von Information eines Prozesses an alle anderen Prozesse oder an eine spezifizierte Menge von Prozessen sowie Verfahren zum Einsammeln einer verteilt gehaltenen Information. Von besonderer Bedeutung sind Lösungen für inhärente Probleme verteilter Systeme, wie die verteilte Berechnung eines spannenden Baumes, die Bestimmung eines eindeutigen Prozesses aus einer Menge ansonsten gleichberechtigter Prozesse *(distributed election)*, die Gewährleistung des wechselseitigen Ausschlusses, die Verhinderung von dynamischen und statischen Blockaden (Deadlock); sogar die Erkennung der Terminierung eines verteilten Algorithmus ist keineswegs trivial [MAT87a]. Die Hauptschwierigkeit dieser Probleme liegt nicht alleine in der Parallelität, sondern vor allem darin, daß eine gemeinsame Zeitbasis oder ein globaler Zustand in verteilten Systemen nicht existiert.

Basisalgorithmen für verteilte Systeme wurden in den letzten Jahren eingehend untersucht (vgl. etwa [SEG83]), allerdings wurden nur wenige Algorithmen implementiert und empirisch analysiert. Es sind bisher auch kaum Anstrengungen unternommen worden, derartige Verfahren als Grunddienste für Anwendungen auf höherer Ebene zur Verfügung zu stellen. (Eine Ausnahme stellt die in [DRA88] beschriebene baumorientierte Kommunikation dar). Eine wesentliche Teilaufgabe bei der Realisierung des TVS bestand daher in der Identifikation typischer *problemunabhängiger Kontrollaufgaben* und in der Implementierung dieser Funktionen in ein *anwendungsunabhängiges Rahmensystem.* Um in dieses Rahmensystem beliebige Anwendungen einbinden zu können, werden Schnittstellen zu den Grunddiensten in Form von Prozedur- bzw. Funktionsaufrufen zur Verfügung gestellt. Dies wurde durch User-Exits in den Algorithmen für die Grunddienste erreicht. Die Grunddienste bedienen sich i.a. der "upcall-Technik", d.h. sie rufen zur Erledigung ihrer Aufgaben Routinen auf, die die Anwendung zur Verfügung stellen muß. (Das upcall-Prinzip wurde 1985 von D. Clark zur effizienten Programmierung von schichtenartig konzipierten Netzwerkprotokollen eingeführt [CLA85]. Die wesentliche Idee besteht darin, daß eine untere Protokollebene eine höhere Ebene statt durch asynchrone Unterbrechungen ("Signale") durch synchrone Prozeduraufrufe über relevante Ereignisse informiert).

Die Verlagerung der Kontrollalgorithmen in ein anwendungsunabhängiges Rahmensystem befreit den Programmierer einer verteilten Anwendung nicht nur von lästigen (und fehleranfälligen) Maßnahmen zur Verwaltung von Zustandsinformationen der Kontrollalgorithmen, sondern erleichtert auch das Denken in größeren Zusammenhängen [DRA88]. Der Entwurf der Anwendung vereinfacht sich, da auf einer höheren Ebene mit neuen, mächtigeren Grundprimitiven gearbeitet werden kann (etwa: "verteile diese Information an alle Prozesse"; "benachrichtige mich, wenn alle Prozesse diese Operation ausgeführt haben"; "bestimme den Prozeß mit dem höchsten Wert einer Variablen" etc.). Zudem sind die im Rahmensystem realisierten Lösungen der globalen Koordinations- und Kontrollprobleme nicht trivial und nicht ohne größeren Aufwand jederzeit neu herleitbar.

Folgende Grundfunktionen wurden im Rahmensystem realisiert:

a) *Erkennung der globalen Terminierung*. Hierbei handelt es sich um ein elementares Problem verteilter Systeme [DIS80]. Eine verteilte Anwendung ist global terminiert, wenn keine Nachricht unterwegs ist und jeder Prozeß terminiert ist oder auf eine eintreffende Nachricht wartet. Eine Vielzahl von Verfahren zur Erkennung der globalen Terminierung ist bekannt [MAT87a]. Nach einer empirischen Analyse ihrer Effizienz [MAM88] wurde eine geeignete Methode direkt in das verteilte CSSA Laufzeitsystem implementiert. Sobald der Anwendungsalgorithmus terminiert oder blockiert ist, erhält nun jeder Agent, der eine entsprechende Operation definiert hat, eine Nachricht vom Laufzeitsystem, auf die er entsprechend reagieren kann (Melden der Terminierung, Starten einer neuen Berechnungsphase etc.).

b) *Verteilen von Information.* Hierzu wurde eine Variante [SEG83] des Echo-Algorithmus [CHA82] implementiert.

c) *Einsammeln einer verteilten Information*. Auch hierzu wird eine Variante des Echo-Algorithmus verwendet.

d) *Election.* Ein Election-Algorithmus bestimmt einen eindeutigen "Gewinner" aus einer Menge unabhängiger Bewerber. Ein Election-Algorithmus kann daher zur Lösung der Konkurrenzsituation mehrerer paralleler Prozesse (bspw. Gewährleistung des wechselseitigen Ausschlusses) verwendet werden. Der realisierte Algorithmus ist in [MAT87c] ausführlich beschrieben.

e) *Schnappschuß*. Die Ermittlung eines konsistenten globalen Zustandes eines verteilten Systems gehört zu den wichtigsten Grundaufgaben [CHL85]. Die Schwierigkeit liegt in der fehlenden zeitlichen Synchronisation und den nicht vernachlässigbaren Nachrichtenlaufzeiten. Das realiserte Verfahren ist ebenfalls in [MAT87c] beschrieben.

Weiterer Grundfunktionen sind denkbar (Bestimmung eines spannenden Baumes, Berechnung von Routingtabellen etc.), die jedoch für das TVS zunächst nicht erforderlich waren. Die Auslagerung der Grunddienste in ein eigenständiges Rahmensystem hat sich bei der Realisierung des TVS im Rahmen von zwei Diplomarbeiten voll bewährt. Während in einer ersten Diplomarbeit das anwendungsunabhängige Rahmensystem erstellt wurde, konnten in einer zweiten Diplomarbeit unter Benutzung der Grundalgorithmen die Heuristiken und Anwendungsalgorithmen für die eigentliche Terminvereinbarung realisiert werden.

## 4. Das anwendungsunabhängige Rahmensystem

Das Rahmensystem für verteilte Anwendungen enthält die in Abschnitt 3 beschriebenen Grundalgorithmen. Exemplarisch für einen dieser Algorithmen, den *Echo-Algorithmus*, der dem Verteilen und Einsammeln von Information dient, wird im folgenden eine genauere Beschreibung gegeben. Eine Beschreibung weiterer Grundalgorithmen findet man in [SCS88].

Das Echo-Verfahren wurde von Chang in [CHA82] vorgestellt, eine verbesserte Variante ist in [SEG83] angegeben. Es ermöglicht ein paralleles Traversieren des Kommunikationsgraphen mit 2e Nachrichten, wobei e die Zahl der Kanten bezeichnet. Dabei wird implizit ein *spannender Baum* für den Graphen aufgebaut, der jedoch in den Knoten nicht fest gespeichert wird. Der Echo-Algorithmus bietet ein virtuelles *Broadcast mit Rückantwort*. Somit kann ein beliebiger Knoten eine Nachricht an alle anderen Knoten im Netz senden und bekommt mit Ende des Algorithmus eine Antwort von allen Knoten. Diese Antwort ist im einfachsten Fall ein Acknowledgement, das besagt, daß die ausgesendete Nachricht von allen Knoten empfangen wurde und der Algorithmus terminiert ist. Es können jedoch auch Daten mit diesen Antworten übermittelt werden, wobei oft die Antworten verschiedener Knoten unterwegs bereits in geeigneter Weise zusammengefaßt werden können.

Es können gleichzeitig mehrere Läufe des Algorithmus, initiiert von einem oder mehreren Knoten, im Netz aktiv sein, ohne sich gegenseitig zu beeinflussen. Dazu wird jeder Lauf (und damit seine Nachrichten) mit einer eindeutigen Identifikation, bestehend aus der Identifikation des startenden Knotens und einer fortlaufenden Numerierung, gekennzeichnet.

Die Grundidee des Echo-Algorithmus besteht darin, eine Nachricht, die empfangen wurde, an alle Nachbarn weiterzuschicken (*flooding*). Hat ein Knoten nur einen einzigen Nachbarn (von dem er die Nachricht empfangen hat), sendet er ein Echo entlang dieser Kante. Ein Knoten, der eine Nachricht an seine Nachbarn verteilt hat, wartet auf Echos von den Nachbarn. Hat er alle Echos erhalten, sendet er seinerseits ein Echo an den Knoten, von dem die Nachricht zu ihm gesendet wurde. Dieses Verfahren garantiert, unter der Voraussetzung, daß alle Kanten im Netz ungerichtet, d.h. in beiden Richtungen zu verwenden sind, daß eine Nachricht jeden Knoten erreicht. Eine Welle des Echo-Algorithmus ist beendet, wenn der Initiator der Welle Echos von allen seinen Nachbarn erhalten hat.

Zur genauen Formulierung des Algorithmus sind noch einige Begriffe zu klären:

- Nachrichten, die sich vom Initiator her ausbreiten, bezeichnet man als *Explorer*.
- Nachrichten, die als Antwort zum Initiator hin laufen, bezeichnet man als *Echos*.
- Ein Explorer, der als erster bei einem Knoten ankommt, heißt *First Explorer*. Die Kante, über die ein *First Explorer* empfangen wurde, wird als *First Edge* bezeichnet. Wurde bereits der *First Explorer* empfangen,

gelten alle weiteren Explorer, die bei dem Knoten zu diesem Echo-Lauf ankommen, als *Second Explorer.*

Die Optimierung aus [SEG83] gegenüber der Grundidee ergibt sich daraus, daß *Second Explorer* die Rolle eines Echos mitübernehmen; der Empfang eines *Second Explorers* stellt jedoch aus Sicht der Anwendung kein relevantes Ereignis dar und wird ihr daher vom Rahmensystem nicht gemeldet.

Zur Beschreibung des Algorithmus werden zunächst die in jedem Knoten benötigten Variablen, die Formate der versendeten Nachrichten und schließlich eine verbale Formulierung der Schnittstellenroutinen gegeben:

*Variablen:* **k** zur internen Identifikation des Echo-Laufs, bestehend aus Kennung des Initiators und fortlaufender Numerierung der von diesem Knoten gestarteten Echo-Läufe; **FirstEdge[k]** zur Speicherung der First Edge; **Echos[k]** Anzahl der ausstehenden Echos; **Daten[k]** Nutzdaten der Echo-Phase.

*Nachrichten:* **EXPLORE (k, Absender, Nachricht)** und **ECHO (k, Absender, Nachricht).**

*Algorithmus:*

(1) Wird eine Nachricht **EXPLORE (k, Absender, Nachricht)** empfangen, und ist ein Explorer mit dieser Kennung noch nicht empfangen worden, handelt es sich um einen *First Explorer.* Hat der Knoten mehr als einen Nachbarn, speichere die Kennung **k,** setze **FirstEdge[k]** auf **Absender,** sende eine Nachricht **EXPLORE (k, self, Nachricht)** an alle Nachbarn außer **Absender** und setze **Echos[k]** auf die Anzahl der Nachbarn – 1. Bei **self** handelt es sich um die eigene Knotenidentifikation. Hat der Knoten nur einen Nachbarn, sende eine Nachricht **ECHO (k, self, Antwort)** an **Absender.**

(2) Wurde eine Nachricht **EXPLORE** empfangen und ist die Kennung **k** bekannt, so handelt es sich um einen *Second Explorer.* Dieser Explorer wird als Echo gewertet, da die Kante, über die er ankam, nicht zum implizit aufgebauten spannenden Baum des Graphen gehört. Also: Vermindere **Echos[k]** um eins und überprüfe (4).

(3) Wenn eine Nachricht **ECHO** empfangen wurde, akkumuliere **Nachricht** in **Daten[k],** vermindere **Echos[k]** um eins und überprüfe (4).

(4) Wenn **Echos[k]** null ist, sende eine Nachricht **ECHO (k, self, Daten[k])** an **FirstEdge[k].** Handelt es sich um den Initiator des Echo-Laufs, ist dieser beendet.

(5) Zum Starten des Algorithmus sendet ein Knoten eine Nachricht **EXPLORE (k, self, Nachricht)** an alle seine Nachbarn. Er verhält sich dabei gemäß (1) so, als hätte er über eine *virtuelle Kante* einen *First Explorer* empfangen. Würde der Initiator laut (4) ein Echo über diese *virtuelle Kante* senden, ist der Echo-Lauf beendet.

Die Verknüpfung zwischen Echo-Algorithmus und Anwendung wird i.w. durch User-Exits *(upcall-Prozeduraufrufe)* innerhalb der Operationen, die durch die Explorer- bzw. Echo-Nachrichten ausgelöst werden, hergestellt. Entsprechend dem objektorientierten Actor-Modell von CSSA erfolgt ein solcher Aufruf nur dann, wenn der Agent ansonsten passiv ist, d.h. keine Operation ausführt. Weiterhin besteht über den assertion-Mechanismus eine einfache Möglichkeit, den Empfang einer Kontrollnachricht (Explorer oder Echo) zeitweise zurückzustellen. Die Kontrollnachrichten besitzen als Nutzdatenfeld einen von der Anwendung frei definierbaren Recordtyp.

Zum Starten eines Echos wird von der Anwendung eine Prozedur **START_ECHO** aufgerufen. Ihr wird als Parameter die Benutzernachricht und die Initialisierung für die zu akkumulierenden Echos mitgegeben. Mit dieser Prozedur können beliebig oft Echo-Läufe gestartet werden, ohne auf die Beendigung vorheriger Läufe warten zu müssen. Die Identifikation der einzelnen Läufe wird systemintern vergeben.

Nachdem ein First Explorer empfangen wurde, wird vom Rahmensystem in Form eines upcalls die Prozedur **U_EXPLORER** aufgerufen. In dieser Prozedur kann die Anwendungsverarbeitung der empfangenen Benutzerdaten erfolgen. Dazu wird der Anwendung über einen Parameter die Benutzernachricht übergeben.

Nachdem ein Echo empfangen wurde, wird vom Rahmensystem in Form eines upcalls die Prozedur **U_ECHO** aufgerufen. Hier wird die Verarbeitung der Nachricht, insbesondere die Akkumulierung der Echo-Daten, programmiert. Dazu werden als Eingabeparameter die Benutzernachricht und die bisher akkumulierten Daten, als Ausgabeparameter die neu akkumulierten Daten übergeben.

Bevor das Echo in Richtung der First-Edge gesendet wird, wird zum Erstellen der Nachricht durch einen upcall die Prozedur **U_ECHO_MESSAGE** aufgerufen. Als Ausgabeparameter muß die Benutzernachricht, die versendet wird, übergeben werden.

Sind beim Initiator eines Echo-Laufs alle Echos eingetroffen, wird vom Rahmensystem in Form eines upcalls die Prozedur **U_END_ECHO** aufgerufen. In dieser Prozedur wird von der Anwendung die Verarbeitung der Antwort auf den Echo-Lauf programmiert.

Selbstverständlich muß die Anwendung nicht stets alle upcall-Schnittstellenroutinen zur Verfügung stellen. Soll beispielsweise nur eine Information an alle Knoten verteilt werden, genügt die Routine **U_EXPLORER**, die für jeden Knoten genau einmal aufgerufen wird, und über die die Knoten die Information mitgeteilt bekommen. Möchte der Initiator über das Ende dieser Informationswelle benachrichtigt werden, so verwendet er die Routine **U_END_ECHO**.

Eine detaillierte Beschreibung der Schnittstellenroutinen einschließlich der Datentypen und Nachrichtenformate befindet sich in [SCS88].

## 5. Terminvereinbarungssysteme

Terminvereinbarungssysteme unterstützen den Menschen, bei der Lösung des Problems, einen gemeinsamen Termin mit einer Gruppe von Teilnehmern zu vereinbaren. Dazu verwalten diese Systeme die persönlichen Kalender für eine größere Anzahl von Benutzern. Die Dienstleistungen, die einem Benutzer angeboten werden, umfassen mindestens das Eintragen, Streichen und Verschieben rein persönlicher Termine, die Abfrage des eigenen Kalenders und die Vereinbarung, Streichung und Verschiebung von Terminen, an denen mehrere Personen beteiligt sind.

Die volle Funktionsfähigkeit eines TVS wird erst durch die konsequente und fortwährende Einbeziehung aller Benutzer ermöglicht. Alle Funktionen lehnen sich daher stark an die Vorgänge bei der Terminfindung in der realen Welt an: Insbesondere sollte das gesamte Spektrum von vollständig bis hin zu sehr *unvollständig spezifizierten Terminwünschen* unterstützt werden. Ein Terminauftrag ist beispielsweise unvollständig, wenn der Benutzer keine konkreten Vorstellungen über dessen Zeitpunkt hat (etwa: irgendwann nächste Woche, aber nicht Mittwoch Nachmittag). Weitere *pragmatische Randbedingungen* wie Priorität eines Termins, Wichtigkeit der einzelnen Teilnehmer, Konsequenzen bei der Absage bestimmter Teilnehmer etc. müssen ebenfalls modelliert und gegebenenfalls dem TVS gegenüber spezifiziert werden können.

*Konflikte*, die durch die parallele Ausführung mehrerer Terminaufträge mit nicht disjunkten Teilnehmermengen entstehen können, müssen vom TVS ebenso erkannt und behandelt werden, wie die bei gleichzeitiger Bearbeitung mehrerer Terminaufträge auftretenden *Terminkollisionen*, bei denen mehrere Benutzer des TVS zur gleichen Zeit an mehreren Terminen teilnehmen sollen. Die meisten existierenden TVS beenden in diesem Fall einen oder mehrere Terminaufträge erfolglos oder versuchen, andere freie Zeiträume zu finden. Verschiebungen von weniger wichtigen Termine finden in der Regel nicht statt.

Terminvereinbarungssysteme sollten als offene Dienste konzipiert werden, die ihre Leistungen einer Vielzahl von Organisationen und Personen anbieten. Die Teilnehmer befinden sich häufig an weit voneinander entfernten Orten und besitzen private Terminkalender, die nicht zuletzt aus Datenschutzgründen von anderen Teilnehmern nicht frei einsehbar sein sollten. Das Terminvereinbarungsproblem stellt somit ein *inhärent verteiltes* Problem dar.

Die Lösungen für ein Terminvereinbarungssystem lassen sich prinzipiell in zwei Klassen unterteilen. Die *zentralisierten Ansätze*, bei denen eine zentrale Instanz mit globaler Kontrolle die Terminverhandlungen für alle Benutzer durchführt, laufen augenscheinlich dem Prinzip der verteilten Programmierung zuwider und können im wesentlichen auf ein sequentielles Optimierungsproblem reduziert werden. Die in der zweiten Klasse vertretenen *verteilten Ansätze* entsprechen dagegen unmittelbar der Problemnatur.

## 6. Zielsetzung bei der Entwicklung des Terminvereinbarungssystems

Das konzipierte TVS sollte aufgrund der inhärenten Parallelität und der Dezentralität des Problems als ein System realisiert werden, in dem autonome Terminagenten durch *verteiltes Problemlösen* einen gemeinsamen Termin mit mehreren Teilnehmern vereinbaren. Ein verteiltes Problemlösungssystem besteht aus mehreren, weitgehend autonomen Einheiten, in diesem Fall den Terminagenten, die miteinander *kooperieren*, um ein einziges, gemeinsames Problem zu lösen. Durch Parallelarbeit und weitgehende Spezialisierung einer Vielzahl von Problemlösungskomponenten soll eine schnellere Bearbeitung erreicht werden. Daß sich CSSA zur Realisierung verteilter Problemlösungssysteme eignet, konnte u.a. durch Experimente zum verteilten Lösen von kryptoarithmetischen Zahlenrätseln [BEM86] nachgewiesen werden.

Zum verteilten Problemlösen wurden bereits eine Reihe von Ansätzen entwickelt und teilweise prototypisch realisiert, die meist auf Metaphern anderer, bekannter Organisationsformen beruhen. Diese *anthropomorphen Ansätze* entwickeln Kooperationsstrategien in Anlehnung an Vorgänge in der realen Welt. Beispielsweise beschreibt Hewitt in seiner *Scientific Community Metaphor* [KOH81] eine idealisierte verteilte Wissenschaftsgemeinde, bei der jeder Wissenschaftler eigene Aufgaben und Fähigkeiten besitzt, jedoch mit anderen kommuniziert und auf diese Weise (in Zusammenarbeit mit "Sponsoren", die Resourcen verteilen) die Wissenschaft als ganzes vorantreibt.

Auch die Problemlösungsalgorithmen der Terminagenten sollen der Vorgehensweise des Menschen ähnlich sein. In diesem Modell entsprechen die Terminagenten Sekretariaten, die für ihren jeweiligen Chef Termine mit anderen Büros ausmachen. Dabei verwaltet jedes Sekretariat den Terminkalender des Chefs. Grundsätzlich gibt es zwei Methoden der Terminvereinbarung, die mündliche Absprache und die schriftliche Verhandlung. Bei der mündlichen Absprache werden nacheinander alle Teilnehmer nach ihrer terminlichen Situation hinsichtlich des Terminwunsches gefragt. Dabei kann der Lösungsraum möglicherweise mit jeder Anfrage eingeschränkt werden. Diese Methode entspricht der sequentiellen, synchronen Lösung und wurde daher nicht weiter verfolgt.

Dahingegen orientieren sich die konzipierten Problemlösungsalgorithmen am Ablauf einer schriftlichen Vereinbarung von Terminen zwischen mehreren Personen. Das Nachrichtenkonzept von CSSA, in dem Nachrichten eine unbestimmte Zeit unterwegs sind und sich überholen können, entspricht dabei weitgehend den realen Bedingungen und muß von den Algorithmen berücksichtigt werden.

Die Terminagenten sollten so konzipiert und implementiert werden, daß sie Terminverhandlungen kooperativ und *ohne zentrale Instanz* durchführen. Dabei wurde auch Wert auf die Dynamik und freie Verbindungsstruktur der Agenten gelegt.

Schwerpunkte bei der Spezifikation des TVS waren die Identifikation und Lösung interessanter und grundsätzlicher Probleme im Zusammenhang mit der verteilten Programmierung. Das in Abschnitt 4 beschriebene problemunabhängige Rahmensystem sollte als ein Konzept für die verteilte Programmierung den Ausgangspunkt bilden, um darauf das verteilte Terminvereinbarungssystem als eine exemplarische Anwendung zu realisieren. Aspekte, die sich aus einem "kommerziellen" Betrieb von Terminvereinbarungssystemen ergeben, standen, soweit sie nicht allgemeine Probleme der Parallelität und Dezentralität betrafen, im Hintergrund.

## 7. Der realisierte Prototyp

Das bereits implementierte und auf vernetzten UNIX-Systemen ablauffähige Terminvereinbarungssystem besteht primär aus zwei Agententypen. Die Verwaltung der einzelnen Kalender und die Ausführung der Strategien zur dezentralen Terminvereinbarung erfolgen durch *Terminagenten* (TA), die alle in ihrem Aufbau identisch sind. Jedem Benutzer ist ein solcher Terminagent zugeordnet. Um die eigentlichen Terminvereinbarungsalgorithmen strukturell und inhaltlich von den Algorithmen für den interaktiven Umgang mit den Teilnehmern zu trennen, tritt jeder Benutzer über einen *Dialogagenten* (DA) mit seinem TA in Kontakt. Dieser stellt eine benutzerfreundliche Schnittstelle zur Verfügung, transferiert Benutzerdaten in für den TA verarbeitbare Informationen und bereitet Meldungen des TA für den Benutzer auf.

Die Terminagenten sind über eine beliebige Topologie durch bidirektionale Kanäle verbunden, wobei die Topologie einem zusammenhängendem Graphen entsprechen muß, damit jeder Terminagent zumindest indirekt von jedem anderen erreicht werden kann. Abbildung 2 zeigt einen möglichen Aufbau des Terminvereinbarungssystems. Im TVS können Terminagenten nur mit anderen Terminagenten und ihrem jeweiligen Dialogagenten, Dialogagenten nur mit dem ihnen zugeordneten TA kommunizieren.

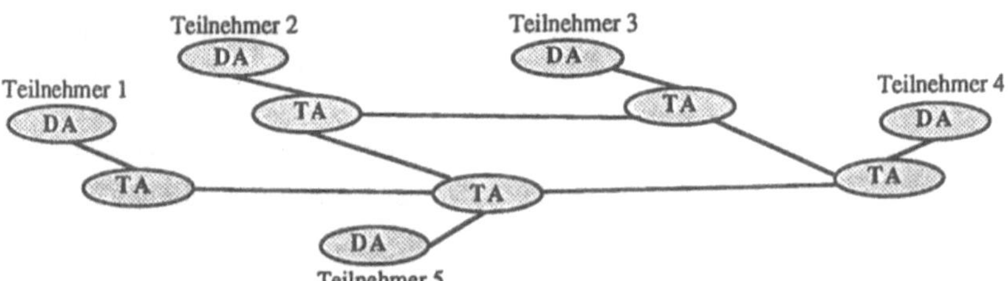


**Abb. 2: Architektur des TVS**

Die Terminagenten führen alle Terminverhandlungen ohne eine zentrale Instanz durch. Aus pragmatischen Gründen existiert im bisher realisierten Prototyp jedoch ein weiterer Agent, der für die Erzeugung der Termin- und Dialogagenten mit einer entsprechenden Verbindungstopologie zuständig ist.

Hauptaufgabe der Terminagenten ist, neben der Verwaltung privater Termine und der Beantwortung von Anfragen der DA zum Inhalt des Terminkalenders, die Bearbeitung von Terminaufträgen mit mehreren Teilnehmern. Der Vorgang beginnt mit der Formulierung eines entsprechenden Terminwunsches durch den Initiator-Dialogagenten. Die gegenwärtige Version des Terminagenten erwartet dazu vom Dialogagenten u.a. ein den Termin identifizierendes Stichwort, eine Menge von Teilnehmern und einen oder mehrere Zeitraumwünsche oder die voraussichtliche Dauer.

Bei dieser ersten Implementierung eines Terminagenten muß der Benutzer also entweder explizit eine Anzahl von Vorschlägen unterbreiten, über die verhandelt werden soll, oder er überläßt durch die alleinige Angabe der voraussichtlichen Dauer dem TA die Wahl geeigneter Zeiträume. Zusätzliche Termininformationen, wie Terminverschieblichkeit, Benutzerpräferenzen und frühest oder spätest möglicher Zeitpunkt sind nicht beschreibbar.

Nachdem der Benutzer alle nötigen Informationen eingegeben hat, sendet der DA einen entsprechenden Terminauftrag an den zugehörigen TA. Dieser muß, falls die freien Zeitraumvorschläge nicht bereits mit dem Terminkalender des Initiators kollidieren, mindestens die Terminagenten aller Teilnehmer ansprechen. Da die TA des TVS in einer beliebigen und unter Umständen dynamischen Topologie ohne weitere Routinginformationen angeordnet sind, ist ein *Broadcast* des Terminauftrages am sinnvollsten. Dies geschieht durch den vom Rahmensystem bereitgestellten Echo-Algorithmus (siehe Abschnitt 4).

Die sich ausbreitende Nachrichten-Welle des Echo-Verfahrens berührt beim Durchwandern des gesamten TA-Netzes jeden Terminagenten, der daraufhin entscheidet, ob "sein" Benutzer Teilnehmer an diesem Termin ist oder nicht. Im ersten Fall vergleicht er die angegebenen Zeitraumvorschläge mit seinem Terminkalender. Sind ein oder mehrere Zeiträume nicht belegt, werden diese reserviert und der Initiator erhält mit der rückläufigen Echo-Welle eine Zusage, ansonsten gibt der TA eine Absage zurück. In der Prototypversion tragen die Terminagenten Termine ohne Rücksprache mit dem Benutzer ein.

Nachdem alle Antworten beim Initiator eingetroffen sind, beginnt eine zweite Phase. Haben die TA aller Teilnehmer einem Zeitraum zugestimmt, trägt der Initiator den reservierten Termin fest ein. Über einen zweiten virtuellen Broadcast werden alle TA davon in Kenntnis gesetzt. Die Teilnehmer-TA tragen den reservierten Zeitraum daraufhin ebenfalls fest ein.

Kommt aufgrund von Absagen kein gemeinsamer Termin zustande, versucht der Initiator-TA erneut, mit den für das Nichtzustandekommen verantwortlichen Terminagenten zu verhandeln. In dieser zweiten Verhandlungsrunde überprüfen die angesprochenen TA, ob die kritischen (möglicherweise aufgrund von früheren Reservierungen aus anderen Terminaufträgen belegten) Zeiträume mittlerweile frei sind. Erst wenn auch dann keine Einigung erzielt werden kann, teilt der Initiator allen Beteiligten das Scheitern des Termins mit, die daraufhin alle vorgenommenen Reservierungen aufheben.

Im speziellen Fall von nur zwei Teilnehmern (Initiator und ein anderer Teilnehmer) wird ein Zeitraum, der bei beiden Teilnehmern frei ist, sofort als fester Termin eingetragen.

Eine erste, rudimentäre Version des Dialogagenten wurde Anfang 1988 durch einen graphisch unterstützten Dialogagenten ersetzt. Diese graphische Benutzerschnittstelle wurde in der Programmiersprache C erstellt und verwendet den in UNIX-Systemen verbreiteten Graphikstandard X-Windows. Über TCP/IP-Verbindungen kommuniziert dieses Programm mit zwei *Gate-Agenten*, die die Datenkonvertierung zwischen C und CSSA vornehmen und die Verbindung zum zugehörigen Terminagenten herstellen.

Mit Hilfe dieses komfortablen Dialogagenten kann ein Benutzer seinen aktuellen Terminkalender einsehen, eingetragene Termine verschieben oder absagen, sowie neue Termine vereinbaren. Die Leistungen des DA gehen dabei über die Erfordernisse des vorhandenen TVS hinaus und wurden bereits im Hinblick auf zukünftige Erweiterungen des Terminvereinbarungssystems vorgenommen. Einen Einblick in die Bedienungsoberfläche gibt Abbildung 3.

Das TVS, welches im Rahmen von drei abgeschlossenen und zwei laufenden Diplomarbeiten erstellt wurde, besteht aus gegenwärtig 5000 Zeilen CSSA-Programmcode für die Terminagenten und 4000 Zeilen C-Programmcode für die graphische Benutzerschnittstelle.

## 8. Ein Überblick über andere Terminvereinbarungssysteme

Die meisten kommerziell verfügbaren Kalendersysteme sind Werkzeuge für die individuelle Terminverwaltung eines einzelnen Benutzers. Sie unterstützen die Verwaltung, nicht aber die Vereinbarung von Terminen. Solche Systeme sind mit dem in CSSA entwickelten Terminvereinbarungssystem nicht vergleichbar, da dieses sowohl

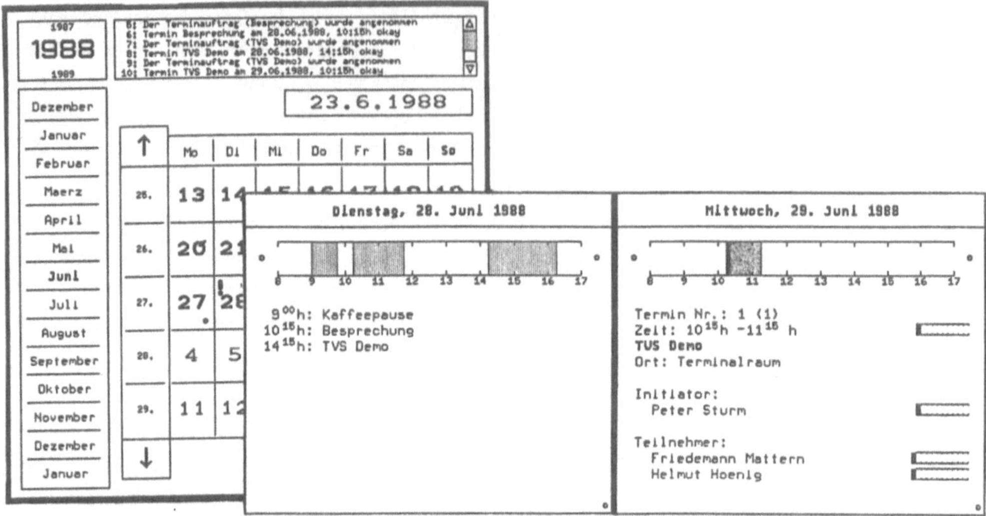


Abb. 3: Benutzeroberfläche des DA

die Verwaltung als auch die Vereinbarung gemeinsamer Termine ausführt.

Die Problematik der TVS enthält vielfältige forschungsrelevante Aspekte. Im nachfolgenden werden einige Projekte skizziert, die jedoch zumeist andere Schwerpunkte in der Vordergrund gestellt haben.

In [HOS84] werden grundlegende Überlegungen zur Funktionalität verteilter TVS, die auf dem Kooperationsprinzip beruhen, angestellt. In [KRE85] wird versucht, den Prozeß der Terminvereinbarung im Rahmen eines Bürovorgangssystems zu modellieren.

Beim EDEN Calender System [HOA85], einem verteilten Kalendersystem, das auf dem verteilten Betriebssystem EDEN aufbaut, liegt der Schwerpunkt in der Wahrung einer konsistenten Benutzersicht, die mit Hilfe des 2-Phasen Commit Protokolls auch über Rechnerausfälle hinweg aufrecht erhalten wird. In diesem System werden Termine nur dann reserviert, wenn zu einem bestimmten, vom Initiator vorgeschlagenen Zeitpunkt bei keinem der Teilnehmer eine Terminkollision auftritt.

In [WOI87] wird ein Konzept für ein verteiltes Terminvereinbarungssystem beschrieben, das in ein organisationsbezogenes Bürokonzept integriert werden soll. Im Vordergrund steht hier die Repräsentation von Wissen über eine Organisation und Beziehungen innerhalb dieser durch eine Wissensbasis, auf die das TVS zugreifen kann. Diesem System ähnelt auch das in PROLOG implementierte wissensbasierte Terminabsprachesystem TABS [KLA84]. Schwerpunkt ist hier die Vervollständigung von unvollständig und vage beschriebenen Terminwünschen mit Hilfe einer Wissensbasis, die auch Wissen über die am Terminsystem beteiligten Personen einbezieht.

## 9. Erfahrungen mit dem realisierten Terminvereinbarungssystem

Die Entwicklung und Fertigstellung des vorgestellten Terminvereinbarungssystems stellte die prinzipielle Funktionsfähigkeit aller beteiligten und im Rahmen des INCAS-Projektes meist selbst entwickelten Werkzeuge und Systemkomponenten (Compiler, sprachorientierter Editor, verteiltes Laufzeitsystem etc.) unter Beweis. Mit zunehmender Funktionalität, Anzahl der Entwickler und Anzahl der Rechner nahm die Komplexität zu. Damit stieg auch die Empfindlichkeit des Systems gegenüber Programmierfehlern, Rechnerabstürzen und anderen Effekten erhöhter Komplexität.

Durch keine adäquaten Werkzeuge unterstützt, erwies sich jedoch vor allem das *Denken in verteilten Programmabläufen* als ausgesprochen schwierig. Insbesondere die aus Parallelität und Dezentralität entstehenden Probleme des *Nichtdeterminismus*, potentieller *Inkonsistenzen* und steigender *Komplexität* mußten bewältigt werden. Bei der Definition und Spezifikation der zum Teil recht komplexen verteilten Algorithmen und Protokolle halfen *Zustandsautomaten* und Szenarien mit *Zeitdiagrammen* [SCS88].

Speziell beim *Testen und Debuggen* der Algorithmen und Protokolle fehlen gegenwärtig entsprechende Mittel. Neben den bekannten Fehlerquellen, die bereits bei der sequentiellen Programmierung auftreten, entstehen beim verteilten Programmieren zusätzliche Fehler durch die dezentral und parallel ablaufenden Agenten und dem damit einhergehenden Nichtdeterminismus. Herkömmliche Test- und Beobachtungswerkzeuge reichen bei weitem nicht aus; tückische Fehler sind zudem oft nicht reproduzierbar. Gerade zum verteilten Testen konnten im Rahmen des INCAS-Projektes jedoch einige Erfahrungen gewonnen werden [HAB87, WYB88], die allerdings noch nicht für die CSSA-Umgebung umgesetzt wurden. Unabdingbar erscheint für das Testen und Debuggen der Programme eine Replaymöglichkeit und eine *Animation* der verteilten Programmabläufe, da die komplexen Vorgänge erst dadurch dem Entwickler zugänglich sind.

Die vom *problemunabhängigen Rahmensystem* angebotenen Algorithmen für virtuellen Broadcast (Echo-Algorithmus), verteilte Election, verteilte Terminierung und konsistenten Schnappschuß konnten erfolgreich eingesetzt werden und bewiesen ihre Funktionstüchtigkeit. Nachteilig erwies sich jedoch die Schnittstellenstruktur dieser Schicht. Im TVS werden z.B. mit dem Echo-Algorithmus verschiedene Nachrichtentypen (Termin-Auftrag, Verschiebung, Absage, u.ä.) an alle Terminagenten im Netz übermittelt. Die TA erfahren von der Ankunft einer entsprechenden Nachricht über den in Abschnitt 4 beschriebenen upcall-Mechanimus, indem vom Rahmensystem die Prozedur U_EXPLORER aufgerufen wird. In dieser Prozedur muß das Anwendungsprogramm (hier der Terminagent) zuerst entscheiden, welcher Nachrichtentyp ankam, um dann die jeweilige Maßnahme einzuleiten. Dadurch werden die in CSSA vorhandenen Strukturierungsmöglichkeiten, bestimmte logisch zusammengehörende Operationen zu Facetten (siehe Abschnitt 2) zusammenzufassen, behindert. Innerhalb eines Clusters von Operationen kann durch die von U_EXPLORER übermittelte Ankunft einer bestimmten Nachricht ein interner Zustandswechsel des Agenten stattfinden, der beim Lesen des Quellprogramms nur schwer nachvollziehbar ist. Die Tendenz zu einer großen, "planaren" Facette, in der alle vorhandenen Operationen angegeben sind, konnte bereits im TVS als erster Anwendung erkannt werden. Es ergibt sich daraus die allgemeine Konsequenz, daß insbesondere die Schnittstellenstruktur solcher Rahmensysteme an die Strukturierungsmöglichkeiten der darauf aufsetzenden verteilten Programmiersprache angepaßt sein soll.

Im TVS entstand auch ein Bedarf an Mechanismen, die die Funktionalität eines *Nameservers* besitzen. Um globales Wissen an dieser Stelle zu vermeiden, sollten diese Mechanismen ebenfalls verteilt ablaufen. Anfragen könnten durch einen weiteren virtuellen Broadcast prinzipiell gelöst werden, wobei die Vergabe neuer, eindeutiger Namen oder Nummern durch die im Rahmensystem vorhandene Election-Komponente garantiert würde. Im TVS erwies sich beispielsweise aufgrund eines fehlenden Nameservers die Verwendung von eindeutigen Nummern für jeden Teilnehmer als nachteilig, da bereits der Dialogagent über die Zuordnung Name -> Nummer informiert sein mußte.

Einige Mechanismen, die bei einem bescheidenen Umfang des Systems gut funktionieren, lassen sich nicht problemlos auf große Netze übertragen. Derartige *Skalierbarkeitsprobleme* wurden bisher erst wenig untersucht. So ist etwa ein Broadcast per "flooding" in sehr großen Netzen zu aufwendig; hier müßten beispielsweise Routingverfahren oder spannende Bäume eingesetzt werden. Ein spannender Baum läßt sich beispielsweise durch die rückläufigen Nachrichten des Echo-Algorithmus aufbauen.

## 10. Das weiterentwickelte Terminvereinbarungssystem

Mit der bereits in der Entwicklung befindlichen Erweiterung des Terminvereinbarungssystems sollen primär drei Gesichtspunkte weiterverfolgt werden:

- Bei Terminkollisionen können andere "störende" Termine verschoben werden. Verschiebungen werden dabei unter Beachtung von benutzerspezifischen Vorgaben vorgenommen.
- Terminaufträge sollen innerhalb des gesamten Spektrums von vollständig bis sehr unvollständig modellierbar sein. Zusätzliche Attribute wie beispielsweise "möglichst früh" erweitern dabei die Möglichkeiten.
- Die Terminagenten verwenden bei der Terminverhandlung lernfähige Strategien und Heuristiken mit adaptivem Verhalten.

Durch die Möglichkeit, bei Terminkollisionen weniger wichtige Termine zu verschieben, gewinnen die kooperativen Problemlösungsalgorithmen erheblich an Komplexität. Die Terminagenten können die zu verschiebenden Termine nicht einfach auf irgendeinen bei allen Teilnehmern freien Zeitpunkt setzen. Zum einen kann die Verschiebung eines Termines unter Umständen kaskadenartig mit weiteren Terminen kollidieren, die dann ebenfalls verschoben werden müssen. Zum anderen spielen hier Präferenzen der einzelnen Teilnehmer und vielfältige weitere Nebenbedingungen einen Rolle. Zur Steuerung der komplexen Strategien ist Wissen über die Charakteristika der am Terminfindungsprozeß beteiligten Personen vonnöten.

Die benutzerspezifischen Vorgaben werden im geplanten TVS durch ein *Benutzerprofil* dargestellt (siehe Abbildung 4). In diesem Profil wird jedem Zeitpunkt in einem beliebigen (z.B. wochenweise organisierten) Intervall ein Zahlenwert zugeordnet, der den "Widerwillen" eines Benutzers ausdrückt, zu diesem Zeitpunkt einen Termin eingeplant zu bekommen. In der vorliegenden Version des Dialogagenten bedeuten die Eckpunkte 0, daß ein Termin ohne Widerwillen akzeptiert wird und 9, daß ein Termin zu diesem Zeitpunkt nur erlaubt ist, wenn es nicht anders geht. Der Wert 10 legt fest, daß für diesen Zeitpunkt kein Termin eingeplant werden kann.

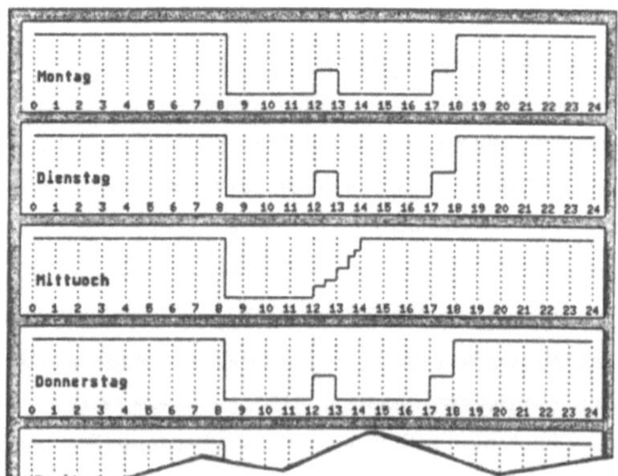


**Abb. 4: Benutzerprofil**

Über die graphische Schnittstelle kann der Benutzer die Treppenfunktionen des Profils jederzeit maus-gesteuert verändern, wobei regelmäßig auftretende Funktionswerte durch eine Kopierfunktion automatisch in ausgewählte Tage des Benutzerprofils eingetragen werden können. Mit einer entsprechenden Wissenserwerbskomponente könnte zukünftig die Erstellung des Profils auch in Formulierungen stattfinden, die einem Benutzer geläufiger sind (etwa: "möglichst nicht Mittwoch Nachmittag").

Analog existiert zu jedem Termin ein *Terminprofil*. Diesem Profil liegt das jeweilige Benutzerprofil zugrunde, eingeschränkt durch die bereits im Terminkalender vermerkten Termine und durch zusätzliche Attribute, die bei der Festlegung des Terminauftrags angegeben wurden. Folgende Attribute sollen erkannt werden:

Die Attribute *frühester und spätester Zeitpunkt* schränken die Intervallgrenzen des Terminprofils ein.

- Durch ein gesetztes *Abhängigkeitsattribut* zusammen mit einer Menge von Terminen wird festgelegt, daß dieser Termin frühestens nach den angegebenen Terminen stattfinden kann. Dadurch wird die linke (frühere) Intervallgrenze des Terminprofils eingeschränkt.

Zusammen mit den im Benutzerprofil möglichen Einschränkungen ist damit eine realitätsgerechtere Beschreibung von Terminwünschen modellierbar. Zu den genannten Attributen kommen weitere, die die Eigenschaften eines Termins an sich beeinflussen und damit eine weitere Annäherung an die Terminfindungsvorgänge in der Realität ermöglichen:

- *Grad der Verschiebbarkeit* - Durch dieses Attribut wird festgelegt, ob ein Termin leicht bis schwer, oder gar nicht verschoben werden kann. Dieser Wert ist ausschlaggebend für die Berechnung der entstehenden Kosten bei einer automatischen Terminverschiebung.
- Das Attribut *möglichst früh*, zusammen mit einem Zahlenwert, hat eine Änderung in der Terminfindungsstrategie zur Folge. Ist das Attribut gesetzt, werden Zeiträume, die früher liegen als spätere u.U. freie Zeiträume, bevorzugt, wenn die entstehenden Verschiebungskosten kleiner oder gleich dem angegebenen Schwellwert sind. Solche mit Verschiebungen verbundenen Zeitvorschläge werden von den normalen Strategien erst beachtet, wenn keine freien Zeiträume gefunden werden können.
- Jeder Teilnehmer wird mit einer *Priorität* versehen, mit deren Hilfe ausgedrückt wird, wie wichtig die Anwesenheit dieser Person für das Zustandekommen des Termins ist. Dieses Attribut hat entscheidenden Einfluß bei der Teilnehmerabsage zu einem Termin.
- Ein weiteres Attribut bestimmt die *Priorität des Initiators.* Dieser Wert entspricht z.B. der Stellung des Benutzers innerhalb einer Organisation. Der skalare Wert kann die i.a. "mehrdimensionale" Bedeutung eines Teilnehmers natürlich nur approximativ erfassen. Ein Terminauftrag darf die Verschiebung eines anderen, kollidierenden Termins nur dann veranlassen, wenn die Priorität des Initiators höher ist als die des anderen Termininitiators.
- Durch das Attribut *explizite Teilnehmerbestätigung* wird bei der Terminverhandlung von jedem Teilnehmer eine persönliche Zu- oder Absage erwartet. Der Zustand einer Terminverhandlung kann durch dieses Attribut relativ lange offen bleiben, da erst beim Eintreffen der letzten Teilnehmerantwort ein fester Zeitpunkt ausgemacht oder nach anderen Alternativen gesucht werden kann. Aus Kostengründen sollten die Terminagenten solche Termine nicht verschieben.

Die aufgeführten Attribute müssen vom Benutzer natürlich nicht alle explizit spezifiziert werden; sie sind i.a. durch sinnvolle Defaultwerte vorbesetzt oder könnten bei einem adaptiven, lernfähigen System eventuell dynamisch sinnvoll besetzt werden.

Beim Eintreffen eines Terminauftrags bei einem Terminagenten wählt dieser anhand des Terminprofils eine Menge von Vorschlägen heraus. Ist das Attribut "möglichst früh" nicht gesetzt, bieten sich für die Vorschlagswahl drei Mechanismen an:

- es werden die ersten k freien Vorschläge gewählt,
- es werden über das gesamte Terminprofil hinweg k freie Termine zufällig gewählt, oder
- es werden k freie Termine aus dem Anfang, der Mitte und dem Ende des Terminprofils bestimmt.

Während durch den ersten Mechanismus die unmittelbare Zukunft des Benutzers für den Termin bevorzugt und damit die Wahrscheinlichkeit für eine Terminhäufung erhöht wird, verteilen die beiden anderen Mechanismen die Termine mehr über das gesamte vorhandene Terminprofil und vermeiden so Terminhäufungen.

Welcher Mechanismus gewählt wird, hängt von den Vorstellungen der einzelnen Benutzer ab. Das TVS kann sich durch entsprechende Eingaben an den Benutzer anpassen.

In Abhängigkeit von den gesetzten oder nicht gesetzten Attributen wählt der Terminverhandlungsalgorithmus des TA die entsprechende *Strategie*. Innerhalb der jeweiligen Strategie basieren die einzelnen Entscheidungen auf der Auswertung von vorgegebenen *Heuristiken*, denen entsprechende *Gewichtungsfunktionen* zugrundeliegen. In der geplanten Version des TVS sind die Heuristiken vorgegeben und werden nicht dynamisch verändert. Es sind jedoch auch "lernfähige" Heuristiken vorstellbar.

Im einfachen Fall wählt die *"Suche freien Zeitraum"-Strategie* durch einen der beschriebenen Mechanismen eine Menge von freien Zeitraumvorschlägen aus. Solange noch freie Zeiträume gefunden werden, wird mit den Teilnehmer-TA verhandelt. Kommt ein gemeinsamer Termin zustande, wird dies allen Teilnehmern und dem DA des Initiators mitgeteilt.

Ist kein freier Zeitraum mehr vorhanden, wechselt der TA in die *"Verschiebe Termin"-Strategie*. Zuerst werden die Antworten der Teilnehmer bezüglich eines Zeitraums untersucht, in dem eine Terminverschiebung mit vertretbaren Kosten durchgeführt werden kann. Dazu tritt der Initiator-TA mit den entsprechenden Teilnehmer-TA in Einzelverhandlungen. Kann keine Einigung getroffen werden, z.B. weil die errechneten Kosten einer Terminverschiebung beim Verschiebungsversuch durch Terminabhängigkeiten gestiegen sind, versucht der Initiator-TA mit wachsender Kostenakzeptanz unter Einbeziehung des eigenen Terminkalenders weitere Zeiträume vorzuschlagen. Erreicht der Kostenschwellwert die obere Grenze, die keine Terminplazierungen zuläßt, wird die Terminverhandlung mit negativem Ausgang beendet.

Bei gesetztem "möglichst früh" Attribut beginnt der Initiator-TA von Anfang an mit der *"Möglichst früh"-Strategie*. In diesem Fall wählt er eine Menge von möglichst frühen Zeitraumvorschlägen aus, wobei auch Zeiträume in Frage kommen, die bereits beim Initiator mit einem Termin belegt sind und deren Verschiebungskosten kleiner oder gleich dem Schwellwert des "möglichst früh" Attributes sind. Wird aufgrund der Teilnehmerantworten kein freier Zeitraum gefunden, versucht der TA im Gegensatz zur "Suche freien Zeitraum"-Strategie, die zunächst weitere freie Zeiträume sucht, Terminverschiebungen, wenn die Antworten der Teilnehmer-TA akzeptierbare Verschiebungskosten versprechen.

Mit Hilfe dieser Strategien ist eine realitätsnähere Behandlung von Terminaufträgen möglich als im ersten Prototyp, wobei die Leistungsfähigkeit der Strategien entscheidend von der Konzeption der Heuristiken abhängt. Sinnvolle und interessante Möglichkeiten zur Weiterentwicklung liegen nicht nur in der Verfeinerung realisierter Komponenten (Strategie, Funktionalität, Benutzerschnittstelle), sondern auch in der Realisierung neuer Aspekte, die etwa durch die Schlagworte adaptives Verhalten, Lernfähigkeit und wissensbasierte Steuerung gekennzeichnet sind.

Die Autoren danken Helmut Hönig, Dagmar Mörscher-Krämer, Axel Schindler, Elke Schmidt und Kai Wolf für ihre Mitarbeit bei der Konzeption und Realisierung des Terminvereinbarungssystems.

## Literatur

BEM85 BEILKEN C., MATTERN F. (1985) *Die Programmiersprache CSSA - Ein kurzer Überblick.* Technical Report SFB124-16/85, Dept. of Computer Science, University of Kaiserslautern, West-Germany

BEM86 BEILKEN C., MATTERN F. (1986) *Verteiltes Problemlösen am Beispiel von Zahlenrätseln – Ein Experiment mit CSSA*. Technical Report SFB124-29/86, Department of Computer Science, University of Kaiserslautern, West-Germany

CHA82 Chang E.J.H. (1982) *Echo Algorithms: Depth Parallel Operations on General Graphs*. IEEE Transactions on Software Engineering SE-8:4, pp. 391-401

CHL85 Chandy K.M., Lamport L. (1985) *Distributed Snapshots: Determining Global States of Distributed Systems*. ACM Transactions on Computer Systems 3:1, pp. 63-75

CLA85 Clark D.D. (1985) *The Structuring of Systems Using Upcalls*. Proceedings of the 10th ACM Symposium on Operating Systems Principles, pp. 171-180

DIS80 Dijkstra E.W., Scholten C.S. (1980) *Termination Detection for Diffusing Computations*. Information Processing Letters 11:1, pp. 1-4

DRA88 Drachenfels H. v. (1988) *Baumorientierte Kommunikation in verteilten Systemen*. In: Kastens U., Rammig F.J. (Hg.): 18. GI/NTG Fachtagung, Springer-Verlag, Inf. Fachberichte 168, pp. 94-105

HAB87 Haban D. (1987) *DTM - A Method for Testing Distributed Systems*. In: Proc. of the 6th IEEE Symp. Reliability Distrib. Software and Database Systems, Williamsburg, Virginia, USA, pp. 66-73

HEW77 Hewitt C. (1977) *Viewing Control Structures as Patterns of Passing Messages*. Artif. Intell. 8, pp. 323-364

HOA85 Holman C., Almes G. (1985) *The Eden Shared Calendar System*. Technical Report 85-05-02, Department of Computer Science, University of Washington, Seattle, Washington, USA

HOS84 Hoschka P. (1984) *Überlegungen zu einem aktiven Terminvereinbarungssystem*. Interner Arbeitsbericht, GMD

KLA84 Klar W. (1984) *Ein wissensbasiertes Terminabsprachesystem*. In: GMD Arbeitspapiere Nr. 104

KOH81 Kornfeld W.A., Hewitt C. (1981) *The Scientific Community Metaphor*. In: IEEE Transactions on SMC 11:1, pp. 24-33

KRE85 Kreifelts T. (1985) *Wissensbasierte Terminvereinbarung*. Interner Arbeitsbericht, GMD

MAM88 Mattern F., Mohr R. (1988) *An Empirical Evaluation of a Class of Distributed Termination Detection Algorithms*. Technical Report SFB124-28/88, Department of Computer Science, University of Kaiserslautern, West-Germany

MAT87a Mattern F. (1987) *Algorithms for Distributed Termination Detection*. Distributed Computing 2, pp. 161-175

MAT87b Mattern F. (1987) *Das Actor-Modell*. Informatik-Spektrum 10:1, pp. 41-43

MAT87c Mattern F. (1987) *Effiziente Bestimmung von Schnappschüssen in verteilten Systemen*. In: Paul M. (Hg.): GI - 17. Jahrestagung, Springer-Verlag, Informatik Fachberichte 156, pp. 89-109

MAT88 Mattern F. (1988) *CSSA - Sprache und Systembenutzung*. Technical Report SFB124-24/88, Department of Computer Science, University of Kaiserslautern, West-Germany

NHM87 Nehmer J., Haban D., Mattern F., Rombach D., Wybranietz D. (1987) *Key Concepts of the INCAS Multicomputer Project*. IEEE Transactions on Software Engineering SE-13:8, pp. 913-923

SCS88 Schindler A., Schmidt E. (1988) *Ein verteiltes Terminkalendersystem in CSSA*. Technical Report SFB124-21/88, Department of Computer Science, University of Kaiserslautern, West-Germany

SEG83 Segal A. (1983) *Distributed Network Protocols*. IEEE Trans. Inf. Theory IT-29:1, pp. 23-35

WOI87 Woitass M. (1987) *Verteiltes Problemlösen am Beispiel eines Terminvereinbarungssystems*. In: Paul M. (Hg.): GI - 17. Jahrestagung, Springer-Verlag, Informatik Fachberichte 156, pp. 671-681

WYB88 Wybranietz D., Haban D. (1988) *Monitoring and Performance Measuring Distributed Systems during Operation*. In: Proc. ACM SIGMETRICS Conference, Santa Fe, USA (Performance Evaluation Review 16:1 (May 1988), pp. 197-206)

# System DESIGN: Softwaretechnik für verteilte Anwendungen

M. Mühlhäuser
Universität Karlsruhe, Institut für Telematik
Postfach 6980, D-7500 Karlsruhe

## 1 Einleitung

Zwei wesentliche Trends sind für die kommenden Jahre bei verteilten Systemen zu erwarten:

- Eine begrenzte Zahl von Standards für Kommunikationsprotokolle, vor allem im Bereich der transportorientierten Schichten, wird allgemein akzeptiert werden; dadurch wird die Verbreitung verteilter Systeme weiter zunehmen. Die Benutzer werden unter dem 'System', das sie benutzen, nicht mehr einen einzelnen Rechner verstehen, sondern das verteilte System.
- Wenn verteilte Systeme auf breiter Basis eingeführt werden, wird auch der Wunsch nach Systemprogrammen und Anwendungsprogrammen stärker werden, welche verteilt auf einem solchen Rechnernetz ablaufen. Derartige verteilte Anwendungen werden oftmals nicht nur Punkt-zu-Punkt Kommunikation zwischen zwei Prozessen beinhalten, z.B. im Sinne einer Client/Server-Beziehung, sondern eine große Anzahl von komplex vermaschten Prozessen einbeziehen. Die Anzahl und Kommunikationsbeziehungen der Prozesse werden sich dabei durch eine starke Dynamik zur Laufzeit auszeichnen.

Aus diesen Entwicklungen wird eine wesentlich gesteigerte Nachfrage nach geeigneten Entwicklungshilfsmitteln für komplexe verteilte Anwendungen hervorgehen. Drei verschiedene Bereiche der Softwaretechnik für verteilte Anwendungen, die als besonders kritisch erkannt wurden, sollen im nachfolgenden Beitrag besonders beleuchtet werden, nämlich

- *verteilte Programmierung*,
- *Leistungsbewertung / Rapid Prototyping*, und
- *Softwareproduktionsumgebung.*

Das System DESIGN, das in diesem Beitrag vorgestellt wird, integriert für die drei genannten Bereiche die

- *verteilte Programmiersprache DC*,
- ein *Modellierungssystem* für in Entwicklung befindliche Anwendungen und
- die *DESIGN-Softwareproduktionsumgebung.*

Diese drei Komponenten des Systems bilden die Gliederung des restlichen Beitrages.

## 2 Die verteilte Programmiersprache DC

### 2.1 Überblick

Die Programmiersprache DC erweitert die bekannte Sprache 'C' [Ker78] mit speziellen Sprachkonstrukten, die es erlauben, verteilte Anwendungen zu entwickeln und ihre Strukturierung und Verwaltung zu programmieren. Die Sprache 'C' wurde dabei aufgrund einiger für diesen Zweck angenehmer Eigenschaften als Basis ausgewählt. Die Arbeiten mit DC sollten Aufschluß geben über

- die zusätzlichen sprachlichen Ausdrucksmittel, die eine verteilte Programmiersprache für komplexe verteilte Anwendungen gegenüber einer herkömmlichen sequentiellen Programmiersprache bieten sollte,
- den Zusatzaufwand zur Implementierung eines entsprechenden Laufzeitsystems,
- die Vorteile, die eine Spracherweiterung gegenüber Macro- oder Unterprogrammbibliotheken für die Werkzeuge (d.h. Sprachprozessor, Testhilfe etc.) bietet.

Das wesentliche Neue am DC-Ansatz läßt sich in zwei Begriffen zusammenfassen.

Zum einen liegt eine mächtige konsistente *Software-Architektur* zugrunde, welche eine ganze Reihe von Konzepten (strukturierte Programmierung verteilter Anwendungen, Einbindung existierender Anwendungen, Konfiguration/Administration, Beherrschung der Dynamik, Behandlung asynchroner Ereignisse, umfangreiche Laufzeitunterstützung, flexibles Kommunikationskonzept) homogen einzubinden gestattet. Die wenigen bekannten Sprachen, die einen explizites Konzept zur dynamischen Prozeßadministration beinhalten (z.B. CONIC [KRA83] und PRONET [LEB82], behandeln die Konfiguration/Administration separat vom inhaltlichen Ablauf der Anwendung und erreichen somit nicht die integrale Anwendungssicht, die sich dem DC-Programmierer bietet.

Zum anderen wurde DC so konzipiert, daß die *automatisierte Modellerstellung* (s. Kap. 3) unterstützt wird. Diese ermöglicht es in frühen Phasen der Anwendungsentwicklung, praktisch ohne Modellierungsaufwand ein Simulationsmodell der zukünftigen verteilten Anwendung zu erhalten. Dem Autor ist kein weiterer Sprachansatz mit dieser Fähigkeit bekannt.

Es müssen noch zwei Begriffe eingrführt werden, *'Funktionseinheit'* und *'Experiment'*.

Eine verteilte Anwendung in DC setzt sich aus einer Menge von *Funktionseinheiten* zusammen. Zur Laufzeit repräsentieren verschiedene Funktionseinheiten verschiedene sequentielle Prozesse aus der Sicht des Betriebssystems. Analog gliedern sich die Programmquellen einer verteilten Anwendung in eine Menge von Funktionseinheiten-Programmen, die als Funktionseinheiten-*Typen* betrachtet werden können. Darüberhinaus bestehen die Programmquellen noch aus einer *zentrale Botschaftendefinitions-Datei*, in der alle Datentypen vereinbart werden müssen, die zwischen Funktionseinheiten ausgetauscht werden, sowie optional einer Anzahl von *Sammeldefinitions-Dateien* mit allgemeingültigen Deklarationen.

Jeder Ablauf einer übersetzten, installierten verteilten Anwendung in einem verteilten System wird als *Experiment* bezeichnet. Dieser Term umfaßt sowohl den Ablauf eines schnellen Prototypen, den eines Simulationsmodelles als auch den konkreten Einsatz fertiggestellten verteilten Anwendung.

## 2.2 Software-Architektur

Viele bekannte Ansätze zur hierarchischen modularen Strukturierung unterteilen ein System in eine Menge von 'logischen' Subsystemen mit wohldefinierten Schnittstellen und mit auf dieser Betrachtungsebene verborgener innerer Struktur der logischen Subsysteme ('black box'). In tieferen Abstraktionsstufen wird jedes der logischen Subsysteme unterteilt in eine Menge weiterer logischer Subsysteme, u.s.w., bis auf der tiefsten Betrachtungsebene die 'aktiven' Subsysteme anzutreffen sind, die die Funktionalität des Gesamtsystems gewährleisten. Die logischen Subsysteme sind dabei jeweils nur gedankliche Abstraktionshilfen ohne Eigenleben. Beim DC-Strukturierungsansatz wird ebenfalls eine hierarchische Modularisierung unterstützt. Bild 1 veranschaulicht eine dreistufige Subsystem-Hierarchie, dargestellt durch drei verschiedene Größen von gestrichelten Rechtecken. Als 'aktive' Subsystemen der untersten Stufe fungieren Prozesse (DC-Funktionseinheiten, in Bild 1 dargestellt durch die trapezförmigen Gebilde in den Subsystemen – d.h. gestrichelten Rechtecken – der innersten Stufe). Die Administration zur Laufzeit kann bei komplexen verteilten Anwendungen erheblichen Umfang annehmen (Generieren, Terminieren, Neugenerieren einer zur Laufzeit berechneten Zahl von Funktionseinheiten, Einrichten, Auflösen, Umkonfigurieren

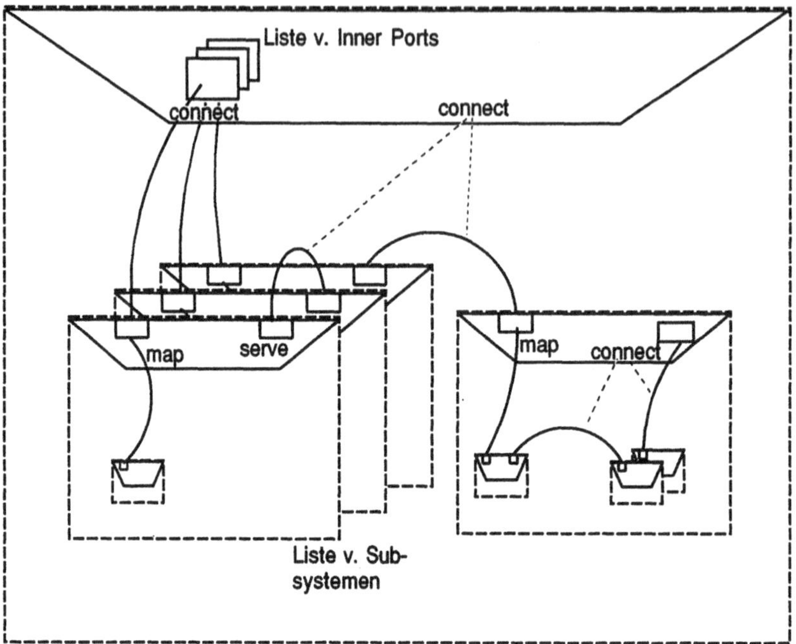


Bild 1: Beispiel der Struktur einer verteilten Anwendung

von Kommunikationspfaden, Berücksichtigung neu hinzukommender Netzknoten, etc.). Da die Konfiguration und Administration der 'aktiven' Subsysteme also keine statische Aufgabe ist, die einmalig beim Entwurf oder bei der Initialisierung vorgenommen werden kann, werden bei DC an Stelle von rein 'logischen' Subsystemen der verschiedenen Abstraktionsstufen ebenfalls 'aktive' Subsysteme mit Eigenleben eingesetzt, also DC-Funktionseinheiten (in Bild 1 die trapezförmigen Gebilde in den größeren Subsystemen).

Es entsteht so eine Hierarchie von Funktionseinheiten[1]. Um die entstehenden Vater/Sohn-Beziehungen begrifflich zu fassen, sei von *Verwaltungs-Funktionseinheiten* und *verwalteten Funktionseinheiten* die Rede. Auf verschiedenen Betrachtungsebenen kann eine Funktionseinheit dabei ggf. beide Formen annehmen: als Verwaltungs-Funktionseinheit einer Stufe administriert sie 'ihre' verwalteten Funktionseinheiten und repräsentiert/verbirgt sie nach außen. Auf der nächsthöheren, stärker abstrahierten Stufe ist sie selbst wieder verwaltete Funktionseinheit ihres Vaters in der Hierarchie.

Mag dieses Konzept zunächst ein wenig kompliziet und umfangreich erscheinen, so zeigt die Erfahrung mit der Sprache DC, daß es selbst bei relativ einfachen verteilten Anwendungen sehr hilfreich und mit geringem Lernaufwand gut answendbar ist. Für sehr einfache verteilte Anwendungen läßt es sich auch auf ein Minimum reduzieren: die verteilte Anwendung kann dazu zunächst nicht-hierarchisch aus einer kleinen Anzahl von gleichberechtigten Funktionseinheiten zusammengesetzt werden. Zusätzlich muß dann noch *eine* Verwaltungs-Funktionseinheit programmiert werden, welche die Konfiguration und die Kommunikationspfade aufbaut. Verwaltungs-Funktionseinheiten können (bei statischer Topologie ihrer verwalteten Funktionseinheiten) auch terminieren ohne daß ihre verwalteten Funktionseinheiten terminieren. Die Administrationshierarchie erzwingt somit in keiner Hinsicht eine zentralistische Struktur der Anwendung.

Die Funktionseinheiten-Hierarchie von DC dient gleichzeitig als Strukturierungskonzept und

[1]der Kürze wegen sei hier die Unterscheidung von Funktionseinheiten und Funktionseinheiten*typen* im folgenden vernachlässigt

als Administrationskonzept. In der Tat zeigt sich im Umgang mit der Sprache, daß bei einer komplexen, stark dynamischen verteilten Anwendung die Administration ähnliche Bedeutung und Komplexität und ähnlichen Umfang annehmen kann wie die Interprozeßkommunikation, welche in der Literatur über verteilte Programmierung oft als das zentrale Problem behandelt wird.

## 2.3 Administrationsoperationen

### 2.3.1 Generierung/Terminierung

Eine Verwaltungs-Funktionseinheit entscheidet über Start und Beendigung ihrer verwalteten Funktionseinheiten mit den Anweisungen **create** und **terminate**. Anstelle der 'erzwungenen' Beendigung mit **terminate** gibt es die Möglichkeit, daß Funktionseinheiten selbst ihre Beendigung veranlassen; hierzu dient die die Anweisung **exit_fe**. Will die "ausscheidende" Funktionseinheit dabei die Beendigung aller von ihr verwalteten Funktionseinheiten mit-erzwingen, so benutzt sie anstelle von **exit_fe** die Operation **exit_ss**.

### 2.3.2 Kommunikationspfad-Verwaltung

Die Schnittstelle einer Funktionseinheit zur nächsthöheren Abstraktionsstufe (zur Außenwelt, zur Verwaltungs-Funktionseinheit) besteht im wesentlichen aus *Schnittstellen-Ports*, die mit einer Anzahl zulässiger eingehender und ausgehender Botschaftentypen assoziiert sind. In Bild 1 sind diese als kleine Rechtecke an der Trapez-Oberkante gekennzeichnet (die Funktionseinheit der äußersten Stufe enthält *keine* Schnittstellen-Ports).

Ein Kommunikationspfad in DC entsteht durch Verknüpfung von Ports. Kommunikationspfade sind immer 'Punkt-zu-Punkt'[2]. Eine Verwaltungs-Funktionseinheit kann die Schnittstellen-Ports der verwalteten Funktionseinheiten auf verschiedene Arten in Kommunikationspfade einbinden:

- Durch Verknüpfung zweier solcher Schnittstellen-Ports mittels **connect**. Auf einem so geschalteten Kommunikationspfad können die verwalteten Funktionseinheiten miteinander kommunizieren.
- Durch Verknüpfung eines solchen Schnittstellen-Ports mit einem sogenannten 'Inner Port' der Verwaltungs-Funktionseinheit. Auf einem derartigen Kommunikationspfad kann die Verwaltungs-Funktionseinheit selbst mit ihren Subsystemen kommunizieren. Der 'Inner Port' ist für die Außenwelt nicht sichtbar. Die zugehörige Anweisung heißt ebenfalls **connect**, hat jedoch eine andere Syntax. In Bild 1 sind Innerports als kleine Rechtecke *ohne* Verbindung zur Trapez-Oberkante gekennzeichnet.
- Durch Weiterleiten eines ihrer eigenen Schnittstellen-Ports auf einen Schnittstellen-Port einer verwalteten Funktionseinheit mit Hilfe der Anweisung **map**. Diese Anweisung hat zur Folge, daß ein Kommunikationspfad, der am Schnittstellen-Port der Verwaltungs-Funktionseinheit enden würde, nun am Schnittstellen-Port der verwalteten Funktionseinheit endet (ohne daß die 'Außenwelt' dies wahrnehmen kann). Botschaften auf dem Kommunikationspfad werden hierbei immer den 'direkten' Weg geschickt, dafür sorgt das Laufzeitsystem.

Will eine Verwaltungs-Funktionseinheit einen ihrer eigenen Schnittstellen-Ports nicht mittels 'map' weiterleiten, sondern dort selbst Botschaften empfangen, so muß sie dies mit der Anweisung **serve** ankündigen.

Für alle vorgenannten Verknüpfungsoperationen gibt es eine Umkehroperation, die jeweils mit derselben Anweisung **free** aufgerufen wird unter Angabe eines der beteiligten Ports. In Bild 1 sind Kommunikationspfade und zugehörige Verwaltungs-Anweisungen eingetragen. Die Anweisungen stehen jeweils in demjenigen Trapez, das die aufrufenden Funktionseinheit darstellt.

[2]allerdings können auf dem Kommunikationspfad, d.h. zwischen den kommunizierenden Endpunkten, weitere Ports liegen – siehe weiter unten, Operation 'map'

Tabelle 1 listet die Anweisungen zur Generierung/Terminierung und zur Kommunikationspfad-Verwaltung in DC nochmals auf.

| *administrative Anweisungen in DC* | |
|---|---|
| create: | Start einer Funktionseinheit (eines Subsystems) |
| terminate: | Beenden eines Subsystems |
| exit_fe: | Beenden des Aufrufers |
| exit_ss: | Beenden des Aufrufers und seiner Subsysteme |
| connect: | Subsystem-Schnittstellen-Port mit zweitem oder Innerport verbinden |
| map: | eigenen Schnittstellen-Port zu dem eines Subsystems weiterleiten |
| serve: | eigenen Schnittstellen-Port selbst bedienen |
| free: | Umkehroperation zu Port-Verknüpfungsoperationen |

Tabelle 1: Verwaltungsoperationen in DC

### 2.3.3 Laufzeit-abhängige Datenstrukturen

Als Datenstruktur zur Speicherung von Objekten eines Typs, deren Anzahl zur Laufzeit variabel ist, dient in DC die *indizierte Liste.* Listenoperationen ermöglichen das Ein- und Ausfügen von Listenelementen an beliebiger Indexposition, Zugriff nach beliebigen Suchkriterien, Ermittlung der Listenlänge und indizierten Zugriff (unter Nennung des Listenbezeichners und eines Index-Ausdrucks, wobei letzterer mit den Symbolen "≪" und "≫" begrenzt wird). Es können Listen beliebiger Objekttypen angelegt werden, wobei Listen von Subsystemen/Funktionseinheiten und von Ports (Beispiele siehe Bild 1) sowie Listen von Rechnernetzknoten die Handhabung dynamisch variabler Topologien verteilter Anwendungen erlauben.

Anstelle von Ports können auch Port*zeiger* (Referenzen) vereinbart werden; bei der Vereinbarung muß dann angegeben werden, ob der Zeiger zur Laufzeit nur auf einen bestimmten Port, auf eine bestimmte aufgezählte Menge von solchen ('union') oder aber auf beliebige Ports verweisen darf. Analog zur Portzeigern können auch Botschaftenzeiger (anstelle von Botschaftenvariablen) vereinbart werden.

### 2.3.4 Strukturierung eines Funktionseinheiten-Programmes

Der Programmtext, der einen DC-Funktionseinheitentyp spezifiziert, besteht aus fünf Abschnitten. Nach den Abschnitten 'Schnittstellenbeschreibung' (im wesentlichen Deklaration der Schnittstellen-Ports) und 'Konfiguration' (Deklaration der Subsysteme und Inner Ports) folgt der Abschnitt 'Ereignisbehandlung'. Dort werden Behandlungsroutinen für asynchrone Ereignisse (*exceptions*) vereinbart, getrennt nach Ereignistypen wie 'Kommunikationspfad unterbrochen/geschlossen', 'Subsystem regulär/fehlerhaft teminiert' etc. Administrative asynchrone Ereignisse wie das Unterbrechen eines Kommunikationspfades werden erst behandelt und vom Laufzeitsystem tatsächlich durchgeführt, wenn dies im Programmrumpf (s.u.) der betroffenen Funktionseinheit mit der Anweisung *handle_exception* explizit genehmigt wird. Nach dem Abschnitt 'Ereignisbehandlung' folgt als vierter der Abschnitt 'Initialisierung' (Anweisungen, die direkt beim Start der Funktionseinheit ausgeführt werden, noch bevor die 'create'-Anweisung der Verwaltungs-Funktionseinheit terminiert) und als letzter der Abschnitt 'Programmrumpf' (Kern des Funktionseinheiten-Programmes).

### 2.3.5 Kommunikation

Die Kommunikation in DC basiert auf asynchronem Botschaftenaustausch über die Kommunikationspfade. Die beiden wesentlichen Operationen und Anweisungen hierfür heißen **transmit** bzw.

**get** für das Senden bzw. Empfangen von Botschaften, ihre wichtigsten Operanden sind der adressierte Port und eine Botschaftenvariable. Alternativ sind auch Port- und Botschaften*zeiger* (s.o.) erlaubt. Die Verwendung von Zeigern in einer **get**-Anweisung ermöglicht die gezielte Auswahl bestimmter Ports/Portmengen und bestimmter Botschaftentypen. Zusammen mit einer C-*switch*-Anweisung läßt sich z.B. ein 'guarded command' [Dij75] ausdrücken (jedoch mit deterministischem Ablauf).

**get** ist synchron implementiert, d.h. wenn keine Botschaft des spezifizierten Typs in den Eingangswarteschlangen gespeichert ist, wird der Programmablauf bis zum Eintreffen einer solchen Botschaft unterbrochen. Um unerwünschte Wartezustände vermeiden zu können, bietet DC eine **test**-Anweisung im Sinne einer boole'schen Funktion, syntaktisch äquivalent zur **get**-Anweisung. Diese Funktion testet, ob eine entsprechende Botschaft bereits in den Empfangswarteschlangen anliegt und kehrt mit boole'schem Ergebnis zurück.

Erweiterte Synchronisationsmöglichkeiten zwischen Funktionseinheiten werden durch die delay-Option der **transmit**-Anweisung geboten. Mit dieser Option kann das Absenden einer Botschaft um eine bestimmte anzugebende Zeitspanne verzögert werden. Solange diese Zeitspanne noch nicht abgelaufen ist, kann der verzögerte Sendeauftrag auch mit der Anweisung **cancel** zurückgenommen werden.

## 2.4 Übersetzung und Laufzeitsystem

Der Programmtext einer verteilten Anwendung in DC wird von einem DC-Sprachprozessor in C-Code für die einzelnen Funktionseinheiten übersetzt. Standard-Systemprogramme übersetzen von dort in ausführbaren Code.

DC verlangt die explizite Nennung und Vereinbarung sowohl von Ports (zusammen mit den zulässigen Botschaftentypen) als auch von verwalteten Funktionseinheiten/Subsystemen. Da auch die Administrations- und Kommunikationsoperationen Teil der Sprache sind, werden so Systemstruktur und Interprozeß-Verhalten im Programmtext sichtbar. Das wird von Übersetzer und Laufzeitsystem z.B. für Konsistenzprüfungen ausgenutzt. Dabei wird zunächst die *zentrale Botschaftendefinitions-Datei* (s.o.) übersetzt und dann die Funktionseinheiten-Programme (in der Hierarchie von den Blättern ausgehend bis zur Wurzel). Die dabei erzeugten Attribut-Dateien werden auch von der Software-Produktionsumgebung ausgenutzt, z.B. für graphische Ereignisnachführungen etc.

Das verteilte Laufzeitsystem besteht auf der einen Seite aus *Erweiterungen und Laufzeitroutinen* der Funktionseinheiten und auf der anderen Seite aus sogenannten *Verwaltungseinheiten.* Auf jedem Rechnernetzknoten, der an einem Experiment beteiligt ist ('Experimentrechner'), läuft eine solche Verwaltungseinheit ab. Sie kontrolliert im wesentlichen den Kommunikationsverkehr zwischen verschiedenen Experimentrechnern, hält Verwaltungs- und Zustandsinformation über die Funktionseinheiten und führt den größten Teil der administrativen Operationen durch. Das potentiell hohe Maß an Parallelität und asynchronen Ereignissen sowie die hierarchische Struktur mit beispielsweise der Möglichkeit mehrfacher **map**-Operationen innerhalb eines Kommunikationspfades erfordern ein komplexes Kommunikationsprotokoll zur korrekten Durchführung der Administration.

# 3 Modellierung

## 3.1 Überblick

Mithilfe der sogenannten 'rechnergestützten Modellierungstechnik' im System DESIGN ist es möglich, den noch nicht fertig ausprogrammierten Programmtext einer in Entwicklung befindlichen verteilten Anwendung durch den DC-Sprachprozessor in ein Simulationsmodell der zukünftigen verteilten Anwendung übersetzen zu lassen. Der unvollständige Programmtext kann dabei als 'schneller Prototyp' im Sinne der schrittweisen Verfeinerung angesehen werden.

Ein simulatives Experiment für eine verteilte Anwendung in DC besteht aus

- den *Funktionseinheiten-Modellen*, automatisch aus dem Standard-DC-Programmtext generiert; hier wurde ein neuartiges Konzept zur *rechnergestützten Modellerstellung* entwickelt,
- einem *Modellierungssystem*, das die 'Umgebung' der verteilten Anwendung modelliert,
- einem *Kernsystem zur verteilten Simulation.*

## 3.2 Kernsystem zur verteilten Simulation

Die Verwendung simulativer Modellierungsmethoden erwies sich für die Leistungsoptimierung verteilter Systeme bereits als besonders tauglich [WoM83]; sie ist analytischen Methoden in diesem Bereich für viele Fragestellungen überlegen, z.B. durch vertrauenswürdigere Ergebnisse (vgl. [SGO83,Zah83]) und größere Flexibilität in der Modellgestaltung. Gegenüber Verfahren zur direkten Messung von Leistungskenngrößen, wie Testbeds [Ber82], sind Modellierungsmethoden in früheren Phasen des Software Lebenszyklus einsetzbar.

Ein Hauptnachteil simulativer Modellierungsverfahren liegt in der teilweise sehr beträchtlichen Größe der Modelle. Dies führt beispielsweise, vor allem auf kleineren und mittleren Rechnern, zu einem überproportional hohen Bedarf an virtuellem Speicher, damit zu extrem schlechtem Pageing-Verhalten und sehr langen Laufzeiten. Dieser und weitere Nachteile herkömmlicher Simulationsverfahren werden bei Verfahren zur sog. *verteilten Simulation* kompensiert. Das im System DESIGN verwendete 'Kernsystem zur verteilten Simulation' macht es also möglich, daß auch das *Simulationsmodell* einer verteilten Anwendung verteilt ablaufen kann. So kann – als Beispiel – ein Simulationsmodell für den Ablauf einer verteilten Anwendung auf einem Rechnernetz mit 100 Knoten auf einem Netz mit zehn Knoten ablaufen. Im DESIGN-Projekt wurde ausgehend von bekannten Verfahren [Bry79,ChM81,Jef83,Pea80,VRL86] eine Reihe von neuen und geänderten Algorithmen entwickelt. Diese machen das entwickelte Kernsystem speziell tauglich für die verteilte Modellierung von verteilten Anwendungen. Eine genauere Beschreibung des Kernsystems findet sich z.B. in [Müh88].

## 3.3 Rechnergestützte Modellerstellung

Einer der größten Fortschritte, die im DESIGN-Modellierungskonzept gesehen werden, liegt in der direkten Verwendung des in Entwicklung befindlichen Quellprogramm-Textes für die Modellierung. Die separate Erstellung von Simulationsmodellen entfällt dabei völlig. Stattdessen wird eine spezielle Form des DC-Sprachprozessors verwendet, der den Prozessor- und Hauptspeicherbedarf, das Kommunikations- und Interaktionsaufkommen etc. der zukünftigen verteilten Anwendung modelliert und die entsprechenden Modell-Teile bei der Übersetzung in den Programmtext einbaut. Um dies zu ermöglichen, mußten einige Konzepte in die Sprache DC eingeführt werden.

Eines der modellierungsrelevanten DC-Konzepte ist die *Programmierregel für Rapid Prototyping.* Dieser Programmierregel muß der Programmierer gehorchen, damit die Modellierung einigermaßen realitätsgetreu durchgeführt werden kann. Sie besagt, daß ausgelassene Programmstük- ke, z.B. noch nicht ausprogrammierte Algorithmen, im Programmtext mit der *to_develop*-Anweisung gekennzeichnet werden müssen. Diese Anweisung enthält unter anderem eine Abschätzung des Programmierers über den Betriebsmittelbedarf für das fehlende Code-Stück (für CPU in 'Anzahl Anweisungen', 'Lines of Code', oder 'Millisekunden'). Natürlich kann eine solche Abschätzung nur sehr grob sein, aber es ist die beste, die zu diesem Zeitpunkt möglich ist. Analog zu Code-Stücken können auch Botschaftentypen oder Datenumfänge für Terminal- oder Platten-Ein-/Ausgabe noch nicht ausprogrammiert sein, auch hier muß der Programmierer Abschätzungen geben.

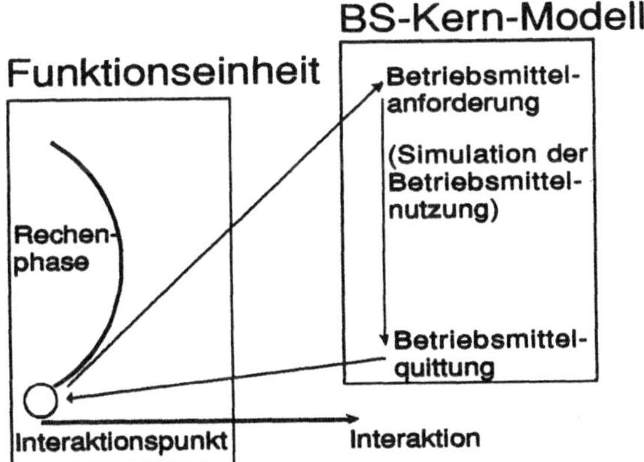


Bild 2: Modellierung des Verbrauchs zentraler Betriebsmittel, vereinfacht

Ein weiteres modellierungsrelevantes DC-Konzept ist die klare Unterscheidbarkeit von *Rechenphasen* und *Interaktionspunkten.* An Interaktionspunkten tritt die Funktionseinheit mit ihrer Umwelt in Beziehung (durch Aufruf von Administrationsoperationen, durch Interprozeßkommunikation, Ein-/Ausgabe etc.). In Rechenphasen tritt die Funktionseinheit nach außen nur durch ihren Bedarf an CPU und Hauptspeicher in Erscheinung.

Der Kürze wegen soll im Nachfolgenden nur die Modellierung der zentralen Betriebsmittel (vor allem CPU) genauer besprochen werden. Diese läuft, stark vereinfacht, ab wie in Bild 2 gezeigt. Zentrale Bedeutung hat hier ein Teil des Modellierungssystems (s. 3.4), das 'BS-Kern-Modell', das die Zuteilung der zentralen Betriebsmittel im Betriebssystem (BS) sowie diese Betriebsmittel selbst modelliert. Die Modellierung macht sich die klare Unterschiedbarkeitvon Rechenphasen und Interaktionspunkten zueigen. *Rechenphase:*
Der DC-Sprachprozessor fügt in eine Rechenphase zusätzliche Anweisungen ein, die den modellierten Betriebsmittel-Bedarf für diese Rechenphase akkumulieren. Die dabei verwendeten Werte werden durch die Typen der DC-Anweisungen und teilweise durch die verwendeten Operanden bestimmt. Diese Werte werden zur Laufzeit aus einer Anzahl von vordefinierten Variablen berechnet; die Variablen werden beim Start des Funktionseinheitenmodells aus einer Tabelle geladen, die – spezifisch für jeden zu modellierenden Rechnertyp – von einem Kalibrierungswerkzeug erzeugt wurde (dieses muß zur Erzeugung der Tabelle einmalig auf einem realen Rechner des fraglichen Typs ablaufen). Da der modellierte CPU-Verbrauch zur Laufzeit akkumuliert wird, können auch bedingte Sprünge etc. richtig modelliert werden.

Für noch nicht ausprogrammierte Abschnitte wird die Abschätzung des Programmierers über den Betriebsmittelbedarf der *to_develop*-Anweisung entnommen. Auch hier wird der Rechnertyp zur Laufzeit berücksichtigt.

*Interaktionspunkt:*
Am Ende einer Rechenphase und vor einem Interaktionspunkt fügt der Sprachprozessor Anweisungen ein, die der Kommunikation zwischen Funktionseinheitenmodell und BS-Kern-Modell dienen. Zunächst wird eine '*Betriebsmittelanforderung*' an das BS-Kern-Modell gesendet, die Angaben über den in der Rechenphase akkumulierten Betriebsmittelbedarf enthält. Das BS-Kern-Modell modelliert dann den Verbrauch dieser Betriebsmittel unter Berücksichtigung aller Betriebsmittelanforderungen und von Rechnerkenngrößen. Anschließend wird eine '*Betriebsmittelquittung*' zum Funktionseinheitenmodell gesendet. Daraufhin findet die Interaktion statt wie in der zum Interaktionspunkt gehörenden Anweisung spezifiziert (hier kommen weitere Komponenten des Modellierungssystems ins Spiel).

In Wirklichkeit wird in DESIGN eine optimierte Version der erläuterten Modellierungstechnik verwendet, die etwas komplizierter ist.

### 3.4 Modellierungssystem

Die zu einem simulativen Experiment gehörenden Module (z.B. BS-Kern-Modelle) laufen wie erwähnt ihrerseits auf einem verteilten System ab; dieses soll *physikalisches Experimentnetz* genannt werden. Im Gegensatz dazu steht das *modellierte Experimentnetz*, das aus *modellierten Experimentrechnern* und den *modellierten Kommunikationssubsystemen* besteht.

Auf jedem Knoten des *physikalischen Experimentnetzes* befinden sich Teile des Kernsystems zur verteilten Simulation, ein oder mehrere *modellierte Experimentrechner* und kein, ein oder mehrere *modellierte Kommunikationssubsysteme.*

Ein *modellierter Experimentrechner* besteht aus folgenden Teilen:

- den Funktionseinheitenmodellen für diesen modellierten Experimentrechner,
- der lokalen Verwaltungseinheit des Laufzeitsystems,
- der lokalen Experimentbeobachtung,
- dem Modell 'BS-Kern',
- Dateimodulen (welche die Plattenperipherie modellieren),
- der Systemlast (dem Modell der Rechner-Benutzer und ihrer Prozesse)
- der Anwendungs-Last (Modell der Benutzer der verteilten Anwendung)
- Lastgeneratoren (S-, A-, für die beiden Lasttypen).

*Modellierte Kommunikationssubsysteme* modellieren einen zusammenhängenden Teil der Verbindung zwischen den *modellierten Experimentrechnern* (typischerweise ein LAN) sowie ggf. einen Übergang zu einem anderen Kommunikationssubsystem (via Gateway, öffentliches Netz etc.). Bild 3 zeigt die Module eines *modellierten Experimentrechners* sowie ein angrenzendes *modelliertes Kommunikationssubsystem.* Die 'logischen' Kommunikationspfade zwischen den Modulen sind nicht eingezeichnet, sondern nur die Zusammenfassung in verschiedene Simulationskomponenten aus der Sicht des Kernsystems für verteilte Simulation. Eine detailliertere Beschreibung findet sich in [MüD86].

## 4 Die DESIGN Softwareproduktionsumgebung

### 4.1 Projektdaten

Da die Entwicklung verteilter Anwendungen eine langwierige, komplexe Aufgabe ist, muß die Produktionsumgebung mehrere Programmierer, ggf. auf mehreren verschiedenen Entwicklungsrechnern, berücksichtigen und ebenso eine Zahl von koexistierenden Versionen der verteilten Anwendung. Diese Tatsache, die DC-Softwarearchitektur und das Modellierungskonzept bilden die Strukturierungsgrundlage der DESIGN Softwareproduktionsumgebung. Er spiegelt sich wieder im sog. *Arbeits-Kontext*, der durch das Tupel *(N,V,F,M,L,E,P,K)* klassifiziert ist. Dabei bezeichnen

*N* den Namen der aktuellen verteilten Anwendung ('NWA' aus historischen Gründen)
*V* den Namen der aktuellen Version
*F* den Namen des aktuellen Funktionseinheitentyps
*M* den Modulnamen (Untergliederung eines Funktionseinheiten-Programms),
*L* die Laufzeitumgebung (real, simulativ),
*E* den Experimentnamen,
*P* den Namen des Programmiereres, und
*K* den aktuellen Knoten der Entwicklungsumgebung.

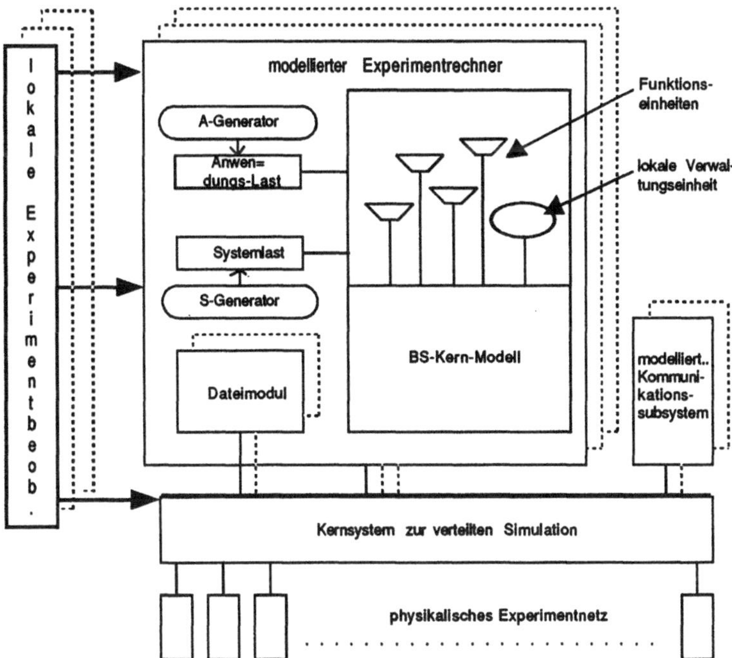


Bild 3: Modellierungssystem

Diese Klassifikation bildet auch die Basis für die Organisation der DESIGN Projektdaten. Administrationswerkzeuge und graphische Darstellungshilfmittel ermöglichen die direkte Manipulation der Organisationsstruktur; auf die Projektdaten selbst wird von den verschiedensten DESIGN-Werkzeugen (s.u.) zugegriffen[3].

## 4.2 Software Lebenszyklus

Zur Unterstützung des Rapid Prototyping wurde der Software Lebenszyklus in DESIGN kurz gehalten. Er besteht aus vier Grundphasen mit den Bezeichnungen *CONSTRUCT*, *COMPOSE*, *CONTROL* und *CONCLUDE*. In jeder Phase kann der Programmierer unter einer Anzahl von *Aktionen* auswählen, hinter denen sich jeweils ein oder mehrere Werkzeuge verbergen (im Falle mehrerer Werkzeuge gliedert sich die Aktion noch in *Sub-Aktionen*).

In der Phase *CONSTRUCT* wird die verteilte Anwendung entworfen, spezifiziert und programmiert. Beispile für Aktionen sind hier *specify* (Erstellen von Programmspezifikationen), *edit* (Quellcode-Editieren), *propose_change* (Änderungswunsch des Programmierers) etc. Die Phase *COMPOSE* dient z.B. dazu, die Konsistenz des Projektfortschrittes zu testen, eine Version einer verteilten Anwendung aus den Modulen zu integrieren, zu übersetzen und zu installieren. Phase *CONTROL* umfaßt Definition, Ausführung und Kontrolle (u.a. mittels verteilter Testhilfe) von Experimenten, während *CONCLUDE* zur Analyse von z.B. Leistungskenngrößen eines Experimentes dient und den Vergleich solcher Daten über mehrere Experimente hinweg erlaubt.

Den genannten vier Phasen übergeordnet ist eine Phase namens *MANAGE*. In dieser Phase kann ein ausreichend authorisierter Benutzer z.B. Funktionseinheiten, Versionen, verteilte Anwen-

[3]Die Speicherung erfolgt derzeit noch unter Verwendung des normalen Dateisystems mit Routinen zur Zugriffssynchonisation. In einem Folgeprojekt soll hier jedoch eine objektorientierte Datenbasis eingesetzt werden.

dungen, Benutzerrechte etc. schaffen, verändern oder vernichten. In diese Phase gehören auch Betriebssystem-Werkzeuge wie elektronische Post, Datensicherung etc.

## 4.3 Benutzerführung

Die Benutzerführung der DESIGN Softwareproduktionsumgebung basiert auf Arbeitsstationen mit hochauflösendem Bildschirm, Fenstertechnik und graphischer Eingabe (Maus o.ä.). Sie führt den Benutzer durch den Software Lebenszyklus und bietet homogenen Zugriff auf alle Werkzeuge mit graphischer Unterstützung. Mehrprozeßbetrieb (Aufruf mehrerer Aktionen gleichzeitig) wird unterstützt; das 'non-preemption'-Prinzip wird eingehalten (d.h. der Benutzer wird zu keiner Aktions- oder Eingabereihenfolge gezwungen), z.B. wird die Iteration durch die Phasen des Lebenszyklus zwar graphisch angezeigt, der Benutzer jedoch nicht gezwungen, die Phasen-Reihenfolge tatsächlich einzuhalten. Phasen, Aktionen und Sub-Aktionen werden über Icons angestoßen, Dialogboxen erlauben graphisch ('Menues', 'Radiobuttons', ...) oder alphanumerisch die Eingabe von zusätzlichen Parametern. Positionierung von Fenstern und Informationen unterliegen einem graphischen Architekturkonzept, eine speziell entwickelte 'Toolbox' (Bibliothek mit Routinen wie Rollbalken, Icon-Eingabe, graphische Menueauswahl...) erlaubt auf einfache Weise die Programmierung neuer graphischer Werkzeugoberflächen und trug dazu bei, dem Benutzer ein einheitliches Bild der Benutzerführung zu bieten.

Der DESIGN-Benutzer hat Zugang zu der Programmierschnittstelle *'extendable tool interface (ETI)'* der Benutzerführung. Diese Programmierschnittstelle bietet einen standardisierten, schnellen und einfachen Weg, um Änderungen und Erweiterungen an der Benutzerführung vorzunehmen, z.B. neue Werkzeuge (Aktionen) einzubinden. Mit einer speziellen Definitionssprache wird dort die Benutzerführung und die Anbindung der Werkzeuge (mit dem Werkzeug assoziiertes Icon, Abfragen der Dialogbox, notwendige Parameter aus dem Arbeitskontext, Aufruf des Werkzeuges) beschrieben.

Ein spezieller Sprachprozessor interpretiert das ETI-Programm und erzeugt eigenständig das graphische Layout der Benutzerführung (inklusive Dialogboxen etc.).

Bild 4 zeigt ein typisches Abbild des Bildschirmes einer DESIGN-Arbeitsstation im Umgang mit der Benutzerführung.

## 4.4 Werkzeuge

Die meisten Werkzeuge sind wie erwähnt spezifisch für eine Phase und dort als Aktion oder Sub-Aktion eingehängt, beispielsweise

- der sprachsensitive Editor *edit* in Phase *CONSTRUCT*,
- der DC Sprachprozessor *compile* in *COMPOSE*,
- graphische Darstellungshilfsmittel in *MANAGE*, die z.B. die Funktionseinheiten-Typhierarchie autmatisch graphisch darstellen,
- *playback* in *CONCLUDE* oder
- *debug* in *CONTROL*.

*playback* ist ein Werkzeug zur graphischen Ereignisnachführung. Dabei werden während des Experimentes alle Ereignisse einer verteilten Anwendung lokal aufgezeichnet, nach dem Experiment gesammelt und zur Arbeitssstation transportiert. Dort zeichnet *playback* quasi einen 'Film' der Ereignisse (Start/Stop von Funktionseinheiten, deren Hierarchie- und Kommunikationsbeziehungen, Botschaftenfluß). Der Benutzer hat zahlreiche Auswahlmöglichkeiten für Filterung, Darstellungsgeschwindigkeit, detailliertere Darstellung, Ausgabe von Ereignisbeschreibungen oder zugehörigem Quellprogramm-Abschnitt, etc.

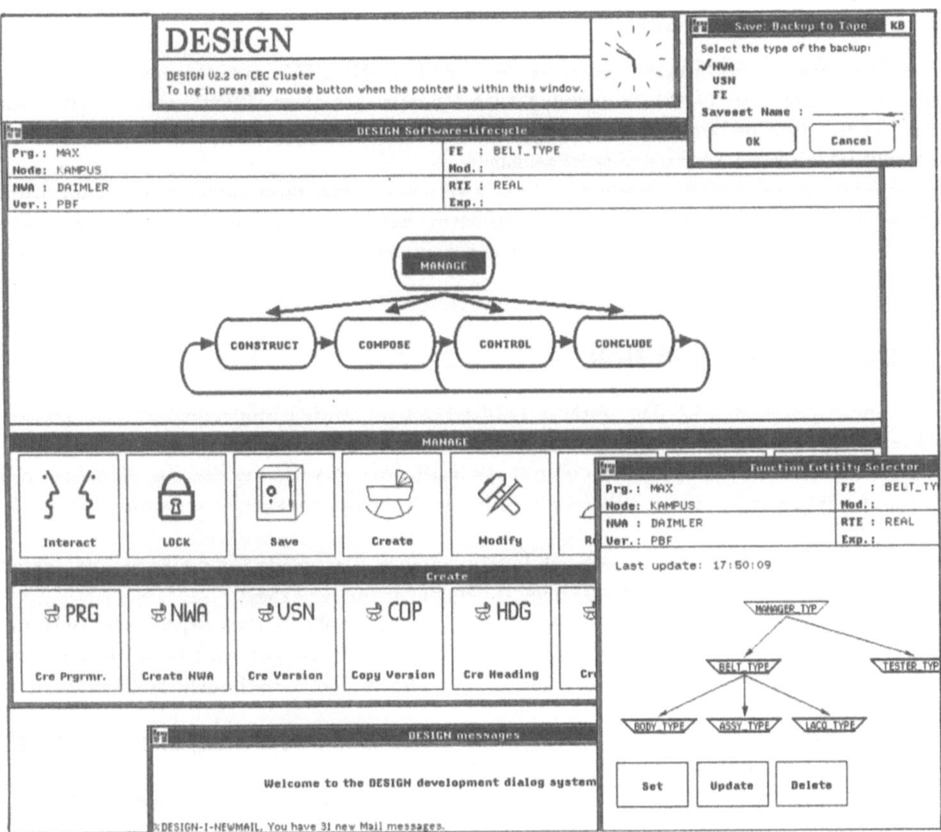


Bild 4: Typisches Bildschirm-Layout der DESIGN-Benutzerführung

*debug* ist eine verteilte Testhilfe. An der Arbeitsstation werden sowohl Fenster für einzelne Prozesse angeboten als auch ein zentrales Test-Fenster, wo Testhilfe-Kommandos eingegeben werden können, die einzelne oder aber alle Funktionseinheiten betreffen. Die verteilte Testhilfe in DESIGN ist mit das herausragendste Werkzeug. Für die drei Kernprobleme verteilten Testens, 'Beherrschen der Informationsflut', 'Semantik zur integralen Manipulation einer Menge von Prozessen' und 'Interferenz', wurden jeweils neue Ansätze gefunden.

'debug' ist eine symbolische Testhilfe, d.h. Eingaben können DC-Anweisungen enthalten (z.B. zur Listenmanipulation, zum Erzeugen und Versenden künstlicher Nachrichten, etc). Dem Problem der Interferenz (unerwünschte Beeinflussung des Verhaltens der verteilten Anwendung durch die Testhilfe) wird durch Einführung vier verschiedener 'Stufen der Beeinflussung' begegnet, wobei eine dieser Stufen mit virtuellen Uhren, speziellen Synchronisationsalgorithmen und einem eigenen Dispatching-System arbeitet, um das Verhalten weitestgehend anzugleichen an den Ablauf ohne Einsatz der Testhilfe.

Einige Werkzeuge sind auch spezifisch für eine Laufzeitumgebung (s.u.). So unterscheiden sich Experimentdefinitions- und -kontrollwerkzeuge für reale bzw. simulative Werkzeuge, das Kalibrierungswerkzeug wird nur für simulative Experimente eingesetzt, etc.

### 4.5 Laufzeitumgebungen

Zwei verschiedene Laufzeitumgebungen werden derzeit in DESIGN unterschieden, die *reale* und die *simulative*. Die *reale* Laufzeitumgebung wird für den normalen Ablauf einer verteilten Anwendung verwendet. Sie besteht im wesentlichen aus dem verteilten Laufzeitsystem (s. 2.3) sowie Experimentdefinitions- und -kontrollwerkzeugen.

In der *simulativen* Laufzeitumgebung wird das verteilte Layfzeitsystem der realen Laufzeitumgebung mitverwendet; die Werkzeuge zur Experimentdefinition und -kontrolle sind demgegenüber verändert bzw. erweitertet; neu hinzu kommen das Kernsystem zur verteilten Simulation und das Modellierungssystem.

## 5 Stand und Ausblick

Der DC Sprachprozessor und das verteilte Laufzeitsystem wurden implementiert und getestet. Beispielanwendungen substantiellen Umfangs wurden damit erfolgreich erstellt.

Das Kernsystem zur verteilten Simulation, das Kalibrierungswerkzeug und das Modellierungssystem sind fertiggestellt, ebenso die Erweiterung des Sprachprozessors für rechnergestützte Modellerstellung.

Für die beiden Laufzeitumgebungen sind erste einfache Werkzeuge für die Experimentdefinition und -kontrolle verfügbar, leistungsfähigere Versionen sind in Arbeit.

Die Softwareproduktionsumgebung mit Projektdatenverwaltung und Benutzerführung und Projektmanagement ist vollständig fertiggestellt. Auch die Werkzeuge 'sprachsensitiver Editor', 'Playback' und 'Testhilfe' sind verfügbar, die letzten beiden jedoch noch nicht vollständig in die Produktionsumgebung integriert.

Die Implementierung des Systems erfolgte auf Systemen des Typs VAX/VMS [LeE80]. Die verwendeten Arbeitsstationen sind vom Typ VAXStation.

Eine detaillierte Beschreibung des Gesamtsystems findet sich in [Müh86], eine weitere Übersicht in [MüS88].

## Literatur


[Ber82] Berg, H.K. (guest editor):
Distributed Systems Testbeds. *Computer (Themenheft), Oktober 1982*

[Bry79] Bryant, R.E.:
Simulation on a Distributed System. *Proc. IEEE, CH1445-6/79, 1979*

[ChM81] Chandy, K.M., Misra, J.:
Asynchronous Distributed Simulation via a Sequence of Parallel Computations.
*CACM, Vol. 24, No. 11, 1981, pp. 198-206*

[Dij75] Dijkstra, E.W.:
Guarded commands, nondeterminacy, and formal derivation of programs.
*CACM, Vol. 18, No. 8, 1975, pp. 453-457*

[Jef83] Jefferson, D.:
Virtual Time.
*University Of Southern California, Los Angeles, CS Dept.; TR-83-213, May 1983*

[LeE80] Levy, H.M., Eckhouse, R.H.:
Computer Programming and Architecture - The VAX 11.
*Digital Press, Bedford, MA, 1980*

[MüD86] Mühlhäuser, M., Drobnik, O.:
Integrated Development and Performance Evaluation of Network Applications Using Distributed Simulation.
*in: Shoemaker, S. (Ed.): Computer Networks And Simulation III, North Holland 1986, pp. 361-383*

[Müh86] Mühlhäuser, M.:
Entwicklungsunterstützung für anwendungsorientierte verteilte Programme.
*Dissertation, Universität Karlsruhe (Informatik), Karlsruhe 1986*

[Müh88] Mühlhäuser, M.:
Using Distributed Simulation for Distributed Application Development
*Proc. 21st Annual Simulation Symposium; Tampa, FL, March 1988*

[MüS88] Mühlhäuser, M.:
Software Engineering for Distributed Applications: The DESIGN Project
*Proc. IEEE 10th Intl. Conference on Software Engineering Singapore, April 1988*

[Ker78] Kernighan, B.W., Ritchie, D.M.:
The C Programming Language. *Prentice-Hall 1878*

[KRA83] Kramer, J., et al.
CONIC: an integrated approach to distributed computer control systems
*IEEE PROC., Vol. 130, No. 1, January 1983*

[LEB82] LeBlanc, R.J., Maccabe, A.B.
The Design of a Programming Language Based on Connectivity Networks
*Proc. IEEE 3rd Intl. Conf. Distributed Computing Systems, Ft. Lauderdale, Florida, Oct. 1982, pp. 532-541*

[Pea80] Peacock, J.K.:
Distributed Simulation Using a Network of Processors.
*Dept. of CS and CCNG, University of Waterloo, Ontario, Canada; CCNG T-Report T-87, January 1980*

[SGO83] Sventek, J., Greiman, W., O'Dell, M., Jansen, A.:
Token Ring Local Area Networks - A Comparison of Experimental and Theoretical Performance.
*Report CS and Math Dept., Lawrence Berkeley Lab., 1983*

[VRL86] Venkatesh, K., Radhakrishnen, T., Li, H.F.:
Discrete Event Simulation in a Distributed System
*Proc. IEEE Compsac '86, Chicago IL, pp. 123-129*

[WoM83] Wolfinger, B., Mühlhäuser, M.:
Construction of a Validated Simulator for Performance Prediction of DECnet-based Computer Networks.
*Performance Evaluation Review, August 83, pp. 138-150*

[Zah83] Zahorjan, J.:
The Influence of Workload Representation on Response Times in Queueing Models of Computer Systems
*Performance Evaluation Review, August 1983, pp. 70 - 81*

# A Distributed Systems Architecture Supporting Multi-Threaded Objects

J.-P. Behr, B. Fink, R. Kraemer, R. Stecher

Philips GmbH Forschungslaboratorium Hamburg,
Vogt-Koelln-Str. 30, D-2000 Hamburg 54, FRG

**Abstract**

ESPRIT Project 237 *Communication Systems Architecture* (CSA) aims at the development and demonstration of a software architecture for intensively interacting distributed office systems integrating computation and communication. The architecture is based on a specific object model supported by a hierarchy of abstract machines which provides means for the hiding of heterogeneity and distribution aspects of an office environment.

The CSA object model supports mechanisms for the encapsulation, interaction and composition of objects similar to those known from other object models. As an additional feature the concurrent execution of operations within one object is allowed. Extended Open Predicate Path Expressions are used for the specification of concurrency constraints within an object. Concurrent requests and their synchronization are managed by a separate controller associated with each object instance.

This paper mainly describes the CSA object model and its implementation in an abstract object machine, focusing on concurrency aspects.

## 1. Introduction

The ESPRIT Project 237 *Communication Systems Architecture* (CSA) is concerned with the definition and prototype implementation of an architecture for distributed office systems. The requirements for this architecture are the following:

1. It should support a suitable method for the description and implementation of office applications.
2. It should abstract from heterogeneity of different hardware and operating systems and thus support portability.
3. It should abstract from distribution. Thus applications become location transparent.
4. It should support the communication with other systems and thus be open to the environment.

The CSA starting-point for an architecture which fulfills these requirements is an object oriented approach supported by a hierarchy of abstract machines. The first machine level abstracts from heterogeneity, the second abstracts from distribution, while the third abstraction level supports communication to non-CSA architectures.

We call a system that conforms to the CSA architecture a *domain*. From a hardware point of view a domain consists of a number of local systems like workstations, personal computers, and mini-computers which are connected via possibly different kinds of networks like LANs or WANs. From the software and the users point of view a domain provides a surface which hides the fact that the system is spread over the hardware elements. Typically a domain will coincide with a commercial or manufacturing office.

CSA has chosen an object oriented approach for its computational model as a way of enforcing a structure on the implementation of applications. By ridgely applying CSA's object model it is possible to prevent application implementation mechanisms from distorting an applications structure. Thus applications, structured into a set of interacting objects that conform to CSA's object model, may be specified independently of any consideration concerning their eventual location, distribution or implementation. This has obvious benefits to the designer of distributed office applications as he can be sure that an application developed with one set of distribution assumptions can be mapped to other distribution scenarios.

The CSA architecture and object model are designed in such a way that they can take advantage from future hardware and system software developments especially those concerned with multiprocessing. To make maximum use of parallel processing capacity it is necessary that concurrency becomes an integral part of the computational model. The CSA object model with internal concurrency provides mechanisms to describe that high degree of parallelism which is required to increase system performance by using multiprocessor hardware.

## 2. The Abstract Machine Hierarchy

CSA is based on a set of abstract object machines each providing an environment for the implementation of objects corresponding to the CSA object model described in chapter 3.

The first abstract object machine is the local object machine (LOM) which encompasses a set of resources usually managed by a single instance of an underlying operating system. The main purpose of this machine is to deal with heterogeneity of computing and communication systems and to provide an object view.

On each individual system a LOM is implemented which can coexist next to existing local applications(fig. 1). To support portability, the LOM kernel is separated into two parts. The first part - the Operating System Kernel Emulator (OSKE) - deals with the problem of heterogeneity and provides an operating system interface which is identical for all systems forming a domain and is independent of the various underlying operating systems. The second part - the Object Interface Provider (OIP) - presents the object view to the next higher level. It consists of a set of managers for the administration of object instances and object types and for the interobject communication. Objects communicate by invocations. An invocation initiates the execution of an operation in another object. Fig. 1 shows the relationships of the LOM kernel with the underlying system and with the local objects (LO) it supports. It also indicates the logical invocation path between local objects. The actual invocation path is via the LOM kernel.

The second of the abstract object machines is the domain object machine (DOM) shown in fig. 2. A set of LOMs is interconnected via an abstract network and communicates through a reliable data transfer service, i.e. the data is either delivered exactly once to the destination system, or the sending system will be informed of the failure. The

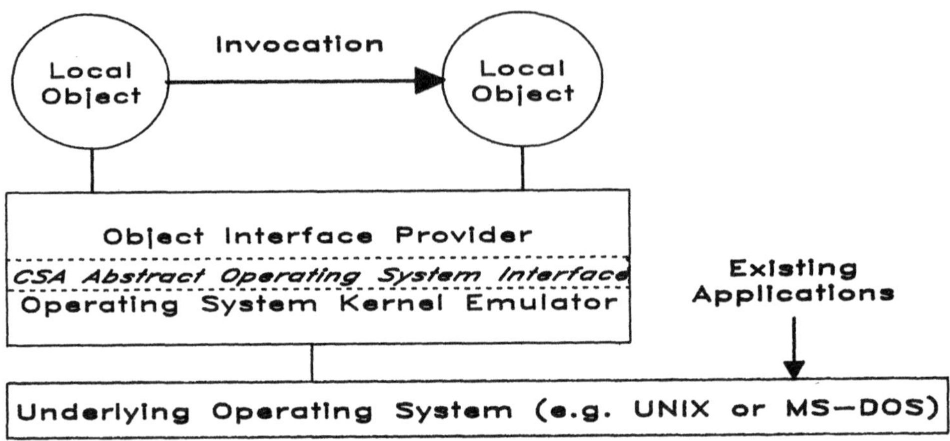


Figure 1: Local Abstract Object Machine Kernel

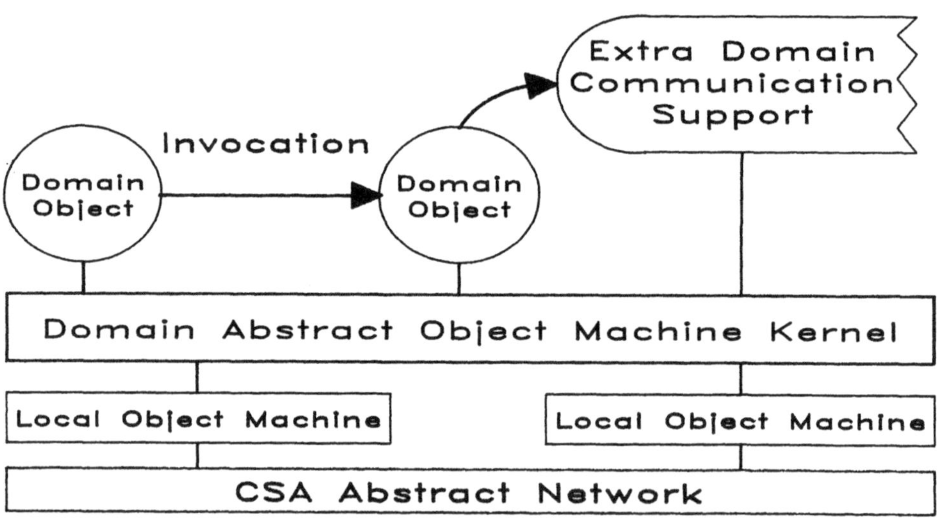


Figure 2: Domain Abstract Object Machine

network abstracts from all details of the underlying data transfer facilities. A DOM kernel is built on the collection of LOMs that constitute a domain. This distributed machine kernel is constructed from kernel components each consisting of local objects. It provides the application systems above this level with the view of a single resource sharing system. Local objects residing on different LOMs are unable to communicate by invocation, i.e. interaction between local objects residing on different machines has to be performed explicit knowledge of the location of the destination object. Invocations of domain objects are location transparent in the sense that to perform an invocation no knowledge is required about the location of its respective representation by local objects.

To cope with the requirement for openness to other architectures, an additional extra-domain communication support as illustrated in fig. 2 is required. Extra-domain communication between CSA domains is relatively simple because they are designed according to the same principles. For an invocation of an object residing in another domain, only a domain identifier has to be added because all domains have separate name spaces. For extra-domain communication to other architectures, specific two-sided objects are installed as gateways. For the CSA domain they appear and behave like objects, while from outside they look like elements of the architecture for which they are provided.

## 3. The CSA Object Model with Internal Concurrency

### 3.1. Basic Features

As in many object-oriented approaches[1, 2, 3] CSA objects have a number of basic features:

#### Encapsulation

An object consists of a collection of information and a set of operations on that information. The collection of information is called the state of the object. Operations are functions or procedures that are applied to the state and are the only way to access it. Together operations and information form a single abstraction.

Objects are instances of object types. Each instance is created and encapsulated according to the template represented by its type description.

#### Object Composition

Within CSA we provide three kinds of object composition mechanisms:

1. Multiple selective inheritance
2. Importation
3. Sharing.

Inheritance is a means to delegate the operation request to objects which provide a solution for this request[4, 5]. Within a type specification an inheritance list has to be provided, claiming explicitly which operations of which type should be part of the exported operations of the newly specified type. A runtime facility guarantees the propagation of operation requests according to the specified inheritance list. Furthermore, inheritance is a means to specify polymorphic types. On instantiation a private instance of the inherited type is incorporated into the body of the inheriting instance, thus restricting this mechanism to property inheritance and not including value inheritance.

Importation is a means to make an object part of the state space of another object. Whereas inherited operations are accessible on the object interface, operations of imported types are completely hidden. Thus importation allows a hierarchical decomposition of objects avoiding the necessity to implement each new type from scratch.

Sharing is a means to make use of existing object instances at invocation time. Like with importation, each shared type has to be stated explicitly. The declaration of named entities of shared types only creates a name for internal use. These names can be reserved names for fixed system-provided objects or only formal names where linking information has to be provided at runtime.

### 3.2. Object Interaction

In other approaches the interaction mechanisms range from pure synchronous procedure-call like forms as in ARGUS[3], EDEN[2] and SMALLTALK[1], over combined forms like in ABCL[6] to pure asynchronous forms like in DAC[7].

In CSA the only way of object interaction is by operation invocation. Three different patterns of invocation are provided where the first one is a synchronous and the remaining two are asynchronous. The choice of a particular pattern is at the discretion of the invoker and is independent of the invoked operation. That means that any operation can be invoked by any invocation pattern.

Asynchronous interaction is a means to increase concurrency between objects and to avoid the forced serialization of concurrent algorithms, but it also can result in programs which are quite difficult to understand. On the other hand synchronous interaction allows the structuring of programs with a single thread of control, resulting in a good readability but restricted concurrency.

The *synchronous invocation pattern (CALL)* has a 'blocking send semantics' and is similar to a normal or remote procedure call. After a CALL-type invocation the state can be either a successful termination with respect to the CALL protocol or an exception termination because of a timeout or a reject message from the destination.

The *FORK* invocation is the most important *asynchronous invocation pattern* within CSA. Because of the non-blocking send semantics of the FORK, additional primitives are necessary to get information about the state of the invocation (WAIT), to get the return parameters (GET_PARAMETER), and to purge superfluous outstanding invocations (PURGE). Fig. 3 shows as an example the component interaction to perform a FORK operation.

For each FORK an object-wide unique invocation identifier is maintained. The WAIT primitive allows the formulation of a predicate over the state of the outstanding fork-type invocations. The predicate can be a complex Boolean expression. If the wait primitive is called, execution of that particular operation is blocked until the predicate becomes true. In that case a GET_PARAMETER primitive can be issued to fetch the parameters of the detected kind. Within the set of return parameters similar exception indications can be signalled as in the CALL pattern.

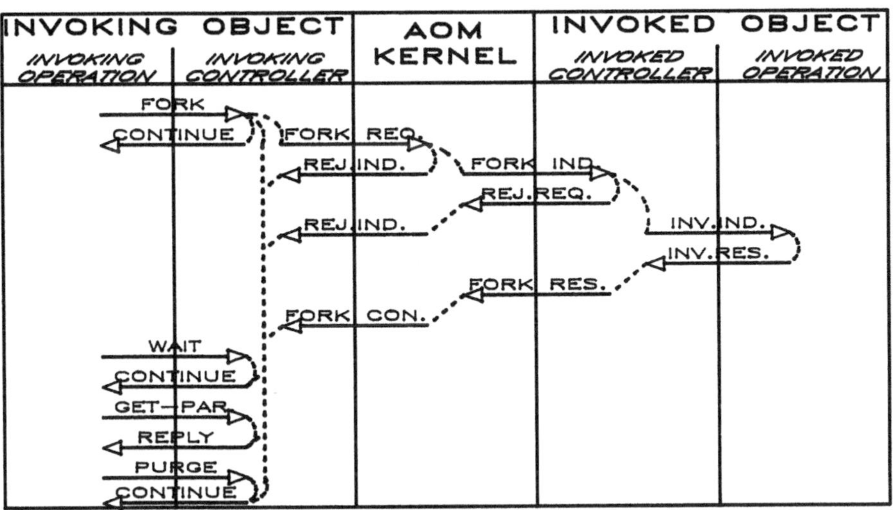


Figure 3: Component interaction for FORK invocation pattern

The last invocation pattern supported is the CAST. Similar to the FORK it has a non-blocking send semantics, but after the CAST is issued, the invoker will get no response. This pattern is useful for the activation of objects without awaiting any response. Error control has to be provided on a higher level.

### 3.3. Concurrency within CSA Objects

Within the CSA object model we introduced the concept of multi-threaded objects to allow more than one operation to execute concurrently in a single object instance. This feature requires a suitable means for synchronization to keep the internal state of an object consistent.

Several solutions have been proposed in the literature [8] but recently there are some thoughts on more structured synchronization means[9, 10]. Only very few known approaches take these structuring requirements into account, as e.g. the Open Predicate Path Expressions (OPPEs)[11] which are used in CSA as a basis for concurrency constraints definitions.

Path expressions are ideally suited for the specification of concurrency constraints in object-oriented approaches, because they allow to separate the synchronization of shared resources from the implementation of the provided operations. This so-called synchronization modularity[12, 9, 10] guarantees good understandability of synchronization problems and a high degree of changeability. Open Predicate Path Expressions are a junction of properties of the Predicate Path Expression[13] and the Open Path Expressions[14]. From the OOP they inherit the property that unrestricted concurrency is assumed to be the default case which has to be restricted explicitly. From the PPEs the OPPEs inherit the characteristics that some special synchronization state information of the operation can be accessed to formulate the paths.

The big advantages of Path Expressions over other synchronization concepts are, first that they are given in a *non procedural form*, i.e. all synchronization requirements have to be true at any time independent of the order of writing in the specification and second that they are independent of the implementation of the operations to be synchronized. No explicit synchronization has to be provided within the implementation of the object operations. Concurrency constraints concerning the execution of multi-threaded objects are specified in CSA-type specifications by Extended Open Predicate Path Expressions (EOPPE) which have been derived form the OPPEs. EOPPEs extend the number and kind of synchronization state information, which can be accessed to include operation parameters and special synchronization variables (usually counters and flags), which are maintained completely within the concurrency controller. This enables the expression of complex synchronization problems in an elegant way. Furthermore it allows the specification of synchronization to be kept independent of the implementation of the of the objects operations.

The principles of EOPPEs shall be explained by the example of a simplyfied memory manager. The memory manager provides the two operations Alloc and Free which may be mutually exclusive active at a time. Alloc is used for the request of a storage area of size AmountA. Operation Free is used to give a storage area of size AmountF back to the memory management. The amount of memory, which is still available, is calculated in the variable Rest which is initialized to MaxAmount. Alloc can only be executed if the predicate, that the requested amount of storage is smaller than the available amount helt in Rest, is true. This prevents the execution of Alloc if insufficient storage remains to satisfy the current request.

```
OPERATION Alloc (AmountA:INTEGER);
OPERATION Free  (AmountF:INTEGER);

SECTION CONCURRENCY CONSTRAINTS

VAR AmountA, AmountF: PREDICATE;
VAR Rest (INTEGER)  : PREDICATE;

PATH
1:((Alloc [Rest - AmountA > 0]; Rest := Rest - AmountA),
  (Free; Rest := Rest + AmountF))
ENDPATH

ENDSECTION
```

In a list, any number of operations listed may proceed concurrently, unless explicit restrictions are placed upon some of the elements in that list. The comma between list elements separates the elements in the notation but imposes no restrictions with respect to the order or number of the list elements.

In a sequence, which is denoted by a semicolon, the operations must proceed in the left-to-right order and a subsequent operation may only start when the previous has been finished.

The item of the form n:(A) allows only up to n occurrences of A.

The item of the form {A} allows an unrestricted number of A.

The item of the form A[q] allows A to execute only if q is true.

The paranthesis, as in (A) serve to indicate the order of parsing in the EOPPE.

A more elaborate description of the EOPPE's syntax and semantics can be found in[15].

### 3.4. The CSA Object Representation Model.

Each CSA object consists of an executer and a controller (fig. 4). The executer represents the type-specific semantic part, which is usually defined by the application programmer. It can be subdivided into the operation part, which holds the code for the type-specific operations, and an information part, which describes the state of a particular instance of an object type. The information part consists of state variables of primitive type (integer, character, ...) and of composed types. The object controller is responsible for invocation control and synchronization of a single object instance. Operations are passive. To be executed they have to be associated with a carrier of activity called a thread. A number of threads can be active at the same time in a single object. The only way for an operation to interact with the object controller is via primitive calls.

The object controller consists of an access controller, a concurrency controller, an invocation controller and a thread controller.

On an incoming invocation the access controller makes a capability check to assure that the invoker has the necessary access rights for the required operation in this object. The access controller also applies a type check to the invocation parameters and possibly passes invocations on to inherited objects.

An invocation which has passed the access controller causes the concurrency controller to reevaluate the concurrency constraints. The concurrency controller of an object controller is the implementation of type-specific concurrency constraints. Every change in the synchronization state of the resource (the executer) or operation requests lead to a reevaluation of the concurrency constraints, allowing entries in the invocation queue to be removed and requested operations to be activated.

The two remaining components of the object controller fulfill management tasks for the executor. The invocation controller has to execute the protocol on the invoker or invokee

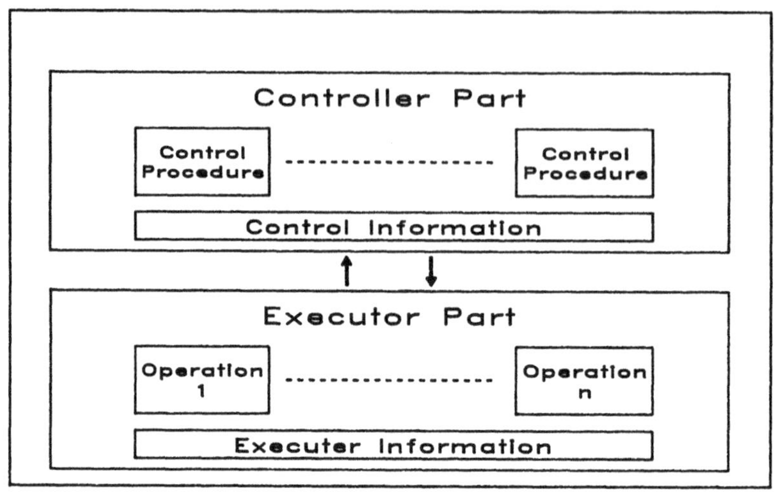


Figure 4: The CSA object representation model

side respectively according to the requested type of invocation pattern. On an incoming invocation it has to activate the thread controller to create a new thread and link it to the requested operation body. The thread controller is responsible for the creation, deletion, suspension and resumption of threads. It also implements the strategy for the scheduling of threads within a single object.

Although the object controller is a rather complex module it supports object specific concurrent execution of operations within one object according to the concurrency constraints. The necessary controller mechanisms are completely hidden to the application programmer who defines the executor part of an object only.

## 4. The CSA Object Representation within the LOM

Within the CSA hierarchy of abstract machines the LOM forms the lowest layer. It has to provide a suitable environment for the implementation of the CSA object representation model. The LOM therefore consists of

- an Object Interface Provider (OIP) for the object management
- an Operating System Kernel Emulator (OSKE) to provide the lower level mechanisms, e.g. for the concurrent execution of threads.

The OIP comprises a number of managers for the object and invocation management. The type management is concerned with the creation and deletion of object types. Creation of a new type means creation of an instance manager of that type. The instance management has to deal with the creation and deletion of object instances. Thus the relation between the type manager and the instance managers is the same as between an instance manager and the instances of that type. The type and instance management is supported by the location manager who is able to create or delete object representations. For this purpose the location manager makes intensive use of the OSKE interface. The invocation management deals with name resolution according to the context oriented hierarchical naming scheme applied in CSA. It then propagates invocations to the correct object representation in the system.

The OSKE provides an abstract operating system, offering an interface which is identical for all CSA systems, and thus independent of the various underlying local operating systems. The task of porting a LOM to a new host mainly comprises the writing of the OSKE.

The OSKE must thus present a portable set of primitive operations to be used by the OIP in the implementation of its abstract functionality. In addition to that it also has to support concurrent execution of operations within one object according to the CSA object model. For this reason the interface between the OSKE and the OIP is defined in such a way that it is possible to make maximum use of the advantages of future multiprocessor hardware. This would allow concurrent operations to be actually executed in parallel and thus to increase the performance as expected in the design of the CSA object model.

The basic abstraction provided by the OSKE is the process group, similar to a team in the Thoth[16] system, a guardian in the Argus[3] system, a task in the Mach[17] operating system or an actor in Chorus[18]. A light weight process model allowing rapid switching between processes within a process group is made possible by the use of global data and common code segments. In particular, the process model supported by the OSKE provides a powerful means both for implementing the object representation and for structuring the implementation of the OIP.

A process group consists of a number of processes each sharing a program memory (code) and a global data segment (fig. 5). Each process additionally accesses its own private data memeory. Communication between groups is achieved by message passing, using a pair of mailboxes administered by each group.

The principle components supporting the process group concept within the OSKE are

- *ProcessManager* , responsible for providing the process group model
- *ProcessScheduler* , to realise the virtualisation of the abstract processor implemented by the OSKE
- *MailManager* , which implements the mechanisms to support communication between process groups
- *MemoryManager* , responsible for the administration of the memory provided by the host environment.

The process group concept of the OSKE is used to implement the CSA object representation model described in chapter 3.4. Each object representation is mapped onto a single process group and each functional component of the controller part in the object representation is mapped onto a single process within that group. Fig. 6 shows the process group for a standard object representation. It shows an object with three active threads, two of them processing operation OP1 concurrently and the remaining one processing operation OP2.

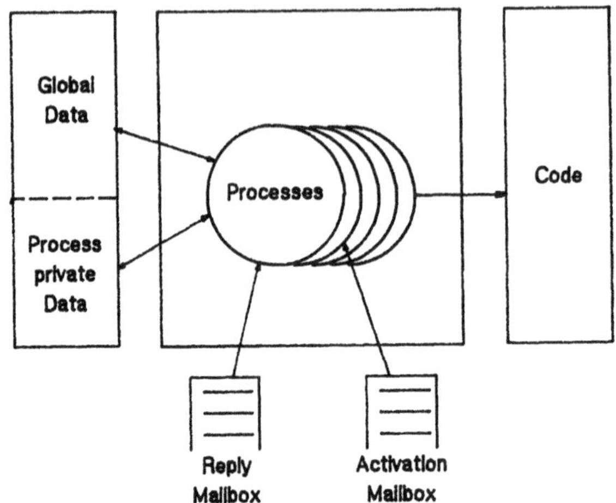


Figure 5: Structure of a process group

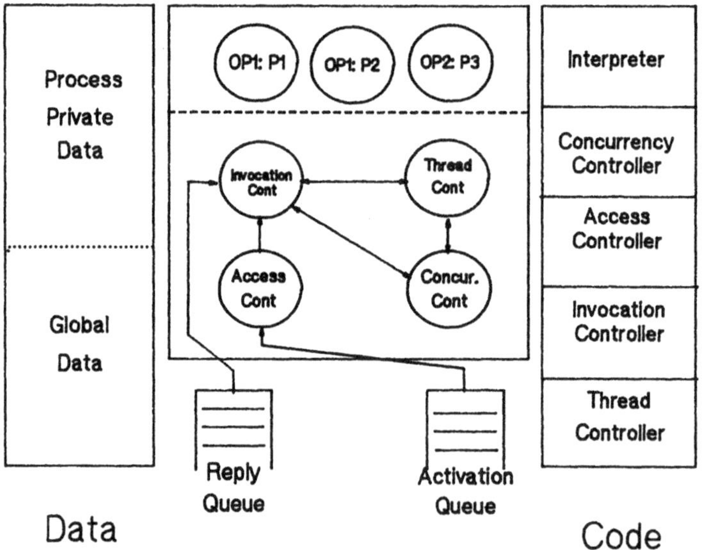


Figure 6: An Object Representation Mapped onto a Process Group

The various private and global data spaces form part of the data of the process group. The code comprises all directly executable parts of the object representation. The type specific operations are originally written in a Modula-2 based object oriented language CSA-NL which is translated into a pseudo machine code called M2-Code[19] The M2-Code is executed by an interpreter.

The processes implementing the controllers of the object representation are permanent. Processes P1 to P3 for the execution of operations are created dynamically by the thread controller upon an incoming invocation. They are deleted when the execution of the corresponding operation terminates. The thread controller can create a number of concurrent processes executing the same operation if this does not violate concurrency constraints for this operation which are monitored by the concurrency controller. It becomes obvious, that these processes could run in parallel on different processors if this is supported by the underlying hardware and system software.

## 5. Final remarks

The CSA architecture will be implemented as a prototype in two phases. In the first phase, which will end mid of 1988, a LOM will be implemented on a SUN 3 running UNIX and an IBM-PC running MS-DOS. In the second phase ending up December 1989 a Domain Object Machine will be implemented on a set of LOMs.

The design of the LOM components for the OIP and the OSKE by pseudo code has been completed. For the implementation of the LOM prototype Modula-2 is used as a system implementation language. The advantage of Modula-2 and M2-Code as an intermediate code is that they enable objects to be transported easily between systems based on different hardware.

In the UNIX implementation we will map the whole LOM onto a single UNIX process because the UNIX process model is too heavy weight to allow fast process switching. In a MS-DOS implementation the CSA process group concept will form the basis of the process model to be incorporated into MS-DOS. The implementation on other host operating systems will require new decisions for the mapping strategies.

## 6. Acknowledgement

CSA is being developed by a consortium of four organisations, namely MARI Advanced Microelectronics Ltd. (UK), Plessey Research and Technology (UK), Synergie Informatique et Developpement (F), and Philips GmbH Forschungslaboratorium Hamburg (D). Additionaly two subcontractors namely Informationstechnologie Kiel GmbH (D) and Universite Pierre et Marie Curie (F) are involved in this development. The work is being partially funded by the CEC as part of the ESPRIT work area 4.3.1 Communication Systems.

The authors wish to acknowledge the assistance given by the project team in producing this paper and the management of their respective organisations for permission to publish it.

## References


1. A. Goldberg and D. Robson, *SMALLTALK-80: The Language and its Implementation,* Addison Wesley Publishing Company, May 1983.
2. G. T. Almes et al., "The Eden System: A Technical Review," *IEEE Transaction on Software Egeneering,* vol. SE-11, no. 1, January 1985.
3. B. Liskov, "The Argus Language and System," in *Distributed Systems* , Lecture Notes in Computer Science, vol. 190, pp. 343-431, Springer-Verlag, 1985.
4. H. Lieberman, *Delegation and Inheritance: Two Mechanisms for Sharing Knowledge in Object-Oriented Systems,* pp. 79-89, Paris, 8-10 January 1986. Journees Langages Orientes Objet
5. G. A. Curry and R. M. Ayers, "Experience with Traits in the Xerox Star Workstation," *IEEE Transactions on Software Engeneering,* vol. SE-10, no. 5, Sept 1984.
6. A. Yonezawa, J.-P. Briot , and E. Shibayama, "Object-Oriented Concurrent Programming in ABCL/1," *SIGPLAN Notices,* vol. 21, no. 11, pp. 258-268, Portland, Oregon, Sept 29 - Oct 2 1986. Proceedings of the OOPSLA Conference
7. M. H. Seifert and H. M. Eberle, *Remote Service Call: A Network Operating System Kernel and its Protocols,* Munic, 15-19 Sept. 1986. Proc. of the 8th International Conf. on Computer Communication
8. G. R. Andrews and F. G. Schneider, *Concepts and Notations for Concurrent Programming,* 15, March 1983. Computing Surveys
9. T. Bloom, *Evaluating Synchronzation Mechanisms,* 1979. Proc of the 7th Symp on Operating System Principles
10. T. Bloom, *Synchronization Mechanisms for Modular Programming Languages,* January 1979. MIT/LCS/TR-211
11. M. R. Headington and A. E. Oldehoeft, *Open Predicate Path Expressions and their Implementation in Highly Parallel Computing Environments,* pp. 239-246, 1985. Proc. of the Conference on Parallel Processing
12. J. E. Grass and R. H. Campbell, *Mediators: A Synchronization Mechanism,* May 19-23, 1983. Proc of the 6th Int. Conf on Distributed Computing Systems
13. S. Andler, *Predicate Path Expressions,* pp. 226-236, jan 1979. Proc. 6th ACM Symp. on Princ. of Prog. Lang.
14. R. H. Campbell, "Path Expressions: A Technique for Specifying process synchronization," UIUCDCS-R-77-863, May 1977. Dep of Comp. Scince University of Ilinois at Urbana-Campaign
15. Esprit Project 4.3.1/237 CSA, "Strategic Architecture Design Document," Internal Report avail. on request, October 1986.
16. David R. Cheriton, *The Thoth System: Multi-Process Structuring and Portability,* North-Holland, 1982.
17. Walmer, L. R. and Thompson, M. R., "A Mach Tutorial," Department of Computer Sience, Carnegie-Mellon University, Pitsburgh, August 1987.
18. Guillemont, M. and Martins, J. L., "UNIX into the Distribution Age: the CHORUS Operating System," INRIA, Internal Report, February 1987.
19. Schumacher, D., *Entwurf und Implementierung einer Portierungsebene für einen MODULA-2 Compiler, Diplomarbeit, Lehrstuhl für Betriebssysteme, RWTH Aachen,* 1985.

# Werkzeuge zur Entwicklung Verteilter Systeme

U. Baumgarten†
R. Kewitz‡
D. König‡
P.P. Spies†

† Universität Oldenburg
Fachbereich Informatik
Postfach 25 03
D - 2900 Oldenburg

‡ Universität Bonn
Institut für Informatik - Abt. II
Römerstr. 164
D - 5300 Bonn

Zusammenfassung

Gegenstand dieses Papieres ist eine Software-Entwicklungs-Umgebung für Verteilte Systeme. Dazu wird zunächst ein Systemmodell vorgestellt, auf dessen Grundlage die aufzuzeigenden Werkzeuge arbeiten. Die Werkzeuge werden im Groben vorgestellt und eingeordnet. Der Schwerpunkt liegt dann auf den interaktiven Werkzeugen zur Analyse abstrakt verteilter Systeme. Dadurch wird die strukturelle Komplexität derartiger Systeme beherrschbar und deren Qualität gesteigert. Auf der Basis von Definitionsobjekten wird eine statische Analyse vorgestellt, die dann auf Inkarnationen von Systemkomponenten ausgedehnt zur dynamischen Anlayse führt.
Sowohl das Systemmodell als auch die Werkzeuge werden anhand eines Beispiels vorgestellt.

# 1 Einführung

Dieses Papier beschreibt Werkzeuge zur Entwicklung *Verteilter Systeme*, die in einer Software-Entwicklungs-Umgebung zusammengefaßt sind.
Da Verteilte Systeme in den letzten Jahren ein ständig stärker werdendes Interesse gefunden haben und die Kenntnisse über deren technische Realisierungen schnell gewachsen sind, rücken immer mehr verschiedene Konkretisierungen Verteilter Systeme, deren Strukturen und ihre strukturelle Komplexität in den Vordergrund. Da die Strukturen vielfältig sind und die strukturelle Komplexität hoch ist, werden sowohl einfache, aber mächtige Konzepte zur Strukturierung als auch Werkzeuge zum Einsatz der Konzepte bei der Entwicklung Verteilter Systeme benötigt.
In diesem Papier wird ein Überblick über Arbeiten an Entwicklungswerkzeugen, die auf einem speziellen Systemmodell basieren, gegeben, welche an der Universität Bonn begonnen wurden und an der Universität Oldenburg fortgesetzt werden. Vorrangiges Ziel ist es dabei, die Werkzeuge der Entwicklungs-Umgebung selber vorzustellen und in den Entwicklungsvorgang einzuordnen. Da die Werkzeuge aber ein Modell für Verteilte Systeme voraussetzen und sich wesentlich an diesem orientieren, wird das Modell anhand eines einfachen Beispiels informell und soweit, wie es zum Verständnis dieses Papiers notwendig ist, eingeführt.

Die hier betrachteten Systeme sind *abstrakt* bzw. *funktional verteilte* Systeme. Damit steht die aus den Problemstellungen selber resultierende Parallelität im Vordergrund und nicht die physische Verteilung von Komponenten auf Knoten in einem Rechnernetz. Dadurch wird die physische Verteilung abstrakt verteilter Systeme allerdings in keiner Weise ausgeschlossen; sie ist hier aber der abstrakten Verteilung nachgeordnet. Dementsprechend werden vorrangig Konzepte für abstrakt verteilte Komponenten bereitgestellt.

Die Grundlage für das Systemmodell sind dessen Komponenten mit ihren spezifischen Eigenschaften und Strukturen über diesen. Diese Komponenten werden hier DA-Komponenten genannt; sie werden in nächsten Kapitel genau erläutert. Wichtige Arten von DA-Komponenten sind T-, AS-, und PA-Komponenten; auch diese werden im folgenden Kapitel anhand eines Beispieles eingeführt. Für alle Komponenten ist die Unterscheidung zwischen inneren und äußeren Eigenschaften wesentlich. Die Strukturierung wird hauptsächlich aus der Abgrenzung von Komponenten und deren Schachtelung bestehen.

Hinsichtlich der Software-Entwicklungs-Umgebung wird für Verteilte Systeme, die an dem Modell der DA-Komponenten orientiert sind, u.a. folgendes benötigt:

1. eine Menge *wohldefinierter Konzepte* für die Strukturierung des Systems, für die Festlegung der DA-Komponenten und die Wechselwirkungen zwischen den DA-Komponenten,
2. eine *Sprache*, die diese Konzepte beinhaltet bzw. umsetzt und die mithin zur Konstruktion Verteilter Systeme benutzt wird; diese Sprache trägt hier den Namen OlDiLa[1],
3. ein *Sprachprozessor* zur Verarbeitung der Sprache, der zum Beispiel die Aufgaben der syntaktischen Analyse und semantischer Überprüfungen übernimmt, sowie
4. eine Menge von *Werkzeugen*, die zum Beispiel der Analyse in Entwicklung befindlicher Systemen auf der Basis von deren OlDiLa-Quellprogrammtexten dienen. Zu diesen gehören
   (a) die ***statische Analyse***, die i.w. auf der Basis von Definitionsobjekten[2] Aussagen über *"mögliche Entwicklungen"* hinsichtlich der Inkarnierungen von DA-Komponenten, deren Abhängigkeiten und deren Wirkungsbereiche, um nur einige zu nennen, machen kann, und
   (b) die ***dynamische Analyse*** als einer Art von Prototyping, wodurch eine exemplarische Entwicklung des Systems durchgespielt werden kann und die bereits in der oben angegebenen statischen Analyse als *"potentiell"* bestimmten Eigenschaften anhand konkreter Inkarnationen vervollständigt werden können.

[1] Oldenburg Distributed Language
[2] Definitionsobjekte entsprechen in vielen anderen Programmiersprachen Typdefinitionen bzw. typdefinierenden Objekten.

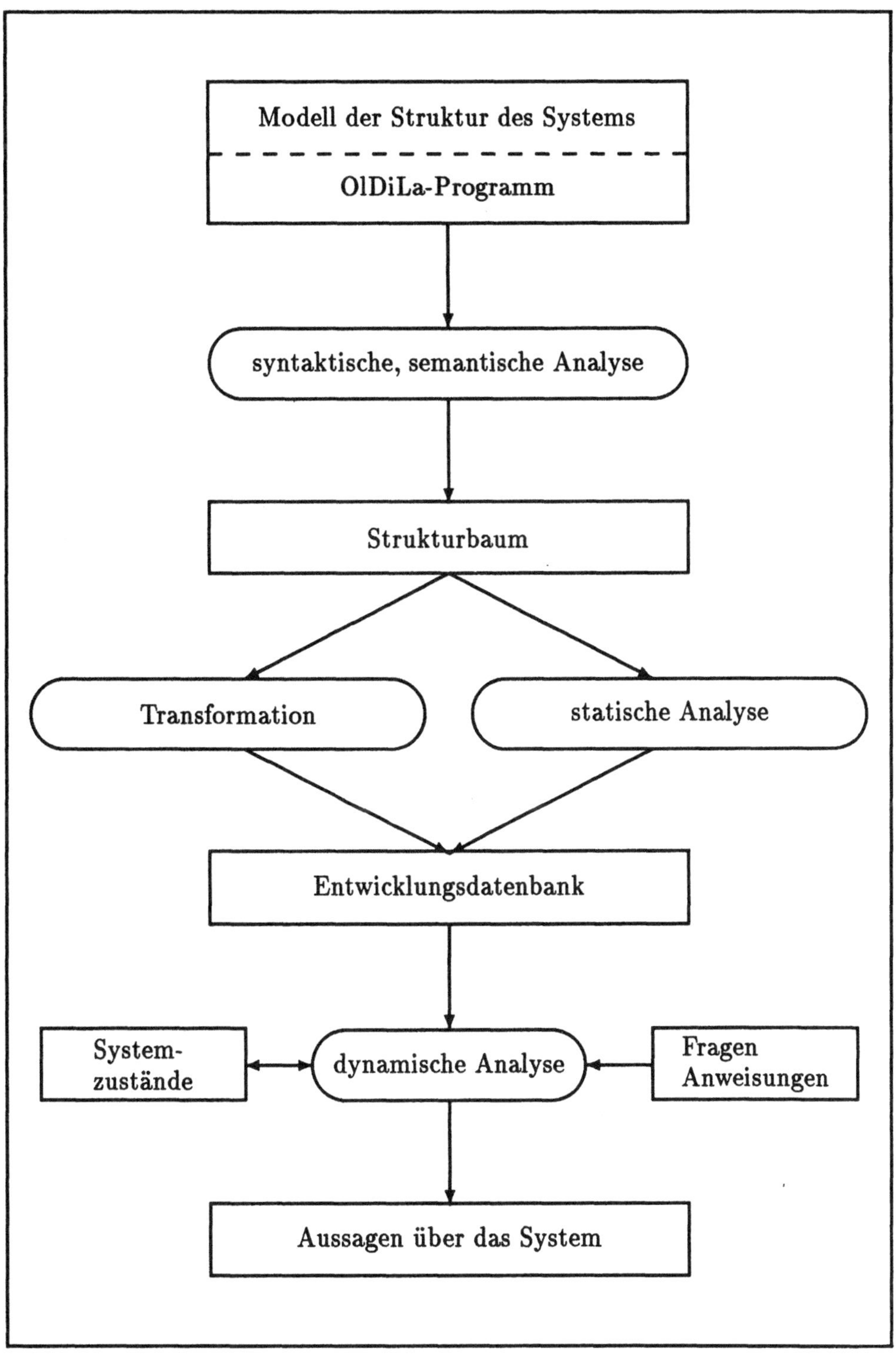


**Abbildung 1: Nutzung der Software-Entwicklungs-Umgebung**

Die Nutzung einer Software-Entwicklungs-Umgebung kann dann wie in Abbildung 1 dargestellt aussehen. Sie basiert auf geeigneten Werkzeugen, kann die angegebenen *"Aktionen"*, dargestellt in Ovalen, enthalten und ist damit in einen umfassenden Software-Entwicklungs- und -Lebenszyklus eingebettet.

Die Systementwicklung wird in ihren einzelnen Entwicklungsschritten in Form eines OlDiLa-Programms festgehalten. Dieses kann durch einen Sprachprozessor syntaktisch und semantisch analysiert und zu einem Strukturbaum verarbeitet werden. Die durch eine statische Analyse und verschiedene, hier nicht näher erläuterte Transformationen gewonnen Informationen werden in einer Entwicklungsdatenbank repräsentiert und bilden damit die Grundlage für weitere Systemanalysen.

## 2 Das Systemmodell

Das Systemmodell wird anhand eines einfachen, überschaubaren Beispiels eingeführt.

Damit die Werkzeuge zum Einsatz kommen können, muß das System als Ganzes oder in Teilen vorliegen. Dies sei für das Beispiel, ein kleines Mailservice-System, der Fall. Es ist in Abbildung 2 dargestellt und dient im folgenden der Erläuterung der Konzepte der Sprache OlDiLa.

In diesem Beispiel treten einige der Konzepte von OlDiLa zutage. Diese sind:

- der Typ-Mechanismus für DA-Komponenten, der sich in der Unterscheidung von Definitionsobjekten und Inkarnationen bezüglich dieser zeigt,
- die DA-Komponenten selber, die hier in vier Arten als AP-Komponenten, T-Komponenten, AS-Komponenten und PA-Komponenten auftreten, und
- die Unterscheidung zwischen inneren und äußeren Eigenschaften von DA-Komponenten, die sich in der Sichtbarkeit insbesondere "nach außen" (also Exporten und Importen) niederschlägt.

Dem letzteren entsprechend sind die *DA-Komponenten* festgelegt als die Einheiten des Systems, die in zwei Teile, einen *Deklarationsteil* und einen *Anweisungsteil*, aufgeteilt sind. Der Deklarationsteil enthält Definitionsobjekte und Inkarnationen von DA-Komponenten. Er definiert damit u.a. auch die äußeren Eigenschaften. Der Anweisungsteil definiert die *kanonische Operation* der DA-Komponente und legt damit i.w. ihre Berechnung fest; er kann insbesondere Generatoren zur Inkarnierung weiterer DA-Komponenten enthalten.

Dem ersten Punkt entsprechend ist jede DA-Komponente Inkarnation genau eines Definitionsobjektes. Ausnahmen sind die Definitionsobjekte selber, die Inkarnation eines impliziten Definitionsobjektes sind, das also nicht in Erscheinung tritt, und die *"äußerste DA-Komponente"*, die Definitionsobjekt und Inkarnation vereint[3]. Die Definitionsobjekte selber sind keine DA-Komponenten, da sie den Deklarations- und den Anweisungsteil der von ihnen zu inkarnierenden DA-Komponenten nur textuell festhalten.

In Abbildung 2 sind die DA-Komponenten als Kästen dargestellt. Die Trennung in die beiden Teile, Deklarationsteil und Anweisungsteil wird durch einen **fetten** Balken markiert. Definitionsobjekte sind gestrichelt, Inkarnationen sind durchgezogen umrandet mit der Ausnahme der äußersten DA-Komponente. Die Art der DA-Komponenten, deren Möglichkeiten im folgenden dargelegt werden, ist eingekreist in der linken oberen Ecke markiert. Bei den Definitionsobjekten wird durch die Markierung festgehalten, von welcher Art die davon abgeleiteten Inkarnationen sind.

Zur Beschreibung der Arten der DA-Komponenten, so wie sie im zweiten Punkt benannt worden sind, müssen zunächst einige allgemeine Eigenschaften angegeben werden.

[3] Dies ist vergleichbar mit einem Hauptprogramm.

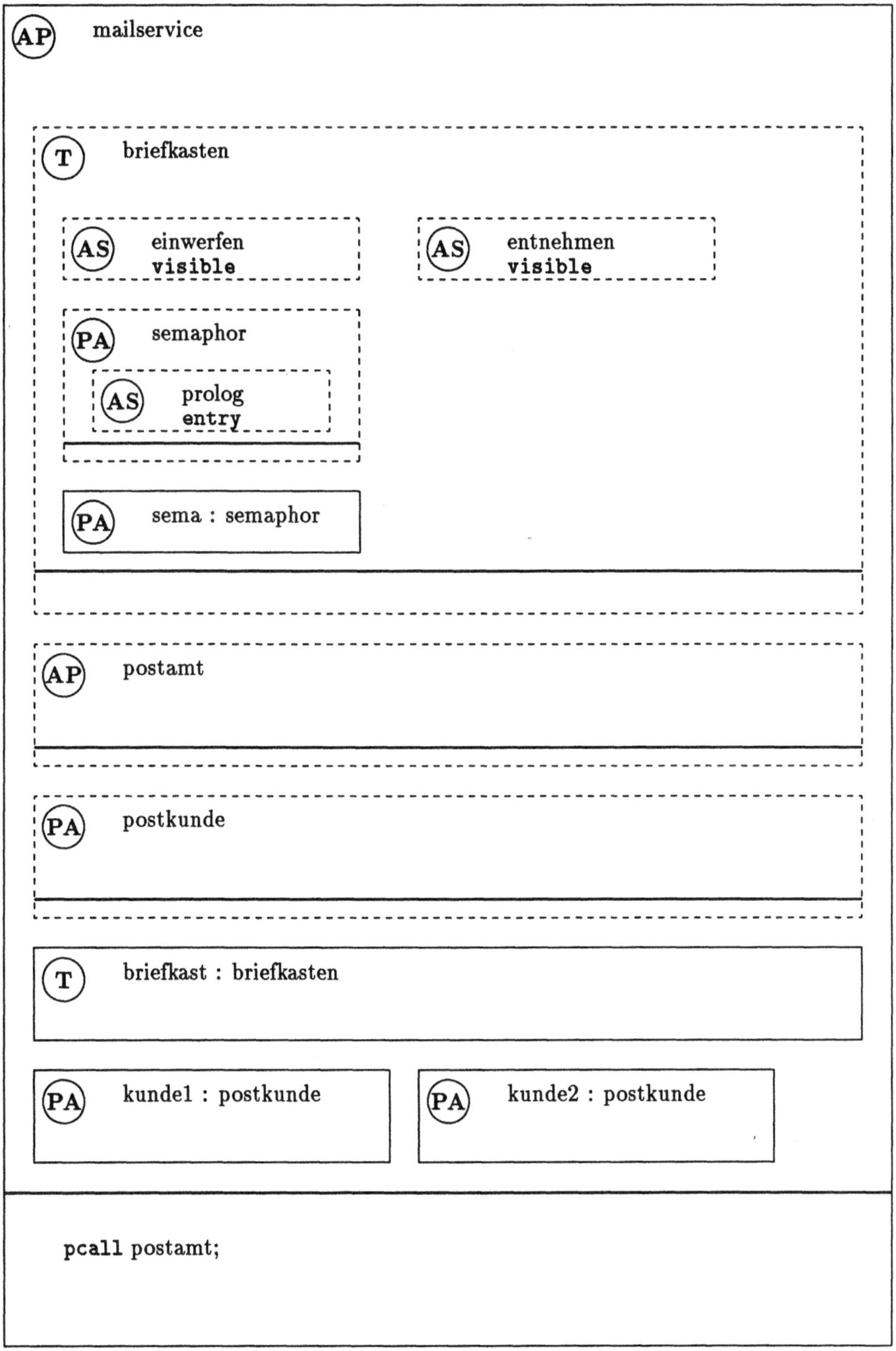

AP mailservice

T briefkasten

AS einwerfen **visible**

AS entnehmen **visible**

PA semaphor

AS prolog **entry**

PA sema : semaphor

AP postamt

PA postkunde

T briefkast : briefkasten

PA kunde1 : postkunde

PA kunde2 : postkunde

**pcall** postamt;

Abbildung 2: Ein Beispiel

**Wesentlicher Zustand:** Während ihrer Lebensdauer durchläuft jede DA-Komponente eine Folge von Zuständen. Der Zustand, in dem eine DA-Komponente hauptsächlich genutzt wird, wird *wesentlicher Zustand* genannt; er charakterisiert zugleich die Art der Komponente aus problemorientierter Sicht. Von diesen Zuständen interessieren hier *"in_Ausführung"* und *"terminiert"*.

**Synchronisationsbedingungen:** Die Ausführung der kanonischen Operation einer aufgerufenen DA-Komponente (Callee), die mit ihrer Inkarnierung in Folge der Ausführung der kanonischen Operation einer anderen DA-Komponente (Caller) angestoßen worden ist, kann in den Kontrollfluß des Callers sequentiell oder parallel eingeordnet sein. Dies hat verschiedene Formen von Bedingungen für die Anfangs- und die Abschlußsynchronisation zur Folge.

**Äußere Eigenschaften:** DA-Komponenten können vordefinierte oder explizit definierte *äußere Eigenschaften* haben. In dem Beispiel sind die explizit definierten äußeren Eigenschaften durch `visible` bzw. `entry` gekennzeichnet.

**Benennung:** DA-Komponenten können *benannt* inkarniert werden, d.h. während ihrer gesamten Lebensdauer ist ihnen ein Name fest zugeordnet, oder sie können *unbenannt* inkarniert werden, d.h. auf sie wird über explizit bzw. implizit definierte Zeiger verwiesen und zugegriffen.

Unter Bezugnahme auf diese Eigenschaften können die Arten der DA-Komponenten, die sich in dem Beispiel ergeben haben, wie folgt charakterisiert werden:

**AS-Komponenten**
sind namenlose DA-Komponenten, die sequentiell in den Kontrollfluß des Aufrufers eingebettet werden und deren wesentlicher Zustand *"in_Ausführung"* ist[4].

**AP-Komponenten**
sind namenlose DA-Komponenten, die parallel in den Kontrollfluß des Aufrufers eingebettet werden und deren wesentlicher Zustand ebenfalls *"in_Ausführung"* ist.

**PA-Komponenten**
sind DA-Komponenten, die sich wie AP-Komponenten verhalten, im Gegensatz zu diesen aber explizit definierte äußere Eigenschaften besitzen können. Diese sind die Kommunikationsoperationen (`entry`). PA-Komponenten sind sowohl benannt als auch namenlos inkarnierbar[5].

**T-Komponenten**
sind DA-Komponenten, deren wesentlicher Zustand *"terminiert"* ist. Sie können benannt oder namenlos inkarniert werden und besitzen explizit definierte äußere Eigenschaften (`visible`)[6].

Die äußeren Eigenschaften von DA-Komponenten sind nach außen sichtbar; sie können von anderen DA-Komponenten, die "außerhalb" liegen, benutzt werden. Alle Kommunikationsoperationen von PA-Komponenten sind nach außen sichtbar.

Die Struktur des Systems ist durch die *Schachtelung* bestimmt. Entsprechend der Zweiteilung in Deklarationsteil und Anweisungsteil sind verschiedene Strukturen von Interesse, von denen in diesem Papier nur einige benannt werden. Diese sind die *Definitionsstruktur*, die *Struktur der lokalen DA-Komponenten* und die *Ausführungsstruktur*. Alle diese Strukturen können auf der Basis von Relationen, $\delta$ für die Definitionen, $\lambda$ für die lokalen DA-Komponenten und $\alpha$ für die Ausführung, festgehalten werden, wobei für die Ausführung noch zwischen sequentiellem $\sigma$ und parallelem Anteil $\pi$ unterschieden werden kann.

Damit sind die in dem Beispiel auftretenden Konzepte von OlDiLa eingeführt.

---
[4] Funktionen und Prozeduren imperativer Programmiersprachen sind Beispiele für AS-Komponenten.
[5] Vergleichbar sind Tasks in Ada [ADA83].
[6] Vergleichbar sind Module (Packages) in Ada.

# 3 Die Analyse-Werkzeuge

In diesem Kapitel werden die Werkzeuge der Software-Entwicklungs-Umgebung, so wie sie überblicksartig in Abbildung 1 eingeführt wurden, vorgestellt.
Die Werkzeuge gewinnen ihre Bedeutung einerseits daraus, daß sie komplexe Systeme, die aus einer großen Anzahl von DA-Komponenten bestehen und deren DA-Komponenten in vielfältigen Wechselwirkungen zueinander stehen können, beherrschbar machen, und andererseits dadurch, daß sie der schrittweisen Entwicklung und Analyse entlang der verschiedenen Strukturen Rechnung tragen.

## 3.1 Ein OlDiLa-Programm

Das in Abbildung 2 unvollständig dargestellte System kann im Rahmen der Software-Entwicklungs-Umgebung als Programm der Sprache OlDiLa ausgedrückt werden. Vervollständigt hat es dann die in Abbildung 3 gezeigte syntaktische Ausprägung. Dabei sind die AS-Komponente `PROCEDURE epilog` in der PA-Komponente `TASK TYPE semaphor` sowie die beiden Typen `voll` und `leer` und deren Inkarnationen `vol` und `lee` hinzugekommen. Da der Anweisungsteil keine Berücksichtigung gefunden hat, tritt der Generator `pcall` postamt im OlDiLa-Programm nicht auf.

## 3.2 Der Sprachprozessor und die Transformation

Das im vorigen Abschnitt angegebene OlDiLa-Programm kann durch den Sprachprozessor zunächst auf syntaktische Korrektheit und dann auf die Einhaltung bestimmter Bedingungen, die im weitesten Sinne zur statischen Semantik zählen, überprüft werden. Ist das System als in diesem Sinne korrektes Programm spezifiziert worden, erzeugt der Sprachprozessor daraus eine strukturierte Beschreibung des Systems in Form eines Strukturbaumes. Dieser wird in eine Entwicklungsdatenbank transformiert, die damit die Kenntnisse über das System festhält. Entwicklungsdatenbank ab.
In der vorgenommenen Implementierung entspricht dem letzten Schritt eine Überführung in Prolog-Fakten ([CLO84]). Ein Ausschnitt daraus ist für das Beispiel in Abbildung 4 dargestellt.

## 3.3 Statische Analyse

Die *statische Analyse* basiert auf dem Quelltext des Systems, so wie er in Abbildung 3 angegeben ist. Sie beinhaltet die Analyse der statischen Struktur des Systems. Diese erfolgt auf der Basis der entsprechenden Definitionsobjekte und damit nur von *"potentiellen"* Inkarnationen, da Aussagen über das dynamische Verhalten des Systems im wesentlichen noch nicht gemacht werden können. Dementsprechend sind die Relationen und Strukturen ebenfalls mit dem Attribut *potentiell* behaftet. Sie setzen Definitionsobjekte und *potentielle* Inkarnationen miteinander in Beziehung.

Abbildung 5 zeigt eine interaktiv im Rahmen der statischen Analyse erstellte Ausgabe. Sie gibt die gesamte Relation *"potentiell-unmittelbar-$\delta$-innen"* und damit die Definitions-Struktur an. Die Namen der Definitionsobjekte sind dabei derart gewählt, daß sie einerseits der Tatsache Rechnung tragen, daß alle Komponenten lediglich *"potentielle"* Inkarnationen sind (durch Voranstellen eines ^ ), und andererseits namenlose Komponenten einen Bezeichner bekommen (durch Voranstellen der Komponentenart gefolgt von einem $).

Die Abbildung 6 zeigt die zur Komponente *briefkasten* vorhandenen Informationen, die durch ein geeignetes Kommando angezeigt werden können. Die Relation $\beta$ ist dabei eine Zusammenfassung der Ausführungsstruktur und der Struktur der lokalen Komponenten.

```
PROCESS mailservice IS
  PACKAGE TYPE briefkasten IS
    VISIBLE einwerfen, entnehmen;
    PROCEDURE einwerfen IS END einwerfen;
    PROCEDURE entnehmen IS END entnehmen;

    TASK TYPE semaphor IS
      ENTRY prolog, epilog;
      PROCEDURE prolog IS END prolog;
      PROCEDURE epilog IS END epilog;
    END semaphor;

    TASK TYPE voll IS
      ENTRY prolog, epilog;
      PROCEDURE prolog IS END prolog;
      PROCEDURE epilog IS END epilog;
    END voll;

    TASK TYPE leer IS
      ENTRY prolog, epilog;
      PROCEDURE prolog IS END prolog;
      PROCEDURE epilog IS END epilog;
    END leer;

    TASK sema : semaphor;
    TASK vol  : voll;
    TASK lee  : leer;
  END briefkasten;

  PROCESS postamt IS
    PROCEDURE leer IS END leer;
    PROCEDURE voll IS END voll;
    PROCEDURE protokoll IS END protokoll;
  END postamt;

  TASK TYPE postkunde IS
    ENTRY benenne;
    PROCEDURE schreibebrief IS
    END schreibebrief;
    PROCEDURE benenne IS
    END benenne;
  END postkunde;

  PACKAGE briefkast : briefkasten;
  TASK kunde1, kunde2 : postkunde;
END mailservice;
```

Abbildung 3: OlDiLa-Programm-Beispiel

```
% Komponente 'mailservice' ( Nr. 1, ap_klassendefinition ):
fakt => 1 heisst 'mailservice'.
fakt => 1 ist eine ap_klassendefinition.
fakt => [ 3, 26, 27, 34, 39, 40, 41 ] sind deklariert in 1.
fakt => [ 2 ] sind die inkarnationen von 1.

% Komponente 'ap$mailservice' ( Nr. 2, ap_komponente ):
fakt => 2 heisst 'ap$mailservice'.
fakt => 2 ist eine ap_komponente.
fakt => [ 3, 26, 27, 34, 39, 40, 41 ] sind potentiell unmittelbar delta_innen zu 2.
fakt => [ 3, 26, 34, 39, 40, 41 ] sind potentiell unmittelbar lambda_innen zu 2.
fakt => [ 5, 7, 38 ] sind potentiell unmittelbar sigma_innen zu 2.
fakt => [ 27 ] sind potentiell unmittelbar pi_innen zu 2.
fakt => [ 38 ] sind potentiell unmittelbar kappa_innen zu 2.
fakt => [ 3, 4, 6, 26, 34, 37 ] sind potentiell unmittelbar beta_innen zu 2.
fakt => 1 ist der typ von 2.
fakt => [ 1 ] ist der kd_pfad von 2.
fakt => 'mailservice' ist der name_des_typs von 2.

% Komponente 'briefkasten' ( Nr. 3, t_klassendefinition ):
fakt => 3 heisst 'briefkasten'.
fakt => 3 ist eine t_klassendefinition.
fakt => 3 ist deklariert in 1.
fakt => [ 4, 5, 6, 7, 8, 13, 18, 23, 24, 25 ] sind deklariert in 3.
fakt => 3 ist potentiell unmittelbar delta_innen zu 2.
fakt => 3 ist potentiell unmittelbar lambda_innen zu 2.
fakt => 3 ist potentiell unmittelbar beta_innen 'zur menge' [ 2, 23, 24, 25, 27, 39, 40, 41 ].
fakt => [ 4, 6 ] sind exporte von 3.
fakt => [ 39 ] sind die inkarnationen von 3.

% Komponente 'einwerfen' ( Nr. 4, as_klassendefinition ):
fakt => 4 heisst 'einwerfen'.
fakt => 4 ist eine as_klassendefinition.
fakt => 4 ist deklariert in 3.
fakt => 4 ist potentiell unmittelbar delta_innen zu 39.
fakt => 4 ist potentiell unmittelbar lambda_innen zu 39.
fakt => 4 ist potentiell unmittelbar beta_innen 'zur menge' [ 2, 23, 24, 25, 27, 39, 40, 41 ].
fakt => [ 5 ] sind die inkarnationen von 4.
```

Abbildung 4: Fakten der Entwicklungsdatenbank

**Anmerkungen:**

1. Die DA-Komponenten sind in der Reihenfolge ihres Auftretens durchnumeriert. Sowohl diese als auch die Definitionsobjekte werden hier in der Repräsentation als *Komponenten* bezeichnet.
2. Die Definitionsobjekte werden hier, da durch sie Klassen von Inkarnationen spezifiziert werden, als Klassendefinitionen bezeichnet. Die ersten beiden Komponenten spiegeln die doppelte Rolle des Hauptprogramms *"mailservice"* wider.
3. Alle weiteren Fakten orientieren sich an den Komponentennummern.
4. Die Komponente *briefkasten* ist zusammen mit ihren Eigenschaften als Menge von Prolog-Fakten dargestellt. Eine Darstellung, so wie sie durch das Werkzeug der statischen Analyse geliefert wird, zeigt die Abbildung 6.

```
Relation potentiell unmittelbar delta_innen ( Baum, DA x X ):

"k0 : [ k1, k2, ..., kn ]"   :<=>
       k1, k2, ..., kn sind potentiell unmittelbar delta_innen zu k0.
-----------------------------------------------------------------------
^ap$mailservice :
├── [^briefkasten,^postamt,^postkunde]
├── ^ap$postamt :
│   └── [^postamt:leer,^as$leer,^postamt:voll,^as$voll,^protokoll,^as$protokoll]
├── ^briefkast :
│   ├── [^einwerfen,^as$einwerfen,^entnehmen,^as$entnehmen,^semaphor,^briefkaste
n:voll,^briefkasten:leer]
│   ├── ^sema :
│   │   └── [^semaphor:prolog,^semaphor:as$prolog,^semaphor:epilog,^semaphor:as$
epilog]
│   ├── ^vol :
│   │   └── [^briefkasten:voll:prolog,^briefkasten:voll:as$prolog,^briefkasten:v
oll:epilog,^briefkasten:voll:as$epilog]
│   └── ^lee :
│       └── [^briefkasten:leer:prolog,^briefkasten:leer:as$prolog,^briefkasten:l
eer:epilog,^briefkasten:leer:as$epilog]
├── ^kunde1 :
│   └── [^schreibebrief,^as$schreibebrief,^benenne,^as$benenne]
└── ^kunde2 :
    └── [^schreibebrief,^as$schreibebrief,^benenne,^as$benenne]

 Programm: vsset
Ihre Frage/Aktion bitte :
```

Abbildung 5: Die Relation *"potentiell unmittelbar δ-innen"*

```
Komponente ^briefkasten :

Eigenschaften :
        ^briefkasten ist eine t_klassendefinition
        [^einwerfen,^as$einwerfen,^entnehmen,^as$entnehmen,^semaphor,^briefkaste
n:voll,^briefkasten:leer,^sema,^vol,^lee] sind deklariert in ^briefkasten
        [^einwerfen,^entnehmen] sind die exporte von ^briefkasten
        [^briefkast] sind die inkarnationen von ^briefkasten

Relationen :
        R = potentiell unmittelbar delta_innen :
                [] R ^briefkasten R [^ap$mailservice]

        R = potentiell unmittelbar lambda_innen :
                [] R ^briefkasten R [^ap$mailservice]

        R = potentiell unmittelbar beta_innen :
                [] R ^briefkasten R [^ap$mailservice,^ap$postamt,^as$leer,^as$vo
ll,^as$protokoll,^as$schreibebrief,^as$benenne,^kunde1,^kunde2]

 Programm: vsset
Ihre Frage/Aktion bitte :
```

Abbildung 6: Die Komponente *"^ briefkasten"*

## 3.4 Dynamische Analyse

Mit der dynamischen Analyse wird der Nachteil, sich im wesentlichen nur auf potentielle Inkarnationen beziehen zu können, überwunden. Ähnlich dem Prototyping kann man konkrete Inkarnationen explizit erzeugen und die sich dann real ergebenden Strukturen analysieren. Die in der statischen Analyse zunächst recht weit gefaßten Aussagen werden in der dynamischen Analyse sehr konkret. Mit den zugrunde liegenden Relationen konkretisieren sich die verschiedenen Strukturen, wie die Definitions- und die Ausfürhungs-Struktur, ohne daß diese den durch die Definitionsobjekte aufgespannten Rahmen verlassen.

Mit Hilfe der dynamischen Analyse als Werkzeug ist man dann in der Lage, mit verschiedenen Konfigurationen des Systems *"zu spielen"* und diese in ihrer Struktur und Wirkung zu analysieren.

Exemplarisch soll hier eine Konfiguration des Beispiels betrachtet werden. Die erste Operation der dynamischen Analyse ist der *Systemstart*, mit dem die Inkarnierung der ersten DA-Komponenten beginnt (vgl. Abbildung 7). Nachdem das System in der dynamischen Analyse interaktiv gestartet worden ist, erfolgt

```
Systemstart

Erzeugung von Prozess 1.
Erzeugung der Komponente ap$mailservice (ap_komponente).
Erzeugung der Komponente briefkasten (t_klassendefinition).
Erzeugung der Komponente postamt (ap_klassendefinition).
Erzeugung der Komponente postkunde (p_klassendefinition).
Erzeugung der Komponente briefkast (nt_komponente).
Erzeugung der Komponente einwerfen (as_klassendefinition).
Erzeugung der Komponente entnehmen (as_klassendefinition).
Erzeugung der Komponente semaphor (p_klassendefinition).
Erzeugung der Komponente voll (p_klassendefinition).
Erzeugung der Komponente leer (p_klassendefinition).
Erzeugung von Prozess 2.
Erzeugung der Komponente sema (np_komponente).
Erzeugung von Prozess 3.
Erzeugung der Komponente vol (np_komponente).
Erzeugung von Prozess 4.
Erzeugung der Komponente lee (np_komponente).
Erzeugung der Komponente prolog (as_klassendefinition).
Erzeugung der Komponente epilog (as_klassendefinition).
Erzeugung der Komponente prolog (as_klassendefinition).
Erzeugung der Komponente epilog (as_klassendefinition).
Erzeugung der Komponente prolog (as_klassendefinition).
Erzeugung der Komponente epilog (as_klassendefinition).
Systemaktivitaet nach Aktion 1 :
    * prozess 1 ist aktiv in briefkast
      prozess 2 ist aktiv in sema
      prozess 3 ist aktiv in vol
      prozess 4 ist aktiv in lee

 Programm: vsset          Prozess: 1     DA-Komponente: briefkast
Ihre Frage/Aktion bitte :
```

Abbildung 7: Konfiguration nach dem Systemstart

die Inkarnierung der einzelnen Komponenten beginnend mit dem Hauptprogramm *ap$mailservice*. Dabei werden neben den Definitionsobjekten die T-Komponente *briefkast*, die beiden PA-Komponenten *kunde1* und *kunde2* und die deren Aktivitäten verkörpernden Prozesse erzeugt. Die aktuelle Systemaktivität wird gesondert ausgezeichnet (*). Die durch den Systemstart initiierte Folge von Inkarnierungen endet mit der Erarbeitung der T-Komponente *briefkast*.

Nach diesem Start steht das volle Spektrum der Operationen der dynamischen Analyse bereit, welches im wesentlichen aus einer Weiterführung der dynamischen Entwicklung des Systems oder einer detaillierten Analyse des erreichten Zustandes besteht. Beispiele für mögliche Analysen sind in den Abbildungen 8,

9 und 10 angegeben. Dabei wird die Struktur durch die Relationen $\delta$ für die Definitionsstruktur, $\lambda$ für die Struktur der lokalen DA-Komponenten, $\pi$ für die parallele Einbettung, und $\sigma$ für die sequentielle Einbettung, welche in diesem Falle leer ist, beschrieben.

```
Relation unmittelbar delta_innen ( Baum, DA x X ):

"k0 : [ k1, k2, ..., kn ]"   :<=>
      k1, k2, ..., kn sind unmittelbar delta_innen zu k0.
--------------------------------------------------------------------------

ap$mailservice :
├── [briefkasten,postamt,postkunde]
├── briefkast :
│    ├── [einwerfen,entnehmen,semaphor,voll,leer]
│    ├── sema :
│    │    └── [sema/prolog,sema/epilog]
│    ├── vol :
│    │    └── [vol/prolog,vol/epilog]
│    └── lee :
│         └── [lee/prolog,lee/epilog]
├── kunde1 :
│    └── [kunde1/schreibebrief,kunde1/benenne]
└── kunde2 :
     └── [kunde2/schreibebrief,kunde2/benenne]

 Programm: vsset          Prozess: 1      DA-Komponente: ap$mailservice
Ihre Frage/Aktion bitte :
```

Abbildung 8: Die Relation *"unmittelbar $\delta$-innen"*

```
Relation unmittelbar pi_innen ( Wald, A x AP ):

"k0 : [ k1, k2, ..., kn ]"   :<=>
      k1, k2, ..., kn sind unmittelbar pi_innen zu k0.
--------------------------------------------------------------------------

ap$mailservice :
└── [kunde1,kunde2]

 Programm: vsset          Prozess: 1      DA-Komponente: ap$mailservice
Ihre Frage/Aktion bitte :
```

Abbildung 9: Die Relation *"unmittelbar $\pi$-innen"*

Abbildung 8 zeigt mit $\delta$ die Abhängigkeiten gemäß den Definitionsobjekten. In Abbildung 9 werden die Inkarnationen mit parallelen Aktivitäten zueinander in Beziehung gesetzt, wobei *kunde1* und *kunde2* von der Haupt-DA-Komponente abhängig sind, da ihre Inkarnierungen von dieser angestoßen wurden. Abbildung 10 gibt die Einordnung als lokale Komponente wieder.

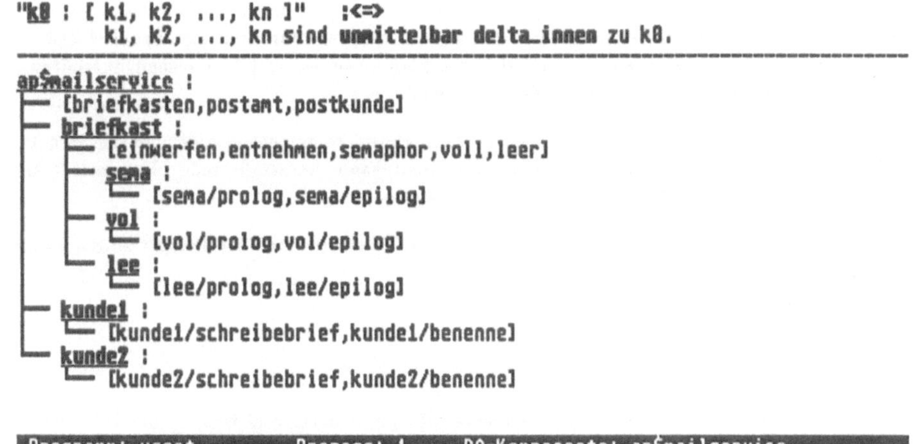


Abbildung 10: Die Relation *"unmittelbar λ-innen"*

# 4 Zustand der Software-Entwicklungs-Umgebung

Hinsichtlich der in der Einführung genannten und in diesem Papier betrachteten Punkte einer Software-Entwicklungs-Umgebung für Verteilte Systeme ist der folgende Entwicklungsstand erreicht.

- Die Menge der Konzepte ist im wesentlichen festgelegt. Sie basiert auf Arbeiten in [SPI85], [SPI86] und [BAU86].
- Eine Sprache – die trägt den Namen OlDiLa –, die diese Konzepte beinhaltet, ist entworfen und syntaktisch festgelegt, wobei die Arbeiten hinsichtlich der Anweisungsteile der verschiedenen DA-Komponenten noch nicht abgeschlossen sind.
- Der Sprachprozessor, der die sprachliche Repräsentation syntaktisch verarbeitet und eine Menge von Überprüfungen vornimmt, ist in der Programmiersprache C [KER78] auf der Basis des Betriebssystems UNIX[7] und der zu diesem gehörenden Werkzeuge LEX [LES75] und YACC [JOH75] erstellt und arbeitet korrekt. Er produziert aus jedem OlDiLa-Programm eine Strukturbeschreibung in Form eines Baumes und legt die Informationen als Fakten gemäß der Sprache Prolog ab.
- Die statische und die dynamische Analyse sind als Anwendungen eines Prolog-Systems modelliert. Mit ihnen kann der Entwickler interaktiv mit einer menüorientierten Schnittstelle die Analyse des System statisch und dynamisch betreiben.

  Die sich bei den Analysen ergebenden Informationen sind die Systemstrukturen, die in Form von Bäumen, Mengen oder Listen zum Tragen kommen, sowie weitere Aussagen über diese. Weiterhin können die sich ergebenden Informationen teilweise hergeleitet werden.

  Die statische Analyse ist vollständig entwickelt und liefert die verschiedenen Struktur-Relationen sowie weitere Attribute. Ihre Basis sind lediglich die Definitionsobjekte.

  Die dynamische Analyse wird zunächst auf der Basis der Deklarationsteile der DA-Komponenten durchgeführt. Dazu tritt die Möglichkeit, Generatoren zur Erzeugung von Inkarnationen, die in den Anweisungsteilen auftreten können, geeignet nachzubilden.

[7] UNIX ist ein eingetragenes Warenzeichen der AT&T Bell Laboratories.

## 5 Zusammenfassung und Ausblick

Die Arbeiten auf dem Gebiet der Software-Entwicklungs-Umgebungen für Verteilte Systeme[8] sind noch lange nicht abgeschlossen. Es existieren noch viele auch konzeptionell nicht hinreichend durchdrungene Gebiete, wie zum Beispiel das Debugging Verteilter Systeme.

Mit den in diesem Papier vorgestellten Werkzeugen ist ein Einstieg gemacht worden, um die Strukturen *funktional verteilter Systeme* analysieren zu können. Damit kann die strukturelle Komplexität schon frühzeitig bei der Entwicklung überschaubar gehalten werden.

Die Arbeiten sind nicht abgeschlossen und insbesondere die Konzepte und Werkzeuge zur dynamischen Analyse bedürfen noch einer weiteren Vertiefung.

## Referenzen

[ADA83] The Programming Language ADA - Reference Manual, American National Standards Institute, Inc., ANSI/MIL-STD-1815A-1983 , Lecture Notes in Computer Science, 155, Springer-Verlag, 1983

[BAU86] Baumgarten, U., *Ein Modell zur Strukturierung von Rechensystemen und sein Einsatz bei deren Entwicklung*, Informatik Berichte der Universitaet Bonn, Nr. 51, Bonn, 1986

[CLO84] Clocksin, W. F., Mellish, C. S., *Programming in Prolog*, Springer-Verlag, Berlin, Heidelberg, New York, Tokyo, 1984

[JOH75] Johnson, S. C., *Yacc - Yet Another Compiler-Compiler*, Computer Science Technical Report No. 32, Bell Laboratories, Murray Hill, New Jersey, 1975

[KER78] Kernighan, B. W., Ritchie, D. M., *The C Programming Language*, Prentice-Hall, Englewood Cliffs, New Jersey, 1978

[LES75] Lesk, M. E., Schmidt, E., *Lex - A Lexical Analyzer Generator*, Computer Science Technical Report No. 39, Bell Laboratories, Murray Hill, New Jersey, 1975

[SPI85] Spies, P. P., *Wechselwirkungen zwischen Software-Technologie und Modell-Analyse*, Interner Bericht, II/85/1, Bonn, 1985

[SPI86] Spies, P. P., *Informationsverarbeitung in Verteilten Systemen*, Interner Bericht, II/86/1, Bonn, 1986

[8] Diese können auch mit dem Schlagwort *Computer Aided Software Engineering (CASE)* versehen werden.

# Automatische Parallelisierung von Aktivitäten in einem verteilten System

Holger Herzog
Institut für Betriebssysteme und Rechnerverbund
TU Braunschweig Bültenweg 74/75 D-3300 Braunschweig

neue Adresse: Siemens AG, Zentrale Forschung und Entwicklung
ZTI SOF 41 Otto-Hahn-Ring 6 8000 München 83

## 1. Motivation und Einleitung

In zunehmendem Maße werden Datenbanksysteme für nicht-konventionelle Anwendungen (NDBS), wie z.B. CAD/CAM und Bürodatenverarbeitung eingesetzt. Die in diesen Anwendungsgebieten genutzten Rechnerstrukturen entsprechen häufig dem Client/Server-Modell /Dep 86/. Der Einsatz von Datenbanksystemen (DBS) wie z.B. INGRES für diese Anwendungen hat ein nicht akzeptables Leistungsverhalten gezeigt. Ein Konzept zur Änderung dieses Mißstandes ist die Ausnutzung von Parallelverarbeitungsmöglichkeiten, wobei - z.T. zusätzlich durch die Anwendungen impliziert - verteilte Systeme sowohl auf der Basis konventioneller Multiprozessorsysteme /HR 86//Re 86/ als auch spezieller Rechnerarchitekturen /Hs 86//HHM 86//HH 88/ zugrundegelegt werden. Dem durch Parallelverarbeitung erzielbaren Geschwindigkeitsgewinn steht jedoch eine erhebliche Komplexitätssteigerung gegenüber: Parallele Programme sind im Vergleich zu sequentiellen Programmen weitaus schwerer zu verstehen, zu verifizieren, zu testen und zu warten. Obwohl eine Reihe von Werkzeugen zur Entwurfsunterstützung und zur Untersuchung der Korrektheit und Lebendigkeit von parallelen Systemen /Rö 86/ vorgeschlagen wurden, ist der erreichte Status unzureichend /Ka 87/. /Ka 87/ sieht vor allem die Notwendigkeit der Unterstützung der Analyse von Abhängigkeitsbeziehungen von parallel ausführbaren Operationen durch neue Werkzeuge. In diese Richtung zielt auch die Forderung der automatischen Erkennung der möglichen Parallelarbeit in einem NDBS /HR 85/, die die automatische Generierung der benötigten Ablaufstrukturen impliziert.

In dieser Arbeit wird die automatische Parallelisierung von Aktivitäten in einem auf dem Client/Server-Konzept aufbauenden NDBS vorgestellt (Bild 1). Die Serverschnittstelle ist dabei als eine mengenorientierte Operationsschnittstelle realisiert. Der Client sendet eine Menge von Operationen an den Server, die dieser unabhängig von der Reihenfolge der Ankunft der Aufträge bearbeiten kann. Auf Fertigmeldungen vom Server für einzelne Operationen reagiert der Client mit dem Senden von nun entsprechend den Abhängigkeitsbeziehungen ausführbaren Operationen.

Die Menge der parallel vom Server für einen Client zu bearbeitenden Operationen ändert sich dadurch dynamisch. Die Auftragsbearbeitung im Client und die Rechnerarchitektur des Servers werden ausführlicher in /HH 88/ dargestellt. /HH 88/ baut dabei auf den Erfahrungen und den Meßergebnissen mit der Braunschweiger Relationalen DatenBankMaschine (RDBM) /Schw 83//Her 88b/ auf.

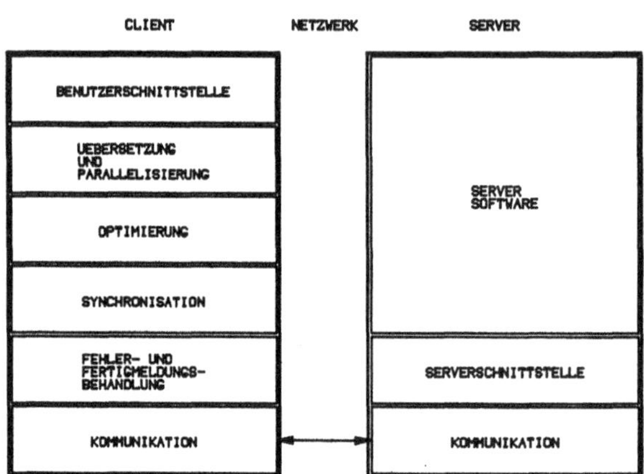


**Bild 1:** Modell der Auftragsbearbeitung

In Kap. 2 wird ein Modell zur Darstellung der parallelen Operationen der mengenorientierten Serverschnittstelle entwickelt - das Benutzerauftragsablaufmodell. Die Realisierung dieses Modells ist eine durch Regeln generierbare Datenstruktur, auf der die automatische Generierung von Ablaufstrukturen für parallele Aktivitäten unter Berücksichtigung der Abhängigkeitsbeziehungen zwischen den Aktivitäten aufbaut. Die Folge von Regeln zur Generierung der Datenstruktur wird durch einen die o.a. Abhängigkeitsbeziehungen von NDBS-Operationen analysierenden Übersetzer erzeugt. Die Abbildung der Ablaufstrukturen auf verschiedene Betriebssystemprimitive wird durch den genutzten Kommunikationsmechanismus zwischen Client und Server beeinflußt. In Kap. 3 und Kap. 4 werden Werkzeuge zur Realisierung von zwei Ausprägungen dieser Abbildung vorgestellt.

## 2. Das Benutzerauftragsablaufmodell

Man kann zwei Parallelverarbeitungsformen in Anwendungen von NDBS unterscheiden: Datenparallelität /HHM 86//Re 86/ und Operationsparallelität /Co 88//HR 85/. Datenparallelität entsteht durch Ausnutzung der hierarchischen Strukturen von komplexen Objekten und durch Ausnutzung der Menge verschiedener Repräsentationen eines Objektes, wie z.B. der funktionalen Spezifikation und dem Schaltkreisdiagramm beim VLSI-Entwurf. Operationsparallelität entsteht durch parallele Ausführung der gleichen Operation auf unabhängigen Daten und durch parallele Ausführung von Operationen, die keiner Datenabhängigkeit oder logisch-temporalen Abhängigkeit unterliegen.

Sollen die beiden genannten Parallelverarbeitungsformen in einem Modell unterschieden werden, so müssen verschiedene Abstraktionsebenen modelliert werden können. Zum einen ist eine detaillierte Beschreibung der Abhängigkeitsbeziehungen zwischen einzelnen Operationen notwendig und zum anderen sollen eine Struktur, d.h. eine Menge von Operationen, sowie eine Menge von Strukturen jeweils als ein einzelnes Objekt aufgefaßt werden können. Die einzelnen parallelen Aktivitäten sind u.U. in dem in /HH 88/ vorgestellten Konzept über mehrere Rechnerknoten verteilt. Zur Sicherung der Integrität in dem NDBS ist deshalb ein Konzept wie die geschachtelten Transaktionen /Mo 85/ vorzusehen, das auch von einem Modell einbezogen werden sollte. Sowohl Petri-Netze /Pet 81/ als auch Datenfluß- /DK 82/ oder Datenabhängigkeitsgraphen /Bae 73/ erfüllen diese Anforderungen nicht, da ihnen die Möglichkeit zur Modellierung von verschiedenen Abstraktionsebenen fehlt.
Mit Hilfe von Graph-Grammatiken /Na 78/ ist es möglich, Strukturen in einem Graphen aufzubauen und dann im weiteren diese Strukturen als ein Objekt zu modifizieren. Graph-Grammatiken sind somit ein geeignetes mathematisches Kalkül zur Entwicklung des Modells. Eine formale Entwicklung und Definition des Modells geht über den Rahmen dieser Arbeit hinaus. Es sei lediglich auf /Her 88a/ verwiesen.

Ein Graph heißt **Benutzerauftragsablaufmodell** ($BA^2M$), wenn er durch Anwendung der Produktionen der Graph-Grammatik (GG) für $BA^2M$ sequentiell aus dem Startgraphen abgeleitet werden kann und nur Knoten mit Markierungen aus dem terminalen Knotenmarkierungsalphabet enthält (Bild 2).

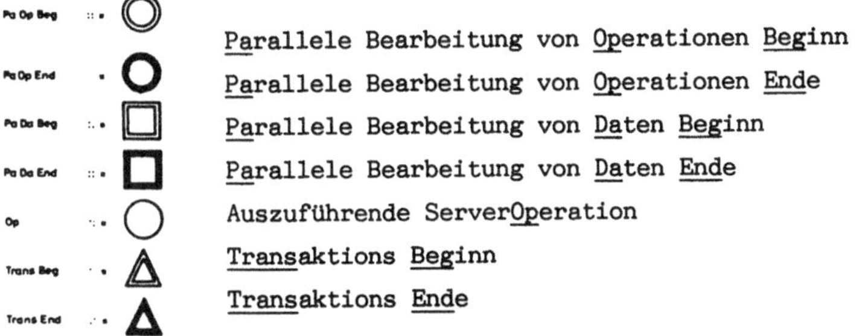


**Bild 2**: Darstellung des terminalen Knotenmarkierungsalphabet

Die Produktionen der GG modellieren je ein bestimmtes Strukturmerkmal. Da aus Umfangsgründen nicht die vollständige GG angegeben werden kann, soll an beispielhaften Produktionen erläutert werden, wie ein $BA^2M$ durch die Produktionen generiert wird. Die in Bild 3 dargestellten Produktionen $p_2$ und $p_4$ modellieren die oben geforderte semantische Verbundenheit parallel ausführbarer Operationen, während die Produktion $p_3$ eine Transaktion darstellt. Innerhalb dieser Strukturen sind zunächst beliebige Folgen von Elementen und Strukturen zugelassen, wodurch eine geschachtelte Struktur möglich wird. Datenparallelität wird z.B. durch die Produktion $p_9$ und Abhängigkeitsbeziehungen von einzelnen Operationen von einer Menge von parallel ausführbaren Operationen werden durch die Produktionen $p_{11}$ und $p_{12}$ modelliert. Ein $BA^2M$ erlaubt somit durch Anwendung von Regeln die Generierung der graphischen Darstellung einer Ablaufstruktur in einem NDBS. Hinsichtlich der weiteren Aspekte des $BA^2M$, z.B. die Identifizierung von Auftragsablaufklassen zur Bewertung der Eignung verschiedener Prozeßsynchronisationsmechanismen für das betrachtete Auftragsbearbeitungsmodell, sei auf /Her 88a/ verwiesen.

**Beispiel**:

Es sollen 2 Parzellen P1 und P2 vereinigt werden. Eine Operation, die häufig in Katasterämtern vorkommt. Um die Möglichkeiten des $BA^2M$ besser zu demonstrieren, gehen wir davon aus, daß nicht nur die geometrische Darstellung, sondern auch die allg. Beschreibungsdaten aus den Quelldaten der zu vereinigenden Parzellen generiert werden müssen. Dieses Beispiel aus /HR 85/ enthält beide o.a. Formen der Parallelverabeitung, und es kommen darüberhinaus sowohl temporale Abhängigkeiten (z.B. zwischen g) und h)) als auch Datenabhängigkeiten (z.B. zwischen a) und g)) vor. Die Serverschnittstelle wird dabei als auf sehr hohem sprachlichen Niveau befindlich angenommen. Jede der als Operation markierten Knoten des Modells wird je nach Serverschnittstelle wiederum aus einem mehr oder weniger komplexen Teil-$BA^2M$ bestehen. Die Operation 'Parzellenvereinigung' wird für dieses Beispiel in folgende Serveroperationen zerlegt:

a) Suche P1
a1) Suche geometrische Daten von P1
a2) Suche sonstige Beschreibungsdaten von P1
b) Suche P2
b1) Suche geometrische Daten von P2
b2) Suche sonstige Beschreibungsdaten von P2
c) Ermittle die gemeinsamen Kanten
d) Prüfe den gemeinsamen Kantenzug auf Lückenfreiheit
e) Lösche alle gemeinsamen Kanten
f) Lösche nicht mehr benötigte Punkte
g) Erzeuge den Beschreibungssatz für die neue Parzelle
g1) Erzeuge die geometrische Darstellung aus den verbliebenen Daten von P1 und P2
g2) Erzeuge die sonstigen Beschreibungsdaten aus den Daten von P1 und P2
h) Lösche P1
i) Lösche P2

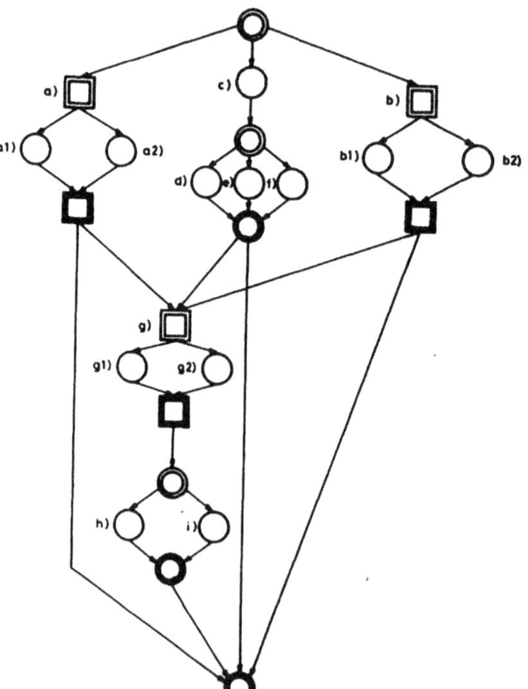

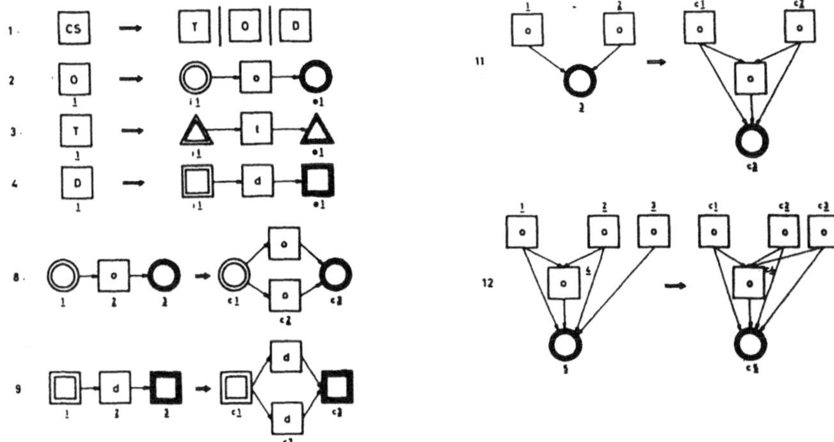

Bild 3: Produktionen der Graph-Grammatik

## 3. Automatische Generierung der mengenorientierten Serveroperationsschnittstelle

### 3.1. Spezifikation von Parallelarbeit

Als ersten Ansatz zur geforderten vollständig automatischen Übersetzung von Parallelarbeit in einem NDBS haben wir Untersuchungen zur automatischen Generierung von Ablaufstrukturen durchgeführt. Zunächst wurden Sprachkonstrukte entwickelt, die eine einfache Spezifikation von Parallelarbeit bzgl. der mengenorientierten Operationsschnittstelle des Servers ermöglichen. Bild 4 zeigt die Spezifikation für das Beispiel aus Kap. 2. Abhängigkeitsbeziehungen zwischen gesamten Ablaufstrukturen werden durch eine Art Prozedurkonzept spezifiziert, wobei die Ein- und Ausgabeparameter explizit angegeben werden müssen, um die Abhängigkeiten auf einfachere Art ableiten zu können. Datenparallelität und Operationsparallelität, die keiner Einschränkung durch Abhängigkeiten unterliegt, werden durch die Klammerstrukturen (DL...DL) und (OL...OL) angegeben. Operationsparallelität, bei der die interne Abhängigkeit und damit die Detailablaufstruktur erst abgeleitet werden muß, wird durch (OPAR...OPAR) spezifiziert. Fernaufrufe sind durch das Schlüsselwort RSC gekennzeichnet.

```
/* Vereinigung von Grundstücksparzellen in einem Katasteramt */
PROC MAIN (in P1,P2  out %)
   (OPAR OpCALL Suche-Parzelle(in P1  out GeoP1,DatP1),                      /* a) */
         OpCALL Suche-Parzelle(in P2  out GeoP1,DatP2),                      /* b) */
         OpCALL Prüfe-Kantenzug(in P1,P2  out Ergebnis,NeueKante,NeuerPunkt)
         $
         OpCALL Generiere(in NeueKante,NeuerPunkt,DatP1,DatP2,P1,P2
                          out %)
   OPAR)
ENDPROC

OpPROC Suche-Parzelle(in Parzelle out GeoP,DatP)                             /* a1), b1) */
   (DL RSC Suche-Geometrische-Daten(in Parzelle out GeoP),                   /* a2), b2) */
       RSC Suche-allg-Beschreibungsdaten(in Parzelle out DatP),
   DL)
ENDPROC

OpPROC Prüfe-Kantenzug (in P1,P2  out Ergebnis,Kanten,Punkte)
   (OSEQ RSC Ermittle-gemeinsame-Kanten(in P1,P2   out Kantenmenge);         /* c) */
        OpCALL Lösche-gemeinsame-Kanten(in Kantenmenge out Ergebnis,Kanten,Punkte)
   OSEQ)
ENDPROC

OpPROC Lösche-gemeinsame-Kanten(in Kantenmenge out Ergebnis,Kanten,Punkte)
   (OL RSC Prüfe-Kantenmenge-auf-Lücken(in Kantenmenge out Ergebnis),        /* d) */
       RSC Lösche-Kanten(in Kantenmenge out Kanten),                         /* e) */
       RSC Lösche-Punkte(in Kantenmenge out Punkte)                          /* f) */
   OL)
ENDPROC

OpPROC Generiere(in Kanten,Punkte,DatP1,DatP2,P1,P2  out %)
   (OSEQ OpCALL Generiere-Parzelle(in Kanten,Punkte,DatP1,DatP2  out %);    /* g) */
        OpCALL Lösche-Parzellenmenge(in P1,P2  out %)
   OSEQ)
ENDPROC

OpPROC Generiere-Parzelle(Kanten,Punkte,Dat1,Dat2  out %)
   (DL RSC Generiere-geometrische-Daten(in Kanten,Punkte out %),             /* g1) */
       RSC Generiere-allg-Daten(in Dat1,Dat2   out %)                        /* g2) */
   DL)
ENDPROC

OpPROC Lösche-Parzellenmenge (in P1,P2  out %)
   (OL RSC Lösche-Parzelle (in P1  out%),                                    /* h) */
       RSC Lösche-Parzelle (in P2  out%)                                     /* i) */
   OL)
ENDPROC
```

**Bild 4**: Quellprogrammbeispiel des entwickelten Übersetzers

## 3.2. Übersetzung der Spezifikation in ein Benutzerauftragsablaufmodell

Im weiteren wird unter $BA^2M$ die Realisierung des Modells als generierbare Datenstruktur verstanden. Der Algorithmus zur Übersetzung der Spezifikationen in eine Folge von Produktionen der GG für $BA^2M$ beruht auf der folgenden Definition /Bae 73/. Seien $A_i$ und $A_j$ zwei Aktivitäten (Operationen). Seien $I_i$ und $I_j$ die Menge der Eingangsgrößen und $O_i$ und $O_j$ die Menge der Ausgangsgrößen der Aktivitäten. $A_i$ und $A_j$ sind **parallel ausführbar**, wenn folgende Bedingungen erfüllt sind:

$$(1) \quad I_i \cap O_j = \emptyset$$

$$(2) \quad I_j \cap O_i = \emptyset$$

$$(3) \quad O_i \cap O_j = \emptyset$$

Aktivitäten sind bei einer Spezifikation entsprechend Abschnitt 4.1. die Prozeduren, soweit sie nicht Sequenzen (OSEQ...OSEQ) spezifizieren, und die Fernaufrufe. Eine durch (DL oder (OL spezifizierte Parallelität kann durch Anwendung von Graph-Produktionen (z.B. mehrmals $p_9$ für '(DL') direkt in parallele Kantenzüge eines $BA^2M$ übersetzt werden. Innerhalb einer durch (OPAR gegebenen Abhängigkeitsstruktur wird die Menge der Aktivitäten in Abhängigkeitsebenen eingeteilt. Um die Erkennungskomplexität hinsichtlich dieser Ebenen zu reduzieren, wurde die Spezifikation um das Symbol '$' erweitert, das in der derzeitigen Implementierung die Ebeneneinteilung vornimmt. Eine Abhängigkeitsebene umfaßt all die Aktivitäten, deren Eingabeparameter nur von den Aktivitäten der zuvor bestimmten Ebene abhängen. Auf der obersten Ebene sind dies die Eingabeparameter der aufrufenden Aktivität. Die Aktivitäten einer Ebene werden dann klassifiziert nach der Anzahl der Abhängigkeitsbeziehungen. Ist eine Aktivität von zwei anderen abhängig, so wird die Produktion $p_{11}$ angewandt. Ist die Anzahl der Abhängigkeiten größer als zwei, so wird einmal $p_{11}$ und für jede weitere Abhängigkeit die Produktion $p_{12}$ angewandt (siehe dazu Bild 3).

## 3.3. Generierung von Prozeßsystemen

Ein $BA^2M$ beschreibt alle Abhängigkeitsbeziehungen, die zwischen Aktivitäten bestehen. Die Generierung eines durch Semaphoren synchronisierten Prozeßsystems erwies sich deshalb als einfach. Bild 5 zeigt ein von dem entwickelten Übersetzer generiertes Prozeßsystem für das Beispiel in Kap. 2, wobei 2 Arten von Prozessen zu unterscheiden sind:

- Prozesse, die Operationsausführungen durch den Server kontrollieren und die nur eine aktive Phase haben (z.B. PO11), und
- Prozesse, die den parallelen Ablauf einzelner Teile des gesamten Benutzerauftrages initiieren und kontrollieren (z.B. PO1).

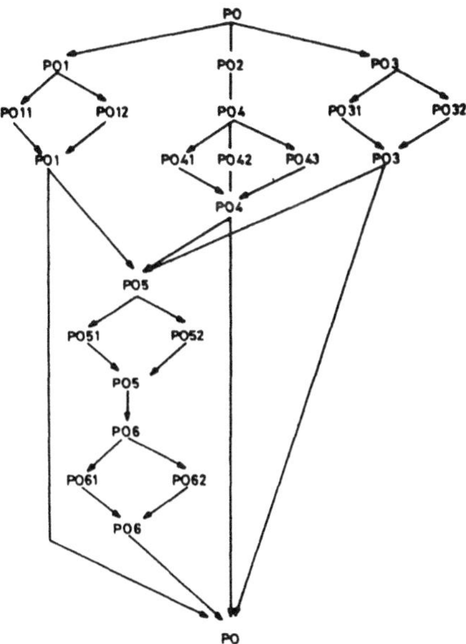


**Bild 5:** Mengenorientierte Operationsschnittstelle des Servers als Prozeßsystem

## 4. Auftragsnetze

Da gängige Betriebssysteme nicht die Implementierung von 'lightweight processes' /Gei 87/ erlauben, sind die durch Prozeßwechsel entstehenden Kosten, die bei IBM/370 äquivalent der Ausführungszeit von ca. 5000 Befehlen und bei TANDEM mit dem Betriebssystem GUARDIAN mit ca. 500 Befehlen /Ba 81/ angegeben werden, zu bedenken. Die Simplizität der Aktivitäten in dem betrachteten Auftragsbearbeitungsmodell, und die Prozeßwechselkosten lassen die Abbildung der parallelen Aktivitäten auf Prozesse als recht aufwendig erscheinen. Andererseits ist diese Abbildung notwendig, wenn ein blockierender Kommunikationsmechanismus wie der RPC /BN 84/ genutzt wird. Nutzt man einen nicht blockierenden Kommunikationsmechanismus wie den RSC /SE 86/, so läßt sich die mengenorientierte Operationsschnittstelle des Servers, d.h. die Synchronisation einer Menge von parallel ausführbaren Aktivitäten, innerhalb eines Prozesses realisieren. Dazu wird der Ansatz der prozeßinternen Aktivitätsverwaltung, wie er aus Transaktionssystemen wie CICS von IBM und Datenbanksystemen wie SESAM von SIEMENS bekannt ist, weiterentwickelt, indem er mit einem $BA^2M$ als zentrale, generierbare Synchronisationsstruktur verbunden wird. Das $BA^2M$ vermag lediglich Ablaufstrukturen zu modellieren. Um auch den Verarbeitungsfluß darzustellen, werden im folgenden Zustände auf den einzelnen Knoten definiert, deren Wechsel den Verarbeitungsfortgang beschreibt. Sei Z eine Zustandsmenge mit $Z = \{G,M,N,K\}$ ,wobei die Zustände die Bedeutungen G = gesendet, K = Klassifikation, M = markiert und N = nicht markiert haben. Das Synchronisationskonzept **Auftragsnetz** ist dann gegeben durch:

- ein um ein den Servereinfluß darstellendes Warteelement 'Warte' erweitertes $BA^2M$, das jedem Operationsknoten zugeordnet wird,
- eine Client-Zustandsübergangsfunktion, deren Funktionswerte in der Tabelle 1 dargestellt sind,
- eine Server-Zustandsübergangsfunktion, die den Servereinfluß modelliert und in einem nichtdeterministischen Zustandsübergang das Warteelement mit dem Zustand 'M' oder 'K' markiert. Während 'M' eine Fertigmeldung des Servers darstellt, bedeutet 'K' den notwendigen Einsprung in eine Fehlerklassifikationsroutine,
- einen Anfangszustand in dem nur der ausgezeichnete Anfangsknoten markiert ist und einen Endzustand, in dem dies nur für den Endknoten gilt.

Der folgende Algorithmus beschreibt, wie ein Auftragsnetz den Ablauf einer Menge von parallel ausführbaren Aufträgen an den Server koordiniert.

**Tabelle 1:** Seien u,v,w,x Knoten. Sei u ein den Operationsknoten zugeordnetes Warteelement und V(v) bzw. N(v) die Vorgänger- bzw. Nachfolgerknoten von v.

| $l_V(v)$èT | akt. Zustand | Zustand von x è V(v)-u | Zustand von w è N(v) | Zustand von u | nächster Zustand |
|---|---|---|---|---|---|
| Op | N | M | | N | G |
| | G | M | | M | M |
| | M | N | M | N | N |
| PaOpBeg, | N | M | | | M |
| PaDaBeg | M | N | M | | N |
| TransBeg | | | | | |
| PaOpEnd, | N | M | | | M |
| PaDaEnd, | M | N | M | | N |
| TransEnd | | | | | |
| Warte | M | | M | | N |

**Algorithmus:**

Schritt 1: Ausgehend vom Benutzerprogramm, dessen mögliche Parallelarbeit gemäß Abschnitt 3.1. spezifiziert wurde, wird durch den Übersetzer aus Abschnitt 3.2. ein $BA^2M$ als Basis des Auftragsnetzes generiert.

Schritt 2: Es wird ein 'markierter' Knoten v des Auftragsnetzes ausgewählt. Im ersten Schritt , dem Anfangszustand, gilt dies nur für den Anfangsknoten. Ist nur der Endknoten markiert, so ist der Endzustand erreicht. Die Synchronisation durch das Auftragsnetz ist beendet und es wird im sequentiellen Programmfluß fortgefahren.

Schritt 3: Die Client-Zustandsübergangsfunktion $z_C$ wird auf alle Nachfolgeknoten von v angewandt. Nimmt dadurch ein Knoten w, der einer vom Server auszuführenden Operation entspricht, den Zustand 'gesendet' ein, so wird mit Schritt 4 fortgefahren, ansonsten mit Schritt 2.

Schritt 4: Ein deskriptiv formulierter Serverauftrag ist dem markierten Knoten zugeordnet. Dieser Auftrag wird mittels eines nicht blockierenden Kommunikationsmechanismus, wie dem RSC, an den Server gesendet.

Schritt 5: Im Sinne eines 'Backtracking'-Algorithmus wird zu einem der Vorgängerknoten des Knotens w zurückgegangen, ein noch nicht besuchter und aktivierter Knoten aufgesucht und mit Schritt 3 fortgefahren. Wird kein aktivierter Knoten mehr gefunden, so bedeutet das, daß alle parallel ausführbaren Operationen an den Server gesendet wurden und $z_C$ nicht mehr angewandt werden kann.

Schritt 6: Eine Auftragsfertigmeldung vom Server ist gleichzusetzen mit der Anwendung der Server-Zustandsübergangsfunktion. Dadurch wird ein Knoten 'markiert', möglicherweise weitere Knoten aktiviert und in Schritt 2 fortgefahren. Beim Auftreten eines Fehlers wird mit der Fehlerklassifikation fortgefahren.

Das angegebene Verfahren zum Durchlaufen des Graphen ist sicherlich nicht ideal. Zur Erklärung des Gesamtablaufs spielt das Suchverfahren aber keine Rolle, so daß auf ein allgemein bekanntes Verfahren zurückgegriffen wurde.

Bild 6 stellt die Einbettung von Auftragsnetzen in die in Bild 1 dargestellte Auftragsbearbeitung dar, wobei von einer MIDOS-Betriebssystemarchitektur /Ne 87/ ausgegegangen wird. Die mögliche Parallelarbeit in einem Anwendungsprogramm wird durch anwendungsbezogene Sprachkonstrukte spezifiziert, wie sie in Abschnitt 3.1. vorgestellt wurden. Daraus wird als zentrale Synchronisationsstruktur von Auftragsnetzen ein $BA^2M$ generiert (BMG). Auf dieser arbeitet der KV, der die Client-Zustandsübergangsfunktion realisiert. Im Fehlerfall übernimmt nach der Fehlerklassifikation die FB die Kontrolle. Diese ermöglicht z.B. das Wiederholen sowie den isolierten Abbruch einer Menge von semantisch verbundenen Operationen. Die Fehlerbehandlung in Auftragsnetzen wird ausführlicher in /Her 88a/ dargestellt. Die MB übernimmt die Anpassung zum Kommunikationsmechanismus und entspricht damit der Server-Zustandsübergangsfunktion.

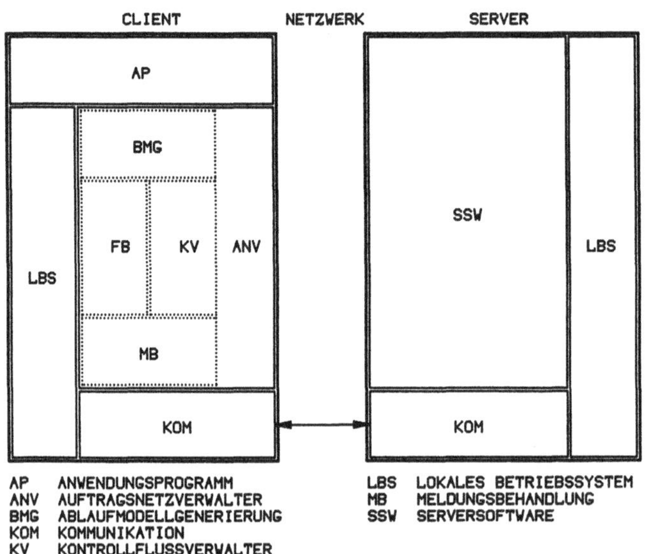


Bild 6: Einbettung von Auftragsnetzen in eine Client/Server-Umgebung

## 5. Zusammenfassung und Ausblick

In dieser Arbeit wurde ausgehend vom Client/Server-Konzept als zugrundeliegender Rechnerstruktur ein Modell zur Darstellung von Parallelarbeit in einem NDBS vorgestellt - das Benutzerauftragsablaufmodell. Als ersten Schritt zur automatischen Erkennung von Parallelarbeit in einem NDBS und der automatischen Generierung der mengenorientierten Serveroperationsschnittstelle wurden Sprachkonstrukte zur Spezifikation dieser Parallelarbeit entwickelt. Die Spezifikation ist in ein $BA^2M$ übersetzbar, aus dem ein die Parallelarbeit realisierendes Prozeßsystem generiert werden kann. Aufbauend auf dem $BA^2M$ wurde ein Konzept zur prozeßinternen Aktivitätsverwaltung vorgestellt - das Auftragsnetz. Bei Auftragsnetzen entfällt die bei Prozeßsystemen notwendige Generierung der Synchronisationsstruktur, da die zentrale Datenstruktur von Auftagsnetzen schon durch ein $BA^2M$ gegeben ist. Beim derzeitigen Konzept bauen Auftragsnetze auf dem lokalen Betriebssystem auf. Die vorgestellten Werkzeuge, d.h. der Übersetzer der Spezifikation, der regelbasierte Generator der zentralen Datenstruktur, der Generator von entsprechend den Abhängigkeitsbeziehungen kommunizierenden Prozeßsystemen und der Auftragsnetzverwalter sind in einer Simulationsumgebung in den Programmiersprachen C und PEARL implementiert. Zur Zeit wird vor allem eine Bewertung der beiden Alternativen Prozeßsystem und Auftragsnetz als mögliche Realisierungen der mengenorientierten Serveroperationsschnittstelle durchgeführt.

Die vorgestellten Mechanismen können auch für die Ablaufsteuerung in einem Multiprozessorsystem Verwendung finden, das auf der Zerlegung von komplexen Operationen in parallel ausführbare Teiloperationen aufbaut /HH 88/. Ein Kontrollprozessor überführt nach den hier dargestellten Regeln den vom Client an den Server übergebenen Auftrag in eine detaillierte Ablaufstruktur und übergibt dann einzelne Operationen an die spezialisierten Prozessoren. In dem o.a. Beispiel müßte der Auftrag 'Suche Parzelle' weiter zerlegt werden in eine Menge von Aufträgen an die Peripherie- und Filterprozessoren.

Der in dieser Arbeit verfolgte Ansatz ist nicht auf Probleme in NDBS beschränkt, sondern kann auf andere auf dem Client/Server-Modell aufbauende Auftragsbearbeitungen übertragen werden. Sinnvoll ist dies für Anwendungen, die eine Zerlegung von Clientoperationen in eine Menge von Serveroperationen erlauben. Zur Übertragung des Ansatzes ist vor allem eine neue Menge von Regeln (d.h. Graph-Produktionen) zu entwickeln, die die bei dieser neuen Anwendung gegebenen Abhängigkeitsbeziehungen modellieren.

**Danksagung**

Ich danke den Herren B.Bürger und F.Hildebrandt für die hilfreichen Anmerkungen während der Entstehungsphase dieser Arbeit sowie Frau B.Böttger für die Hilfe bei der Gestaltung der Druckvorlage.

## 6. Literatur


/Ba 81/ Bartlett, J.F.: "A 'Nonstop' TM Kernel", in: ACM Operating Systems Review, Vol.15, No.5, 1981

/Bae 73/ Baer, J.L.: "A Survey of Some Theoretical Aspects of Multiprocessing", ACM Computing Surveys, Vol.5, No.1, March, 1973

/BN 84/ Birell, A.D.; Nelson, B.J.: "Implementing Remote Procedure Calls", ACM Transactions on Computer Systems, Vol.2, No.1, Febr., 1984

/Co 88/ Cordes, R. et al.: "Multimedia Information Management and Optical Disk Technologies as a Basis for Advanced Information Retrieval", Proc. RIAO88, MIT, Cambridge, 1988

/Dep 86/ Deppisch et al.: "Überlegungen zur Datenbank-Kooperation zwischen Server und Workstations", Proc. 16. GI-Jahrestagung, IFB 126, Springer-Verlag, Berlin, 1986

/DK 82/ Davis, A.C.; Keller, R.W.: "Data Flow Program Graphs", IEEE Computer, Vol.15, No.2, Febr. 1982

/Geb 87/ Gebhardt, F.: "Semantisches Wissen in Datenbanken - Ein Literaturbericht", Informatik-Spektrum, Bd.10, Heft 2, 1987

/Gei 87/ Geihs, K.: "Lightweight Processes", Informatik-Spektrum, (Das aktuelle Schlagwort), Bd.10, Heft 3, Juni, 1987

/Hä 86/ Händler, W. et al. (Hrsg): Proc. Conf. on Algorithms and Hardware for Parallel Processing, CONPAR 86, LNCS 237, Springer-Verlag, Berlin, 1986

/Her 88a/ Herzog, H.: "Synchronisation kooperierender Aktivitäten in Nicht-Standard-Datenbanksystemen", Dissertation, TU Braunschweig, 1988 (in Vorbereitung)

/Her 88b/ Herzog, H. et.al.: "Bewertung der Relationalen Datenbankmaschine", erscheint als Informatik-Bericht, TU Braunschweig, 1988

/HH 88/ Herzog, H.; Hildebrandt, F.: "Überlegungen zur Entwicklung von Datenbankmaschinen für nicht konventionelle Anwendungen", erscheint als Informatik-Bericht, TU Braunschweig, 1988

/HHM 86/ Härder, T.; Hübel, Ch.; Mitschang, B.: "Use of inherent parallelism in database operations", in: /Hä 86/

/HR 85/ Härder, T.; Reuter, A.: "Architektur von Datenbanksystemen für Non-Standard-Anwendungen", in: Blaser, A.; Pistor, P.(Hrsg.): "Datenbanksysteme für Büro, Technik und Wissenschaft", GI-Fachtagung, IFB 94, Springer-Verlag, 1985

/HR 86/ Härder, T.; Rahm, E.: "Mehrrechner-Datenbanksysteme für Transaktionssysteme hoher Leistungsfähigkeit", Informationstechnik, Vol.28, Heft 4, August, 1986

/Hs 86/ Hsiao, D.K. et al.: " The Architectural Requirements and Integration Analyses of a Database Server for Office Automation", IFIF Working Conf. on Methods and Tools for Office Systems, Pisa, 1986

/Ka 87/ Karp, A.H.: "Programming for Parallelism", IEEE Computer, Vol.20, No.5, May, 1987

/Mo 85/ Moss, J.E.: "Nested Transactions", The MIT Press, 1985

/Na 78/ Nagl, M.: "Graph-Grammatiken. Theorie. Anwendungen. Implementierung.", Vieweg, Braunschweig, 1978

/Ne 87/ Nehmer, J. (Hrsg.): "Schwerpunkt: Verteilte Systeme", Informationstechnik, Vol.24, Heft 6, 1987

/Pet 81/ Peterson, J.C.: "Petri Net Theory and the Modelling of Systems", Prentice-Hall, Englewood Cliffs, 1981

/Re 86/ Reuter, A. et al.: "An Outlook on PROSPECT", Bericht Universität Stuttgart, Institut für Informatik, 1986

/Rö 86/ Röhrich, J.: "Parallele Systeme", IFB 117, Springer-Verlag, Berlin, 1986

/SE 86/ Seifert, M.; Eberle, H.: "Remote Service Call: A Network Operating System Kernel for Heterogeneous Distributed Systems", NTG/GI-Fachtagung, "Architektur und Betrieb von Rechensystemen", NTG-Fachberichte 92, 1986

/Schw 83/ Schweppe, H. et al.: "RDBM - A Dedicated Multiprocesssor System for Database Management", in: Hsiao, D. (Hrsg.): "Advanced Database Machine Architecture", Prentice-Hall, 1983

# Quellbezogenes Debugging von Multimikroprozessoren

**Thomas Bemmerl**
Technische Universität München
Institut für Informatik
Lehrstuhl für Rechnertechnik und Rechnerorganisation
Arcisstr. 21
8000 München 2
Federal Republic of Germany

## Zusammenfassung

*Der Artikel beschreibt Anforderungen, Eigenschaften, Entwurfs- und Implementierungskonzepte von Werkzeugen zur Fehlersuche (Debugging) in Multimikroprozessoren und deren Programmen. Besonderes Gewicht wird dabei auf die Unterstützung höherer Abstraktionskonzepte (Hochsprachen, konkurrente Spracherweiterungen) gelegt. Ein weiterer Schwerpunkt ist die Integration verschiedener Instrumentierungstechniken (Hardware-, Software- und Hybrid-Instrumentierung) in ein Debugging System. Die Entwurfskonzepte und Implementierungsdetails von Debugging Systemen für Multimikroprozessoren werden exemplarisch anhand des an der TU München entwickelten Debugging Systems REALBUG aufgezeigt. Neben der Beschreibung der von REALBUG angebotenen Funktionalitäten und Abstraktionen werden insbesondere Konzepte zur Erlangung höherer Portabilität, Erweiterbarkeit und Adaptierbarkeit von quellbezogenen Überwachungswerkzeugen vorgestellt.*

## 1. Einleitung und Problemstellungen

Parallele Systeme werden von vielen Fachleuten als die einzige langfristige Möglichkeit zur Leistungssteigerung und zur Erlangung höherer Fehlertoleranz von Rechnersystemen angesehen. Diese Erkenntnis bewirkte in den letzten Jahren eine Intensivierung der Erforschung von Parallelrechnern und verteilten Systemen. Die Konzentration der Forschungsaktivitäten auf Hardware-Strukturen führte zur Entwicklung einer Reihe von Multiprozessor-Prototypen. Um Parallelrechnern jedoch ein breites Anwendungsgebiet und Einsatzfeld zu erschließen, ist es notwendig, deren Programmierung und Nutzung noch wesentlich zu vereinfachen. Dieser Sachverhalt wird von manchen Spezialisten auf dem Gebiet der Parallelen Systeme mit folgenden Worten ausgedrückt: "It appears to be easier to build parallel machines than to use them" [Pap87].

Es ist also an der Zeit, nicht nur die Leistungssteigerung sondern auch die Verbesserung der Anwendungs- und Nutzungsfreundlichkeit von Parallelrechnern in den Mittelpunkt des Interesses zu stellen. Eine effiziente Nutzung von Multiprozessoren kann nur durch die Verfügbarkeit von adäquaten Hilfsmitteln und Werkzeugen zur Konfiguration, Spezifikation, Programmierung, Validierung und Bewertung erreicht werden. Es sind geeignete Werkzeuge zur durchgängigen Unterstützung aller Phasen des "Software-Life-Cycle" von Parallelen Systemen zu entwickeln. Dabei werden sich unserer Meinung nach Werkzeuge für die frühen Phasen einer Entwicklung nur wenig von Werkzeugen für Monoprozessoren unterscheiden. Der Unterschied wird jedoch immer deutlicher, je mehr eine Entwicklung in Richtung Realisierung, Validierung und Bewertung voranschreitet. Großer Bedarf besteht vor allem an Werkzeugen zur Überwachung und Beobachtung des dynamischen Verhaltens von Parallelen Systemen. Zu dieser Klasse von Werkzeugen gehören Debugging Systeme, Testsysteme, Leistungsmeßsysteme und Visualisierer. Der vorliegende Artikel stellt Probleme, Anforderungen, Eigenschaften, Entwurfskonzepte und Implementierungsdetails dieser Klasse von Werkzeugen vor, wobei insbesondere auf die Funktionalität des Debugging Systems eingegangen wird.

Unter Debugging versteht man die exakte Lokalisierung und Analysierung eines Fehlers, nachdem durch Tests das Vorhandensein eines Fehlers erkannt wurde. Debugging ist also ein interaktiver Prozeß, der auf der Intuition des Programmierers und dessen Wissen über das zu untersuchende Programm basiert. Aufgrund dieser Charakteristika muß insbesondere der Unterschied zwischen Debugging und Test gesehen werden.

Das Debugging von konventionellen (sequentiellen) Systemen bereitet wegen des intuitiven Charakters bereits eine Reihe von inhärenten Schwierigkeiten. Zusätzlich zu diesen Schwierigkeiten treten beim Debugging von Parallelen Systemen Probleme auf, welche um eine Größenordnung schwieriger zu behandeln sind:

* Die zu überwachenden und anzuzeigenden bzw. zu verändernden Informationen sind verteilt auf u.U. viele Verarbeitungseinheiten (Prozessoren, Prozesse). Die für das Debugging relevanten Daten müssen dem Programmierer jedoch an zentraler Stelle zur Verfügung gestellt werden. Diese Forderung führt zu einer Struktur, in der neben den verteilten Monitoren auch ein zentrales Element zur Zusammenführung der Einzelinformationen vorhanden ist [Hof87], [Bur88]. Bei Multiprozessoren ist diese Grundstruktur durch die Entwicklungsumgebung vorgegeben. Viele Parallelrechner werden in einer Host/Target-Umgebung mit Hilfe von Cross-Compilern programmiert [Pet85], [Sei85], [Int86], [Pal86], [SUP86]. In dieser Konfiguration ist die Host-Workstation geradezu als zentrales Element für das Debugging System prädestiniert (Abbildung 1). Aber auch bei Multiprozessoren mit Native-Compilern findet man zentrale "Programmierstationen", von denen aus die Programme in die einzelnen Knoten des Parallelrechners geladen werden [Mae86], [Hof87]. Es existiert also auch bei diesen Parallelen Systemen zumindest eine "logische" Host/Target-Umgebung (Abbildung 1).

* Ein weiteres Problem bei Multimikroprozessoren ist die Verwendung höherer Abstraktionskonzepte, welche durch reale Parallelverarbeitung bzw. durch Mehrprozeßbetrieb auf einem Prozessor (Multitasking) eingeführt werden. Viele Parallele Systeme werden zur Zeit mit Hilfe sequentieller, höherer Programmiersprachen und unter Verwendung der Objekte und Systemaufrufe einer konkurrenten Spracherweiterung (eines Mehrprozeß-Betriebssystems) programmiert [Sei85], [Int86], [SUP86]. Die Spracherweiterungen implementieren die verschiedensten Arten von Prozeßkonzepten mit zugehörigen Synchronisations- und Kommunikationsmechanismen [Bem87b]. Das Debugging System muß neben den Objekten und Operationen der höheren Programmiersprache auch die zusätzlichen Abstraktionskonzepte der Spracherweiterung unterstützen.

* Die asynchrone Parallelarbeit der einzelnen Prozessoren bzw. Quasi-Parallelarbeit innerhalb der Prozessoren stellt neue Anforderungen bezüglich einer verzögerungsfreien Überwachung. Beim Debugging von Parallelen Systemen ist es in manchen Situationen dem Überwachungswerkzeug nicht erlaubt, das Ablaufverhalten zu be-

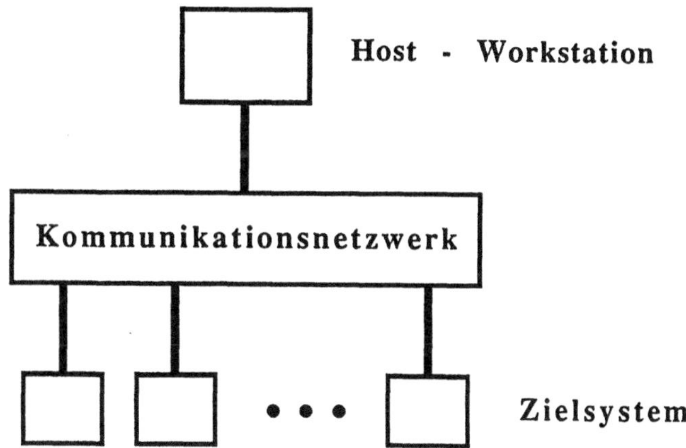


Abb. 1: Host/Target-Konfiguration bei parallelen Systemen

einflußen. Es kann sonst durch eine Veränderung der Zeitverhältnisse vorkommen, daß gewisse Fehlersituationen durch die eingeführten Verzögerungen verdeckt werden.

* Ein weiteres Problem beim Debugging von Multiprozessoren ist die Reproduzierbarkeit von Fehlersituationen. Durch Asynchronitäten, Zeitverschiebungen und Einwirkungen der realen Umwelt ist es u. U. nicht möglich, einen fehlerhaften dynamischen Ablauf eines Parallelen Systems zu wiederholen [Bla87].

Aus den geschilderten Problemstellungen resultieren typische Anforderungen an Debugging Systeme für Multiprozessoren, die im nächsten Abschnitt erarbeitet werden. Auf der Basis dieser Anforderungen werden im dritten Teil des Artikels die Entwurfskonzepte und Implementierungsdetails von Debugging Systemen vorgestellt, welche die erarbeiteten Anforderungen erfüllen. Die Beschreibung der Entwurfs- und Implementierungsaspekte geschieht dabei anhand des Debugging System Prototyps REALBUG, welcher seit Anfang 1986 am Institut für Informatik der TU München entwickelt wurde.

Es bleibt zu erwähnen, daß sich die nachfolgenden Erläuterungen zwar auf Multimikroprozessoren beschränken, die grundlegenden Konzepte jedoch auch auf verteilte Systeme und Netzwerkkonfigurationen anwendbar sind [Hin86], [Hab88].

## 2. Anforderungen und Eigenschaften

Da alle nachfolgend beschriebenen Anforderungen vom Debugging System REALBUG erfüllt werden, kann die Vorstellung der Anforderungen zugleich als Beschreibung der Eigenschaften von REALBUG betrachtet werden.

## 2.1. Funktionalität von Debugging Systemen

Das Hauptziel beim Debugging ist es, einen Fehler in möglichst kurzer Zeit zu lokalisieren und zu analysieren. Um dieses Ziel zu erreichen ist es notwendig, den dynamischen Ablauf und den Zustand eines Systems beobachten und verändern zu können. Auf der Basis der so gewonnen Erkenntnisse können Rückschlüsse über mögliche Fehlersituationen gezogen werden. Zur Unterstützung dieses interaktiven Prozesses haben sich im Laufe der Zeit eine Anzahl von Funktionen herauskristallisiert, die ein Debugging System anbieten sollte [Nie81], [Sei83]:

(1) Die erste Klasse von Funktionen unterstützt die *Programmüberwachung*. Zu diesem Zweck können Haltepunkte, Traceaufzeichnungen und Einzelschrittbetrieb verwendet werden. Allgemein gesprochen, können mit dieser Technik Bedingungen (Ereignisse) über die Zustandsfolge der operationellen Semantik des Programs spezifiziert werden. Bei Erfüllung der jeweiligen Bedingung können die verschiedensten Aktionen angestoßen werden, z.B. Anhalten von Prozessoren und Prozessen (Break), Aufzeichnen von Variablenmanipulationen (Trace). Da die Bedingungen immer in der Zukunft liegende Ereignisse charakterisieren, muß es möglich sein, zum Zeitpunkt der Spezifikation auch noch nicht existente Objekte zu referieren.

(2) Die zweite Klasse von Funktionen erlaubt es, den aktuellen *Zustand* eines Parallelen Systems zu *inspizieren*. Dies bedeutet, daß die Zustände aller Teilkomponenten des Multiprozessors und alle existierenden Objekte auf der Ebene des ausgewählten Abstraktionsniveaus angezeigt werden können.

(3) Neben der Inspizierung ist es oft auch hilfreich, den aktuellen *Zustand* eines Parallelen Systems *verändern* zu können. Zum aktuellen Zustand gehören dabei sowohl die Inhalte von Datenobjekten, die momentanen Ausführungspunkte als auch Objekt- und Quellprogramme. Wichtig ist, daß die möglichen Zustandsänderungen den zum jeweiligen Ausführungspunkt bestehenden Gültigkeitsregeln unterworfen sind. Somit ist es nicht möglich, mit dem Debugging System Abläufe zu erzeugen, welche anschließend mit normalen Sprachkonstrukten nicht mehr reproduzierbar wären.

In diese drei Klassen lassen sich alle Funktionen bekannter Debugging Systeme einordnen. Detailliertere Beschreibungen der verschiedensten Ausprägungen dieser Funktionen von Debugging Systemen finden sich in der angegebenen Literatur [Bai83], [Gar84], [Har85], [Seg85], [Smi85], [Gre86], [Laz86].

## 2.2. Allgemeine Randbedingungen

Neben den eben beschriebenen Funktionalitäten muß ein geeignetes Debugging System für Parallele Systeme eine Reihe allgemeingültiger Anforderungen erfüllen. Diese Randbedingungen betreffen weniger den Funktionsumfang des Werkzeugs, als vielmehr die Entwurfs- und Implementierungskonzepte. Die nachfolgend beschriebenen Randbedingungen sind nicht nur für Debugging Systeme, sondern für alle in der Einleitung erwähnten Überwachungswerkzeuge gültig.

Eines der charakteristischsten Merkmale des Debuggings ist die hochgradig interaktive Arbeitsweise. Aus diesem Grund ist eine *benutzerfreundliche Bedienoberfläche* ein wesentliches Kriterium für die Akzeptanz eines Debugging Systems. Eine dafür adäquate Bedienoberfläche stützt sich intensiv auf graphische Ein-/Ausgabemöglichkeiten,

Menü-/Fenstertechnik und kombinierte Maus-/Tastaturbedienung.

Alle in der Einleitung erwähnten Werkzeuge zur Validierung und Bewertung von Parallelen Systemen benötigen Informationen über den dynamischen Ablauf. Diese Informationen können mit Hilfe *verschiedener Instrumentierungstechniken* gewonnen werden. Die bekanntesten Instrumentierungstechniken sind Software-Instrumentierung (auf Quellebene oder auf Objektcodeebene), Hardware-Instrumentierung, Hybrid-Instrumentierung und Simulation. Jede Monitortechnik weist ein anderes Verhalten bezüglich der Rückwirkung auf das Laufzeitverhalten des Parallelen Systems auf. Eine Überwachungsumgebung sollte deshalb die Möglichkeit bieten, alle Werkzeuge auf alle Instrumentierungstechniken abstützen zu können. Dies impliziert auch eine Verwendung verschiedener Monitore für verschiedene Knoten eines Parallelen Systems. Durch den Einsatz der verschiedenen Instrumentierungstechniken kann die Werkzeugumgebung optimal von Fall zu Fall an die Robustheit der Applikation gegenüber Laufzeitverzögerungen und an die Funktionalität des verwendeten Werkzeugs angepaßt werden.

Eine weitere wichtige Anforderung betrifft das *Abstraktionsniveau* auf dem der dynamische Ablauf des Parallelen Systems beobachtet werden kann. Die Werkzeuge müssen die Beobachtung auf einem niederen Abstraktionsniveau (z.B. Assembler oder Maschinensprache) genauso erlauben, wie die Beobachtung auf höherem Abstraktionsniveau (z.B. Prozeßebene). Insbesondere ist eine Überwachung auf der Ebene notwendig, auf der das Programm erstellt wurde. Bei Erfüllung dieser Anforderung muß somit der Programmierer beim Debugging sein gewohntes Abstraktionsniveau nicht verlassen. Für das Debugging System bedeutet dies, daß neben der Verwendung der Namen des Quellprogramms auch alle Gültigkeits- und Typregeln, bezogen auf die aktuellen Ausführungszeitpunkte, bei allen Zustandsänderungen überprüft werden. Bei dem in der Einleitung erwähnten Sprachniveau bei Parallelen Systemen (sequentielle Programmiersprache mit konkurrenten Spracherweiterungen) müssen demnach die Überwachungswerkzeuge vollständig an die Syntax und Semantik dieses Sprachniveaus angepaßt sein.

Wie aus den bis jetzt beschriebenen Anforderungen bereits abzuleiten ist, darf der Aufwand für die Implementierung einer solchen Werkzeugumgebung nicht unterschätzt werden. Der Aufwand für den Entwurf und die Implementierung des im dritten Teil des Artikels beschriebenen Debugging Systems REALBUG betrug ca. 3 Mannjahre. Aus dieser Tatsache resultiert die Forderung nach möglichst hoher *Portabilität*, leichter *Erweiter- und Adaptierbarkeit* und hoher *Flexibilität* bezüglich:

- der Prozessorarchitektur der einzelnen Prozessorknoten,
- der unterstützten parallelen Rechnerarchitekturen,
- der unterstützten Programmiersprachen, konkurrenten Spracherweiterungen und Compiler,
- der Verwendung unterschiedlicher Host-Workstations und
- der möglichen Werkzeuge, Instrumentierungstechniken und Abstraktionsniveaus.

Um diese möglichst hohe Portabilität, Adaptierbarkeit und Flexibilität zu erreichen, ist eine *hohe Integration* innerhalb der Werkzeugumgebung notwendig. Von allen Werkzeugen benutzte Komponenten und Dienste sollten zentral zur Verfügung gestellt werden und müssen von allen Tools verwendbar sein (z.B. gemeinsame Symboldatenbanken, Ereigniskonzepte, Instrumentierungstechniken). Neben der Integration ist die Verwendung von *Standardschnittstellen* Grundvoraussetzung für hohe Portabilität und

Flexibilität. Diese Standards betreffen sowohl Betriebssysteme, Graphikprimitiven als auch Kommunikationsprotokolle.

## 3. Entwurfskonzepte und Implementierung von REALBUG

Wie bereits erwähnt, wurde in den vergangenen zwei Jahren am Lehrstuhl für Rechnertechnik und Rechnerorganisation des Instituts für Informatik der TU München ein Debugging System namens REALBUG entwickelt, welches die im Abschnitt zwei erarbeiteten Randbedingungen und Anforderungen erfüllt. Anhand der folgenden Beschreibung der Entwurfskonzepte und Implementierungsalternativen dieses Systems werden Lösungsmöglichkeiten der in der Einleitung beschriebenen Problemstellungen aufgezeigt.

### 3.1. Prädikate und Aktionen

Die Funktionalität eines Debugging Systems kann in Überwachungsfunktionen bzw. den Systemzustand anzeigende und verändernde Funktionen eingeteilt werden (siehe Abschnitt 2). Eine implementierungsnähere Klassifizierung geht von Aktionen und Prädikaten aus. Die *Prädikate* repräsentieren die über den dynamischen Ablauf von Zustandsänderungen formulierbaren Bedingungen. Bei der Erfüllung der spezifizierten Prädikate können die verschiedensten Aktionen angestoßen werden (z.B. Break, Trace). Da diese Aktionen vom Wahrheitswert eines Prädikats abhängen, werden sie *bedingte Aktionen* genannt. Neben den bedingten Aktionen existieren auch *unbedingte Aktionen*, welche nicht von einem über den Programmablauf spezifizierten Prädikat abhängen.

Prädikate und Aktionen können auf verschiedenen Abstraktionsebenen formuliert werden. Dies bedeutet, daß innerhalb der Prädikate und Aktionen verschieden komplexe Operationen und Objekte verwendet werden können. Bei den nachfolgenden Erläuterungen konzentrieren wir uns auf die Abstraktionsebene sequentieller Hochsprachen und konkurrenter Spracherweiterungen, da dies dem Stand der Technik bei der Programmierung von parallelen Systemen entspricht. Es ist jedoch zu erwähnen, daß es bei REALBUG auch die Möglichkeit gibt, Aktionen und Prädikate auf Assembler- bzw. Maschinensprachniveau mit physikalischen (virtuellen) Adressen zu formulieren.

#### Unbedingte Aktionen

Unbedingte Aktionen werden sofort nach ihrer Spezifikation ausgeführt. Sie erlauben die Inspizierung und Veränderung des aktuellen Zustands eines Parallelen Systems. Die wichtigsten unbedingten Aktionen werden nachfolgend aufgeführt:

* Anzeigen der Werte aller existierenden Variablen.
* Anzeigen bzw. Verändern der aktuellen Ausführungspunkte aller Verarbeitungseinheiten (Prozesse).
* Verändern der Werte aller zu den aktuellen Ausführungspunkten gültigen Variablen.
* Anzeigen und Verändern der Zustände aller Objekte der parallelen Spracherweiterung (z.B. Tasks, Semaphore, Mailboxes).

- Anzeigen und Verändern von Objektcode und Quellprogramm (High Level Patching).

**Bedingte Aktionen**

Die bedingten Aktionen werden bei Erfüllung eines Prädikats durch den dynamischen Ablauf eines parallelen Systems angestoßen. Bei REALBUG können drei Klassen von bedingten Aktionen spezifiziert werden:

- Anhalten des Ablaufs ausgewählter Verarbeitungseinheiten und Prozesse (Break).
- Starten und Beenden der Aufzeichnung von Zustandswechseln verschiedenster Objekte, z.B. Aufzeichnung von Variablenwerten, Ausführungspunkten und Operationen an Synchronisations- bzw. Kommunikationsobjekten (Trace).
- Starten und Stoppen von Zählfunktionen.

**Prädikate**

Prädikate müssen über alle Objekte und den darauf definierten Operationen des jeweiligen Abstraktionsniveaus formulierbar sein. Bei REALBUG werden auf dem Abstraktionsniveau "Hochsprache plus parallele Spracherweiterung" vier Klassen von Prädikaten angeboten. Zu der Beschreibung jeder Prädikatsklasse werden jeweils repräsentative Beispiele in informeller Notiation angegeben.

- Prädikate über den Kontrollfluß ( *Ausführungsprädikate* ) repräsentieren Aussagen über die Aufeinanderfolge von Ausführungspunkten, insbesondere über die Reihenfolge der Ausführung bestimmter Statements, Prozeduren und Funktionen.

  Beispiele:
  *"Es wird Statement n ausgeführt."*
  *"Prozedur P wird zum 101. mal betreten."*
  *"Funktion F wird zum 7. mal rekursiv aufgerufen."*

- Die zweite Klasse von Prädikaten (*Datenprädikate*) formuliert Bedingungen über den Zustandswechsel von Datenobjekten (z.B. Variablenwerten).

  Beispiele:
  *"Variable X erhält den Wert 4711."*
  *"Parameter Y der Prozedur p wird mit 37 belegt."*
  *"Funktion F liefert einen Wert kleiner 17 zurück."*

- Die "*Concurrency-Prädikate*" repräsentieren Aussagen über die Objekte und Operationen der parallelen Spracherweiterung. Insbesondere können damit Bedingungen über Kommunikationsobjekte (z.B. Mailboxes) und Synchronisationsobjekte (z.B. Semaphore) formuliert werden.

  Beispiele:
  *"Task T sendet eine Nachricht N zu Mailbox M."*
  *"Semaphor S wird von Task T freigegeben."*
  *"Mailbox M wird erzeugt."*

- Bei REALBUG ist es nicht nur möglich, die beschriebenen Prädikate isoliert voneinander zu überwachen. Es können auch Prädikate mit Hilfe der logischen Operatoren UND, ODER und einem Sequentialitätsoperator (sequentielle Triggerung) verknüpft werden (*Prädikatsverknüpfung*).

Beispiele:
*"Variable X erhält den Wert 4711 ODER Prozedur P wird betreten."*
*"Funktion F wird betreten BEVOR von Mailbox M die Nachricht N empfangen wird."*

Die beschriebenen Prädikate und Aktionen werden bei REALBUG in Form von Kommandos angeboten. Zur Illustration der vollständigen Funktionalität von REALBUG zeigt Tabelle 1 die Liste aller Kommandos mit einer Kurzbeschreibung. Die Realisierung der Funktionen des beschriebenen Prädikats- und Aktionskonzepts geschieht durch schrittweise Abbildung und Abstützung dieser komplexen Prädikate und Aktionen auf Primitiven der einzelnen Monitore. Das primitive Ereignis-/Aktionskonzept der Monitore basiert auf dem Abstraktionsniveau der Maschinensprache, was zu einer großen Anzahl von Symbolübersetzungen und Rückübersetzungen führt.

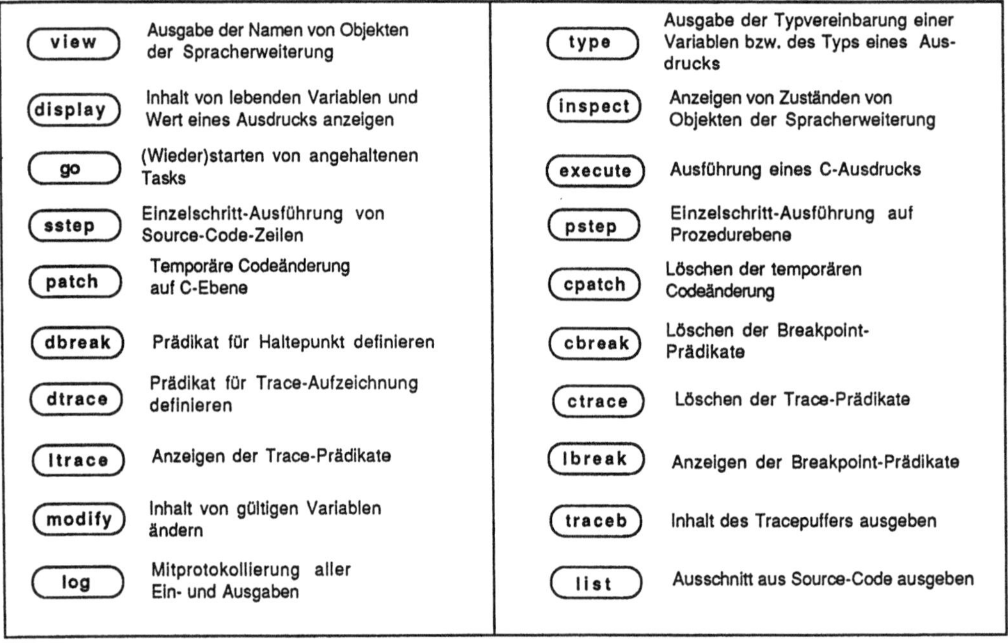

| Kommando | Beschreibung | Kommando | Beschreibung |
|---|---|---|---|
| view | Ausgabe der Namen von Objekten der Spracherweiterung | type | Ausgabe der Typvereinbarung einer Variablen bzw. des Typs eines Ausdrucks |
| display | Inhalt von lebenden Variablen und Wert eines Ausdrucks anzeigen | inspect | Anzeigen von Zuständen von Objekten der Spracherweiterung |
| go | (Wieder)starten von angehaltenen Tasks | execute | Ausführung eines C-Ausdrucks |
| sstep | Einzelschritt-Ausführung von Source-Code-Zeilen | pstep | Einzelschritt-Ausführung auf Prozedurebene |
| patch | Temporäre Codeänderung auf C-Ebene | cpatch | Löschen der temporären Codeänderung |
| dbreak | Prädikat für Haltepunkt definieren | cbreak | Löschen der Breakpoint-Prädikate |
| dtrace | Prädikat für Trace-Aufzeichnung definieren | ctrace | Löschen der Trace-Prädikate |
| ltrace | Anzeigen der Trace-Prädikate | lbreak | Anzeigen der Breakpoint-Prädikate |
| modify | Inhalt von gültigen Variablen ändern | traceb | Inhalt des Tracepuffers ausgeben |
| log | Mitprotokollierung aller Ein- und Ausgaben | list | Ausschnitt aus Source-Code ausgeben |

Tab. 1: Funktionsumfang von REALBUG

### 3.2. Die Debugging Sprache

Für die Debugging Sprache gilt derselbe Sachverhalt wie für das Abstraktionsniveau; die Ein-/Ausgaben des Debugging Systems sollten in Syntax und Semantik möglichst wenig von der verwendeten Programmiersprache (inklusive paralleler Spracherweiterung) abweichen. Dies bedeutet, daß bei allen Anzeigeoperationen von Objekten die Ausgaben entsprechend den Strukturen der zugehörigen Sprache aufbereitet werden. Zur Unterstützung sicherer Programmierung muß das Debugging System bei allen Zustandsveränderungen die Typ- und Gültigkeitsregeln überprüfen. Durch diese Restriktion wird verhindert, daß mit dem Debugging System ein Ablauf erzeugt werden kann, der später mit den Konstrukten der Programmiersprache nicht mehr reproduzierbar ist.

Ein großes Problem bei Debugging Sprachen stellen die Konstrukte zur Spezifikation von Prädikaten dar. Mit den Prädikaten werden Ereignisse spezifiziert, welche in der Zukunft erfüllt werden. Innerhalb der Prädikate werden also auch dynamisch erzeugte Objekte referiert, die zur Spezifikationszeit noch nicht existieren. Zur eindeutigen Referierung dieser dynamischen Objekte sind spezielle Sprachkonstrukte erforderlich. Bei REALBUG wird für die eindeutige Referierung noch nicht gültiger lokaler Variablen die Prozeduraufrufkette verwendet. Zur eindeutigen Benennung dynamisch erzeugter Heapobjekte und Objekte der Spracherweiterung (z.B. Tasks, Mailboxes, Semaphore) wird deren Erzeugungsstelle benutzt. Eine formalere Herleitung dieses Sachverhalts mit einer detailierten Beschreibung der Debugging Sprache von REALBUG befindet sich in [Bem86] und [Bem87a]. Sprachkonstrukte zur Formulierung von Prädikaten, wie z.B. "BEFOR", haben auch einen Bezug zur temporalen Logik. Eine Beschreibung der Prädikate mit temporaler Logik liegt deshalb nahe, wurde jedoch nicht genauer untersucht.

## 3.3. Hierarchiemodell für Überwachungswerkzeuge

Zur Erfüllung der in Abschnitt zwei aufgestellten Forderungen nach Portabilität, Erweiterbarkeit und Adaptierbarkeit ist ein sehr leistungsfähiges und flexibles Entwurfskonzept notwendig. Die Aufteilung des Überwachungssystems in eine zentrale Komponente auf der Host-Workstation und verteilte Subsysteme (Monitore) in den einzelnen Prozessorelementen wurde bereits in Abschnitt 1 vorgestellt.

Die sukzessive Abstützung der Prädikate und Aktionen auf immer primitivere Funktionen legt es nahe, eine aufeinander aufbauende Hierarchie von Schnittstellen und Diensten zu definieren. Die aufeinander abgestützten Schnittstellen repräsentieren Prädikats-/Aktionskonzepte auf verschiedenen Abstraktionsebenen, welche von den dazwischenliegenden Subsystemen aufeinander abgebildet werden. Das vorgeschlagene Hierarchiemodell, auf dem REALBUG basiert, ist in Abbildung 2 dargestellt. Die wichtigsten Abstraktionsniveaus dieses Hierarchiemodells werden von Schnittstelle S4 und S1 repräsentiert. Bei S4 werden die zu überwachenden Objekte durch Quellsprachennamen referiert, bei S1 durch Namen der Maschinensprache (Adressen). Wichtig zu erwähnen ist, daß die Überwachungswerkzeuge insbesondere auch über diese Schnittstellen angesprochen werden können und so z.B. eine Bedienung des Debugging Systems auf unterschiedlichen Abstraktionsniveaus möglich ist. In Analogie zur Idee des ISO/OSI-Modells für Netzwerkkonzepte weiß also eine höhere Schicht nichts von der Implementierung der darunterliegenden Module. Die Dienste der tieferen Schicht werden nur über die definierte Schnittstelle in Anspruch genommen.

Diese Eigenschaft des Hierarchiemodells unterstützt eine leichte Austauschbarkeit verschiedener Implementierungen einer Schicht, was zur Erfüllung der in Abschnitt zwei aufgestellten Anforderungen beiträgt:

* Verfügbarkeit einer Schnittstelle von Diensten (S4), auf der alle Überwachungswerkzeuge aufsetzen, welche Informationen über den dynamischen Ablauf eines Parallelen Systems benötigen.
* Diese Eigenschaft unterstützt die leichte Erweiterbarkeit mit neuen Werkzeugen, z.B. Testsystemen, Leistungsmeßwerkzeugen und Visualisierern.

### 3.4. Die einzelnen Subsysteme

Dieser Abschnitt soll das Verständnis des Hierarchiemodells für Überwachungssysteme vertiefen, indem kurz die Funktionen der einzelnen Subsysteme beschrieben werden. Es wird dabei von unten nach oben vorgegangen, womit der aufeinander aufbauende Charakter der einzelnen Abstraktionen (Primitiven) unterstrichen wird.

#### Instrumentierungstechniken und Monitore

Die Gewinnung der Informationen über den dynamischen Ablauf des Programms kann durch verschiedene Techniken erreicht werden. Bei REALBUG wurden die folgenden Instrumentierungstechniken in Betracht gezogen:

(1) In früheren Phasen der Entwicklung stützen sich die Überwachungswerkzeuge auf einen *Simulator*, der auf der Host-Workstation läuft und das funktionale Verhalten des Parallelen Systems nachbildet. Dies hat den Vorteil, daß bereits Untersuchungen über den Ablauf eines Systems angestellt werden können, bevor dieses vorhanden ist. Außerdem muß so während Debugging und Test nicht notwendigerweise das meist teure Parallele System belegt werden.

(2) Die zweite bei REALBUG untersuchte Monitortechnik arbeitet mit *Objektcode-Instrumentierung*. Die Überwachung der primitiven Ereignisse geschieht durch Einfügen von "Traps" an geeigneten Stellen des Objektcodes. Nachteil von Simulator und Software Monitor ist die immense Verlängerung der Programmlaufzeit durch den Monitor. Abhängig von der Art des zu überwachenden Ereignisses treten Verzögerungen um den Faktor 10 bis 1000 auf, wobei der Simulator noch wesentlich stärker verzögert als der Software Monitor.

(3) Um bestimmte Fehlersituationen zu lokalisieren, ist eine rückwirkungsfreie Monitortechnik erforderlich. Diese Verzögerungsfreiheit ist nur durch einen *Hardware Monitor* zu erreichen, der an den Prozessorbus angekoppelt ist. Durch programmierbare Überwachungs- und Vergleicherschaltungen werden beim Hardware Monitor die Ereignisse parallel zum dynamischen Ablauf überwacht. Nachteil des Hardware Monitor ist dessen bereits hohe Komplexität bei noch niedriger Funktionalität und die damit einhergehenden hohen Entwicklungskosten.

(4) Aus diesem Grund werden zur "fast" verzögerungsfreien Überwachung häufig Kompromißlösungen aus Software und Hardware Monitor herangezogen, der *Hybrid Monitor*. Bei REALBUG wird die Ereigniserkennung durch Softwaresensoren erledigt, die in den Objektcode der Applikation eingefügt werden. Die Filterung und Auswertung der Ereignisfolgen geschieht durch Hardwareschaltung. Durch diese Technik wird im schlechtesten Fall eine Verzögerung von 1% eingeführt, was sogar bei Realzeit-Anwendungen noch akzeptabel ist [Bem87a]. Der Entwicklungsaufwand ist jedoch um ca. 30% niedriger als der des Hardware Monitors.

#### Die Speicher- und I/O-Zugriffsschicht

Dieses Subsystem realisiert die *unbedingten Aktionen* auf Maschinensprachenniveau. Es enthält Funktionen zum Anzeigen und Verändern von Speicherzellen und I/O-

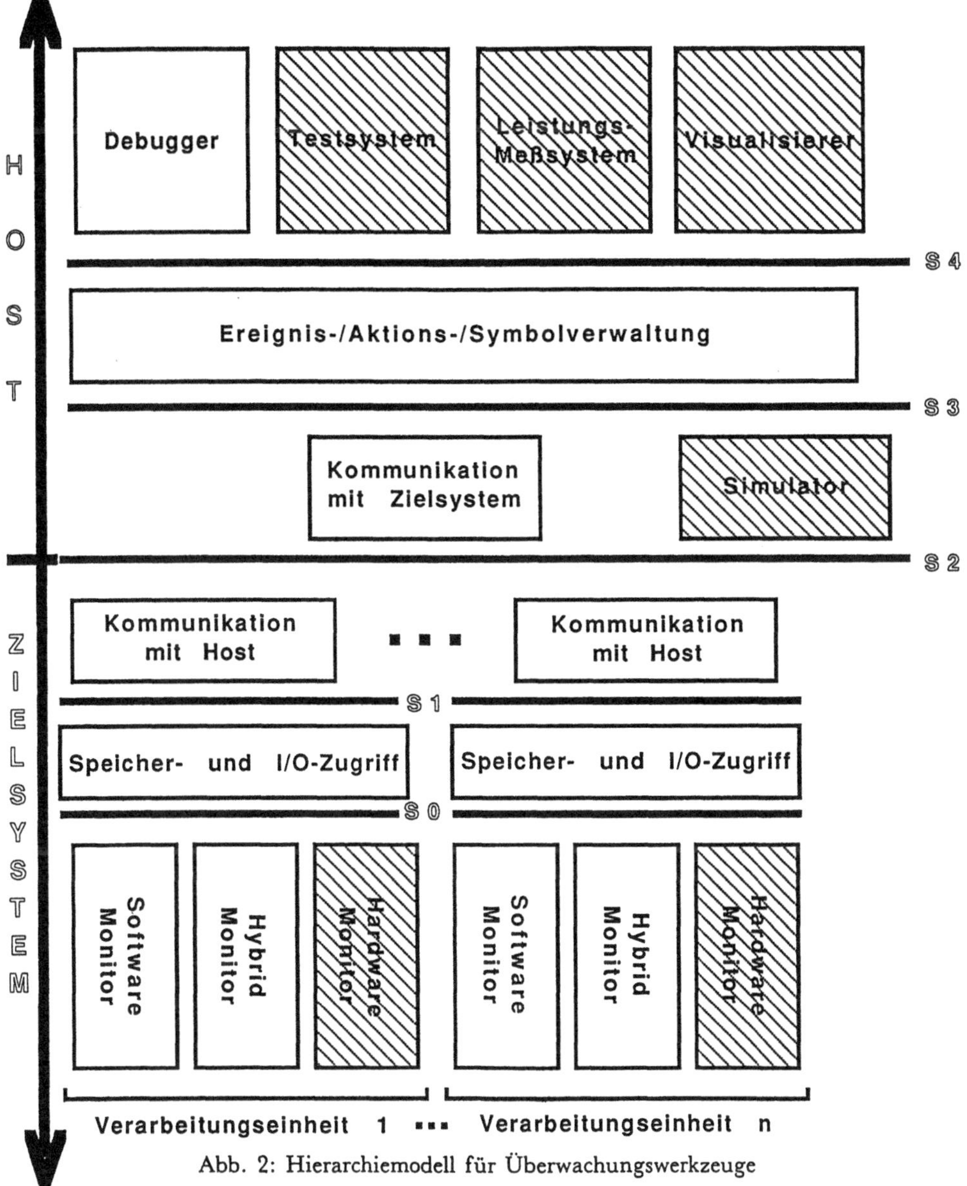


Abb. 2: Hierarchiemodell für Überwachungswerkzeuge

* Abstützung aller Überwachungswerkzeuge auf unterschiedliche Instrumentierungstechniken (Software, Hardware, Hybrid, Simulation).
* Einfache Adaption der Werkzeugumgebung an neue (prozedurale) Sprachen und Spracherweiterungen, da die sprachabhängigen Informationen nur in den höheren Schichten (über S4) enthalten sind.
* Schnelle Anpassung an andere Zielprozessoren und parallele Rechnerarchitekturen. Dies wird durch eine Verlagerung der prozessor- bzw. architekturabhängigen Module in tiefere Schichten erreicht.

Registern. Außerdem können in dieser Schicht die internen Listen und Deskriptoren der Spracherweiterungsimplementierung und bestimmte Strukturen des Kellerspeichers (Stack) inspiziert und verändert werden. Wichtig ist, daß alle Funktionen dieses Subsystems mit physikalischen (virtuellen) Adressen arbeiten. Die Mächtigkeit der angebotenen Primitiven hängt aus Leistungsgründen stark vom Durchsatz und von der Reaktionszeit der Kommunikationsverbindung zwischen Host-Workstation und Zielsystem ab. Langsame Kommunikationsmöglichkeiten zwischen Host und Zielsystem haben somit auch wieder Rückwirkungen auf die Unabhängigkeit bzgl. Sprachen, konkurrente Spracherweiterungen, Prozessoren und Multiprozessorarchitekturen.

**Ereignis-/Aktions-/Symbolverwaltung**

Die Module zwischen S3 und S4 spielen eine zentrale Rolle für die gesamte Werkzeugumgebung. Es müssen von dieser Schicht die folgenden Leistungen erbracht werden:

(1) Verwaltung der internen Symboltabellen und Übersetzung/Rückübersetzung von Symbolen in Adressen und umgekehrt. Dies wird bei REALBUG durch eine Art Datenbank mit entsprechenden Zugriffsoperationen realisiert.

(2) Verwaltung von Ereignissen und Aktionen. Welche Ereignisse/Aktionen sind spezifiziert, aufgetreten bzw. bereits dem Programmierer gemeldet?

(3) Abbildung der Funktionen von S4, die auf primitiven, symbolischen Objekten der Hochsprache bzw. Spracherweiterung (z.B. Integer, Character, Boolean) operieren, auf die Primitiven von S3, welche auf Objekten des Zielprozessors (z.B. Byte, Word) arbeiten.

**Quellbezogener Debugger**

Auf der Basis der Dienste von Schnittstelle S4 implementiert REALBUG die in Abschnitt 2.1 geschilderte Funktionalität eines Debugging Systems. Dabei wurde das bereits beschriebene Prädikats-/Aktionskonzept für alle Objekte der sequentiellen Programmiersprache C und alle Objekte einer an der TU München vorhandenen parallelen Spracherweiterung von C entwickelt [Bem87b]. Für die interaktive Bedienung des Debuggers stehen drei Benutzeroberflächen zur Verfügung:

(1) Eine rudimentäre Kommandosprache an einem alphanumerischen Terminal, wobei die Kommandos von Tabelle 1 verfügbar sind. Diese Sprache ist angelehnt an die Philosophie der C-shell bei UNIX und erlaubt demnach für Geübte ein effizientes Arbeiten mit REALBUG.

(2) Eine auf der Basis von Xwindows programmierte, fensterorientierte und menügeführte Graphikoberfläche mit starrer Fensterstruktur.

(3) Eine auf einem PC (MacIntosh) realisierte, menügeführte Graphikoberfläche mit beliebig erzeugbaren, verschiebbaren und vergrößer-/verkleinerbaren Fenstern. Der MacIntosh wird dabei als Graphiksubsystem der Host-Workstation verwendet und bedient das Debugging System über die alphanumerische Kommandoschnittstelle. Zwei typische Fensterkonstellationen dieser Bedienoberfläche sind in Abbildung 3 dargestellt.

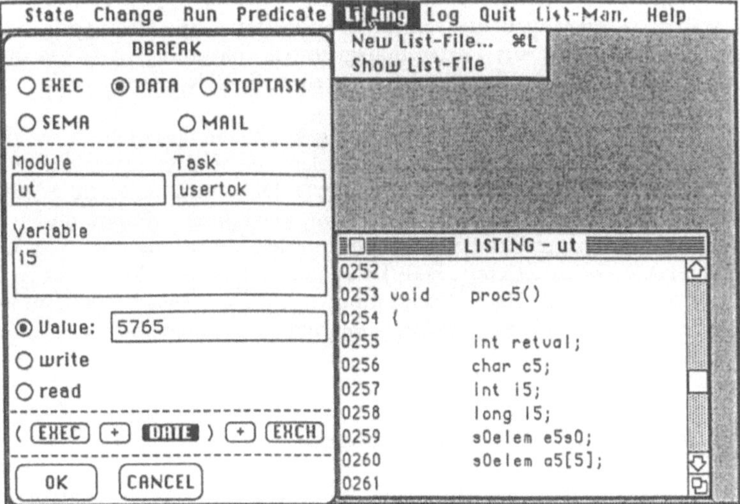


Spezifikation eines Datenprädikats

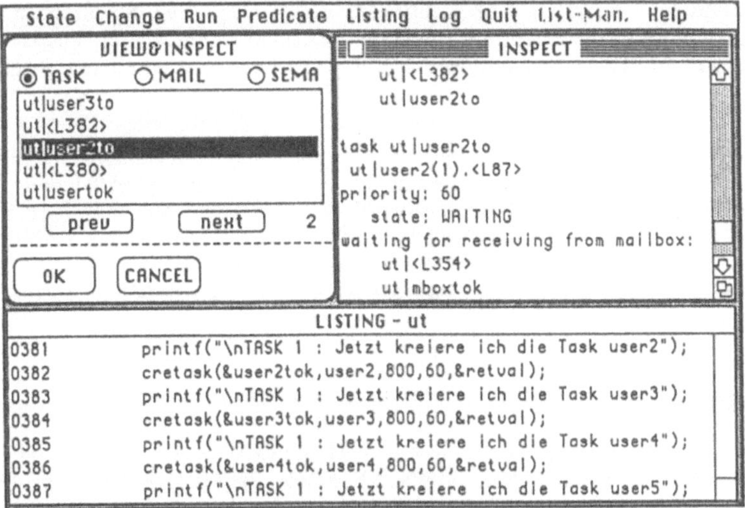


Auflistung und Darstellung der existierenden Tasks

Abb. 3: Graphische Bedienoberfläche

### 3.5. Stand der Arbeiten

Das beschriebene Projekt läuft seit Anfang 1986. Im Sommer 1987 war der Prototyp des ersten Werkzeugs, des parallelen Debuggers, inklusive der darunterliegenden Schichten fertiggestellt. Als Instrumentierungstechniken können bei diesem Prototyp Software Monitor und Hybrid Monitor verwendet werden. Die realisierten Subsysteme sind im Hierarchiemodell (Abbildung 2) unschraffiert dargestellt. Das Zielsystem dieser Prototypimplementierung war ein eigenentwickelter Mikrorechner auf der Basis von iAPX186 und Multibus I. Dieses Zielsystem wird mit Hilfe der Programmiersprache C und der erwähnten parallelen Spracherweiterung von C programmiert.

Zur Erzeugung und Codierung der Software wird die Cross-Entwicklungsumgebung

CAMIC auf einer VAXstation II unter Ultrix 32m verwendet [Sof85]. Auf dieser Host-Workstation wurden auch die zentralen Subsysteme des Debugging Systems implementiert. REALBUG ist aus Portabilitätsgründen vollständig in C geschrieben und stützt sich nur auf (Industrie-)Standardschnittstellen (UNIX, Xwindows).

Zur Zeit wird REALBUG an den nachrichtengekoppelten Parallelrechner iPSC (Intel Personal Supercomputer) angepaßt. Dazu werden die Zielsystemschichten auf jeden Knoten (80286/386) des Multiprozessors portiert. Dies wird dadurch erleichtert, daß bei dieser Portierung die Prozessorfamilie nicht gewechselt werden muß. Die Hostschichten der Werkzeugumgebung verbleiben auf der VAXstation II. Die VAXstation wird über ein LAN (Ethernet) mit TCP/IP Protokoll mit dem Multiprozessor verbunden und wird weiterhin als Host-Workstation verwendet. Diese Arbeiten werden zur Zeit realisiert und sollten bis zum Herbst 1988 abgeschlossen sein.

## 4. Zusammenfassung und Erweiterungen

Der Artikel beschreibt Problemstellungen, Anforderungen, Eigenschaften, Entwurfskonzepte und Implementierungen von Debugging Systemen für Multimikroprozessoren. Dabei wird besonderes Gewicht auf vollständige Unterstützung der während der Programmierung verwendeten Abstraktionsniveaus gelegt. Die Beschreibung der Entwurfskonzepte und Implementierungsdetails geschieht exemplarisch anhand der Entwicklung des Debugging Systems REALBUG, welches die erarbeiteten Anforderungen erfüllt.

Die Werkzeugumgebung wird in nächster Zeit um neue Werkzeuge erweitert. Insbesondere liegen bereits erste Spezifikationen für ein Leistungsmeßsystem und einen Visualisierer vor. Bei der laufenden Integration des Hybrid Monitors wird dieser auch um Konzepte zur "Cross-Triggerung" zwischen den Monitoren der einzelnen Verarbeitungselemente erweitert. Weiterhin ist geplant, die Überwachungswerkzeuge mit Verteilungswerkzeugen zur optimaleren statischen bzw. dynamischen Lastverteilung zu verknüpfen.

Bibliographie


[Bai83] F. Baiardi, N. De Francesco: *Development of a Debugger for a Concurrent Language;* Proc. SIGPLAN Symp. on HLL-Deb.; Aug. 1983; p. 81 - 90

[Bem86] T. Bemmerl: *Realtime High Level Debugging in Host/Target Environments;* Proceedings of EUROMICRO Symp. 1986, Venice, p. 387 - 400

[Bem87a] T. Bemmerl: *Quellsprachenorientierte Diagnose und Korrektur von Softwarefehlern durch überwachte Ausführung unter Echtzeitbedingungen;* Dissertation, Institut für Informatik, TU München, Juni 1987

[Bem87b] T. Bemmerl, G. Schöder: *A portable Realtime Multitasking Kernel for Embedded Microprocessor Systems;* Proceedings of EUROMICRO Symp. 1987, Porthsmouth, p. 181 - 188

[Bla87] T. J. LeBlanc, J. M. Mellor-Crummey: *Debugging Parallel Programs with Instant Replay;* IEEE Trans. on Computers, vol. C-36, no. 4, April 1987, p. 471 - 482

[Bur88] H. Burkhart, R. Millen: *Techniken und Werkzeuge der Programmbeobachtung am Beispiel eines Modula-2 Monitorsystems;* Informatik Forschung und Entwicklung, 3, 1988, p. 6 - 21

[Gar84] Garcia-Molina: *Debugging a Distributed Computing System;* IEEE Trans. on SWE, Vol.SE-10, No.2, p. 210 - 219, 1984

[Gre86] F. Gregoretti, F. Maddaleno, M. Zamboni: *Monitoring Tools für Multimicroprocessors;* EUROMICRO 86, p. 409 - 416

[Hab88] D. Haban, D. Wybranietz: *A Tool for Measuring and Monitoring Distributed Systems during Operation;* GI/ITG Tagung, Organisation und Betrieb von Rechensystemen, Paderborn, März 1988, p. 308 - 323

[Har85] P.K. Harter jr, D.M. Heimbigner, R. King: *IDD: An Interactive Distributed Debugger;* Proc. 5th int. Conf. on Distr. Comp. Syst.; March 1985; p. 498 - 506

[Hin86] U. Hinrichsen: *Ein Monitor für ein autonomes Datenübertragungssystem;* Dissertation, TU Braunschweig, Informatik-Bericht 86-05, 1986

[Hof87] R. Hofmann, R. Klar, N. Luttenberger, B. Mohr: *ZÄHLMONITOR 4: Ein Monitorsystem für das Hardware- und Hybrid- Monitoring von Multiprozessor- und Multicomputer-Systemen;* Messung und Modellierung von Rechensystemen, Erlangen, IFB, 1987, p. 79 - 99

[Int86] Intel Corp.: *iPSC Technical Description;* Intel Corp., 1986

[Laz86] B. Lazzerini, C.A. Prete: *DISEB: An Interactive High-Level Debugging System for a Multi-Microprocessor System;* EUROMICRO 86, p. 401 - 408

[Mae86] E. Maehle, K. Moritzen, K. Wirl; *Fault-Tolerant Hardware Configuration Management on the Multiprocessor System DIRMU 25;* CONPAR86, Lecture Notes on Computer Science, 1986, p. 190 - 197

[Nie81] J. Nievergelt, B. Plattner: *Monitoring Program Execution: A Survey;* IEEE Computer, Nov. 1981, p. 105 - 114

[Pal86] J.F. Palmer: *A VLSI Parallel Supercomputer;* Hypercube Multiprocessors, 1986, p. 19 - 26

[Pap87] Papadopoulos *The New Dataflow Architecture Beeing Built at MIT;* Proceedings of MIT-ZTI-Symp. on "Very High Parallel Architectures", Nov. 1987

[Pet85] J.C. Peterson, J.O. Tuazon, D. Liebermann, M. Pniel: *The Mark III Hypercube-Ensemble Concurrent Computer;* IEEE Parallel Processing, 1985, p. 71 - 73

[Seg85] Z. Segall, L. Rudolph: *PIE: A Programming and Instrumentation Environment for Parallel Processing;* IEEE Software, Nov. 1985, p. 22 - 37

[Sei83] R. Seidner, N. Tindall: *Interactive Debug Requirements;* ACM Symp. on High Level Debugging, Pacific Grove, March 1983, p. 9 - 22

[Sei85] C.L. Seitz: *The Cosmic Cube;* Communications of the ACM, Jan. 1985, p. 22 - 33

[Smi85] E.T. Smith: *A Debugger for Message-based Processes;* Software-Practice & Experiences, Vol.15, No.11, Nov.85, p. 1073 - 1086

[Sof85] Softlab GmbH: *CAMIC: Entwicklungssystem für Mikroprozessorprojekte;* Funktionsbeschreibung, 1985

[SUP86] SUPRENUM GmbH: *SUPRENUM Vorhabensbeschreibung;* SUPRENUM GmbH, 1986

# Fachgespräch

## Verteilte Datenbanksysteme

In diesem Fachgespräch sollen die neueren technischen Entwicklungen auf dem Gebiet der verteilten Datenbanksysteme dargestellt und aufgearbeitet werden. Derartige Systeme sind in den letzten Jahren soweit gediehen, daß eine kommerzielle Nutzung in breiterem Umfang unmittelbar bevorsteht. Es hat sich dabei herausgestellt, daß die tatsächlichen Nutzungsanforderungen an verteilte Datenhaltung zum Teil erheblich von dem abweichen, wofür solche Systeme nach den Vorstellungen der Entwickler eingesetzt werden sollten – dies macht funktionelle und strukturelle Erweiterungen der gegenwärtigen Technik erforderlich. Außerdem ist offensichtlich, daß neue wissenschaftliche Fragestellungen, etwa aus den Bereichen der KI, der Netzwerke, der Rechnerarchitektur u.ä. unmittelbare Auswirkungen auf verteilte Datenbanksysteme haben. All diese Fragen sollen im Rahmen des Fachgesprächs diskutiert werden.

**Programmkomitee:**

H. Bayen (Infodas), W. Benn (FernUniversität Hagen), H. Biller (Siemens AG, München), **P. Dadam** (IBM Heidelberg, Vorsitz), A. Reuter (Universität Stuttgart), H. Schweppe (Freie Universität Berlin), G. Weikum (Technische Hochschule Darmstadt)

# Directions in Distributed Databases

*S. Ceri*

Dipartimento di Matematica, Università di Modena
Via Campi 213/B - 41100 Modena, Italy
E-mail: ceri%imovx1.infnet@icineca.bitnet

**Abstract**

Distributed databases are at a crucial point of development: the first commercial products are becoming available, and companies are faced by a new challenging trade-off between the flexibility, ease of use, and reliability of distributed databases on one side, and the technical complexity of developing truly distributed database applications on the other side. This paper attempts an analysis of the past and present directions of development of distributed database technology, mostly from a research-oriented, scientific viewpoint.

## 1. Motivations for Distributed Databases

One of their main motivations for stimulating research in distributed databases was the potential reduction of communication costs which could be achieved by distributing data closest to terminals locations, thus saving in terminal–to–host data communication. Though in fact a limitation of data communications is sometimes achieved, the experience of these years has shown that distributing a database introduces many additional cost factors, and therefore cost reduction cannot be considered the main motivation of these systems [Gray 85a].

Instead, the main motivations for distributed databases are both *structural and organizational*, and concern the need of distributing the control on data close to departments where data are produced and used. In a sense, companies are reshaping the data processing functions towards decentralization, by bringing more power and autonomy into local computing centers, after having suffered great disadvantages due to their centralization. From a technical viewpoint, a distributed database is the key towards achieving *local autonomy*, namely, the ability of each local computer center to execute its own applications. In a broader sense, local autonomy concerns the ability of each local computer center to define its own databases, and to determine the protocols for data exchange and for remote data access to or from other centers through bilateral agreements.

Though an analysis of organizational issues and implications of distributed databases is outside the scope of this paper, it is worth stressing that the trade-off analysis on data distribution should be driven by organizational considerations, and in particular by the company's attitude towards decentralized control.

The technical features that motivate the success and growth of distributed databases have not to deal with their reduced cost, but rather with their increased benefits. In particular, relevant benefits concern *flexibility* and *modularity*. A distributed database is typically built by connecting several computers (possibly of various sizes) through a communication network, and in general there are no limitations to adding or deleting computing power in such environment. Thus, a distributed system can easily grow and adapt to changes, in particular by adding more database capacity or processing power with the growth of the application loads.

Data distribution over multiple computers favours also the *enhance of performances*, typically measured as a reduced execution time per transaction; for geographic databases, part of the gain is due to the reduction of (slow) message comminications; in most cases, the performance speed-up is due to availability of more computing power per transaction with respect to the centralized case. In fact, "small" computers are increasing their power and decreasing their cost at a faster rate than large mainframes; therefore, the distribution of computing resources typically transforms one "large" computer into several "small" computers" which are globally much more powerfull.

Another important advantage of distributed databases concerns *availability*, namely, the possibility of locating the required data *somewhere* in the network, even in presence of failures. In particular, data replication is the key to increasing the ability to recover from disasters and failures which might affect the integrity of the database.

# 2. False Expectations in Distributed Database Research

The first ten years of research in distributed databases have contributed to the establishment of well-founded theories in the fields of query processing, concurrency control, and transaction's reliability. These research efforts have found immediate application and verification in practical developments, leading to some conclusions. For instance, *two-phase locking* has emerged over competitor concurrency control mechanisms, and likewise *two-phase commit* is the principle which inspires all transaction management systems.

Distributed database research was maximally active between 1978 and 1983. These years were marked by the development of major prototypes, including R* at the IBM Research Center of San Jose and SDD-1 at the Computer Corporation of America. Europe contributed with several projects, including SIRIUS and its coordinate developments in France, POREL in Germany, and DATANET in Italy. At that time, many strategic choices were influenced by the concept of databases as software systems for enforcing centralized control over data (emphatizing the role of a unique database administrator in the company). Thus, distributed databases were designed having in mind the goal of achieving the *same functionalities* as centralized databases; this approach has later been proved unpractical, generating a number of false expectations.

Enforcing centralized control over resources is unpractical both from a technical and from an organizational viewpoint. Typical examples are *authorization and naming*: under the centralized control paradigm, there should be one authorizer in the network, that decides about all actions to be performed by all users. Naming of objects would likewise be subject to a unique control, to be placed somewhere in the network. Experience has proved instead that operational sites cannot be constrained by "external" sites, even if all sites belong to the same organization; in particular, each site should be able to create local objects and to enforce locally controlled policies over these objects.

*Distribution transparency*, defined as the ability of interacting as if the underlying database were a centralized one, is the inspiring principle of distributed database research. This property is quite important from the user's viewpoint, since it becomes possible to write queries regardless of the particular network site which stores data; as a consequence, application programs must not be rewritten when data migrate. Another important feature concerns the use of *fragmentation* to improve data distribution. A fragment is a physical unit of information, stored at a given site; collections of fragments constitute an unique database object (e.g., a relation). *Fragmentation transparency* is the property of writing queries or programs regardless of data fragmentation; as with location transparency, this property is extremely important from the user's viewpoint. Systems' catalog should support logical objects and their fragmentation, and be able to redirect user's queries to the appropriate fragments.

Query processing in distributed databases is concerned with the optimization of queries accessing data allocated at multiple sites. In particular, the so-called *"transnational join"* has been a subject of research (transnational joins concern two or more relations allocated at remote sites of a geographically dispersed database). The technique designed for solving this problem is called *semi-join reduction*, and consists in transmitting join columns among involved sites in order to precompute the tuples of relations which belong to the join result. Only the relevant tuples, pre-selected by the semi-join operation, are transmitted; thus, semi-join reduction achieves a reduction of data transmission, at the cost of major processing complexity. So far, however, applications do not need transnational joins. Further, the assumption of low-capacity transmission channels, which justifies semi-join reduction, is now becoming less and less actual.

Another important change of perspective concerns the management of replicated data. The approach of *immediate consistency*, pursued originally by distributed database researchers, is based on the distribution of on-line updates to all the replicas. An obvious consequence of immediate consistency is that all copies must be available in order to propagate updates to them; thus, the *update availability* is decreased by this approach.
For this reason, very few applications have used immediate consistency; they prefer instead *deferred updates.* This technique consists in performing on-line updates on a single copy (called master copy), and later propagating updates to all replicas. Two alternatives are possible: performing updates *as soon as possible (ASAP)* or by *copy replacement.*
In the former case, each update on the master copy generates a separate transaction on the remote copy, to be independently executed; updates can be *batched* for efficiency reasons.
In the latter case, no update propagation is required; rather, at subsequent times (either periodically or on demand) the remote copy (called *snapshot*) is *refreshed* by being (possibly partially) replaced by the master copy.

Also in the area of heterogeneous systems there has been a shift in the direction of research. The first research efforts were addressing the general problem of connecting very different database systems (e.g. Codasyl and relational systems) through multi-level schema descriptions. In particular, a general-purpose data model, typically selected among the so-called *semantic data models*, was selected as the "pivoting" model, and heterogeneous schemas and applications were mapped to this common model in order to enable communication between them.
This direction is not very much followed now; its major drawbacks are the inefficiency and complexity introduced by multi-level schema translations. Further, this solution is not addressing the problems of transaction management (concurrency control and commitment protocols).
The building of heterogeneous databases, however, is taking advantage from the widespreading of relational systems and of the query language SQL, a phenomenon which is not directly related to data distribution (a standard for SQL has been proposed by ANSI). This enables proposing an existing database model and language as candidate standards for heterogeneous database access, avoiding the use of multi-level schema descriptions. The standardization of remote database access is discussed in the next section.

# 3. Directions in Distributed Database Research

Research efforts in distributed databases are directed to solve the new problems which are faced by the development of applications.

The first effort concerns the establishment of *standards*; they are fundamental for the development of applications interfacing computers and software products of different vendors. One of the most relevant proposals, by the **E**uropean **C**omputer **M**anufacturers **A**ssociation (ECMA), concerns **R***emote* **D***atabase* **A***ccess (RDA)* [Papp 87]; the standard addresses the problem of enabling applications to access centralized but remote data via standardized, vendor-independent communication interfaces.
RDA is established between two communicating programs, called *client* and *server*; the *client* presents queries and data manipulation requests, the *server* provides support for these requests by masking the specific characteristics of the database from the client. RDA services are classified into four groups, related respectively to connection management, resource management, query and manipulation of data, and transaction management.
RDA is embedded into the ISO-OSI reference model, where it is placed above layer 7, the **C***ommon* **A***pplication* **S***ervice* **E***lements (CASE)*. CASE, in turn, is still a subject of research, and therefore the separation between RDA and CASE is not obvious. In principle, CASE should include the more generic functionalities for several applications, while levels above CASE should provide functionalities for specific applications; also a standard for file transfer protocols (FTAM) is currently being designed.

The second effort concerns the determination of *classes* of distributed database applications. The experience of these years has indicated that general-purpose distributed database systems matching all application needs do not exist, and probably should not exist either. Distributed database applications are extremely different in the degree of decentralization and in the type of required distributed database operations; a *class* should include applications with a similar "pattern".
An example of application classification is proposed in [Gray 85b], where four distinct classes of applications were described through case studies; they include: a LAN-based "distributed system in a room" (operational in a European bank); a "replicated system for disaster protection" having two operational identical sites about 500 Km apart (operational in a financial company with traders located in eleven American cities); a "geographically distributed system with centralized development and control" (operational in a telephone company); and finally a "geographically distributed system with autonomous nodes" (operational in a manufacturing system of a computer company). These case studies describe globally a spectrum of degrees of decentralization; further classifications are required concerning specific topics, such as data distribution, concurrency and availability requirements, integrity constraint checking, authorization management, and so on. These classifications will enable designers to use case-study-driven design methods, thus reusing previous experiences and focusing more clearly on crucial problems of each specific application class.

On a purely technological side, two research directions appear very promising and will likely produce significant progresses in distributed databases: *object-orientation*, and *new transaction models*.

*Object-oriented databases* enable the storage and manipulation of complex database objects; these objects are typically organized through complex hierarchies, and processed through special-purpose *methods*. In particular, object-oriented programming paradigms bring into the world of distributed databases two important contributions: object-oriented *computational models*, and the concept of *abstract data types (ADT)*.

An example of object-oriented computational model which is proposed for distributed databases is the object-process-message model of [Gray 85a]. In this model, object types are processes, terminals, files, and network nodes. Processes may address the other objects by opening them, establishing with them a communication session, and then reading and writing messages through the session; the session is eventually closed. Processes may be opened by other processes through the open message; object creation is managed by issuing a request to special processes managing the object's types. A similar model of computation and communication is used by the R* system [Lind 84].
An example of application of abstract data types in database architectures is offered by the Sybase database system [Syba 87]. In the Sybase architecture, data objects can be modified only through a set of predefined transactions, which constitute a "transaction layer" encapsulating the object itself; thus, the database object and the transactions which apply to it constitute a sort of ADT. This organization is particularly useful in order to build distributed database applications, since the transaction layer is a nice interface for enforcing local constraints over remote accesses.

*New models of transactions* include nested and long-lived transactions. The model of *nested transactions* is described in [Moss 86] and [Beeri 88]. A nested transaction is constituted by a hierarchical collection of subtransactions; traditional two-phase locking and two-phase commitment are conveniently extended (through inheritance mechanisms defined for the tree of subtransactions) to deal with this new model. The model allows committing a transaction even if some of the subtransactions fail, hence it enables more flexibility with respect to conventional transactions. It is particularly suited to distributed databases, since different subtransactions may be associated to the network nodes involved in the transaction.
*Long-lived transactions* are transactions whose execution takes a substantial amount of time, possibly of the order of hours or days; examples of long-lived transactions occur in airlines reservation systems. These transactions present serious performance problems, because they block data resources for substantial amounts of time, and are likely to encounter a deadlock or a system failure. For specific applications, it is possible to relax the requirement that long-lived transactions be executed as atomic actions. In particular, the so-called *sagas* [Garc 86] are collections of subtransactions equivalent to long transactions; each subtransaction is executed independently, and a *compensation* action is performed in order to eliminate the effects of committed subtransactions when the entire saga is aborted.

# Conclusions

Distributed databases are neither simple nor cost-effective; however, they are likely to find more and more applications due to their flexibility, enhanced power, increased availability, and ease of use in structurally decentralized organizations. Still large efforts are required in order to provide adquate standards and support to applications developers; further, distributed databases can take advantage of the general trend towards object-oriented databases and of novel, enhanced models of transactions.

## References

[Beer 88] C. Beeri, H.-J. Scheck, G. Weikum, "Multi-Level Transaction Management, Theoretical Art or Practical Need?", *Proc. Int. Conf. Extending Database Technology*, J.W. Schmidt, S. Ceri and J. Schmidt eds., Springer Verlag, Lecture Notes in Computer Science 303, March 1988.

[Bors 88] Borsook, P., "New Pains, new Gains: Distributed Database Solutions are on their Way", *Data Communication*, March 1988.

[Date 87] Date, C., "Twelve Rules for a Distributed database", *Computer World*, June 1987.

[DEng 85] C. Mohan (ed.), Special Issue on Concurrency and Recovery in Distributed Databases, *Database Engineering*, 8:2, June 1985.

[DEng 86] I. Traiger, B. Lindsay (eds.), Special Issue on High Performance Transaction Systems, *Database Engineering*, 9:1, March 1986.

[Garc 87] Garcia-Molina, H. and K. Salem, "Sagas", Tech. Rep. CS-TR-065-86, Princeton University, Dec. 1986.

[Gray 85a] Gray, J., "An Approach to Decentralized Data Management Systems", Tandem Tech. Rep. 85.4.

[Gray 85b] Gray, J. and M. Anderton, "Distributed Databases – Four Case Studies", Tandem Tech. Rep. 85-5.

[Lind 84] Lindsay, B.G. et al: "Computation and Communication in R*: a distributed Database Manager", *ACM-Transactions on Computer Systems*, Feb. 1984.

[Moss 86] Moss, J.E.B., "An Introduction to Nested Transactions", Comp. Inf. Sc. Dept., Univ. Massachusetts, Amherst, MA 01003, submitted to ACM-TODS.

[Papp 87] Pappe, S., W. Lamersdorf, and W. Effelsberg, "Specification and Implementation of a Standard for Remote Database Access", IBM European Networking Center, Tech. Rep. No. 43.8712.

[Syba 87] "Sybase DataServer", Sybase for On Line Computation, 2910 Seventh Street, Berkeley, CA 94710.

[Tand 87] "NonStop SQL, a Distributed, High-Performance, High-Availability Implementation of SQL", The TANDEM Database Group, April 1987.

# IMPLEMENTIERUNG EINES VERTEILTEN DATENVERWALTUNGSSYSTEMS FÜR TECHNISCHE ANWENDUNGEN

## - Eine Durchführbarkeitsstudie -

*S. Jablonski, T. Ruf, H. Wedekind*

*Institut für Mathematische Maschinen und Datenverarbeitung VI*

*Universität Erlangen-Nürnberg*

*Martensstr. 3, D-8520 Erlangen*

*e-mail: sjab@derdbs5.BITNET, thruf@derdbs5.BITNET, wedekind@derdbs5.BITNET*

**Zusammenfassung:**

In diesem Aufsatz wird die prototypische Implementierung eines Datenverwaltungssystems vorgestellt, das insbesondere für technische Anwendungsbereiche konzipiert wurde. Das System kann als Obermenge gängiger Datenverwaltungskonzepte wie verteilte Dateisysteme sowie zentralisierte und verteilte Datenbanksysteme angesehen werden. Die Grundidee ist die Anreicherung des Konsistenzkonzepts aus klassischen Datenbanksystemen um einen flexiblen, anwendungsorientierten Datenverteilmechanismus. Anhand der prototypischen Implementierung wird die Gültigkeit der Grundkonzepte gezeigt.

## 1 Motivation

Im Rahmen der Forschungstätigkeiten im PAP-Projekt (Projekt für flexibel automatisierte Produktionssysteme), einer Kooperation zwischen der Siemens AG und Erlanger Lehrstühlen der Fertigungstechnik und der Informatik (<5>), wird die Datenverwaltung in Rechnernetzen eingehend untersucht. Da Gegenstand des PAP-Projekts der Aufbau einer Modellfabrik im Sinne des Computer Integrated Manufacturing (CIM) ist, kann diese allgemeine Aufgabenstellung umformuliert und konkretisiert werden in den Aufbau einer Datenverwaltungsstruktur im Kontrollsystem eines Flexiblen Fertigungssystems. Der allgemeinere Aspekt der Datenverwaltung in Rechnernetzen wird parallel zu dieser Projektarbeit im SFB 182 'Multiprozessor- und Netzwerkkonfigurationen' bearbeitet. Erste Ergebnisse der Forschungstätigkeiten in den beiden sich in weiten Teilen überschneidenden Projekten sollen in diesem Aufsatz vorgestellt werden. Es handelt sich hierbei um das Konzept eines verteilten Datenverwaltungssystems, dessen Realisierbarkeit anhand dieser

Diese Arbeit wurde von der Deutschen Forschungsgemeinschaft im Rahmen des Sonderforschungsbereichs 182 'Multiprozessor- und Netzwerkkonfigurationen' unterstützt.

Implementierungsstudie gezeigt werden soll. Obwohl in dieser Arbeit das Datenverwaltungskonzept überwiegend am Einsatzbereich 'Flexibles Fertigungssystem' gemessen wird, soll ausdrücklich darauf hingewiesen werden, daß es sich hierbei um ein allgemeingültiges Systemkonzept handelt, das auch in z.B. kaufmännischer Umgebung Verwendung finden kann. Gerade im Rahmen der Studien im SFB 182 wird der Frage der Anwendbarkeit des Systems in beliebigen Netzwerk- und Anwendungskonfigurationen nachgegangen.

In einer Reihe von früheren Aufsätzen der Autoren wurde ein theoretisches Konzept zur Datenverwaltung und -verteilung in technischen Systemen entwickelt (<6>, <7>, <8>, <11>). Am Beispiel 'Flexibles Fertigungssystem' werden die wichtigsten der dort erzielten Ergebnisse nochmals zusammenfassend dargestellt. Aus dem breiten Spektrum von Teilproblemen, die bei der Datenverwaltung in verteilten Rechnersystemen anfallen, wird im beschriebenen Ansatz die Verwaltung von Kopien in heterogenen Systemumgebungen aufgegriffen und ein Konzept hierfür erstellt. Für den Austausch von Modifikationen zwischen Kopien eines Datums werden auf Benutzerebene verschiedene Mechanismen angeboten. Diese gestatten nicht nur das synchrone (im Sinne von serialisierbar), d.h. zeitgleiche Ändern von Replikaten eines Datums, sondern auch den asynchronen, zeitlich versetzten Austausch von Datenmodifikationen. Die besondere Behandlung von heterogenen Systemumgebungen wird vor allem deshalb betont, da gerade in der technischen Umgebung Flexibler Fertigungssysteme integrierte Steuerungen aus vorhandenen Hardware- und Softwarekomponenten (Insellösungen) zusammengebaut werden müssen und nicht völlig neu beschafft werden können, wodurch zwangsläufig ein bestimmter Grad an Heterogenität im System vorhanden ist.

Charakteristisch für das betrachtete Fallbeispiel 'Flexibles Fertigungssystem' ist das in Abbildung 1 gezeigte Rechner-Kontrollsystem, das im allgemeinen eine hierarchische Strukturierung auf-

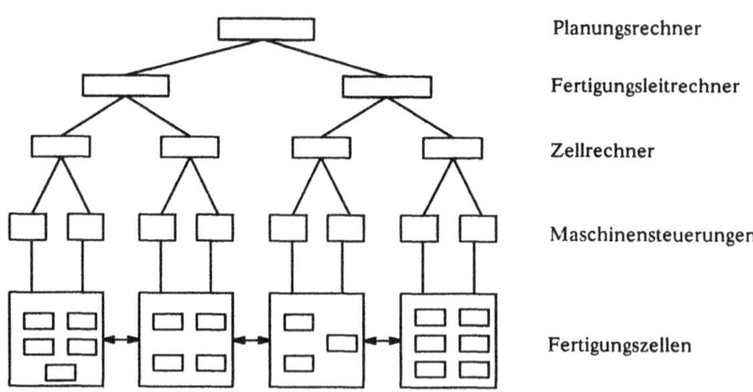


**Abb. 1:** Hierarchische Kontrollstruktur eines Flexiblen Fertigungssystems

weist (<2>, <9>). Der Maschinenpark eines Fertigungsbetriebes wird dadurch in unabhängig voneinander operierende Fertigungszellen unterteilt, die (teilweise) unter Echtzeitbedingungen verwaltet und gesteuert werden müssen. Die Unabhängigkeit der einzelnen Komponenten der Steuerungshierarchie ermöglicht den modularen und somit übersichtlicheren Aufbau des Systems und gewährleistet eine höhere Fehlertoleranz. Ein Ausbreiten von Fehlern über 'Modulgrenzen' hinweg wird vermieden.

Bevor wir die Implementierung des konzipierten verteilten Datenverwaltungssystems vorstellen, sollen zwei grundsätzliche Fragen behandelt werden, die sich im Rahmen der Konzeption eines Datenverwaltungssystems für technische Anwendungsbereiche stellen:

i) Warum braucht man in technischen Anwendungen, wie z.B. Flexiblen Fertigungssystemen, überhaupt komplexe Datenverwaltungssysteme?

- *Flexibilitätsanforderungen*

Nehmen wir an, wir hätten die dreieckige Oberfläche irgendeines Werkstückes unter Verwendung spezialisierter NC-Maschinen herzustellen. Die auszuführenden Fertigungsschritte werden durch dedizierte NC-Programme spezifiziert. Zur Ausführung dieser NC-Programme werden geometrische und technologische Parameter wie Abmessungen, Vorschub und Kühlmittelfluß benötigt. Anhand des Beispiels soll gezeigt werden, daß ein flexibleres Teilespektrum - Teile verschiedener Abmessungen und Struktur werden in zufälliger Reihenfolge produziert - ein leistungsfähiges, komplexes Datenverwaltungssystem unabdingbar voraussetzt, weil mit der Flexibilität zwangsläufig auch das zu verarbeitende Datenvolumen anwächst.

Wir wollen vier verschiedene Typen von Teilefamilien betrachten, die in unserem Fertigungssystem hergestellt werden sollen. Für jeden Familientyp wird das benötigte Datenvolumen und die erzielbare Flexibilität angegeben.

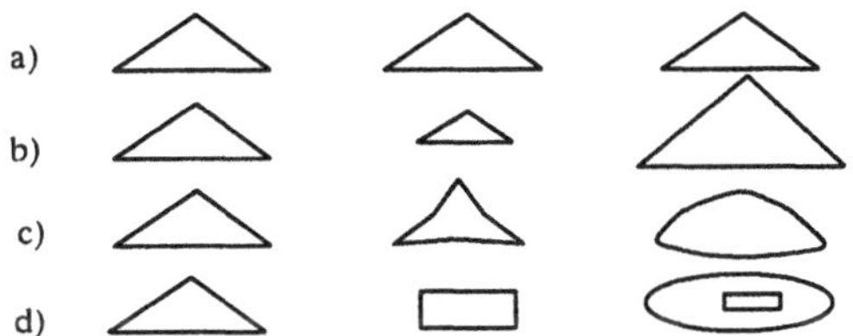


**Abb. 2:** Typen von Teilefamilien mit unterschiedlichem Maß an Flexibilität

**Typ 1:** Teile mit gleicher Form und Größe (Abb. 2a)

*Datenvolumen*: ein NC-Programm mit einem Satz an Parametern

*Flexibilität*: minimal

**Typ 2:** Teile gleicher Form in unterschiedlicher Größe (Abb. 2b)

*Datenvolumen*: ein NC-Programm mit einem individuellen Parametersatz für jede Größe

*Flexibilität*: Variantenproduktion; entspricht dem klassischen Prozedurkonzept (Versorgung eines festen Ablaufschemas (Prozedurrumpf) mit verschiedenen Parametersätzen)

**Typ 3:** Teile gleicher Topologie in verschiedener Form und Größe (Abb. 2c)

*Datenvolumen*: ein neues NC-Programm pro Teilegruppe mit individuellen Parametersätzen für jedes Teil

*Flexibilität*: groß

**Typ 4:** Teile verschiedener Topologie und Größe (Abb. 2d)

*Datenvolumen*: ein neues NC-Programm für jedes Teil einschließlich eines individuellen Parametersatzes

*Flexibilität*: maximal

Die Taxonomie zeigt deutlich, daß mit der Erhöhung der Flexibilität im Produktionsprogramm auch der Umfang der zu verwaltenden Daten ansteigt. Dies hat auch wachsende Datenanforderungen auf den höheren Ebenen der Rechner-Kontrollhierarchie zur Folge. Schließlich zieht eine erhöhte Flexibilität auch mehr Fehler nach sich; und um diese Fehler zu beheben, sind wiederum mehr Daten erforderlich, die den gegenwärtigen Zustand des physikalischen Fertigungssystems im Rechner-Kontrollsystem widerspiegeln.

- *Integration von Anwendungen über die Nutzung eines gemeinsamen Datenbestands*

In einem Flexiblen Fertigungssystem greifen üblicherweise viele Teilanwendungen auf gleiche Datenbestände zu. So nutzen beispielsweise die Applikationen 'Fertigungsplanung' und 'Fertigungssteuerung' den gleichen Datenbestand 'Zellauftrag'. Hieraus lassen sich drei Anforderungen an die Datenverwaltung ableiten: Zunächst erleichtert eine flexible Formulierbarkeit von Datenanfragen, wie sie z.B. von Datenbanksprachen ermöglicht wird, die Handhabung der Datenbestände für die unterschiedlichsten Benutzer, die jeweils die Daten unter ihrer speziellen Sichtweise sehen wollen. Vorteilhaft wirkt sich eine Synchronisation der Benutzer durch das Datenverwaltungssystem selbst aus, wodurch diese Aufgabe aus den Anwendungsprogrammen eliminiert werden kann. Schließlich sollte bei dieser intensiven Nutzform der Daten deren Konsistenz systemseitig gesichert werden.

ii) Warum können nicht zentralisierte oder verteilte Datenbanksysteme verwendet werden?

- *Lokalität*

Wie bereits in der Kurzcharakterisierung Flexibler Fertigungssysteme angedeutet wurde, ist die Schaffung von Autonomie für die Rechnerkomponenten eines der wesentlichsten Anliegen z.B. beim Entwurf des Steuerungssystems eines Flexiblen Fertigungssystems. Diese Autonomie kann auf Datenverwaltungsseite nur durch die Lokalität der Datenzugriffe in den einzelnen Teilkomponenten verwirklicht werden. Die bereits angedeutete Mehrfachnutzung von Daten bedingt hierbei die Abspeicherung von Kopien. Die Verwendung eines zentralisierten Datenbanksystems steht dieser Anforderung konträr gegenüber, da keine Kopienhaltung unterstützt wird und ein gemeinsam benutzter Datenpool dem Autonomiestreben entgegensteht.

- *globale Kontrolle*

In einem Flexiblen Fertigungssystem werden an vielen Stellen Daten modifiziert. Beispielsweise produzieren die Auftragsbearbeitung im Planungsrechner oder die Betriebsdatenerfassung in den Maschinenkontrollrechnern fortwährend neue Daten. Um die Komponenten des Systems mit korrekten Daten zu versorgen, was meist einen Datenaustausch im Rechnernetz verursacht, benötigt man eine globale Kontrollkomponente, die sich über alle Instanzen des Systems erstreckt. Der

Datenaustausch zwischen den individuellen Teilsystemen wird dann unter die Kontrolle dieser zentralen Instanz gestellt, wodurch auch das Anwendungssystem entlastet wird.

- *das Need-to-know-Prinzip*

Um die Eigenschaften des Need-to-know-Prinzips zu verdeutlichen, ist es sinnvoll, einen kurzen Blick auf einige wesentliche Charakteristika konventioneller Datenbanksysteme zu werfen. Sowohl zentralisierte als auch verteilte Datenbanksysteme sind nach dem sogenannten Ubiquitätsprinzip konzipiert. Dieses Prinzip trifft man vor allem in vielen kommerziellen Anwendungen an (<3>). Sie sind gekennzeichnet durch eine nur unscharfe Zuteilung von Applikationsfunktionen zu bestimmten Knoten im Rechnernetz. Deshalb müssen diese Systeme folgenden Entwurfsgrundsätzen genügen (Ubiquitätsprinzip):

- Grundsätzlich muß jeder Datenproduzent und -konsument im System in der Lage sein, jedes Datum des globalen konzeptionellen Schemas zu lesen und zu modifizieren. Der Datenzugriff ist lediglich durch die Vergabe von Zugriffsrechten eingeschränkt (benutzerspezifische Sichten).

- Jeder Datenproduzent und -konsument erhält unmittelbar nach dem Ende einer Transaktion die aktuellste Version eines geänderten Datums für die weitere Verarbeitung zur Verfügung gestellt. Dies impliziert, daß alle Anwendungsinstanzen zu einem bestimmten Zeitpunkt dieselbe Version eines Datums sehen, und insbesondere auch, daß eventuelle physische Kopien eines Datums jeweils gleiche Werte aufweisen. Dies ist eine konstitutive Konsistenzbedingung in ubiquitären Systemen.

Im Gegensatz dazu ist vor allem der technische Bereich durch das Need-to-know-Prinzip charakterisierbar. Hier liegen die Anwendungsstrukturen, insbesondere die Funktions- und Datenverteilung im Rechnernetz, von vornherein explizit fest. Dadurch lassen sich signifikante Performancegewinne im Gesamtsystem bei gleichzeitiger Erhöhung der Knotenautonomie erzielen, indem man diese determinierten Systemverhaltensweisen bei der Verwaltung (und vor allem der Verteilung) der Daten berücksichtigt. Das Need-to-know-Prinzip kann folgendermaßen charakterisiert werden:

- Der Bereich der Zugriffe ist für alle Datenproduzenten und -konsumenten auf solche Daten im globalen konzeptionellen Schema beschränkt, die sie zur Erfüllung ihrer vordefinierten und präzise spezifizierten Aufgaben benötigen. Zugriffe auf die Restdaten des Schemas werden explizit verboten und brauchen deshalb nicht während der Laufzeit des Systems berücksichtigt werden.

- Die Daten werden den Konsumenten in einem Zustand bereitgestellt, der der Erfüllung ihrer Aufgaben angemessen ist. Dies kann insbesondere bedeuten, daß nicht jeder Konsument immer die aktuellste Version eines Datums erhält bzw. zur Verfügung hat. Die Freigabe bzw. Entgegennahme von Datenversionen durch Datenproduzenten bzw. -konsumenten richtet sich nach benutzerdefinierten Ereignissen (Triggern). Produzenten und Konsumenten werden entkoppelt, indem sie logisch identische Datenbereiche im Zuge der Datenreplikation in unterschiedlichen Versionen bearbeiten können. Die Festlegung des daraus abzuleitenden anwendungsorientierten Konsistenzverhalten obliegt dem Systemadministrator, der den Änderungsaustauschdienst zwischen den Teilanwendungssystemen zu definieren hat.

In einem früheren Aufsatz wurde die Unterscheidung zwischen dem Ubiquitäts- und dem Need-to-know-Prinzip detaillierter dargestellt (<7>). Zusammenfassend soll an dieser Stelle nur angedeutet werden, daß die Datenverwaltung nach dem Need-to-know-Prinzip als eine Obermenge der Datenverwaltung nach dem Ubiquitätsprinzip aufgefaßt werden kann, was sich auch daran ablesen läßt, daß letztere als ein Spezialfall der ersteren formuliert werden kann.

## 2 Ein Sprachkonstrukt zur Spezifikation der Datenverteilung

In diesem Kapitel wird ein Sprachkonstrukt vorgestellt, das die anwendungsorientierte Spezifikation der Datenverteilung in verteilten Systemen ermöglicht. Mit der Diskussion dieses Konstrukts wird auch die Funktionalität des zu entwerfenden verteilten Datenverwaltungssystems näher beschrieben. Das Sprachkonstrukt bildet die Benutzerschnittstelle zum System. Der Entwurf des verteilten Datenverwaltungssystems (im folgenden DDMS, **D**istributed **D**ata **M**anagement **S**ystem genannt) ist auf die im ersten Kapitel eingeführten Anforderungen abgestimmt. Dies wird zunächst schon dadurch erreicht, daß durch das DDMS verschiedenste Basisdatenhaltungssysteme (relationale Datenbanksysteme, Dateisysteme) unter der zentralen Kontrollinstanz, dem DDMS, integriert werden (siehe Abschnitt 3.1). In diesen lokalen Datenhaltungssystemen werden die aus der Anwendung abgeleiteten, in einem globalen konzeptionellen Schema definierten Benutzerdatenstrukturen verwaltet. Datenpartitionen, welche horizontale, vertikale oder kombinierte (horizontale und vertikale) Fragmente einer Relation des konzeptionellen Schemas sind[1], werden den auf den Knoten des verteilten Rechnersystems vorhandenen lokalen Datenhaltungssystemen zugewiesen. Dazu wird das im folgenden gezeigte Sprachkonstrukt verwendet (Schlüsselworte sind fett gedruckt; nichtterminale Symbole sind mit spitzen Klammern umschlossen):

**ALLOCATE** <partition-name> **AT** <site-name>

**DEFINED AS** <select-clause>

**PROPAGATING UPDATE** <prop-type> **TO** <prop-list> **ON** <event-list>

**RECEIVING UPDATE** <rec-type> **FROM** <rec-list> **ON** <event-list>

Der Inhalt einer Datenpartition wird durch eine Qualifikationsanweisung (<select-clause>) festgelegt, welche gemäß dem entsprechenden Sprachkonstrukt der Datenbanksprache SQL aufgebaut ist. Die Datenpartitionen müssen nicht disjunkt sein. Jede Partition ist in wenigstens einem Knoten (<site-name>) des verteilten Systems allokiert. Durch die mehrfache Zuweisung von sich überschneidenden Datenpartitionen an verschiedene Knoten werden gemäß der Anwendungsspezifikation Kopien von Daten eingeführt.

Eine entscheidende Frage stellt bei replizierten Datenbeständen der Austausch von Datenmodifikationen zwischen Knoten dar, also die Update-Strategie für Daten, die mehrfach im

[1] Die Annahme, daß das Schema in Relationenform vorliegt, wird lediglich aus terminologischen Gründen getroffen und stellt keine Einschränkung in der Wahl des Datenhaltungssystems für einen bestimmten Knoten dar. In Kapitel 4 wird auf diesen Punkt noch näher eingegangen.

System abgespeichert sind. Gemäß dem Ubiquitätsprinzip müßten alle Replikationen eines Datums synchron, also im Rahmen einer atomaren Transaktion, aktualisiert werden. Durch die Einführung des Need-to-know-Prinzips wird diese restriktive Forderung abgeschwächt, weil hier der Austausch von Datenmodifikationen auch gebündelt und zeitlich verzögert vonstatten gehen darf. Durch die Wahl der Abgleichszeitpunkte zum Ende einer Transaktion kann das System de facto nach dem Ubiquitätsprinzip betrieben werden. In technischen Systemen stellt diese Betriebsart jedoch den Ausnahmefall dar. Hier reicht es typischerweise aus, daß Datenmodifikationen in einem Knoten gesammelt und aufgezeichnet werden, um dann beim Eintreffen zeitlich verzögerter Ereignisse (Trigger) gebündelt anderen Knoten zur Verfügung gestellt zu werden (siehe auch <1>). Diese Ereignisse sind anwendungsorientiert spezifizierbar (<event-list>) und nicht systemseitig vorgegeben (im Rahmen eines verteilten, starren Freigabeprotokolls bei ubiquitären Systemen).

Kennzeichnend für das DDMS ist die Übertragung der Entscheidung, welche Datenmodifikationen von welchen Datenproduzenten an welche Konsumenten in welcher Art gesendet bzw. verarbeitet werden sollen, auf Benutzer- bzw. Systemadministratorebene. Datenproduzenten propagieren ihre Datenmodifikationen an die in <prop-list> aufgeführten Konsumenten in der in <prop-type> spezifizierten Weise. Als Attribute der Propagation sind dabei *local* (kein Versenden von Änderungsmeldungen), *global-indirect* (zeitlich verzögertes Senden) und *global-direct* (synchrone Propagation, d.h. Propagation sofort nach Durchführen der Modifikation) vorgesehen. Die in <rec-list> angegebenen Konsumenten nehmen Änderungsmeldungen in der in <rec-type> spezifizierten Art (*isolated, remote* oder *integrated*) auf. Mit *isolated* wird das Zurückweisen aller einkommenden Änderungsmeldungen spezifiziert. Verzögertes Aufnehmen und Verarbeiten von Modifikationsmeldungen wird durch *remote* angegeben. Sollen Meldungen unmittelbar bei ihrem Eingehen verarbeitet werden, ist als Empfangsmodus *integrated* zu vereinbaren.

Der wichtigste Fall im vorgestellten System ist das asynchrone Propagieren und/oder Empfangen von Datenänderungsmeldungen. In Ubiquitätssystemen ist dagegen der einzige Weg der Aktualisierung replizierter Daten der beidseitig synchrone Fall, also die Wahl des Sendeattributs *global-direct* und des Empfangsattributs *integrated*. Durch das Aufsammeln von Änderungsmeldungen und den zeitlich verzögerten Austausch können die Kosten für Aktualisierungen signifikant gesenkt werden. Weiterhin wird dadurch die Knotenautonomie erhöht, da zwischen den verteilten Rechnern nur selten (verglichen mit der Häufigkeit von Änderungsaktionen an Replikaten) eine Kommunikationsverbindung aufgebaut werden muß. Im asynchronen Fall muß die Aktualisierung replizierter Daten durch benutzerdefinierte Ereignisse (Trigger) initiiert werden, die in <event-list> angegeben werden (siehe Abschnitt 3.4).

Zur Verdeutlichung betrachten wir nochmals das Anwendungsbeispiel 'Flexibles Fertigungssystem' (Abb. 1). Für den Austausch von Zellauftragsdaten zwischen Fertigungsleitrechner und Zellrechner ist es im allgemeinen ausreichend, wenn die im Fertigungsleitrechner berechneten Zellaufträge zu Beginn einer Schicht den entsprechenden Zellrechnern bekannt gemacht werden. Die Auftragsdaten werden nach ihrer Bekanntmachung in den Zellrechnern abgespeichert, um während der Schicht ohne Inanspruchnahme des Rechnernetzes verarbeitet werden zu können. Eine Rückmeldung von den Zellrechnern an den Fertigungsleitrechner soll in unserem einfachen Szenario allerdings nicht über die Relation Fertigungsauftrag erfolgen. Während der laufenden Schicht können im Leitrechner bereits die Aufträge für die nächste Schicht zusammengestellt werden, ohne daß die Zellrechner von der Existenz dieser Aufträge informiert werden.

Das eben beschriebene Szenario läßt sich mit dem in <1> beschriebenen Snapshot-Mechanismus modellieren. Unter Verwendung des oben eingeführten Sprachkonstrukts sieht die Spezifikation folgendermaßen aus:

*Für den Fertigungsleitrechner:*

**ALLOCATE** Zellaufträge **AT** Fertigungsleitrechner

**DEFINED AS** *select* Auftrag-Nr, Auftrag-Beschreibung
*from* Zellauftrag

**PROPAGATING UPDATE** global-indirect
**TO** Zellrechner$_1$
**ON** Neue-Schicht-Trigger

*Für den Zellrechner$_1$:*

**ALLOCATE** Zellaufträge$_1$ **AT** Zellrechner$_1$

**DEFINED AS** *select* Auftrag-Nr, Auftrag-Beschreibung
*from* Zellauftrag
*where* Ausführungsort = Zellrechner$_1$

**RECEIVING UPDATE** remote
**FROM** Fertigungsleitrechner
**ON** Neue-Schicht-Trigger$_1$

# 3 Implementierung des verteilten Datenverwaltungssystems

Das in diesem Kapitel beschriebene DDMS wurde in einem Netzwerk mit drei DEC MicroVax II und einer VAX 11/780 implementiert, die durch das Kommunikationssystem DECNET verbunden sind. Gemeinsames Betriebssystem ist VAX/VMS; die Implementierungssprache wie auch die in den Anwendungsprogrammen zu verwendende Programmiersprache ist PASCAL. Ziel der Implementierung in dieser verteilten Umgebung ist, die Gesamtfunktionalität des Verteilungskonzepts zu verifizieren. Um dieses Unterfangen zu erleichtern, wurde diese homogene verteilte Umgebung ausgewählt. In einer parallel dazu durchgeführten zweiten Implementierung wird speziell das Problem der Heterogenität aufgegriffen; allerdings soll bei dieser Realisierungsstudie nur ein ausgewählter Kern des Gesamtkonzeptes implementiert werden. Wichtigstes Merkmal des zweiten Ansatzes ist die Verwendung verschiedener Betriebssysteme (XENIX bzw. CCP/M) bzw. Datenhaltungssysteme (relationale Datenbank EMPRESS bzw. Dateisystem ACCESSMANAGER).

Wir geben zunächst einen Überblick über den Aufbau des ersten Implementierungsansatzes. Anschließend werden die drei Hauptkomponenten des DDMS – Definitionskomponente, Kommunikationskomponente und Triggerkomponente - näher beschrieben. Den zweiten Implementierungsansatz wird eine zukünftige Arbeit beschreiben.

### 3.1 Struktur des Gesamtsystems

Allgemein können für ein Datenverwaltungssystem in einer verteilten Umgebung zwei Basisaufgaben definiert werden:

- Datenverwaltung in den einzelnen Systemknoten und
- Datenverteilung zwischen den Systemknoten.

In Abbildung 3 ist der schematische Aufbau des Gesamtsystems wiedergegeben. Wie bereits im ersten und zweiten Kapitel angedeutet wurde, wird in dieser Arbeit hauptsächlich die Realisierung des im System verwendeten komplexen Datenverteilmechanismus beschrieben. Die Aufgabe der Datenverwaltung in den einzelnen Systemknoten kann von herkömmlichen Datenverwaltungssystemen wie z.B. (zentralisierten) Datenbanksystemen oder einfachen Dateisystemen übernommen werden. Ziel der Bemühungen ist die Integration verschiedenster Datenverwaltungssysteme unter der gemeinsamen Hülle des globalen Datenverteilmechanismus. Zur Zeit werden im DDMS die relationalen Datenbanksysteme RDB und INGRES sowie das Dateisystem RMS des VAX/VMS-Betriebssystems unterstützt.

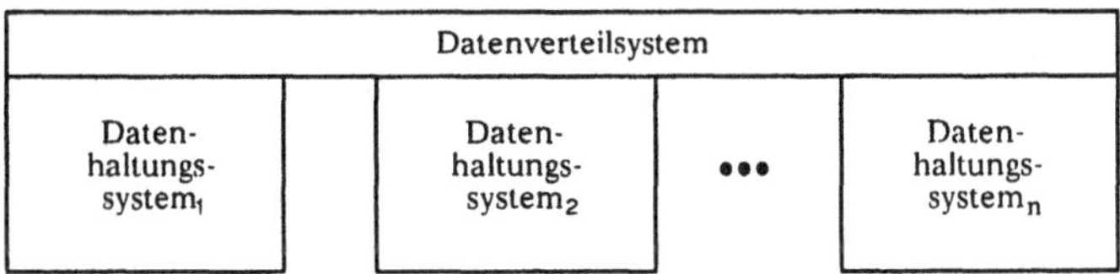


**Abb. 3:** Struktur des Gesamtsystems

Eines der wichtigsten Anliegen in einem (verteilten) Datenverwaltungssystem ist die Behandlung konkurrierender Datenzugriffe. Im DDMS werden lokale Datenzugriffe in einem Knoten unter Verwendung des vom jeweiligen Datenhaltungssystem bereitgestellten Sperrmechanismus durchgeführt und überwacht. Das DDMS stellt darüber hinaus bei Bedarf einen (lokalen) Transaktionsmechanismus zur Verfügung. Wenn knotenübergreifende Datenverarbeitungsoperationen erforderlich sind (asynchrone/synchrone Aktualisierung von replizierten Datenbeständen), wird die lokale Transaktionsverwaltung von der Datenverteilkomponente unterstützt. Dieses Vorgehen gewährleistet die in Kapitel 2 beschriebenen variablen Kommunikationsarten, ohne daß dadurch auf Benutzerebene der lokale Datenzugriff verändert werden muß.

Der Kern der prototypischen Implementierung besteht aus drei Hauptkomponenten:

- Werkzeugen zur Spezifikation und Verwaltung der Datenverteilung in verteilten Umgebungen;
- Hilfsmitteln zur Realisierung des synchronen und asynchronen Austauschs von Datenänderungen;

- einem Triggermechanismus zur Initiierung asynchroner Kommunikationsoperationen.

Die nächsten Abschnitte beinhalten die detaillierte Beschreibung dieser Komponenten.

### 3.2 Die Definitionskomponente

Zur Bekanntmachung der Anforderungen des Benutzers bzw. Systemadministrators an die vom System bereitzustellende Art der Datenverwaltung muß ein entsprechendes Spezifikationswerkzeug zur Verfügung gestellt werden. Die Schnittstelle bildet im vorgestellten System das in Kapitel 2 bereits eingeführte Sprachkonstrukt (allocate-statement). Aus der vom Systemadministrator vorgegebenen Spezifikation werden in zwei Schritten entsprechende Verwaltungsinformationen abgeleitet und in Systemkatalogen (Data Dictionaries) hinterlegt. Der in Abbildung 4 zu erkennende globale Systemkatalog nimmt die Beschreibungsinformationen des

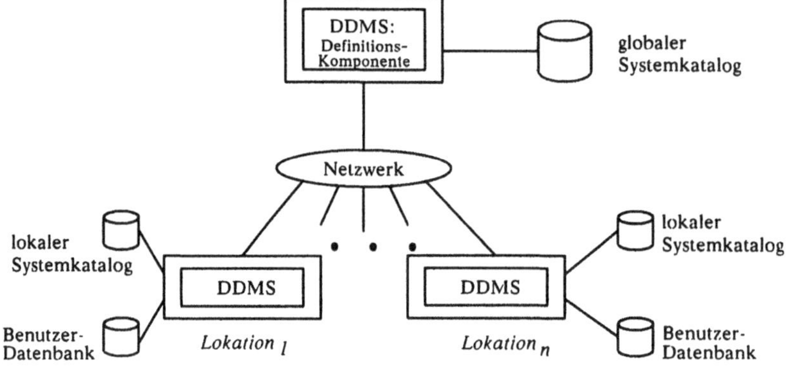


**Abb. 4:** Zuordnung des globalen und der lokalen Systemkataloge sowie der Benutzerdatenbanken

Gesamtsystems wie z.B. die Art der zum Netz gehörigen Knoten und die Art der Kommunikationsverbindung zwischen ihnen auf. Der globale Systemkatalog wird einem ausgezeichneten Knoten im Netz zugeordnet. Von hier aus werden die für die einzelnen Knoten relevanten Informationen identifiziert und den entsprechenden lokalen Systemkatalogen zugeordnet. In Abbildung 4 ist die Gesamtstruktur des Systems nach dem Auswerten und Zuordnen der Verteilspezifikation angegeben. Natürlich kann auch der Knoten, der die Definitionskomponente und den globalen Systemkatalog trägt, selbst eine der Lokationen für die Betriebsphase des Datenverteilsystems bilden.

Die Metainformation im globalen und in den lokalen Systemkatalogen besteht im wesentlichen aus drei Teilen:

- Information bezüglich der Systemumgebung,
- dem globalen Datenbankschema sowie
- der Beschreibung der Datenverteilung im System.

Die Systemumgebung wird im globalen Systemkatalog sowohl bezüglich Hardware als auch Software beschrieben, d.h. neben Informationen über die im Netz vorhandenen Rechner und Kommunikationsverbindungen zwischen ihnen ist auch der Typ der in den einzelnen Knoten verfügbaren Datenverwaltungssysteme festgehalten. Ein zweiter Abschnitt beinhaltet eine Beschreibung des global definierten konzeptionellen Datenbankschemas, wobei in den einzelnen Lokationen nur die diesen Knoten betreffenden Ausschnitte hinterlegt sind. Für die weiteren Ausführungen ist vor allem der dritte Teil der Systemkataloge interessant. Er beschreibt die Art der Datenverteilung im System gemäß der Benutzerspezifikation und kann wiederum in zwei Teile untergliedert werden: Information über die Kommunikationsart zwischen den Knoten (synchron oder asynchron) und Information über die Triggerdefinitionen.

In Abbildung 5 ist die Struktur der Definitionskomponente angegeben. Das Modul 'dialog-mgr' übernimmt im Programmteil 'definition-mgr' die Kontrolle über den Benutzerdialog. Die syntaktische Korrektheit der eingegebenen Kommandos wird unter Zuhilfenahme des endlichen Zustandsautomaten 'dialog-check' überprüft. Eingabefehler werden mittels Fehlermeldungen aus der Datei 'error-msg' angezeigt. Das Modul 'help-mgr' stellt während einer Sitzung Online-Hilfe zum Dialogablauf zur Verfügung. Die entsprechenden Meldungen sind in der Datei 'help-msg' zusammengefaßt.

Nachdem vom Systemadministrator eine Spezifikation der gewünschten Datenverteilung eingegeben wurde, überprüft das Modul 'analyze' die semantische Korrektheit bzgl. Systemumgebung, konzeptionellem Datenbankschema und Datenverteilung. Im Falle der Verletzung von Integritätsbedingungen werden entsprechende Fehlermeldungen ausgegeben. Die Integritätsbedingungen beschreiben u.a. die Vollständigkeit der angegebenen Kommunikationsverbindungen, also ob für jeden sendenden Knoten ein entsprechender Empfangsknoten definiert ist, und ob zwischen allen Kommunikationspartnern physikalische Kommunikationsverbindungen bestehen.

Sobald die eingegebene Spezifikation der Datenverteilung syntaktisch und semantisch korrekt ist, wird ein globaler Systemkatalog generiert. Anschließend extrahiert das Modul 'distribute' die relevanten Informationen für die individuellen Lokationen und verteilt sie an die entsprechenden Knoten. Das Programm 'locDD-generator', das während der Definitionsphase auf jedem Knoten

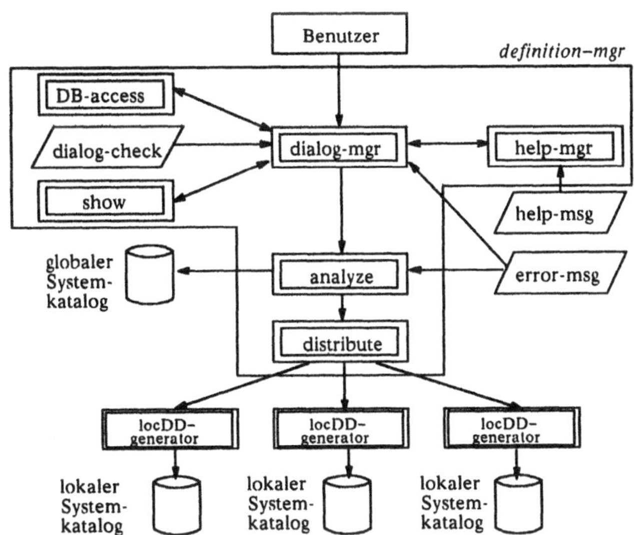


**Abb. 5:** Programmstruktur der Definitionskomponente

im Netzwerk vorhanden ist, benutzt die übergebene Information zur Erstellung der lokalen Systemkataloge.

Mit der Prozedur 'show' kann jederzeit eine Beschreibung des aktuellen Systemzustands abgerufen werden. Hier bietet sich auch die Ankopplung eines Programmpakets an, das die vorgefundenen Systemzustände analysiert; in der aktuellen Version der prototypischen Implementierung ist diese Kopplung allerdings nicht vollzogen.

Die Definitionskomponente muß sich zur Abspeicherung und Verwaltung der Informationen in den Systemkatalogen selbst eines Datenverwaltungssystems bedienen. Alle Zugriffe auf die entsprechenden Systeme sind im Modul 'DB-access' zusammengefaßt. Dadurch können die für die Verwaltung der Systemkataloge eingesetzten Datenverwaltungssysteme leicht ausgetauscht werden bzw. neue Systeme verwendet werden. In der gegenwärtigen Ausbaustufe des Systems werden die Metainformationen der Systemkataloge in RDB-Datenbanken verwaltet.

### 3.3 Die Kommunikationskomponente

Die Flexibilität beim Austausch von Datenänderungsmeldungen zwischen replizierten Datenbeständen ist eines der fundamentalen Charakteristika des DDMS. Die Aufgabe der Kommunikationskomponente kann in vier Teilbereiche untergliedert werden:

- verzögerte Weitergabe von Datenänderungen,
- sofortige Weitergabe von Datenänderungen,
- verzögerte Entgegennahme von Datenänderungen und
- sofortige Entgegennahme von Datenänderungen.

Die Kommunikationskomponente stellt Mechanismen für jede dieser vier Klassen bereit. In Abbildung 6 sind alle möglichen Kombinationen dieser Klassen und die jeweiligen Kommunikationsanforderungen angegeben. Für die verzögerte Weitergabe und Entgegennahme von Datenänderungen ist das Eintreffen eines Ereignisses (Feuern eines Triggers) nötig, das die Kommunikation anstößt. Bei jedem Feuern eines Triggers wird das Modul 'indirect-control' aufgerufen. Es enthält zwei Komponenten: die Prozedur 'indirect-send' generiert eine Datei 'message-file' (Nachrichtendatei), welche alle Datenänderungen seit dem letzten Austausch von Änderungsmeldungen enthält; die Prozedur 'indirect-receive' verarbeitet diese Datei und aktualisiert die lokale Benutzerdatenbank im empfangenden Knoten.

Beim verzögerten Bereitstellen von Änderungsmeldungen (Abb. 6a, 6b) werden modifizierte Tupel in sogenannten Nachrichtendateien gesammelt. Ebenso wird verfahren, wenn sofort weitergereichte Änderungen erst verzögert am Empfängerknoten verarbeitet werden (Abb. 6c). Bei der direkten Kommunikation (Abb. 6d) werden dagegen einzelne Tupel zwischen dem Sender und dem Empfänger ausgetauscht. Dazu wird in der Definitionsphase durch einen Precompiler ein Aufruf der Prozedur 'direct-send' bzw. 'direct-receive' in das Anwendungsprogramm eingefügt. Der Precompiler wird in Abschnitt 3.5 näher beschrieben.

An dieser Stelle soll noch darauf hingewiesen werden, daß jeder Knoten im verteilten System gleichzeitig als Sende- und als Empfangsknoten fungieren kann. Weiterhin kann ein Knoten auch

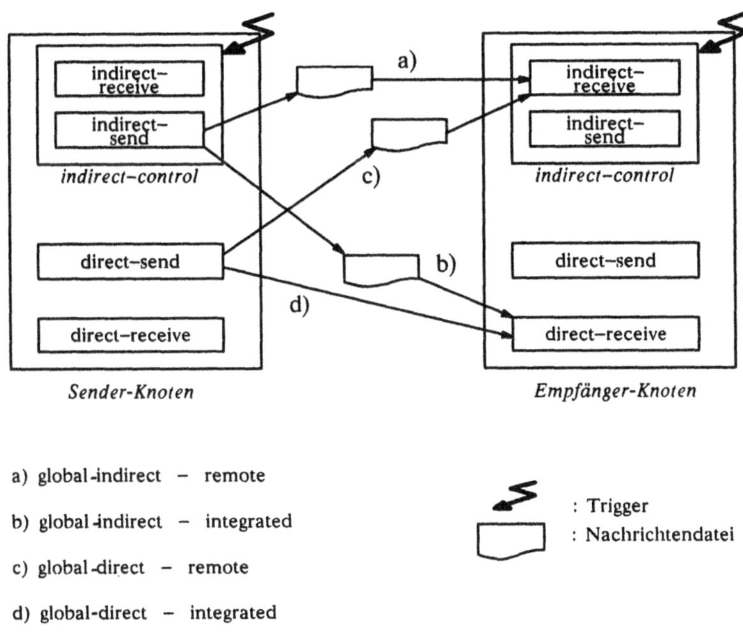


**Abb. 6:** Kommunikationsarten im DDMS

mehrere Partitionen tragen, die mit anderen Knoten über unterschiedliche Update-Strategien verbunden sein können. Die Synchronisation gleichzeitiger, konkurrierender Update-Operationen auf einer Lokation wird von dem vom lokalen Datenverwaltungssystem zur Verfügung gestellter Sperrmechanismus übernommen.

### 3.4 Die Triggerkomponente

Trigger werden im DDMS zur Initiierung des asynchronen Austauschs von Datenänderungen benötigt (<4>). Abbildung 7 zeigt die Struktur des Triggersystems. Jeder Trigger besteht aus einer

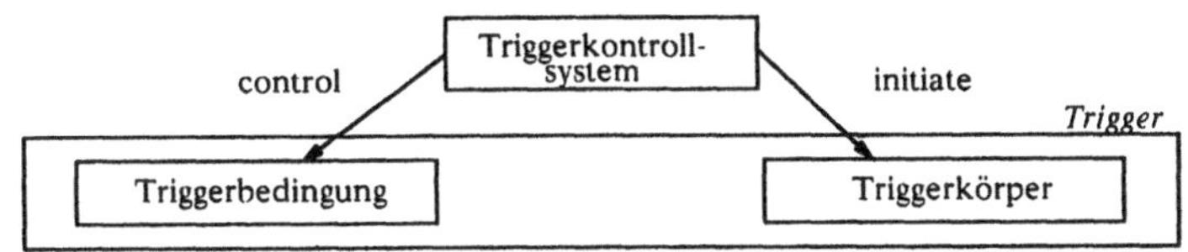


**Abb. 7:** Struktur des Triggersystems

Triggerbedingung und einem Triggerkörper. Wenn eine Triggerbedingung erfüllt ist, feuert der Trigger, d.h. die im Triggerkörper spezifizierten Operationen werden ausgeführt. Die Überwachung der Erfüllung von Triggerbedingungen und der Ausführung von Operationen des Triggerkörpers obliegt der Kontrolle des Triggerkontrollsystems.

Im DDMS lassen sich drei Kategorien von Triggerbedingungen unterscheiden:

- Zeitbedingungen,
- Datenbedingungen und
- 'direkt spezifizierte' Aufruf-Bedingungen.

Zeitbedingungen können in periodische und aperiodische Bedingungen untergliedert werden. Periodische Bedingungen sind ab einem gewissen Startzeitpunkt in äquidistanten Zeitintervallen erfüllt. Aperiodische Bedingungen beziehen sich auf einen festen Zeitpunkt und werden nur einmalig erfüllt. Das in Abbildung 8 gezeigte Modul 'time-control' überwacht beide Arten von Zeitbedingungen.

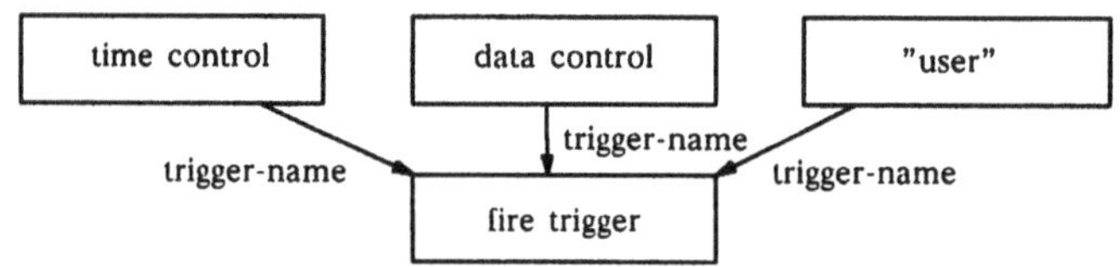


**Abb. 8:** Programmstruktur des Triggersystems

Datenbedingungen beziehen sich auf den Zustand einiger oder aller Tupel einer Partition. Typischerweise wird der (aggregierte) Wert eines Attributs mit einem vorgegebenen Schwellwert verglichen. Wenn der Schwellwert überschritten wird, feuert der Trigger. Datenbedingungen werden vom in Abbildung 8 gezeigten Modul 'data-control' überwacht.

Die dritte Art von Triggerbedingungen im DDMS ist der direkte Aufruf eines Triggers im Benutzerprogramm ('on-demand-trigger'). Die zur Laufzeit des Systems nötige Verbindung zwischen dem Anwendungsprogramm und dem Triggerkontrollsystem wird durch die Angabe einer Trigger-Laufzeitbibliothek beim Binden des Anwendungsprogramms vorbereitet.

Triggerbedingungen können durch logische Konjunktion und Disjunktion verknüpft werden. Immer wenn eine (einfache oder komplexe) Triggerbedingung erfüllt ist, wird der entsprechende Triggerkörper aktiviert. In diesem Fall reiht das Modul 'fire-trigger' (der Triggerkörper) den entsprechenden Triggernamen in eine Triggerwarteschlange ein (Abb. 10). Das Modul 'indirect-control' der Kommunikationskomponente liest die Triggernamen in FIFO-Reihenfolge aus und stößt die Verarbeitung der zugehörigen Nachrichtendatei an (siehe Abschnitt 3.3). Im 'allocate-statement' (Kapitel 2) ist spezifiziert, welche Nachrichtendatei und welche Partition vom Feuern eines Triggers betroffen sind.

### 3.5 Betrieb des DDMS

In diesem Abschnitt werden der Betrieb und die Interaktionen zwischen den drei Basiskomponenten in den zwei zeitlich aufeinanderfolgenden Lebensphasen des Systems, nämlich

- der Definitionsphase und
- der Laufzeitphase,

beschrieben.

**1) Definitionsphase**

Zwei Arten von Eingaben werden in der Definitionsphase des DDMS verarbeitet. Zum einen sind dies die im allocate-Befehl formulierten Datenstrukturen der Anwendung sowie ihre physische Allokation im Rechnernetz und die Art des Modifikationsaustauschs zwischen replizierten Datenpartitionen. Zum anderen sind dies die Anwendungsprogramme, die auf die im DDMS verwalteten Daten zurückgreifen (Abbildung 9). Aus den Spezifikationen des allocate-Befehls wird der

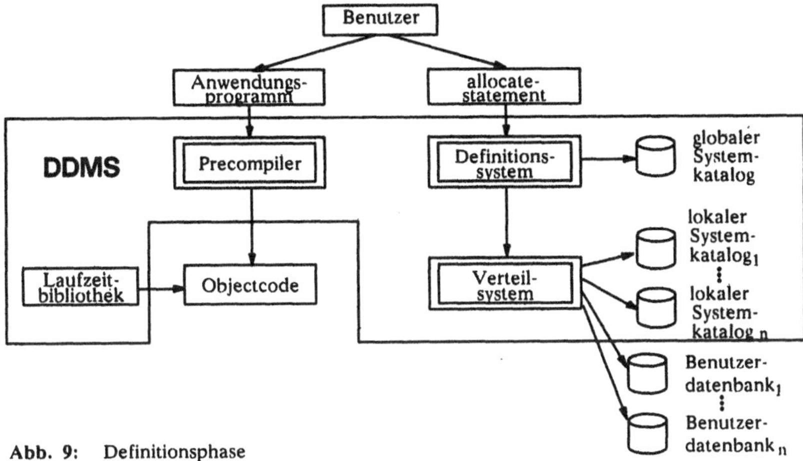


**Abb. 9:** Definitionsphase

globale Systemkatalog des DDMS abgeleitet. Anschließend wird die Information für die lokalen Systemkataloge extrahiert und bei den entsprechenden Knoten abgespeichert. Schließlich werden die lokalen Benutzerdatenbanken gemäß den einer Lokation zugeteilten Datenpartitionen generiert.

Alle Datenbankzugriffe werden im DDMS in einer gemeinsamen SQL-ähnlichen Definitions- und Abfragesprache formuliert. Dies erlaubt auf Benutzerebene das Abstrahieren von Eigenheiten des auf einem Knoten zur Verfügung stehenden lokalen Datenverwaltungssystems. Anwendungsprogramme, die Datenbankzugriffe enthalten, werden zunächst einem Precompiler übergeben. Dieser transformiert die Operatoren der globalen Definitions- und Manipulationssprache in entsprechende Operatoren des lokalen Datenverwaltungssystems. Dadurch wird auch bei sehr heterogen strukturierten Systemen eine einheitliche Benutzerschnittstelle zur Verfügung gestellt. Der Precompiler fügt auch die erforderlichen Aufrufe der Kommunikations- und Triggerkomponente ein. Ergebnis des Precompilerlaufs ist ein PASCAL-Programm, das mit einem Standard-PASCAL-Compiler übersetzt werden kann. Anschließend muß der Objectcode mit der Laufzeitbibliothek des DDMS gebunden werden.

**2) Laufzeitphase**

Die in der Laufzeitphase des DDMS relevanten Komponenten sind in Abbildung 10 wiedergegeben. Die Anwenderprogramme greifen auf die Daten in den lokalen Datenbanken zu. Die Triggerkomponente überwacht die Triggerbedingungen und reiht die Namen feuernder Trigger in die Triggerwarteschlange ein. Die Kommunikationskomponente wartet auf Einträge in dieser Warteschlange und generiert bzw. verarbeitet im Bedarfsfall eine entsprechende Nachrichtendatei. Weiterhin führt sie das synchrone Durchreichen von Datenänderungen durch. Sowohl die

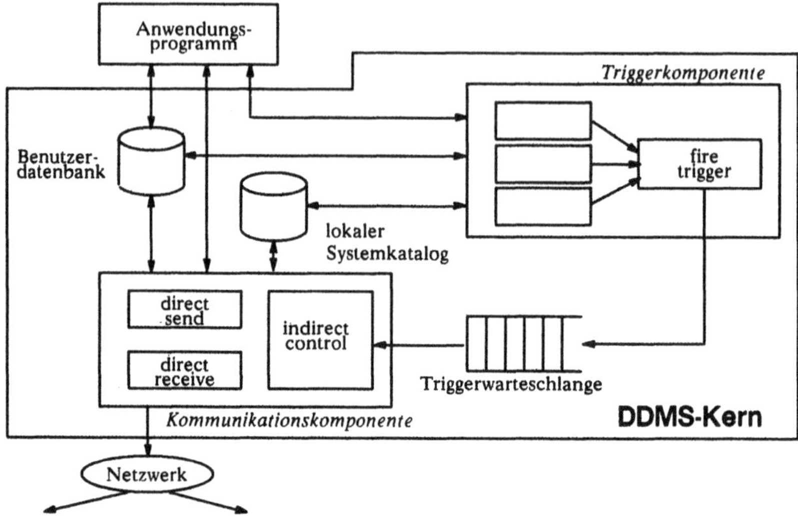


**Abb. 10:** Laufzeitphase

Trigger- als auch die Kommunikationskomponente greifen bei der Durchführung ihrer Aufgaben auf die lokalen Systemkataloge zu.

# 4 Einordnung und Diskussion des DDMS-Konzepts

Im vorangegangenen Kapitel wurde die prototypische Implementierung des DDMS skizziert. Nun soll der dabei verwendete konzeptionelle Ansatz mit herkömmlichen Datenverwaltungskonzepten verglichen werden. Dazu werden die wichtigsten Eigenschaften des DDMS nochmals zusammengefaßt und den grundlegenden Eigenschaften bekannter Ansätze gegenübergestellt.

Die bekannten konventionellen Datenverwaltungskonzepte bieten

- (verteilte) Dateisysteme,
- zentralisierte Datenbanksysteme und
- verteilte Datenbanksysteme.

Wie bereits im ersten Kapitel angedeutet wurde, sind alle diese Systeme bei isolierter Anwendung nicht für Datenverwaltungsaufgaben in technischen Anwendungen geeignet. Die Implementierung des DDMS ist ein Versuch, diesem Mangel zu begegnen. Hauptcharakteristika des DDMS sind:

- globale Kontrolle der Datenkonsistenz
- Autonomie der verschiedenen Systemkomponenten
- geringe Netzwerkbelastung durch Zugriffslokalität
- dynamische Reorganisierbarkeit der Systemstruktur
- Integration heterogener Datenverwaltungssysteme

- einheitliche, benutzerfreundliche Systemschnittstelle

Die Forderung nach globaler Kontrolle der Datenkonsistenz ist von fundamentaler Bedeutung. Herkömmliche Dateisysteme versagen in diesem Punkt völlig. Zentralisierte Datenbanksysteme können zwar die Konsistenz der lokal gehaltenen Datenbestände gewährleisten; wenn aber beispielsweise zur Erhöhung der Zugriffslokalität Datenbereiche in Netzknoten zusätzlich abgespeichert werden, stehen diese lokal gehaltenen Kopien nicht mehr unter der Kontrolle des DB-Servers. Datenreplikation ist aber gerade in technischen Systemen oft unabdingbar, um zeitintensive Datenzugriffe über das Kommunikationsnetz zu vermeiden. Das synchrone Durchreichen von Datenänderungen in verteilten Datenbanksystemen steht der Forderung nach Knotenautonomie entgegen. Verteilt auszuführende Transaktionen, die im Falle replizierter Datenhaltung nötig sind, erfordern immer den quasi-simultanen Zugriff auf mehrere Knoten im Netzwerk. Nur so kann die Datenkonsistenz gemäß dem Ubiquitätsprinzip (siehe Kapitel 1) gewährleistet werden. In zentralisierten Datenbanksystemen stellen die notwendigen knotenübergreifenden Datenzugriffe eine potentielle Quelle für Engpässe im Netzwerk dar, da alle Satellitenknoten über das Netz auf den DB-Server zugreifen müssen. Im DDMS erhöht der asynchrone (und damit gebündelte und weniger häufige) Austausch von Datenänderungen die Autonomie der Subsysteme, was andererseits die Netzwerklast deutlich senkt. Das Sammeln von Änderungsmeldungen mit anschließendem Transfer en bloc erfordert weniger aufwendige Übertragungsprotokolle.

Ein wichtiges Entwurfsziel bei der Implementierung des DDMS ist die Möglichkeit der dynamischen Änderbarkeit von Systemstrukturen während der Laufzeitphase des Systems. Dadurch wird es beispielsweise möglich, neue Rechner ins Netzwerk zu integrieren, ohne daß dadurch das laufende System nennenswert beeinflußt wird. Weil verteilte Systeme meist nicht von Grund auf neu, sondern unter Verwendung existierender Rechnerhardware und -software aufgebaut werden, ist die Integrierbarkeit verschiedener Datenverwaltungssysteme auf verschiedenen Rechenanlagen ebenfalls fundamental. Die einheitliche Benutzerschnittstelle des DDMS stellt Werkzeuge für den transparenten Datenzugriff in jedem Knoten im Netz zur Verfügung. Die Anwendungsprogrammierung wird schließlich durch die Verlagerung der komplexen Datenverteilaufgaben auf Systemebene wesentlich erleichtert.

Die genannten Eigenschaften des DDMS zeigen, daß sein Einsatzbereich nicht grundsätzlich auf technische Einsatzbereiche wie Flexible Fertigungssysteme beschränkt ist. Zur Zeit wird die Anwendbarkeit der im DDMS verwendeten Konzepte für die Datenverwaltung einer Steuerberatergenossenschaft in einer lose gekoppelten PC–Mainframe–Umgebung (<10>) untersucht.

## 5 Weiterführende Arbeiten

Der erste Teil der prototypischen Implementierung des DDMS – Definitionskomponente, Kommunikationskomponente und Triggerkomponente – ist bereits abgeschlossen. Zur Zeit wird der Prototyp um eine Recovery-Komponente erweitert, die sich die Replikation von Datenpartitionen im Rechnernetz zunutze macht. In der aktuellen Version des DDMS werden zu Recoveryzwecken nur die in den Knoten des Netzwerks lokal zur Verfügung stehenden Recoverymechanismen verwendet. Gerade bei der Verwendung einfacher Dateisysteme ohne eigene Recoverykomponente kann die Verfügbarkeit des Gesamtsystems durch Ausnützen der Datenredundanz deutlich gesteigert werden.

Der zweite Bereich, um dem das DDMS gegenwärtig erweitert wird, ist die dynamische Rekonfigurierbarkeit des Systems. Gerade im Hinblick auf Erweiterbarkeit des Gesamtsystems sowie Triggermodifikationen sollen Veränderungen den laufenden Betrieb des DDMS nicht oder nur unwesentlich beeinflussen.

Zur Validierung der in dieser Arbeit vorgestellten Konzepte wird das DDMS zur Zeit im Rahmen der Datenverwaltung eines Flexiblen Fertigungssystems eingesetzt. Als Testumgebung fungiert dabei die im Rahmen des PAP-Projekts aufgebaute Modellfabrik (<5>). In dieser Umgebung sollen auch qualitative und quantitative Performance-Messungen für das DDMS durchgeführt werden.

**Danksagung:**

Die Autoren bedanken sich bei den Studenten K. Baeumler, T. Fischer, J. Görlich, R. Kirschhock, D. Loges und B. Reinwald für ihre engagierte Programmierarbeit.

**Literaturverzeichnis:**

<1> Adiba, M.E.; Lindsay, B.G.: Database Snapshots, in: Proc. 6th Int. Conf. on VLDB, Montreal, Canada, Oct. 1980, S. 86 - 91

<2> Barkmeyer, E.; Mitchell, M.; Mikkilineni, K.P.; Su, S.; Lam, H.: An Architecture for Distributed Data Management in Computer Integrated Manufacturing, NBSIR86-3312, NBS, Washington, D.C., 1986

<3> Ceri, S.; Pelagatti, G.: Distributed Databases: Principles and Systems, McGraw Hill Computer Science Series, 1984

<4> Eswaran, K.: Specifications, Implementations and Interactions of a Trigger Subsystem in an Integrated Database System, IBM Research Report, RJ 1820, Nov. 1976

<5> Friedrich-Alexander-Universität Erlangen-Nürnberg, Siemens AG Unternehmensbereich Energie- und Automatisierungstechnik Erlangen: PAP - Das Kooperationsprojekt für flexibel automatisierte Produktionssysteme, Erlangen, 1987

<6> Jablonski, S.; Ruf, T.: Konzeptionelle Aspekte der Datenverwaltung in Flexiblen Fertigungssystemen, in: Angewandte Informatik, Nr. 5, Mai 1987, S. 196 - 205

<7> Jablonski, S.; Ruf, T.; Wedekind, H.; Zoerntlein, G.: Data distribution in manufacturing systems, in: Proc. 7th Int. Conf. on Distributed Computing Systems, Berlin, Sept. 1987, S. 206 - 213

<8> Jablonski, S.; Wedekind, H.; Zoerntlein, G.: Error classification and error recovery in Flexible Manufacturing Systems, in: Proc. of the 5th Workshop on Information in Manufacturing Automation, Dresden, DDR, Juli 1987, S. 45 - 59

<9> Jones, A.T.; McLean, C.R.: A proposed hierarchical control model for automated manufacturing systems, in: Journal of manufacturing systems, Vol. 5, No. 1, 1986, S. 15 - 25

<10> Reuter, A.; Haberhauser, F.; Peinl, P.; Zeller, H.; Weber, D.; Speicher, A.; Friedlein, K.; Renschler, J.: Anforderungen an ein arbeitsplatzorientiertes Datenhaltungssystem, in: Schek, H.J.; Schlageter, G. (Hrsg.): Datenbanksysteme für Büro, Technik und Wissenschaft, GI-Fachtagung, Darmstadt, 1987, S. 391 - 404

<11> Wedekind, H.; Zoerntlein, G.: A conceptual basis for database applications in flexible manufacturing systems, in: Proc. of the 1987 IEEE Int. Conf. on Robotics and Automation, Raleigh, NC, März 1987, S. 551 - 557

# Datenhaltung in Rechnernetzen mit PISA

## Kurzbeitrag für das GI'88-Fachgespräch "Verteilte Datenbanken"

Angelika Wöpking, Heinz Bayen

infodas GmbH

Rhonestraße 2

D-5000 Köln 71

## Zusammenfassung

*Ausgehend von dem derzeitigen Zustand der Verteilungsschicht des DBVS PISA/DB werden die bisherige Realisierung erläutert, offene Probleme erörtert und die Weiterentwicklung skizziert.*
*Für den Datenbank-Anwender ist die Verteilung der Daten transparent. Das System lenkt Datenbankbefehle zu den Knoten, an denen die betroffenen Datenbanken liegen, und sorgt für die Konsistenz replizierter Datenbanken im laufenden Betrieb, bei und nach Störungen des Netzes oder einzelner Knoten.*

## Einleitung

Beschreibungen realisierter verteilter Datenbanken sind in der Literatur nicht sehr verbreitet. Deshalb möchten wir über ein Produkt berichten, praxisrelevante Probleme aufzeigen und geplante Entwicklungen andeuten.

PISA ist seit 1985 der Name, unter dem verschiedene Software-Produkte zusammengefaßt werden, von denen hier die Verteilungsschicht PISA/NT für das DBVS PISA/DB vorgestellt wird [info85].

## Entstehung von PISA/NT

Dezentrale Datenbanken sind bereits in dem Programmier-Handbuch von 1976 [info76] aufgeführt. Der Entwurf für replizierte Datenbanken erfolgte 1980/81 in Anlehnung an [ChLi80], abgenommen wurde das System 1983 auf einem Rechnernetz mit drei ATM-AEG 80-20 Rechnerknoten [info83].
Dieses System enthielt lokale Datenbanken und Replikate, die symmetrisch bearbeitet wurden, d.h. ohne zentralen Koordinator, und garantierte unterbrechungsfreien Betrieb auch bei Ausfällen einzelner Knoten. Das Zusammenführen partitionierter Teilnetze durch das System fehlte dagegen noch.

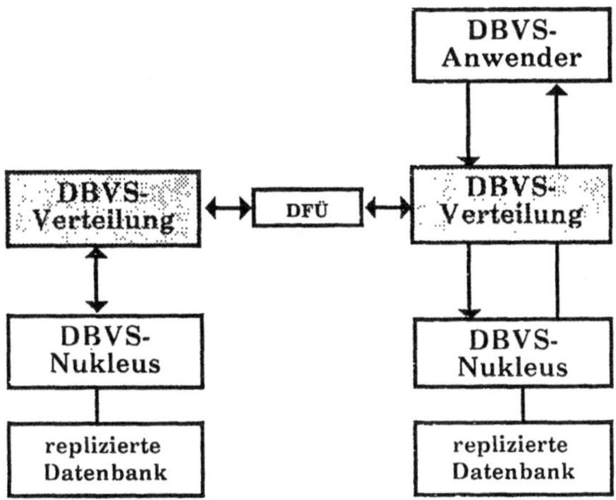


Abbildung 1: *Replizierte Datenbank für einen Anwender*

1986/87 wurden unter DEC/VMS und DECNET das Wiedereingliedern ausgefallener Replikate im laufenden Betrieb und der Zugriff auf dezentrale Daten implementiert. 1987/88 wurde die Verteilung aller DBVS-Verwaltungsfunktionen und -Utilities in der Verteilungsschicht und im DBVS-Nukleus ermöglicht.

Parallel und unabhängig davon entstanden zwei weitere Systeme in Rechnernetzen als Schicht über dem DBVS:

- 1986 ein dezentraler Zugriff für ein beliebig großes Netz von Apollo-Rechnern unter Aegis,
- 1987 unter DEC/VMS ein View-Konzept mit Änderungen, das Daten aus einem DBVS auf VAX mit Daten aus Prozeßsteuerungssystemen (68.000-er Prozessoren) vereinigt.

## Daten-, DML- und DDL-Verteilung

Die Datenstruktur des DBVS besteht aus der *Datenbasis* mit beliebig vielen *Datenbanken.* Datenbanken setzen sich aus *DBVS-Dateien* mit *Sätzen* gleichen Aufbaus zusammen.

Die Datenbasis ist auf allen Knoten im Netz repliziert, Datenbanken können als **Daten-Replikation** oder als **Daten-Partition** bearbeitet werden.

Für Zugriffe bietet das DBVS unter anderem eine prozedurale satzorientierte DML-Schnittstelle an. Die Verteilungsschicht setzt auf dieser Schnittstelle auf. Verteilungseinheit ist jeweils ein Datenbankbefehl.

In der Datenbasis ist verzeichnet, ob ein Befehl lokal, dezentral oder - bei Replikaten - auf mehreren Knoten zu verarbeiten ist. Die Verteilungsschicht, nicht der Anwender, entscheidet, wohin der Befehl gesendet wird. Damit ist für die implementierte Verteilungsstruktur der Daten der Anspruch auf **Orts-** und **Replikationstransparenz** eingelöst.

Bei jedem DBVS-Nukleus treffen alle ändernden Datenbankbefehle aus dem Netz für ein Replikat so ein, als ob alle Befehle lokal wären. Lesende Befehle von Anwendern fremder Knoten entfallen. Unter ändernden Datenbankbefehlen verstehen wir Neuzugang, Löschen und Ändern eines einzelnen Satzes, sowie Koordinationsbefehle. Nur bei ausschließlich lesenden Transaktionen werden Koordinationsbefehle nicht verteilt.

Die DDL wird von den *Verwaltungsfunktionen*, die für das DBVS Anwenderprogramme bilden, durchgeführt. Datenbankbefehle der Verwaltungsfunktionen können deshalb entsprechend Befehlen normaler Anwenderprogramme verteilt werden.

Alle Datenschutzprofile des DBVS sind repliziert, so daß Datenschutz überall gleich ist und die Einhaltung des Datenschutzes nur lokale Zugriffe erfordert.

## Ablauf replizierter Befehle

Ein Befehl für ein Replikat durchläuft nacheinander drei Phasen:

*Übertragung,*
*Bearbeitung und*
*Vergleich.*

In der *Übertragungsphase* wird ein Befehl an die beteiligten Knoten gesendet, die sein Eintreffen sofort quittieren.

Liegen an einem Knoten alle Quittungen auf einen Befehl vor, beginnt die *Bearbeitungsphase.* Der Befehl kann dann bei der Auswahl des nächsten zu bearbeitenden berücksichtigt werden. Nach seiner Ausführung vom lokalen DBVS-Nukleus erhalten gegebenenfalls sofort der lokale Anwender und immer alle betroffenen Knoten das Ergebnis.

Während der *Vergleichsphase* werden Ergebnisse auf allen Knoten solange gesammelt, bis sie von allen Knoten vorliegen, und anschließend auf Übereinstimmung geprüft.

Die folgenden beiden Abschnitte erläutern Aspekte von Synchronisation und Serialisierung, sowie den Ergebnisvergleich.

### *Synchronisation und Serialisierung*

Konkurrierende Zugriffe auf replizierte Daten müssen synchronisiert und serialisiert werden, damit sie auf jedem der beteiligten Knoten in gleicher Reihenfolge ausgeführt werden. Zusätzlich werden Veränderungen der Netzgröße und Ergebnisse der Datenbankbefehle synchronisiert ausgetauscht. Bei Netzverkleinerung, verursacht durch Abschalten eines Knotens oder Kommunikationsstörungen, muß das Logging befehlsgleich beginnen. Nach Restart eines Knotens muß dieser synchronisiert in die weitere Befehlsverteilung einbezogen werden.

Die Verteilungsschicht trennt nur lesende von ändernden Befehlen. Eine Differenzierung ändernder Befehle in konkurrierende und unkritische erfolgt noch nicht.

Der Synchronisations-Algorithmus basiert auf [ChLi80], eine Darstellung der Realisierung ist in [WöBa88] zu finden.

Synchronisation und Serialisierung garantieren, daß Befehle alle betroffenen Knoten erreicht haben und in gleicher Reihenfolge verarbeitet werden. Gleichzeitig werden dagegen Befehle im Netz nicht durchgeführt. Nach dem Eintreffen aller Quittungen für einen Befehl arbeitet jeder Knoten völlig autonom.

Dieser Sachverhalt wird zum Beispiel in [Sing88], Seiten 27ff. als Vorteil vollständig verteilter Algorithmen für Änderungen gegenüber teilweise verteilten charakterisiert. [Sing88] geht allerdings von mächtigeren Änderungsbefehlen aus.

### *Ergebnisvergleich*

Ein konsistenz-erhaltender Mechanismus bei einem DBVS mit replizierten Daten muß sicherstellen, daß Änderungen an allen Knoten das gleiche Ergebnis liefern. Zusätzlich zu Synchronisation und Serialisierung werden bei uns noch die Ergebnisse jedes DBVS-Nukleus verglichen, der ein Replikat verwaltet. Der Ergebnisvergleich prüft die differenzierte Antwort und die interne Satznummer aller DBVS auf Übereinstimmung. Daher wird physische Identität auf Primärdatenebene bei Systemstart gefordert; sie ist dann während der gesamten Laufzeit des Systems garantiert.

Ist ein Befehl ausgeführt, kann der lokale Anwender sofort mit seinem Ergebnis weiterarbeiten. Wenn möglich, werden Ergebnisse erst zusammen mit dem nächsten Datenbankbefehl verteilt. Sobald zu einem Befehl die Ergebnisse aller DBVS mit Replikaten eingetroffen sind, werden sie verglichen. Weichen sie voneinander ab, ist das Ergebnis des DBVS-Nukleus mit dem lokalen Anwender ausschlaggebend, denn dieser hat das Ergebnis mit der größten Wahrscheinlichkeit weiterverwendet. Knoten mit einem - in diesem Sinne - differierenden Ergebnis werden von weiterer Befehlsverteilung im Rechnernetz ausgeschlossen.

Der Ergebnisvergleich läuft auf allen Knoten in gleicher Reihenfolge wie ändernde Datenbankbefehle ab. So wird verhindert, daß Knoten sich wegen verschiedener Fehlerursachen gegenseitig aus dem Netz ausgliedern.

## Bekannte Mängel

Obige Darstellung ausgewähler Abläufe der Verteilungsschicht bezweckte, das Verständnis einiger Schwächen zu erleichtern. Sie betreffen :

*Konsistenz bei ungleichen Ergebnissen,*

*Deadlock bei Daten-Partition,*

*Antwortzeiten bei vielen Replikaten.*

### *Konsistenz bei ungleichen Ergebnissen*

Der Zeitpunkt des Ergebnisvergleichs kann im Fehlerfall für Anwender des abweichenden Knotens zu Inkonsistenz führen. Bis zu dem Eintreffen aller Ergebnisse und dem Ausschluß von weiterer Verteilung können Anwender noch mit falschen Daten arbeiten, gegebenenfalls von dem inkonsistenten Zustand nie erfahren.

Das Wiedereingliedern eines inkonsistenten Replikats im laufenden Betrieb ist nicht vorgesehen.

Allerdings verursachten bisher nur zwei Situationen diese Inkonsistenz:

*(1) die replizierten Daten stimmen bereits bei Start des Systems nicht überein,*
*(2) während ein lokaler Anwender liest, wird dieses Datenaggregat exklusiv von den Verwaltungsfunktionen angefordert.*

Im ersten Fall soll das rigide Ausschließen differierender Knoten zugunsten einer *datenbank*-, nicht *datenbasis*-orientierten Reaktion gemildert werden. D.h. nur das Arbeiten auf diesem Replikat der Datenbank wird unterbunden. Für datenbank-orientiertes Abschalten und Wiederanlauf könnten die DBVS-Verwaltungsfunktionen: *Deaktivieren* Datenbank, *Kopieren*, *Laden* und *Aktivieren* Datenbank [info88] eingesetzt werden.

Der zweite Fall - lokaler Anwender konkurriert mit Verwaltungsfunktionen - entsteht, weil bei Lesetransaktionen **alle** Befehle, auch die sonst repliziert ablaufenden Koordinationsbefehle, nur zum lokalen DBVS gelangen. Damit ist die netzweite Kenntnis über Anwender, die auf Replikaten arbeiten, durchbrochen.

Bereits der erste Zugriff der Verwaltungsfunktion auf ein gemeinsam benötigtes Datenaggregat wird an diesem Knoten abgelehnt, weil die Verwaltungsfunktion mit dem ersten Befehl Datenbereiche exklusiv anfordert.

Hier muß die Ergebnis-Rückgabe auf exklusives Anfordern bis nach dem Vergleich warten. Wenn ungleiche Antworten nicht von differierenden Replikaten verursacht wurden, kann dem Vergleich ein Rücksetzen des Anforderns auf allen anderen Knoten folgen.

### *Deadlock bei Daten-Partition*

In einem Rechnernetz mit mehreren DBVS muß i.allg. eine eigenständige Deadlock-Behandlung durchgeführt werden. Selbst wenn das DBVS lokale Deadlock-Situationen erkennt, vermeidet oder auflöst, so ist diese Kenntnis bei konkurrierendem Zugriff von mehreren Knoten jedem der beteiligten DBVS nicht mehr gegeben. Damit sind prinzipiell **globale Deadlocks** möglich [Date83].

Auf replizierten Datenbanken läßt das DBVS keine Deadlocks zu, und die Synchronisation stellt sicher, daß auf jedem Knoten Befehle in gleicher Reihenfolge ablaufen.

Bei Daten-Partition kann ein Anwender mit mehren Datenbanken auf verschiedenen Knoten arbeiten. Damit genügt die Kontrolle der einzelnen DBVS nicht mehr. Das Erkennen, Vermeiden bzw. Auflösen solcher Deadlocks muß in der Verteilungsschicht noch implementiert werden.

## *Antwortzeiten bei vielen Replikaten*

Legt man einen I/O als Maß zugrunde, so verbraucht allein die Verteilungsschicht circa 2,4 I/O pro Datenbankbefehl und 0,9 I/O für jedes Replikat zusätzlich. Zum Vergleich: diese Zeit entspricht der Dauer eines ändernden Datenbankbefehls ohne Aktualisierung von Zugriffspfaden. Auch wenn die zusätzlichen Zeiten noch reduzierbar sind, ist unser Algorithmus für Netze mit beliebig vielen Replikaten nicht geeignet.

Unsere Überlegungen gehen in zwei Richtungen:

Einerseits planen wir, die Anzahl der Knoten im Netz, nicht aber die Anzahl der Replikate pro Datenbank zu erhöhen.

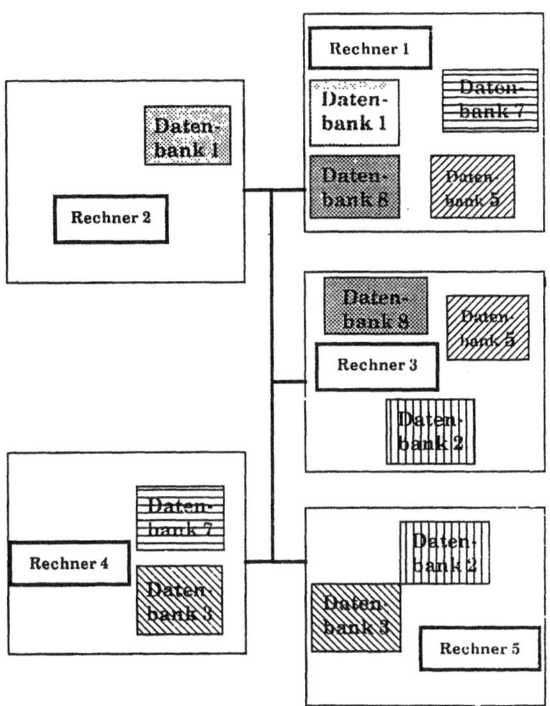


Abbildung 2: *Paarweise replizierte Datenbanken*

Andererseits beabsichtigen wir, mehrere Datenbankbefehle eines Anwenders zu einer *Verteilungseinheit* zusammenzufassen. Zu untersuchen bleibt, welche Transaktionen bzw. *Transaktionsteile* hierfür geeignet sind. Die Verteilungseinheiten dürfen nicht so groß gewählt werden, daß Einheiten mit längerer Ausführungszeit kürzere Einheiten blockieren. Höherer Durchsatz durch geringere Kommunikation und Synchronisation soll nicht zu Lasten der Antwortzeiten einzelner Befehle gehen.

## Quellen

[ChLi80] *Chuen-Pu Chou, Ming T. Liu*
A concurrency control mechanism and crash recovery for a distributed database system
in: C.Delobel, W. Litwin (Hrsg.) Distributed Data Bases
North-Holland Publishing Company, Amsterdam 1980, Seiten 201-214

[Date83] *Chris J. Date*
Global Deadlock
in: An Introduction to Database Systems, Volume II
Addison-Wesley Publishing Company, 1985, Seiten 311-314

[info76] *MADAM,* Datenbanksystem für realzeitorientierte Rechner
Programmier-Handbuch, Ausgabe 1, infodas GmbH, Köln, 1976

[info83] *Dezentrale Datenbestände mit PENET*
in: PEDMS, Datenbanksystem für realzeitorientierte Rechner
Entwurfs-Handbuch, Ausgabe 3.0, infodas GmbH, Köln, 1983,
Seiten 3.3.4-1 - 3.3.4-9

[info85] *PISA, Portable Information System Architecture*
Einführung, Ausgabe 1.1, infodas GmbH, Köln, 1985

[info88] *Aktivieren/Deaktivieren Datenbank, Kopieren/Laden Datenbank*
in: PISA/DB, Datenbanksystem für realzeitorientierte Rechner
Verwaltungs-Handbuch, Ausgabe 3.5, infodas GmbH, Köln, 1988
Seiten 5.13.1-1 - 5.13.2-2 und S. 5.8.1-1 - 5.8.2-2 (in Vorbereitung)

[Sing88] *Mukesh Singhal*
Issues and Approaches to Design of Real-Time Database Systems
in: ACM Sigmod Record, Vol.17, No.1, March 1988, Seiten 19-33

[WöBa88] *Angelika Wöpking, Heinz Bayen*
Konsistenz und Sicherheit am Beispiel eines DDBMS mit kopierten Datenbanken
in: Datenbank Rundbrief, Mitteilungsblatt der GI-Fachgruppe Datenbanken (GI-FG 2.5.1), Ausgabe 1 - April 1988, Seiten 28-37

# UDS-D:
# Die verteilte Datenhaltung für UDS

A. Graf
SIEMENS AG
München/BRD

## 1. Basis-System UDS

Das Datenbanksystem UDS (1) gehört zur Gruppe der CODASYL-Systeme. Es läuft auf den Siemens-Betriebssystemen BS1000 und BS2000 und kann jeweils als Ein-Benutzer- und als Mehr-Benutzer-Variante eingesetzt werden.
Die Basis für die verteilte Verarbeitung bildet die auf BS2000 ablauffähige Mehr-Benutzer-Variante.

Die Anwenderprogramme (AW) kommunizieren über den UDS-Connection-Modul (UDSCON) mit einem UDS-Data-Base-Handler (DBH), der aus einem oder mehreren gleichwertigen BS2000-Tasks, den UDS-Subtasks und einem speziellen Task für die Kommunikation mit dem Datenbank-Administrator, dem Administratortask besteht. Jeder DBH kann ein oder mehrere Datenbanken bearbeiten. Ein DBH und die Menge dieser Datenbanken wird UDS-Konfiguration genannt (vgl. Abbildung 1).

UDS arbeitet streng transaktionsorientiert. Dadurch garantiert es, daß die Datenbankaufrufe innerhalb einer Transaktion entweder alle durchgeführt und wirksam werden, oder alle rückgesetzt und annuliert werden, ohne daß sich das Anwenderprogramm merken muß, was es gelesen, gesperrt oder geändert hat. Da ein Anwenderprogramm in einer Transaktion über einen DBH auf mehrere Datenbanken lesend und ändernd zugreifen kann (Multi-DB-Konzept), erstreckt sich diese Garantie selbstverständlich auf alle in der Transaktion angesprochenen Datenbanken.

ABBILDUNG 1

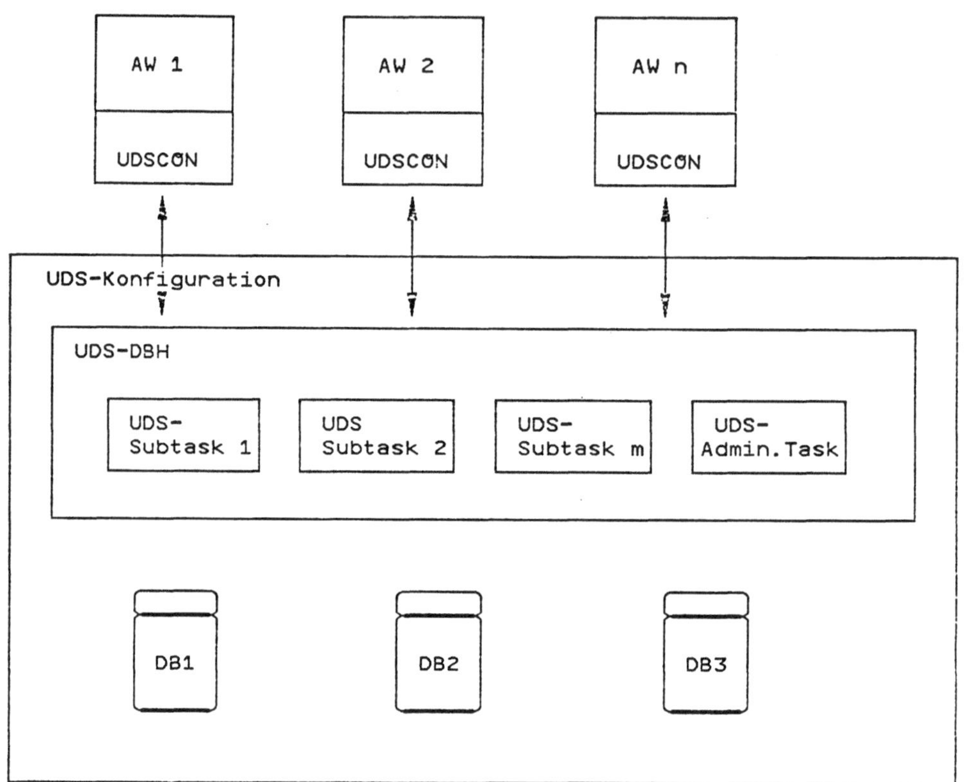


## 2. Verteilungs-Baustein UDS-D

Mit der Implementierung von UDS-D (2) wurde dieses Konzept so erweitert, daß die einzelnen Datenbanken, auf die das Anwendungsprogramm in einer Transaktion lesend oder ändernd zugreifen will, auch unter verschiedenen Data-Base-Handlern in ein oder mehreren Rechnern installiert sein können.

Die verteilte Verarbeitung wird über einen eigenen Verteilungs-Baustein UDS-D gesteuert. Dieser kann bei Bedarf durch Generierungsparameter bzw. Administrator-Kommandos dem Basis-System zu- oder abgeschaltet werden.

Die DBH-übergreifende Kommunikation erfolgt über DCAM (Data Communication Access Method), eine Kommunikationsmethode für Programme in einem BS2000-PDN-Netz.

Die Verteilung setzt ein homogenes TRANSDATA-PDN-Netz, sowie die Exi-

stenz eines UDS-DBH mit zugeschalteter Verteilung (UDS-D) an allen Knoten voraus.
Die DBH- und rechner-übergreifende Transaktionskonsistenz wird von UDS-D gewährleistet.
Für das Anwenderprogramm ist die Verteilung der Daten unsichtbar, d.h. existierende Anwendungen können ohne Änderungen auch auf entfernte Datenbanken zugreifen.

## 2.1 Verteilung der Daten

Die Verteilung der Daten erfolgt derzeit auf der Datenbankebene. Sie ist vom Datenbank-Administrator festzulegen. Die Zuordnung zu welcher UDS-Konfiguration eine Datenbank gehört und in welchem Rechner diese UDS-Konfiguration läuft, wird in Form einer Verteiltabelle hinterlegt. Diese Verteiltabelle kann vom Datenbank-Administrator entweder in Form einer mit einem Editor erstellten sequentiellen Datei oder über Administrator-Kommandos direkt an UDS-D übergeben werden. Sie muß für jede UDS-Konfiguration vorhanden sein, deren angeschlossene Anwenderprogramme auf Datenbanken in entfernten UDS-Konfigurationen zugreifen wollen, kann jedoch für verschiedene UDS-Konfigurationen unterschiedlichen Inhalt haben.
Immer wenn das Anwenderprogramm eine Datenbank anspricht, stellt UDS anhand der Verteiltabelle fest, ob diese Datenbank in der lokalen oder in einer entfernten Konfiguration existiert.
Da bei UDS die Zuordnung einer Datenbank zu einer UDS-Konfiguration während der laufenden Session wechseln kann, kann der Administrator über bestimmte Kommandos auch den Inhalt der Verteiltabelle entsprechend anpassen.

## 2.2 Transaktions-Steuerung

Beim Einschalten der Verteilung wird die UDS-Konfiguration um den Task UDSCT, der Anwendertask um den Baustein UDSNET und die UDS-Subtasks um den Baustein UDSDRET erweitert.

Wenn ein Anwenderprogramm einen Auftrag an ein mit Verteilung generiertes UDS richtet, wird dieser Auftrag über den UDS-Connection-Modul UDSCON an den UDS-D-Baustein UDSNET übergeben. Dieser überprüft anhand des Subschema-Namens und der Verteiltabelle, zu welcher UDS-Konfiguration die angesprochene Datenbank gehört. Lokale Aufträge werden von UDSNET unbearbeitet wieder an den Connection-Modul zurückgegeben. Die-

ser veranlaßt die Bearbeitung durch den lokalen DBH.
Aufträge an entfernte Konfigurationen übergibt UDSNET an den Task UDSCT der entfernten Konfiguration. Der UDSCT ist Stellvertreter für alle entfernten Anwendertasks und übergibt den Auftrag an seinen DBH zur Bearbeitung. Ist der Auftrag ausgeführt, sendet der Subtask über UDSDRET das Ergebnis direkt an den synchron wartenden UDSNET im Anwenderprogramm (vgl. Abbildung 2).

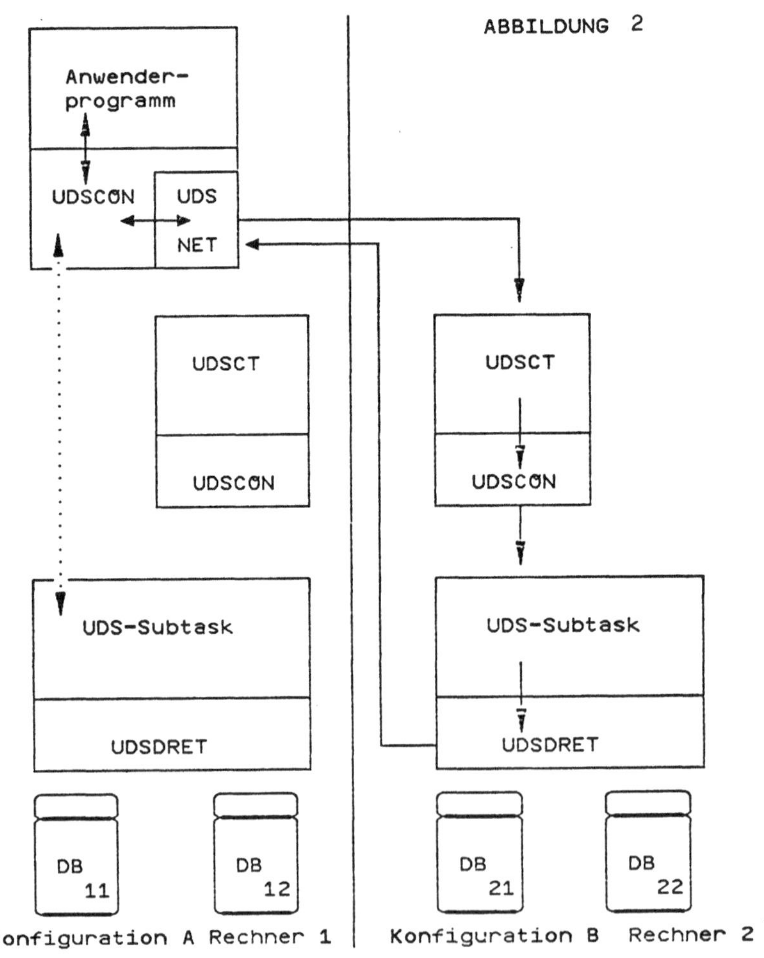

Alle Aufträge an eine Konfiguration innerhalb einer Transaktion bilden eine Teiltransaktion (TT). Transaktionen mit mindestens einer entfernten TT sind global.
Die Teiltransaktionm die in der lokalen UDS-Konfiguration (die, an die sich der Anwendertask angekoppelt hat) abgewickelt wird, heißt primäre Teiltransaktion (PTT). Alle anderen heißen sekundäre Teiltransaktionen (STT). Alle Teiltransaktionen können Änderungen auf den Datenbank vornehmen. Falls in einer globalen Transaktion keine lokalen Datenbanken angesprochen werden, eröffnet UDS-D auf jeden Fall eine Dummy-PTT, die für Sondersituationen wie z.B. Wiederanlauf benötigt wird.

## 2.3 Beendigung von globalen Transaktionen

Bei globalen Transaktionen, die in mehreren UDS-Konfigurationen ändernd auf Datenbanken zugegriffen haben, muß sichergestellt werden, daß die Änderungen entweder in allen oder in keiner Datenbank wirksam werden können.
Dies wird über ein UDS-D-internes "Two-Phase-Commit"-Protokoll im Rahmen der Transaktionsbeendigung erreicht. Der zum Anwenderprogramm gebundene UDS-D-Baustein UDSNET kontrolliert dieses "Two-Phase-Commit"-Protokoll.
Zunächst werden sofort sämtliche Lese-STT'en beendet. Dann wird an alle übrigen STT'en ein "Prepare to Commit" (PTC)-Auftrag geschickt. Dieser bewirkt, daß Änderungen der STT ausfallsicher protokolliert werden. Rücksetz-Informationen (Before Images) und Sperren bleiben erhalten. Die Teiltransaktion befindet sich nun im Zustand "Prepared to Commit" (PTC) und kann sicher vor- oder zurückgesetzt werden.

UDSNET wartet nun asynchron auf die PTC-Quittungen der STT'en. Sind alle Quittungen positiv, so gilt der PTC als erfolgreich und UDSNET veranlaßt den COMMIT der PTT. Ist dieser erfolgreich bearbeitet worden, so erhalten auch die STT'en einen COMMIT-Auftrag. Wenn der COMMIT-Auftrag an die PTT oder ein PTC-Auftrag an einer STT scheitert, werden alle anderen TT'en zurückgesetzt.

## 2.4 Wiederanlauf

Stürzt eine an der Verteilung beteiligte Konfiguration ab, so werden beim Wiederanlauf alle offenen Transaktionen (bzw. Teiltransaktionen) zurückgesetzt. Eine Ausnahme bilden Teiltransaktionen, die sich im

Zustand PTC befinden.
Sie müssen zur Wahrung der konfigurationsübergreifenden Konsistenz so beendet werden, wie die übrigen Teiltransaktionen der globalen Transaktion.
Die Information, wie sich eine globale Transaktion beendet hat (COMMIT/ROLLBACK), wird jeweils in der Konfiguration der primären Teiltransaktion ausfallsicher protokolliert.
Dort kann sie von jeder im PTC wartenden Teiltransaktion abgeholt werden und diese Teiltransaktion kann sich so genau beenden wie die übrigen Teiltransaktionen der globalen Transaktion.
Läßt sich die Information von der PTT nicht ermitteln, so bleibt die STT weiterhin im PTC und der Warmstart der betroffenen Datenbank wird abgelehnt.

## 2.5 Globale Deadlock-Erkennung (3)

Die Verwaltung von Sperren und Wartebeziehungen erfolgt bei UDS-D rein lokal jeweils innerhalb einer Konfiguration. Dabei werden lokale Deadlocks durch Analyse der Wartebeziehungen vom lokalen Lockmanager zum Zeitpunkt der Entstehung erkannt und aufgelöst.
Globale Transaktionen können durch das Setzen von Sperren in mehreren Konfigurationen in zyklische Wartebeziehungen geraten, die nicht innerhalb der einzelnen Konfigurationen erkennbar sind. In einem solchen Fall liegt ein globaler Deadlock vor.

Beispiel eines globalen Deadlocks:

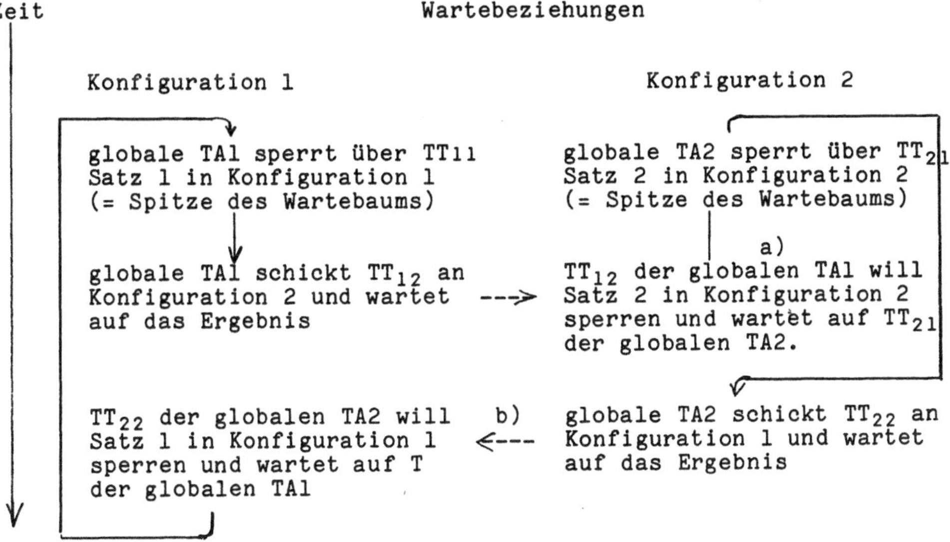


TA : Transaktion
TT : Teiltransaktion
-> : Wartet auf

Aus Gründen der Übersichtlichkeit wurde hier auf die einfachst mögliche Wartebeziehung dargestellt. Im Normalfall sind im Wartegraphen sicher auch noch rein lokale Transaktionen enthalten.
Die Überprüfung des lokalen Wartegraphen auf mögliche globale Deadlocks erfolgt nach einem Time-Out-Algorithmus.

Folgende Bedingungen müssen erfüllt sein, damit überhaupt ein globaler Deadlock vorliegen kann:

1. Eine Teiltransaktion einer globalen Transaktion wartet in irgendeinem Knoten auf das Gewähren einer Sperre.
   (z.B. Wartebeziehung a): $TT_{12}$ von TA1 wartet auf $TT_{21}$ von TA2)
2. An der Spitze des Wartegraphen in diesem Knoten (also nicht wartend auf das Gewähren einer Sperre in diesem Knoten) befindet sich eine Teiltransaktion irgendeiner anderen globalen Transaktion (z.B. $TT_{21}$ von TA2).
3. Die globale Transaktion deren Teiltransaktion an der Spitze des Wartebaums steht, wartet auf eine Nachricht einer externen Teiltransaktion (Wartebeziehung b): TA2 wartet auf das Ergebnis von $TT_{22}$).

Sind die Punkte 1-3 über ein bestimmtes Zeitintervall (das der Administrator beeinflussen kann) erfüllt, so wird angenommen, daß ein globaler Deadlock vorliegt. Dabei können in Ausnahmefällen auch "Nicht-Deadlock"-Situationen für einen Deadlock gehalten werden.
Aus dem Wartegraphen wird nun eine geeignete Transaktion ausgewählt und zurückgesetzt. Bei der Auswahl des Rücksetz-Kandidaten wird in erster Linie der Wert der Transaktion bzgl. bereits durchgeführter und für den ROLLBACK erwarteter I/Os betrachtet.
Ein Alterungsmechanismus soll verhindern, daß Transaktionen aufgrund ihres Profils zu Dauer-Rücksetz-Kandidaten werden.

## 2.6 Administration

Die Administration aller an der Verteilung beteiligten UDS-Konfigurationen kann zentral oder dezentral erfolgen.
Bei der dezentralen Administration werden die Kommandos jeweils am Bedienplatz der entsprechenden UDS-Konfiguration oder über ein mit der UDS-Konfiguration verbundenes Administrationsprogramm abgesetzt.

Die zentrale Administration kann entweder über ein zentrales Administrationsprogramm, welches zu den einzelnen UDS-Konfigurationen Verbindungen aufbaut oder mit Hilfe des Produkts OMNIS erfolgen. Mit OMNIS können von einem Datensichtgerät aus Verbindungen zu mehreren BS2000 Tasks in unterschiedlichen Rechnern hergestellt werden.
Dabei muß jedoch jede UDS-Konfiguration, die ein Kommando bearbeiten soll, explizit angesprochen werden, da die einzelnen UDS-Konfigurationen auf der Administrationsebene nicht miteinander kommunizieren.

## 3. Erfahrungen aus dem Einsatz von UDS-D

UDS-D V1.0 wurde im Juli 1986 freigegeben. Heute - rund 2 Jahre später - hat es 12 Einsatzfälle.
Ausgangsbasis für den UDS-D-Betrieb waren dabei jeweils existierende UDS-Anwendungen. Ständig wachsender Informationsbedarf, wachsende Anwendungen und steigende Anwendungslast erforderten einerseits die Integration bestehender Verfahren in ein einheitliches Anwendungskonzept und andererseits Möglichkeiten zur Verteilung der Last auf mehrere Rechner.
Mit UDS-D konnten beide Probleme zufriedenstellend und ohne Auswirkungen auf die bestehenden Anwendungen und Datenbanken gelöst werden.

Dies wird nachfolgend anhand eines für die UDS-D-Verwendung repräsentativen Einsatzfalls kurz erläutert.
Bei diesem Einsatzfall wurde der Betriebsablauf aus historischen und organisatorischen Gründen durch fünf verschiedene unabhängig voneinander entwickelte UDS-Anwendungen unterstützt. Da in einem Verfahren manchmal Daten aus einem anderen Verfahren gebraucht wurden, war für den Benutzer ein umständlicher Anwendungswechsel mit "manuellem Datentransport" nötig.
Diese Verfahren wurden zunächst unter Ausnutzung des UDS-Multi-DB-Konzepts zu einem einheitlichen Gesamtkonzept zusammengefaßt.
Dazu konnten die bestehenden Datenbanken unverändert übernommen und unter der Kontrolle eines Data Base Handlers prozessiert werden. Die bestehenden Anwenderprogramme konnten ebenfalls unverändert bleiben. Lediglich der Zugriff auf mehrere Datenbanken innerhalb einer Transaktion erforderte eine geringfügige Erweiterung der betroffenen Programme, wobei Kompatibilität der UDS-Schnittstelle gegeben ist.
Durch die ständig steigende Anwendungslast wurden die Verfahren nun auf mehrere Rechner aufgeteilt, um Kapazitätsprobleme zu vermeiden.
Die Basis dafür bildet ein UDS-D gesteuerter rechnerübergreifender Transaktionsbetrieb über fünf Datenbank-Konfigurationen, die auf vier Rechner verteilt sind.
Die Umstellung auf den UDS-D-Betrieb erfolgte rasch und problemlos. Da die verteilte Verarbeitung für Anwenderprogramme, die das UDS-Multi-DB-Konzept ausnutzen, wegen der voll kompatiblen Programm-Schnittstelle transparent ist, waren hier keinerlei Anpassungen nötig.
UDS-D ermöglicht außerdem jede beliebige Verteilung der fünf Datenbank-Konfigurationen auf die Rechner. Die 5 UDS-Anwendungen können auch wie vorher, weitgehend unabhängig voneinander lokal betrieben werden. Der Zugriff auf entfernte Daten bildet die Ausnahme. Jedoch werden hier auch innerhalb einer Transaktion Änderungen in mehr als einer Datenbank-Konfiguration durchgeführt. Durch die rechnerübergreifende Transaktionskonsistenz, die auch nach Systemausfall von UDS-D garantiert wird, bleibt auch im verteilten Betrieb die gewohnte Sicherheit erhalten.
Die Anzahl der Zugriffe auf entfernte Datenbanken liegt derzeit mit steigender Tendenz bei etwa 5% der Gesamtzugriffe. Dabei haben sich aus der Sicht des Benutzers die Antwortzeiten gegenüber dem lokalen Betrieb nicht verändert.

## Literaturverzeichnis

(1) UDS (BS2000)
Verwalten und Bedienen, Benutzerhandbuch
SIEMENS, April 1987 (UDS V5.0B)

(2) UDS-D (BS2000)
Verteilte Datenbanken, Benutzerhandbuch
SIEMENS, Mai 1986 (UDS-D V1.0A)

(3) W. Scherg
Ein einfacher Algorithmus zur Auflösung von Deadlocks in verteilten Datenbanksystemen
Angewandte Informatik, Februar 1984

# N o n S t o p   S Q L

Kurzbeitrag

Alfred Schulz
TANDEM COMPUTERS GmbH
Geschäftsstelle Hamburg
Große Bleichen 30
2000 Hamburg 36

NonStop SQL ist eine Implementation des SQL-Standards ANSI X3.135-1986.

Besonderheiten von NonStop SQL sind:

- Ausfallgeschützter Betrieb
- Volle Verteilbarkeit im Netzwerk
- Hohe Leistungsfähigkeit, gemessen als Durchsatz von Transaktionen

## 1. Implementation von NonStop SQL

NonStop SQL ist voll im TANDEM-Betriebssystem GUARDIAN integriert. In GUARDIAN werden Dateizugriffe von sogenannten Discprozessen ausgeführt, die mit den Anwendungsprogrammen kommunizieren. Die Komponenten von NonStop SQL sind auf die Anwendungsprogramme, die einen sogenannten SQL-Executor enthalten und die Discprozesse verteilt.

Der SQL-Executor

Der SQL-Executor besteht aus Prozeduren der Systembibliothek, die den Anwendungsprogrammen hinzugebunden werden. Er hat einen eigenen Datenbereich und bearbeitet die SQL-Anfrage u.a. durch Verwaltung der logischen Namen, Aufbereitung der SQL-Anfragen für die nachgeschalteten Module, sowie Entgegennahme der Daten unterschiedlicher Tabellen von dem File-System, durchführen der Join-Operationen und Übergabe der Ergebnisse an die Variablen des Anwendungsprogramms. Der SQL-Executor kommuniziert mit dem Filesystem und dem Katalog-Prozeß (nach der hier verwendeten Terminologie ist ein Prozeß ein sich in der Ausführung befindliches Programm).

Discprozeß, Disc-Server

Jede Magnetplatte wird durch einen sogenannten Discprozeß verwaltet. Dieser Discprozeß besteht aus mehreren Modulen. In dem Modul "Disc-Server" sind bestimmte Datenbankfunktionen enthalten. Dazu gehören die Verwaltung von Warteschlangen, Disc-Space, Zugriffspfaden, Sperren, Log-Sätzen und Hauptspeicher-Pufferbereichen. Ein Disc-Server arbeitet auf Basis einer "single-variable query", d. h. er bearbeitet Anfragen, die sich auf eine Relationenvariable beziehen. Joins werden im SQL-Executor ausgeführt. Wenn der angeforderte Satz gefunden ist, arbeitet der Disc-Server entweder selbstständig die Anfrage ab (UPDATE, DELETE) oder gibt die gefundenen Daten an das File-System weiter.

Eine weitere Aufgabe der Disc-Server ist die Autorisierung des anfragenden Anwendungsprozesses für einen Tabellenzugriff.

Das Filesystem

Das File-System verwaltet die physikalische Speicherung der Daten. Dazu gehört das Eröffnen von Tabellen und Indizes, die Beachtung der Partitionierung von Tabellen und Indizes, es sendet die Anfragen des Anwendungsprogramms an die entsprechenden Disc-Server und puffert die Antworten. Wenn eine Tabelle verändert wird, sorgt das File-System fuer die Updates in den Tabellen und den betroffenen Index-Tabellen. Wenn eine Zeile über einen Index selektiert wird, sieht sich das File-System zuerst den Index an und fordert dann die dazugehörigen Tabellendaten an. Diese Funktion kann nicht vom Disc-Server wahrgenommen werden, weil die Indexdaten auch auf anderen Magnetplatten abgelegt sein können, für die dann andere Disc-Server zuständig sind.

Dictionary, Katalog

Die Beschreibung der Datenbank entsprechend dem logischen Schema wird in einem "Dictionary" gehalten, das selbst eine kleine SQL-Datenbank ist. Ein Dictionary kann aus einem oder mehreren Katalogen bestehen. Der einfachste Fall ist eine lokale SQL-Datenbank bei der alle Informationen in einem Katalog enthalten sind. Dann sind Katalog und Dictionary identisch.

Wenn auf einem lokalen System aus organisatorischen Gründen die Beschreibung der Datenbank in mehreren Katalogen erfolgt, besteht das Dictionary aus der Summe dieser Kataloge.

Wenn eine NonStop SQL Datenbank im Netzwerk verteilt ist, so existiert in jedem Netzwerkknoten ein Katalog mit der Beschreibung der dort gespeicherten Daten. Damit wird lokale Unabhängikeit (1) erreicht. Wenn zum Beispiel eine Tabelle auf 5 Netzwerkknoten verteilt (partitioniert) ist, so ist in jedem dieser 5 Netzwerkknoten ein Katalog mit der Beschreibung dieser Tabelle vorhanden. In diesem Fall besteht das Dictionary aus mehreren im Netzwerk verteilten Katalogen.

Alle Kataloge in einem lokalen System werden in einem sogenannten Systemkatalog geführt, der das einfache Auffinden aller Kataloge des Systems ermöglicht.

Für die Verwaltung der SQL-Kataloge ist ein eigener Prozess zuständig, der Katalog-Prozess. Er ist für die Autorisierung der Benutzer und für die Katalogeinträge zuständig. In jedem Netzwerkknoten läuft ein eigener Katalog-Prozess.

Im Dictionary werden folgende Informationen geführt:

- Tables (Name, Eigentümer, Zugriffsberechtigung, Tabellentyp, Erstellungs-Zeitpunkt)
- Basetabs (Name, Systemname, Anzahl der Spalten, Länge der Spalten)
- Views (Name, Protected, withcheck, text)
- Columns (Tabellenname, Spaltennummer, Spaltenname, Datentyp, Statistiken)
- Files (Systemname, Filetyp, Blockgröße, Extent-Größe, end-of-file)
- Indexes (Tabellenname, Indexname, Systemname, Spalte, unique)
- Constraints (Tabellenname, Constraint-Name, Lfd. Nummer, Text)
- Partitions (Systemname, Partition-Name, Katalog-Name, Start-Key)
- Keys (Index-Name, Key-Spalten-Nummer, Tabellen-Spalten-Nummer, Sortierung)
- Programs (Programmname, Zugriffsberechtigung, Erstellungs-Zeitpunkt, Zeitpunkt der letzten Übersetzung, valid)
- Comments (Objekt-Name, Sub-Name, Typ, Text)
- Usages (Used Name, used Catalog, using Name, using Catalog, type of use)

Typen von Tabellen

NonStop SQL bietet die Möglichkeit unter 3 verschiedenen Tabellentypen zu wählen: key-sequenced, entry-sequenced und relativ.

Der wesentliche Unterschied zwischen den 3 Typen ist die Sortierfolge in der die Datenzeilen gespeichert sind. Die Sortierfolge ist in jedem Fall der Primärschlüssel der Tabelle. Dieser ist für die 3 Typen wie folgt definiert:

| Tabellentyp | primary key |
|---|---|
| key-sequenced | eindeutiger Schlüssel, kann ein oder mehrere Spalten der Datenzeile umfassen oder ein vom System generierter Schlüssel sein |
| entry-sequenced | Sätze werden in sequenzieller Reihenfolge abgespeichert. Der Primärschlüssel ist eine Satznummer. Die Dateiart eignet sich für sequentiellen Zugriff. |
| relativ | Auch hier ist der Primärschlüssel die Satznummer. Da die Anzahl der Sätze pro Block festliegt, ist wahlfreier Zugriff möglich. |

Übereinstimmung mit dem ANSI Standard

NonStop SQL entspricht weitgehend dem Standard SQL DDL Level 1 und dem SQL DML Level 2 des ANSI SQL Standards X3.135-1986 vom Oktober 1986. Im Anhang 1 sind die Einschränkungen gegenüber dem Standard aufgeführt.

Die Tandem Erweiterungen gegenüber dem Standard sind in dem Anhang 2 aufgeführt.

## 2. Ausfallgeschützter Betrieb

Ein "NonStop-Betrieb" mit annähernd 100% Verfügbarkeit ist natürlich nicht nur durch ein Datenbanksystem alleine zu erreichen. Es muß die entsprechende NonStop-Umgebung sowohl in der Hardware als auch im Betriebssystem vorhanden sein.

Die Architektur der TANDEM-Systeme ist in (2) näher beschrieben. Zum besseren Verständnis der folgenden Ausführungen möchte ich aber kurz auf die zugrundeliegenden Hardware- und Software-Besonderheiten eingehen:

Die Hardware ist ein Mehrprozessor-System mit redundanten Hardware-Komponenten. Die Redundanz beginnt bei den Prozessoren mit eigenem Hauptspeicher und einer eigenen Kopie des Betriebssystems, redundanten Datenkanälen, redundanten Peripheriekontrollern bis hin zu "gespiegelten" d.h. redundanten Magnetplatten.

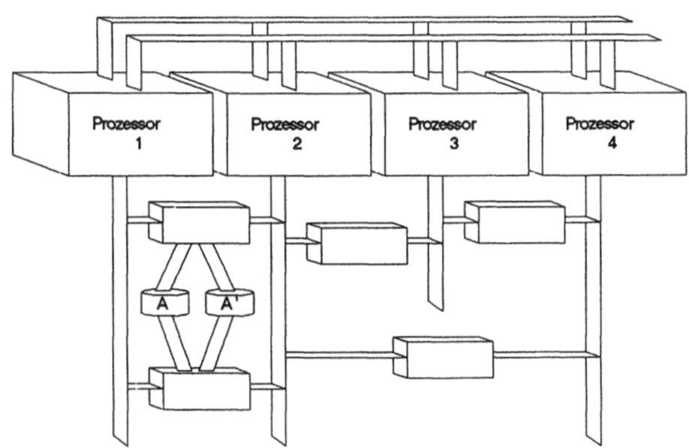


Tandem NonStop System

Das Betriebssystem unterstützt diese Hardware-Architektur durch entsprechende Reaktionen im Fehlerfall, z.B. bei Ausfall eines Prozessors durch das Umschalten auf einen Disc-Server in einen fehlerfreien Prozessor. Bei Ausfall von einzelnen System-Komponenten ist sichergestellt, daß die Datenintegrität erhalten bleibt.

Diese Fehlertoleranz erstreckt sich auch auf Netzwerk-Verbindungen, z.B. durch end-to-end Protokolle, durch Mehrfachverbindungen zwischen den Netzwerkknoten, durch automatisches Rerouting, durch Netzwerktopologien wie Ringnetze.

Aufbauend auf diesen NonStop-Funktionen gewährleistet Nonstop SQL ein hohes Maß an Datenintegrität und die Möglichkeit der Weiterverarbeitung bei Systemfehlern. Zusätzlich zu diesen NonStop-Funktionen bietet NonStop SQL Funktionen zur Wiederherstellung eines konsistenten Datenbestandes aus einem nichtkonsistenten Zustand, der z.B. durch Katastrophenfälle oder auch durch Anwendungsfehler auftreten kann.

Basis dafür ist das Transaction Management (TMF). Auch diese Komponente ist in das Betriebssystem GUARDIAN integriert. Vor dem Beginn eines Verarbeitungszyklus (Transaktion) wird eine eindeutige Transaktionsnummer vergeben. Diese Nummer wird bei allen Aktivitäten mitgeführt. Alle Veränderungen der Datenbank werden in einer Logdatei zusammen mit der Transaktionsnummer mitgeführt.

Die Zuordnung von Datenbankzugriffen zu einer Transaktion kann vom Datenbankbenutzer definiert werden. Mit der folgenden Kommandofolge wird die Transaktion extern definiert:

```
        > begin work;       --> Start der Transaktion mit Vergabe einer
                                eindeutigen Transaktions-Nummer
        > update ....       --> Verändern der Datenbank
        > insert ....       --> Verändern der Datenbank
        > select ....       --> Anzeigen der veränderten Daten
        > commit work;      --> Veränderungen werden endgültig eingetragen
    oder
          rollback work;    --> alle Änderungen mit der oben vergebenen Trans-
                                aktionsnummer werden rückgängig gemacht: Die
                                Datenbank wird in den Zustand bei "begin work"
                                zurückgeführt.
```

Während einer laufenden Transaktion sind alle beteiligten Sätze automatisch gesperrt. Der Transaktionsschutz bei SQL-Operationen aus einem Anwendungsprogramm heraus verläuft analog.

Bei einer in einem Netzwerk verteilten Datenbank wird die Transaktions-Logging-Funktion netzwerkweit ausgefuehrt. Damit ist auch bei einer im Netzwerk verteilten Datenbank Datenkonsistenz sichergestellt. In diesem Falle werden die Transaktionsnummern durch das Netzwerk durchgereicht und das Logging der Datenbankänderungen lokal durchgeführt.

## 3. Verteilbarkeit im Netzwerk

Um eine Verteilung in einem Netzwerk zu ermöglichen, mußte der im Standard definierte Name "user.table" erweitert werden. Tandem führte die Namenskonvention "site.process.dir.object" ein. Diese Namenskonvention ist sowohl für SQL-Tables, SQL-Indexes, SQL-Views und SQL-Programme geeignet.

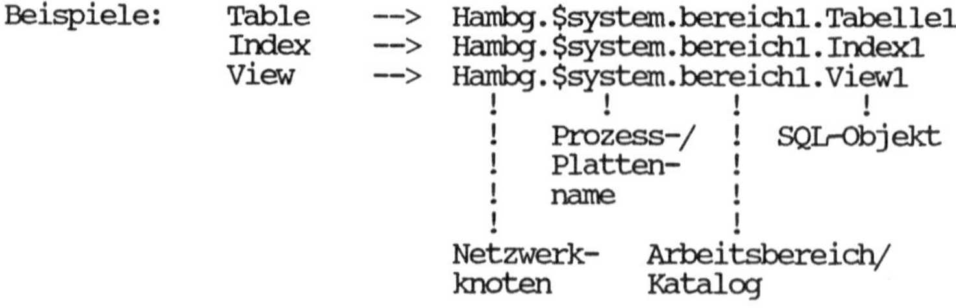

Die Verteilung der Daten im Netzwerk kann auf mehrere Arten passieren:

- Verteilen der Tabellen auf unterschiedliche Netzwerkknoten
- Verteilen einer Tabelle auf unterschiedliche Netzwerkknoten (Partitionieren)
- Kombinieren beider Möglichkeiten

Wenn eine Tabelle auf mehrere Netzwerkknoten verteilt werden soll, muss vorher definiert werden, welche Teile der Tabelle in welchem Netzwerkknoten geführt werden sollen. Die Zuordnung geschieht beim Kreieren der Tabelle durch die Zuordnung von Primärschlüsselbereichen der Tabelle zu Netzwerknoten. Die Bedeutung des Primärschlüssels ist abhängig vom Typ der Tabelle (vergl. Kapitel 1: Implementation). Wenn zum Beispiel eine Tabelle A Datenzeilen mit den Primärschlüsselwerten von 0 bis 1000 hat und auf 3 Netzwerkknoten N1, N2, N3 verteilt werden soll, könnte eine Verteilung wie folgt aussehen:

N1: Tabelle A, Primärschlüssel von 0 bis < 400
N2: Tabelle A, Primärschlüssel von 400 bis < 750
N3: Tabelle A, Primärschlüssel von 750 bis ohne Begrenzung

Gemäß der Definition von von C.J. Date in (1) wird diese Funktion von NonStop SQL als "data fragmentation" bezeichnet.

Die Syntax erfordert neben der normalen Tabellendefinition für jeden Teil der Tabelle in einem anderen Netzwerkknoten (Partition) eine eigene Definition:

Beispiel:

```
create table hambg.$disc1.prod.kunde (........)
             key ....
             catalog hambg.$disc3.dir
          Partition (frankf.$disc4.prod.kunde,
             catalog frankft.$disc3.katalog
             first key ....)
```

Unter "first key" wird der niedrigste Schlüsselwert in dieser Partition angegeben. Diese Informationen werden im Dictionary geführt und ermöglichen es, NonStop SQL allein aus der Kenntnis des Wertes des Schlüssels zu entscheiden, in welchem Netzwerkknoten die gesuchten Daten zu finden sind. Der Dialog-Anwender und der Programmierer benötigen diese Kenntnis nicht um mit der Datenbank zu arbeiten; gemäß der Definition nach (1) zeigt NonStop SQL hiermit "location transparency" und "fragmentation transparency".

Wenn bei obigem Beispiel ein Anwendungsprogramm in Hambg läuft und mit einem Schlüssel größer/gleich dem "first Key" der Partition in Frankft eine Datenzeile anfordert, schickt der SQL-Executor eine Anfrage an das File-System, das sich dann automatisch an den Disc-Server im Netzwerkknoten Frankft wendet, der die angeforderten Daten liest und an das File-System weitergibt, das seinerseits die Daten über den SQL-Executor dem Anwendungsprogramm im Netzwerkknoten Hambg übergibt.

Wenn komplette Tabellen im Netzwerk verteilt sind, ist der Datenfluß analog.

Eine Partition kann nicht die Größe einer Platte überschreiten (z.Zeit 480 MB). Dies ist ein Hardware-Limit, NonStop SQL kann Partitiongrößen von über 2 Gigabyte verwalten. Es können bis zu 100 Partitionen pro Tabelle definiert werden abhängig von den Tabellenspezifikationen.

## 4. Leistungsfähigkeit

In USA hat Tandem unter der Aufsicht der Codd and Date Consulting Group einen Leistungs-Benchmark gefahren.

Gemessen wurde eine transaktionsorientierte Verarbeitung, die sich an den in "Datamation", April 1985 im Artikel "A Measure of Transaction Processing Power" beschriebenen ET1-Benchmark anlehnt.

Eine ET1-Transaktion beinhaltet folgende Vorgänge:

- Lesen 100 Byte vom Terminal
- Begin work
  - UPDATE Account-Table um DELTA
  - UPDATE Teller-Table um DELTA
  - UPDATE Branch-Table um DELTA
  - INSERT in den History-Table
- Commit work
- Schreiben 200 Byte zum Terminal

Definition des Durchsatzes TPS (Transaktionen pro Sekunde):

Die Ergebnisse beziehen sich auf einen Durchsatz TPS bei der 90% der Transaktionen eine Responsezeit kleiner oder gleich 2 Sekunden haben.

Definition der Verteilung der Transaktionen:

15% der Transaktionen sind "Inter-Branch" Transaktionen.

Messung der Response-Zeiten:

Die Response-Zeiten sind gemessen als Zeit zwischen erstem Byte gesendet und letztem Byte empfangen.

Das Benchmark-System bestand aus 4 Hauptsystemen mit je 8 Prozessoren, die über einen Glasfaserkanal verbunden waren. Für SQL handelte es sich um ein Netzwerk mit 4 Netzwerkknoten. Für die 15% "Inter-Branch" Transaktionen wurde über eine 9,6 KB Leitung ein EXT10-System (Tandems kleinstes System) als weiterer Netzwerkknoten angeschlossen, so daß insgesamt ein Netzwerk aus 5 Netzwerk-Knotenrechnern aufgebaut war.

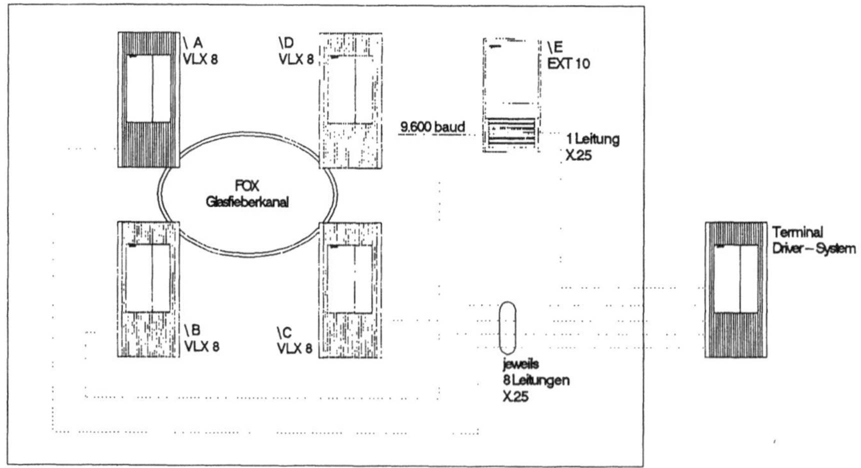


Benchmark-Konfiguration

Der Benchmark wurde ausschließlich mit Standard-Software (TP-Monitor PATHWAY, NonStop SQL, COBOL) gefahren. Alle Transaktionen waren TMF-geschützt. Alle Platten wurden gespiegelt gefahren.

Die Datenbank hatte den folgenden Aufbau:

- Account Table: 33 Partitions, 26 Millionen Sätze
- Teller Table: 33 Partitions, 26.000 Sätze
- Branch Table: 33 Partitions, 2.600 Sätze
- History Table: eine Tabelle pro Netzwerkknoten, insgesamt 5 Tabellen

Das Gesamtvolumen der Datenbank ohne die History Tables betrug 2.700 MBYTES.

Folgende Ergebnisse wurden gemäß (3) gemessen:

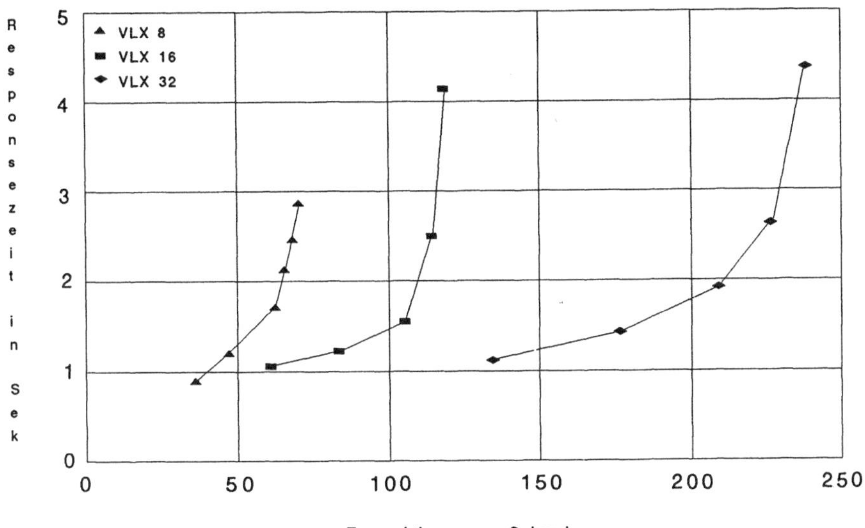


Response-Zeiten in Abhängigkeit des Durchsatzes

## Literaturverzeichnis

(1) Date, C.J., 1986: An Introduction to Database Systems. Volume 1 Fourth Edition, S. 589 ff

(2) Schulz, A., 1984: Das fehlertolerante System TANDEM T16. Informatik-Fachberichte Nr. 83: Software-Fehlertoleranz und -Zuverlässigkeit, S. 189-200

(3) TANDEM Computers Inc., 1987: NonStop SQL Performance

Anhang 1: Einschraenkungen gegenueber dem ANSII Standard X3.135-1986

Qelle "NonStop SQL Programming Reference Manual (82318 Preliminary) Appendix D

Exceptions to SQL DDL Level 1 Conformance

| Standard | ANSII Section | NonStop SQL |
|---|---|---|
| Table name must be legal SQL identifier | 5.4 (Format) | Table name is GUARDIAN 90 network name |
| Data Type can be approximate numeric (FLOAT with mantissa and exponent) | 4.2.2 5.5 (Syntax Rule 10) | Data type cannot be approximate numeric |
| GRANT statement defines authorization for DML operations to user or group including update on specific columns | 6.6 (Format) | ALTER Attributes statement and SECURE utility define authorization for DML operations using GUARDIAN security scheme |

Exceptions to SQL DDL Level 2 Conformance

| Standard | ANSII Section | NonStop SQL |
|---|---|---|
| Data type is either null or non-null value; indicator parameters used to mark value as null or non-null | 4.2, 5.6, 6.3 | Null values and indicator parameters are not supported |
| CREATE SCHEMA statement defines the set of table, view and privilege definitions for a specific user | 4.6 and 6.1 (Format) | CREATE SCHEMA statement not supported; table and view created at a single point in time |
| USER can be used in value specification | 5.6 (Format) | USER value not supported |
| Numeric data types: NUMERIC, DECIMAL, INTEGER, SMALLINT, FLOAT, REAL, DOUBLE PRECISION | 5.5 | Numeric data types: NUMERIC, DECIMAL, INTEGER, SMALLINT |
| Unique constraint definition of CREATE TABLE or UNIQUE qualifier of column definition defines unique constraint | 6.2 6.3 6.4 (all Format) | To achieve unique constraint, specify unique column as primary key of table or create unique index on column |
| Query specification is updatetable if and only if conditions in rule satisfied | 5.25 (Syntax Rule 11) | Additional restrictions: - WHERE clause can only refer to select list columns - Duplicate columns not allowed in select list |
| VIEW can be updated if query that defines view can be updated | 5.25 (Syn. Rule 11) 6.5 (Syn. Rule 3) | Two types of view are supported; protection views can be updated, shorthand views cannot be updated |
| WITH GRANT OPTION of GRANT statement allows privilege to be granted | 6.6 (Format) | GRANT statement and any analogous concept to WITH GRANT OPTION not supported |

Exceptions to Level 2 DML Conformance

| Standard | ANSII Section | NonStop SQL |
|---|---|---|
| If error occurs on multi-record operation, all changes made by the operation will be cancelled. | 3.2 7.3 (Gen. Rule 3b), 9.0 (18c) | If error occurs on multirecord operation, it is not guaranteed that all changes made by the operation will be cancelled. To cancel changes, you must use ROLLBACK WORK. |
| AVG, MAX, MIN, or SUM on empty set returns null value | 5.8 (Gen. Rule 4c) | AVG, MAX, MIN, SUM on empty set returns no row and "not found" |
| COUNT (*) combined with another function such as AVG returns zero and null if set is empty | 5.8 (Gen. Rule 4b) | COUNT (*) combined with another function such as AVG returns warning to program if set is empty, SQLCI reports 0 rows selected |
| If subquery in comparison returns empty set, result is unknown; if result of search condition is unknown, no rows are returned | 5.21 (Gen. Rule 2) | If subquery in comparison returns empty set, error occurs (unless subquery is in EXISTS, IN, or quantified predicate) |
| DECLARE CURSOR allows UNION operator in query expression that defines cursor | 8.3 (Format) 9.0 (19c) | UNION operator not implemented |
| Positioned update operation may be performed on any updateable cursor. FOR UPDATE clause is not used. | 8.3 | In update operation using positioned update statement, curser used must contain FOR UPDATE clause. |

## Anhang 2: Erweiterungen von NonStop SQL gegenueber dem Standard

Qelle "NonStop SQL Programming Reference Manual (82318 Preliminary) Appendix D

### EXTENSIONS

- Additional data types of VARCHAR (variable-length character strings) and LARGEINT (64-bit integers)

- CREATE TABLE allows the following additional features:
  - -- key-sequenced, entry-sequenced, and relative files
  - -- partioned tables
  - -- user-defined primary keys
  - -- system-generated primary keys
  - -- default value for each column
  - -- audited (transaction protected) or nonaudited tables

- Additional DDL statements:

  CREATE INDEX
  CREATE CONSTRAINT
  ALTER Attributes
  ALTER TABLE ADD COLUMN
  ALTER TABLE ADD PARTITION
  DROP {CATALOG | CONSTRAINT | INDEX | PROGRAM | TABLE | VIEW }
  COMMENT ON
  UPDATE STATISTICS

- Optional locking protocols:

  BROWSE ACCESS
  STABLE ACCESS
  REPEATABLE ACCESS

- Additional DCL statements:

  LOCK TABLE
  UNLOCK TABLE
  FREE RESOURCES
  CONTROL TABLE

- Distributed files: a table can exist anywhere in the network

- Objects referred to in SQL statements can be reassigned to different objects at run time using DEFINEs.

- An SQLWARNING option in the WHENEVER directive for the preprocessor.

- The WHENEVER directive allows a PERFORM statement.

- The GROUP BY clause can refer to a select list element by a number indicating its ordinal position in the select list.

- A subquery in a comparison predicate can include a GROUP BY or HAVING clause and can refer to a grouped view in the FORM clause.

- NonStop SQL extends the definition of a grouped view to include views defined with aggregate functions in the select list; the definition need not include a GROUP BY clause.

- A query that refers to a grouped view can contain a WHERE clause.

- A function that includes DISTINCT in its argument can be an operand of an arithmetic operator.

# Verteilung im SQL-DBMS REFLEX

Rudolf Munz
Nixdorf Microprocessor Engineering GmbH
Berliner Str. 66
1000 Berlin 27

## Zusammenfassung

Verschiedene Stufen der Funktions- und Datenverteilung in einem SQL-Datenbanksystem werden vorgestellt und die Entwurfsentscheidungen zur Lösung der durch die Verteilung entstehenden Probleme diskutiert.

## Einleitung

REFLEX ist das SQL-Datenbanksystem der Nixdorf Computer AG. Es ist für die UNIX-Rechner der TARGON-Familie verfügbar.
Portierungen existieren auch für die Betriebssystemumgebungen MVS, VM, VSE und VMS. Versionen für BS2000 und OS/2 sind in Vorbereitung.
Neben dem Datenbank-Kern, der die SQL-Funktionalität realisiert, existieren noch SQL-Precompiler für die gängigsten Programmiersprachen und Dialog-Komponenten für unterschiedliche Benutzergruppen.

Die REFLEX-Entwicklung ist eine Fortführung des 1977 an der Technischen Universität Berlin bei Prof. Dr. H.-J. Schneider gestarteten Forschungsprojektes VDN, das ein verteiltes Datenbanksystem zum Ziel hatte. Für die Vermarktbarkeit des Systems mußte vor den Verteilungseigenschaften zuerst die Funktionalität und Performance der zentralen Version auf den Stand der Technik gebracht werden. Dieses Ziel ist jetzt erreicht, so daß der nächste große Entwicklungsschritt die Realisierung der Verteilungseigenschaften ist.

Vom akademischen Standpunkt aus, mögen SQL-Datenbanksysteme heute bereits "klassisch" sein. Vom Anwender-Standpunkt aus sind sie es nicht. Viele Anwender stehen heute nach einer SQL-Erprobung für kleinere Anwendungen vor der Entscheidung, ob sie sich den "SQL-Luxus" für all ihre neuen Anwendungsentwicklungen leisten können.

Auch vom theoretischen Standpunkt aus bieten SQL-Systeme noch einige, wenig bearbeitete Problembereiche wie z. B. die View-Integration oder das Konzept von DDL-Transaktionen.

Für die nachfolgende Diskussion der Verteilungskonzepte in REFLEX wird von einem Netz von REFLEX-Knoten ausgegangen, die virtuell alle miteinander verbunden sind. Jeder Knoten kann also mit jedem anderen Knoten kommunizieren, wozu in diesem Kontext die Vorstellung ausreicht, daß jeder Knoten durch einen eindeutigen Knotennamen identifizierbar ist (s. a. /1/).

## 1. Verteilung von Funktionen

### 1.1 Remote SQL

In Workstation-Server-Umgebungen ist es naheliegend, die Dialog-Komponenten und Applikationen eines SQL-Systems in den Workstations ablaufen zu lassen und die SQL-Funktionalität von einem REFLEX-Server ausführen zu lassen. Derartige Konfigurationen unterstützt REFLEX heute im UNIX-Environment, wobei die Kommunikation über den Socket-Mechanismus von TCP/IP abgewickelt wird.

### 1.2 Multi-DB-Betrieb

Eine Erweiterung der Remote-SQL-Funktionen von einer Workstation-Server-Kopplung zu einer Server-Server-Kopplung erlaubt den Remote-Zugriff auf nichtlokale Datenbanken. Dieser Remote-Zugriff muß jedoch von der Anwendung gesteuert werden, d. h. die Anwendung übernimmt die "Adressierung" der im Netz befindlichen Datenbanken. Für jeden SQL-Befehl wird entschieden, welche Datenbank er betrifft. Transaktionen mit Änderungsbefehlen können verschiedene Datenbanken betreffen, allerdings wird kein 2-phasiges Commit für alle Datenbanken unterstützt. Das Commit muß folglich von der Anwendung an alle beteiligten Datenbanken geschickt werden. Absturzsituationen werden rein lokal behandelt. Auch dieser Multi-DB-Betrieb wird von REFLEX heute in UNIX-Systemen unterstützt. Wegen der umsynchronisierten Transaktionsenden läßt sich diese Funktionalität vorwiegend dann einsetzen, wenn nur lesende Zugriffe auf andere Datenbanken benötigt werden.

### 1.3 Multi-DB-Betrieb mit fremden SQL-Systemen

Um aus einer Anwendung heraus Zugriff auf unterschiedliche SQL-Systeme zu erhalten, kann der Multi-DB-Betrieb auf einfache Weise erweitert werden. Dazu werden die SQL-Aufträge für fremde SQL-Systeme über eine Precompiler-Schnittstelle, die dynamisches SQL ausnutzt, weitergegeben. Diese Vorgehensweise erlaubt die Koexistenz verschiedener SQL-Systeme in einem Rechner bzw. in einem Rechnerverbund und ermöglicht es einer Anwendung, auf mehrere SQL-Datenbanken zuzugreifen.

## 2. Verteilung von Daten

### 2.1 Verteilungseinheiten

REFLEX kennt als Verteilungseinheiten ganze Tabellen und sogenannte Segmente. Segmente sind horizontale Partitionen einer Basis-Tabelle. Sie werden durch Qualifikationskriterien über Verteilungsspalten definiert. Die Menge der Verteilungsspalten ist per Tabelle festgelegt, ebenso ihre Anordnung. Es entsteht so eine durch mehrere Spalten definierte Sortierung, in der die Segmente offene, halboffene oder abgeschlossene Intervalle darstellen. Ein Spezialfall eines abgeschlossenen Intervalls ist ein Punkt.

Segmente stellen Spezialfälle von Views dar und existieren auch unabhängig von Verteilungsdefinitionen. Der Segmentname kann auch wie ein Viewname vom SQL-Anwender verwendet werden. Mit der ersten Segmentdefinition auf einer Tabelle entsteht implizit ein spezielles Segment, der Rest einer Tabelle. Der Rest ist als Komplement der Vereinigung aller Segmente einer Tabelle definiert und besteht im allgemeinen aus mehreren Intervallen. Der Rest enthält alle Tabellenzeilen, für die es keine zutreffende Segmentdefinition gibt. Alle Segmentdefinitionen einer Tabelle basieren auf derselben Menge von Verteilungsspalten. Will man diese Grundlage ändern, so müssen dazu alle existierenden Segmentdefinitionen abgebaut werden.

Da REFLEX auch updatebare Views unterstützt, sofern die Primärschlüssel der beteiligten Basis-Tabellen im View enthalten sind, lassen sich auch vertikale Partitionierungen modellieren. Hierzu splittet man eine Tabelle in mehrere Tabellen auf, die dann über eine View wieder zusammengefaßt werden.

## 2.2 Verteilungsdefinitionen

Der implizite Lagerort einer Tabelle und aller Segmente einer Tabelle ist der Knoten, an dem das CREATE TABLE-Kommando durchgeführt wurde.

Mit einem MOVE-Befehl kann jetzt die ganze Tabelle, einzelne Segmente oder der Rest der Tabelle auf andere Knoten plaziert werden. Dabei werden die betroffenen Tabellenzeilen am Quellknoten gelöscht und am Zielknoten eingefügt.
Mit dem CREATE Copy-Kommando kann man eine Kopie eines Segments oder einer Tabelle an einem weiteren Knoten erzeugen. Kopien wirken bei sehr statischen Datenbeständen performancesteigernd, da ein lokaler Zugriff dann ausreicht. Bei nichtstatischen Datenbeständen erhöhen die Kopien die Verfügbarkeit dieses Datenbestands, da Lese- und Schreibzugriffe auch dann möglich sind, wenn nicht alle Knoten verfügbar bzw. erreichbar sind.

REFLEX pflegt alle Kopien gleichzeitig, d. h. nach der Ausführung eines Änderungsbefehls haben alle Kopien netzweit denselben Stand. Je nach Anwendungssituation kann diese simultane Kopienpflege auch abgeschaltet und zu einem späteren Zeitpunkt (z. B. nachts) wieder reaktiviert werden.
Alle Kopien sind gleich berechtigt, d. h. es gibt keine Unterscheidung zwischen primary copy und backup copy. Mit dem DROP-COPY-Befehl kann eine Segment- oder Tabellenkopie wieder gelöscht werden. DROP COPY ist allerdings nur dann möglich, wenn ein Segment bzw. eine Tabelle an wenigstens zwei Lagerorten geführt wird.

## 2.3 Katalogstruktur

Wie bei SQL-Systemen üblich, unterstützt auch REFLEX für jeden Benutzer einen eigenen Namensraum für Tabellen. Jede neue Benutzerdefinition legt durch den Knoten, an dem sie durchgeführt wurde, implizit eine "Homelocation" für diesen Benutzer fest. Alle Schema-Informationen zu Tabellen und anderen Datenbankobjekten (Views, Synonyme etc.) dieses Benutzers werden nur an dieser Homelocation gehalten.

Die Kataloginformationen über alle legalen Benutzer und deren Homelocation liegen redundant an allen Knoten. Damit kann sich jeder Benutzer an jedem Knoten des REFLEX-Verbundes einloggen und mit seinen eigenen (privaten) Tabellen arbeiten.
Es gibt einen ausgezeichneten Benutzer PUBLIC, dessen Tabellen nur von Benutzern mit DBA-Status (Datenbankadministratoren) angelegt werden können. Diese PUBLIC-Tabellen stellen üblicher-weise die Unternehmensdaten bzw. die Organisationsdaten dar, während die benutzerspezifischen Tabellen die privaten Schreib-tisch-Daten dieser Benutzer sind. In REFLEX sind nur die öffent-lichen PUBLIC-Daten verteilbar, die privaten Daten eines Benutzers haben zu jedem Zeitpunkt genau einen Lagerort.
Die Schemainformationen über PUBLIC-Tabellen und PUBLIC-Datenbankobjekte werden redundant an allen Knoten geführt. Damit sind alle PUBLIC-Tabellen und deren Struktur überall bekannt, ebenso ihre Lagerorte bzw. Segmentdefinitionen und Segment-Lagerorte. Ein CREATE TABLE für eine PUBLIC-Tabelle verursacht daher ein netzweites Update aller Kataloginformationen, während ein CREATE TABLE für eine private Tabelle nur einen Knoten und üblicherweise den lokalen betrifft.

## 2.4 System-Struktur

Wie bei fast allen Systemansätzen für verteilte Datenbanksysteme besteht auch REFLEX aus einem lokalen und einem globalen Systemteil. Bei der Abarbeitung von SQL-Kommandos übernimmt der globale Systemteil die Rolle des Koordinators.

Dort wird anhand der Kataloginformation entschieden, ob der lokale Systemteil und damit der lokale Datenbestand zur Abarbeitung des Auftrags ausreicht, oder ob lokale Systemteile an anderen Knoten des REFLEX-Verbundes beauftragt werden müssen. Es entsteht deshalb folgende Kom-munikationsstruktur:

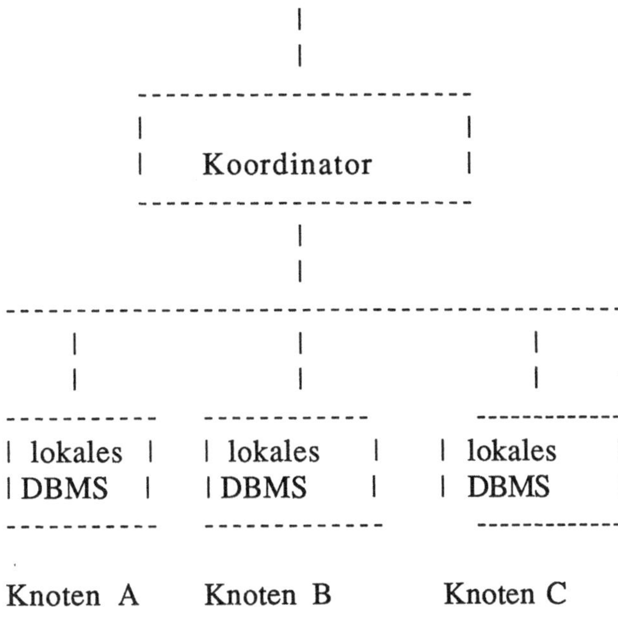


Knoten A Knoten B Knoten C

Abbildung 1: Kommunikationsstruktur

Der Koordinator spielt für die Ausführung eines SQL-Kommandos eine zentrale Rolle, indem er Teilaufträge an den eigenen oder an fremde Knoten sendet und die Teilresultate wieder zu einem Gesamtresultat zusammensetzt. Diese Koordinator-Rolle wird von jedem Knoten im Verbund übernommen, wenn dort ein SQL-Auftrag abgesetzt wird.
Generell weiß der Koordinator über die Datenverteilung im Verbund Bescheid, während die lokalen DBMS nur ihren eigenen Datenbestand kennen und alle Aufträge nur bezüglich dieses Datenbestandes ausführen.

Im Unterschied zu anderen Systemansätzen kommunizieren der Koordinator und die lokalen Auftragnehmer nicht auf SQL-Niveau miteinander sondern über eine effizienter codierte Internschnittstelle. Sie sorgt dafür, daß Schema-Wissen nur im Koordinator, nicht aber in den lokalen DBMS benötigt wird.

Das lokale DBMS an jedem Knoten übernimmt das Logging der lokal durchgeführten Änderungen, das Locking für die lokal verfügbaren Datenobjekte (Tabellen bzw. Zeilen) und pflegt Invertierungen für den lokalen Datenbestand.

## 2.5 Verteilte Transaktionen

Der Transaktionsbegriff umfaßt Änderungen an mehreren Lagerorten. Dabei soll hier zunächst das Problem der Kopienpflege ausgeklammert werden. Bei Änderungsoperationen muß der Koordinator an allen Lagerorten Sperren setzen und dort die Änderung durchführen (/4/, /3/). Das Transaktionsende wird in REFLEX wie bei verteilten Datenbanksystemen üblich mit einem 2-phasigen Commit realisiert. In der ersten Phase teilt der Koordinator den an der Transaktion beteiligten Knoten (= Transaktionspartnern) das bevorstehende Transaktionsende mit und wünscht eine Bestätigung, daß alle Knoten die Transaktionseffekte realisieren können. Gleichzeitig wird die Liste der Transaktionspartner an alle verschickt, damit in Ausfallsituationen das Transaktionsschicksal entschieden werden kann. Das Verschicken der Transaktionspartnerliste in der ersten Transaktionsphase ermöglicht während des Transaktionsverlaufs ein inkrementelles Locking wie es auch SQL vorsieht. Erhält der Koordinator von allen Transaktionspartnern eine positive Antwort, wird in der zweiten Phase das endgültige Commit verschickt. Kann ein Transaktionspartner die erste Phase nicht bestätigen, so muß die Transaktion überall zurückgerollt werden.

In Ausfallsituationen während der ersten und zweiten Commit-Phase sind die Transaktionspartner in der Lage, durch gegenseitige Konsultationsrunden über das Schicksal der Transaktion (commit, rollback) zu entscheiden. Voraussetzung hierfür ist, daß sowohl die erste wie die zweite Transaktionsphase im Log vermerkt werden, damit in Restart-Situationen der Transaktionszustand bekannt ist. Wenn während der Konsultationsrunden nicht alle Transaktionspartner verfügbar sind, kann es zu Situationen kommen, in denen keine Entscheidung über eine bestimmte Transaktion herbeigeführt werden kann. Dies führt zu Blockierungen der betroffenen Datenbankobjekte bzw. zu Eingriffskommandos mit der möglichen Folge einer Dateninkonsistenz.

Verteilte Datenlocks werden in REFLEX durch Timeouts entdeckt. Da auch Timeouts für das Warten auf Sperrfreigaben und für die maximale Inaktivitätsdauer in einer Transaktion existieren, dürfen diese Timeoutentscheidungen nicht autonom vom lokalen DBMS sondern nur in Abstimmung mit dem Koordinator getroffen werden.

## 2.6 Kopienpflege

Änderungen von redundanten und nichtredundanten Daten werden zunächst gleich behandelt (/5/, /6/, /4/). Das bedeutet, daß an allen Lagerorten Sperren gesetzt und die Änderungsoperationen durchgeführt werden. Lediglich die Reaktion auf Knotenausfälle ist unterschiedlich. Während bei nichtredundanten Datenbeständen ein Knotenausfall zum Rollback der Transaktion führt, kann dies bei einer Datenredundanz so lange toleriert werden, wie noch wenigstens eine Kopie verfügbar ist. Um Inkonsistenzen beim Zerfallen des REFLEX-Verbundes in mehrere Teilnetze (Netzpartitionen) zu vermeiden, lassen wir Kopienänderungen nur zu, wenn mehr als die Hälfte aller Lagerorte der Kopie verfügbar sind. Bei einer geraden Anzahl der Lagerorte wird einer von ihnen höher gewichtet (z. B. kleinste Knotennummer).

Während der Ausfallzeit eines Knotens veralten die dort gehaltenen redundanten Daten. Sie müssen während des Restarts dieses Knotens auf den netzweit neuesten Stand gebracht werden. Dies kann prinzipiell immer durch die Übertragung einer vollständigen Kopie des Segments oder der Tabelle von einem anderen Rechner aus geschehen.

Im Normalfall enthält jedoch das Log eines nicht ausgefallenen Rechners, der dieselben Daten führt, alle Änderungen, die während der Ausfallzeit angefallen sind. Um die relevanten Logabschnitte zu markieren, sind alle Rechner über den Zustand aller Knoten (up, down) ständig informiert. Änderungen an diesem Zustand werden nach der Entdeckung in 2-phasigen Kommunikationszyklen allen Rechnern mitgeteilt. Damit haben alle Knoten im Verbund denselben Informationsstand und können im Log Markierungen führen, welche Logeinträge für den Restart bestimmter Knoten benötigt werden. Bei einem Auslagern der Logs (SAVE LOG bzw. CLEAR LOG) müssen diese Logeinträge in der Datenbank in knotenspezifische "Briefkästen" aufbewahrt werden, bis der betreffende Knoten wieder verfügbar ist und seinen Restart erfolgreich durchgeführt hat.

Dieselben Mechanismen zur Kopienpflege werden auch für Änderungen am redundanten Teil des REFLEX-Katalogs verwendet, der die Schemainformationen der PUBLIC-Tabellen enthält.

## 2.7 Verteilte Mengenoperationen

Zur Abarbeitung verteilter Joins wird in REFLEX mit einer Semi-Join-Technik gearbeitet, bei der die Join-Werte und die für eine Tabelle vorliegenden Qualifikationen übermittelt werden, um am Lagerort der Tabelle ein Zwischenergebnis aufzubauen. Dieses Zwischenergebnis wird entweder lokal weiterverarbeitet, falls die nächste zum Join ausstehende Tabelle auf dem selben Knoten liegt, oder es wird an den auftraggebenden Koordinator zurückgeschickt und mit dem dort bereits existierenden Zwischenergebnis der vorausgegangenen Join-Schritte verknüpft.
Die Optimierung verteilter Joins muß deshalb eine Join-Reihenfolge finden, bei der die notwendigen Transporte der zu erwartenden Zwischenergebnisse minimiert werden. Bei unterschiedlich schnellen Verbindungen im Verbund muß auch die Schnelligkeit der virtuellen Verbindungen zwischen den einzelnen Knoten die Join-Strategie beeinflussen.

Generell versuchen wir auch bei Join-Operationen die Koordinator-Rolle des Knotens, der den SQL-Auftrag entgegennimmt, beizubehalten und das Endergebnis für die nachfolgenden FETCH-Operationen an diesem Knoten aufzubauen.

## 2.8 "Nichtwissenschaftliche" Codierungsprobleme

In der akademischen Diskussion der Problematik verteilter Datenbanksysteme weitgehend unbekannte Themen stellen die zunächst trivial anmutenden Probleme unterschiedlicher Interncodes (ASCII/EBCDIC) und unterschiedlicher Darstellungen numerischer Werte (Reals, Integer) dar.
Praktisch bedeutet dies aber, daß zum Beispiel die Semantik des SQL-Vergleichs "<" wegen der unterschiedlichen Kollationsfolge von Groß- und Kleinbuchstaben auf ASCII- und EBCDIC-Rechnern unterschiedlich ist. Dies ist bereits in Remote SQL-Konfigurationen ein Problem, wenn beispielsweise ein ASCII-Client Daten von einem EBCDIC-Server abruft, um dann bei der lokalen Weiterverarbeitung von einem anderen "<"-Vergleich auszugehen als der Server.

Für CHAR-Werte hat REFLEX dieses Problem durch die Einführung eines Codierungsattributs entschärft. Damit können beispielsweise auch auf einem EBCDIC-Server alle Werte einer bestimmten Tabellenspalte in einer ASCII-Codierung abgelegt werden. Die Codierung einer Tabellenspalte ist eine Tabelleneigenschaft und gilt für alle Lagerorte unabhängig vom Codetyp des betreffenden Rechners.

Für ein verteiltes Datenbanksystem verbietet sich auch die direkte Verwendung von Real- und Integercodierungen für die Darstellung von Tabellenwerten. REFLEX verwendet hier ein einheitliches numerisches Internformat, das einer dezimalen Gleitkommadarstellung entspricht, aber für Größenvergleiche byteweise von links nach rechts verglichen werden kann.
Durch diese Konventionen ist beispielsweise das Layout einer Plattenpage auf allen Knoten eines Rechnerverbundes im Prinzip identisch. Beim Verschicken von Tabellenzeilen müssen lediglich die 2 Byte-Längenfelder in den Verwaltungsinformationen der Tabellenzeilen auf die Integerdarstellung des Zielrechners (mit oder ohne Byte-Swap) angepaßt werden.

Maschinenspezifische numerische Formate (wie SMALL, INS, INT, REAL etc.) sind unter dem Aspekt einer Datenverteilung auf heterogene Rechner unbrauchbar und können nicht direkt für eine kompakte Interndarstellung genutzt werden. Es ist erstaunlich, daß selbst neueste Normvorschläge (z. B. SQL2-Draft) auf solche Formate abheben.

## 3.0 Ausblick

Aus Sicht der Anwendungsprogrammierung sind verteilte Datenbanksysteme das "letzte" DFÜ-Konzept. Werden alle Daten in einem verteilten Datenbanksystem gehalten, dann gibt es auf dem Niveau der Anwendungsprogrammierung keine DFÜ-Logik mehr. Verteilte Datenbanksysteme sind aber kein Allheilmittel noch werden durch sie alle zentralen Datenbanken abgelöst. Die Verteilung ist vielmehr als Option zu verstehen, die es dem Anwender ermöglicht, ein Datenbanksystem bei Bedarf seinen Organisationsstrukturen anzupassen. Strukturen mit einer dezentralen Datenhaltung werden sich zwangsläufig bei den neuartigen Anwendungsgebieten Office Automation und CIM ergeben.

Hierfür ist jedoch wegen des Integrationsaspekts der Datenbank Voraussetzung, daß alle Office-Anwendungen und alle CIM-Anwendungen auf demselben Datenbanksystem basieren.
Aber auch in den klassischen, kommerziellen Einsatzgebieten von Datenbanksystemen gibt es durch Filialisierung sowie dezentrale Produktions- und Lagerstätten genügend Anwendungspotential für verteilte Datenbanksysteme.

## Literaturverzeichnis

/1/ Bayer, R. et al. Verteilte Datenbanksysteme.
Eine Übersicht über den heutigen Entwicklungsstand
Informatik-Spektrum, Band 7, 1984

/2/ Bernstein, P. A.; Shipman, D. W.; Rothnie, J. B:
Concurrency Control in a System for Distributed Databases (SDD-1)
ACM TODS Vol. 5, No. 1, March 1980

/3/ Dadam, P.: Synchronisation in verteilten Datenbanken: Ein Überblick
Informatik-Spektrum, Band 4, Heft 3+4, 1981

/4/ Munz, R.: Transaction Management in the Distributed Database System VDN
Proc. IFIP Congress 1980, B. 481
Lavington (ed); North-Holland, 1980

/5/ Schlageter, G.; Dadam, P.;
Reconstruction of Consistent Global States in Distributed Databases
Proc. Int. Symposium on Distributed Databases,
Paris, March 1980
Delobel, Litwin (eds), North Holland 1980

/6/ Stonebraker, M.: Concurrency Control and Consistency of Multiple Copies of Data in Distributed INGRES
IEEE Transactions on Software Engineering,
Vol SE-5, 1979, pp. 188-194

# Der DURESS-Prototyp einer föderativen Datenbankarchitektur und seine globale Transaktionsbehandlung

(Kurzbeitrag)

*W.Johannsen* ⋆, *W.Lamersdorf* ‡, *K.Reinhardt* ⋆, *J.W. Schmidt* ⋆

(⋆) Johann Wolfgang Goethe - Universität, Postfach 11 19 32, D-6000 Frankfurt am Main 1
(‡) IBM-Europäisches Zentrum für Netzwerkforschung, Tiergartenstraße 15, D-6900 Heidelberg

**Kurzfassung**

*Föderative Datenbanksysteme bestehen aus lokalen, weitgehend voneinander unabhängigen Datenbanksystemen. Sie erlauben, im Gegensatz zur ersten Generation der voll verteilten Datenbanksysteme, ein hohes Maß an Knotenautonomie. Zur Unterstützung der Transaktionsbehandlung in solchen Systemen sind, abweichend vom klassischen Transaktionskonzept, neue, angepaßte Konzepte wünschenswert. Der Beitrag untersucht anhand eines Modells für föderative Datenbanksysteme die Möglichkeiten, sowohl (klassische) Transaktionen als auch globale Prozeduren in eine verteilte Umgebung zu integrieren. Dabei sind globale Prozeduren verteilte Transaktionen mit eingeschränkten Atomaritätseigenschaften. Realisierungsmöglichkeiten werden auf dem Hintergrund eines prototypischen föderativen Datenbanksystems aus Arbeitsplatzrechnern und Serversystemen untersucht.*

## 1 Einleitung

Zusammen mit der Verbreitung leistungsfähiger Arbeitsplatzrechner wächst auf Anwenderseite das Bedürfnis nach verteilten Anwendungen, die es erlauben, die Vorteile dezentraler Systeme auch im Datenbankbereich adäquat zu nutzen. Dabei gewinnt die Integration existierender Datenbanksysteme in verteilte Umgebungen mit zunehmender Vernetzung von lokal verfügbaren Arbeitsplatzrechnern an besonderer Bedeutung. Unter Berücksichtigung der Eigenheiten dieser Rechner sind Verfahren, die sowohl entfernte Datenbankanwendungen auf Arbeitsrechnern lokal verfügbar machen, als auch die Verwaltung eines eigenen, lokal gehaltenen Datenbestandes erlauben (bei gleichzeitiger Kooperationsmöglichkeit mit anderen Systemen), von besonderem Interesse.

Der vorliegende Beitrag stellt zunächst architekturelle Alternativen der verteilten Datenverwaltung einander gegenüber, vergleicht ihre prinzipiellen Auswirkungen auf die Transaktionsbehandlung und untersucht dann unter den Randbedingungen autonomer lokaler Datenbanksysteme unterschiedliche Methoden der Realisierung von Transaktionskonzepten. Insbesondere wird auf die Konsequenzen alternativer Implementierungen von Transaktionen als integraler Bestandteil von Datenbankprogrammiersprachen in einer verteilten Umgebung eingegangen. Die Darstellung einer prototypischen Lösung von ausgewählten Konzepten im Kooperationsprojekt DURESS bildet einen letzten Schwerpunkt des Beitrages.

## 2 Föderative Datenbanksysteme

Der Begriff *föderatives Datenbanksystem* wird in [McLeod, Heimbigner 1980] eingeführt. Damit wird ein Typus verteilter Datenbanksysteme gekennzeichnet, der aus einer Menge von lokalen Datenbanksystemen mit hoher Autonomie besteht.

Unter *Autonomie* sind hier insbesondere die *Ausführungsautonomie* und die *Kommunikationsautonomie* zu verstehen [Eliassen et al. 1988]. Ein weiteres charakteristisches Merkmal föderativer Datenbanken ist durch die Abwesenheit eines gemeinsamen globalen konzeptuellen Schemas für die Mitglieder der Föderation gegeben [Larson 1985]. Semantische Integritätskontrolle kann daher nur lokal von den beteiligten Datenbanksystemen selbst durchgeführt werden.

Im Gegensatz zu *voll verteilten* Datenbanksystemen, in denen die Datenbasis als logisch integrale Einheit physisch auf mehrere Knoten in einem Rechnernetz verteilt ist und der Benutzer eine globale Sicht auf alle Daten hat, wird in föderativen Datenbanken lediglich ein Ausschnitt der lokalen Datenbestände global verfügbar gemacht. Zu diesem Zweck wird lokal im 'Export-Schema' spezifiziert, welche Daten global verfügbar sein sollen [Litwin, Zeroual 1986]. Ein wichtiges Ziel der Realisierung föderativer Datenbanken ist es, nahezu alle für die globale Datenverwaltung erforderlichen Komponenten 'oberhalb' der existierenden Teilsysteme zu implementieren. So können Eingriffe in die Implementierung der lokalen Datenbankverwaltungssyteme weitestgehend vermieden werden.

## 2.1 Transaktionen in föderativen Datenbanken

Auf die Problematik der Transaktionsbehandlung in föderativen Datenbanksystemen wurde erstmalig in [Gligor, Luckenbaugh 1984] näher eingegangen. Den späteren Konzepten liegen unterschiedliche Annahmen darüber zugrunde, in welchem Grade lokale Datenbankverwaltungssysteme *(LDBMS)* zum Zwecke der Integration in eine Föderation, modifiziert werden müssen. Der weitestgehende Vorschlag, der davon ausgeht, daß kein Wissen über das Verhalten der beteiligten Einzelsysteme vorliegen muß, führte dabei zum Konzept der 'Sagas' [Garcia-Molina, Salem 1987]. Ähnliche Ansätze wurden mit dem Konzept der 'S-Transaktionen' [Eliassen et al. 1988] und dem der 'autonomen Transaktionen' [ISO TP] verfolgt. Gemeinsam ist diesen Ansätzen, daß serialisierbare Abwicklungen lokaler Transaktionen durch lokale Parallelitätskontrollmechanismen der LDBMS erzeugt werden. Auf globaler Ebene kann die Serialisierbarkeit unter Verwendung von Commit-Protokollen erzwungen werden.

### Verteilte Transaktionskonzepte: Globale Prozeduren und globale Transaktionen

*Globale Transaktionen* besitzen die ACID-Eigenschaften 'klassischer' Transaktionen [Härder, Reuter 1983]. Sie werden durch die Parallelitätskontrolle der LDBMS und die Verwendung eines übergeordneten Commit-Protokolls gewährleistet.

Speziell bei Arbeitsplatzrechnern ist der Betriebszustand oft unbekannt, da sie hinsichtlich der Bereitschaft zu kommunizieren oder Aufträge auszuführen, autonom sind. Daher führt die Notwendigkeit, eine verteilte Transaktion mit Hilfe eines Commit-Protokolls abzuschließen, hier u. U. zu langen Verzögerungen. Ähnlich wie im CAD Bereich bei langen Transaktionen sind daher Ansätze zur Transaktionsabwicklung, mit denen Teilresultate vor Transaktionsende sichtbar werden, auch im Kontext föderativer Datenbanksysteme interessant. *Sagas* und *S-Transaktionen* sind Beispiele für semantisch atomare Programmeinheiten, die jedoch im Gegensatz zu 'klassischen' Transaktionen keine isolierte Bearbeitung garantieren, da die Resultate vor einem eventuellen Rücksetzen (durch kompensierende Transaktionen) sichtbar werden. Demzufolge ist auch keine vollständige Atomarität gegeben, es sei denn kaskadierendes Rücksetzen weiterer Transaktionen wird erlaubt, denn durch kompensierende Maßnahmen sind die Wirkungen einer Transaktion nicht immer vollständig zu beseitigen.

Der Vorteil dieser Ansätze liegt offensichtlich darin, unnötige Verzögerungen bei der Transaktionsbearbeitung durch Gewährung höherer Parallelität zu vermeiden. Wegen der Einschränkungen hinsichtlich Atomarität und Isoliertheit sind diese Ansätze jedoch nur bei Anwendungen sinnvoll, bei denen die Korrektheit der Ergebnisse nicht von der Erzeugung serialisierbarer Folgen abhängt. Im Unterschied zu globalen Transaktionen soll ein Transaktionstyp mit diesen Eigenschaften im folgenden als *globale Prozedur* bezeichnet werden.

Globale Prozeduren dürfen nur aus Teiltransaktionen zusammengesetzt sein, deren Interferenz, auch wenn nichtserialisierbare globale Historien erzeugt werden, nicht zu inkorrekten Resultaten führt. Für die korrekte Ausführung ist die *Unabhängigkeit von Teiltransaktionen* erforderlich. Eine Teiltransaktion ist unabhängig, wenn ihre Ausgabeparameter im Rahmen der globalen Transaktion oder globalen Prozedur nicht als Eingabeparameter für aggregierende Funktionen und für andere Teiltransaktionen dient. Beispiele für Anwendungen unabhängiger Teiltransaktionen sind Reservierungen, Termineintragungen und Bestellungen.

### Alternative Ausführungsmethoden: Lokal und entfernt verfügbare Transaktionen

In unserem Ansatz eines föderativen Datenbanksystems sind zwei *Ausführungmethoden* globaler Transaktionen und globaler Prozeduren möglich. Wir gehen dabei von einer Klienten-Server Beziehung zwischen Anwendung und entferntem DBMS aus: Entweder die Teiltransaktionen werden von einem *Klienten* gesteuert ausgeführt, oder aber der Klient ruft sie auf dem *Server* auf, und dieser übernimmt die Ausführung.

**Lokal verfügbare Transaktionen:** Bei Verwendung dieses Transaktionstyps bestehen Anwendungsprogramme aus Teiltransaktionen, die vollständig vom Programmierer des Klienten selbst geschrieben werden. Sie werden mit dem Klientenanwendungsprogramm gebunden und benutzen eine systemnahe Schnittstelle zum entfernten Datenbanksystem.

**Entfernt verfügbare Transaktionen:** Hier handelt es sich um Transaktionen, die auf dem Server bereitgestellt und vom Klienten aufgerufen werden. Der Programmierer des Klienten kennt nur die (prozedurale) Schnittstelle und die Beschreibung der Transaktionssemantik. Er kann also keinen Einfluß auf die Transaktionssemantik nehmen.

Während mit lokal verfügbaren Transaktionen der Zugriff auf eine Datenbank beliebig programmierbar ist, wird er in der zweiten Variante auf die Semantik der entfernt bereitgestellten Transaktionen beschränkt.

## 2.2 Ein Bezugsmodell zur Klassifikation föderativer Datenbanksysteme

In Erweiterung des in [Gligor, Luckenbaugh 1984] vorgestellten Modells eines föderativen Datenbanksystems wird im folgenden ein Bezugsmodell für föderative Datenbanksysteme vorgestellt, und es werden die sich daraus ergebenen Architekturalternativen hinsichtlich ihrer Bedeutung für die Transaktionsverwaltung diskutiert.

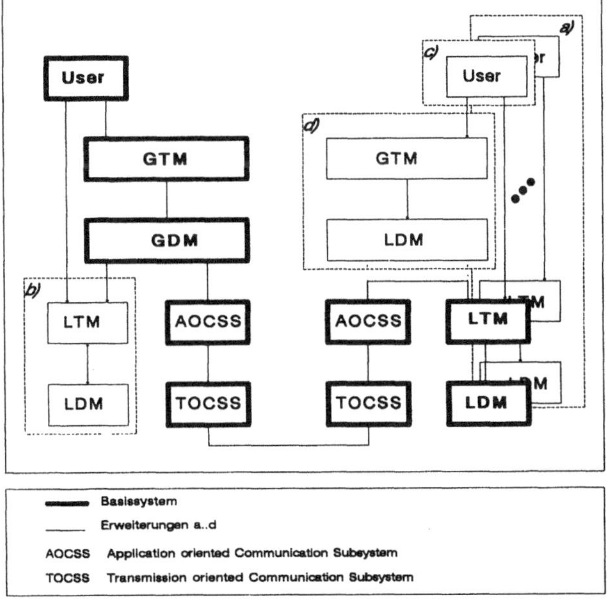


Abbildung 1: *Bezugsmodell eines föderativen Datenbankverwaltungssystems*

Das Bezugsmodell (Abb.1) enthält die wesentlichen Komponenten eines föderativen Datenbanksystems: **Benutzer** *(User)* können lokale Transaktionen und globale Transaktionen starten. Die **Globale Transaktionsverwaltung** *(Global Transaction Management, GTM)* soll die bekannten Transaktionseigenschaften auf globaler Ebene für globale Transaktionen gewährleisten. Hier sind Fehlererholungs- und Parallelitätskontrollaufgaben wahrzunehmen. Die **Globale Datenverwaltung** *(Global Data Management, GDM)* hat die Aufgabe, aus einer Datenbankanfrage durch Zerlegung, Teilanfragen zu gewinnen, und diese entsprechend eines zu erzeugenden Ausführungsplanes auszuführen. Die **Lokale Transaktionsverwaltung** *(Local Transaction Management, LTM)* sorgt für die Synchronisierung von Subtransaktionen und lokalen Transaktionen. Fehlererholung wird lokal durchgeführt. Die **Lokale Datenverwaltung** *(Local Data Management, LDM)* hat die Aufgabe, externe Teile globaler Transaktionen und lokale Transaktionen auszuführen. Das **Kommunikationssubsystem** umfaßt alle Aufgaben, die durch Kommunikation mit entfernten Knoten im Netz zu lösen sind. Datenübertragung und Fehlerkontrolle sind die zentralen Aufgaben des Kernsystems zur Kommunikationsunterstützung *(Transmission Oriented Communication Subsystem, TOCSS)*. Darüberhinaus werden anwendungsorientierte Kommunikationsprotokolle *(Application Oriented Communication Subsystem, AOCSS)* zur Unterstützung von Datenbankfernzugriff und Transaktionsverwaltung eingesetzt. Dies gilt insbesondere für Protokolle aus der siebten Schicht des ISO/OSI Referenzmodells [ISO 7498].

## Architekturelle Varianten föderativer Datenbanksysteme

Unter Verwendung des Bezugsmodells (Abb. 1) sollen nachfolgend architekturelle Alternativen (föderativ) verteilter Datenbanksysteme untersucht werden. Es sollen jeweils die wesentlichen Eigenschaften der Konfigurationen hinsichtlich der Transaktionsverwaltung angesprochen werden. Dabei handelt es sich um unterschiedliche Implementierungsansätze, deren Vor- und Nachteile in einer Arbeitsplatzrechner-Umgebung verdeutlicht werden. Als Voraussetzung dafür ist es notwendig, zwischen den unterschiedlichen Rollen, die ein Knoten im Netz spielen kann, zu unterscheiden. Ein Knoten, der die Dienste seines lokalen Datenbankverwaltungssystems anderen Knoten, den Klienten zur Verfügung stellt, spielt die Rolle eines Servers. Ein Knoten, der diese Dienste nutzt, spielt die Rolle eines Servers. Es gibt Knoten, die beide Rollen übernehmen können.

Wir gehen von folgenden Modelleigenschaften aus: Jede globale Transaktion oder globale Prozedur darf maximal eine Teiltransaktion auf jedem Rechner ausführen. Jedes lokale Datenbanksystem verfügt über geeignete Mechanismen zur Parallelitätskontrolle und Fehlerbehandlung, um die Transaktionsbearbeitung zu unterstützen. Die Bearbeitung verteilter Transaktionen wird durch ein Commit-Protokoll unterstützt. Der Klient ist Koordinator einer verteilten Transaktion bei der Abwicklung des Commit-Protokolls.

In unserem Modell unterscheiden wir die Architekturvarianten 1..8. Sie ergeben sich durch schrittweise Verallgemeinerung der in Abb. 1 dargestellten Basiskonfiguration. Dabei charakterisieren die Erweiterungen a)...d) die unterschiedlichen Varianten.

**a)** jeder Klient kann auf mehrere Server zugreifen,

**b)** die Klientenknoten verfügen über lokale Datenbankverwaltungssysteme,

**c)** die Serverknoten bedienen auch lokale Benutzer,

**d)** ein Knoten kann sowohl Klient als auch Server sein.

| Varianten | a) | b) | c) | d) |
|---|---|---|---|---|
| 1 | | | | |
| 2 | | • | | |
| 3 | | • | • | |
| 4 | | • | • | • |
| 5 | • | | | |
| 6 | • | • | | |
| 7 | • | • | • | |
| 8 | • | • | • | • |

*Tabelle 1: Architekturelle Varianten föderativer Datenbanksysteme*

**Varianten 1-4:** Variante 1 bildet noch kein verteiltes Datenbanksystem und damit auch keine Föderation. Durch den entfernten Datenbankzugriff stellt sie jedoch eine entscheidende Komponente eines föderativen Systems bereit, die die anwendungsorientierte Kommunikation zwischen Klienten und Server unterstützt. Variante 2 hingegen bildet ein verteiltes föderatives Datenbanksystem in dem die Kooperationsmöglichkeiten jeweils auf ein Klienten/Server-Paar beschränkt sind. Dementsprechend einfach ist auch die Synchronisation zwischen den verteilten Transaktionen durchzuführen. Neben der Synchronisation der Teiltransaktionen, die konkurrent auf dem Server bearbeitet werden, ist es durch ein *Commit*-Protokoll zu gewährleisten, daß Klienten- und Serverteiltransaktionen zu dem selben Abschluß (*commit* oder *abort*) kommen. Das Commit-Protokoll kann hier einphasig sein

[Diener, Zehnder 1986]. Die Variante 3, in der lokale Benutzer des Servers zugelassen sind, unterscheidet sich nur dann von der Variante 2, wenn Transaktionen und globale Prozeduren integriert werden sollen. In diesem Fall ist es sinnvoll, kaskadierendes Zurücksetzen infolge kompensierender Transaktionen dadurch zu verhindern, daß lokalen Transaktionen der Zugriff auf solche Daten verwehrt wird, die von kompensierenden Transaktionen erfaßt werden könnten. Da dies auch für globale Transaktionen gilt, sind diese beiden Transaktionstypen gleichermaßen gegen globale Prozeduren zu synchronisieren.

Variante 4 erlaubt, daß auch Klienten als Server arbeiten dürfen. Globale Prozeduren und globale Transaktionen bleiben auf ein Klienten/Server-Paar beschränkt. Die Beziehungen können jedoch zyklischen Charakter annehmen, wodurch Verklemmungen bei der Abwicklung des Commit-Protokolls möglich sind. Für Arbeitsplatzrechner erscheint diese Variante nicht sinnvoll, da zum einen zur Verklemmungssuche viel Kommunikationsaufwand erforderlich ist, und zum anderen die Autonomieforderungen einen externen Zugriff auf Klientendaten nicht erlauben.

**Varianten 5-8:** Grundsätzlich verlangt die Zulassung mehrerer Server die Verwendung eines mehrphasigen Commit-Protokolls. Die Variante 6 unterscheidet sich hinsichtlich der Transaktionsbehandlung kaum von Variante 5, da das lokale System als ein zusätzlicher Server gesehen werden kann. Die Zulassung lokaler Benutzer in Variante 7 hat die gleichen Konsequenzen wie in Variante 3, die insbesondere für die Kombination globaler Transaktionen mit globalen Prozeduren von Bedeutung sind. Können Klienten auch als Server arbeiten, entsteht mit Variante 8 ein voll verteiltes Datenbanksystem.

Für das DURESS–Datenbanksystem wurde Variante 7 unseres Bezugsmodells gewählt. Besonders für Konfigurationen, in denen Arbeitsplatzrechner eingesetzt werden sollen, erscheint sie besonders interessant:

- Datenbestände von ausschließlich lokaler Bedeutung können lokal in Klientendatenbanken gehalten werden. Dadurch können Kommunikationskosten eingespart werden.
- Der Zugang zu den Datenbeständen *mehrerer* Server wird innerhalb einer globalen Prozedur bzw. globalen Transaktion möglich.
- Verklemmungsbehandlung ist, im Vergleich zu Variante 8, einfach.
- Die verteilten Transaktionen haben eine relativ einfache Struktur, da Servern nicht erlaubt ist, als Klient für eine Teiltransaktion zu agieren.

Unter Berücksichtigung dieser Konfiguration sollen im folgenden Implementationsaspekte verteilter Transaktionen betrachtet werden.

# 3 Implementierung globaler Transaktionen und globaler Prozeduren

Den folgenden Überlegungen liegt eine sprachliche Einbettung des Transaktionskonzeptes in eine Datenbankprogrammiersprache zugrunde. Nach der Erläuterung grundlegender Eigenschaften der hier verwendeten Datenbankprogrammiersprache DBPL stellen wir im folgenden Realisierungsmethoden von globalen Transaktionen und globalen Prozeduren im DBPL Datenbanksystem vor und diskutieren die jeweiligen Vor- und Nachteile.

## 3.1 Die Datenbankprogrammiersprache DBPL

Die Datenbankprogrammiersprache DBPL (Database Programming Language) [Eckhardt et al. 1985] erweitert die Programmiersprache Modula–2 durch die Integration von Datenstrukturen des relationalen Modells und -neben anderem- durch ein hochsprachliches Transaktionskonzept. Prädikate des relationalen Kalküls beschreiben den Zugriff auf Daten und bilden die Basis für Änderungsoperationen, Parallelitätskontrolle und Zugriffsschutz.

In DBPL können (persistente) Variable vom Typ *Relation* definiert werden. Eine Relation besteht aus einer Menge von *Tupeln*, deren Struktur durch Modula–2–Records definiert wird. Der Zugriff auf permanente Relationen (solche die zur Datenbank gehören) ist nur mittels einer *Transaktion* möglich.

*Transaktionen* sind in DBPL als Prozeduren mit besonderen Eigenschaften realisiert. Insbesondere unterliegt ihre Ausführung der Überwachung der (optimistischen) Parallelitätskontrolle.

Datenbankobjekte (z.B. Relationen), im Datenbankdefinitionsmodul spezifiziert, sind innerhalb einer Transaktion zugreifbar, nicht jedoch außerhalb. Geschachtelte Transaktionen sind nicht zugelassen, d.h. innerhalb einer Transaktion darf keine weitere Transaktion deklariert oder aufgerufen werden. DBPL-Programme werden übersetzt und anschließend an das DBPL-Laufzeitsystem gebunden. Zwischen übersetztem Programm und Laufzeitsystem existiert eine prozedurale Schnittstelle.

## 3.2 Realisierungskonzepte globaler Transaktionen und globaler Prozeduren

Globale Transaktionen und globale Prozeduren können in einem föderativen Datenbanksystem auf der Basis von DBPL prinzipiell jeweils mit Hilfe lokal und entfernt verfügbarer Transaktionen realisiert werden. Jedoch sind nicht beide Ansätze zur Realisierung globaler Transaktionen und globaler Prozeduren gleichermaßen geeignet.

### Ausführung lokal verfügbarer Transaktionen in globalen Transaktionen und globalen Prozeduren

Da hier das Übersetzen und Binden des Programms auf dem Klientenknoten erfolgt, muß eine Schnittstelle zu den entfernten Datenbankverwaltungssystemen lokal verfügbar sein. Sie liegt im DBPL-System unterhalb der Sprachschnittstelle.

Der DBPL-Compiler übersetzt ein DBPL-Programm u.a. in eine Reihe von Prozeduraufrufe. Die Gesamtheit der aufrufbaren Prozeduren bildet dabei die Schnittstelle zum DBPL-Datenbanksystem. Eine globale Transaktion muß also in Prozeduraufrufe an verschiedene DBPL-Datenbankverwaltungssysteme übersetzt werden. Der Klient, der die Übersetzung vollzieht und die Prozeduraufrufe an die entfernten Systeme richtet, muß über geeignete Komponenten verfügen, um die Atomarität der globalen Transaktionen zu gewährleisten. Insbesondere gehören Verbindungsverwaltung und die Abwicklung eines Commit-Protokolls zu den Aufgaben dieser Klienten-Komponenten.

Vorteilhaft ist diese Variante zur Realisierung globaler Transaktionen einsetzbar. Sie bietet freie Programmierbarkeit der Transaktionen durch die systemnahe Schnittstelle zum Datenbanksystem. Globale Prozeduren, deren Teiltransaktionen semantischen Restriktionen (Unabhängigkeit) unterworfen sind, können zwar auch mit diesem Ansatz realisiert werden, jedoch bliebe die Einhaltung der Restriktionen dann dem Anwendungsprogrammierer überlassen.

### Ausführung entfernt verfügbarer Transaktionen in globalen Transaktionen und globalen Prozeduren

Dieser Ansatz beruht auf der Annahme, daß lediglich der Transaktions*aufruf* lokal erfolgt, die Transaktion jedoch entfernt ausgeführt wird. Voraussetzung dafür ist, daß die Transaktionsprozeduren auf den Server-Knoten übersetzt und gebunden sind. In Analogie zum entfernten Prozeduraufruf (Remote Procedure Call, RPC) sprechen wir hier vom 'entfernten Transaktionsaufruf' (Remote Transaction Call, RTC). Da DBPL-Transaktionen als Prozeduren mit besonderen Eigenschaften realisiert sind, erfordert der RTC einige Sondermaßnahmen, gleicht aber ansonsten dem RPC.

Durch diese Form der Transaktionsrepräsentation im Klientenprogramm wird die Schnittstelle zum Server-Datenbanksystem auf ein höheres Abstraktionsniveau gehoben. Nicht eine allgemeine Schnittstelle zum Datenbankverwaltungssystem, sondern nur die vom Server exportierten Transaktionen werden dem Benutzer zugänglich.

Je Subtransaktion ist in diesem Beispiel nur ein Transaktionsaufruf an den Server notwendig. Dies reduziert den Kommunikationsaufwand zwischen Klient und Server gegenüber der ersten Alternative, in der je Subtransaktion eine Vielzahl von Prozeduraufrufen erforderlich ist. Somit erhöht sich auch, sofern die Transaktionsaufrufe asynchron erfolgen können, die mögliche Parallelität.

Für die Implementierung globaler Prozeduren bietet dieser Ansatz Vorteile. Die entfernt verfügbaren Transaktionen können von der Administration der Server-Datenbank bereitgestellt und in den Rahmen der globalen Prozedur eingebunden werden. Gleiches gilt für die zugehörigen kompensierenden Transaktionen.

Nachteilig wirkt sich hingegen der höhere Koordinierungsaufwand zwischen Klienten-Benutzer und Server-Administrator aus, der durch die Notwendigkeit der Absprache über die vom Benutzer geforderten und die vom Server angebotenen Transaktionen entsteht. Aufgrund der Absprache ist auf beiden Seiten die RTC Schnittstelle anzupassen.

## 3.3 Das föderative DURESS-Datenbanksystem

Das föderative DURESS-Datenbanksystem [Ge et al. 1988] dient als Testumgebung für die in diesem Beitrag vorgestellten Konzepte zur Modellierung und zur Ausführung von Transaktionen. Die DURESS-Föderation besteht aus DBPL-Datenbanksystemen, die auf Arbeitsplatz- und Minirechner unterschiedlicher Hersteller verteilt sind.

Die DURESS Architektur entspricht der Variante 7 des Bezugsmodells. Sie hat den Vorteil großer Allgemeinheit, da zum einen lokale Klienten- und Serverbenutzer zugelassen sind und zum anderen auch der Multi-Server-Fall berücksichtigt wird.

Im gegenwärtigen Stadium der Prototypentwicklung ist die Variante 1 funktionsfähig. Die Variante 7, mit der auch Varianten 2 und 3 sowie Varianten 5 und 6 abgedeckt sind, befinden sich in der Implementierungsphase. Varianten 4 und 8 werden nicht behandelt, da die benutzten Arbeitsplatzrechner nicht für zusätzliche externe Aufgaben geeignet sind. Obwohl die Varianten 2 und 3 auch bei Verwendung eines einphasigen Commit-Protokolls lauffähig wären, wurde die Implementierung eines zweiphasigen Protokolls wegen der damit verbundenen Aufwärtskompatibilität vorgezogen.

Die Verteilung wird durch die Verwendung von Arbeitsplatzrechnern und durch eine weitgehend offene Systemarchitektur geprägt. Die Forderung nach einer offenen Systemarchitektur führt bezüglich des Kommunikationssystems auf die Verwendung von standardisierten Kommunikationsprotokollen nach ISO/OSI–Norm. Zur speziellen Anwendung hin bietet die Kommunikationsunterstützung durch den Dienst eines *"Remote Operation Calls"* die Möglichkeit, (Datenbank-) Operationen auch auf entfernten Knoten auszuführen [Ge et al. 1988].

### Die DURESS-Konfiguration

Die DURESS-Konfiguration besteht aus Arbeitsplatzrechnern in einem lokalen Rechnernetz, die eine Gateway-Komponente [Johannsen et al. 1988] über ein Weitverkehrsnetz mit Server-Rechnern verbindet.

In der aktuellen Implementation sind die Arbeitsplatzrechner vom Typ *IBM PC/AT* und als Server werden Rechner vom Typ *DEC microVAX* verwendet. Als lokales Netzwerk wurden ein *IBM Token Ring* und als Weitverkehrsnetz das *Datex-P* der Deutschen Bundespost gewählt. Die LAN/WAN–Gateway–Komponente verbindet die beiden in der Konfiguration eingesetzten Netztypen [Ge et al. 1988].

Damit ist es Benutzern jeder Arbeitsstation möglich, über offene LAN- und WAN-Kommunikation auf Dienste entfernter Server-Knoten zuzugreifen. Wir gehen davon aus, das –im Sinne einer DBPL-Föderation– auf jedem Netzknoten DBPL-Programme übersetzt und –lokal oder entfernt– ausgeführt werden können.

Obwohl in der zur Zeit verwendeten Beispiel-Konfiguration keine heterogenen Datenbanksysteme eingesetzt sind, wurden durch die Orientierung an OSI-Prinzipien doch wesentliche Voraussetzungen auch für diesen Fall geschaffen. Insbesondere der entfernte Prozeduraufruf bildet den Kern eines allgemein verwendbaren *Remote Database Access (RDA)*.

# 4 Zusammenfassung

Die Realisierung verschiedener Transaktionskonzepte einer föderativen Datenbankumgebung wurde untersucht. Dabei wurde zwischen Realisierungsmöglichkeiten mit Hilfe lokal und entfernt verfügbarer Transaktionen unterschieden. Erstere sind insbesondere für globale Transaktionen und letztere besonders für globale Prozeduren geeignet. Die Einbettung beider in ein DBPL-Datenbanksystem wurde dargestellt.

Des weiteren wurde auf die examplarische Realisierung der dargestellten Konzepte im Projekt DURESS eingegangen.

Gegenwärtig sind beide Transaktionskonzepte in dem föderativen DURESS-Datenbanksystem vorgesehen. Wegen der Vorteile globaler Prozeduren (höhere Parallelität als globale Transaktionen) auf der einen Seite, aber auch ihrer Nachteile (Beschränkung auf bestimmte Anwendungen) auf der anderen Seite, ist eine Integration beider Verfahren wünschenswert. Laufende Arbeiten im DURESS-Projekt verfolgen dieses Ziel.

**Danksagung:** Wir danken Stefan Böttcher, Kurt Rothermel und einigen Gutachtern für ihre hilfreichen Kommentare und Verbesserungsvorschläge zu früheren Versionen dieses Beitrages.

# 5 Literatur

[Diener, Zehnder 1986] Diener,A., Zehnder,C.A., (Hrsg.) *The Federative Database Server*, Eidgenössische Technische Hochschule Zürich, Institut für Informatik, August 1986

[Eckhardt et al. 1985] Eckhardt, H., Edelmann, J., Koch, J., Mall, M., Schmidt, J.W., *Draft Report on the Database Programming Language DBPL*, DBPL-Memo 091-85, Johann Wolfgang Goethe-Universität, Frankfurt, 1985

[Eliassen et al. 1988] Eliassen, F., Veijalainen, J., Tirri, H. *Aspects of Transaction Modelling for Interoperable Information Systems*, In: Speth, R. (Eds): Research into Networks and Distributed Applications, Elsevier Science Publishers B.V. (North Holland), 1988, pp. 1051-1067

[Garcia-Molina, Salem 1987] Garcia-Molina, H., Salem, K., *Sagas*, Proc. ACM SIGMOD Annual Conference, San Francisco, Mai 1987, pp. 249-259

[Ge et al. 1988] Ge, L., Johannsen, W., Lamersdorf, W., Reinhardt, K., Schmidt, J.W., *Database Applications Support in Open Systems: Language Concepts and Implementation Architectures*, Proc. IEEE 4th International Data Engineering Conference, Los Angeles, CA, 1988, pp. 556-563

[Gligor, Luckenbaugh 1984] Gligor, V.D., Luckenbaugh, G.L, *Interconnecting Heterogeneous Database Management Systems*, Computer, Vol. 17, No. 1, pp. 33-43, Jan. 1984

[Härder, Reuter 1983] Härder, T., Reuter, A., *Principles of Transaction-Oriented Database Recovery*, ACM Computing Surveys, Vol. 15, No. 4, 1983, pp. 287-317

[ISO 7498] International Organization for Standardization, *International Standard No. 7498, Information Processing Systems, Open Systems Interconnection, Basic Reference Model*, 1983

[ISO TP] International Organization for Standardization, *Information Processing Systems, Open Systems Interconnection, Distributed Transaction Processing*, Standard Working Draft, ISO/TC 97/SC 21/WG 5, 1987

[Johannsen et al. 1988] Johannsen, W., Lamersdorf, W., Reinhardt, K., *Architecture and Design of an Open Systems LAN/WAN Gateway*, IEEE Computer Networking Symposium, Washington, DC, 1988

[Larson 1985] Larson, J.A., *A Flexible Reference Architecture for Distributed Database Management*, Proc. ACM Computer Science Conference – Agenda for Computing Research, 1985

[Litwin, Zeroual 1986] Litwin, W., Zeroual, A., *Advances in Multidatabase Systems*, In: Speth, R. (Eds): Research into Networks and Distributed Applications, Elsevier Science Publishers B.V. (North Holland), 1988, pp. 1137-1151

[McLeod, Heimbigner 1980] McLeod, D., Heimbigner, D.M., *A Federated Architecture for Database Systems*, Proc. National Computer Conference (AFIPS), Anaheim, CA, 1980, pp. 283-289

# Autorenverzeichnis